高等学校规划教材

有 机 化 学
Organic Chemistry

（下　册）

刘庆俭　编著

同济大学出版社
TONGJI UNIVERSITY PRESS

内容提要

本书是高等学校有机化学教材，供各类相关专业使用，包括化学、应用化学、化工、制药等。

全书分为上下两册，基本按官能团分类排列，包括饱和烃、不饱和烃（烯与炔）、芳香烃、卤代烃、醇酚醚、醛酮醌、羧酸及其衍生物、含氮化合物、含硫化合物、元素与金属有机化合物、杂环化合物、生物分子（糖、氨基酸与蛋白质、核酸、天然产物——类脂、萜类、甾体与生物碱），中间插入立体化学与有机化合物波谱解析两章，周环反应放在最后。

下册从第 8 章到第 15 章，分别阐述醛酮醌、羧酸及其衍生物、含氮化合物、含硫化合物、元素与金属有机化合物、杂环化合物、生物分子和周环反应。

图书在版编目(CIP)数据

有机化学. 下册 / 刘庆俭编著. -- 上海：同济大学出版社，2018.11
ISBN 978-7-5608-8187-4

Ⅰ. ①有… Ⅱ. ①刘… Ⅲ. ①有机化学—高等学校—教材 Ⅳ. ①O62

中国版本图书馆 CIP 数据核字(2018)第 237034 号

有机化学（下册）

刘庆俭　编著

责任编辑	张智中	**责任校对**	徐春莲	**封面设计**	钱如潺

出版发行	同济大学出版社　www.tongjipress.com.cn
	（地址：上海市四平路1239号　邮编：200092　电话：021-65985622）
经　销	全国各地新华书店
排　版	南京月叶图文制作有限公司
印　刷	江苏启东市人民印刷有限公司
开　本	787 mm×1 092 mm　1/16
印　张	34
字　数	849 000
版　次	2018年11月第1版　2018年11月第1次印刷
书　号	ISBN 978-7-5608-8187-4
定　价	98.00元

本书若有印装质量问题，请向本社发行部调换　　版权所有　侵权必究

目 录

第8章 醛 酮 醌 Aldehydes, Ketones and Quinones ······ 1
8.1 醛酮的命名、结构与物理性质 ······ 1
8.1.1 醛酮的命名 ······ 1
8.1.2 醛酮的结构 ······ 2
8.1.3 醛酮的物理性质 ······ 3
8.2 醛酮的化学反应 ······ 3
8.2.1 亲核加成 ······ 7
8.2.2 缩合反应 ······ 32
8.2.3 Wittig 反应 ······ 53
8.2.4 卤代与卤仿反应 ······ 56
8.2.5 氧化还原反应 ······ 62
8.2.6 醛-酮重排 ······ 71
8.2.7 羰基卤化反应 ······ 72
8.3 醛酮的制备与个别化合物 ······ 72
8.3.1 醇的氧化脱氢 ······ 72
8.3.2 由烃制备 ······ 72
8.3.3 由羧酸及其衍生物制备 ······ 73
8.3.4 其他制备反应 ······ 73
8.3.5 重要的醛酮 ······ 73
8.4 羟基醛酮 ······ 74
8.4.1 醇醛酮 ······ 74
8.4.2 酚醛酮 ······ 76
8.5 二羰基化合物 ······ 79
8.5.1 α-二羰基(1,2-二羰基) ······ 79
8.5.2 β-二羰基(1,3-二羰基) ······ 81
8.6 不饱和醛酮 ······ 84
8.6.1 α,β-不饱和醛酮 ······ 84
8.6.2 烯酮 ······ 92
8.7 醛酮分析 ······ 93
8.7.1 化学分析 ······ 93
8.7.2 波谱分析 ······ 94
8.8 醌 ······ 94
8.8.1 醌的制备 ······ 96
8.8.2 醌的反应 ······ 97
习题 ······ 101

第 9 章 羧酸及其衍生物 Carboxylic Acids and Derivatives ... 109
9.1 羧酸 ... 109
9.1.1 羧酸的命名、结构与物性 ... 109
9.1.2 一元羧酸 ... 114
9.1.3 二元羧酸 ... 135
9.1.4 取代酸与不饱和酸 ... 140
9.2 羧酸衍生物 ... 154
9.2.1 羧酸衍生物的命名与物性 ... 154
9.2.2 酯 ... 158
9.2.3 酰卤 ... 193
9.2.4 羧酸酐 ... 200
9.2.5 酰胺 ... 207
9.2.6 腈 ... 220
9.2.7 乙酰乙酸酯与丙二酸酯合成法 ... 229
9.3 碳酸与原酸衍生物 ... 239
9.3.1 碳酸衍生物 ... 239
9.3.2 原酸衍生物 ... 244
习题 ... 245

第 10 章 含氮化合物 Organic Nitrogen Compounds ... 254
10.1 硝基化合物 ... 254
10.1.1 脂肪硝基化合物 ... 254
10.1.2 芳香硝基化合物 ... 259
10.2 胺类化合物 ... 264
10.2.1 胺的命名、结构与物性 ... 264
10.2.2 胺的化学反应 ... 268
10.2.3 胺的制备 ... 285
10.2.4 个别化合物 ... 292
10.2.5 羟胺 ... 303
10.2.6 季铵盐与季铵碱 ... 306
10.3 重氮化合物 ... 315
10.3.1 芳香重氮盐及其合成应用 ... 315
10.3.2 脂肪重氮化合物 ... 323
10.4 偶氮化合物 ... 328
10.4.1 与酚偶联 ... 329
10.4.2 与芳胺偶联 ... 330
10.5 叠氮化合物 ... 333
习题 ... 335

第 11 章 含硫化合物 Organic Sulphur Compounds ... 339
11.1 硫醇与硫酚 ... 339

  11.1.1 硫醇与硫酚的性质 · 339
  11.1.2 硫醇与硫酚的制备 · 344
 11.2 硫醚 · 345
  11.2.1 硫醚的制备 · 345
  11.2.2 硫醚的反应 · 346
 11.3 亚砜与砜 · 348
  11.3.1 亚砜与砜的反应 · 348
  11.3.2 亚砜与砜的制备 · 349
 11.4 磺酸及其衍生物 · 349
  11.4.1 磺酸 · 349
  11.4.2 磺酰氯 · 351
  11.4.3 磺酸酯 · 351
  11.4.4 磺酰胺 · 353
 11.5 黄原酸酯 · 355
  11.5.1 黄原酸酯的制备 · 355
  11.5.2 黄原酸酯热分解——Chugaev 消去 · 355
 习题 · 356

第 12 章 元素与金属有机化合物 Organoelement and Organometallic Compounds · 358
 12.1 元素有机化合物 · 358
  12.1.1 有机磷化合物 · 358
  12.1.2 有机硅化合物 · 362
 12.2 金属有机化合物 · 365
  12.2.1 一般金属有机化合物 · 365
  12.2.2 过渡金属有机化合物 · 367
 习题 · 374

第 13 章 杂环化合物 Heterocyclic Compounds · 376
 13.1 五元芳杂环系 · 377
  13.1.1 呋喃、噻吩与吡咯 · 378
  13.1.2 唑系 · 385
  13.1.3 五元杂环衍生物 · 389
 13.2 含氮六元芳杂环系 · 395
  13.2.1 吡啶 · 396
  13.2.2 喹啉和异喹啉 · 404
  13.2.3 含两个氮原子的六元杂环——二嗪系 · 411
  13.2.4 咪唑并嘧啶环系——嘌呤系 · 413
 13.3 含氧六元杂环——吡喃环系 · 415
 习题 · 417

第14章 生物分子 Biomolecules ... 420

14.1 糖 Saccharides ... 420
14.1.1 单糖 ... 420
14.1.2 双糖 ... 433
14.1.3 多糖 生物大分子（Ⅰ） ... 435
14.1.4 糖衍生物 ... 439
习题 ... 444
阅读材料Ⅲ——代糖 ... 445

14.2 氨基酸、肽与蛋白质 Amino Acids, Peptides and Proteins ... 448
14.2.1 氨基酸 ... 448
14.2.2 肽 ... 455
14.2.3 蛋白质 生物大分子（Ⅱ） ... 462
14.2.4 酶 ... 464
习题 ... 465

14.3 核酸 Nucleic Acids ... 466
14.3.1 核酸的基本组成 ... 466
14.3.2 核苷 ... 468
14.3.3 核苷酸 ... 470
14.3.4 核酸 生物大分子（Ⅲ） ... 471
习题 ... 475

14.4 天然产物 Natural Products——类脂、萜类、甾体与生物碱 ... 475
14.4.1 类脂 ... 475
14.4.2 萜类 ... 483
14.4.3 甾类 ... 492
14.4.4 生物碱 ... 497
14.4.5 天然产物化学与药物开发 ... 507
习题 ... 509

第15章 周环反应 Pericyclic Reactions ... 511

15.1 电环化反应 ... 515
15.1.1 电环化反应规律 ... 515
15.1.2 电环化反应举例 ... 516

15.2 σ-迁移反应 ... 519
15.2.1 氢迁移 ... 519
15.2.2 碳迁移 ... 520

15.3 环加成反应 ... 525
15.3.1 [4+2]环加成——$(4n+2)\pi$ 电子体系 ... 526
15.3.2 [2+2]环加成——$4n\pi$ 电子体系 ... 533
习题 ... 535

参考文献 ... 538

第8章 醛 酮 醌
Aldehydes, Ketones and Quinones

醛酮醌化合物广泛存在于自然界。

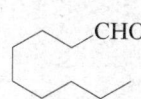

壬醛 Nonanal
香料,存在于玫瑰油中

2-Methylundecanal
2-甲基十一烷醛

香叶醛 Geranial;α-柠
檬醛 α-Citral;
香料,合成原料

2-庚酮 2-Heptanone
食用香料,也是蜜蜂的
警戒信息素

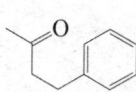

止咳酮 Antitussone
也是合成香料,
有素馨花香

Raspberry ketone
拉斯酮;树莓酮;覆盆子酮
major component of the flavour
and smell of raspberries

(—)- Menthone
(—)-薄荷酮

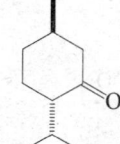

β-紫罗兰酮
β-Ionone 香料

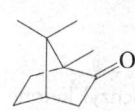

樟脑 Camphor
香料,合成原料

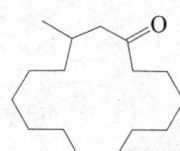

麝香酮 Muscone
3-甲基环十五烷酮
3-Methylcyclopentadecanone
the primary contributor to the odor of musk

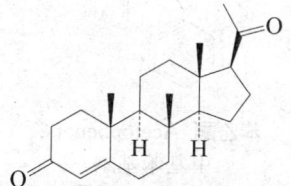

Progesterone 黄体酮
a female hormone

8.1 醛酮的命名、结构与物理性质

8.1.1 醛酮的命名

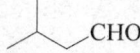

异戊醛 Isovaleraldehyde
3-甲基丁醛 3-Methylbutanal

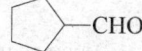

环戊基甲醛
Cyclopentanecarbaldehyde

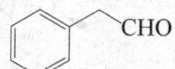

苯乙醛
Phenylacetaldehyde

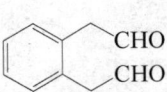
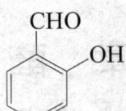
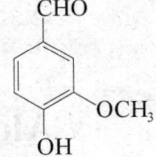

邻苯二乙醛 Phthalaldehyde
1,2-苯二乙醛
Benzene-1,2-dicarboxaldehyde

水杨醛 Salicylaldehyde
邻羟基苯甲醛
2-羟基苯甲醛

香草醛;香兰素 Vanillin
4-羟基-3-甲氧基苯甲醛

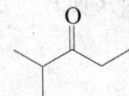
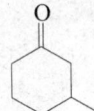

乙基异丙基酮 2-甲基-3-戊酮
2-Methyl-3-pentanone

3-甲基环己酮
3-Meyhylcyclohexanone

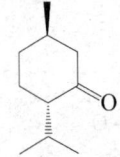
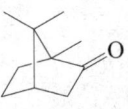

(—)-薄荷酮　(—)-Menthone
(2S,5R)-5-甲基-2-异丙基环己酮
(2S,5R)-2-Isopropyl-5-methylcyclohexanone

樟脑 Camphor
1,7,7-三甲基二环[2.2.1]-2-庚酮
(1S,4S)-1,7,7-三甲基二环[2.2.1]-2-庚酮

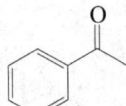
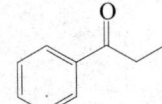
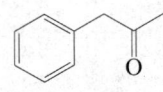

苯乙酮 Acetophenone
甲基苯基酮
1-苯基-1-乙酮
1-Phenyl-1-ethanone

乙基苯基酮
丙酰基苯 Propiophenone
1-苯基-1-丙酮
1-Phenyl-1-propanone

甲基苯甲基酮 Methylbenzyl ketone
苯丙酮 Phenylacetone
1-苯基-2-丙酮
1-Phenyl-2-propanone

8.1.2　醛酮的结构

醛酮的官能团是羰基(carbonyl group)(C=O)。羰基碳原子采取 sp^2 杂化,因此羰基是平面构型。碳原子通过其 sp^2 杂化轨道和氧原子形成 σ 键,再用其余 p 轨道和氧原子的 p 轨道平行重叠形成 π 键。因此羰基的碳-氧双键是由 σ 键和 π 键组成的。

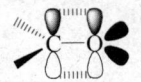
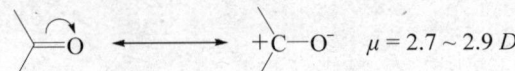

$\mu = 2.7 \sim 2.9\,D$

羰基的 σ 键与 π 键　　羰基的共振与极化

图 8-1　羰基的结构

由于羰基碳-氧双键(C=O)是高度极化的,因而醛酮具有较大的偶极矩(μ=2.7～2.9D),羰基碳荷正电,因此醛酮易发生亲核加成反应。

$$\mu = 2.7D \qquad \mu = 2.85D$$

醛酮虽有较高的极性但不能形成氢键,因此其沸点低于同碳的醇,但高于同碳的醚与烷烯炔。

8.1.3 醛酮的物理性质

低分子量的醛酮如甲醛、乙醛、丙酮等与水混溶。醛的沸点低于同碳酮的沸点。脂肪醛酮的相对密度小于1,芳香醛酮的密度大于1。

IR:ν_{max}C=O～1 700 cm^{-1}

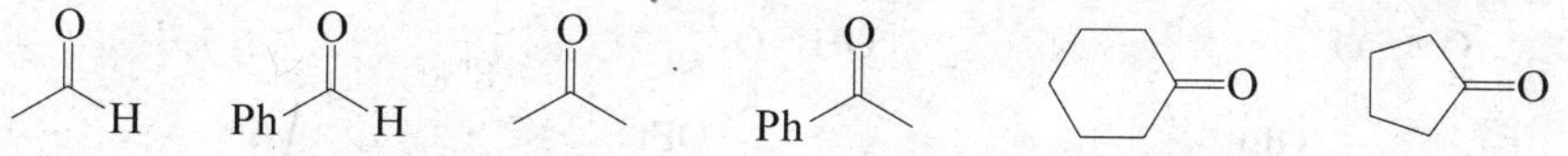

1730　　1706　　1715　　1685　　1715　　1745 cm^{-1}

NMR ^{1}H: $\delta_{O=CH}$9～10 ppm　　$\delta_{O=CCH}$2～2.5 ppm

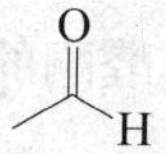

9.5(s, 1 H or q, J=3 Hz, 1 H)　　　2.40 (q, 2 H)
2.2(s, 3 H or d, J=3 Hz, 3 H)　　　2.15 (s, 3 H)
　　　　　　　　　　　　　　　　　0.99 (t, 3 H)

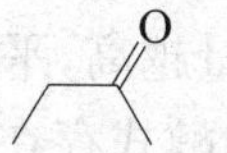

UV: λ_{max} C=O 275～295 nm (ε<100)

　　　C=C—C=O ～230 nm (ε>10^4), ～320 nm (ε<100)

MS: α-断裂; McLafferty 重排(γ-H)。

8.2 醛酮的化学反应

预备讨论——烯醇化(enolization)
互变异构与互变异构体(tautomerization and tautomer)

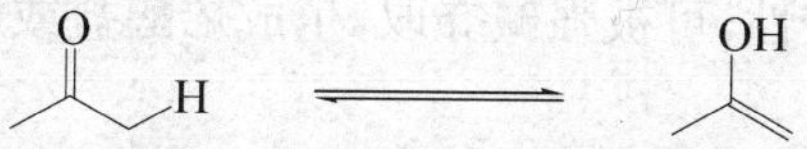

keto form 酮式　　　　　　enol form 烯醇式

酮式与其烯醇式共存是一种互变异构现象(tautomerization),互为互变异构体(tautomer)。互变异构是一种特殊的官能团异构,是共存的平衡关系。互变异构是广泛存在的。

(1) 酮-烯醇平衡

酮式与烯醇式含量及其平衡常数如下：

Keto form	Enol form	Enol form	K
丙酮	丙烯-2-醇	~0.01%	2.5×10^{-6}
乙醛	乙烯醇		$<10^{-7}$
环己酮	环己烯醇	0.02%	4×10^{-6}
2,4-戊二酮	其烯醇式	80%	3.2
乙酰乙酸乙酯	其烯醇式	8%	
2,4-环己二烯酮	苯酚		10^{14}

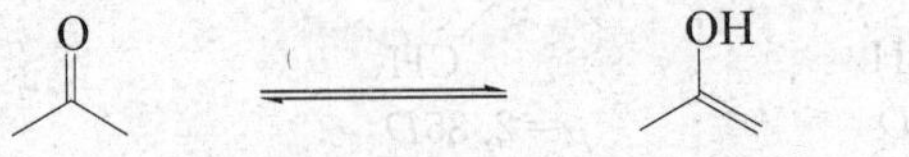

烯醇式越稳定，其含量越高，平衡常数也就越大。上列数据表明，简单醛酮的烯醇式含量很低，1,3-二酮主要以烯醇式存在，酚其实就是烯醇式。

酸碱均可催化烯醇化：

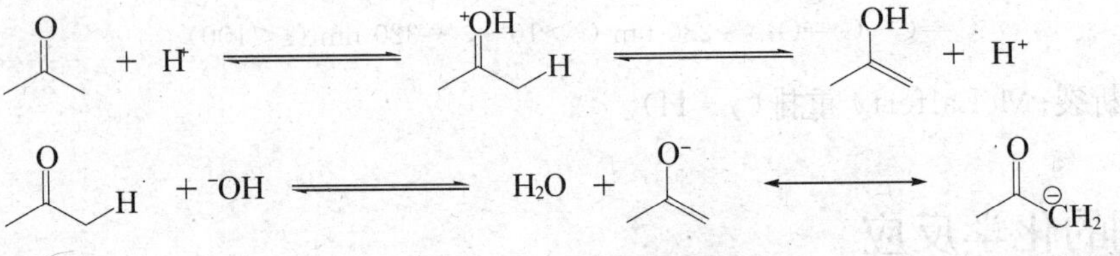

烯醇式或烯醇负离子是醛酮许多反应的中间体（反应形式）。

(2) α-氢的酸性与烯醇负离子

醛酮的 α-氢显示一定的酸性，可被强碱夺取，生成烯醇盐或碳负离子：

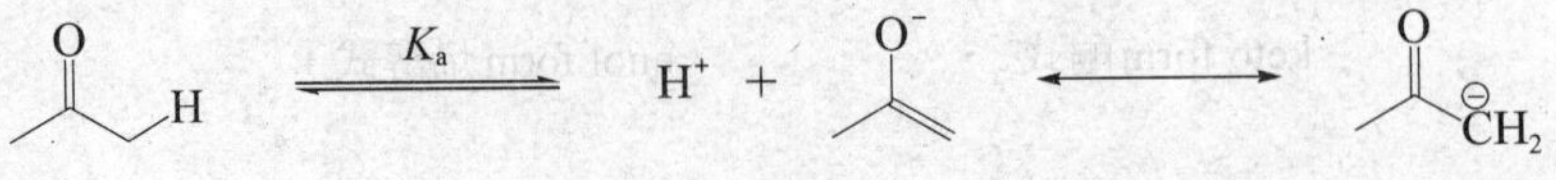

简单醛酮 α-氢的酸性还是比较弱的，pK_a 多在 17～20。

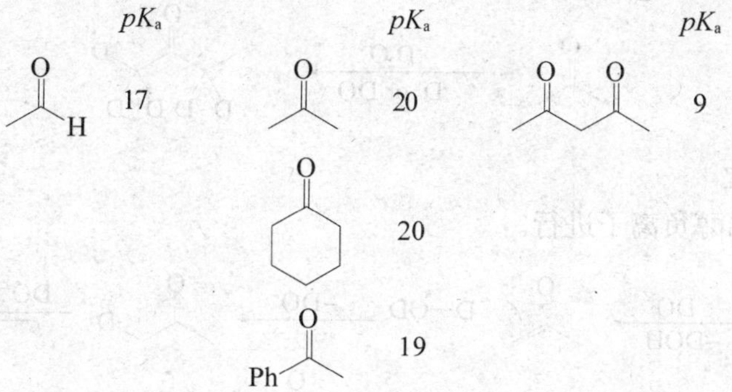

	pK_a		pK_a		pK_a
CH₃CHO	17	CH₃COCH₃	20	CH₃COCH₂COCH₃	9

环己酮 pK_a 20

PhCOCH₃ pK_a 19

用特强碱如 LDA，BuLi，NaH，KH，NaNH$_2$，Ph$_3$CNa 等可定量地将含 α-氢的醛酮转化成其烯醇盐。

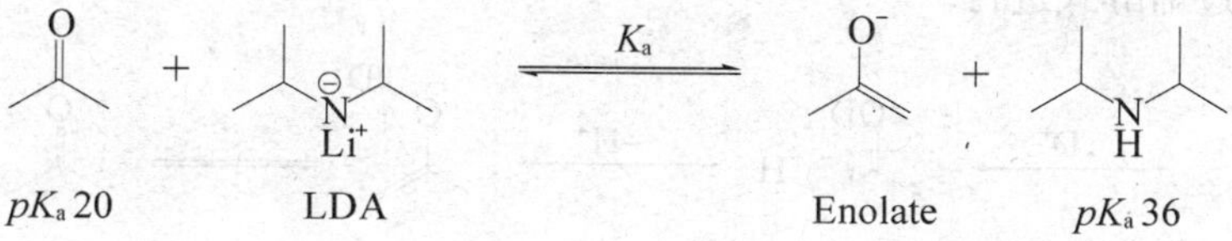

丙酮 (pK_a 20) + LDA $\xrightleftharpoons{K_a}$ Enolate + Pr_2NH (pK_a 36)

$$K_a = \frac{[\text{enolate}][Pr_2NH]}{[\text{ketone}][Pr_2N^-]} = \frac{K_{\text{ketone}}}{K_{\text{amine}}} = \frac{10^{-20}}{10^{-36}} = 10^{16}$$

合成应用：烯醇盐的烷基化。烯醇负离子（碳负离子）是良好的亲核试剂，可与适当的底物发生双分子亲核取代（S$_N$2），形成碳–碳键，实现 α-碳烷基化。例：

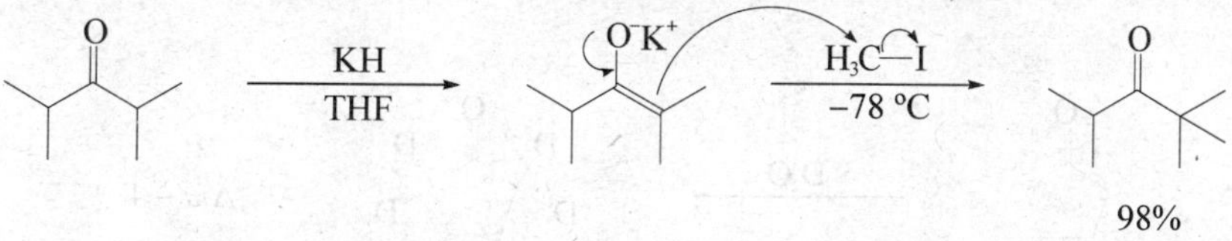

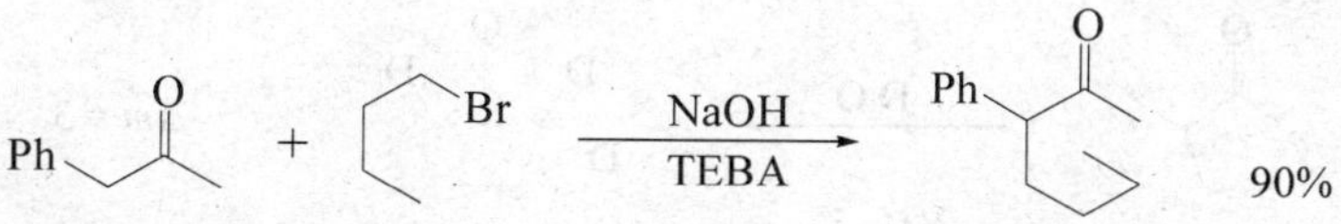

2,4-二甲基-3-戊酮 $\xrightarrow{\text{KH, THF}}$ 烯醇钾 $\xrightarrow{\text{H}_3\text{C—I}, -78\,^\circ\text{C}}$ 产物 (98%)

$\text{PhCH}_2\text{COCH}_3$ + $\text{CH}_3\text{CH}_2\text{CH}_2\text{Br}$ $\xrightarrow{\text{NaOH, TEBA}}$ 产物 (90%)

问题 1 完成转化

环戊酮 $\Longrightarrow$ 2-苄基环戊酮

α-四氢萘酮 $\Longrightarrow$ 2-(2-氯烯丙基)-α-四氢萘酮

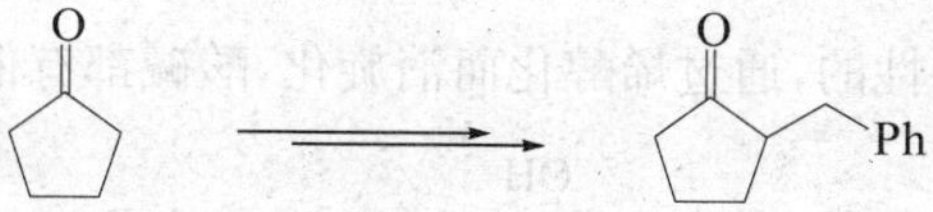

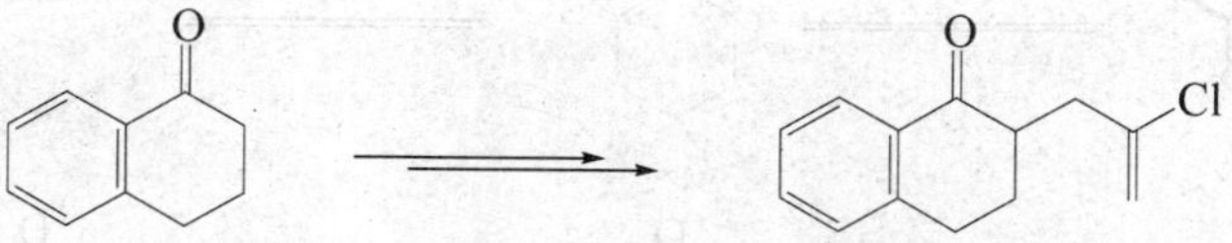

（3）同位素交换

羰基的 α-氢可进行同位素交换，酸碱均可催化。例：

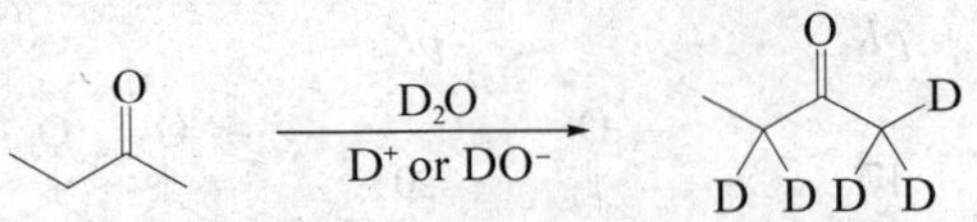

同位素交换机理

碱催化：通过烯醇负离子进行。

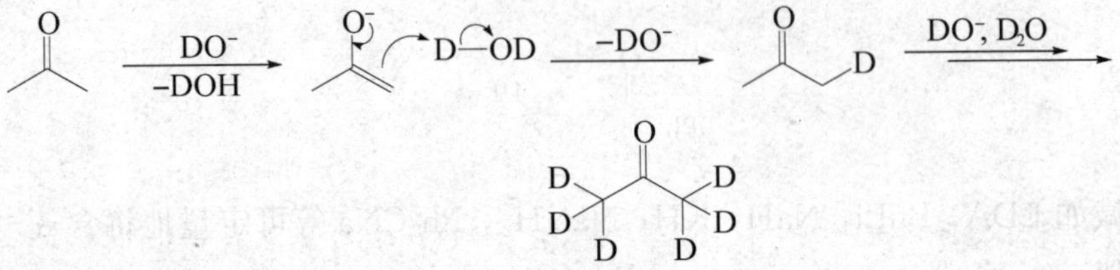

酸催化：通过烯醇式进行。

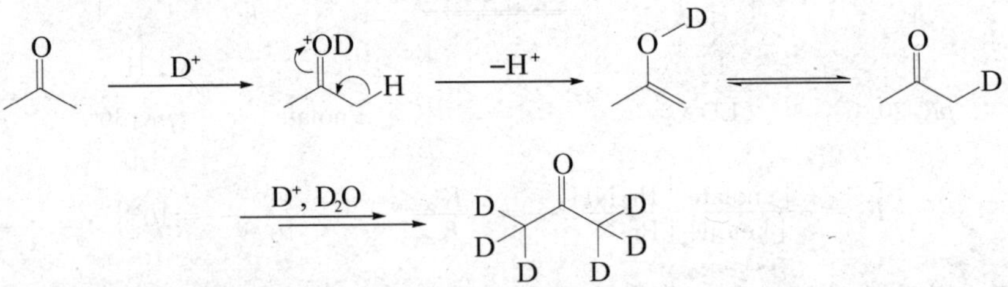

可用于结构测定，如甲基环戊酮的结构利用质谱确定：前后质荷比相差4，意味着交换了四个重氢，甲基只能是处于β位。若前后质荷比相差3，则意味着交换了三个重氢，甲基只能是处于α位。

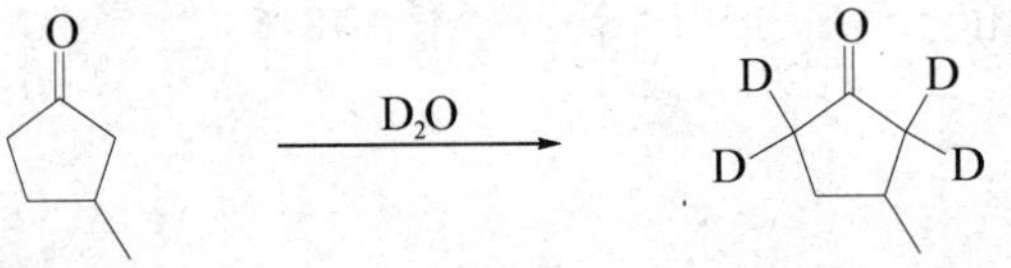

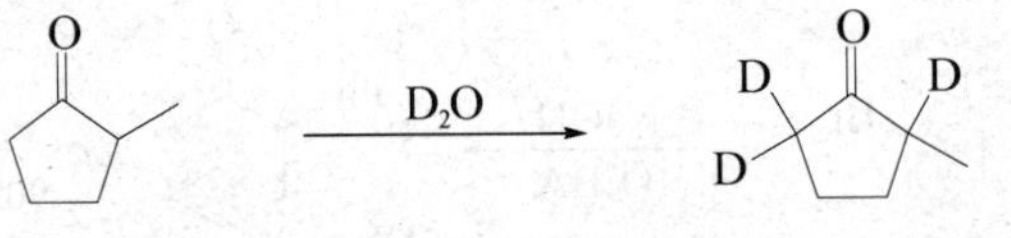

问题 2 试用 MS 法确定三甲基环己酮的结构：2,4,4-三甲基环己酮还是3,4,4-三甲基环己酮？

(4) 手性 α-碳消旋化

若羰基的 α-碳原子是手性的，通过烯醇化而消旋化，酸碱都有催化作用。

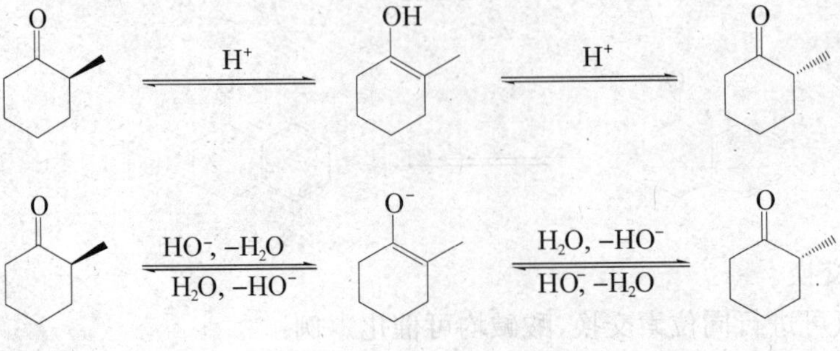

此种情况导致完全消旋化,也就是100%消旋化。

例：

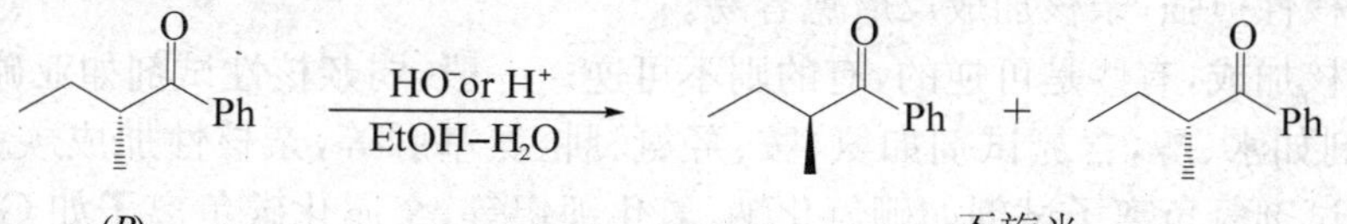

$$\text{(R)-PhCOCH(CH}_3\text{)CH}_2\text{CH}_3 \xrightarrow[\text{EtOH-H}_2\text{O}]{\text{HO}^- \text{or H}^+} \text{外消旋体}$$

不旋光

距羰基更远的如 β-位的手性碳的构型不受影响。例：

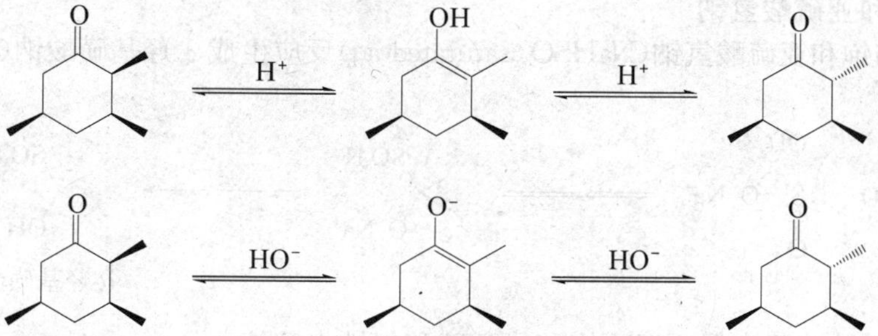

（反应式图）

此种情况产生一对非对映异构体,导致部分消旋化。

问题 3

（1）顺-1-十氢萘酮的醇溶液用碱处理,平衡后溶液中含95%的反式体和5%的顺式体。试解释之。

（2）(R)-3-甲基-2,4-己二酮在酸性介质中能够消旋化,而(R)-3-甲基-3-乙基-2,4-己二酮在酸性介质中却不能消旋化。为什么？

8.2.1 亲核加成

负离子或有孤对电子的中性分子试剂——亲核试剂(nucleophilic reagent)亲核性加成醛酮羰基,羰基碳由 sp^2 杂化转化为 sp^3 杂化饱和碳。

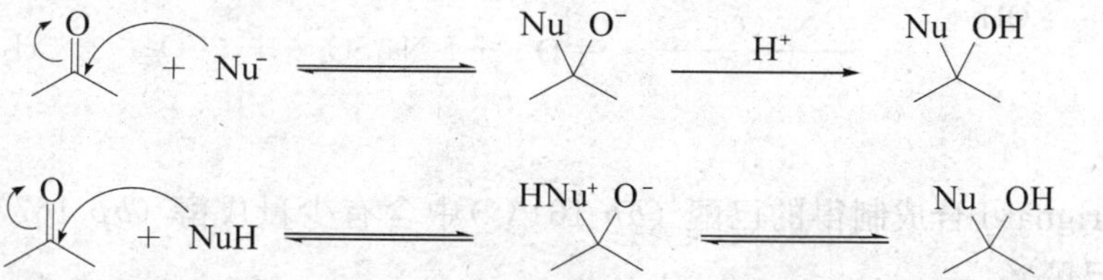

$$\text{C=O} + \text{Nu}^- \rightleftharpoons \text{Nu-C-O}^- \xrightarrow{\text{H}^+} \text{Nu-C-OH}$$

$$\text{C=O} + \text{NuH} \rightleftharpoons \text{HNu}^+\text{-C-O}^- \rightleftharpoons \text{Nu-C-OH}$$

由亲核试剂(nucleophilic reagent)引发的加成反应称为亲核加成(nucleophilic addition, A_N)。亲核加成是醛酮的特征反应。

影响亲核加成的因素：

（1）底物结构

（a）电子效应：羰基碳电正性愈高,反应活性愈高。吸电子效应将增加其电正性,反应活性增强；给电子效应将降低其电正性,应性减弱；共轭效应降低其电正性,减弱其反应活性。

（b）立体效应——羰基碳原子杂化由 sp^2 转化为 sp^3,取代基(底物或试剂)体积愈大,立体效应愈显著,不利于加成反应。一般醛高于酮,脂肪酮高于芳香酮。

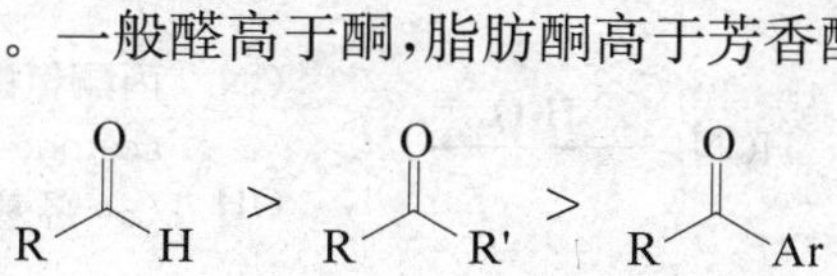

$$\text{RCHO} > \text{RCOR'} > \text{RCOAr}$$

(2) 亲核试剂

试剂的亲核性愈强,亲核加成反应愈容易。

羰基的亲核加成,有些是可逆的,有的则不可逆。一般,弱亲核性试剂如亚硫酸氢钠、氰化氢,含氧硫试剂如水、醇,含氮试剂如氨、胺、羟氨、肼、氨基脲等,亲核性加成羰基一般是可逆的。强亲核性试剂氢负离子试剂如硼氢化钠、氢化锂铝等,金属化碳负离子如 Grignard 试剂、锂试剂、炔负离子,与羰基的亲核加成一般是不可逆的。

8.2.1.1 可逆性亲核加成

1. 加成饱和亚硫酸氢钠

某些醛酮与饱和亚硫酸氢钠(NaHSO₃ saturated aq)反应生成 α-羟基磺酸钠(α-hydroxyalkyl sulfonate):

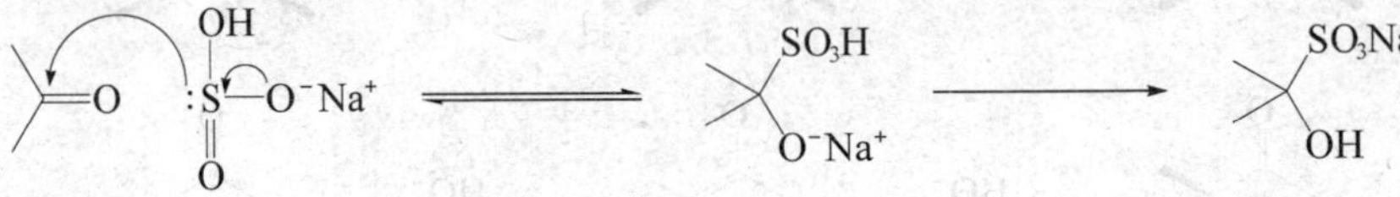

α-羟基磺酸钠溶于水但不溶于饱和的亚硫酸氢钠水溶液。

醛酮加成亚硫酸氢盐可用于 α-羟基磺酸盐的合成。α-羟基磺酸盐有实际应用价值,如药物止咳酮(antitussone)即是 4-苯基-2-丁酮与亚硫酸氢钠(钾)的加成物。这是一种中枢性镇咳药,尚有一定的祛痰、平喘和镇静作用,主要用于治疗上呼吸道感染所致的咳嗽。

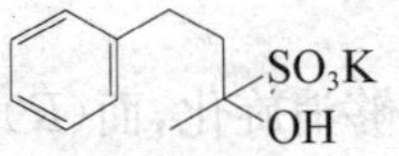

止咳酮 Antitussone
4-苯基-2-羟基丁烷-2-磺酸钾

α-羟基磺酸盐也用于有机合成。

α-羟基磺酸钠可被酸或碱分解,再生出醛酮,因此可用于醛酮的分离、纯化。

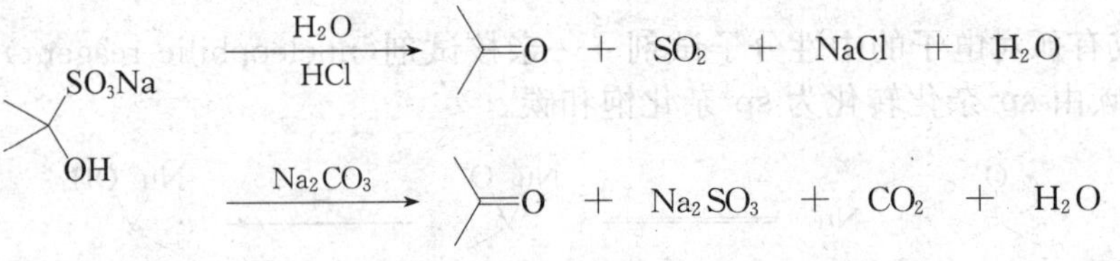

问题 4

(1) 由 Grignard 合成制得的己醛(bp 161℃)中含有少量戊醇(bp 167℃),二者沸点相近,如何提纯己醛?

(2) 如何提纯胡椒醛粗品(含量<10%)?

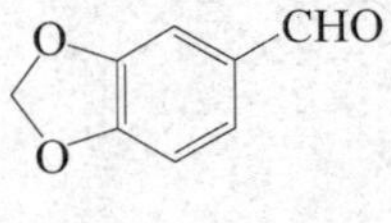

胡椒醛 Piperonal

2. 加成氰化氢

某些醛酮与氰化氢(HCN)反应生成 α-羟基腈(氰醇 cyanohydrin)。如丙酮与氰化氢反应生成丙酮氰醇(acetone cyanohydrin)。

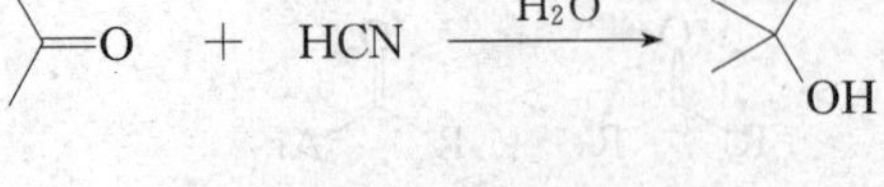

丙酮氰醇
acetone cyanohydrin
(α-羟基腈)

碱催化此反应，因为氰负离子($^-$CN)的亲核性更强，酸则有抑制作用。

$$HO^- + H-C\equiv N \xrightleftharpoons[]{pH\ 9\sim10} H_2O + {}^-C\equiv N$$

$$\text{(CH}_3\text{)}_2\text{C=O} + HCN \rightleftharpoons \text{(CH}_3\text{)}_2\text{C(CN)(O}^-\text{)} \xrightarrow{H_2O} \text{(CH}_3\text{)}_2\text{C(CN)(OH)}$$

为避免使用剧毒的氰化氢（HCN），可用氰化钠（NaCN）加无机酸（H^+）或亚硫酸氢钠（$NaHSO_3$）加成物代替。

$$\text{(CH}_3\text{)}_2\text{C=O} \xrightarrow[H_2SO_4]{NaCN} \text{(CH}_3\text{)}_2\text{C(CN)(OH)} \quad \text{acetone cyanohydrin } 78\%$$

$$\text{(CH}_3\text{)}_2\text{C=O} \xrightarrow{NaHSO_3} \text{(CH}_3\text{)}_2\text{C(SO}_3\text{Na)(OH)} \xrightarrow{NaCN} \text{(CH}_3\text{)}_2\text{C(CN)(OH)}$$

丙酮氰醇能够发生水解、醇解、氨解、还原、脱水、环化等反应，可以制备 α-羟基酸、α-羟基酯、α,β-不饱和酸（酯）、β-氨基醇（胺类）等化合物，衍生出许多精细化工产品。丙酮氰醇主要用于生产有机玻璃单体甲基丙烯酸甲酯（methyl methacrylate, MMA），我国约95%的丙酮氰醇用于制备 MMA，还用于生产重要的自由基反应引发剂偶氮二异丁腈（AIBN）、药物、农用杀虫剂等，因此，丙酮氰醇是重要的有机合成中间体。

反应活性：醛酮加成氰化氢、亚硫酸氢钠的反应难易取决于羰基碳的电正性和立体位阻。因此，醛酮的反应活性是：醛高于酮，脂肪醛高于芳香醛，脂肪酮高于芳香酮。

$$\underset{H\ H}{\overset{O}{\parallel}} > \underset{R\ H}{\overset{O}{\parallel}} > \underset{Ar\ H}{\overset{O}{\parallel}} > \underset{R}{\overset{O}{\parallel}}\text{CH}_3 > \underset{Ar}{\overset{O}{\parallel}}\text{CH}_3$$

反应适用范围：醛、脂肪甲基酮、低级环酮（C<8）。

应用：α-羟基腈可以转化成 α-羟基酸、α,β-不饱和酸（酯）（羧酸衍生物）和 β-氨基醇（胺类）等。

例：

$$PhCHO \xrightarrow{HCN} PhCH(OH)(CN)$$

$$\text{环戊醇} \xrightarrow{[O]} \text{环戊酮} \xrightarrow{HCN} \text{1-羟基-1-氰基环戊烷}$$

问题5 完成反应

$$\text{(CH}_3\text{)}_2\text{CHCHO} \xrightarrow{NaHSO_3} \xrightarrow{NaCN}$$

$$\text{CH}_3\text{COCH}_2\text{CH}_3 \xrightarrow{NaHSO_3} \xrightarrow{NaCN}$$

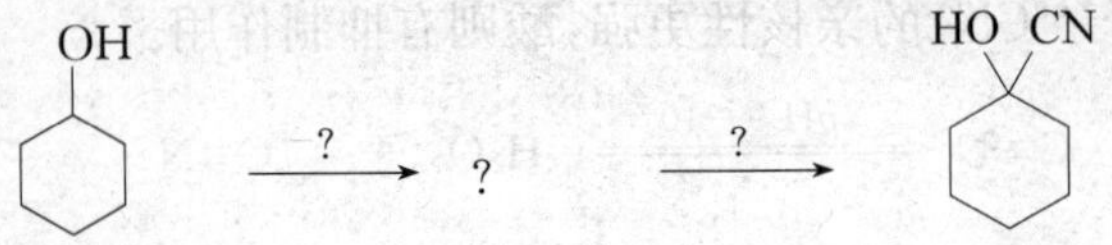

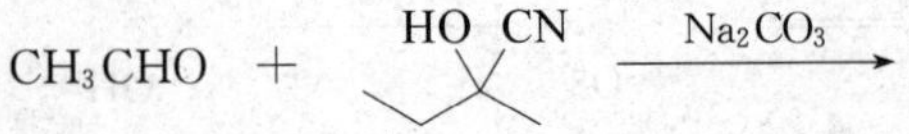

[反应式：环己醇 →(?) ? →(?) 1-羟基环己基甲腈]

[反应式：CH₃CHO + (CH₃)(C₂H₅)C(OH)(CN) →(Na₂CO₃)]

3. 加成氧试剂——水和醇

水——偕二醇

醛酮羰基加成水分子，生成同碳二羟基化合物——偕二醇（geminal diol），羰基水合物。但水的亲核性很弱，除甲醛（～100%）和结构特殊的醛酮如三氯乙醛（～100%）外，一般难以加成，如乙醛的水合转化率只有 58%。酸碱均可催化。

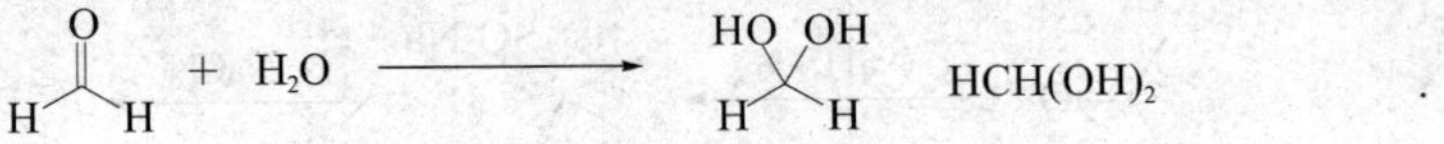

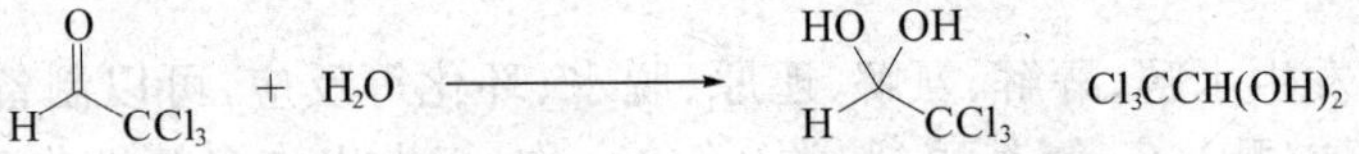

HCHO + H₂O ⟶ H₂C(OH)₂   HCH(OH)₂

Cl₃CCHO + H₂O ⟶ Cl₃CCH(OH)₂   Cl₃CCH(OH)₂
水合氯醛 Chloral hydrate
（催眠镇静剂）

加成水的相对反应活性：

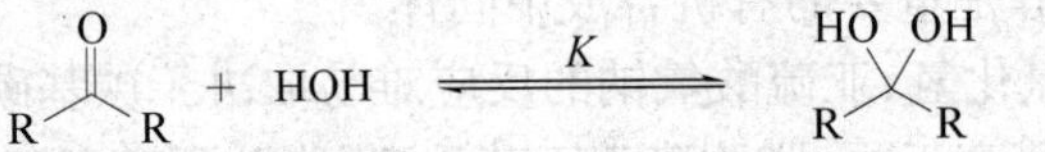

$$R_2C=O + HOH \underset{}{\overset{K}{\rightleftharpoons}} R_2C(OH)_2$$

化合物	K	化合物	K
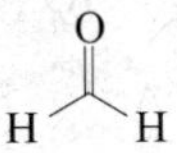 HCHO	2200	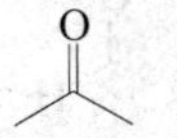 (CH₃)₂C=O	10^{-3}
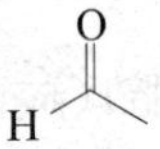 CH₃CHO	1.06		
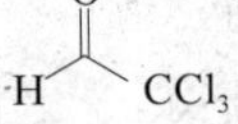 Cl₃CCHO	2000	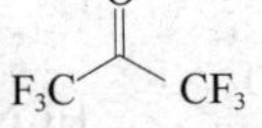 (CF₃)₂C=O	1.2×10^6

环酮：环酮加水反应平衡与环大小有关，环丙酮的偏右，而环戊酮则偏左（为什么？）。茚三酮是完全水合的——水合茚三酮。

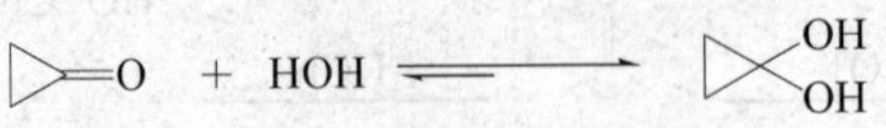

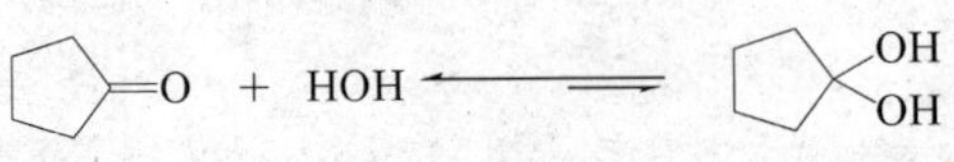

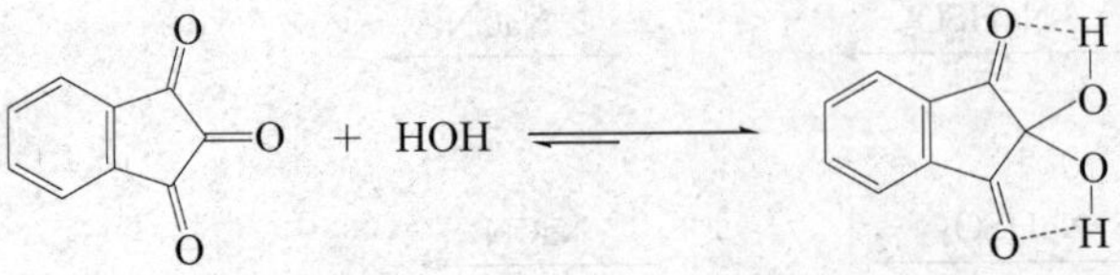

[环丙酮 + HOH ⇌ 环丙二醇]

[环戊酮 + HOH ⇌ 环戊二醇（偏左）]

[茚三酮 + HOH ⇌ 水合茚三酮]

水合茚三酮 Ninhydrin

若在氧同位素标记的水中,羰基氧可交换。

$$R-CO-R + H_2^{18}O \rightleftharpoons R-C(OH)(^{18}OH)-R \rightleftharpoons R-C(^{18}O)-R + H_2O$$

问题 6 解释实验事实:丙酮在同位素氧标记的水中放置一段时间,MS 谱显示,有等量的式量 60 的丙酮存在。

醇——半缩醛酮和缩醛酮:

醛与一分子醇反应生成半缩醛,再与一分子醇反应则生成缩醛。

$$CH_3CHO \xrightarrow[H^+]{MeOH} CH_3CH(OH)(OMe) \text{ (Hemiacetal)} \xrightarrow[H^+]{MeOH} CH_3CH(OMe)_2 \text{ (Acetal)}$$

半缩醛:醛加成一分子醇生成半缩醛(hemiacetal)(同碳二羟基单醚),酸碱均可催化。

$$CH_3CHO \xrightarrow[H^+]{EtOH} CH_3CH(OH)(OEt)$$

乙醛缩乙醇90%

酸催化:羰基氧质子化,提高羰基碳的电正性。

$$CH_3CHO \rightleftharpoons CH_3CH=^+OH \xrightleftharpoons[A_N]{EtOH} CH_3CH(OH)(^+OHEt) \xrightarrow{-H^+} CH_3CH(OH)(OEt)$$

碱催化:亲核性更强亲核试剂是亲核性更强的烷氧负离子。

$$CH_3CHO + EtO^- \xrightleftharpoons[A_N]{} CH_3CH(O^-)(OEt) \xrightarrow[-HO^-]{HOH} CH_3CH(OH)(OEt)$$

通常半缩醛(酮)是不稳定的,难以分离,但分子内五、六元环半缩醛或半缩酮,则是稳定的。

缩醛:半缩醛再结合一分子醇,即醛与两分子醇反应生成缩醛(acetal)(同碳二羟基双醚)。例:

$$CH_3CHO + BuOH \xrightarrow[heat, 12 h]{TsOH} CH_3CH(OBu)_2 \quad 50\%$$

乙醇缩二丁醇

问题 7 完成反应

$$(CH_3)_2CH-CHO \xrightarrow[dry\ HCl]{MeOH}$$

$$m\text{-}O_2N\text{-}C_6H_4\text{-}CHO + 2CH_3OH \xrightarrow[\triangle]{H_2SO_4}$$

醛与一分子醇反应生成半缩醛,酸碱都有催化作用,与第二分子醇反应脱水生成缩醛,仅被酸催化。

$$CH_3CHO + 2EtOH \xrightarrow{H^+} CH_3CH(OEt)_2 + H_2O$$
乙醛缩二乙醇

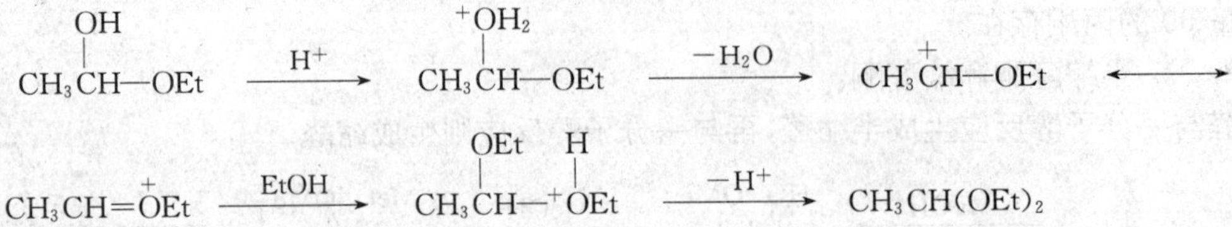

$$CH_3\overset{OH}{\underset{}{CH}}-OEt \xrightarrow{H^+} CH_3\overset{\overset{+}{O}H_2}{\underset{}{CH}}-OEt \xrightarrow{-H_2O} CH_3\overset{+}{CH}-OEt \longleftrightarrow$$

$$CH_3CH=\overset{+}{O}Et \xrightarrow{EtOH} CH_3\overset{OEt}{\underset{}{CH}}-\overset{\overset{H}{+}}{O}Et \xrightarrow{-H^+} CH_3CH(OEt)_2$$

酮与简单的醇也可以生成缩酮,但较醛困难。例:

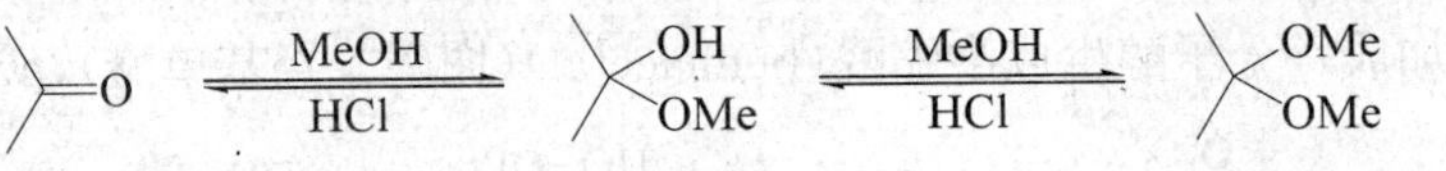

<化学反应式> 丙酮 + MeOH/HCl ⇌ 半缩酮 (a hemiketal) + MeOH/HCl ⇌ 缩酮 (a ketal) 丙酮缩二甲醇

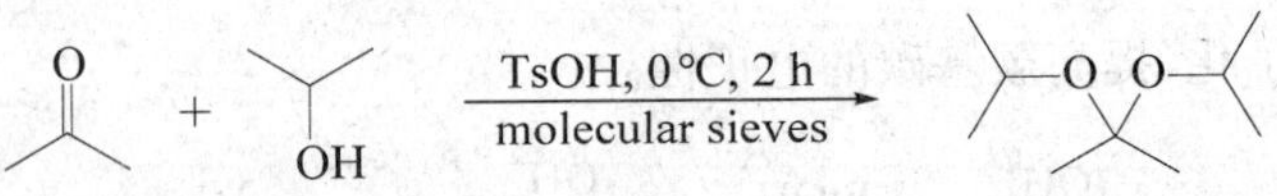

<化学反应式> 丙酮 + iPrOH → (TsOH, 0 ℃, 2 h, molecular sieves) → 丙酮缩二异丙醇 62%

缩酮形成机理:

<机理反应式>

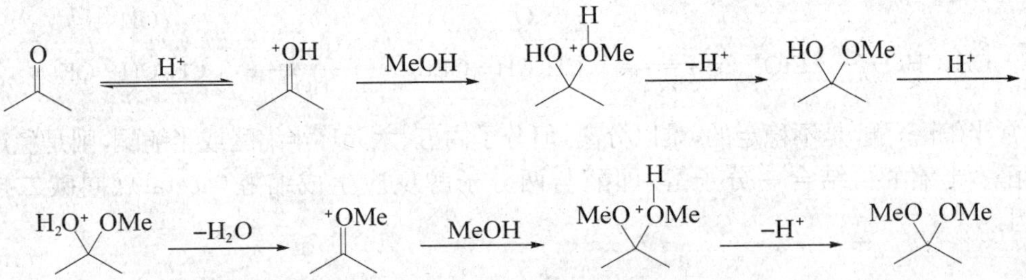

酮易与1,2-二元醇和1,3-二元醇形成环状缩酮。与1,2-二元醇形成五元环状缩酮,例如:

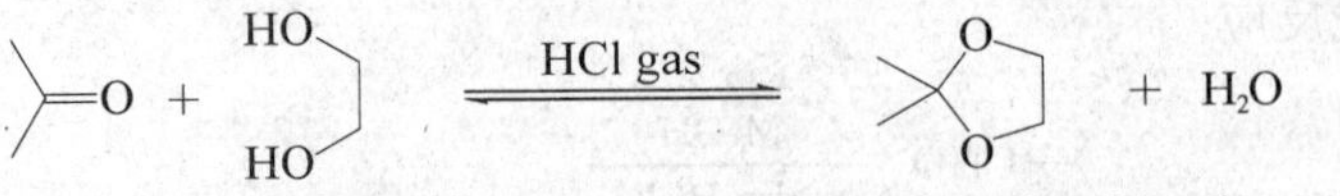

<反应式> 丙酮 + 乙二醇 ⇌(HCl gas) Ethylene glycol ketal 丙酮缩乙二醇 + H_2O

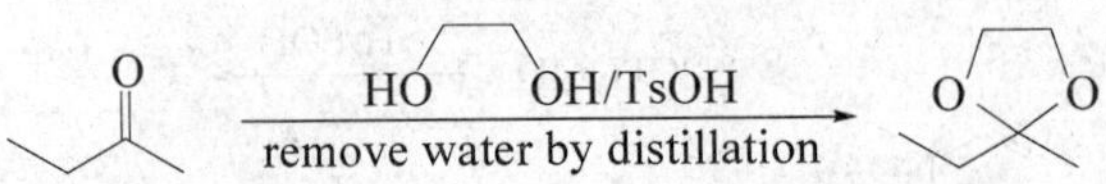

<反应式> 丁酮 + 1,3-丙二醇/TsOH (remove water by distillation) → 78%

乙二醇形成五元环状缩酮机理：

$$\text{(CH}_3\text{)}_2\text{C=O} \underset{}{\overset{H^+}{\rightleftharpoons}} \text{(CH}_3\text{)}_2\text{C=}^+\text{OH} \xrightarrow{\text{HOCH}_2\text{CH}_2\text{OH}} \text{(CH}_3\text{)}_2\text{C(O}^+\text{H}_2\text{)OCH}_2\text{CH}_2\text{OH} \rightleftharpoons$$

$$\text{(CH}_3\text{)}_2\text{C(OH}_2^+\text{)OCH}_2\text{CH}_2\text{OH} \xrightarrow{-H_2O} \text{(CH}_3\text{)}_2\text{C=}^+\text{OCH}_2\text{CH}_2\text{OH} \xrightarrow{A_N} \text{dioxolane-}^+\text{OH} \xrightarrow{-H^+} \text{dioxolane}$$

问题 8 完成反应

$$\text{(CH}_3\text{)}_2\text{CHCOCH}_3 \xrightarrow[\text{H}_2\text{SO}_4]{\text{EtOH}}$$

$$\text{cyclohexanone} + \text{HOCH}_2\text{CH}_2\text{OH} \xrightarrow[\text{PhH, }\triangle]{\text{TsOH}}$$

问题 9 解释反应

$$\text{ClCH}_2\text{CH(OEt)}_2 + \text{HOCH}_2\text{CH}_2\text{OH} \xrightarrow{H^+} \text{(1,3-dioxolan-2-yl)CH}_2\text{Cl} + 2\text{EtOH}$$

与 1，3-二元醇则形成六元环状缩酮：

$$\text{cyclohexanone} + \text{HOCH}_2\text{C(CH}_3\text{)}_2\text{CH}_2\text{OH} \xrightarrow{H^+} \text{spiro ketal}$$

2,2-二甲基-1,3-丙二醇

醛酮与硫醇也能反应，生成硫代缩醛和硫代缩酮。

$$\text{RCHO} + 2\text{EtSH} \xrightarrow{H^+} \text{RCH(SEt)}_2$$

$$\text{R}_2\text{C=O} + 2\text{EtSH} \xrightarrow{H^+} \text{R}_2\text{C(SEt)}_2$$

问题 10 完成反应

$$\text{cyclopentanone} + \text{HOCH}_2\text{CH}_2\text{CH}_2\text{SH} \xrightarrow{H^+}$$

$$\text{cyclohexanone} + \text{HSCH}_2\text{CH}_2\text{CH}_2\text{SH} \xrightarrow{H^+}$$

$$\text{(3,7-dimethyl-5-hydroxy... ketone with OH groups)} \xrightarrow{H^+}$$

硫代缩醛和硫代缩酮不同于缩醛酮，不易水解，但可以用汞盐水溶液水解或在氧化汞存在下水解。

$$\underset{R}{\overset{R}{>}}\!\!<\!\!\overset{SEt}{\underset{SEt}{}} \xrightarrow[\text{or } H_2O, HgO]{H_2O, HgCl_2} \underset{R}{\overset{R}{>}}\!\!=\!\!O + 2\,EtSH$$

硫代缩醛和硫代缩酮也用来保护醛酮羰基。硫代缩醛和硫代缩酮用 Raney Ni 催化氢解生成相应的烃。

$$\underset{R}{\overset{R}{>}}\!\!<\!\!\overset{SEt}{\underset{SEt}{}} \xrightarrow[\text{Raney Ni}]{H_2} \underset{R}{\overset{R}{>}}\!\!<\!\!\overset{H}{\underset{H}{}} + CH_3CH_3 + H_2S$$

例：

（反应式略）

$\xrightarrow[\text{Raney Ni}]{H_2}$ （产物）81%

（反应式略）$\xrightarrow[\text{Et}_2\text{O-BF}_3]{HS\frown SH}$ （中间体）$\xrightarrow[\text{Raney Ni}]{H_2}$ （产物）

这就提供了转化羰基成亚甲基另一种方法——先形成硫代缩酮再催化氢解的两步法。

问题 11 完成转化

缩醛缩酮的特性：缩醛缩酮对碱稳定、对酸不稳定——易酸水解再生出原来的醛酮和醇。

例：

（反应式）$\xrightarrow[30\text{ min}]{3\%\,HCl,\,H_2O}$ CH₃CHO + 2 PrOH

（反应式）$\xrightarrow[H_2O]{H_2SO_4}$ (CH₃)₂CO + 2 EtOH

（反应式）$\xrightarrow[H^+]{H_2O}$ 环己酮 + HOCH₂CH₂OH

水解机理：

（机理式略）$\xrightarrow{H_2O}$ （中间体）$\rightleftharpoons$

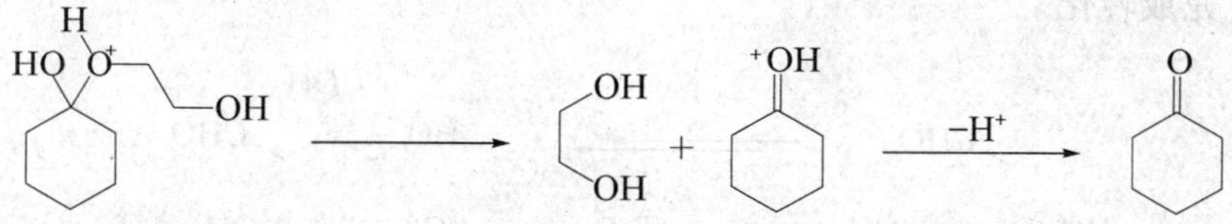

生成缩醛缩酮的反应都是可逆的,如果将醛溶解在过量的醇中,加入少量的酸(HCl,TsOH,BF$_3$)作催化剂,则平衡偏向于生成缩醛的一方,达到平衡后,加碱除去催化剂,再蒸出过量的醇,即得到缩醛缩酮。如将缩醛与水混合,加入少量酸催化,则平衡偏向于生成醛的一边,缩醛水解产生醛。因为,缩醛缩酮对碱是稳定的,对酸不稳定,即易酸水解。

问题 12 制备缩醛,反应后要加碱使反应混合物呈碱性,然后蒸馏,为什么?

缩醛酮在合成中的应用:缩醛缩酮在有机合成中用于官能团羰基的保护,也用于二元醇的保护。

例 1 完成转化:

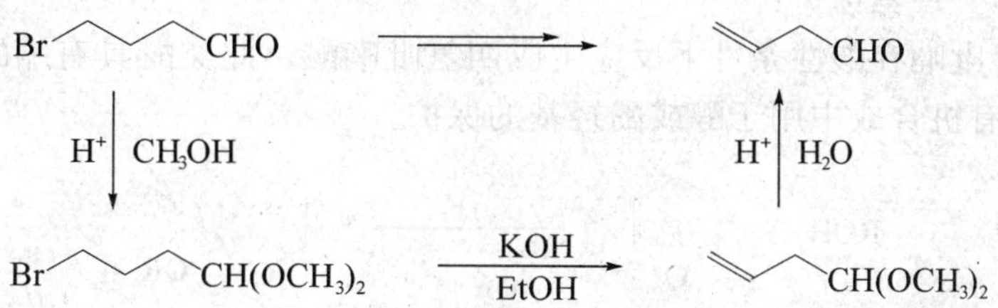

例 2 完成转化:

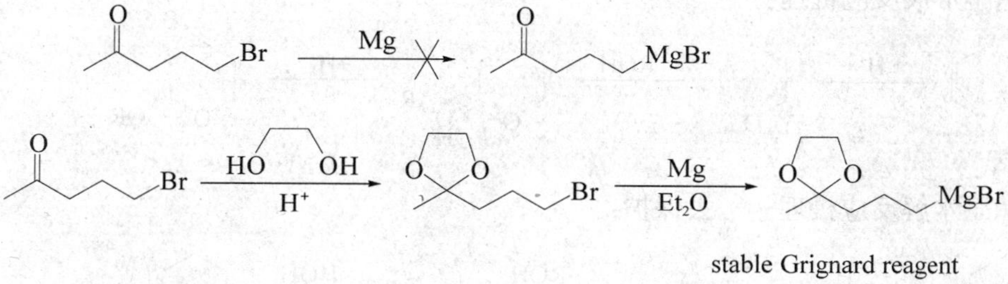

stable Grignard reagent

例 3 完成转化:

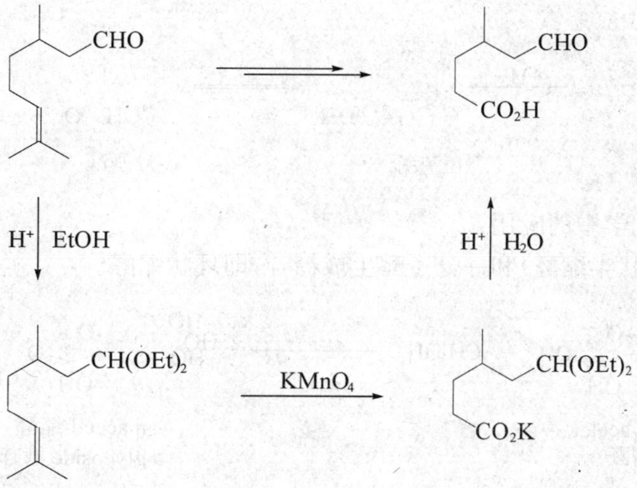

问题 13　完成转化

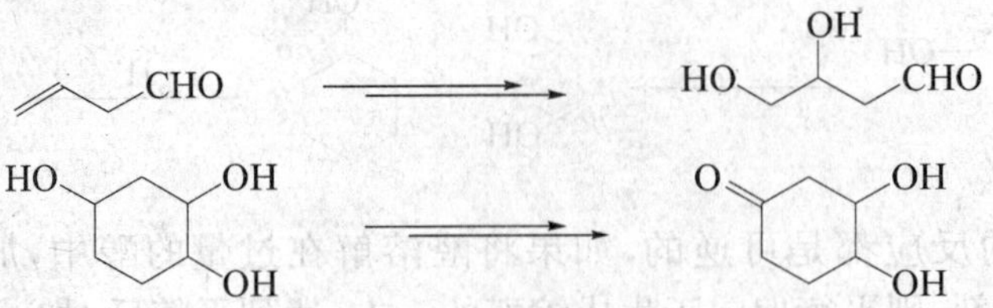
CHO
OH
HO
CHO
HO
OH
OH
O
OH
OH

常用甲醛、乙醛和丙酮的缩二甲(乙)醇来制备其他的缩甲醛、缩乙醛和缩丙酮。

例：用甲醛缩二甲醇与丙二硫醇反应制备甲醛缩丙二硫醇，即 1，3－二噻烷。

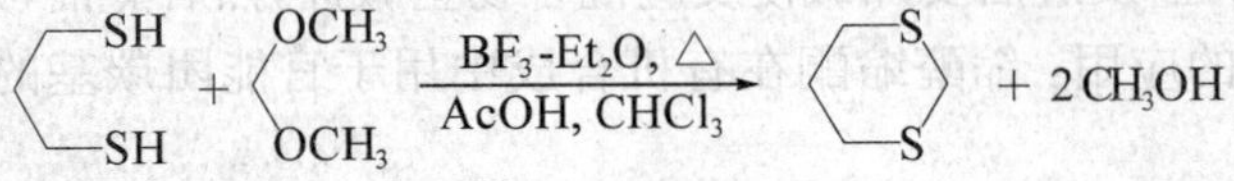
SH
SH
OCH3
OCH3
BF3-Et2O, △
AcOH, CHCl3
S
S
+ 2 CH3OH

四氢吡喃醚——羟基保护：

醇或酚与二氢吡喃在酸性条件下反应生成四氢吡喃醚。此类醚具有缩醛的结构，即易酸水解恢复羟基，在有机合成中用于醇或酚羟基的保护。

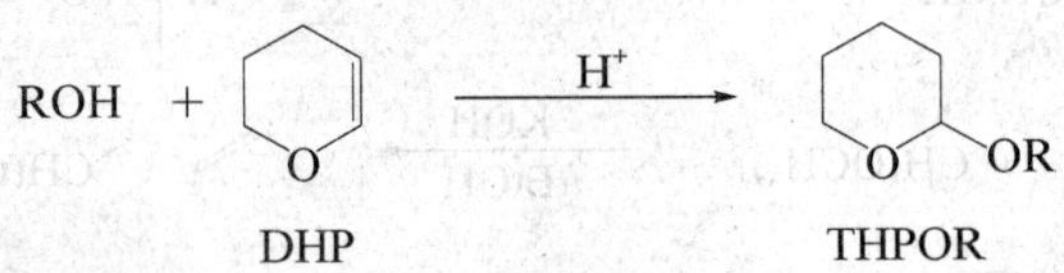
ROH
H+
O
OR
DHP
THPOR

四氢吡喃醚形成反应机理：

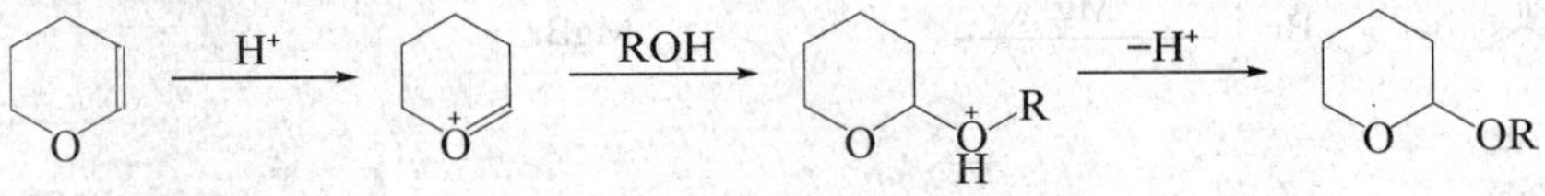
H+
ROH
−H+
R
H
OR

四氢吡喃醚水解反应机理——去保护：

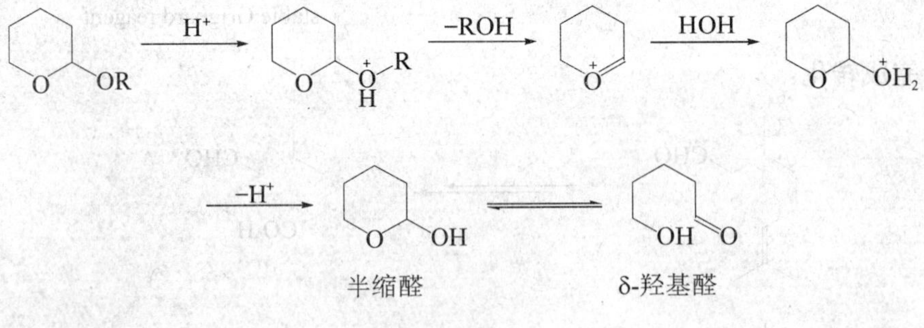
OR
H+
R
H
−ROH
HOH
OH2
−H+
OH
OH
O
半缩醛
δ-羟基醛

缩醛缩酮在糖化学中的应用：

一分子单糖(环状半缩醛)和一分子醇生成糖苷，即环状缩醛。

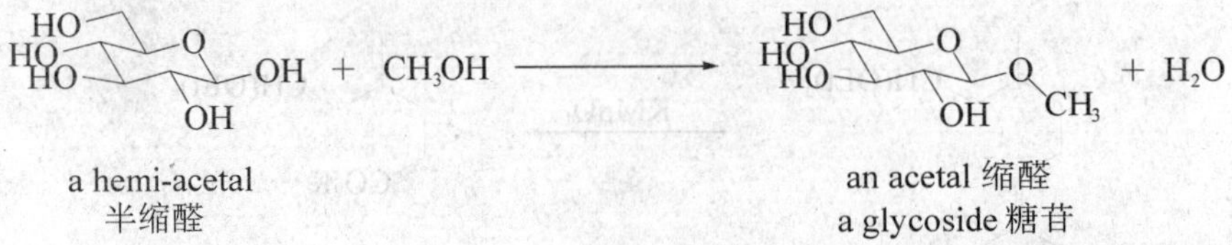
HO
HO
HO
O
OH
OH
+ CH3OH
CH3
+ H2O
a hemi-acetal
半缩醛
an acetal 缩醛
a glycoside 糖苷

糖苷是糖的主要存在形式,在糖化学中是重要的(见第 14 章生物分子糖部分)。

4. 加成氮亲核试剂

醛酮与氨(伯胺)、羟胺、肼、氨基脲反应分别生成亚胺(Schiff 碱)、肟、腙和缩氨脲。

$$\diagup\!\!\!\diagdown C=O + H_2N-G \underset{}{\overset{H^+}{\rightleftharpoons}} \diagup\!\!\!\diagdown C=N-G + H_2O$$

G = H　　　　　　亚胺
　　R　　　　　　亚胺
　　Ar　　　　　　亚胺 Schiff base
　　OH　　　　　　肟
　　NHPh　　　　　苯腙
　　NHCONH$_2$　　缩氨脲

醛酮生成肟、腙、缩胺脲的反应一般在弱酸性溶液中进行。

酸催化亲核加成-消去机理：

$$\diagup\!\!\!\diagdown C=O \overset{H^+}{\rightleftharpoons} \diagup\!\!\!\diagdown C-\overset{+}{O}H \xrightarrow{GNH_2} \diagup\!\!\!\diagdown C\underset{\overset{+}{N}H_2G}{\overset{OH}{|}} \rightleftharpoons$$

$$\diagup\!\!\!\diagdown C\underset{NHG}{\overset{\overset{+}{O}H_2}{|}} \xrightarrow{-HOH} \diagup\!\!\!\diagdown C=\overset{+}{N}H-G \xrightarrow{-H^+} \diagup\!\!\!\diagdown C=N-G$$

强酸度(pH<4),亲核加成是速度决定步骤,弱酸性(pH>6),脱水消去是决速步骤。因此,反应有最佳酸度,见图 8-1。

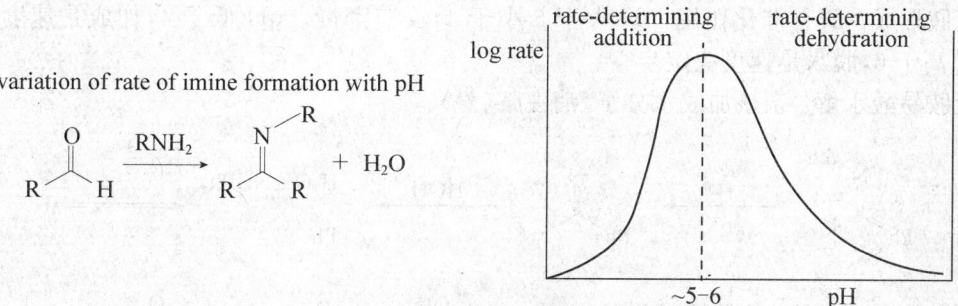

图 8-1　亚胺生成最佳酸度

氨：羰基与氨反应,首先生成羟胺,一般不稳定,迅速脱水生成含碳-氮双键的亚胺。

$$CCl_3\underset{}{\overset{O}{\|}}CH + NH_3 \xrightarrow{H_2O} CCl_3\underset{}{\overset{OH}{|}}CHNH_2$$

甲醛与氨反应生成六亚甲基四胺。

$$6\,HCHO + 4\,NH_3 \xrightarrow{H_2O} \text{(六亚甲基四胺结构)}\;\text{Urotropine}$$

六亚甲基四胺俗称乌洛托品(urotropine)，主要用作树脂和塑料的固化剂、氨基塑料的催化剂和发泡剂、橡胶硫化的促进剂(H)、纺织品的防缩剂等，也是化工原料,合成中用作氨化剂，本身具有消毒作用。也用于生产炸药,如六亚甲基四胺用硝酸硝化生成爆炸力极强的旋风炸药——黑索今(hexogen；RDX；cyclonite；T4；cyclotrimethylenetrinitramine 环三亚甲基三硝胺1，3，5-trinitro-1，3，5-triazacyclohexane；1，3，5-三硝基-1，3，5-三氮杂环己烷；1，3，5-trinitroperhydro-1，3，5-triazine)。

问题 14 在星际云中发现一种高度对称的有机分子(Z)，在紫外辐射或加热下可转化为其他许多生命前物质,这些事实支持了生命来自星际的假说。

有人认为,Z 的形成过程如下：
(1) 星际分子 $CH_2=NH$ 聚合生成 X；
(2) X 与甲醛加成得到 Y（分子式 $C_6H_{15}O_3N_3$）；
(3) Y 与氨(摩尔比1∶1)脱水缩合得到 Z。

试写出 X,Y 和 Z 的结构简式。(1999年全国高中学生化学竞赛(初赛)试题)

伯氨：羰基与脂肪或芳香伯胺脱一分子水生成含碳-氮双键的亚胺：

$$CH_3CHO + C_2H_5NH_2 \longrightarrow CH_3CH=NC_2H_5 \quad 71\%$$

脂肪亚胺一般不稳定,芳亚胺(Schiff 碱)则稳定且易于制备。例：

$$PhCHO + CH_3NH_2 \xrightarrow{\triangle} PhCH=NCH_3 \quad 70\%$$

$$PhCHO + PhNH_2 \xrightarrow{\triangle} PhCH=NPh \quad 84\%\sim87\%$$

Schiff 碱易水分解成原料,可用于分离、提纯伯胺、羰基保护，也用于制备纯净的仲胺。某些 Schiff 碱用作药物、络合剂等。

亚胺形成：酸有催化作用，pH 大于6小于4，反应都慢。pH 低于4,加成是速度决定步骤，pH 高于6,脱水是速度决定步骤。

亚胺易酸水解：亲核加成水分子,消去胺(氨)。

醛酮与羰基试剂反应分别生成肟、腙、缩胺脲,可用于鉴别甚至鉴定,也用于分离、提纯。
羟胺、苯肼、2,4-二硝基苯肼与氨基脲通常称为羰基试剂,一般的醛酮都能与这些试剂反应,可用于鉴别或鉴定。

肟：含碳-氮双键且氮连羟基的有机化合物称为肟(oxime)。例：

$$\rangle=NOH \quad 丙酮肟 \qquad \bigcirc=NOH \quad 环己酮肟$$

醛肟和构造不对称的酮肟存在构型异构——顺反异构。例：

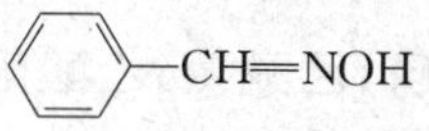

第8章 醛酮醌 Aldehydes, Ketones and Quinones

Benzaldoxime
Benzaldehyde oxime
苯甲醛肟

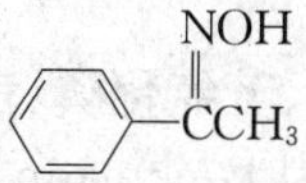

Acetophenone oxime
苯乙酮肟

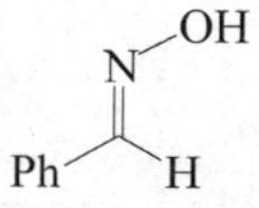

(E)-苯甲醛肟 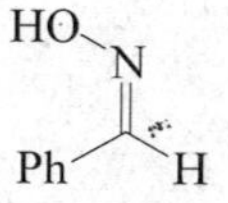   (Z)-苯甲醛肟 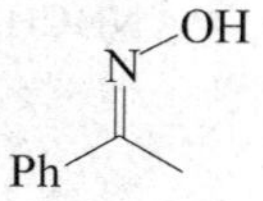   (E)-苯乙酮肟 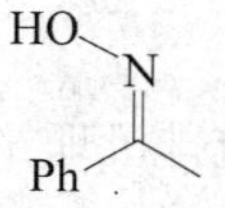   (Z)-苯乙酮肟

肟的制备：醛酮羰基与羟胺（通常用盐酸羟胺）共热脱水即生成含碳-氮双键的肟类化合物。

例：

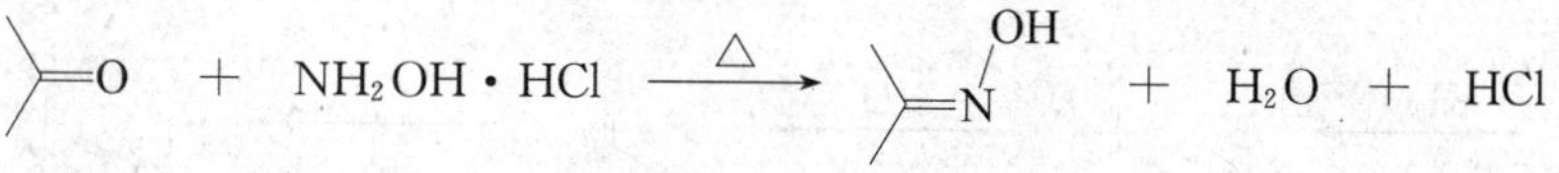

$$(CH_3)_2C=O + NH_2OH \cdot HCl \xrightarrow{\triangle} (CH_3)_2C=NOH + H_2O + HCl$$

$$CH_3CHO + NH_2OH \cdot HCl \xrightarrow{\triangle} CH_3CH=NOH$$

成肟反应：高酸度条件下，亲核加成是速度决定步骤；低酸度条件下，消去脱水是速度决定步骤。丙酮成肟的最佳酸度是 pH 4.5。可用红外光谱跟踪反应，主要看羰基（ν_{max} 1 715 cm^{-1}）与碳-氮双键（ν_{max} 1 400 cm^{-1}）吸收峰的消长。

问题15 完成反应

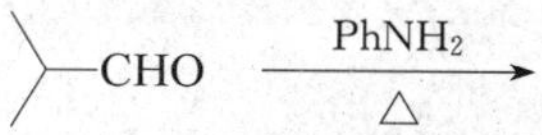

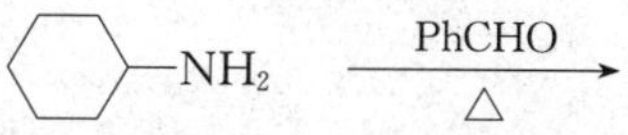

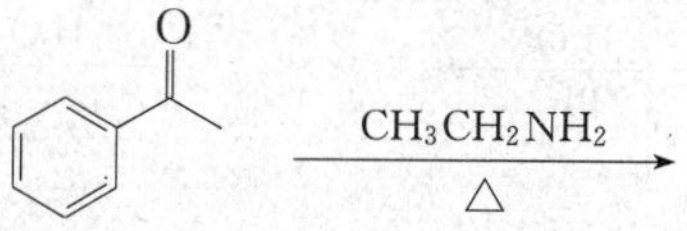

$$(CH_3)_2CHCHO \xrightarrow{PhNH_2, \triangle}$$

$$C_6H_{11}NH_2 \xrightarrow{PhCHO, \triangle}$$

$$PhCOCH_3 \xrightarrow{CH_3CH_2NH_2, \triangle}$$

$$(CH_3)_2CHCHO + NH_2OH \cdot HCl \longrightarrow$$

$$(CH_3)_2CHCOCH_3 \xrightarrow{NH_2OH \cdot HCl, \triangle}$$

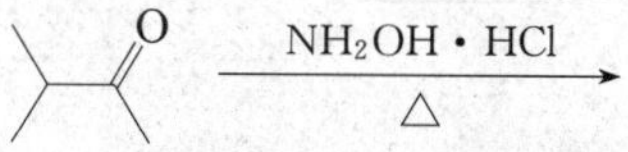

肟的应用：

(a) 肟一般为结晶固体，有敏锐的熔点，易酸水解得原料，故可用于醛、酮的分离、提纯、鉴别或鉴定。

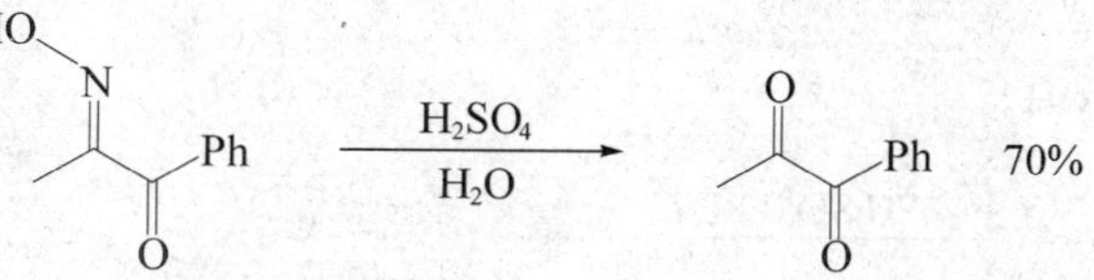

$$PhCOC(=NOH)CH_3 \xrightarrow[H_2O]{H_2SO_4} PhCOCOCH_3 \quad 70\%$$

(b) Beckmann 重排

肟在硫酸、多磷酸(PPA)、五氯化磷、三氯氧磷、乙酰氯、乙酸酐等试剂存在下受热生成酰胺,后者水解得羧酸和胺,此为 Beckmann 重排(Ernst Otto Beckmann,1886)。如丙酮肟在硫酸作用下重排成乙酰甲胺,后者水解给出乙酸和甲胺。

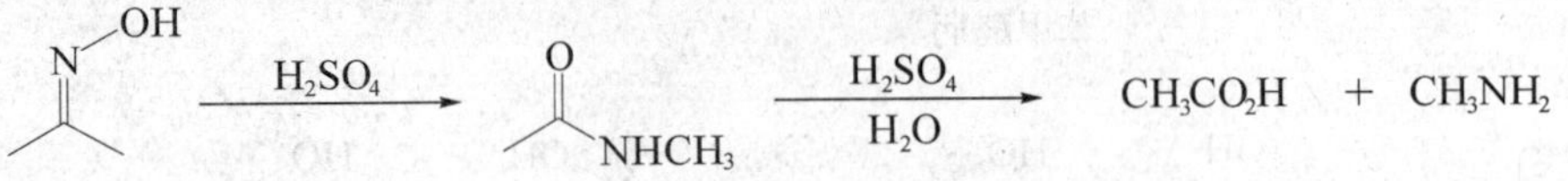

$$\text{(CH}_3)_2\text{C=NOH} \xrightarrow{\text{H}_2\text{SO}_4} \text{CH}_3\text{CONHCH}_3 \xrightarrow[\text{H}_2\text{O}]{\text{H}_2\text{SO}_4} \text{CH}_3\text{CO}_2\text{H} + \text{CH}_3\text{NH}_2$$

Beckmann 重排机理:

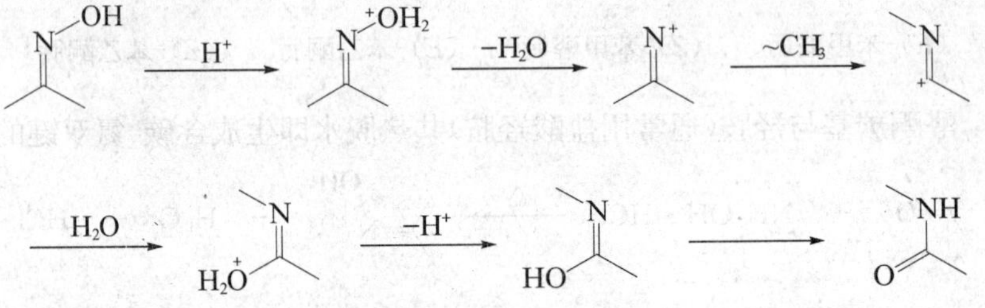

五氯化磷促进重排是通过生成磷酸酯衍生物进行的:

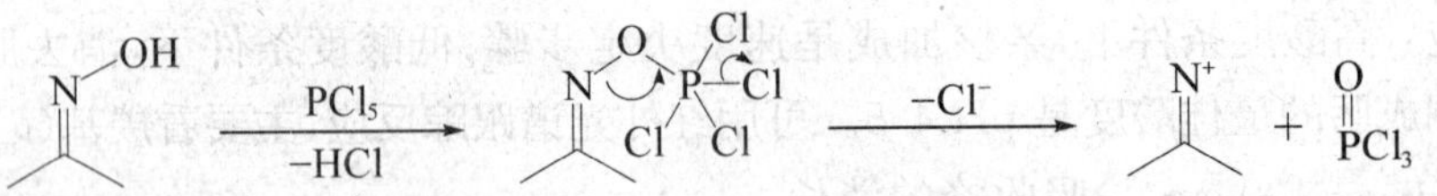

构造不对称的肟:反位迁移重排。例如,苯乙酮肟重排给出乙酰苯胺。

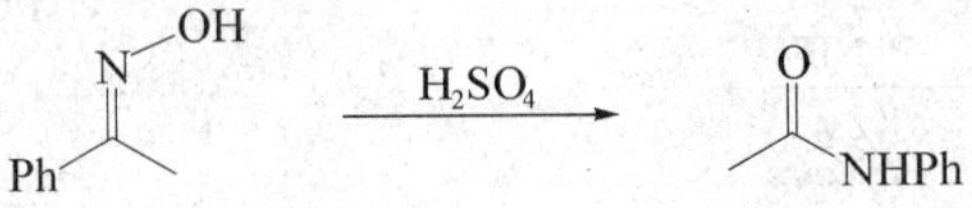

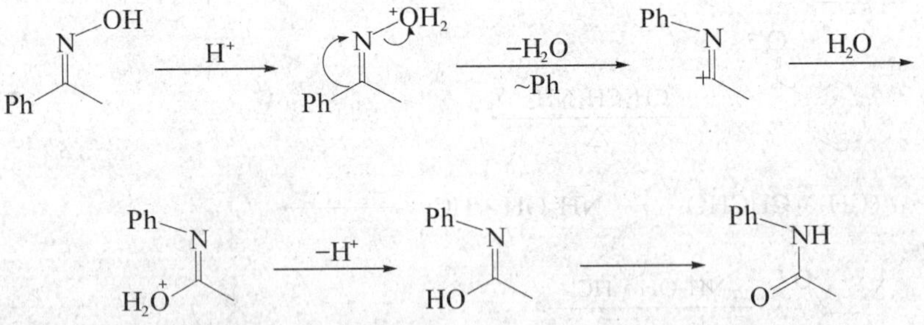

$$\text{PhC(CH}_3)=\text{NOH} \xrightarrow{\text{H}_2\text{SO}_4} \text{CH}_3\text{CONHPh}$$

与羟基处于反位的烃基迁移重排,连接氮原子。例:

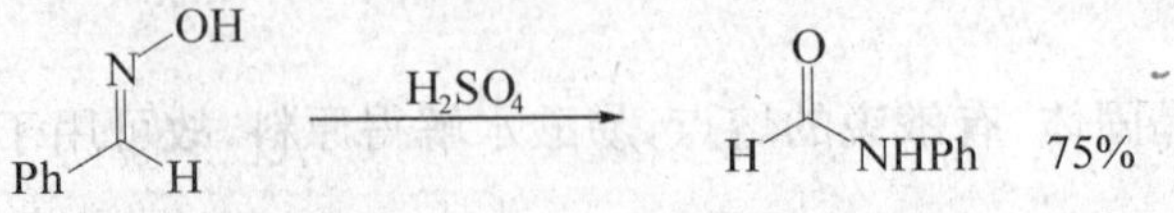

$$\text{PhCH=NOH} \xrightarrow{\text{H}_2\text{SO}_4} \text{HCONHPh} \quad 75\%$$

问题 16 完成反应

2-甲基环戊酮肟 $\xrightarrow{\text{H}_2\text{SO}_4}$

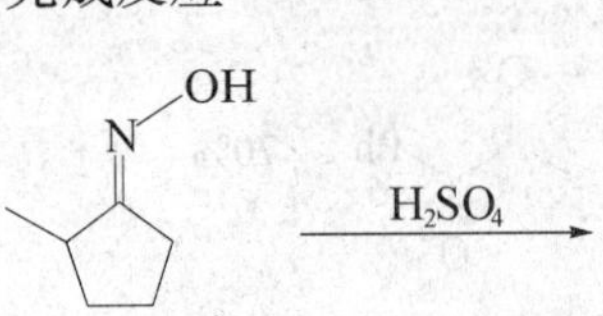

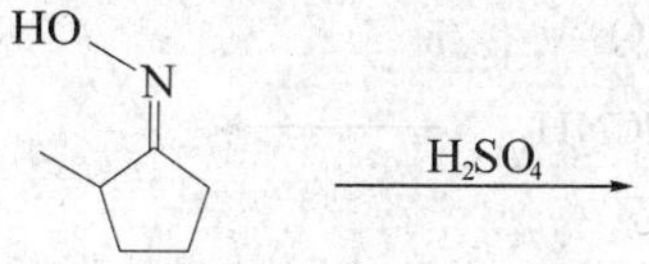

[结构式: 2-甲基环戊酮肟] $\xrightarrow{H_2SO_4}$

应用：Beckmann 重排可用于结构鉴定（肟的构型、C=O 的位置），合成酰胺、胺、氨基酸等。工业生产尼龙-6 就利用了 Beckmann 重排。

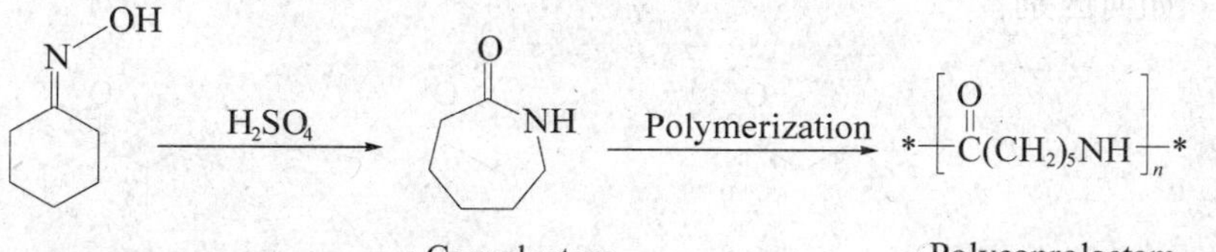

环己酮肟 $\xrightarrow{H_2SO_4}$ ε-Caprolactam (ε-己内酰胺) $\xrightarrow{Polymerization}$ *―[―C(O)(CH$_2$)$_5$NH―]$_n$―* Polycaprolactam 尼龙-6 Nylon-6

问题 17 完成转化

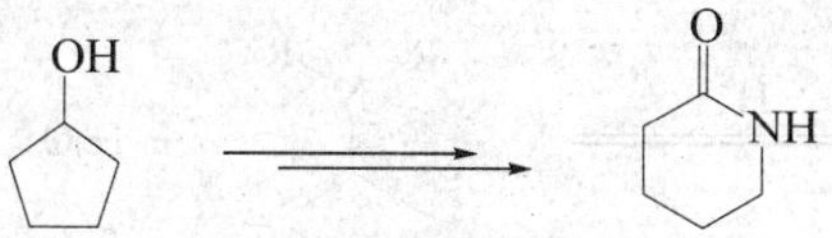

环戊醇 ⟶ 六元环内酰胺（δ-戊内酰胺）

腙：醛酮羰基与肼或取代肼（单取代或不对称双取代）缩合脱水生成含碳-氮双键的腙类化合物（hydrazone）。例：

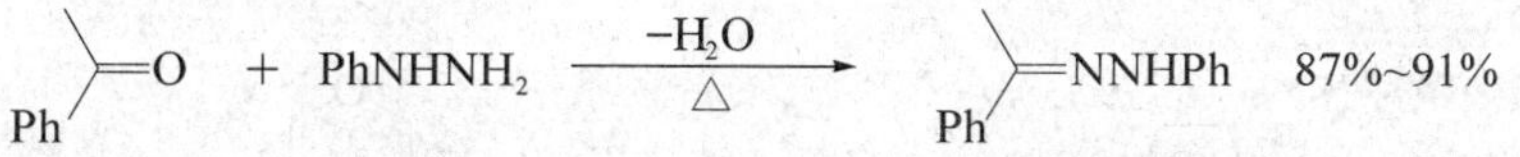

PhC(=O)CH$_3$ + PhNHNH$_2$ $\xrightarrow[\triangle]{-H_2O}$ PhC(=NNHPh)CH$_3$ 87%～91%
苯乙酮苯腙

脂肪苯腙多为低熔点固体或液体，常用 2,4-二硝基苯肼。例：

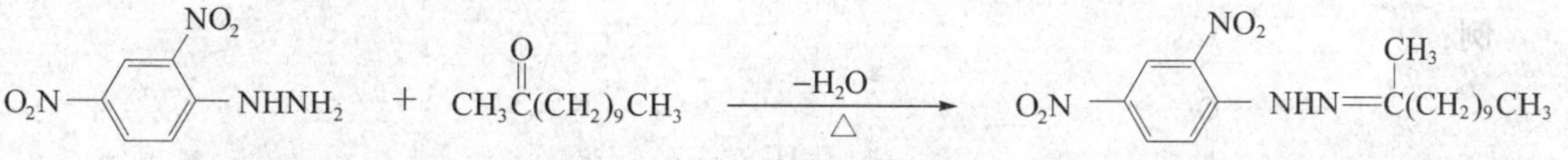

2,4-二硝基苯肼 + CH$_3$C(O)(CH$_2$)$_9$CH$_3$ $\xrightarrow[\triangle]{-H_2O}$ 2-十二烷酮-2,4-二硝基苯腙 93%

缩氨脲：醛酮羰基与氨基脲脱水缩合生成含碳-氮双键的缩氨脲类化合物（semicarbazone）。例：

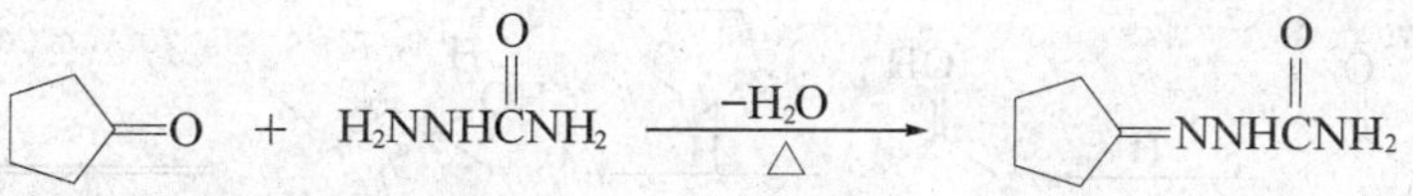

环戊酮 + H$_2$NNHCNH$_2$(O) $\xrightarrow[\triangle]{-H_2O}$ 环戊酮缩氨脲

腙、缩氨脲可用于醛、酮的分离、纯化，鉴别与鉴定，后者主要用于低分子量水溶性酮的鉴定。

问题 18 完成反应

(CH$_3$)$_2$CHCHO + PhNHNH$_2$ ⟶

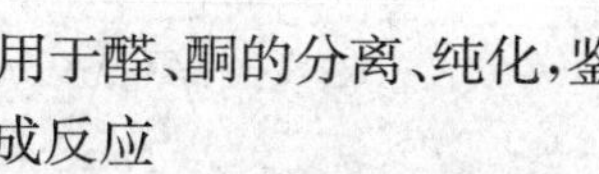

CH$_3$C(O)CH(CH$_3$)$_2$ $\xrightarrow[\triangle]{PhNHNH_2}$

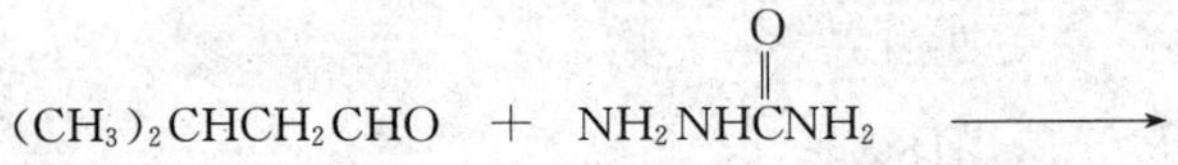

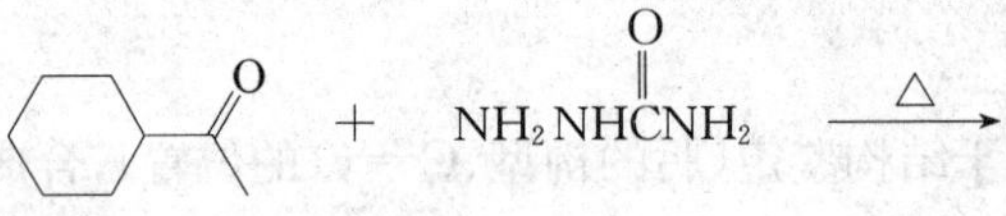

$$(CH_3)_2CHCH_2CHO \ + \ NH_2NHCNH_2 \xrightarrow{} $$

(其中 NH_2NHCNH_2 的 C 上有 =O)

$$\text{环己基甲基酮} \ + \ NH_2NHCNH_2 \xrightarrow{\Delta}$$

问题 19 如何区别？

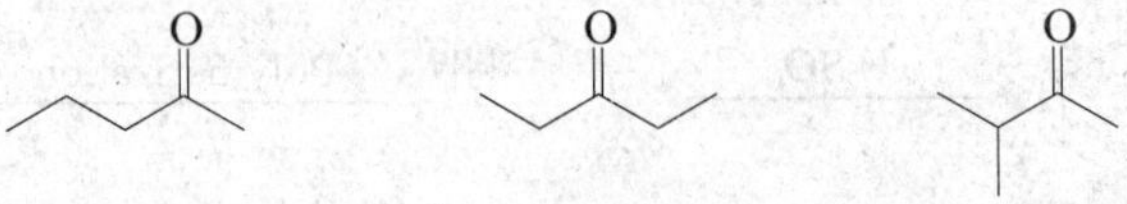

2-戊酮 bp 102 ℃ ； 3-戊酮 102 ℃ ； 3-甲基-2-丁酮 106 ℃

仲氨——烯胺：含 α-氢的醛酮与仲胺反应脱水生成烯胺（enamine）。

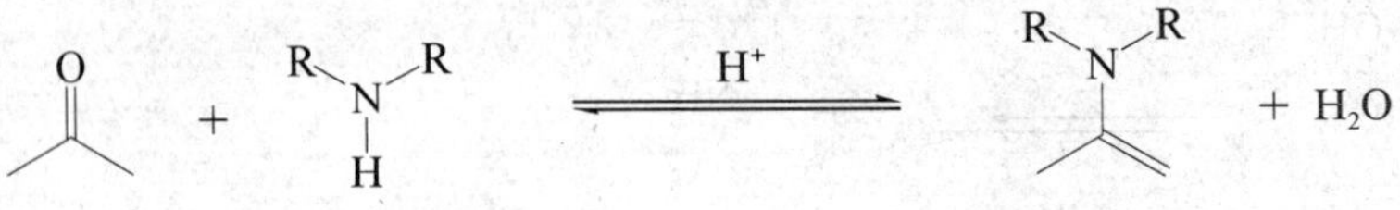

$$\text{酮} \ + \ R_2NH \ \underset{H^+}{\rightleftharpoons} \ \text{烯胺 Enamine} \ + \ H_2O$$

常用的是环状仲胺：

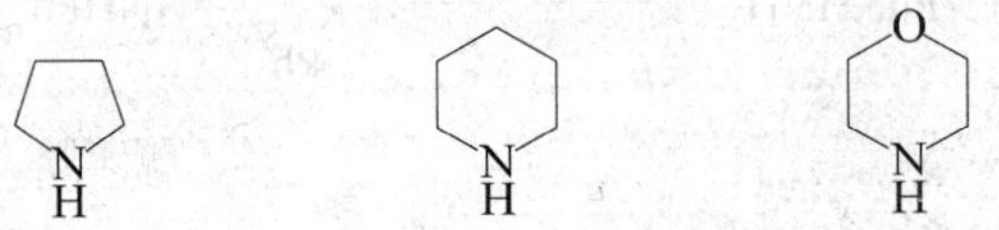

吡咯烷 Pyrrolidine　　哌啶 Piperidine　　吗啉 Morpholine

例：

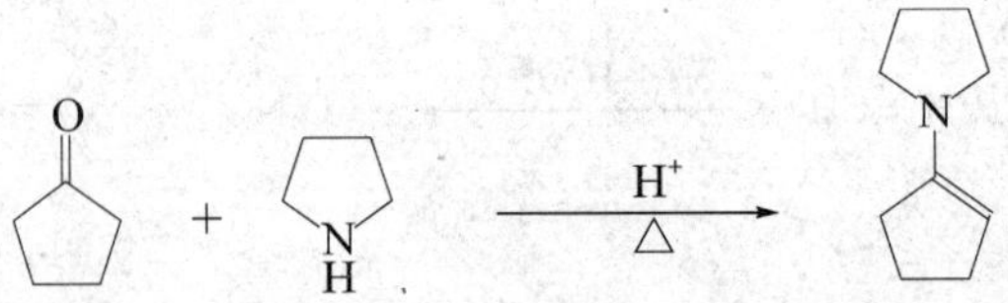

环戊酮 + 吡咯烷 $\xrightarrow[\Delta]{H^+}$ N-环戊烯基吡咯烷　80%~90%

机理：

（酮 $\xrightarrow{H^+}$ 质子化 $\xrightarrow{R_2NH}$ 加成中间体 ⇌ …

… $\xrightarrow{-H_2O}$ 亚胺离子 $\xrightarrow{-H^+}$ 烯胺）

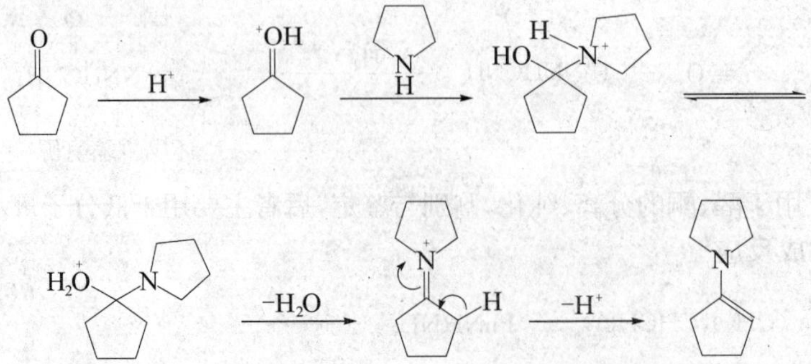

酮若有不同 α-氢，主要生成双键碳取代较少的烯胺。

例:

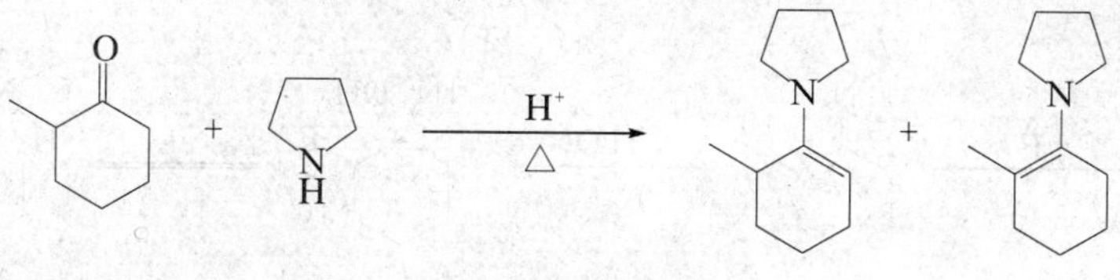

[反应式: 2-甲基环己酮 + 吡咯烷 →(H⁺, Δ) 烯胺产物(90%) + 另一烯胺异构体]

甲基的立体效应:

[结构式展示甲基与吡咯烷基的位阻相互作用]

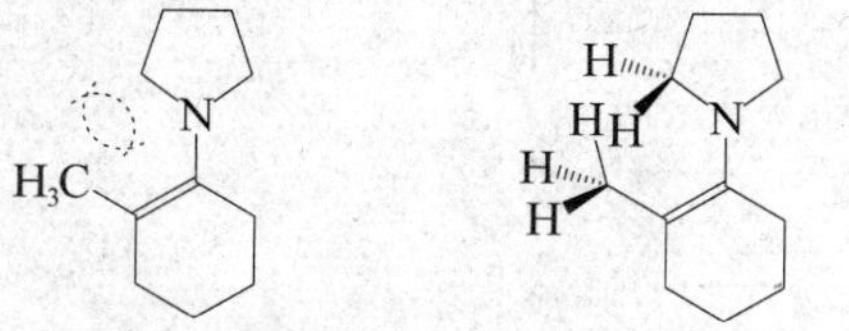

异丁醛与吡咯烷反应亦是脱水生成烯胺:

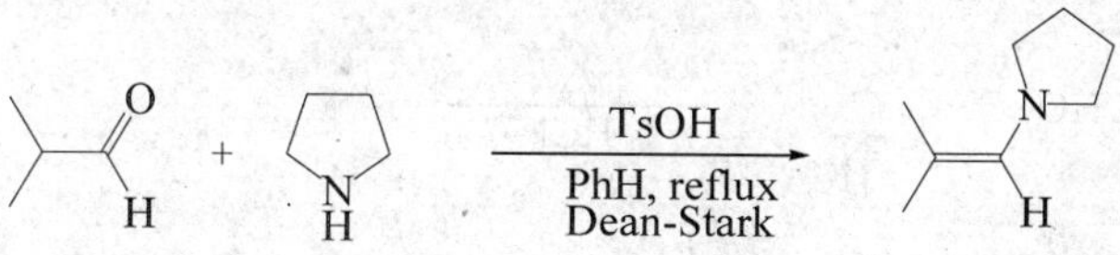

[反应式: 异丁醛 + 吡咯烷 →(TsOH, PhH, reflux, Dean-Stark) 烯胺(95%)]

Dean-Stark 分水器 (Dean-Stark apparatus) 是由 E. W. Dean 和 D. D. Stark 在 1920 年为测定石油中的水含量而发明的, 用于收集回流反应中生成的水。

烯胺的特性:

(a) α-碳的亲核性: 荷负电的 α-碳具亲核性, 可发生烃基化与酰基化。

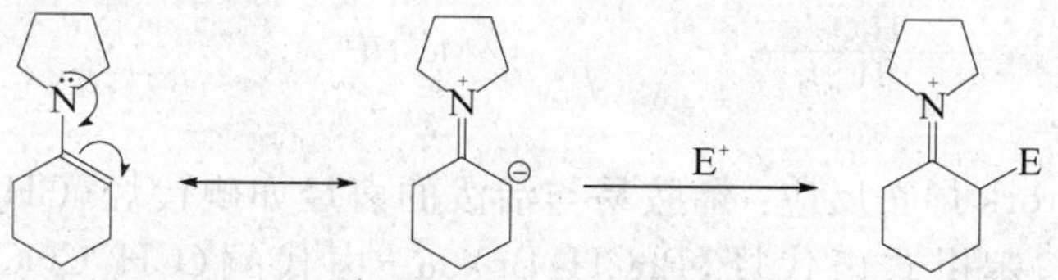

[共振结构: 烯胺 ↔ 碳负离子, 与 E⁺ 反应生成 α-取代亚胺盐]

(b) 烯胺与亚胺盐都易水解释放出胺而恢复醛酮羰基。

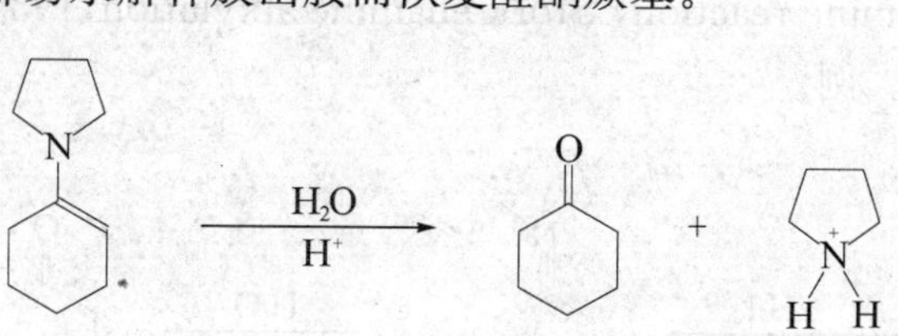

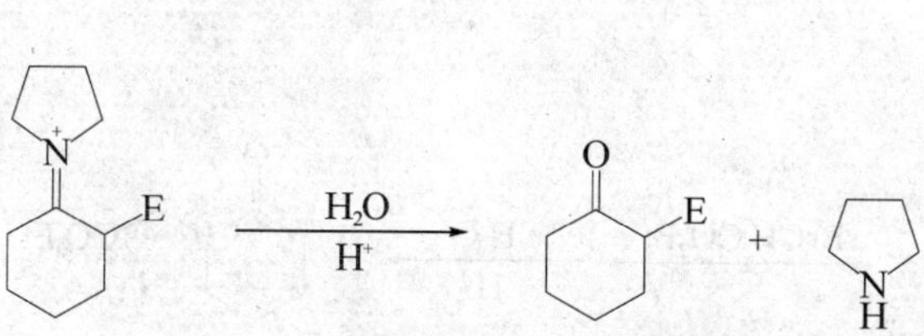

[反应式: 环己烯吡咯烷 + H₂O/H⁺ → 环己酮 + 吡咯烷]

[反应式: α-取代亚胺盐 + H₂O/H⁺ → α-取代环己酮 + 吡咯烷]

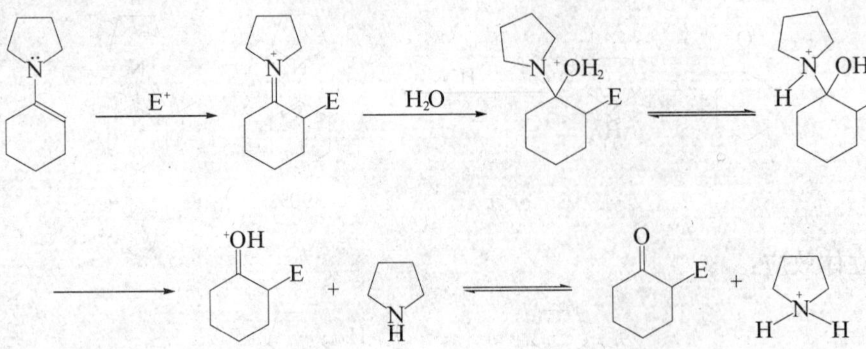

问题 19 完成反应

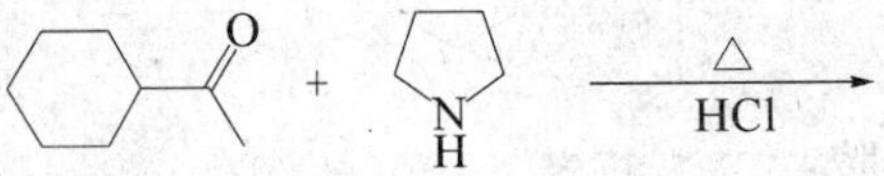

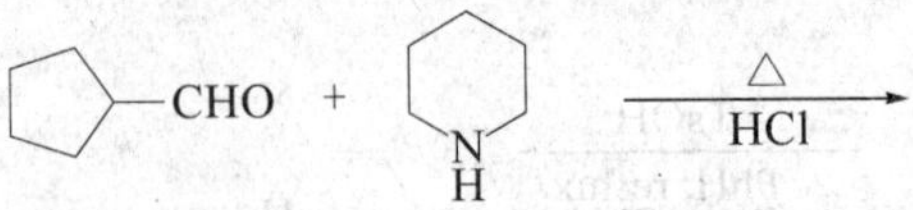

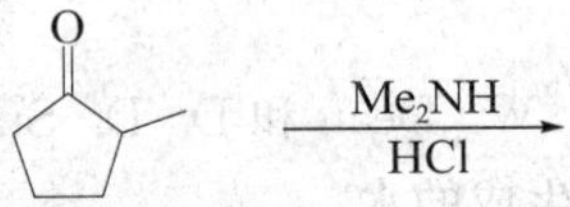

环己基甲基酮 + 吡咯烷 $\xrightarrow[\text{HCl}]{\triangle}$

环戊基-CHO + 哌啶 $\xrightarrow[\text{HCl}]{\triangle}$

2-甲基环戊酮 $\xrightarrow[\text{HCl}]{\text{Me}_2\text{NH}}$

写出烯胺酸水解反应机理：

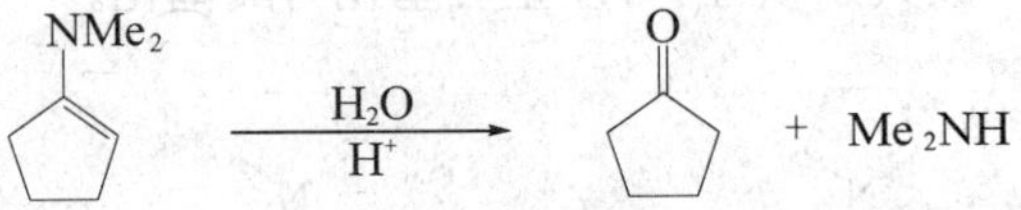

1-(N,N-二甲氨基)环戊烯 $\xrightarrow[\text{H}^+]{\text{H}_2\text{O}}$ 环戊酮 + Me_2NH

合成应用——Stork 烯胺反应：烯胺易与活泼的卤烃如碘代烃（CH_3I 等）、烯丙式卤代（$CH_2=CHCH_2Br$）、苯甲式卤代烃（$PhCH_2Br$）、α-卤代酮（CH_3COCH_2Br）、α-卤代酯（$BrCH_2CO_2Et$）、α-卤代醚（$ClCH_2OCH_3$）及酰氯反应，实现 α-碳烃基化或酰基化，此为 Stork 烯胺反应（the Stork enamine reaction, Stork enamine alkylation, 1954）(Gilbert Stork, 1921—2017)，应用于有机合成。例：

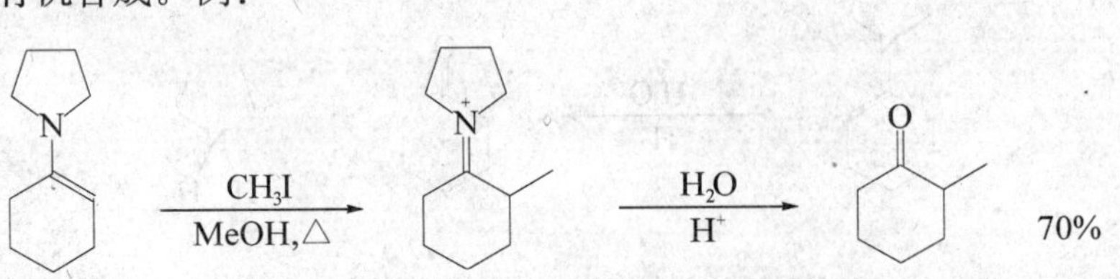

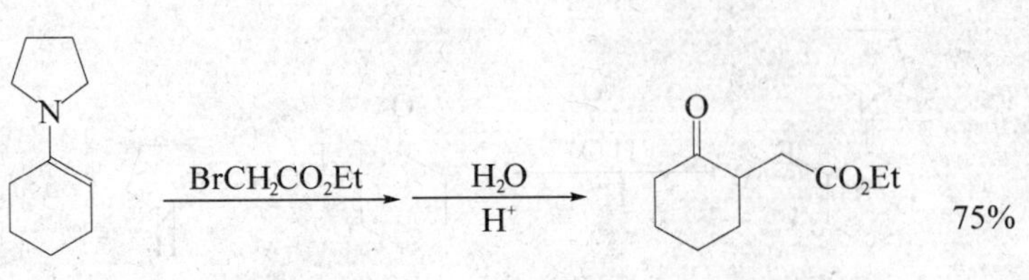

1-吡咯烷基环己烯 $\xrightarrow[\text{MeOH},\triangle]{\text{CH}_3\text{I}}$ $\xrightarrow[\text{H}^+]{\text{H}_2\text{O}}$ 2-甲基环己酮 70%

1-吡咯烷基环己烯 $\xrightarrow{\text{BrCH}_2\text{CO}_2\text{Et}}$ $\xrightarrow[\text{H}^+]{\text{H}_2\text{O}}$ 2-(乙氧羰基甲基)环己酮 75%

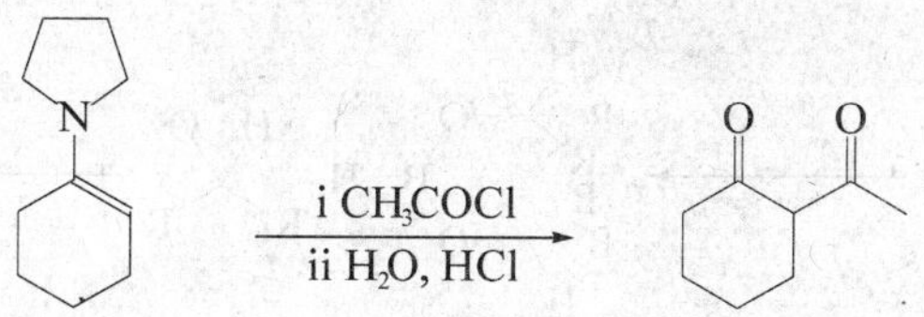

问题 20 完成转化

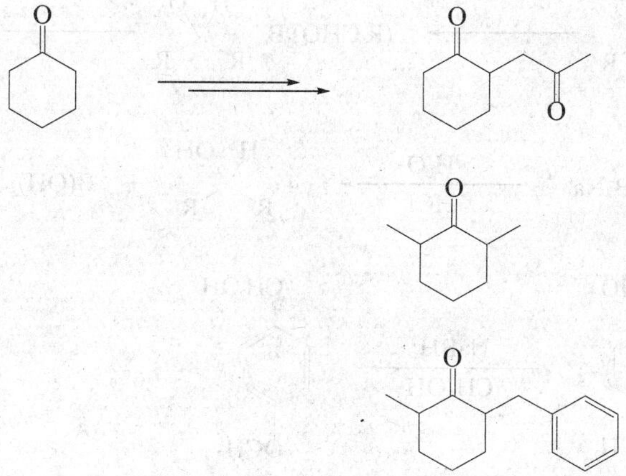

8.2.1.2 不可逆亲核加成

1. 加成氢负离子

氢负离子还原剂——氢负离子[H⁻]供体。

氢硼化还原剂：硼氢化钠 $NaBH_4$、硼氢化锂 $LiBH_4$、三仲丁基硼氢化锂 $LiBH(Bu^s)_3$；

氢化铝锂还原剂：四氢化铝锂 $LiAlH_4$、二乙氧氢化铝锂 $LiAlH_2(OEt)_2$、三叔丁氧氢化铝锂 $LiAlH(OBu^t)_3$。

氢硼化类还原剂与氢铝化锂类还原剂都还原醛酮成醇，是合成醇的重要方法。

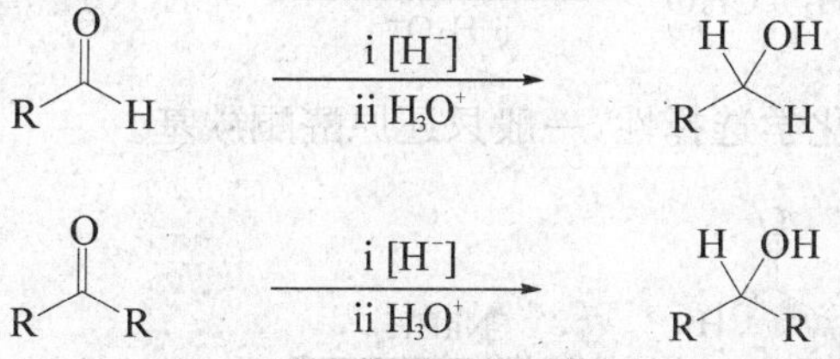

氢负离子还原剂还原机理：氢硼化负离子逐步向羰基转移氢负离子，生成硼酸酯，最后稀酸分解，释放出游离羟基。

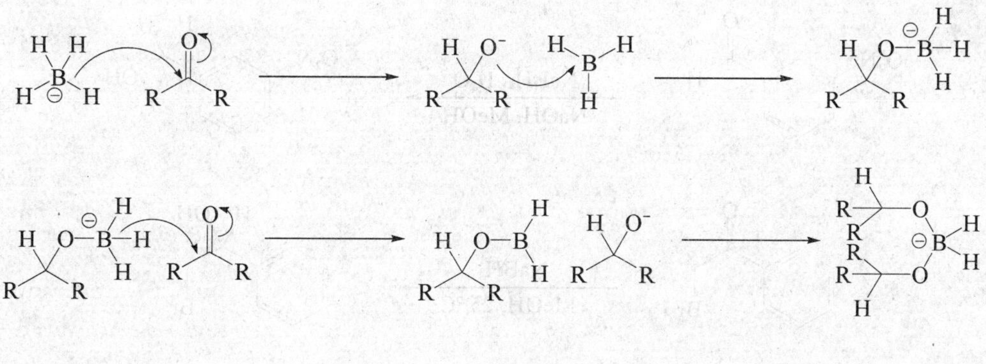

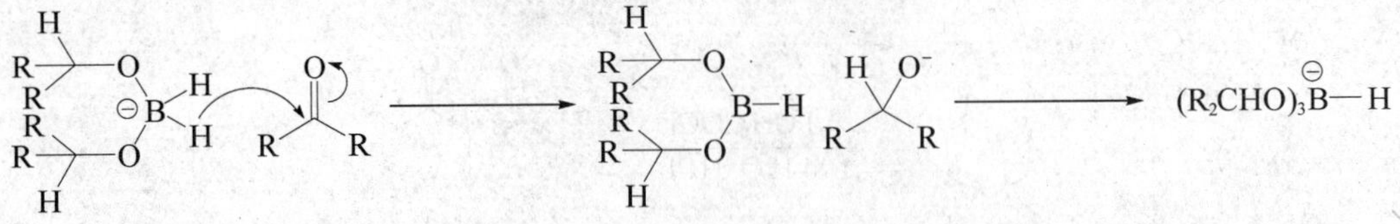

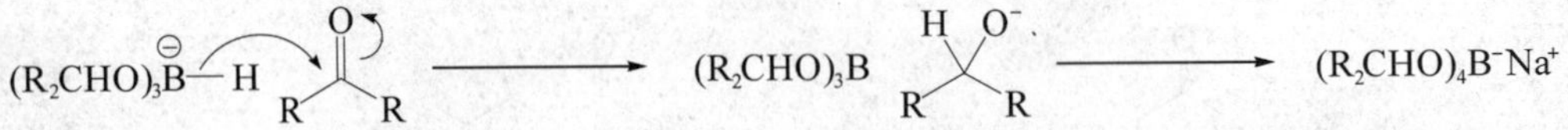

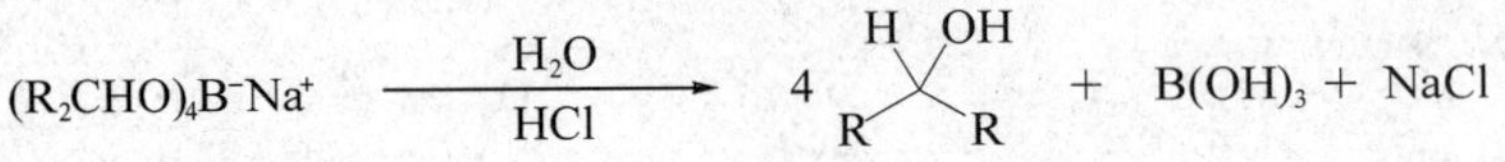

$(R_2CHO)_4B^-Na^+ \xrightarrow[HCl]{H_2O} 4 \underset{R}{\overset{H\ OH}{C}} R + B(OH)_3 + NaCl$

例：

对甲氧基苯甲醛 $\xrightarrow[CH_3OH]{NaBH_4}$ 对甲氧基苄醇 96%

2-戊酮 $\xrightarrow[EtOH]{NaBH_4}$ 2-戊醇 99%

水合氯醛 $\xrightarrow[H_2O]{NaBH_4}$ 2,2,2-三氯乙醇

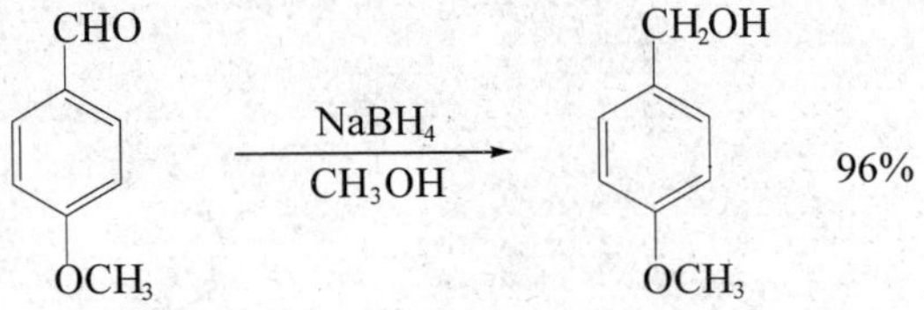

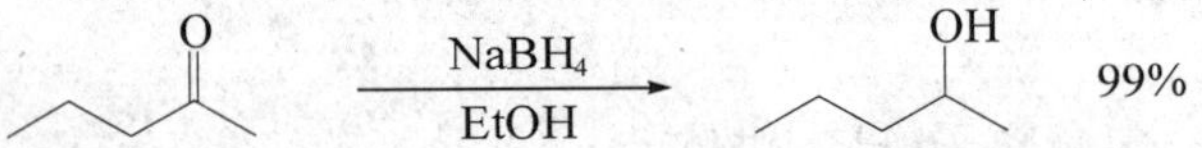

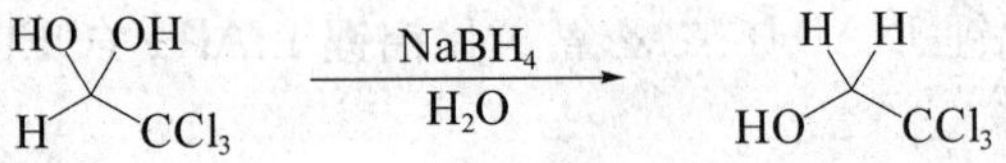

$CH_3(CH_2)_5CHO \xrightarrow[\text{ii } H_3O^+]{\text{i LiAlH}_4,\ Et_2O} CH_3(CH_2)_5CH_2OH$

硼氢化钠具有较好的化学选择性，一般只还原醛酮羰基。

例：

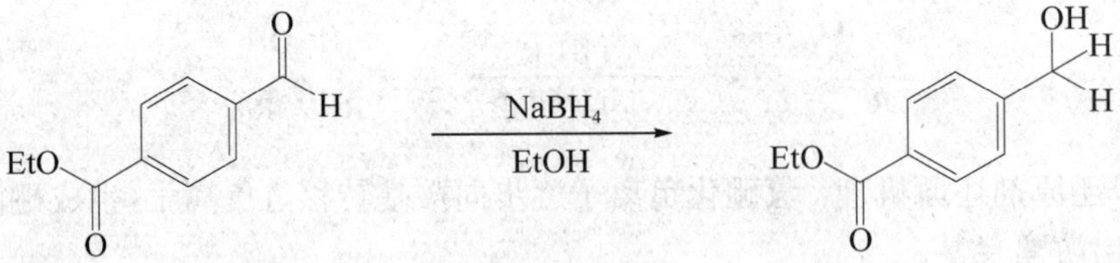

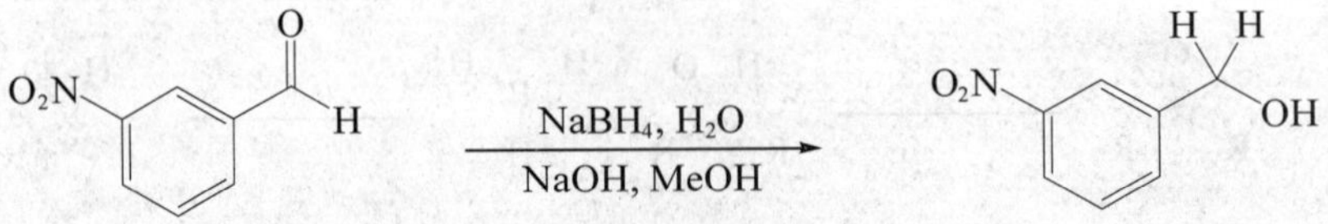

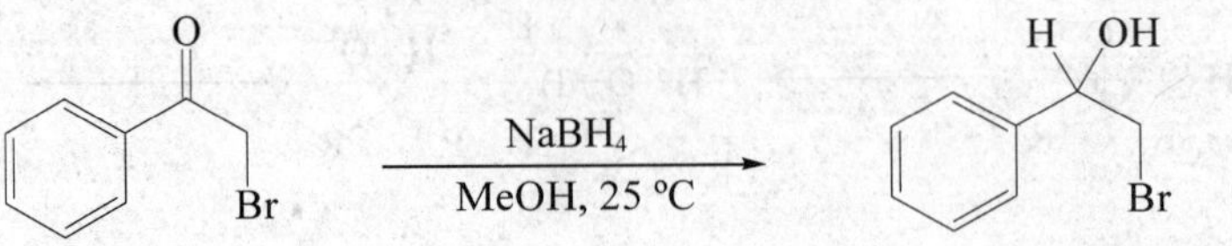

对乙氧羰基苯甲醛 $\xrightarrow[EtOH]{NaBH_4}$ 对乙氧羰基苄醇

间硝基苯甲醛 $\xrightarrow[NaOH,\ MeOH]{NaBH_4,\ H_2O}$ 间硝基苄醇

α-溴代苯乙酮 $\xrightarrow[MeOH,\ 25\ ^\circ C]{NaBH_4}$ α-溴代苯乙醇

问题 21 完成反应

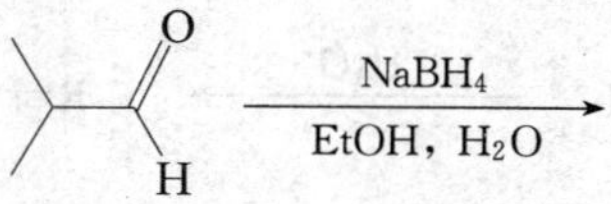

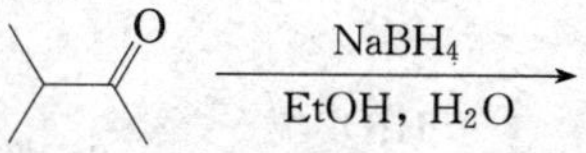

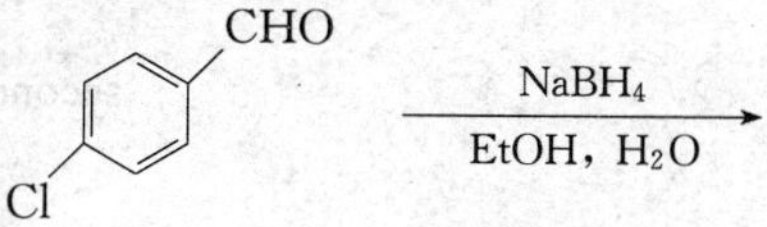

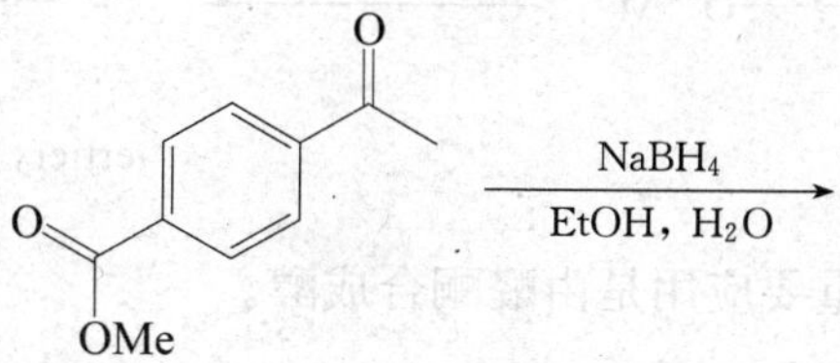

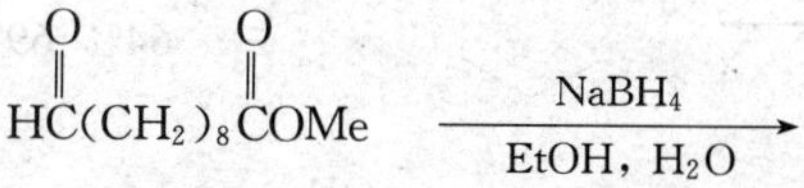

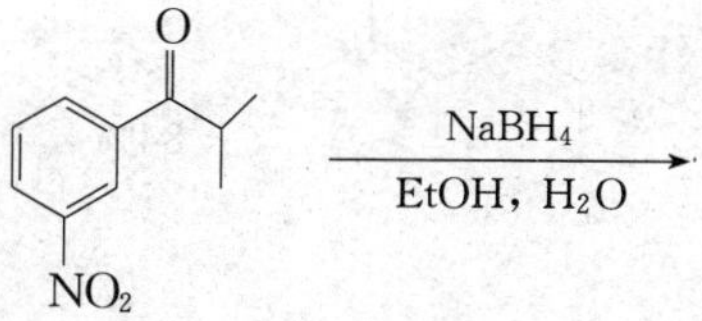

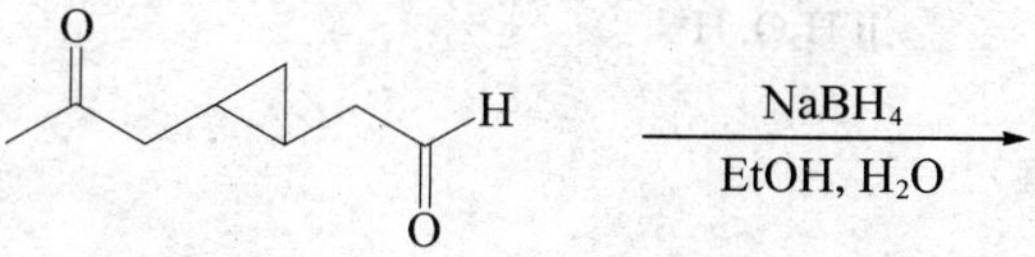

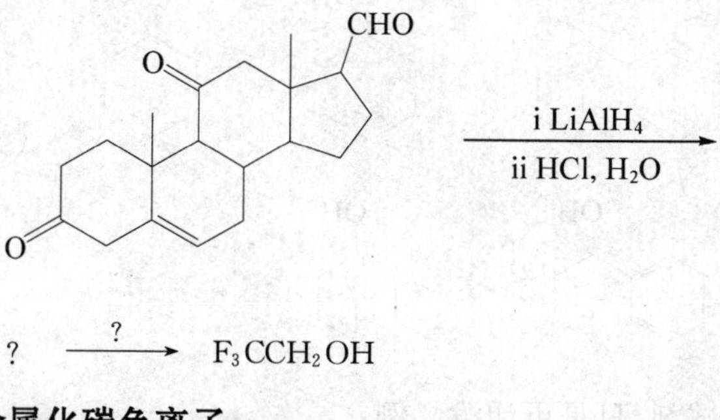

(CH₃)₂CHCHO $\xrightarrow{\text{NaBH}_4}{\text{EtOH, H}_2\text{O}}$

(CH₃)₂C=O (丙酮类) $\xrightarrow{\text{NaBH}_4}{\text{EtOH, H}_2\text{O}}$

4-Cl-C₆H₄-CHO $\xrightarrow{\text{NaBH}_4}{\text{EtOH, H}_2\text{O}}$

4-MeOOC-C₆H₄-COCH₃ $\xrightarrow{\text{NaBH}_4}{\text{EtOH, H}_2\text{O}}$

HC(O)(CH₂)₈COOMe $\xrightarrow{\text{NaBH}_4}{\text{EtOH, H}_2\text{O}}$

3-NO₂-C₆H₄-COCH(CH₃)₂ $\xrightarrow{\text{NaBH}_4}{\text{EtOH, H}_2\text{O}}$

环丙烷-1,2-双取代(CH₂COCH₃, CH₂CHO) $\xrightarrow{\text{NaBH}_4}{\text{EtOH, H}_2\text{O}}$

甾体(含 3-酮、5-烯、11-酮、17-CHO) $\xrightarrow[\text{ii HCl, H}_2\text{O}]{\text{i LiAlH}_4}$

? $\xrightarrow{?}$ F₃CCH₂OH

2. 加成金属化碳负离子

金属化碳负离子[R⁻]试剂：Grignard 试剂 RMgX、锂试剂 RLi 等有机金属试剂；炔化物如乙炔化钠 HC≡C⁻Na⁺(Li、MgX)等，与醛酮加成得到醇，是合成醇的重要方法。

反应机理是亲核加成，荷负电的碳原子（或碳负离子）进攻荷正电的羰基碳，羰基碳原子由

sp² 杂化转变为 sp³ 杂化，即变为饱和碳。生成的是烷氧负离子的盐，稀酸分解，游离出羟基。

$$\underset{H}{\overset{O}{\underset{\delta^+}{\overset{\|}{C}}}}\underset{H}{\overset{\delta^-}{R-M}} \xrightarrow[A_N]{Et_2O} R-\underset{H}{\overset{H}{\underset{|}{C}}}-O^{-+}M \xrightarrow{H_3O^+} R-\underset{H}{\overset{H}{\underset{|}{C}}}-OH$$

primary alcohol

$$\underset{\delta^+}{\overset{O}{\|}}\underset{H}{\overset{}{C}}\;\;\overset{\delta^-}{R-M} \xrightarrow[A_N]{Et_2O} R-\underset{H}{\overset{}{\underset{|}{C}}}-O^{-+}M \xrightarrow{H_3O^+} R-\underset{H}{\overset{}{\underset{|}{C}}}-OH$$

secondary alcohol

$$\underset{\delta^+}{\overset{\overset{O}{\|}}{C}}\;\;\overset{\delta^-}{R-M} \xrightarrow[A_N]{Et_2O} R-\underset{}{\overset{}{\underset{|}{C}}}-O^{-+}M \xrightarrow{H_3O^+} R-\underset{}{\overset{}{\underset{|}{C}}}-OH$$

terticry alcohol

Grignard 试剂：Grignard 试剂的一个重要应用是由醛酮合成醇。

例：

Cy-MgCl $\xrightarrow[\text{ii } H_2O, H^+]{\text{i HCHO, Et}_2O}$ Cy-CH₂OH 64%~69%

n-hexyl-MgBr $\xrightarrow[\text{ii } H_2O, H^+]{\text{i CH}_3\text{CHO, Et}_2O}$ 2-heptanol 84%

i-Pr-MgBr + (CH₃)₂C=O $\xrightarrow[\text{ii } H_2O, H^+]{\text{i HCHO, Et}_2O}$ 2,3-dimethyl-2-butanol 54%

问题 22 完成转化

以正丁醇为基本原料合成：

（结构式略）

锂试剂 RLi：类似 Grignard 试剂，只是更活泼。例：

PhCHO + CH₂=CHLi $\xrightarrow[\text{ii } H_2O, H^+]{\text{i Et}_2O}$ PhCH(OH)CH=CH₂ 76%

底物或试剂体积大亦可：

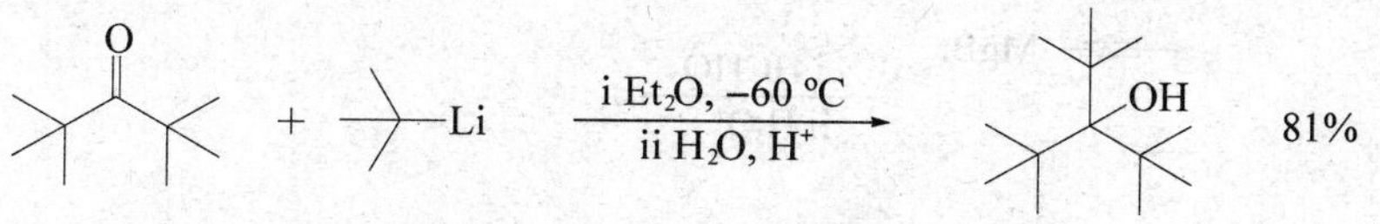

炔负离子（HC≡C⁻ M⁺、RC≡C⁻ M⁺）：炔化钠（锂）、炔化卤化镁与醛酮反应合成 α-炔醇。

例：

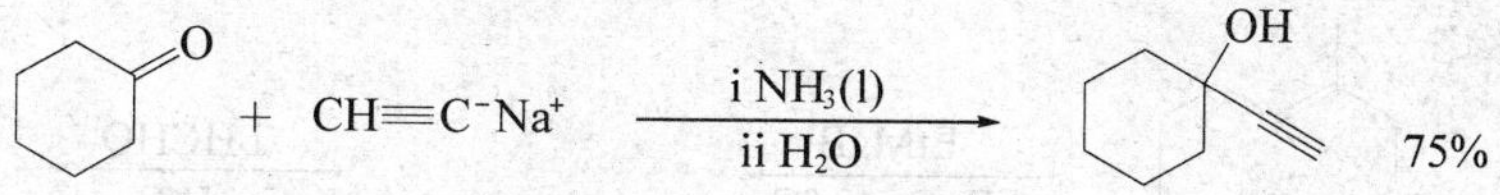

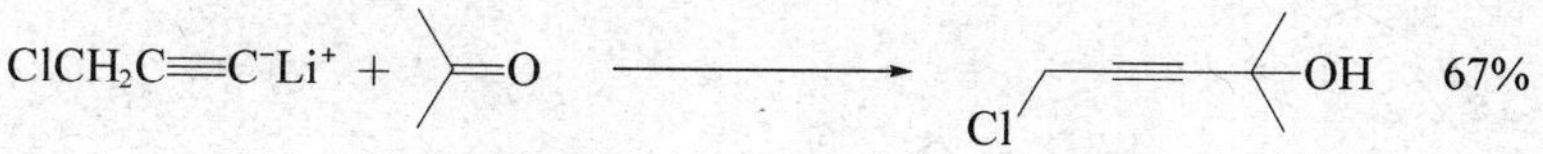

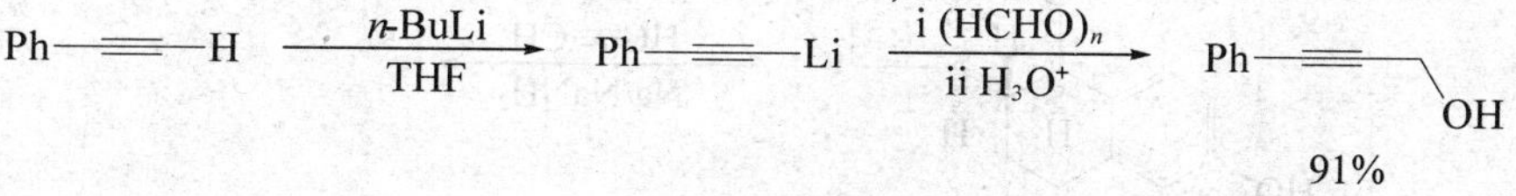

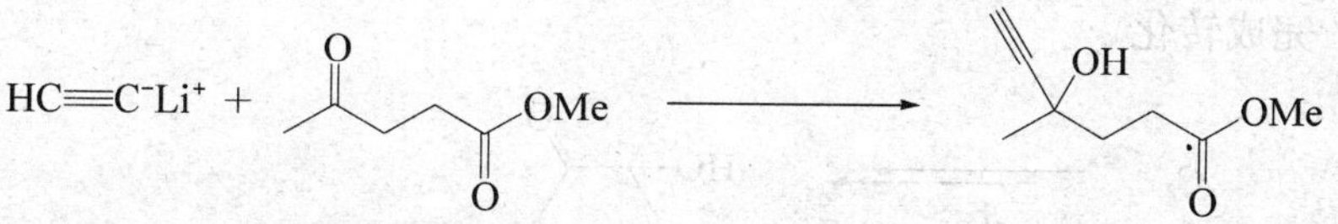

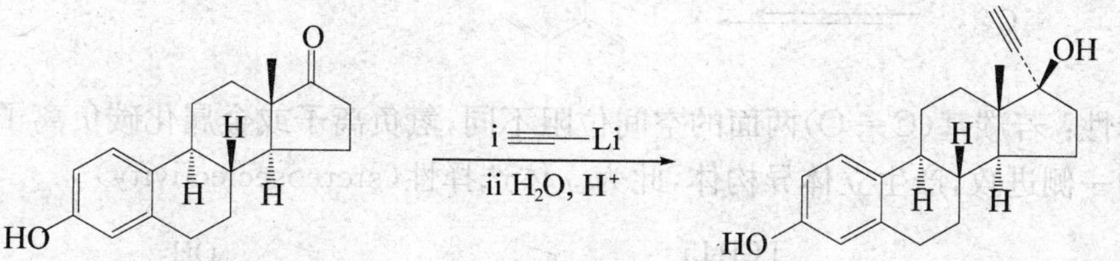

Estrone 雌酮 → *Ethynylestradiol* 乙炔雌二醇；炔雌醇

完成转化：

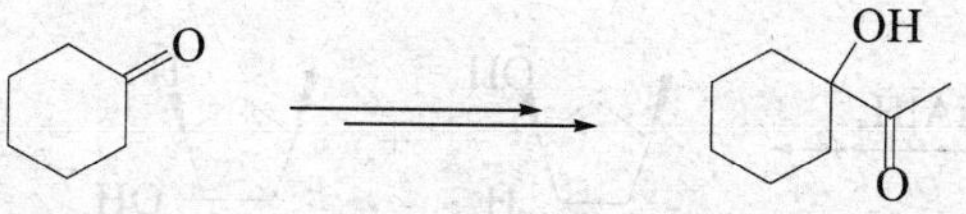

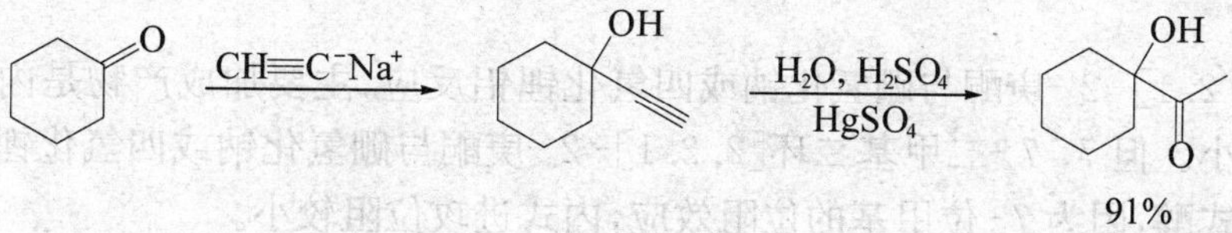

问题 23 完成反应

$$\text{HC≡C-CH}_2\text{CH}_2\text{CH}_2\text{-C≡C-MgBr} \xrightarrow[\text{ii H}_3\text{O}^+]{\text{i HCHO}}$$

$$\text{HC≡CH} \xrightarrow[\text{THF}]{\text{BuLi}} \xrightarrow[\text{then H}_2\text{O}]{\text{EtCH}_2\text{COCH}_3}$$

$$\text{PhC≡CMgBr} + \text{CH}_2\text{=CH-CHO} \longrightarrow$$

(香叶基炔) $\xrightarrow[\text{Et}_2\text{O, 40 °C}]{\text{EtMgBr}} \xrightarrow[\text{ii H}_2\text{O}]{\text{i HCHO}}$

(雌酮结构) $\xrightarrow[\text{Na/NaNH}_2]{\text{HC≡CH}}$

问题 24 完成转化

$$C_2 \Longrightarrow\Longrightarrow \text{HO-C(CH}_3\text{)}_2\text{-C(=O)-CH}_3$$

$$C_{\leqslant 3} \Longrightarrow\Longrightarrow \text{CH}_2\text{=C(CH}_3\text{)-CH=CH}_2$$

立体选择性：若羰基(C=O)两面的空间位阻不同，氢负离子或金属化碳负离子一般主要从位阻较小的一侧进攻，产生立体异构体，此为立体选择性(stereoseclectivity)。

例：

2-甲基环戊酮 $\xrightarrow[\text{ii H}_3\text{O}^+]{\text{i CH}_3\text{Li}}$ （产物1）90% + （产物2）10%

3-甲基环戊酮 $\xrightarrow{\text{LiAlH}_4}$ （产物1）60% + （产物2）40%

二环[2.2.1]-2-庚酮与硼氢化钠或四氢化锂铝反应，主要加成产物是内式醇，因为外式进攻位阻较小。但7,7-二甲基二环[2.2.1]-2-庚酮与硼氢化钠或四氢化锂铝反应，主要加成产物是外式醇，因为7-位甲基的位阻效应，内式进攻位阻较小。

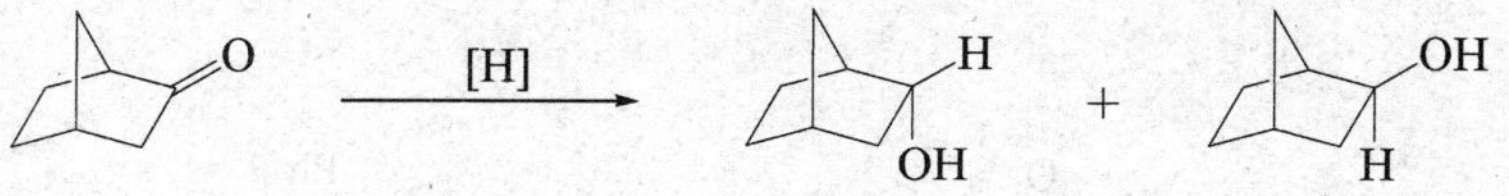

	endo	exo
NaBH₄	86%	14%
LiAlH₄	89%	11%

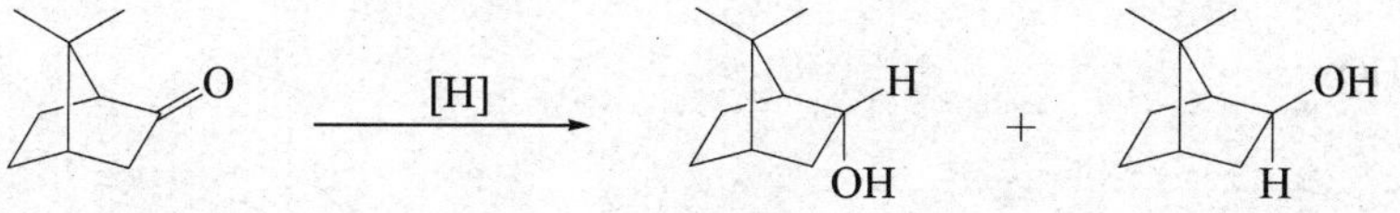

	endo	exo
NaBH₄	14%	86%
LiAlH₄	8%	92%

Cram 规则——不对称诱导：羰基的 α-手性碳对其亲核加成产生不对称诱导(asymmetric induction)，又称手性诱导(chiral induction)，生成不等量的非对映异构体——Cram 规则 (1952)(Donald James Cram，1919—2001)。

选择构象：大基团与烃基 R 重叠，C=O 位于中、小基团之间。亲核试剂主要从立体位阻较小的一面(S)进攻，所得非对映异构体是主要产物。此规则可以预测手性碳邻位羰基加成亲核试剂所产生的新手性碳的构型。

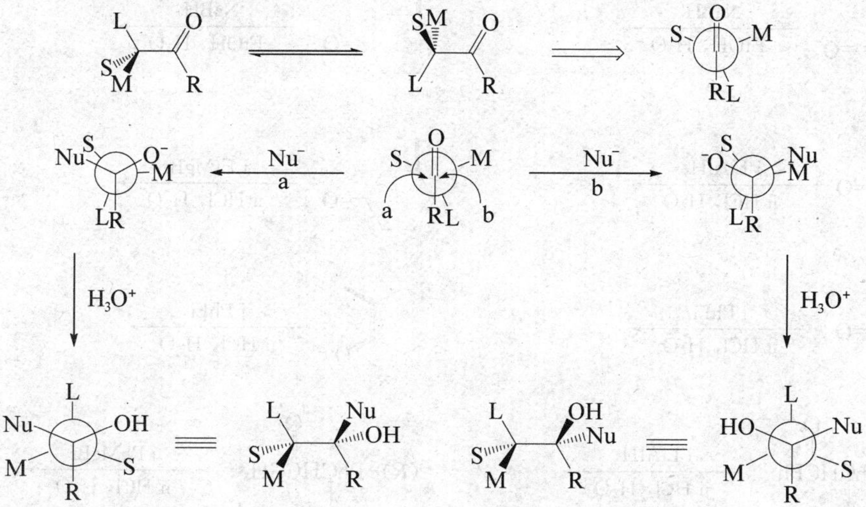

例 1

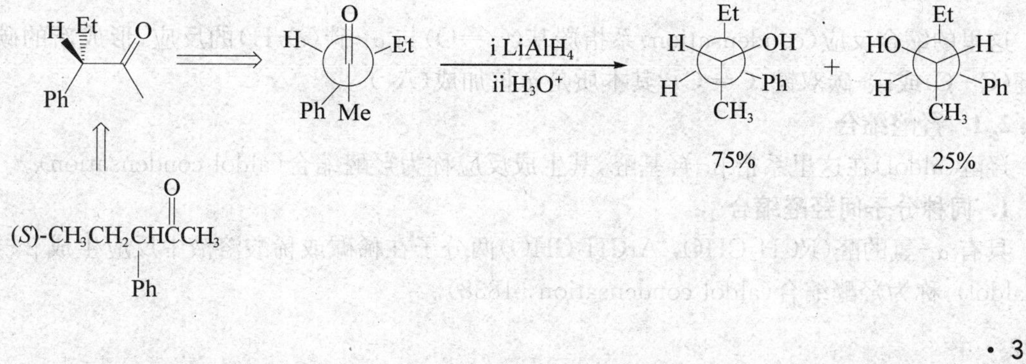

例 2

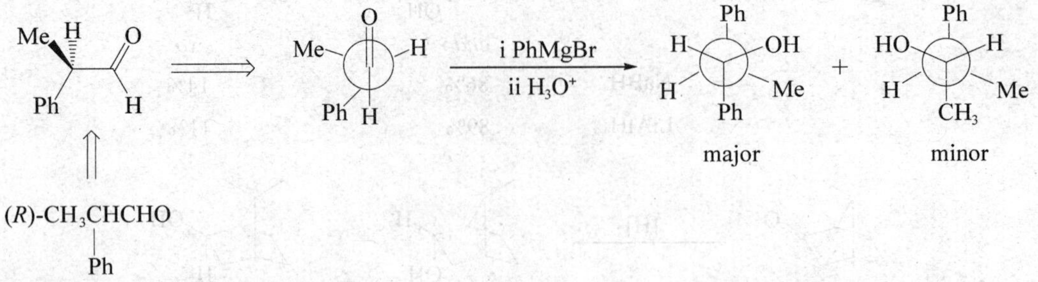

(R)-CH₃CHCHO
    |
    Ph

问题 25 完成反应

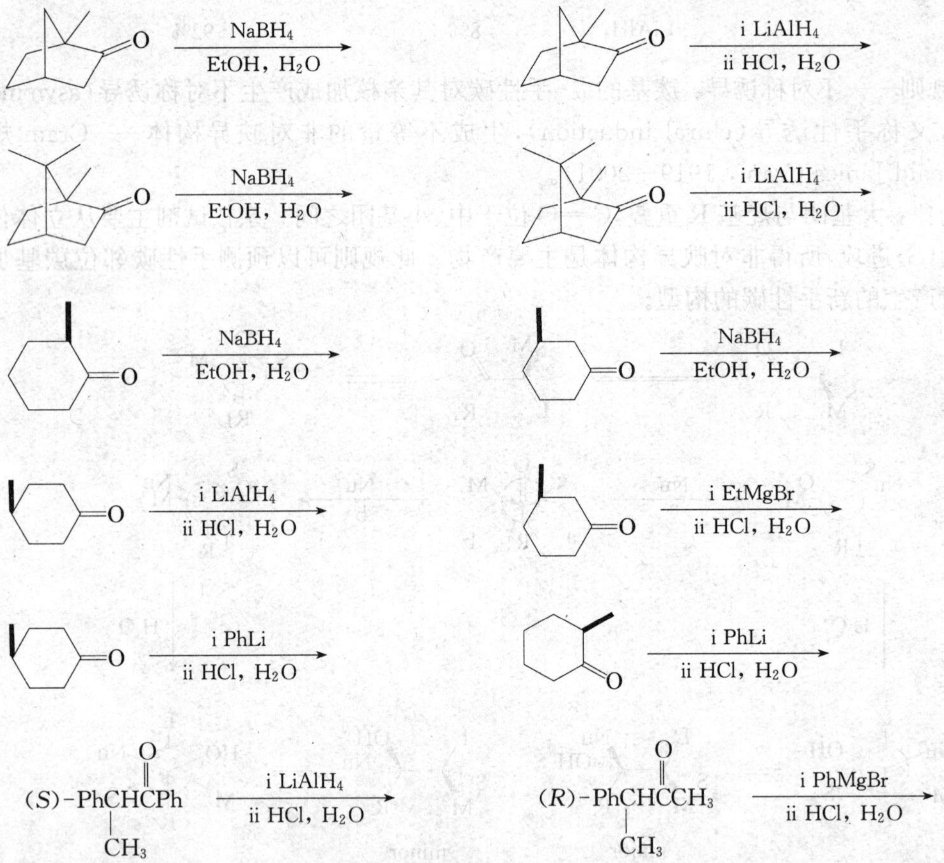

8.2.2 缩合反应

这里的缩合反应(condensation)系指羰基(C=O)与 α-碳(α-H)的反应,形成新的碳-碳单键(C—C)或碳-碳双键(C=C),其本质是亲核加成(A_N)。

8.2.2.1 羟醛缩合

羟醛(aldol)在这里系指 β-羟基醛,其生成反应称为羟醛缩合(aldol condensation)。

1. 同种分子间羟醛缩合

具有 α-氢的醛(RCH_2CHO,$ArCH_2CHO$)两分子在稀碱或稀酸溶液中反应生成 β-羟基醛(aldol),称为羟醛缩合(aldol condensation,1838)。

$$RCH_2CH{=}O + \underset{R}{CHCH{=}O(H)} \xrightarrow[H_2O]{HO^-} RCH_2\underset{\underset{R}{|}}{CH(OH)}{-}CHCH{=}O$$

β-羟基醛 aldol

例:

$$2\ CH_3CHO \xrightarrow[4\,°C \sim 5\,°C]{HO^-,\ H_2O} CH_3CH(OH)CH_2CHO \quad 50\%$$

β-羟基丁醛; 3-羟基丁醛

$$\text{(丁醛)} + \text{(丁醛)} \xrightarrow[6\,°C \sim 8\,°C]{HO^-,\ H_2O} \text{2-乙基-3-羟基己醛} \quad 75\%$$

碱催化缩合机理:

$$HO^- + H{-}CH_2CHO \rightleftharpoons {^-}CH_2{-}CH{=}O\ \text{(烯醇负离子)} + H_2O$$

$$CH_3CHO + {^-}CH_2CHO \xrightarrow{A_N} CH_3CH(O^-)CH_2CHO \xrightarrow[-HO^-]{H_2O} CH_3CH(OH)CH_2CHO$$

β-羟基醛易脱水生成 α, β-不饱和醛,尤其是在较高的温度或碱浓度下反应。庚醛以上的醛在碱性溶液中缩合只能得到 α, β-不饱和醛。

例:

$$\text{丁醛} + \text{丁醛} \xrightarrow[80\,°C \sim 100\,°C]{NaOH,\ H_2O} \text{(E)-2-乙基-2-己烯醛} \quad 86\%\ >97\%\ E$$

$$CH_3(CH_2)_6CHO \xrightarrow[EtOH]{NaOEt} CH_3(CH_2)_6CH{=}C((CH_2)_5CH_3)CHO \quad 79\%$$

酸催化缩合:

$$CH_3CHO \xrightarrow[warm]{dil\ HCl} CH_3CH{=}CHCHO$$

酸催化缩合机理:

$$CH_3CHO \xrightleftharpoons{H^+} CH_3CH{=}{^+}OH \xrightleftharpoons{-H^+} CH_2{=}CH{-}OH$$

$$CH_3CH{=}{^+}OH + CH_2{=}CHOH \xrightleftharpoons{A_N} CH_3CH(OH)CH_2CH{=}{^+}OH \rightleftharpoons CH_3CH({^+}OH_2)CH{=}CHOH$$

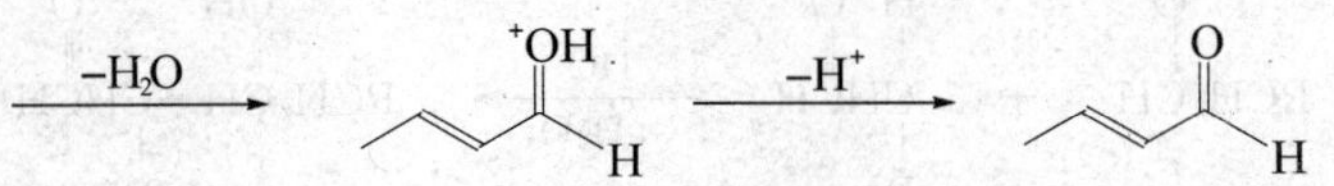

含 α-H 的两分子酮亦可发生羟酮缩合反应,只是稍难。如丙酮在氢氧化钡存在下缩合,平衡时双丙酮醇只有 5%,但在 Soxhlet 提取器中进行,可达 71%。然后在碘存在下蒸馏即可得到脱水缩合产物 4-甲基-3-戊烯-2-酮。在氯化氢催化下可一步直接得到缩合产物。

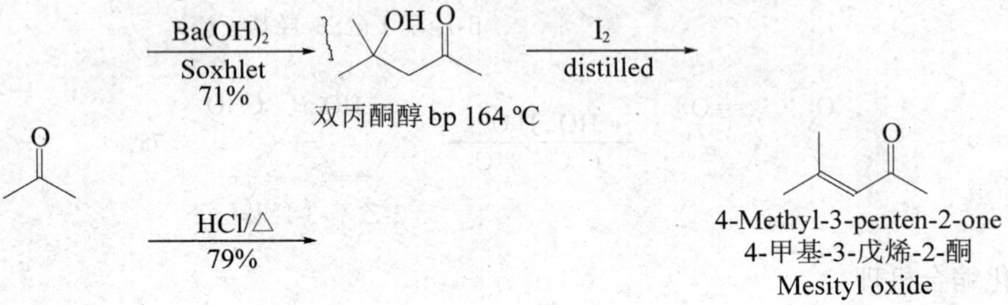

双丙酮醇 bp 164 ℃

4-Methyl-3-penten-2-one
4-甲基-3-戊烯-2-酮
Mesityl oxide

羟酮缩合举例:

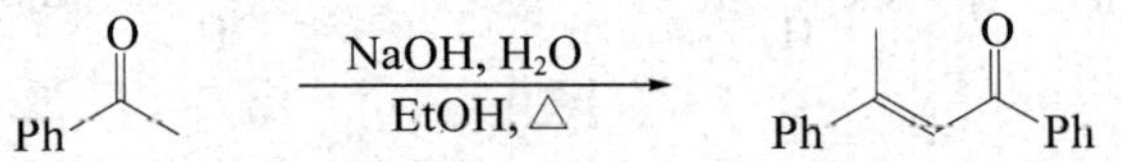

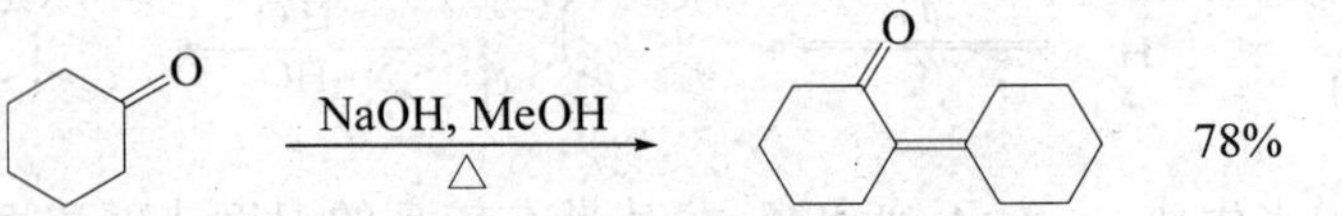

2. 分子内羟醛缩合

分子内二元醛(酮或醛酮)发生羟醛缩合生成环状 β-羟基醛酮或环状 α,β-不饱和醛酮,可能的话主要形成五、六员环缩合产物。

例:

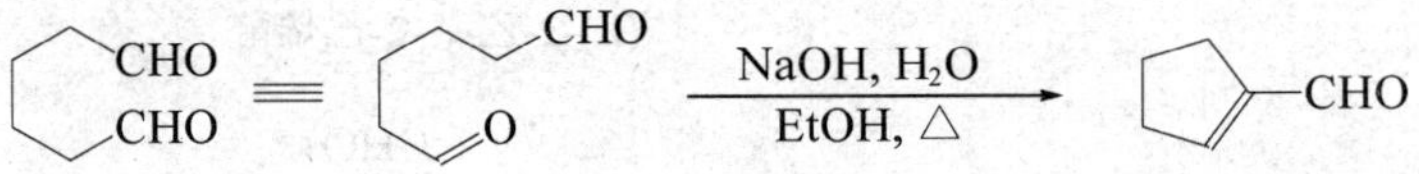

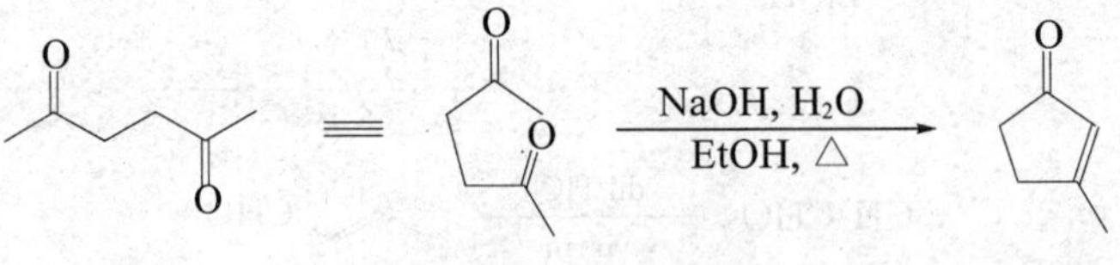

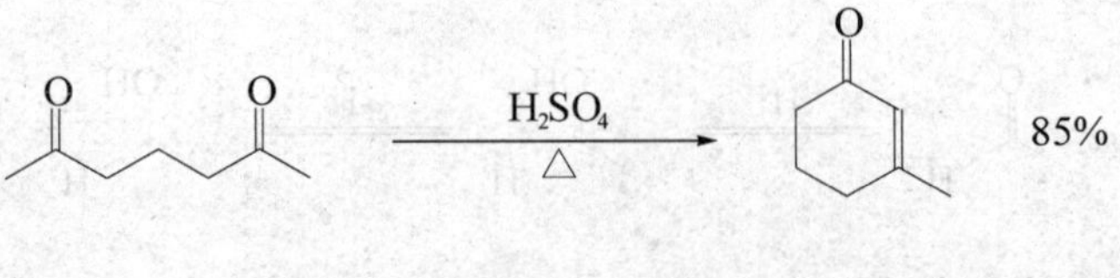

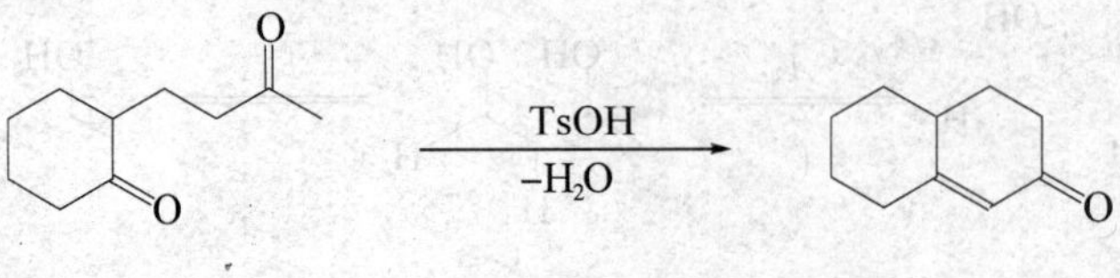

产物存在构造异构：主要产物是共轭体系 α,β-不饱和酮。

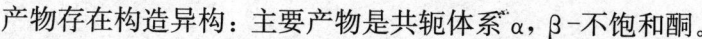

问题 26 完成反应

(1) $CH_3CH_2CHO \xrightarrow[4℃\sim 5℃]{NaOH, H_2O}$

(2) $(CH_3)_2CHCHO \xrightarrow[EtOH, H_2O]{NaOH}$

(3) $PhCH_2CHO \xrightarrow[EtOH, H_2O]{NaOH}$

(4) 环戊酮 $\xrightarrow[EtOH, H_2O]{NaOH}$

(5) 苯乙基酮 (PhCOCH₂CH₃) $\xrightarrow[EtOH, H_2O]{NaOH}$

(6) $CH_3CH_2COCH_2CH_2COCH_3 \xrightarrow[EtOH, H_2O]{NaOH}$

(7) $CH_3COCH(CH_3)CH_2COCH_3 \xrightarrow[EtOH, H_2O]{NaOH}$

(8) $CH_3CH_2COCH_2CH_2CH_2COCH_3 \xrightarrow[EtOH, H_2O]{NaOH}$

(9) $CH_3COCH_2CH_2CH_2CHO \xrightarrow[EtOH, H_2O]{NaOH}$

(10) $CH_3COCH_2CH_2CH_2CH_2COCH_3 \xrightarrow[EtOH, H_2O]{NaOH}$

(11) 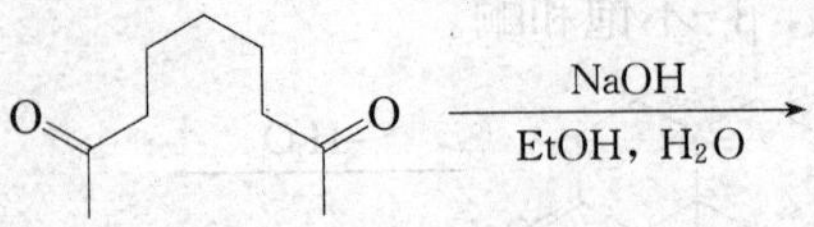 [结构式: 庚-2,6-二酮类二酮] $\xrightarrow{\text{NaOH} \atop \text{EtOH, H}_2\text{O}}$

问题 27 完成转化

(1) 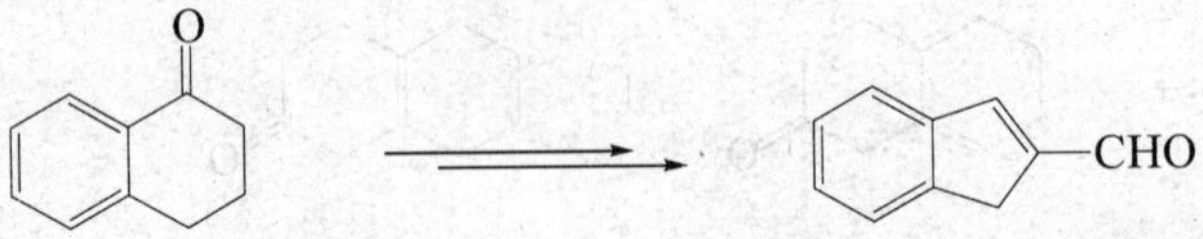 [α-四氢萘酮] $\Longrightarrow$ [2-醛基茚]

(2) [1,4-二氢萘] $\Longrightarrow$ [3-醛基茚]

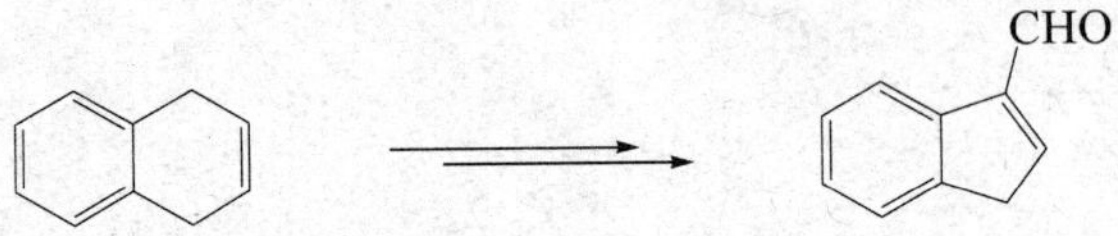

3. 不同分子间的交叉缩合

两种醛酮,其中一种无 α-氢如甲醛 HCHO、苯甲醛 PhCHO、叔烃基甲醛 R_3CCHO 等提供羰基,与另一种含 α-氢的醛酮缩合。例:

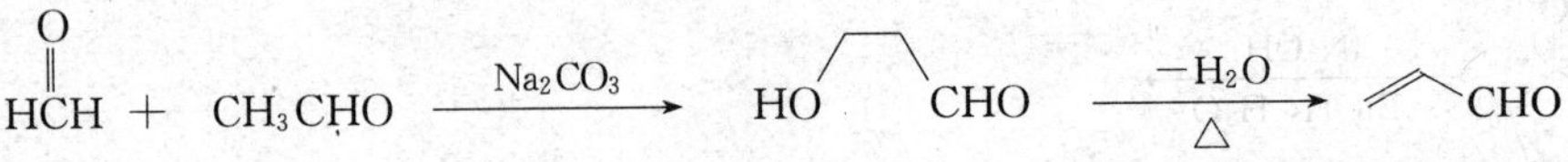

HCHO + CH_3CHO $\xrightarrow{Na_2CO_3}$ $HOCH_2CH_2CHO$ $\xrightarrow[\triangle]{-H_2O}$ $CH_2=CHCHO$

丙烯醛 acrylaldehyde

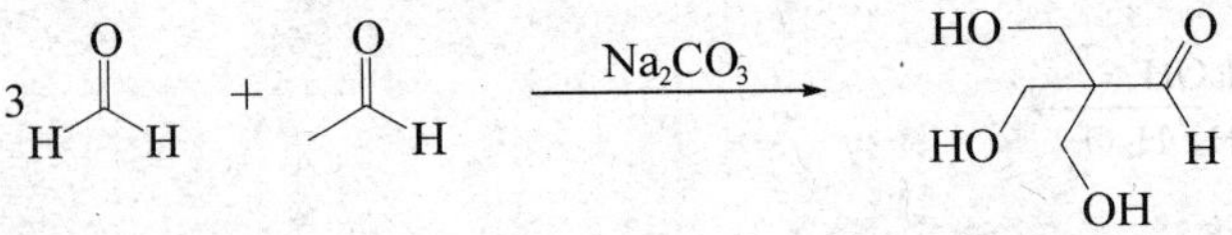

3 HCHO + CH_3CHO $\xrightarrow{Na_2CO_3}$ $(HOCH_2)_3CCHO$ 82%
三羟甲基乙醛

由柠檬醛合成假紫罗兰酮:

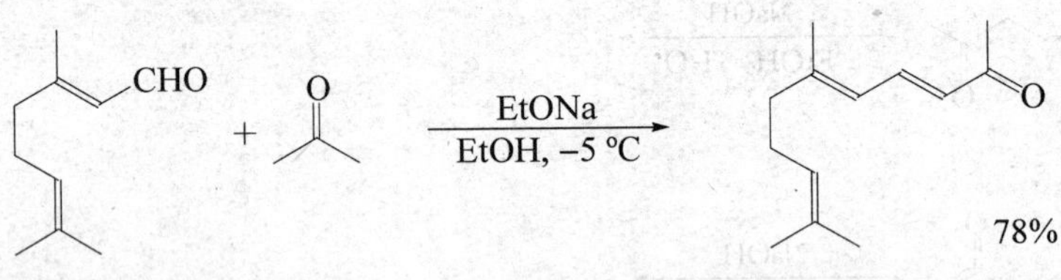

[柠檬醛 citral] + $(CH_3)_2CO$ $\xrightarrow[\text{EtOH, }-5\ ^\circ\text{C}]{\text{EtONa}}$ [假紫罗兰酮 pseudoionone] 78%

问题 28 完成反应

$(CH_3)_2CHCHO$ + HCHO $\xrightarrow{K_2CO_3}$

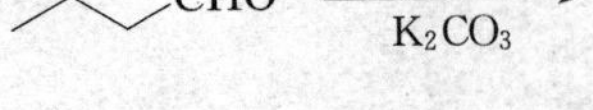

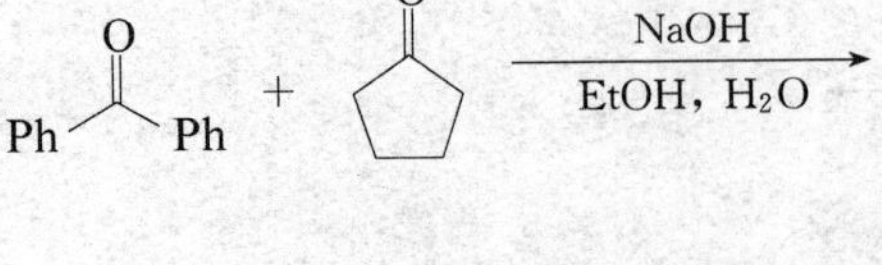

$CH_3CH_2CH_2CHO$ $\xrightarrow[K_2CO_3]{HCHO}$

$Ph_2C=O$ + [环戊酮] $\xrightarrow[\text{EtOH, H}_2\text{O}]{\text{NaOH}}$

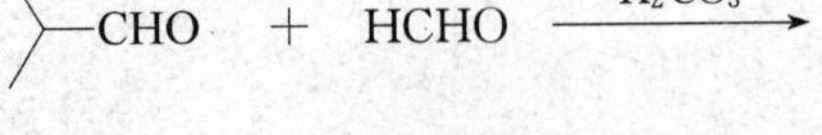

Claisen-Schmidt 缩合：芳香醛与含 α-氢的醛酮缩合生成芳基 α,β-不饱和醛酮，称为 Claisen-Schmidt 缩合 (Rainer Ludwig Claisen, J. G. Schmidt, 1881)。

例：

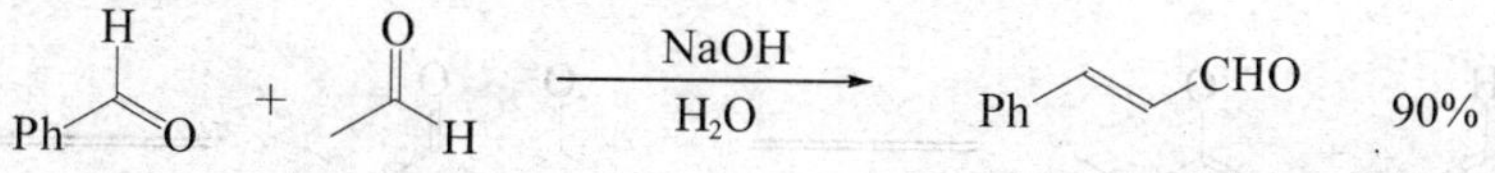

PhCHO + CH₃CHO $\xrightarrow[H_2O]{NaOH}$ Ph-CH=CH-CHO 90%

肉桂醛 Cinnamaldehyde

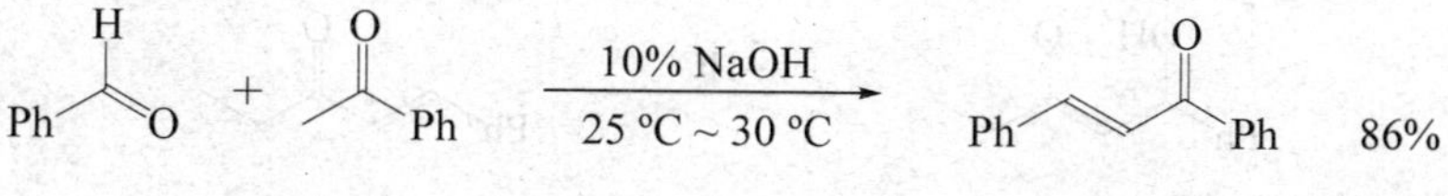

PhCHO + CH₃COPh $\xrightarrow[25\ ℃\sim30\ ℃]{10\%\ NaOH}$ Ph-CH=CH-CO-Ph 86%

查尔酮 Chalone

问题 29 完成反应

PhCHO + CH₃CH₂CHO $\xrightarrow[EtOH, H_2O]{NaOH}$

PhCHO + (CH₃)₃C-CO-CH₃ $\xrightarrow[EtOH, H_2O]{NaOH}$

PhCHO + 环己酮 $\xrightarrow[EtOH, H_2O]{NaOH}$

PhCHO + CH₃COCH₃ $\xrightarrow[EtOH, H_2O]{NaOH}$

2 PhCHO + CH₃COCH₃ $\xrightarrow[EtOH, H_2O]{NaOH}$

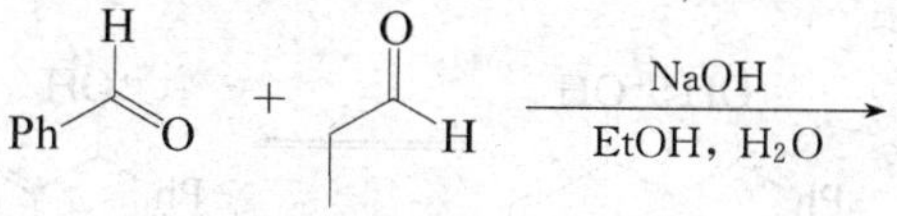

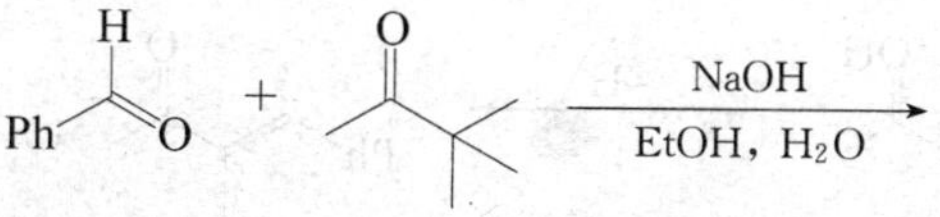

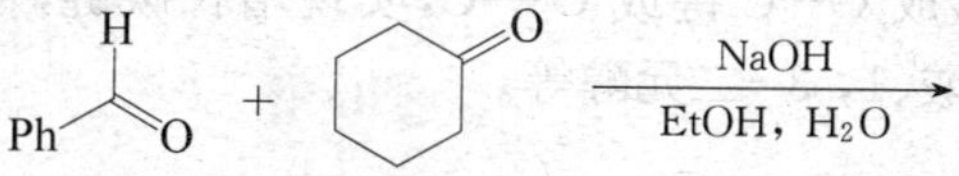

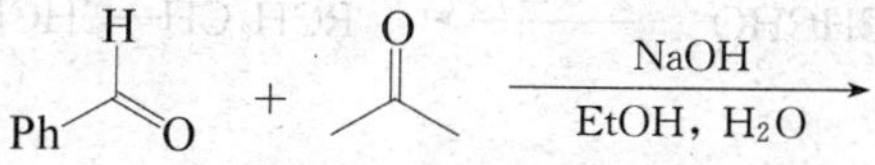

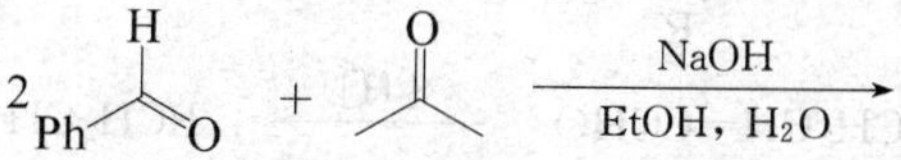

区域选择性：碱缩合主要发生在取代较少的 α-碳上，酸缩合主要发生在取代较多的 α-碳上，此为区域选择性 (regioselectivity)。

例：

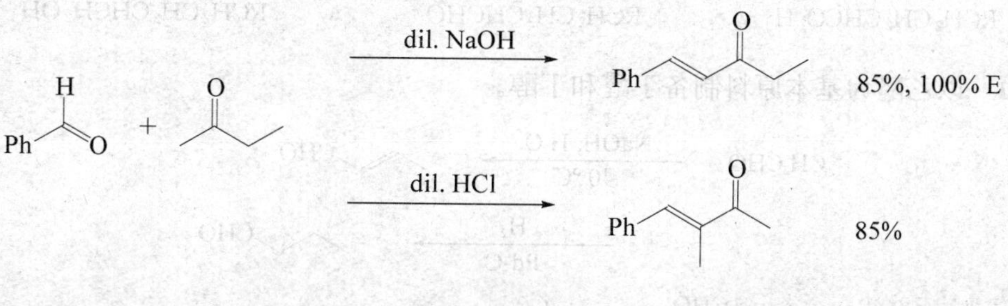

PhCHO + CH₃COCH₂CH₃ $\xrightarrow{dil.\ NaOH}$ Ph-CH=CH-CO-CH₂CH₃ 85%, 100% E

PhCHO + CH₃COCH₂CH₃ $\xrightarrow{dil.\ HCl}$ Ph-CH=C(CH₃)-CO-CH₃ 85%

碱缩合：甲基氢酸性更强，易被夺去，生成烯键取代较少的烯醇盐，反应较快，为动力学控制。

$$HO^- + \underset{}{CH_3COCH_2CH_3} \rightleftharpoons \underset{}{CH_2=C(O^-)CH_2CH_3} + H_2O$$

$$PhCHO + CH_2=C(O^-)Et \rightleftharpoons Ph-CH(O^-)-CH_2-CO-Et \rightleftharpoons$$

$$Ph-CH(OH)-C(O^-)=CH-Et \xrightarrow{-HO^-} Ph-CH=CH-CO-Et$$

酸缩合：烯醇化发生在亚甲基一侧，取代较多的烯键更稳定，为热力学控制。

$$CH_3COCH_2CH_3 \xrightleftharpoons{H^+} CH_3C(^+OH)CH_2CH_3 \xrightleftharpoons{-H^+} CH_3C(OH)=CHCH_3$$

$$PhCH=^+OH + CH_3C(OH)=CHCH_3 \rightleftharpoons Ph-CH(OH)-CH(CH_3)-CO-CH_3 \rightleftharpoons Ph-CH(^+OH_2)-C(CH_3)=C(OH)-CH_3$$

$$\xrightarrow{-H_2O} Ph-CH=C(CH_3)-C(^+OH)=... \xrightarrow{-H^+} Ph-CH=C(CH_3)-CO-CH_3$$

羟醛缩合的合成应用：羟醛缩合形成 C—C 键或 C=C，实现增长碳链，合成 β-羟基醛酮、α,β-不饱和醛酮醇酸、饱和醛酮醇酸、1,3-二元醇等。

$$RCH_2CHO \xrightarrow[H_2O]{HO^-} RCH_2CH(OH)CH(R)CHO \xrightarrow{[H]} RCH_2CH(OH)CH(R)CH_2OH$$

$$\downarrow -H_2O$$

$$RCH_2CH=C(R)CO_2H \xleftarrow{[O]} RCH_2CH=C(R)CHO \xrightarrow{[H]} RCH_2CH=C(R)CH_2OH$$

$$\downarrow [H] \qquad\qquad \downarrow [H] \qquad\qquad \downarrow [H]$$

$$RCH_2CH_2CH(R)CO_2H \qquad RCH_2CH_2CH(R)CHO \qquad RCH_2CH_2CH(R)CH_2OH$$

例 1 以乙醛为基本原料制备丁醛和丁醇。

$$CH_3CHO \xrightarrow[40\ ^\circ C]{NaOH, H_2O} CH_3CH=CHCHO$$

$$\xrightarrow[Pd-C]{H_2} CH_3CH_2CH_2CHO$$

$$CH_3CH=CHCHO \xrightarrow[Ni]{H_2} CH_3CH_2CH_2CH_2OH$$

例2 以丁醛为基本原料制备2-乙基-1-己醇("辛醇")(增塑剂原料)和2-乙基-1,3-己二醇(一种驱虫剂)。

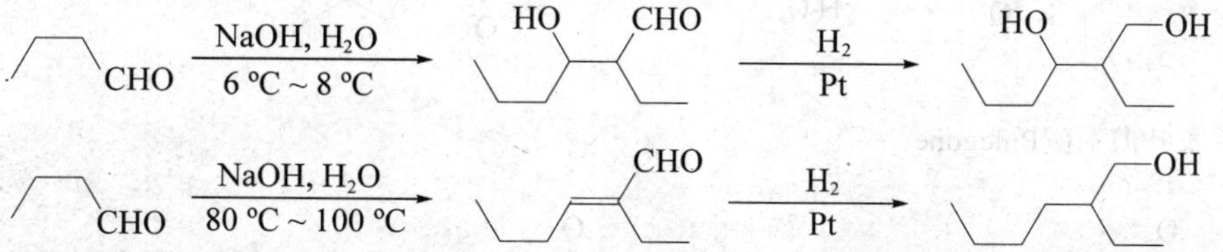

羟醛缩合的可逆性——逆羟醛缩合(retro-aldol condensation)

羟醛缩合是可逆的,酸碱均有促进作用。羟醛缩合产物在酸或碱作用下,缩合形成的碳-碳键发生断裂,分解产生缩合原料,即发生了羟醛缩合的逆反应。如双丙酮醇在酸性条件下分解出两分子丙酮。

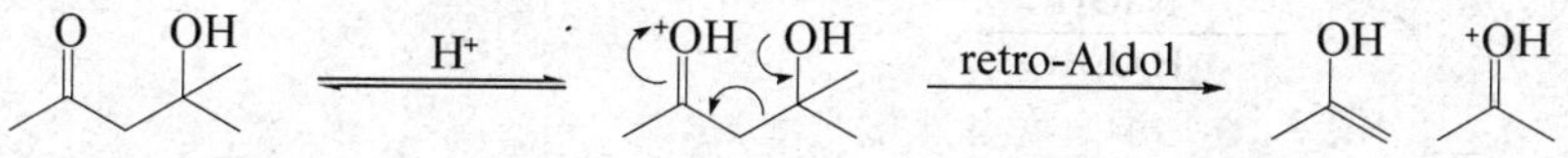

例1

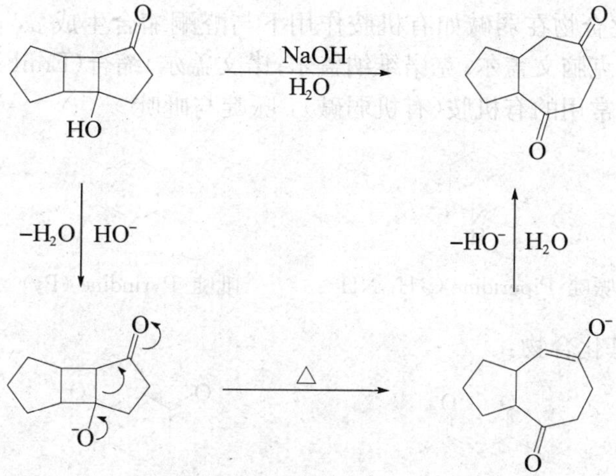

例2

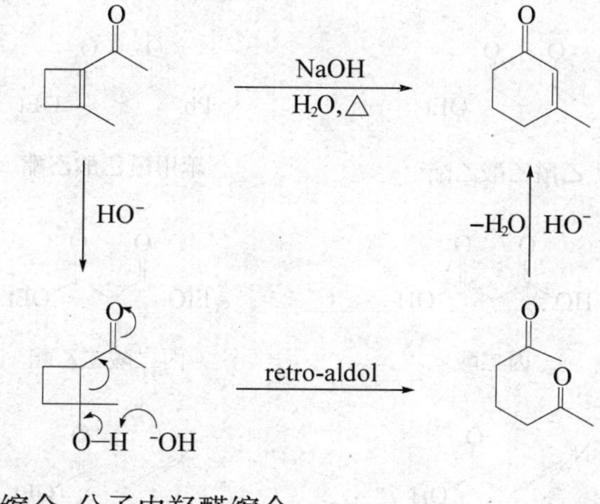

共轭加成-逆羟醛缩合-分子内羟醛缩合。

问题30 建议机理

(1) 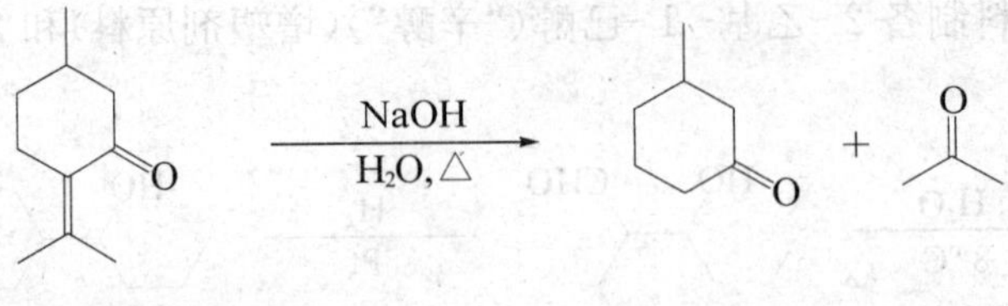 长叶薄荷酮 Pulegone $\xrightarrow{\text{NaOH} \atop \text{H}_2\text{O}, \triangle}$ 3-甲基环己酮 + 丙酮

(2) 3-乙基-2-环己烯酮 $\xrightarrow{\text{NaOH} \atop \text{H}_2\text{O}, \triangle}$ 2,3-二甲基-2-环己烯酮

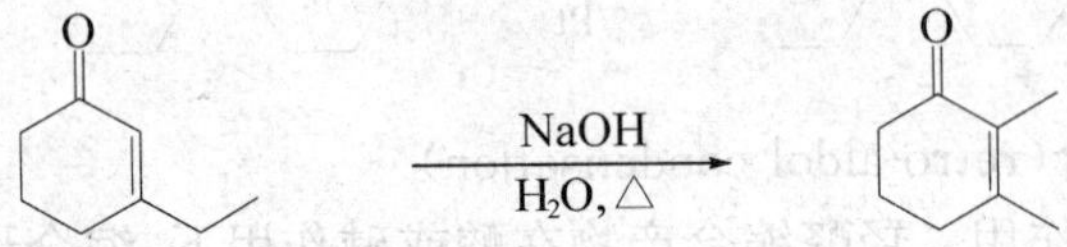

(3) 给出产物并建议机理

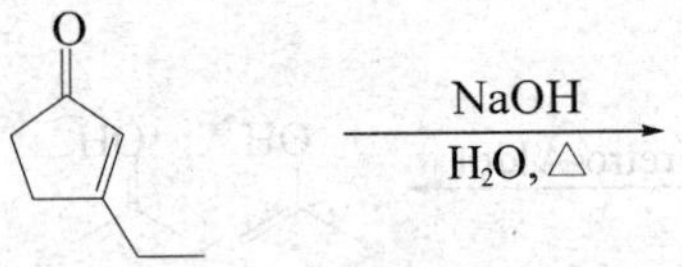

3-乙基-2-环戊烯酮 $\xrightarrow{\text{NaOH} \atop \text{H}_2\text{O}, \triangle}$

8.2.2.2 Knoevenagel 缩合

含活性亚甲基的化合物在弱碱如有机胺作用下与醛酮缩合生成 α,β-不饱和醛酮、酸或酯，称为 Knoevenagel（克脑文盖尔；克诺维纳盖尔；诺文盖尔）缩合（Emil Knoevenagel，1898）。

Knoevenagel 缩合常用的有机胺（有机弱碱）：哌啶与吡啶

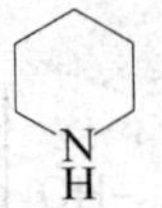

哌啶 Piperidine $C_2H_{10}NH$ 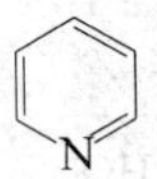   吡啶 Pyrindine (Py)

常用的活性亚甲基化合物：

β-二酮: 乙酰丙酮，1,3-环己二酮

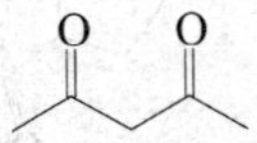

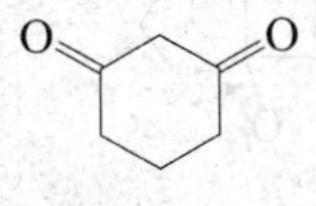

β-酮酸酯: 乙酰乙酸乙酯，苯甲酰乙酸乙酯

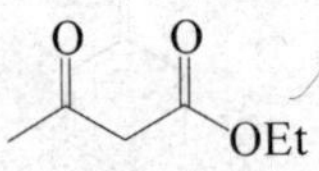

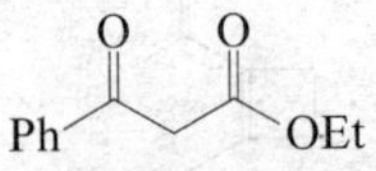

丙二酸: 丙二酸，丙二酸二乙酯

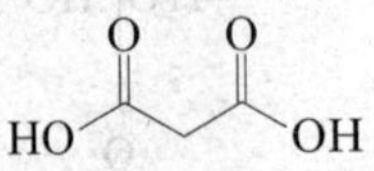

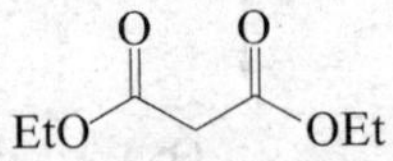

氰乙酸: 氰乙酸，氰乙酸乙酯

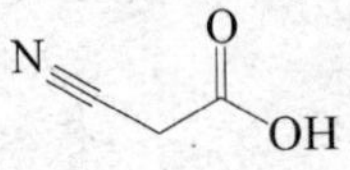

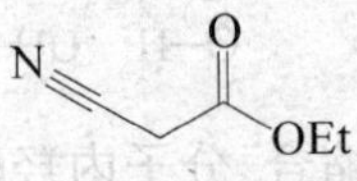

例：

$$\text{PhCHO} + \text{CH}_2(\text{CO}_2\text{Et})_2 \xrightarrow[\triangle]{\text{C}_5\text{H}_{10}\text{NH}} \text{PhCH=C(CO}_2\text{Et})_2 \quad 91\%$$

$$\text{PhCHO} + \text{CH}_3\text{COCH}_2\text{CO}_2\text{Et} \xrightarrow[\triangle]{\text{C}_5\text{H}_{10}\text{NH}} \text{PhCH=C(COCH}_3)(\text{CO}_2\text{Et})$$

$$(\text{CH}_3)_2\text{CHCHO} + \text{CH}_2(\text{CO}_2\text{Et})_2 \xrightarrow[\text{AcOH}, \triangle]{\text{C}_5\text{H}_{10}\text{NH}} (\text{CH}_3)_2\text{CHCH=C(CO}_2\text{Et})_2 \quad 92\%$$

问题 31 完成反应

$$\text{环己酮} + \text{CH}_3\text{COCH}_2\text{CO}_2\text{Et} \xrightarrow[\triangle]{\text{C}_2\text{H}_{10}\text{NH}}$$

$$\text{(香茅醛)} + \text{CH}_2(\text{CO}_2\text{Et})_2 \xrightarrow[\text{AcOH}, \triangle]{\text{C}_2\text{H}_{10}\text{NH}}$$

$$\text{OHC-(CH}_2)_5\text{-COCH}_3 + \text{CH}_2(\text{CO}_2\text{Et})_2 \xrightarrow[\text{AcOH}, \triangle]{\text{C}_2\text{H}_{10}\text{NH}}$$

水杨醛与丙二酸酯缩合内酯化生成香豆素-3-羧酸乙酯，水解得到香豆素-3-羧酸。

$$\text{水杨醛} + \text{CH}_2(\text{CO}_2\text{Et})_2 \xrightarrow[\text{EtOH, reflux}]{\text{C}_5\text{H}_{10}\text{NH}} \text{香豆素-3-CO}_2\text{Et} \xrightarrow[\text{ii HCl, H}_2\text{O}]{\text{i NaOH, H}_2\text{O}} \text{香豆素-3-CO}_2\text{H}$$

脂肪醛的 Knoevenagel 缩合产物易继发 Michael 加成，得到饱和加成产物：

$$\text{CH}_3\text{CHO} + 2\text{CH}_2(\text{CO}_2\text{Et})_2 \xrightarrow{\text{Et}_2\text{NH}} \text{CH}_3\text{CH}[\text{CH(CO}_2\text{Et})_2]_2 \quad 70\%$$

$$(EtO_2CH_2)_2\overset{\ominus}{C}H + \underset{CO_2Et}{\overset{CO_2Et}{\diagdown C=C\diagup}} \longrightarrow EtO_2C-\underset{CO_2Et}{\overset{CO_2Et}{|}}C-C=C\underset{OEt}{\overset{O^-}{\diagdown}}$$

Doebner 缩合：丙二酸、氰乙酸在吡啶等存在下与醛酮共热反应，缩合与脱羧同时发生，生成 α，β-不饱和酸(腈)，此即 Doebner 缩合(Doebner 改良)(O. Doebner, 1902)。

$$\underset{R}{\overset{H}{\diagdown}}C=O + \underset{CO_2H}{\overset{CO_2H}{\diagdown}}CH_2 \xrightarrow[Py, \triangle]{C_5H_{10}NH} \underset{R}{\overset{H}{\diagdown}}C=C\underset{H}{\overset{CO_2H}{\diagdown}}$$

先是亲核加成，然后脱羧、去水同时发生：

$$CH_3COCH_3 + CH_2(CO_2H)_2 \xrightarrow[Py, \triangle]{C_5H_{10}NH} \text{[中间体]} \xrightarrow[\triangle]{-CO_2, -H_2O} (CH_3)_2C=CHCO_2H$$

Doebner 缩合可用于合成 α，β-不饱和酸(腈)。

例：
$$PhCHO + CH_2(CO_2H)_2 \xrightarrow[Py, \triangle]{C_5H_{10}NH} PhCH=CHCO_2H$$

$$CH_3(CH_2)_5CHO + CH_2(CO_2H)_2 \xrightarrow{Py} CH_3(CH_2)_4CH=CHCO_2H$$
2-壬烯酸 92%

用氰乙酸缩合得 α，β-不饱和腈：

$$\text{(2-呋喃基)}CHO + NCCH_2CO_2H \xrightarrow[\triangle]{AcONH_4} \text{(2-呋喃基)}CH=CHCN$$
3-(2-呋喃基)丙烯腈

问题 32 完成反应

$$\text{(3-吡啶基)}CHO + CH_2(CO_2H)_2 \xrightarrow[Py, \triangle]{C_5H_{10}NH}$$

$$\text{(3,4-亚甲二氧基苯基)}CHO + CH_2(CO_2H)_2 \xrightarrow[Py, \triangle]{C_5H_{10}NH}$$

$$CH_2=CHCHO + CH_2(CO_2H)_2 \xrightarrow[Py, \triangle]{C_5H_{10}NH}$$

$$CH_3CH=CHCHO + CH_2(CO_2H)_2 \xrightarrow[Py, \triangle]{C_5H_{10}NH}$$

8.2.2.3 Perkin 缩合

芳醛与羧酸酐在缩合剂——相应的羧酸盐存在下回流反应,生成 β-芳基丙烯酸(肉桂酸或其衍生物),称为 Perkin 缩合(Sir William Henry Perkin,1868)。例:

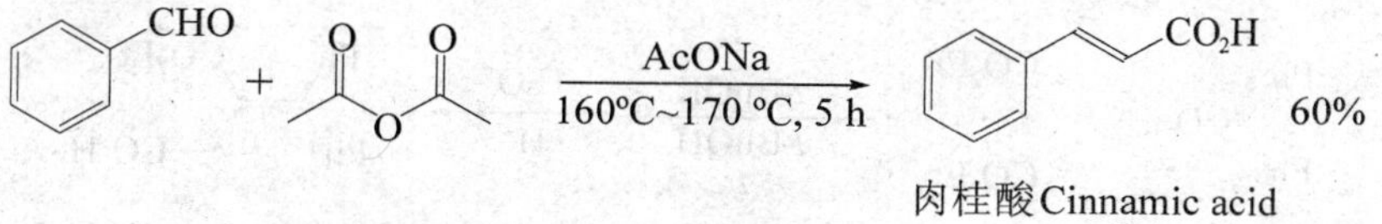

PhCHO + Ac$_2$O $\xrightarrow[160\,°C \sim 170\,°C,\ 5\ h]{AcONa}$ PhCH=CHCO$_2$H 60%

肉桂酸 Cinnamic acid

一种改良是用无水碳酸钾代替羧酸盐作缩合剂。

Perkin 缩合反应机理:

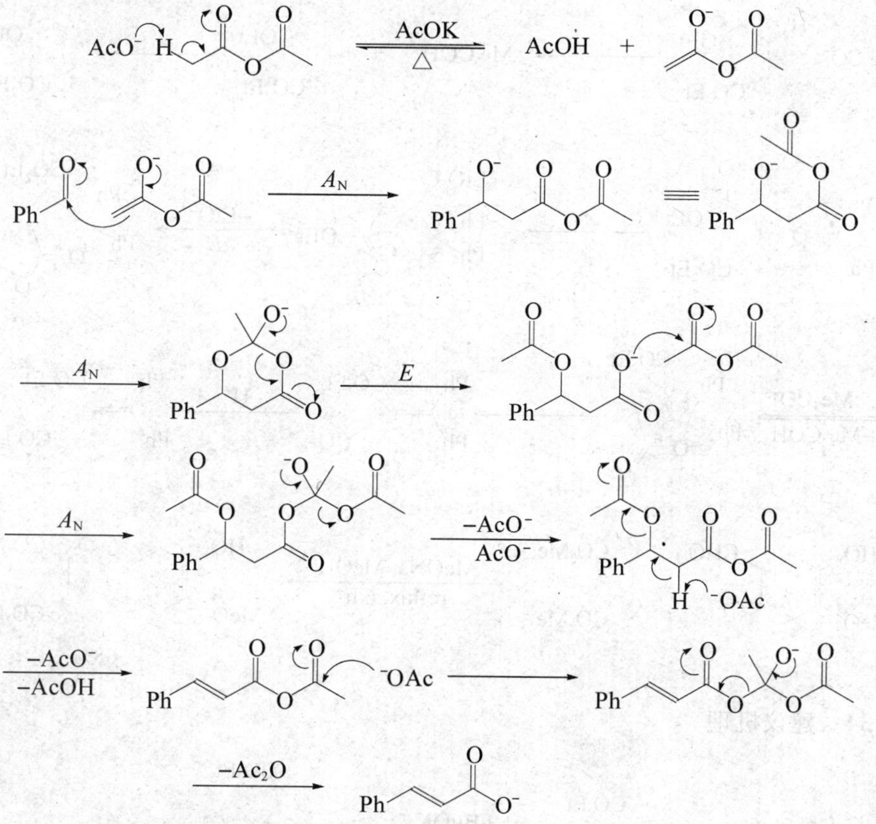

[反应机理图]

乙酸酐与水杨醛缩合生成香豆素,经历了 Perkin 缩合-内酯化。

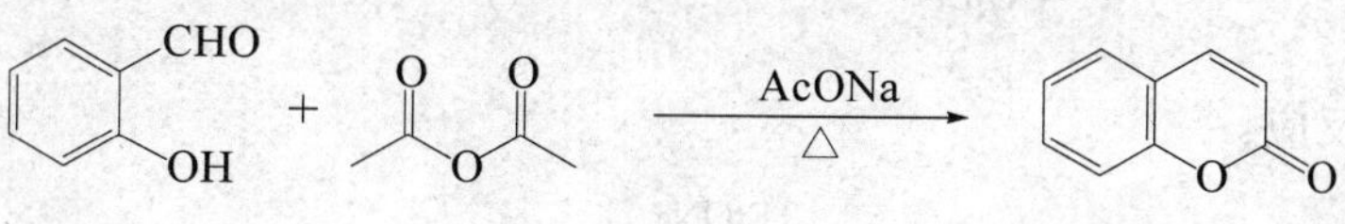

水杨醛 + Ac$_2$O $\xrightarrow[\triangle]{AcONa}$ 香豆素 Coumarin

问题 33 完成反应

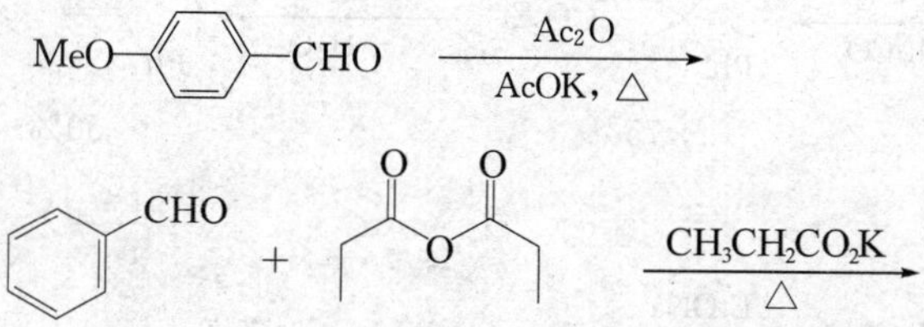

4-MeO-C$_6$H$_4$-CHO $\xrightarrow[AcOK,\ \triangle]{Ac_2O}$

PhCHO + (CH$_3$CH$_2$CO)$_2$O $\xrightarrow[\triangle]{CH_3CH_2CO_2K}$

8.2.2.4 Stobbe 缩合

丁二酸酯在强碱(醇盐等)作用下与醛酮缩合，生成 α-亚烃基丁二酸单酯(monoesters of an α-alkylidene or arylidene succinic acid)，此为 Stobbe 缩合(H. Stobbe, 1893)。例：

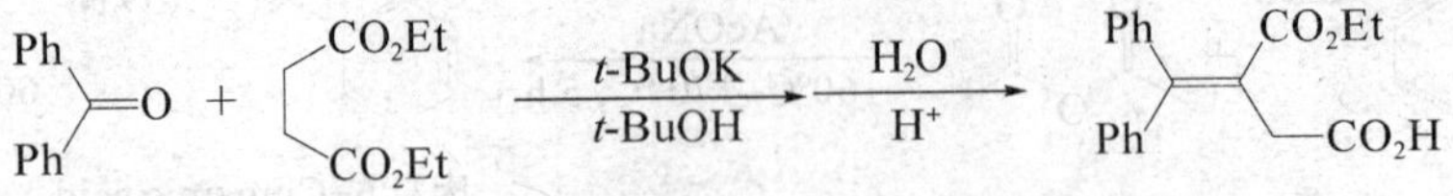

Ph₂C=O + CH₂(CO₂Et)CH₂(CO₂Et) —t-BuOK/t-BuOH→ —H₂O/H⁺→ Ph₂C=C(CO₂Et)—CH₂—CO₂H

Stobbe 缩合反应机理：

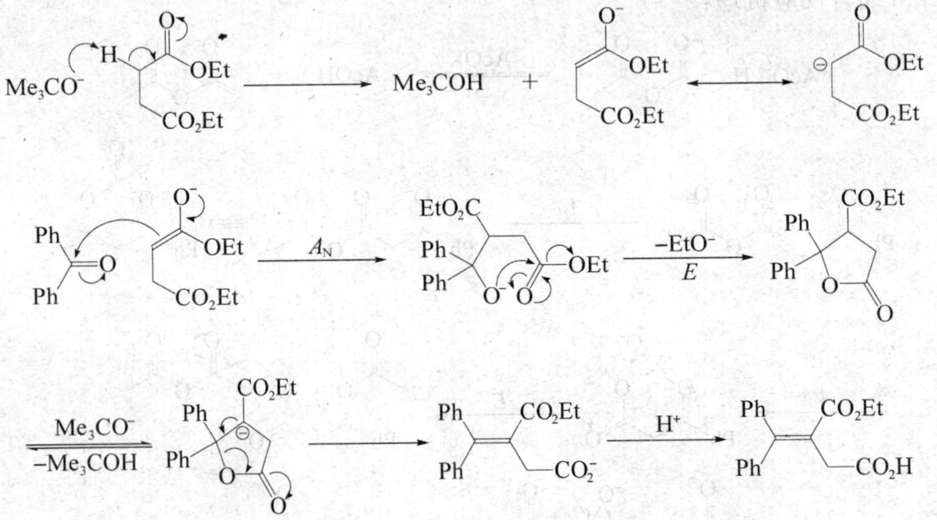

[反应机理示意图]

例：

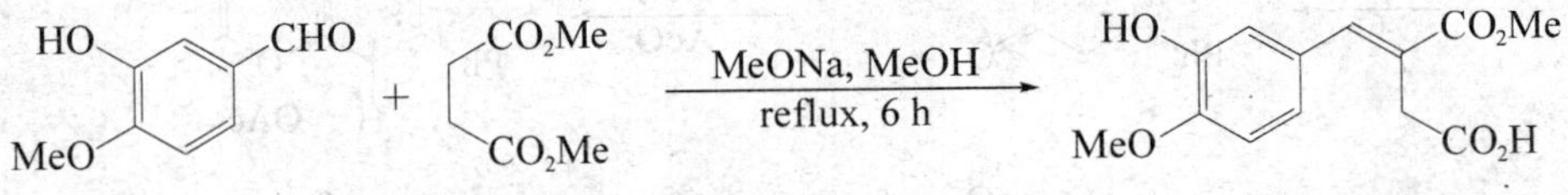

3-HO-4-MeO-C₆H₃-CHO + CH₂(CO₂Me)CH₂(CO₂Me) —MeONa, MeOH, reflux, 6 h→ 3-HO-4-MeO-C₆H₃-CH=C(CO₂Me)—CH₂—CO₂H 68%

问题 34 建议机理

环戊酮 + CH₂(CO₂Et)CH₂(CO₂Et) —t-BuOK/t-BuOH→ [螺环内酯产物]

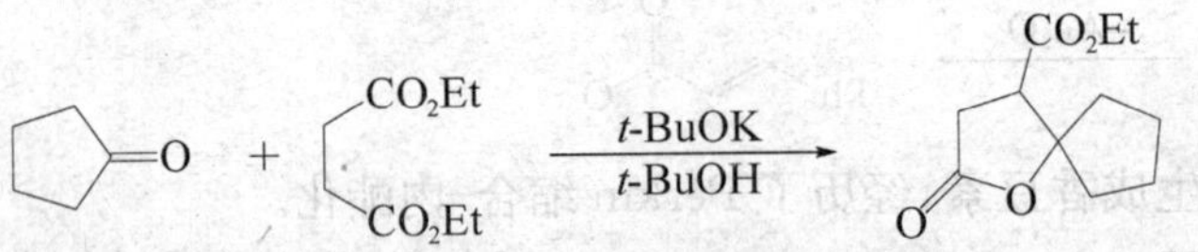

类似的缩合反应：

PhCHO + CH₃CO₂Et —EtONa→ PhCH=CHCO₂Et

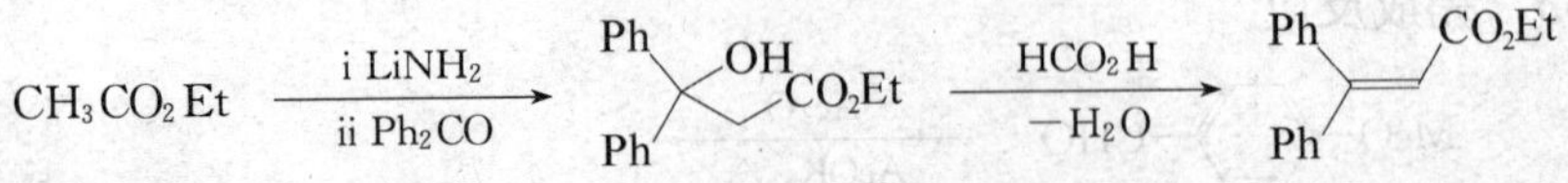

CH₃CO₂Et —i LiNH₂；ii Ph₂CO→ Ph₂C(OH)CH₂CO₂Et (75%) —HCO₂H, −H₂O→ Ph₂C=CHCO₂Et (50%)

问题 35 完成反应

PhCHO + PhCH₂CN —EtONa→

8.2.2.5 α-卤代酯与醛酮的缩合反应

α-卤代酯与醛酮的缩合有 Darzens 与 Reformatsky 反应。

Darzens 反应：α-卤代酯在强碱(EtONa 等)作用下与醛酮反应生成 α,β-环氧酯，称为 Darzens 反应(Auguste George Darzens,1904)。例：

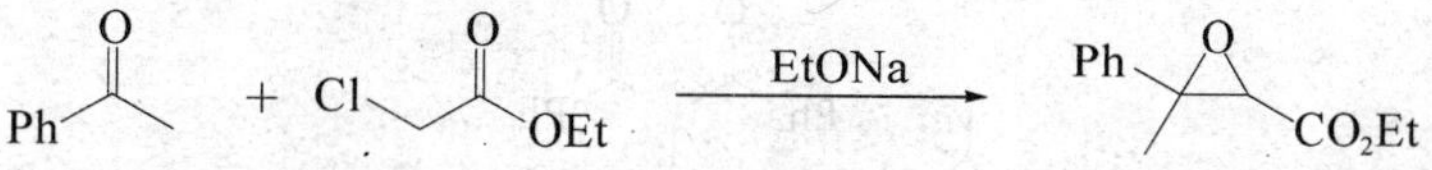

$$PhCOCH_3 + ClCH_2CO_2Et \xrightarrow{EtONa} \text{Ph—环氧—CO}_2Et$$

反应机理：α-卤代酯在强碱作用下生成烯醇盐(碳负离子)，然后亲核加成醛酮羰基，形成碳-碳键，产生的 β-卤代醇盐，发生分子内亲核取代，给出环氧化合物。

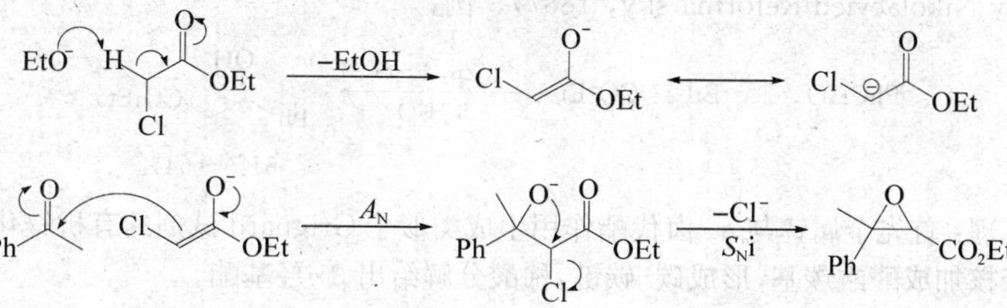

α,β-环氧酯水解去羧得到碳链增长的醛酮：

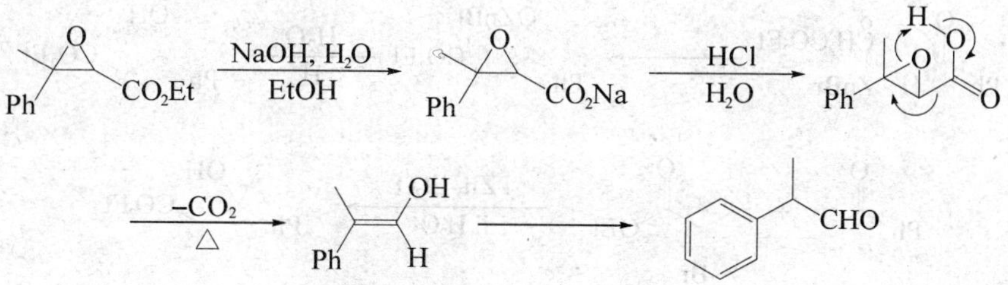

这就实现了由醛酮到新的醛酮的碳链增长转化。

例：

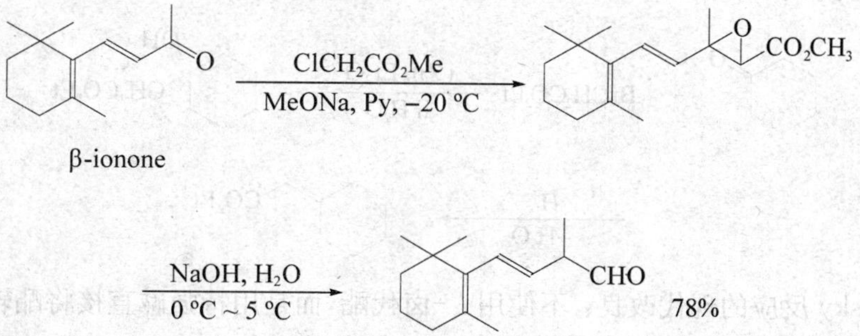

β-ionone $\xrightarrow[\text{MeONa, Py, }-20\,^\circ\text{C}]{\text{ClCH}_2\text{CO}_2\text{Me}}$

$\xrightarrow[0\,^\circ\text{C} \sim 5\,^\circ\text{C}]{\text{NaOH, H}_2\text{O}}$ 78%

合成维生素A中间体

问题 36 完成转化

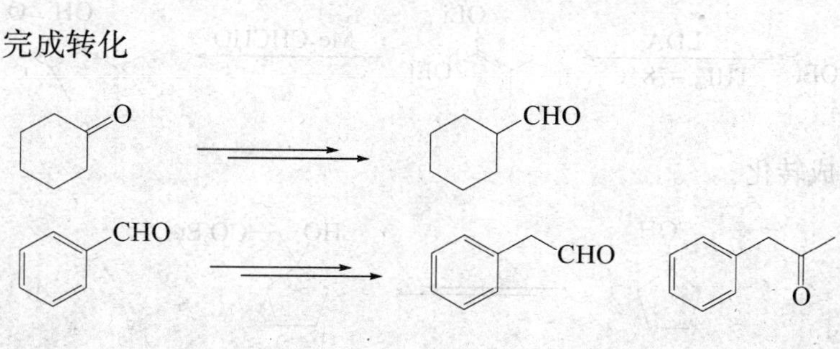

α-氯代酮亦有此反应：

$$PhCHO + PhCOCH_2Cl \xrightarrow[EtOH]{KOH} \text{(环氧酮)}$$

via 中间体 Ph-CH(O⁻)-CHCl-COPh

Reformatsky 反应：α-卤代酯在金属锌存在下与醛酮反应生成 β-羟基酯，称为 Reformatsky 反应（Sergey Nikolaevich Reformatsky，1887）。例：

$$PhCHO + BrCH_2CO_2Et \xrightarrow[ii\ H_2O]{i\ Zn,\ Et_2O} Ph\text{-}CH(OH)\text{-}CH_2CO_2Et \quad 61\%\sim64\%$$

反应机理：首先金属锌与 α-卤代酯作用生成类似于 Grignard 试剂的有机锌化合物，荷负电的烃基亲核加成醛酮羰基，形成碳-碳键，稀酸分解给出 β-羟基酯。

$$Zn + BrCH_2CO_2Et \longrightarrow BrZn\text{-}CH_2CO_2Et$$

PhCHO + BrZnCH$_2$CO$_2$Et → Ph-CH(OZnBr)-CH$_2$CO$_2$Et $\xrightarrow[H^+]{H_2O}$ Ph-CH(OH)-CH$_2$CO$_2$Et

例：

$$PhCOCH_3 + CH_3CHBrCO_2Et \xrightarrow[ii\ H_2O]{i\ Zn,\ Et_2O} Ph\text{-}C(OH)(CH_3)\text{-}CH(CH_3)CO_2Et$$

β-羟基酯易脱水给出 α,β-不饱和酸酯：

$$\text{cyclohexanone} + BrCH_2CO_2Et \xrightarrow[ii\ H_2O]{i\ Zn,\ Et_2O} \text{1-hydroxycyclohexyl-CH}_2CO_2Et$$

$$\xrightarrow[-H_2O]{H^+,\ \triangle} \text{cyclohexylidene-CH-CO}_2Et$$

Reformatsky 反应的现代改良：不使用 α-卤代酯，而是用特强碱直接将酯转化成烯醇盐，与醛酮发生亲核加成，生成 β-羟基酯。例：

$$(CH_3)_2CHCO_2Et \xrightarrow[THF,\ -78\ ^\circ C]{LDA} (CH_3)_2C=C(OLi)(OEt) \xrightarrow{Me_2CHCHO} Me_2CH\text{-}CH(OH)\text{-}C(CH_3)_2CO_2Et$$

问题 37 完成转化

cyclopentanol ⟹ 1-hydroxycyclopentyl-CH$_2$CO$_2$Et

8.2.2.6 Mannich 反应

含 α-氢的醛酮与甲醛、胺(伯、仲)反应缩水生 α-胺甲基醛酮(Mannich 碱),此为 Mannich(曼尼希)反应(Carl Ulrich Franz Mannich, 1912), 又称胺甲基化反应。例:

$$\text{CH}_3\text{COCH}_3 + \text{HCHO} + \text{HNMe}_2 \xrightarrow[-\text{H}_2\text{O}]{\text{HCl}} \text{CH}_3\text{COCH}_2\text{CH}_2\text{NMe}_2$$

4-二甲氨基-2-丁酮
α-二甲氨甲基丙酮
Mannich base

Mannich 反应机理:

$$\text{HCHO} \underset{}{\overset{\text{H}^+}{\rightleftharpoons}} \text{HCH=}{}^+\text{OH}$$

$$\text{CH}_3\text{COCH}_3 \underset{}{\overset{\text{H}^+}{\rightleftharpoons}} \text{CH}_3\text{C}({}^+\text{OH})\text{CH}_3 \underset{}{\overset{-\text{H}^+}{\rightleftharpoons}} \text{CH}_2\text{=C(OH)CH}_3$$

$${}^+\text{OHCH} + \text{HNMe}_2 \rightleftharpoons \text{HO-CH}_2\overset{+}{\text{N}}\text{HMe}_2 \rightleftharpoons \text{H}_2\overset{+}{\text{O}}\text{-CH}_2\text{NMe}_2$$

$$\xrightarrow{-\text{H}_2\text{O}} \text{H}_2\overset{+}{\text{C}}\text{-}\overset{\cdot\cdot}{\text{N}}\text{Me}_2 \longleftrightarrow \text{H}_2\text{C=}\overset{+}{\text{N}}\text{Me}_2 \quad \text{imine salt}$$

$$\text{CH}_2\text{=C(OH)CH}_3 + \text{H}_2\text{C=}\overset{+}{\text{N}}\text{Me}_2 \xrightarrow{A_\text{N}} \text{CH}_3\text{C}({}^+\text{OH})\text{CH}_2\text{CH}_2\text{NMe}_2 \xrightarrow{-\text{H}^+}$$

$$\text{CH}_3\text{COCH}_2\text{CH}_2\text{NMe}_2$$

产物 Mannich 碱的结构特征:羰基碳到胺氮是 1,4-关系。

反应常用仲胺,如二甲胺、二乙胺、哌啶或吡咯烷等,多用其盐酸盐。若用伯胺,氮上还有氢,可以继续缩合反应。甲醛是最常用的,一般用其水溶液,也可以用三聚甲醛或多聚甲醛,其他如苯甲醛亦有此反应。Mannich 反应一般在水、乙醇-水或乙酸溶液中进行,加少量盐酸或乙酸以维持反应液的酸性。

例:

$$\text{PhCOCH}_3 + (\text{HCHO})_n + \text{C}_5\text{H}_{10}\text{NH} \xrightarrow[\text{reflux}]{\text{EtOH, HCl}} \text{PhCOCH}_2\text{CH}_2\text{-N(C}_5\text{H}_{10})$$

$$\text{cyclohexanone} + \text{HCHO} + \text{HNMe}_2 \xrightarrow[\text{reflux}]{\text{EtOH, HCl}} \text{2-(dimethylaminomethyl)cyclohexanone} \quad 85\%$$

构造不对称的酮，反应主要发生在取代较多的α-碳上。

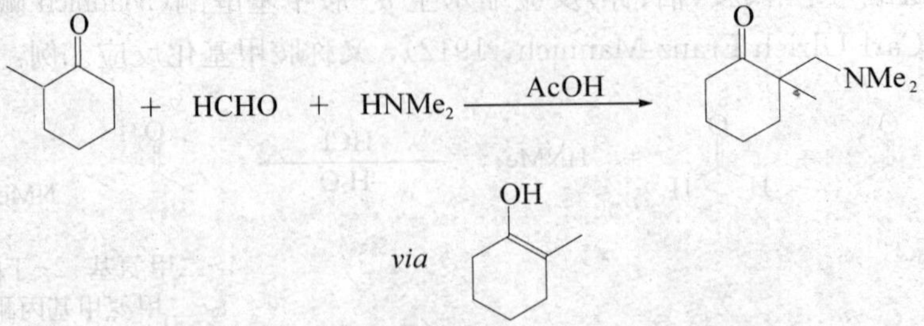

Mannich 碱受热分解产生 α,β-不饱和醛酮。Mannich 碱的季铵盐更易分解，可在和缓的条件下消去产生反应所需要的 α,β-不饱和醛酮。

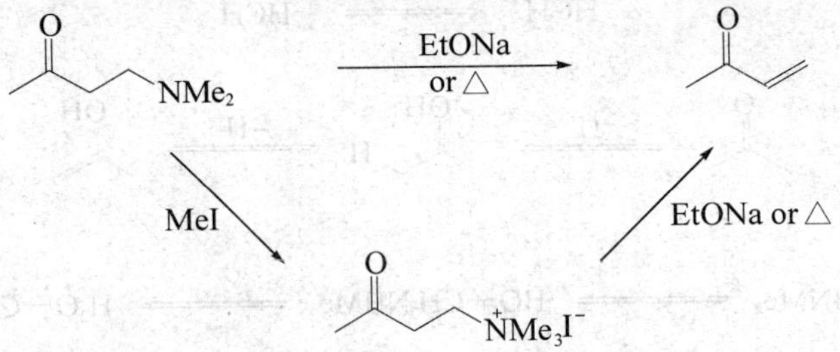

通过 Mannich 反应原位(*in situ*)产生 α,β-不饱和醛酮的一般步骤：

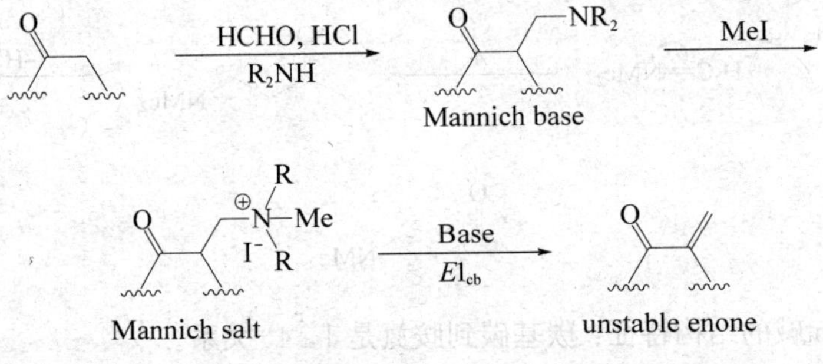

例：

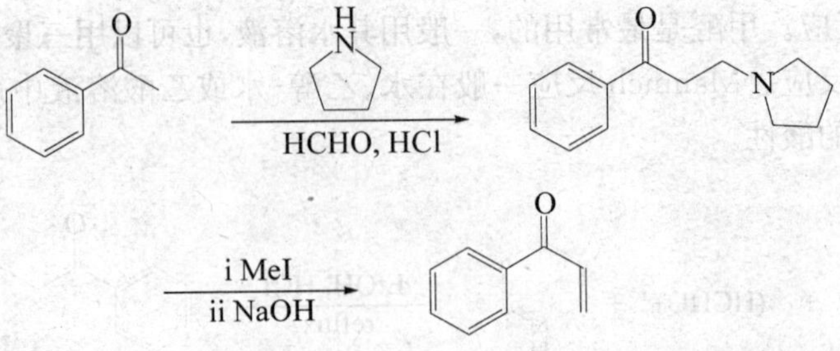

问题 38 完成反应

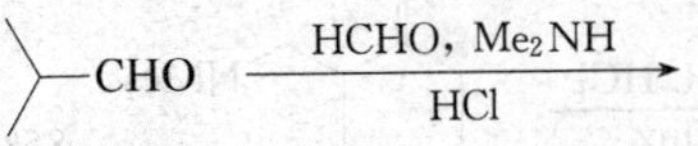

问题 39 完成转化

$$\text{环己酮} \longrightarrow \text{2-亚甲基环己酮}$$

$$\text{(CH}_3\text{)}_2\text{CHCH}_2\text{CHO} \longrightarrow \text{(CH}_3\text{)}_2\text{C=C(CHO)-}$$

除醛酮外，其他含活性氢的化合物如端炔、羧酸、酯、腈、脂肪硝基化合物等以及酚和一些芳香杂环亦有此反应。

例：

$$\text{对甲酚} \xrightarrow{\text{HCHO, Me}_2\text{NH, AcOH}} \text{邻-(二甲氨基甲基)对甲酚} + \text{2,6-双(二甲氨基甲基)对甲酚}$$

Mannich 反应可用于在生理条件下合成天然产物，如 Robinson 合成托品酮(tropinone)(1917)：

$$\text{丁二醛} + \text{3-羰基戊二酸} \xrightarrow[\text{ii HCl/}\triangle\text{; iii NaOH}]{\text{i CH}_3\text{NH}_2/\text{CH}_3\text{NH}_2\cdot\text{HCl}} \text{tropinone}$$

1901 年，Richard Willstätter 首先合成了 tropinone，起始原料是环庚酮，共 14 步反应，总产率仅 0.75%。1917 年，Robert Robinson 利用 Mannich 反应，以丁二醛、甲胺和 3-羰基戊二酸为原料，在仿生条件下，一锅合成了 tropinone，最初产率 17%，后经改进达到 90%。Robinson 的 tropinone 合成是 Mannich 反应用于全合成的经典例子。

8.2.2.7 安息香缩合

苯甲醛在氰离子作用下缩合生成二苯羟乙酮(benzoin 安息香；苯偶姻)，称为安息香缩合(1903)。

$$2\ \text{PhCHO} \xrightarrow[\text{reflux, 0.5h}]{\text{KCN, H}_2\text{O, EtOH}} \text{Ph-CO-CH(OH)-Ph} \quad \begin{array}{l}90\% \text{ (crude)}\\ 81\% \text{ (pure)}\end{array}$$

Benzoin 安息香
二苯基羟乙酮
1,2-二苯基-2-羟基乙酮

二苯羟乙酮是一种 α-羟基酮(acyloin 偶姻)，安息香缩合又称为偶姻缩合。

安息香缩合反应机理：氰离子是安息香缩合几乎唯一的催化剂。氰离子亲核加成羰基，生成 α-羟基腈四面体氧负离子，与氢迁移生成的碳负离子成平衡，后者是有效的亲核试剂，加成另一苯甲醛羰基，形成碳-碳键，氢交换，氧负离子恢复羰基，氰离子离去，完成缩合反应，给出二苯羟乙酮。

$$Ph-\overset{O}{\underset{H}{C}} + {}^-CN \xrightleftharpoons{A_N} Ph-\overset{O^-}{\underset{CN}{C}H} \rightleftharpoons Ph-\overset{OH}{\underset{CN}{C^-}}$$

$$Ph-\overset{OH}{\underset{CN}{C^-}} \curvearrowright \overset{O}{\underset{H}{C}}-Ph \xrightleftharpoons{A_N} Ph-\overset{HO}{\underset{NC}{C}}-\overset{O^-}{\underset{H}{C}}-Ph \rightleftharpoons Ph-\overset{O^-}{\underset{NC}{C}}-\overset{OH}{\underset{H}{C}}-Ph$$

$$\xrightarrow[E]{-CN^-} Ph-\overset{O}{C}-\overset{OH}{\underset{H}{C}}-Ph$$

在这里涉及一个重要概念,那就是极性反转。安息香切断给出质子化的苯甲醛与苯甲酰基负离子,后者是不存在的。α-羟基腈负碳离子就是潜在苯甲酰基负离子,这就实现了将荷正电的羰基碳转化为何负电的羰基碳,此即极性反转(Umpolung, polarity inversion)。极性反转在现代有机合成中有重要应用。

$$Ph-\overset{O}{C}-\overset{OH}{\underset{Ph}{C}H} \Rightarrow Ph-\overset{O}{C^-} + \overset{+}{\underset{Ph}{C}H}-OH \leftrightarrow Ph-\overset{+OH}{C}H$$

$$PhCHO \Rightarrow Ph-\overset{OH}{\underset{CN}{C^-}} \equiv Ph-\overset{O}{C^-}$$

安息香缩合可用于合成 α-羟基酮(acyloin)。

有趣的发现是,噻唑季铵盐亦有催化作用,而且脂肪醛仅被噻唑季铵盐催化。例:

Thiazole 噻唑   噻唑季铵盐

$$PrCHO \xrightarrow[Et_3N]{\text{Thiazolium catalyst}} \text{5-羟基-4-辛酮} \quad 71\%$$

Thiazolium catalyst:

$$C_5H_{11}CHO \xrightarrow[12\ h]{\text{Thiazolium}} \text{7-羟基-6-十二烷酮} \quad 67\%$$

维生素 B_1(硫胺素;噻胺 Thiamine)是一种生物辅酶,含有噻唑季铵盐的结构单元,因此应有催化安息香缩合的作用。

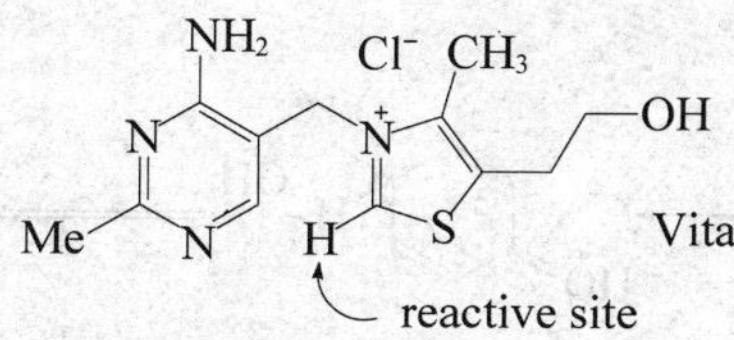

维生素 B_1 已成功用于安息香缩合实验：用维生素 B_1 代替氰化物，在碱性水醇溶液中反应。

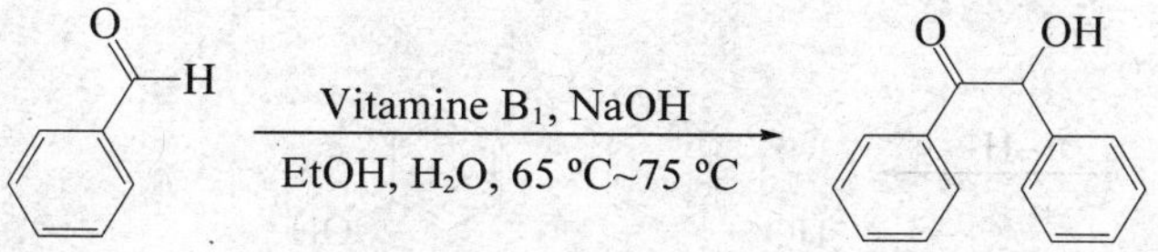

问题 40 完成反应

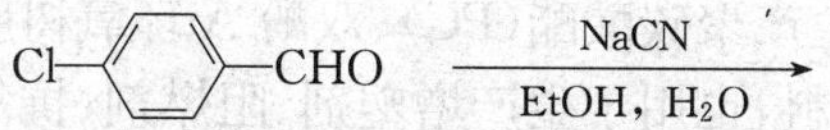

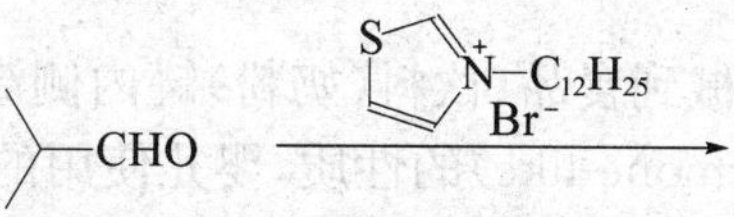

8.2.2.8 与芳环的缩合

1. 与苯酚缩合

苯酚与甲醛缩合产生酚醛树脂（phenol-formaldehyde resin，PFR）。

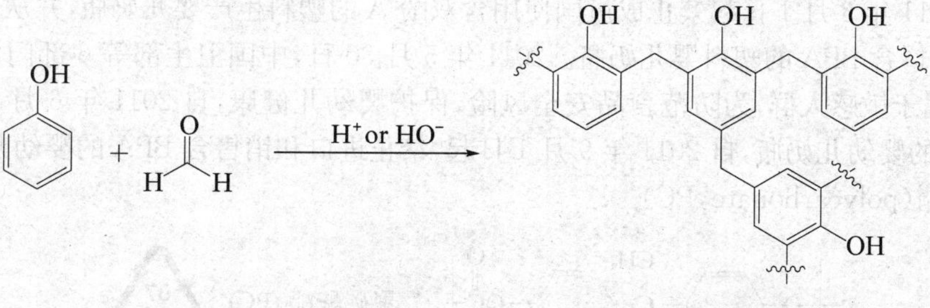

Phenol-formaldehyde resin (PFR)

1872 年德国化学家 A. Baeyer 首先合成了酚醛树脂，1907 年美国化学家 Leo Baekeland（Belgian-American chemist）发现了酚醛树脂热固化方法，使酚醛树脂（Bakelite）实现了工业化生产，开创了合成高分子材料的新纪元。

双酚 A：苯酚与丙酮在酸催化下缩合反应生成双酚 A（bisphenol A，BPA）。

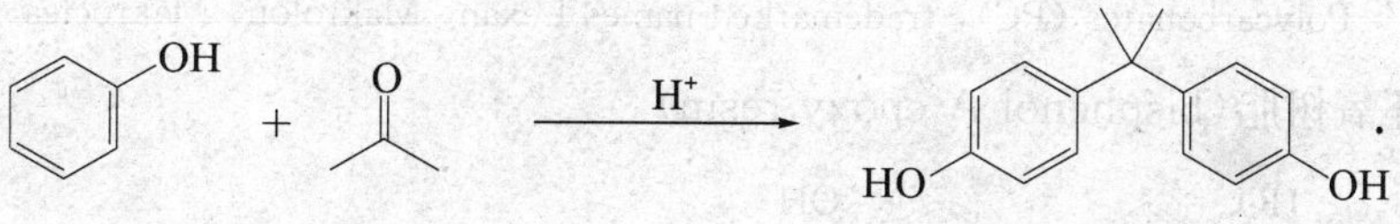

Bisphenol A
4,4'-(propane-2,2-diyl)diphenol
2,2-Bis(4-hydroxyphenyl)propane

缩合反应机理：

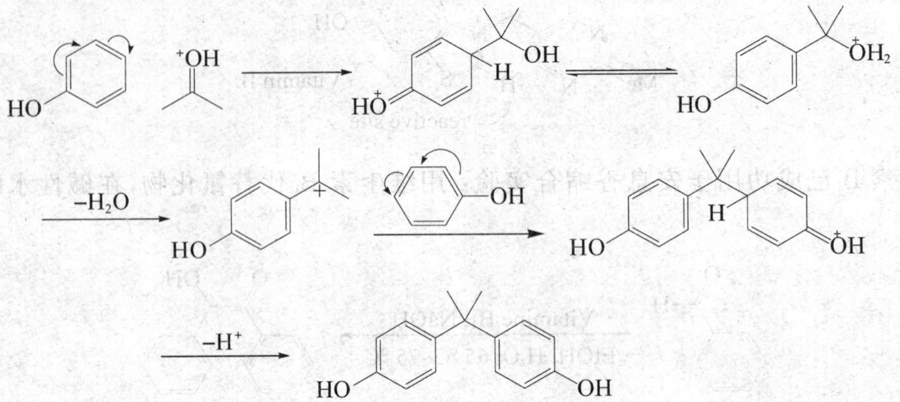

[反应机理图示：苯酚与质子化丙酮的加成，脱水生成碳正离子中间体，再与另一分子苯酚反应，最后脱质子生成双酚A]

双酚A即2,2-二(4-羟基苯基)丙烷，white crystals，mp 158 ℃~159 ℃，是重要的化工原料，是许多合成树脂的单体，广泛用于生产聚碳酸酯(PC)、双酚A环氧树脂、聚砜树脂、聚苯醚树脂、不饱和聚酯树脂等多种高分子材料，也用于生产增塑剂、阻燃剂、抗氧剂、热稳定剂、橡胶防老剂、农药、涂料等精细化工产品。

从塑料瓶、幼儿用吸口杯、矿泉水瓶、医疗器械到食品、饮料(奶粉)罐内侧涂层，双酚A无处不在。有研究显示，双酚A具有似荷尔蒙(hormone-like)的性质，婴儿使用的塑料奶瓶等塑料制品释放的双酚A可能导致婴儿荷尔蒙分泌异常，影响婴幼儿成长发育。2008年10月18日，加拿大宣布双酚A为有毒化学物质，成为世界上第一个将双酚A列为有毒化学品的国家，并禁止使用双酚A婴儿奶瓶。美国联邦政府于2009年3月提案禁止在"可重复使用的食品容器"和"其他食品容器"中使用双酚A，提案在正式通过180天后开始生效。2010年11月25日欧盟宣布，从2011年3月1日起禁止成员国使用含双酚A的塑料生产婴儿奶瓶，并从2011年6月1日起禁止进口含BPA的塑料婴儿奶瓶。2011年5月30日，中国卫生部等6部门发布公告称，鉴于婴幼儿属于敏感人群，为防范食品安全风险，保护婴幼儿健康，自2011年6月1日起，禁止生产含BPA的婴幼儿奶瓶，自2011年9月1日起，禁止进口和销售含BPA的婴幼儿奶瓶。

聚碳酸酯(polycarbonate, PC)

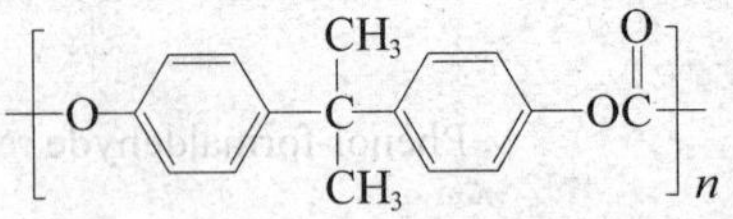

[聚碳酸酯结构式] 聚碳酸酯(PC) [回收标识07]

[双酚A与光气反应生成聚碳酸酯的反应式] $-2n\ HCl$

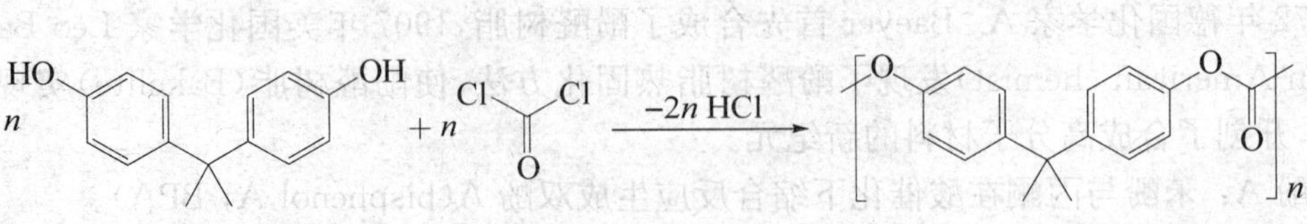

Polycarbonates (PC), trademarked names Lexan, Makrolon, Makroclea

双酚A环氧树脂(bisphenol A epoxy resin)

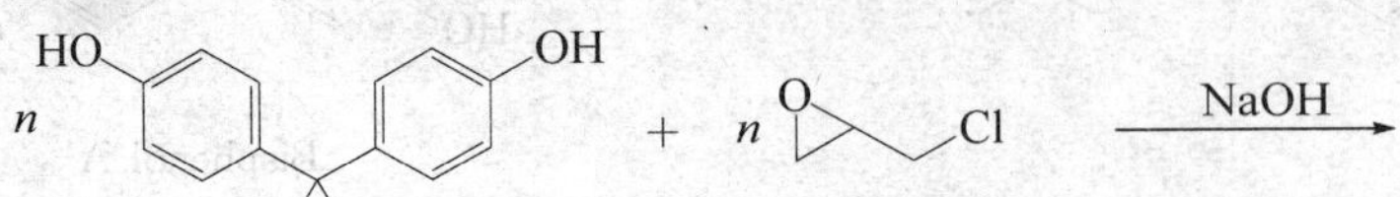

[双酚A与环氧氯丙烷的反应式] $\xrightarrow{NaOH}$

Bisphenol A   epichlorhydrin

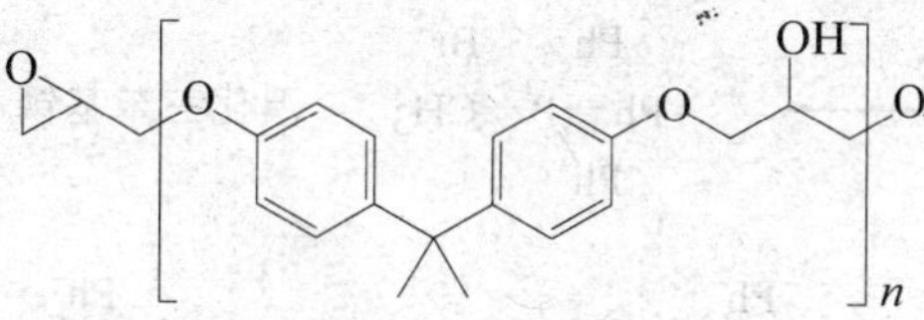

（2）与氯苯缩合

三氯乙醛与氯苯在硫酸存在下缩合生成 1,1-二(4-氯苯基)-2,2,2-三氯乙烷（dichlorodiphenyltrichloroethane，DDT）：

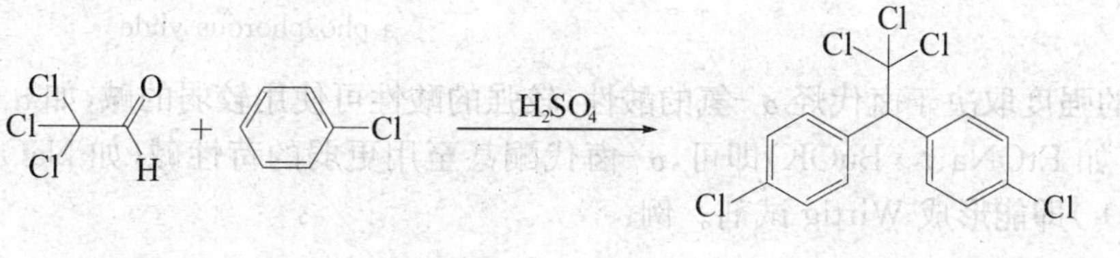

1,1-二(4-氯苯基)-2,2,2-三氯乙烷

问题 41 给出上述反应的机理。

DDT 是最著名的合成杀虫剂，但也是持久的有机污染物，因而后来禁用。

1962 年 Rachel Carson 出版了 *Silent Spring*《寂静的春天》一书，揭露了长期以来滥用杀虫剂给环境带来的问题，引起了人们对环境问题的关注，催生了环境保护运动兴起。1970 年美国政府设立环境保护署(Environmental Protection Agency，EPA)，1972 年美国禁止农用 DDT。

8.2.3 Wittig 反应

醛酮羰基（C=O）与 Wittig 试剂缩合生成烯键，称为 Wittig 反应，又称 Wittig 烯化（Wittig olefination，Georg Wittig，1954）。例：

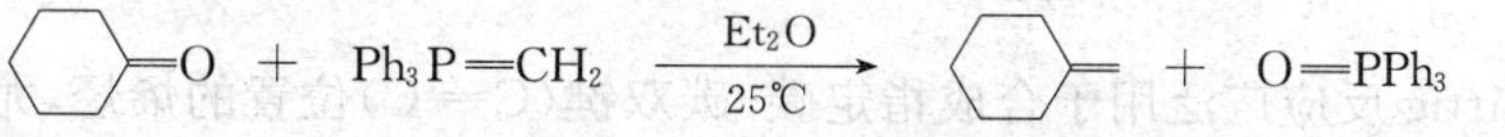

亚甲基三苯基膦　　亚甲基环己烷 64%

Wittig 反应机理：Wittig 试剂的亲核性碳加成羰基，荷负电的氧进攻缺电子的磷原子，环化形成氧磷杂环丁烷，然后重排，释放出三苯氧膦，给出烯烃。

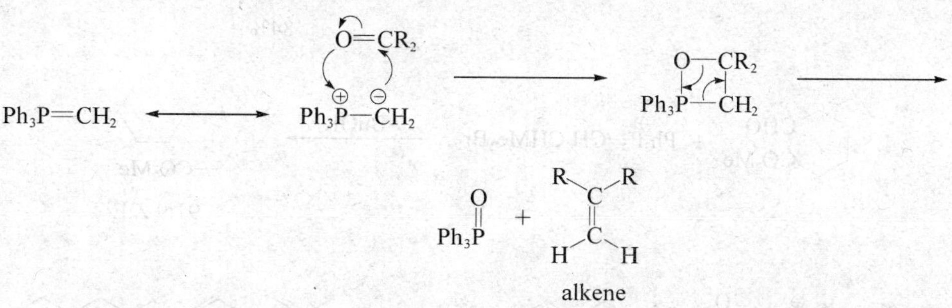

Wittig 反应的典型溶剂是醚类如乙醚、四氢呋喃（THF）等。

Wittig 试剂制备：三苯基膦具强亲核性，易与卤代烃发生双分子亲核取代，生成季磷盐，用适当强度的碱处理即形成内盐磷 ylide (P ylide)或磷 ylene (P ylene)，此即 Wittig 试剂。例：

$$Ph_3P: + \underset{H}{\overset{H}{C}}H_2-Br \xrightarrow{S_N2} Ph_3\overset{+}{P}-CH_3 \ Br^- \quad \text{溴化三苯基鏻}$$

$$Ph_3\overset{+}{P}-CH_3 \ Br^- \xrightarrow[-C_4H_{10},\ -LiBr]{BuLi/THF} Ph_3\overset{+}{P}-\overset{\ominus}{C}H_2 \leftrightarrow Ph_3P=CH_2$$

P ylide   P ylene

亚甲基三苯基膦
a phosphorous ylide

所用碱的强度取决于卤代烃 α-氢的酸性，较强的酸性可使用较弱的碱，如 α-卤代酯与腈等仅需醇盐（如 EtONa、t-BuOK）即可，α-卤代酮甚至用更弱的苛性碱（如 NaOH）甚至碳酸碱（如 Na_2CO_3）即能形成 Wittig 试剂。例：

$$Ph_3P + BrCH_2CO_2Et \xrightarrow{S_N2} Ph_3\overset{+}{P}-CH_2CO_2Et \ Br^- \xrightarrow{EtONa}$$

$$Ph_3\overset{+}{P}-\overset{\ominus}{C}H-CO_2Et \leftrightarrow Ph_3P=CH-CO_2Et$$

$$Ph_3P + BrCH_2COPh \xrightarrow{THF} Ph_3\overset{+}{P}-CH_2COPh \ Br^- \xrightarrow{Na_2CO_3}$$

$$Ph_3\overset{+}{P}-\overset{\ominus}{C}H-COPh \leftrightarrow Ph_3P=CH-COPh$$

应用：Wittig 反应广泛用于合成指定碳-碳双键（C═C）位置的烯烃，尤其是在精细有机合成、天然产物合成中。例：

$$Ph_2C=O + Ph_3P=CH_2 \xrightarrow{THF} Ph_2C=CH_2 + Ph_3P=O$$

84%

$$\text{(cyclohexane-CHO, CO}_2\text{Me)} + Ph_3\overset{+}{P}-CH_2CHMe_2 \ Br^- \xrightarrow{t\text{-BuOK}} \text{产物}$$

91:9 Z:E

$$\text{iso-hexyl-}\overset{\ominus}{C}H-\overset{+}{P}Ph_3 + \text{tetradecanal} \xrightarrow{THF} \text{产物}$$

91% all Z
(Z)-2-甲基-7-二十一碳烯

Wittig 反应用于天然产物合成，例如合成维生素 A：

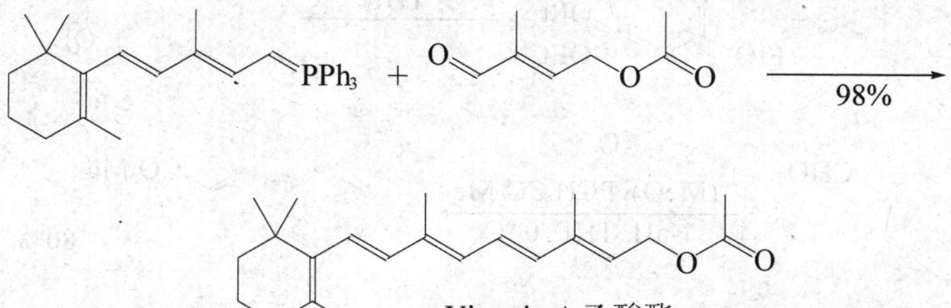

Vitamin A 乙酸酯

Wittig 反应亦可在分子内进行：

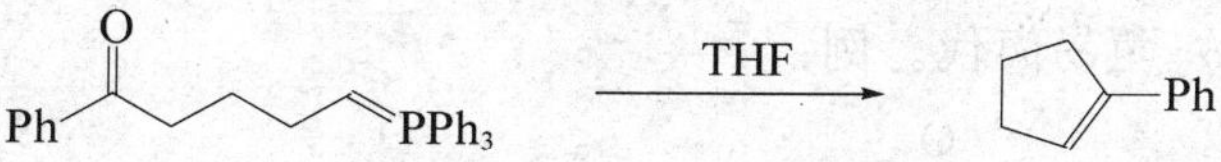

Wittig 反应在有机合成特别是精细有机合成、天然产物合成中获得了广泛应用。G Wittig 因此获得 1979 年诺贝尔化学奖（The Nobel Prize in Chemistry 1979 was awarded jointly to Herbert C. Brown and Georg Wittig "for their development of the use of boron- and phosphorus-containing compounds, respectively, into important reagents in organic synthesis"）。

问题 41 完成反应

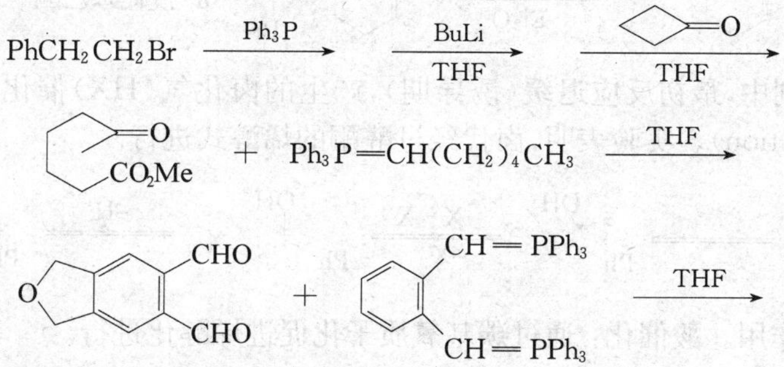

$PhCH_2CH_2Br \xrightarrow{Ph_3P} \xrightarrow[THF]{BuLi} \xrightarrow[THF]{\text{环丁酮}}$

$\text{2-甲氧羰基环己酮} + Ph_3P=CH(CH_2)_4CH_3 \xrightarrow{THF}$

$\text{邻苯二甲醛(异苯并呋喃二醛)} + \text{邻-二(三苯基膦甲叉)苯} \xrightarrow{THF}$

问题 42 完成转化

环戊醇 $\Longrightarrow$ 异丙叉环戊烷

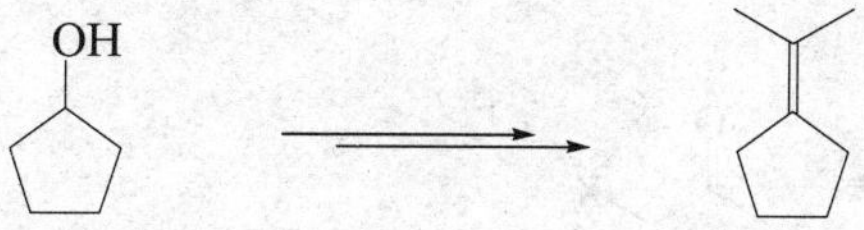

改良的 Wittig 反应：用膦酸酯代替三苯膦，即用稳定的膦酸酯碳负离子代替磷 ylide，与醛酮反应主要生成（E）-型烯烃，称为 Horner-Wadsworth-Emmons 反应（Leopold Horner, William S. Wadsworth, William D. Emmons, 1958），也称 Wittig-Horner 反应。

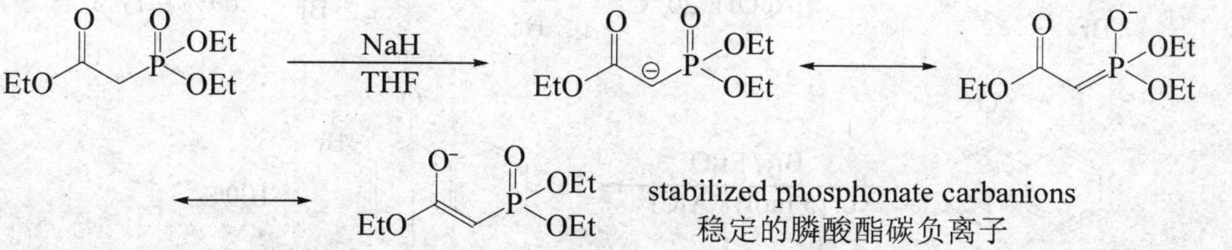

stabilized phosphonate carbanions
稳定的膦酸酯碳负离子

例:

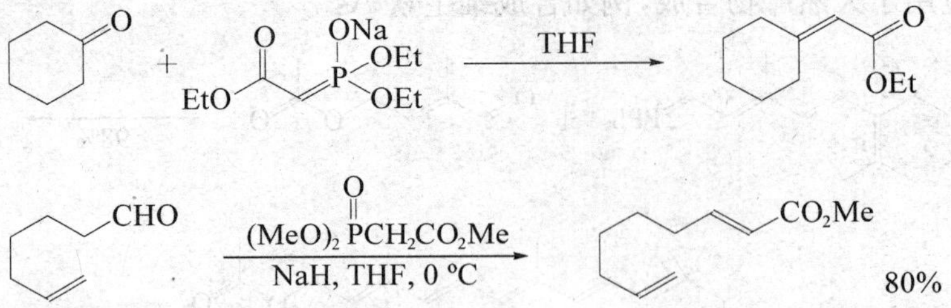

[反应式: 环己酮 + EtO₂C-CH=P(ONa)(OEt)₂ →(THF) 环己基亚甲基乙酸乙酯]

[反应式: 己烯醛 + (MeO)₂P(O)CH₂CO₂Me →(NaH, THF, 0 °C) 相应 α,β-不饱和酯, 80%]

8.2.4 卤代与卤仿反应

8.2.4.1 卤代

醛酮羰基的活性 α-氢易卤代。例:

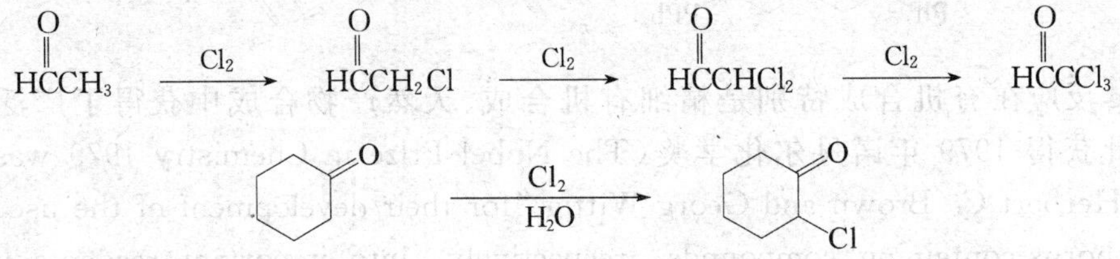

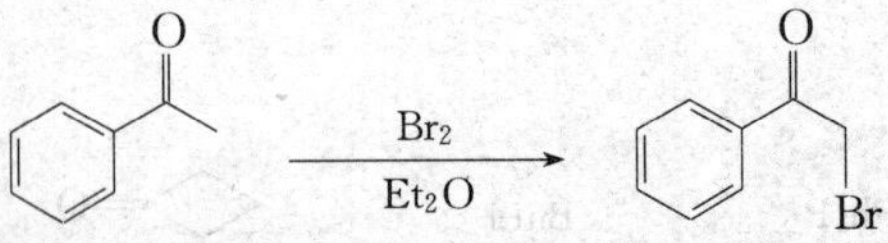

$$HCOCH_3 \xrightarrow{Cl_2} HCOCH_2Cl \xrightarrow{Cl_2} HCOCHCl_2 \xrightarrow{Cl_2} HCOCCl_3$$

[反应式: 环己酮 + Cl₂/H₂O → 2-氯环己酮]

[反应式: 苯乙酮 + Br₂/Et₂O → α-溴代苯乙酮 PhCOCH₂Br]   α-溴代苯乙酮

若在非质子溶剂中,最初反应迟缓(诱导期),产生的卤化氢(HX)催化此反应(自催化反应 autocatalytic reaction)。实验表明,卤代经过醛酮的烯醇式进行。

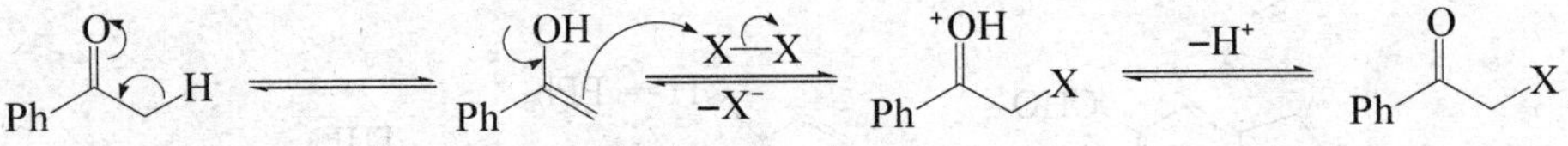

[机理式: PhCOCH₃ ⇌ PhC(OH)=CH₂ →(X-X, -X⁻) PhC(⁺OH)CH₂X →(-H⁺) PhCOCH₂X]

酸碱均有催化作用。酸催化:通过羰基氧质子化促进烯醇化进行。

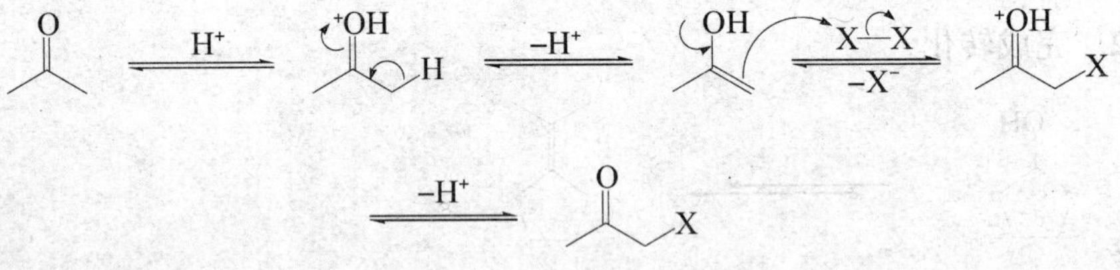

[机理式: 丙酮 →(H⁺) 质子化丙酮 →(-H⁺) 烯醇式 →(X-X, -X⁻) 质子化α-卤代丙酮 →(-H⁺) α-卤代丙酮 CH₃COCH₂X]

酸催化较易停留在一卤代阶段:

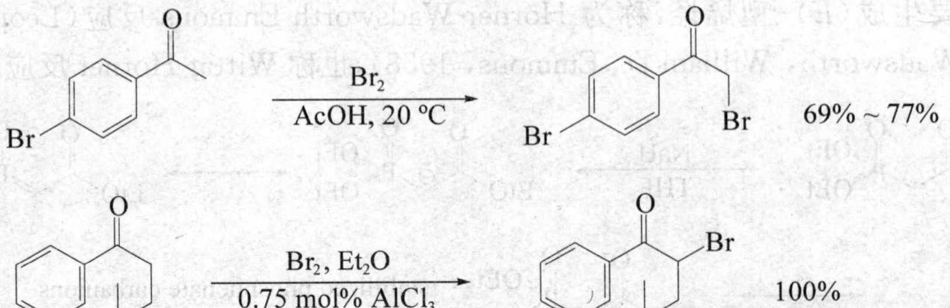

[反应式: 4-溴苯乙酮 + Br₂ →(AcOH, 20 °C) 4-溴-α-溴苯乙酮, 69%~77%]

[反应式: 苯丁酮 + Br₂, Et₂O →(0.75 mol% AlCl₃) α-溴苯丁酮, 100%]

酸催化发生在取代较多的α-碳上：

$$\text{CH}_3\text{COCH}_2\text{CH}_3 \xrightarrow{\text{Br}_2 / \text{AcOH}} \text{CH}_3\text{COCHBrCH}_3 \quad via \quad \left[\text{CH}_3\text{C(OH)=CHCH}_3\right]$$

2-甲基环己酮 $\xrightarrow{\text{Cl}_2 / \text{AcOH}}$ 2-氯-2-甲基环己酮

碱性卤代：通过烯醇负离子进行。

$$\text{R-CO-CH} \xrightarrow[-\text{H}_2\text{O}]{\text{HO}^-} \text{R-C(O}^-\text{)=CH} \xrightleftharpoons[-X^-]{X-X} \text{R-CO-CH-X}$$

碱性条件下卤代主要发生在取代较少的α-碳上。

$$\text{CH}_3\text{COCH}_2\text{CH}_3 + \text{Br}_2 \xrightarrow{\text{HO}^-} \text{BrCH}_2\text{COCH}_2\text{CH}_3$$

卤代增强了α-氢的酸性，因此，进一步卤代变得更容易。亦即在碱性条件下醛酮易多卤代，不易停留在一卤代阶段。

$$\text{CH}_3\text{COCH}_2\text{CH}_3 \xrightarrow[\text{Br}_2]{\text{HO}^-} \text{CBr}_3\text{COCH}_2\text{CH}_3$$

8.2.4.2 卤仿反应

乙醛、甲基酮与次卤酸盐（NaOX，$X_2 + $NaOH）反应生成卤仿（$CHX_3$）和少一个碳的羧酸盐，此为卤仿反应（Lieben haloform reaction，1870）（Adolf von Lieben，1836—1914）。

$$\text{R-CO-CH}_3 + 3\,\text{NaOX} \xrightarrow{\text{H}_2\text{O}} \text{R-COONa} + \text{CHX}_3 + 2\,\text{NaOH}$$

卤仿反应机理：

$$\text{R-CO-CX}_3 \xrightarrow{^-\text{OH}} \text{R-C(OH)(O}^-\text{)-CX}_3 \longrightarrow \text{R-COOH} + {^-\text{CX}_3}$$

$$\longrightarrow \text{R-COONa} + \text{HCX}_3$$

例：

$$\text{CH}_3\text{COCH}_2\text{CH}_3 \xrightarrow{\text{NaOCl}} \text{CH}_3\text{CH}_2\text{COONa} + \text{CHCl}_3$$

$$(\text{CH}_3)_2\text{C=CHCOCH}_3 \xrightarrow{\text{NaOBr}} (\text{CH}_3)_2\text{C=CHCOONa} + \text{CHBr}_3$$

问题 43 完成反应

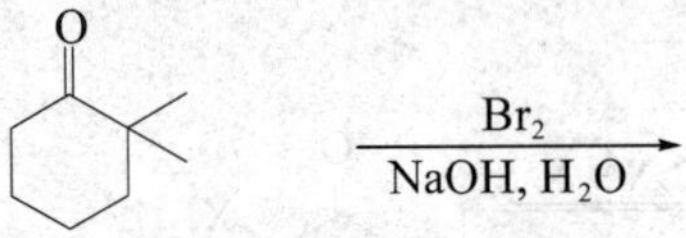

$$CH_3CH_2CH_2CHO \xrightarrow[AcOH]{Cl_2}$$

(3-甲基-2-丁酮) $\xrightarrow[AcOH]{Cl_2}$

(苯丙酮) $\xrightarrow[AcOH]{Br_2}$

(2,4-二甲基环己酮) $\xrightarrow[AcOH]{Br_2}$

(2,2-二甲基环己酮) $\xrightarrow[NaOH, H_2O]{Br_2}$

卤仿反应的应用：(a)鉴别——碘仿反应；(b)合成羧酸(减少一个碳原子)、卤仿。

卤仿反应用于鉴别应该用碘仿的反应。因为碘仿是黄色的固体且其气味独特，极易觉察到。乙醛与甲基酮呈正性反应。乙醇与甲基仲醇也有此反应，因为在反应条件下，乙醇与甲基仲醇都被氧化成乙醛与甲基酮。

CH_3CHO CH_3COR $CH_3CH(OH)H$ $CH_3CH(OH)R$

β-二酮如乙酰丙酮也有此反应。β-酮酸如乙酰乙酸受热也显阳性反应。

问题 44 下列化合物，哪些有碘仿反应？

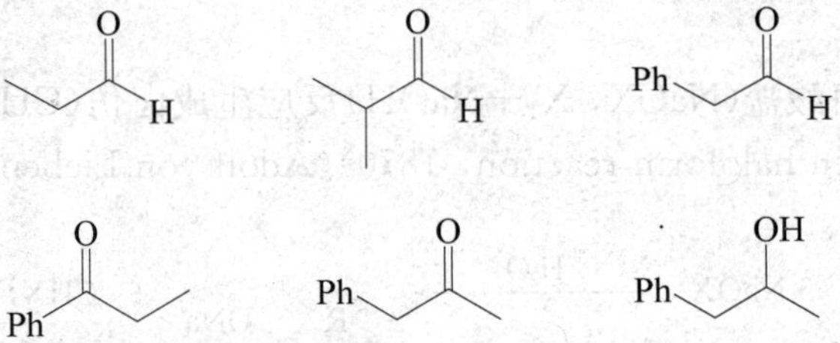

CH_3CH_2CHO $(CH_3)_2CHCHO$ $PhCH_2CHO$

$PhCOCH_2CH_3$ $PhCH_2COCH_3$ $PhCH_2CH(OH)CH_3$

问题 45 如何用化学方法区分 2-戊酮与 3-戊酮？

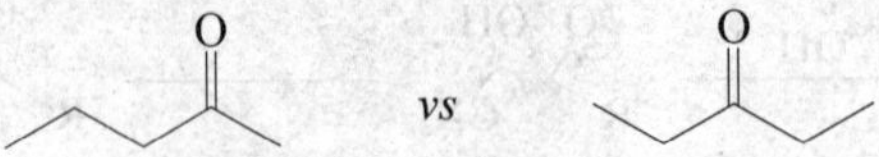

(2-戊酮) vs (3-戊酮)

问题 46 完成转化

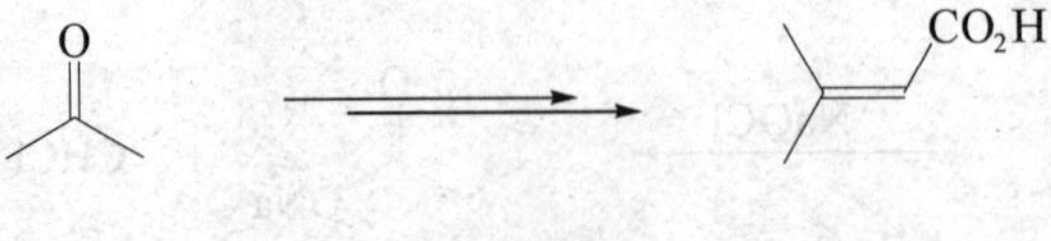

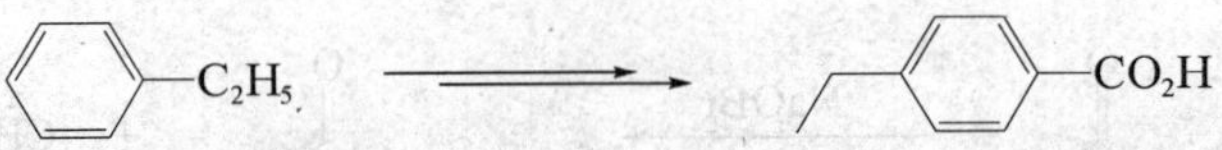

$CH_3COCH_3 \Longrightarrow (CH_3)_2C=CHCO_2H$

$PhC_2H_5 \Longrightarrow 4\text{-}C_2H_5\text{-}C_6H_4\text{-}CO_2H$

· 58 ·

8.2.4.3 Favorskii 重排

α-卤代酮在强碱作用下重排成羧酸或羧酸酯,环状 α-卤代酮缩环重排,此即 Favorskii 重排(the Russian chemist Alexei Yevgrafovich Favorskii, 1894)。

例:

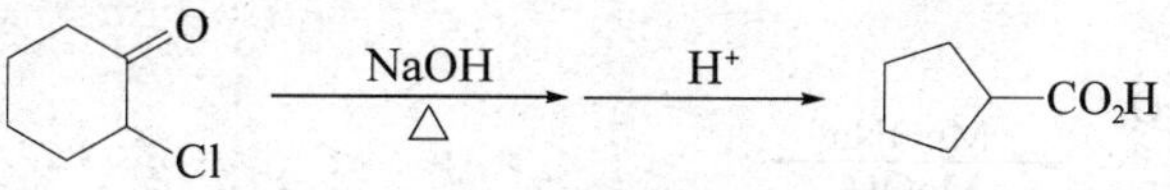

反应机理:碱夺取 α-氢生成碳负离子(烯醇盐),接着发生分子内亲核取代形成环丙酮中间体。另一分子碱亲核加成羰基,消去产生另一中间体碳负离子,立刻夺取羧基氢给出反应产物羧酸负离子。在这里,羰基碳转化为羧基碳,此即环 α-卤代酮 Favorskii 重排。

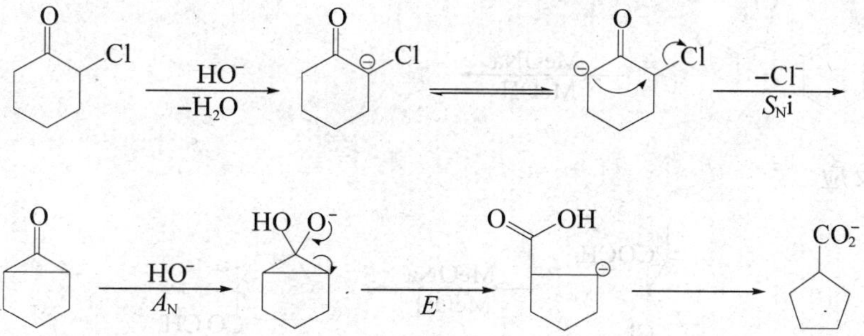

若用醇碱进行 Favorskii 重排,将得到羧酸酯。例:

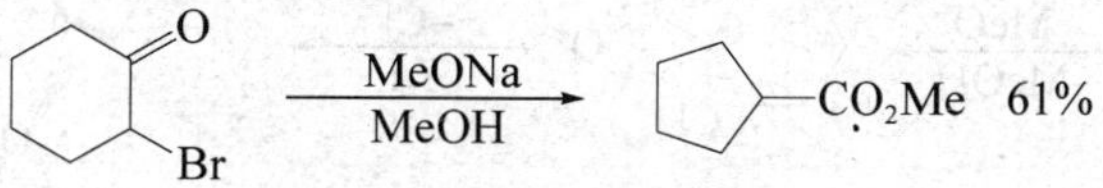

构造不对称,产生较稳定的碳负离子。例:

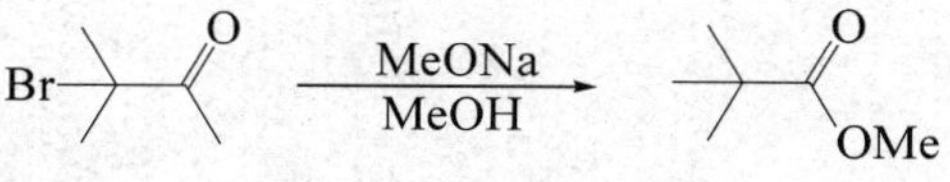

反应机理:

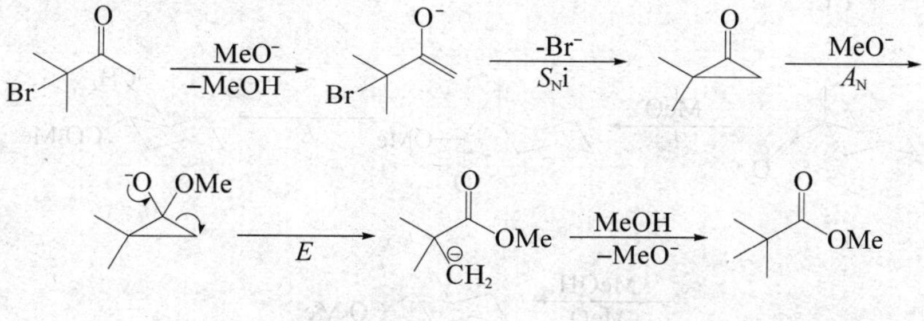

问题 47 完成反应

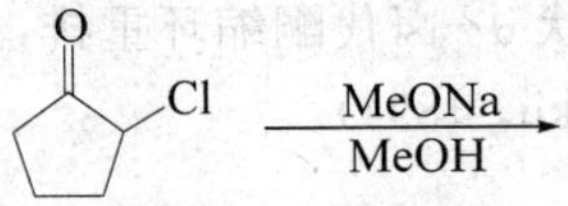

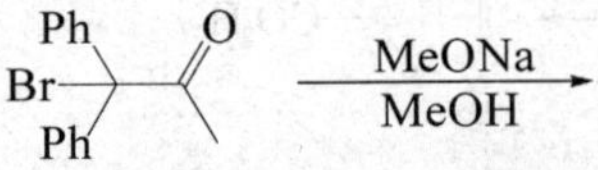

环戊酮-2-Cl $\xrightarrow{\text{MeONa} / \text{MeOH}}$

Ph$_2$C(Br)COCH$_3$ $\xrightarrow{\text{MeONa} / \text{MeOH}}$

问题 48 完成反应并建议机理

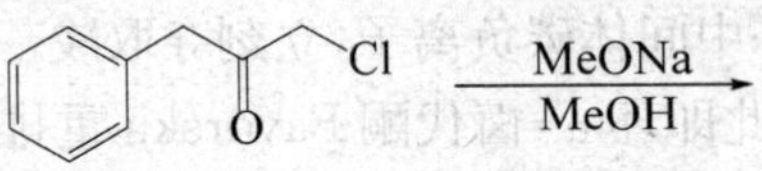

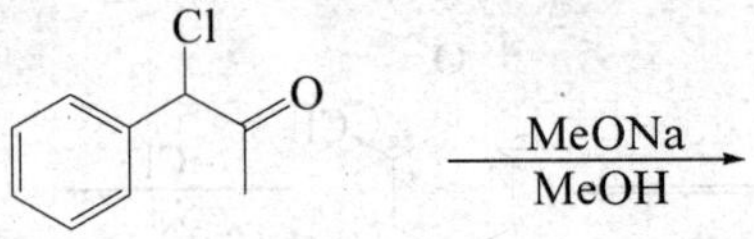

PhCH$_2$COCH$_2$Cl $\xrightarrow{\text{MeONa} / \text{MeOH}}$

PhCH(Cl)COCH$_3$ $\xrightarrow{\text{MeONa} / \text{MeOH}}$

例：解释反应

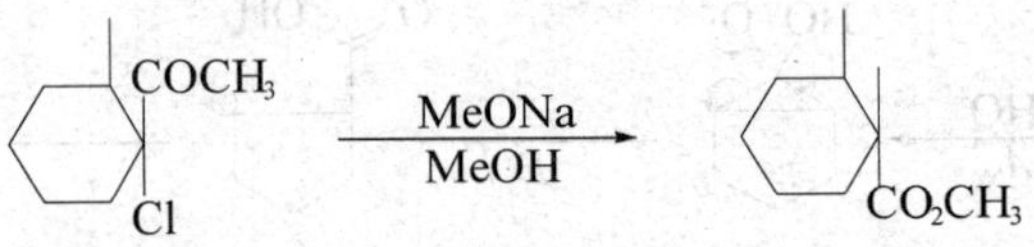

1-甲基-2-氯-2-乙酰基环己烷 $\xrightarrow{\text{MeONa} / \text{MeOH}}$ 1,1-二甲基-2-甲氧羰基环己烷

反应机理：

底物 $\xrightarrow[-\text{MeOH}]{\text{MeO}^-}$ 烯醇盐 $\xrightarrow[S_N i]{-\text{Cl}^-}$ 螺环氧丙烷 $\xrightarrow{\text{MeO}^- / A_N}$

中间体 $\xrightarrow{E}$ 碳负离子 $\xrightarrow[-\text{MeO}^-]{\text{MeOH}}$ 产物

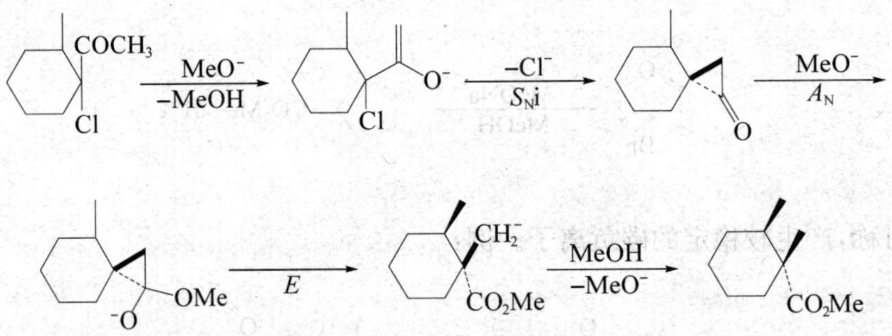

反应机理用构象表达：

（构象式机理图示）

$\xrightarrow[-\text{MeOH}]{\text{MeO}^-}$ $\xrightarrow[S_N i]{-\text{Cl}^-}$ $\xrightarrow{A_N}^{\text{MeO}^-}$ $\xrightarrow{E}$ $\xrightarrow[-\text{MeO}^-]{\text{MeOH}}$ 产物 CO$_2$Me

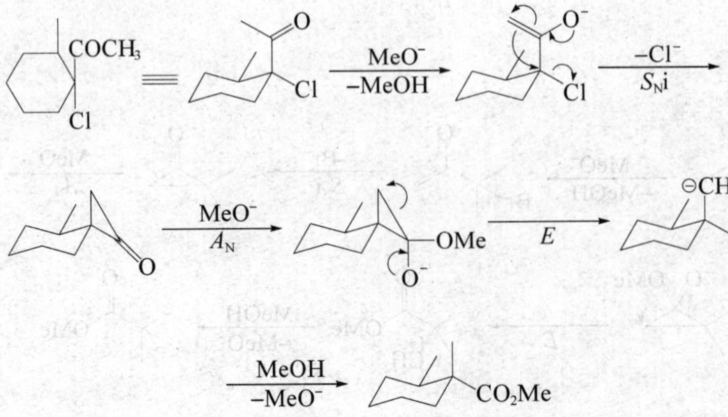

第8章 醛酮醌 Aldehydes, Ketones and Quinones

问题 49 完成反应并建议机理

$$\text{[1-chloro-1-acetylcyclohexane]} \xrightarrow[\text{MeOH}]{\text{MeONa}}$$

若没有 α-氢（不可烯醇化），碱负离子将直接进攻羰基，即第一步就亲核加成，然后消去，完成反应。此类重排将不通过环丙酮中间体，类似于二苯羟乙酸重排。例：

$$\text{[二氯双环酮]} \xrightarrow[\text{EtOH, H}_2\text{O}]{\text{NaOH}} \xrightarrow{\text{H}^+} \text{[氯代双环甲酸]}$$

反应机理：

$$\text{[二氯双环酮]} \xrightarrow[A_N]{\text{HO}^-} \text{[四面体中间体]} \xrightarrow[E]{-\text{Cl}^-} \text{[氯代双环甲酸]}$$

问题 50 完成反应

$$\text{[1-氯-1-苯甲酰基环己烷]} \xrightarrow[\text{EtOH, H}_2\text{O}]{\text{KOH}} \xrightarrow{\text{H}^+}$$

二卤代酮发生 Favorskii 重排生成烯酸或酯。例：

$$\text{Br} \diagup \diagdown \diagup \text{Br} \xrightarrow[\text{EtOH, H}_2\text{O}]{\text{NaOH}} \xrightarrow{\text{H}^+} \text{[CH}_2=\text{C(CH}_3\text{)CO}_2\text{H]}$$

反应机理：通过环丙酮中间体进行。

$$\text{[二溴酮]} \xrightarrow[-\text{H}_2\text{O}]{\text{HO}^-} \text{[烯醇]} \xrightarrow[S_N i]{-\text{Br}^-} \text{[环丙酮]}$$

$$\xrightarrow[A_N]{\text{HO}^-} \text{[加成中间体]} \xrightarrow[E]{-\text{Br}^-} \text{[CH}_2=\text{C(CH}_3\text{)CO}_2\text{H]}$$

问题 51 完成反应并建议机理

$$\text{[3,3-二氯-2-丁酮]} \xrightarrow[\text{MeOH}]{\text{MeONa}}$$

$$\text{[}\alpha\text{-溴-}\alpha\text{-甲基-}\beta\text{-酮酸甲酯 with BrCH}_2\text{]} \xrightarrow[\text{EtOH, H}_2\text{O}]{\text{KOH}} \xrightarrow{\text{H}^+}$$

8.2.5 氧化还原反应

8.2.5.1 氧化

醛易氧化成酸。例：

$$CH_3(CH_2)_5CHO \xrightarrow[H_2SO_4, H_2O]{KMnO_4} CH_3(CH_2)_5CO_2H \quad 76\% \sim 78\%$$

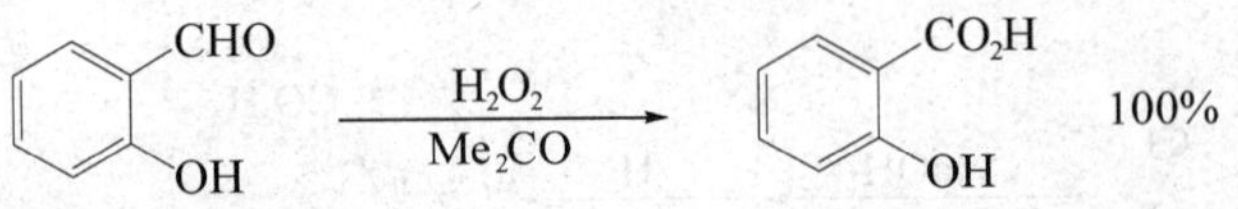

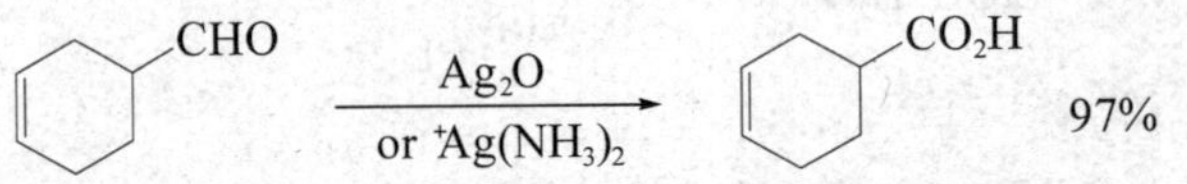

邻羟基苯甲醛 $\xrightarrow[Me_2CO]{H_2O_2}$ 水杨酸 100%

环己烯基甲醛 $\xrightarrow[or\ ^+Ag(NH_3)_2]{Ag_2O}$ 环己烯基甲酸 97%

Tollens' 试剂：硝酸银的氨水溶液即银氨溶液 $AgNO_3/H_2O \cdot NH_3$ 或 $Ag^+(NH_3)_2NO_3^-$——一种温和的氧化剂，可选择性的氧化醛成羧酸，本身被还原成单质银，附着于干净的玻璃容器内壁上，形成银镜，故称为银镜反应。

醛易被空气氧氧化——自氧化。

问题 44 盛放苯甲醛的试剂瓶口常有白色晶体，这是什么化合物？是如何产生的？

酮一般不会被进一步氧化，但在一定条件下也可发生碳碳键断裂氧化。环酮氧化成二元酸。结构对称的环酮氧化成二酸，有合成价值。如工业上曾用氧化环己酮生产己二酸，后者是尼龙-66 的原料。

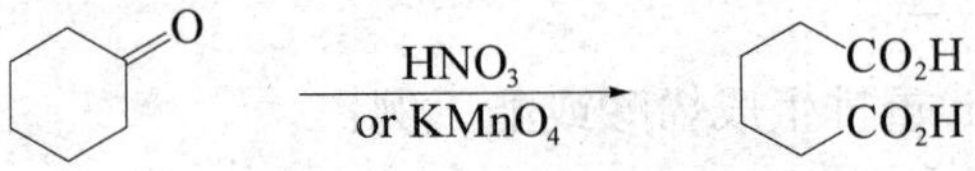

环己酮 $\xrightarrow[or\ KMnO_4]{HNO_3}$ 己二酸

氧化成酯——Baeyer-Villiger 氧化重排反应：酮被过氧酸氧化成酯，称为 Baeyer-Villiger 反应（Adolf Baeyer，Victor Villiger，1899），既是氧化又是重排反应。

常用的过氧酸：

HCOOOH ($HCO_2H + H_2O_2$)
过氧甲酸 Peroxyformic acid

CH_3COOOH ($CH_3CO_2H + H_2O_2$)
过氧乙酸 Peroxyacetic acid

CF_3COOOH
过氧三氟乙酸
Peroxytrifluoroacetic acid

PhCOOOH
过氧苯甲酸
Peroxybenzoic acid

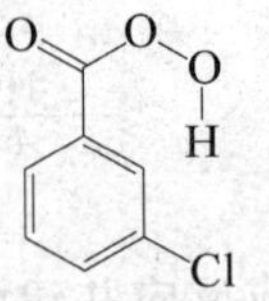

间氯过氧苯甲酸
meta-Chloroperbenzoic acid
MCPBA；m-CPBA

例：

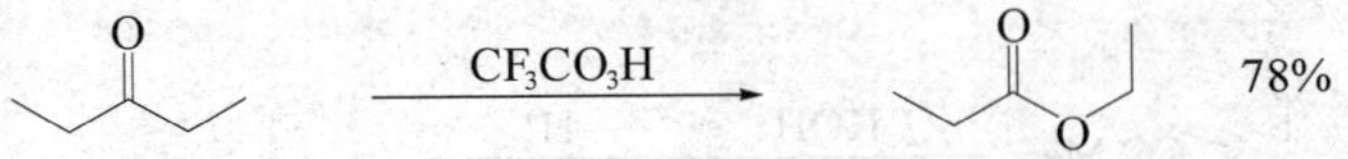

3-戊酮 $\xrightarrow{CF_3CO_3H}$ 丙酸乙酯 78%

环酮经过氧酸氧化重排成6-己内酯(ε-己内酯 ε-caprolactone)。

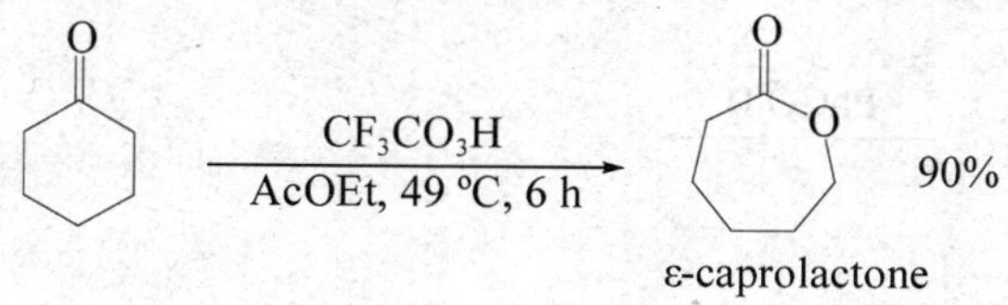

Baeyer-Villiger 氧化重排机理：过氧酸对羰基亲核加成，过氧键断裂产生氧正离子，烃基迁移连氧成酯。

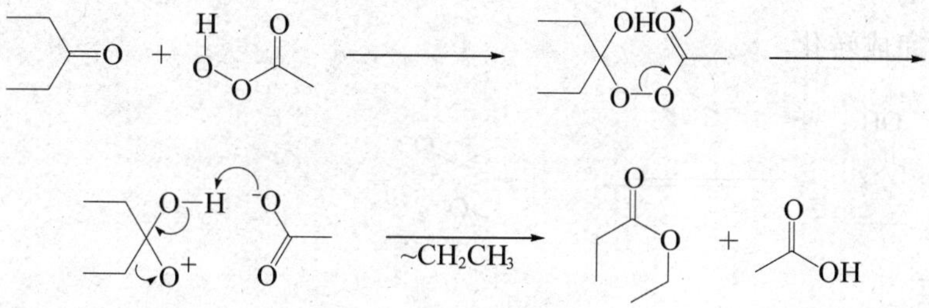

构造不对称，取决于基团的迁移能力。

$$H > 3° > Ph > 2° > 1° > CH_3$$

因此，醛总是被氧化成羧酸。例：

$$n\text{-}C_6H_{13}CHO \xrightarrow{CF_3CO_3H} n\text{-}C_6H_{13}CO_2H \quad 88\%$$

酮被氧化成羧酸酯。例：

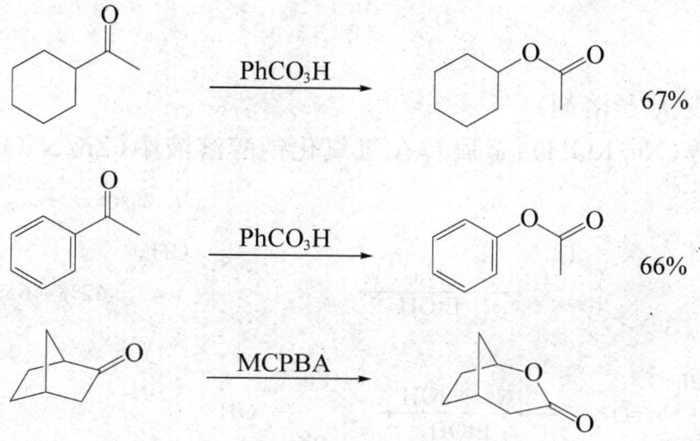

化学选择性——分子内同时存在烯键与酮羰基，后者更易氧化成酯。例：

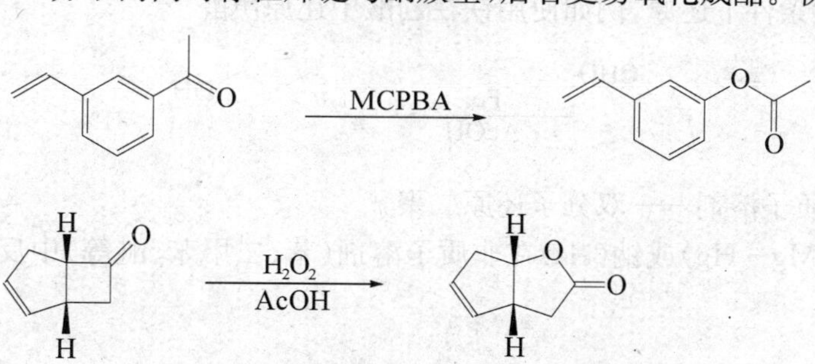

问题 52 完成反应

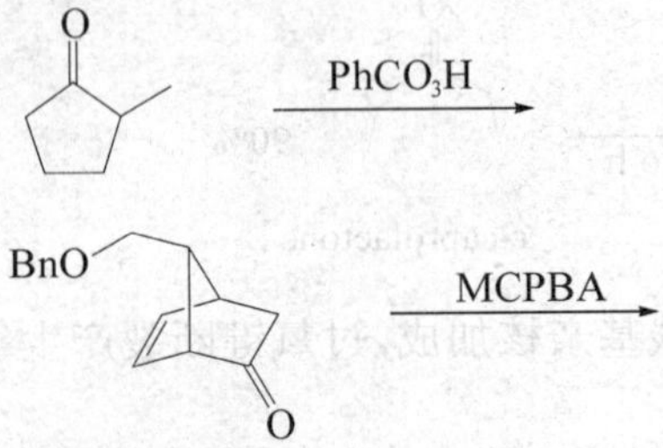

2-甲基环戊酮 $\xrightarrow{\text{PhCO}_3\text{H}}$

BnO取代的双环烯酮 $\xrightarrow{\text{MCPBA}}$

问题 53 完成转化

环戊醇 $\Longrightarrow$ δ-戊内酯

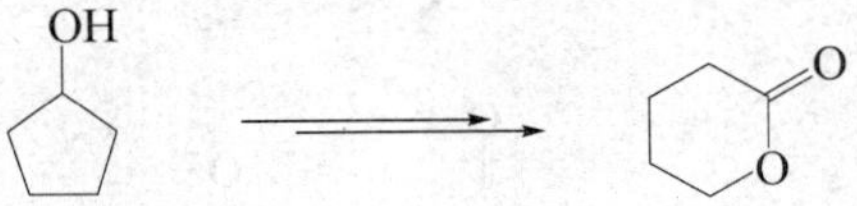

8.2.5.2 还原

1. 还原成醇

1) 金属氢化物还原

硼氢化钠($NaBH_4$)、氢化锂铝($LiAlH_4$)还原醛酮成醇,是制备醇的重要方法。

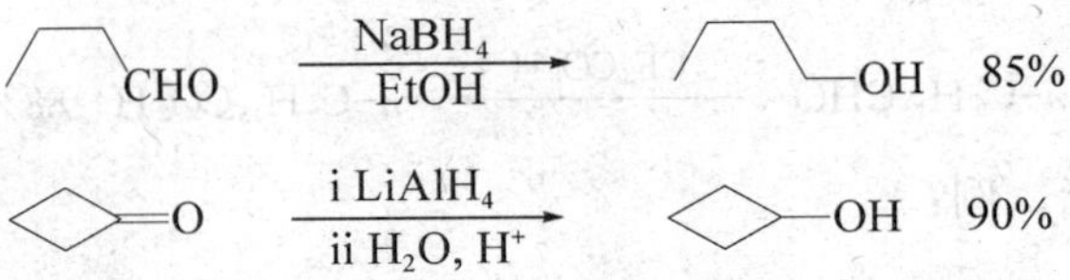

丁醛 $\xrightarrow[\text{EtOH}]{\text{NaBH}_4}$ 丁醇 85%

环丁酮 $\xrightarrow[\text{ii } H_2O, H^+]{\text{i LiAlH}_4}$ 环丁醇 90%

2) 金属还原

(1) 金属-醇、酸(质子溶剂)

酮:金属钠与醇(Na/ROH)、金属锌在氢氧化钠醇溶液中(Zn/NaOH)等均可还原酮成醇。例:

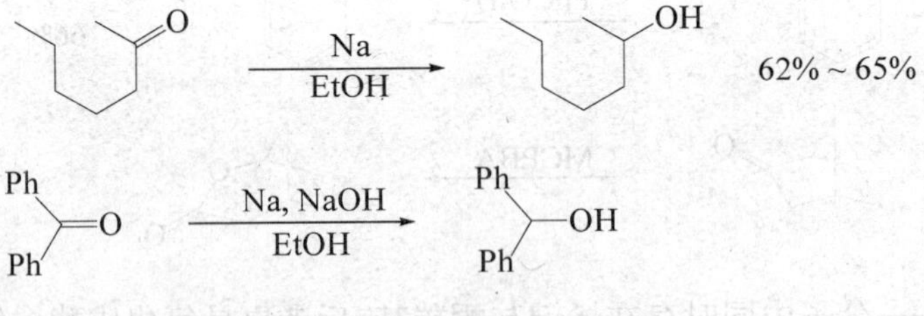

2-己酮 $\xrightarrow[\text{EtOH}]{\text{Na}}$ 2-己醇 62%~65%

$Ph_2C=O$ $\xrightarrow[\text{EtOH}]{\text{Na, NaOH}}$ Ph_2CHOH

醛:需在酸性条件下还原,例如使用铁在乙酸中还原庚醛。

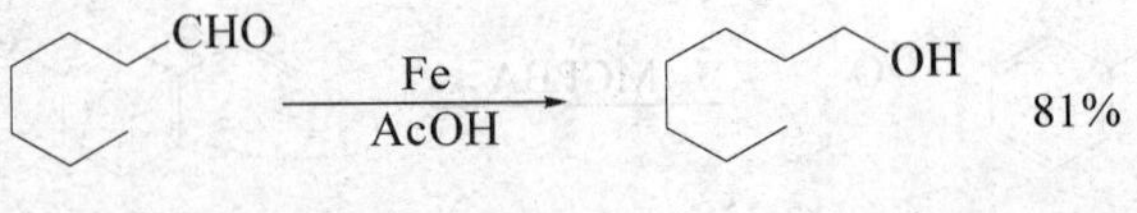

庚醛 $\xrightarrow[\text{AcOH}]{\text{Fe}}$ 庚醇 81%

(2) 金属-非质子溶剂——双分子还原二聚

酮与金属镁(Mg-Hg)或钠(Na)在非质子溶剂(苯、二甲苯、醚等)中反应,还原二聚生成邻二叔醇。例:

第 8 章 醛酮醌 Aldehydes, Ketones and Quinones

$$\text{(CH}_3\text{)}_2\text{C=O} \xrightarrow[\text{PhH}]{\text{Mg-Hg}} \xrightarrow[\text{H}^+]{\text{H}_2\text{O}} \text{(CH}_3\text{)}_2\text{C(OH)-C(OH)(CH}_3\text{)}_2 \quad 43\%\sim 50\%$$

Pinacol 频哪醇

环戊酮 $\xrightarrow[\text{PhH}]{\text{Mg-Hg}} \xrightarrow[\text{H}^+]{\text{H}_2\text{O}}$ 1,1'-二羟基联环戊烷

还原二聚反应机理——单电子转移(single-electron transfer, SET):

$$2\,(CH_3)_2C=O + Mg \xrightarrow{SET} \text{anion radical} \xrightarrow{\text{radical coupling}}$$

五元环中间体 $\xrightarrow[\text{H}^+]{\text{H}_2\text{O}}$ (CH$_3$)$_2$C(OH)-C(OH)(CH$_3$)$_2$

邻二叔醇发生 Pinacol 重排可用于合成含季碳、螺环化合物,脱水成共轭二烯可用于 Diels-Alder 双烯合成等。例:

$$(CH_3)_2C=O \Longrightarrow \text{4-methyl-3-cyclohexenyl-1-carbaldehyde (with methyl substituent)}$$

逆合成分析(retrosynthetic analysis, RSA):

醛 $\Longrightarrow$ 2,3-二甲基-1,3-丁二烯 + CH$_2$=CHCHO

$\Longrightarrow$ (CH$_3$)$_2$C(OH)-C(OH)(CH$_3$)$_2$ $\Longrightarrow$ (CH$_3$)$_2$C=O

合成:

$$(CH_3)_2C=O \xrightarrow[\text{PhH}]{\text{Mg-Hg}} \xrightarrow[\text{H}^+]{\text{H}_2\text{O}} (CH_3)_2C(OH)-C(OH)(CH_3)_2 \xrightarrow[\triangle]{\text{Al}_2\text{O}_3}$$

2,3-二甲基-1,3-丁二烯 $\xrightarrow[\triangle]{\text{CH}_2=\text{CHCHO}}$ 产物醛

问题 54 完成反应

(1) 邻甲氧基苯甲醛 $\xrightarrow[\text{EtOH}]{\text{NaBH}_4}$

(2) 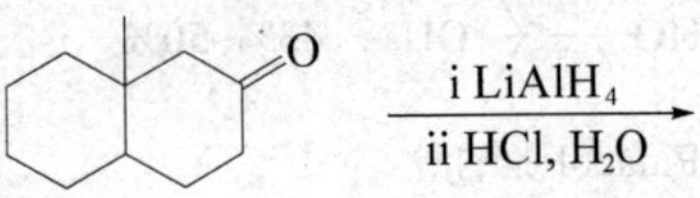 [structure: methyl-substituted decalinone] $\xrightarrow[\text{ii HCl, H}_2\text{O}]{\text{i LiAlH}_4}$

(3) 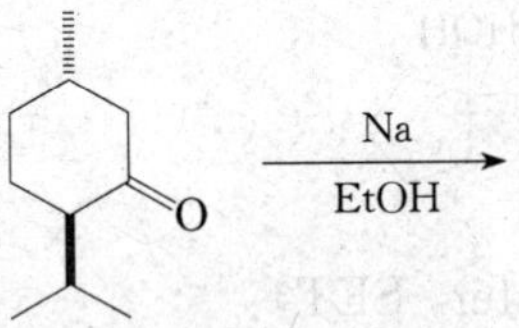 [structure: cyclohexanone with methyl and isopropyl substituents] $\xrightarrow[\text{EtOH}]{\text{Na}}$

(4) $CH_3(CH_2)_7CHO \xrightarrow[\text{AcOH}]{\text{Fe}}$

(5) 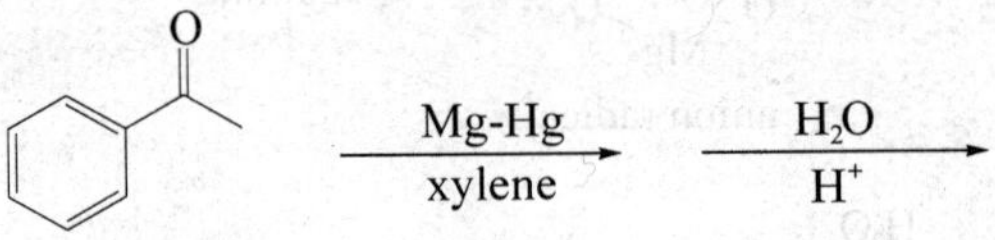 [acetophenone] $\xrightarrow[\text{xylene}]{\text{Mg-Hg}}$ $\xrightarrow[\text{H}^+]{\text{H}_2\text{O}}$

(6) 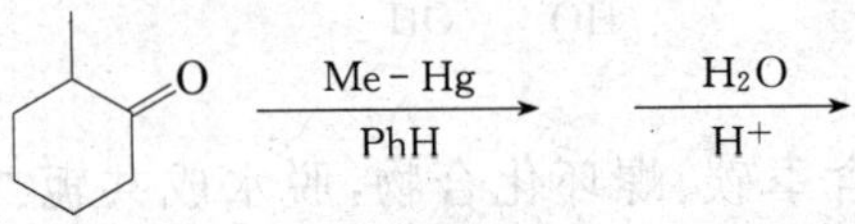 [2-methylcyclohexanone] $\xrightarrow[\text{PhH}]{\text{Me-Hg}}$ $\xrightarrow[\text{H}^+]{\text{H}_2\text{O}}$

问题 55 完成以下指定原料的合成

(1) 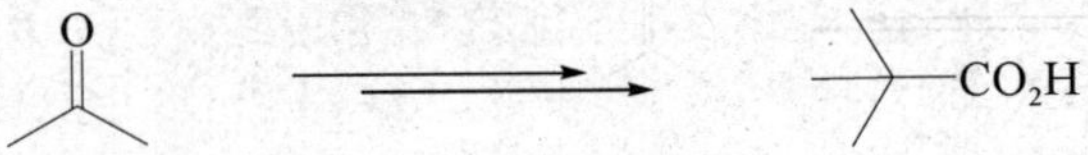 [acetone] $\Longrightarrow$ [pivalic acid: (CH$_3$)$_3$C-CO$_2$H]

(2) 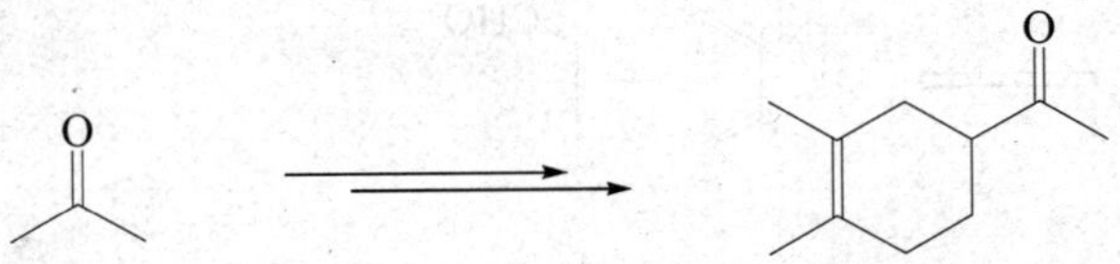 [acetone] $\Longrightarrow$ [3,4-dimethyl-3-cyclohexenyl methyl ketone]

(3) [cyclopentanone] $\Longrightarrow$ [tricyclic anhydride structure]

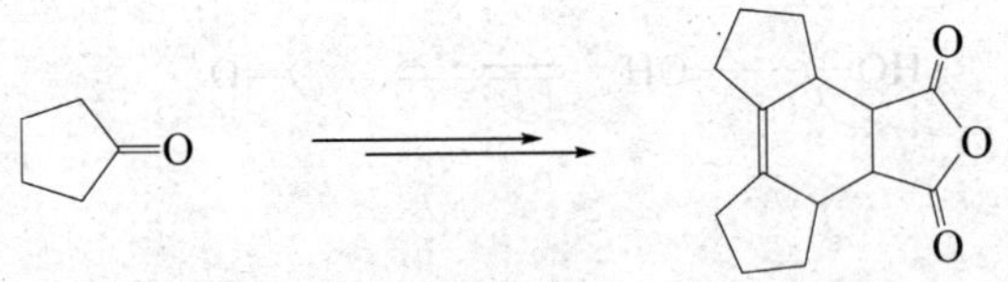

3) 催化加氢

醛酮羰基在过渡金属如铂(Pt)、钯(Pd)、镍(Ni)、铜(Cu)以及铜-铬氧化物(Cr-CuO)等催化作用下可加成氢分子,还原成醇。例:

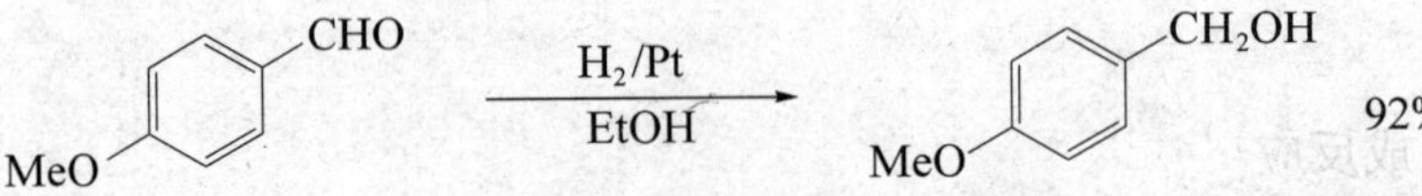

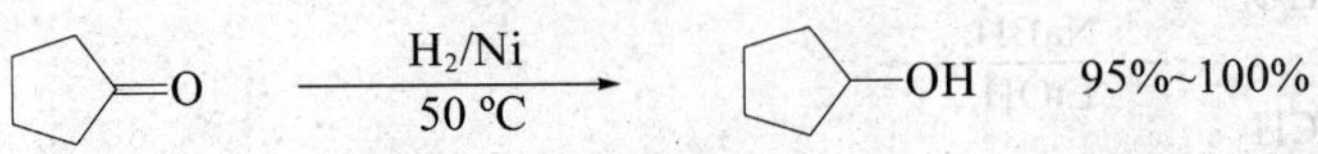

[4-methoxybenzaldehyde] $\xrightarrow[\text{EtOH}]{\text{H}_2/\text{Pt}}$ [4-methoxybenzyl alcohol] 92%

[cyclopentanone] $\xrightarrow[\text{50 °C}]{\text{H}_2/\text{Ni}}$ [cyclopentanol] 95%~100%

第8章 醛酮醌 Aldehydes, Ketones and Quinones

$$\text{CH}_3\text{CH}_2\text{CH}_2\text{C(CH}_3\text{)=CHCHO} \xrightarrow[160\ ^\circ\text{C}]{\text{H}_2/\text{Cu}} \text{CH}_3\text{CH}_2\text{CH}_2\text{CH(CH}_3\text{)CH}_2\text{OH}$$

4) Meerwein-Ponndorf-Verley 还原

醛酮在异丙醇中可被异丙醇铝还原成醇,称为 Meerwein-Ponndorf-Verley 还原(1925),是 Oppenauer 氧化之逆反应,化学选择性高,如硝基(NO$_2$)、酯基(CO$_2$R)、氰基(CN)、烯键(C=C)、卤素(X)等不受影响。例:

邻硝基苯甲醛 $\xrightarrow[\text{Me}_2\text{CHOH}]{\text{Al(OCHMe}_2)_3}$ 邻硝基苯甲醇 92%

$$\text{Br}_3\text{CCHO} \xrightarrow[\text{Me}_2\text{CHOH}]{\text{Al(OCHMe}_2)_3} \text{Br}_3\text{CCH}_2\text{OH} \quad 69\%$$
麻醉剂 Avertin

(对硝基苯甲酰基-NHCOCHCl$_2$ 衍生物) $\xrightarrow[\text{Me}_2\text{CHOH}]{\text{Al(OCHMe}_2)_3}$ 氯霉素 Chloromycetin 92%

问题 56 完成反应

$$\text{PhCH=CHCHO} \xrightarrow{\text{H}_2 \atop \text{Raney Ni}}$$

$$\text{4-Cl-C}_6\text{H}_4\text{CHO} \xrightarrow[\text{Me}_2\text{CHOH}]{\text{Al(OCHMe}_2)_3}$$

$$\text{PhCOCCl}_3 \xrightarrow[\text{Me}_2\text{CHOH}]{\text{Al(OCHMe}_2)_3}$$

问题 57 完成转化

$$\text{PhCHO} \Longrightarrow \text{PhCH=CHCH}_2\text{OH}$$

2. 还原成烃

$$(\text{CH}_3)_2\text{C=O} \xrightarrow{[\text{H}]} (\text{CH}_3)_2\text{CH}_2$$

1) Clemmensen 还原

酮醛羰基在盐酸中可被锌-汞齐(Zn-Hg/HCl)还原成亚甲基,称为 Clemmensen 还原

(Erik Christian Clemmensen, 1913)。Clemmensen 还原对经由 Friedel-Crafts 酰基化得到的烷烃基芳酮特别有效。对脂肪或环酮，用金属锌还原更有效。例：

$$\text{PhCOCH}_3 \xrightarrow[\text{HCl}]{\text{Zn(Hg)}} \text{PhCH}_2\text{CH}_3$$

$$\text{3-MeO-4-HO-C}_6\text{H}_3\text{CHO} \xrightarrow[\text{HCl}]{\text{Zn(Hg)}} \text{3-MeO-4-HO-C}_6\text{H}_3\text{CH}_3 \quad 65\%$$

$$\text{PhCOCH}_2\text{CH}_2\text{CO}_2\text{Et} \xrightarrow[\text{HCl}]{\text{Zn(Hg)}} \text{PhCH}_2\text{CH}_2\text{CH}_2\text{CO}_2\text{Et} \quad 59\%$$

问题 58 完成反应

$$\text{2,4-(HO)}_2\text{-C}_6\text{H}_3\text{COCH}_3 \xrightarrow[\text{HCl}]{\text{Zn(Hg)}}$$

$$\text{CH}_3\text{CO(CH}_2)_3\text{CO}_2\text{H} \xrightarrow[\text{HCl}]{\text{Zn(Hg)}}$$

2) Wolff-Kishner-Huang 还原

Wolff-Kishner 还原：醛酮与无水肼作用生成腙(hydrazone)，然后高温分解放氮给出亚甲基化的还原产物，此为 Wolff-Kishner 还原(Nikolai Kischner in 1911 and Ludwig Wolff in 1912)。

$$\text{R}_2\text{C=O} + \text{NH}_2\text{NH}_2 \xrightarrow[\text{封管或高压釜}]{\text{Na, K, or EtONa/EtOH}} \text{R}_2\text{CH}_2 + \text{N}_2$$

黄鸣龙(Huang Min-lon)改良(1946)：黄鸣龙在 Wolff-Kishner 还原基础上，改使用高沸点溶剂如乙二醇($HOCH_2CH_2OH$, EG bp 196℃～198℃)、缩乙二醇(如 $HOCH_2CH_2OCH_2CH_2OH$ 一缩二乙二醇 DEG)，用水合肼($NH_2NH_2 \cdot H_2O$)代替无水肼，用苛性碱氢氧化钠(NaOH)或氢氧化钾(KOH)代替金属钠(Na)或钾(K)。结果是，反应常压操作、时间缩短，经济且安全(Huang Min-lon, *J. Am. Chem. Soc.* 1946, 68, 2487)，被称为 Wolff-Kishner-Huang 还原。

例：

$$\text{PhCOCH}_2\text{CH}_3 \xrightarrow[\text{DEG, NaOH, }\triangle]{\text{NH}_2\text{NH}_2\text{—H}_2\text{O}} \text{PhCH}_2\text{CH}_2\text{CH}_3 \quad 82\%$$

$$\text{HO}_2\text{C(CH}_2)_3\text{CO(CH}_2)_3\text{CO}_2\text{H} \xrightarrow[\text{DEG, NaOH, }\triangle]{\text{NH}_2\text{NH}_2\text{—H}_2\text{O}} \text{HO}_2\text{C(CH}_2)_7\text{CO}_2\text{H} \quad 87\%\sim93\%$$

Wolff-Kishner-Huang 还原反应机理：羰基首先和肼通过加成-消去生成为腙。高温环境中的腙在碱作用下分解放氮，经历碳负离子中间体，溶剂提供氢，最终还原成亚甲基。

$$\underset{}{\text{C=O}} + \text{NH}_2\text{NH}_2 \longrightarrow \underset{\text{NHNH}_2}{\overset{\text{OH}}{\text{C}}} \xrightarrow{-\text{H}_2\text{O}} \text{C=NNH}_2 \xrightarrow[-\text{BH}]{\text{B}^-}$$

$$\text{C=N-}\overset{-}{\text{NH}} \longleftrightarrow \overset{-}{\text{C}}-\text{N=NH} \xrightarrow[-\text{Sol}^-]{\text{Sol-H}} \text{C}-\text{N=NH} \xrightarrow[-\text{BH}]{\text{B}^-}$$

$$\underset{}{\text{C}}\overset{\text{H}}{-}\text{N=N}^- \xrightarrow{-\text{N}_2} \overset{-}{\text{C}}-\text{H} \xrightarrow[-\text{Sol}^-]{\text{Sol-H}} \underset{\text{H}}{\overset{\text{H}}{\text{C}}}$$

3) 催化氢解

芳酮的羰基可通过催化氢解还原。例：

[PhCOCH₂CH₂CH₃ + 2H₂ →(Pt, −H₂O) PhCH₂CH₂CH₂CH₃]

[tricyclic nitro-ketone with OH → tricyclic amino alcohol, H₂/Pd]

问题 59 上述反应消耗几分子氢？

非芳醛酮羰基可通过硫代缩醛酮氢解还原。

[3,5-dimethylcyclohex-2-enone + HSCH₂CH₂SH / BF₃ → dithiolane → H₂/Raney Ni → 3,5-dimethylcyclohexene]

还原成烃的合成应用：

[cyclopentanone ⇒ spiro[4.5]decane]

合成：

[cyclopentanone + Mg-Hg / xylene → H₂O/H⁺ → pinacol(OH,OH) → H₂SO₄ →]

[spiro[4.5]decan-6-one + Zn(Hg)/HCl → spiro[4.5]decane]

· 69 ·

问题 60 完成转化

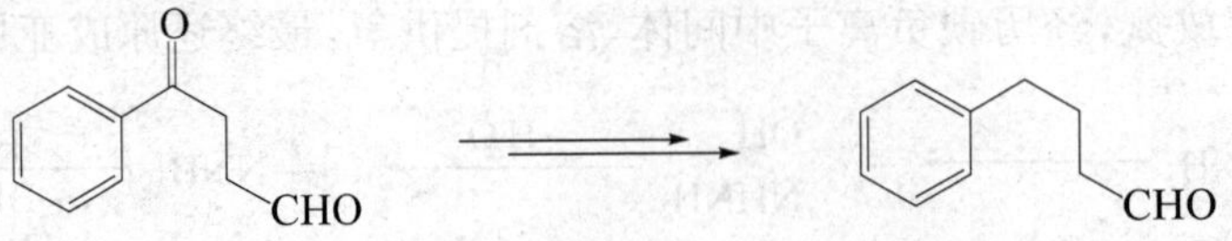

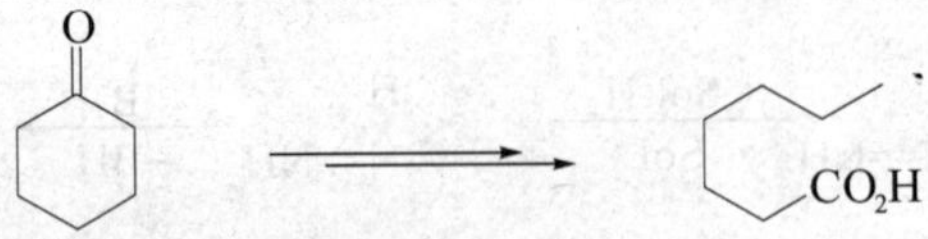

[Structure: PhCOCH₂CH₂CHO ⟹ PhCH₂CH₂CH₂CHO]

[Structure: cyclohexanone ⟹ hexanoic acid (CO₂H)]

8.2.5.3 歧化反应——Cannizzaro 反应

不含 α-氢的醛在浓苛性碱中发生歧化反应(disproportionation)，即一分子被氧化成酸，另一分子被还原成醇，这种氧化-还原(redox)称为 Cannizzaro 反应(Stanislao Cannizzaro, 1853)。例:

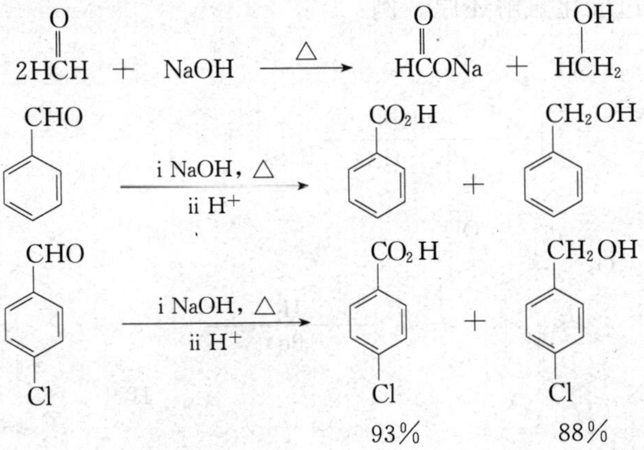

$$2HCHO + NaOH \xrightarrow{\triangle} HCO_2Na + CH_3OH$$

$$PhCHO \xrightarrow[ii\ H^+]{i\ NaOH,\ \triangle} PhCO_2H + PhCH_2OH$$

$$4\text{-}ClC_6H_4CHO \xrightarrow[ii\ H^+]{i\ NaOH,\ \triangle} 4\text{-}ClC_6H_4CO_2H\ (93\%) + 4\text{-}ClC_6H_4CH_2OH\ (88\%)$$

反应机理：

[Mechanism: PhCHO + ⁻OH ⇌ PhCH(O⁻)OH]

[Mechanism: hydride transfer from PhCH(O⁻)OH to PhCHO, ~H shift → PhCO(OH) + PhCH₂O⁻ → PhCO₂⁻ + PhCH₂OH]

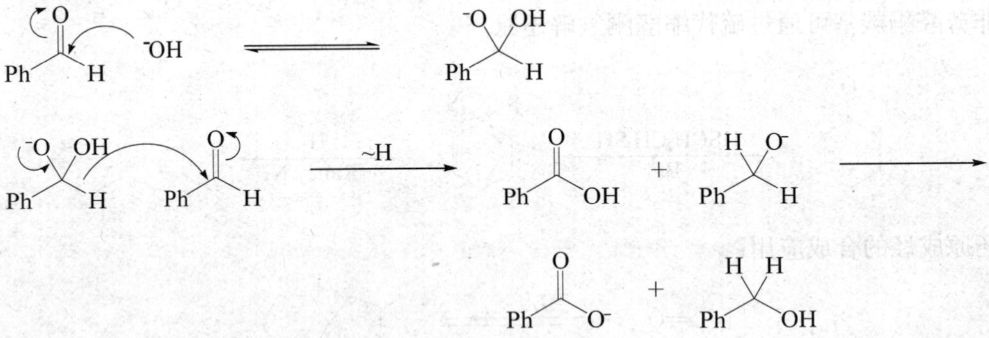

问题 61 完成反应

$$2\text{-}ClC_6H_4CHO \xrightarrow[ii\ H^+]{i\ NaOH,\ \triangle}$$

$$4\text{-}CH_3OC_6H_4CHO \xrightarrow[ii\ H^+]{i\ NaOH,\ \triangle}$$

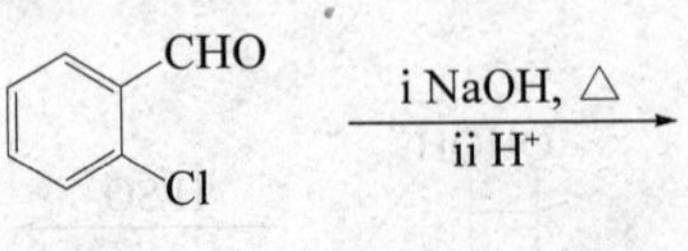

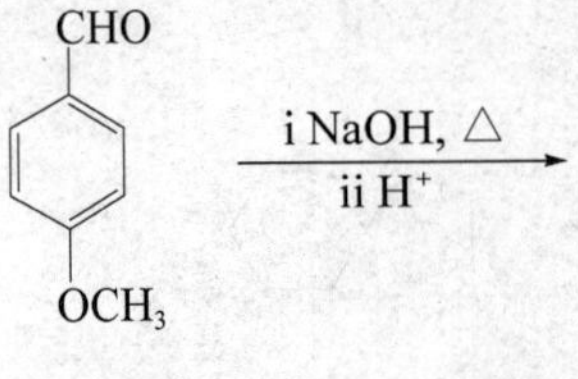

交叉的 Cannizzaro 反应：甲醛（HCHO）的还原能力最强，即最易氧化，是有效的还原剂。例：

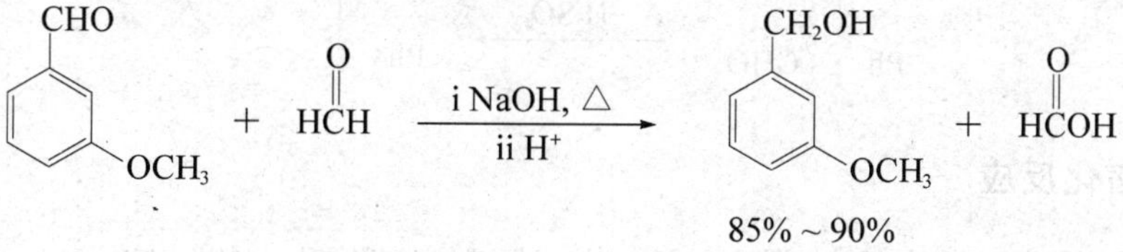

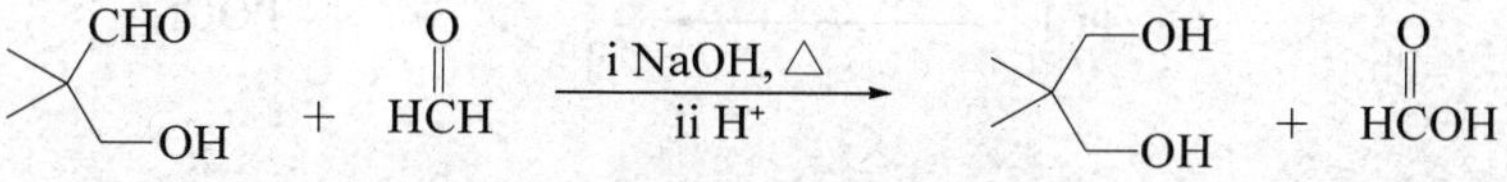

间甲氧基苯甲醛 + HCHO $\xrightarrow[\text{ii H}^+]{\text{i NaOH, }\triangle}$ 间甲氧基苄醇（85%～90%） + HCOOH

(CH₃)₂C(CH₂OH)CHO + HCHO $\xrightarrow[\text{ii H}^+]{\text{i NaOH, }\triangle}$ (CH₃)₂C(CH₂OH)₂ + HCOOH

合成应用：工业上季戊四醇是由乙醛和甲醛为原料生产的。

$$3\text{HCHO} + \text{CH}_3\text{CHO} \xrightarrow[\text{H}_2\text{O}]{\text{NaOH}} (\text{HOCH}_2)_3\text{CCHO} \xrightarrow[\text{NaOH}]{\text{HCHO}} (\text{HOCH}_2)_3\text{CCH}_2\text{OH}$$

问题 62 建议机理

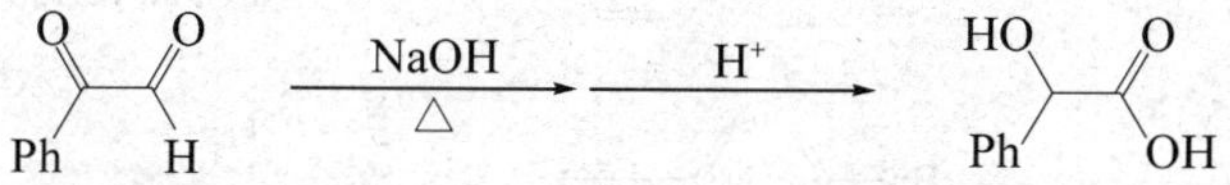

PhCOCHO $\xrightarrow[\triangle]{\text{NaOH}}$ $\xrightarrow{\text{H}^+}$ PhCH(OH)COOH

问题 63 完成转化

(CH₃)₂CHCHO $\Longrightarrow$ 2-异丙基-5,5-二甲基-1,3-二氧六环

PhCOCH₃ $\Longrightarrow$ PhCH(OH)COOH

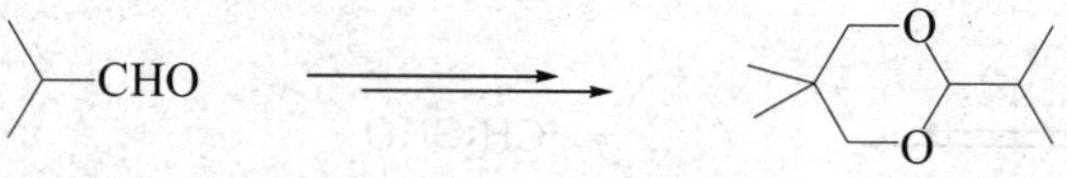

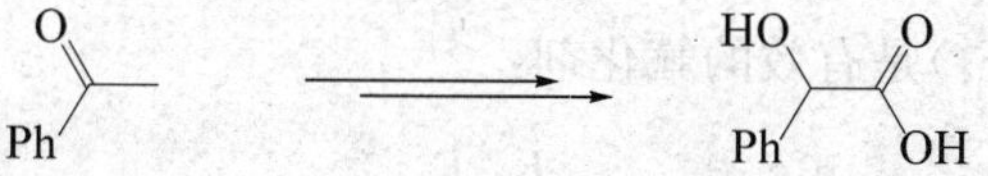

8.2.6 醛-酮重排

脂肪醛在酸作用下重排成酮。例如，叔丁基甲醛在硫酸存在下受热重排，生成甲基异丙基酮。

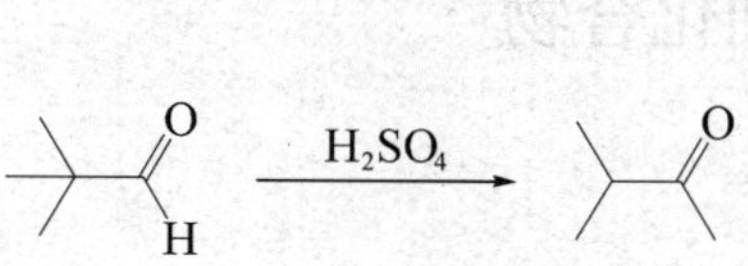

(CH₃)₃CCHO $\xrightarrow{\text{H}_2\text{SO}_4}$ (CH₃)₂CHCOCH₃

重排机理：

(CH₃)₃CCHO $\xrightarrow{\text{H}^+}$ (CH₃)₃C-CH=⁺OH $\leftrightarrow$ (CH₃)₃C-⁺CH-OH $\xrightarrow{\sim\text{CH}_3}$ (CH₃)₂⁺C-CH(CH₃)OH

$\xrightarrow{\sim\text{H}}$ (CH₃)₂C⁺-CH(CH₃)OH $\leftrightarrow$ (CH₃)₂C(OH)=CH(CH₃)⁺ $\xrightarrow{-\text{H}^+}$ (CH₃)₂CHCOCH₃

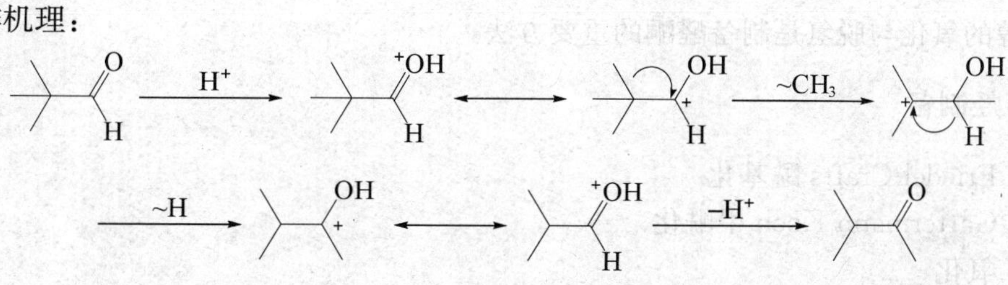

再例如，α-苯基丙醛在硫酸作用下重排生成乙基苯酮：

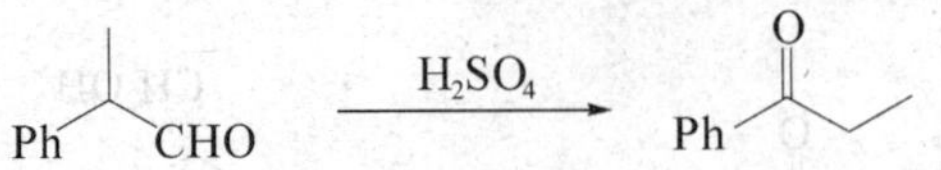

$$Ph\text{-}CH(CH_3)\text{-}CHO \xrightarrow{H_2SO_4} Ph\text{-}CO\text{-}CH_2CH_3$$

8.2.7 羰基卤化反应

醛酮与五氯化磷（PCl_5）反应，羰基卤化，生成同碳二氯代化合物。例：

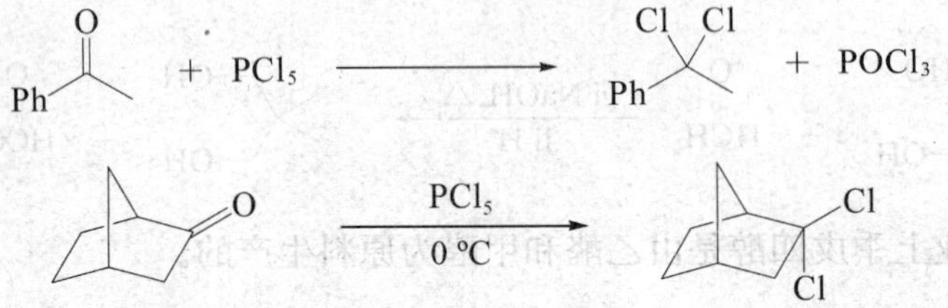

$$Ph\text{-}CO\text{-}CH_3 + PCl_5 \longrightarrow Ph\text{-}CCl_2\text{-}CH_3 + POCl_3$$

$$\text{(降冰片酮)} \xrightarrow[0\ ℃]{PCl_5} \text{(2,2-二氯降冰片烷)}$$

亚硫酰氯（$SOCl_2$）、乙酰氯（$CH_3COCl/AlCl_3$）等亦是常用的氯化试剂。

含 α-氢的醛酮与五氯化磷反应的主要副产物是氯乙烯衍生物，但它们与二氯化物的混合物均适用于炔烃的合成。如由对溴苯乙酮制备对溴苯乙炔。

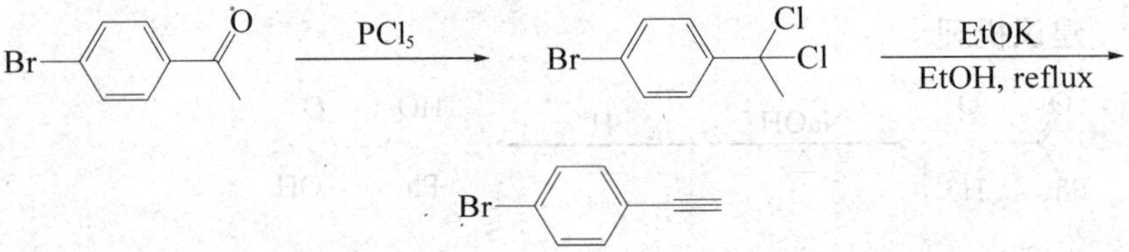

$$\text{4-BrC}_6\text{H}_4\text{-COCH}_3 \xrightarrow{PCl_5} \text{4-BrC}_6\text{H}_4\text{-CCl}_2\text{CH}_3 \xrightarrow[\text{EtOH, reflux}]{EtOK} \text{4-BrC}_6\text{H}_4\text{-C}\equiv\text{CH}$$

问题 64 完成转化

$$\text{Ph-COCH}_3 \Longrightarrow \text{Ph-CH}_2\text{CHO}$$

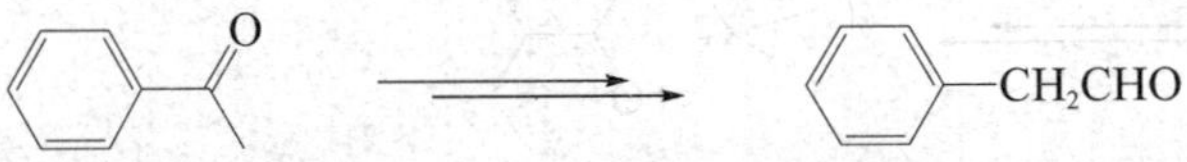

醛酮羰基氟代亦可，四氟化硒（SeF_4）是有效的氟化剂：

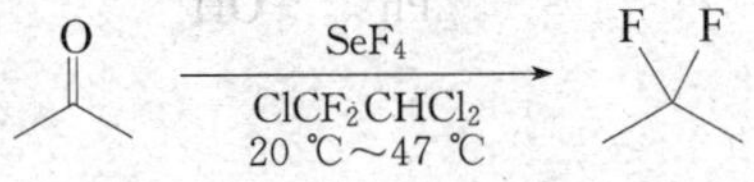

$$(CH_3)_2C=O \xrightarrow[20\ ℃\sim 47\ ℃]{SeF_4,\ ClCF_2CHCl_2} (CH_3)_2CF_2$$

8.3 醛酮的制备与个别化合物

8.3.1 醇的氧化脱氢

伯仲醇的氧化与脱氢是制备醛酮的重要方法。

8.3.2 由烃制备

芳烃：Friedel-Crafts 酰基化
　　　Gattermann-Koch 甲酰化
　　　氧化

烯烃：臭氧化-还原水解
　　　氢甲酰化（hydroformation — oxo reaction）
　　　Wacker 法
炔烃：汞水化
同碳二卤代烃：水解

8.3.3　由羧酸及其衍生物制备

8.3.4　其他制备反应

Grignard 反应：

$$RMgX + CH(OC_2H_5)_3 \longrightarrow RCH(OC_2H_5)_2 \xrightarrow[H^+]{H_2O} RCHO$$

Darzens 反应：

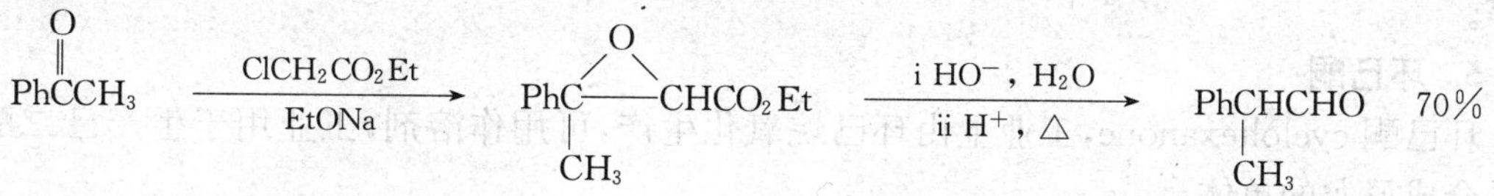

$$PhCCH_3 \xrightarrow[EtONa]{ClCH_2CO_2Et} Ph\underset{CH_3}{\overset{O}{C}}-CHCO_2Et \xrightarrow[ii\ H^+,\ \Delta]{i\ HO^-,\ H_2O} Ph\underset{CH_3}{CH}CHO \quad 70\%$$

Wittig 反应：

环戊酮 $\xrightarrow{Ph_3P=CHOCH_3}$ 环戊亚甲基-CHOCH$_3$ $\xrightarrow[H^+]{H_2O}$ 环戊基-CHO

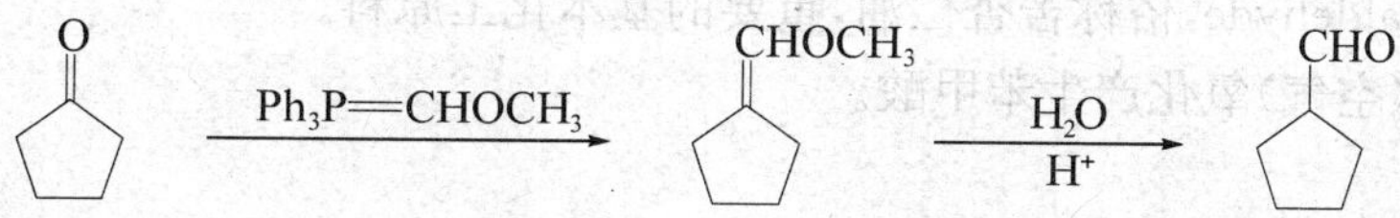

8.3.5　重要的醛酮

1. 甲醛

甲醛 formaldehyde，是重要的试剂与化工合成原料。

Formalin 福尔马林：40%甲醛水溶液，能凝固蛋白质，用作消毒剂、动物标本保存液。

甲醛主要用于合成甲醛树脂。

聚甲醛（polyformaldehyde, polyoxymethylene, POM; paraformaldehyde $HO(CH_2O)_nH$ ($n=8\sim100$)）：通过甲醛聚合所得之聚合物，聚合度不高，且易受热解聚。

三聚甲醛 （1,3,5-三氧六环结构）

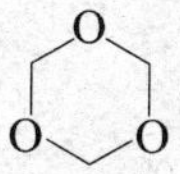

聚甲醛是聚缩醛，用作熏蒸剂（fumigant）、消毒剂（disinfectant）和杀真菌剂（fungicide），也用于制备纯净甲醛。

高分子量的聚甲醛用作结构材料。

2. 乙醛

乙醛 acetaldehyde，重要的化工原料，合成乙酸、乙酸乙酯、乙酸乙烯酯、三氯乙醛等。

乙醛易聚合：

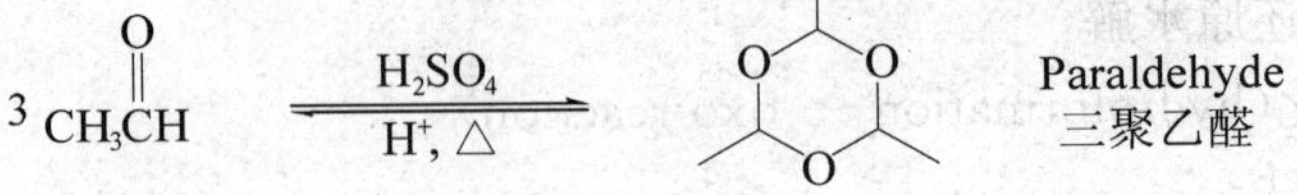

$$3\ CH_3CHO \underset{H^+, \triangle}{\overset{H_2SO_4}{\rightleftharpoons}} \text{(三聚乙醛)} \quad \text{Paraldehyde 三聚乙醛}$$

3. 丙酮

丙酮 acetone，良好的溶剂，与水混溶，基本化工原料。

丙酮在硫酸存在下可聚合生成均三甲苯。

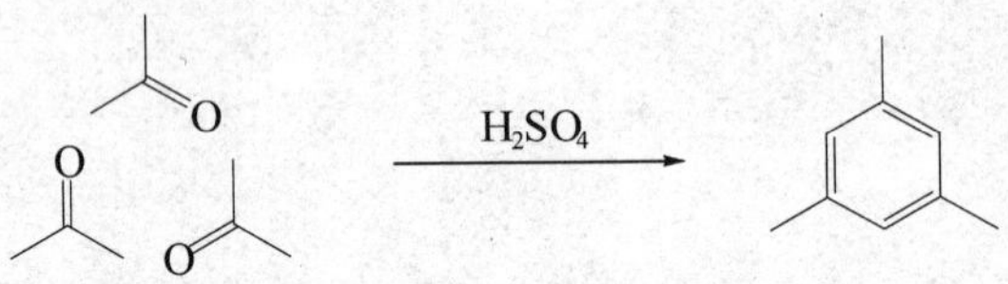

$$3\ CH_3COCH_3 \xrightarrow{H_2SO_4} \text{均三甲苯}$$

问题 65 写出上述反应机理。

4. 2-丁酮

甲基乙基酮（methylethyl ketone，MEK），用作溶剂，也是化工原料，用于合成香料、药物等。

5. 环己酮

环己酮 cyclohexanone，工业上由环己烷氧化生产，可用作溶剂，工业用于生产己二酸，后者是合成尼龙的单体。

6. 苯甲醛

苯甲醛 benzaldehyde，俗称苦杏仁油，重要的基本化工原料。

苯甲醛易自（空气）氧化产生苯甲酸。

7. 苯乙酮

苯乙酮 acetophenone，基本化工原料。

8.4 羟基醛酮

8.4.1 醇醛酮

β-羟基醛酮易脱水，酸碱均有催化作用。

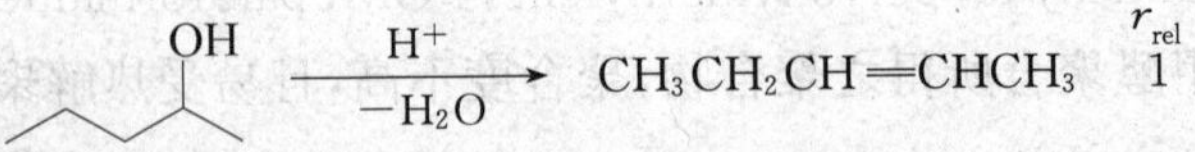

$$\text{CH}_3\text{CH}_2\text{CH(OH)CH}_2\text{CH}_3 \xrightarrow[-H_2O]{H^+} CH_3CH_2CH=CHCH_3 \quad r_{rel}\ 1$$

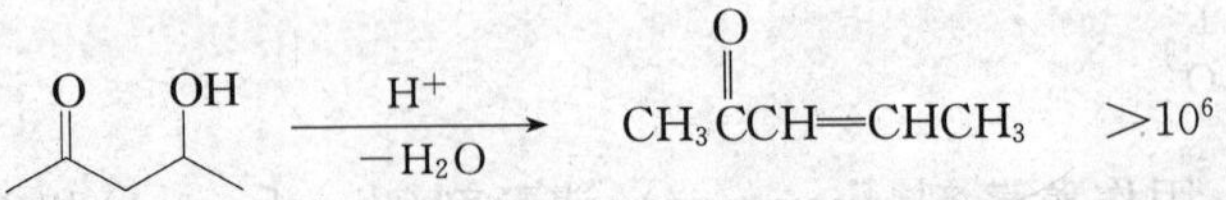

$$\text{CH}_3\text{COCH}_2\text{CH(OH)CH}_3 \xrightarrow[-H_2O]{H^+} CH_3COCH=CHCH_3 \quad >10^6$$

γ-和 δ-羟基醛酮易形成环状半缩醛酮。γ-羟基醛酮易形成五元环的半缩醛酮：

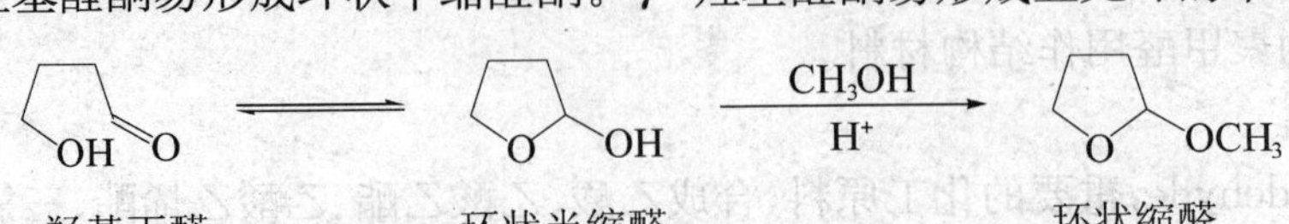

$$\text{γ-羟基丁醛} \rightleftharpoons \text{环状半缩醛} \xrightarrow[H^+]{CH_3OH} \text{环状缩醛}$$

δ-羟基醛酮易形成六元环半缩醛酮：

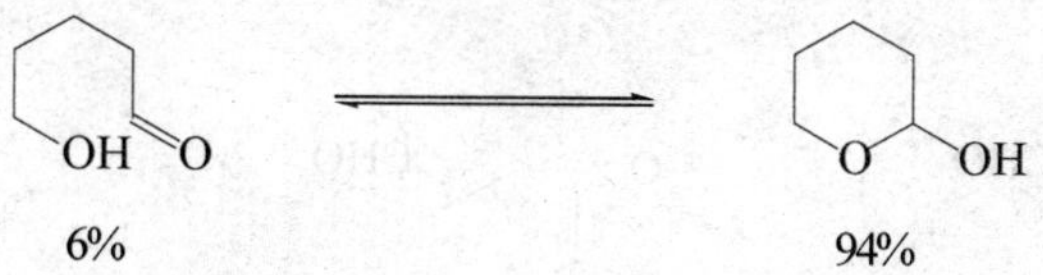

6%　　　　　　　　　　　　94%
δ-羟基醛　　　　　　　　环状半缩醛

问题 66 完成反应

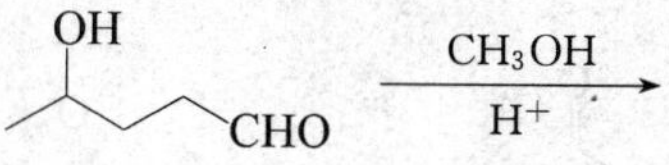

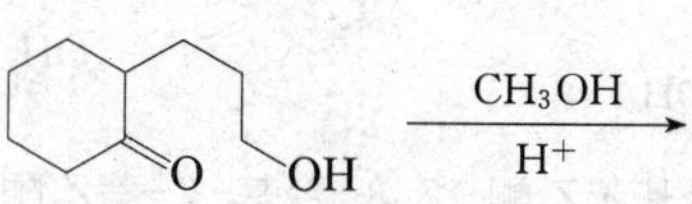

$$\text{HO-CH(CH}_3\text{)-CH}_2\text{-CH}_2\text{-CHO} \xrightarrow{\text{CH}_3\text{OH}, \text{H}^+}$$

$$\text{(环己酮)-CH}_2\text{CH}_2\text{CH}_2\text{OH} \xrightarrow{\text{CH}_3\text{OH}, \text{H}^+}$$

γ-和δ-羟基共存的醛酮主要形成六元环状半缩醛酮。

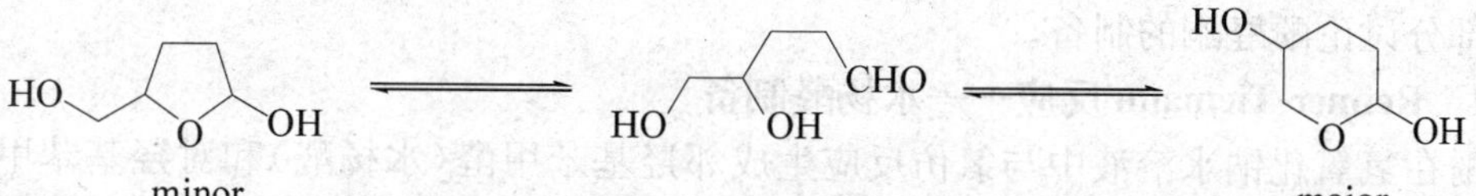

minor ⇌ ⇌ major

这在糖化学中具有重要意义。如己醛糖主要以吡喃糖的形式存在。

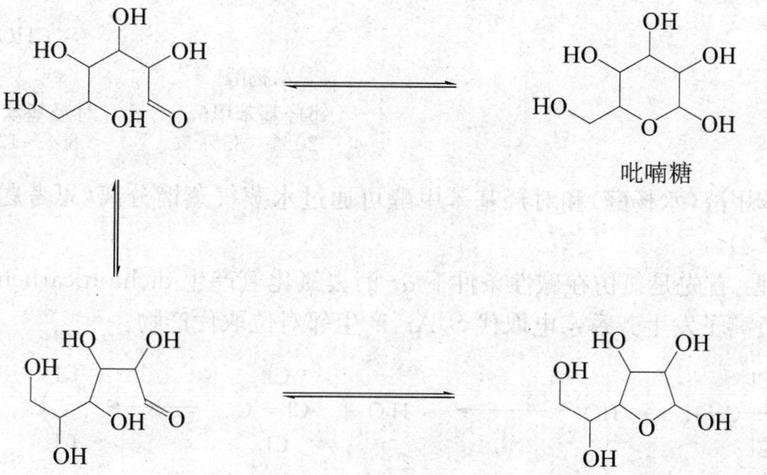

己醛糖　⇌　吡喃糖

⇅

　　　　⇌　呋喃糖

8.4.2 酚醛酮

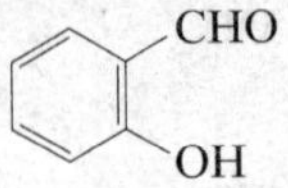

水杨醛 Salicylaldehyde
邻羟基苯甲醛
2-羟基苯甲醛

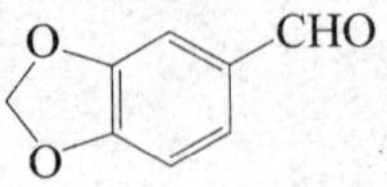

胡椒醛 Piperonaldehyde
3,4-亚甲基二氧苯甲醛

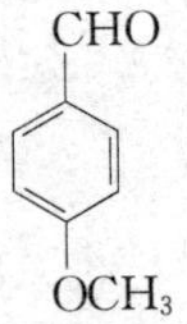

茴香醛 Anisaldehyde
对甲氧基苯甲醛
4-甲氧基苯甲醛

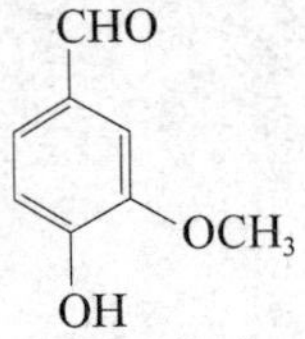

香草醛 Vanillin
4-羟基-3-甲氧基苯甲醛

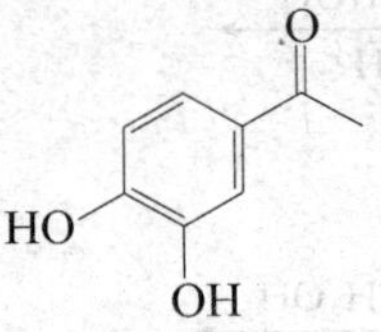

3,4-二羟基苯乙酮

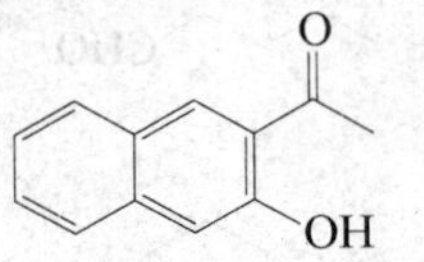

3-羟基-2-萘乙酮

酚醛酮具有酚和醛酮的性质,邻位酚醛酮形成分子内氢键,其 Schiff 碱、肟能与金属离子形成螯合物,有重要应用(如药物、分析试剂等)。

本部分讨论酚醛酮的制备。

8.4.2.1 Reimer-Tiemann 反应——水杨醛制备

苯酚在氢氧化钠水溶液中与氯仿反应生成邻羟基苯甲醛(水杨醛)和对羟基苯甲醛,此为 Reimer-Tiemann(瑞穆尔-蒂曼)反应(1876)。

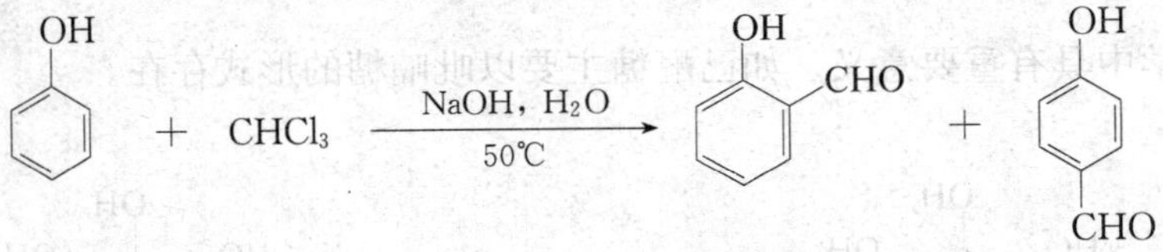

$$\text{苯酚} + CHCl_3 \xrightarrow[50℃]{NaOH, H_2O} \text{水杨醛} + \text{对羟基苯甲醛}$$

水杨醛
邻羟基苯甲醛
20%~35%

对羟基苯甲醛
8%~12%

邻羟基苯甲醛(水杨醛)和对羟基苯甲醛可通过水蒸气蒸馏分离(思考题:为什么?首先蒸出的是什么?)。

反应机理:首先是氯仿在碱性条件下 α-消去氯化氢产生 dichlorocarbene,后者作为亲电试剂与苯氧负离子发生芳香亲电取代 S_EAr,产生邻对位取代产物。

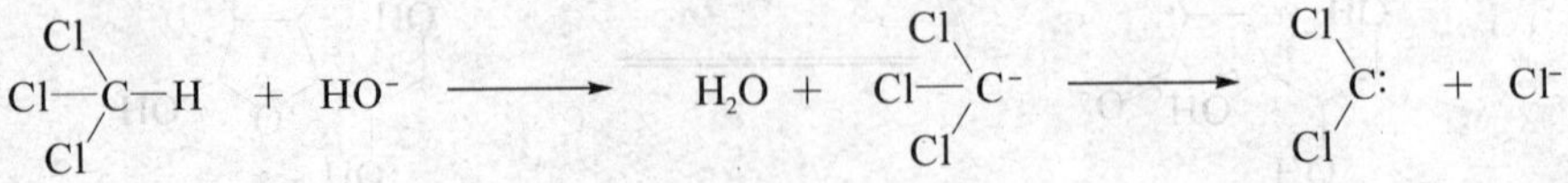

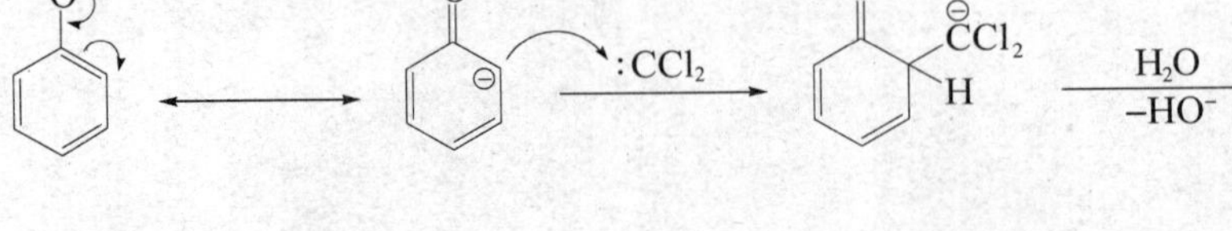

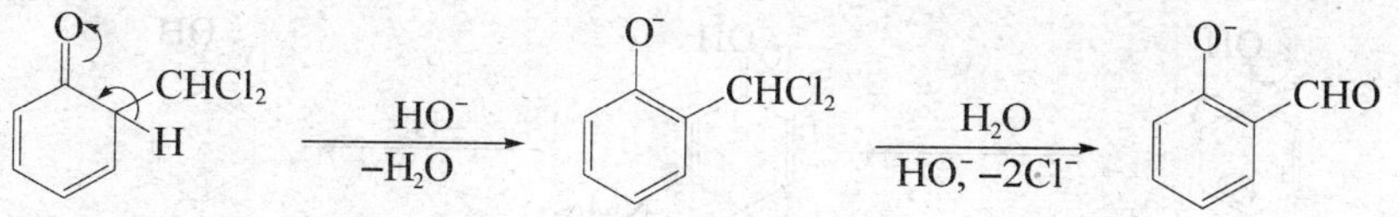

问题 67 建议机理

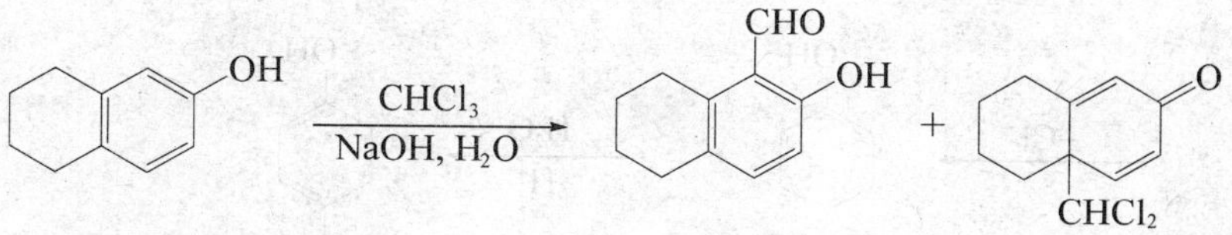

8.4.2.2 Vilsmeier 反应

酚、醚、芳胺等活化芳环与酰胺如 N,N-二甲基甲酰胺在三氯氧磷存在下发生反应,生成芳醛(甲酰化),此为 Vilsmeier 反应或 Vilsmeier-Haack 反应(Anton Vilsmeier and Albrecht Haack,1927)。例如,苯酚经 Vilsmeier 反应得到对羟基苯甲醛,2-萘甲醚给出 2-甲氧基-1-萘甲醛。

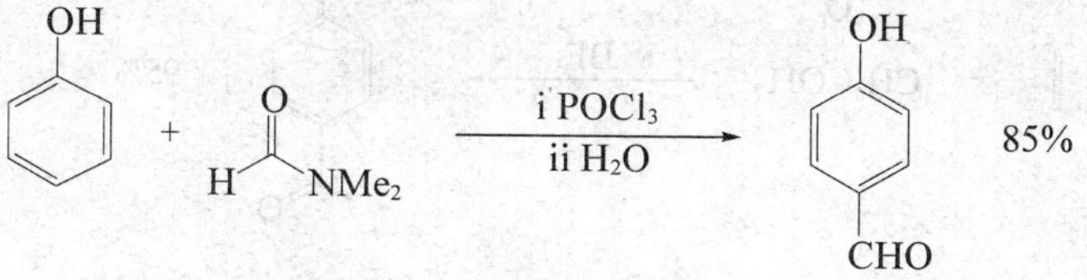

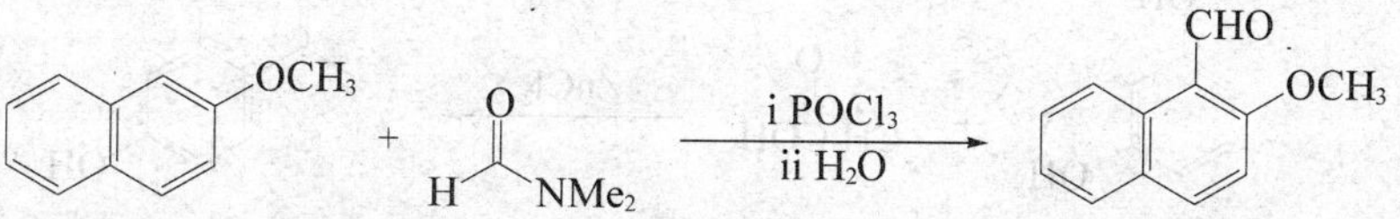

N-甲基-N-苯基甲酰胺也是常用的甲酰化试剂:

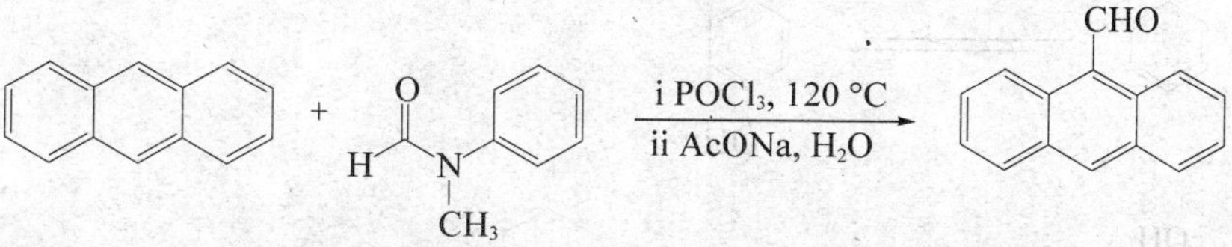

Vilsmeier-Haack 反应的机理:酰胺与三氯氧磷作用产生有效的亲电试剂亚胺正离子(iminium ion),芳环向其提供电子形成碳-碳键,异构化消去一分子氯化氢生成亚胺盐,酸水解给出芳醛酮。

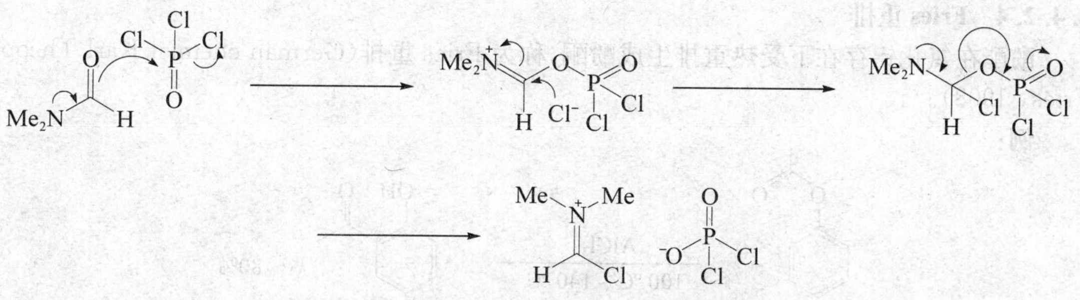

iminium ion 亚胺正离子
有效的亲电试剂

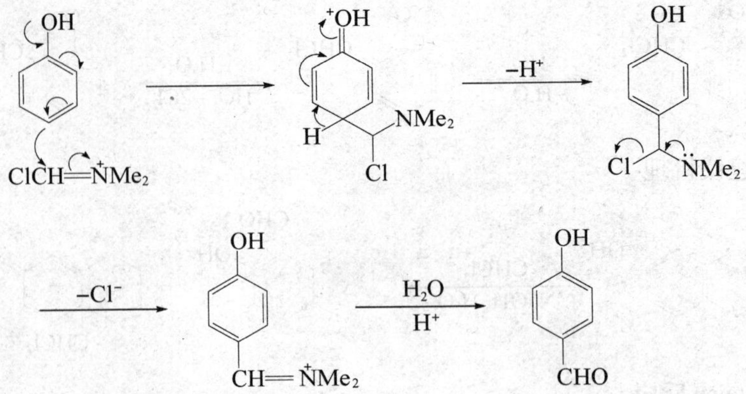

8.4.2.3 Friedel-Crafts 酰基化

酚常以羧酸为酰基化剂，氯化锌、三氟化硼等催化，实现酰基化，制备酚酮。

例：

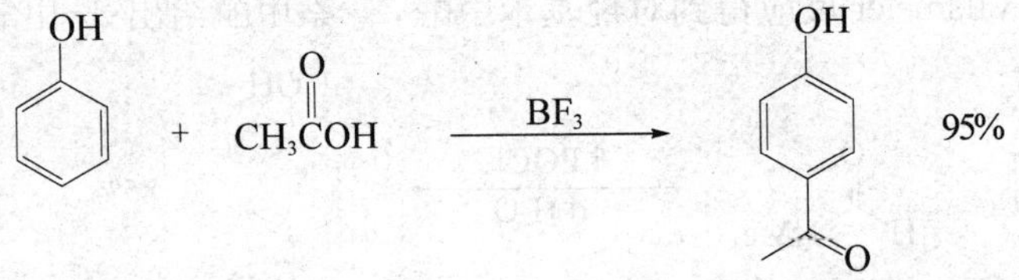

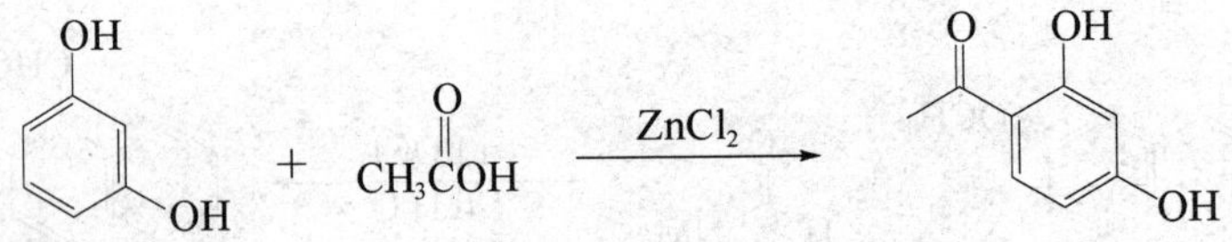

问题 68 完成转化

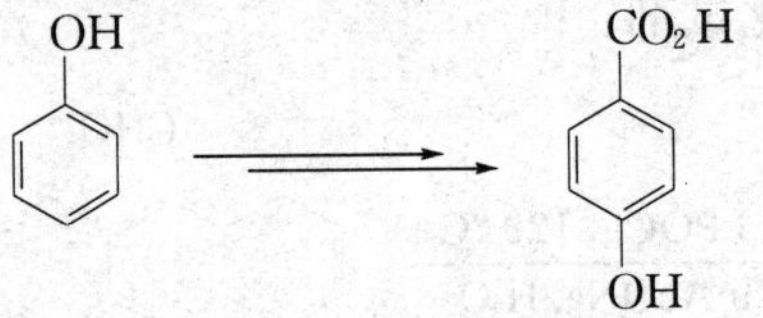

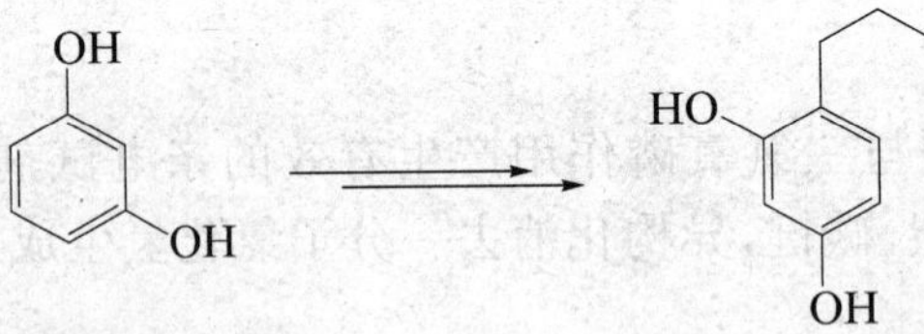

8.4.2.4 Fries 重排

酚酯在氯化铝存在下受热重排生成酚酮，称为 Fries 重排（German chemist Karl Theophil Fries, 1908）。

例：

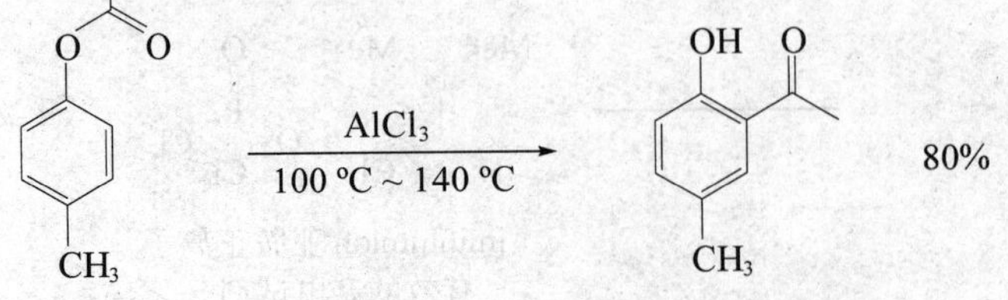

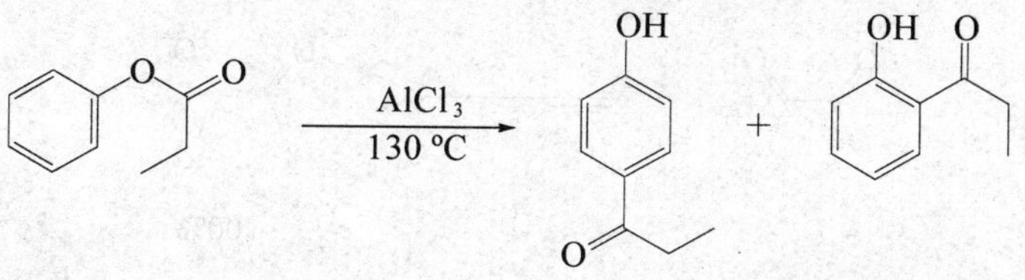

乙酸苯酯重排产物分布主要取决于反应温度。一般,较低的温度有利于对位羟基酮的生成,而较高的温度则利于邻位羟基酮产生。

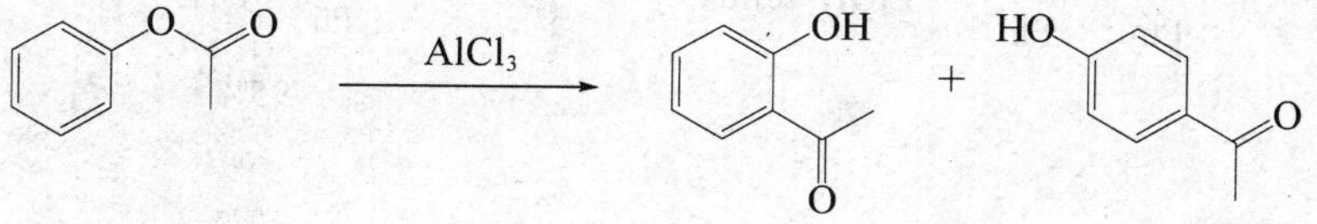

	邻羟基苯乙酮	对羟基苯乙酮
25 ℃	25%	75%
165 ℃	75%	25%

8.5 二羰基化合物

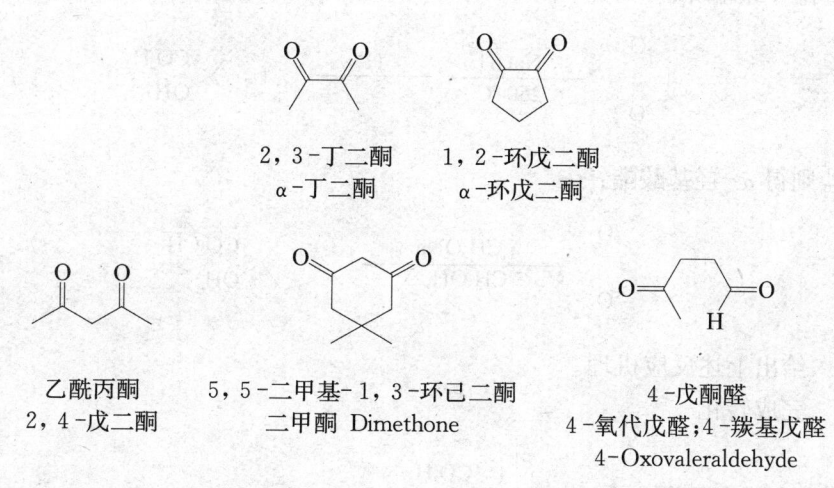

2,3-丁二酮
α-丁二酮

1,2-环戊二酮
α-环戊二酮

乙酰丙酮
2,4-戊二酮

5,5-二甲基-1,3-环己二酮
二甲酮 Dimethone

4-戊酮醛
4-氧代戊醛;4-羰基戊醛
4-Oxovaleraldehyde

8.5.1 α-二羰基(1,2-二羰基)

α-环二酮主要以烯醇式存在,而开链的则是二酮。例:

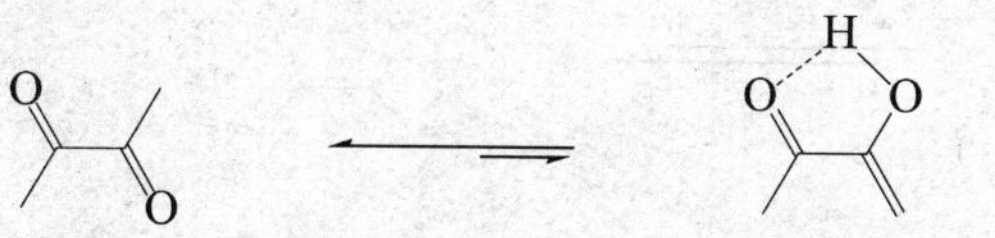

$5.6 \times 10^{-3}\%$

$$\text{cyclopentane-1,2-dione} \rightleftharpoons \text{enol form (~100\%)}$$

二苯羟乙酸重排：二苯基乙二酮在强碱条件下受热重排产生二苯基羟基乙酸，称为二苯基羟基乙酸（benzilic acid rearrangement, first performed by Justus Liebig in 1838）。

$$\text{PhC(O)C(O)Ph} \xrightarrow[\text{EtOH, reflux}]{\text{KOH, H}_2\text{O}} \xrightarrow{\text{H}^+} \text{Ph}_2\text{C(OH)CO}_2\text{H} \quad 95\%$$

反应机理：

$$\text{PhC(O)C(O)Ph} \xrightarrow{\text{HO}^-} \text{PhC(O)C(Ph)(OH)(O}^-\text{)} \xrightarrow{\sim\text{Ph}} \text{Ph}_2\text{C(OH)CO}_2^- \xrightarrow{\text{H}^+} \text{Ph}_2\text{C(OH)CO}_2\text{H}$$

环二酮重排导致缩环：

$$\text{cyclohexane-1,2-dione} \xrightarrow[250\ ^\circ\text{C}]{\text{NaOH}} \xrightarrow{\text{H}^+} \text{1-hydroxycyclopentane-1-carboxylic acid}$$

若用醇盐则得 α-羟基酸酯：

$$\text{cyclohexane-1,2-dione} \xrightarrow[\text{CH}_3\text{OH},\ \triangle]{\text{CH}_3\text{ONa}} \text{methyl 1-hydroxycyclopentane-1-carboxylate}$$

问题 69 给出上述反应机理。

问题 70 完成转化

(1) $\text{PhCHO} \longrightarrow \text{Ph}_2\text{C(OH)CO}_2\text{H}$

(2) 菲 $\longrightarrow$ 9-羟基-9H-芴-9-甲酸

二苯基羟乙酸酯药物

胃复康（benaetyzine；2-(diethylamino) ethyl hydroxydiphenylacetate）：治疗胃及十二指肠溃疡等。

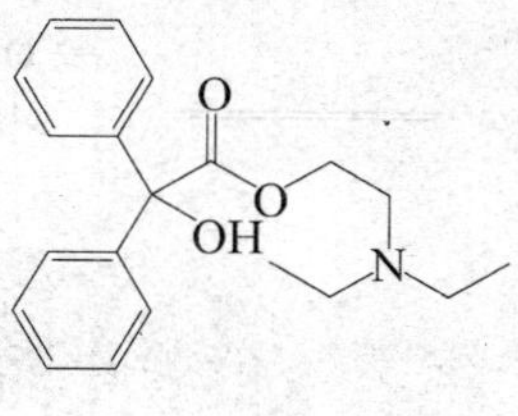

宁胃适、溴美喷酯(mepenzolate bromide)：抗胆碱药，用于胃及十二指肠溃疡、胃炎、胃痉挛、胆结石等，也用于治疗内脏痉挛。

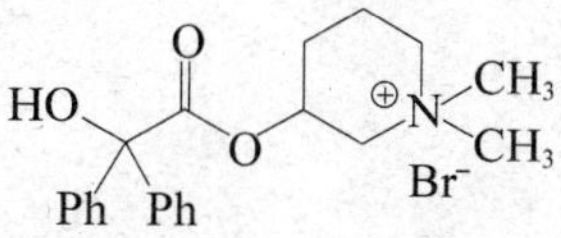

α-二酮的制备：二氧化硒可以氧化羰基的 α-亚甲基或甲基成羰基，即产生 α-二酮或酮醛。例：

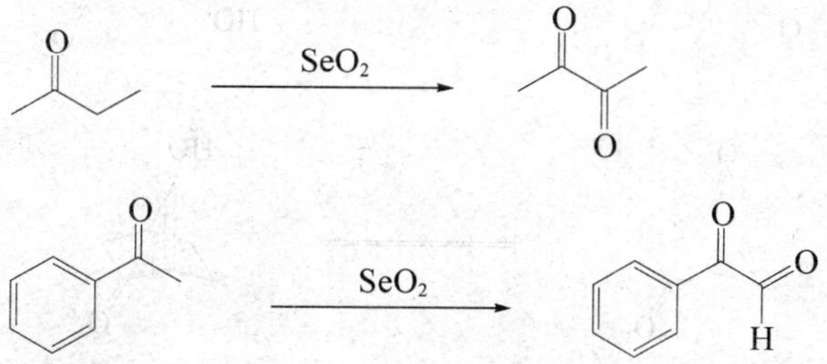

羰基的 α-亚甲基或甲基可以亚硝化、水解成羰基，即生成 α-二酮或酮醛。例：

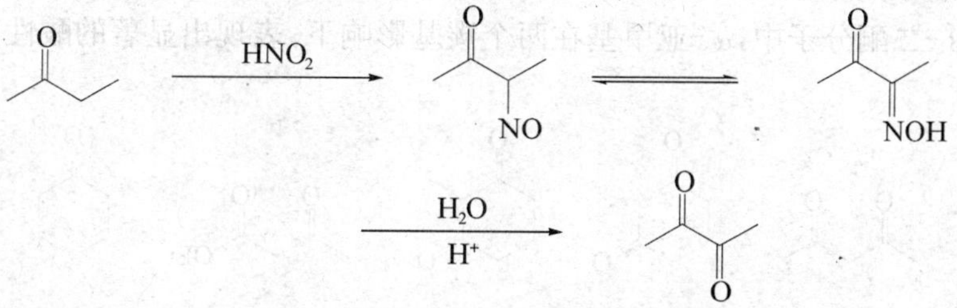

问题 71 完成转化

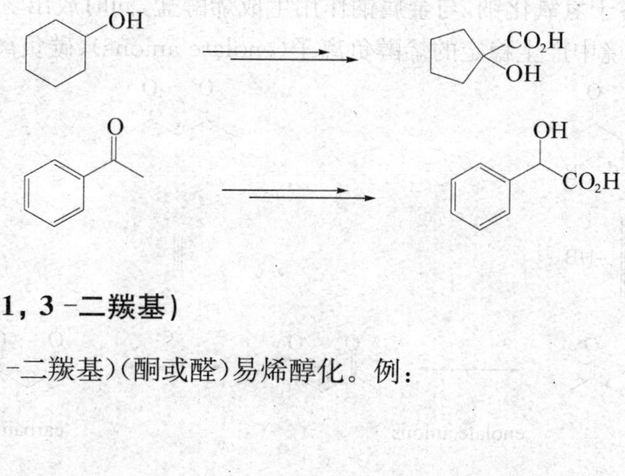

8.5.2 β-二羰基(1,3-二羰基)

1,3-二羰基(β-二羰基)(酮或醛)易烯醇化。例：

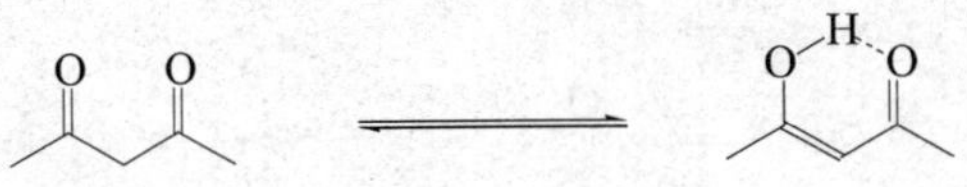

24%	76%(liq)
8%	92%(hexane)
84%	16%(aq)

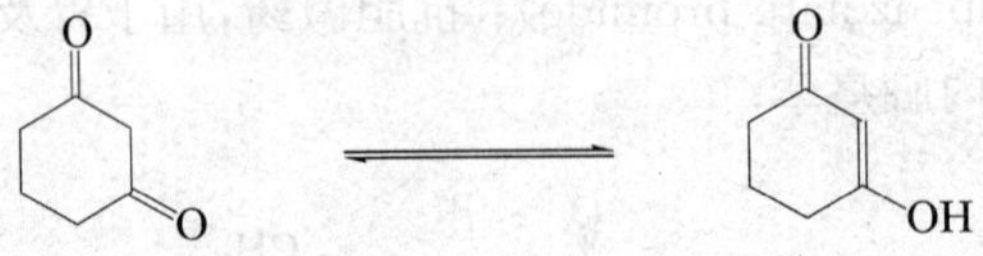

5%	95%

若两羰基间是桥头碳原子，难以容纳双键，则不易烯醇化：

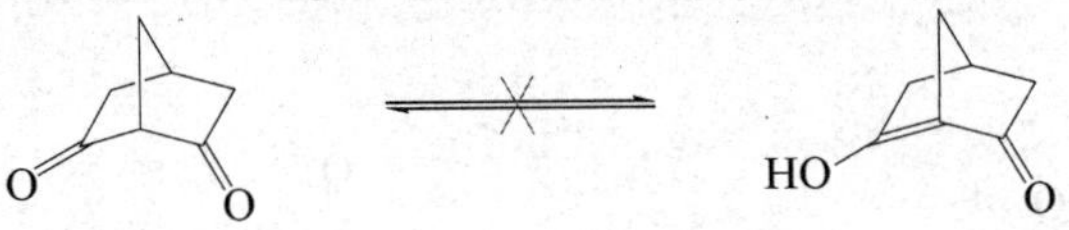

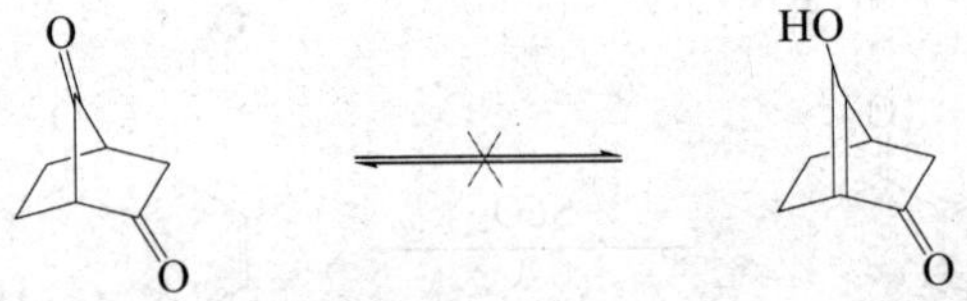

β-二酮如乙酰丙酮是良好的配体，与重金属离子形成稳定的配位化合物，与铁离子生成有色的配合物可用于其检验。

酸性：在β-二酮分子中，α-亚甲基在两个羰基影响下，表现出显著的酸性，比简单醛酮的强得多。

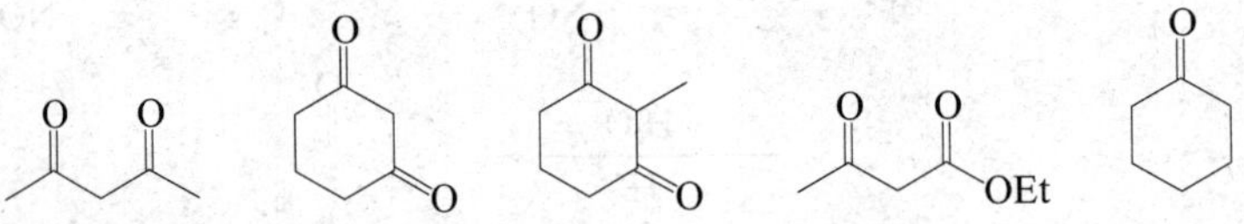

pK_a	9	9	10	11	20

2,4-戊二酮能溶于氢氧化钠，与金属钠作用生成烯醇盐，同时放出氢气。

β-二酮在碱性环境中产生稳定的烯醇负离子(enolate anions)(碳负离子 carbanion)：

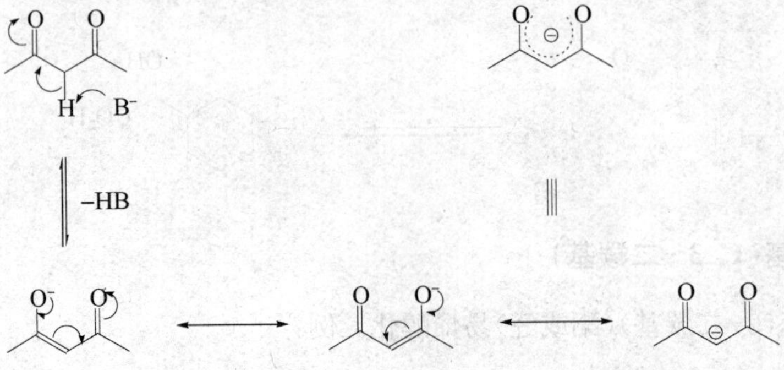

enolate anions   carbanion

β-二酮的活性亚甲基易于发生烷烃化、共轭加成等多种反应。例如烃基化：

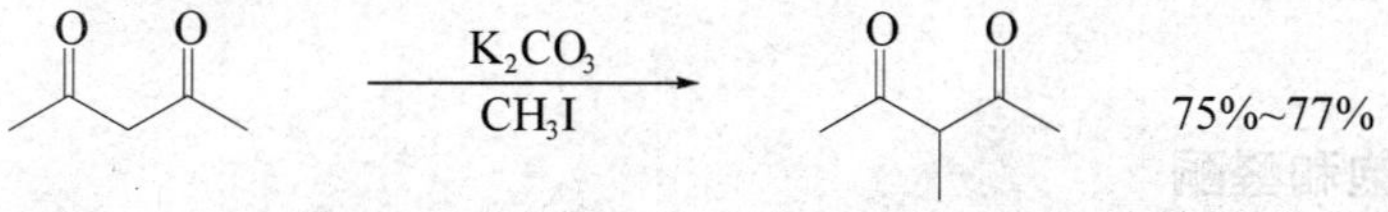

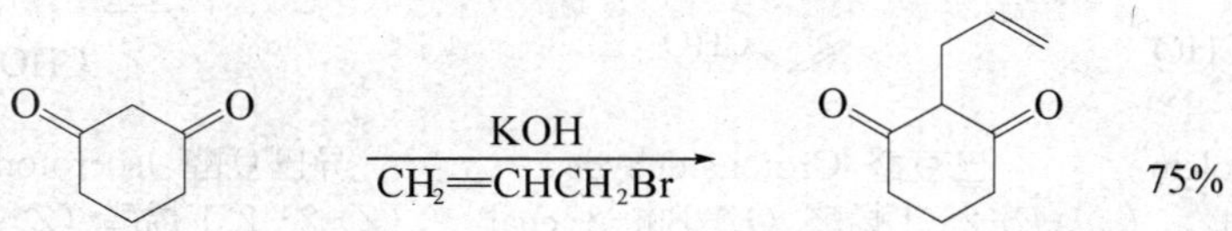

$$\text{CH}_3\text{COCH}_2\text{COCH}_3 \xrightarrow[\text{CH}_3\text{I}]{\text{K}_2\text{CO}_3} \text{CH}_3\text{COCH(CH}_3)\text{COCH}_3 \quad 75\%\sim77\%$$

$$\text{1,3-环己二酮} \xrightarrow[\text{CH}_2=\text{CHCH}_2\text{Br}]{\text{KOH}} \text{2-烯丙基-1,3-环己二酮} \quad 75\%$$

问题 72 完成转化

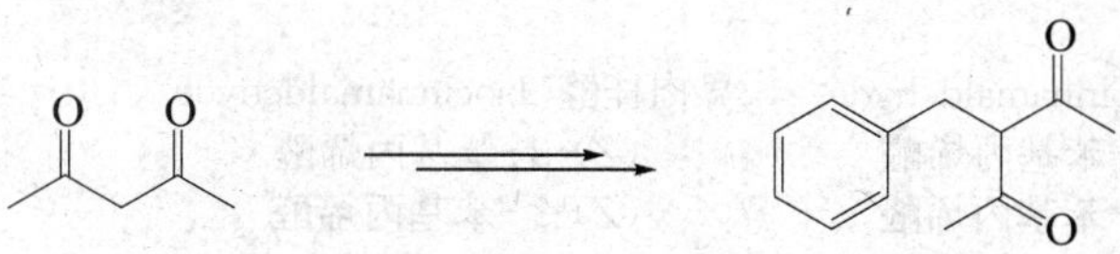

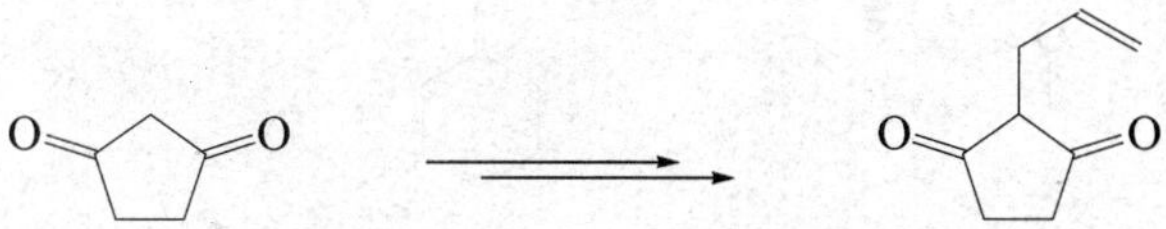

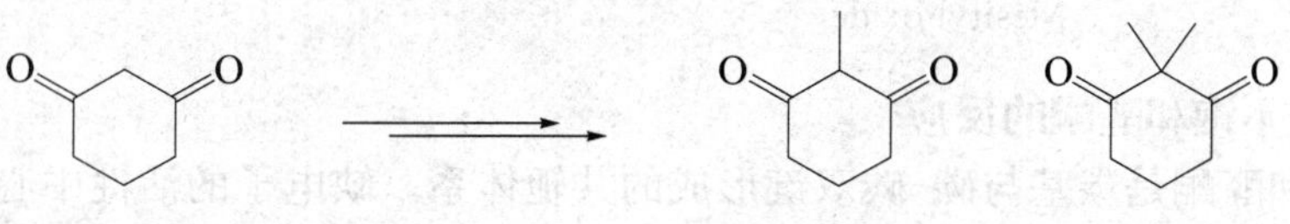

(三组转化示意图，原料分别为 2,4-戊二酮、1,3-环戊二酮、1,3-环己二酮，产物分别为 3-苄基-2,4-戊二酮、2-烯丙基-1,3-环戊二酮、2-甲基及 2,2-二甲基-1,3-环己二酮)

β-二酮制备：
(a) 酮酯缩合（见第 9 章酯缩合）

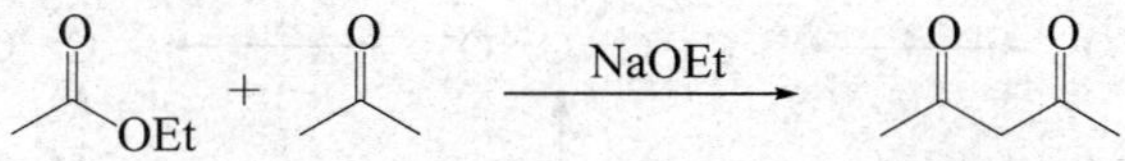

$$\text{CH}_3\text{COOEt} + \text{CH}_3\text{COCH}_3 \xrightarrow{\text{NaOEt}} \text{CH}_3\text{COCH}_2\text{COCH}_3$$

(b) 2,4-戊二酮可由丙酮与乙酸酐缩合得到。

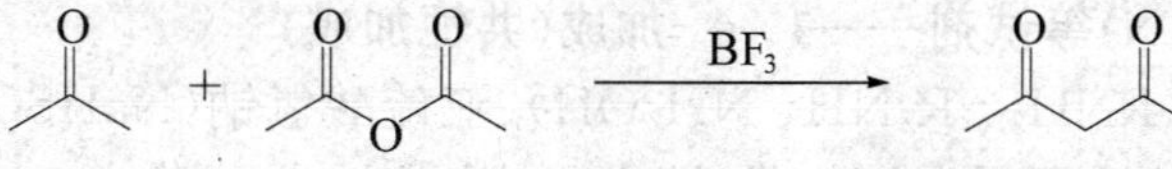

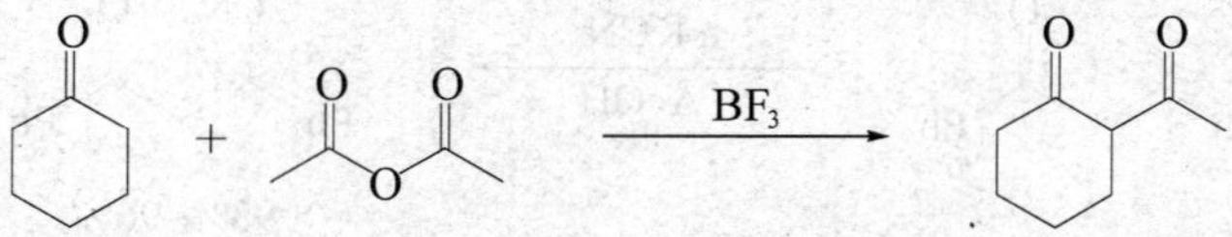

$$\text{CH}_3\text{COCH}_3 + (\text{CH}_3\text{CO})_2\text{O} \xrightarrow{\text{BF}_3} \text{CH}_3\text{COCH}_2\text{COCH}_3$$

$$\text{环己酮} + (\text{CH}_3\text{CO})_2\text{O} \xrightarrow{\text{BF}_3} \text{2-乙酰基环己酮}$$

8.6 不饱和醛酮

8.6.1 α,β-不饱和醛酮

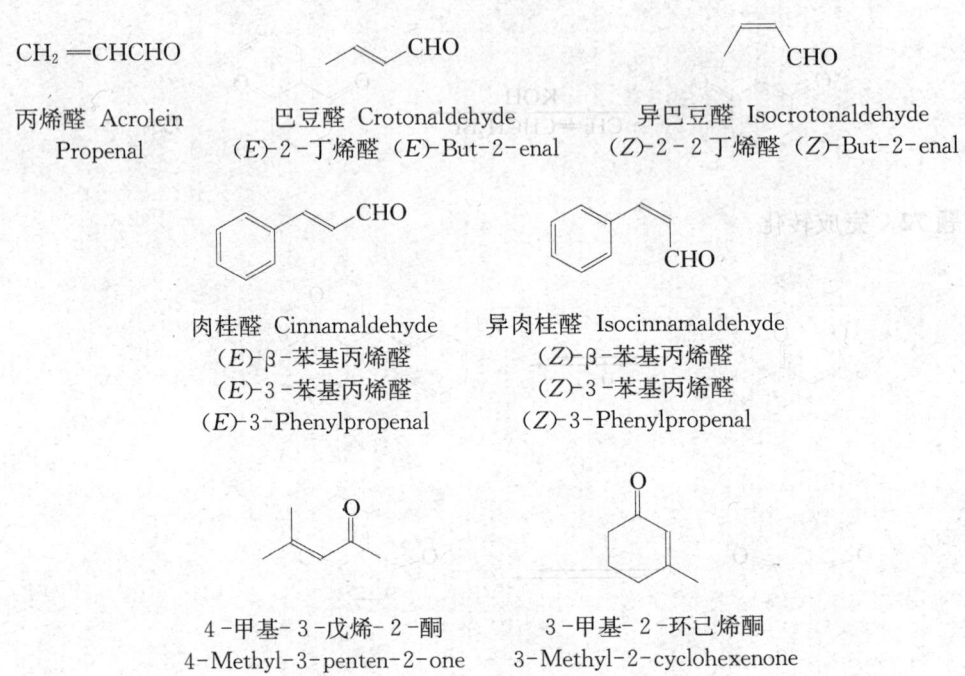

8.6.1.1 α,β-不饱和醛酮的反应

α,β-不饱和醛酮是羰基与碳-碳双键形成的共轭体系。缺电子的活性中心不仅仅是羰基(C=O)碳,还包括由于受羰基吸电子效应的影响而缺电子的碳-碳双键(C=C)的 β-碳。因而亲核试剂即可进攻羰基而发生 1,2-加成(羰基加成)也可进攻 β-碳(C=C)而发生共轭加成即 1,4-加成。

1. 加成氰化氢(HCN)等试剂——1,4-加成(共轭加成)

氰化氢(HCN)、胺(RNH$_2$、R$_2$NH、NH$_2$OH)、亚硫酸氢钠(NaHSO$_3$)、醇(ROH)等试剂与 α,β-不饱和醛酮反应主要是共轭加成,即 1,4-亲核加成。例:

但 α,β-不饱和醛加成氰化氢例外：

$$CH_3CH=CHCHO \xrightarrow[HO^-]{HCN} CH_3CH=CHCH(OH)CN$$

共轭加成再举例：

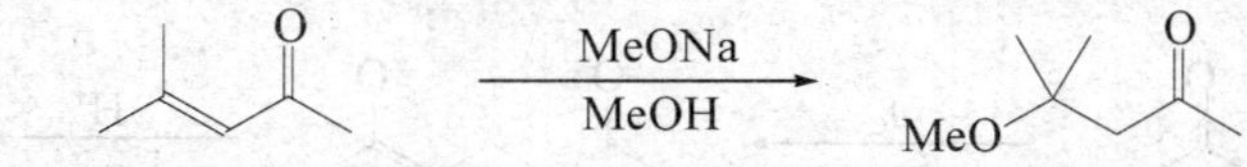

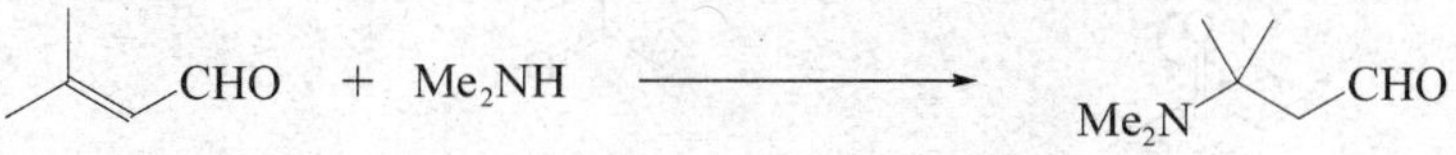

$$(CH_3)_2C=CHCOCH_3 \xrightarrow[MeOH]{MeONa} MeO-C(CH_3)_2-CH_2-COCH_3$$

$$(CH_3)_2C=CHCHO + Me_2NH \longrightarrow Me_2N-C(CH_3)_2-CH_2-CHO$$

1,4-亲核加成机理：

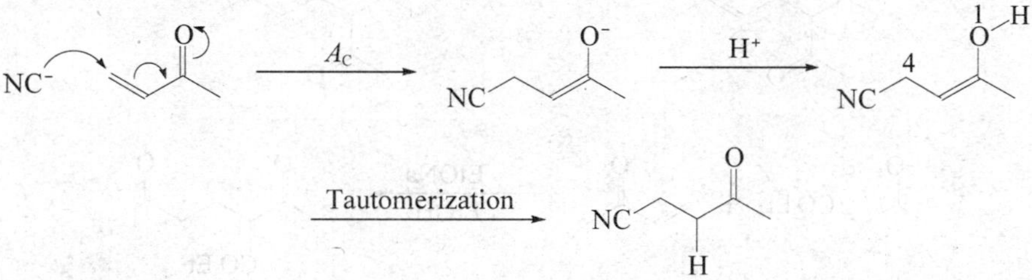

$$NC^- + CH_2=CH-COCH_3 \xrightarrow{A_C} NC-CH_2-C(O^-)=CH-CH_3 \xrightarrow{H^+} NC-CH_2-C(OH)=CH-CH_3$$

$$\xrightarrow{Tautomerization} NC-CH_2-CH(H)-COCH_3$$

问题 73 完成反应

(1) 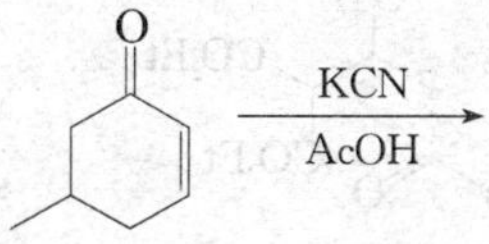 5-甲基-2-环己烯酮 $\xrightarrow[AcOH]{KCN}$

(2) 环己叉丙酮 $\xrightarrow[MeOH]{MeONa}$

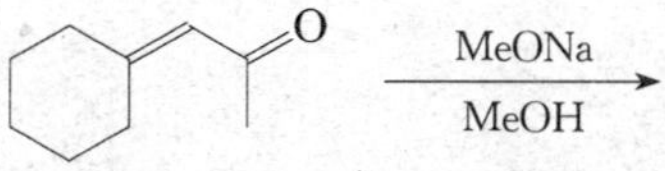

(3) 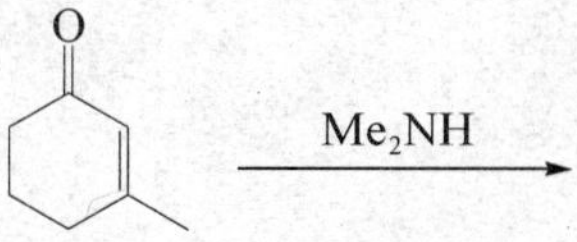 3-甲基-2-环己烯酮 $\xrightarrow{Me_2NH}$

(4) 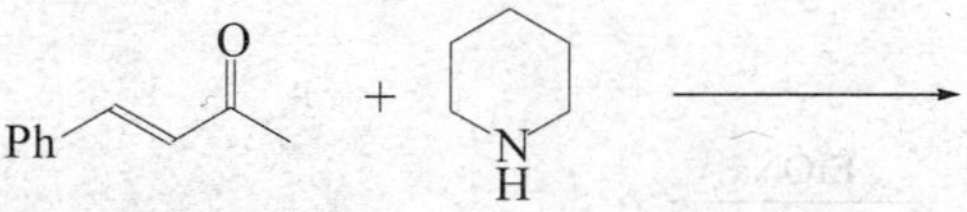 PhCH=CHCOCH$_3$ + 哌啶(NH) ⟶

2. Michael 加成（I）

碳负离子（烯醇式盐）与 α,β-不饱和羰基共轭体系的共轭加成，称为 Michael 加成（Arthur Michael, 1887）。在此反应中，碳负离子是给体（donor），α,β-不饱和羰基是受体（acceptor）。Michael 加成产物以 1,5-二羰基为其结构特征。

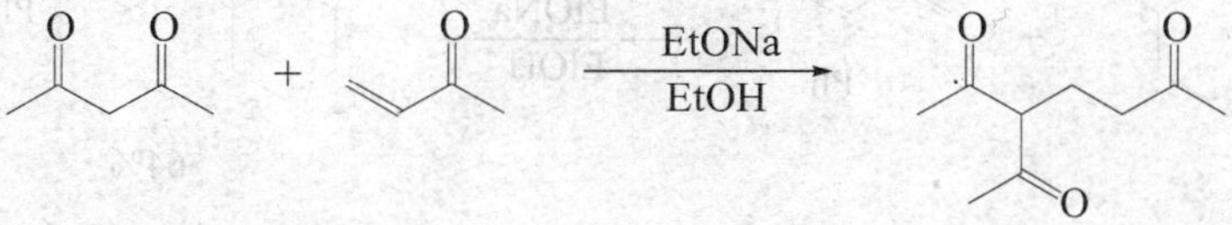

$$CH_3COCH_2COCH_3 + CH_2=CHCOCH_3 \xrightarrow[EtOH]{EtONa} CH_3CO-CH(COCH_3)-CH_2CH_2-COCH_3$$

Michael 加成机理：

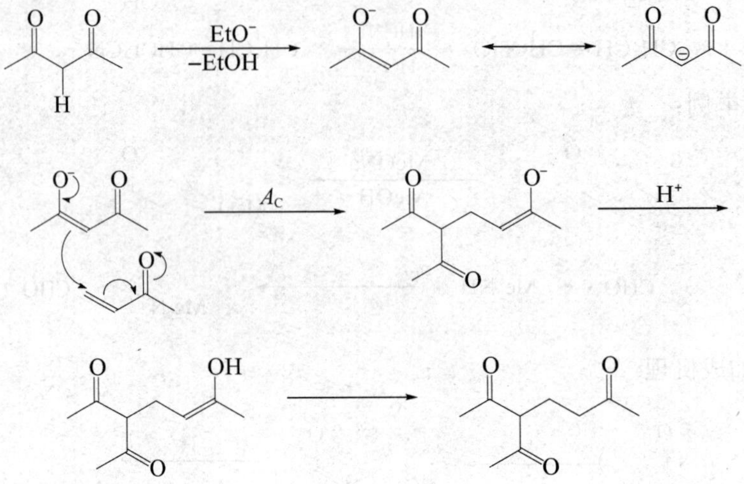

[Mechanism scheme showing deprotonation of pentane-2,4-dione by EtO⁻ to give enolate (with resonance structures), then conjugate addition to methyl vinyl ketone (A_c), followed by H⁺ protonation, tautomerization from enol to diketone product.]

例：

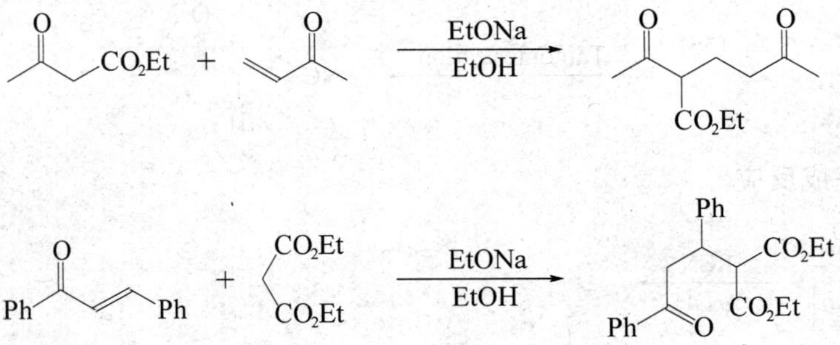

$CH_3COCH_2CO_2Et$ + methyl vinyl ketone $\xrightarrow[\text{EtOH}]{\text{EtONa}}$ Michael adduct

$PhCOCH=CHPh$ + $CH_2(CO_2Et)_2$ $\xrightarrow[\text{EtOH}]{\text{EtONa}}$ Michael adduct

问题 74 完成反应

methyl vinyl ketone + $CH_2(CO_2Et)_2$ $\xrightarrow[\text{EtOH}]{\text{EtONa}}$

5-methylcyclohex-2-enone + $CH_3COCH_2CO_2Et$ $\xrightarrow[\text{EtOH}]{\text{EtONa}}$

4,4-dimethylcyclohex-2-enone + 1,3-cyclohexanedione $\xrightarrow[\text{EtOH}]{\text{EtONa}}$

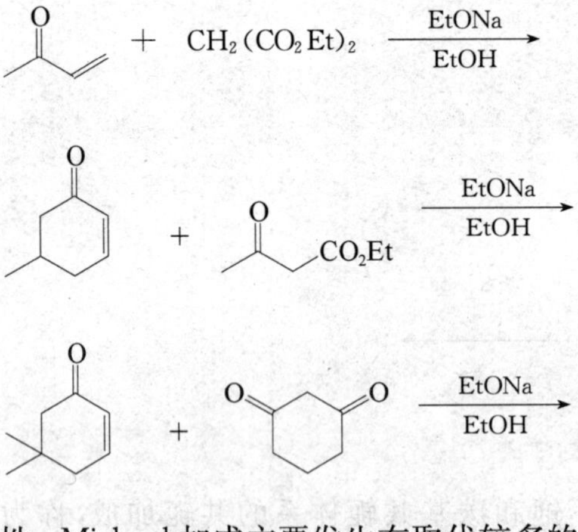

区域选择性：Michael 加成主要发生在取代较多的 α-碳上。

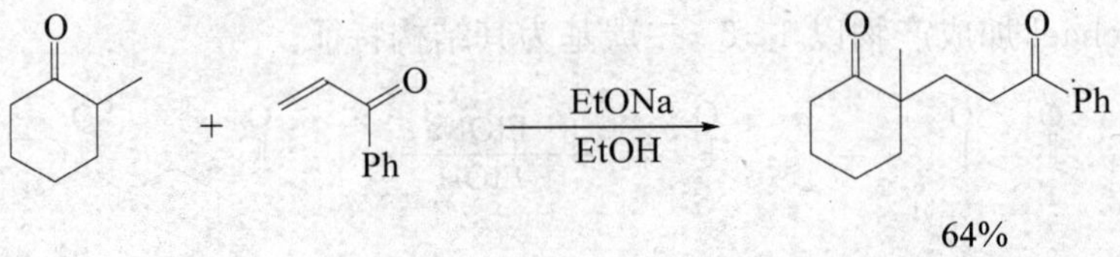

2-methylcyclohexanone + $PhCOCH=CH_2$ $\xrightarrow[\text{EtOH}]{\text{EtONa}}$ product (64%)

因为在此条件下主要生成取代较多（热力学稳定）的烯醇盐：

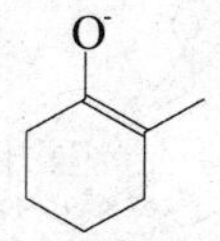

Robinson 环化：这是系列组合反应，先是 Michael 加成，然后发生分子内羟醛缩合，两步组合成增环反应（Robinson annulation, Robinson annelation，1935）。

例：

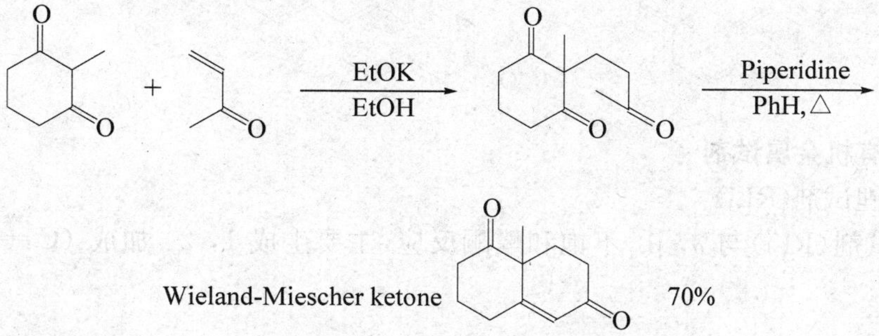

Wieland-Miescher ketone   70%

分子内羟醛缩合环化可在碱（如 EtOK，KOH 或弱碱如哌啶、吡咯烷）或酸（如 TsOH、草酸等）存在下进行。

第二步分子内羟醛缩合可能产生构造异构体产物。

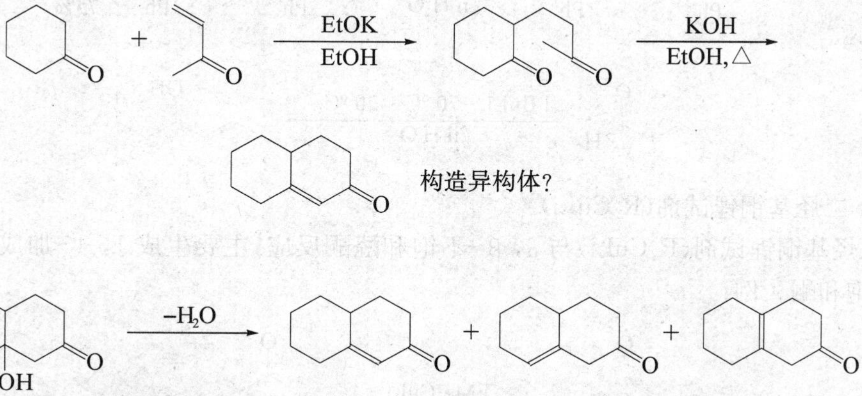

构造异构体？

环己酮与甲基乙烯基酮发生 Robinson 环化，可能产生三种异构体，但增环 α, β-不饱和环己烯酮是主要产物，因为这是共轭体系，更稳定，较易于形成。

问题 70 完成反应

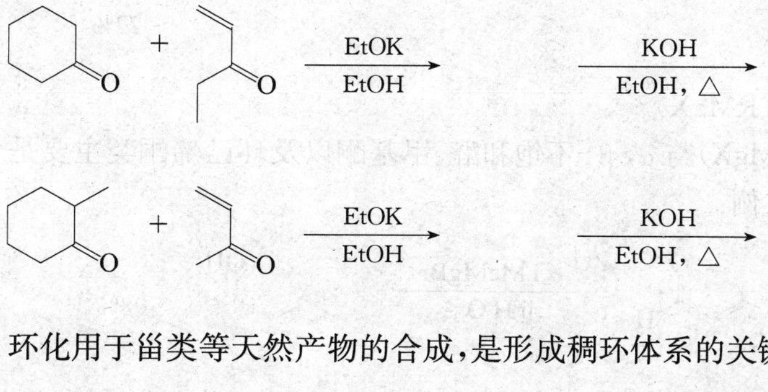

Robinson 环化用于甾类等天然产物的合成，是形成稠环体系的关键方法。

问题 75 选择适当原料合成：

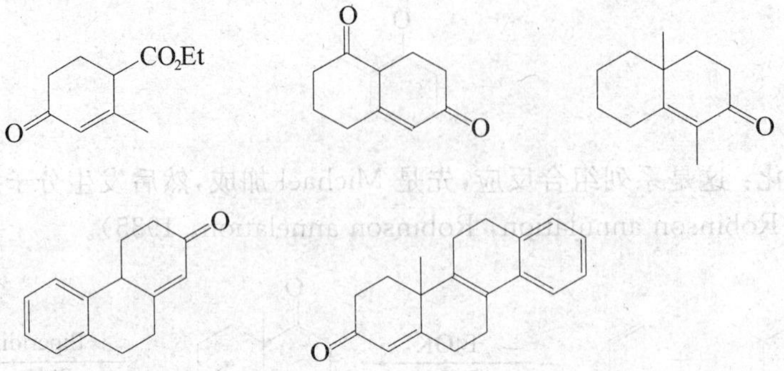

3. 加成有机金属试剂

1) 有机锂试剂（RLi）

有机锂试剂（RLi）与 α，β-不饱和醛酮反应，主要生成 1，2-加成（C＝O 加成）产物即醇。

例：

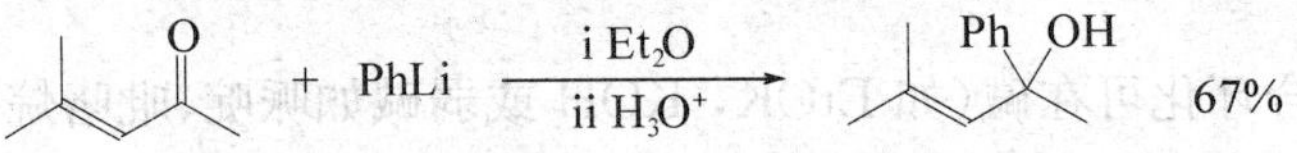

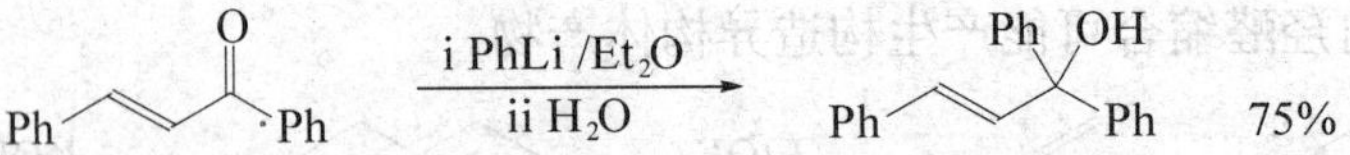

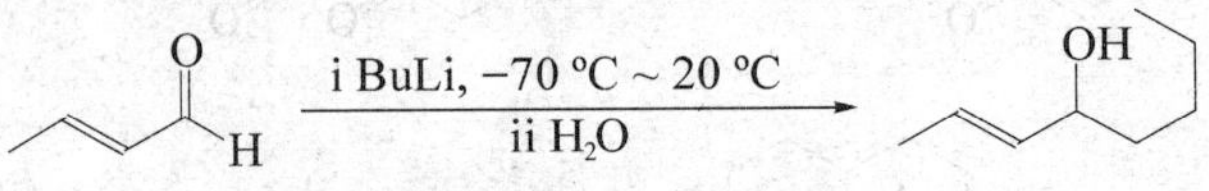

（反应式：α,β-不饱和酮 + PhLi, i Et$_2$O, ii H$_3$O$^+$ → 烯丙醇 67%）

（反应式：Ph-CH=CH-CO-Ph + i PhLi/Et$_2$O, ii H$_2$O → Ph-CH=CH-C(OH)(Ph)Ph 75%）

（反应式：巴豆醛 + i BuLi, −70 ℃～20 ℃, ii H$_2$O → 烯丙醇产物）

2) 二烃基铜锂试剂（R$_2$CuLi）

二烃基铜锂试剂（R$_2$CuLi）与 α，β-不饱和醛酮反应，主要生成 1，4-加成（共轭加成）产物，即饱和酮。例：

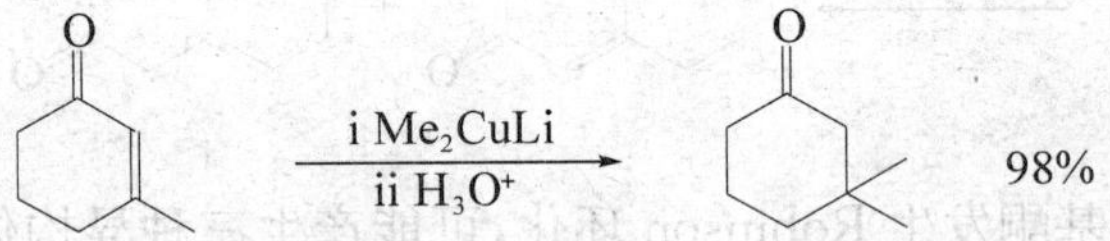

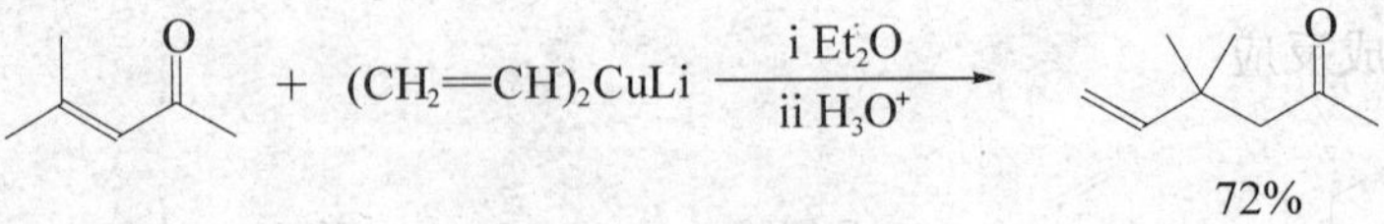

（反应式：3-甲基环己烯酮 + i Me$_2$CuLi, ii H$_3$O$^+$ → 3,3-二甲基环己酮 98%）

（反应式：(CH$_3$)$_2$C=CH-CO-CH$_3$ + (CH$_2$=CH)$_2$CuLi, i Et$_2$O, ii H$_3$O$^+$ → 产物 72%）

3) Grignard 试剂（RMgX）

Grignard 试剂（RMgX）与 α，β-不饱和醛、甲基酮以及环己烯酮类主要是 1，2-加成，其其余多为 1，4-加成。例：

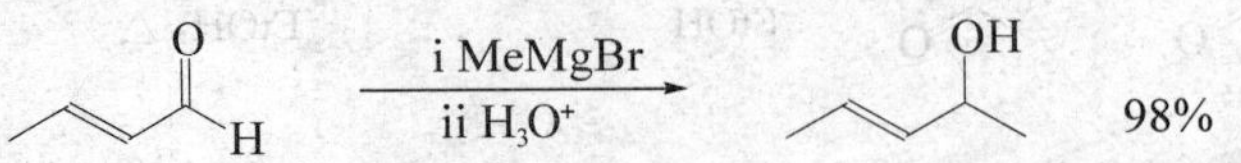

（反应式：巴豆醛 + i MeMgBr, ii H$_3$O$^+$ → 烯丙醇 98%）

$$\text{MeC(H)=CHC(O)Me} \xrightarrow[\text{ii } H_3O^+]{\text{i MeMgBr}} \text{MeCH=CHC(OH)Me}_2 \quad 80\%$$

$$\text{3,5,5-trimethylcyclohex-2-enone} \xrightarrow[\text{ii } H_3O^+]{\text{i MeMgBr}} \text{1,3,5,5-tetramethylcyclohex-2-en-1-ol} \quad 43\%$$

Grignard 试剂 (RMgX) 在少量亚铜盐（卤化亚铜）存在下与 α,β-不饱和醛酮反应，主要为 1,4-加成。例：

$$\text{3,5,5-trimethylcyclohex-2-enone} \xrightarrow[\text{CuCl, Et}_2\text{O}]{\text{MeMgBr}} \text{3,3,5,5-tetramethylcyclohexanone} \quad 83\%$$

问题 76　完成反应

$$\text{PhCH=CHC(O)Me} \xrightarrow{\text{CH}_3\text{CH}_2\text{Li}}$$

$$\text{MeCH=CHCHO} \xrightarrow{\text{Me}_2\text{CuLi}}$$

$$\text{5-methylcyclohex-2-enone} \xrightarrow{\text{Me}_2\text{CuLi}}$$

$$\text{octahydronaphthalen-2(1H)-one (α,β-unsaturated)} \xrightarrow[\text{CuI}]{\text{MeMgI}}$$

问题 77　选择适当原料合成：

（结构：1-羟基环己-2,4-二烯；3,5,5-三甲基-1-甲基环己-2-烯）

4. 氧化还原

α,β-不饱和醛温和氧化可得到 α,β-不饱和酸，还原羰基产生烯丙式醇。例：

$$\text{PhCH=CHCHO} \xrightarrow[\text{Ag(NH}_3)_2^+]{\text{Ag}_2\text{O or}} \text{PhCH=CHCO}_2\text{H}$$

$$\text{MeCH=CHCHO} \xrightarrow[\text{ii } H_3O^+]{\text{i LiAlH}_4} \text{MeCH=CHCH}_2\text{OH} \quad 90\%$$

$$\text{MeCH=CHCHO} + \text{(CH}_3\text{)}_2\text{CHOH} \xrightarrow{\text{Al(OCHMe}_2)_3} \text{MeCH=CHCH}_2\text{OH} + \text{(CH}_3\text{)}_2\text{C=O} \quad 50\%$$

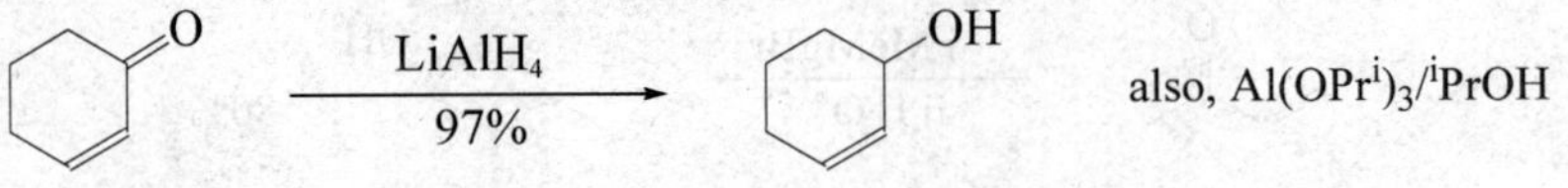

环己烯酮 $\xrightarrow[97\%]{\text{LiAlH}_4}$ 环己烯醇   also, Al(OPr^i)$_3$/^{i}PrOH

四氢化锂铝和异丙醇铝 Al(OPr^i)$_3$ 不还原碳-碳双键（C=C）。

催化加氢反应活性：碳-碳双键比碳-氧双键更易于催化加氢，控制温度、压力和氢气用量等条件，可以实现选择性的加氢还原。

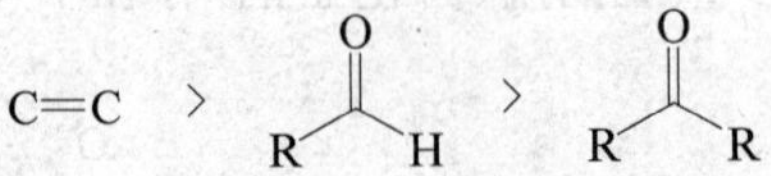

$$C=C \;>\; R\text{-CHO} \;>\; R\text{-CO-}R$$

例：

环己烯甲醛 $\xrightarrow[\text{Pd-C}]{\text{H}_2}$ 环己烷甲醛   81%

3-甲基-2-环己烯酮 $\xrightarrow[\text{Pd-C}]{\text{H}_2}$ 3-甲基环己酮   100%

2-环己烯酮 $\xrightarrow[\text{Pt, 1 atm}]{\text{H}_2}$ 环己酮

1-(环己-3-烯基)乙酮 $\xrightarrow[\text{Pd-C}]{\text{H}_2}$ 1-环己基乙酮

$\xrightarrow[\text{Ni}]{\text{H}_2}$ 1-环己基乙醇   96%

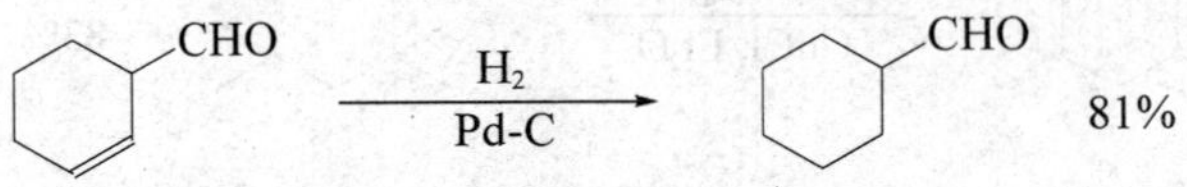

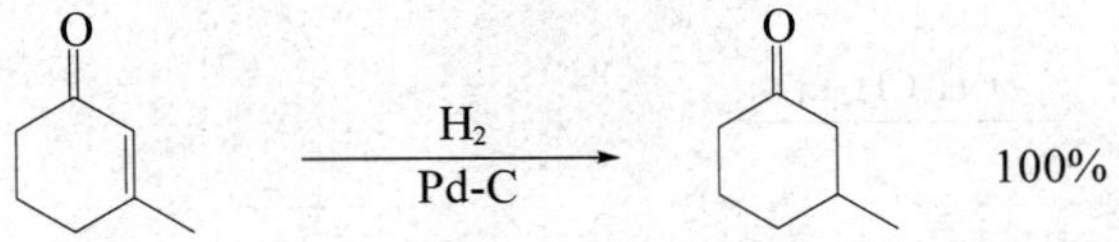

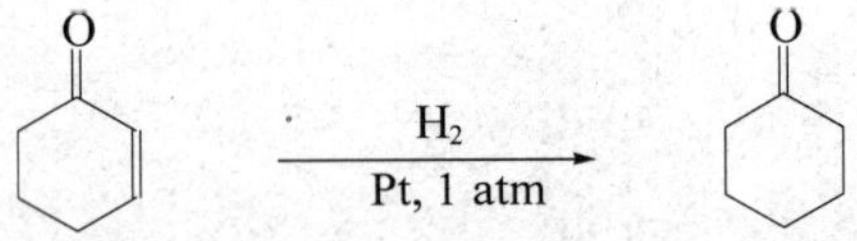

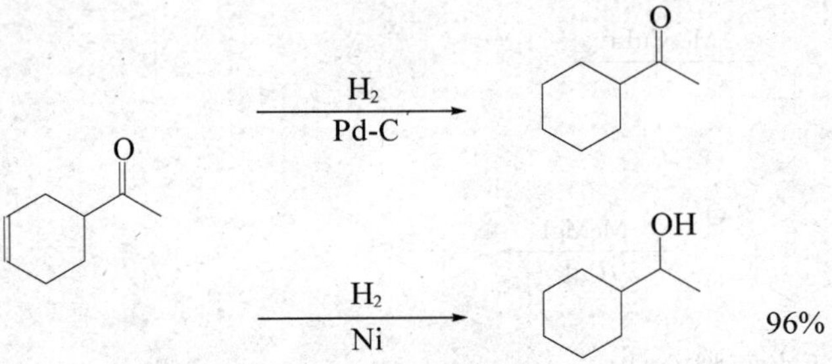

问题 78 完成反应

PhCH=CHCHO $\xrightarrow[\text{ii HCl, H}_2\text{O}]{\text{i LiAlH}_4}$

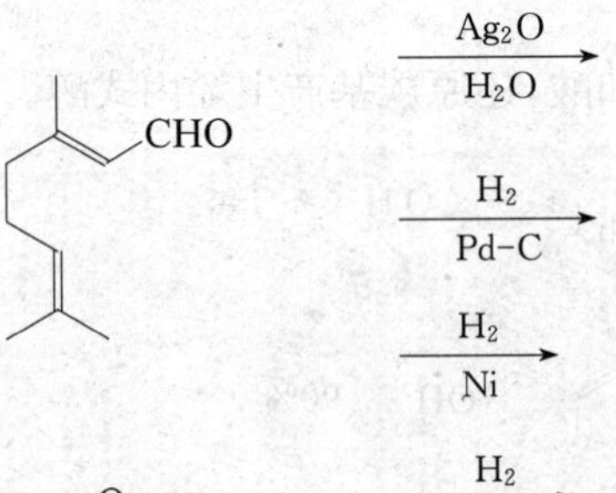

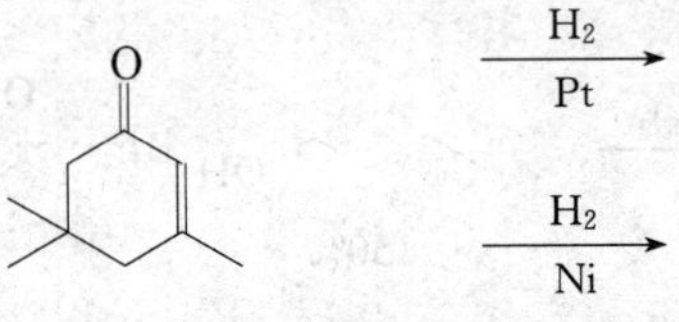

柠檬醛 $\xrightarrow[\text{H}_2\text{O}]{\text{Ag}_2\text{O}}$

$\xrightarrow[\text{Pd-C}]{\text{H}_2}$

$\xrightarrow[\text{Ni}]{\text{H}_2}$

异佛尔酮 $\xrightarrow[\text{Pt}]{\text{H}_2}$

$\xrightarrow[\text{Ni}]{\text{H}_2}$

5. 插烯现象

羰基通过共轭体系活化末端饱和碳上的碳-氢键,如在 3-戊烯-2-酮分子内,γ-甲基与 α-甲基同样活泼,可以发生缩合、同位素交换等反应,此即插烯现象(vinylogy)。

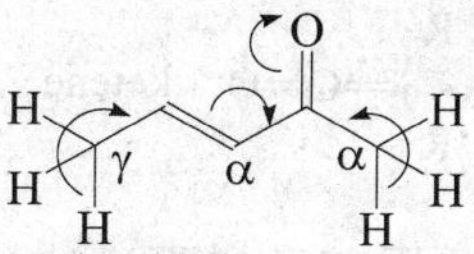

$$\text{H}_3\text{C}-\overset{\gamma}{\text{CH}}=\overset{\alpha}{\text{CH}}-\overset{\text{O}}{\overset{\|}{\text{C}}}-\overset{\alpha}{\text{CH}}_3$$

例:

PhCH=CHCHO + CH₃CH=CHCHO $\xrightarrow[\text{H}_2\text{O}]{\text{NaOH}}$ PhCH=CHCH=CHCH=CHCHO
                                                                         87%

(CH₃)₂C=CH-CHO $\xrightarrow[\text{H}_2\text{O}]{\text{NaOH}}$ (CH₃)₂C=CH-CH=CH-C(CH₃)=CH-CHO

CH₃CH=CHCHO $\xrightarrow[\text{D}_2\text{O}]{\text{NaOD}}$ CD₃CH=CHCHO

问题 79 从适当原料合成

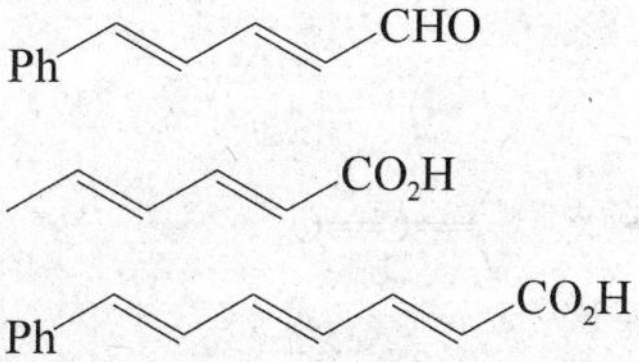

Ph-CH=CH-CH=CH-CHO

CH₃-CH=CH-CH=CH-CO₂H

Ph-CH=CH-CH=CH-CH=CH-CO₂H

8.6.1.2 α,β-不饱和醛酮的制备

1. 羟醛缩合

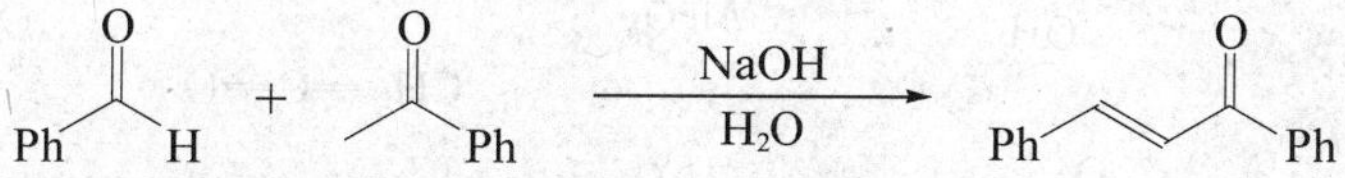

PhCHO + PhCOCH₃ $\xrightarrow[\text{H}_2\text{O}]{\text{NaOH}}$ Ph-CH=CH-CO-Ph

2. β-羟基、卤代醛酮的消去

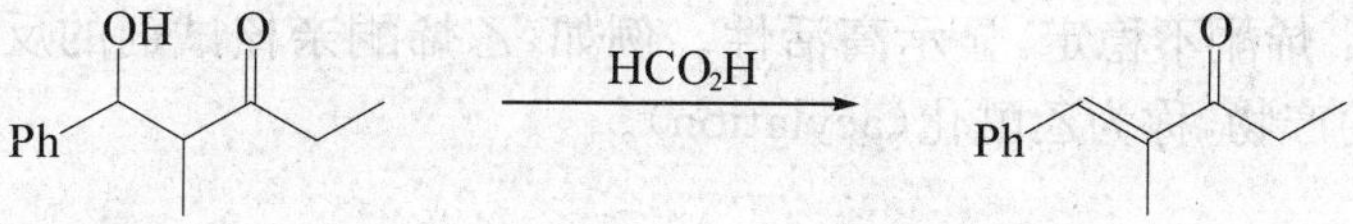

Ph-CH(OH)-CH(CH₃)-CO-CH₂CH₃ $\xrightarrow{\text{HCO}_2\text{H}}$ Ph-CH=C(CH₃)-CO-CH₂CH₃

3. 烯丙式伯仲醇氧化

2-环己烯醇 $\xrightarrow[\text{or Al(OCMe}_3)_3/\text{Me}_2\text{CO}]{\text{CrO}_3 \cdot 2\text{Py or MnO}_2}$ 2-环己烯酮

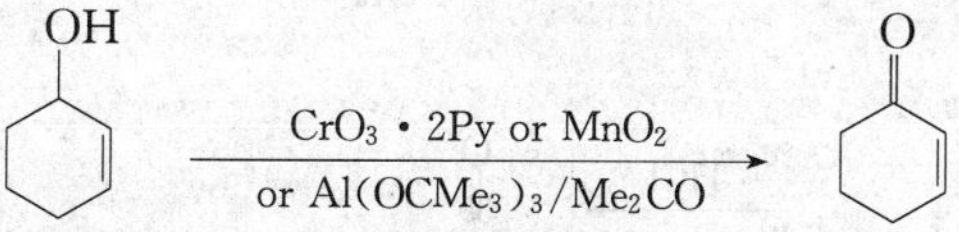

4. Mannich 碱分解

CH₃-CO-CH(CH₃)-CH₂-NMe₂ $\xrightarrow[\text{ii EtONa}]{\text{i MeI}}$ CH₃-CO-C(CH₃)=CH₂

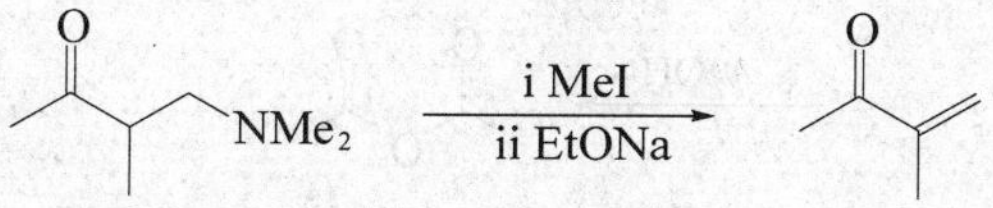

8.6.2 烯酮

羰基碳又承载烯键的化合物称为烯酮(ketene)。

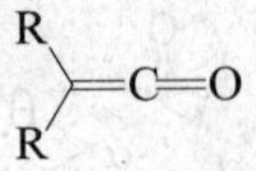

$$\begin{array}{c} R \\ \diagdown \\ C{=}O \quad \text{ketene} \\ \diagup \\ R \end{array}$$

例：乙烯酮(ketene; ethenone)，二甲基乙烯酮

$$CH_2{=}C{=}O \qquad\qquad (CH_3)_2C{=}C{=}O$$

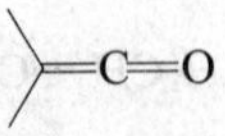

乙烯酮 Ketene; ethenone　　　二甲基乙烯酮 Dimethyl ketene

烯酮的制备：

含 α-氢的酰卤碱消去卤化氢生成烯酮：

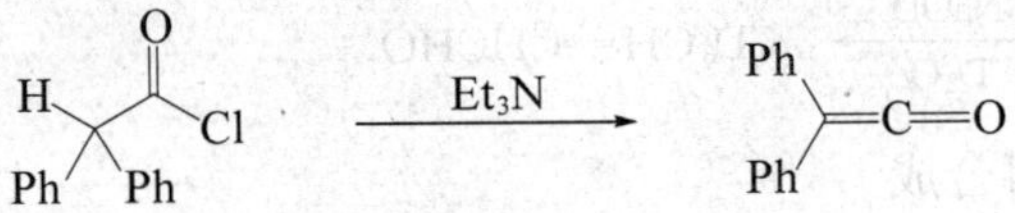

$$Ph_2CH{-}COCl \xrightarrow{Et_3N} Ph_2C{=}C{=}O$$

α-卤代酰卤在金属锌存在下脱卤产生烯酮：

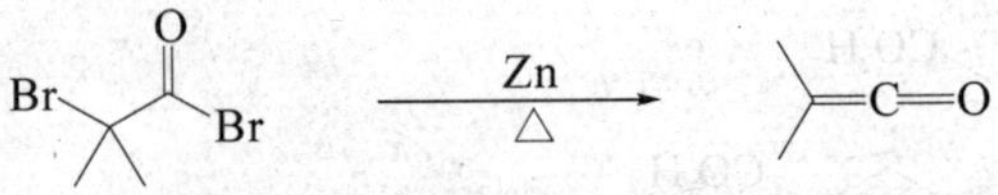

$$(CH_3)_2C(Br){-}COBr \xrightarrow[\triangle]{Zn} (CH_3)_2C{=}C{=}O$$

工业上，高温裂解乙酸或丙酮生产乙烯酮：

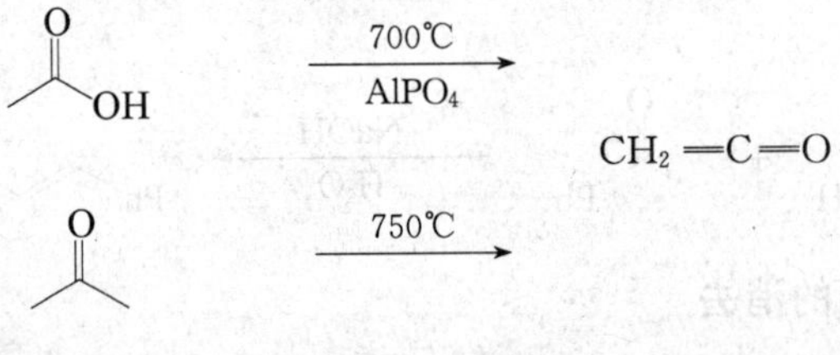

$$CH_3COOH \xrightarrow[AlPO_4]{700℃} CH_2{=}C{=}O$$

$$CH_3COCH_3 \xrightarrow{750℃}$$

乙烯酮的反应：烯酮不稳定，显示高活性。例如，乙烯酮亲核试剂的反应是亲核加成，异构化，生成乙酰化的产物，称为乙酰化(acylation)。

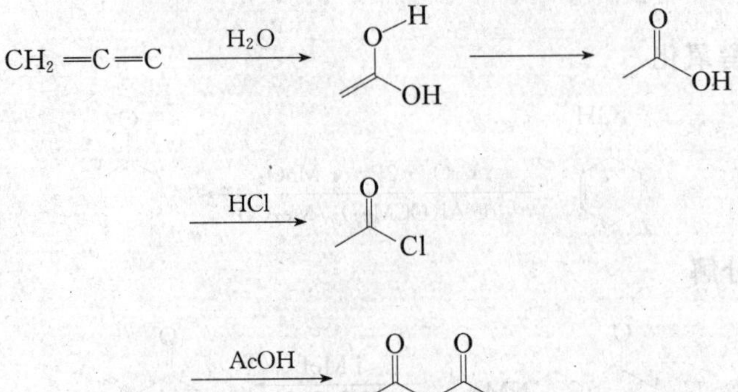

$$CH_2{=}C{=}O \xrightarrow{H_2O} CH_2{=}C(OH)_2 \longrightarrow CH_3COOH$$

$$\xrightarrow{HCl} CH_3COCl$$

$$\xrightarrow{AcOH} (CH_3CO)_2O$$

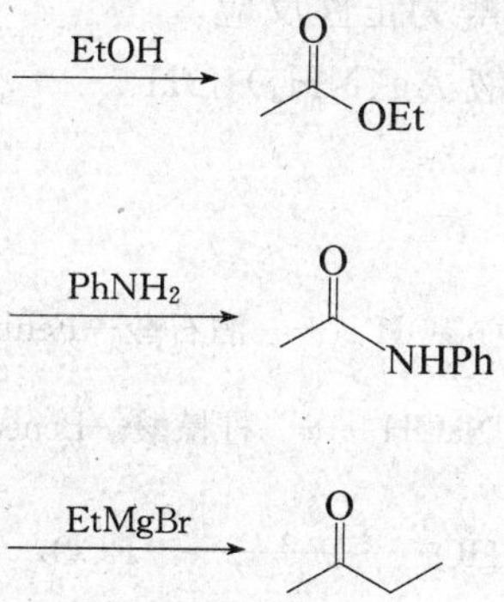

第8章 醛酮醌 Aldehydes, Ketones and Quinones

$$\text{CH}_2=\text{C}=\text{O} \xrightarrow{\text{EtOH}} \text{CH}_3\text{COOEt}$$

$$\xrightarrow{\text{PhNH}_2} \text{CH}_3\text{CONHPh}$$

$$\xrightarrow{\text{EtMgBr}} \text{CH}_3\text{COCH}_2\text{CH}_3$$

因此,乙烯酮是良好的乙酰化剂。

二乙烯酮:乙烯酮二聚即是二乙烯酮(diketene, DK)。

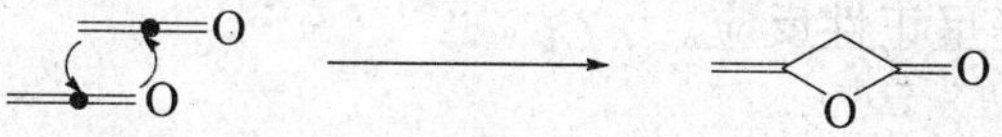

二乙烯酮是良好的乙酰乙酰化剂:

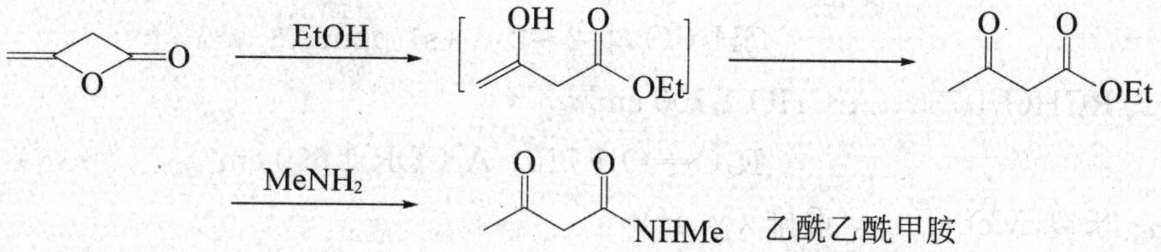

$$\text{DK} \xrightarrow{\text{EtOH}} \left[\text{CH}_2=\text{C(OH)CH}_2\text{COOEt} \right] \longrightarrow \text{CH}_3\text{COCH}_2\text{COOEt}$$

$$\xrightarrow{\text{MeNH}_2} \text{CH}_3\text{COCH}_2\text{CONHMe} \quad \text{乙酰乙酰甲胺}$$

问题 80 完成反应

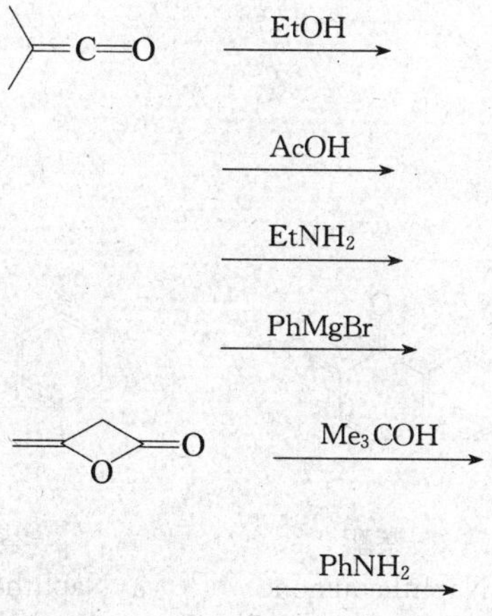

$$(\text{CH}_3)_2\text{C}=\text{C}=\text{O} \xrightarrow{\text{EtOH}}$$

$$\xrightarrow{\text{AcOH}}$$

$$\xrightarrow{\text{EtNH}_2}$$

$$\xrightarrow{\text{PhMgBr}}$$

$$\text{DK} \xrightarrow{\text{Me}_3\text{COH}}$$

$$\xrightarrow{\text{PhNH}_2}$$

8.7 醛酮分析

8.7.1 化学分析

羰基试剂:苯肼、2,4-二硝基苯肼、羟胺、氨基脲

碘仿反应:碘(I_2)/氢氧化钠水溶液或次碘酸钠(NaOI)

甲基酮、乙醛、甲基仲醇、乙醇为正性反应。

银镜反应：Tollens 试剂银氨溶液 $Ag(NH_3)_2OH$
　　　　醛呈正性反应。

络合铜试剂：

$$Cu^{2+} + NaOH + 酒石酸—Fehling 溶液$$

$$Cu^{2+} + NaOH + 柠檬酸—Benedict 溶液$$

$$RCHO + Cu^{+2} + HO^- \longrightarrow RCO_2^- + \underset{red}{Cu_2O} + H_2O$$

脂肪醛呈正性，芳香醛显负性反应。

亚硫酸氢钠饱和溶液：
　　醛、脂肪甲基酮等呈正性反应。

8.7.2　波谱分析

^1H NMR：RCHO, ArCHO　δ_H 9~10 ppm
　　　　　　　　　　CH_3CO δ_H 2~2.3（s）ppm

IR：$\nu_{C=O}$ RCHO 1 730，ArCHO 1 700 cm^{-1}
　　　　　　$R_2C=O$ 1 710，ArCOR 1 690 cm^{-1}

MS：α-断裂，McLafferty 重排（γ-H）

UV：λ_{max} 275~295 nm（$\varepsilon<100$）（饱和）；320（$\varepsilon<100$），~230（$\varepsilon\sim10^4$）（共轭）。

8.8　醌

醌（quinones）是环共轭二烯二酮。

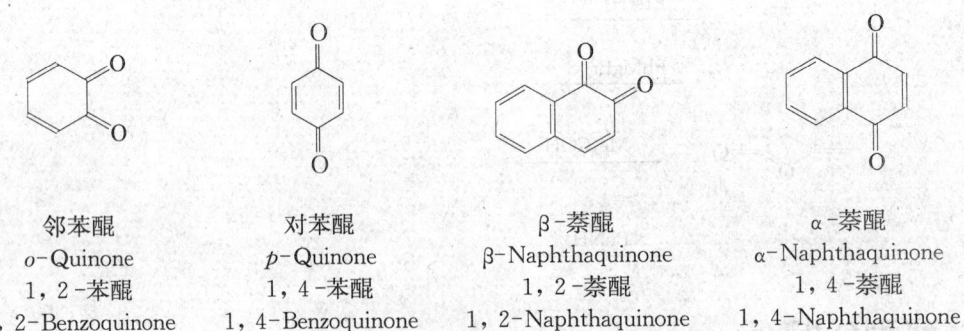

邻苯醌	对苯醌	β-萘醌	α-萘醌
o-Quinone	p-Quinone	β-Naphthaquinone	α-Naphthaquinone
1,2-苯醌	1,4-苯醌	1,2-萘醌	1,4-萘醌
1,2-Benzoquinone	1,4-Benzoquinone	1,2-Naphthaquinone	1,4-Naphthaquinone

醌为有色结晶固体，对苯醌为黄色，邻苯醌为红色。醌是发色团、生色原。

在醌分子内，存在着两种碳-碳键长，如对苯醌有碳-碳键长 0.149 和 0.132 nm，与碳-碳单键（C—C 0.154 nm）及碳-碳双键（C=C 0.134 nm）非常接近，表明苯醌分子中不存在芳环。事实上，苯醌的性质与 α,β-不饱和酮相似。

醌类化合物广泛存在于自然界中。

第8章 醛酮醌 Aldehydes, Ketones and Quinones

2-羟基-1,4-萘醌
Lawsone
（一种黄色素）

3-甲基-2-羟基-1,4-萘醌
结核萘醌

5-羟基-1,4-萘醌
Juglone
胡桃醌（酮）

1,2-二羟基-9,10-蒽醌
茜素 Alizarin
（红色植物染料）

3-甲基-1,6,8-三羟基-9,10-蒽醌
大黄素 Emodin

Menadione
2-Methyl-1,4-naphthoquinone

2-Methyl-1,4-naphthoquinone or menadione is called also vitamin K3. Vitamin K3 or menadione is a synthetic naphthoquinone derivative and does not possess a lipophilic side chain.

Vitamin K$_1$ Phylloquinone
Phytonadione

2-Methyl-3-phytyl-1,4-naphthoquinone

Vitamin Ks: The "K" is derived from the German word "koagulation". Coagulation refers to blood clotting, because vitamin K is essential for the functioning of several proteins involved in blood clotting.

Vitamin K is found in plants as phylloquinone (vitamin K1) and in animals as menaquinone (vitamin K2).

Vitamin K2(35)
Menaquinone-7 (MK-7)

Vitamin K2 now refers to any of the series of vitamin K compounds having unsaturated side chains, which are found in animals and bacteria. The first vitamin K2 isolated is now called menaquinone-7 (MK-7) as it has seven isoprenoid units.

Vitamin K2 is essential for the carboxylation of glutamate residues. Carboxylation of glutamate is also important in other proteins involved in the mobilization or transport of calcium.

辅酶 Q10 （Coenzyme Q10，CoQ10）

Coenzyme Q10 （CoQ 10）
辅酶 Q10；泛醌 Ubiquinone

2-(3, 7, 11, 15, 19, 23, 27, 31, 35, 39-Decamethyltetraconta-2, 6, 10, 14, 18, 22, 26, 30, 34, 38-decaenyl)-5, 6-dimethoxy-3-methyl-1, 4-benzoquinone

辅酶 Q10 是脂溶性醌类化合物，带有由多个(6～10)异戊二烯单元组成的侧链，具体异戊二烯单元数生物种类不同而异，大多 $n=6$～10，哺乳动物以及牛的是 UQ10。辅酶 Q10 因广泛出现于生物界并有醌的结构而又得名泛醌(ubiquinone，UQ)。

辅酶 Q10 是线粒体氧化磷酸化的辅酶，其主要功能是参与 ATP 的合成，此外它还具有抗氧化作用，是目前已知的体内最强的抗氧化剂之一；对于神经传导和细胞膜的完整性具有重要作用。辅酶 Q10 还能将粒线体制造能量过程中排出的活性氧(active oxygen，破坏蛋白质和 DNA，导致细胞病变)给清除。

泛醌中的苯醌部分在体内以酪氨酸为原料合成，而异戊二烯侧链则是由乙酰 CoA 原料经甲羟戊酸途径而合成。脂溶性的异戊二烯侧链使 CoQ 在线粒体内膜脂双层中局部扩散，作为一种流动着的电子载体起传递电子的作用，在电子传递链中处于中心地位。The capacity of CoQ10 to act as electron carriers is central to its role in the electron transport chain due to the iron-sulfur clusters that can only accept one electron at a time, and as a free radical-scavenging antioxidant.

CoQ10 was first discovered by Professor Fredrick L. Crane and colleagues in 1957. In 1958, its chemical structure was reported by Dr. Karl Folkers and coworkers at Merck.

8.8.1 醌的制备

主要利用酚、芳胺、芳烃等的氧化制备醌类化合物。

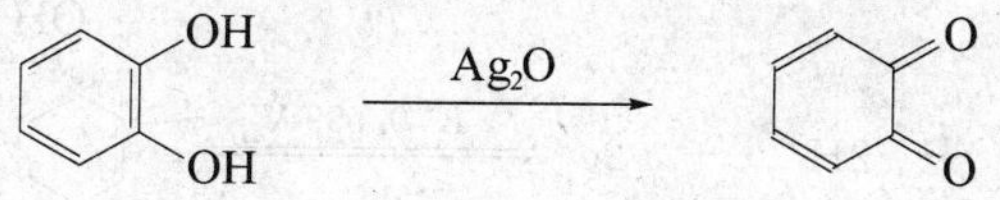

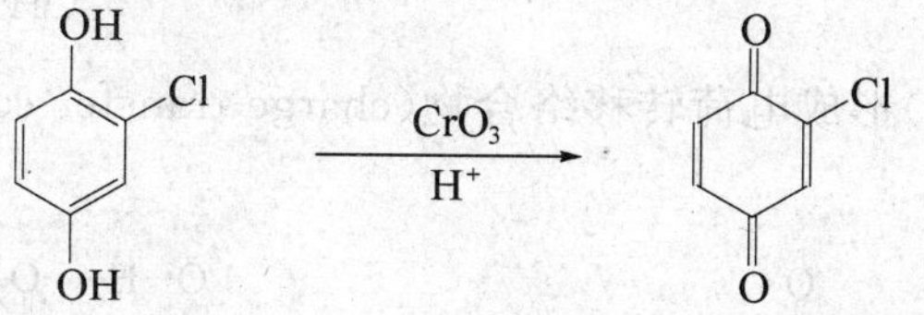

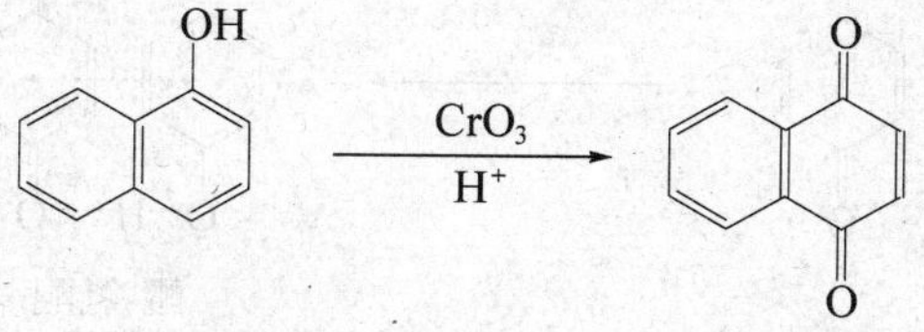

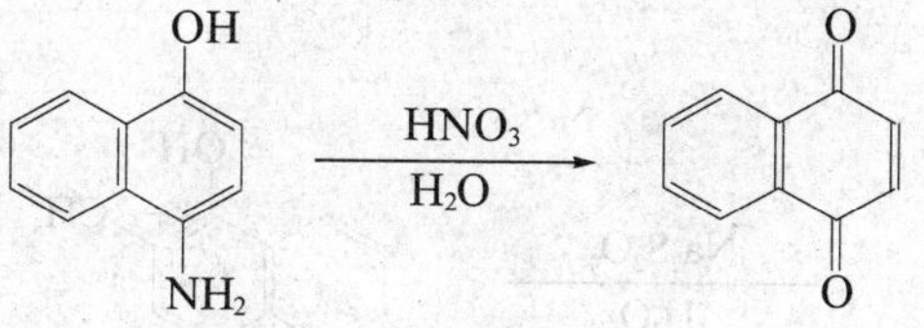

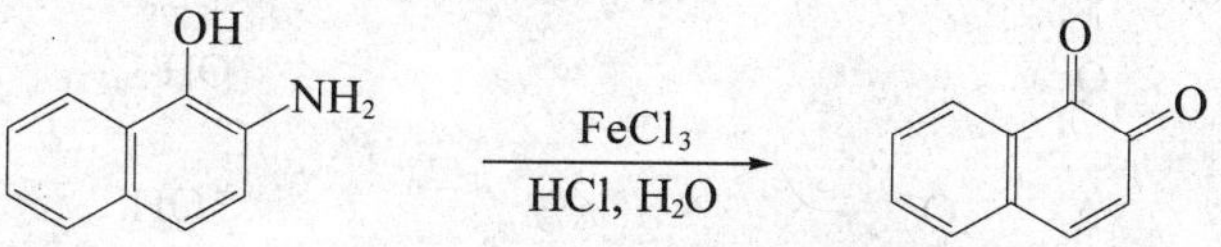

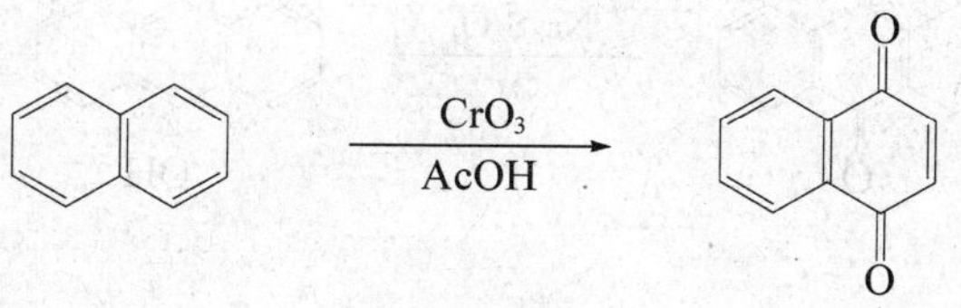

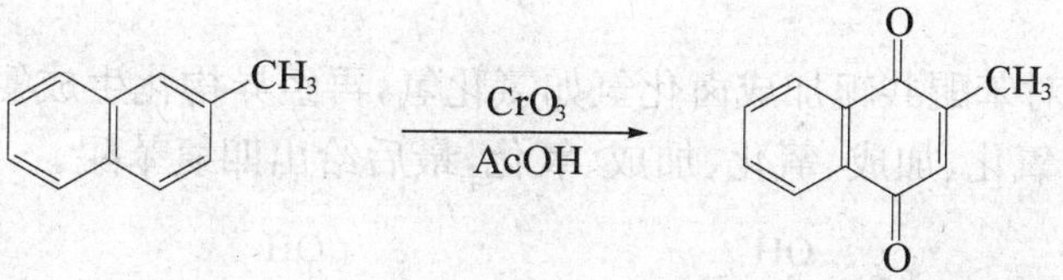

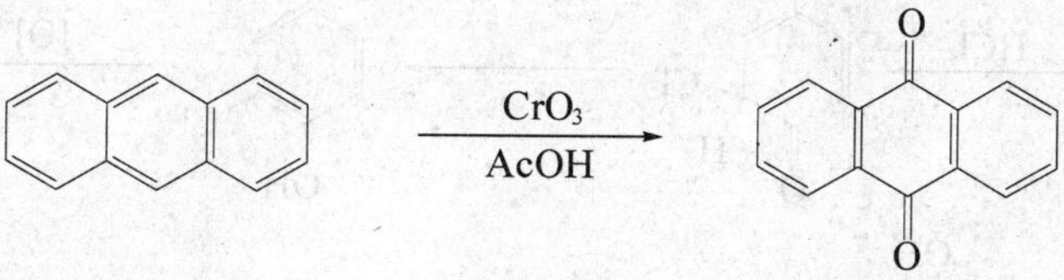

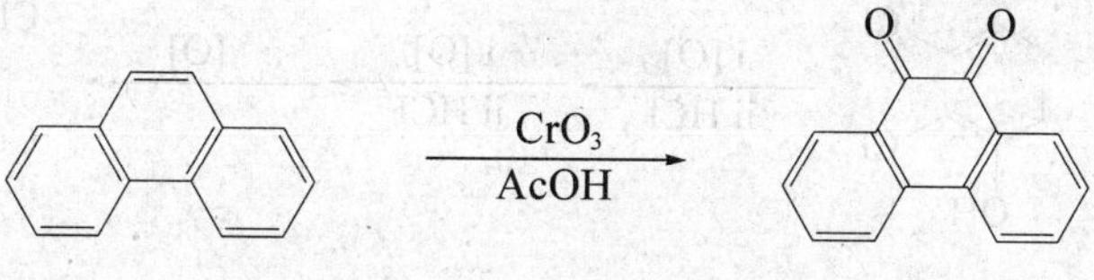

8.8.2 醌的反应

8.8.2.1 氧化性

醌是氧化剂，易被还原为酚，环上的吸电子基增强氧化性。

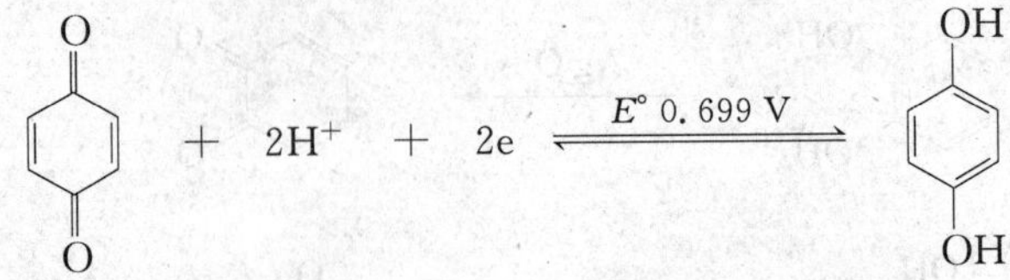

$$\text{对苯醌} + 2H^+ + 2e \xrightleftharpoons{E° \ 0.699\ V} \text{对苯二酚}$$

对苯醌与氢醌(对苯二酚)形成电荷转移络合物(charge-transfer complex, CTC),暗绿色晶体,mp 171℃。

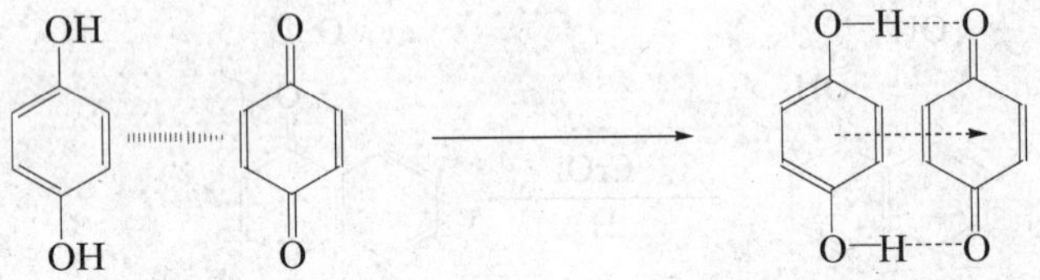

醌-氢醌 CTC

例:

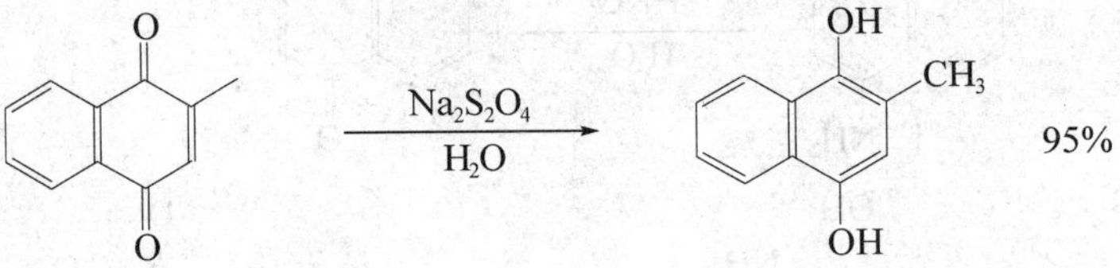

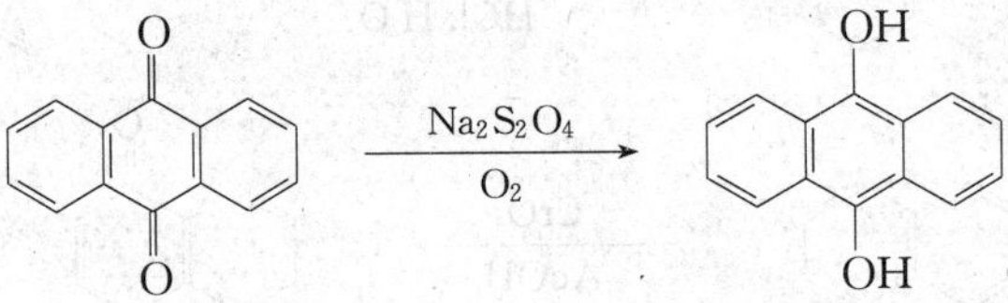

$$\text{2-甲基-1,4-萘醌} \xrightarrow[H_2O]{Na_2S_2O_4} \text{2-甲基-1,4-萘二酚} \quad 95\%$$

$$\text{蒽醌} \xrightarrow[O_2]{Na_2S_2O_4} \text{9,10-蒽二酚}$$

8.8.2.2 加成反应

1. 1,4-加成

加成卤化氢:对苯醌共轭加成卤化氢如氯化氢,再经异构化生成氯代氢醌,氧化产生氯代对苯醌,再经加成、氧化、加成、氧化、加成、氧化,最后给出四氯苯醌。

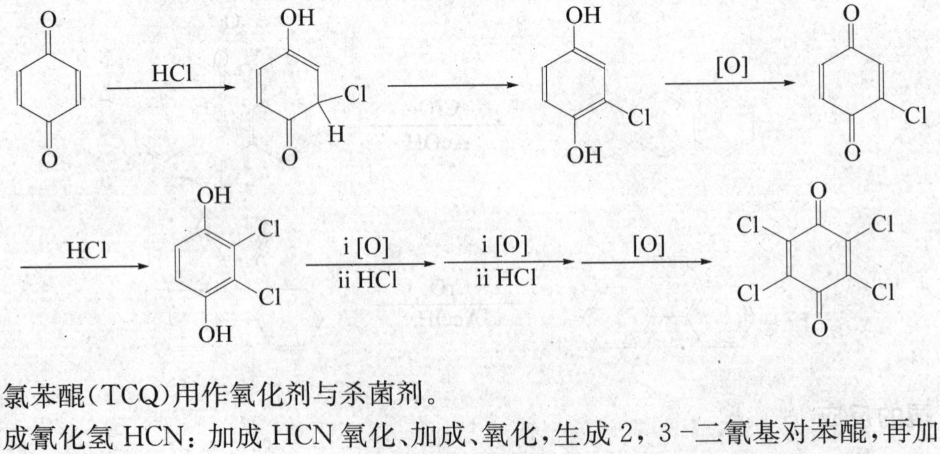

$$\text{对苯醌} \xrightarrow{HCl} \text{中间体} \longrightarrow \text{氯代氢醌} \xrightarrow{[O]} \text{氯代对苯醌}$$

$$\xrightarrow{HCl} \text{二氯氢醌} \xrightarrow[ii\ HCl]{i\ [O]} \xrightarrow[ii\ HCl]{i\ [O]} \xrightarrow{[O]} \text{四氯苯醌}$$

四氯苯醌(TCQ)用作氧化剂与杀菌剂。

加成氰化氢 HCN:加成 HCN 氧化、加成、氧化,生成 2,3-二氰基对苯醌,再加成 HCl、氧化、加成、氧化,给出产生 2,3-二氯-5,6-二氰基-1,4-苯醌 (2,3-dichloro-5,6-dicyano-1,4-quinone, DDQ),是常用的脱氢氧化剂,如用于芳构化等。

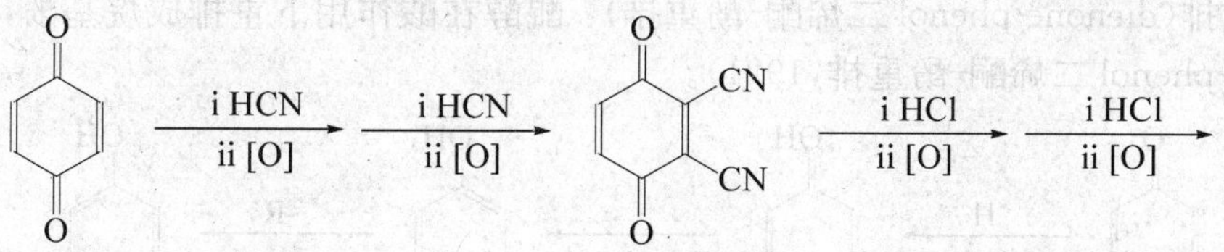

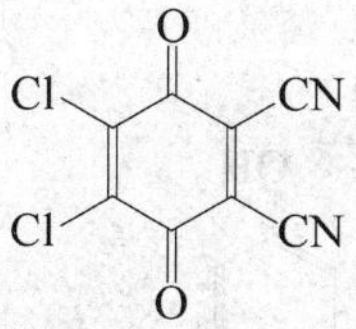

2,3-Dichloro-5,6-dicycano-1,4-quinone
DDQ

加成甲醇：

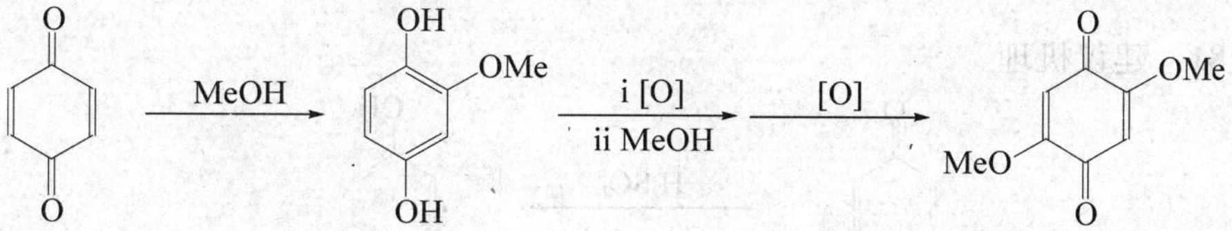

加成苯胺：

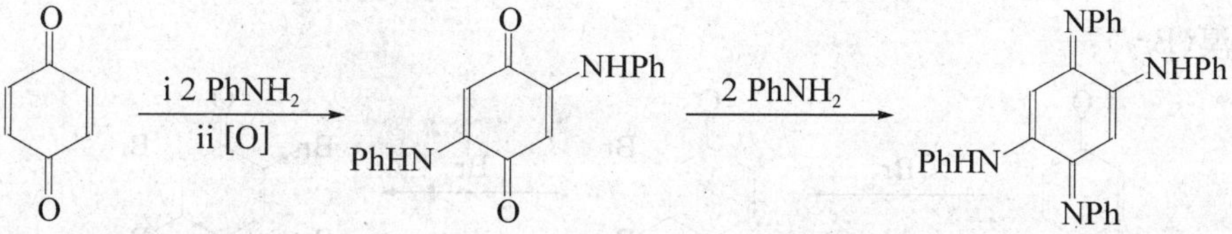

2. 1,2-加成

对苯醌与羟胺反应是 1,2-加成，亲核加成-消去，即脱水成肟：

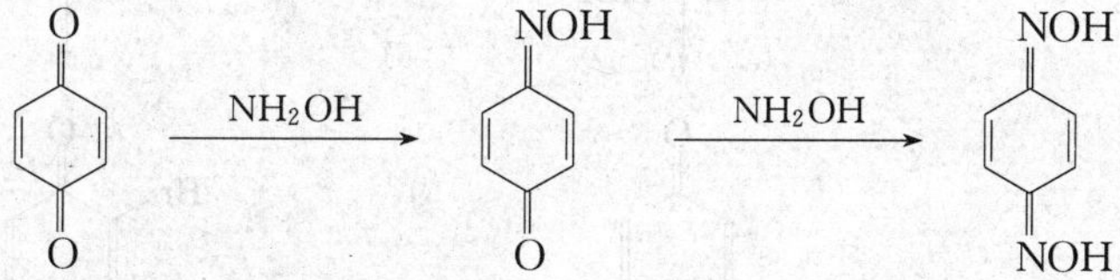

对苯醌肟与对亚硝基苯酚是互变异构体：

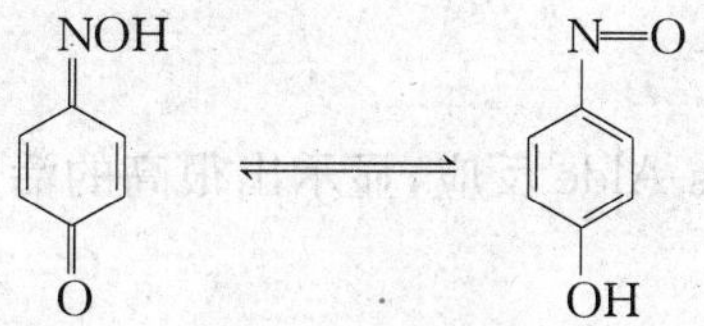

加成 Grignard 试剂 RMgX：

对苯醌与 Grignard 试剂 RMgX 生成醌醇(quinol)：

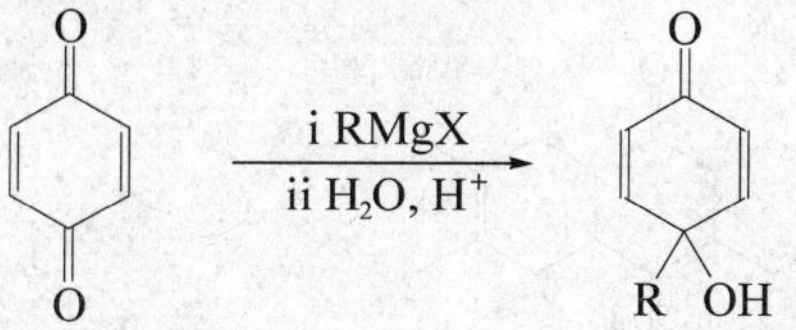

Quinol

醌醇重排(dienone-phenol 二烯酮-酚重排):醌醇在酸作用下重排成烷基酚,称为醌醇重排(dienone-phenol 二烯酮-酚重排,1921)。

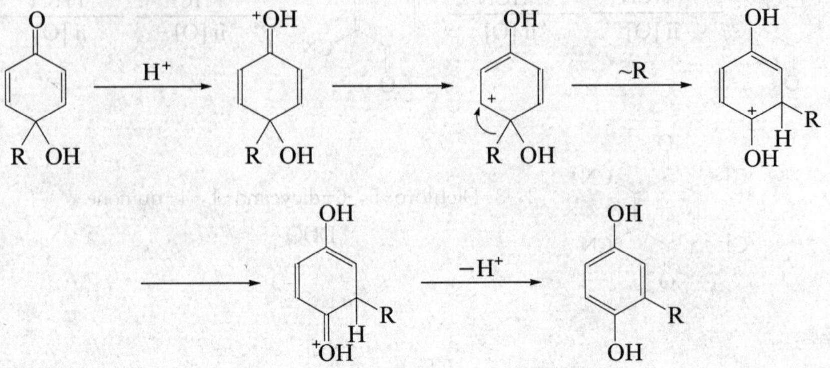

问题 81 建议机理

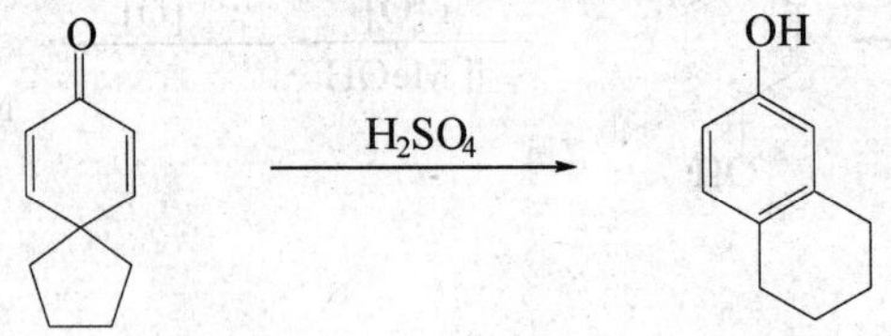

加成溴(Br_2):

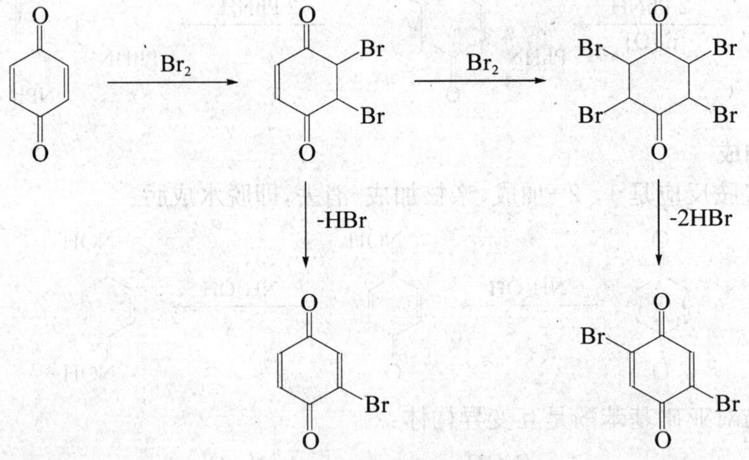

3. Diels-Alder 反应

醌作为亲二烯体,发生 Diels-Alde 反应,显示出很高的活性。

例:

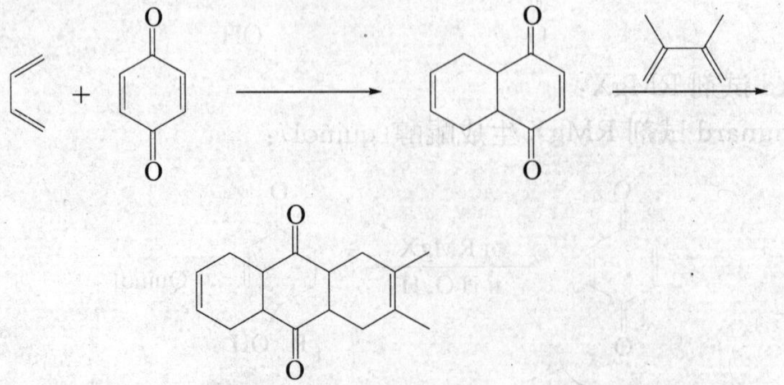

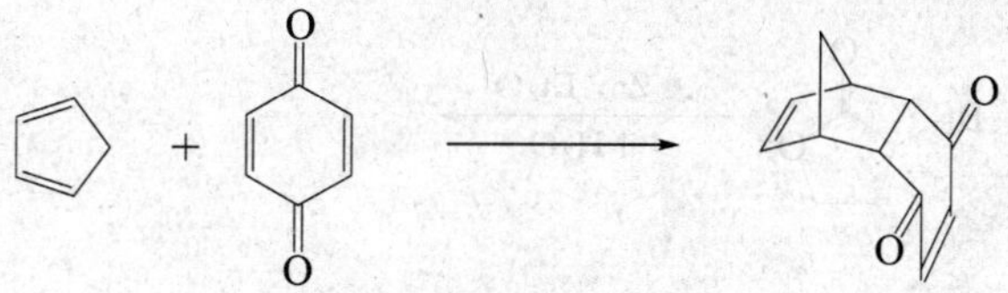

8.8.2.3 半醌偶联——酚的氧化偶联

酚的氧化偶联是重要的生物合成反应之一。

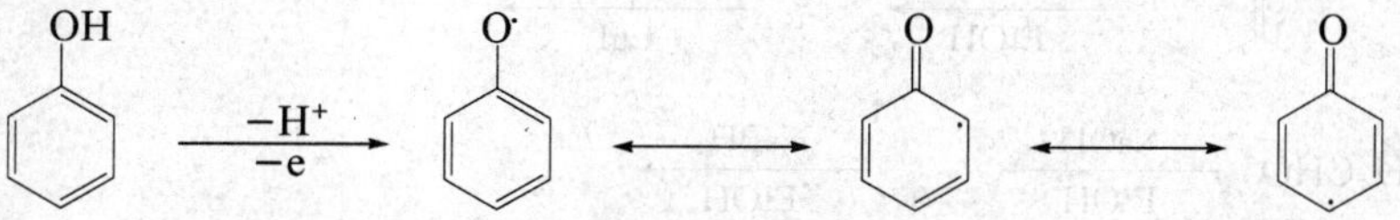

邻-邻偶联 o-o Coupling：

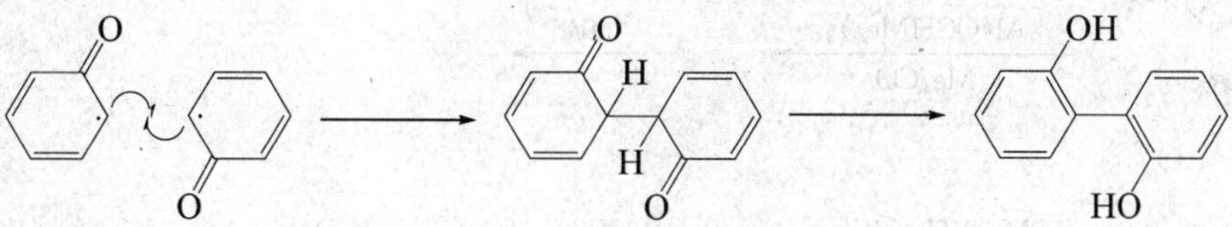

对-对偶联 p-p Coupling：

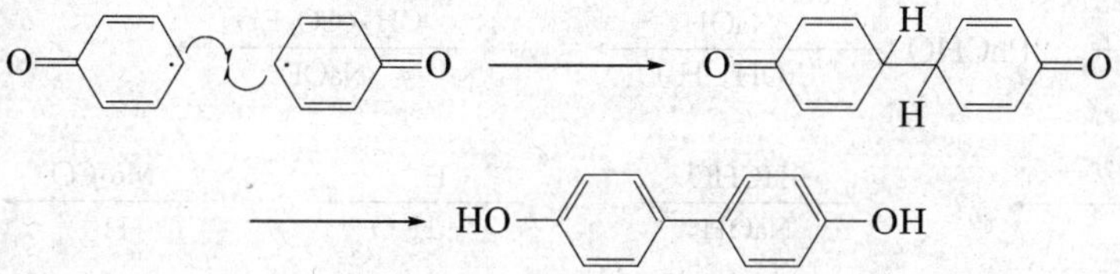

邻-对偶联 o-p Coupling：

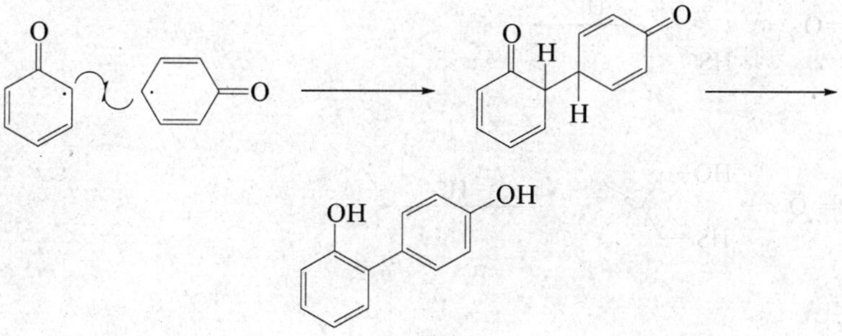

习题

一、完成反应

1. (CH₃)₂C=CHCOCH₃ 型结构 $\xrightarrow{\text{MeNH}_2}$

2. PhCOCH₃ + (CH₃)₂C=PPh₃ $\xrightarrow{\text{Et}_2\text{O}}$

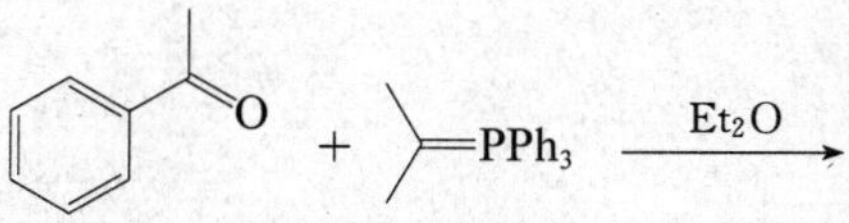

3. PhCHO + (3-bromo-γ-butyrolactone) $\xrightarrow{\text{i Zn, Et}_2\text{O}}_{\text{ii H}_2\text{O}}$

4. PhCHO + CH$_3$CH$_2$CHO $\xrightarrow{\text{NaOH}}_{\text{EtOH}}$ $\xrightarrow{\text{H}_2}_{\text{Pd/C}}$

5. (heptane-2,5-dione) $\xrightarrow{\text{NaOH}}_{\text{EtOH}}$ $\xrightarrow{\text{CH}_3\text{MgI}}_{\text{CuI}}$

6. CH$_3$CH$_2$CHO $\xrightarrow{\text{NaOH}}_{\text{EtOH}}$ $\xrightarrow{\text{NaBH}_4}_{\text{EtOH}}$

7. (2-cyclohexenol) $\xrightarrow{\text{Al(OCHMe}_2)_3}_{\text{Me}_2\text{CO}}$ $\xrightarrow{\text{HBr}}$

8. (α-tetralone) $\xrightarrow{\text{Me}_2\text{NH, HCl}}_{\text{HCHO}}$ $\xrightarrow{\text{HBr}}$ $\xrightarrow{\text{KCN}}_{\triangle}$

9. Me$_2$CO + 2PhCHO $\xrightarrow{\text{NaOH}}_{\text{EtOH, H}_2\text{O}}$ $\xrightarrow{\text{CH}_2(\text{CO}_2\text{Et})_2}_{\text{NaOEt}}$

10. (cyclopentene) $\xrightarrow{?}$? $\xrightarrow{\text{6HCHO}}_{\text{NaOH}}$ $\xrightarrow{\text{H}^+}_{-\text{H}_2\text{O}}$ $\xrightarrow{\text{Me}_2\text{CO}}_{\text{H}^+}$

11. cyclohexanone + HSCH$_2$CH$_2$SH $\xrightarrow{\text{H}^+}$

12. (3,4-dimethylcyclopentanone) + HOCH$_2$C(CH$_3$)$_2$CH$_2$SH $\xrightarrow{\text{H}^+}$

13. PhCOCH$_3$ + PhCH(NH$_2$)CH$_3$ $\xrightarrow{\text{H}^+}$

14. PhCOCH$_2$CH$_3$ $\xrightarrow{\text{NaBH}_4}_{\text{MeOH}}$

15. Ph$_2$C=O + PhMgBr $\xrightarrow{\text{i Et}_2\text{O}}_{\text{ii H}_2\text{O, NH}_4\text{Cl}}$

16. 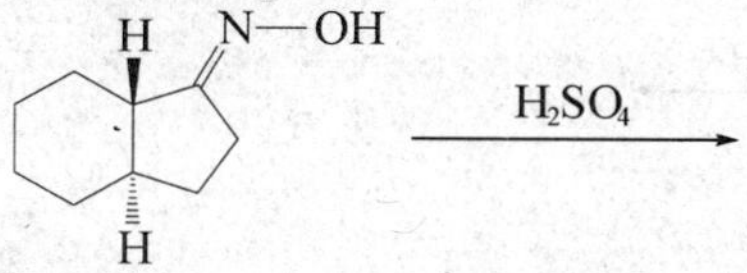 [structure] → H₂SO₄

17. 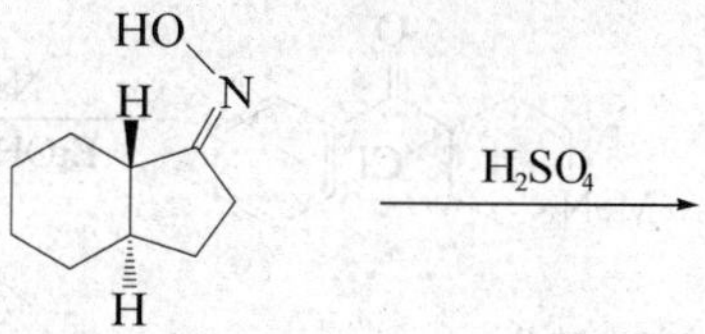 [structure] → H₂SO₄

18. 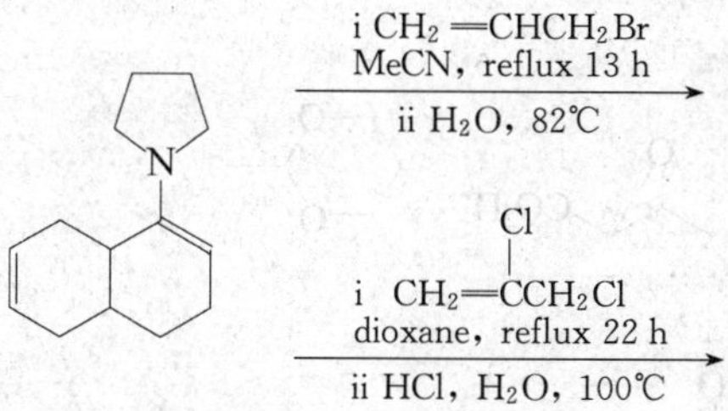 [structure]
   i CH₂=CHCH₂Br, MeCN, reflux 13 h
   ii H₂O, 82℃

   i CH₂=CCH₂Cl (Cl), dioxane, reflux 22 h
   ii HCl, H₂O, 100℃

19. [structure] → NaOH, EtOH, H₂O

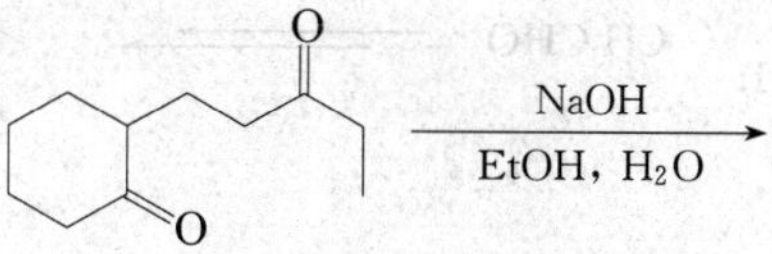

20. [structure] → Na₂CO₃, EtOH, △

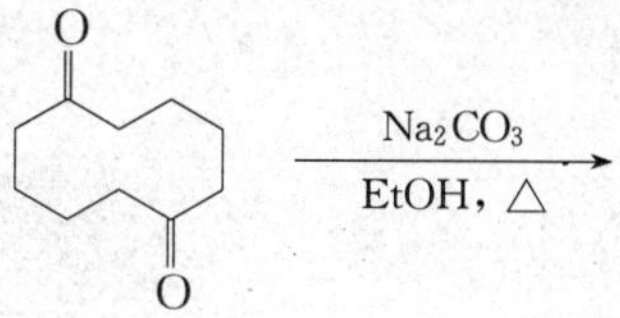

21. [furfural] + [2-methylcyclohexanone] → NaOH, EtOH, H₂O

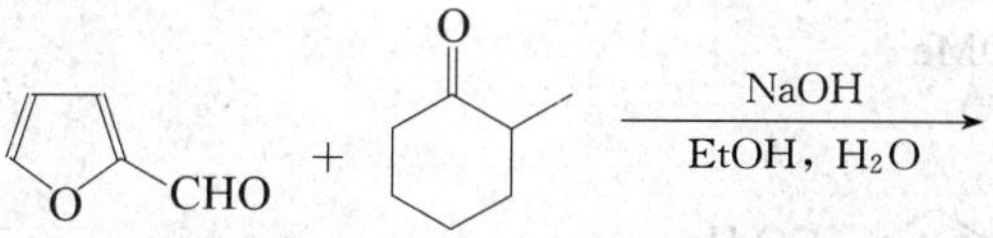

22. [spiro ketone] + CH(CO₂Et)(CN) → R⁺NH₃⁻OAc

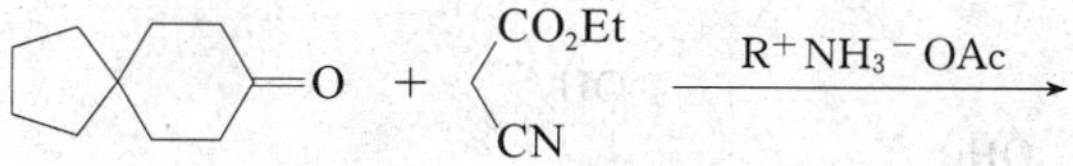

23. 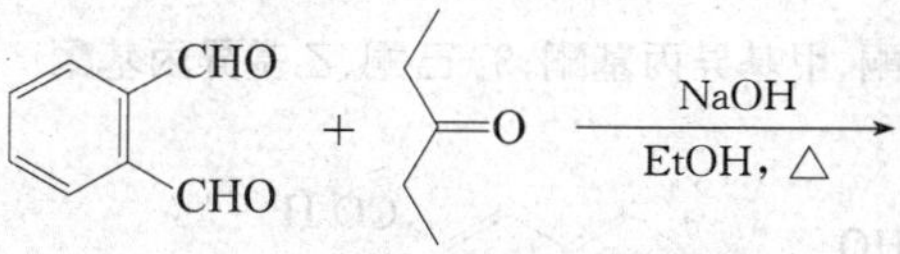 [phthalaldehyde] + [3-pentanone] → NaOH, EtOH, △

24. 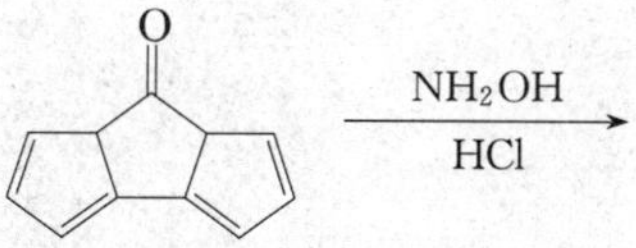 [structure] → NH₂OH, HCl

25. 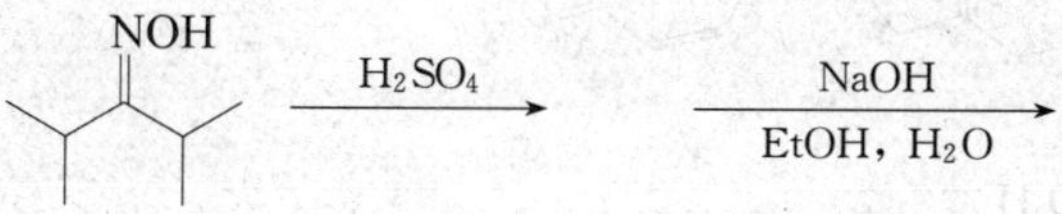 [oxime structure] → H₂SO₄ → NaOH, EtOH, H₂O

26. 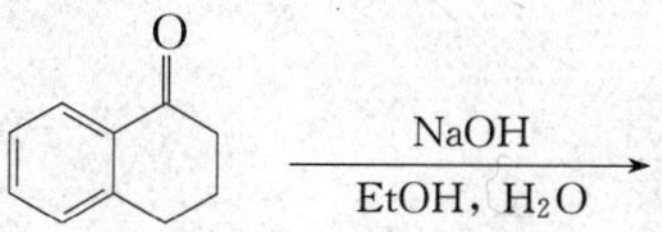 [α-tetralone] → NaOH, EtOH, H₂O

27. 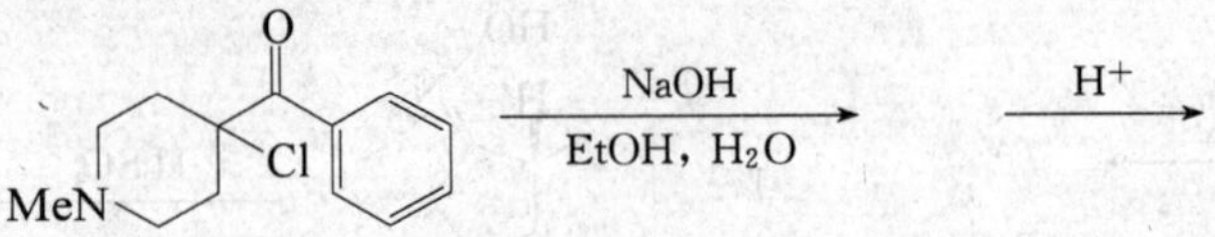 [structure: 4-chloro-4-benzoyl-1-methylpiperidine] $\xrightarrow[\text{EtOH, H}_2\text{O}]{\text{NaOH}}$ $\xrightarrow{\text{H}^+}$

二、完成转化

1. $CH_3CHO \Longrightarrow$ [正丁醇结构], [丁烯酸], [环氧丙酸], [2,4-二甲基-1,3-二氧六环]

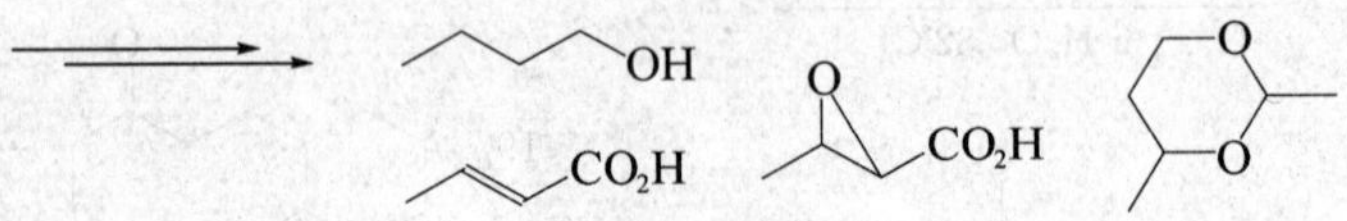

2. [2-环己烯酮] $\Longrightarrow$ [3-(1-羟乙基)环己酮], [3-乙酰基环己酮]

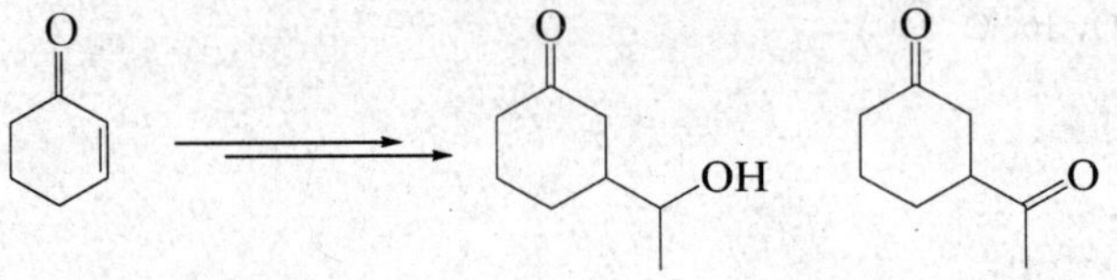

3. 丙烯醛 $\Longrightarrow$ [2-甲基-5-甲氧基四氢呋喃]

4. 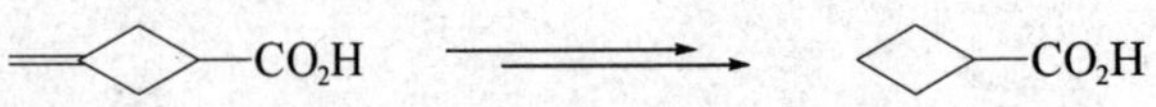 [亚甲基环丁烷甲酸] $\Longrightarrow$ [环丁烷甲酸]

5. 仲丁醇 $\Longrightarrow$ [2-甲基-1-丁醇], [3-甲基-1-丁醇]

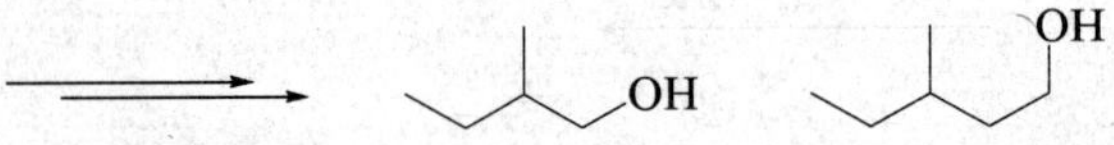

6. 丙烯 $\Longrightarrow$ 正丁醛、异丁醛;2-戊酮、甲基异丙基酮;3-己酮、乙基异丙基酮

7. 茴香醛 $\Longrightarrow$ [对甲氧基苯乙醛], [对羟基肉桂酸]

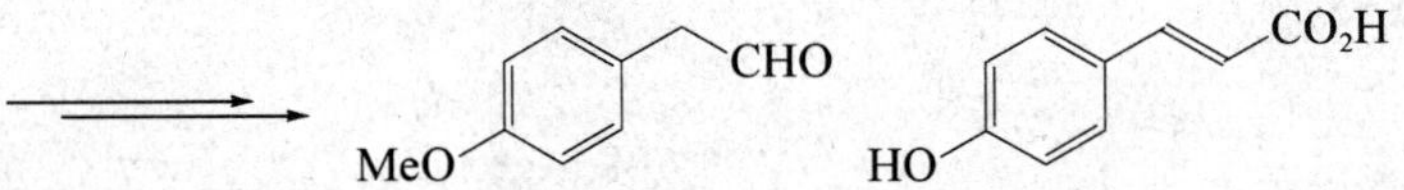

8. 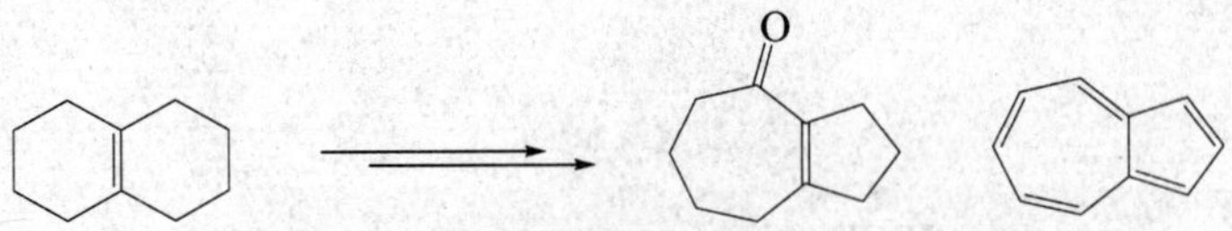 [十氢萘] $\Longrightarrow$ [双环庚酮稠合物], [薁]

9. 正丁醛 $\Longrightarrow$ [2-乙基-2-羟甲基-3-羟基丙酸]

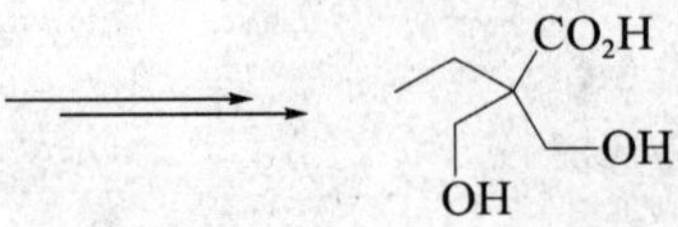

10. 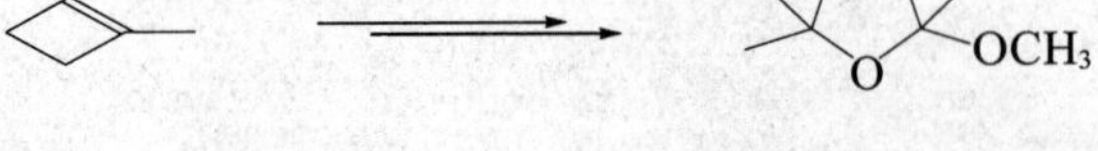 [甲基环丁烯] $\Longrightarrow$ [2,2,5-三甲基-5-甲氧基四氢呋喃]

三、合成设计

1. 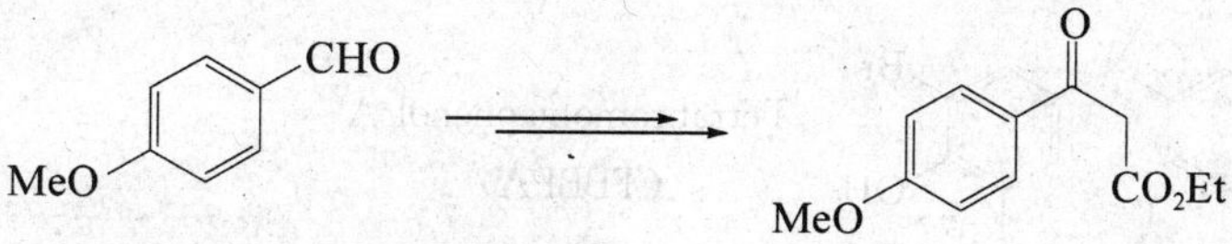 4-MeO-C6H4-CHO ⟹ 4-MeO-C6H4-CO-CH2-CO2Et

2. 萘 ⟹ 蒽醌-2-甲酸、蒽醌-2-磺酸

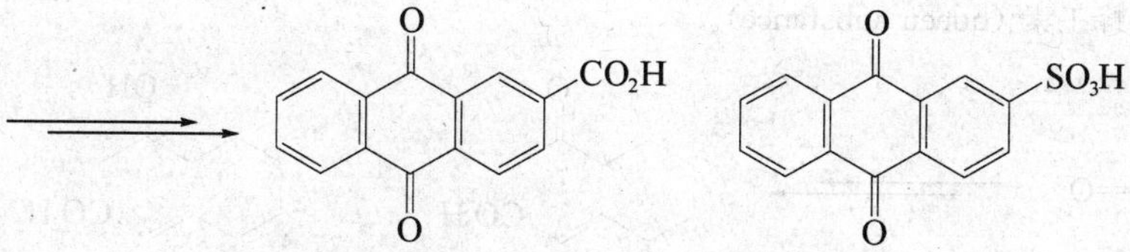

3. 乙醇 ⟹ 季戊四醇、正丁醇、2-乙基己醇("辛醇")

4. 乙醛 ⟹ 双(甲基环己烯基)-螺二噁烷缩醛

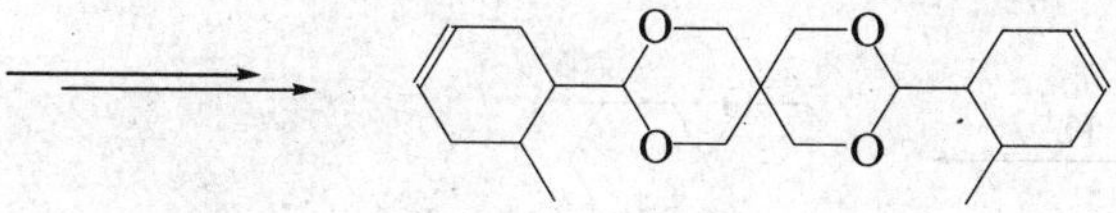

5. 苯甲醛 ⟹ PhCH2CH2CO2H、PhCH2CH2COPh

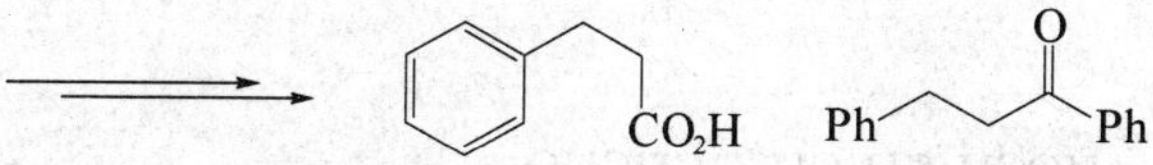

6. 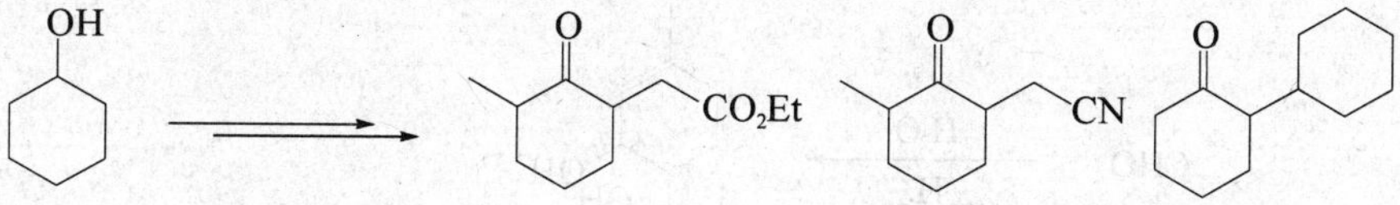 环己醇 ⟹ 2-甲基-6-(乙氧羰基甲基)环己酮、2-甲基-6-(氰甲基)环己酮、2-环己基环己酮

7. 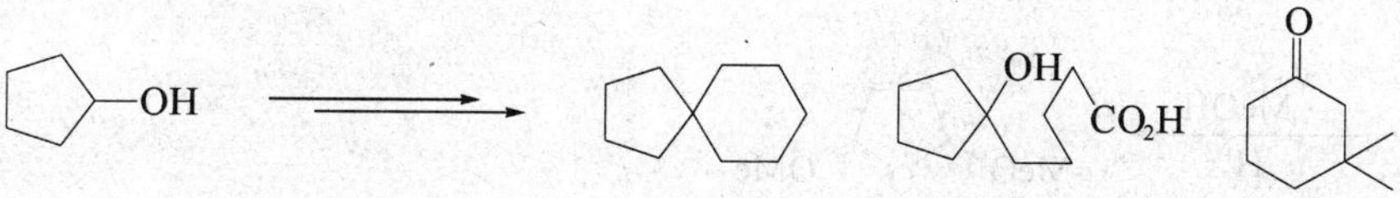 环戊醇 ⟹ 螺[4.5]癸烷、1-(羟基)-1-(羧甲基)环戊烷衍生物、3,3-二甲基环己酮

8. 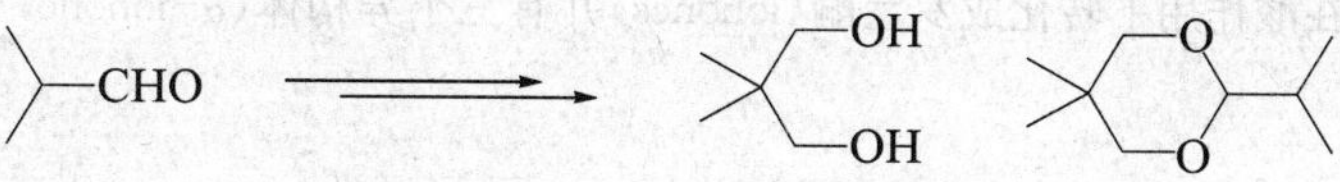 (CH3)2CHCHO ⟹ 新戊二醇、2-异丙基-5,5-二甲基-1,3-二氧六环

9. 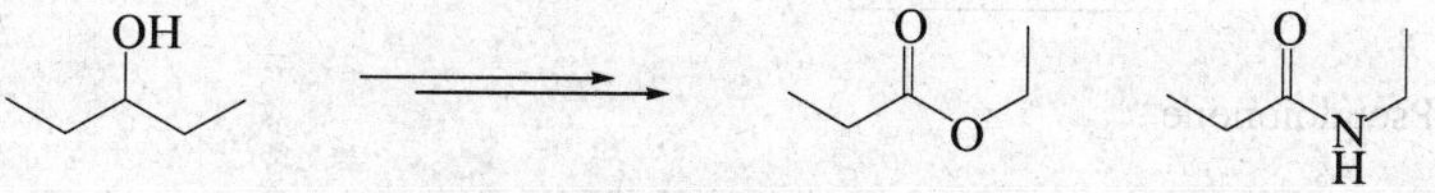 2-戊醇(仲戊醇) ⟹ 丙酸乙酯、N-乙基丙酰胺

10. C$_{2-3}$ ⟹ CH$_3$CH=CHCH=CHCO$_2$H
    Sorbic acid; 2,4-hexadienoic acid 其钾盐用作食品防腐剂

11. C$_{1-2}$ ⟹ CH$_3$(CH$_2$)$_3$C≡CCH$_2$OH

12. PhCHO ⟹ PhCH=CHCH=CHCH=CHPh

13. 以苯酚和丙酮为基本原料合成阻燃剂 TBBPA。

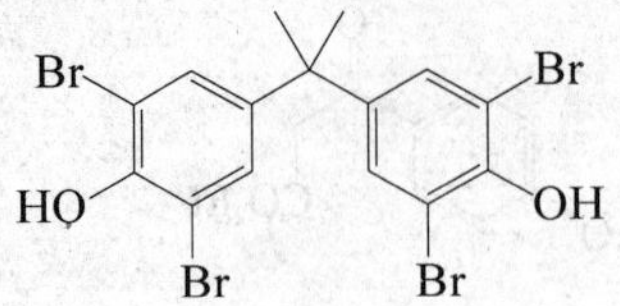

Tetrabromobisphenol A
(TBBPA)

14. 由环庚酮合成蜂王素（queen substance）。

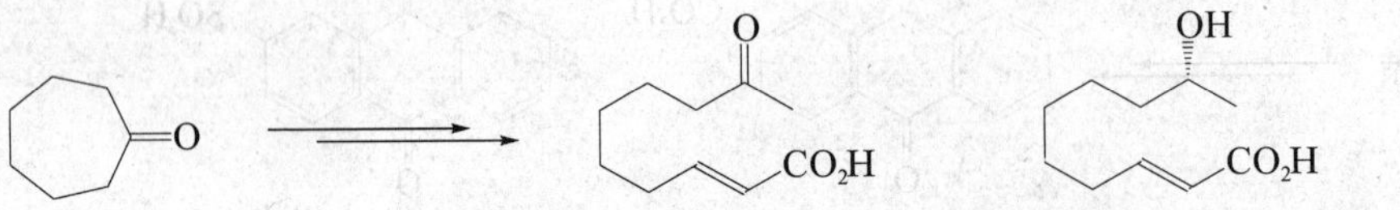

(E)-9-oxo-2-decenoic acid

(R, E)-(−)-9-hydroxy-2-decenoic acid

四、建议机理

1. 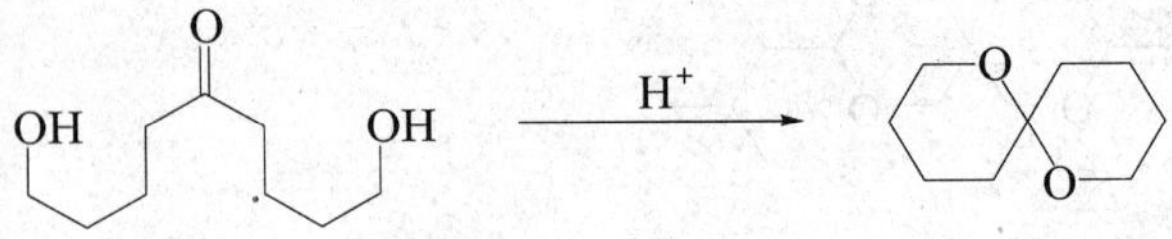
$$\text{HO-...-C(=O)-...-OH} \xrightarrow{H^+} \text{spiroketal}$$

2. 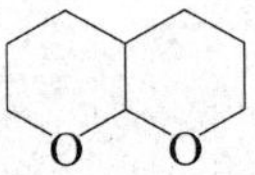
$$\text{bicyclic acetal} \xrightarrow[H^+]{H_2O} (HOCH_2CH_2CH_2)_2CHCHO$$

3. 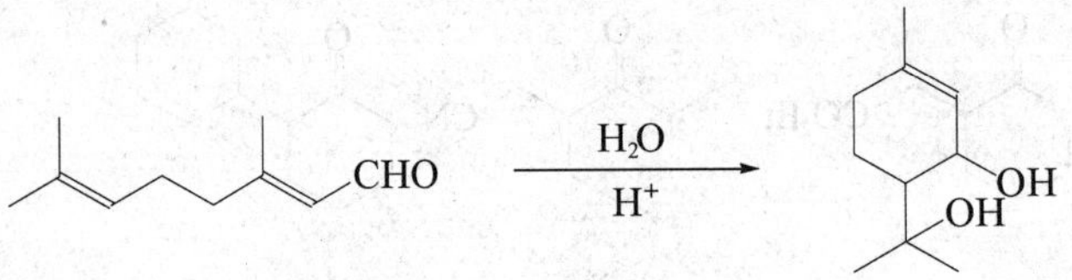
$$\text{dienal} \xrightarrow[H^+]{H_2O} \text{cyclohexenol-diol}$$

4. 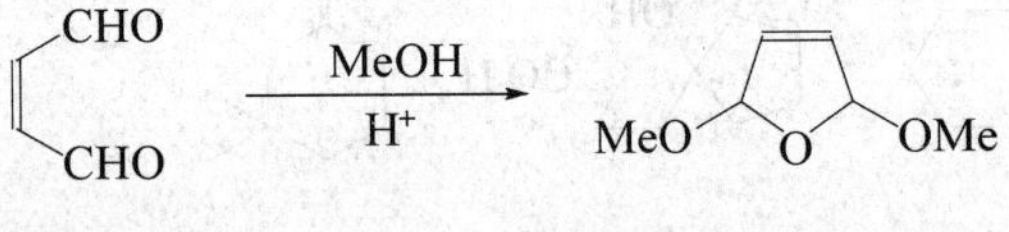
$$\text{(Z)-butenedial} \xrightarrow[H^+]{MeOH} \text{2,5-dimethoxy-2,5-dihydrofuran}$$

5. 假紫罗兰酮（pseudoionone）在酸作用下转化成罗兰酮（ionones）并有三个异构体（α-ionone，β-ionone 和 γ-ionone），给出合理的机理。

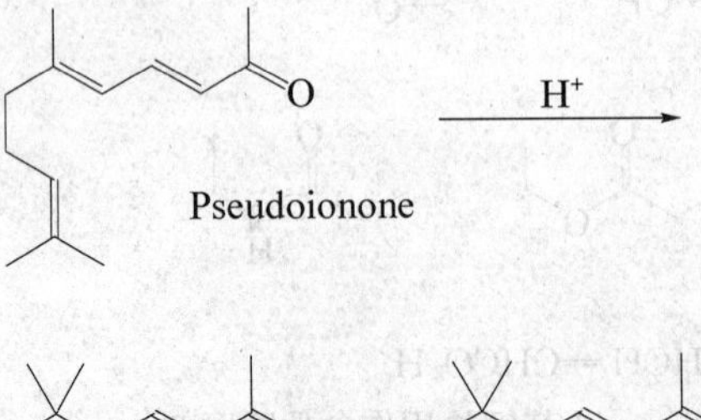

Pseudoionone $\xrightarrow{H^+}$

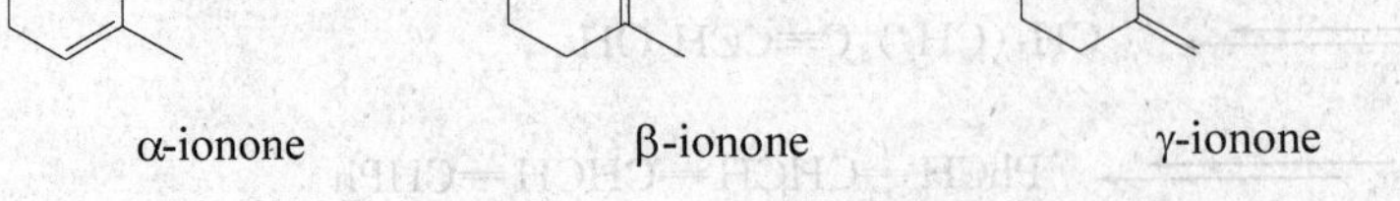

α-ionone + β-ionone + γ-ionone

6. 柠檬醛在硫酸存在下产生对异丙基甲苯。试给出合理的机理。

7. [structure with Br, Br] —KOH, EtOH, H₂O→ —H⁺→ [cyclopentane with CO₂H and isopropylidene]

8. β-二酮也有卤仿反应，为什么？

PhCOCH₂COPh —Cl₂, NaOH, H₂O→ —H⁺→ PhCO₂H + CHCl₃

[cyclohexane-1,3-dione] —Br₂, NaOH, H₂O→ ?

9. 酚醛酮经碱性氧化氢氧化给出多酚，称为 Dakin 氧化（反应）。反应是如何发生的？

p-HOC₆H₄CHO —H₂O₂, NaOH, H₂O→ [hydroquinone] + HCO₂Na

o-HOC₆H₄COCH₃ —H₂O₂, NaOH, H₂O→ ?

五、推导结构

1. 旋光化合物 A ($C_5H_{12}O$) 用铬酸氧化，经适当分离纯化得到纯净产物 B ($C_5H_{10}O$)，发现旋光性消失，与正丙基溴化镁作用后水解、分离纯化得到 C（可拆分）。试给出 A、B 和 C 的结构。

2. 化合物 A ($C_8H_{14}O$) 能使溴水褪色，与苯肼作用产生黄色结晶。A 经氧化生成丙酮和另一化合物 B，后者与次氯酸钠作用产生氯仿和丁二酸。试给出 A 与 B 的结构。

3. 化合物 A ($C_9H_{10}O$) 不能发生碘仿反应，其 IR 在 1 690 cm^{-1} 处有强吸收，A 的 ^{1}H NMR：δ_H 1.2 (3H, t)；3.0 (2H, q)；7.7 (5H, m) ppm。另一化合物 B 是 A 的同分异构体，能发生碘仿反应，其 IR 在 1 705 cm^{-1} 处有强吸收，^{1}H NMR：δ_H 2.0 (3H, s)；3.5 (2H, s)；7.1 (5H, m) ppm。试给出 A 与 B 的结构并归属。

4. $C_5H_{10}O$

A 有碘仿反应；δ_H 2.40 (t, 2H)，2.13 (s, 3H)，1.60 (sext, 2H)，0.93 (t, 3H) ppm；δ_C 208.9，45.7，29.8，17.4，13.7 ppm；ν_{max} 2 966，2 879，1 717(s)，1 367 cm^{-1}；m/z 86(20)，71(11)，58(10)，43(100)。

B 无碘仿反应；δ_H 2.44 (q, 4H), 1.06 (t, 6H) ppm；δ_C 212, 35.5, 7.9 ppm；ν_{max} 2 979, 1 716(s), 1 461, 1 369 cm^{-1}；m/z 86 (21), 57 (100), 29 (59.4)。

5. C_8H_8O

A 有碘仿反应；δ_H 7.94 (m, 2H), 7.68~7.32 (m, 3H), 2.59 (s, 3H) ppm；δ_C 197.8, 137.2, 133.0, 128.6, 128.3, 26.5 ppm。ν_{max} 1 686(s), 1 559, 1 360, 761, 691 cm^{-1}。m/z 120 (26), 105 (100), 77 (73), 51 (23)。

B 有银镜反应；δ_H 9.95 (s, 1H), 7.76~7.32 (dd, 4H), 2.42 (s, 3H) ppm；δ_C 191.7, 145.4, 134.3, 129.8, 129.7, 21.7 ppm。ν_{max} 1 704(s), 1 605, 810 cm^{-1}。m/z 120 (91), 119 (96), 91 (100)。

6. 化合物 A ($C_8H_{16}O_3$) 有碘仿反应无银镜反应，但经稀酸处理后则有银镜反应。A 有波谱数据：ν_{max} 1 710 cm^{-1}；δ_H 4.7 (t, 1H), 3.5 (q, 4H), 2.6 (d, 2H), 2.1 (s, 3H), 1.1 (t, 6H) ppm。试给出 A 的结构。

7. 化合物 A($C_{10}H_{12}O_2$) 不溶于氢氧化钠水溶液，对氨基脲呈阳性，但对 Tollens 试剂显阴性。A 经硼氢化钠处理转化为 B。A 和 B 都使碘的氢氧化钠溶液产生黄色沉淀。A 与氢碘酸作用产生 C($C_9H_{10}O_2$)，溶于苛性碱但不溶于稀碳酸钠。C 与水合肼及氢氧化钾在乙二醇中回流得到 D($C_9H_{12}O$)。B 经高锰酸钾氧化给出 E：ν_{max} 3 300~2 500, 1 688 (s) cm^{-1}；δ_H 12.7 (s, 1H), 7.93~7.04 (dd, 4H), 3.84 (s, 3H) ppm。试给出 A~C 的结构。

8. 化合物 A($C_9H_{18}O_2$) 对碱稳定，经酸性水解得 B($C_7H_{14}O_2$) 和 C(C_2H_6O)，C 有碘仿反应，B 与银氨溶液共热再酸化得 D，后者与次氯酸钠溶液作用后酸化得 E，后者与乙酸酐共热得 F($C_6H_9O_3$)。F 有波谱数据：ν_{max} 1 755, 1 820 cm^{-1}；δ_H 2.8 (d, 4H), 2.1 (m, 1H), 1.0 (d, 3H)。试推导化合物 A~F 的结构。

9. 化合物 A ($C_7H_{12}O$) 与甲基碘化镁反应、酸化后得到化合物 B ($C_8H_{16}O$)，后者与硫酸氢钾共热得到异构体 C 和 D 的混合物 (C_8H_{14})。C 还能通过 A 和亚甲基三苯基膦反应制得。D 经臭氧还原分解得到 E ($C_8H_{14}O_2$)，E 经湿的氧化银处理转化为 F($C_8H_{14}O_3$)，F 用溴的氢氧化钠溶液处理、酸化得到 3-甲基己二酸。试推导 A~F 的结构并写出相应的反应。

10. 麝香酮（muscone, $C_{16}H_{30}O$）是由雄麝鹿臭腺中分离出来的一种活性物质，可用于医药及配制高档香精。麝香酮与硝酸共热，得两种二元羧酸（P_1 和 P_2）；将麝香酮以锌-汞齐/盐酸处理，得到甲基环十五烷。给出麝香酮的结构。

$$HO_2C(CH_2)_{12}\overset{CH_3}{\underset{|}{C}}HCO_2H \qquad HO_2C(CH_2)_{11}\overset{CH_3}{\underset{|}{C}}HCH_2CO_2H$$

$$P_1 \qquad\qquad\qquad P_2$$

11. 灵猫酮（civetone）A 是由香猫的臭腺中分离出的香气成分，是一种珍贵的香料，$C_{17}H_{30}O$。A 能与羟胺等羰基试剂作用，但不发生银镜反应。A 能使溴的四氯化碳溶液褪色，B($C_{17}H_{30}Br_2O$)。将 A 与高锰酸钾水溶液共热得 C($C_{17}H_{30}O_5$)。A 与硝酸共热，得到两个二元羧酸：

$$HO_2C(CH_2)_6CO_2H \qquad HO_2C(CH_2)_7CO_2H$$

$$Q_1 \qquad\qquad\qquad Q_2$$

催化氢化得 D($C_{17}H_{32}O$)，D 与硝酸共热得 $HO_2C(CH_2)_{15}CO_2H$。推导灵猫酮以及 B，C 与 D 的结构式，并写出各步反应。

第 9 章 羧酸及其衍生物
Carboxylic Acids and Derivatives

9.1 羧酸

9.1.1 羧酸的命名、结构与物性

9.1.1.1 羧酸的命名

羧酸分为脂肪酸与芳香酸两大类。

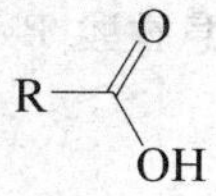

脂肪酸 Aliphatic carboxylic acids 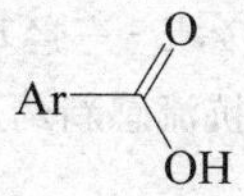　　芳香酸 Aromatic carboxylic acids

HCO_2H　　　　　　　　甲酸 Methanoic acid（蚁酸 Formic acid）
CH_3CO_2H　　　　　　乙酸 Ethanoic acid（醋酸 Acetic acid）
$CH_3CH_2CO_2H$　　　　丙酸 Propanoic acid（Propionic acid 初油酸）
$CH_3CH_2CH_2CO_2H$　　丁酸 Butanoic acid（Butyric acid 酪酸）
$CH_3(CH_2)_3CO_2H$　　　戊酸 Pentanoic acid（缬草酸 Valeric acid）
$CH_3(CH_2)_4CO_2H$　　　己酸 Hexanoic acid（Caproic acid 羊油酸）

高级饱和脂肪酸（fatty acids）见第 14 章生物分子类脂部分。

系统命名：羧基碳定位 1 号。

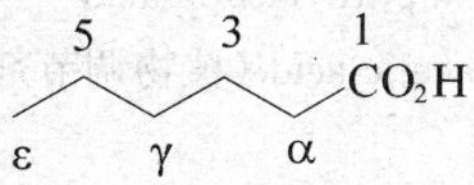

　　5　　3　　1　　系统命名编号
　　ε　　γ　　α　　习惯命名定位

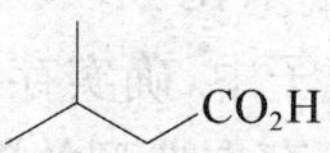

异戊酸 Isovaleric acid　　　　(E)-3,5,7-三甲基-4-辛烯酸
β-甲基丁酸
3-甲基丁酸

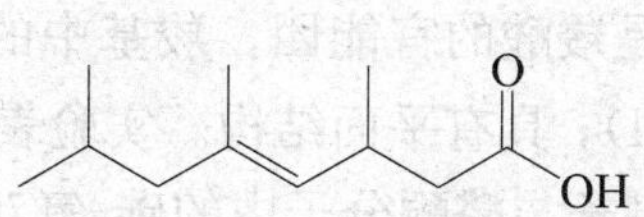

4-甲基环己基羧酸　　　　　　3-氯-5-溴环己基甲酸
4-甲基环己基甲酸　　　　　　3-Bromo-5-chlorocyclohexanecarboxylic acid
4-Methylcyclohexanecarboxylic acid

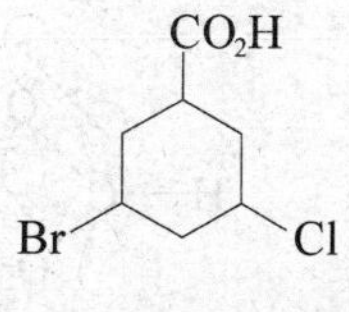

(1R,3S,5R)-3-氯-5-溴环己基甲酸

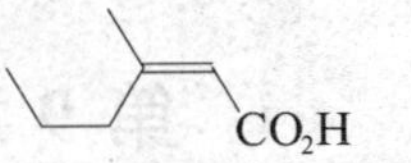

(Z)-3-甲基-2-己烯酸
（存在于精神分裂症患者的汗液中,可用于此病的诊断）

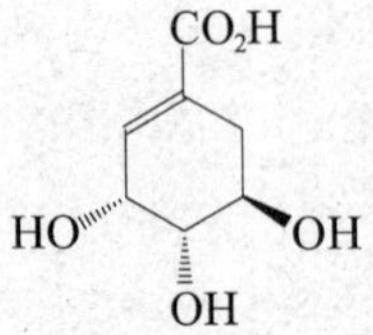

莽草酸 Shikimic acid
(3R,4S,5R)-3,4,5-三羟基-1-环己烯甲酸
莽草酸用于合成抗流感新药达菲(Tamiflu)

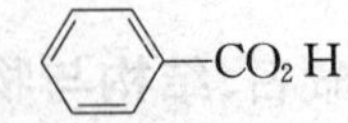

苯甲酸 Benzenecarboxlic acid
安息香酸 Benzoic acid（防腐剂）

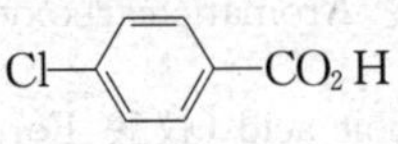

4-氯苯甲酸 4-Chlorobenzenecarboxlic acid
对氯苯甲酸 p-Chlorobenzenecarboxlic acid

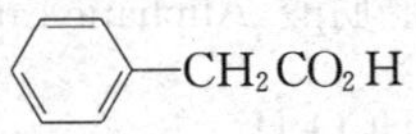

苯乙酸 Phenylacetylacetic acid

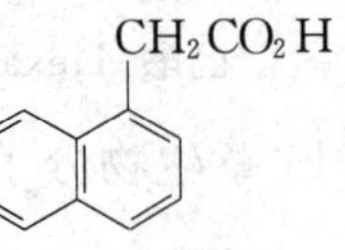

α-萘乙酸 α-Naphthylacetic acid
1-萘乙酸 1-Naphthaleneacetic acid（植物调节剂,NAA）

9.1.1.2 羧酸的结构

羧基（CO_2H）是羧酸的官能团。羧基中的羰基碳为 sp^2 杂化,形成羰-氧双键（C＝O）和羰-氧单键（C—OH）,具有平面结构。实验表明,在羧酸分子中,确实存在两种碳-氧键,虽然羧基的碳-氧双键键长与醛酮分子中的碳-氧双键相近,但不存在典型的羰基,也不存在典型的醇羟基。X-射线衍射显示,在甲酸的分子结构中有两种碳-氧键：0.123 nm 和 0.131 nm。前者应是碳-氧双键（C＝O）,略长于正常的羰基（0.122 nm）,后者归属于碳-氧单键（C—OH）,比醇分子中的碳-氧单键（0.143 nm）短得多。

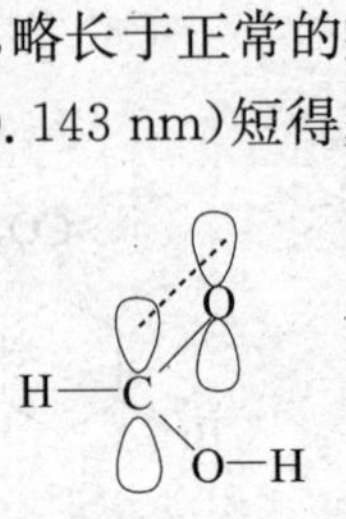

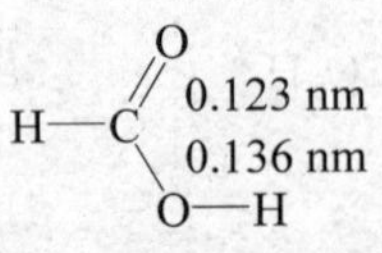

这主要是由于羧基中羰基碳原子是 sp^2 杂化,其次是碳-氧双键和羟基氧形成三中心四电子的 p-π 共轭体系,即羟基氧原子上的孤对电子向碳氧-双键离域。

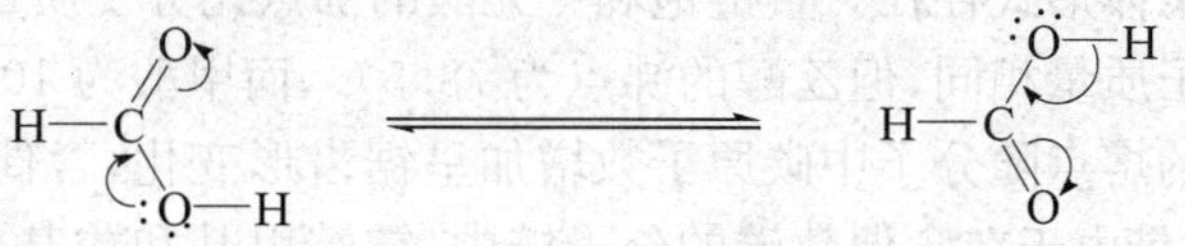

羧基中羰基氧与羟基氧并不是固定的，而是快速交换的，这已由同位素标记实验证实。

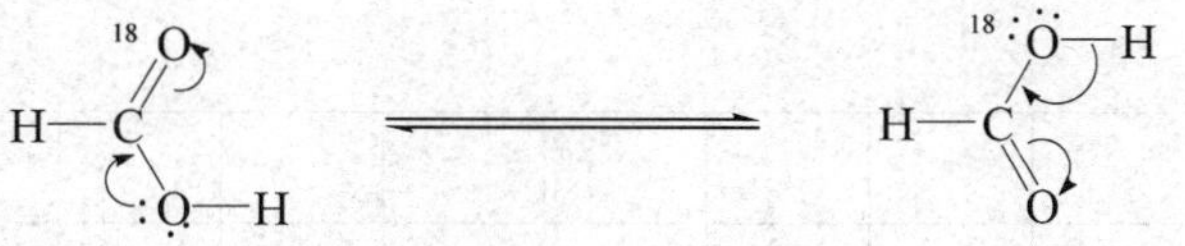

但在羧酸盐分子中，只有一种碳-氧键，即羧基中的两个碳-氧键是等价的。

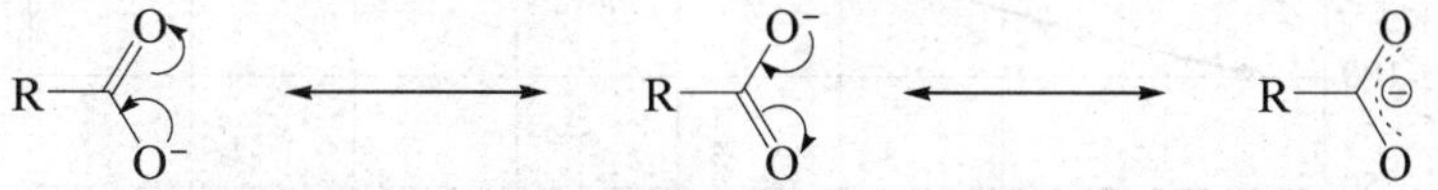

在甲酸钠的晶体中，两个碳-氧键键长均为 0.127 nm。

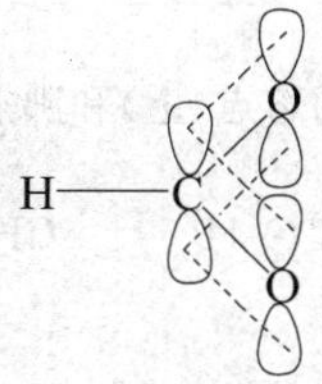

羧基碳与两个氧原子形成三中心四电子的 p-π 共轭体系，负电荷完全离域，同等分布于两个氧原子上，因而是等价的。

羧酸分子间存在氢键，低分子量的羧酸可能通过氢键形成双分子缔合体，低级羧酸甚至在蒸汽中也以二聚体的形式存在。

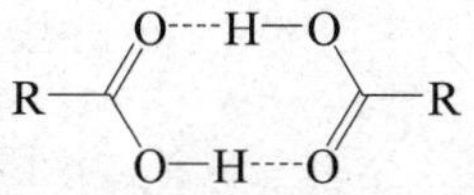

the hydrogen-bonded dimer of a carboxylic acid

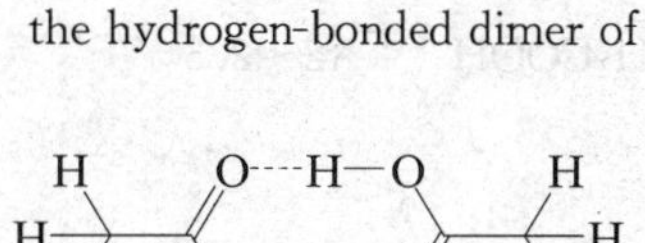

bp 118 ℃
mp 16 ℃

乙酸通过氢键形成二聚体能量稳定化约 62.8 kJ/mol，甲酸分子间氢键键能为 30 kJ/mol，而乙醇分子间氢键为 25 kJ/mol。所以，羧酸的沸点一般比较高。

9.1.1.3 物理性质

低级脂肪酸是液体，可溶于水。低分子量的脂肪羧酸如甲酸、乙酸、丙酸等具有强烈的酸味和刺激性的气味。含有四到九个碳原子的羧酸具有腐败恶臭，中级脂肪酸也是油状液体，部分地溶于水，具有难闻的气味。高级脂肪酸是蜡状固体，无味，在水中溶解度不大。

液态脂肪酸以二聚体形式存在。直链饱和一元酸的沸点比分子质量相近的醇的高,例如:甲酸与乙醇的相对分子质量相同,但乙醇的沸点为 78.5℃,而甲酸为 100.7℃。

直链饱和一元酸的熔点随分子中碳原子数增加呈锯齿形变化,含偶数碳的熔点比相邻两个奇数碳的熔点高,这是由于在含偶数碳的分子链中,链端甲基和羧基分别处在链的两边,而在奇数碳的分子链中,则在链的同一边,前者具有较高的对称性,可使羧酸分子在晶格中更紧密地排列,分子间具有更大的吸引力,因而其熔点较高(图 9-1)。

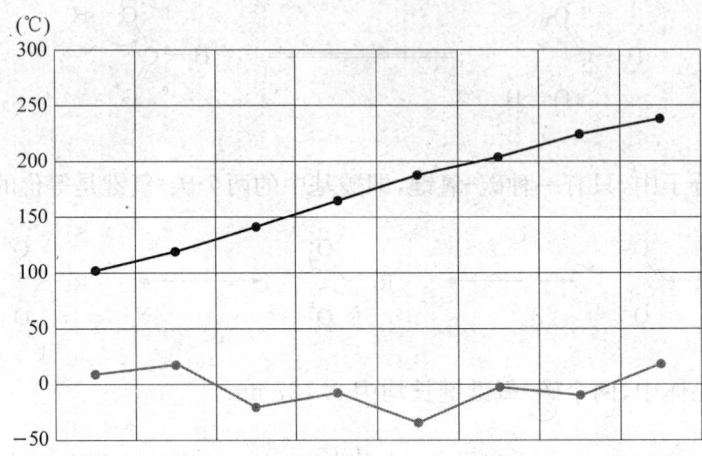

图 9-1 羧酸的熔点(上)和沸点(下)

HCO$_2$H	CH$_3$CO$_2$H	CH$_3$CH$_2$CO$_2$H	CH$_3$CH$_2$CH$_2$CO$_2$H	(CH$_3$)$_2$CHCO$_2$H
bp 100℃~101℃	118℃	141℃	162℃	153℃~154℃

在羧酸分子中,羧基是亲水基,与水可以形成氢键,所以低分子量的羧酸在水中的溶解度很高,甚至混溶。随着分子质量增加,憎水基(烃基)愈来愈大,在水中的溶解度越来越小。

X-射线衍射显示,长链的脂肪酸分子中碳链呈锯齿形排列,分子间羧基以氢键缔合,有规律地层状排列,一层中间是相互缔合的羧基,作用力很强,而层与层之间是烃基,作用力微弱,相互间容易滑动,这就是高级脂肪酸具有润滑性的原因。

波谱

^{1}H NMR:

$\qquad$ RCH$_2$COOH $\qquad$ δ10~12

$\qquad$ RCH$_2$COOH $\qquad$ δ2~2.5

IR (cm^{-1}):

$\qquad$ ν(C=O) RCOOH ~1710 (~1760)(s)

$\qquad\qquad\qquad$ ArCOOH 1700~1690(s)

$\qquad$ ν(OH) 3200~2500 (br) (3600)

$\qquad$ ν(C—O) ~1250, 920 (oop)

$\qquad$ ν(C=O) RCOONa ~1560 (1610~1550) (as, s)

$\qquad\qquad\qquad\qquad\qquad$ ~1400 (1450~1400) (sym)

乙酸和苯甲酸的 IR 与 ^{1}H NMR 谱图见图 9-2 和图 9-3。

苯甲酸钠的 IR 谱见图 9-3c,羰基吸收低频降至 ν_{max} 1 563, 1 413 cm^{-1}。

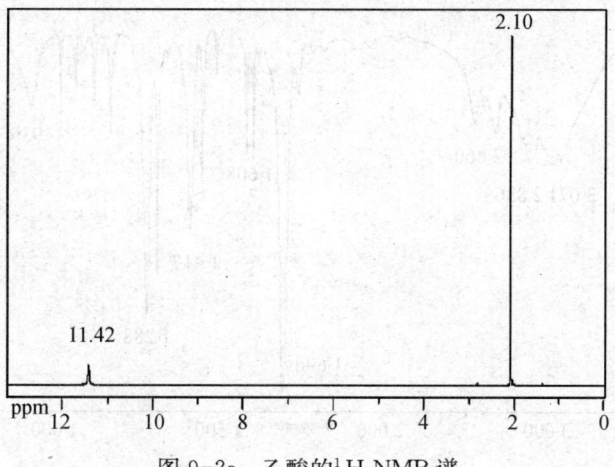

图 9-2a 乙酸的 ^{1}H NMR 谱

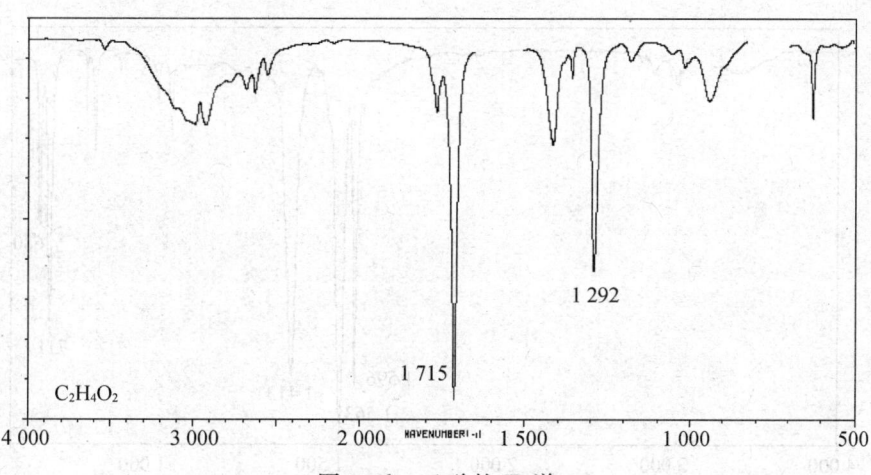

图 9-2b 乙酸的 IR 谱

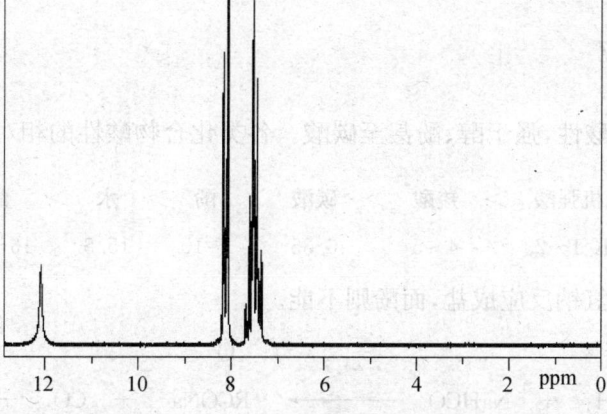

图 9-3a 苯甲酸的 ^{1}H NMR 谱

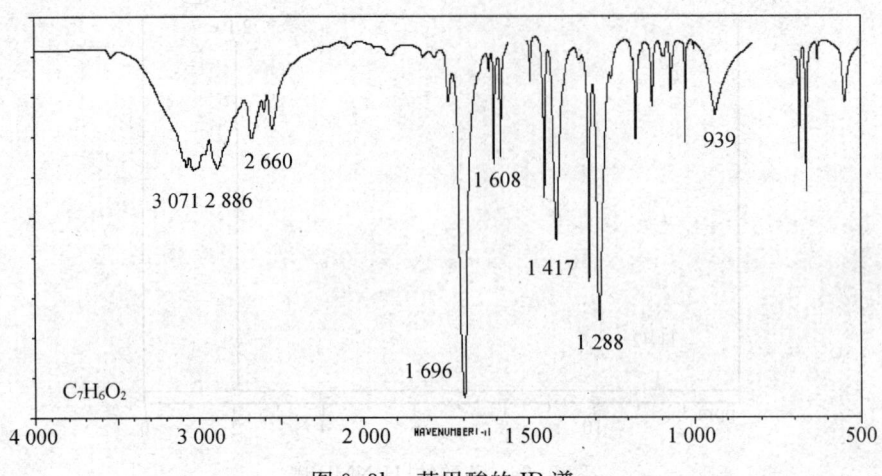

图 9-3b 苯甲酸的 IR 谱

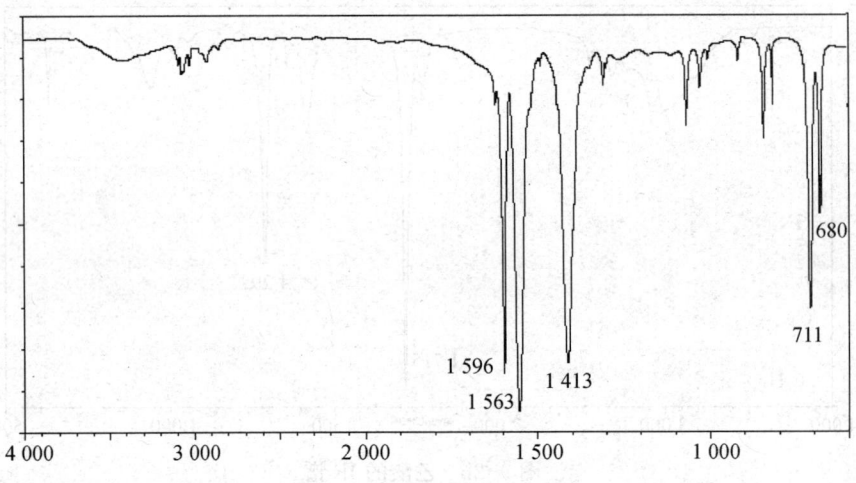

图 9-3c 苯甲酸钠的 IR 谱

9.1.2 一元羧酸

9.1.2.1 羧酸的反应

1. 羧酸的酸性

羧酸具有显著的酸性,强于醇、酚甚至碳酸。各类化合物酸性的相对强弱次序:

无机强酸 > 羧酸 > 碳酸 > 酚 > 水 > 醇
pK_a 1~2   4~5   6.35   ~10   15.5   16~18

羧酸可以和碳酸氢钠反应成盐,而酚则不能。

$$\text{RCOOH} + \text{NaHCO}_3 \longrightarrow \text{RCOONa} + \text{CO}_2 + \text{H}_2\text{O}$$

$$\text{PhOH} + \text{CO}_2 + \text{H}_2\text{O} \longrightarrow \text{PhOH} + \text{NaHCO}_3$$

一般,羧酸的电离常数 pK_a 大都介于 4~5,常用羧酸的 pK_a 见表 9-1。

表 9-1　羧酸的酸性强度

Carboxylic acids		Acidity
Name	Structure	pK_a
Formic acid	HCO_2H	3.76
Acetic acid	CH_3CO_2H	4.75
Ppropionic acid	$CH_3CH_2CO_2H$	4.87
Pivalic acid	$(CH_3)_3CCO_2H$	5.05
Benzoic acid	$PhCO_2H$	4.20
Phenylacetic acid	$PhCH_2CO_2H$	4.28

除甲酸外,芳香酸一般较脂肪酸(pK_a 4.7~5)的酸性强。

影响因素:羧酸电离后的羧酸负离子愈稳定,酸性愈强。稳定羧酸负离子的因素增强其酸性。

$$R-C(=O)-O-H \xrightleftharpoons{Ionization} H^+ + R-C(=O)-O^- \leftrightarrow R-C(-O^-)=O \leftrightarrow R-C(\ominus)(O)(O)$$

(a) 电子效应　一般,吸电子效应(-I,-C)增强其酸性,给电子效应(+I,+C)减弱其酸性。

卤代酸的酸性较其母体酸的酸性强。电负性越大,吸电子效应(-I)越强,酸性也越强。卤原子越多,吸电子效应越强,酸性也越强。三卤代乙酸都是强酸。

CH_3CO_2H	ICH_2CO_2H	$BrCH_2CO_2H$	$ClCH_2CO_2H$	FCH_2CO_2H
pK_a 4.75	3.18	2.90	2.86	2.66
$ClCH_2CO_2H$	Cl_2CHCO_2H	Cl_3CCO_2H	Br_3CCO_2H	F_3CCO_2H
pK_a 2.86	1.29	0.65	0.66	0.23

卤原子取代位置距羧基越远,酸性越弱,这是诱导效应传递的特征,即随着键的延长,诱导效应迅速减弱。

$CH_3CH_2CH_2CO_2H$	$ClCH_2CH_2CH_2CO_2H$	$CH_3CHClCH_2CO_2H$	$CH_3CH_2CHClCO_2H$
pK_a 4.82	4.52	4.06	2.84

羟基、甲氧基、硝基或季铵氮正离子取代乙酸,其酸性都由于取代基的吸电子效应而增强,特别是硝基和季铵氮正离子,是很强的吸电子基。

$HOCH_2CO_2H$	$CH_3OCH_2CO_2H$	$O_2NCH_2CO_2H$	$Me_3\overset{+}{N}CH_2CO_2H$
pK_a 3.83	3.57	1.68	1.83

羰基、羧基和酯基都是吸电子基,增强酸性。

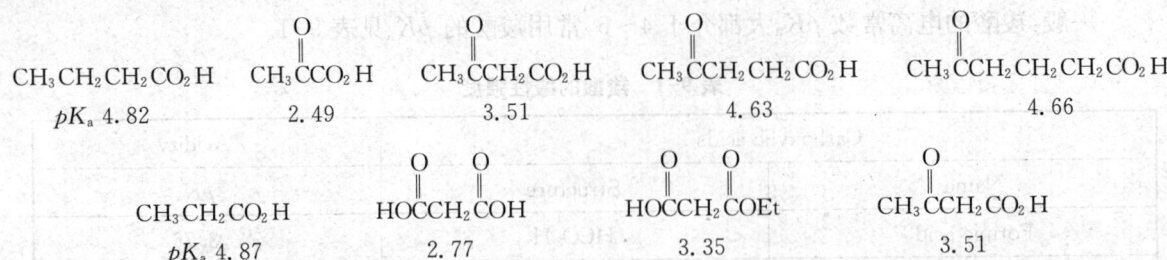

$CH_3CH_2CH_2CO_2H$　　$CH_3\overset{O}{\underset{\|}{C}}CO_2H$　　$CH_3\overset{O}{\underset{\|}{C}}CH_2CO_2H$　　$CH_3\overset{O}{\underset{\|}{C}}CH_2CH_2CO_2H$　　$CH_3\overset{O}{\underset{\|}{C}}CH_2CH_2CH_2CO_2H$

pK_a 4.82　　　　2.49　　　　　　3.51　　　　　　　　4.63　　　　　　　　　　4.66

$CH_3CH_2CO_2H$　　$HO\overset{O}{\underset{\|}{C}}CH_2\overset{O}{\underset{\|}{C}}OH$　　$HO\overset{O}{\underset{\|}{C}}CH_2\overset{O}{\underset{\|}{C}}OEt$　　$CH_3\overset{O}{\underset{\|}{C}}CH_2CO_2H$

pK_a 4.87　　　　2.77　　　　　　　3.35　　　　　　　　3.51

重键和苯环都具有吸电子效应,所以丙烯酸、丙炔酸和苯甲酸的酸性都比乙酸的强。吸电子效应,三键比双键的强,碳-氮三键(氰基)比碳-碳三键(炔基)的强,苯环略强于碳-碳双键(烯)。

　　　　$CH_3CH_2CO_2H$　　　$CH_2=CHCO_2H$　　　$C_6H_5CO_2H$　　　$CH\equiv CCO_2H$

　　pK_a 4.87　　　　　　　4.25　　　　　　　　4.20　　　　　　　　1.83

$N\equiv CCH_2CO_2H$　　$CH\equiv CCH_2CO_2H$　　$CH_2=CHCH_2CO_2H$　　$C_6H_5CH_2CO_2H$

pK_a 2.46　　　　　　　3.32　　　　　　　　　4.35　　　　　　　　　4.28

吸电子诱导效应:

$$N\equiv C > C\equiv C > C_6H_5 > C=C$$

取代苯甲酸的酸性见表9-2。

表9-2 取代苯甲酸的酸性强度

G	*otho*	*meta*	*para*
H	4.20	4.20	4.20
Me	3.91	4.27	4.38
OH	2.98	4.08	4.57
OMe	3.09	4.09	4.47
F	3.27	3.86	4.14
Cl	2.92	3.83	3.97
Br	2.85	3.81	3.97
I	2.86	3.85	4.02
NO_2	2.21	3.49	3.42
NH_2	4.79	4.72	4.86
CN		3.64	3.54
COMe	3.48	4.00	4.38
OCOMe	4.13	3.83	3.70

甲氧基取代的苯甲酸,其酸性是邻位的最强,邻和间位的都强于苯甲酸,对位的弱于苯甲酸。这是由于对位甲氧基的共轭效应强于诱导效应(远),净结果是给电子的,所以比苯甲酸的弱;间位不传递共轭效应,只显示诱导效应,是吸电子的,故增强酸性;邻位不仅有给电子共轭效应还有强大的吸电子诱导效应(近),净结果是吸电子的,而且还存在着立体效应,增强酸性,

所以邻位的酸性最强。

邻位效应(ortho effect)：邻位的电子效应与立体效应统称为邻位效应，一般是增强酸性。

场效应：通过空间传递的电子效应，称为场效应(field effect，F)，和分子的构型有关。

例：

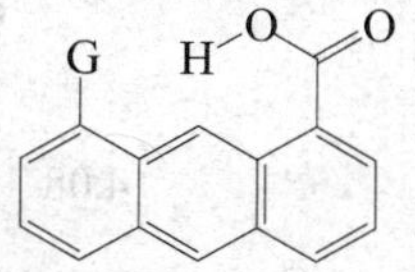

	G	H	Cl
pK_a		5.60	5.71

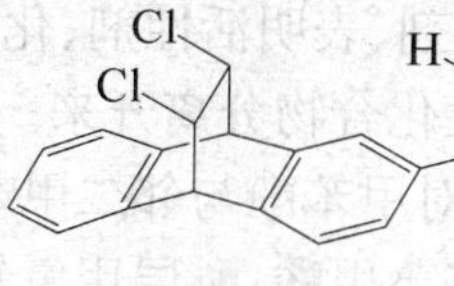

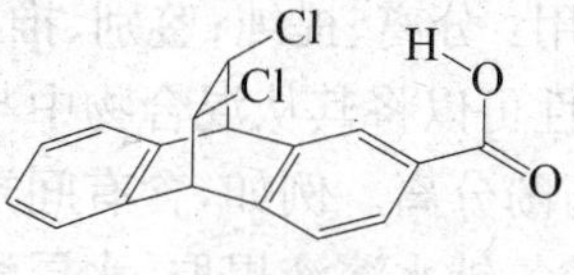

pK_a 5.67 pK_a 6.07

(b) 立体效应　利于氢离子离解的空间结构增强其酸性。

邻位取代的苯甲酸，除氨基外，常见的取代基如甲基、卤素、硝基、羟基等，酸性都较间位或对位取代的苯甲酸的酸性强。

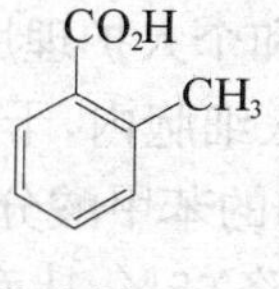

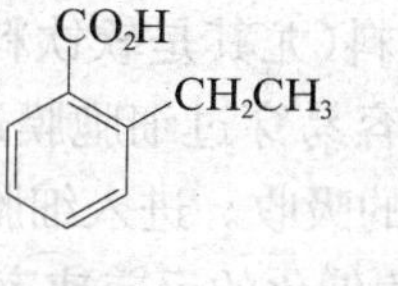

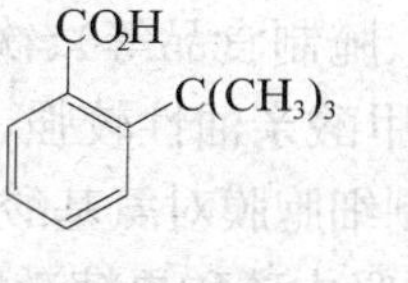

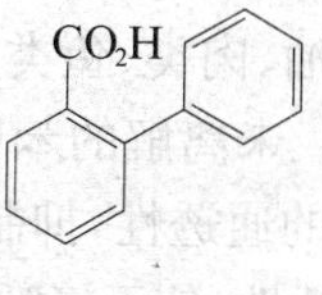

pK_a 3.91   3.77   3.46   3.46

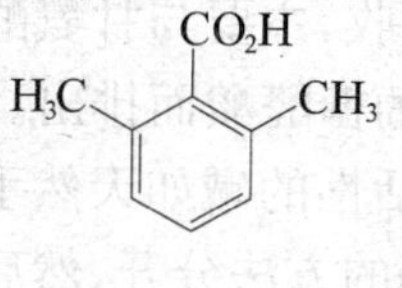

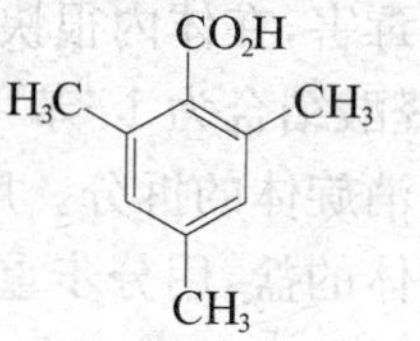

pK_a 3.21   3.43

顺反异构体羧酸，顺式体有更强的酸性。

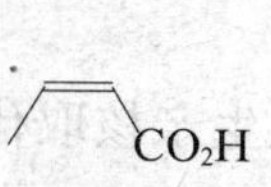

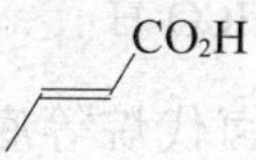

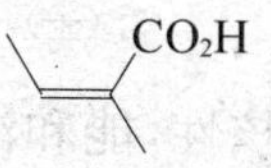

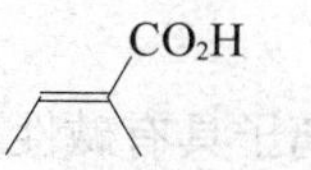

pK_a 4.44   4.69   4.30   5.02

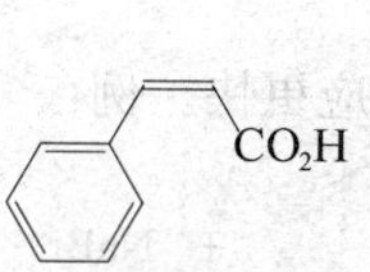

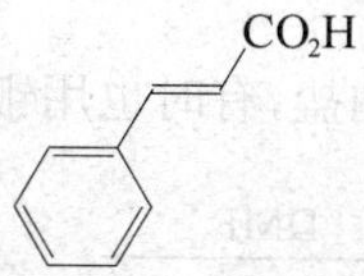

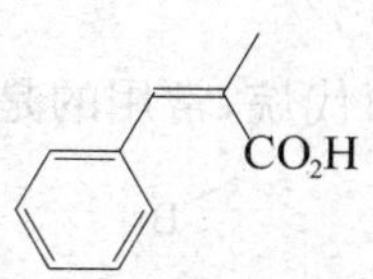

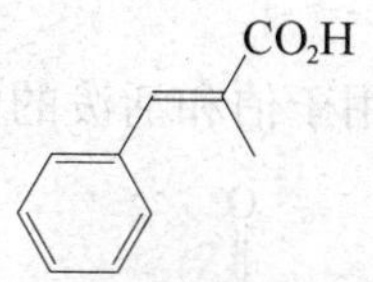

pK_a 3.88   4.44   4.98   5.98

(c) 氢键效应 分子内氢键的形成增强酸性。

pKa 2.98　　　　　　　　　　　　　4.08　　4.57

羧酸成盐的应用：分离、提纯；鉴别、推导结构；防腐剂、表明活性剂、化工原料等。

利用羧酸的酸性可以将其从混合物中与中性与碱性化合物分离开来。利用酸性强弱的差异，也可以将羧酸与酚分离。例如，含有间羟基苯甲酸、对甲苯酚与邻二甲苯的混合物，可先用乙醚溶解，再用碳酸氢钠水溶液提取，水层酸化得间硝基苯甲酸；醚层用氢氧化钠水溶液提取，酸化得对甲苯酚；醚层经碱洗、水洗、干燥、蒸馏即得邻二甲苯。

问题 1 试分离苯甲酸与萘的混合物。

苯甲酸钠(sodium benzoate)是著名的广泛应用的食品防腐剂。苯甲酸钠是酸性防腐剂，在酸性条件下能转化为有活性的苯甲酸，因此防腐的机理同苯甲酸。其防腐功能在 pH 为 2.5～4.0 时最佳。在碱性环境中则无杀菌和抑菌作用。苯甲酸钠作为防腐剂广泛应用于食品(如食醋、酱油、肉类、鱼类、腌制食品等)、饮料(尤其是软饮料)和个人护理用品等。

防腐机理：未离解的苯甲酸亲油性较强，容易穿过细胞膜进入细胞内，干扰细菌和霉菌等微生物细胞膜的通透性，抑制细胞膜对氨基酸的吸收。进入细胞内的苯甲酸分子抑制微生物细胞呼吸酶系的活性，使无氧呼吸中磷酸果糖激酶催化的反应速率下降 95%，从而起到防腐作用。

除用作防腐剂外，苯甲酸钠也用作增塑剂、杀菌剂和有机合成中间体。

微量的苯甲酸钠对人体无毒害，在体内很快被吸收，主要与甘氨酸结合以马尿酸的形式排出体外，也有一小部分与葡糖醛酸结合为 1-苯甲酰葡糖醛酸而排出。

羧酸的酸性也可以用于外消旋体的拆分。用光活性的碱如天然手性生物碱，如奎宁、马钱子碱等与羧酸形成非对映异构体的盐，用分步重结晶的方法分开，然后酸化，放出旋光的酸，碱留在水溶液，回收。

问题 2 试拆分 α-苯基丙酸外消旋体。

$$(\pm)\text{-CH}_3\text{CHCO}_2\text{H}$$
（Ph）

羧酸负离子具有碱性与亲核性，能和活泼的卤代烷等底物发生亲核取代反应，可用于合成酯。

$$\text{RCO}^- + \text{R}'\text{—X} \xrightarrow{S_N 2} \text{RCO—R}' + \text{X}^-$$

只适用于伯和活泼的卤代烷，常用的是钠盐，有时也用银盐，反应更快。例：

$$\text{CH}_3\text{COO}^-\text{Na}^+ + \text{C}_4\text{H}_9\text{Br} \xrightarrow[95\ ^\circ\text{C}]{\text{DMF}} \text{CH}_3\text{COOC}_4\text{H}_9 + \text{NaBr}$$

90%

分子量不太大的羧酸的钠、钾、铵盐可溶于水,强酸中和使其析出。重金属盐不溶于水。

2. 酰基化反应

羧酸转化为酰卤、酸酐、酯和酰胺,称为酰基化反应(acylation)。

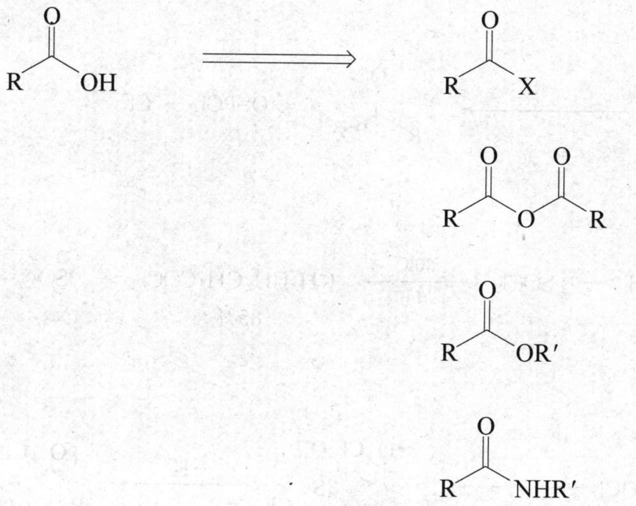

$$RCOOH \Longrightarrow RCOX \quad \text{酰卤}$$

$$RCO-O-COR \quad \text{酸酐}$$

$$RCOOR' \quad \text{酯}$$

$$RCONHR' \quad \text{酰胺}$$

1) 酰卤化

羧酸与卤化磷、亚硫酰氯、草酰氯反应转化为酰卤。

三卤化磷:

$$CH_3CH_2CH_2CO_2H + PBr_3 \xrightarrow{\triangle} CH_3CH_2CH_2COBr + H_3PO_3$$

反应机理:

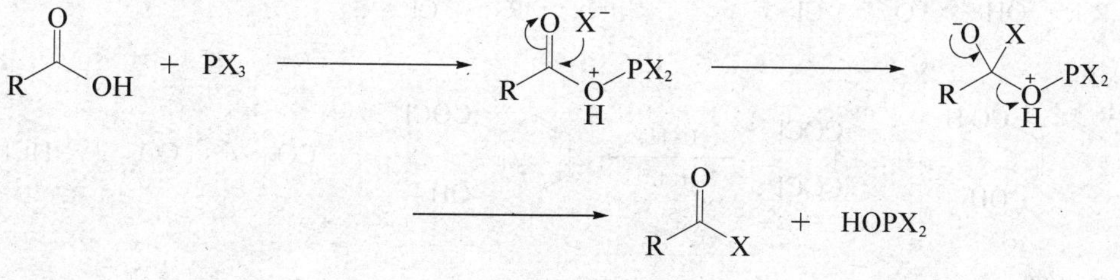

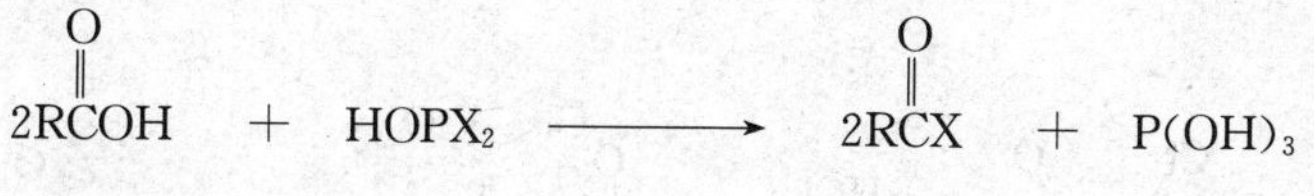

$$RCOOH + PX_3 \longrightarrow \left[R-\overset{+}{C}(OH)(OPX_2)\right] X^- \longrightarrow R-C(OH)(X)(OPX_2) \longrightarrow RCOX + HOPX_2$$

$$2RCOOH + HOPX_2 \longrightarrow 2RCX(=O) + P(OH)_3$$

五氯化磷:

$$p\text{-}O_2N\text{-}C_6H_4\text{-}CO_2H + PCl_5 \xrightarrow{\triangle} p\text{-}O_2N\text{-}C_6H_4\text{-}COCl + POCl_3 + HCl$$

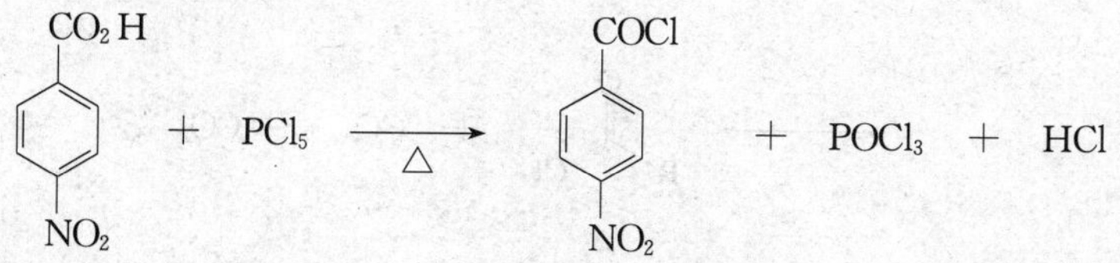

90%～96%

反应机理：

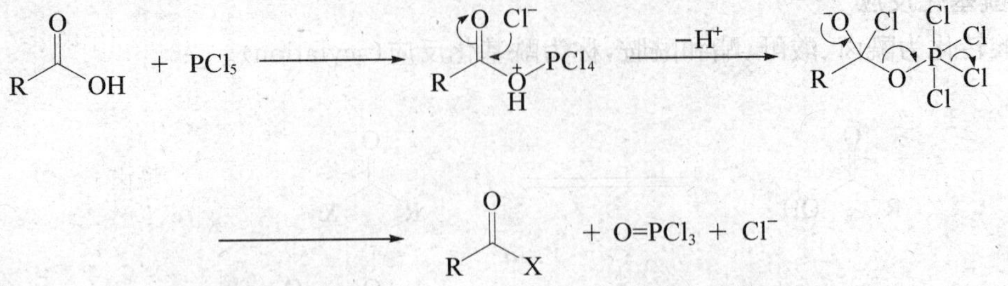

$$RCOOH + PCl_5 \longrightarrow [R\overset{+}{C}(OH)(OPCl_4)\cdots] \overset{-H^+}{\longrightarrow} [\text{tetrahedral intermediate}]$$

$$\longrightarrow RCOX + O=PCl_3 + Cl^-$$

亚硫酰氯：

$$CH_3CH_2CH_2CO_2H + SOCl_2 \xrightarrow[6\,h]{80℃} CH_3CH_2CH_2COCl + SO_2 + HCl$$
$$85\%$$

反应机理：

$$RCOOH + SOCl_2 \longrightarrow [\text{intermediate}] \overset{-H^+}{\longrightarrow} [\text{intermediate}]$$

$$\longrightarrow RCOX + SO_2 + Cl^-$$

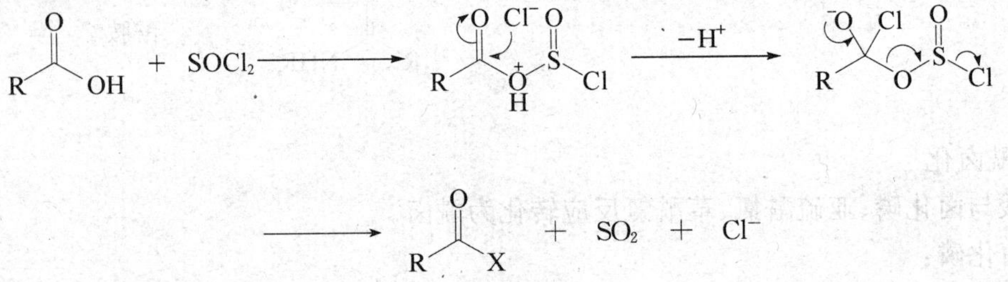

草酰氯(oxalyl chloride)是良好的酰氯化试剂：

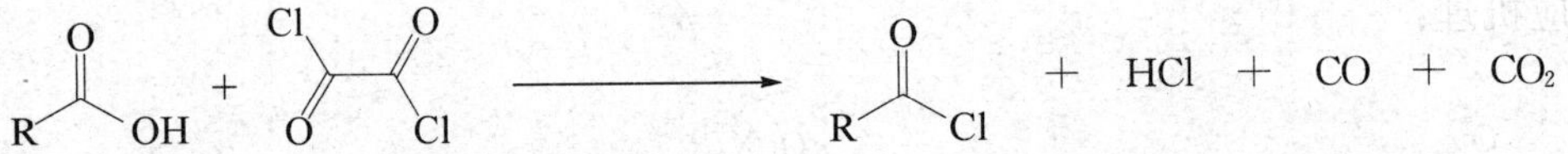

$$RCOOH + ClCOCOCl \longrightarrow RCOCl + HCl + CO + CO_2$$

例：

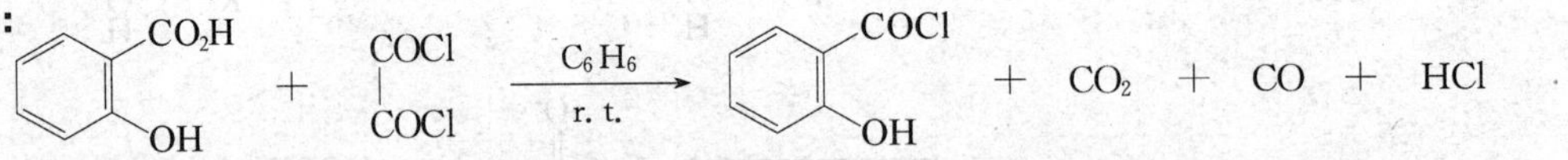

$$\text{2-HOC}_6H_4CO_2H + (COCl)_2 \xrightarrow[\text{r.t.}]{C_6H_6} \text{2-HOC}_6H_4COCl + CO_2 + CO + HCl$$

反应机理：

$$RCOOH + (COCl)_2 \xrightarrow{-HCl} [\text{mixed anhydride}] \longrightarrow [\text{intermediate}]$$

$$\longrightarrow RCOCl + CO + CO_2$$

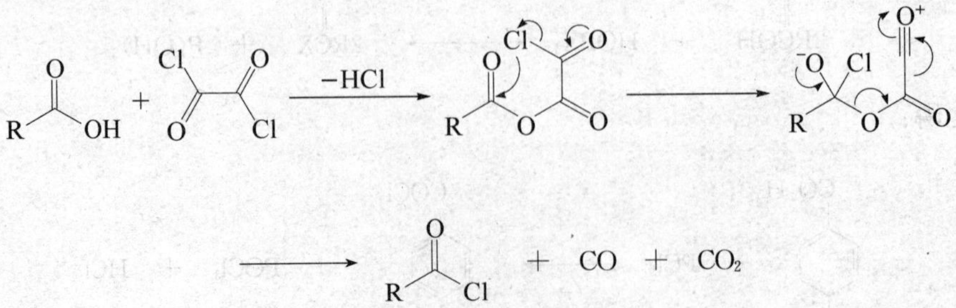

一个改良是使用二甲基甲酰胺(DMF)作溶剂：

$$\underset{CH_2Br}{C_6H_4}-CO_2H \xrightarrow[DMF]{(COCl)_2} \underset{CH_2Br}{C_6H_4}-COCl$$

2) 酸酐化

羧酸与脱水剂（如五氧化二磷、乙酸酐等）共热转化为酸酐。例：

$$2F_3CCOOH \xrightarrow[\triangle]{P_2O_5} F_3CCOOCCF_3 \quad 74\%$$
三氟乙酸酐

常用乙酸酐做脱水剂制备较高级的酸酐。例：

$$C_6H_{13}COOH \xrightarrow[\triangle]{Ac_2O} C_6H_{13}COOCC_6H_{13}$$
庚酸酐

$$PhCOOH \xrightarrow[\triangle]{Ac_2O} PhCOOCPh$$
苯甲酸酐

3) 酯化

羧酸与醇在酸催化作用下失去一分子水而生成酯。常用的催化剂有盐酸、硫酸、磷酸、苯磺酸等，此为 Fischer 酯化或 Fischer-Speier 酯化（Fischer-Speier esterification）（first described by Emil Fischer and Arthur Speier in 1895）。例：

$$CH_3COOH + CH_3CH_2OH \xrightleftharpoons{H_2SO_4} \underset{65\%}{CH_3COOCH_2CH_3} + H_2O$$

酯化是可逆的，为促使向生成酯的方向进行，通常采取：（a）使原料之一过量（如乙醇过量 10 倍，平衡产率达 97%）；（b）不断移走产物（如除水，乙酸乙酯、乙酸、水可形成三元恒沸物 bp 70.4℃）。

例：

$$\underset{60\text{ g (1 mol)}}{CH_3COOH} + \underset{37\text{ g (0.5 mol)}}{C_4H_9OH} \xrightarrow[\text{reflux, 3~6 h}]{H_2SO_4} \underset{\substack{40\text{ g (69\%)}\\ \text{bp 124 ℃~125 ℃}}}{CH_3COOC_4H_9} + H_2O$$

$$(CH_3)_2CHCOOH + CH_2=CHCH_2OH \xrightarrow[\text{benzene, reflux}]{H_2SO_4} \underset{89\%\sim91\%}{(CH_3)_2CHCOOCH_2CH=CH_2}$$

酯化反应机理：酯化反应机理有酰氧键断裂、烷氧键断裂，双分子反应和单分子反应，取决于羧酸和醇的结构。

（1）酰氧键断裂双分子反应

伯醇、仲醇酯化时按加成-消去机理进行。

酯化反应相对速率：

羧酸 $HCO_2H > CH_2CO_2H > RCH_2CO_2H > R_2CHCO_2H > R_3CCO_2H$

醇 $CH_3OH > CH_3CH_2OH > RCH_2OH > R_2CHOH$

酰氧键断裂双分子反应——加成-消去机理：

$$CH_3COH \xrightleftharpoons{H^+} CH_3C(^+OH)OH$$

$$CH_3C(^+OH)OH + ROH \rightleftharpoons CH_3C(OH)(OR)(OH) \rightleftharpoons CH_3C(OH)(OR)(^+OH_2)$$

$$\xrightarrow{-H_2O} CH_3C(^+OH)-OR \xrightarrow{-H^+} CH_3C(O)-OR$$

酯化反应酰氧键断裂机理的实验证据：同位素标记；羧酸与光活性醇反应的旋光性。

$$PhCOH + CH_3{}^{18}OH \xrightarrow{H^+} PhC(O){}^{18}OCH_3 + H_2O$$

$$CH_3COH + HO\text{-}CH(Me)(CH_2)_5CH_3 \xrightarrow{H^+} CH_3C(O)O\text{-}CH(Me)(CH_2)_5CH_3$$

(2) 烷氧键断裂单分子反应——碳正离子机理

叔醇按此反应机理进行酯化。

$$Me_3C\text{-}OH \xrightleftharpoons{H^+} Me_3C\text{-}^+OH_2 \xrightarrow{-H_2O} Me_3C^+ \xrightarrow{CH_3CO_2H}$$

$$CH_3COC(CH_3)_3 \text{ (with }^+OH\text{)} \xrightarrow{-H^+} CH_3COC(CH_3)_3$$

烷氧键断裂机制也从同位素实验中得以确证：

$$CH_3C{}^{18}OH \rightleftharpoons CH_3C({}^{18}OH)OH \xrightarrow[H^+]{Me_3C\text{-}OH} CH_3C({}^{18}O)OC(CH_3)_3$$

(3) 酰氧键断裂单分子反应——酰基正离子机理

2,4,6-三甲基苯甲酸难以酯化，但可先用浓硫酸溶解，再转入甲醇中即甲酯化。

2,4,6-三甲基苯甲酸 $\xrightarrow[-H_2O]{H_2SO_4}$ 酰基正离子 $\xrightarrow{MeOH}$

· 122 ·

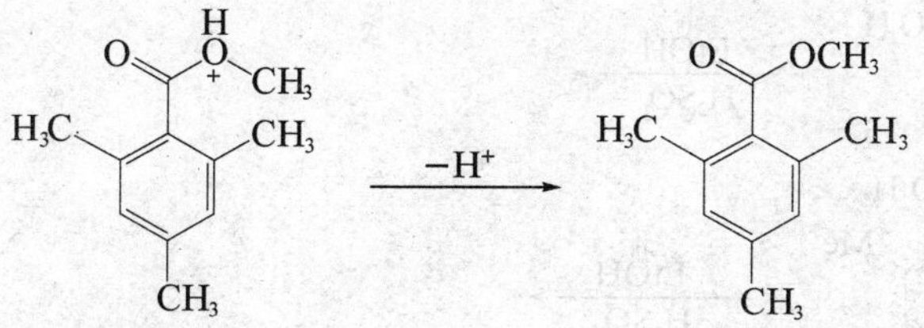

硫酸的作用是质子化脱水,产生2,4,6-三甲基苯甲酰正离子,然后接受甲醇羟基氧的进攻,形成碳-氧键,最后消去质子,完成酯化。

仅有空间位阻大的羧酸按此反应机理进行。

4) 酰胺化

羧酸与氨(胺)反应,首先生成铵盐,后者受热脱水得酰胺。

$$RCOOH + NH_3 \rightleftharpoons RCOO^- + NH_4^+ \xrightleftharpoons[\triangle]{-H_2O} RCONH_2$$

反应机理:加成-消除,类似于酯化反应。

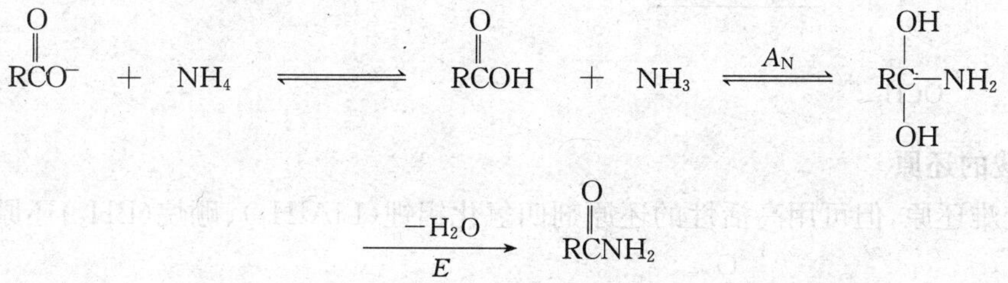

$$RCOO^- + NH_4^+ \rightleftharpoons RCOOH + NH_3 \xrightarrow{A_N} RC(OH)_2NH_2$$

$$\xrightarrow[E]{-H_2O} RCONH_2$$

例:

$$CH_3CH_2CH_2COOH + NH_3 \xrightarrow{25\ ℃} CH_3CH_2CH_2COONH_4 \xrightarrow[-H_2O]{185\ ℃} CH_3CH_2CH_2CONH_2 \quad 85\%$$

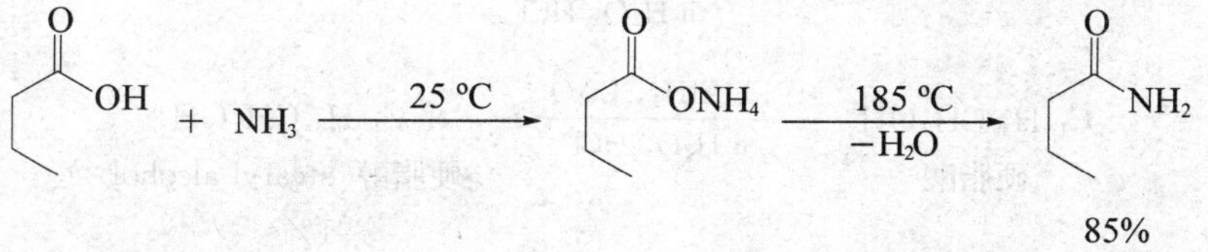

$$CH_3CO_2H + PhNH_2 \xrightarrow{reflux} CH_3CNHPh \quad 68\%$$

$$PhCO_2H + PhNH_2 \xrightarrow{180\ ℃\sim190\ ℃} PhCNHPh \quad 84\%$$

常用尿素代替氨制备伯酰胺:

$$RCOOH + NH_2CNH_2 \xrightarrow{\triangle} RCONH_2 + NH_3 + CO_2$$

问题3 完成反应

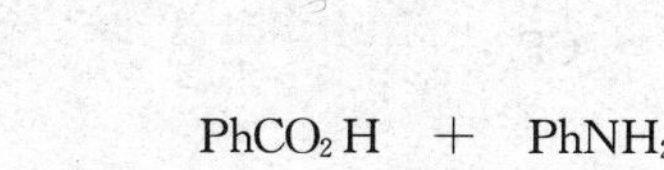

$$(CH_3)_2CHCH_2CH_2OH \xrightarrow[H_2SO_4]{AcOH}$$

$$\text{PhCO}_2\text{H} \xrightarrow[\text{H}_2\text{SO}_4]{\text{Et}^{18}\text{OH}}$$

$$\underset{\text{Me}}{\underset{|}{\text{Me}}}\text{-C}_6\text{H}_2(\text{Me})\text{-CO}_2\text{H} \xrightarrow[\text{H}_2\text{SO}_4]{\text{Et}^{18}\text{OH}}$$

(2,4,6-三甲基苯甲酸)

$$\text{CH}_3\text{CO}_2\text{H} + \text{Ph-}\overset{18}{\text{C}}(\text{CH}_3)_2\text{OH} \xrightarrow{\text{H}_2\text{SO}_4}$$

$$4\text{-Cl-C}_6\text{H}_4\text{-CO}_2\text{H} \xrightarrow[\triangle]{(\text{COCl})_2}$$

$$\text{CH}_3(\text{CH}_2)_8\text{CO}_2\text{H} \xrightarrow[\triangle]{\text{SOCl}_2}$$

$$(\text{CH}_3)_2\text{CHCO}_2\text{H} \xrightarrow{\text{CH}_3\text{NH}_2} \xrightarrow{\triangle}$$

$$4\text{-CH}_3\text{O-C}_6\text{H}_4\text{-NH}_2 \xrightarrow[\triangle]{\text{AcOH}}$$

3. 羧酸的还原

羧酸较难还原，但可用高活性的还原剂四氢化铝锂($LiAlH_4$)、硼烷(BH_3)还原成伯醇。

$$\text{R-COOH} \xrightarrow[\text{ii } H_2O, HCl]{\text{i } LiAlH_4, Et_2O} \text{R-CH}_2\text{OH}$$

例：

$$C_{17}H_{35}\text{COOH} \xrightarrow[\text{ii } H_2O, HCl]{\text{i } LiAlH_4, Et_2O} C_{17}H_{35}\text{CH}_2\text{OH} \quad 91\%$$

硬脂酸 → 硬脂醇 stearyl alcohol

$$4\text{-CF}_3\text{-C}_6\text{H}_4\text{-CO}_2\text{H} \xrightarrow[\text{ii } H_2O, HCl]{\text{i } LiAlH_4, Et_2O} 4\text{-CF}_3\text{-C}_6\text{H}_4\text{-CH}_2\text{OH} \quad 96\%$$

还原机理：氢负离子转移，经过醛中间体。

$$\text{RCOOH} + LiAlH_4 \longrightarrow \text{RCOOLi} + H_2 + AlH_3$$

$$\text{RCOOLi} \longrightarrow \text{R-C(=O···AlH}_2\text{)(H)OLi} \xrightarrow{A_N} \text{R-CH(O-AlH}_2\text{)(OLi)}$$

$$\xrightarrow[+LiOAlH_2]{-LiOAlH_2} \text{R-CH(=O···AlHOLi)} \xrightarrow{A_N} \text{R-CH}_2\text{OAlHOLi}$$

$$\xrightarrow[H^+]{H_2O} R-\overset{H}{\underset{H}{C}}-OH$$

硼烷还原羧酸成伯醇：

$$O_2N-\langle\rangle-CO_2H \xrightarrow[ii\ H_2O]{i\ BH_3} O_2N-\langle\rangle-CH_2OH \quad 79\%$$

四氢化铝锂和硼烷的还原区别：四氢化铝锂不还原孤立的碳-碳双键（C=C），而硼烷则可还原。例：

$$\text{CH}_2=\text{CHCH}_2\text{CO}_2\text{H} \xrightarrow[ii\ H_2O]{i\ LiAlH_4} \text{CH}_2=\text{CHCH}_2\text{CH}_2\text{OH}$$

$$\xrightarrow[ii\ H_2O]{i\ BH_3} \text{CH}_3\text{CH}_2\text{CH}_2\text{CH}_2\text{CH}_2\text{OH}$$

硼烷可在酯、酮、腈存在下选择性还原羧酸。例：

$$\text{MeO}_2\text{C}-\langle\text{cyclobutane}\rangle-\text{CO}_2\text{H} \xrightarrow{BH_3 / THF} \text{MeO}_2\text{C}-\langle\text{cyclobutane}\rangle-\text{OH}$$

$$\text{NC}-\langle\rangle-\text{CO}_2\text{H} \xrightarrow{BH_3 / THF, 0\ ^\circ C} \text{NC}-\langle\rangle-\text{CH}_2\text{OH}$$

$$\text{PhCOCH}_2\text{CH}_2\text{CO}_2\text{H} \xrightarrow{BH_3 / THF} \text{PhCOCH}_2\text{CH}_2\text{CH}_2\text{OH}$$

问题 4 完成反应

$$\text{C}_{11}\text{H}_{23}\text{CO}_2\text{H} \xrightarrow{LiAlH_4}$$

$$\text{4-Cl-C}_6\text{H}_4\text{-CO}_2\text{H} \xrightarrow[ii\ H_2O,\ HCl]{i\ LiAlH_4,\ Et_2O}$$

$$\text{o-}(\text{CO}_2\text{H})(\text{CO}_2\text{CH}_3)\text{C}_6\text{H}_4 \xrightarrow{BH_3 / THF}$$

$$\underset{\text{O}}{\text{CH}_3\text{CO-CH}_2\text{CH}_2\text{CH}_2\text{-CO}_2\text{H}} \xrightarrow{\text{BH}_3/\text{THF}}$$

4. 与金属试剂的反应

1) 烃基锂（RLi）

羧酸与有机锂（RLi）试剂反应生成酮。

$$R-\underset{\text{OH}}{\overset{\text{O}}{\text{C}}} \xrightarrow[-\text{CH}_4]{\text{MeLi}} R-\underset{\text{OLi}}{\overset{\text{O}}{\text{C}}} \xrightarrow{\text{MeLi}} R-\underset{\text{OLi}}{\overset{\text{OLi}}{\text{C}}}-\text{CH}_3$$

$$\xrightarrow{\text{H}_2\text{O, H}^+} R-\overset{\text{O}}{\text{C}}-\text{CH}_3$$

例：

$$\text{PhCO}_2\text{H} \xrightarrow[\text{ii H}_2\text{O}]{\text{i CH}_3\text{Li}} \text{PhCOCH}_3 \quad 80\%$$

问题 5 完成反应并讨论试剂用量。

$$\text{C}_6\text{H}_{11}\text{-CH(OH)-CO}_2\text{H} \xrightarrow[\text{ii H}_2\text{O, HCl}]{\text{i EtLi}}$$

酮比酸活泼，所以常得到酮与叔醇的混合物，因此，应用此反应应慎重。

2) Grignard 试剂

羧酸与 Grignard 试剂生成镁盐，RCO_2MgX，由于难溶，不能继续反应。

$$R-\underset{\text{OH}}{\overset{\text{O}}{\text{C}}} + R'\text{MgX} \longrightarrow R-\underset{\text{O}^-\text{MgX}^+}{\overset{\text{O}}{\text{C}}} + R'\text{H}$$

5. 脱羧反应

羧酸在适当条件下，一般都能发生脱羧反应。

1) 热脱羧

羧酸或其盐受热可脱羧。反应的难易取决于羧酸的结构。脱羧产生的负离子愈稳定，愈容易脱羧。

$$\text{G-CH}_2\text{COOH} \xrightarrow[\triangle]{\text{base}} \text{G-CH}_3 + \text{CO}_2$$

当 G 为吸电子基团，如 CO_2H，CN，$C=O$，NO_2，CX_3 等或苯环，去羧反应易于进行。

$$\text{Cl}_3\text{CCO}_2\text{Na} \xrightarrow{50\,^\circ\text{C}} \text{CHCl}_3 + \text{NaHCO}_3$$

$$\text{PhCO}_2\text{Na} \xrightarrow[\triangle]{\text{NaOH-CaO}} \text{PhH} + \text{Na}_2\text{CO}_3$$

$$\underset{\substack{\text{O}_2\text{N}\\}}{\text{C}_6\text{H}_2(\text{NO}_2)_3\text{COOH}} \xrightarrow{\Delta} \text{1,3,5-(NO}_2)_3\text{C}_6\text{H}_3$$

当 α-碳上连有重键（C＝O，C＝C，C≡N，N＝O）时，易于脱羧，是通过环状过渡态机理进行的。

$$\text{NC-CH}_2\text{-COOH} \xrightarrow{\Delta} \text{CH}_3\text{C}\equiv\text{N} + \text{CO}_2$$

$$\text{CH}_2=\text{C(CH}_3)\text{-C(CH}_3)\text{-COOH} \xrightarrow{\Delta} \text{(CH}_3)_2\text{C}=\text{CHCH}_3 + \text{CO}_2$$

$$\text{cyclohex-2-enyl-COOH} \xrightarrow{\Delta} \text{cyclohexene} + \text{CO}_2$$

2) 电解去羧 ——Kolbe 电解偶联

羧酸盐如钠盐在溶液如甲醇中电解，发生脱羧反应，余下的烃基偶联产生新的烃，此即 Kolbe 电解或（Kolbe electrolysis）或 Kolbe 电解偶联（Kolbe electrolytic coupling）或 Kolbe 反应（1848）（Adolph Wilhelm Hermann Kolbe，1818—1884）。这是一种电化学反应，脱羧产生的烃基自由基自相偶联二聚。这种电化学去羧可用于合成构造对称的偶数烃类化合物。

$$\text{RCO}_2^- \xrightarrow{-e} \text{RCO}_2\cdot \xrightarrow{-\text{CO}_2} \text{R}\cdot\cdot\text{R} \xrightarrow{\text{radical coupling}} \text{R}-\text{R}$$

阳极产生二聚烃产物并放出二氧化碳，阴极接受电子放出氢气。

at anode：

$$\text{RCO}_2^- \xrightarrow{-e} \text{RCO}_2\cdot \longrightarrow \text{R}\cdot + \text{CO}_2$$

$$\text{R}\cdot\cdot\text{R} \xrightarrow{\text{radical coupling}} \text{R}-\text{R}$$

at cathode：

$$2\text{H}_2\text{O} + 2e \xrightarrow{\text{cathode}} 2\text{OH}^- + \text{H}_2$$

Kolbe 电解用于制备偶数碳烷烃，特别是高级烷烃。例：

$$\text{CH}_3(\text{CH}_2)_{12}\text{CO}_2\text{Na} \xrightarrow{\text{electrolysis}} \text{CH}_3(\text{CH}_2)_{24}\text{CH}_3$$

十四烷酸钠　　　　　　　　二十六烷 60%

$$\underset{\text{OH}}{\text{O}_2\text{N}-\text{C}(\text{CH}_3)_2\text{CH}_2\text{CH}_2\text{COOH}} \xrightarrow[\text{MeOH, KOH}]{\text{current}} \text{O}_2\text{N}-\text{C}(\text{CH}_3)_2(\text{CH}_2)_4\text{C}(\text{CH}_3)_2-\text{NO}_2$$
$$43\% \sim 56\%$$

二元酸单酯亦有 Kolbe 电解反应,二聚生成二元酸双酯,称为 Crum Brown-Walker 反应 (1891)。例:

$$\text{MeOC(CH}_2)_4\text{COH} \xrightarrow[\text{MeOH, Na}]{\text{electrolysis}} \text{MeOC(CH}_2)_8\text{COMe}$$
$$51\% \sim 56\%$$

$$\text{MeOC(CH}_2)_8\text{COH} \xrightarrow[\text{MeOH, Na}]{\text{electrolysis}} \text{MeOC(CH}_2)_{16}\text{COMe}$$
$$66\%$$

若用两种不同的羧酸进行混合电解,理论上至少将产生三种二聚烃,是否具有实际意义?

$$R_1\text{CONa} + R_2\text{CONa} \xrightarrow{\text{electrolysis}} R_1-R_1 + R_1-R_2 + R_2-R_2 + 2\text{CO}_2$$

例:

$$\text{CH}_3(\text{CH}_2)_4\text{CO}_2\text{Na} + \text{NaO}_2\text{C}(\text{CH}_2)_8\text{CO}_2\text{Me} \xrightarrow{\text{electrolysis}}$$
$$\text{CH}_3(\text{CH}_2)_8\text{CH}_3 + \text{CH}_3(\text{CH}_2)_{12}\text{CO}_2\text{Me} + \text{MeO}_2\text{C}(\text{CH}_2)_{16}\text{CO}_2\text{Me}$$
$$\text{Methyl myristate } 52\%$$

$$\text{CH}_3(\text{CH}_2)_8\text{CO}_2\text{Na} + \text{NaO}_2\text{C}(\text{CH}_2)_4\text{CO}_2\text{Me} \xrightarrow{\text{electrolysis}}$$
$$\text{CH}_3(\text{CH}_2)_{16}\text{CH}_3 + \text{CH}_3(\text{CH}_2)_{12}\text{CO}_2\text{Me} + \text{MeO}_2\text{C}(\text{CH}_2)_8\text{CO}_2\text{Me}$$
$$\text{Methyl myristate } 55\%$$

显然,适当选择原料羧酸,混合电解也具有制备价值。

问题6 家蝇的雌性信息素(pheromone)也可由芥酸(erucic acid)(来自菜籽油)用电化学方法制备。

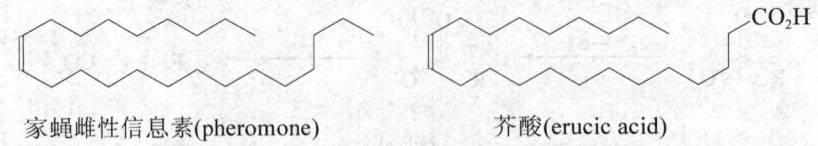

家蝇雌性信息素(pheromone)　　　　　芥酸(erucic acid)

(1) 除去芥酸外,还需要什么羧酸? 写出其名称和结构式以及生成上述信息素的电解反应的化学方程式。

(2) 该合成反应的理论产率(摩尔分数)多大? 说明理由。

3) 去羧卤化——Hunsdiecker 反应

悬浮在四氯化碳中的羧酸银盐与溴共热,发生去羧并生成溴代烃,称为 Hunsdiecker 反应 (1939)(Heinz Hunsdiecker, Cläre Hunsdiecker),也称为 Borodin 反应(Alexander Borodin, 1861)或 Hunsdiecker-Borodin 反应。

$$RCOO^-Ag^+ + Br_2 \xrightarrow[\triangle]{CCl_4} R-Br + CO_2 + AgBr$$

例：
$$CH_3(CH_2)_{10}CO_2Ag + Br_2 \xrightarrow[\triangle]{CCl_4} CH_3(CH_2)_9CH_2Br + AgBr + CO_2$$
$$67\%$$

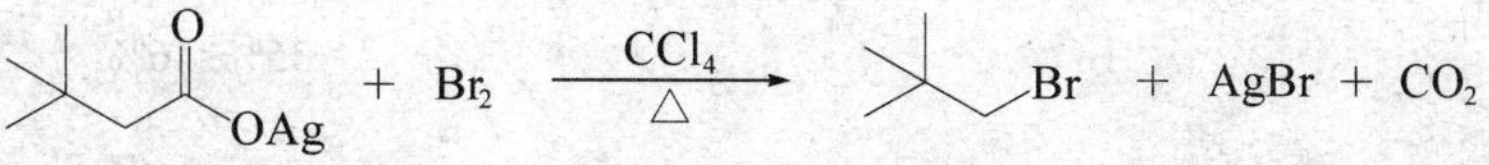

$$(CH_3)_3CCH_2CO_2Ag + Br_2 \xrightarrow[\triangle]{CCl_4} (CH_3)_3CCH_2Br + AgBr + CO_2$$
$$62\%$$

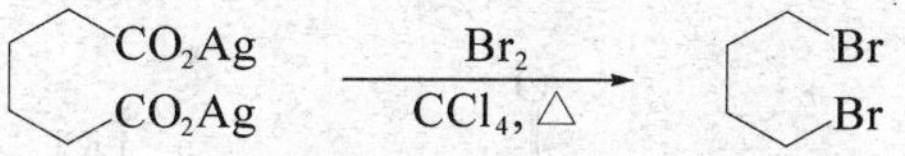

环己烷-1,1-二(CO$_2$Ag) $\xrightarrow{Br_2, CCl_4, \triangle}$ 1,1-二溴环己烷 52%

$$MeOC(O)(CH_2)_{16}COAg \xrightarrow[CCl_4, \triangle]{Br_2} MeOC(O)(CH_2)_{15}CH_2Br \quad 73\%$$
ω-溴代十七烷酸甲酯

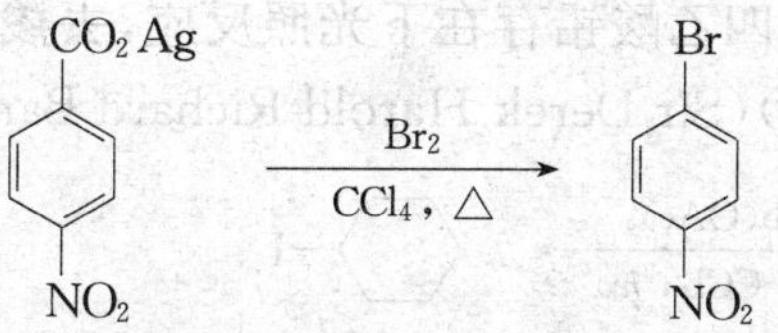

对硝基苯甲酸银 $\xrightarrow[CCl_4, \triangle]{Br_2}$ 对硝基溴苯

Hunsdiecker 反应机理——自由基反应：

$$RCO-Ag + Br-Br \xrightarrow{-AgBr} RCO-Br \xrightarrow[\triangle]{-Br\cdot} R-C(O)-O\cdot$$
$$\xrightarrow{-CO_2} R\cdot \xrightarrow[-Br\cdot]{Br-Br} R-Br$$

以溴代伯烃为最好，但叔烃基甚至桥头处亦可。例：

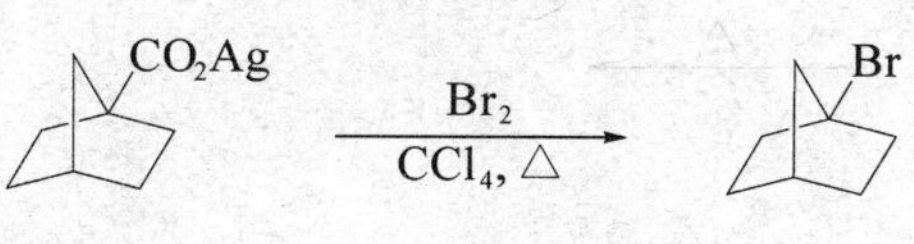

降冰片烷-2-羧酸银 $\xrightarrow[CCl_4, \triangle]{Br_2}$ 2-溴代降冰片烷

将二元羧酸转化为卤代单羧酸酯：

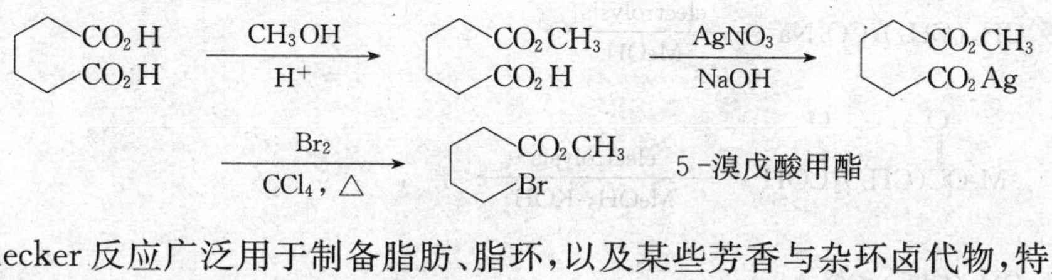

环己烷-1,2-二羧酸 $\xrightarrow[H^+]{CH_3OH}$ 环己烷-1-羧酸甲酯-2-羧酸 $\xrightarrow[NaOH]{AgNO_3}$ 环己烷-1-羧酸甲酯-2-羧酸银

$\xrightarrow[CCl_4, \triangle]{Br_2}$ 2-溴环己烷羧酸甲酯 5-溴戊酸甲酯

Hunsdiecker 反应广泛用于制备脂肪、脂环，以及某些芳香与杂环卤代物，特别是从天然的偶数碳羧酸来制备奇数碳的长链卤代烃。反应产率以伯卤代烃最好，叔卤代烃最差。卤素以溴的反应效果最好。用二元羧酸的单酸银盐，可得卤代羧酸。

Hunsdiecker 反应改良

Cristol 反应(S. T. Cristol, 1961)：羧酸与溴在氧化汞存在下共热反应去羧生成溴代烃。

$$CH_3(CH_2)_{16}CO_2H \xrightarrow[CCl_4, \triangle]{Br_2, HgO} CH_3(CH_2)_{15}CH_2Br$$
$$93\%$$

$$Cl-\square-CO_2H \xrightarrow[CCl_4, \triangle]{Br_2, HgO} Cl-\square-Br$$
$$35\% \sim 46\%$$

Kochi 反应(Jay Kochi, 1965)：羧酸与氯化锂在四乙酸铅存在下共热，反应去羧产生氯代烃。

$$\underset{RCOH}{\overset{O}{\parallel}} + Pb(OAc)_4 \longrightarrow \underset{RCOPb(OAc)_3}{\overset{O}{\parallel}} \xrightarrow[\triangle]{LiCl} R-Cl + CO_2$$

例： $(CH_3)_3CCO_2H + LiCl \xrightarrow[\triangle]{Pb(OAc)_4} (CH_3)_3CCl$
$$65\%$$

Barton 反应：羧酸与碘在四乙酸铅存在下光照反应，去羧产生碘代烃，此为 Barton 反应或 Barton 自由基去羧化(1975)(Sir Derek Harold Richard Barton, 1918—1998)。

例： $\bigcirc-CO_2H \xrightarrow[I_2, CCl_4, h\nu]{Pb(OAc)_4} \bigcirc-I$
$$56\%$$

问题 7 完成反应

$$\bigcirc-C(CH_3)_2-CO_2H \xrightarrow{\triangle}$$

$$CH_3\underset{\underset{CN}{|}}{CH}CO_2H \xrightarrow{\triangle}$$

$$(CH_3)_2\underset{\underset{NO_2}{|}}{C}CO_2H \xrightarrow{\triangle}$$

$$PhCH_2\underset{\underset{CO_2H}{|}}{CH}CO_2H \xrightarrow{\triangle}$$

$$CH_3(CH_2)_8CO_2Na \xrightarrow[MeOH]{electrolysis}$$

$$\underset{MeOC(CH_2)_3COH}{\overset{O\qquad O}{\parallel\qquad\parallel}} \xrightarrow[MeOH, KOH]{electrolysis}$$

$$CH_3(CH_2)_6CO_2Ag \xrightarrow[CCl_4, \triangle]{Br_2}$$

$$Cl-\bigcirc-Br \xrightarrow[CCl_4, \triangle]{Br_2}$$

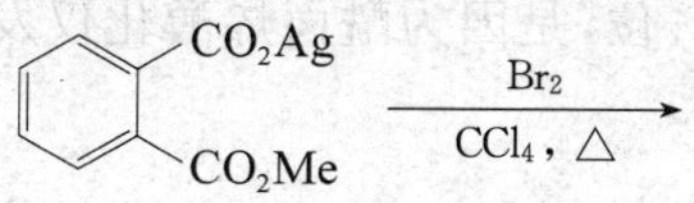

$$\text{o-}C_6H_4(CO_2Ag)(CO_2Me) \xrightarrow[CCl_4, \triangle]{Br_2}$$

$$\text{cyclopropyl-}CO_2H \xrightarrow[CCl_4, \triangle]{Br_2, HgO}$$

6. α-氢的反应

α-氢受羧基的影响而显示一定的活性，比如易卤代和烷基化。

1）卤代——Hell-Volhard-Zelinsky 反应

羧酸在磷或三卤化磷存在下与卤素共热，反应生成 α-卤代酸，称为 Hell-Volhard-Zelinsky 反应（1881）(the German chemists Carl Magnus von Hell, 1849—1926; Jacob Volhard, 1834—1910; the Russian chemist Nikolay Zelinsky, 1861—1953)。

$$RCH_2COOH + X_2 \xrightarrow{PX_3 \text{ or } P} RCHXCOOH + HX$$

例：

$$CH_3CO_2H + Cl_2 \xrightarrow[105℃\sim110℃]{P} ClCH_2CO_2H + HCl \quad (74\%)$$

$$CH_3CH_2CO_2H + Br_2 \xrightarrow[50℃]{PCl_3} CH_3CHBrCO_2H + HBr \quad (83\%)$$

问题 8 完成反应

$$CH_3CH_2CH_2CO_2H \xrightarrow{Br_2, P}$$

$$PhCH_2CO_2H \xrightarrow[PhH, 80℃]{Br_2, PCl_3}$$

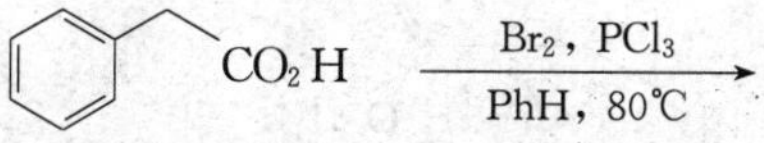

卤代反应机理：

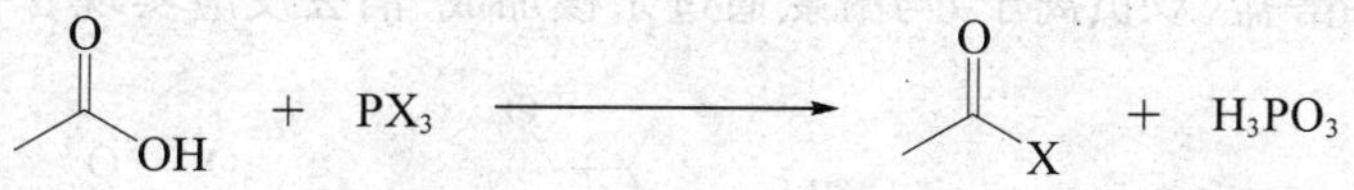

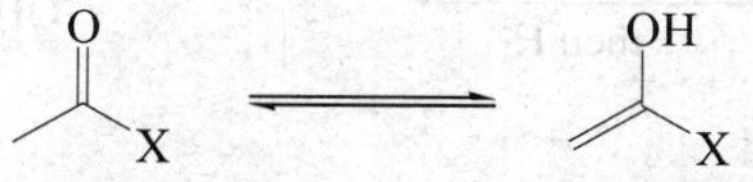

$$CH_3COOH + PX_3 \longrightarrow CH_3COX + H_3PO_3$$

$$CH_3COX \rightleftharpoons CH_2=C(OH)X \quad \text{酰卤更易烯醇化}$$

烯醇式 + X—X $\xrightarrow{-X^-}$ 质子化中间体 $\xrightarrow[-HX]{X^-}$ α-卤代酰卤

α-卤代酰卤 + CH_3COOH $\longrightarrow$ α-卤代乙酸 + CH_3COX

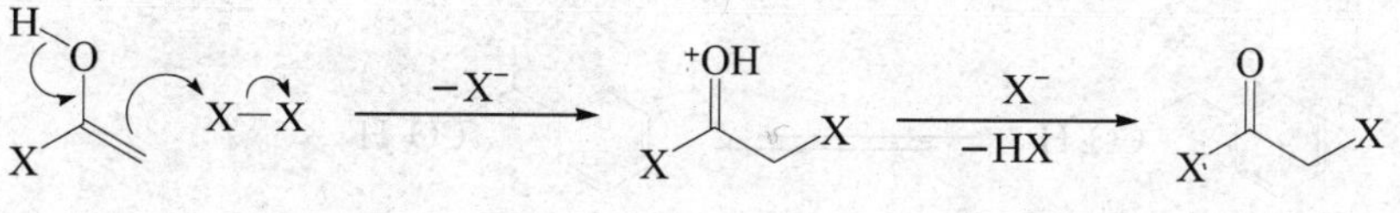

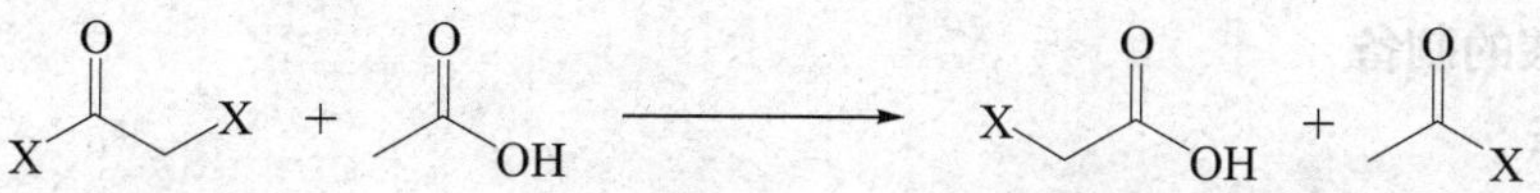

羧酸的 Hell-Volhard-Zelinsky 卤代仅发生在 α-位，是因为酰卤烯醇化仅发生在羧基的邻位。

$$RCH_2CH_2CO_2H \xrightarrow{PX_3} RCH_2CH_2COX \rightleftharpoons RCH=C(OH)X$$

$$\xrightarrow[-HX]{X-X} RCH_2CHXCOX \xrightarrow[-RCH_2CH_2COX]{RCH_2CH_2CO_2H} RCH_2CHXCO_2H$$

α-卤代酸的应用：α-卤代酸易发生双分子亲核取代反应，可制备 α-羟基酸、α-氨基酸、丙二酸等双官能团化合物。

2）α-烷基化与酰基化

含 α-氢的羧酸与过量（至少两摩尔）特强碱（如 LDA、BuLi 等）生成烯醇盐（双负离子），可发生双分子亲核取代，实现 α-烷基化（alkylation）。

例：

$$(CH_3)_2CHCO_2H \xrightarrow{2\,LDA} CH_3C(OLi)=C(CH_3)(OLi) \xrightarrow[\text{ii } H^+]{\text{i } n\text{-}C_4H_9Br} (CH_3)_2C(n\text{-}C_4H_9)CO_2H$$

反应机理：

$$(CH_3)_2CHCO_2H \xrightarrow{LDA} (CH_3)_2CH\text{-}CO_2^- \xrightarrow{LDA} CH_2=C(CH_3)\text{-}C(OLi)_2$$

$$\xrightarrow[S_N2]{BrCH_2CH_2CH_2CH_3} (n\text{-}C_4H_9)(CH_3)_2C\text{-}CO_2^-$$

酰基化：羧酸的烯醇盐（双负离子）与酰氯通过亲核加成-消去反应实现 α-酰基化。

例：

$$(CH_3)_2CHCO_2H \xrightarrow{2\,LDA} CH_3C(OLi)=C(CH_3)(OLi) \xrightarrow[\text{then } H^+]{(CH_3)_2CHCOCl} (CH_3)_2CHCO\text{-}C(CH_3)_2\text{-}CO_2H$$

问题9 完成转化

$$PhCH_2CO_2H \Longrightarrow PhCH(CH_3)CO_2H$$

9.1.2.2 羧酸的制备

1. 氧化法

伯醇、醛、烯、炔、烃基芳烃的氧化。

2. 有机金属试剂——二氧化碳法

Grignard 试剂(RMgX)、锂试剂(RLi)和活泼金属炔化物与二氧化碳发生亲核加成反应，生成增加一个碳的羧酸——α-炔酸。

$$AR-MgX \atop AR-Li \xrightarrow[Et_2O]{CO_2} \xrightarrow[H_2O]{H^+} AR-CO_2H$$

$$\equiv^{\ominus} \xrightarrow[A_N]{O=C=O} \equiv\!\!-CO_2^- \xrightarrow[H_2O]{H^+} \equiv\!\!-CO_2H$$

反应机理：

$$\underset{R-M}{O=C=O} \xrightarrow{A_N} R-C(=O)-O^-\!\!{}^+M \xrightarrow[H_2O]{H^+} R-CO_2H$$

这些反应均可用于制备羧酸。

例：

$$i\text{-Bu-MgBr} \xrightarrow[Et_2O]{CO_2} \xrightarrow[H_2O]{H^+} i\text{-Bu-CO}_2H \quad 86\%$$

$$t\text{-Bu-Cl} \xrightarrow[Et_2O]{Mg} \xrightarrow[ii\ H^+]{i\ CO_2} t\text{-Bu-CO}_2H \quad 69\%$$

$$\text{norbornyl-Cl} \xrightarrow[Et_2O]{Mg} \text{norbornyl-MgCl} \xrightarrow[ii\ H^+]{i\ CO_2} \text{norbornyl-CO}_2H \quad 70\%$$

$$\text{4-Cl-C}_6\text{H}_4\text{-MgBr} \xrightarrow[Et_2O]{CO_2} \xrightarrow[H_2O]{H^+} \text{4-Cl-C}_6\text{H}_4\text{-CO}_2H$$

$$\text{cyclopropyl-Li} \xrightarrow[Et_2O]{CO_2} \xrightarrow[H_2O]{H^+} \text{cyclopropyl-CO}_2H$$

$$CH\!\equiv\!CH \xrightarrow[NH_3]{NaNH_2} CH\!\equiv\!C^-Na^+ \xrightarrow[ii\ H^+]{i\ CO_2} \equiv\!\!-CO_2H$$

$$Ph\!-\!\!\equiv\!\!-MgBr \xrightarrow[Et_2O]{CO_2} \xrightarrow[H_2O]{H^+} Ph\!-\!\!\equiv\!\!-CO_2H$$

问题 10 完成转化

$$(CH_3)_2CH-OH \Longrightarrow (CH_3)_2CH-CO_2H$$

$$\text{cyclohexyl-OH} \Longrightarrow \text{cyclohexyl-CO}_2H$$

$$\text{PhCH}_3 \Longrightarrow \text{o-CH}_3\text{-C}_6\text{H}_4\text{-CO}_2\text{H}$$

$$\text{(norbornyl-Cl)} \Longrightarrow \text{(norbornyl-Br)}$$

$$\text{H-C}\equiv\text{C-H} \Longrightarrow \text{HC}\equiv\text{C-CO}_2\text{H}$$
$$\text{HO}_2\text{C-C}\equiv\text{C-CO}_2\text{H}$$

$$\text{PhCOCH}_3 \Longrightarrow \text{Ph-C}\equiv\text{C-CO}_2\text{H}$$

3. 卤仿反应

$$\text{Ph-CH=CH-COCH}_3 \xrightarrow{\text{NaOCl}} \xrightarrow{\text{H}^+} \text{Ph-CH=CH-CO}_2\text{H}$$

4. 丙二酸酯法（见后）

5. 羧酸衍生物的水解反应（见后）

6. 动植物油脂皂化可获得高级脂肪酸（见第 14 章天然产物部分）。

9.1.2.3 个别化合物

1. 甲酸

甲酸是还原性酸，如有银镜反应、使高锰酸钾溶液褪色。与浓硫酸等脱水剂共热分解产生一氧化碳和水，可用于实验室少量纯净一氧化碳制备。

2. 乙酸

乙酸是重要的化工原料，广泛用于有机合成，生产乙酸酐、乙酸乙酯、乙酸乙烯酯、纤维素乙酸酯等。

3. 丙酸

主要用作食品防腐剂和防霉剂，食品香料的配制，医药、农药等的制造，也用作硝酸纤维素溶剂和增塑剂。

4. 丁酸

丁酸（butyric acid），俗称酪酸，因为是酪酸梭菌（clostridium butyricum）的主要代谢产物，是重要的化工原料，主要用于丁酸酯类和丁酸纤维素的合成。丁酸酯类各具不同的水果香味，在香精、食品添加剂、医药等领域有广泛的应用。丁酸纤维素酯类具有优异的耐热、耐光和抗湿性，同时具有很好的成型和稳定性，是优良的涂料和模塑。

丁酸的钙盐在冷水中比在热水中的溶解度大，故还可用作成盐剂，以增加药物的溶解度。

5. 苯丙酸类非甾体（NSAIDs）消炎镇痛药

布洛芬（Ibuprofen）和奈普生（Naprosyn）是苯丙酸类非甾体（NSAIDs）消炎镇痛药。

$$\text{(isobutyl-C}_6\text{H}_4\text{-CH(CH}_3\text{)-CO}_2\text{H)} \quad \text{布洛芬 Ibuprofen}$$

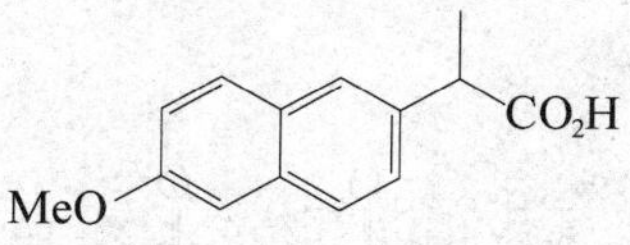

奈普生 Naprosyn

此类药物通过抑制前列腺素合成，从而减少 DNA 的合成，阻断炎症生成而显示抗炎作用。对炎性疼痛的效果优于创伤性疼痛，解热作用优于阿司匹林。此类药物本品高效低毒，对胃肠道和神经系统的不良反应明显较阿司匹林小，对类风湿性关节炎疗效肯定。

6. 苯甲酸

苯甲酸，俗称安息香酸(benzoic acid)，因为最初是由安息香树脂(benzion resin)干馏或碱水解得到的，是鳞片状或针状结晶，mp 122℃，但在 100℃时迅速升华，其蒸气有很强的刺激性，吸入后引起咳嗽。

苯甲酸是重要的化工原料，用于医药、染料载体、增塑剂、香料和食品防腐剂等的生产，也用于醇酸树脂涂料的性能改进防腐剂；重要的酸型食品防腐剂，也用作果汁饮料的保香剂，饲料防腐剂，主要用于抗真菌及消毒防腐。

9.1.3 二元羧酸

乙二酸(草酸 oxalic acid)

丙二酸(malonic acid)(胡萝卜酸，缩苹果酸)

丁二酸
(琥珀酸 succinic acid)

戊二酸
(胶酸 glutaric acid)

己二酸
(肥酸，凝脂酸 adipic acid)

庚二酸
(浦桃酸 pimelic acid)

辛二酸
(软木酸 suberic acid)

顺-1，3-环戊烷二羧酸
cis-1，3-Cyclopentanedicarboxylic acid

反-1，4-环己烷二羧酸
trans-1，4-Cyclohexanedicarboxylic acid

邻苯二甲酸 1，2-苯二甲酸
1，2-Benzenedicarboxylic acid
(酞酸 phthalic acid)

对苯二甲酸 1，4-苯二甲酸
1，4-Benzenedicarboxylic acid
(对酞酸 terephthalic acid)

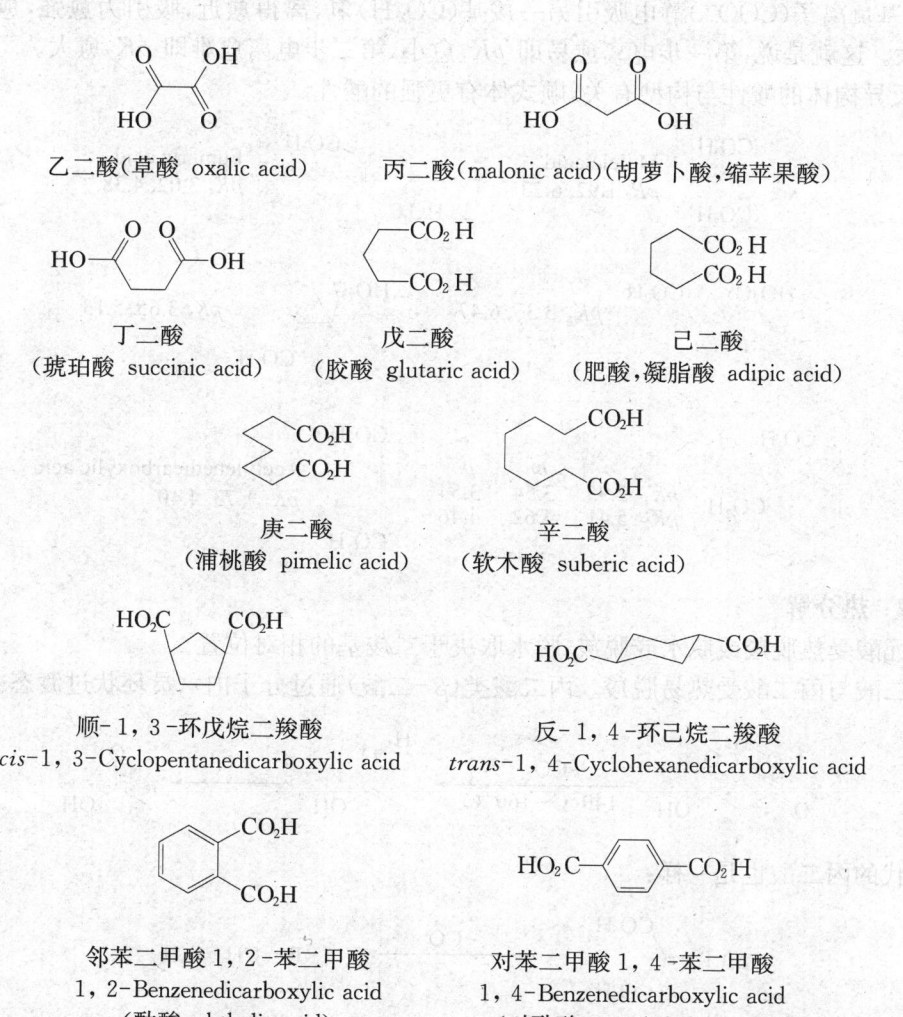

9.1.3.1 酸性

二元羧酸电离：

$$HOC(CH_2)_nCOH \xrightleftharpoons{K_1} HOC(CH_2)_nCO^- + H^+$$

$$HOC(CH_2)_nCO^- \xrightleftharpoons{K_2} {}^-OC(CH_2)_nCO^- + H^+$$

二元羧酸的一级电离与二级电离的平衡常数见表 9-3。

表 9-3 二元羧酸的酸性强度

n	0	1	2	3	4	5	6	7
pK_1	1.23	2.83	4.19	4.34	4.42	4.48	4.51	4.55
pK_2	4.19	5.69	5.45	5.42	5.41	5.42	5.40	5.41

显然，二羧基相距愈近，pK_1 愈小即酸性愈强，pK_2 愈大即第二步电离愈难。

羧基（CO_2H）是吸电子基（$-I$），距离愈近、吸电子效应愈强，酸性愈强即 pK_1 愈小。二级电离，羧基负离子（COO^-）静电吸引另一羧基（CO_2H）氢，离得愈近，吸引力愈强，愈难电离即 pK_2 愈大。这就是说，第一步电离愈易即 pK_1 愈小，第二步电离愈难即 pK_2 愈大。

顺反异构体的酸性与构型有关，顺式体有更强的酸性。

Maleic acid pK_a 1.92, 6.23

Fumaric acid pK_a 3.02, 4.38

pK_a 3.33, 6.47

pK_a 3.65, 5.13

	o	m	p
pK_1	2.95	3.54	3.54
pK_2	5.41	4.62	4.46

Acetylenedicarboxylic acid pK_a 1.73, 4.40

9.1.3.2 热分解

二元酸受热脱羧或脱水或脱羧-脱水取决于二羧基的相对位置。

乙二酸与丙二酸受热易脱羧。丙二酸类（β-二酸）通过分子内六员环状过渡态去羧：

$$\xrightarrow[140\ ^\circ C \sim 160\ ^\circ C]{-CO_2} \longrightarrow$$

取代的丙二酸也是一样：

$$R-C(CO_2H)_2 \xrightarrow[\triangle]{-CO_2} R-CH_2CO_2H$$

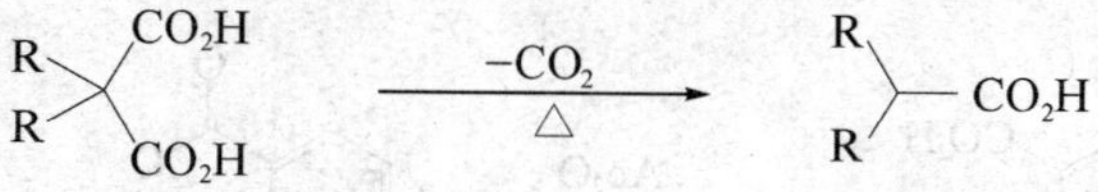

$$\underset{R}{\overset{R}{>}}C\underset{CO_2H}{\overset{CO_2H}{<}} \quad \xrightarrow[\Delta]{-CO_2} \quad \underset{R}{\overset{R}{>}}CH-CO_2H$$

问题 11 完成反应

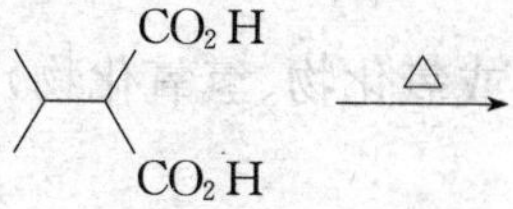

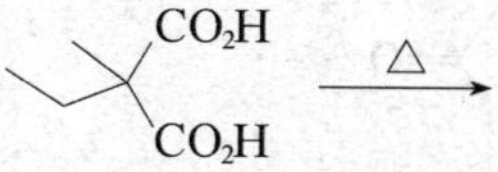

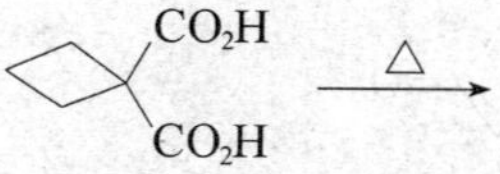

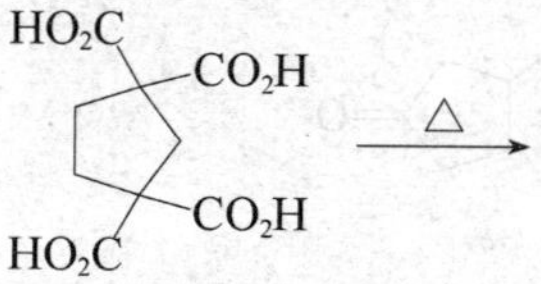

$$\text{(CH}_3\text{)}_2\text{CH-CH(CO}_2\text{H)}_2 \xrightarrow{\Delta}$$

$$\text{CH}_3\text{CH}_2-\text{C(CH}_3\text{)(CO}_2\text{H)}_2 \xrightarrow{\Delta}$$

环丁基-C(CO$_2$H)$_2$ $\xrightarrow{\Delta}$

1,3-双(二羧基甲基)环戊烷 $\xrightarrow{\Delta}$

Blanc 反应——Blanc 规则

丁二酸与戊二酸受热失水转化为环状的酸酐,而己二酸和庚二酸则脱水去羧生成环酮,称为 Blanc 规则 (H. G. Blanc, 1907)。

1,4-二酸受热脱水生成五元环酸酐。

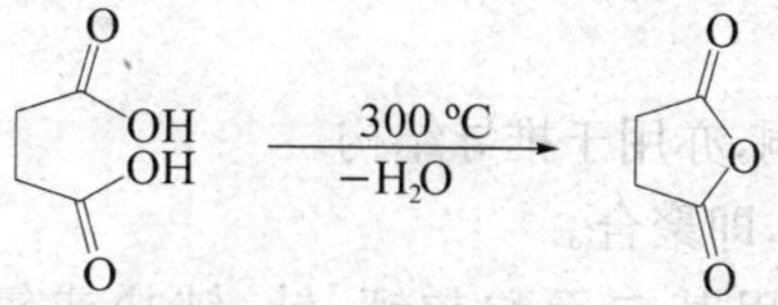

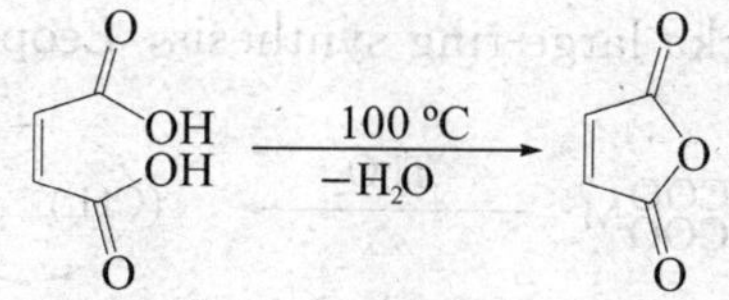

丁二酸 $\xrightarrow[-H_2O]{300\ ℃}$ 丁二酸酐

马来酸 $\xrightarrow[-H_2O]{100\ ℃}$ 马来酸酐

反式体难以去水成酐 (>287℃)

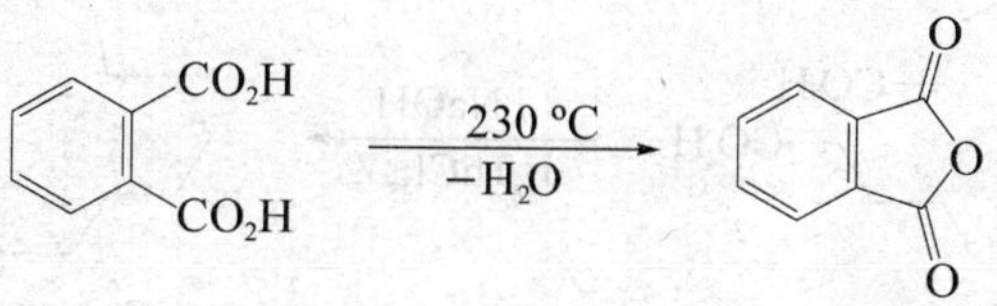

邻苯二甲酸 $\xrightarrow[-H_2O]{230\ ℃}$ 邻苯二甲酸酐

1,5-二酸受热脱水生成六元环酸酐。

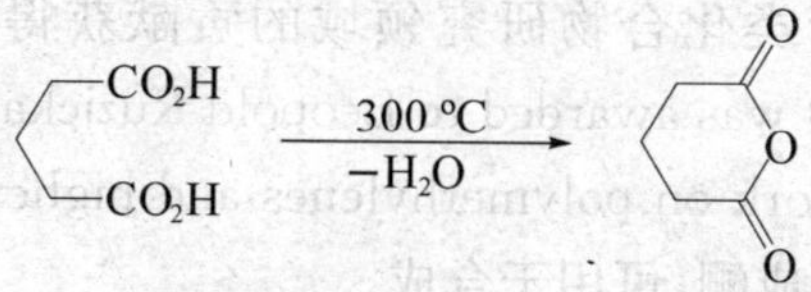

戊二酸 $\xrightarrow[-H_2O]{300\ ℃}$ 戊二酸酐

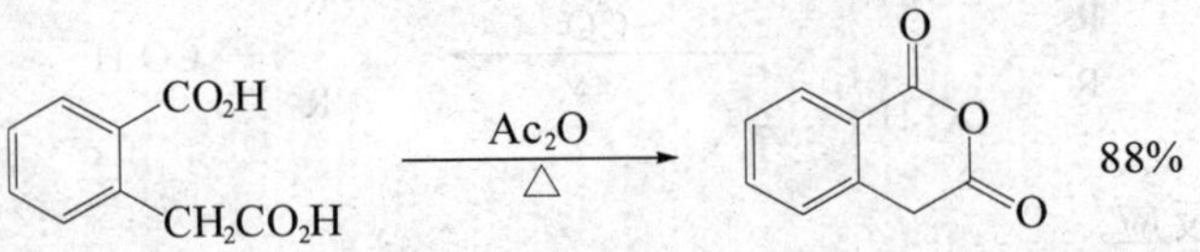

[反应式: 邻-(羧甲基)苯甲酸 + Ac₂O, Δ → 异苯并呋喃-1,3-二酮 (isochroman-1,3-dione), 88%]

己二酸、庚二酸受热或与脱水剂（乙酸酐，钡、钙、钍盐或氧化物、氢氧化物）共热，失水脱羧生成五或六元环酮。

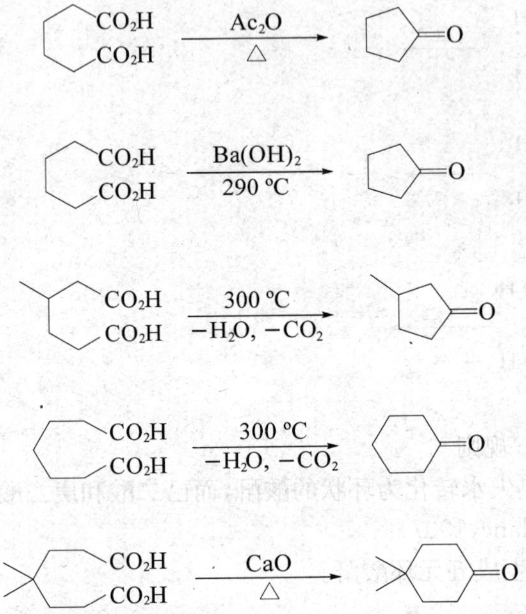

[反应式: 己二酸 + Ac₂O, Δ → 环戊酮]

[反应式: 己二酸 + Ba(OH)₂, 290 °C → 环戊酮]

[反应式: 3-甲基己二酸, 300 °C, −H₂O, −CO₂ → 3-甲基环戊酮]

[反应式: 庚二酸, 300 °C, −H₂O, −CO₂ → 环己酮]

[反应式: 3,3-二甲基庚二酸 + CaO, Δ → 4,4-二甲基环己酮]

Blanc 反应可用于合成环酮，亦用于推导结构。

辛二酸以上为分子间失水，即聚合。

Ruzicka 大环合成：多亚甲基二元酸与钙、钍、铈盐或氧化物共热生成大环酮，此为 Ruzicka（鲁茨卡）大环合成（Ruzicka large-ring synthesis, Leopold Ruzicka, 1926）。

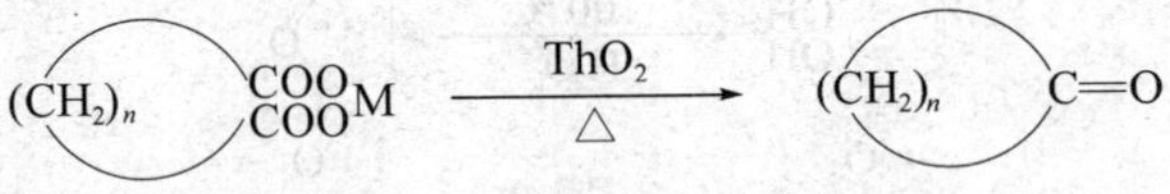

[反应式: (CH₂)ₙ(COOM)₂ + ThO₂, Δ → (CH₂)ₙ 环酮]

例：

[反应式: 十六烷二酸, i NaOH, ii ThCl₃, Δ → 环十五烷酮]

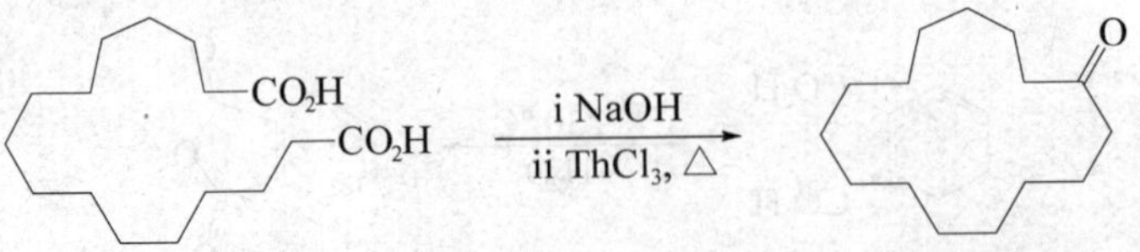

十六烷二酸　　　　　　　　　　　　　环十五烷酮

Ruzicka 由于在大环及萜类化合物研究领域的贡献获得 1939 年 Nobel 化学奖（The Nobel Prize in Chemistry 1939 was awarded to Leopold Ruzicka, shared with Adolf Friedrich Johann Butenandt, "for his work on polymethylenes and higher terpenes"）。

同种羧酸分子间脱水脱羧成酮，可用于合成。

$$\text{戊酸} \xrightarrow[\Delta]{\text{MgO}} \text{壬-5-酮 (76\%)}$$

$$(\text{PhCH}_2\text{CO}_2^-)_2\text{Ba}^{2+} \xrightarrow{320℃\sim 325℃} \text{PhCH}_2\text{COCH}_2\text{Ph} \quad 80\%$$

混合羧酸分子间脱水脱羧成酮也可用于合成。

$$\text{CH}_3\text{CH}_2\text{CO}_2\text{H} + \text{CH}_3\text{CH}_2\text{CH}_2\text{CO}_2\text{H} \xrightarrow[\Delta]{\text{MgO}} \text{戊-3-酮} \quad 53\%$$

$$\text{CH}_3\text{CO}_2\text{H} + \text{PhCH}_2\text{CO}_2\text{H} \xrightarrow[\Delta]{\text{ThO}_2} \text{PhCH}_2\text{COCH}_3 \quad 51\%$$

9.1.3.3 二元酸制备

丙二酸

$$\text{ClCH}_2\text{CO}_2\text{H} \xrightarrow[\text{ii NaCN}]{\text{i Na}_2\text{CO}_3} \text{NCCH}_2\text{CO}_2\text{Na} \xrightarrow[\text{H}_2\text{O}]{\text{H}_2\text{SO}_4} \text{CH}_2(\text{CO}_2\text{H})_2$$

丁二酸

$$\text{BrCH}_2\text{CH}_2\text{Br} \xrightarrow{2\text{NaCN}} \text{NCCH}_2\text{CH}_2\text{CN} \xrightarrow[\text{H}_2\text{O}]{\text{H}_2\text{SO}_4} \text{HO}_2\text{CCH}_2\text{CH}_2\text{CO}_2\text{H}$$

戊二酸

$$\text{Br(CH}_2)_3\text{Br} \xrightarrow{2\text{NaCN}} \text{NC(CH}_2)_3\text{CN} \xrightarrow[\text{H}_2\text{O}]{\text{H}_2\text{SO}_4} \text{HO}_2\text{C(CH}_2)_3\text{CO}_2\text{H}$$

己二酸

$$\text{Br(CH}_2)_4\text{Br} \xrightarrow{2\text{NaCN}} \text{NC(CH}_2)_4\text{CN} \xrightarrow[\text{H}_2\text{O}]{\text{H}_2\text{SO}_4} \text{HO}_2\text{C(CH}_2)_4\text{CO}_2\text{H}$$

$$\text{环己烯} \xrightarrow[\text{H}_2\text{O}]{\text{KMnO}_4} \text{己二酸}$$

$$\text{环己醇} \xrightarrow[\text{or HNO}_3]{\text{KMnO}_4} \text{HO}_2\text{C(CH}_2)_4\text{CO}_2\text{H}$$

$$\text{环己酮} \xrightarrow[\text{or HNO}_3]{\text{KMnO}_4} \text{HO}_2\text{C(CH}_2)_4\text{CO}_2\text{H}$$

问题 12 合成设计

(1) 以乙酸为基本原料合成丙二酸。
(2) 以乙醇为基本原料合成丁二酸。
(3) 以丙烯为基本原料合成戊二酸。
(4) 分别以乙炔、丁二烯和 THF 为基本原料合成己二酸。

顺丁烯二酸：工业上用空气高温催化氧化苯，先成顺丁烯二酸酐，然后水解得到顺丁烯二酸。

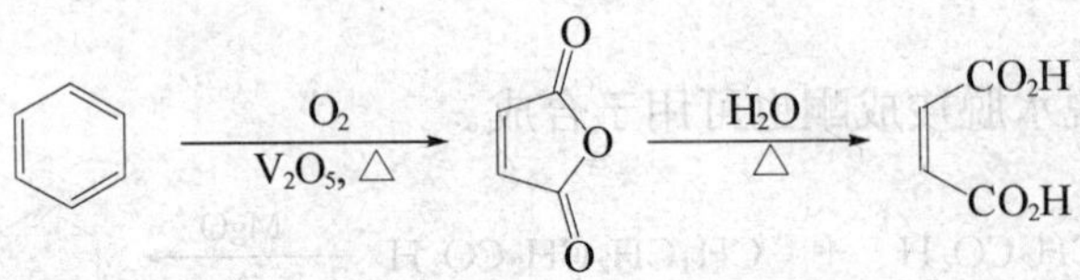

$$\text{苯} \xrightarrow[V_2O_5, \triangle]{O_2} \text{顺丁烯二酸酐} \xrightarrow[\triangle]{H_2O} \text{HO}_2C-CH=CH-CO_2H$$

邻苯二甲酸：工业上用空气高温催化氧化邻二甲苯，先生成邻苯二甲酸酐，然后水解得到邻苯二甲酸。

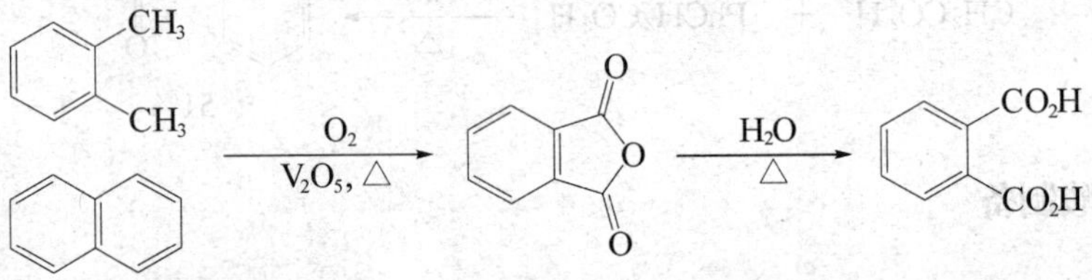

$$\text{邻二甲苯/萘} \xrightarrow[V_2O_5, \triangle]{O_2} \text{邻苯二甲酸酐} \xrightarrow[\triangle]{H_2O} \text{邻苯二甲酸}$$

对苯二甲酸(p-phthalic acid；terephthalic acid，TPA)：对苯二甲酸(TPA)主要由对二甲苯(PX)高温催化氧化生产。

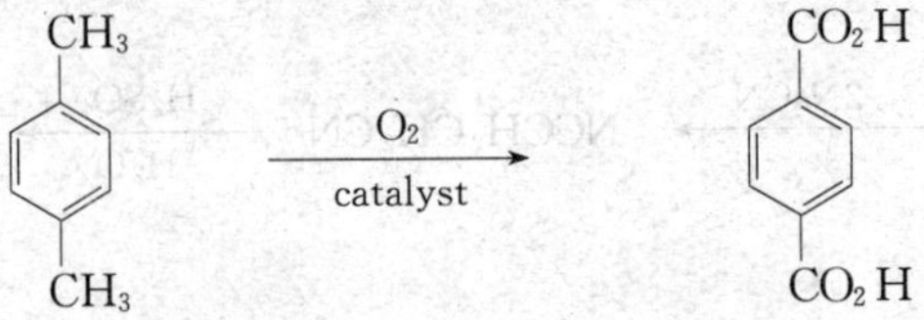

$$p\text{-Xylene (PX)} \xrightarrow[\text{catalyst}]{O_2} \text{Terephthalic acid (TPA)}$$

一种工艺是，乙酸为溶剂，乙酸钴-乙酸作催化剂，四溴乙烷为助催化剂，于 220℃～225℃，2.5～3.0 MPa 下氧化。不过，这种工业生产技术是在发展的。

实验室可用高锰酸钾、铬酸、硝酸等氧化剂氧化制备。

对苯二甲酸是重要的有机化工原料，主要用于生产聚酯纤维（涤纶）、聚酯薄膜和聚酯瓶。

精对苯二甲酸(pure terephthalic acid，PTA)的应用比较集中，世界上 90% 以上用于生产聚对苯二甲酸乙二醇酯（PET），其他用于生产聚对苯二甲酸丙二醇酯(PTT)和聚对苯二甲酸丁二醇酯(PBT)等。

9.1.4 取代酸与不饱和酸

9.1.4.1 卤代酸

1. 卤代酸的反应

α-卤代酸易发生双分子亲核取代反应(S_N2)，可顺利转化为 α-羟基酸、α-氨基酸和 α-氰基酸等。

$$\text{RCHCO}_2\text{H} \xrightarrow[\text{HO}^-]{\text{H}_2\text{O}} \text{RCHCO}_2\text{H}$$
$$\begin{array}{c}|\\ \text{X}\end{array} \qquad \begin{array}{c}|\\ \text{OH}\end{array}$$

$$\xrightarrow{\text{NH}_3} \text{RCHCO}_2\text{H}$$
$$\begin{array}{c}|\\ \text{NH}_2\end{array}$$

$$\xrightarrow{\text{NaCN}} \text{RCHCO}_2\text{H}$$
$$\begin{array}{c}|\\ \text{CN}\end{array}$$

β-卤代酸：易消去 HX，生成 α，β-不饱和酸。

$$\text{RCHCH}_2\text{CO}_2\text{H} \xrightarrow[-\text{HX}]{\text{HO}^-} \text{RCH}=\text{CHCO}_2\text{H}$$
$$\begin{array}{c}|\\ \text{X}\end{array}$$

γ-卤代酸、δ-卤代酸、ε-卤代酸：γ-卤代酸、δ-卤代酸、ε-卤代酸，也就是 4-卤代酸、5-卤代酸、6-卤代酸，易内酯化，生成五、六、七元环内酯。

例：

γ-氯代丁酸 → γ-丁内酯

高级 ω-卤代酸：$C_{\geq 9}$ 的高级 ω-卤代酸，在高稀释（high dilution）条件下，分子内反应环化成大环内酯（macrolides）。

例：

$$\text{Br}(\text{CH}_2)_{10}\text{CO}_2\text{H} \xrightarrow[\text{Me}_2\text{CO, H}_2\text{O}]{\text{K}_2\text{CO}_3}$$

ω-溴代十一烷酸
11-溴十一烷酸

11-十一烷内酯   85%

S_N1

2. 卤代酸的合成

α-卤代酸：Hell-Volhard-Zelinsky 反应

$$\text{RCH}_2\text{CO}_2\text{H} \xrightarrow[\text{P}]{\text{X}_2} \text{RCHCO}_2\text{H}$$
$$\begin{array}{c}|\\ \text{X}\end{array}$$

β-卤代酸：α，β-不饱和酸加成卤化氢。

$$\text{RCH}=\text{CHCO}_2\text{H} \xrightarrow{\text{HX}} \text{RCHCH}_2\text{CO}_2\text{H}$$
$$\begin{array}{c}|\\ \text{X}\end{array}$$

3. 个别化合物

(1) 氯乙酸

氯乙酸(chloroacetic acid)，$ClCH_2CO_2H$，用作有机合成原料、中间体。

工业上由乙酸氯化生产，缺点是伴有多氯化物。另一种方法是三氯乙烯水解。

$$\underset{H}{\overset{Cl}{C}}=\underset{Cl}{\overset{Cl}{C}} \xrightarrow[H_2O]{H_2SO_4} ClCH_2COOH$$

(2) 氟乙酸

氟乙酸(fluoroacetic acid)，FCH_2CO_2H，可通过氯乙酸酯交换、水解制备。

$$ClCH_2CO_2Et + KF \longrightarrow FCH_2CO_2Et + KCl$$

$$FCH_2CO_2Et \xrightarrow[H_2O]{NaOH} FCH_2CO_2H \xrightarrow{H^+} FCH_2CO_2H$$

含有氟乙酰基的化合物，或在生物体内能氧化或水解成氟乙酸的化合物，都是剧毒的。氟乙酸钠、氟乙酰胺用作强力急性杀鼠剂，不但毒性高而且有二次毒性，是法定禁用化学品。

$$FCH_2\overset{O}{\underset{\|}{C}}-$$

(3) 三氟乙酸

$$F_3C\overset{O}{\underset{\|}{C}}OH \quad pK_a\ 0.3$$

三氟乙酸(trifluoroacetic acid，TFA)显示强酸性。三氟乙酸用四氢化铝锂还原得三氟乙醛和三氟乙醇混合物。

$$F_3CCO_2H \xrightarrow[ii\ H_2O]{i\ LiAlH_4} F_3CCHO + F_3CCH_2OH$$

三氟乙酸是蛋白质与聚酯的优良溶剂，也是有机反应的良好溶剂，可获得在一般溶剂中难以得到的效果，如喹啉在一般溶剂中催化氢化时，吡啶环优先氢化，但在三氟乙酸中苯环优先氢化。

三氟乙酸是酯化、环化、聚合、缩合等许多有机反应的酸性催化剂，是有机合成中羟基与氨基的保护基，也用于多肽合成中叔丁氧羰基(Boc)的去保护。三氟乙酸汞是芳汞化剂，用三氟乙酸铊对芳环铊化是制备酚的新方法。

三氟乙酸酯、三氟乙酰胺都比一般的羧酸酯与酰胺更易水解。

三氟乙酸由乙酸、三氯乙腈生产，也可由3，3，3-三氟丙烯、三氟甲苯氧化得到。

三氟乙酸酐也是有机合成中有用的试剂。

$$\underset{F}{\overset{F}{F}}\overset{O}{\underset{\|}{C}}-O-\overset{O}{\underset{\|}{C}}\underset{F}{\overset{F}{F}}$$

9.1.4.2 羟基酸

1. 醇酸

1) 醇酸的反应

(1) 脱水

α-羟基酸受热成交酯(lactide)。如乳酸受热脱水生成丙交酯。

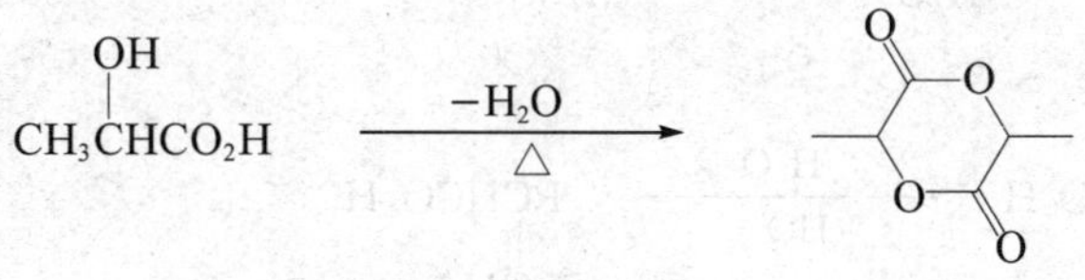

$$CH_3CHCO_2H \xrightarrow[\triangle]{-H_2O} \text{丙交酯 Lactide}$$
$$|$$
$$OH$$

β-羟基酸易去水生成 α,β-不饱和酸。

$$RCHCH_2CO_2H \xrightarrow[-H_2O]{H^+} RCH=CHCO_2H$$
$$|$$
$$OH$$

γ-羟基酸与 δ-羟基酸都易内酯化——特别是五元环的内酯最易形成。

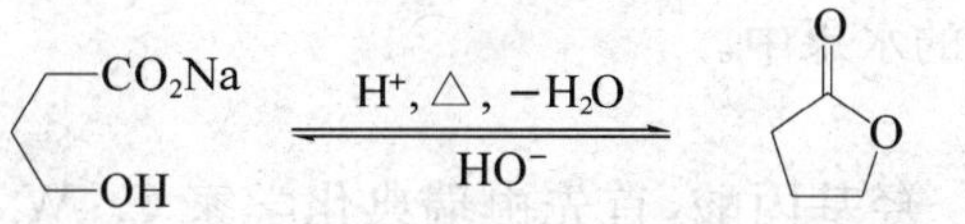

γ-羟基丁酸 $\xrightleftharpoons[HO^-]{H^+,\triangle,-H_2O}$ γ-丁内酯

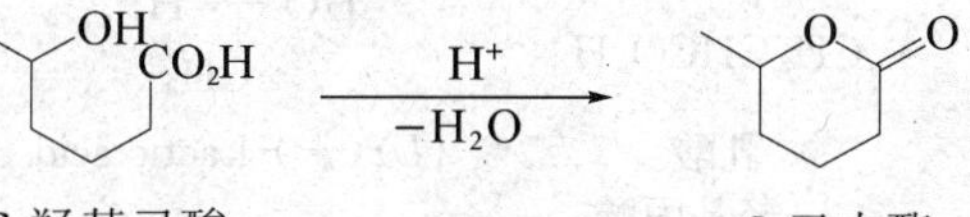

δ-羟基己酸 / 5-羟基己酸 $\xrightarrow[-H_2O]{H^+}$ δ-己内酯 / 5-己内酯

高级 ω-羟基酸易分子间聚合。但某些高级 ω-羟基酸($C_{>9}$)在高稀释溶液中可形成大环内酯。例：

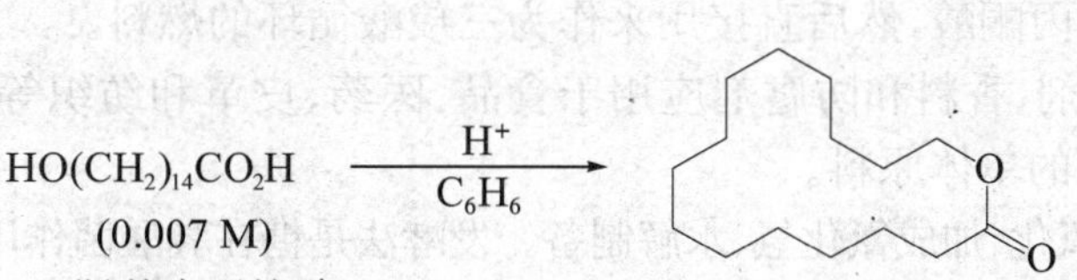

$$HO(CH_2)_{14}CO_2H \xrightarrow[C_6H_6]{H^+} \text{100\%}$$
(0.007 M)
ω-羟基十五烷酸
15-羟基十五烷酸

(2) 分解

α-羟基酸在稀硫酸溶液中分解产生醛和甲酸，在浓硫酸存在下则分解生成醛并副产一氧化碳和水。

$$RCHCO_2H \xrightarrow[H_2O]{H_2SO_4} RCHO + HCO_2H$$
$$|$$
$$OH \xrightarrow{H_2SO_4} RCHO + CO + H_2O$$

合成应用：可用于羧酸降解。

$$RCH_2CO_2H \xrightarrow[P]{X_2} \underset{X}{RCHCO_2H} \xrightarrow[HO^-]{H_2O} \underset{OH}{RCHCO_2H}$$

$$\xrightarrow[H_2O]{H_2SO_4} RCHO \xrightarrow{[O]} RCO_2H$$

合成：

$$\underset{X}{RCHCO_2H} \xrightarrow[HO^-]{H_2O} \underset{OH}{RCHCO_2H}$$

$$RCHO \xrightarrow{HCN} \underset{OH}{RCHCN} \xrightarrow[H^+]{H_2O} \underset{OH}{RCHCO_2H}$$

$$RCH=CHCO_2H \xrightarrow[H^+]{H_2O} \underset{OH}{RCHCH_2CO_2H}$$

2) 个别化合物

(1) 羟基乙酸

存在于甜菜及未成熟的水果中。

(2) 乳酸

乳酸(milk acid)即 2-羟基丙酸，首先由瑞典化学家 C. W. Scheele 于 1780 年在酸乳(sour milk)中发现。

$$\underset{OH}{CH_3CHCO_2H}$$

乳酸
2-羟基丙酸
α-羟基丙酸

$(L)-(+)$-Lactic acid

乳酸存在于水果和酸牛奶中，生物体内葡萄糖氧化产物(存在于血液及肌肉组织中)。有消毒防腐作用。在发酵过程中乳酸脱氢酶将丙酮酸转换为左旋乳酸。在氧气充足的肌肉细胞中乳酸可以被氧化为丙酮酸，然后直接用来作为三羧酸循环的燃料。

应用：作为酸化剂、香料和防腐剂应用于食品、医药、皮革和纺织等。乳酸是合成生物降解塑料聚乳酸(PLA)的单体原料。

制备：可由乙醇氧化、加成氰化氢、水解制备。发酵法是糖在乳酸菌作用下发酵得到粗乳酸。

(3) 扁桃酸

扁桃酸，又称苦杏仁酸(mandelic acid)，苯羟基乙酸，α-羟基苯乙酸，α-苯基羟乙酸，2-苯基羟基乙酸，是扁桃苷的水解产物(named after the German *mandel*, almond)。

$$\underset{OH}{PhCHCO_2H}$$

苯羟基乙酸
2-羟基苯基乙酸
α-羟基苯基乙酸

pK_a 3.41

$(L)-(+)$-Mandelic acid

应用：医药、合成手性药物。
合成：可由苯甲醛加成氰化氢、水解制备。还有苯乙酮卤代水解、苯甲醛与氯仿在浓碱中相转移催化、苯乙酸卤代水解等方法。

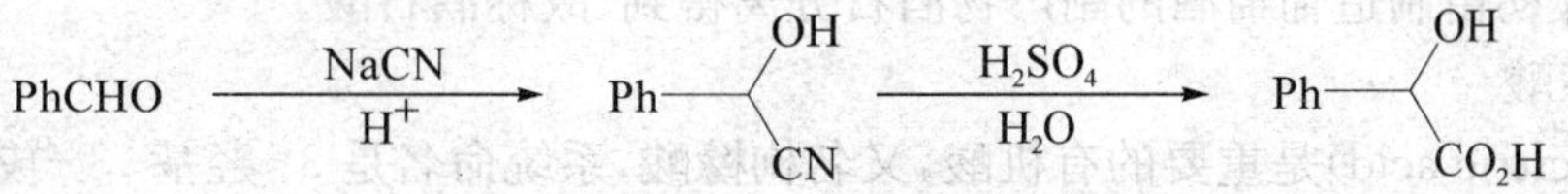

$$PhCHO \xrightarrow[H^+]{NaCN} Ph\underset{CN}{\overset{OH}{-}}CH \xrightarrow[H_2O]{H_2SO_4} Ph\underset{CO_2H}{\overset{OH}{-}}CH$$

$$50\% \sim 52\%$$

香草扁桃酸：4-羟基-3-甲氧基苯基羟基乙酸

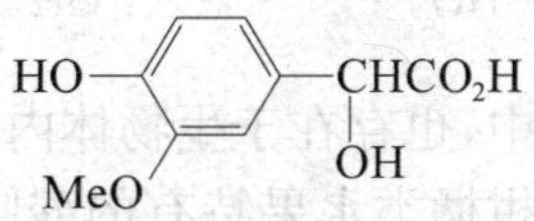

此化合物可用于肾上腺癌的临床诊断。

(4) 苹果酸

苹果酸(malic acid)即羟基丁二酸，2-羟基丁二酸，存在于苹果中，天然的苹果酸是左旋体。

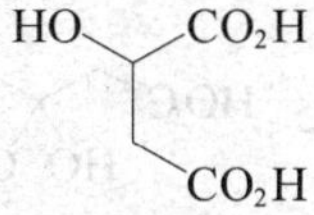

pK_a 3.40, 5.20

2-羟基丁二酸
α-羟基丁二酸

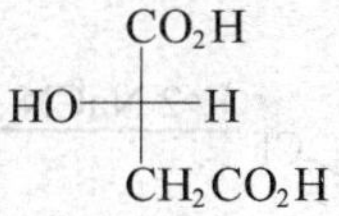

(S)-(-)-2-羟基丁二酸

应用：食品、医药、化工

苹果酸首先由 Carl Wilhelm Scheele 于 1785 年从苹果汁(apple juice)中分离。

脱(失)水苹果酸：2-丁烯二酸，是苹果酸失水产物。

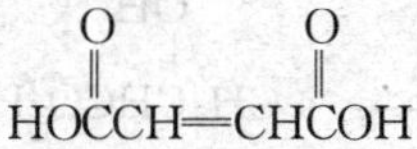

(5) 酒石酸

酒石酸(tartaric acid)即 2,3-二羟基丁二酸。

酒石酸由于有两个手性碳原子，但构造相同，仅有三个立体异构体，即右旋体、左旋体和内消旋体。

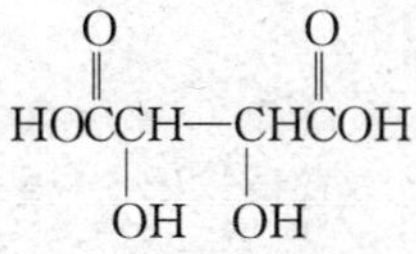

2,3-二羟基丁二酸 (R,R)-(+) 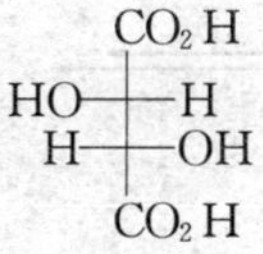 (S,S)-(-) 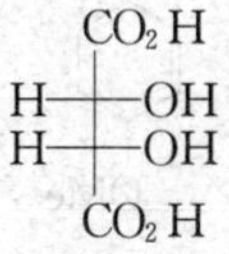   meso
酒石酸 Tartaric acid

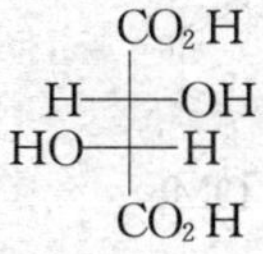

酒石酸广泛存在于植物中，尤以葡萄中含量最多。天然的酒石酸是右旋体，即具有(R,R)构型，也是葡萄酒中主要的有机酸之一。

应用：食品、饮料、医药、化工等，也用作添加食品中的抗氧化剂，可以使食物具有酸味。

酒石酸最大的用途是饮料添加剂。也是药物工业原料。在制镜工业中,酒石酸是一个重要的助剂和还原剂,可以控制银镜的形成速度,获得非常均一的镀层。在现代有机合成中是重要的手性配体和原料,可以用来合成手性催化剂、助剂、配体等,作为手性源用于天然产物合成。

酒石酸最初由制造葡萄酒的副产物酒石分离得到,故称酒石酸。

(6) 柠檬酸

柠檬酸(citric acid)是重要的有机酸,又名枸橼酸,系统命名是 3-羟基-3-羧基戊二酸,也称作 2-羟基-1,2,3-丙烷三羧酸。

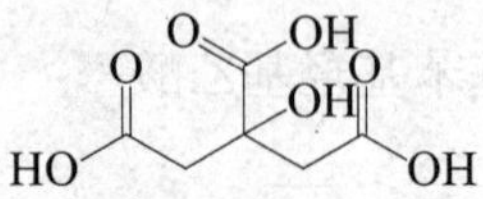

柠檬酸存在于柠檬及其他水果中,也存在于生物体内。

柠檬酸使得柠檬、橙子、橘子等柑橘类水果特有的酸味。柠檬酸具有抗氧化性能,是良好的防腐剂。在三羧酸循环或 Krebs 循环过程中,柠檬酸是糖代谢的重要中间体。

主要用于食品、饮料作为酸味剂、调味剂及防腐剂、保鲜剂,在化工、化妆品及洗涤行业中用作抗氧化剂、增塑剂、洗涤剂等,也用于医药。

合成:

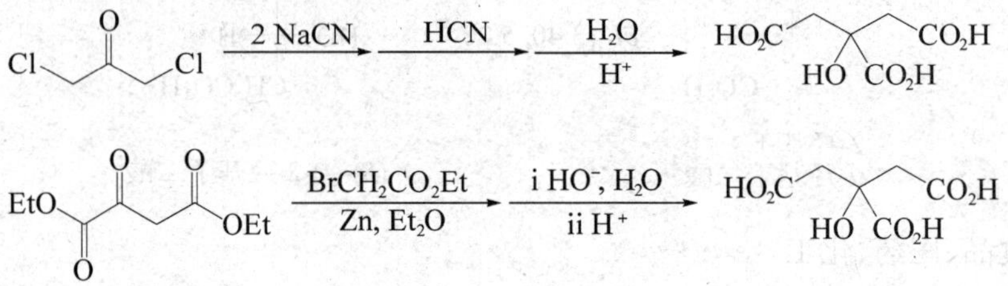

问题 13 完成转化

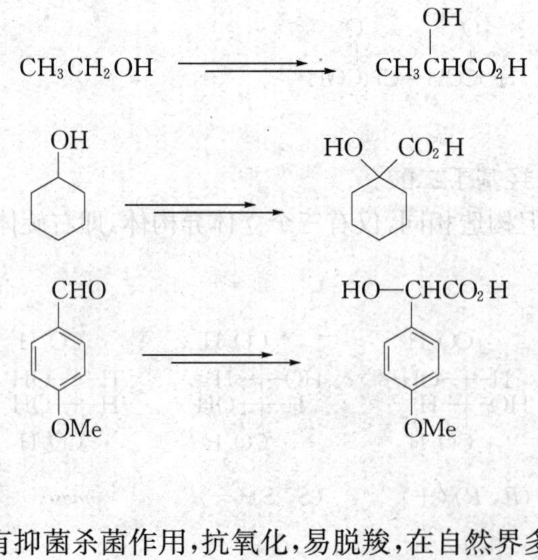

2. 酚酸

酚酸具有抑菌杀菌作用,抗氧化,易脱羧,在自然界多以酯或糖苷的形式存在。

1) 水杨酸

水杨酸(salicylic acid)最初是从柳树皮中分离得到的,所以又称柳酸,也叫植物酸,即邻羟基苯甲酸或 2-羟基苯甲酸。

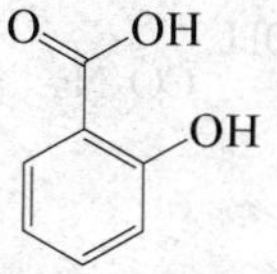

Salicylic acid
pK_a 2.98

水杨酸具有酚及酸的性质，酸性较强（pK_a 2.98）。

水杨酸易脱羧，快速加热可分解出苯酚并释放二氧化碳。

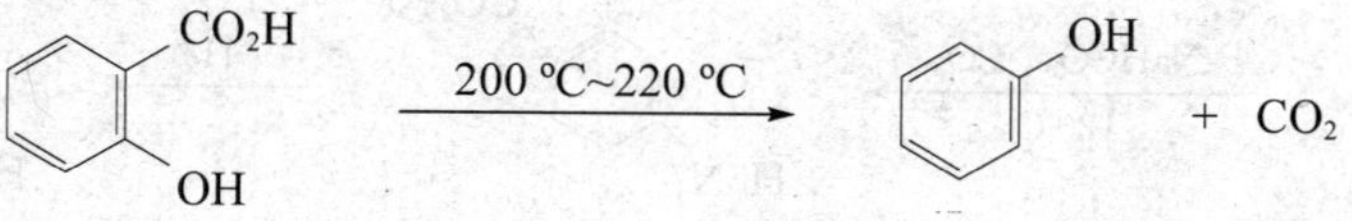

$$\text{邻羟基苯甲酸} \xrightarrow{200\ ^\circ\text{C} \sim 220\ ^\circ\text{C}} \text{苯酚} + CO_2$$

水杨酸主要用于药物、染料、香料合成。其本身具有解热、镇痛、抗风湿、杀菌防腐作用。其衍生物多用作药物。

苯酚中和成钠盐，脱水干燥后通二氧化碳升温反应，然后酸化即得到水杨酸，此即 Kolbe-Schmidt 水杨酸合成或 Kolbe-Schmidt 反应（Hermann Kolbe and Rudolf Schmitt, 1885）。

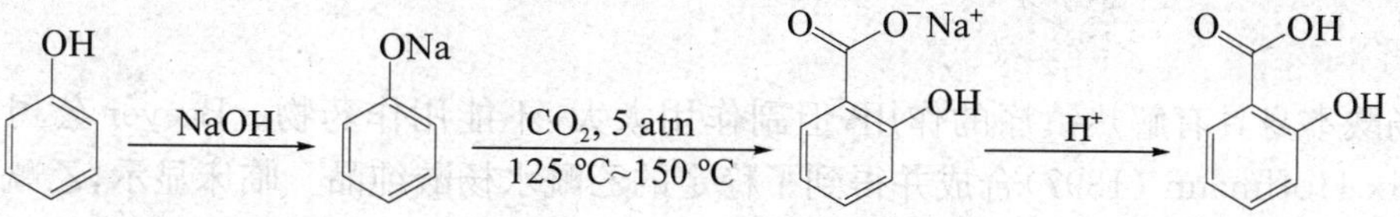

$$\text{苯酚} \xrightarrow{NaOH} \text{PhONa} \xrightarrow[125\ ^\circ\text{C} \sim 150\ ^\circ\text{C}]{CO_2,\ 5\ \text{atm}} \text{水杨酸钠} \xrightarrow{H^+} \text{水杨酸}$$

反应机理：

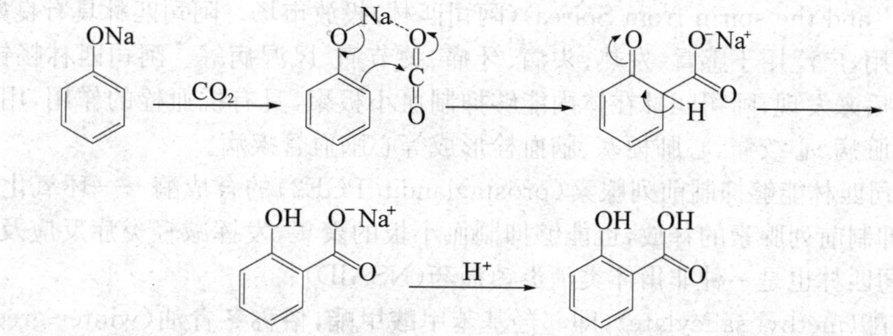

苯酚的钾盐进行此反应则得到对羟基苯甲酸：

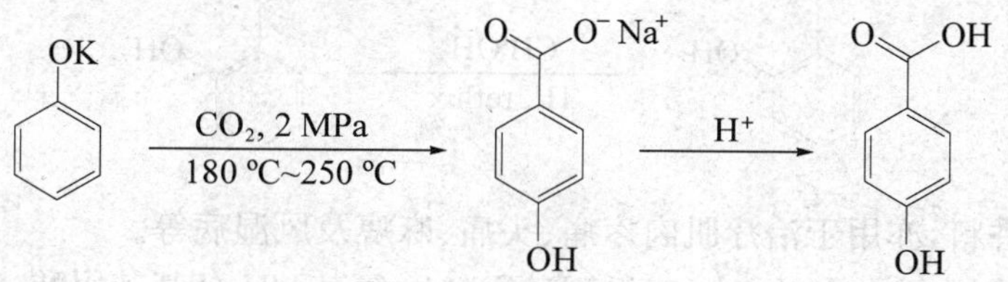

$$\text{PhOK} \xrightarrow[180\ ^\circ\text{C} \sim 250\ ^\circ\text{C}]{CO_2,\ 2\ \text{MPa}} \text{对羟基苯甲酸钠} \xrightarrow{H^+} \text{对羟基苯甲酸}$$

Kolbe-Schmidt 反应可用于水杨酸衍生物的合成。例：

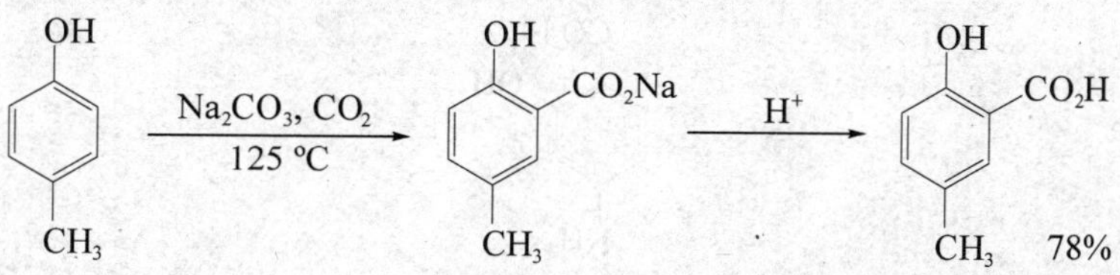

$$\text{对甲基苯酚} \xrightarrow[125\ ^\circ\text{C}]{Na_2CO_3,\ CO_2} \text{中间体} \xrightarrow{H^+} \text{产物}\ 78\%$$

$$\text{间苯二酚} \xrightarrow[135\ ℃]{Na_2CO_3,\ CO_2} \text{2,4-二羟基苯甲酸钠} \xrightarrow{H^+} \text{2,4-二羟基苯甲酸}\ (57\%\sim60\%)$$

$$\text{间氨基苯酚} \xrightarrow[120\ ℃]{NaHCO_3,\ CO_2} \text{中间体钠盐} \xrightarrow{H^+} \text{对氨基水杨酸 PAS}$$

乙酰水杨酸(acetylsalicylic acid)

$$\text{水杨酸} \xrightarrow[80\ ℃]{Ac_2O,\ H^+} \text{乙酰水杨酸}$$

水杨酸本身具有解热镇痛的作用,但副作用太大,不能用作药物。Baeyer 公司的化学研究员 Felix Hoffmann (1897)合成并得到了稳定的乙酰水杨酸纯品。临床显示,乙酰水杨酸不仅仍具有解热、镇痛、抗炎之功效而且副作用极大减少了,可以作为药物安全使用。1899 年,Baeyer 公司将乙酰水杨酸作为解热镇痛消炎药物以 Aspirin ("aspirin"-coming from the words 'acetyl' and the spirin from Spirea)(阿司匹林)投放市场。阿司匹林具有良好的解热、镇痛和抗炎作用,广泛用于感冒、发热、头痛、牙痛、关节痛、风湿病等。阿司匹林畅销至今,成为世纪之药。后来发现,阿司匹林在体内能够抑制血小板聚,具有抗血栓的作用,用于预防和治疗缺血性心脏病、心绞痛、心肺梗塞、脑血栓形成等心脑血管疾病。

药理:阿司匹林能够抑制前列腺素(prostaglandin PGE2)的合成酶——环氧化酶(COX)的活性,从而抑制前列腺素的释放,也能够抑制血小板的聚集,发挥减轻炎症反应及疼痛的作用。因此,阿司匹林也是一种非甾体类消炎镇痛药(NSAID)。

水杨酸甲酯(methyl salicylate),即邻羟基苯甲酸甲酯,俗称冬青油(winter-green oil),最初由冬青树叶水蒸气蒸馏得到,故得此名。水杨酸甲酯可通过 Fischer 酯化反应制备:

$$\text{水杨酸} \xrightarrow[H^+,\ reflux]{CH_3OH} \text{水杨酸甲酯}$$

冬青油用作香料,亦用于治疗肌肉疼痛、头痛、麻痹及风湿病等。

对氨基水杨酸(p-aminosalicylic acid,PAS):4-氨基-2-羟基苯甲酸,治疗肺结核病的一线药物。可由间氨基苯酚通过 Kolbe-Schmidt 反应制备。

2) 原儿茶酸

原儿茶酸(protocatechuic acid，PCA)即 3，4-二羟基苯甲酸(3，4-dihydroxybenzoic acid)。原儿茶酸是中草药四季青的抗菌有效成分之一。

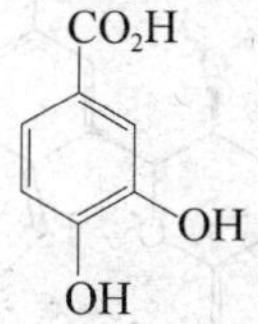

3) 没食子酸

没食子酸(gallic acid)又称五倍子酸，即 3，4，5-三羟基苯甲酸。

没食子酸易受热脱羧，生成焦性没食子，即连苯三酚。

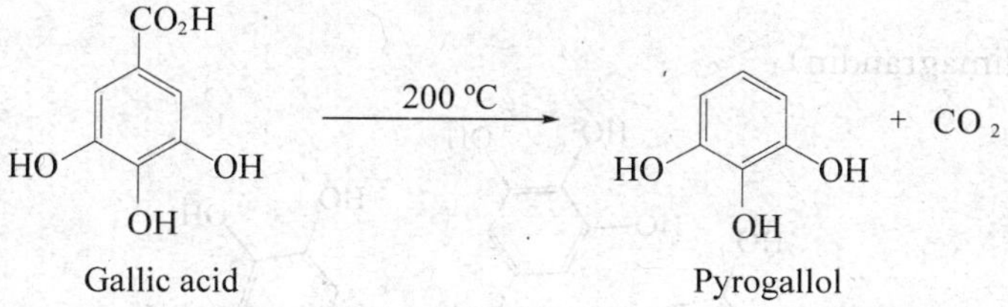

没食子酸丙酯用作抗氧剂。

没食子酸存在于五倍子(没食子)中，是单宁酸的组成单元。

丹宁酸(tannic acid)，又称鞣酸，别名鞣质、单宁(tannin)，是一种黄色或淡棕色轻质无晶性粉末或鳞片，能沉淀蛋白质，与生物碱、甙及重金属等均能形成不溶性复合物。

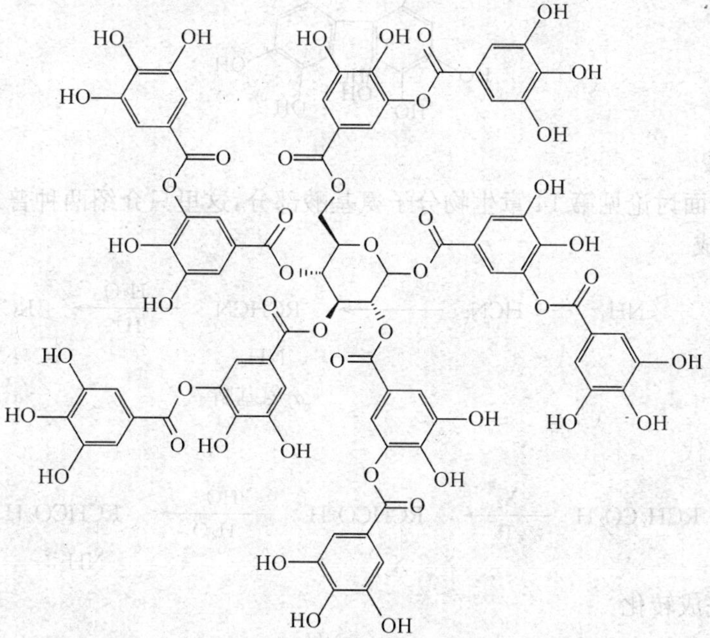

没食子酸也存在于茶黄素、特里马素等天然产物中。

茶黄素(theaflavin)：茶黄素是一类具有苯并卓酚酮结构的化合物，由多酚类及其衍生物氧化、缩合生成。红茶一般含茶黄素 0.3%～1.5%，对红茶的色香味及品质起决定性作用。茶黄素具有抗氧化、防治心血管疾病、降血脂等作用。

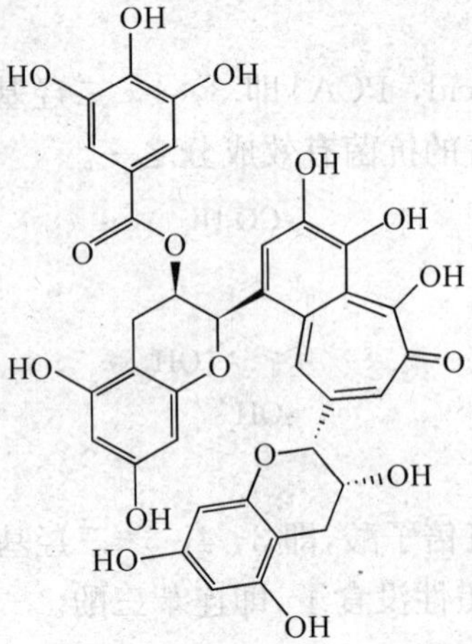

特里马素(tellimagrandin):

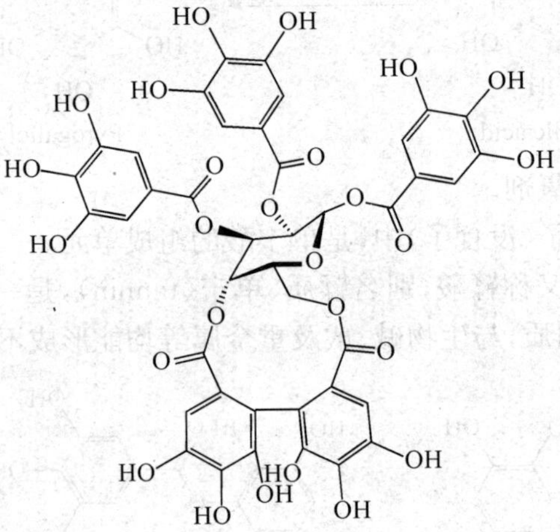

9.1.4.3 氨基酸

α-氨基酸全面讨论见第 14 章生物分子氨基酸部分，这里只介绍两种普通的合成反应。

Strecker 合成

$$RCHO + NH_3 + HCN \longrightarrow \underset{\underset{\alpha-\text{氨基腈}}{NH_2}}{RCHCN} \xrightarrow{H_2O / H^+} \underset{\underset{\alpha-\text{氨基酸}}{NH_2}}{RCHCO_2H}$$

α-卤代酸取代

$$RCH_2CO_2H \xrightarrow{X_2 / P} \underset{X}{RCHCO_2H} \xrightarrow{HO^- / H_2O} \underset{NH_2}{RCHCO_2H}$$

问题 14 完成转化

$$CH_3CH_2OH \Longrightarrow CH_3\underset{NH_2}{CHCO_2H}$$

$$PhCHO \Longrightarrow Ph\underset{NH_2}{CHCO_2H}$$

9.1.4.4 不饱和酸

$CH_2=CHCO_2H$

丙烯酸 Acrylic acid
Propenoic acid
（败脂酸）

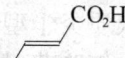

甲基丙烯酸 Methacrylic acid
α-甲基丙烯酸 Methacrylic acid
2-甲基丙烯酸 2-Methylpropenoic acid

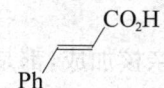

巴豆酸 Crotonic acid　　　异巴豆酸 Isocrotonic acid
反-2-丁烯酸　　　　　　顺-2-丁烯酸
(E)-2-丁烯酸　　　　　　(Z)-2-丁烯酸

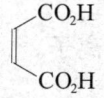   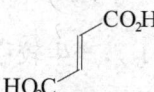

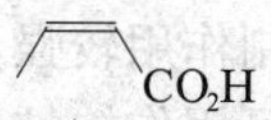

肉桂酸 Cinnamic acid　　　　异肉桂酸 Isocinnamic acid
(E)-3-苯基丙烯酸　　　　　 (Z)-3-苯基丙烯酸
(E)-3-Phenylpropenoic acid　　(Z)-3-Phenylpropenoic acid

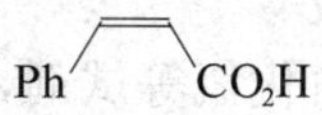

马来酸 Maleic acid　　　富马酸 Fumaric acid
顺-2-丁烯二酸　　　　　反-2-丁烯二酸
(Z)-2-丁烯二酸　　　　 (E)-2-丁烯二酸

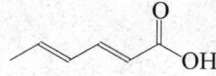

山梨酸 Sorbic acid　　　　　　山梨酸钾 Potassium sorbate
(2E,4E)-2,4-己二烯酸　　　　(E,E)-2,4-己二烯酸钾
(E,E)-2,4-己二烯酸　　　　 Potassium (E,E)-hexa-2,4-dienoate

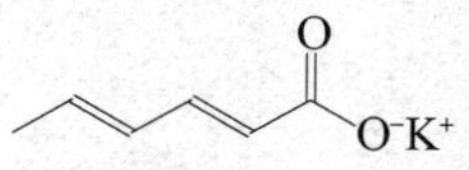

　　山梨酸（钾）能有效地抑制霉菌,酵母菌和好氧性细菌的活性,还能防止肉毒杆菌、葡萄球菌、沙门氏菌等有害微生物的生长和繁殖,但对厌氧性芽孢菌与嗜酸乳杆菌等有益微生物几乎无效,其抑止发育的作用比杀菌作用更强,从而达到有效地延长食品的保存时间,并保持原有食品的风味。其防腐效果是同类产品苯甲酸钠的 5～10 倍。主要用作食品防腐剂,也可用于化妆品防腐和饲料防霉等。

咖啡酸 Caffeic acid

$$\text{HO-C}_6\text{H}_3(\text{OH})\text{-CH=CH-CO}_2\text{H}$$

咖啡酸 Caffeic acid
3,4-二羟基肉桂酸
3,4-Dihydroxycinnamic acid
(E)-3-(3,4-dihydroxyphenyl)propenoic acid

抗菌：具有较广泛的抑菌作用，但在体内能被蛋白质灭活；抗病毒：体外试验表明，有抗病毒活性，对牛痘和腺病毒抑制作用较强，其次为脊髓灰质炎Ⅰ型和副流感Ⅲ型病毒；抗蛇毒：能抑制响尾蛇毒磷酸二酯酶，可用作抗蛇毒剂；止血升白细胞药，具有收缩增固微血管、提高凝血因子的功能、升高白细胞和血小板的作用，用于外科手术预防性出血或止血，内科、妇产科等出血性疾病的止血，也用于各种原因引起的白细胞减少症、血小板减少症。

咖啡酸存在于许多植物中，如咖啡、蓝桉、麝香草、鼠尾草（洋苏草）、荷兰薄荷、锡兰肉桂、大茴香、黑苦樱桃、越橘等。

α,β-不饱和酸的反应

α,β-不饱和酸加成卤化氢等试剂，不论亲电还是亲核加成，都是试剂的活性氢加到 α-碳上，其余部分加到 β-碳上。

亲电加成（A_E）（HX, H_2O），产生较稳定的碳正离子。

$$CH_2=CHCO_2H \xrightarrow{HX} X-CH_2CH_2CO_2H$$

$$\xrightarrow[H^+]{H_2O} HO-CH_2CH_2CO_2H$$

亲核加成（A_N）（HCN, NH_3），产生较稳定的碳负离子。

$$CH_2=CHCO_2H \xrightarrow{NH_3} H_2N-CH_2CH_2CO_2H$$

$$\xrightarrow{HCN} NC-CH_2CH_2CO_2H$$

催化加氢，还原成饱和酸。

$$\text{Ph-CH=CH-CO}_2\text{H} \xrightarrow[\text{Raney Ni}]{H_2} \text{Ph-CH}_2\text{CH}_2\text{-CO}_2\text{H}$$

不饱和酸的合成

α,β-不饱和酸：

$$CH_2=CHCN \xrightarrow[H^+]{H_2O} CH_2=CHCO_2H$$

$$\text{PhCHO} \xrightarrow[\text{AcOK, reflux}]{Ac_2O} \text{PhCH=CHCO}_2\text{H}$$

$$\xrightarrow[C_5H_{10}NH, \text{reflux}]{CH_2(CO_2H)_2}$$

环己酮 $\xrightarrow[H^+]{NaCN}$ 1-羟基-1-氰基环己烷 $\xrightarrow[H^+]{H_2O}$ 1-羟基环己烷甲酸 $\xrightarrow[-H_2O]{H^+}$ 环己烯甲酸

β,γ-不饱和酸：

$$CH_2=CHCH_2Cl \xrightarrow{NaCN} CH_2=CHCH_2CN \xrightarrow[H^+]{H_2O} CH_2=CHCH_2CO_2H$$

问题 15 完成转化

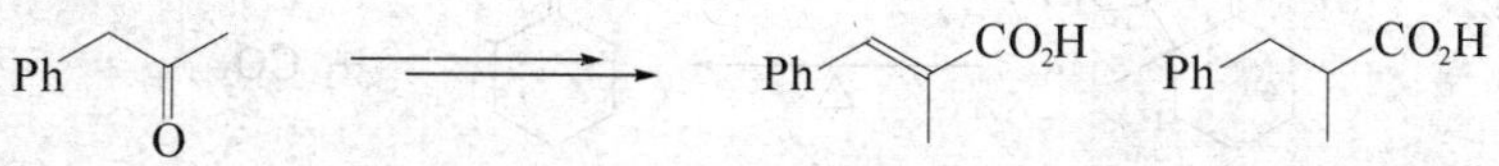

$$Ph-CO-CH_3 \Longrightarrow Ph-CH=C(CH_3)-CO_2H \quad Ph-CH_2-CH(CH_3)-CO_2H$$

9.1.4.4 羰基酸

1. α-羰基酸(α-酮酸)

α-羰基酸即 α-酮酸。

α-羰基酸在稀硫酸溶液中分解产生醛和二氧化碳，在浓硫酸存在下则分解生成羧酸并副产一氧化碳。

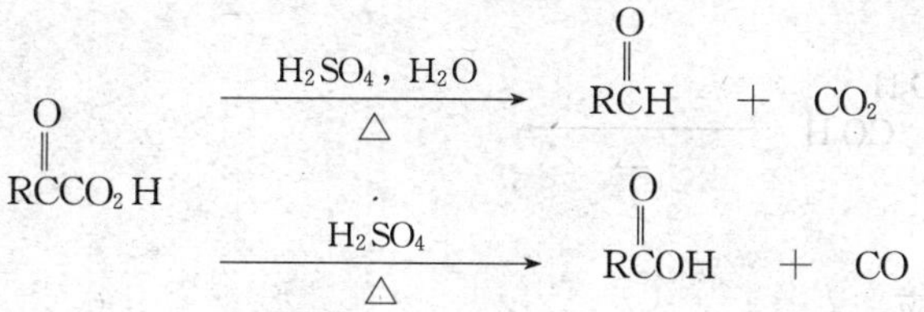

$$RCOCO_2H \xrightarrow[\triangle]{H_2SO_4, H_2O} RCHO + CO_2$$

$$RCOCO_2H \xrightarrow[\triangle]{H_2SO_4} RCOOH + CO$$

丙酮酸(pyruvic acid)即 2-氧代丙酸(2-oxopropanoic acid)。

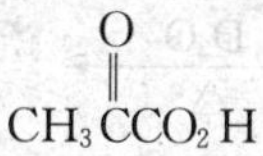

$$CH_3COCO_2H$$

光合作用生成糖类化合物的中间体，生物体内糖和蛋白质代谢的中间产物，氧化脱羧生成乙酰辅酶 A 后，同草酰乙酸缩合生成柠檬酸，进入三羧酸循环，氧化分解为水与二氧化碳并释放出热量。

2. β-羰基酸(β-酮酸)

β-羰基酸即 β-酮酸，著名的就是乙酰乙酸。

乙酰乙酸(acetoacetic acid)；3-丁酮酸；3-氧代丁酸；3-羰基丁酸(3-oxobutanoic acid)，是脂肪酸的代谢产物。

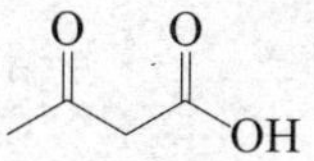

$$CH_3COCH_2COOH$$

β-酮酸易脱羧：经分子内历六元环过渡态，先生成烯醇，再异构化成酮。

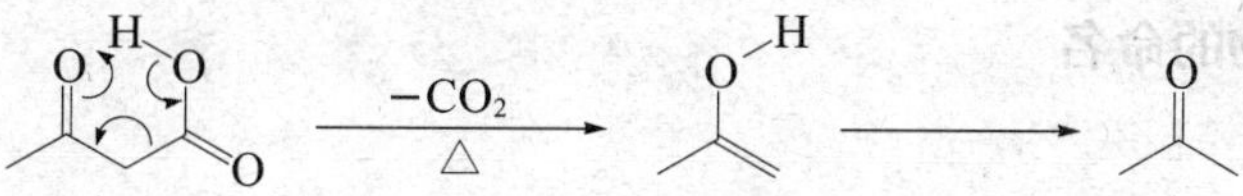

α-取代的乙酰乙酸也易热脱羧：

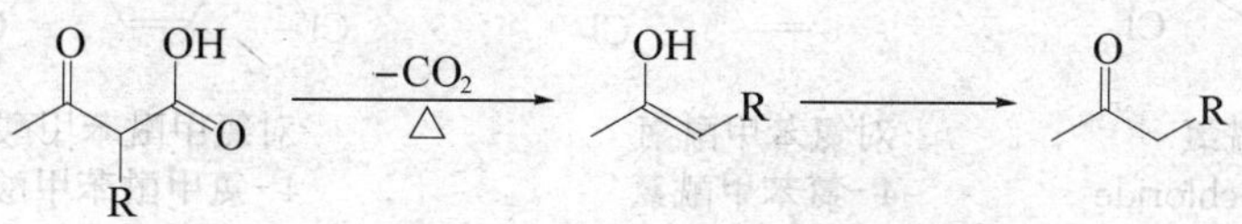

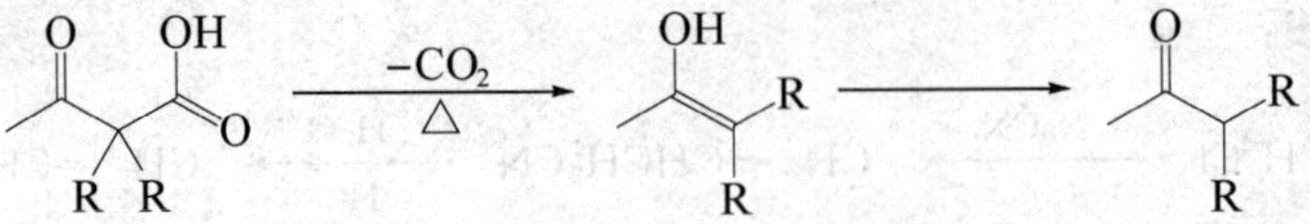

$$\underset{R\ R}{\overset{O}{\underset{\|}{C}}-C(R)(R)-COOH} \xrightarrow[\Delta]{-CO_2} \underset{R}{\overset{OH}{\underset{|}{C}}=C(R)(R)} \longrightarrow \underset{R}{\overset{O}{\underset{\|}{C}}-CH(R)(R)}$$

例：

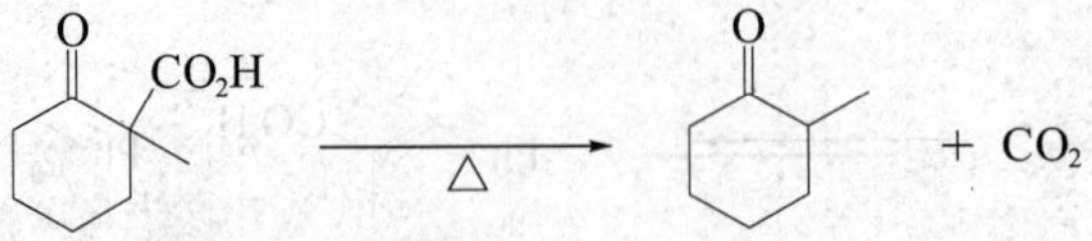

2-甲基-2-羧基环己酮 $\xrightarrow{\Delta}$ 2-甲基环己酮 + CO_2

问题 16 完成反应

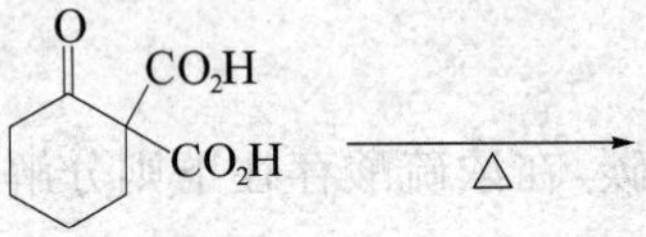

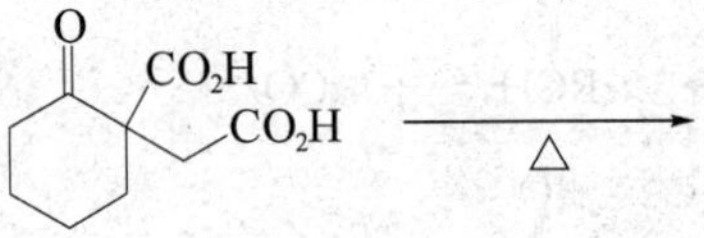

1,1-二羧基-2-氧代环己烷 $\xrightarrow{\Delta}$

1-羧基-1-(羧甲基)-2-氧代环己烷 $\xrightarrow{\Delta}$

问题 17 解释反应

2-甲基-2-羧基环己酮 $\xrightarrow[\Delta]{D_2O}$ 2-甲基-2-氘代环己酮 + CO_2

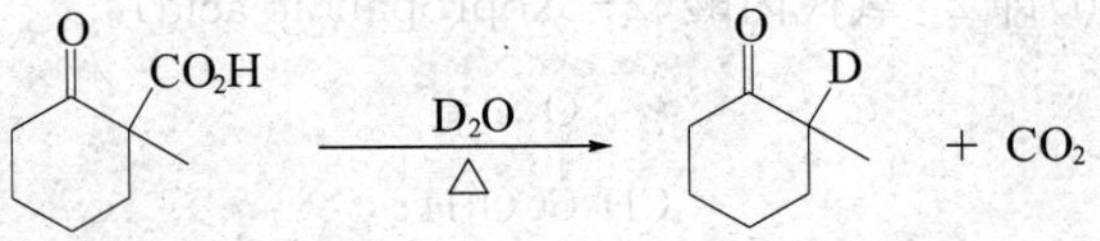

难以烯醇化的羰基酸不易脱羧，如：

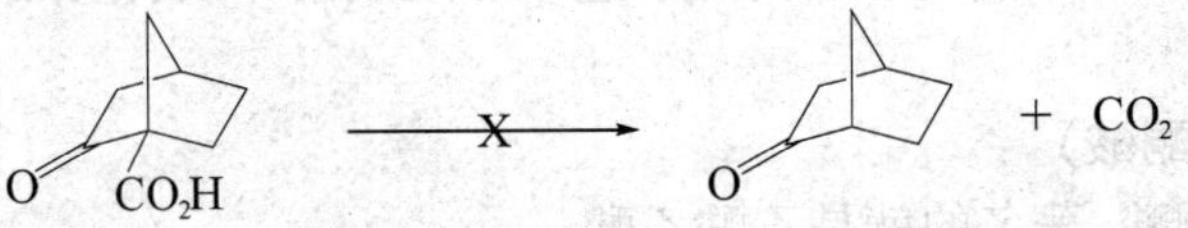

降莰酮-羧酸 $\xrightarrow{X}$ 降莰酮 + CO_2

问题 18 解释上述反应为什么难以发生。

9.2 羧酸衍生物

9.2.1 羧酸衍生物的命名与物性

9.2.1.1 羧酸衍生物的命名

1. 酰卤

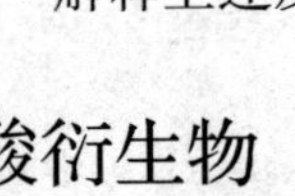

丁酰氯
Butyryl chloride
Butanoyl chloride

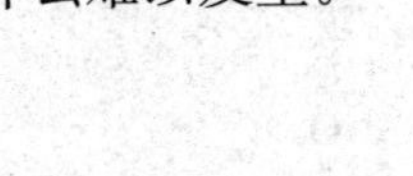

对氯苯甲酰氯
4-氯苯甲酰氯
4-Chlorobenzoyl chloride

对氯甲酰苯甲酸
4-氯甲酰苯甲酸
4-(Chlorocarbonyl)benzoic acid

2. 酸酐

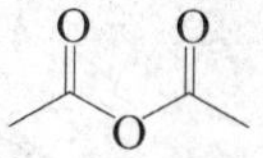

乙酸酐
Acetic anhydride

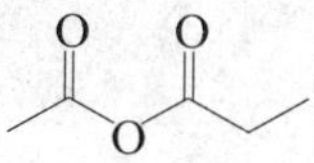

乙丙酸酐
Acetic propanoic anhydride

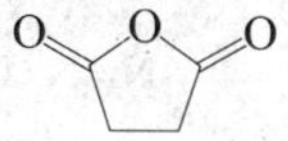

丁二酸酐
Butanedioic anhydride
琥珀酸酐 Succinic anhydride

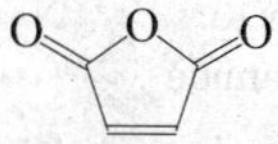

顺-丁烯二酸酐
马来酸酐 Maleic anhydride

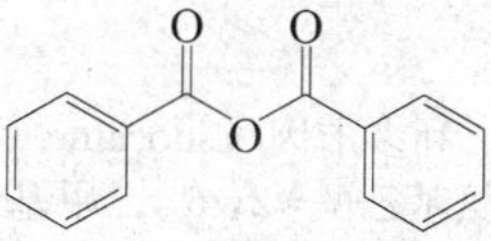

苯甲酸酐
Benzoic anhydride

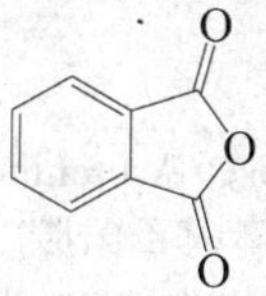

邻苯二甲酸酐
Phthalic anhydride

3. 酯

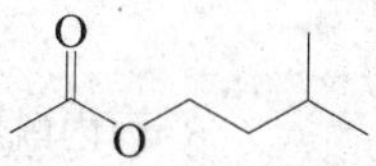

乙酸异戊酯
Isopentyl acetate

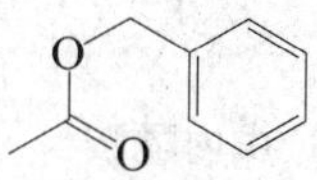

乙酸苯甲酯
Benzyl acetate

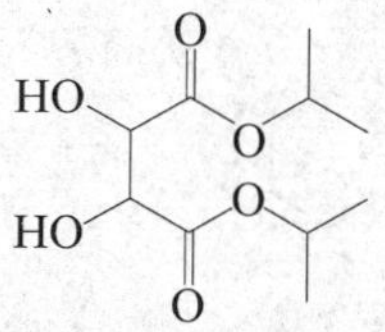

酒石酸二异丙酯
Diisopropyl tartrate
2,3-二羟基丁二酸二异丙酯
Diisopropyl 2,3-dihydroxysuccinate
Diisopropyl 2,3-dihydroxybutanedioate

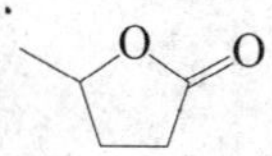

γ-戊内酯 γ-Valerolactone
4-戊内酯 4-Pentanolide
4-Hydroxypentanoic acid lactone

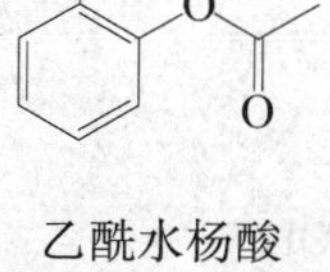

乙酰水杨酸
Acetylsalicylic acid
邻乙酰氧基苯甲酸
2-乙酰氧基苯甲酸
2-Acetoxybenzoic acid

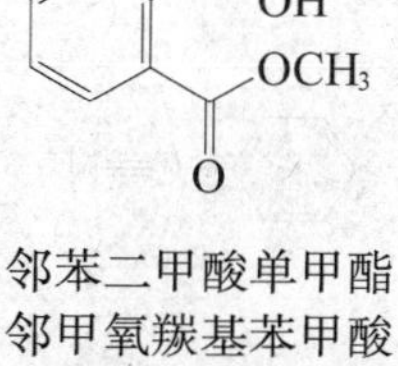

邻苯二甲酸单甲酯
邻甲氧羰基苯甲酸
2-甲氧羰基苯甲酸
2-(Methoxycarbonyl)benzoic acid

4. 酰胺

(CH₃)₂CHCNH₂ (with =O)
异丁酰胺
Isobutyramide
2-甲基丙酰胺
2-Methylpropionamide

HCN(CH₃)₂ (with =O)
二甲基甲酰胺
N,N-二甲基甲酰胺
N,N-Dimethylformaide (DMF)

CH₃CN(CH₃)₂ (with =O)
二甲基乙酰胺 Dimethylacetamide (DMA)
N,N-二甲基乙酰胺
N,N-Dimethylacetamide

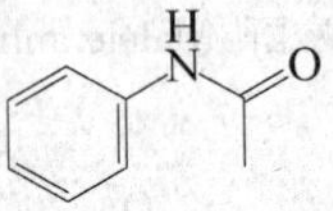

乙酰苯胺 Acetanilide
N-苯基乙酰胺
N-Phenylacetamide

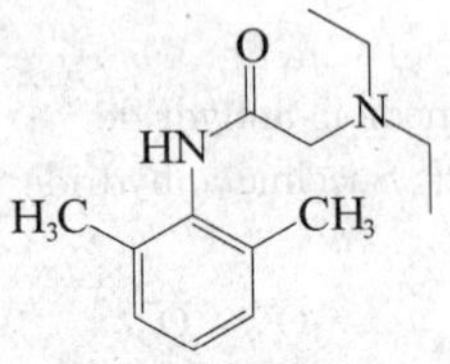

利多卡因 Lidocaine
二乙氨基乙酰-2,6-二甲基苯胺

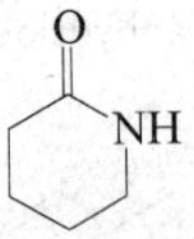

δ-戊内酰胺
δ-Valerolactam
5-戊内酰胺
Piperidin-2-one

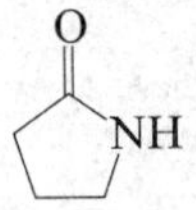

γ-丁内酰胺
γ-Butyrolactam
4-丁内酰胺
Pyrrolidin-2-one

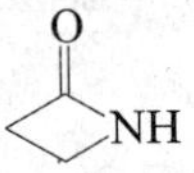

β-丙内酰胺
β-Propiolactam
3-丙内酰胺
2-Azetidinone

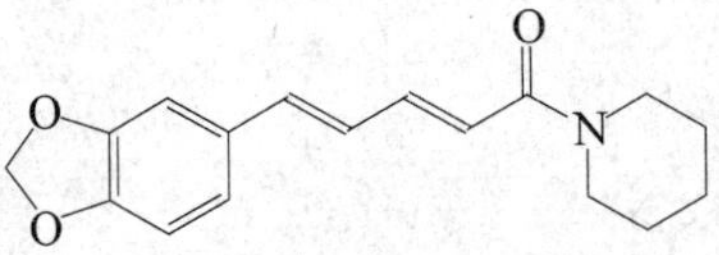

胡椒碱 Piperine
1-Piperylpiperidine 1-胡椒酰哌啶
(E,E)-5-(3,4-亚甲二氧苯基)-2,4-戊二烯酰基哌啶

5. 腈

CH₃CN
乙腈
Acetonitrile
Ethanenitrile

(CH₃)₂CHCN
异丁腈
Isobutyronitrile
2-甲基丙腈

CH₂=CHCN
丙烯腈
Acrylonitrile
Propenenitrile

CH₂=CCO₂CH₃ (with CN)
α-氰基丙烯酸甲酯
2-氰基丙烯酸甲酯
Methyl cyanoacrylate

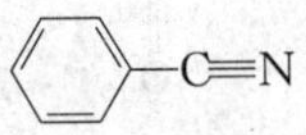

苯甲腈
Benzonitrile
Benzenecarbonitrile

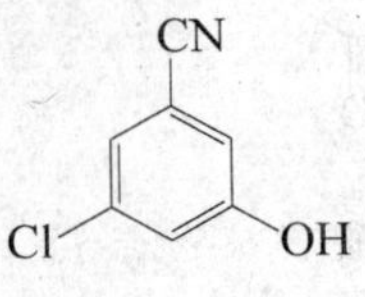

3-羟基-5-氯苯甲腈

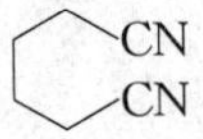

己二腈
Hexanedinitrile
Adiponitrile; Adipic dinitrile

9.2.1.2 羧酸衍生物的物性

十四碳酸以下的甲酯和乙酯均为液体。挥发性的低级酯具有芳香的气息，许多花果的香气就是由酯引起的。如乙酸甲酯，乙酸乙酯：pleasant；乙酸丙酯，乙酸戊酯：like pears；乙酸丁酯，乙酸异戊酯：like bananas；丁酸丁酯：like pineapples；丙酸异丁酯：like rum；戊酸乙酯，戊酸异戊酯：like apples；水杨酸甲酯：like wintergreen。

低级的酰氯和酸酐是有刺鼻气味的液体，高级的为固体。

酰胺除甲酰胺外，由于形成氢键，均是固体；而当酰胺氮上有取代基时为液体。

羧酸衍生物可溶于有机溶剂。酰氯和酸酐不溶于水，分子量较低的遇水易分解。酯在水中溶解度很小，低级酰胺可溶于水，N,N-二甲基甲酰胺（DMF）和 N,N-二甲基乙酰胺（DMA）是良好的非质子极性溶剂，可与水混溶。

羧酸衍生物的沸点及其比较：

CH₃COOH	CH₃COOMe	CH₃COCl	CH₃CONH₂	(CH₃CO)₂O
bp 118	57	51	221	140 ℃
mp 16			80 ℃	

CH₃CH₂COOH	CH₃CH₂CONH₂	CH₃CH₂CN
bp 141	213	98 ℃
mp	83 ℃	

CH₃CH₂CH₂OH	CH₃CH₂OCH₃	(CH₃)₂CO	CH₃CH₂CHO
bp 97	11	56	49 ℃

羧酸衍生物的波谱
IR

RCOCl	ArCOCl	(RCO)₂O	RCOOR'	ArCOOR'
$\nu_{C=O}$ ~1800	1780	1820, 1760	1740	1720 cm⁻¹
ν_{C-O}			1250, 1050	1250, 1050 cm⁻¹

RCONH₂	RCONHR'	RCONR'₂
$\nu_{C=O}$ ~1650	1650	1650 cm⁻¹
ν_{N-H} 3400, 3200	3300 cm⁻¹	

RC≡N	ArC≡N
$\nu_{C≡N}$ 2260~22400	2230 cm⁻¹

¹H NMR

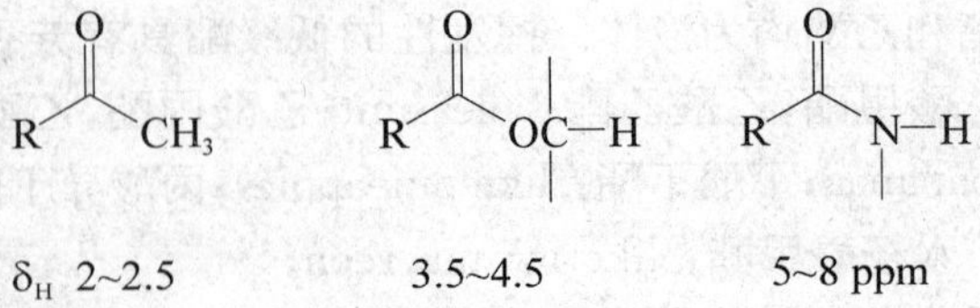

δ_H 2~2.5 (R-CO-CH₃)   3.5~4.5 (R-CO-O-CH)   5~8 ppm (R-CO-N-H)

9.2.1.3 羧酸衍生物化学反应性一般讨论

羧酸衍生物羰基的亲核取代(分解)反应：

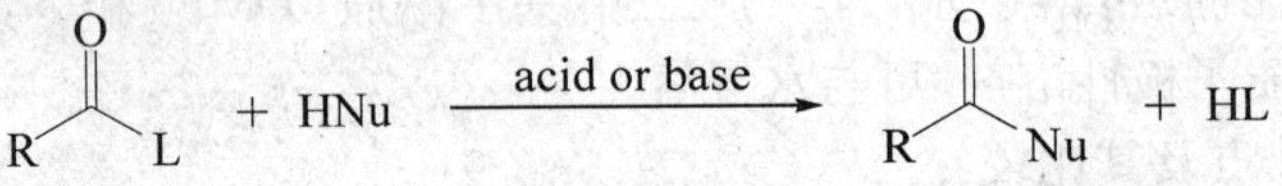

$$R-CO-L + HNu \xrightarrow{acid\ or\ base} R-CO-Nu + HL$$

羧酸衍生物亲核取代的反应机理都是亲核加成，生成四面体中间体，然后消去离去基，完成取代(分解)。

羧酸衍生物亲核取代的反应活性取决于电子效应、离去基的离去能力(负离子的碱性强弱、稳定性)以及立体效应。凡是能够提高羰基碳的电正性，都有利于亲核加成，因此，吸电子效应是有利的，提高反应活性。离去基的碱性弱、稳定，易于离去，消去容易，反应活性高。立体效应是位阻大，不利于亲核加成，或生成的中间体拥挤，反应活性低。

因此，羧酸衍生物亲核取代的反应相对活性如下：

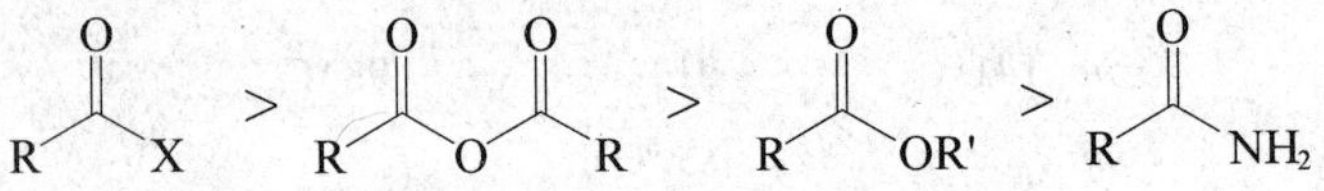

$$R-CO-X > R-CO-O-CO-R > R-CO-OR' > R-CO-NH_2$$

羧酸衍生物水解的相对反应速度如下：

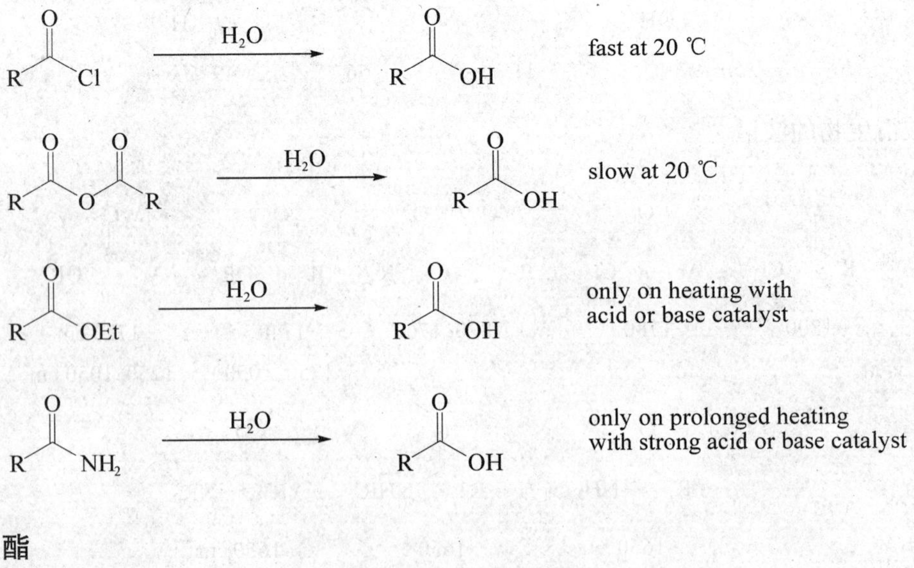

R-CO-Cl + H₂O ⟶ R-COOH   fast at 20 ℃

R-CO-O-CO-R + H₂O ⟶ R-COOH   slow at 20 ℃

R-CO-OEt + H₂O ⟶ R-COOH   only on heating with acid or base catalyst

R-CO-NH₂ + H₂O ⟶ R-COOH   only on prolonged heating with strong acid or base catalyst

9.2.2 酯

9.2.2.1 酯的反应

1. 亲核分解反应

酯的亲核分解(取代)包括水解、醇解和胺解。

酯的亲核取代(分解)反应,一般需要在碱或酸性条件下加热进行。

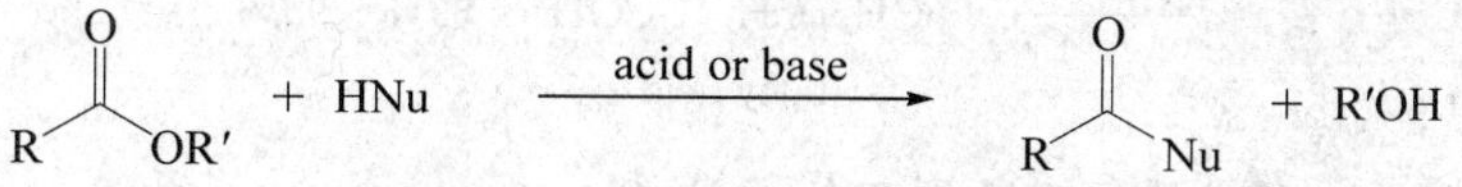

$$\underset{R}{\text{RCOOR'}} + HNu \xrightarrow{\text{acid or base}} \underset{R}{\text{RCONu}} + R'OH$$

碱性亲核取代的反应机理:负离子亲核试剂亲核加成,生成四面体氧负离子,然后消去烷氧负离子,完成亲核取代。

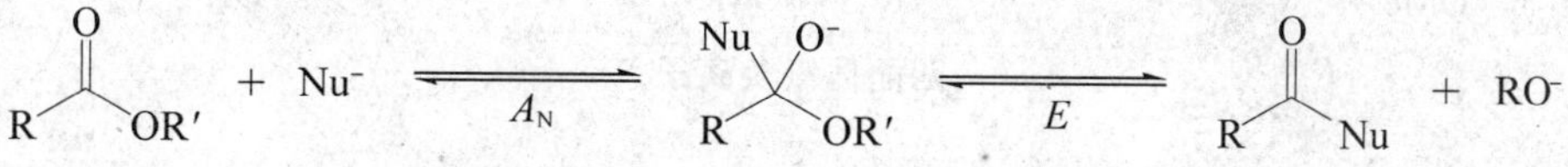

$$\text{RCOOR'} + Nu^- \underset{A_N}{\rightleftharpoons} \text{R(Nu)(O^-)(OR')} \underset{E}{\rightleftharpoons} \text{RCONu} + RO^-$$

酸性条件下亲核取代,酸的作用是质子化羰基氧,增加羰基碳的电正性,有利于亲核试剂的亲核加成。

1) 水解反应

酯水解(hydrolysis)产生羧酸和醇或酚。酯水解反应一般在酸催化或碱性条件下且加热进行。

酯水解反应机理,理论上可有:碱(B)、酸(A)性,双(2)、单(1)分子反应,酰氧(Ac)、烷氧(Al)键断裂。

酰氧键断裂　　　　烷氧键断裂
Acyl-oxygen bond cleavage　　Alkyl-oxygen bond cleavage

酯水解反应常见的有碱性酰氧键断裂双分子($B_{Ac}2$)、酸性酰氧键断裂双分子($A_{Ac}2$)、酸性烷氧键断裂单分子($A_{Al}1$)、碱性烷氧键断裂单分子($B_{Al}1$)、酸性酰氧键断裂单分子($A_{Ac}1$)和碱性烷氧键断裂双分子($B_{Al}2$)六种。

(1) 碱性酰氧键断裂双分子($B_{Ac}2$)

一般的酯在碱性条件下水解是酰氧键断裂双分子($B_{Ac}2$)机理。

例:

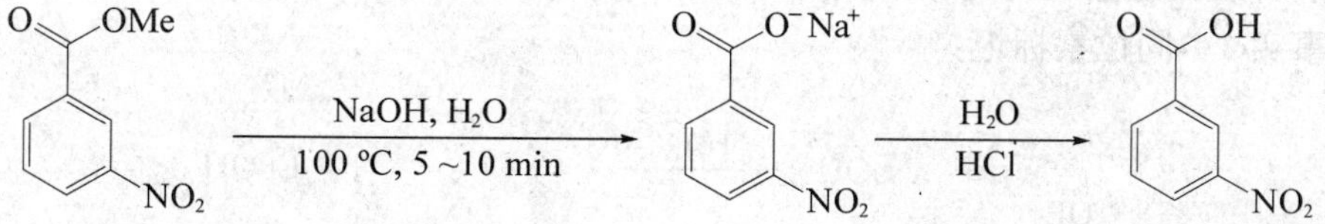

间硝基苯甲酸甲酯 $\xrightarrow[100\ ℃,\ 5\sim10\ \text{min}]{\text{NaOH, H}_2\text{O}}$ 间硝基苯甲酸钠 $\xrightarrow[\text{HCl}]{\text{H}_2\text{O}}$ 间硝基苯甲酸 (90%~96%)

油脂皂化:

油脂(fat or oil)的碱性水解产生甘油(glycerol)和高级脂肪酸盐即肥皂(soap),酸化即得高级脂肪酸(fatty acids)。因此,酯的碱性水解又称皂化(saponification)。

例:

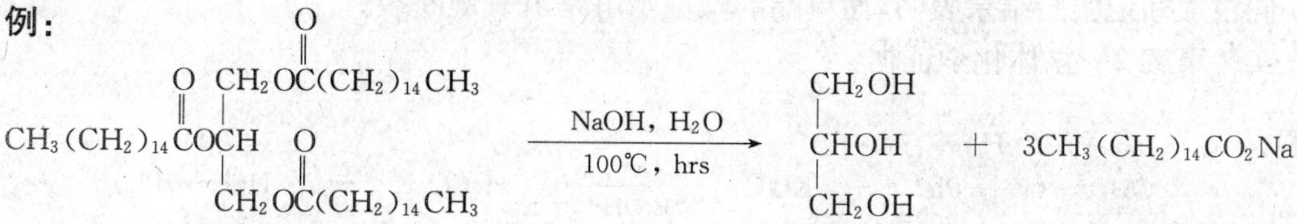

a fat or oil $\xrightarrow[100\ ℃,\ \text{hrs}]{\text{NaOH, H}_2\text{O}}$ glyceraol + $3CH_3(CH_2)_{14}CO_2Na$ (Na salt of fatty acid soap)

$$\xrightarrow{H^+} CH_3(CH_2)_{16}COOH \quad 89\% \sim 95\%$$
$$\text{fatty acid}$$

碱性水解机理——碱性酰氧键断裂双分子 $B_{Ac}2$：

$$R-\underset{O}{\overset{O}{C}}-OMe + HO^- \underset{}{\overset{A_N}{\rightleftharpoons}} R-\underset{OMe}{\overset{HO\ O^-}{C}} \underset{}{\overset{E}{\rightleftharpoons}} R-\underset{O}{\overset{O}{C}}-OH + MeO^-$$
$$\text{四面体氧负离子}$$

$$\longrightarrow R-\underset{O^-}{\overset{O}{C}} + MeOH$$

碱性水解的有关问题：
(a)碱性水解速率与碱的浓度成正比；(b)结构因素：吸电子基加速反应，空间位阻大、反应慢；(c)中间体四面体氧负离子的负电荷越分散、越稳定，反应越快；(d)离去基易于离去的酯易水解；(e)酯的碱性水解是不可逆的；(f)碱的用量是计量的。

$CH_3\overset{O}{C}OCMe_3$	$Me_3C\overset{O}{C}OEt$	$CH_3\overset{O}{C}OEt$	$ClCH_2\overset{O}{C}OEt$
r_{rel} 0.002	0.01	1	296

问题 19 按照递减的次序排列下列乙酸酯的水解反应速率：

A: PhO-COCH₃
B: O_2N-C₆H₄-OCCH₃
C: MeO-C₆H₄-OCCH₃

碱性水解酰氧键断裂的实验证据：

实验事实 1 同位素标记：

$$CH_3-\underset{^{18}OEt}{\overset{O}{C}} + NaOH \xrightarrow{H_2O} CH_3-\underset{ONa}{\overset{O}{C}} + Et^{18}OH$$

$$CH_3-\underset{OC_5H_{11}}{\overset{O}{C}} + Na^{18}OH \xrightarrow{H_2O^{18}} CH_3-\underset{^{18}ONa}{\overset{O}{C}} + C_5H_{11}OH$$

同位素标记实验结果表明，简单酯的碱性水解是酰氧键断裂。

实验事实 2 立体化学证据：

$$CH_3\overset{O}{C}-O\underset{Me}{\overset{H}{|}}Ph + KOH \xrightarrow[EtOH]{H_2O} CH_3CO_2K + HO\underset{Me}{\overset{H}{|}}Ph$$

(R)-(+)-乙酸-1-苯乙酯   (R)-(+)-1-苯乙醇

水解后,醇的构型保持,这个实验事实表明是酰氧键断裂。

$$CH_3\overset{O}{\underset{}{C}}-\overset{H}{\underset{Me}{\overset{|}{C}}}-Ph \xrightarrow{HO^-} CH_3\overset{O^-}{\underset{OH}{\overset{|}{C}}}-\overset{H}{\underset{Me}{\overset{|}{O}}}-Ph \xrightarrow{HO^-} CH_3CO^- + HO-\overset{H}{\underset{Me}{\overset{|}{C}}}-Ph$$

实验事实 3 羰基氧标记的酯如苯甲酸乙酯、异丙酯和叔丁酯在碱性溶液中部分水解,即不待水解完成就停止反应,回收酯,发现同位素氧(^{18}O)的丰度降低。

$$PhC(=^{18}O)-OEt \underset{}{\overset{HO^-}{\rightleftharpoons}} PhC(\overset{18O^-}{\underset{OH}{}})-OEt \longrightarrow PhC(=^{18}O)-O^- + EtOH$$

$$PhC(=O)-OEt \underset{}{\overset{-HO^-}{\rightleftharpoons}} PhC(\overset{18OH}{\underset{O^-}{}})-OEt \longrightarrow PhC(=O)-^{18}O^- + EtOH$$

这个实验事实表明,亲核加成产生中间体四面体氧负离子,由于同位素氧标记,可能会有两种四面体氧负离子,即存在一个平衡。酰氧键断裂消去乙氧负离子都给出水解产物。羟基氧标记的四面体氧负离子若消去氢氧负离子即返回,转化成非标记的酯。因此,回收的酯中同位素氧(^{18}O)的丰度降低。

(2) 酸性酰氧键断裂双分子($A_{Ac}2$)

一般羧酸的伯仲醇酯,在酸性溶液中水解多为酰氧键断裂双分子($A_{Ac}2$)。

实验事实 1

$$CH_3C(=O)-O^{18}Et + H_2O \xrightarrow{H^+} CH_3C(=O)OH + Et^{18}OH$$

实验事实 2 羰基氧标记的酯部分水解,回收酯中同位素氧(^{18}O)丰度降低。这表明,亲核加成产生中间体双羟基四面体,酰氧键断裂消去醇分子完成水解,返回给出酯。

酸性水解反应机理:

$$RC(=O)OMe \overset{H^+}{\rightleftharpoons} RC(=\overset{+}{O}H)OMe \underset{A_N}{\overset{H_2O}{\rightleftharpoons}} R\overset{HO}{\underset{OMe}{\overset{|}{C}}}\overset{+}{O}H_2 \rightleftharpoons R\overset{HO}{\underset{\overset{+}{H}OMe}{\overset{|}{C}}}OH$$

$$\underset{E}{\overset{-H^+}{\rightleftharpoons}} RC(=O)OH + MeOH$$

酸性水解的有关问题:

(a) 酸在反应中的作用:质子化羰基氧,提高羰基碳的电正性,即活化羰基;烷氧(RO)质子化,转化为更易离去的中性醇分子(ROH)。

(b) 在酯(RCO_2R')分子中,R 若有吸电子基团虽能活化羰基,但会使中间体正离子不稳定,R 为给电子基亦有两种相反的作用,故表现出不明显的电子效应。

(c) 酯的酸性水解和酯化反应互为逆反应,平衡移动取决于反应条件。体系中有大量水存在,发生酯的水解。若有大量醇,并采取去水措施,则有利于酯化反应。

(d) 酯的结构因素：

$$\underset{R}{\overset{O}{\|}}\!\!-\!\!OR'$$ R 对水解反应速率的影响：$1° > 2° > 3°$
R' 对水解反应速率的影响：$3° > 1° > 2°$

酰基的烃基(R)结构是,伯、仲、叔,反应速率依次降低,这是立体位阻效应。烷氧基的烃基结构是,伯的速率高于仲,但叔烃基最快(机理不同,下面讨论)。

例如,不同乙酸酯在盐酸中于 $25℃$ 水解的相速率：

CH_3COR	R	CH_3	CH_2CH_3	$CH(CH_3)_2$	$C(CH_3)_3$
	r_{rel}	1	0.97	0.53	1.15

可以看出,乙酸叔丁酯最快,这是反应机理不同。

酯的酸性水解($A_{Ac}2$)和碱性水解($B_{Ac}2$)的比较：相同点：(a) 都是经过亲核加成-消去机理进行的,增大空间位阻,对反应不利;(b) 都经历酰氧键断裂。不同点：(a) 试剂用量不同,碱大于 1 mol,酸只需要催化量;(b) 碱性反应是不可逆的,酸催化反应是可逆的;(c) 吸电子取代基对碱性水解有利,对酸性催化没有明显的影响;(d) 碱性水解：$1°>2°>3°$ ROH;酸性水解：$3°>1°>2°$ ROH。

(3) 酸性烷氧键断裂单分子反应($A_{Al}1$)

能产生稳定碳正离子的叔醇酯或类似的酯酸性水解为此机理。

实验事实：氧同位素标记的酯水解,标记氧留在乙酸分子中。

$$CH_3\overset{O}{\overset{\|}{C}}{}^{18}\!O\!-\!C(CH_3)_3 + H_2O \xrightarrow{H^+} CH_3\overset{O^{18}}{\overset{\|}{C}}OH + (CH_3)_3COH$$

$$CH_3\overset{O}{\overset{\|}{C}}O\!-\!C(CH_3)_3 + H_2O^{18} \xrightarrow{H^+} CH_3\overset{O}{\overset{\|}{C}}OH + (CH_3)_3C\overset{18}{O}H$$

同位素标记实验结果表明：叔醇酯的酸性水解是烷氧键断裂,也就是说,叔丁碳正离子生成是决定性的。

酸性烷氧键断裂单分子反应($A_{Al}1$)机理：

$$CH_3\overset{O}{\overset{\|}{C}}O\!-\!C(CH_3)_3 \underset{}{\overset{H^+}{\rightleftharpoons}} CH_3\overset{+OH}{\overset{\|}{C}}O\!-\!C(CH_3)_3 \underset{}{\overset{H^+}{\rightleftharpoons}} CH_3\overset{O}{\overset{\|}{C}}OH + (CH_3)_3C^+$$

$$(CH_3)_3C^+ + HOH \longrightarrow (CH_3)_3C\!-\!\overset{+}{O}H_2 \longrightarrow (CH_3)_3COH + H^+$$

(4) 碱性烷氧键断裂单分子反应($A_{Al}1$)

能产生稳定碳正离子的叔醇酯也可按碱性烷氧键断裂单分子反应机理水解。例如,旋光的邻苯二甲酸单酯碱性水解,产物不旋光。

旋光底物 $\xrightarrow{\text{NaOH}, H_2O}$ 邻苯二甲酸 + 对甲氧基苯基苯甲醇 (不旋光(±))

烷氧键断裂单分子反应($A_{Al}1$)机理：

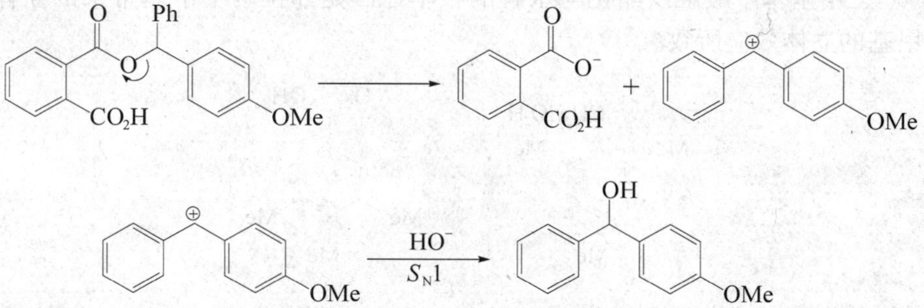

首先发生的是烷氧键断裂，产生特别稳定的二苯甲基碳正离子，手性消失，实际上是一种单分子亲核取代，非手性的碳正离子接受氢氧负离子的进攻，生成手性醇的外消旋体，自然不旋光。

(5) 酸性酰氧键断裂单分子反应($A_{Ac}1$)

位阻很大的2,4,6-三甲基苯甲酸酯在一般条件下难以水解，但可将其先溶于浓硫酸，然后转移到冰水中即水解。同理，2,4,6-三甲基苯甲酸亦难以用Fischer酯化反应酯化，但可将其先溶于浓硫酸，然后转移至冷的甲醇中即甲酯化。

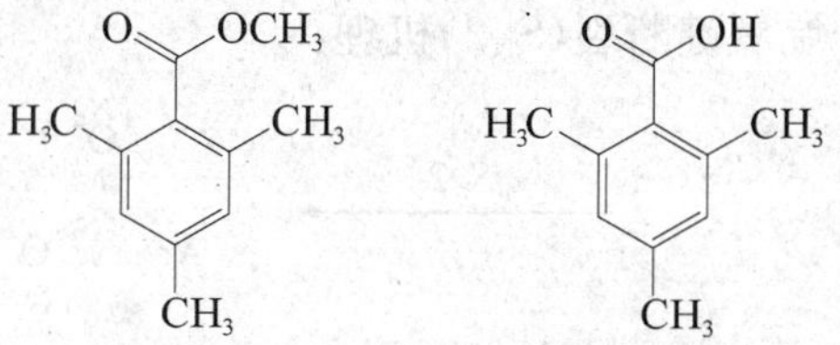

这是酸性酰氧键断裂单分子反应($A_{Ac}1$)。2,4,6-三甲基苯甲酸酯质子化脱甲醇，产生2,4,6-三甲基苯甲酰基正离子，然后接受水分子的进攻、消去质子，完成水解。

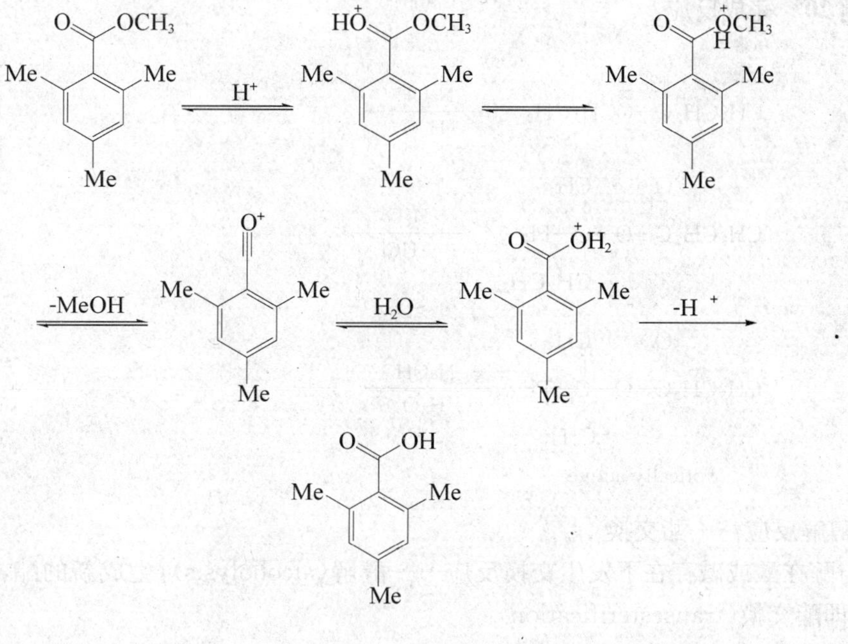

2，4，6-三甲基苯乙酸和 3，4，5-三甲基苯甲酸都能在一般条件下酯化与水解。这表明，2，4，6-三甲基苯甲酸难以酯化与水解的根本原因是邻位两个甲基带来的立体位阻，即两侧邻位甲基的立体效应所致。

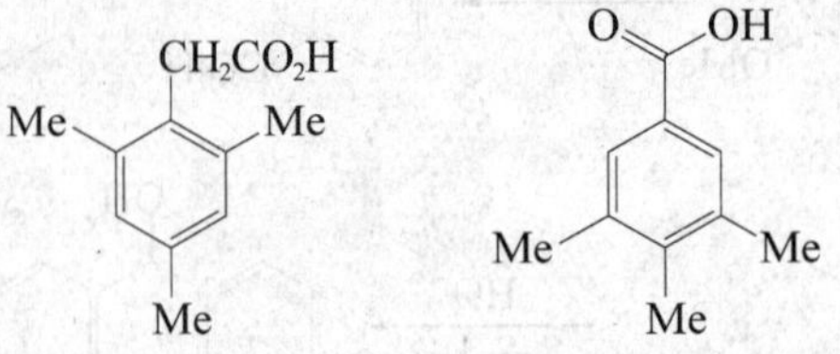

（6）碱性烷氧键断裂双分子反应（$B_{Al}2$）

位阻很大的 2，4，6-三甲基苯甲酸甲酯可以用氰化钠在六甲基磷酰胺（HMPA）溶液中分解：

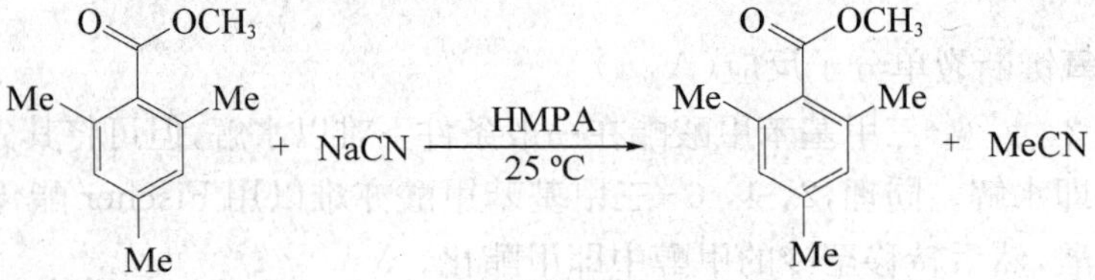

反应可能是碱性双分子烷氧键断裂（S_N2）机理：

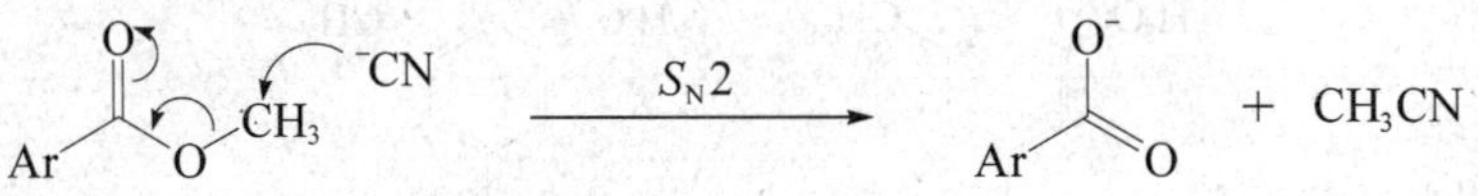

酯水解大多是 $B_{Ac}2$ 和 $A_{Ac}2$ 机理，只有结构特殊的酯水解才可能经历 $A_{Al}1$，$A_{Ac}1$，$B_{Al}1$ 或 $B_{Al}2$ 过程。

酯水解应用于反应机理研究、制备羧酸或醇（酚），测定酯的结构。

问题 20 完成反应

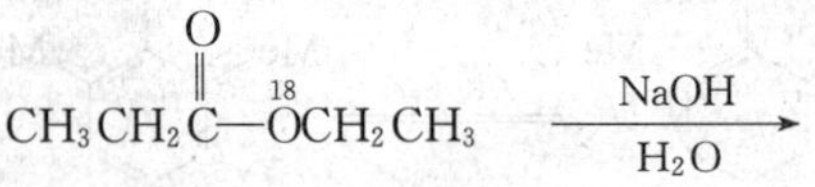

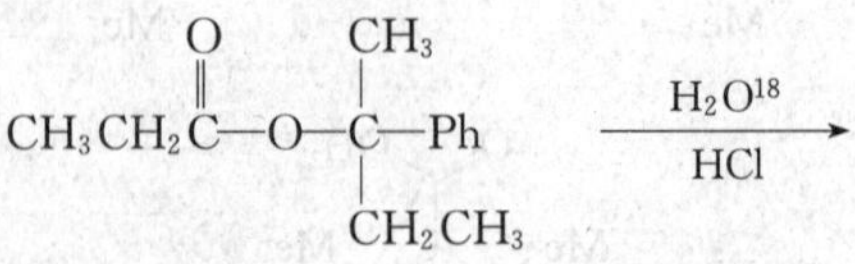

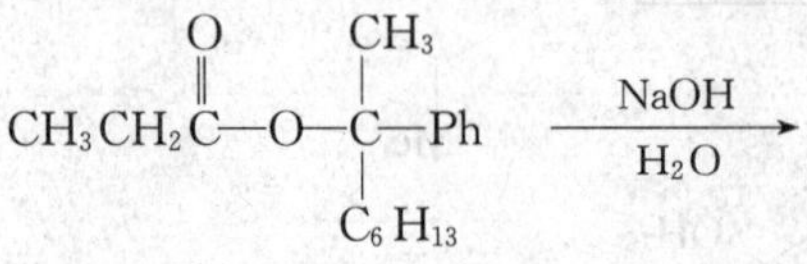

$$CH_3CH_2\overset{O}{\underset{}{C}}-\overset{18}{O}CH_2CH_3 \xrightarrow[H_2O]{NaOH}$$

$$CH_3CH_2\overset{O}{\underset{}{C}}-O-\underset{CH_2CH_3}{\overset{CH_3}{\underset{|}{C}}}-Ph \xrightarrow[HCl]{H_2O^{18}}$$

$$CH_3CH_2\overset{O}{\underset{}{C}}-O-\underset{C_6H_{13}}{\overset{CH_3}{\underset{|}{C}}}-Ph \xrightarrow[H_2O]{NaOH}$$

optically active

2）醇解反应——酯交换

酯与醇在酸或碱存在下发生交换反应——醇解（alcoholysis），生成新的酯，同时释放出醇或酚，此即酯交换（transesterification）。

$$\text{CH}_3\text{COOEt} + \text{ROH} \xrightarrow{\text{H}^+ \text{ or } \text{RO}^-} \text{CH}_3\text{COR} + \text{EtOH}$$

酯交换反应常在强酸如硫酸、盐酸、对甲苯磺酸等或强碱如醇盐(RONa)等存在下进行。

酸催化酯交换机理：

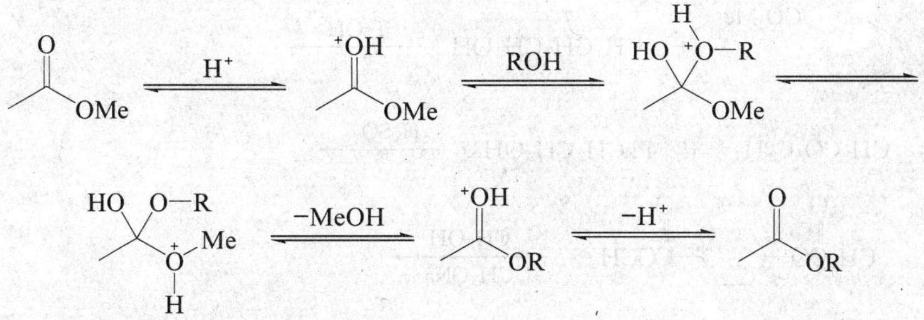

[反应机理图：甲基乙酸酯在 H⁺ 催化下质子化，ROH 加成生成四面体中间体，再经 −MeOH、−H⁺ 转化为 RO 取代的酯]

碱性酯交换机理：

[反应式：CH₃C(O)OMe + ROH → (RO⁻) → CH₃C(O)OR + MeOH]

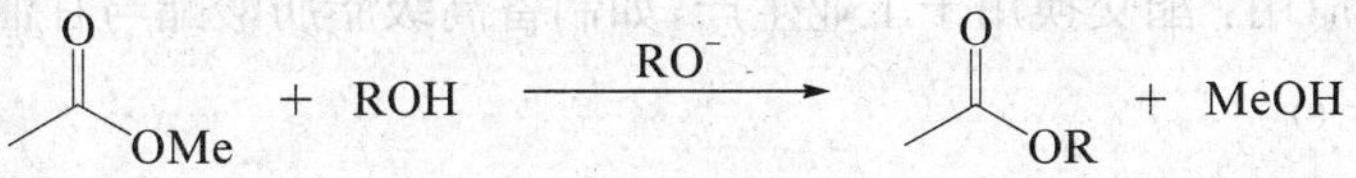

烷氧负离子亲核加成酯羰基，生成四面体氧负离子中间体，然后消去甲氧负离子，完成酯交换。

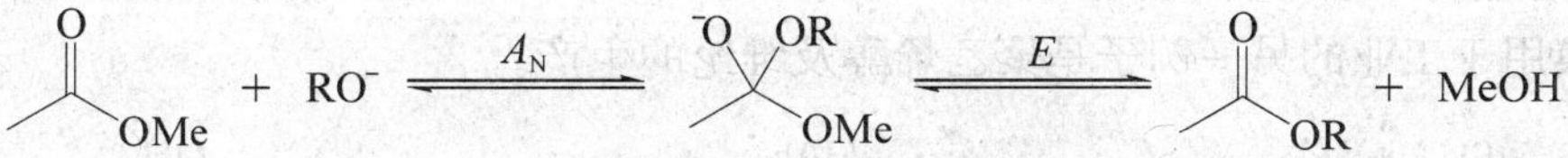

[反应机理图：CH₃C(O)OMe + RO⁻ ⇌ (A_N) 四面体中间体 ⇌ (E) CH₃C(O)OR + MeOH]

$$\text{MeO}^- + \text{ROH} \rightleftharpoons \text{MeOH} + \text{RO}^-$$

酯交换反应常用于从一个低沸点醇的酯制备高沸点醇的酯。

例：

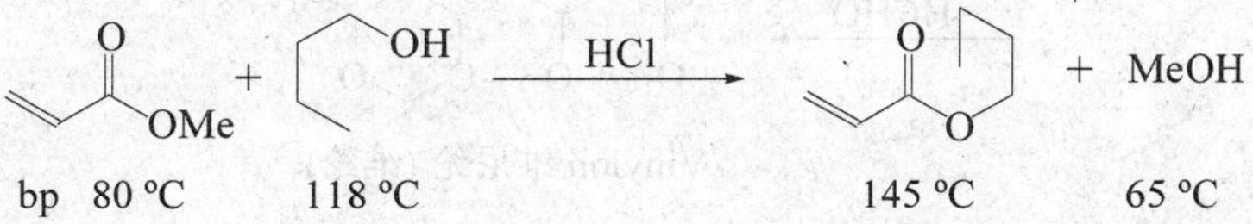

[反应式：丙烯酸甲酯 (bp 80 °C) + BuOH (118 °C) —HCl→ 丙烯酸丁酯 (145 °C, 94%) + MeOH (65 °C)]

$$\text{CH}_3\text{COOEt} + \text{BuOH} \xrightarrow[\text{reflux}]{\text{BuONa}} \text{CH}_3\text{COOBu} + \text{EtOH}$$

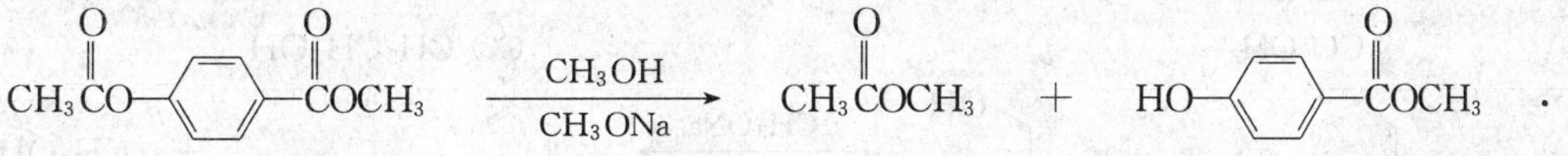

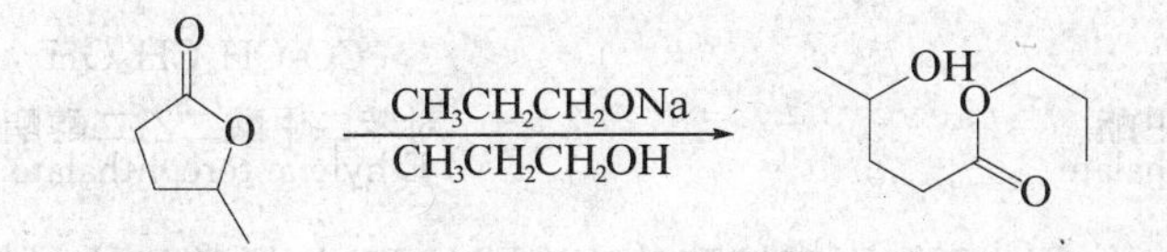

[反应式：对苯二甲酸二乙酰酯 (1,4-二乙酰氧基苯) + CH₃OH/CH₃ONa → CH₃COOCH₃ + 对羟基苯乙酸酯 HO-C₆H₄-OCOCH₃]

[反应式：5-甲基-γ-丁内酯 + CH₃CH₂CH₂ONa / CH₃CH₂CH₂OH → 5-羟基己酸丙酯]

$$\underset{\text{OH}}{\underset{|}{\text{C}_6\text{H}_4}}\text{-CO}_2\text{Et} \xrightarrow{\text{H}_2\text{SO}_4} \text{(isobenzofuranone)} + \text{EtOH}$$

问题 21 完成反应

$$\text{PhCO}_2\text{Me} + \text{CH}_3\text{CH}_2\text{CH}_2\text{OH} \xrightarrow{\text{TsOH}}$$

$$\text{CH}_3\text{CO}_2\text{C}_2\text{H}_5 + \text{PhCH}_2\text{CH}_2\text{OH} \xrightarrow{\text{H}_2\text{SO}_4}$$

$$\text{1,4-}(\text{CH}_3\text{CO})_2\text{C}_6\text{H}_{10} \xrightarrow[\text{CH}_3\text{ONa}]{\text{CH}_3\text{OH}}$$

问题 22 解释实验事实

用光活性的(S)-4-戊内酯在含有乙醇钠的乙醇中回流。评论反应的立体化学与旋光性。

酯交换的工业应用：酯交换用于工业生产，如制备高级脂肪酸酯与甘油。

$$\begin{array}{c}\text{CH}_2\text{OC}(\text{O})(\text{CH}_2)_{14}\text{CH}_3\\ \text{CH}_3(\text{CH}_2)_{14}\text{COCH}\\ \text{CH}_2\text{OC}(\text{O})(\text{CH}_2)_{14}\text{CH}_3\end{array} + 3\text{CH}_3\text{OH} \xrightarrow{\text{CH}_3\text{ONa}} 3\text{CH}_3(\text{CH}_2)_{14}\text{CO}_2\text{CH}_3 + \begin{array}{c}\text{CH}_2\text{OH}\\ \text{CHOH}\\ \text{CH}_2\text{OH}\end{array}$$

酯交换用于工业的另一例子是聚乙烯醇及维纶的生产。

$$\text{CH}_3\text{COCH}=\text{CH}_2 \xrightarrow{\text{AIBN}} \text{-[CH(OAc)CH}_2\text{]}_n\text{-} \xrightarrow[\text{CH}_3\text{ONa}]{\text{CH}_3\text{OH}} \text{-[CH(OH)CH}_2\text{]}_n\text{-}$$

乙酸乙烯酯   聚乙酸乙烯酯   聚乙烯醇(PVA)

$$\xrightarrow{\text{HCHO}} \text{Vinylon 维尼纶 (维纶)}$$

聚对苯二甲酸二乙二醇酯(polyethylene terephthalate, PET)的生产在 1963 年以前是通过酯交换进行的，即将粗对苯二甲酸甲酯化经减压蒸馏精制，然后与乙二醇进行酯交换得单体对苯二甲酸二乙二醇酯，再聚合而成。1963 年以后，精制对苯二甲酸实现了工业化，用精对苯二甲酸直接与乙二醇聚合。

$$\text{1,4-}(\text{CO}_2\text{CH}_3)_2\text{C}_6\text{H}_4 + \text{HOCH}_2\text{CH}_2\text{OH} \xrightarrow{\text{CH}_3\text{ONa}} \text{1,4-}(\text{CO}_2\text{CH}_2\text{CH}_2\text{OH})_2\text{C}_6\text{H}_4 + \text{CH}_3\text{OH}$$

对苯二甲酸二甲酯   对苯二甲酸二乙二醇酯
Dimethyl terephthalate   Ethylene terephthalate

酯交换可用于难以合成或不能用直接酯化法合成的酯，如烯醇酯的制备。

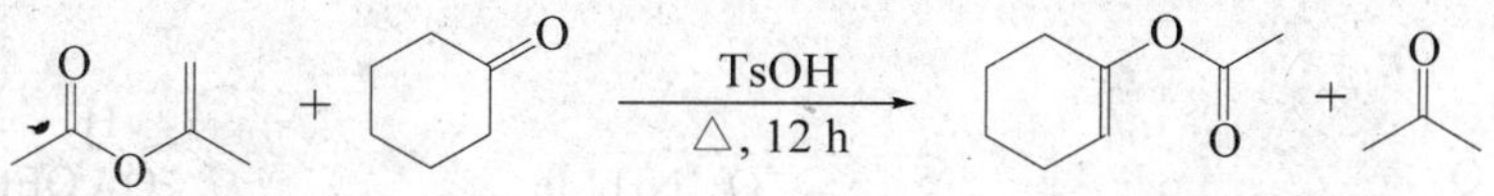

$$\text{乙酯烯丙异酸} + \text{环己酮} \xrightarrow[\triangle, 12\text{ h}]{\text{TsOH}} \text{乙酸-1-环己烯酯} + \text{丙酮}$$

99%

叔醇酯：叔醇酯的醇解不是酯交换而是生成羧酸与叔烷基醚，是烷氧键断裂单分子反应机理（$A_{Al}1$）。

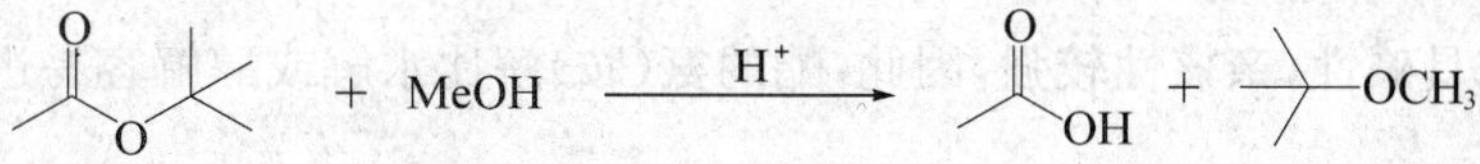

$$\text{t-BuOAc} + \text{MeOH} \xrightarrow{H^+} \text{AcOH} + t\text{-BuOCH}_3$$

$A_{Al}1$ 醇解反应机理：烷氧键断裂产生特别稳定的叔碳正离子，接受大量醇分子的进攻，生成叔烷基醚。

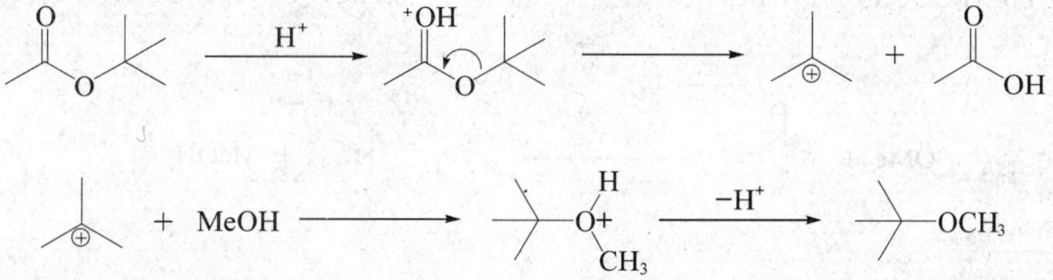

（反应机理图示）

叔醇酯在非酸性条件下醇解也是烷氧键断裂单分子反应机理，生成羧酸与叔烷基醚。

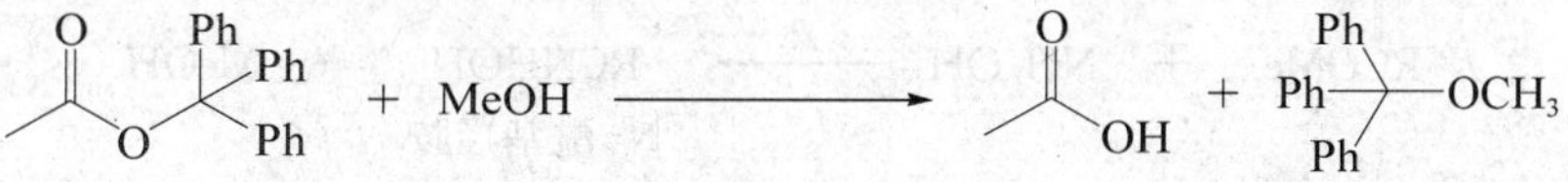

$$\text{CH}_3\text{COOCPh}_3 + \text{MeOH} \longrightarrow \text{AcOH} + \text{Ph}_3\text{COCH}_3$$

问题 23 完成反应

$$\text{PhCOOCPh}_3 + \text{EtOH} \xrightarrow{H^+}$$

$$\text{PhCOOCMePh}_2 + \text{MeOH} \xrightarrow{H^+}$$

$$\text{PhCOOCMe}_2\text{Ph} + \text{EtOH} \xrightarrow{H^+}$$

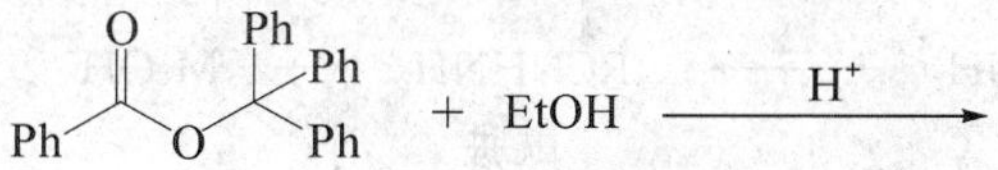

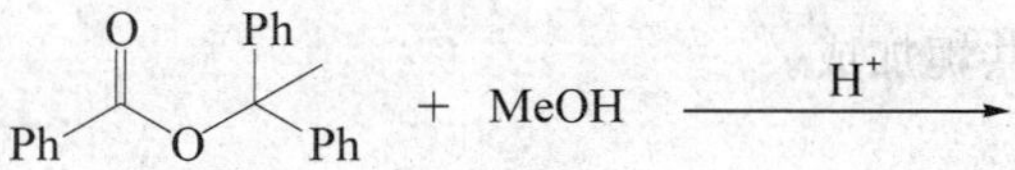

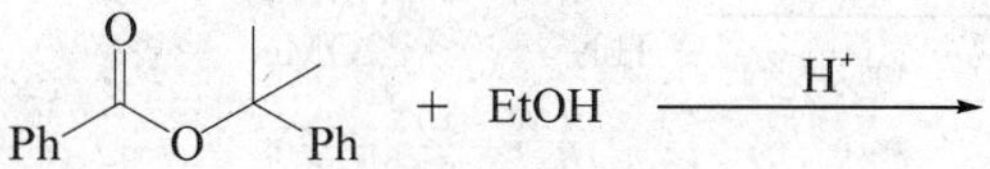

3) 氨（胺）解

酯与氨（NH_3）、伯胺（RNH_2）或仲胺（R_2NH）发生分解反应——氨（胺）解（ammonolysis），生成酰胺并释放出醇或酚。

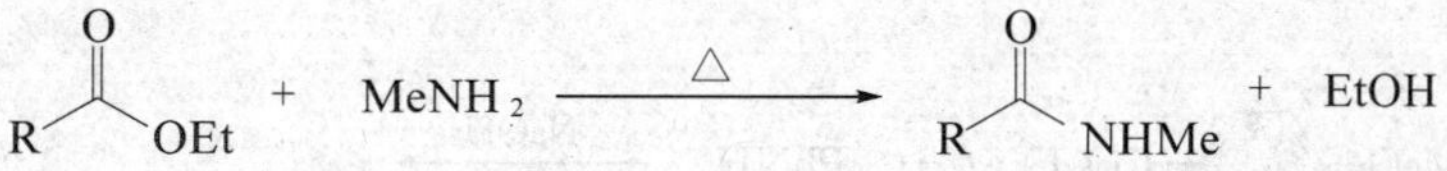

$$\text{RCOOEt} + \text{MeNH}_2 \xrightarrow{\triangle} \text{RCONHMe} + \text{EtOH}$$

反应机理：

$$\text{R-C(=O)-OEt} + \text{MeNH}_2 \xrightarrow{A_N} \text{R-C(O}^-\text{)(}^+\text{NH}_2\text{Me)(OEt)} \rightleftharpoons \text{R-C(OH)(OEt)(NHMe)}$$

$$\xrightarrow[-\text{EtOH}]{E} \text{R-C(=O)-NHMe} + \text{EtOH}$$

由于氨或胺具碱性，亲核性较强，因此，酯的氨（胺）解比水解或醇解容易进行。

例：

$$\text{ClCH}_2\text{COOEt} + \text{NH}_3\,(aq) \xrightarrow{0\sim5^\circ\text{C}} \text{ClCH}_2\text{CNH}_2 + \text{EtOH}$$

$$\text{PhCH}_2\text{COC}_6\text{F}_5 + \text{NH}_2\text{CH}_2\text{CO}_2\text{H} \xrightarrow{\triangle} \text{PhCH}_2\text{CNHCH}_2\text{CO}_2\text{H} + \text{C}_6\text{F}_5\text{OH}$$

$$\text{(CH}_3\text{)}_2\text{CHCO-OMe} + \text{Et}_2\text{NH} \xrightarrow{\triangle} \text{(CH}_3\text{)}_2\text{CHCO-NEt}_2 + \text{MeOH}$$

羟胺、肼也可胺解酯：

$$\text{RCOMe} + \text{NH}_2\text{OH} \xrightarrow{\triangle} \text{RCNHOH} + \text{MeOH}$$

N-酰基羟胺
N-羟基酰胺

$$\text{RCOMe} + \text{NH}_2\text{NH}_2 \xrightarrow{\triangle} \text{RCNHNH}_2 + \text{MeOH}$$

酰肼

α，β-不饱和酯与胺（氨）反应是共轭加成。

$$\text{CH}_2=\text{CHCO-OMe} \xrightarrow{\text{NH}_3} \text{H}_2\text{N-CH}_2\text{CH}_2\text{CO-OMe}$$

问题 24 完成反应

$$\text{CH}_3\text{CH(OH)COC}_2\text{H}_5 + \text{NH}_3 \xrightarrow{25^\circ\text{C}}$$

$$\text{MeO-C}_6\text{H}_4\text{-CO}_2\text{Et} + \text{PhNH}_2 \xrightarrow[\text{DMSO}]{\text{NaOH}}$$

$$\underset{Ph}{\overset{O\quad O}{\|\quad\|}}\text{C-CH}_2\text{-C-OEt} + \text{PhNH}_2 \xrightarrow[1\text{ h}]{135^\circ\text{C}}$$

$$\text{C}_6\text{H}_{11}\text{-C(O)-OEt} + \text{piperidine} \xrightarrow{\Delta}$$

$$\underset{\text{OH}}{\overset{\text{CO}_2\text{Et}}{\bigcirc}} + \text{NH}_2\text{NH}_2 \xrightarrow{\Delta}$$

$$\underset{\text{OH}}{\overset{\text{CO}_2\text{Et}}{\bigcirc}} + \text{NH}_2\text{NH}_2 \xrightarrow{\Delta}$$

$$\underset{\text{Cl}}{\overset{\text{CO}_2\text{Et}}{\bigcirc}} + \text{NH}_2\text{OH} \xrightarrow{\Delta}$$

$$\text{CH}_2=\text{CH-C(O)-OMe} + \text{Me}_2\text{NH} \xrightarrow{\Delta}$$

$$\text{CH}_2=\text{CH-C(O)-OMe} + \text{MeNH}_2 \xrightarrow{\Delta}$$

2. 还原反应

1) 氢化物还原

（1）四氢化铝锂（LiAlH$_4$）

四氢化铝锂（LiAlH$_4$）还原酯成醇。例：

$$\text{Ph-CO}_2\text{Et} \xrightarrow[\text{ii H}_2\text{O, HCl}]{\text{i LiAlH}_4,\ \text{Et}_2\text{O}} \text{Ph-CH}_2\text{OH} \quad 90\%$$

四氢化铝锂（LiAlH$_4$）不还原碳-碳双键（C=C）：

$$\text{Ph-CH=CH-CO}_2\text{Et} \xrightarrow[\text{ii H}_2\text{O, HCl}]{\text{i LiAlH}_4,\ \text{Et}_2\text{O}} \text{Ph-CH=CH-CH}_2\text{OH}$$

肉桂酸乙酯　　　　　　　　　　　　　　　　　肉桂醇

还原机理：四氢化铝锂还原酯实际上也是氢负离子的转移。首先经历亲核加成-消去，产生中间体醛，再亲核加成，第二次转移氢负离子，最后酸化游离出羟基，即将酯还原成醇。

$$\underset{\text{H-AlH}_2}{\overset{\text{O}}{\underset{\|}{\text{R-C-OMe}}}} \xrightarrow[-\text{AlH}_3]{\text{THF}} \underset{\text{R}}{\overset{\text{O}^-\ \text{OMe}}{\underset{\text{H}}{\text{C}}}} \xrightarrow{-\text{MeO}^-} \underset{\text{R}}{\overset{\text{O}}{\underset{\|}{\text{C-H}}}} \xrightarrow[-\text{AlH}_3]{\text{H-AlH}_2}$$

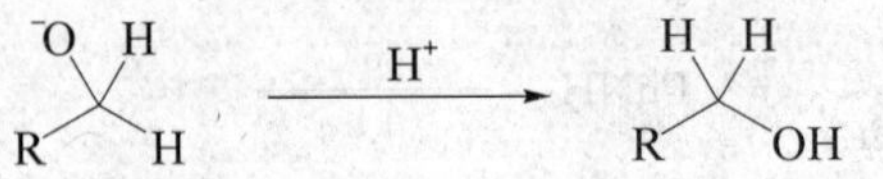

例：完成转化

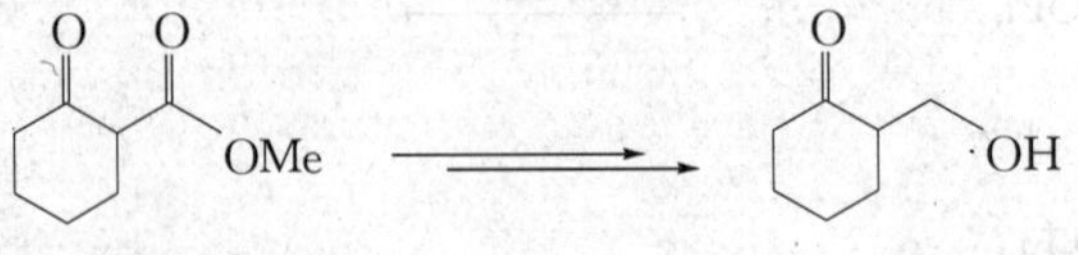

解：

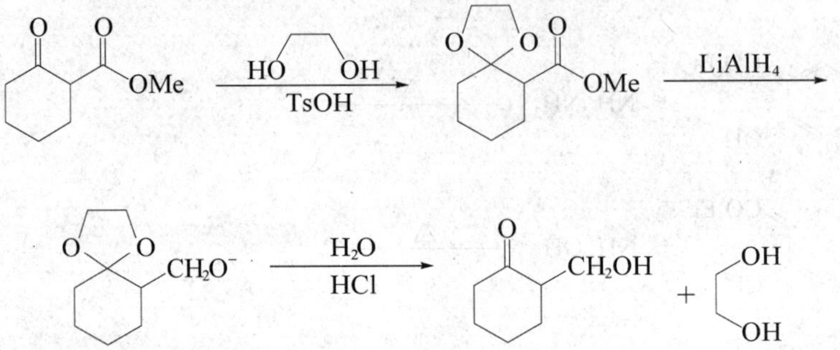

(2) 硼氢化锂(LiBH$_4$)

硼氢化锂(LiBH$_4$)可还原酯，硼烷(BH$_3$)则优先还原羧酸。例：

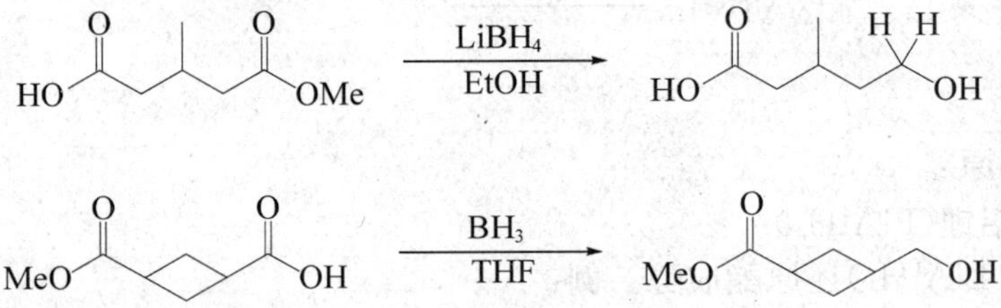

(3) 二异丁基氢化铝

二异丁基氢化铝(diisobutylaluminium hydride, DIBAL, DIBAH, DIBAL-H)

i-Bu$_2$AlH

二异丁基氢化铝
Diisobutylaluminium hydride
DIBAL, DIBAH, DIBAL-H

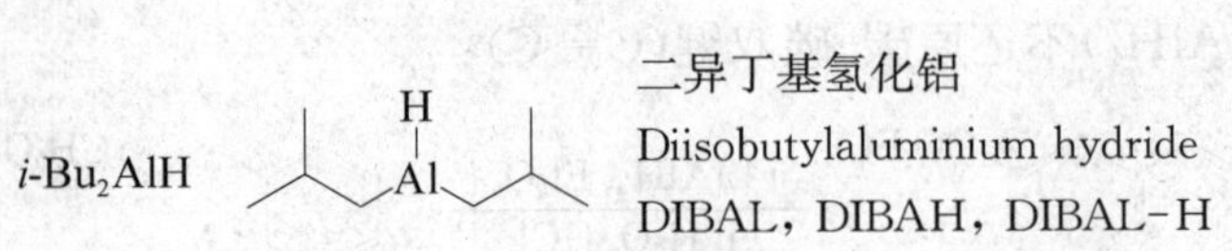

二异丁基氢化铝还原酯成醛。例：

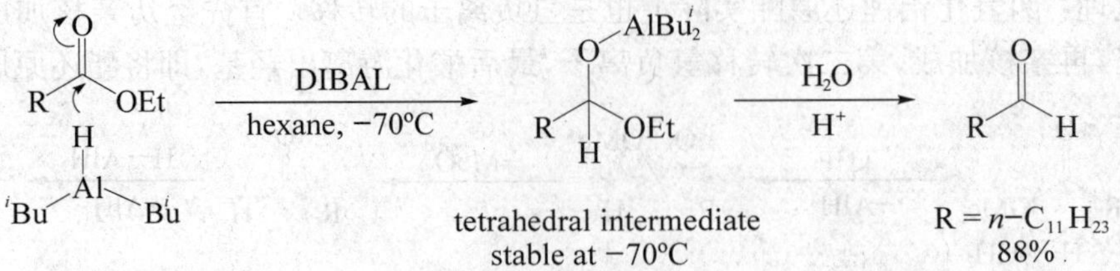

tetrahedral intermediate
stable at −70°C

R = n-C$_{11}$H$_{23}$
88%

$$\text{o-C}_6\text{H}_4(\text{CO}_2\text{Bu-}n)_2 \xrightarrow{\text{DIBAL}} \text{o-C}_6\text{H}_4(\text{CHO})_2 \quad 86\%$$

合成应用举例：完成转化

$$\text{furan-CH(CH}_3)\text{CO}_2\text{Et} \Longrightarrow \text{furan-CH(CH}_3)\text{CHO}$$

一般是先还原成伯醇，再氧化成醛：

$$\text{furan-CH(CH}_3)\text{CO}_2\text{Et} \xrightarrow{\text{LiAlH}_4} \text{furan-CH(CH}_3)\text{CH}_2\text{OH} \xrightarrow{\text{CrO}_3} \text{furan-CH(CH}_3)\text{CHO}$$

现在有了二异丁基氢化铝，一步还原就成：

$$\text{furan-CH(CH}_3)\text{CO}_2\text{Et} \xrightarrow{\text{DIBAL}} \text{furan-CH(CH}_3)\text{CHO}$$

二异丁基氢化铝还原内酯成为半缩醛，即开链的羟基醛：

$$\text{内酯} \xrightarrow[\text{hexane, }-70°\text{C}]{\text{DIBAL}} \text{环状半缩醛} \Longleftrightarrow \text{4-羟基醛}$$

2) 金属钠还原

金属钠还原产物取决于还原介质。

(1) 钠/醇还原——Bouveault-Blanc 还原

金属钠在醇（乙醇、丁醇等）中还原酯成伯醇，称为 Bouveault-Blanc（鲍维特-勃朗克还原）还原（Louis Bouveault，Gustave Louis Blanc，1903）。

$$\text{RCOR}' \xrightarrow{\text{Na}} \underset{\text{primary alcohol}}{\text{RCH}_2\text{OH}} + \text{HOR}'$$

例：

$$\text{PhCH}_2\text{CO}_2\text{Et} \xrightarrow[\text{EtOH, reflux}]{\text{Na}} \underset{67\%}{\text{PhCH}_2\text{CH}_2\text{OH}} + \text{EtOH}$$

钠/醇还原机理：这是一种单电子转移（single-electron transfer，SET）反应，钠是电子源，醇提供活性氢。酯羰基首先接受一个电子生成负离子基（anion radical），再接受一个电子生成碳负离子，立即夺取醇氧氢，即被还原。消去一分子醇盐，转化成醛。醛羰基再接受一个电子又生成负离子基（anion radical），再接受一个电子生成碳负离子，即刻夺取醇活性氢，完成被还原。最后稀酸分解产物盐释放出醇。

$$\underset{\text{OMe}}{\overset{\text{O}}{R-C}} \xrightarrow{\text{Na}} \underset{\text{OMe}}{\overset{\text{O}^-}{R-\dot{C}}} \xrightarrow{\text{Na}} \underset{\text{OMe}}{\overset{\text{O}^-}{R-\overset{\ominus}{C}}} \xrightarrow[-\text{EtO}^-]{\text{EtOH}}$$

Anion radical 负离子基 Anion 负离子

$$\underset{\text{OMe}}{\overset{\text{O}^-}{R-\overset{\text{H}}{\underset{|}{C}}}} \xrightarrow{-\text{MeO}^-} \underset{\text{O}}{\overset{\text{H}}{R-C}} \xrightarrow{\text{Na}} R-\overset{\text{H}}{\underset{\text{O}^-}{\dot{C}}} \xrightarrow{\text{Na}}$$

Anion radical 负离子基

$$R-\overset{\text{H}}{\underset{\text{O}^-}{\overset{\ominus}{C}}} \xrightarrow[-\text{EtO}^-]{\text{EtOH}} R-\overset{\text{H}}{\underset{\text{O}^-}{\overset{\text{H}}{C}}} \xrightarrow{\text{H}^+} R-\overset{\text{H}}{\underset{\text{OH}}{\overset{\text{H}}{C}}}$$

Anion 负离子

例：
$$\begin{matrix}(CH_2)_7CO_2C_4H_9 \\ (CH_2)_7CH_3\end{matrix} \xrightarrow[C_4H_9OH, \text{ reflux}]{\text{Na}} \begin{matrix}(CH_2)_7CH_2OH \\ (CH_2)_7CH_3\end{matrix} + C_4H_9OH$$

Butyl oleate 油酸丁酯   Oleyl alcohol 油醇

(2) 钠/非质子溶剂——醇酮缩合

酯在非质子溶剂(苯 PhH、二甲苯 xylene、醚等)中与钠反应发生双分子还原二聚，生成 α-羟基酮(acyloin)，此即醇酮或酮醇缩合(acyloin condensation 偶姻缩合，1905)。

$$2 \underset{\text{OMe}}{\overset{\text{O}}{R-C}} \xrightarrow[\text{PhH}, \triangle]{4 \text{ Na}} \xrightarrow[\text{H}_2\text{O}]{\text{H}^+} \underset{R}{\overset{\text{O}}{C}}-\underset{R}{\overset{\text{OH}}{C}}$$

α-羟基酮 Acyloin

酮醇缩合机理：这也是一种单电子转移(single-electron transfer, SET)反应，钠提供电子。酯羰基首先接受一个电子生成负离子基(anion radical)，接着发生的是负离子基偶联；形成碳-碳键，形成二聚体。消去两分子醇盐，转化成 α-二酮。α-二酮羰基分别接受一个电子生成双负离子基(bianion radicals)，负离子基偶联再形成另一碳-碳键，即碳-碳双键生成了，酸化得烯二醇，异构化给出 α-羟基酮(acyloin)，完成还原二聚。

$$2 \underset{\text{OMe}}{\overset{\text{O}}{R-C}} \xrightarrow{2 \text{ Na}} 2 \underset{\text{OMe}}{\overset{\text{O}^-}{R-\dot{C}}} \xrightarrow{\text{radical coupling}} \underset{\text{MeO} \quad \text{OMe}}{\overset{\text{O}^- \quad \text{O}^-}{R-C-C-R}} \xrightarrow{-2 \text{ MeO}^-}$$

anion radical 负离子基

$$\underset{R \quad R}{\overset{\text{O} \quad \text{O}}{C-C}} \xrightarrow{2 \text{ Na}} \underset{R \quad R}{\overset{\text{O}^- \quad \text{O}^-}{\dot{C}-\dot{C}}} \xrightarrow{\text{radical coupling}} \underset{R \quad R}{\overset{\text{O}^- \quad \text{O}^-}{C=C}}$$

$$\xrightarrow{\text{H}^+} \underset{R \quad R}{\overset{\text{HO} \quad \text{OH}}{C=C}} \longrightarrow \underset{R \quad R}{\overset{\text{O} \quad \text{OH}}{C-C}}$$

例：

$$\text{CH}_3\text{CH}_2\text{CH}_2\text{CO-OEt} \xrightarrow[\text{PhH}]{\text{Na}} \xrightarrow[\text{H}_2\text{O}]{\text{H}^+} \text{CH}_3\text{CH}_2\text{CH}_2\text{-CO-CH(OH)-CH}_2\text{CH}_2\text{CH}_3$$

5-羟基-4-辛酮
70%

二元酸酯发生酮醇缩合生成环状的 α-羟基酮。例：

$$\text{(CH}_2\text{)}_4\text{(CO}_2\text{Et)}_2 \xrightarrow[\text{xylene}]{\text{Na}} \xrightarrow[\text{H}_2\text{O}]{\text{H}^+} \text{2-羟基环己酮}$$

57%

醇酮缩合可用于合成中、大环化合物，例如：

$$\text{(CH}_2\text{)}_8\text{(CO}_2\text{Et)}_2 \xrightarrow[\text{xylene}]{\text{Na}} \xrightarrow[\text{H}_2\text{O}]{\text{H}^+} \text{2-羟基环癸酮} \quad 66\%$$

2-羟基环癸酮

3）催化加氢

工业上常用铜铬氧化物（CuO/CuCrO$_4$，缩写为 Cr—CuO）作为催化剂，催化加氢不饱和酯，一般需要高温、高压。例：

$$\text{(CH}_2\text{)}_4\text{(CO}_2\text{Et)}_2 \xrightarrow[\text{high temp, pressure}]{\text{H}_2\text{, Cr-CuO}} \text{HO(CH}_2\text{)}_6\text{OH}$$

88%

在这种条件下，碳-碳双键（C=C）也被还原。工业上通过催化氢化植物油生产高级脂肪醇。例：

$$\text{(CH}_2\text{)}_7\text{CO}_2\text{C}_4\text{H}_9\text{-CH=CH-(CH}_2\text{)}_7\text{CH}_3 \xrightarrow[\text{high temp, pressure}]{\text{H}_2\text{, Cr-CuO}} \text{(CH}_2\text{)}_7\text{CH}_2\text{OH-(CH}_2\text{)}_7\text{CH}_3$$

油酸丁酯　　　　　　　　　　　　　酯硬脂醇；十八烷醇
　　　　　　　　　　　　　　　　　Stearyl alcohol; 1-octadecanol

催化剂是在不断发展的，现在多使用高活性的过渡贵金属如铂、钯、镍等催化，温度、压力可大幅降低。

问题 25 完成反应

$$\text{(3,4-二甲基环己-3-烯基)CO}_2\text{Et} \xrightarrow{\text{LiAlH}_4} \quad \xrightarrow[\text{EtOH}]{\text{Na}} \quad \xrightarrow[\text{Pt}, \triangle]{\text{H}_2}$$

$$\text{间-CO}_2\text{Et, CO}_2\text{H 苯} \xrightarrow[\text{EtOH}]{\text{LiBH}_4}$$

$$\xrightarrow[\text{THF}]{\text{BH}_3}$$

$$\text{PhCH}_2\text{CO}_2\text{Et} \xrightarrow[\text{PhH}]{\text{Na}} \xrightarrow[\text{H}_2\text{O}]{\text{H}^+}$$

$$(\text{CH}_3)_2\text{C}(\text{CH}_2\text{CO}_2\text{Et})_2 \xrightarrow[\text{PhH}]{\text{Na}} \xrightarrow[\text{H}_2\text{O}]{\text{H}^+}$$

$$\text{PhCH}_2\text{CO}_2\text{Et} \xrightarrow[\text{THF}]{\text{DIBAL}}$$

$$\text{(BnO)}_2\text{CH-CH(CO}_2i\text{Pr)}_2 \xrightarrow[\text{THF}]{\text{DIBAL}}$$

(双环内酯) $\xrightarrow[\text{THF}]{\text{DIBAL}}$

$$\text{顺-CH}_3(\text{CH}_2)_7\text{CH=CH(CH}_2)_7\text{CO}_2\text{C}_2\text{H}_5 \xrightarrow[\text{EtOH, reflux}]{\text{Na}}$$

问题 26 完成转化

（1）分别将环己醇和环己酮转化成 α-羟基环己酮。

（2） $C_4 \Longrightarrow$ (己基环己基酮α-羟基产物) （两种方法）

3. 与金属试剂的反应

酯与金属试剂（RMgX，RLi）反应是合成醇的重要常用方法。

Grignard 试剂（RMgX）与酯如乙酸甲酯生成叔醇，反应机理如下：

$$\overset{\delta^-}{O}=\overset{\delta^+}{C}(\text{OMe})\text{CH}_3 + R\text{-MgX} \xrightarrow{A_N} R\overset{O^-\text{MgX}^+}{\underset{\text{OMe}}{C}}\text{CH}_3 \xrightarrow[E]{-\text{MeOMgX}} \overset{O}{\underset{R}{C}}\text{CH}_3$$

$$\xrightarrow[A_N]{\text{RMgX}} \underset{R}{\overset{R}{C}}(O^-\text{MgX}^+)\text{CH}_3 \xrightarrow{H^+} \underset{R}{\overset{R}{C}}(\text{OH})\text{CH}_3$$

首先 RMgX 对羰基亲核加成，接着消去一分子 MeOMgX，产生中间产物酮，再加成第二分子 RMgX，最后酸化即得两同烃基的叔醇。

由于中间产物酮更易亲核加成,所以一般难以停留在此阶段。若想要酮,需试剂不过量、控制低温或位阻大。

除甲酸酯外,羧酸酯酯(RCO$_2$Et,ArCO$_2$Et)与两分子 RMgX 反应生成构造对称的叔醇。例:

$$\text{PhCOEt} + 2\ \text{C}_2\text{H}_5\text{MgBr} \xrightarrow[\text{ii H}_3\text{O}^+]{\text{i Et}_2\text{O}} \text{Ph-C(Et)}_2\text{OH}$$

$$\text{PhCOEt} + \text{PhMgBr} \xrightarrow[\text{ii H}_3\text{O}^+]{\text{i Et}_2\text{O}} \text{Ph}_3\text{COH} \quad 91\%$$

甲酸酯与两分子 RMgX 反应生成构造对称的仲醇。例:

$$n\text{-BuMgBr} + \text{HCO}_2\text{Et} \xrightarrow[\text{ii H}_3\text{O}^+]{\text{i Et}_2\text{O}} n\text{-Bu}_2\text{CHOH} \quad 85\%$$

碳酸酯需与三分子 RMgX 反应生成三烃基相同的叔醇。例:

$$\text{EtOCOEt} + 3\ \text{EtMgBr} \xrightarrow[\text{ii H}_3\text{O}^+]{\text{i Et}_2\text{O}} \text{Et}_3\text{COH} \quad 85\%$$

烃基锂和 Grignard 试剂类似,与酯反应也用于制备醇。例:

$$\text{C}_6\text{H}_{11}\text{-CO}_2\text{Et} \xrightarrow[\text{ii H}_3\text{O}^+]{\text{i MeLi}} \text{C}_6\text{H}_{11}\text{-C(CH}_3)_2\text{OH}$$

$$\text{CH}_2=\text{C(CH}_3)\text{CO}_2\text{Me} \xrightarrow{n\text{-BuLi}} \text{CH}_2=\text{C(CH}_3)\text{C}(n\text{-Bu})_2\text{OH}$$

问题 27 完成反应

$$\text{HCO}_2\text{Et} + \text{EtMgBr} \xrightarrow[\text{ii H}_3\text{O}^+]{\text{i Et}_2\text{O}}$$

$$\text{CH}_3\text{CH}_2\text{CO}_2\text{Et} + \text{CH}_3\text{CH}_2\text{CH}_2\text{MgBr} \xrightarrow[\text{ii H}_3\text{O}^+]{\text{i Et}_2\text{O}}$$

$$\text{CO(OEt)}_2 + \text{CH}_2=\text{CHCH}_2\text{MgBr} \xrightarrow[\text{ii H}_3\text{O}^+]{\text{i Et}_2\text{O}}$$

问题 28 以苯基溴化镁为基本原料采用三种不同的路线合成三苯甲醇:

内酯与两分子 RMgX 反应生成二元醇。

$$\text{内酯} \xrightarrow[\text{ii sat NH}_4\text{Cl}]{\text{i MeMgI}} \text{二元醇}$$

若产物是易脱水的叔醇,可用饱和氯化铵水溶液温和酸化,以避免失水。

位阻大的酯可停留在酮的阶段。例:

$$\text{(Me)}_3\text{C-CO}_2\text{Et} + i\text{-PrMgCl} \xrightarrow[\text{ii H}_3\text{O}^+]{\text{i Et}_2\text{O}} \text{(Me)}_3\text{C-CO-}i\text{-Pr}$$

$$\text{(Me)}_3\text{C-CO}_2\text{Et} + t\text{-BuLi} \xrightarrow[\text{ii H}_3\text{O}^+]{\text{i Et}_2\text{O}} \text{(Me)}_3\text{C-CO-C(Me)}_3 \quad 80\%$$

4. 酯缩合反应

酯缩合反应是一种缩醇形成碳-碳键的反应。

1) Claisen 酯缩合

含 α-氢的酯在强碱(EtONa,t-BuOK,NaH,Ph_3CNa 等)作用下发生缩醇反应生成 β-酮酸酯,此为 Claisen 酯缩合(Claisen ester condensation)(Rainer Ludwig Claisen, 1887)。

$$R-CH_2-\underset{R}{\underset{|}{C}H}-C(O)-OEt \quad \text{β-酮酸酯 β-Keto ester}$$

(1) 同种分子间缩合

两分子同种酯(含两个 α-氢)在醇钠存在下发生缩醇反应生成 β-酮酸酯。

$$RCH_2COOEt + H-CHCOOEt \xrightarrow[\text{ii AcOH}]{\text{i EtONa}} RCH_2CO-\underset{R}{\underset{|}{C}H}COOEt + EtOH$$

β-酮酸酯

如两分子乙酸乙酯在乙醇钠作用下缩去一分子乙醇生成乙酰乙酸乙酯:

$$CH_3COOEt \xrightarrow[\text{EtOH}]{\text{EtONa}} \xrightarrow[\text{H}_2\text{O}]{\text{AcOH}} CH_3COCH_2COOEt \quad 75\%$$

乙酰乙酸乙酯
3-丁酮酸乙酯

缩合反应机理:乙醇钠夺取乙酸乙酯的活性氢,生成烯醇或碳负离子,此活性负离子作为强亲核试剂加成另一分子的酯羰基,形成新的碳-碳键,消去乙醇钠生成乙酰乙酸乙酯。反应至此好像完成了,实际上没有停止。新生的乙酰乙酸乙酯分子中的亚甲基 α-氢显示较强的酸性(pK_a 11),与乙醇钠迅速中和反应,转化成特别稳定的乙酰乙酸乙酯烯醇盐,这是整个反应的驱动力。所以最后需要酸化,常用乙酸(50%)酸化,给出最终产物游离的乙酰乙酸乙酯。

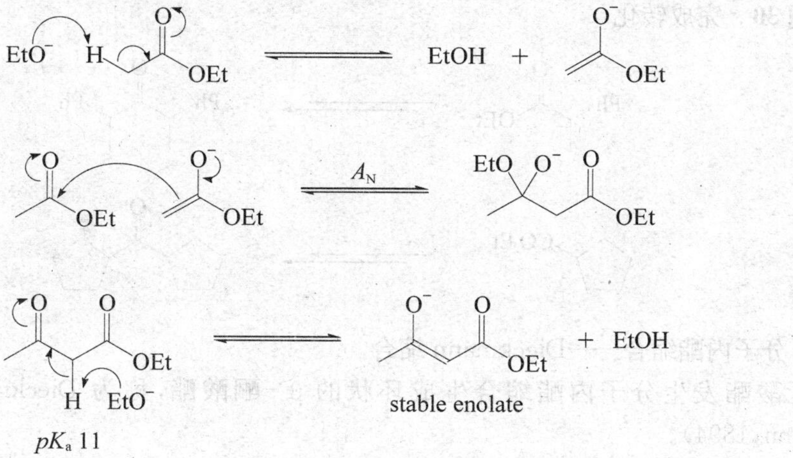

应用:合成 β-酮酸酯、构造对称的酮。如丙酸乙酯在乙醇钠存在下缩合生成 α-甲基-β-羰基戊酸乙酯,水解脱羧给出 3-戊酮。

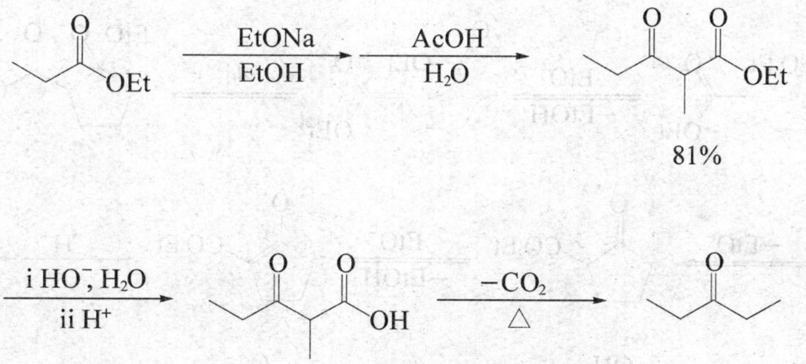

问题 29 完成转化

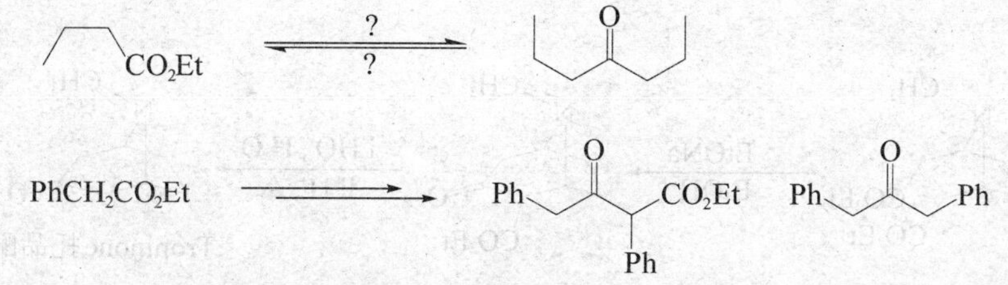

只有一个 α-氢的酯,须用更强的碱如氢化钠(NaH)、三苯甲基钠(Ph_3CNa)等,才能使缩合反应进行。例:

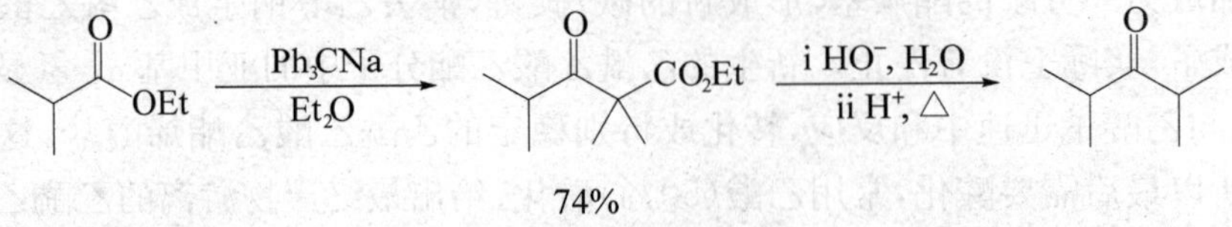

有机化学 Organic Chemistry(下册)

（反应式：异丁酸乙酯 + Ph₃CNa/Et₂O → β-酮酸酯 74% → i HO⁻,H₂O; ii H⁺,△ → 2,4-二甲基-3-戊酮）

问题 30 完成转化

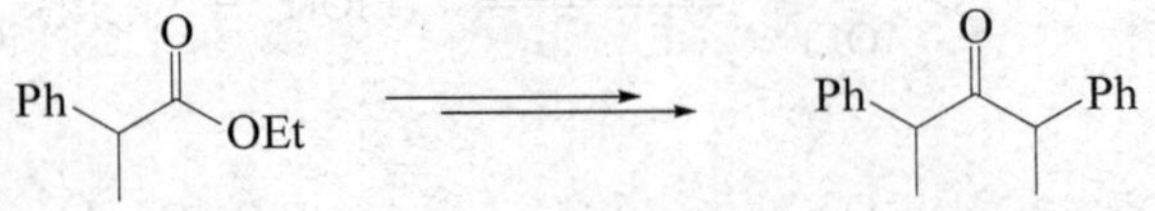

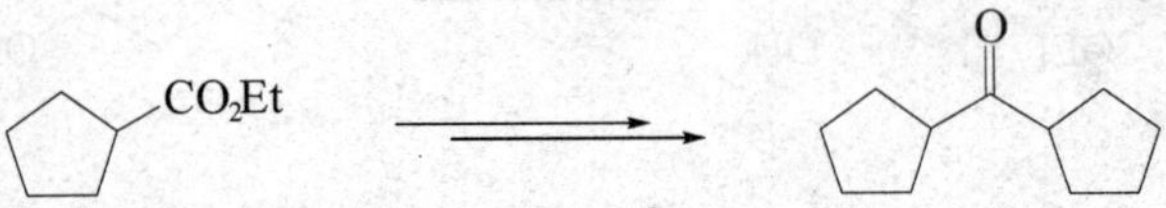

PhCH(CH₃)CO₂Et ⟹⟹ PhCH(CH₃)C(O)CH(CH₃)Ph

环戊基-CO₂Et ⟹⟹ 环戊基-C(O)-环戊基

（2）分子内酯缩合——Dieckmann 缩合

二元酸酯发生分子内酯缩合生成环状的 β-酮酸酯，称为 Dieckmann 缩合（Walter Dieckmann，1894）。

Dieckmann 缩合，若有可能，主要生成五、六元环的 β-酮酸酯。例：

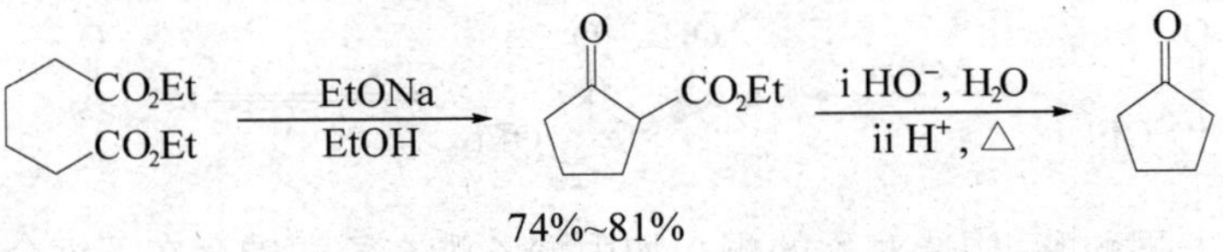

（己二酸二乙酯 → EtONa/EtOH → 2-乙氧羰基环戊酮 74%~81% → i HO⁻,H₂O; ii H⁺,△ → 环戊酮）

Dieckmann 缩合机理：

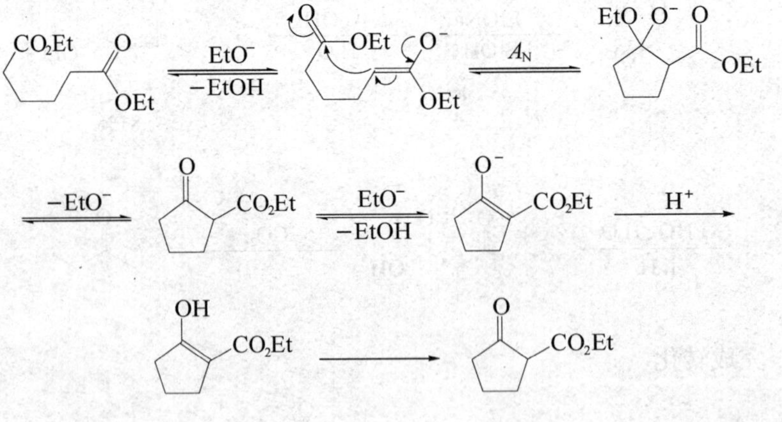

（机理图示：EtO⁻ 脱质子，分子内 A_N 加成，消除 EtO⁻，再经 EtO⁻/H⁺ 烯醇化步骤，最终生成 2-乙氧羰基环戊酮）

例：

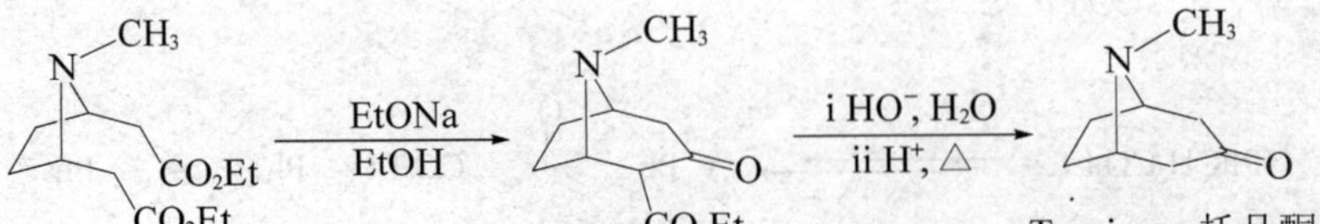

（N-甲基-庚烷-2,6-二甲酸二乙酯衍生物 → EtONa/EtOH → β-酮酸酯 → i HO⁻,H₂O; ii H⁺,△ → Tropinone 托品酮）

构造不对称的二元酯发生 Dieckmann 酯缩合，可能的话主要生成能够烯醇化的 β-酮酸酯。

例 1

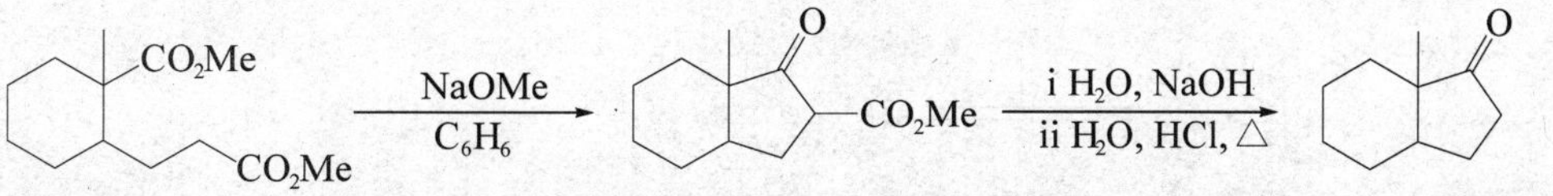

例 2 2-甲基己二酸二乙酯发生 Dieckmann 酯缩合主要生成 3-甲基-2-羰基环戊基甲酸乙酯而不是 1-甲基-2-羰基环戊基甲酸乙酯。事实上,即使是 1-甲基-2-羰基环戊基甲酸乙酯生成了也在反应条件下转化成最后所看到的产物(见后逆酯缩合)。

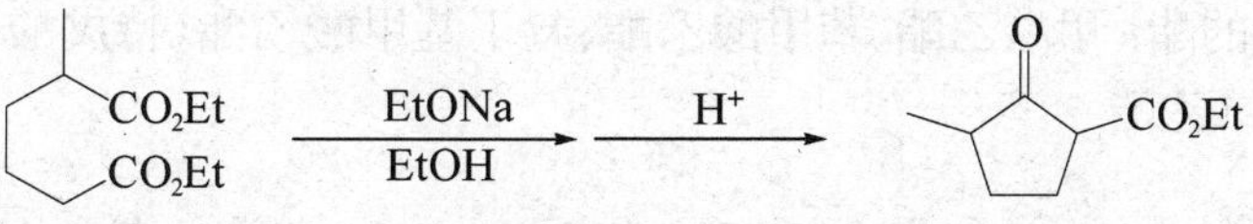

因为 3-甲基-2-羰基环戊基甲酸乙酯可以烯醇化,而 1-甲基-2-羰基环戊基甲酸乙酯则不能。反应完成看到的是其烯醇盐,这是缩合的驱动力。

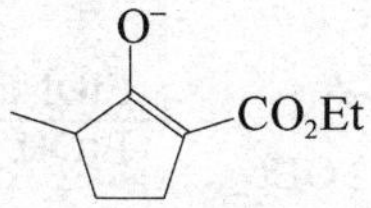

问题 31 完成反应

(1) HCO_2CH_3 $\xrightarrow[\text{MeOH}]{\text{MeONa}}$

(2) $PhCO_2C_2H_5$ $\xrightarrow[\text{MeOH}]{\text{MeONa}}$

(3) $PhCH_2CO_2CH_3$ $\xrightarrow[\text{MeOH}]{\text{MeONa}}$

(4) $(CH_3)_2CHCH_2CO_2CH_3$ $\xrightarrow[\text{MeOH}]{\text{MeONa}}$

(5) $PhCH_2CH_2CO_2CH_3$ $\xrightarrow[\text{MeOH}]{\text{MeONa}}$

(6) $MeOC(CH_2)_5COMe$ (两端为 C=O) $\xrightarrow[\text{MeOH}]{\text{MeONa}}$

(7) 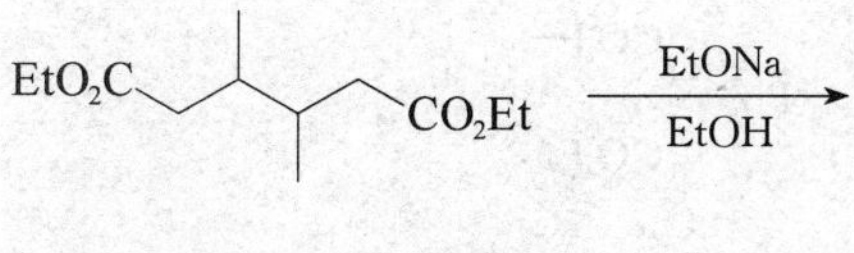 $EtO_2C-CH_2-CH(CH_3)-CH_2-CO_2Et$ $\xrightarrow[\text{EtOH}]{\text{EtONa}}$

(8) 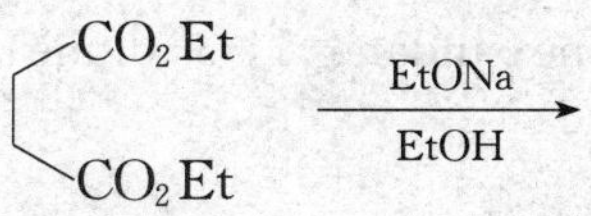 $\begin{array}{c}CO_2Et\\|\\CO_2Et\end{array}$ (1,4-丁二酸二乙酯) $\xrightarrow[\text{EtOH}]{\text{EtONa}}$

问题 32 完成转化

环己酮 ⟶ 环戊酮

(3) 交叉酯缩合

两种不同的酯（一种含 α-氢，另一种不含 α-氢）之间的缩合，称为交叉酯缩合（crossed ester condensation）。

常用不含 α-氢的酯：甲酸乙酯、苯甲酸乙酯、叔丁基甲酸乙酯（特戊酸乙酯 ethyl pivalate）、碳酸二乙酯和草酸二乙酯。

例：

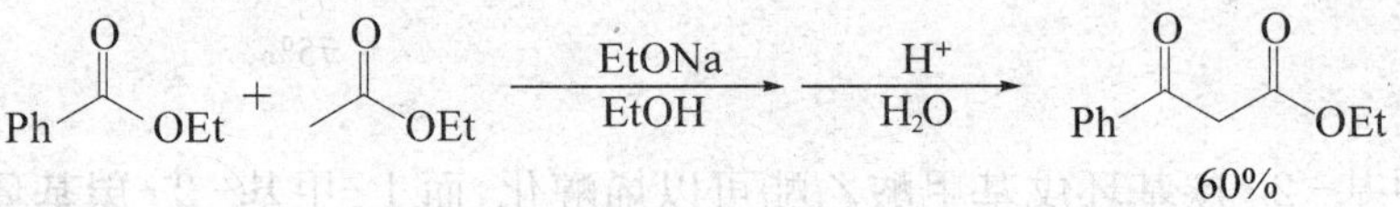

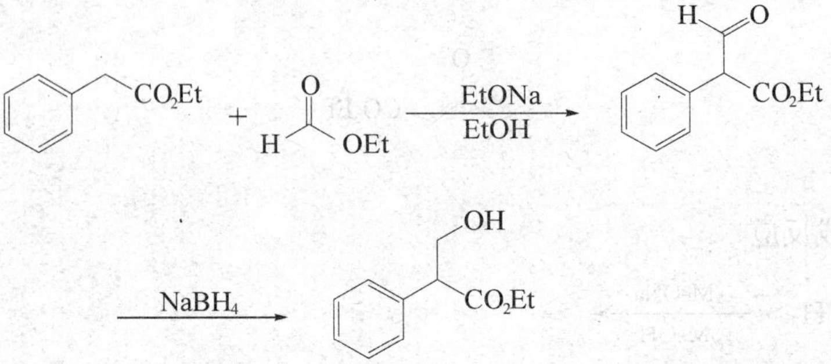

PhCO₂Et + CH₃CO₂Et $\xrightarrow{\text{EtONa/EtOH}}$ $\xrightarrow{\text{H}^+/\text{H}_2\text{O}}$ PhCOCH₂CO₂Et   60%

PhCH₂CO₂Et + HCO₂Et $\xrightarrow{\text{EtONa/EtOH}}$ PhCH(CHO)CO₂Et

$\xrightarrow{\text{NaBH}_4}$ PhCH(CH₂OH)CO₂Et

Tropic acid（用于 Atropine 阿托品合成）

甲酸酯、苯甲酸酯合成应用：α-碳甲酰化或苯甲酰化。

苯基丙二酸酯 PhCH(CO₂Et)₂（用于合成巴比妥镇静药物等）不能通过丙二酸酯合成法合成（见后），可以通过交叉酯缩合制备，使用碳酸二乙酯或草酸二乙酯，两条路线均可。

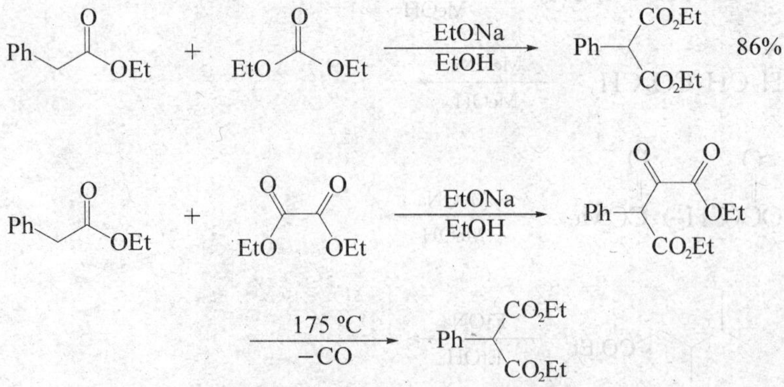

PhCH₂CO₂Et + EtOCO₂Et $\xrightarrow{\text{EtONa/EtOH}}$ PhCH(CO₂Et)₂   86%

PhCH₂CO₂Et + EtO₂C–CO₂Et $\xrightarrow{\text{EtONa/EtOH}}$ PhC(COCO₂Et)(CO₂Et)

$\xrightarrow[-\text{CO}]{175\ ^\circ\text{C}}$ PhCH(CO₂Et)₂

化合物苯丙环戊二酮，1,3-茚烷二酮（1,3-indandione；indane-1,3-dione）可通过交叉酯缩合制备：

第9章 羧酸及其衍生物 Carboxylic Acids and Derivatives

[邻苯二甲酸二乙酯] + CH₂(H)CO₂Et $\xrightarrow{\text{EtONa}/\text{EtOH}}$ [2-乙氧羰基-1,3-茚二酮]

$\xrightarrow[\text{ii } H^+, \Delta]{\text{i } HO^-, H_2O}$ [1,3-茚二酮结构]   1,3-茚烷二酮
1,3-Indandione; indane-1,3-dione

问题 33 完成反应

PhCO₂C₂H₅ + CH₃CH₂CO₂Et $\xrightarrow[\text{EtOH}]{\text{EtONa}}$

PhCH₂CO₂C₂H₅ + PhCO₂Et $\xrightarrow[\text{EtOH}]{\text{EtONa}}$

PhCH₂CO₂C₂H₅ + PhCO₂Et $\xrightarrow[\text{EtOH}]{\text{EtONa}}$

CH₃CH₂CH₂CO₂C₂H₅ + HCO₂Et $\xrightarrow[\text{EtOH}]{\text{EtONa}}$

CH₃CH₂CO₂C₂H₅ + CO(OEt)₂ $\xrightarrow[\text{EtOH}]{\text{EtONa}}$

CH₃CH₂CO₂C₂H₅ + (CO₂Et)₂ $\xrightarrow[\text{EtOH}]{\text{EtONa}}$

[环己烷-1,2-二甲酸二乙酯] + CH₃CO₂Et $\xrightarrow[\text{EtOH}]{\text{EtONa}}$

2) 酮酯缩合

酯（提供烷氧基）与含 α-氢的酮（提供活性氢）发生缩醛反应，生成 1,3-二酮（β-二酮），称为酮酯缩合。如丙酮（提供活性氢）与乙酸乙酯（提供乙氧基）在乙醇钠存在下缩去乙醇，给出乙酰丙酮。

CH₃C(O)OEt + H−CH₂C(O)CH₃ $\xrightarrow[\text{EtOH}]{\text{EtONa}}$ CH₃C(O)CH₂C(O)CH₃ + EtOH

酮酯缩合反应机理：酮提供 α-氢（酸性更强），酯提供烷氧基，脱醇缩合。

EtO⁻ + H−CH₂−C(O)CH₃ ⇌ CH₂=C(O⁻)CH₃ + EtOH

CH₃C(O)OEt + CH₂=C(O⁻)CH₃ $\underset{}{\overset{A_N}{\rightleftharpoons}}$ CH₃C(OEt)(O⁻)CH₂C(O)CH₃ $\overset{E}{\rightleftharpoons}$

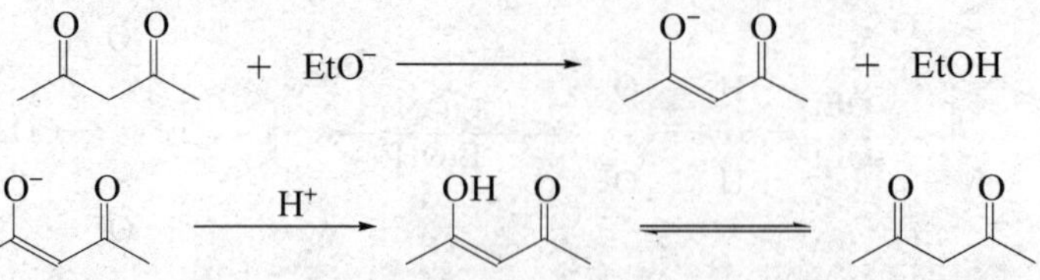

酮的 α-氢酸性更强，所以是活性氢的提供体，在强碱作用下转化成烯醇盐，亲核加成酯羰基，形成碳-碳键（缩合发生了），再消去烷氧负离子，生成 β-二酮，后者的酸性更强，即刻被夺取生成更稳定的烯醇盐，这是反应的驱动力。

例 1 通过交叉酯缩合制备苯甲酰丙酮。

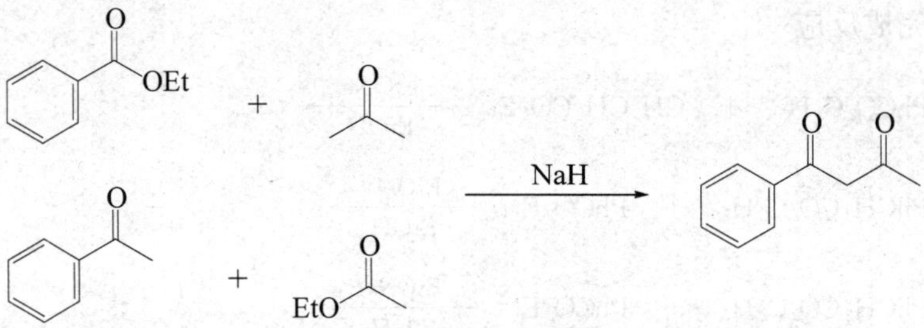

选用苯甲酸酯与丙酮或苯乙酮与乙酸乙酯为原料，原则上都可以。

例 2 通过交叉酯缩合制备乙酰乙醛（甲酰丙酮）。

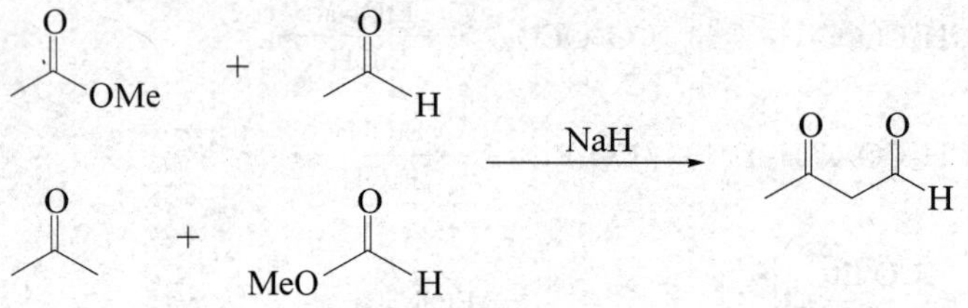

选用乙酸酯与乙醛或丙酮与甲酸酯为原料，好像都可以，但后者更实用。
若用碳酸酯进行交叉酯缩合可以合成 β-酮酸酯。
例：用碳酸二乙酯与丙酮合成乙酰乙酸乙酯。

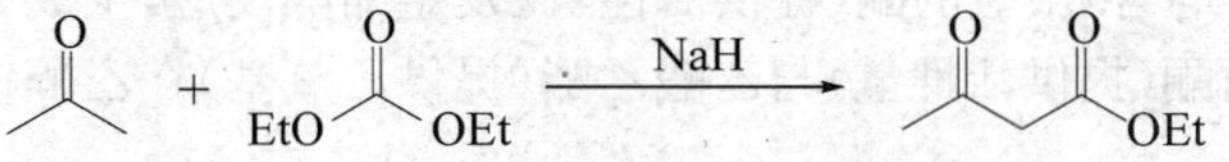

显然，若用碳酸二甲酯，可以制备乙酰乙酸甲酯。

问题 34 给出可能的路线合成

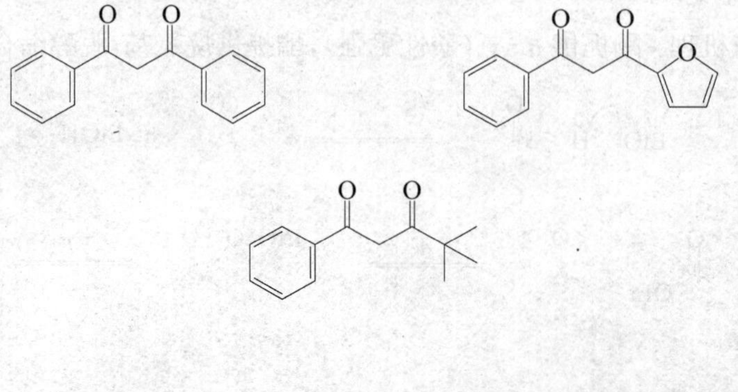

第 9 章 羧酸及其衍生物 Carboxylic Acids and Derivatives

用环酮进行酮酯缩合可以合成环状的 β-二酮、β-酮醛或 β-酮酸酯。

例：

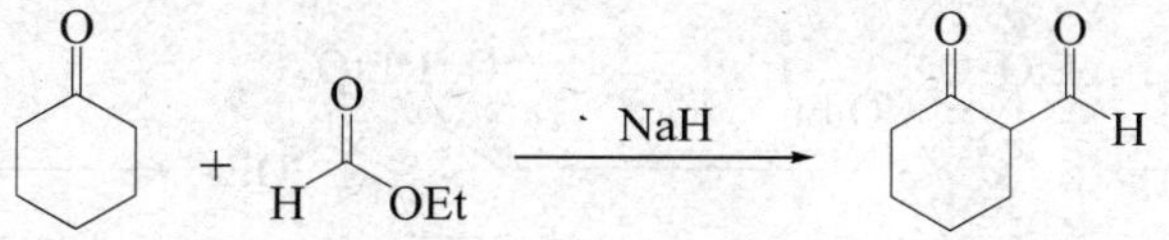

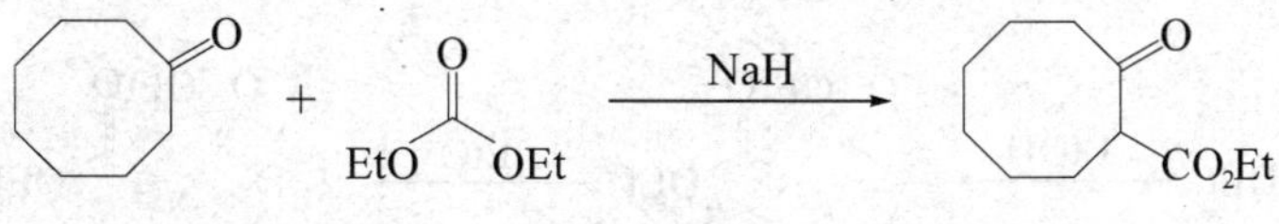

环己酮 + HCO₂Et —NaH→ 2-甲酰基环己酮

环辛酮 + (EtO)₂CO —NaH→ 2-(乙氧羰基)环辛酮 91% ~ 94%

分子内酮酯缩合，易于形成五、六元环 β-酮酸酯。

例：

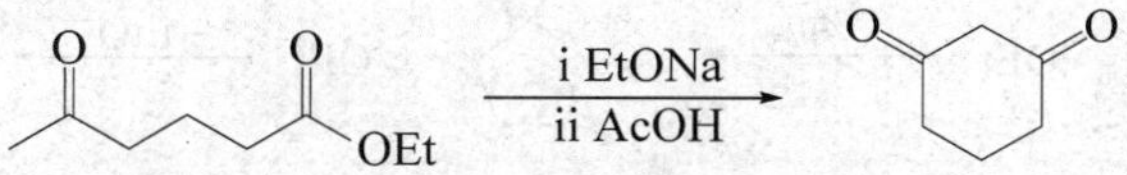

5-氧代己酸乙酯 —i EtONa; ii AcOH→ 1,3-环己二酮

问题 35 完成反应并评论（和上述反应比较）：

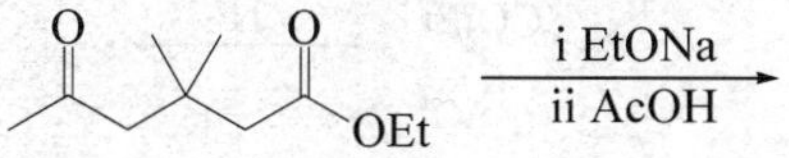

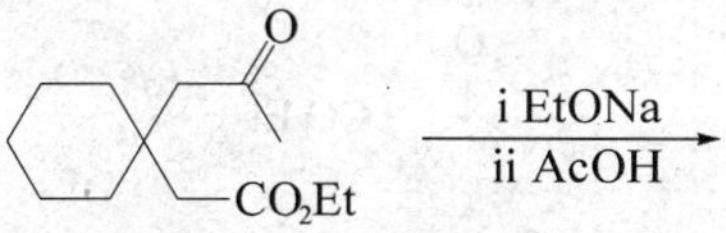

3-甲基-5-氧代己酸乙酯 —i EtONa; ii AcOH→

1-(2-氧代丙基)环己基乙酸乙酯 —i EtONa; ii AcOH→

6-庚酮酸乙酯分子内酮酯缩合，生成 2-乙酰基环戊酮，而不是 1,3-环庚二酮。事实上，就是 1,3-环庚二酮生成了，在这个反应条件下最终也将转化成 2-乙酰基环戊酮。

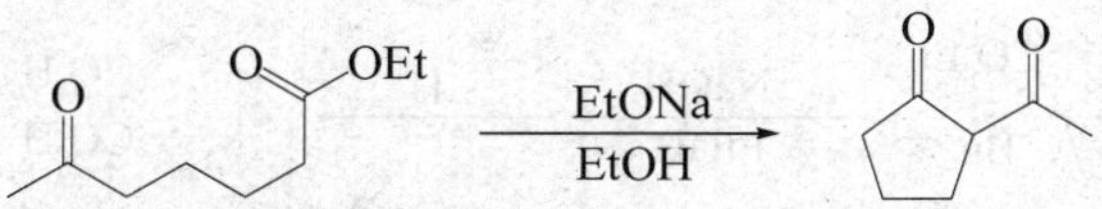

6-氧代庚酸乙酯 —EtONa/EtOH→ 2-乙酰基环戊酮

问题 36 选用适当原料合成

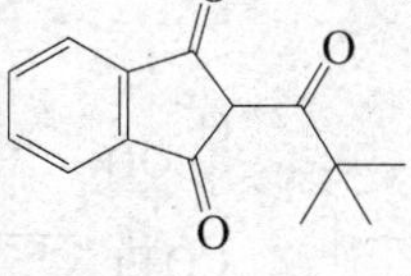

Pindone, a rat poison 'Pival'
an anticoagulant drug as a rodenticide

3) 逆酯缩合

酯缩合与酮酯缩合都是可逆的，β-酮酸酯、β-二酮在一定条件下可逆反应，分解出缩合的原料，此即逆酯缩合（retro-ester condensation）。

例 1

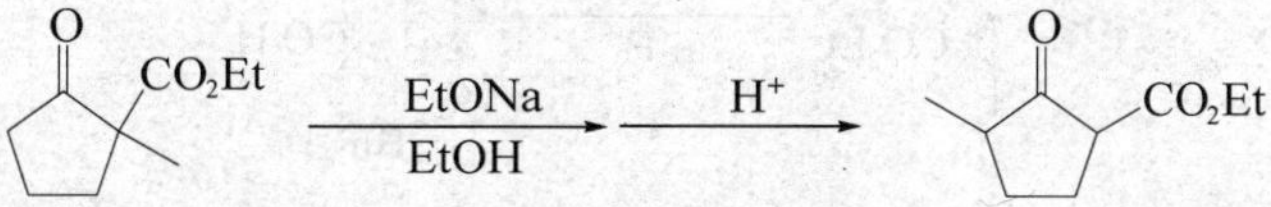

1-甲基-2-氧代环戊烷甲酸乙酯 —EtONa/EtOH; H⁺→ 2-甲基-5-氧代环戊烷甲酸乙酯

反应经历了逆酯缩合开环、再分子内缩合环化：

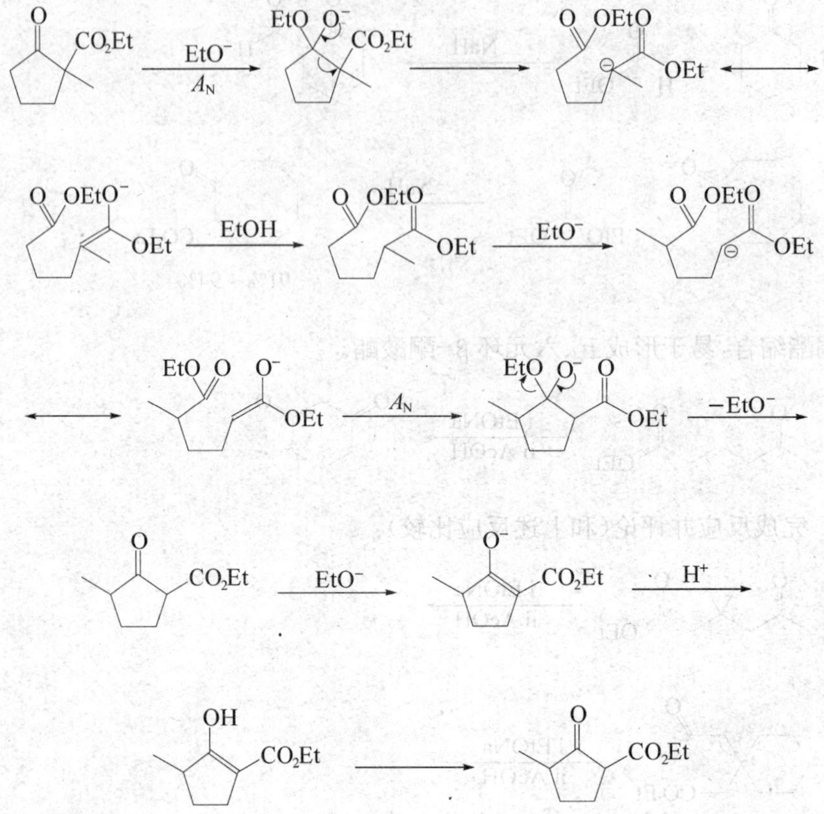

[反应机理图示]

例2 苛性碱逆酯缩合酮酸酯产生二元酸。

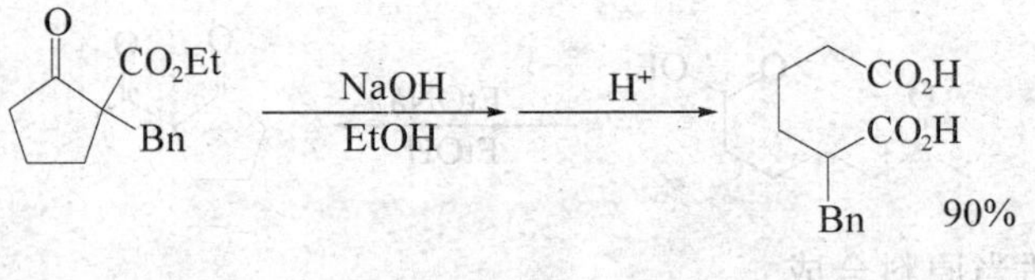

[反应式图示] NaOH/EtOH, H⁺, 90%

反应经历了亲核加成——逆酯缩合开环、水解：

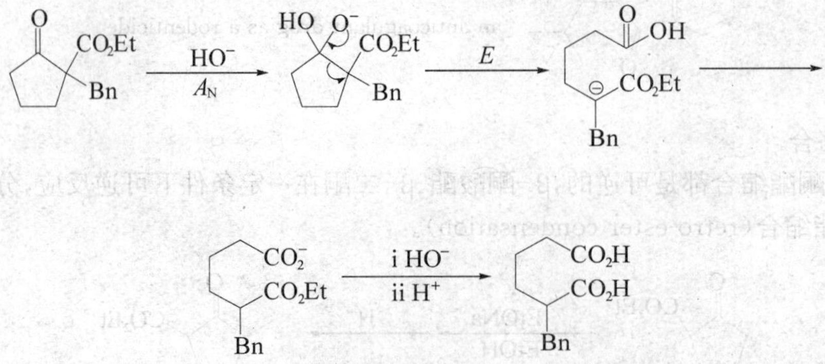

[反应机理图示] HO⁻/A_N, E, i HO⁻ ii H⁺

例 3 β-二酮苛性碱逆酯缩合产生酮酸。

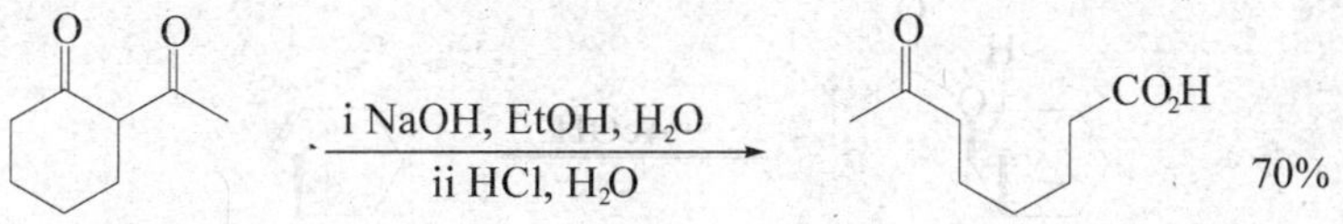

反应经历了亲核加成——逆酯缩合开环：

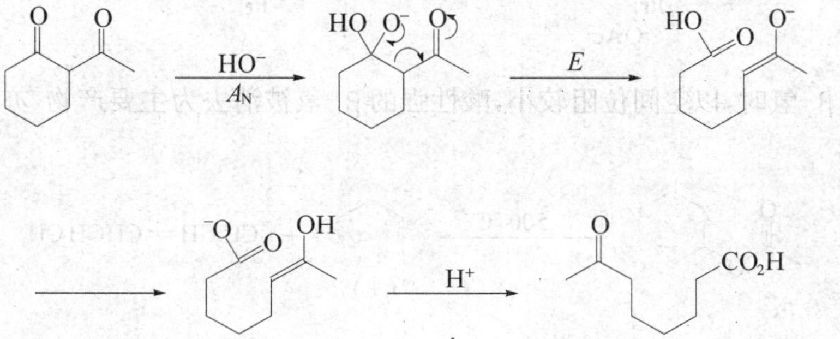

问题 37 给出反应产物并建议机理

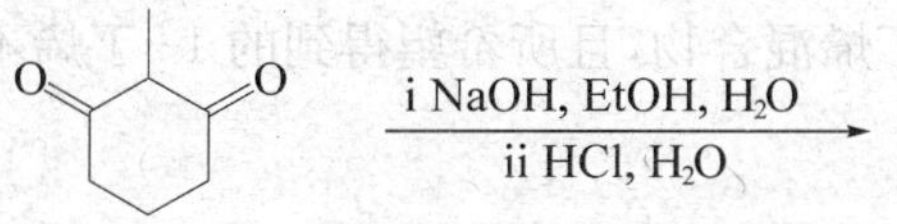

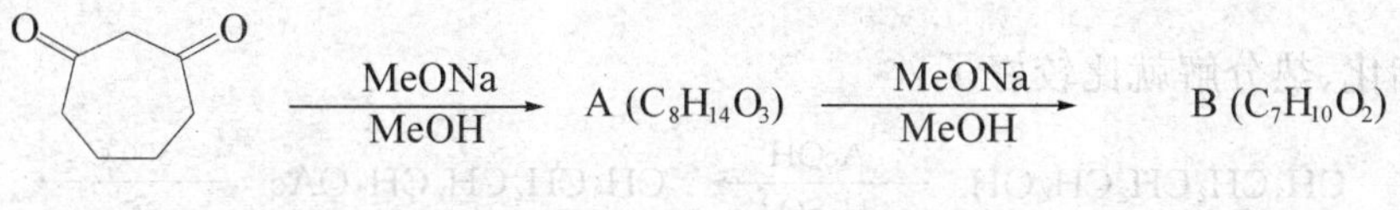

5. 酯热解

酯在~500℃的高温下发生分解反应，产生烯和羧酸，此为酯热解反应（ester pyrolysis）。例如，乙酸丙酯热分解生成乙酸和丙烯。丙烯酸乙酯在 590℃高温下分解给出丙烯酸和乙烯。

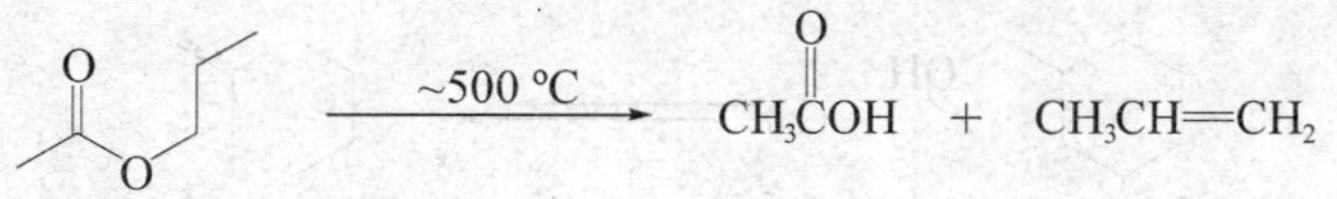

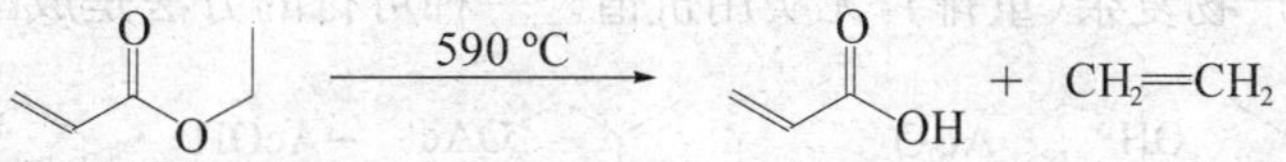

酯热解也是一种 β-消去，可能经历分子内六元环过渡态（transition state，TS），是单分子环状协同消去（Elcc）：

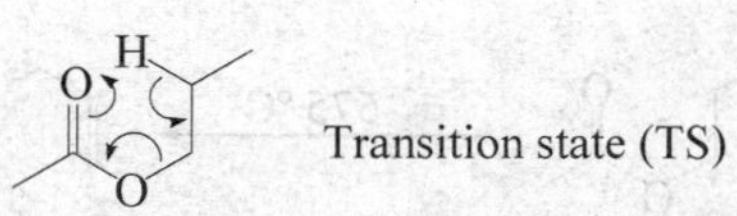

Transition state (TS)

由于是分子内环状过渡态,其β-氢必然来自顺位,因此,酯热解是顺式消去。

例:

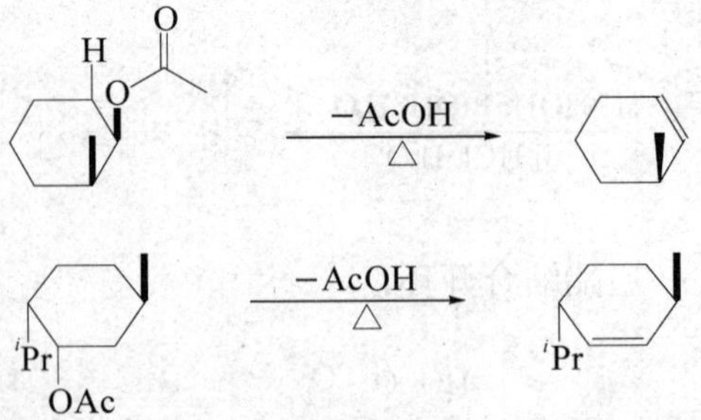

当有两种β-氢时,以空间位阻较小,酸性强的β-氢被消去为主要产物,亦即 Hofmann 消去。例:

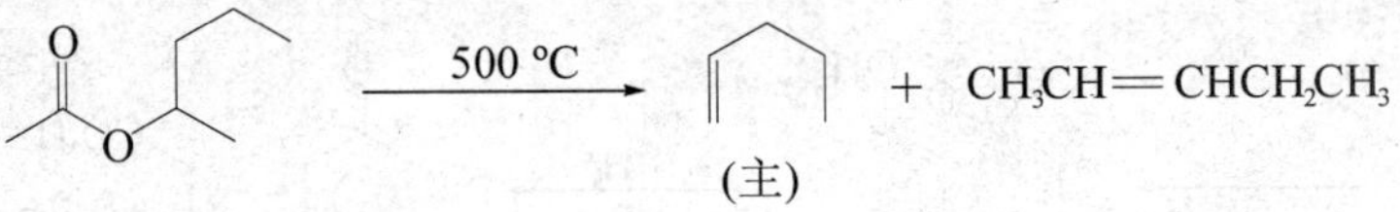

$$\text{CH}_3\text{COOCH(CH}_3\text{)CH}_2\text{CH}_2\text{CH}_3 \xrightarrow{500\ ^\circ\text{C}} \text{CH}_2=\text{CHCH}_2\text{CH}_3 \text{(主)} + \text{CH}_3\text{CH}=\text{CHCH}_2\text{CH}_3$$

酯热解可用于合成,消除羟基(酯)形成烯键。

例 1 $\text{CH}_3\text{CH}_2\text{CH}_2\text{CH}_2\text{OH} \longrightarrow \text{CH}_3\text{CH}_2\text{CH}=\text{CH}_2$

若用硫酸热消去,得到 1-丁烯和 2-丁烯混合物,且所希望得到的 1-丁烯不是主要产物,这不可行。

$$\text{CH}_3\text{CH}_2\text{CH}_2\text{CH}_2\text{OH} \xrightarrow[\triangle]{\text{H}_2\text{SO}_4} \underset{30\%}{\text{CH}_3\text{CH}_2\text{CH}=\text{CH}_2} + \underset{70\%}{\text{CH}_3\text{CH}=\text{CHCH}_3}$$

改用酯化、热分解就比较好了:

$$\text{CH}_3\text{CH}_2\text{CH}_2\text{CH}_2\text{OH} \xrightarrow[\text{H}_2\text{SO}_4]{\text{AcOH}} \text{CH}_3\text{CH}_2\text{CH}_2\text{CH}_2\text{OAc} \xrightarrow{500\ ^\circ\text{C}}$$

$$\underset{100\%}{\text{CH}_3\text{CH}_2\text{CH}=\text{CH}_2}$$

例 2 完成转化:

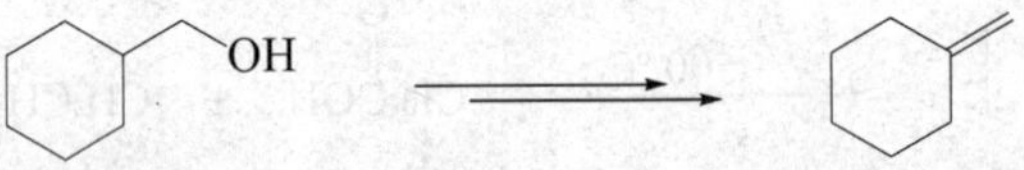

若用硫酸脱水,产物复杂(重排),无实用价值。一种可行的方法是成酯,然后热解:

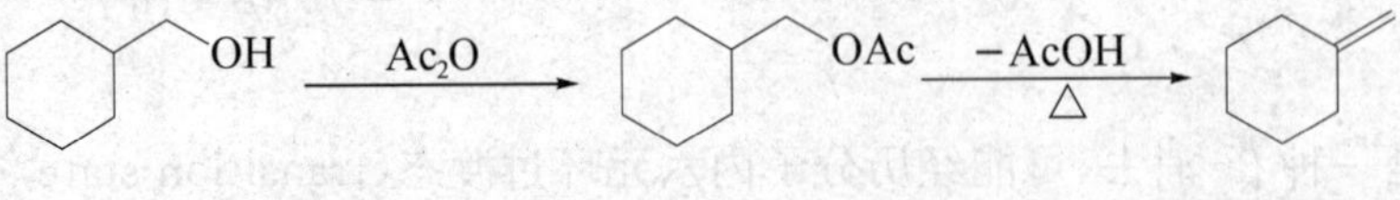

环己基-CH$_2$OH $\xrightarrow{\text{Ac}_2\text{O}}$ 环己基-CH$_2$OAc $\xrightarrow[\triangle]{-\text{AcOH}}$ 亚甲基环己烷

例 3 制备 1,4-戊二烯

$$\text{AcO-CH}_2\text{CH}_2\text{CH}_2\text{CH}_2\text{-OAc} \xrightarrow{575\ ^\circ\text{C}} \text{CH}_2=\text{CHCH}=\text{CH}_2 + 2\ \text{CH}_3\text{CO}_2\text{H}$$

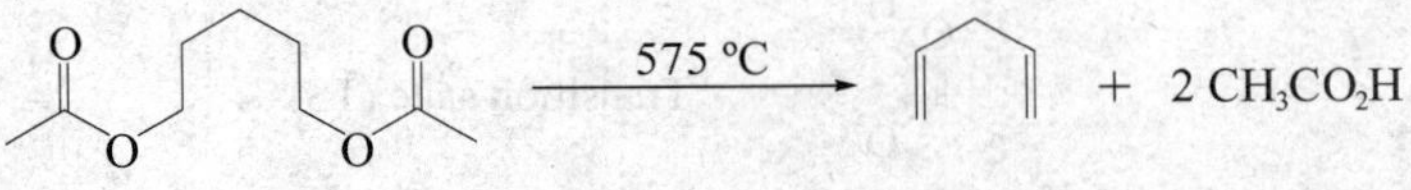

问题 38　完成转化(三种方法)并评论。

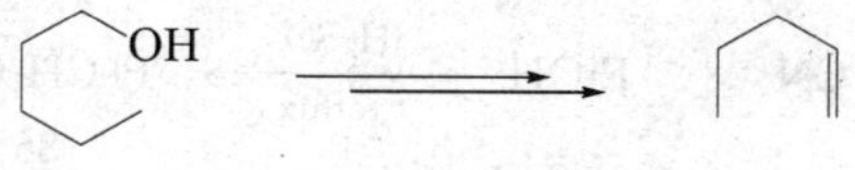

问题 39　由开链原料合成

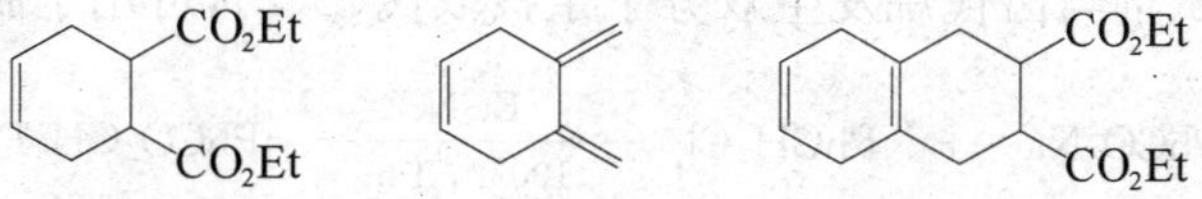

9.2.2.2　酯的制备

1. 酯化反应——Fischer 酯化

羧酸与醇在酸催化下酯化反应——Fischer 酯化。例：

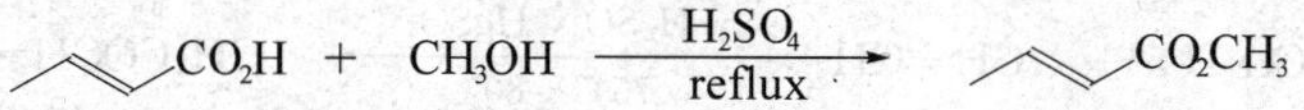

68%

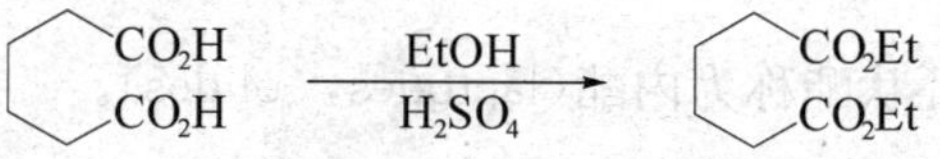

96%

位阻大的酯以及酚酯不宜用此法制备。难以直接酯化的可加入活化剂如二环己基碳二亚胺(dicyclohexylcarbodiimide，DCC)、三氟乙酸酐等。例：

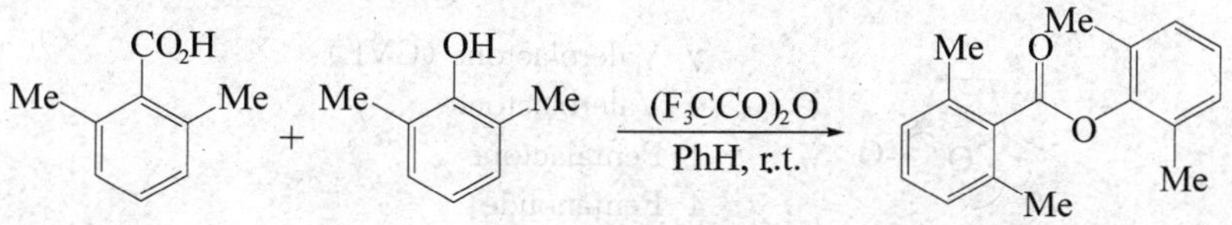

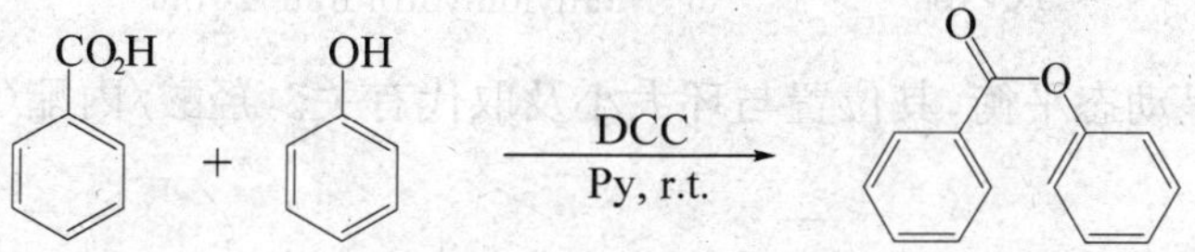

94%

2. 酰卤、酐与腈的醇解

通过酰卤与酸酐的醇解制备酯是很好的方法(见后)。例：

$$CH_3COCl + (CH_3)_3COH \xrightarrow[Et_2O]{PhNMe_2} CH_3\overset{O}{\overset{\|}{C}}OC(CH_3)_3$$

65%

$$(CH_3CO)_2O + (CH_3)_3COH \xrightarrow{ZnCl_2} CH_3\overset{O}{\overset{\|}{C}}OC(CH_3)_3$$

57%

腈在强酸与水存在下醇解生成酯,用于酯的制备(见后)。例:

$$PhCH_2CN + EtOH \xrightarrow[reflux]{H_2SO_4} PhCH_2CO_2Et \quad 86\%$$

3. 羧酸盐与卤代烷取代

羧酸盐作为亲核试剂与卤代烷发生双分子亲核取代(S_N2),可用于制备酯。例:

$$PhCO_2Na + PhCH_2Cl \xrightarrow[100℃, 1h]{Et_3N} PhCO_2CH_2Ph \quad 94\%$$

4. 羧酸与烯炔的加成

羧酸对烯、炔的加成制备酯是现代化工方法,如乙酸乙烯酯(维尼纶的单体)的生产。

$$CH_3CO_2H + CH\equiv CH \xrightarrow[75℃\sim 80℃]{H_2SO_4, HgSO_4} CH_3COCH=CH_2$$

5. 羧酸与重氮甲烷反应——甲酯化(见第10章含氮化合物)

9.2.2.3 内酯

羟基酸形成的分子内环状酯称为内酯(lactones, -olides)。

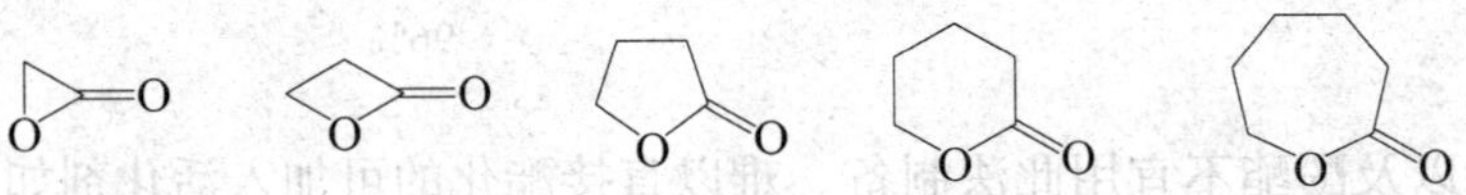

α-乙内酯   β-丙内酯   γ-丁内酯   δ-戊内酯   ε-己内酯
                                                ε-caprolactone

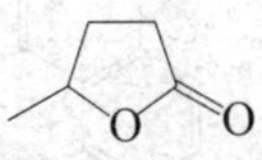

γ-Valerolactone (GVL)
4-Valerolactone
4-Pentalactone
4-Pentanolide
4-Hydroxypentanoic acid lactone
5-Methyldihydrofuran-2-one

γ-戊内酯
4-戊内酯

内酯与羟基酸呈动态平衡,其位置与环大小及取代有关。羟酸/内酯(%)平衡如下:

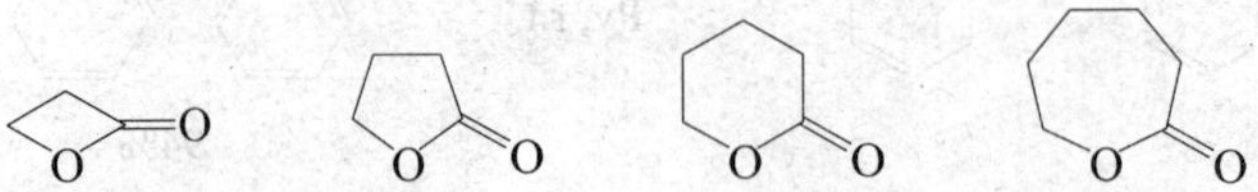

100/0   27/73   91/8   ~100/0

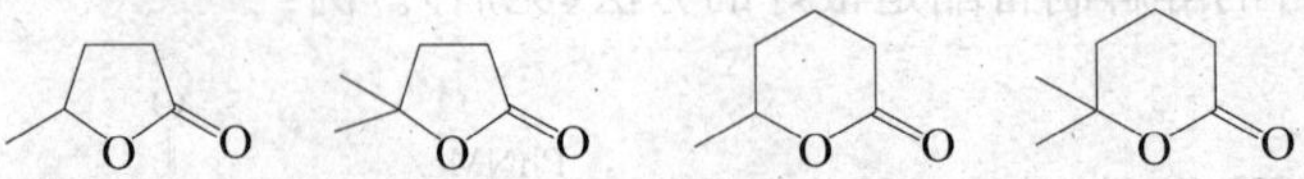

5/95   2/98   79/21   75/25

表明五元环内酯最易形成。

羟基酸内酯化中的结构因素——Thorpe-Ingold效应:羟基所在碳上有甲基(烃基)有利于内酯形成,同碳二甲基(偕二甲基)促进γ-羟基酸与δ-羟基酸易内酯化。例如,不同的2-

羟基苯丙酸的内酯化(lactonization)相对速率随着偕二甲基的出现而迅速提高。

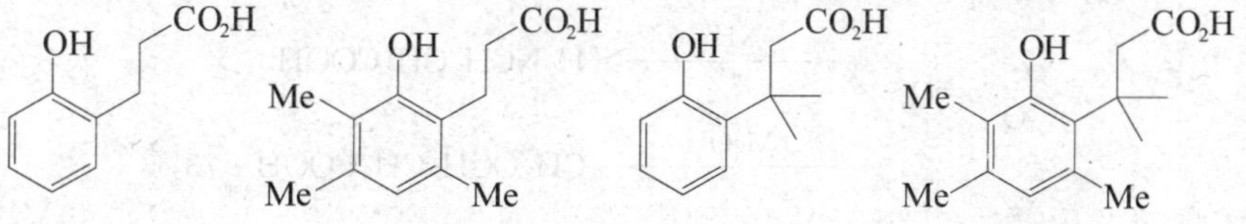

r. r.   1.0   1.05   4 400 10^{11}

许多内酯存在于自然界,有些是天然香精的主要成分。

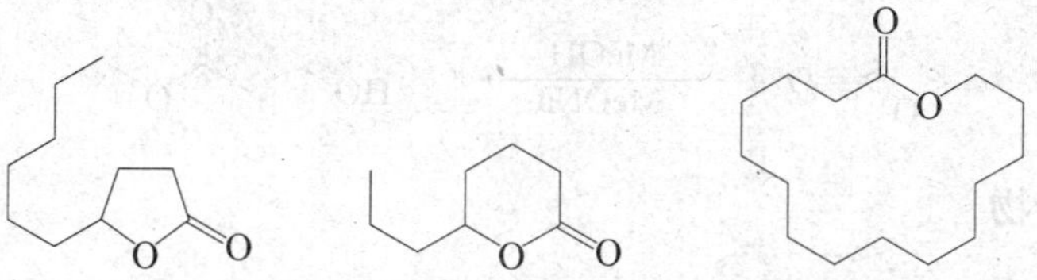

γ-癸内酯   δ-辛内酯   ω-十五内酯

ω-十五内酯天然存在于当归根油中,是一种大环麝香,不仅具有麝香气而且隐含龙诞香韵,香气浓郁而细腻,扩散而持久,用于配制高级香精,适用于花香、木香、琥珀香等香精。

许多天然抗生素如红霉素、麦迪霉素、螺旋霉素等都是大环内酯(macrocyclic lactones; macrolides)。

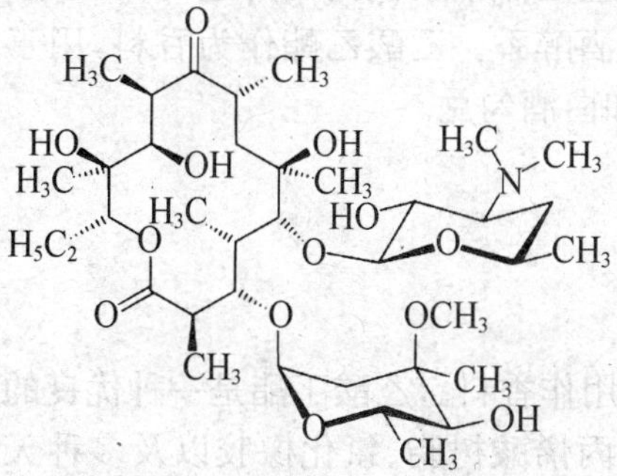

红霉素 Erythromycin 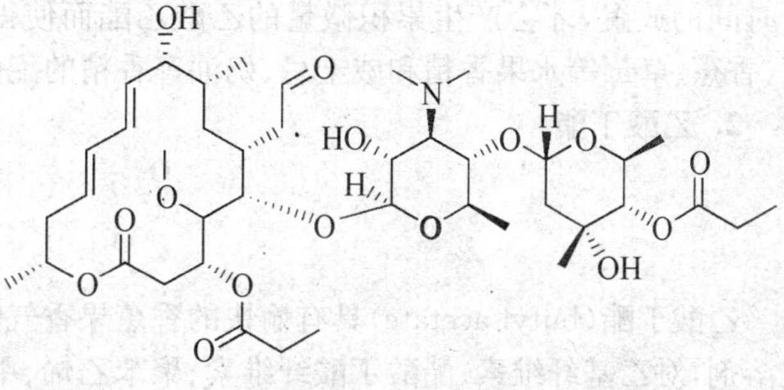   麦迪霉素 Midecamycin

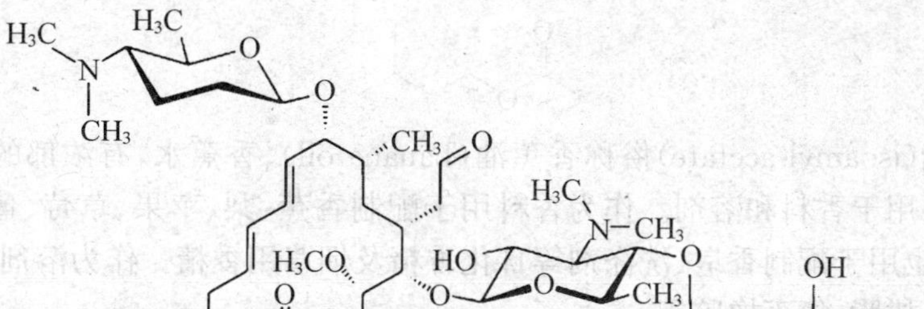

螺旋霉素 Spiramycin

β-丙内酯的开环反应:在中性或弱酸性条件下,通过烷氧键断裂开环(S_N2),得到β-取代羧酸。

$$\text{β-propiolactone} \xrightarrow{\text{NaSH}} \text{HSCH}_2\text{CH}_2\text{COOH} \quad 81\%$$

$$\xrightarrow{\text{NH}_3} \text{H}_2\text{NCH}_2\text{CH}_2\text{COOH}$$

$$\xrightarrow{\text{MeOH}} \text{CH}_3\text{OCH}_2\text{CH}_2\text{COOH} \quad 73\%$$

$$\xrightarrow{\text{HCl}} \text{ClCH}_2\text{CH}_2\text{COOH} \quad 91\%$$

在碱性或强酸性条件下，通过酰氧键断裂开环（加成-消除机制），生成 β-羟基酸衍生物。

$$\text{β-propiolactone} \xrightarrow[\text{MeONa}]{\text{MeOH}} \text{HOCH}_2\text{CH}_2\text{COOCH}_3$$

9.2.2.4 个别化合物

1. 乙酸乙酯

乙酸乙酯（ethyl acetate），bp 76.5～77.5℃，d_4^{20} 0.894 6，n_D^{20} 1.372 0。

常用的有机溶剂，难溶于水且比水轻，工业上广泛用于涂料、粘合剂、人造纤维素、人造革、合成橡胶等生产，也是重要的有机化工原料。乙酸乙酯具有果香味。因为酒中含有痕量的乙酸，和乙醇发生酯化反应生成乙酸乙酯，在常况下这个反应是非常缓慢而且可逆的，所以要有长时间的放置，才会产生累积微量的乙酸乙酯而使得陈酒醇香。乙酸乙酯作为香料，用于菠萝、香蕉、草莓等水果香精和威士忌、奶油等香精的配制和白酒勾兑。

2. 乙酸丁酯

乙酸丁酯（butyl acetate）具有愉快的香蕉果香气味，用作香料。乙酸丁酯是一种优良的有机溶剂，对乙基纤维素、醋酸丁酸纤维素、聚苯乙烯、甲基丙烯酸树脂、氯化橡胶以及多种天然树胶均有较好的溶解性能。

3. 乙酸异戊酯

乙酸异戊酯（isoamyl acetate）俗称香蕉油（banana oil）、香蕉水，有浓郁的香蕉果香气味。乙酸异戊酯主要用于香料和溶剂。作为香料用于配制香蕉、梨、苹果、草莓、葡萄、菠萝等多种香型食品香精，也用于配制香皂、洗涤剂等日化香精及烟草用香精。作为溶剂，能溶解油漆、硝化纤维素、松脂、树脂、氯丁橡胶等。

4. 乙酰水杨酸

乙酰水杨酸(acetylsalicylic acid)，非处方药阿司匹林(Aspirin)，是一种历史悠久的解热镇痛药，具有良好的解热、镇痛和抗炎作用，用于治感冒、发热、头痛、牙痛、关节痛、风湿病，还能抑制血小板聚集，用于预防和治疗缺血性心脏病、心绞痛、心肺梗塞、脑血栓形成，被誉为"万灵药"、世纪之药。

5. 苯甲酸甲酯 Methyl benzoate

苯甲酸甲酯(methyl benzoate)俗称安息香酸甲酯，具有浓郁的冬青油和尤南迦油香气，用于配制香水香精和人造精油，也用于食品中。苯甲酸在工业上广泛用作溶剂，也是化工原料。

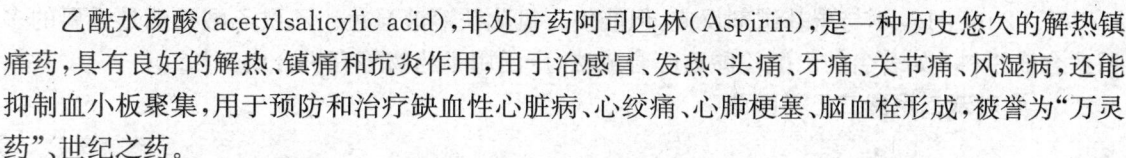

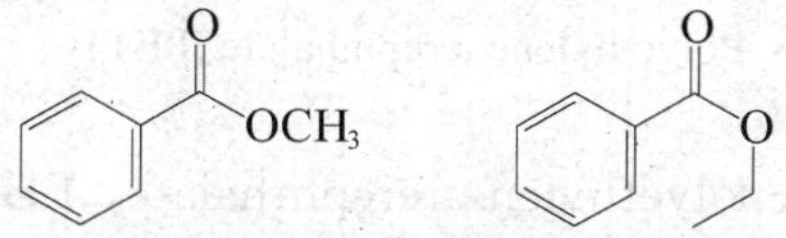

苯甲酸乙酯(ethyl benzoate)，俗称安息香酸乙酯，芳香浓郁，稍有水果气，常用于较重的依兰香型以及香石竹、晚香玉等香型香精，也用作食用香料如香蕉、樱桃、梅子、葡萄以及鲜果、浆果、坚果等香精。苯甲酸乙酯也用作纤维素酯、纤维素醚、各种树脂等的溶剂，也是化工原料。

6. 丙二酸二乙酯

丙二酸二乙酯(diethyl manoate)，bp 199℃，pK_a 13.0，具有芳香气味，在有机合成上有重要应用，如丙二酸酯合成法，可以合成一取代和二取代乙酸(见后)。

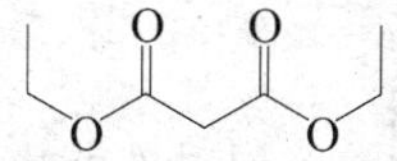

丙二酸二乙酯多以氯乙酸为原料，经过与氰化钾取代、醇解制备。

$$\text{ClCH}_2\text{CO}_2\text{H} \xrightarrow[\text{ii NaCN}]{\text{i Na}_2\text{CO}_3} \text{NCCH}_2\text{CO}_2\text{Na} \xrightarrow[\text{EtOH, reflux}]{\text{H}_2\text{SO}_4} \text{CH}_2(\text{CO}_2\text{Et})_2$$

合成上也用丙二酸叔丁酯，是用丙二酸与异丁烯反应制备的：

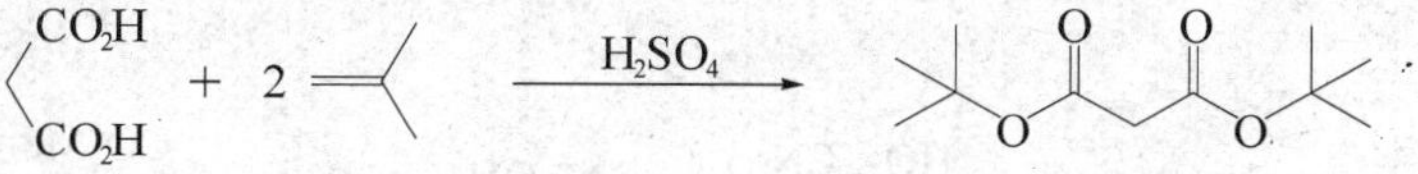

7. 乙酰乙酸乙酯

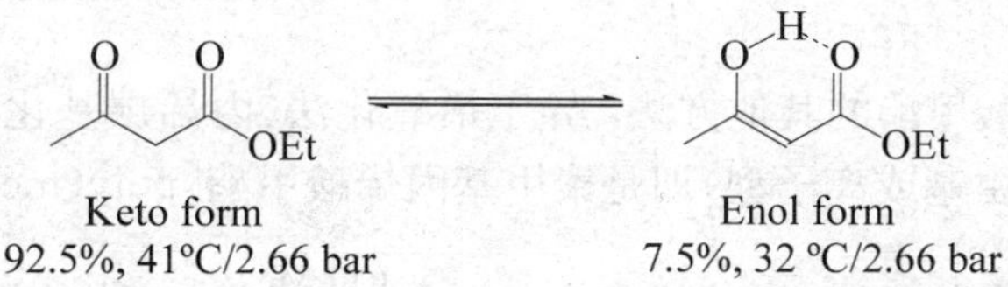

Keto form
92.5%, 41℃/2.66 bar

Enol form
7.5%, 32℃/2.66 bar

乙酰乙酸乙酯(ethyl acetoacetate)，bp 181℃，90℃~93℃/40 mmHg，82℃/20 mmHg，pK_a 10.7，具有芳香气味。

液体的乙酰乙酸乙酯是互变异构体酮式(keto form)与烯醇式(enol form)的平衡混合物，酮式93%，烯醇式7%。乙酰乙酸乙酯的酮式与烯醇式显示不同的物性与官能团反应：酮式，bp 41℃/2 mmHg，不与溴反应，也不使三氯化铁溶液显色，但能与羰基试剂作用；烯醇式，

bp 33℃/2 mmHg,不与羰基试剂反应,但能使三氯化铁溶液显色。乙酰乙酸乙酯是重要的多用途合成原料,如著名的乙酰乙酸乙酯合成法,广泛用于药物等有机合成。

8. 聚对苯二甲酸二乙二醇酯

Polyethylene terephthalate (PET)

聚对苯二甲酸二乙二醇酯(polyethylene terephthalate,PET)为乳白色或浅黄色、高度结晶的聚合物,表面平滑有光泽。在较宽的温度范围内具有优良的物理机械性能,长期使用温度可达 120℃,电绝缘性优良,抗蠕变性、耐疲劳性、耐摩擦性、尺寸稳定性都很好。

聚对苯二甲酸二乙二醇酯主要用于聚酯纤维即涤纶(Dacron)材料,也用于吹制如碳酸饮料瓶、矿泉水瓶等塑料材料,还用作电子电器与机械等部件材料以及薄膜包装材料等。1946 年英国公开了第一个制备 PET 的专利,1949 年英国 ICI 公司完成中试,1953 年美国 DuPont 公司最先实现工业化生产。初期 PET 几乎都用于合成纤维涤纶(Dacron)。80 年代以来,PET 作为工程塑料有突破性的进展,相继研制出成核剂与结晶促进剂,目前 PET 与聚对苯二甲酸丁二醇酯(PBT)一起作为热塑性聚酯,成为五大工程塑料之一。

9. 甲基丙烯酸甲酯

Methyl methacrylate
甲基丙烯酸甲酯

甲基丙烯酸甲酯(methyl methacrylate,MMA)即 α-甲基丙烯酸甲酯,系统命名:2-甲基丙烯酸甲酯,是聚甲基丙烯酸甲酯的单体。

α-甲基丙烯酸甲酯是以丙酮为基本原料制备的丙酮氰醇法,即丙酮加成氰化氢,然后水解酯化脱水。

$$\text{丙酮} \xrightarrow[H_2SO_4]{NaCN} \text{丙酮氰醇} \xrightarrow[H_2SO_4]{MeOH} \text{Methyl methacrylate (MMA)}$$

制备 α-甲基丙烯酸甲酯的其他方法:异丁烯氧化法、丙烯羰基化、异丁醛氧化等。α-甲基丙烯酸甲酯聚合(自由基或离子型)即是聚甲基丙烯酸甲酯[poly(methyl methacrylate)]:

$$n \text{ MMA} \xrightarrow{\text{Polymerization}} *-[CH_2C(CH_3)(CO_2Me)]_n-*$$

聚甲基丙烯酸甲酯
Poly(methyl methacrylate)
PMMA

聚甲基丙烯酸甲酯(poly(methyl methacrylate),PMMA),即有机玻璃(亚克力 acrylic)。PMMA 树脂具有优异的透光性、良好的化学稳定性与耐候性,广泛用作灯具、采光体等材料。PMMA 树脂是无毒环保的材料,用于生产餐具、卫生洁具等,在工业、医疗、信息以及日用消费品(饮料杯、文具)等有广泛用途。PMMA 树脂在破碎时不易产生尖锐的碎片,一些国家已在法律上规定,中小学及幼儿园建筑用玻璃必须采用 PMMA 树脂。

10. 邻苯二甲酸酯增塑剂

邻苯二甲酸二丁酯
Dibutyl phthalate
DBP

邻苯二甲酸二辛酯
Dioctyl phthalate (DOP)
邻苯二甲酸二(2-乙基己)酯
Bis(2-ethylhexyl)phthalate
BEHP; DEHP

邻苯二甲酸二丁酯(DBP)是通用的增塑剂(plasticizer,也称为塑化剂,合成高聚物材料的助剂——添加剂,可以使其可塑性提高、柔韧性增强,更容易加工成型等),可使制品具有良好的柔软性,其稳定性、耐挠曲性、黏结性和防水性均优于其他增塑剂,但挥发性和水抽出性较大,因而耐久性差。邻苯二甲酸二丁酯主要用于聚氯乙烯,也是聚乙酸乙烯酯、醇酸树脂、硝基纤维素、乙基纤维素及氯丁橡胶、丁腈橡胶的优良增塑剂。

邻苯二甲酸二辛酯(DOP)通常是指邻苯二甲酸二(2-乙基己)酯(DEHP,BEHP)是最常用的一种增塑剂。本品具有良好的综合性能,混合性能好、增塑效率高、挥发性较低、低温柔软性较好、耐水抽出、电气性能好、耐热性和耐候性良好。邻苯二甲酸二辛酯广泛用于聚氯乙烯、化纤、乙酸树脂、ABS 树脂以及合成橡胶等合成树脂的加工。

通用级 DOP:广泛用于塑料、橡胶、涂料等工业中。用其增塑的 PVC 可用于制造人造革、农用薄膜、包装材料、电缆等。电气级 DOP:具有良好的电绝缘性能,主要用于生产电线电缆。食品级 DOP:主要用于生产食品包装材料。医用级 DOP:主要用于生产一次性医疗器具以及医用包装材料等。

邻苯二甲酸酯类增塑剂仅适用于工业制品,不可食用添加。

2011 年 5 月报道,在台湾的一些饮品中检测到增塑剂 DEHP。这是违法使用增塑剂 DEHP 作为食用添加"云化剂"(clouding agent)用于食品饮料生产。

11. 油脂

高级(饱和、不饱和)脂肪酸甘油酯(见第 14 章生物分子——天然产物部分)。

9.2.3 酰卤

9.2.3.1 酰卤的反应

1. 亲核分解

1)醇解

酰卤醇(酚)解生成酯,是制备酯的方法。

$$CH_3COCl + ROH \xrightarrow{base} CH_3CO_2R + HCl$$

$$CH_3COCl + ArOH \xrightarrow{base} CH_3CO_2Ar + HCl$$

反应机理是亲核加成-消去：

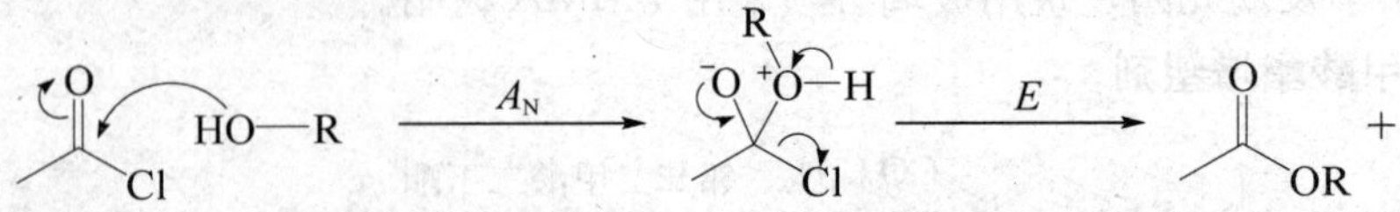

$$\underset{Cl}{\overset{O}{\underset{\|}{C}}}\!\!-\!\!CH_3 + HO\!\!-\!\!R \xrightarrow{A_N} \underset{Cl}{\overset{\overset{+}{O}H}{\underset{|}{C}}}\!\!(OR) \xrightarrow{E} CH_3COOR + HCl$$

加碱（缚酸剂 acid trapping agent）吸收产生的酸卤化氢，对反应是有利的。乙酰氯等低分子量酰卤可用有机碱，如吡啶、三乙胺、N，N-二甲苯胺等。苯甲酰氯等不溶于水的酰卤可用苛性碱水溶液。例：

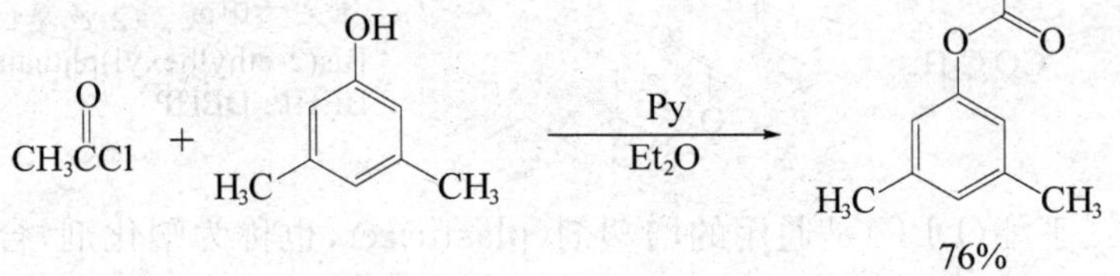

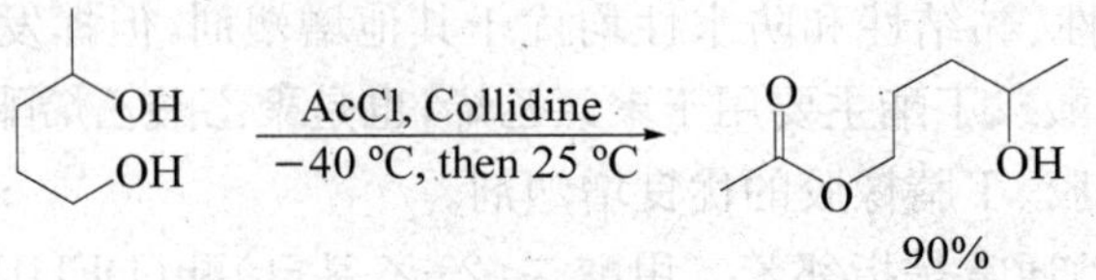

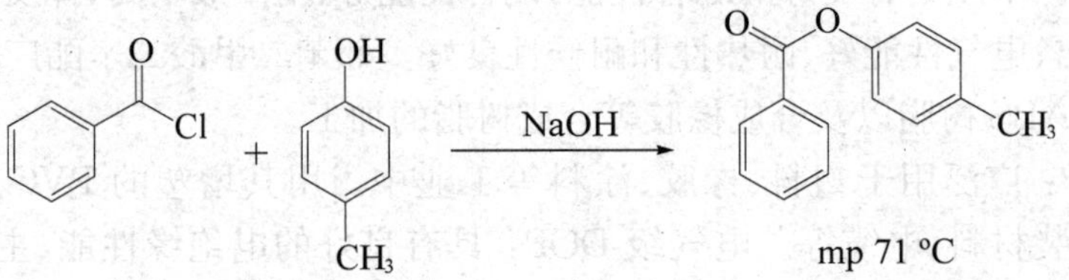

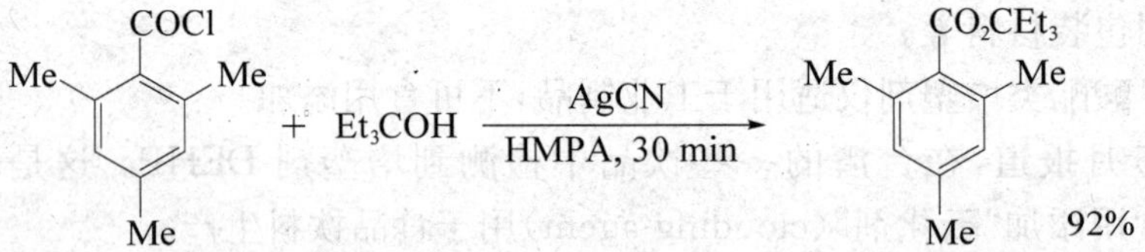

CH₃CCl (O) + 3,5-二甲基苯酚 $\xrightarrow[\text{Et}_2\text{O}]{\text{Py}}$ 3,5-二甲基苯基乙酸酯 76%

2-己二醇(OH,OH) $\xrightarrow[-40\ ^\circ\text{C, then } 25\ ^\circ\text{C}]{\text{AcCl, Collidine}}$ 乙酰化产物 90%

PhCOCl + 对甲基苯酚 $\xrightarrow{\text{NaOH}}$ 对甲苯基苯甲酸酯 mp 71 °C

2,4,6-三甲基苯甲酰氯 + Et₃COH $\xrightarrow[\text{HMPA, 30 min}]{\text{AgCN}}$ 2,4,6-三甲基苯甲酸三乙基甲酯 92%

2）胺解

酰卤与氨（NH_3）或伯仲胺（RNH_2、R_2NH）发生亲核分解反应，生成酰胺，此即胺解。由于氨或胺本身就是碱，因此，不需再加额外的碱除酸，只需适量多加氨或胺即可。例：

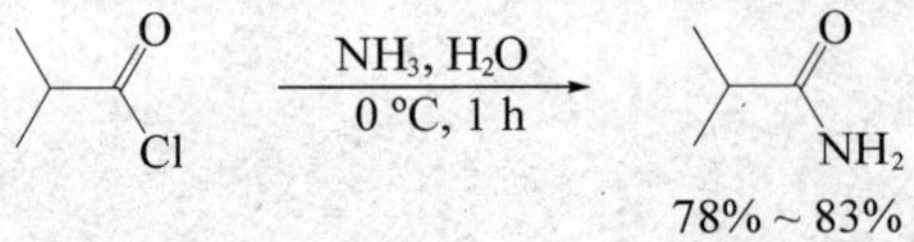

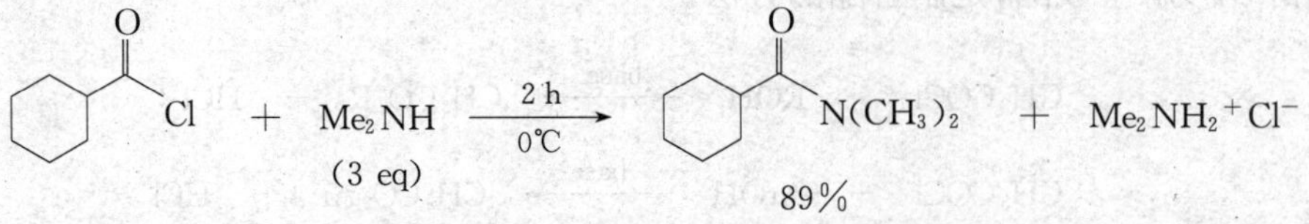

异丁酰氯 $\xrightarrow[0\ ^\circ\text{C, 1 h}]{\text{NH}_3, \text{H}_2\text{O}}$ 异丁酰胺 78% ~ 83%

环己基甲酰氯 + Me₂NH (3 eq) $\xrightarrow[0\ ^\circ\text{C}]{2\ \text{h}}$ 环己基-N,N-二甲基甲酰胺 + $Me_2NH_2^+Cl^-$ 89%

第9章 羧酸及其衍生物 Carboxylic Acids and Derivatives

Schotten-Baumann 反应：不溶于水的酰卤可在苛性碱水溶液-有机溶剂两相中进行，此为 Schotten-Baumann 反应（Schotten-Baumann 反应条件，Schotten-Baumann 酰胺合成）(German chemists Carl Schotten and Eugen Baumann, 1883)。

例：

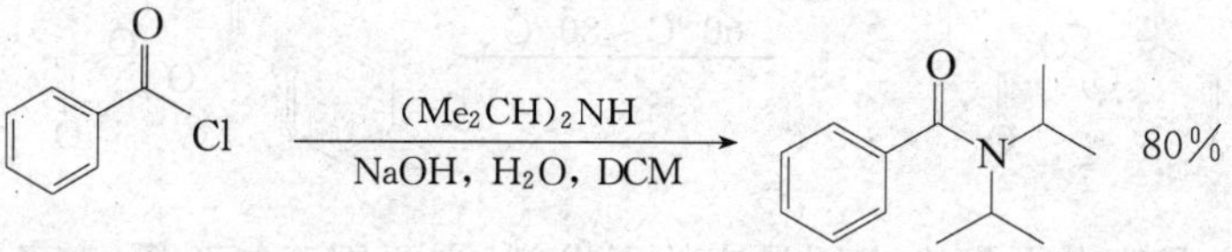

PhCOCl + (Me₂CH)₂NH → PhCON(iPr)₂ 80%
条件：NaOH, H₂O, DCM

反应机理：亲核加成-消去。

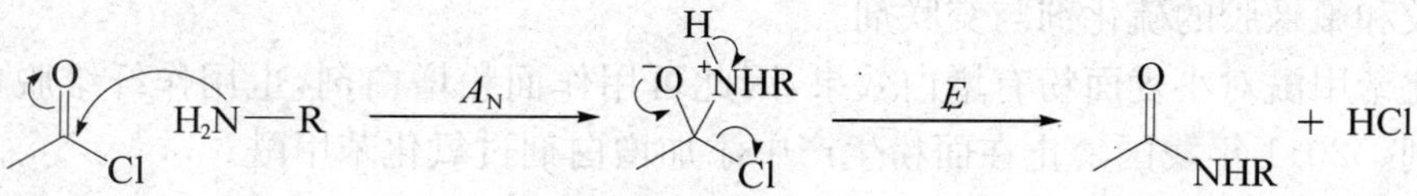

[机理图：乙酰氯 + H₂N-R → 四面体中间体 → 酰胺 + HCl]

问题 40 完成反应

丁酰氯 + HOCH₂CH₂CH(CH₃)₂ —Py→

3,5-二硝基苯甲酰氯 + HOCH₂CH(CH₃)₂ —Py→

2,6-二甲基苯甲酰氯 + 2,6-二甲基苯酚 —AgCN, r.t., 5 min→

丙烯酰氯 + NH₃ →

苯甲酰氯 + 哌啶 —NaOH/H₂O→

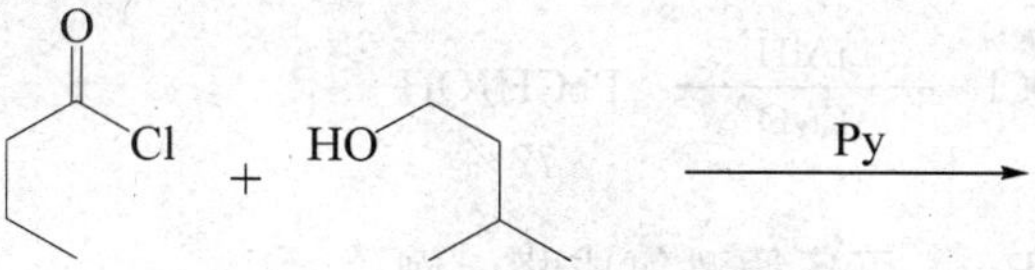

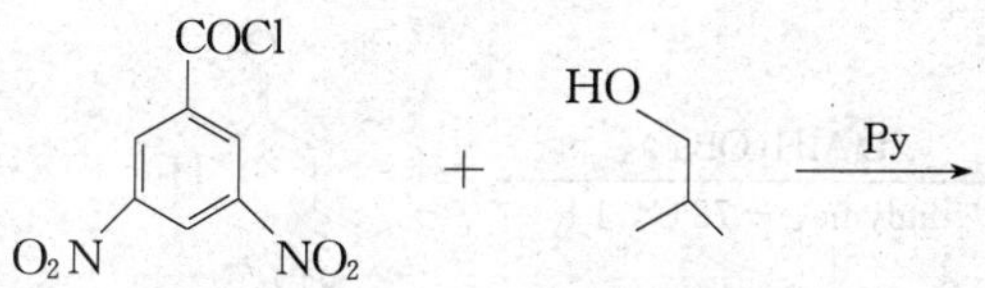

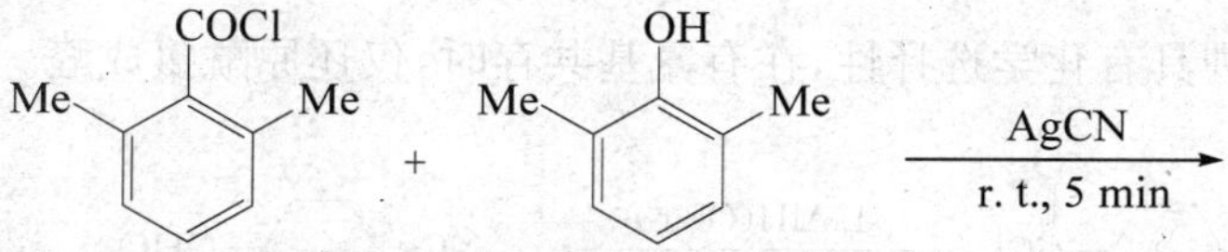

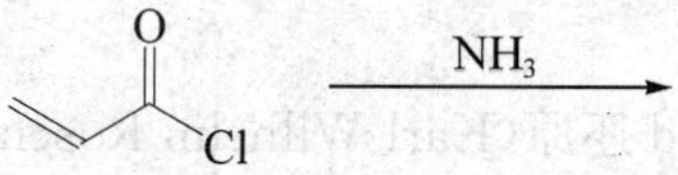

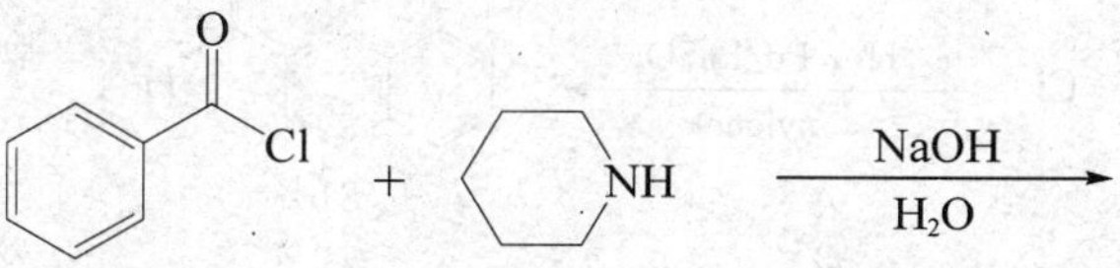

3) 与过氧化钠反应

酰氯与过氧化钠（Na_2O_2 或 H_2O_2/NaOH）反应，生成酰基过氧化物过氧化苯甲酰（benzoyl peroxide, BPO）(Bz_2O_2)。

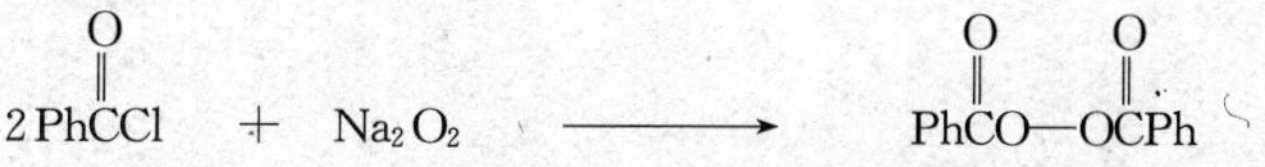

$$2PhCCl + Na_2O_2 \longrightarrow PhCO-OCPh$$

过氧化苯甲酰（Bz_2O_2）
Benzoyl peroxide (BPO)

过氧化苯甲酰由于含过氧键,受热极易均裂产生自由基,因此,广泛用作自由基反应引发剂(radical initiator)。

$$PhC(O)OOC(O)Ph \xrightarrow{60\ ℃ \sim 80\ ℃} 2\ PhC(O)O\cdot$$

过氧化苯甲酰是高分子聚合应用最广的引发剂,主要用于氯乙烯、苯乙烯、丙烯腈、丙烯酸酯、乙酸乙烯酯等的自由基聚合,也用作有机玻璃胶粘剂等的引发剂与交联剂。在橡胶工业中用作硅橡胶和氟橡胶的硫化剂与交联剂。

过氧化苯甲酰对小麦面粉有增白效果,因此可用作面粉增白剂,也用作纤维脱色剂、油脂精炼漂白剂。2011年我国禁止在面粉生产中添加增白剂过氧化苯甲酰。

2. 酰卤的还原

在羧酸衍生物中,酰卤最易还原,可以得到醇或醛。例:

$$PhCOCl \xrightarrow[Et_2O]{LiAlH_4} PhCH_2OH \quad 72\%$$

三叔丁氧基氢化铝锂 $LiAlH(OBu^t)_3$ 可还原酰氯成醛。例:

$$PhCOCl \xrightarrow[\text{diglyme},\ -78\ ℃,\ 1\ h]{LiAlH(OBu^t)_3} PhCHO \quad 81\%$$

三叔丁氧基氢化铝锂具有化学选择性,在有氰基共存时,仅还原酰氯成醛。例:

$$NC\text{-}C_6H_4\text{-}COCl \xrightarrow[-78\ ℃]{LiAlH(OBu^t)_3} NC\text{-}C_6H_4\text{-}CHO$$

Rosenmund 还原

经钯催化氢解,酰卤还原成醛,称为 Rosenmund 还原(Karl Wilhelm Rosenmund,1918)。

例:

$$2\text{-}Naphthyl\text{-}COCl \xrightarrow[\text{xylene}]{H_2,\ Pd/BaSO_4} 2\text{-}Naphthyl\text{-}CHO \quad 81\%$$

问题 41 完成反应

$$3\text{-}Pyridyl\text{-}COCl \xrightarrow[\text{diglyme}]{LiAlH(OBu^t)_3}$$

$$MeOC\text{-}C_6H_4\text{-}COCl \xrightarrow[\text{xylene}]{H_2,\ Pd/BaSO_4}$$

3. 与金属试剂反应

酰氯与当量的 Grignard 试剂(RMgX)在低温下反应可得酮。

例:

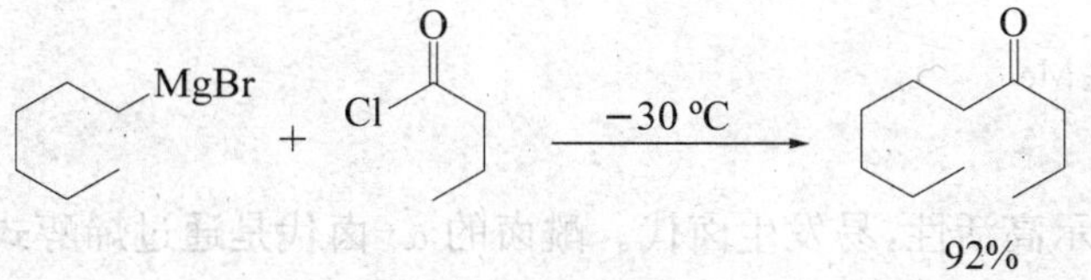

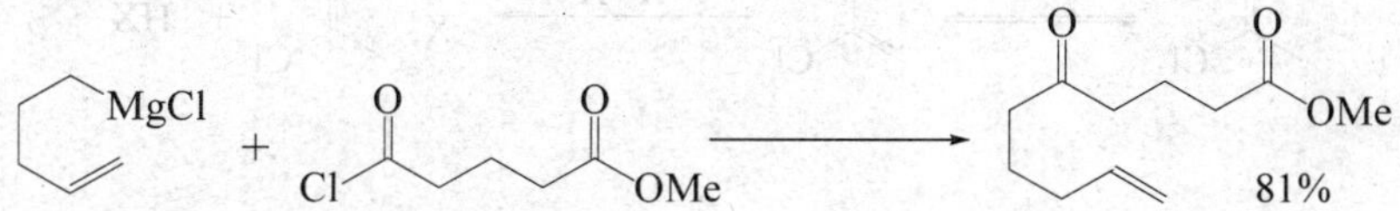

[反应式: 己基MgBr + 丁酰氯 —(−30 °C)→ 酮 92%]

[反应式: 戊烯基MgCl + ClCO(CH₂)₃COOMe —→ 酮酯 81%]

反应机理：亲核加成-消去。

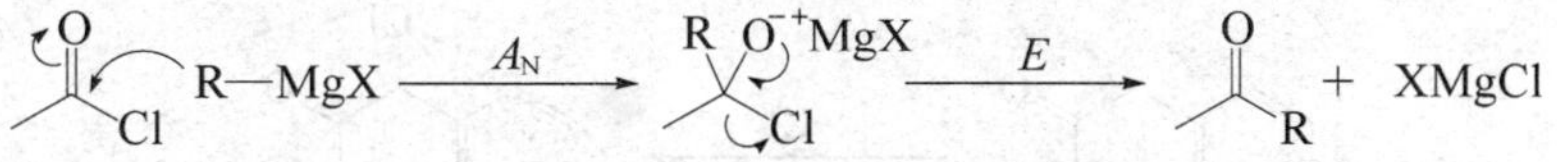

[机理式: R'C(=O)Cl + R—MgX —(A_N)→ R'C(O⁻MgX⁺)(R)(Cl) —(E)→ R'C(=O)R + XMgCl]

二烃基铜锂(R_2CuLi)和二烃基镉(R_2Cd)与酰氯反应生成酮,反应甚好,用于合成酮。

例:

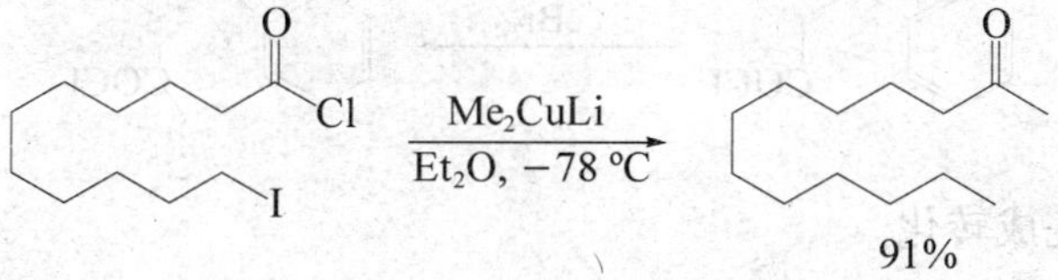

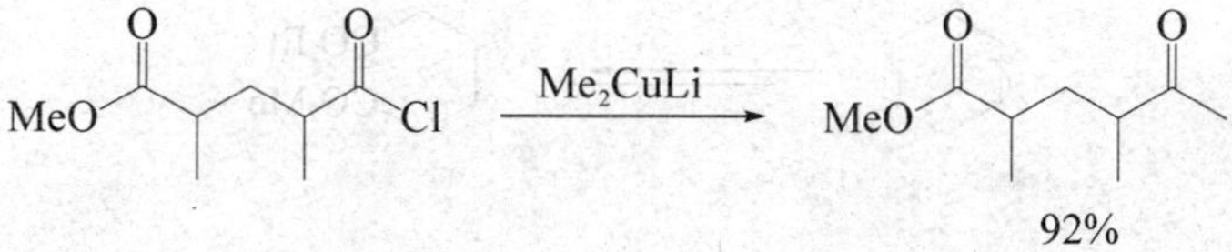

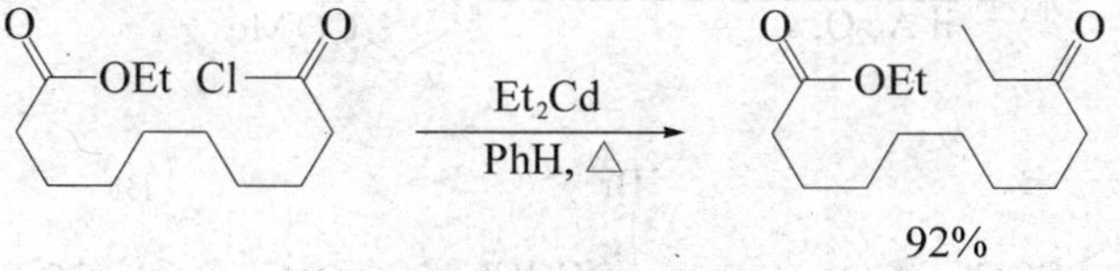

[反应式: ω-碘代酰氯 —(Me₂CuLi, Et₂O, −78 °C)→ 甲基酮 91%]

[反应式: MeO₂C-CH(Me)-CH₂-CH(Me)-COCl —(Me₂CuLi)→ MeO₂C-CH(Me)-CH₂-CH(Me)-COMe 92%]

[反应式: EtO₂C-(CH₂)₈-COCl —(Et₂Cd, PhH, △)→ EtO₂C-(CH₂)₈-COEt 92%]

问题 42 完成反应

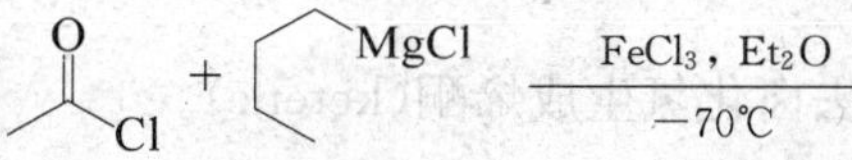

[反应式: CH₃COCl + BuMgCl —(FeCl₃, Et₂O, −70 ℃)→]

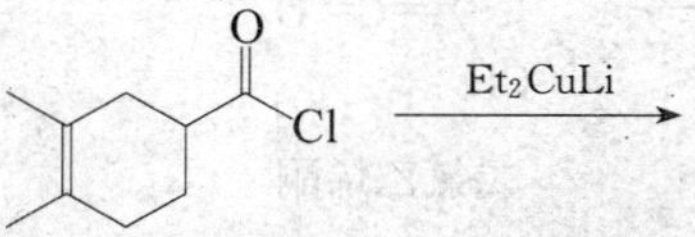

[反应式: 3,4-二甲基环己-3-烯甲酰氯 —(Et₂CuLi)→]

$$\underset{\underset{CO_2Me}{}}{\overset{\overset{O}{\parallel}}{C_6H_4-C-Cl}} \xrightarrow{Et_2Cd}$$

4. 卤代

酰卤的 α-氢显示高活性，易发生卤代。酰卤的 α-卤代是通过烯醇式进行的，酰卤更易烯醇化。

$$CH_3-\underset{Cl}{\overset{O}{\overset{\parallel}{C}}}\rightleftharpoons CH_2=\underset{Cl}{\overset{OH}{C}}\xrightarrow{X-X} X-CH_2-\underset{Cl}{\overset{O}{\overset{\parallel}{C}}} + HX$$

例：

$$CH_3COH \xrightarrow{SOCl_2} CH_3CCl \xrightarrow{Br_2} BrCH_2CCl \xrightarrow{MeOH} BrCH_2COMe$$

$$PhCH_2COCl \xrightarrow{Cl_2} PhCHCl-COCl$$

$$PhCH_2CH_2COCl \xrightarrow{Br_2} PhCH_2CHBr-COCl$$

合成应用举例：完成转化

环己烯 $\Longrightarrow$ 2-溴-1-乙氧羰基-1-甲氧羰基环己烷类产物 (BrCH(CO_2Et)CH_2CH_2CH_2CH_2CO_2Me)

合成：

环己烯 $\xrightarrow[\text{ii } Ac_2O, \triangle]{\text{i } KMnO_4}$ HO_2C-(CH_2)_4-CO_2Me $\xrightarrow{SOCl_2}$

ClOC-(CH_2)_4-CO_2Me $\xrightarrow{Br_2}$ ClOC-CHBr-(CH_2)_3-CO_2Me $\xrightarrow{EtOH}$ EtO_2C-CHBr-(CH_2)_3-CO_2Me

5. 烯酮化反应

含 α-氢的酰卤在碱性试剂存在下易消去卤化氢生成烯酮(ketene)。

例：

$$\underset{Cl}{\overset{Cl}{CH}}-\underset{Cl}{\overset{O}{\overset{\parallel}{C}}} \xrightarrow[\triangle]{Et_3N} \underset{Cl}{\overset{Cl}{C}}=C=O$$

二氯乙烯酮

α-卤代酰卤在锌等金属存在下脱卤生成烯酮(ketene)。

例:

$$\underset{Ph}{\overset{Cl}{\underset{|}{C}}}\text{—}\overset{O}{\overset{\|}{C}}\text{—}Cl \xrightarrow[\triangle]{Zn} \underset{Ph}{\overset{Ph}{C}}=C=O$$

烯酮多是比较活泼,一般不经分离直接用于合成(见第 8 章醛酮烯酮部分)。

9.2.3.2 酰卤的制备

羧酸与三卤化磷、亚硫酰氯反应生成酰卤。

例:

$$Ph\text{—}CO_2H + SOCl_2 \longrightarrow Ph\text{—}COCl + SO_2 + HCl$$
bp 77 ℃ \qquad\qquad\qquad bp 197 ℃

$$CH_3CH_2CO_2H + PCl_3 \longrightarrow CH_3CH_2COCl + H_3PO_3$$
bp 74℃ \qquad\qquad bp 80℃ \qquad 200℃分解

$$CH_3(CH_2)_6CO_2H + PCl_5 \longrightarrow CH_3(CH_2)_6COCl + POCl_3$$
bp 160℃ \qquad\qquad bp 196℃ \qquad bp 107℃

$$\begin{array}{c}CO_2H\\|\\CO_2H\end{array} \xrightarrow{PCl_5} \begin{array}{c}COCl\\|\\COCl\end{array} \quad 50\%$$

实验中由羧酸制备酰卤,究竟选用哪一种卤化剂,卤化磷还是亚硫酰氯,取决于具体的反应和实验室条件,原则上应便于产物的分离纯化。

这些反应一般需在无水条件下进行。酰卤一般是通过蒸馏或减压蒸馏纯化,所以试剂和副产物应与产物酰卤的沸点要有较大的差别。

草酰氯可在温和条件下转化羧酸或羧酸盐成酰氯:

$$\underset{Ph}{\overset{CO_2H}{\underset{|}{C}}}=\overset{CH_3}{\underset{|}{C}} \xrightarrow{(COCl)_2} \underset{Ph}{\overset{COCl}{\underset{|}{C}}}=\overset{CH_3}{\underset{|}{C}}$$

(二环酮含 CO₂Na 基团) $\xrightarrow[\text{r.t.}]{(COCl)_2}$ (二环酮含 CO₂Na 基团)

酰氯与羧酸、羧酸酐复分解,可用于酰氯的制备。例:

$$CH_3(CH_2)_4CO_2H + PhCOCl \xrightarrow{\text{reflux}} CH_3(CH_2)_4COCl + PhCO_2H$$
$$87\%$$

马来酸酐 + 邻苯二甲酰氯 $\xrightarrow{130\sim135\ ℃}$ ClOC—CH=CH—COCl \quad 82% ~ 95%

五氯化磷与酸酐反应也可用于酰氯的制备。例：

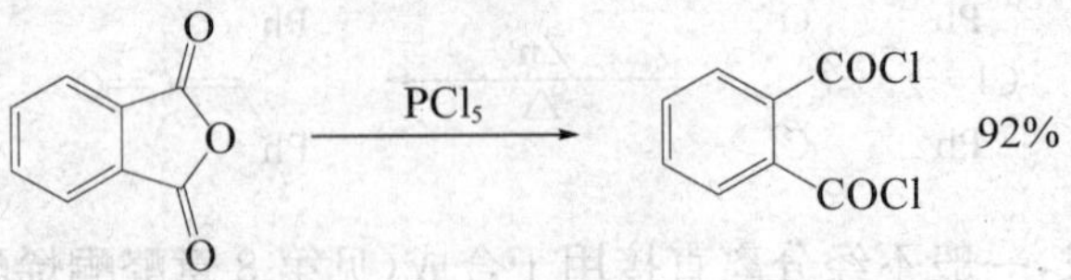

邻苯二甲酸酐 $\xrightarrow{PCl_5}$ 邻苯二甲酰氯 92%

问题 43 完成反应

$(CH_3)_2CHCH_2CO_2H \xrightarrow{PCl_3} \xrightarrow{Br_2}$

$CH_3(CH_2)_8CO_2H \xrightarrow{PCl_3}$

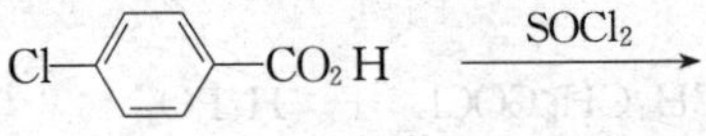

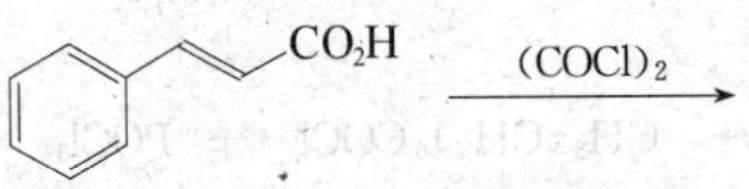

4-氯苯甲酸 $\xrightarrow{SOCl_2}$

肉桂酸 $\xrightarrow{(COCl)_2}$

9.2.3.3 重要的酰卤

1. 乙酰氯

乙酰氯（acetyl chloride），bp 52℃，密度 1.104 g/mL，是重要的合成原料与乙酰化剂。

2. 苯甲酰氯

苯甲酰氯（benzoyl chloride），bp 197.2℃，密度 1.478 5 g/mL，是重要的合成原料与苯甲酰化剂。

3. 草酰氯

$$\begin{array}{c} COCl \\ | \\ COCl \end{array}$$

草酰氯（oxalyl chloride），bp 63～64℃，密度 1.210 g/mL，是重要的合成原料与酰氯化剂。

9.2.4 羧酸酐

9.2.4.1 酸酐的反应

1. 亲核分解

1) 水解

酸酐易水解，在常温下遇水慢慢分解。

$$CH_3COCCH_3 + H_2O \xrightarrow{r.t.} 2CH_3CO_2H$$
(结构：$CH_3\overset{O}{\underset{}{C}}O\overset{O}{\underset{}{C}}CH_3$)

2) 醇解

酸酐易于醇解，是醇和酚酯化的良好酰化剂。

$$CH_3COCCH_3 + ROH \xrightarrow{acid\ or\ base} CH_3COR + CH_3CO_2H$$

第9章 羧酸及其衍生物 Carboxylic Acids and Derivatives

$$CH_3COCCH_3 + ArOH \xrightarrow{\text{acid or base}} CH_3COAr + CH_3CO_2H$$

反应机理：亲核加成-消去，酸碱都有催化作用。

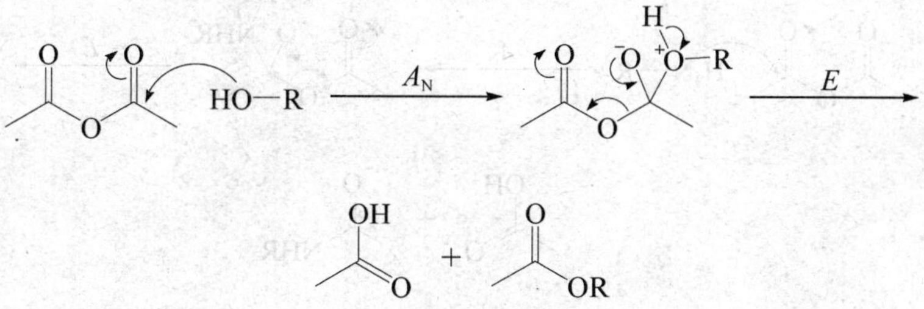

[机理示意图：乙酸酐与ROH经A_N加成形成四面体中间体，再经E消去]

产物为 CH_3CO_2H 与 CH_3CO_2R

例：

乙酸酐 + 仲丁醇 $\xrightarrow{H_2SO_4}$ 乙酸仲丁酯 (60%)

水杨酸 + 乙酸酐 $\xrightarrow[85\ ^\circ C]{H_3PO_4}$ 乙酰水杨酸 + CH_3CO_2H

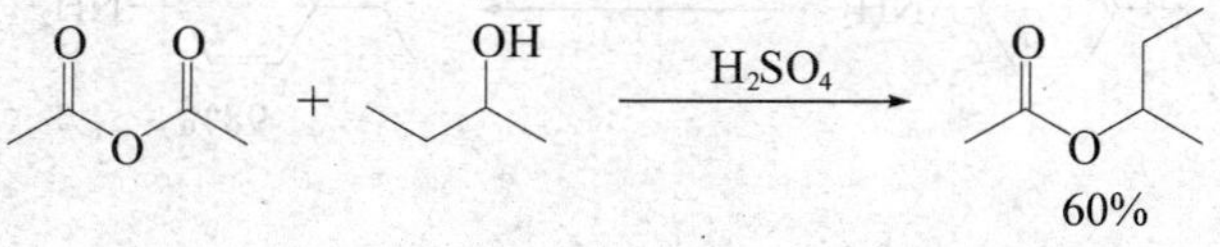

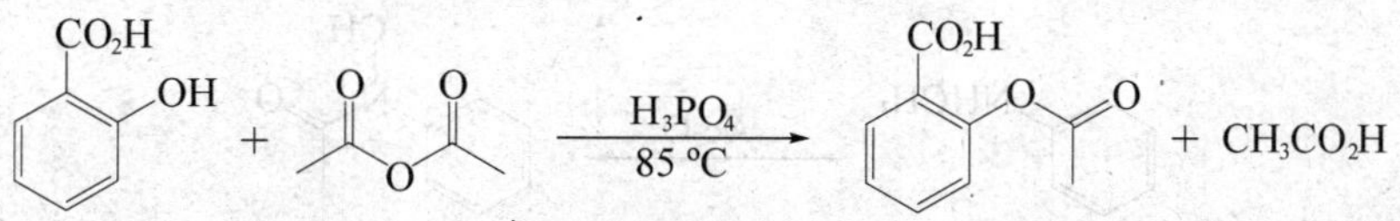

乙酰水杨酸 Aspirin

环状酸酐醇解，仅有醇得单酯，有酸催化则生成二元酸酯。

例：

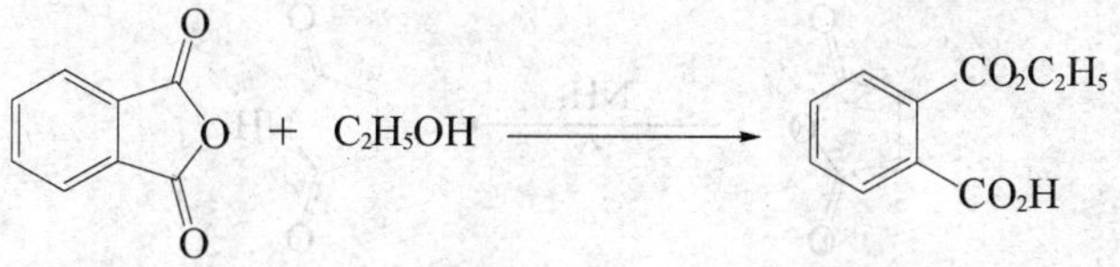

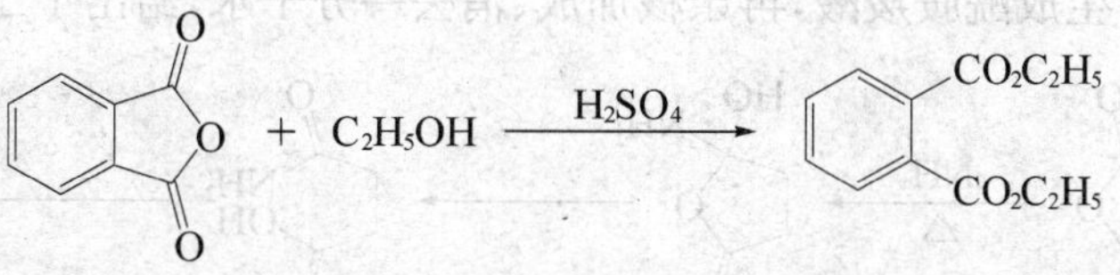

邻苯二甲酸酐 + C_2H_5OH → 邻苯二甲酸单乙酯 ($CO_2C_2H_5$, CO_2H)

邻苯二甲酸酐 + C_2H_5OH $\xrightarrow{H_2SO_4}$ 邻苯二甲酸二乙酯 ($CO_2C_2H_5$, $CO_2C_2H_5$)

问题 44 完成反应

丁二酸酐 $\xrightarrow{CH_3OH}$

戊二酸酐 $\xrightarrow[H_2SO_4]{CH_3OH}$

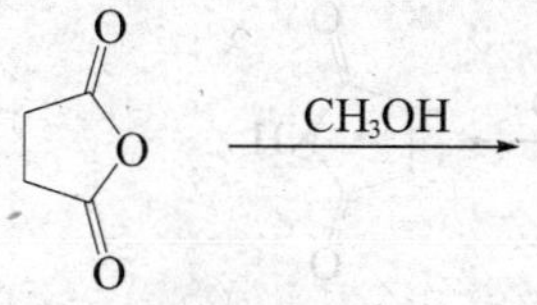

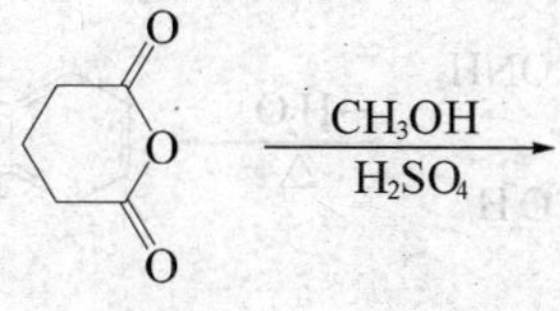

3) 胺解

酸酐氨(胺)解常用于制备酰胺。

反应机理：亲核加成-消去，胺本身是碱性的，反应性较高，不需酸碱催化。

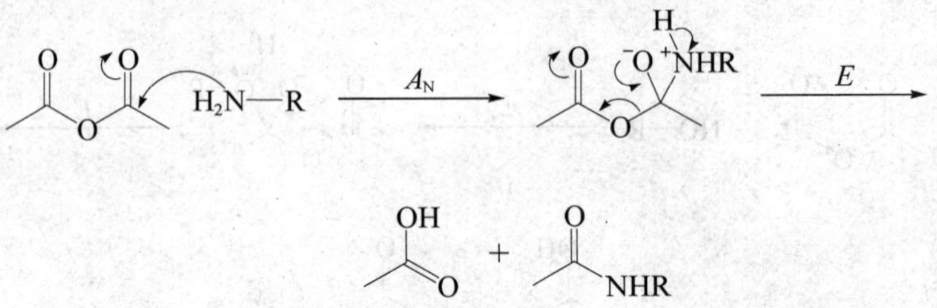

例：

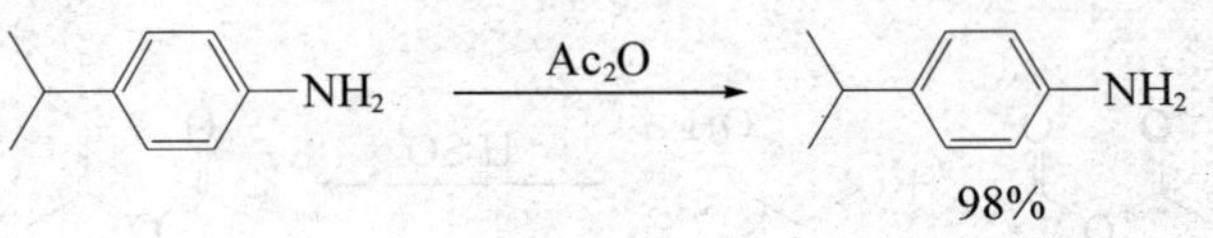

仲胺也可酰基化：

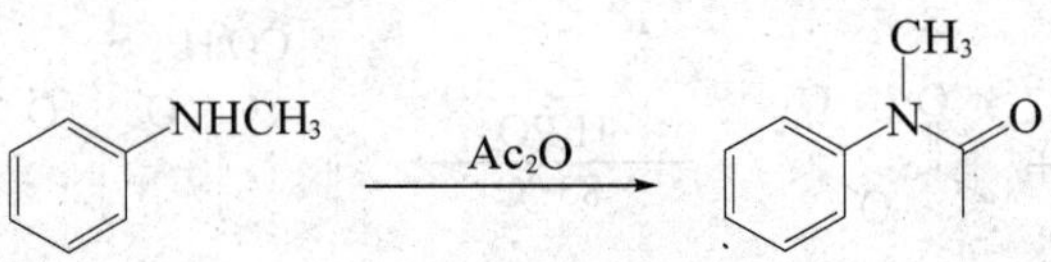

环状酸酐与氨或伯胺发生胺解生成环状二酰亚胺。如丁二酸酐与氨共热得到丁二酰亚胺。

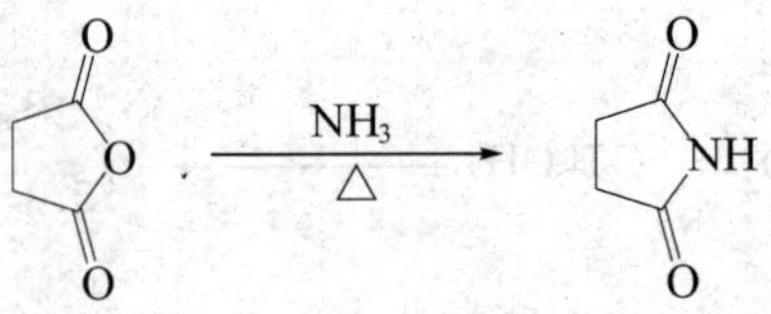

亲核加成-消去，生成酰胺羧酸，再亲核加成、消去一分子水，给出丁二酰亚胺。

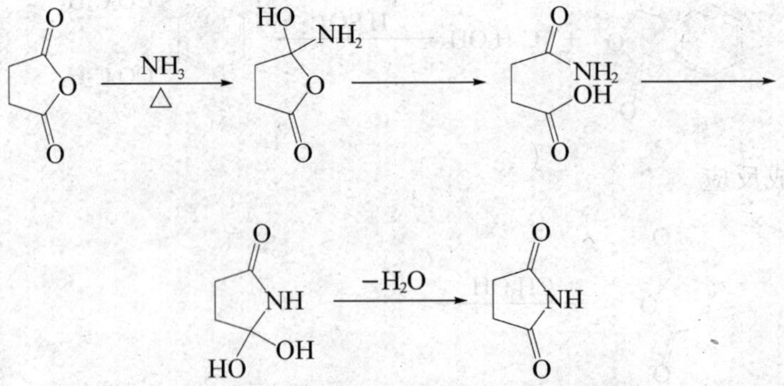

例：

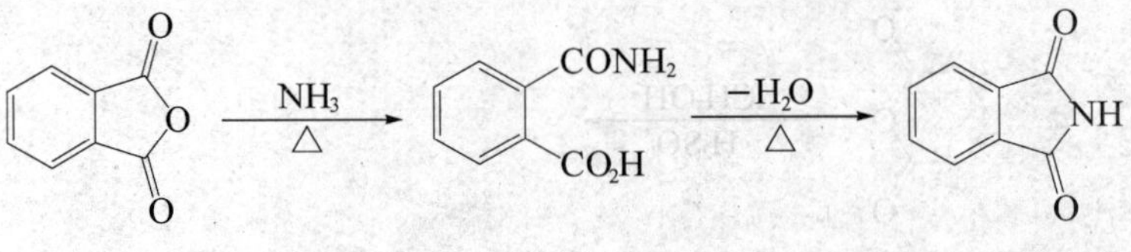

问题 45 完成反应

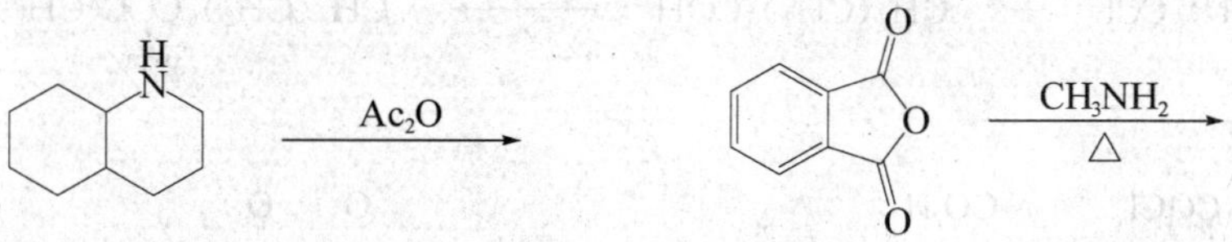

[反应式: 十氢喹啉(含NH) + Ac₂O → 邻苯二甲酸酐 + CH₃NH₂/Δ →]

2. 还原

四氢化锂铝(LiAlH₄)还原酸酐成醇,硼氢化钠(NaBH₄)一般不还原酸酐,但可还原环酐成内酯。

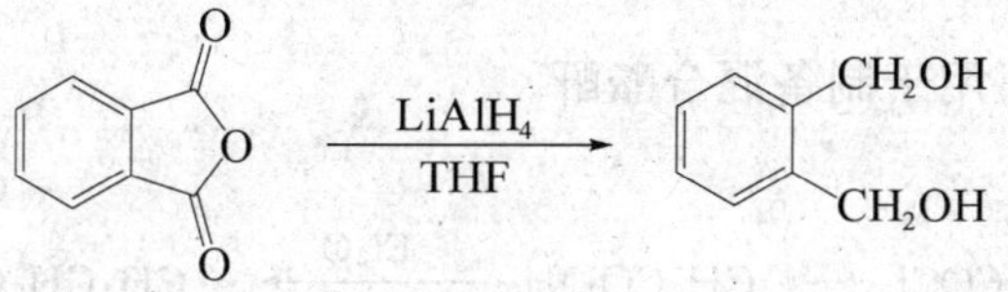

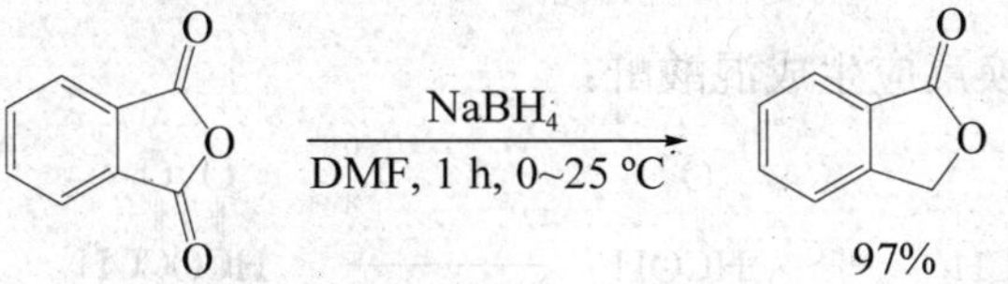

[反应式: 邻苯二甲酸酐 →(LiAlH₄/THF) 邻苯二甲醇]

[反应式: 邻苯二甲酸酐 →(NaBH₄, DMF, 1 h, 0~25 °C) 苯酞 97%]

锌在乙酸中(Zn/AcOH)或锌-汞齐(Zn—Hg)也可还原环酐成内酯。

3. 与金属试剂反应

酸酐可与 Grignard 试剂(RMgX)反应,但一般合成价值不大。

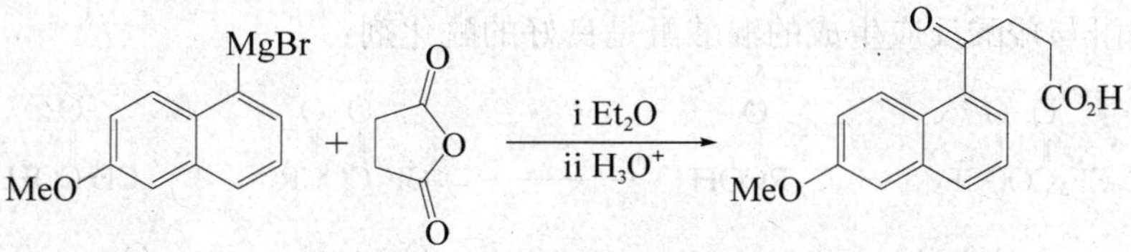

[反应式: 6-甲氧基-1-萘基溴化镁 + 丁二酸酐 →(i Et₂O, ii H₃O⁺) 4-(6-甲氧基-1-萘基)-4-氧代丁酸]

9.2.4.2 酸酐的制备

1. 羧酸的去水——制备单纯的羧酸酐

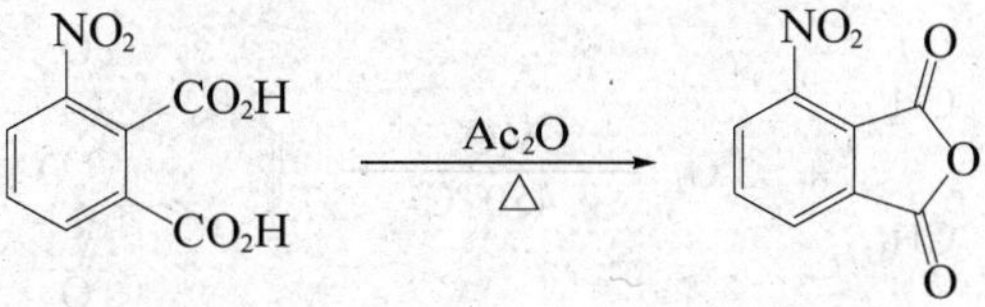

[反应式: 3-硝基邻苯二甲酸 →(Ac₂O, Δ) 3-硝基邻苯二甲酸酐 93%]

乙酸酐是良好的去水剂。

草酰氯也可用于制备酸酐:

$$2\ RCOH + ClC(O)C(O)Cl \longrightarrow RCOCR + CO_2 + CO + 2\ HCl$$

酰氯与羧酸在吡啶存在下共热生成酸酐:

$$CH_3(CH_2)_5COCl + CH_3(CH_2)_5COH \xrightarrow[\Delta]{Py} CH_3(CH_2)_5COOC(CH_2)_5CH_3$$
$$82\%$$

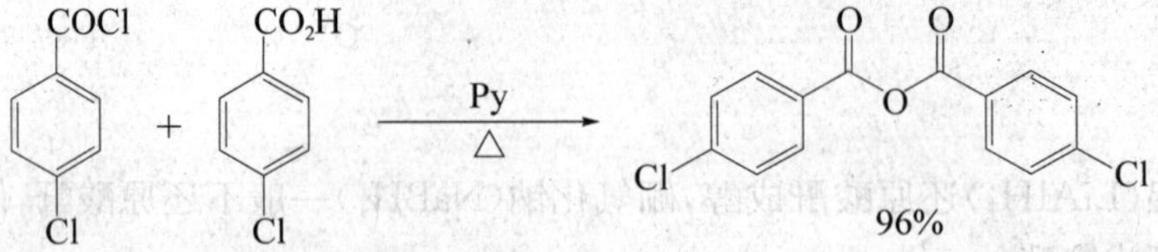

[4-氯苯甲酰氯] + [4-氯苯甲酸] $\xrightarrow[\Delta]{Py}$ [双(4-氯苯甲酸)酐] 96%

2. 混合酸酐

酰卤和羧酸盐反应可用于制备混合酸酐。

$$CH_3CH_2COCl + CH_3CO_2Na \xrightarrow{Et_2O} CH_3CH_2COOCCH_3$$
$$60\%$$

酸酐与另一羧酸交换反应生成混酸酐:

$$CH_3COOCCH_3 + HCOH \longrightarrow HCOOCCH_3 + AcOH$$

甲乙酐与醇反应生成甲酸酯:

$$HCOOCCH_3 + ROH \longrightarrow HCOR + AcOH$$

三氟乙酸酐与羧酸反应生成的混酸酐是良好的酰化剂:

$$CF_3COOCCF_3 + RCOH \longrightarrow CF_3COOCR + CF_3COH$$

$$CF_3COOCR + ROH \longrightarrow RCOR' + CF_3COH$$

3. 芳烃的氧化

[邻二甲苯] + 3 O_2 $\xrightarrow[450\ ^\circ C]{V_2O_5}$ [邻苯二甲酸酐]

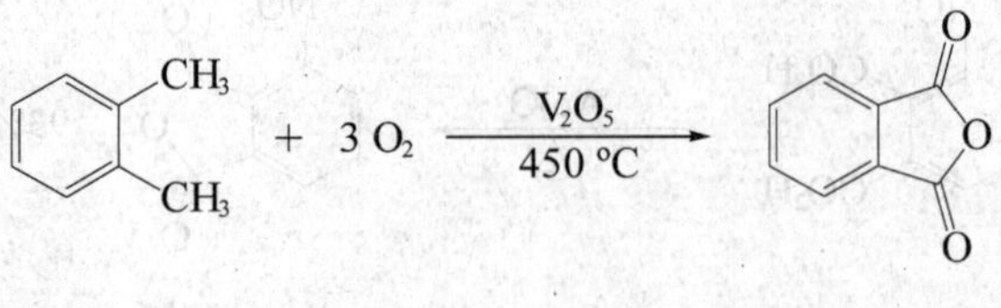

4. 乙酸酐的特殊制法

工业上使用乙烯酮与乙酸反应生产乙酸酐:

$$CH_2=C=O + CH_3COH \longrightarrow CH_3C(OH)=CH_2 \text{(OC)} \longrightarrow CH_3COOCCH_3$$

乙烯酮由乙酸或丙酮裂解产生。

9.2.4.3 个别化合物

1. 乙酸酐

乙酸酐(acetic anhydride)俗称醋酐，bp 139.8℃，密度 1.082 g/mL，是常用的乙酰化剂，重要的化工原料。

2. 三氟乙酸酐

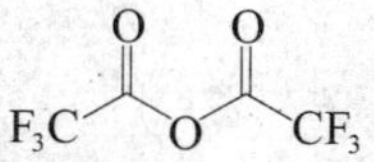

三氟乙酸酐(trifluoroacetic anhydride)，bp 40℃，密度 1.511 g/mL，是重要的有机合成试剂。

3. 丁二酸酐

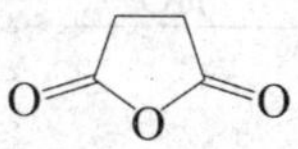

丁二酸酐俗称琥珀酸酐(succinic anhydride)，mp 119℃～120℃，bp 261℃，密度 1.230 g/mL，是重要的化工原料、单体。

4. 顺-丁烯二酸酐

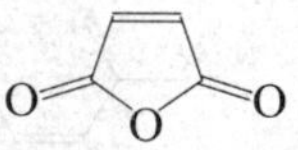

顺-丁烯二酸酐俗称马来酸酐(maleic anhydride)，mp 52.8℃，bp 202℃，密度 1.480 g/mL，是重要的高分子单体原料。

5. 苯甲酸酐

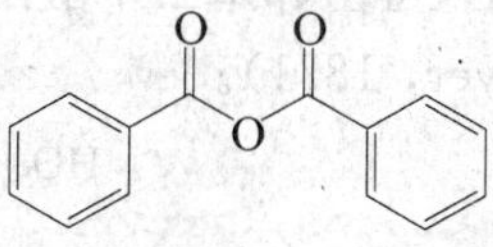

苯甲酸酐(benzoic anhydride)，mp 42℃，bp 360℃，密度 1.198 9 g/mL，用作化工原料和苯甲酰化剂。

6. 邻苯二甲酸酐

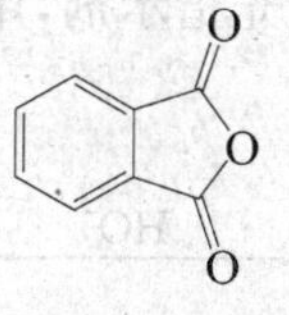

邻苯二甲酸酐(2-benzofuran-1,3-dione)，俗称酞酐(phthalic anhydride)，习惯上称为苯酐，mp 131.6℃，bp 295℃，密度 1.530 g/mL，重要的化工原料，主要用于指示剂如酚酞、荧光素等和增塑剂如邻苯二甲酸二丁酯、邻苯二甲酸二辛酯等的合成生产。邻苯二甲酸酐与多元醇(如甘油、季戊四醇)缩聚生成聚芳酯树脂，用于油漆工业；若与乙二醇和不饱和酸缩聚，则生成不饱和聚酯树脂，可制造绝缘漆和玻璃纤维增强塑料。邻苯二甲酸酐也是生产苯甲酸、对苯二甲酸的原料，也用于药物合成。

酚酞：邻苯二甲酸酐与两分子苯酚在硫酸或其他脱水剂存在下缩合生成酚酞(phenolphthalein, A Baeyer, 1871)。

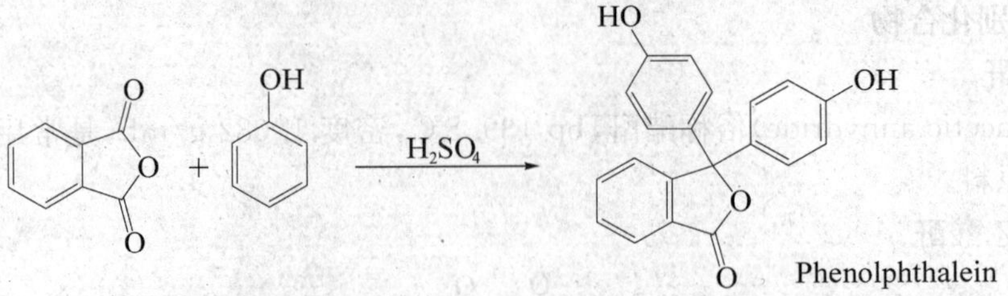

有机化学 Organic Chemistry(下册)

[邻苯二甲酸酐] + [苯酚] →(H₂SO₄) Phenolphthalein

酚酞作为指示剂的变色原理：

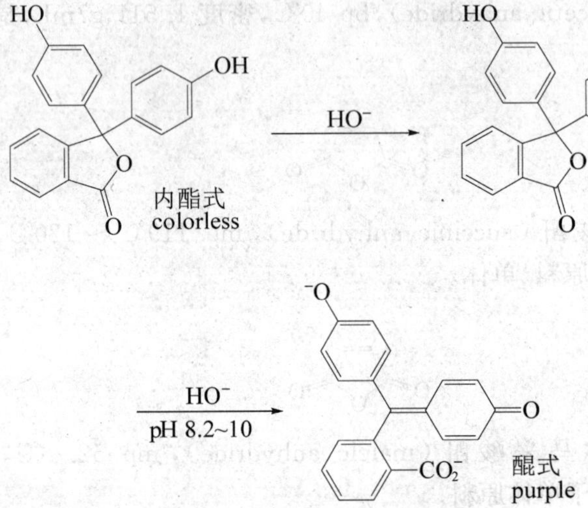

内酯式 colorless →(HO⁻) [单去质子中间体]

→(HO⁻, pH 8.2~10) 醌式 purple

荧光黄：也称荧光素(fluorescein)，可由邻苯二甲酸酐与两分子间苯二酚在硫酸或无水氯化锌存在下缩合制备(Adolf von Baeyer, 1871)。

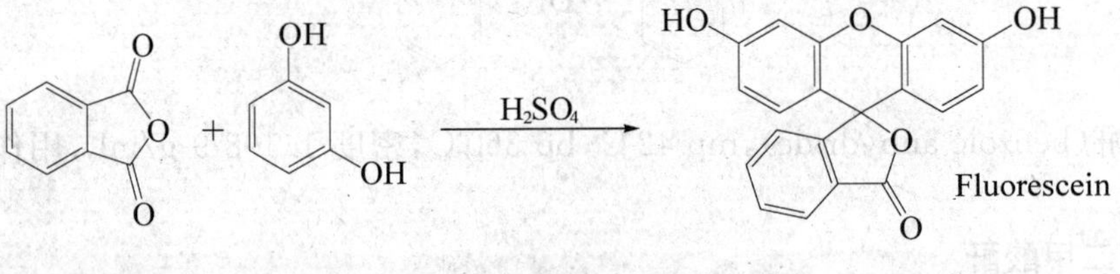

[邻苯二甲酸酐] + [间苯二酚] →(H₂SO₄) Fluorescein

用作荧光吸附指示剂、酸碱滴定荧光指示剂，用于生物荧光分析。

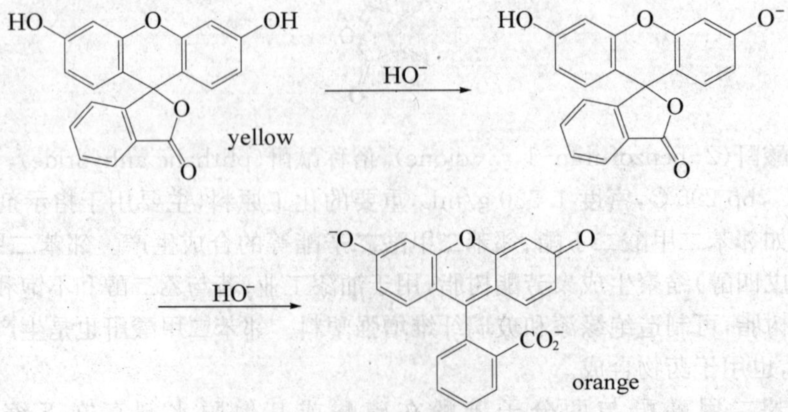

yellow →(HO⁻) [单去质子中间体]

→(HO⁻) orange

9.2.5 酰胺

在酰胺官能团中,氮原子上的孤对电子与羰基碳-氧双键形成良好的 p-π 共轭,氮原子表现出给电子效应。在正负电荷分离的极限共振式中,氮原子荷正电荷,氧原子荷负电荷:

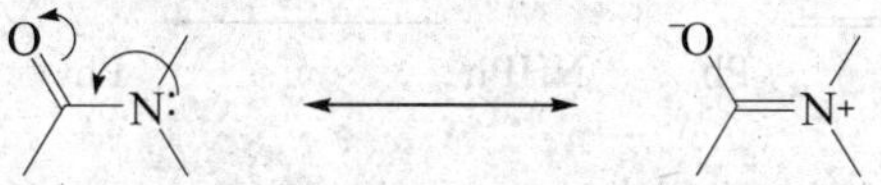

Delocalization in the amide

由于氮原子荷部分正电荷,因此不显碱性。事实上,酰胺质子化发生在羰基氧原子上:

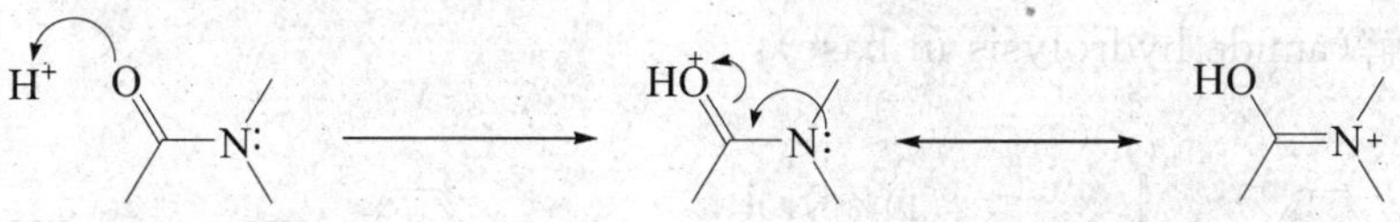

protonation at O atom   delocalization of charge over O and N

由于酰胺键存在很强的 p-π 共轭,羰基碳-氮单键显示较高的双键性。因此,氮原子上的两个氢或取代基变得不等价,这可由其 ^{1}H NMR 谱证实。

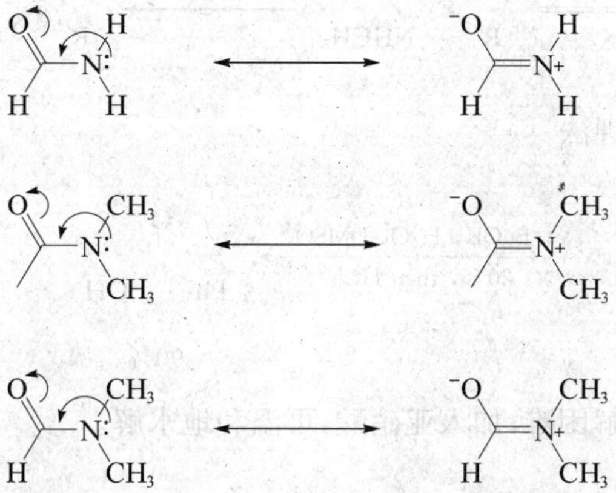

δ_H 8.02, 2.97, 2.88 ppm

9.2.5.1 酰胺的反应

1. 亲核分解

1) 水解

酰胺水解,需在酸或碱性条件下较长时间回流。例如苯甲酰苯胺在 70% 硫酸水溶液中回流反应 3 小时给出 70% 的苯甲酸:

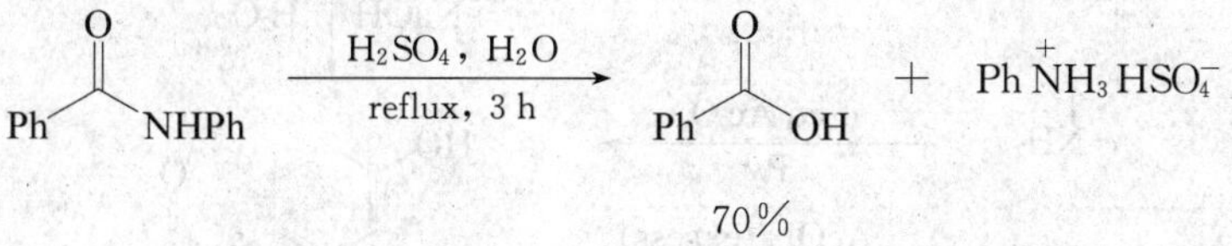

$$\text{PhC(O)NHPh} \xrightarrow[\text{reflux, 3 h}]{H_2SO_4, H_2O} \text{PhCOOH} + \text{PhNH}_3^+ \text{HSO}_4^-$$

70%

苯乙酰胺在浓盐酸中回流水解:

$$PhCH_2CONH_2 \xrightarrow[reflux]{35\% \ HCl} PhCH_2CO_2H + NH_4Cl$$

反应机理：亲核加成-消去。

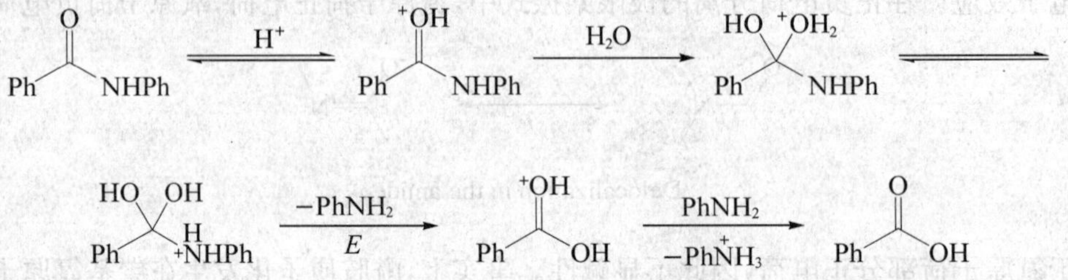

[Mechanism: PhC(=O)NHPh ⇌ (H⁺) PhC(⁺OH)NHPh → (H₂O) PhC(OH)(⁺OH₂)NHPh ⇌ PhCH(OH)(OH)(⁺NHPh) → (−PhNH₂, E) PhC(=⁺OH)OH → (PhNH₂, −PhNH₃⁺) PhCOOH]

酰胺碱水解（amide hydrolysis in base）：

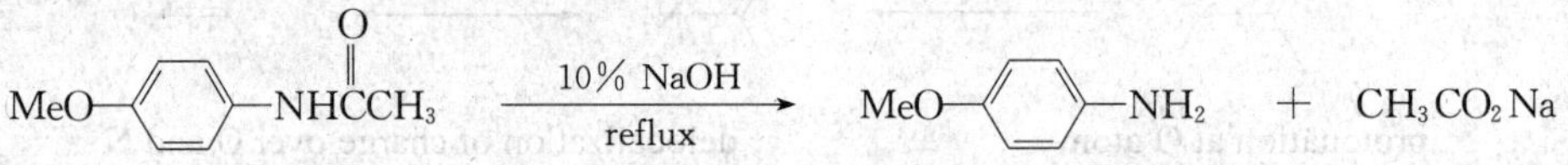

$$MeO\text{-}C_6H_4\text{-}NHCOCH_3 \xrightarrow[reflux]{10\% \ NaOH} MeO\text{-}C_6H_4\text{-}NH_2 + CH_3CO_2Na$$

碱性水解机理：氢氧负离子亲核加成-消去（脱氨或胺）。

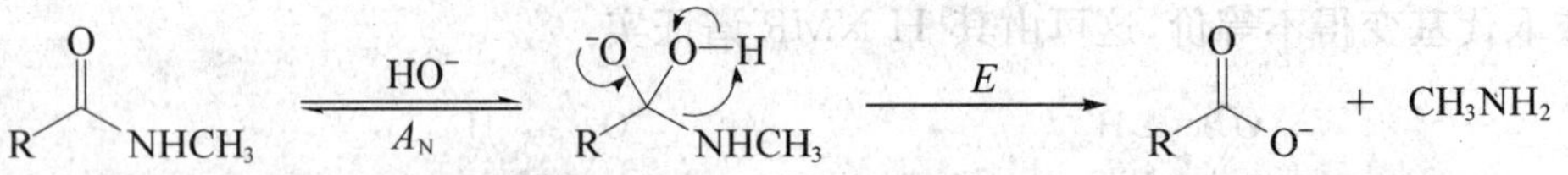

$$R\text{-}C(=O)\text{-}NHCH_3 \underset{A_N}{\overset{HO^-}{\rightleftharpoons}} R\text{-}C(O^-)(OH)\text{-}NHCH_3 \xrightarrow{E} R\text{-}C(=O)\text{-}O^- + CH_3NH_2$$

特殊水解方法：叔丁醇钾法

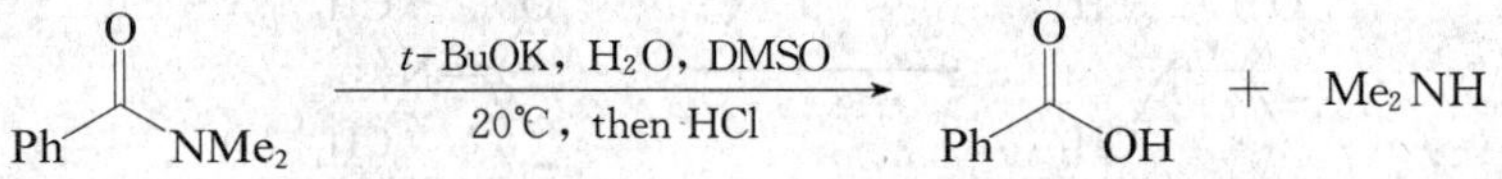

$$PhC(=O)NMe_2 \xrightarrow[20℃, \ then \ HCl]{t\text{-}BuOK, \ H_2O, \ DMSO} PhCOOH + Me_2NH$$
$$\qquad\qquad\qquad\qquad\qquad\qquad\qquad 90\% \qquad\quad 85\%$$

亚硝化水解：伯酰胺水解困难，加入亚硝酸，可温和地水解。

$$(CH_3)_3CCNH_2 + NaNO_2 \xrightarrow[35℃]{H_2SO_4, \ H_2O} (CH_3)_3CCOOH$$

对氨基苯酚和过量的乙酸酐反应，羟基和氨基都乙酰化。部分碱性水解，得对乙酰氨基苯酚，而这可由对氨基苯酚和一当量的乙酸酐或过量的乙酸反应得到。

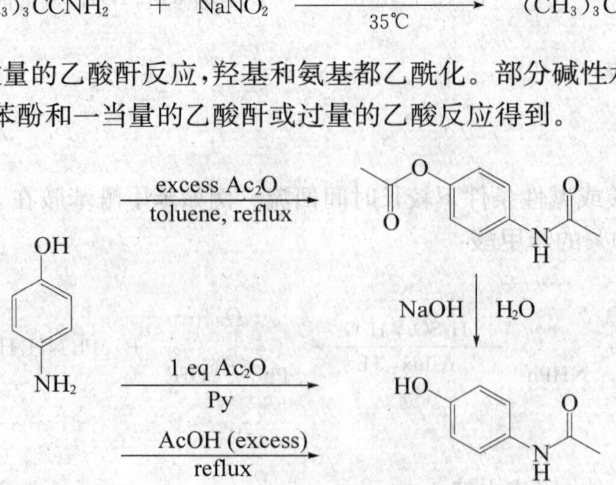

[Scheme: 4-aminophenol → (excess Ac₂O / toluene, reflux) → 4-AcO-C₆H₄-NHAc → (NaOH/H₂O) → 4-HO-C₆H₄-NHAc; also 4-aminophenol → (1 eq Ac₂O / Py, or AcOH (excess) / reflux) → 4-HO-C₆H₄-NHAc]

这表明，水解反应活性，酚酯比酰胺的高。亲核性，氨基氮比羟基氧的高。

2) 醇解

酰胺与醇在酸性催化剂存在下共热，可以转化为酯，但一般没有合成价值。

$$RCONH_2 + CH_3OH \xrightarrow[160℃]{BF_3} RCO_2CH_3 + NH_3$$

2. 还原反应

酰胺还原是制备胺的重要方法。化学法还原多用四氢化铝锂（$LiAlH_4$）和硼烷（BH_3），催化加氢要求条件甚高，实验室一般不用。

四氢化铝锂（$LiAlH_4$）还原伯仲叔胺酰胺成相应的伯仲叔胺。

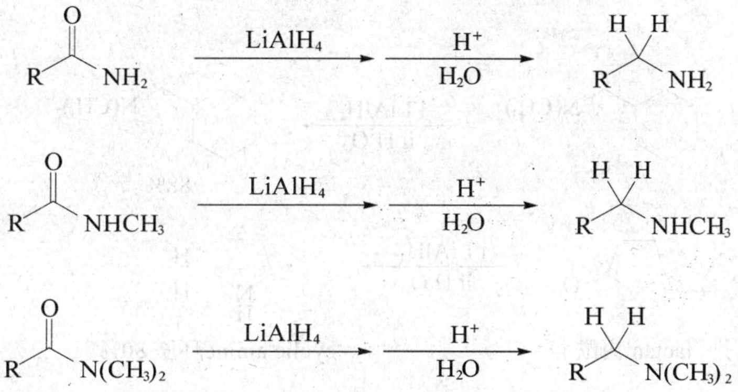

$$RCONH_2 \xrightarrow{LiAlH_4} \xrightarrow[H_2O]{H^+} RCH_2NH_2$$

$$RCONHCH_3 \xrightarrow{LiAlH_4} \xrightarrow[H_2O]{H^+} RCH_2NHCH_3$$

$$RCON(CH_3)_2 \xrightarrow{LiAlH_4} \xrightarrow[H_2O]{H^+} RCH_2N(CH_3)_2$$

四氢化铝锂还原酰胺反应机理：$LiAlH_4$与伯仲胺酰胺反应，首先夺取酰胺氮氢成盐并放氢，再亲核加成转移氢负离子、消去$LiOAlH_2$产生中间体亚胺（imine），再亲核加成转移氢负离子，最后稀酸分解得胺。

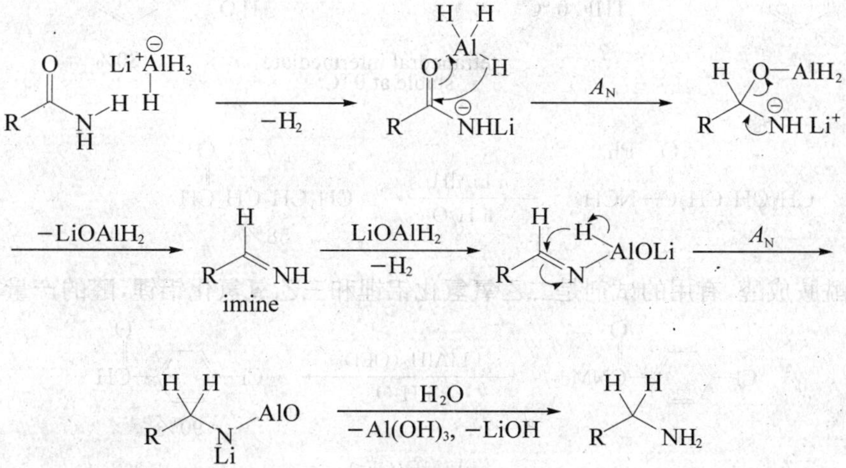

$$\text{酰胺} \xrightarrow{-H_2} \text{盐} \xrightarrow{A_N} \text{加成中间体}$$

$$\xrightarrow{-LiOAlH_2} \text{imine} \xrightarrow[-H_2]{LiOAlH_2} \xrightarrow{A_N}$$

$$\xrightarrow[-Al(OH)_3, -LiOH]{H_2O} RCH_2NH_2$$

$LiAlH_4$与叔酰胺反应，直接亲核加成转移氢负离子、消去氧产生中间体亚胺盐（iminium ion），再次氢负离子亲核加成，完成还原，得叔胺。

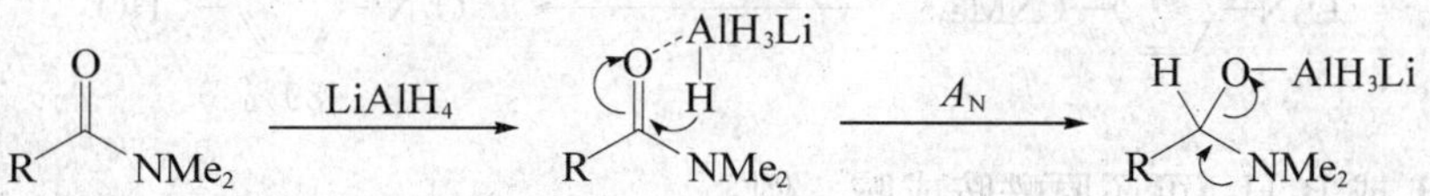

$$RCON(Me)_2 \xrightarrow{LiAlH_4} \xrightarrow{A_N}$$

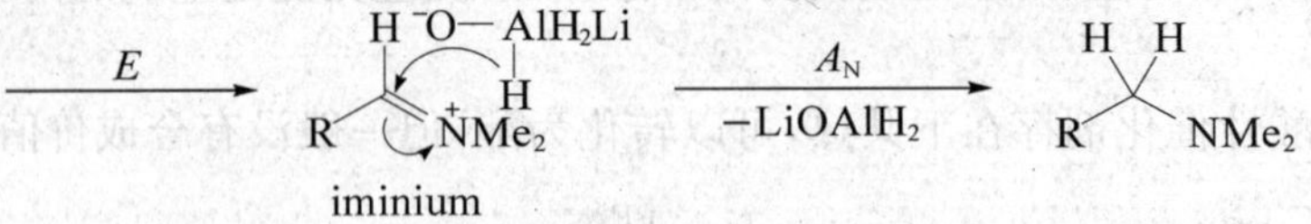

$$\xrightarrow{E} \underset{\text{iminium}}{\overset{H}{\underset{R}{C}}=\overset{+}{N}Me_2} \cdots \overset{H-O-AlH_2Li}{\underset{H}{|}} \xrightarrow[-\text{LiOAlH}_2]{A_N} \underset{R}{\overset{H}{\underset{H}{C}}}-NMe_2$$

例：

$$PhOCH_2CONH_2 \xrightarrow[\text{ii } H_2O]{\text{i LiAlH}_4} PhOCH_2CH_2NH_2 \quad 82\%$$

$$n\text{-}C_{11}H_{23}CONHCH_3 \xrightarrow[\text{ii } H_2O]{\text{i LiAlH}_4} n\text{-}C_{11}H_{23}CH_2NHCH_3 \quad 95\%$$

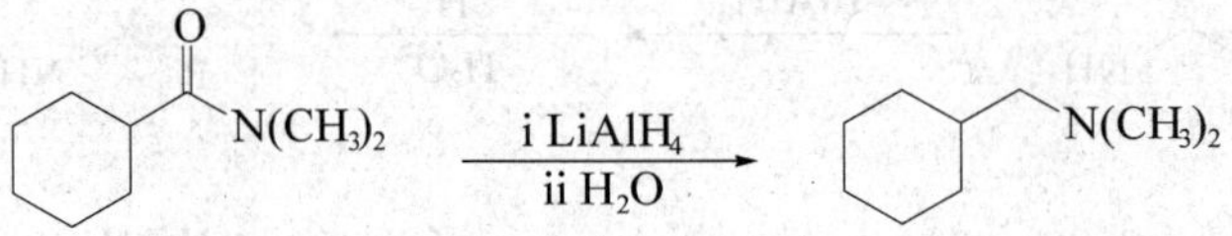

环己基-CON(CH$_3$)$_2$ $\xrightarrow[\text{ii } H_2O]{\text{i LiAlH}_4}$ 环己基-CH$_2$N(CH$_3$)$_2$ 88%

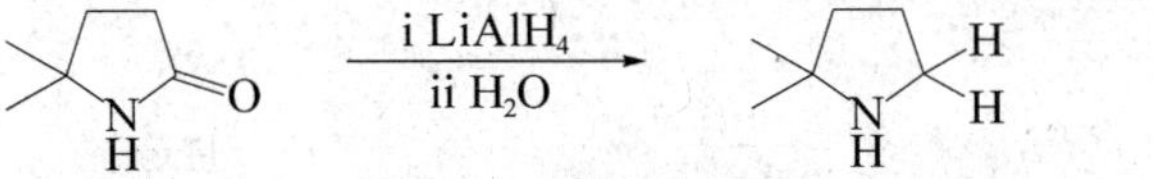

lactam 内酰胺 $\xrightarrow[\text{ii } H_2O]{\text{i LiAlH}_4}$ cyclic amine 环胺 80%

若控制试剂四氢化铝锂用量和反应温度等条件，叔酰胺可能还原成醛，但产率一般不高。

例：

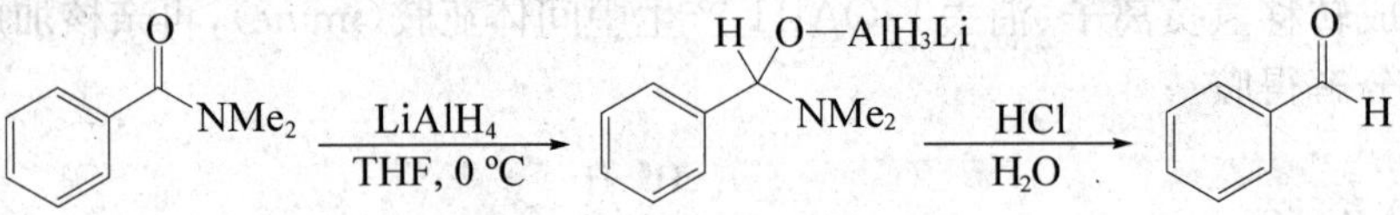

PhCON Me$_2$ $\xrightarrow[\text{THF, 0 °C}]{\text{LiAlH}_4}$ tetrahedral intermediate stable at 0 °C $\xrightarrow[\text{H}_2\text{O}]{\text{HCl}}$ PhCHO 80%

$$CH_3CH_2CH_2\text{CON(Ph)CH}_3 \xrightarrow[\text{ii } H_2O]{\text{i LiAlH}_4} CH_3CH_2CH_2CHO \quad 58\%$$

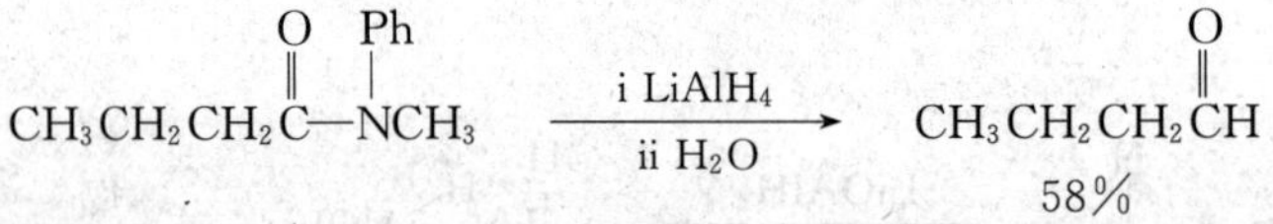

还原叔酰胺成醛，有用的试剂是二乙氧氢化铝锂和三乙氧氢化铝锂，醛的产量很好。

例：

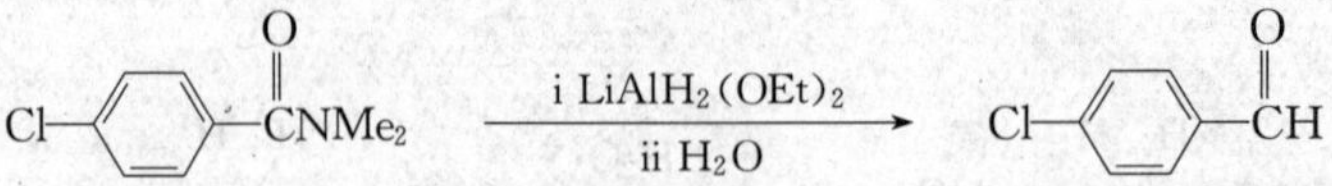

$$\text{Cl-C}_6H_4\text{-CONMe}_2 \xrightarrow[\text{ii } H_2O]{\text{i LiAlH}_2(OEt)_2} \text{Cl-C}_6H_4\text{-CHO} \quad 90\%$$

$$CH_3CH_2CH_2CONMe_2 \xrightarrow[\text{ii } H_2O]{\text{i LiAlH(OEt)}_3} CH_3CH_2CH_2CHO \quad 90\%$$

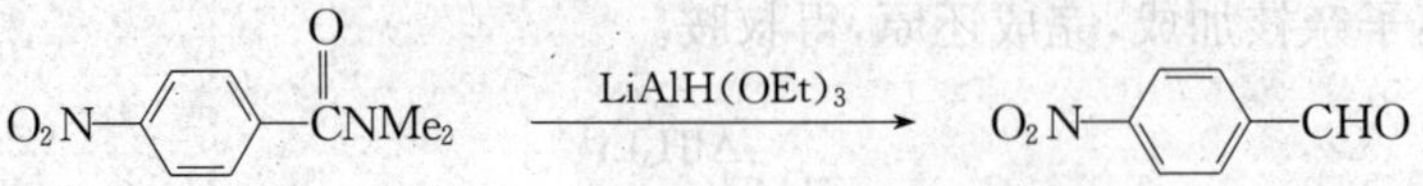

$$O_2N\text{-C}_6H_4\text{-CONMe}_2 \xrightarrow{\text{LiAlH(OEt)}_3} O_2N\text{-C}_6H_4\text{-CHO} \quad 89\%$$

硼烷（BH_3 或 B_2H_6）可还原酰胺成胺。例：

第9章 羧酸及其衍生物 Carboxylic Acids and Derivatives

$$\text{(CH}_3)_3\text{C-CONMe}_2 \xrightarrow{\text{BH}_3/\text{THF}} \text{(CH}_3)_3\text{C-CH}_2\text{NMe}_2$$

硼烷还原酰胺具有较好的化学选择性，譬如不还原酯基和硝基等。例：

[Bn-N-pyrrolidinone-3-CO₂Me] $\xrightarrow{\text{BH}_3/\text{THF}}$ [Bn-N-pyrrolidine-3-CO₂Me]

$$\text{O}_2\text{NCH}_2\text{CONH}_2 \xrightarrow[\text{THF, 0°C}]{\text{BH}_3} \text{O}_2\text{NCH}_2\text{CH}_2\text{NH}_2$$

问题 46 完成反应

$$\text{PhCH}_2\text{CONH}_2 \xrightarrow[\text{ii H}_2\text{O}]{\text{i LiAlH}_4}$$

$$\text{CH}_3(\text{CH}_2)_{10}\text{CONHCH}_3 \xrightarrow{\text{LiAlH}_4}$$

[cyclohex-3-enyl-C(O)-N(Me)(Pr)] $\xrightarrow{\text{LiAlH}_4}$

[bicyclic lactone-lactam] $\xrightarrow{\text{BH}_3/\text{THF}}$

[PhC(O)-N-pyrrolyl] $\xrightarrow[-10\,°\text{C}]{\text{LiAlH}_4}$

3. 与金属试剂反应

酰胺与 Grignard 试剂（RMgX）反应可得酮或醛，但伯、仲酰胺的活性氢分解 RMgX，需试剂过量，在合成上价值不大。

$$\text{PhCONHCH}_3 + 2\text{CH}_3\text{CH}_2\text{MgBr} \xrightarrow[\text{ii H}_3\text{O}^+]{\text{i Et}_2\text{O}} \text{PhCOCH}_2\text{CH}_3$$

叔酰胺与 RMgX 反应可用于合成醛酮。

[4-CF₃-C₆H₄-MgBr] + HCONMe₂ $\xrightarrow[\text{ii H}_3\text{O}^+]{\text{i Et}_2\text{O}}$ [4-CF₃-C₆H₄-CHO]

$$\text{3-ClC}_6\text{H}_4\text{MgBr} + \text{HCON(Ph)Me} \xrightarrow[\text{ii } H_3O^+]{\text{i } Et_2O} \text{3-ClC}_6\text{H}_4\text{CHO}$$

$$\text{3-MeOC}_6\text{H}_4\text{MgBr} + \text{CH}_3\text{CON(Ph)Me} \xrightarrow[\text{ii } H_3O^+]{\text{i } Et_2O} \text{3-MeOC}_6\text{H}_4\text{COCH}_3$$

锂试剂与 α,β-不饱和酰胺发生共轭加成：

$$\text{CH}_3\text{CH}=\text{CHCONMe}_2 \xrightarrow[\text{ii } H_2O]{\text{i BuLi, } -7\ ^\circ C \sim 20\ ^\circ C} \text{Bu-CH(CH}_3)\text{CH}_2\text{CONMe}_2$$

4. 酰胺的酸碱性

一般，酰胺氮由于与羰基共轭而不显碱性。

$$\text{R-C(=O)-NH}_2 \longleftrightarrow \text{R-C(-O}^-\text{)=NH}_2^+$$

Basicity of Nitrogen

$H-NH_2$ (NH$_3$)	环己基-NH$_2$	Ph-NH$_2$	R-CO-NH$_2$	R-C≡N:
pK_a 9.3	10.7	4.6	−1.0	−10.0

由于羰基的影响，酰胺氮氢呈较强的酸性。

HCH_2CH_3	$HCH=CH_2$	HNH_2	$HC≡CH$	CH_3CH_2OH	HOH	CH_3COHNH
pK_a 50	40	35	25	16	15.5	15

二酰亚胺如丁二酰亚胺和邻苯二甲酰亚胺的酸性更强，苯磺酰胺的酸性最强。

Succinic imide	Phthalimide	Benzosulfonamide
pK_a 10	9.6	8.3

化合物(I)是一般的酰胺，分子内存在强的 p-π 共轭，因此 N 原子上的电子对不再能接受质子，即不显碱性，羰基由于共轭而键级减弱即双键性变弱，所以 IR 吸收频率降低。化合物(II)中的 N 原子处于桥头位置，由于结构的几何要求，N 原子的孤电子对所在的轨道不能与羰基 π 轨道平行重叠，即不存在 p-π 共轭，因此这对电子就可以接受质子，即显示碱性，羰基也

显示正常的酮羰基的 IR 吸收。

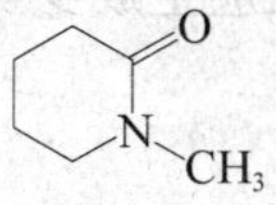

中性
ν_{max} 1 670 cm^{-1}
(I)

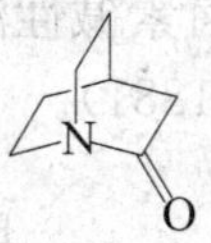

溶于稀盐酸
ν_{max} 1 720 cm^{-1}
(II)

丁二酰亚胺由于呈现显著的酸性,易于成盐,也易发生 N-卤代。丁二酰亚胺与溴共热,氮原子上的氢被溴代,生成 N-溴代丁二酰亚胺,此即著名的烯丙位(苯甲位)溴代试剂 NBS (N-bromosuccinimide)。

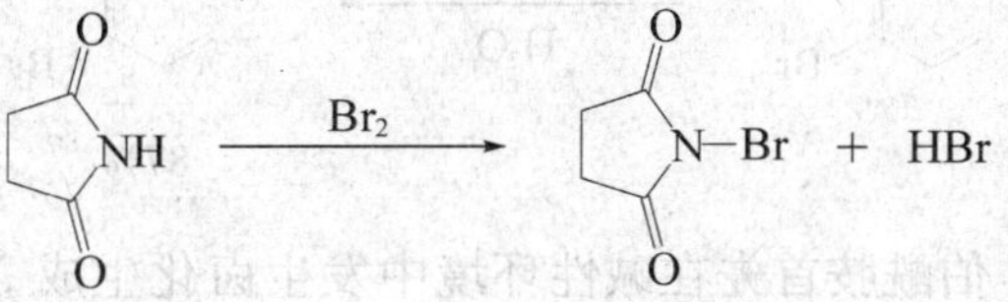

N-溴代丁二酰亚胺
N-Bromosuccinimide (NBS)

丁二酰亚胺和邻苯二甲酰亚胺都能与苛性碱作用成盐,氮负离子可以作为亲核试剂发生双分子亲核取代,形成碳-氮键,实现氮原子烷基化,可用于脂肪伯胺的合成(见第 14 章含氮化合物)。

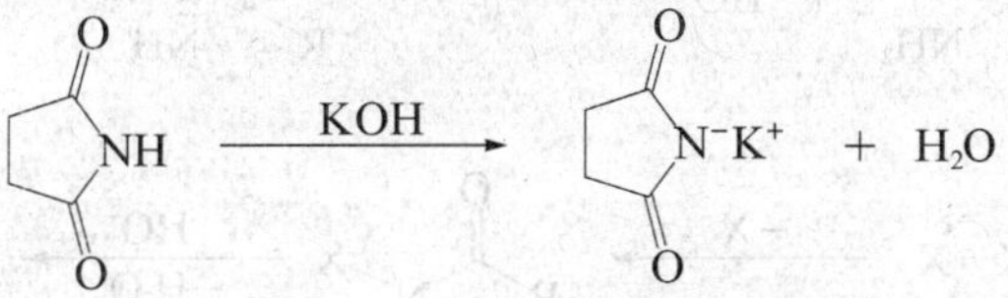

丁二酰亚胺钾

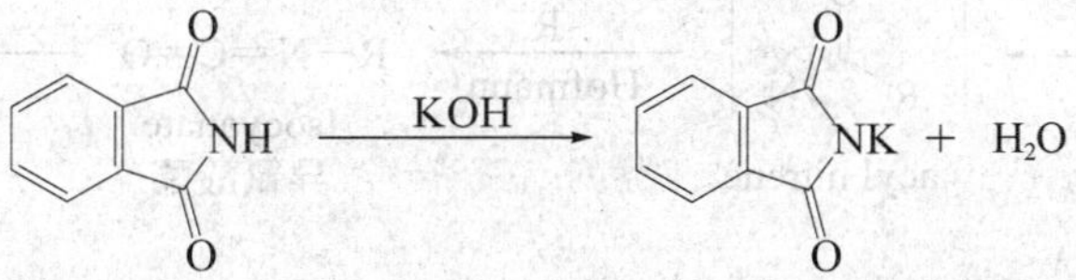

邻苯二甲酰亚胺钾

5. 伯酰胺的特殊反应

1) 脱水成腈

伯酰胺与脱水剂(P_2O_5,$SOCl_2$,Ac_2O)共热,分子内失水生成碳-氮三键,即转化为腈,是制备腈的常用方法。

例:

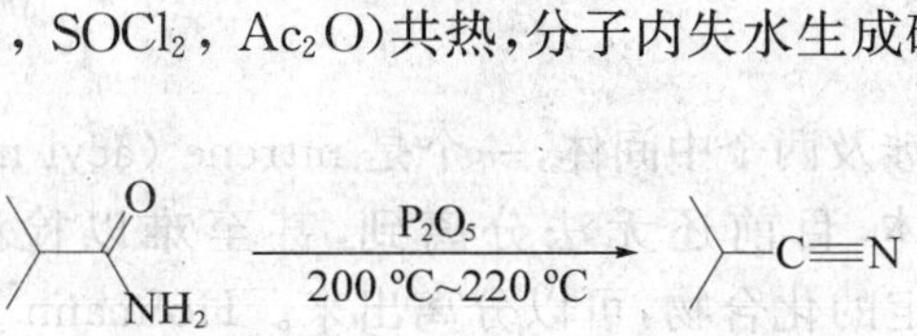

$\xrightarrow{P_2O_5}_{200\ ℃\sim 220\ ℃}$
86%

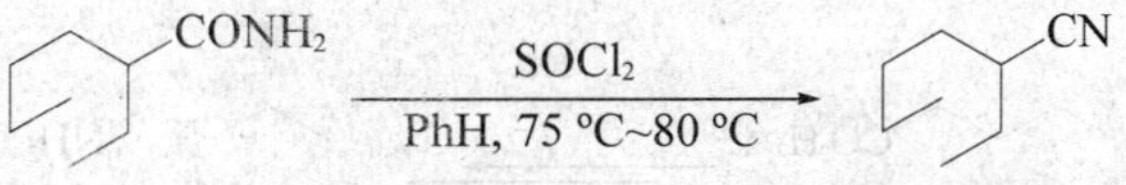

$\xrightarrow{SOCl_2}_{PhH,\ 75\ ℃\sim 80\ ℃}$
86%~94%

2) Hofmann 重排

伯酰胺与次卤酸盐(NaOX)或卤素碱性溶液(X_2/NaOH)反应生成少一个碳的伯胺,称为 Hofmann 重排(A. W. Hofmann,1881)。

$$(CH_3)_3CCH_2CONH_2 \xrightarrow[H_2O]{Br_2, NaOH} (CH_3)_3CCH_2NH_2 \quad 94\%$$

$$3\text{-}BrC_6H_4CONH_2 \xrightarrow[H_2O]{NaOBr} 3\text{-}BrC_6H_4NH_2 \quad 87\%$$

Hofmann 重排机理：伯酰胺首先在碱性环境中发生卤化生成 N-卤代酰胺,在碱的进一步作用下发生 α-消去,产生高度活性中间体酰基 nitrene (acyl nitrene),接着发生由碳到氮的烃基迁移,即 Hofmann 重排,生成中间体异氰酸酯,加成水、异构化、脱二氧化碳给出最终产物——少了一个碳原子的伯胺。

$$RCONH_2 + HO^- \longrightarrow RCON^-H + H_2O$$

$$RCON^-H + X-X \xrightarrow{-X^-} RCON(X)H \xrightarrow[-H_2O]{HO^-} RCON^-X$$

$$\xrightarrow{-X^-} [RCON:] \xrightarrow[\text{Hofmann}]{\sim R} R-N=C=O \xrightarrow{H_2O}$$
acyl nitrene　　　　　　　　Isocyanate 异氰酸酯

$$R-N=C(OH)_2 \longrightarrow RNH-C(=O)-OH \xrightarrow{-CO_2} R-NH_2$$
primary amine 伯胺

在 Hofmann 重排中,涉及两个中间体,一个是 nitrene (acyl nitrene),类似于 carbene,这是一种高度活性的中间体,目前还无法分离到,甚至难以检测到；另一个是异氰酸酯(isocyanate),这是一种稳定的化合物,可以分离出来。Hofmann 重排是由碳到氮的迁移,这一点和 Beckmann 重排类似。

Hofmann 重排用于制备伯胺、缩短碳链转化。

例 1 完成转化

$$CH_3(CH_2)_6CO_2H \longrightarrow CH_3(CH_2)_6NH_2$$

合成：

$$\text{CH}_3(\text{CH}_2)_6\text{COOH} \xrightarrow{\text{SOCl}_2} \xrightarrow{\text{NH}_3} \xrightarrow{\text{NaOCl}} \text{CH}_3(\text{CH}_2)_6\text{CH}_2\text{NH}_2$$

例 2 完成转化

$$t\text{-Bu-Br} \Longrightarrow t\text{-Bu-NH}_2$$

合成：

$$t\text{-Bu-Br} \xrightarrow[\text{ii CO}_2]{\text{i Mg/Et}_2\text{O}} \xrightarrow{\text{SOCl}_2} \xrightarrow{\text{NH}_3} \xrightarrow{\text{NaOBr}} t\text{-Bu-NH}_2$$

二酰亚胺也有 Hofmann 重排。例：

邻苯二甲酰亚胺 $\xrightarrow[\text{H}_2\text{O}]{\text{NaOBr}}$ 邻氨基苯甲酸

丁二酰亚胺 $\xrightarrow[\text{H}_2\text{O}]{\text{NaOCl}}$ β-丙氨酸 ($\text{H}_2\text{N-CH}_2\text{CH}_2\text{-CO}_2\text{H}$)

问题 47 完成反应

$$\text{CH}_3(\text{CH}_2)_{16}\text{CONH}_2 \xrightarrow[\text{H}_2\text{O}]{\text{NaOH, Cl}_2}$$

$$(\text{CH}_3)_3\text{C-CONH}_2 \xrightarrow[\text{H}_2\text{O}]{\text{NaOCl}}$$

$$p\text{-CH}_3\text{O-C}_6\text{H}_4\text{-CONH}_2 \xrightarrow[\text{H}_2\text{O}]{\text{NaOH, Br}_2}$$

问题 48 完成转化

$$\text{(CH}_3)_2\text{C=O} \Longrightarrow t\text{-Bu-NH}_2 \quad \text{（三种方法）}$$

邻苯二甲酸酐 $\longrightarrow$ 邻氨基苯甲酸 2-Aminobenzoic acid 氨茴酸 Anthranilic acid

邻氨基苯甲酸(2-aminobenzoic acid)俗称氨茴酸(anthranilic acid)，是化工原料与中间体，用于合成药物、指示剂、染料、香料和农药等。

9.2.5.2 酰胺的制备

羧酸与氨或胺(伯、仲)成铵盐，然后热脱水生成酰胺。

$$CH_3COOH \xrightarrow{NH_3, 20℃} CH_3COO^-NH_4^+$$

$$CH_3COO^-NH_4^+ \xrightarrow{140℃\sim 210℃} CH_3CONH_2 + H_2O$$

酰卤、酐的氨或胺(伯、仲)亲核分解；腈的部分水解(见后)；肟的 Beckmann 重排。

9.2.5.3 个别化合物

1. N,N-二甲基甲酰胺

N,N-二甲基甲酰胺(N,N-dimethylformaide)(DMF)，bp 153℃，良好的非质子极性溶剂，万用溶剂；也是甲酰化剂。

2. 乙酰胺

乙酰胺(acetamaide)，mp 81℃，bp 221℃，用作溶剂，具有微弱碱性，可作为化妆品、清漆、炸药的抗酸剂，也用作染色的润湿剂、塑料的增塑剂。乙酰胺氯化或溴化生成的 N-卤代乙酰胺，是有机合成的卤化试剂。乙酰胺在有机化工、塑料、染料、医药、农药等行业应用广泛。

3. N,N-二甲基乙酰胺

N,N-二甲基乙酰胺(N,N-dimethylacetamaide，DMA)，bp 165℃，良好的非质子极性溶剂，合成中间体。

4. 乙酰苯胺

乙酰苯胺(acetylanilide; acetylaniline; N-phenylacetamide; acetylaminohenzene)俗称退热冰，mp 114℃，可用作止痛剂、退热剂和防腐剂，是磺胺类药物原料和染料中间体，重要的化工原料。

5. 邻苯二甲酰亚胺

邻苯二甲酰亚胺(phthalimide)，白色棱状结晶，溶于碱液与沸乙酸，微溶于水、乙醇，溶于苯，能升华，是有机合成、离子交换树脂、表面活性剂等精细化学品的原料和中间体。

6. ε-己内酰胺

ε-己内酰胺(ε-caprolactam; hexano-6-lactam)，聚己内酰胺(尼龙-6 nylon-6)的单体，用作合成纤维和塑料，用于制造齿轮、轴承、管材、医疗器械及电气、绝缘材料等，少量用于合成赖氨酸等。

7. 丙烯酰胺

$$CH_2=CHCONH_2$$

丙烯酰胺，acrylamide，acrylic amide，prop-2-enamide，mp 84.5℃，白色晶体。
丙烯酰胺聚合即是聚丙烯酰胺（polyacrylamide，PAM）。

$$n\mathrm{CH}_2=\mathrm{CHCONH}_2 \xrightarrow{\text{polymerization}} *\!-\!\!\left[\mathrm{CH}_2\mathrm{CH}\right]_n\!\!-\!*\\ \qquad\qquad\qquad\qquad\qquad\qquad\quad |\\ \qquad\qquad\qquad\qquad\qquad\quad \mathrm{CONH}_2$$

聚丙烯酰胺是一种线型高分子聚合物，具有良好的热稳定性和极强的絮凝作用，是著名的非离子型高分子絮凝剂。聚丙烯酰胺广泛用于水处理、造纸、选矿、采油、冶金、建材等行业。聚丙烯酰胺作为润滑剂、悬浮剂、驱油剂和增稠剂，在钻井、固井、压裂、堵水及二三次采油中得到应用，是一种极为重要的油田化学品。

研究显示，丙烯酰胺可致癌。大量的动物试验研究表明丙烯酰胺主要引起神经毒性、生殖与发育毒性。丙烯酰胺在体内和体外试验均表现有致突变作用，可引起哺乳动物体细胞和生殖细胞的基因突变和染色体异常。已证明丙烯酰胺的代谢产物环氧丙酰胺是其主要致突变活性物质。

将丙烯酰胺列为2类致癌物（2A）即人类可能致癌物，其主要依据为丙烯酰胺在动物和人体均可代谢转化为其致癌活性代谢产物环氧丙酰胺。

丙烯酰胺的主要前体物为游离天门冬氨酸（aspartic acid）（土豆和谷类中的代表性氨基酸）与葡萄糖，通过Maillard反应生成丙烯酰胺。

碳水化合物等植物性食物在120℃以上的高温烹调过程中产生丙烯酰胺，140℃～180℃为最佳生成温度。油炸的淀粉类食品如炸薯条、炸土豆片等都有丙烯酰胺产生。研究表明，人体可通过消化道、呼吸道、皮肤黏膜等多种途径接触丙烯酰胺，饮水也是其中的一条重要接触途径。

世界卫生组织和食品安全专家建议，提倡平衡膳食，减少油炸和高脂肪食品的摄入，多吃水果和蔬菜。

聚丙烯酰胺本身及其水解物没有毒性。聚丙烯酰胺的毒性来自其残留单体丙烯酰胺。

8. β-内酰胺类抗菌素

青霉素类与头孢类都是β-内酰胺类抗菌素（β-lactam antibiotic）。

青霉素G Penicillin G　　头孢吡肟 Cefepime

9. 达菲

达菲（Tamiflu）又称磷酸奥司他韦（Oseltamivir），是抗流感等病毒处方药。

达菲 Tamiflu (Oseltamivir)

10. 苯甲酰甘氨酸

苯甲酰甘氨酸(benzoylglycine；N-benzoylglycine；benzoylaminoethanoic acid)，又称苯甲酰胺乙酸(enzoylamidoacetic acid)，俗称马尿酸(hippuric acid)。

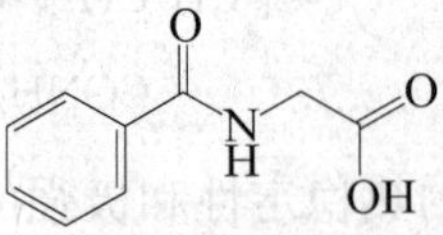

Benzoylglycine; N-Benzoylglycine
Benzoylaminoethanoic acid
Benzoylamidoacetic acid

苯甲酰甘氨酸最初是在马和食草动物的尿液中发现的有机酸(hippuric acid，Gr. hippos，horse，ouron，urine)。体内的苯甲酸在酶作用下和甘氨酸反应形成酰胺键转化为苯甲酰甘氨酸，这种反应在狗的肾脏中进行，其他动物是在肝脏中完成的，从肝脏中提取出来的酶样品在试管中也能进行。分解马尿酸的酶为马尿酸酶 (hippuricase)。因此，体内马尿酸浓度过高有可能是由甲苯等芳香烃中毒导致的。

食品行业就是利用测定马尿酸的含量，来检测酸奶中的苯甲酸水平的。由此可见，所谓检测出的苯甲酸其实就是马尿酸分解的产物。

苯甲酰甘氨酸是药物与染料等的合成中间体。

合成：

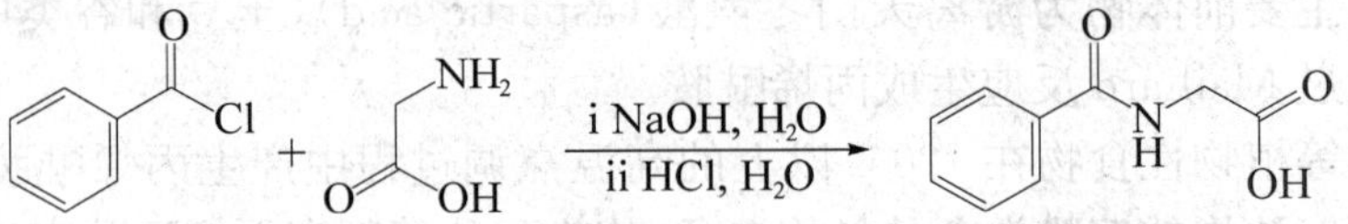

11. 胡椒碱

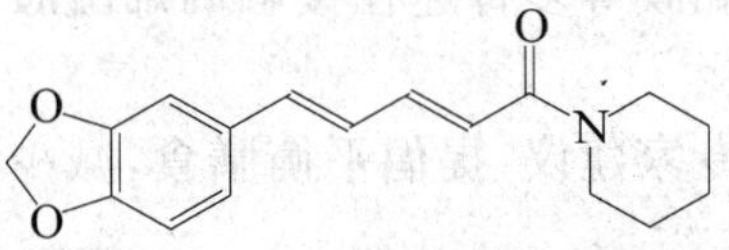

胡椒酰基哌啶 Piperoylpiperidine
5-(3,4-Methylenedioxyphenyl)-2,4-pentadienoylpiperidine

胡椒碱(piperine)是一种生物碱，与胡椒脂碱(chavicine，胡椒碱之顺反异构体)同是黑胡椒辣味的主要成分。

辣椒素和胡椒碱所造成的辣味，是借由打开痛觉神经上的用来感受热与酸味的 TRPV-1 通道而产生的。

胡椒碱水解产生胡椒酸和哌啶：

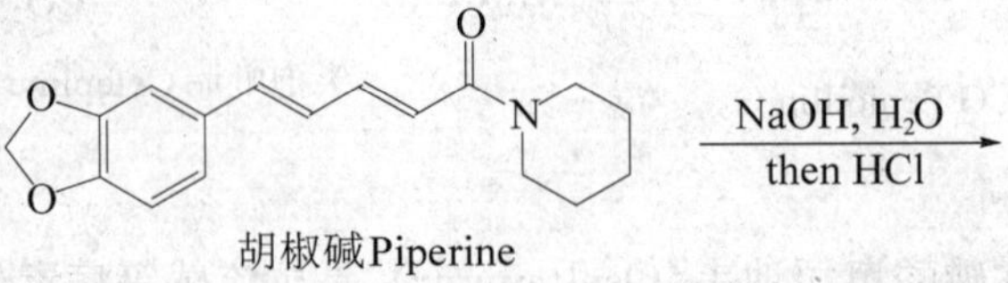

胡椒碱 Piperine

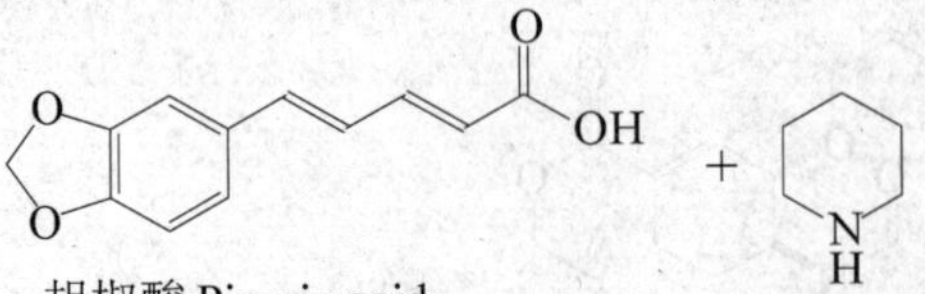

胡椒酸 Piperic acid   Piperidine

5-(3,4-Methylenedioxyphenyl)-2,4-pentadienoic acid

胡椒酸氧化给出胡椒醛：

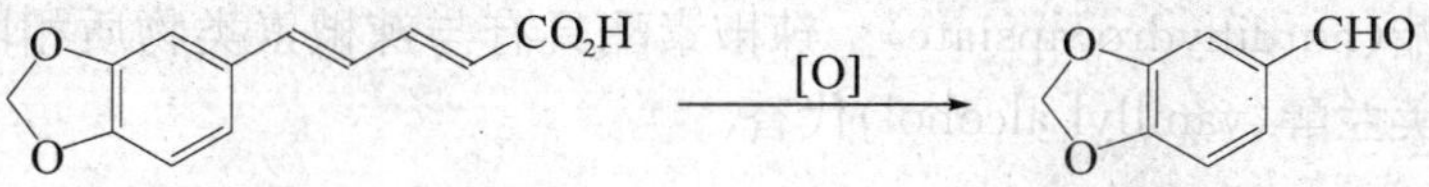

胡椒酸 Piperic acid
λ_{max} 340 nm (ε28800)

胡椒醛 Piperonal

12. 辣椒素

辣椒素（capsaicin），N-香草基-8-甲基-6-壬烯酰胺（N-vanillyl-8-methyl-6-nonenamide），是辣椒属植物红辣椒的活性成分。

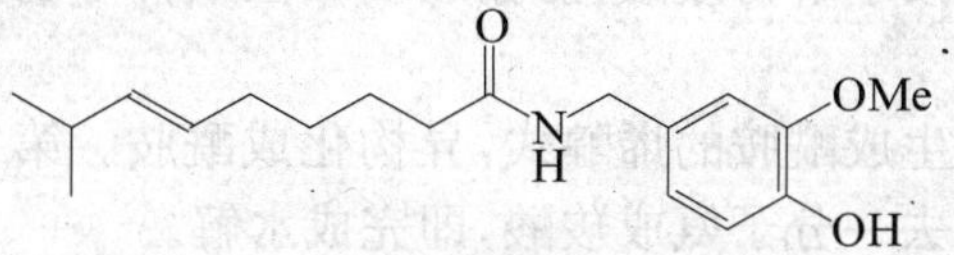

N-香草基-8-甲基-6-壬烯酰胺
N-Vanillyl-8-methyl-6-nonenamide

辣椒素类物质（capsaicinoids）可能是辣椒类植物为阻止草食动物啃食和真菌寄生而产生的次级代谢产物，对包括人类在内的哺乳动物都有刺激性并可在口腔中产生灼烧感。一般鸟类对辣椒素类物质不敏感。

辣椒素类物质是由 C_{9-11} 脂肪酸和香草胺形成的酰胺类系列化合物，主要差异在于脂肪酸链长度、不饱和度及其异构。辣椒素是辣椒辣味的主要决定因子，其次是二氢辣椒素。这两种化合物的辣度差不多是降二氢辣椒素、高二氢辣椒素和高辣椒素的两倍。ω-羟基辣椒素则是一种不辣的辣椒素类化合物。

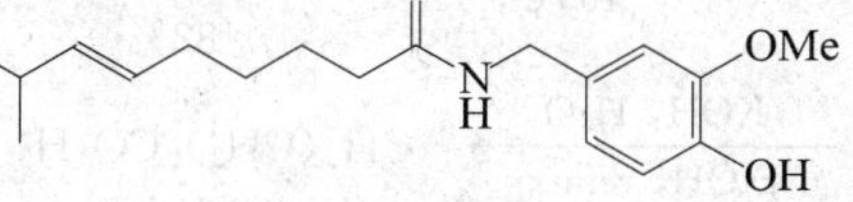

Capsaicin
辣椒素 (69%)

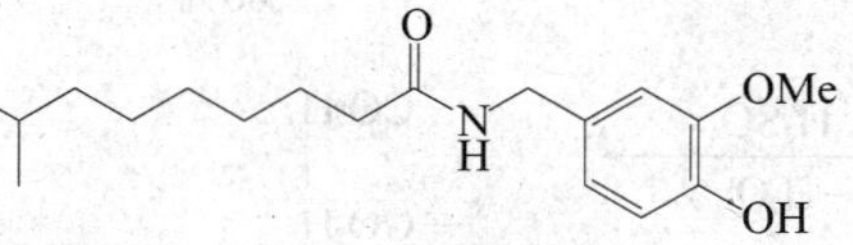

Dihydrocapsaicin
二氢辣椒素 (22%)

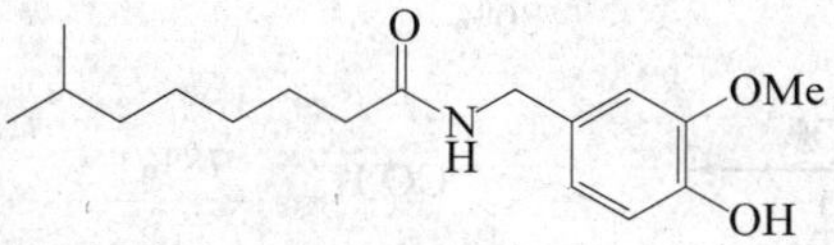

Nordihydrocapsaicin
降二氢辣椒素 (7%)

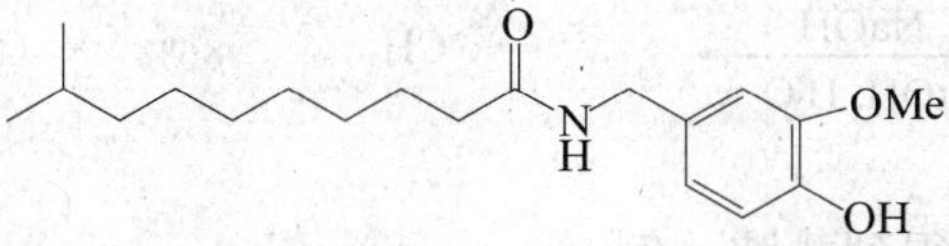

Homodihydrocapsaicin
高二氢辣椒素 (1%)

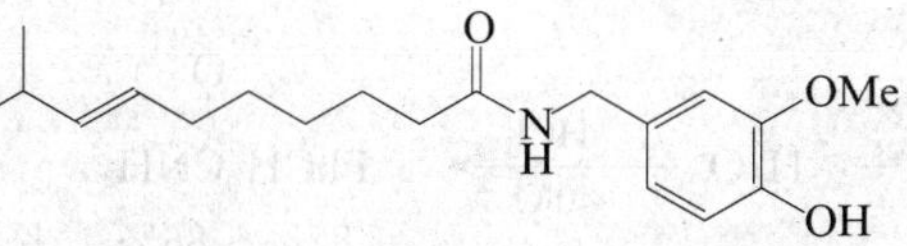

Homocapsaicin
高辣椒素 (1%)

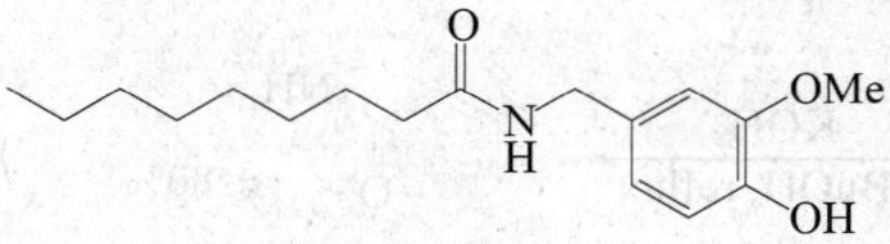

Nonivamide
N-香草基壬酰胺

在甜椒中存在无辣味的类辣椒素物质辣椒素酯(capsiate)、二氢辣椒素酯(dihydrocapsiate)和去甲二氢辣椒素酯(nordihydrocapsiate)。辣椒素酯具有与辣椒素类物质相同的侧链脂肪酸，但香草基胺被香荚兰醇(vanillyl alcohol)代替。

9.2.6 腈

9.2.6.1 腈的反应

1. 亲核分解

1) 水解

腈水解先生成酰胺，继续水解得羧酸，需在酸或碱性条件下加热回流进行，是合成羧酸的重要方法。

水亲核加成碳氮三键，生成酰胺的烯醇式，异构化成酰胺。第二分子水亲核加成羰基，产生四面体碳中间体，接着消去一分子氨成羧酸，即完成水解。

$$RC\equiv N \xrightarrow{H_2O} \underset{R}{\overset{OH}{C}}=NH \longrightarrow \underset{R}{\overset{O}{C}}-NH_2$$

$$\xrightarrow{H_2O} \underset{R}{\overset{HO\ OH}{C}}-NH_2 \xrightarrow{-NH_3} \underset{R}{\overset{O}{C}}-OH$$

在酸或碱性条件下，腈的完全水解是制备羧酸的重要常用方法。

例：

$$PhCH_2CN + 2H_2O \xrightarrow[100℃,\ 3h]{H_2SO_4} PhCH_2CO_2H \quad 82\%$$

$$CH_3(CH_2)_9CN \xrightarrow[EtOH,\ reflux]{KOH,\ H_2O} CH_3(CH_2)_9CO_2H \quad 80\%$$

NC-(CH₂)₃-CN $\xrightarrow[H_2O]{H_2SO_4}$ HO₂C-(CH₂)₃-CO₂H 80%

邻甲基苯甲腈 $\xrightarrow[EtOH,\ H_2O]{\substack{H_2SO_4/H_2O \\ NaOH}}$ 邻甲基苯甲酸 78% / 86%

腈用酸或碱性部分温和水解都可得到酰胺。例：

$$PhCH_2CN + H_2O \xrightarrow[40℃]{HCl} PhCH_2CONH_2 \quad 82\%\sim 86\%$$

$$CH_3CH_2CH_2CH_2CN \xrightarrow[t\text{-BuOH,\ reflux}]{KOH} CH_3CH_2CH_2CH_2CONH_2 \quad 80\%$$

腈碱性水解，加入过氧化氢，可加速反应并得酰胺。例：

$$\underset{\text{CH}_3}{\overset{\text{CN}}{\bigcirc}} \xrightarrow[\text{EtOH, 50 °C, 4 h}]{\text{NaOH, H}_2\text{O}_2} \underset{\text{CH}_3}{\overset{\text{CONH}_2}{\bigcirc}}$$
92%

问题 49 完成反应

$$\text{CH}_3\text{CH}_2\text{CH}_2\text{CN} \xrightarrow[\text{reflux}]{\text{NaOH, H}_2\text{O}}$$

$$\text{环己烯-CN} \xrightarrow[\text{reflux}]{\text{NaOH, H}_2\text{O}}$$

$$\underset{\text{Cl}}{\overset{\text{CN}}{\bigcirc}} \xrightarrow[\text{reflux}]{\text{KOH, H}_2\text{O}}$$

$$\text{NC(CH}_2)_8\text{CN} \xrightarrow[\text{reflux}]{\text{KOH, H}_2\text{O}}$$

问题 50 合成设计

分别以丁二烯和四氢呋喃为基本原料合成己二酸。

2) 醇解

腈在氯化氢存在下与乙醇作用，生成亚氨盐，再与过量的乙醇继续反应，生成原酸酯。

$$\text{CH}_3\text{CN} + \text{EtOH} + \text{HCl} \longrightarrow \text{CH}_3\overset{+\text{NH}_2\text{Cl}^-}{\text{C}}-\text{OEt}$$

$$\text{CH}_3\overset{+\text{NH}_2}{\text{C}}-\text{OEt} + 2\text{EtOH} \longrightarrow \text{CH}_3\text{C(OEt)}_3 + \text{NH}_4\text{Cl}$$

如反应体系中有水，亚胺水解，则得到酯：

$$\text{CH}_3\overset{+\text{NH}_2\text{Cl}^-}{\text{C}}-\text{OEt} + \text{H}_2\text{O} \longrightarrow \text{CH}_3\overset{\text{O}}{\text{C}}-\text{OEt} + \text{NH}_4\text{Cl}$$

这就是说，腈的醇解，有水生成酯，无水则得原酸酯。腈的醇解用于酯的合成。

例：

$$\text{CH}_3\text{CH}_2\text{CH}_2\text{CH}_2\text{CN} + \text{EtOH} \xrightarrow[\triangle]{\text{H}_2\text{SO}_4} \text{CH}_3\text{CH}_2\text{CH}_2\text{CH}_2\text{CO}_2\text{Et}$$
85%

$$\text{PhCH}_2\text{CN} + \text{EtOH} \xrightarrow[\triangle]{\text{H}_2\text{SO}_4} \text{PhCH}_2\text{CO}_2\text{Et}$$
86%

问题 51 完成反应

$$CH_3CH_2CN \xrightarrow[H_2SO_4]{EtOH}$$

$$CH_3CH_2CN \xrightarrow[dry\ HCl]{EtOH}$$

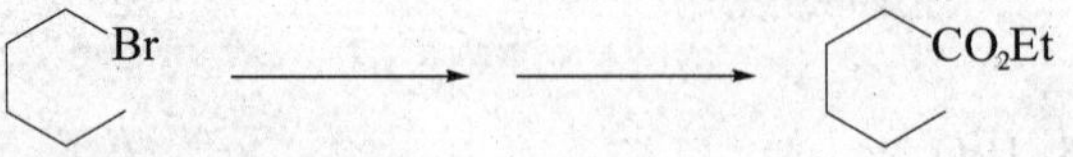

$$\text{cyclohexyl-Br} \longrightarrow \longrightarrow \text{cyclohexyl-CO}_2Et$$

2. 还原反应

腈还原是制备胺的重要方法。腈可用化学法如氢化铝锂（$LiAlH_4$）、硼烷（BH_3）等还原，也可催化加氢还原。

例：

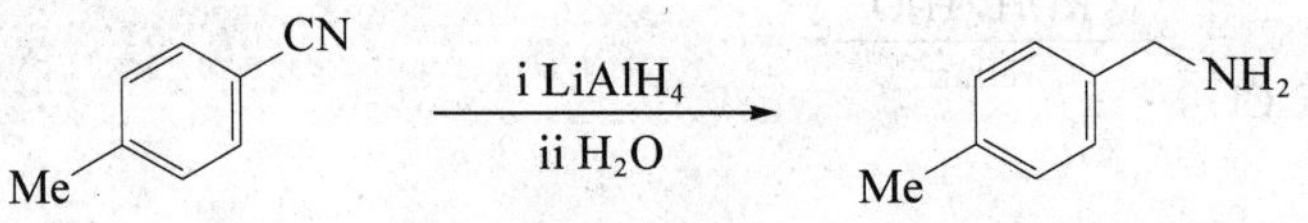

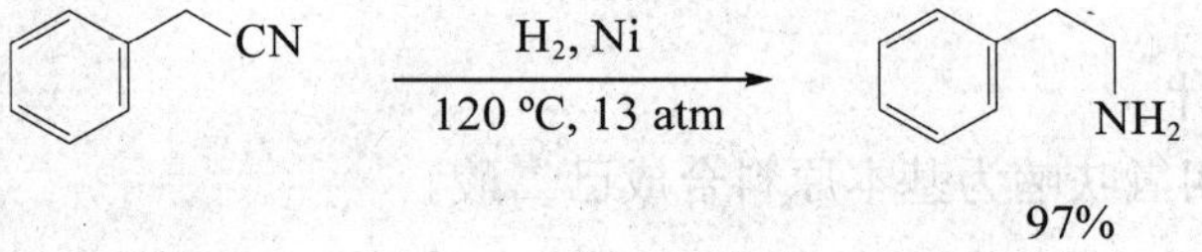

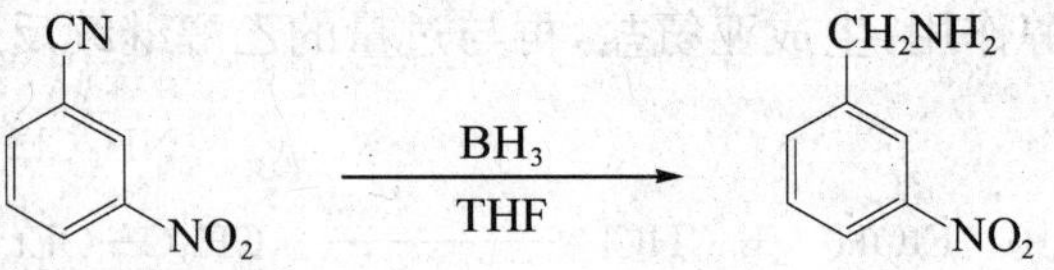

$$\text{4-Me-C}_6H_4\text{-CN} \xrightarrow[ii\ H_2O]{i\ LiAlH_4} \text{4-Me-C}_6H_4\text{-CH}_2NH_2$$

$$PhCH_2CN \xrightarrow[120\ ^\circ C,\ 13\ atm]{H_2,\ Ni} PhCH_2CH_2NH_2 \quad 97\%$$

$$\text{3-NO}_2\text{-C}_6H_4\text{-CN} \xrightarrow[THF]{BH_3} \text{3-NO}_2\text{-C}_6H_4\text{-CH}_2NH_2$$

腈部分还原：腈与烷氧基氢化铝锂、二异丁基氢化铝（DIBAL）等试剂作用，可实现部分还原，用于制备醛。

例：

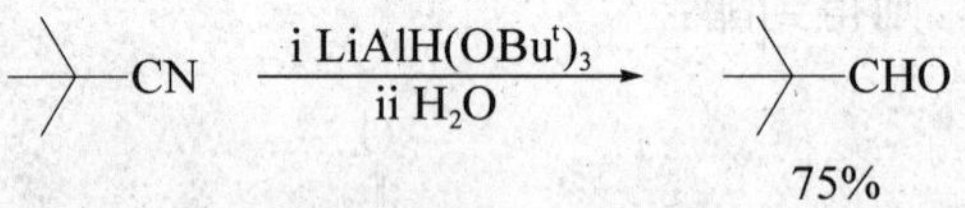

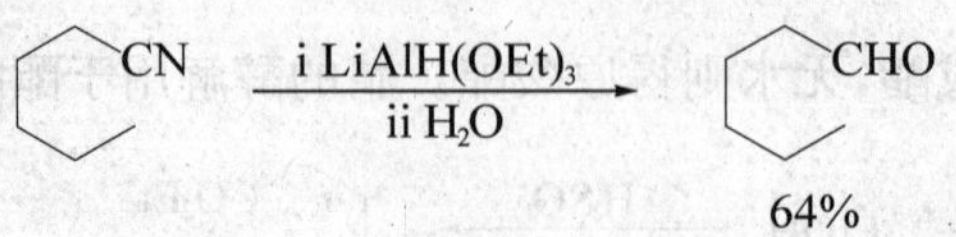

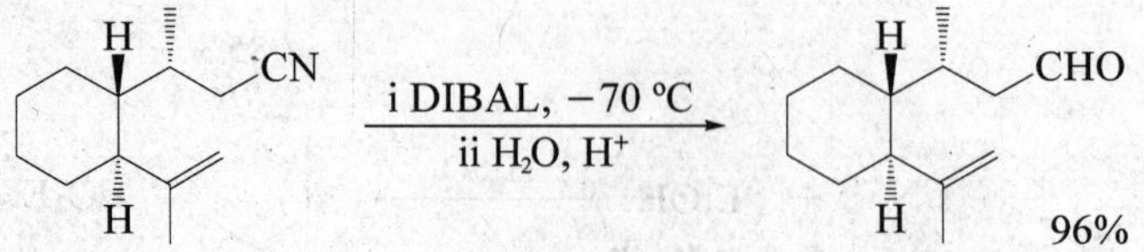

$$t\text{-Bu-CN} \xrightarrow[ii\ H_2O]{i\ LiAlH(OBu^t)_3} t\text{-Bu-CHO} \quad 75\%$$

$$n\text{-C}_5H_{11}\text{-CN} \xrightarrow[ii\ H_2O]{i\ LiAlH(OEt)_3} n\text{-C}_5H_{11}\text{-CHO} \quad 64\%$$

$$\xrightarrow[ii\ H_2O,\ H^+]{i\ DIBAL,\ -70\ ^\circ C} \quad 96\%$$

Stephen 还原：腈用氯化亚锡（$SnCl_2$）在盐酸中还原，然后水解生成醛，此为 Stephen 还原（1925）（Henry Stephen，1889—1965）。

$$RC\equiv N + HCl \xrightarrow[HCl]{SnCl_2} RCH=\overset{+}{N}H_2Cl^- \xrightarrow[HCl]{H_2O} RCHO$$

例：

$$\text{4-NC-C}_6\text{H}_4\text{-CO}_2\text{Me} \xrightarrow[ii\ H_2O]{i\ SnCl_2,\ HCl} \text{4-OHC-C}_6\text{H}_4\text{-CO}_2\text{Me} \quad 90\%$$

$$\text{n-pentyl-CN} \xrightarrow[ii\ H_2O]{i\ SnCl_2,\ HCl} \text{n-pentyl-CHO} \quad 85\%$$

问题 52 完成反应

$$NC(CH_2)_7CN \xrightarrow{H_2/Pt}$$

$$\text{3,4-(MeO)}_2\text{C}_6\text{H}_3\text{CH}_2\text{CN} \xrightarrow{LiAlH_4}$$

$$\text{4-Cl-C}_6\text{H}_4\text{-CN} \xrightarrow[ii\ H_2O]{i\ SnCl_2,\ HCl}$$

$$\text{3-NC-C}_6\text{H}_4\text{-CO}_2\text{Me} \xrightarrow[ii\ H_2O]{i\ LiAlH(OBu^t)_3}$$

$$\text{2-methylenecyclopentanecarbonitrile} \xrightarrow[ii\ H_2O]{i\ DIBAL}$$

3. 与金属试剂反应

腈与 Grignard 试剂（RMgX）反应生成酮，可用于酮的合成。

例：

$$\text{i-Pr-CN} \xrightarrow[ii\ H_3O^+]{i\ PhMgBr} \text{i-Pr-CO-Ph}$$

反应先是 RMgX 亲核加成碳-氮三键，生成亚胺盐，然后水解成酮：

$$\text{i-Pr-C}\equiv\text{N} + \text{PhMgBr} \xrightarrow{A_N} \text{i-Pr-C(=N}^-\text{MgBr}^+\text{)-Ph} \xrightarrow[H_2O]{H^+} \text{i-Pr-CO-Ph}$$

例:

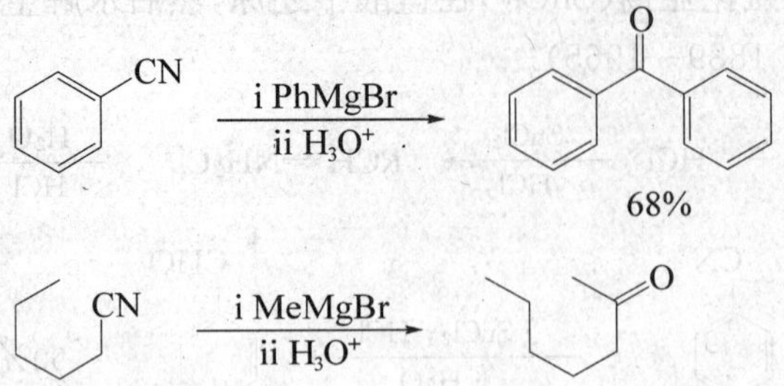

$PhCN \xrightarrow[\text{ii } H_3O^+]{\text{i PhMgBr}}$ Ph-CO-Ph 68%

$C_5H_{11}CN \xrightarrow[\text{ii } H_3O^+]{\text{i MeMgBr}}$ C_5H_{11}-CO-CH_3

问题 53 合成设计

$C_3 \Longrightarrow$ 3,4-二甲基-1-(正丁酰基)环己烯

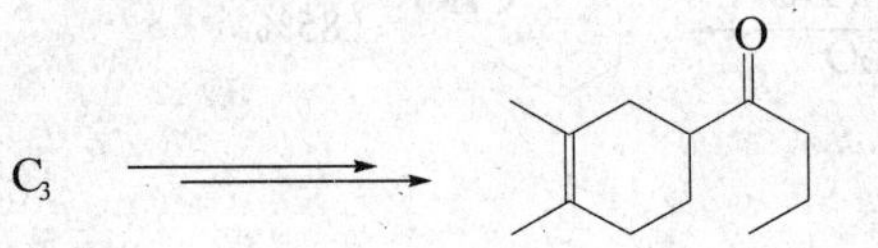

4. Thorpe 缩合

腈若具有 α-氢,在强碱作用下发生缩合生成 α-氰基酮,水解脱羧,生成构造对称的酮,称为 Thorpe 缩合或 Thorpe-Ziegler 反应(1904)(Sir Jocelyn Field Thorpe, 1872–1940; Karl Waldemar Ziegler, 1898–1973)。

例:

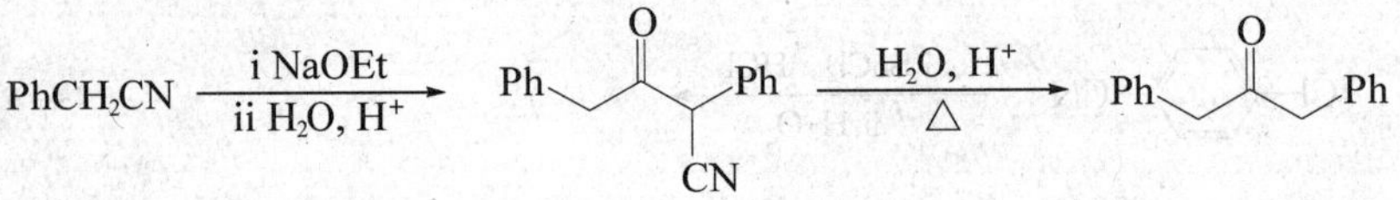

$PhCH_2CN \xrightarrow[\text{ii } H_2O, H^+]{\text{i NaOEt}} PhCH_2-CO-CH(CN)Ph \xrightarrow[\triangle]{H_2O, H^+} PhCH_2-CO-CH_2Ph$

Thorpe 缩合机理:类似于酯缩合。

$EtO^- + PhCH_2CN \rightleftharpoons EtOH + Ph\overset{\ominus}{C}HCN$

机理图示 (A_N 加成生成亚胺负离子, 然后 H^+/H_2O 水解)

$PhCH_2-C(=NH)-CH(CN)Ph \xrightarrow{H^+/H_2O} PhCH_2-CO-CH(CO_2H)Ph \xrightarrow[\triangle]{-CO_2} PhCH_2-CO-CH_2Ph$

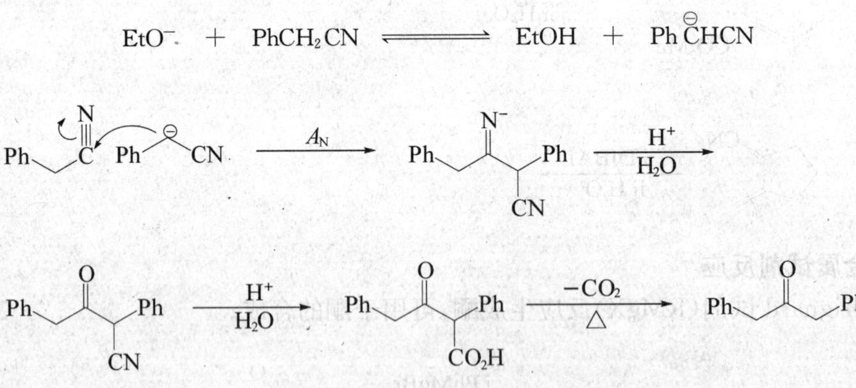

二元腈发生分子内缩合得 α-氰基环酮,水解脱羧生成环酮。此反应可用于 C_{5-8} 和 C_{14-33} 环酮的合成,称为 Ziegler 环酮合成或 Thorpe-Ziegler 环化。

例:

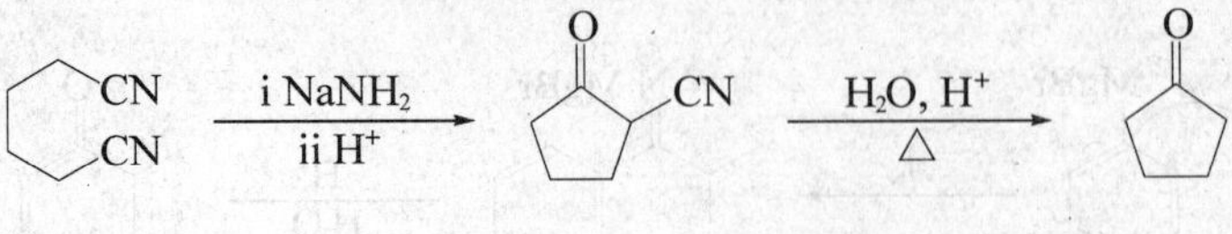

己二腈 $\xrightarrow[\text{ii } H^+]{\text{i NaNH}_2}$ 2-氰基环戊酮 $\xrightarrow[\triangle]{H_2O, H^+}$ 环戊酮

问题 54 完成转化

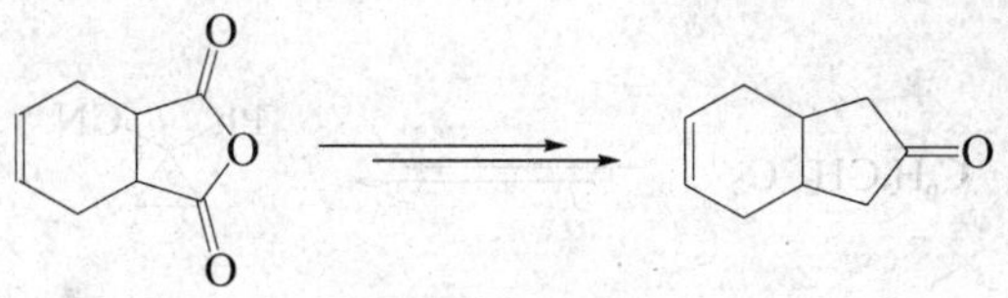

5. α-烷基化

腈的 α-氢显示一定的酸性，在特强碱作用下可发生烃基化。

例：

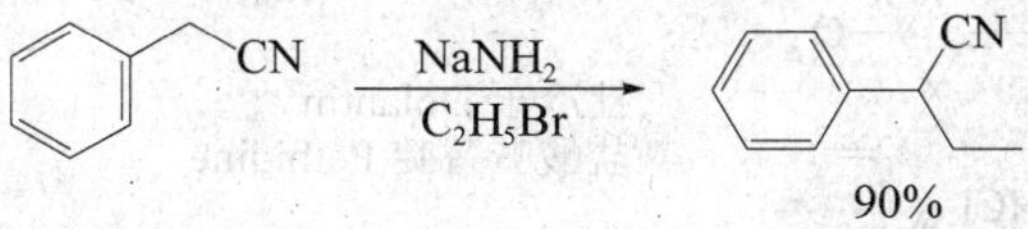

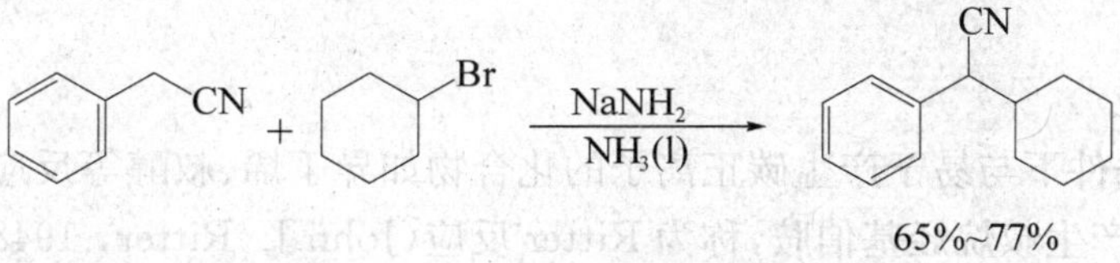

PhCH$_2$CN $\xrightarrow[C_2H_5Br]{NaNH_2}$ PhCH(Et)CN (90%)

PhCH$_2$CN + 环己基溴 $\xrightarrow[NH_3(l)]{NaNH_2}$ PhCH(C$_6$H$_{11}$)CN (65%~77%)

此类烷基化反应若在相转移催化条件下进行，使用浓氢氧化钠(50%)即可。

问题 55 完成转化

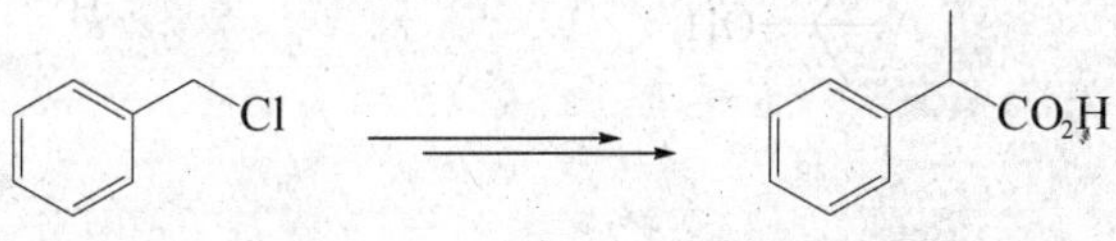

PhCH$_2$Cl $\Longrightarrow$ PhCH(CH$_3$)CO$_2$H

问题 56 以适当原料合成镇痛药美沙酮(methadone)。

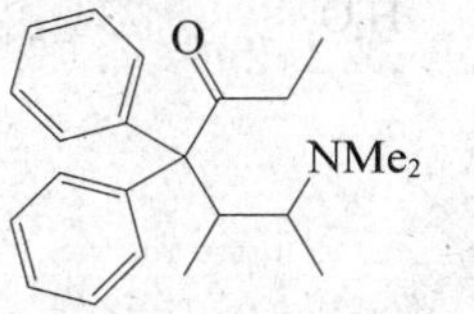

美沙酮 Methadone

通过二次烷基化可以合成环状化合物。

例 1

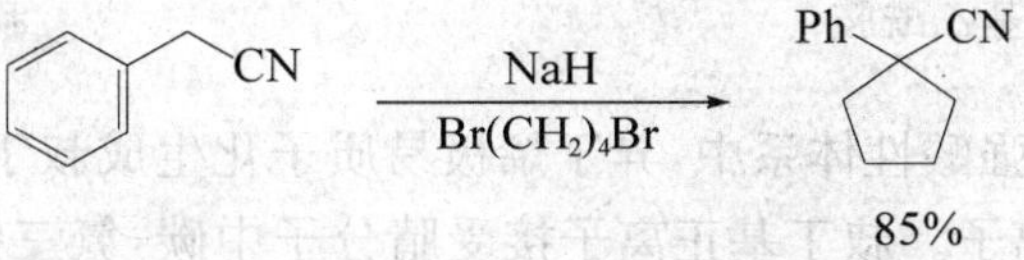

PhCH$_2$CN $\xrightarrow[Br(CH_2)_4Br]{NaH}$ 1-苯基-1-氰基环戊烷 (85%)

例 2 镇痛药杜冷丁(dolantin)中间体的合成就利用了二次烷基化而实现环化：

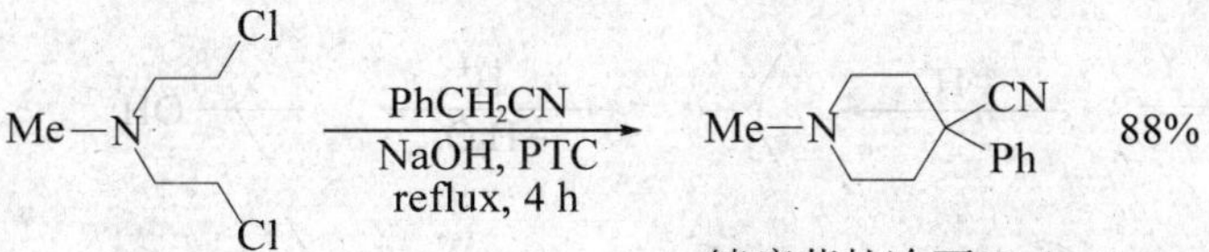

Me—N(CH$_2$CH$_2$Cl)$_2$ $\xrightarrow[\text{reflux, 4 h}]{\text{PhCH}_2\text{CN}, \text{NaOH, PTC}}$ 1-甲基-4-苯基-4-氰基哌啶 (88%)

镇痛药杜冷丁 Dolantin
盐酸哌替啶 Pethidine 的中间体

问题 57 合成设计

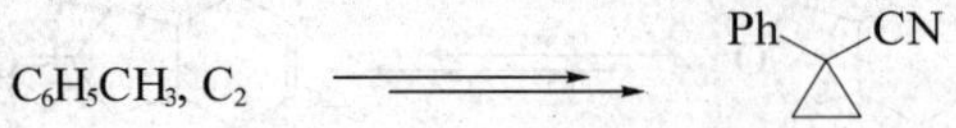

$$C_6H_5CH_3, C_2 \Longrightarrow Ph\text{-}C(CN)(\text{cyclopropyl})$$

问题 58 合成设计

以适当原料合成镇痛药杜冷丁（dolantin）（抗痉挛止痛药）。

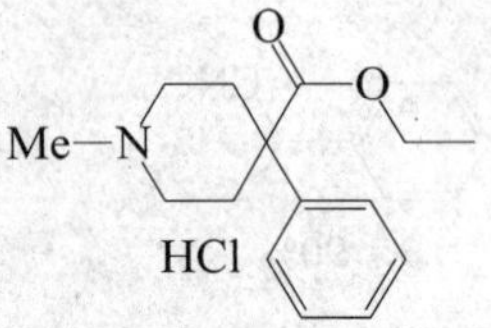

杜冷丁 Dolantin
盐酸哌替啶 Pethidine

6. Ritter 反应

腈在强酸性条件下与易于产生碳正离子的化合物如异丁烯、叔醇等反应，生成 N -叔烷基取代的酰胺，水解产生叔烷烃基伯胺，称为 Ritter 反应（John J. Ritter，1948）。

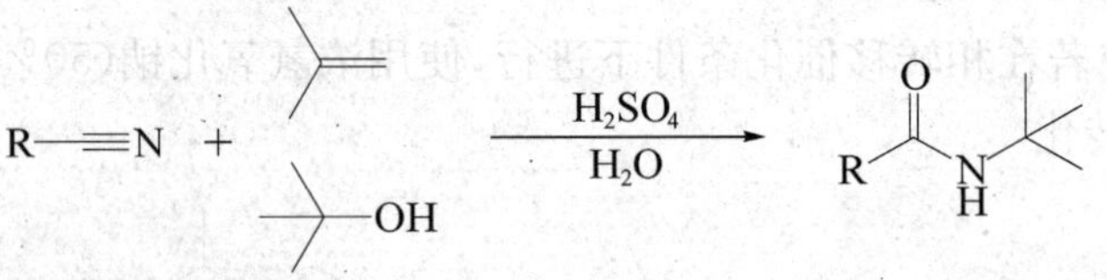

$$R\text{-}C\!\equiv\!N + \text{异丁烯/叔丁醇} \xrightarrow[H_2O]{H_2SO_4} R\text{-}CONH\text{-}C(CH_3)_3$$

例：

$$CH_3CN + \text{异丁烯/叔丁醇} \xrightarrow[H_2O]{H_2SO_4} CH_3CONH\text{-}C(CH_3)_3$$

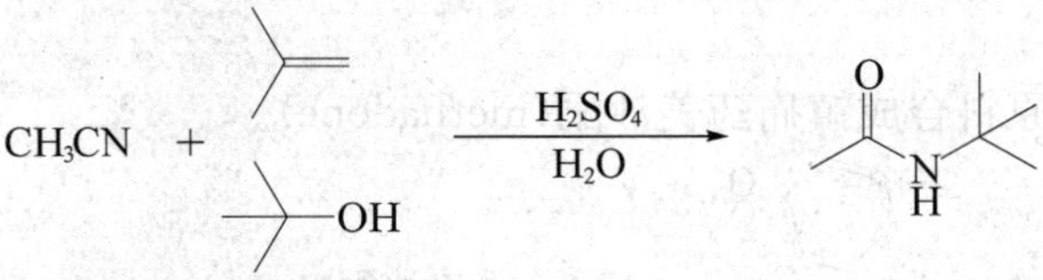

酰胺水解给出羧酸和叔烷烃基伯胺：

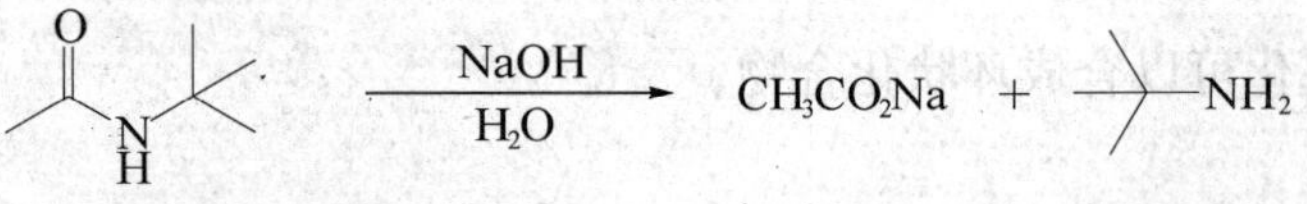

$$CH_3CONH\text{-}C(CH_3)_3 \xrightarrow[H_2O]{NaOH} CH_3CO_2Na + (CH_3)_3C\text{-}NH_2$$

N-叔丁基乙酰胺　　　　　　　　　　叔丁胺

Ritter 反应机理：在强酸性体系中，异丁烯极易质子化生成叔丁基正离子，叔丁醇极易质子化脱水产生叔丁基正离子。叔丁基正离子接受腈分子中碳-氮三键的氮原子作为亲核原子（其上有孤对电子）的进攻，形成新的碳-氮键，再接受水分子进攻、脱质子、异构化成 N -叔烷烃基酰胺，水解产生叔烷烃基伯胺和羧酸。

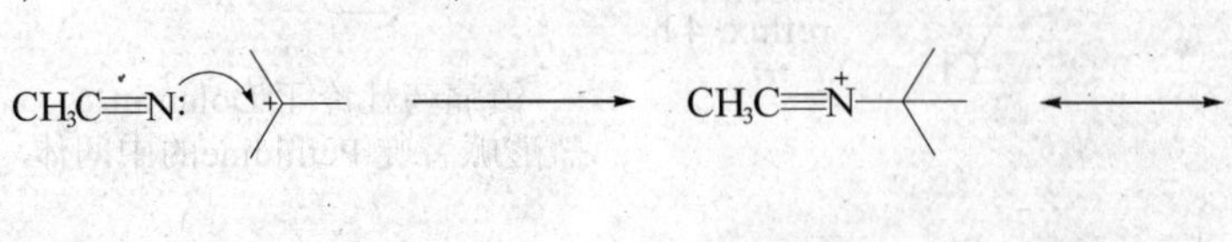

$$\text{异丁烯} \xrightarrow{H^+} (CH_3)_3C^+ \xleftarrow[-H_2O]{H^+} (CH_3)_3C\text{-}OH$$

$$CH_3C\!\equiv\!N: + (CH_3)_3C^+ \longrightarrow CH_3\text{-}C\!\equiv\!N^+\text{-}C(CH_3)_3 \longrightarrow$$

$$CH_3\overset{+}{C}=N-C(CH_3)_3 \xrightarrow{H_2O} \underset{\text{(structure with }^+OH_2\text{)}}{} \xrightarrow{-H^+}$$

$$\underset{\text{(imino-ol)}}{CH_3-C(OH)=N-C(CH_3)_3} \longrightarrow CH_3-C(=O)-NH-C(CH_3)_3$$

问题 59 建议机理

氰化氢(HCN)亦有 Ritter 反应，这时得到甲酰胺。

$$(CH_3)_2C=CH_2 + HCN \xrightarrow[H_2O]{H_2SO_4} H-C(=O)-NH-C(CH_3)_3$$

9.2.6.2 腈的制备

1. 伯酰胺与醛肟脱水

伯酰胺去水是将羧酸转化成腈的好方法。

$$Ar-C(=O)-NH_2 \xrightarrow[\triangle, -H_2O]{P_2O_5} Ar-C\equiv N$$

醛肟去水是将醛转化成腈的基本方法。

$$Ar-CH=N-OH \xrightarrow[\triangle, -H_2O]{Et_3N} Ar-C\equiv N$$

2. 亲核取代

含有离去基团的卤代烃、磺酸酯等与氰化物发生双分子亲核取代(S_N2)是制备腈的常用方法。

3. 芳重氮盐取代

芳重氮盐取代——Sandmeyer 反应(见第10章含氮化合物)是制备芳腈的好方法。

9.2.6.3 个别化合物

1. 乙腈

乙腈(acetonitrile)，CH_3CN，bp 81℃～82℃，与水混溶，具有良好的溶解性，能溶解多种有机与无机化合物，是良好的非质子极性有机溶剂，丁二烯萃取剂和丙烯腈合成纤维溶剂，也是重要的合成中间体与化工原料。

2. 丙烯腈

$$CH_2=CHCN \quad \text{Acrylonitrile}$$

丙烯腈，2-propenenitrile；acrylonitrile，bp 77℃，密度 0.81 g/mL，重要的高分子单体与化工原料。双键可以加成、还原、自聚、与其他单体共聚等；氰基可以水解、醇解、加成、还原等。丙烯腈易发生共轭加成反应——氰乙基化：

$$EtOH + CH_2=CHCN \longrightarrow EtO-CH_2CH_2-CN \quad 90\%$$

$$Et_2NH + CH_2=CHCN \longrightarrow Et_2N\text{-}CH_2CH_2CN \quad 86\%$$

$$MeNH_2 + 2CH_2=CHCN \longrightarrow Me\text{-}N(CH_2CH_2CN)_2$$

$$NH_3 + 3CH_2=CHCN \longrightarrow N(CH_2CH_2CN)_3$$

Michael 加成：丙烯腈作为良好的受体可以和烯醇式碳负离子以及烯胺发生共轭加成，产生 1,5-关系的结构，在有机合成上非常有用。

例：

$$CH_2(CO_2Et)_2 + CH_2=CHCN \xrightarrow{EtONa} (EtO_2C)_2CH\text{-}CH_2CH_2CN \quad 55\%$$

$$\underset{CN}{\underset{|}{Ph\text{-}CH\text{-}CO_2Et}} + CH_2=CHCN \xrightarrow[45\ ^\circ C,\ 2\ h]{KOH,\ t\text{-}BuOH} \underset{Ph}{\underset{|}{C(CN)(CO_2Et)\text{-}CH_2CH_2CN}} \quad 83\%$$

$$PhCH_2COCH_3 + CH_2=CHCN \xrightarrow[90\ ^\circ C,\ 30\ min]{EtONa} \text{产物} \quad 80\%$$

（含吡咯烷基的环己烯）+ CH_2=CHCN $\xrightarrow{H^+, H_2O}$ 2-甲基-6-(2-氰乙基)环己酮 65%

丙烯腈聚合即是聚丙烯腈(polyacrylonitrile)。

$$n\,CH_2=CHCN \xrightarrow{polymerization} {}^*\!\!\left[\!CH_2CH(CN)\!\right]_n\!{}^*$$

聚丙烯腈纤维即腈纶(Orlon 奥纶)，其性能极似羊毛，因此也叫合成羊毛。丙烯腈与丁二烯共聚可生产丁腈橡胶(nitrile-butadiene rubber)，具有良好的耐油性、耐寒性、耐磨性和电绝缘性能，性能比较稳定。丙烯腈与丁二烯、苯乙烯共聚制得 ABS 树脂(acrylonitrile-butadiene-styrene, ABS resin)，具有质轻、耐寒、抗冲击性能较好等优点。丙烯腈水解可制得丙烯酰胺和丙烯酸及其酯类，都是重要的有机化工原料。

3. 己二腈

己二腈(hexanedinitrile; adiponitrile; adipic dinitrile)，$NC(CH_2)_4CN$，bp 295℃。

己二腈是重要的化工原料，主要用于生产聚酰胺纤维的单体己二酸和己二胺(nylon-66 的单体)，是橡胶促进剂和防锈剂，也用作洗涤剂的添加剂，丙烯腈、甲基丙烯腈和甲基丙烯酸甲酯三元共聚体的纺丝溶剂，聚氯乙烯纤维湿纺和干纺溶剂，聚酰胺的着色剂，织物漂白剂的助剂，芳烃萃取剂等。

己二腈的工业生产主要有己二酸法、丁二烯法和丙烯腈电解法。

己二酸铵盐脱水法：

$$\text{(cyclohexane-1,2-dicarboxylic acid pattern)} \xrightarrow[\text{then}\triangle,-H_2O]{NH_3} \text{(diamide)} \xrightarrow[\triangle]{-H_2O} \text{(dinitrile)}$$

丙烯腈电解法：

$$2CH_2=CHCN + H_2O \xrightarrow{electrolysis} NC(CH_2)_4CN + \tfrac{1}{2}O_2$$

作为合成设计，也可由丁二烯或四氢呋喃为基本原料制备。

四氢呋喃路线：四氢呋喃与过量的氢溴酸反应生成1,4-二溴丁烷，再与过量的氰化钠作用。

$$\text{THF} \xrightarrow{2\,HBr} Br(CH_2)_4Br \xrightarrow{NaCN} NC(CH_2)_4CN$$

丁二烯路线：丁二烯与溴反应，共轭加成生成1,4-二溴-2-丁烯，与过量的氰化钠作用生成3-己烯二腈，若要己二腈，温和催化加氢，若生产己二胺，则在较高的温度与压力下催化加氢即可。

$$CH_2=CHCH=CH_2 + Br_2 \longrightarrow BrCH_2CH=CHCH_2Br \xrightarrow{2\,NaCN}$$

$$NCCH_2CH=CHCH_2CN \xrightarrow[\text{Raney Ni}]{H_2} H_2NCH_2(CH_2)_4CH_2NH_2$$

问题60 完成反应

$$HOCH_2CH_2OH + CH_2=CHCN \longrightarrow$$

$$HOCH_2CH_2SH + CH_2=CHCN \longrightarrow$$

$$HOCH_2CH_2NH_2 + CH_2=CHCN \longrightarrow$$

$$HOCH_2CH_2NH_2 + 2CH_2=CHCN \longrightarrow$$

$$HOCH_2CH_2NH_2 + 3CH_2=CHCN \longrightarrow$$

$$CH_3COCH_2CO_2Et + CH_2=CHCN \xrightarrow[EtOH]{EtONa} \xrightarrow[\text{ii HCl},\triangle]{\text{i NaOH}}$$

$$CH_2(CO_2Et)_2 + CH_2=CHCN \xrightarrow[EtOH]{EtONa} \xrightarrow[\text{ii HCl},\triangle]{\text{i NaOH}}$$

9.2.7 乙酰乙酸酯与丙二酸酯合成法

9.2.7.1 β-二羰基化合物的酸性与应用

β-二羰基化合物

$$\underset{\beta\text{-二酮}}{CH_3COCH_2COCH_3} \qquad \underset{\beta\text{-酮酸酯}}{CH_3COCH_2CO_2Et}$$

$$\underset{\text{丙二酸酯}}{EtO_2CCH_2CO_2Et} \qquad \underset{\text{氰乙酸酯}}{NCCH_2CO_2Et}$$

β-二羰基化合物的酸性

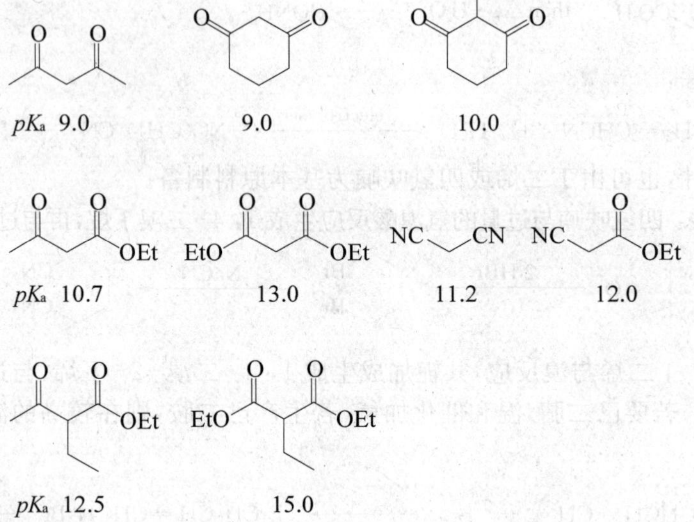

化合物	戊二酮	1,3-环己二酮	2-甲基-1,3-环己二酮
pK_a	9.0	9.0	10.0

化合物	乙酰乙酸乙酯	丙二酸二乙酯	丙二腈	氰基乙酸乙酯
pK_a	10.7	13.0	11.2	12.0

化合物	2-乙基乙酰乙酸乙酯	2-乙基丙二酸二乙酯
pK_a	12.5	15.0

乙酰乙酸乙酯在醇碱（如乙醇钠等）存在下生成相当稳定的烯醇负离子（碳负离子）。

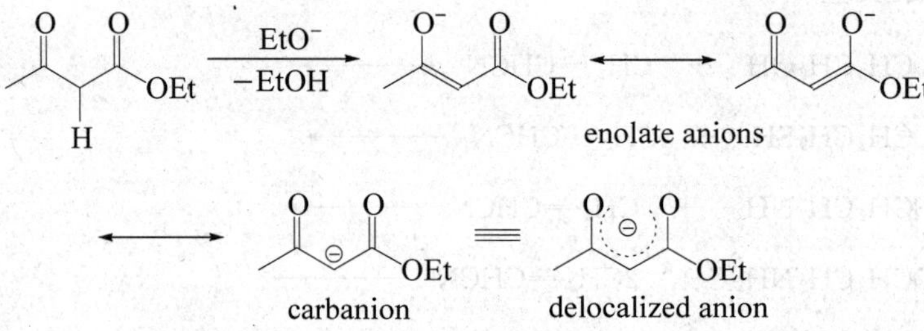

$$\text{AcCH}_2\text{COOEt} \xrightarrow[-\text{EtOH}]{\text{EtO}^-} \text{enolate anions} \longleftrightarrow \text{carbanion} \equiv \text{delocalized anion}$$

乙酰乙酸乙酯碳负离子易于烷基化与酰基化：

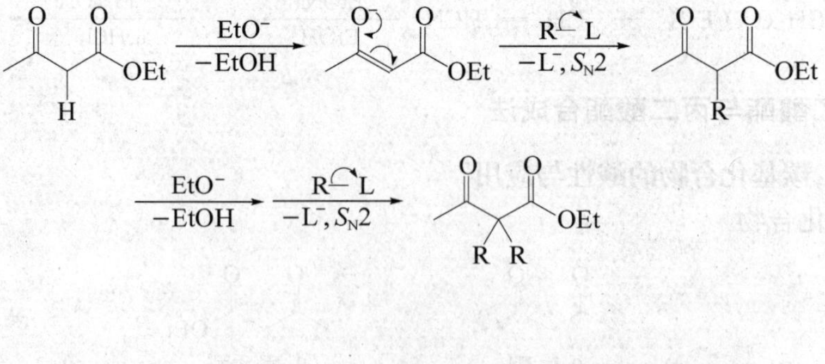

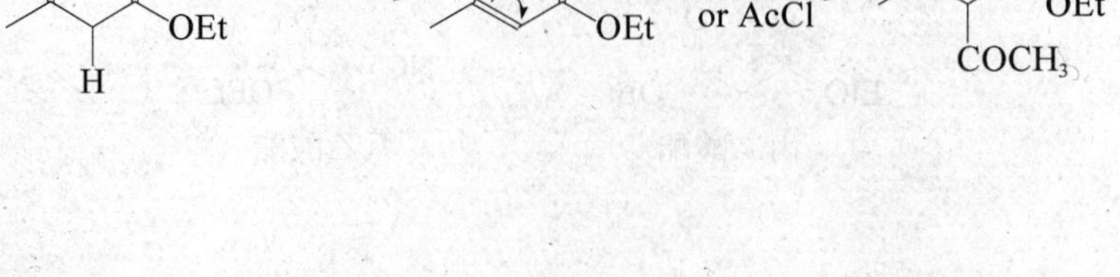

$$\text{AcCH}_2\text{COOEt} \xrightarrow[-\text{EtOH}]{\text{EtO}^-} \xrightarrow[-\text{L}^-, S_N2]{R-L} \text{AcCHRCOOEt}$$

$$\xrightarrow[-\text{EtOH}]{\text{EtO}^-} \xrightarrow[-\text{L}^-, S_N2]{R-L} \text{AcCR}_2\text{COOEt}$$

$$\text{AcCH}_2\text{COOEt} \xrightarrow{\text{NaH}} \xrightarrow{\text{Ac}_2\text{O or AcCl}} \text{AcCH(COCH}_3\text{)COOEt}$$

乙酰乙酸酯烯醇盐是双位负离子(ambident anion),即能够碳烷基化也可氧烷基化。

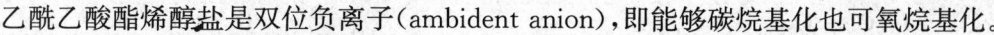

一般,碳烷基化是主要的。

丙二酸酯同样易于形成碳负离子且易于烷基化、酰基化:

β-二羰基化合物的钠盐在非质子溶剂中不溶,改用可溶性的镁盐,效果较好。

9.2.7.2 乙酰乙酸酯合成法

常用的是乙酰乙酸乙酯合成法(ethyl acetoacetate synthesis, EAA; acetoacetic ester synthesis, AAE, 1910)。

乙酰乙酸酯合成法基于乙酰乙酸酯在醇碱存在下易于烷基化以及取代乙酰乙酸酯的成酮分解与成酸分解。

成酮分解:α-取代乙酰乙酸酯经稀碱水解、酸化去羧得到取代丙酮,此即取代乙酰乙酸酯的成酮分解,稀酸亦有同样的效果。

$$\underset{R}{\overset{O\quad O}{\text{CH}_3\text{-C-CH-C-OEt}}} \xrightarrow{\text{HO}^-, \text{H}_2\text{O}} \underset{R}{\overset{O\quad O}{\text{CH}_3\text{-C-CH-C-O}^-}} \xrightarrow{\text{H}^+} \underset{R}{\overset{O\quad O}{\text{CH}_3\text{-C-CH-C-OH}}}$$

$$\xrightarrow[\Delta]{-\text{CO}_2} \underset{R}{\overset{O}{\text{CH}_3\text{-C-CH}_2\text{-R}}}$$

酸式分解：α-取代乙酰乙酸酯经浓碱分解产生取代乙酸，故称酸式分解，即逆酯缩合。

$$\underset{R}{\overset{O\quad O}{\text{CH}_3\text{-C-CH-C-OEt}}} \xrightarrow{\text{HO}^-} \underset{R}{\overset{\text{HO}\;\text{O}^-\;\text{O}}{\text{CH}_3\text{-C-CH-C-OEt}}} \longrightarrow \underset{R}{\overset{O^-}{\text{CH}_3\text{-C=C-OEt}}} + \text{CH}_3\text{CO}_2\text{H}$$

$$\longrightarrow \text{R-CH}_2\overset{O}{\text{C-OEt}} + \text{CH}_3\text{CO}_2^- \xrightarrow[\text{ii H}^+]{\text{i HO}^-} \text{R-CH}_2\text{CO}_2\text{H}$$

由于成酸分解同时伴有成酮分解，导致产物复杂，带来分离纯化困难。因此，乙酰乙酸酯合成法常用成酮分解。

乙酰乙酸酯合成法合成的是单取代与α,α-二取代丙酮。

$$\overset{O}{\text{CH}_3\text{-C-CH}_2\text{-R}} \qquad \underset{R'}{\overset{O\quad R}{\text{CH}_3\text{-C-CH}}}$$

烷烯基化是双分子亲核取代反应，因此，欲引入的烷烯基不是任意的，如叔烷基与新戊烷基一般不可以，乙烯式与苯式也不可以。

问题61 可否应用乙酰乙酸酯合成法合成以下目标分子？

$$\overset{O}{\text{CH}_3\text{-C-CH}_2\text{-Ph}} \qquad \overset{O}{\text{CH}_3\text{-C-CH}_2\text{-CH=CH}_2} \qquad \overset{O}{\text{CH}_3\text{-C-CH}_2\text{-C(CH}_3)_3} \qquad \overset{O}{\text{CH}_3\text{-C-CH}_2\text{-C(CH}_3)_2\text{-CH}_2\text{CH}_3}$$

乙酰乙酸酯合成法合成应用举例

例1 制备药物止咳酮(antitussone)

$$\text{PhCH}_2\text{CH}_2\underset{\text{SO}_3\text{K}}{\overset{\text{OH}}{\text{-C-CH}_3}} \quad \text{TM}$$

合成：目标分子是α-羟基磺酸盐，也就是先合成酮，4-苯基-2-丁酮，这可用乙酰乙酸酯合成法合成。

$$\overset{O\quad O}{\text{CH}_3\text{-C-CH}_2\text{-C-OEt}} \xrightarrow[\text{PhCH}_2\text{Cl}]{\text{EtONa}} \underset{\text{CO}_2\text{Et}}{\overset{O}{\text{CH}_3\text{-C-CH-CH}_2\text{Ph}}} \xrightarrow[\text{ii H}^+, \Delta]{\text{i HO}^-, \text{H}_2\text{O}}$$

$$\overset{O}{\text{CH}_3\text{-C-CH}_2\text{-CH}_2\text{Ph}} \xrightarrow{\text{KHSO}_3} \text{TM}$$

例 2 合成 2-庚酮(蜜蜂警戒信息素,香料)及其衍生物 3-甲基-2-庚酮。

TM 1   TM 2

合成：

$$\text{CH}_3\text{COCH}_2\text{CO}_2\text{Et} \xrightarrow[n\text{-BuBr}]{\text{EtONa}} \text{产物}(\text{CO}_2\text{Et}) \xrightarrow[\text{ii H}^+,\triangle]{\text{i HO}^-,\text{H}_2\text{O}} \text{TM 1} \quad 60\%$$

$$\xrightarrow[\text{MeI}]{\text{EtONa}} \text{产物} \xrightarrow[\text{ii H}^+,\triangle]{\text{i HO}^-,\text{H}_2\text{O}} \text{TM 2}$$

引入两个大小不同的烃基，原则上是先大后小，从立体化学角度考量是有利的。

例 3 选用不多于四个碳的适当原料制备目标分子。

环戊基-CO-CH$_3$ TM

目标分子在结构上属于 α,α-二取代丙酮，只是环状的，用二卤代烃二次烷基化即可实现。

合成：

$$\text{CH}_3\text{COCH}_2\text{CO}_2\text{Et} \xrightarrow[\text{Br}(\text{CH}_2)_4\text{Br}]{\text{EtONa}} \text{产物} \xrightarrow{\text{EtONa}}$$

$$\text{环戊烷}(\text{COCH}_3)(\text{CO}_2\text{Et}) \xrightarrow[\text{ii H}^+,\triangle]{\text{i HO}^-,\text{H}_2\text{O}} \text{TM}$$

例 4 合成 γ-戊酮酸：4-戊酮酸。

$$\text{CH}_3\text{COCH}_2\text{CH}_2\text{CO}_2\text{H} \quad \text{TM}$$

合成：使用 α-卤代酯作为烷基化剂。

$$\text{CH}_3\text{COCH}_2\text{CO}_2\text{Et} \xrightarrow[\text{ii BrCH}_2\text{CO}_2\text{Et}]{\text{i EtONa}} \text{CH}_3\text{COCH}(\text{CO}_2\text{Et})\text{CH}_2\text{CO}_2\text{Et}$$

$$\xrightarrow[\text{ii H}^+,\triangle]{\text{i HO}^-,\text{H}_2\text{O}} \text{TM} \quad 50\%$$

例 5 合成 1,4-二酮：1-苯基-1,4-戊二酮。

$$\underset{\text{TM}}{\overset{O\quad\quad O}{\text{CH}_3\text{-C-CH}_2\text{-CH}_2\text{-C-Ph}}}$$

合成：使用 α-卤代酮作为烷基化剂。

$$\text{CH}_3\text{COCH}_2\text{CO}_2\text{Et} \xrightarrow[\text{ii PhCOCH}_2\text{Cl}]{\text{i EtONa}} \underset{\text{CO}_2\text{Et}}{\text{CH}_3\text{COCH(CO}_2\text{Et)CH}_2\text{COPh}}$$

$$\xrightarrow[\text{ii H}^+,\triangle]{\text{i HO}^-,\text{H}_2\text{O}} \text{TM}$$

例 6 合成 β-二酮：1-苯基-2,4-戊二酮。

$$\underset{\text{TM}}{\text{CH}_3\text{COCH}_2\text{COCH}_2\text{Ph}}$$

合成：使用酰氯酰基化。

$$\text{CH}_3\text{COCH}_2\text{CO}_2\text{Et} \xrightarrow[\text{ii PhCH}_2\text{COCl}]{\text{i EtONa}} \underset{\text{CO}_2\text{Et}}{\text{CH}_3\text{COCH(CO}_2\text{Et)COCH}_2\text{Ph}}$$

$$\xrightarrow[\text{ii H}^+,\triangle]{\text{i HO}^-,\text{H}_2\text{O}} \text{TM}$$

乙酰乙酸叔丁酯合成法：合成 α,α-二取代丙酮时，若位阻太大，成酮水解不易。若采用乙酰乙酸叔丁酯作原料，烃基化后在酸性条件下水解、脱羧，反应可能比较顺利。

例：

$$\text{CH}_3\text{COCH}_2\text{CO}_2\text{CMe}_3 \xrightarrow[\text{ii }n\text{-BuBr}]{\text{i }t\text{-BuOK, }t\text{-BuOH}} \underset{\text{CO}_2\text{CMe}_3}{\text{CH}_3\text{COCH(}n\text{-Bu)CO}_2\text{CMe}_3} \xrightarrow[\text{ii }i\text{-BuBr}]{\text{i }t\text{-BuOK, }t\text{-BuOH}}$$

$$\underset{\text{CH}_2\text{CH(CH}_3)_2}{\overset{\text{CH}_2\text{CH}_2\text{CH}_2\text{CH}_3}{\text{CH}_3\text{CO-C-CO}_2\text{CMe}_3}} \xrightarrow[82\%]{\text{TsOH}} \text{CH}_3\text{CO-CH(}n\text{-Bu)(}i\text{-Bu)}$$

β-酮酸酯的合成应用

例 1 由环己酮合成 2-乙基环己酮。

合成：由环己酮合成 2-乙基环己酮，在醛酮部分已讨论，可以使用特强碱或走烯胺路线。这里应用 β-酮酸酯合成法，即引入酯基构建成 β-酮酸酯，实现了 α-碳活化，此为活化导向。

$$\text{环己酮} \xrightarrow[\text{CO(OEt)}_2]{\text{NaH}} \text{2-(CO}_2\text{Et)环己酮} \xrightarrow[\text{EtBr}]{\text{EtONa}} \text{2-乙基-2-(CO}_2\text{Et)环己酮}$$

$$\xrightarrow[\text{ii H}^+,\triangle]{\text{i HO}^-,\text{H}_2\text{O}} \text{2-乙基环己酮}$$

例2 合成设计

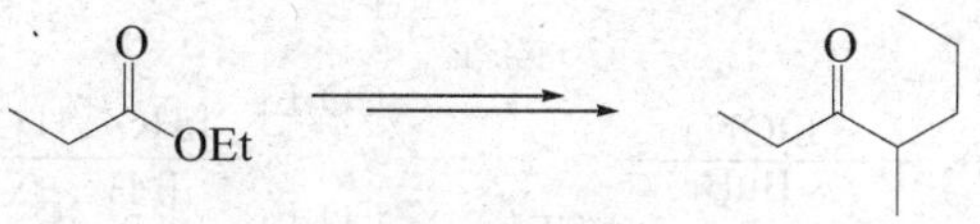

合成：先行 Claien 酯缩合，再烷基化，最后水解脱羧即成。

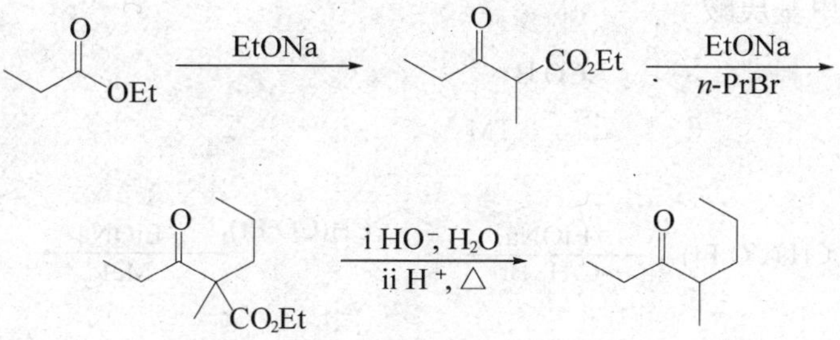

问题 62 完成转化

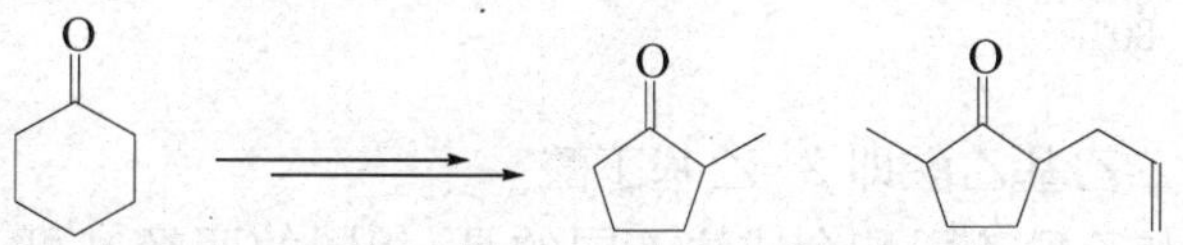

9.2.7.3 丙二酸酯合成法

丙二酸酯合成法（malonic ester synthesis，ME）(1907)通常是指丙二酸二乙酯合成法（diethyl malonate synthesis，DEM）。

丙二酸酯合成法基于丙二酸酯易于烷烃基化以及取代丙二酸酯易于分解去羧。

丙二酸酯合成法合成的是单取代与二取代乙酸：

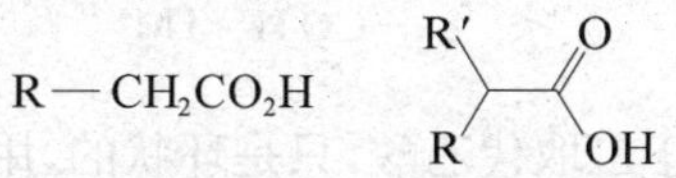

$$R-CH_2CO_2H \qquad \begin{array}{c} R' \\ R \end{array}\!\!\!\!>\!\!\!CHCO_2H$$

丙二酸酯的烷烃基化是双分子亲核取代反应，因此，引入的烷烃基不是任意的，难以发生双分子亲核取代的如叔烷烃基、新戊烷基等就不好，乙烯式和苯式等更不可以。

问题 63 可否应用丙二酸酯合成法合成以下目标分子？

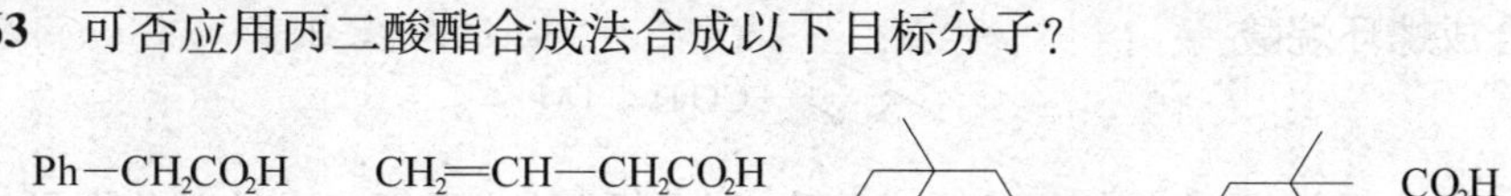

Ph—CH$_2$CO$_2$H   CH$_2$=CH—CH$_2$CO$_2$H

例1 合成己酸

$$CH_2(CO_2Et)_2 \xrightarrow[n\text{-BuBr}]{EtONa} \text{...} \xrightarrow[ii\ H^+, \triangle]{i\ HO^-, H_2O} \text{...} \quad 75\%$$

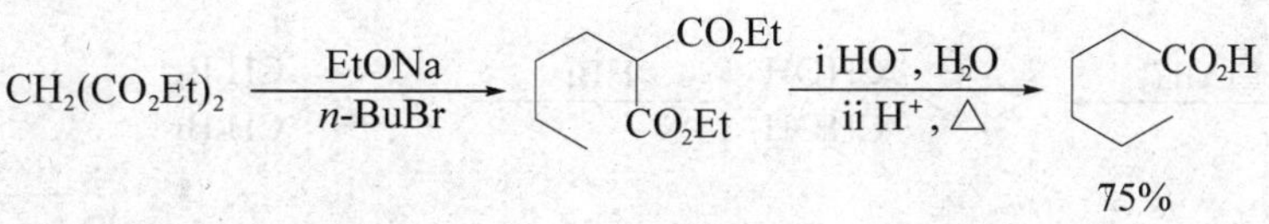

例2 合成 3-甲基戊酸

$\text{CH}_2(\text{CO}_2\text{Et})_2 \xrightarrow[s\text{-BuBr}]{\text{EtONa}}$ [isopropyl-CH(CO$_2$Et)$_2$] 81% $\xrightarrow[\text{ii H}^+, \triangle]{\text{i HO}^-, \text{H}_2\text{O}}$ TM 65%

例 3 合成 2-甲基庚酸

$\text{CH}_2(\text{CO}_2\text{Et})_2 \xrightarrow[n\text{-C}_5\text{H}_{11}\text{Br}]{\text{EtONa}}$ n-C$_5$H$_{11}$CH(CO$_2$Et)$_2$ $\xrightarrow[\text{MeI}]{\text{EtONa}}$

[quaternary C with CO$_2$Et, CO$_2$Et] 80% $\xrightarrow[\text{ii H}^+, \triangle]{\text{i HO}^-, \text{H}_2\text{O}}$ TM 89%

例 4 合成设计：二乙基乙酸即 2-乙基丁酸

丙二酸酯合成法，与乙酰乙酸酯合成法不同的是，相同的两烃基可一步引入，即用两分子的碱与两分子卤烃反应。

$\text{CH}_2(\text{CO}_2\text{Et})_2 \xrightarrow[2\text{ EtBr}]{\text{EtONa}}$ (Et)$_2$C(CO$_2$Et)$_2$ 86% $\xrightarrow[\text{ii H}^+, \triangle]{\text{i HO}^-, \text{H}_2\text{O}}$ (Et)$_2$CHCO$_2$H TM

例 5 合成环烷酸 (环丁烷-CO$_2$H) TM

合成：目标分子在结构上属于二取代乙酸，只是环状的，用二卤代烃二次烷基化即可实现。

$\text{CH}_2(\text{CO}_2\text{Et})_2 \xrightarrow[\text{Br(CH}_2)_3\text{Br}]{\text{EtONa}}$ [cyclobutane-C(CO$_2$Et)$_2$] $\xrightarrow[\text{ii H}^+, \triangle]{\text{i HO}^-, \text{H}_2\text{O}}$ TM 42%~44%

例 6 合成螺环烷酸 (螺[3.3]庚烷-CO$_2$H) TM

合成：目标分子的螺碳应来自于丙二酸酯，从丙烯开始，重复二次烷基化即可实现。

$\text{CH}_3\text{CH}=\text{CH}_2 \xrightarrow[\text{ii HBr, Bz}_2\text{O}_2]{\text{i Cl}_2, 500\ ^\circ\text{C}}$ Cl(CH$_2$)$_3$Br $\xrightarrow[2\text{ EtONa}]{\text{CH}_2(\text{CO}_2\text{Et})_2}$ [cyclobutane-C(CO$_2$Et)$_2$]

$\xrightarrow{\text{LiAlH}_4}$ [cyclobutane-C(CH$_2$OH)$_2$] $\xrightarrow{\text{HBr}}$ [cyclobutane-C(CH$_2$Br)$_2$]

$\xrightarrow[2\text{ EtONa}]{\text{CH}_2(\text{CO}_2\text{Et})_2}$ [spiro-C(CO$_2$Et)$_2$] $\xrightarrow[\text{ii H}^+, \triangle]{\text{i HO}^-, \text{H}_2\text{O}}$ TM

问题 64 合成设计：应用丙二酸酯合成法合成下列目标分子。

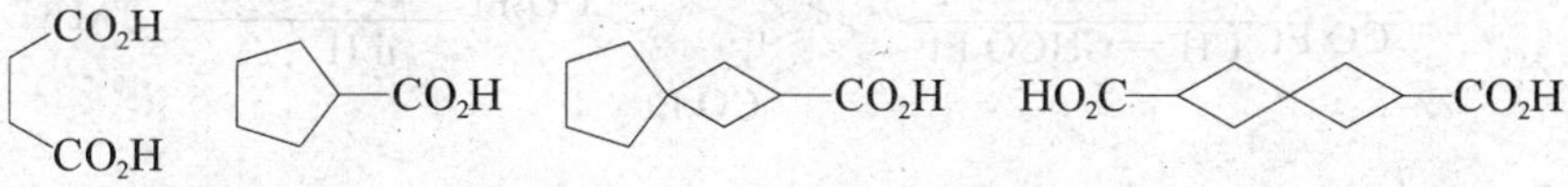

9.2.7.4 Michael 加成（II）

乙酰乙酸酯等 β-酮酸酯和丙二酸酯类化合物是良好的 Michael 加成给体，在有机合成中有重要应用。

例 1

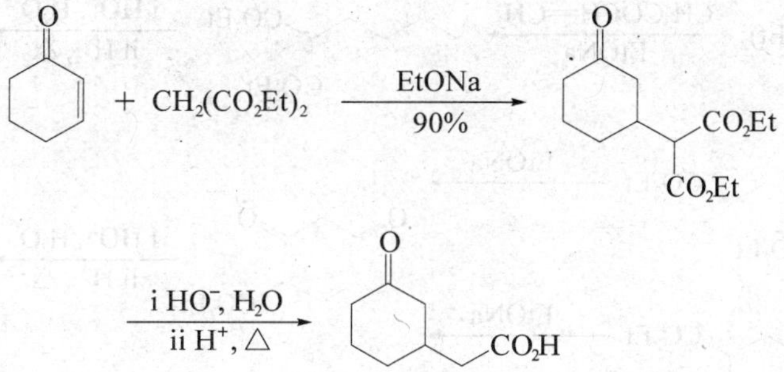

例 2 合成设计

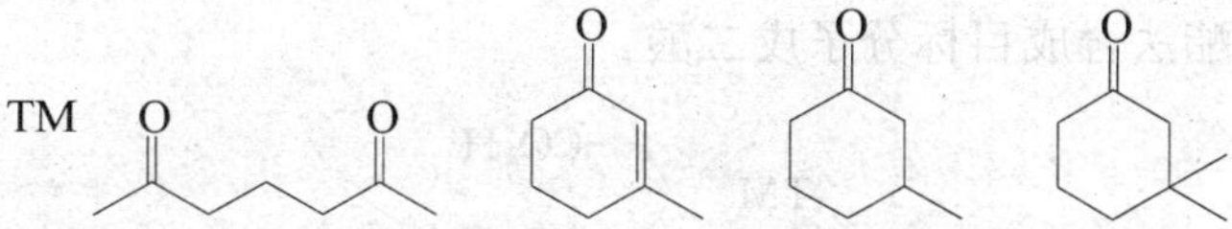

合成：

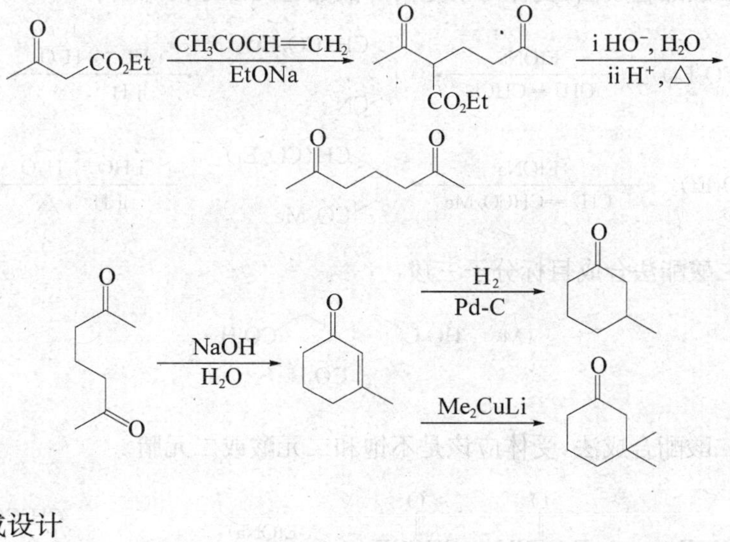

例 3 合成设计

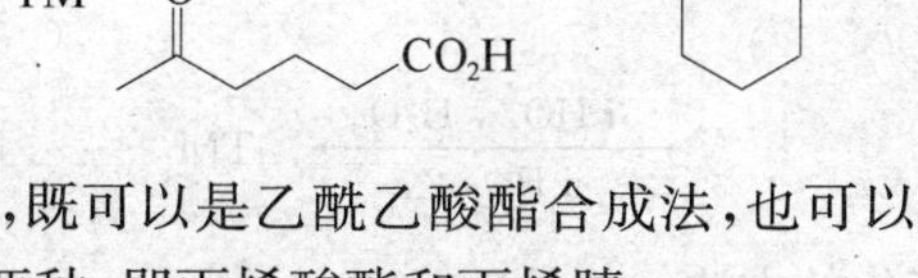

合成：逆合成分析显示，既可以是乙酰乙酸酯合成法，也可以是丙二酸酯合成法；若用乙酰乙酸酯合成法，受体还有两种，即丙烯酸酯和丙烯腈。

$$\text{CH}_3\text{COCH}_2\text{CO}_2\text{Et} \xrightarrow[\text{CH}_2=\text{CHCO}_2\text{Et}]{\text{EtONa}} \text{CH}_3\text{COCH(CO}_2\text{Et)CH}_2\text{CH}_2\text{CO}_2\text{Et} \xrightarrow[\text{ii H}^+, \triangle]{\text{i HO}^-, \text{H}_2\text{O}} \text{TM 1}$$

$$\text{CH}_3\text{COCH}_2\text{CO}_2\text{Et} \xrightarrow[\text{CH}_2=\text{CHCN}]{\text{EtONa}} \text{CH}_3\text{COCH(CO}_2\text{Et)CH}_2\text{CH}_2\text{CN} \xrightarrow[\text{ii H}^+, \triangle]{\text{i HO}^-, \text{H}_2\text{O}} \text{TM 1}$$

$$\text{CH}_2(\text{CO}_2\text{Et})_2 \xrightarrow[\text{EtONa}]{\text{CH}_3\text{COCH}=\text{CH}_2} \text{CH}_3\text{COCH}_2\text{CH}_2\text{CH(CO}_2\text{Et})_2 \xrightarrow[\text{ii H}^+, \triangle]{\text{i HO}^-, \text{H}_2\text{O}} \text{TM 1}$$

$$\text{CH}_3\text{COCH(CO}_2\text{Et)CH}_2\text{CH}_2\text{CO}_2\text{Et} \xrightarrow{\text{EtONa}}$$

$$\text{CH}_3\text{COCH}_2\text{CH}_2\text{CH(CO}_2\text{Et)CO}_2\text{Et} \xrightarrow{\text{EtONa}} \text{2,6-dioxocyclohexane-CO}_2\text{Et} \xrightarrow[\text{ii H}^+, \triangle]{\text{i HO}^-, \text{H}_2\text{O}} \text{TM 2}$$

例 4 用丙二酸酯法合成目标分子戊二酸：

$$\text{TM} \quad \text{HO}_2\text{C-CH}_2\text{CH}_2\text{CH}_2\text{-CO}_2\text{H}$$

合成：用丙二酸酯合成法，受体可以是丙烯酸酯也可以是丙烯腈。

$$\text{CH}_2(\text{CO}_2\text{Et})_2 \xrightarrow[\text{CH}_2=\text{CHCN}]{\text{EtONa}} \text{NC-CH}_2\text{CH}_2\text{-CH(CO}_2\text{Et})_2 \xrightarrow[\text{ii H}^+, \triangle]{\text{i HO}^-, \text{H}_2\text{O}} \text{TM}$$

$$\text{CH}_2(\text{CO}_2\text{Et})_2 \xrightarrow[\text{CH}_2=\text{CHCO}_2\text{Me}]{\text{EtONa}} \text{MeO}_2\text{C-CH}_2\text{CH}_2\text{-CH(CO}_2\text{Et})_2 \xrightarrow[\text{ii H}^+, \triangle]{\text{i HO}^-, \text{H}_2\text{O}} \text{TM}$$

例 5 用丙二酸酯法合成目标分子三羧：

$$\text{TM} \quad \text{HO}_2\text{C-CH}_2\text{-CH(CO}_2\text{H)-CH}_2\text{-CO}_2\text{H}$$

合成：用丙二酸酯合成法，受体应该是不饱和二元酸或二元腈。

$$\text{CH}_2(\text{CO}_2\text{Et})_2 + \text{EtOCOCH}=\text{CHCOOEt} \xrightarrow{\text{EtONa}} \text{EtO}_2\text{C-CH}_2\text{-CH(CO}_2\text{Et)-CH(CO}_2\text{Et})_2$$

$$\xrightarrow[\text{ii H}^+, \triangle]{\text{i HO}^-, \text{H}_2\text{O}} \text{TM}$$

当然也可以用二次烷基化的方法：

$$CH_2(CO_2Et)_2 \xrightarrow[2\ ClCH_2CO_2Et]{EtONa} \underset{EtO_2C}{\overset{EtO_2C}{>}}\!\!\!<\!\!\!\underset{CO_2Et}{\overset{CO_2Et}{>}} \xrightarrow[ii\ H^+, \triangle]{i\ HO^-, H_2O} TM$$

问题 65 合成设计

以乙酰乙酸乙酯和丙二酸二乙酯为基本原料合成：

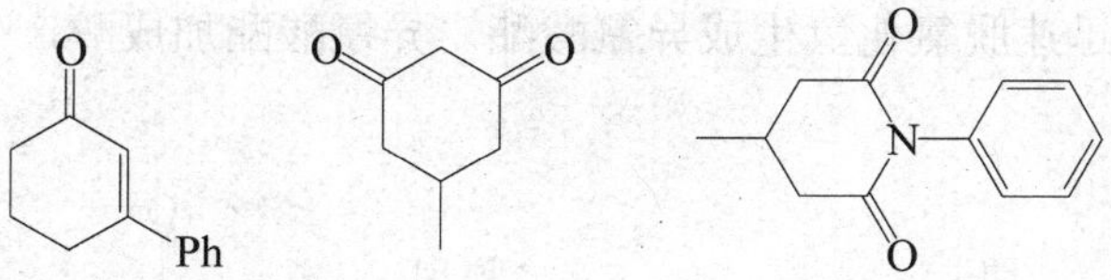

9.3 碳酸与原酸衍生物

9.3.1 碳酸衍生物

$$\underset{\text{碳酰氯}}{ClCCl\!\!=\!\!O} \qquad \underset{\text{氯甲酸酯}}{ClCOR\!\!=\!\!O} \qquad \underset{\text{碳酸酯}}{ROCOR\!\!=\!\!O} \qquad \underset{\text{氨基甲酸酯}}{H_2NCOR\!\!=\!\!O}$$

$$\underset{\text{碳酰胺}}{H_2NCNH_2\!\!=\!\!O} \qquad \underset{\text{取代碳酰胺}}{RNHCNHR\!\!=\!\!O} \qquad \underset{\text{硫代碳酰胺}}{H_2NCNH_2\!\!=\!\!S} \qquad \underset{\text{胍}}{H_2NCNH_2\!\!=\!\!NH}$$

9.3.1.1 碳酰氯

碳酰氯(carbonyl chloride)俗称光气(phosgene)，是窒息性剧毒气体。碳酰氯是重要的有机合成原料，如制备氯甲酸酯、氨基甲酸酯、异氰酸酯、酰氯等，是医药、农药等化工原料，大量用于生产聚氨酯、聚碳酸酯等高聚物。作为毒剂，是一种化学武器。

碳酰氯氨解产生脲(尿素)。

$$ClCCl \xrightarrow[-HCl]{NH_3} ClCNH_2 \xrightarrow{-HCl} O\!\!=\!\!C\!\!=\!\!NH \xrightarrow{NH_3} H_2NCNH_2$$

碳酰氯醇解生成氯甲酸酯，进一步醇解产生碳酸酯。氯甲酸酯氨(胺)解生成氨基甲酸酯。

$$ClCCl \xrightarrow{ROH} ClCOR \xrightarrow{ROH} ROCOR \quad \text{碳酸酯}$$

$$\xrightarrow{NH_3} H_2NCOR \quad \text{氨基甲酸酯}$$

$$\xrightarrow{RNH_2} RNHCOR \quad \text{氨基甲酸酯}$$

碳酰氯胺解生成氯甲酰胺,进一步醇解产生氨基甲酸酯,胺解生成 N, N'-二取代脲。

$$\text{ClCCl}(=O) \xrightarrow{RNH_2} \text{ClCNHR}(=O) \xrightarrow{ROH} \text{RNHCOR}(=O)$$

$$\xrightarrow{RNH_2} \text{RNHCNHR}(=O)$$

氯甲酰胺不稳定,迅速脱氯化氢生成异氰酸酯。异氰酸酯加成醇产生氨基甲酸酯,加成胺产生 N, N'-二取代脲。

$$\text{ClCNHR}(=O) \xrightarrow{-HCl} \underset{\text{异氰酸酯}}{RN=C=O} \xrightarrow{ROH} \text{RNHCOR}(=O) \quad \text{氨基甲酸酯}$$

$$\xrightarrow{RNH_2} \text{RNHCNHR}(=O) \quad N, N'\text{-二取代脲}$$

N, N'-二取代脲在强脱水剂存在下消去一分子水,产生 N, N'-二取代碳二亚胺。

$$\text{RNHCNHR}(=O) \xrightarrow[\text{Et}_3\text{N}]{\text{PhSO}_2\text{Cl}} RN=C=NR \quad \text{碳二亚胺}$$

碳酰氯和乙二醇反应生成碳酸乙二醇酯,也可作为酰基化剂发生 Friedel-Crafts 酰基化。

$$\text{ClCCl}(=O) \xrightarrow[\text{Py}]{\text{HOCH}_2\text{CH}_2\text{OH}} \text{(环状碳酸酯)} \quad \text{碳酸乙二醇酯 Ethylene carbonate} \\ \text{乙二醇碳酸酯}$$

$$\xrightarrow[\text{AlCl}_3]{\text{C}_6\text{H}_6} \text{Ph-CO-Ph} \quad \text{二苯甲酮;二苯酮}$$

现代有机合成中常用双光气或者三光气来替代光气。

双光气(diphosgene),即氯甲酸三氯甲酯(trichloromethyl chloroformate),无色具刺激性气味的透明液体,bp 128℃,密度 1.650 g/mL,有机合成试剂,用作光气的替代品。

$$\text{Cl-C(=O)-O-CCl}_3 \quad \text{双光气 Diphosgene}$$

双光气也是一种窒息性毒剂,不稳定,易变为光气,有催泪作用。双光气曾作为化学武器。

三光气(triphosgene)即碳酸二(三氯甲基)酯(bis(trichloromethyl)carbonate),俗称固体光气,mp 80℃,bp 206℃,密度 1.780 g/mL。

$$\text{Cl}_3\text{C-O-C(=O)-O-CCl}_3 \quad \begin{array}{l}\text{三光气 Triphosgene} \\ \text{碳酸二(三氯甲基)酯} \\ \text{Bis(trichloromethyl) carbonate}\end{array}$$

三光气可以安全定量地产生光气,可发生光气的所有反应,用作氯甲酰化、氯化、羰基化试剂。将伯胺转化为异氰酸酯或取代脲类,羧酸转化为酰氯,醇转化为碳酸酯或醛(与硫酸二甲酯),醛肟和酰胺转化为腈等。

9.3.1.2 碳酸二乙酯

$$\text{CH}_3\text{CH}_2\text{O}-\overset{\overset{\displaystyle O}{\|}}{C}-\text{OCH}_2\text{CH}_3 \quad \text{Diethyl carbonate}$$

碳酸二乙酯(diethyl carbonate),bp 126℃~128℃,密度 0.975 g/mL,是性能优良的溶剂及纺织助剂,硝化纤维素、纤维素醚、合成树脂与天然树脂的溶剂,有机合成中用作乙基化剂、羰基化剂、羰基乙氧基化剂等。

碳酸二乙酯与 Grignard 试剂(RMgX)反应可合成三烃基相同的叔醇。

9.3.1.3 脲

脲或称尿素(urea),即碳酰胺(carbonic diamide; carbamide),mp 133℃~135℃,pK_b 13.9,是蛋白质代谢的最终产物。

Friedrich Wöhler (1828)由氰酸钾与硫酸铵制得到了脲:

$$\text{KOCN} + (\text{NH}_4)_2\text{SO}_4 \xrightarrow{\triangle} \text{NH}_2\overset{\overset{\displaystyle O}{\|}}{C}\text{NH}_2 + \text{KNH}_4\text{SO}_4$$

$$\text{N}\equiv\text{C}-\text{O}^-{}^+\text{NH}_4 \xrightarrow{\triangle} \text{NH}_2\overset{\overset{\displaystyle O}{\|}}{C}\text{NH}_2$$

尿素的用途:农业上作为植物氮肥。工业上,是脲醛树脂、三聚氰胺、水合肼、药物(如苯巴比妥、咖啡因、四环素等)、染料(如酞青蓝等)等多种化工产品的原料。

尿素在高温下可缩合,生成缩二脲、缩三脲和三聚胺。尿素受热分解产生缩二脲(biuret)并释放氨:

$$2\,\text{NH}_2\text{CONH}_2 \xrightarrow{\triangle} \text{H}_2\text{N}-\overset{\overset{\displaystyle O}{\|}}{C}-\overset{\displaystyle \text{H}}{\text{N}}-\overset{\overset{\displaystyle O}{\|}}{C}-\text{NH}_2 + \text{NH}_3$$

缩二脲反应:缩二脲在碱性溶液中与铜离子产生紫色络合物。α-氨基酸及含多个酰胺键(CONH)结构单元的肽、蛋白质均有此反应。

尿素高温分解产生氰胺并放氨与二氧化碳:

$$6\,\text{NH}_2\text{CONH}_2 \xrightarrow{\triangle} 2\,\text{N}\equiv\text{C}-\text{NH}_2 + 6\,\text{NH}_3 + 3\,\text{CO}_2$$

三分子氰胺聚合环化生成三聚氰胺:

$$\begin{array}{c}\text{H}_2\text{N}-\text{C}\equiv\text{N} \\ \text{N}\equiv\text{C}-\text{NH}_2 \\ \text{H}_2\text{N}-\text{C}\equiv\text{N}\end{array} \xrightarrow{\triangle} \begin{array}{c}\text{三嗪环结构}\\ \text{H}_2\text{N}-\underset{\text{N}}{\overset{\text{N}}{\bigcirc}}-\text{NH}_2 \\ \text{NH}_2\end{array}$$

2,4,6-Triamino-1,3,5-triazine

三聚氰胺又称为三聚氰酰胺(cyanuric triamide, cyanurotriamide)、1,3,5-三嗪-2,4,6-三胺(1,3,5-triazine-2,4,6-triamine)、2,4,6-三氨基-1,3,5-三嗪(2,4,6-

triamino-1,3,5-triazine)，俗称密胺(melamine)。

三聚氰胺是重要的化工原料，主要用于生产三聚氰胺-甲醛树脂，还用作阻燃剂、减水剂、甲醛清洁剂等。

三聚氰胺和甲醛经缩聚反应生成高聚物，称为三聚氰胺-甲醛树脂(melamine formaldehyde resin, MF)，又称蜜胺甲醛树脂、蜜胺树脂。习惯上常把蜜胺树脂与脲醛树脂统称为氨基树脂。

密胺树脂是一种热固性树脂，无毒无味、不易燃、耐高温(可以沸水蒸煮)、耐低温(可以直接放入冰箱)、耐水、耐腐蚀、耐老化，有良好的绝缘性、光泽度和机械强度，不易破碎、易着色且颜色非常漂亮等特点，广泛用于塑料、涂料、造纸、纺织、皮革、电气、医药、木材等行业。密胺树脂制成的密胺塑料餐具称作仿瓷餐具，具有轻巧、美观、耐污染、不易碎裂、耐用等优点，得到广泛使用，但密胺餐具不可以在微波炉中使用。

三聚氰胺因含氮量高，被称为蛋白精，但不可用于食品添加。但疯狂逐利的厂商仍可能冒天下之大不韪，如2007年美国宠物食品污染事件，多例宠物狗猫因肾衰竭死亡。调查发现，是食用含有三聚氰胺的蛋白粉所致。这是生产厂家因其蛋白粉的蛋白质含量不能达到合同规定的要求而违规添加蛋白精三聚氰胺。再如2008年我国的毒奶粉事件，食用三鹿奶粉的婴儿多例患有肾结石，在其奶粉中检测到三聚氰胺。这是厂家为标榜其奶粉高蛋白质含量而违规添加蛋白精实为化工原料的三聚氰胺，是严重的食品安全事故。

9.3.1.4 氨基甲酸酯

$$H_2NCOR \qquad RNHCOR$$

氨基甲酸酯(carbamates, urethanes)可以看作碳酸的酯酰胺。

氨基甲酸酯可由氯代甲酸酯用氨或胺分解制得，也可由氨基甲酰氯与醇或酚反应制得。异氰酸酯加成醇或酚，也是氨基甲酸酯的简便制备方法。

氨基甲酸酯类化合物具有广泛的用途，用于农药、医药、合成树脂与合成中间体等。氨基甲酸酯类化合物多具生物活性，如用作药物、农药等，如氨基甲酸乙酯是一种镇静剂和催眠药(乌拉坦)，N-甲基氨基-1-萘酯是广效的杀虫剂(西维因)。N-(3,4-二氯苯基)氨基甲酸甲酯是除草剂(灭草灵)。高效低毒的氨基甲酸酯类杀虫剂、除草剂：

西维因 Carbaryl
1-Naphthyl-N-methylcarbamate

灭草灵
Swep

速灭威 Metolcarb
MTMC

涕灭威(神农丹、滴灭威、得灭克、铁灭克、丁醛肪威、氯灭杀威)(aldicarbe；UC21149；AI 3-27093；BANOL；aldicarb；temik)是一种氨基甲酸酯类杀虫剂，对鱼类、鸟类、蜜蜂等有高毒性。

O-(甲氨甲酰基)-2-甲基-2-甲硫基丙醛肟
2-Methyl-2-methylthiopropanal-O-(methylcarbamoyl)oxime
2-Methyl-2-methylthiopropionaldehyde-O-(methylcarbamoyl)oxime

氨基甲酸酯类农药是蔬菜中农药残留的重点检测品种。

氨基甲酸酯类杀虫剂和磷系农药一样,都是抑制虫体内乙酰胆碱酶(Ache)和羧酸酯酶的活性,造成乙酰胆碱(Ach)和羧酸酯的积蓄,影响其正常的神经传导而致死。

双异氰酸酯与二元醇聚合而成的聚氨基甲酸酯(聚氨酯)是重要的新型材料,用于生产合成纤维、合成革、涂料、泡沫塑料和粘合剂等。

氨基甲酸酯类化合物的合成:

$$ROH \xrightarrow{COCl_2} ClCOR \xrightarrow{RNH_2} RNHCOR$$

$$RNH_2 \xrightarrow{COCl_2} ClCNHR \xrightarrow{-HCl} RN=C=O \xrightarrow{ROH} RNHCOR$$

$$PhN=C=O \xrightarrow{ROH} PhNHCOR$$

9.3.1.5 胍

$$NH_2CNH_2 \quad (=NH) \quad \text{胍 Guanidine} \quad pK_b\ 0.52$$

脲分子中的羰基氧原子被氮原子取代即是胍(guanidine; iminomethanediamine),mp 50℃,显示强碱性,pK_b 0.52(pK_a 13.6)。

酰胺分子中的羰基氧原子被氮原子取代称为脒(amidine),如苯甲脒(benzamidine)。

HCNH₂ (=NH)　　PhCNH₂ (=NH)

脒 Amidine　　苯甲脒 Benzamidine

胍与脒在一些药物中是有效的结构单元。如磺胺胍(Sulfaguanidine)是抗菌消炎药。吗啉胍又称病毒灵,N-(2-胍基亚胺甲基)吗啉,是抗病毒药。

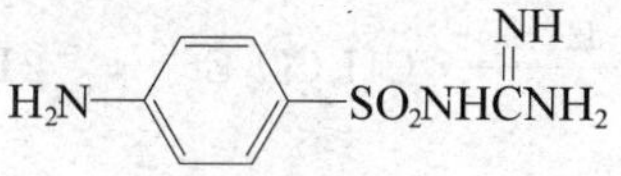

H₂N-C₆H₄-SO₂NHCNH₂ (=NH)　　磺胺胍 Sulfaguanidine

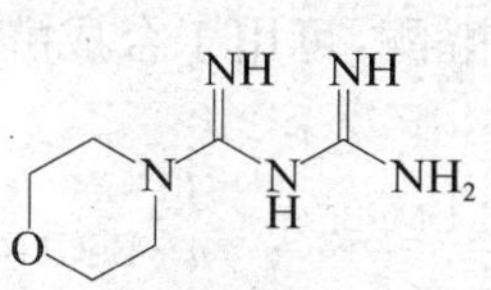

吗啉胍 Moroxydine

苯乙双胍(phenethylbiguanide; phenformin)(降糖片)和二甲双胍(metformin)(N,N-二甲基双胍盐酸盐)(降糖灵)都是双胍类降糖药。

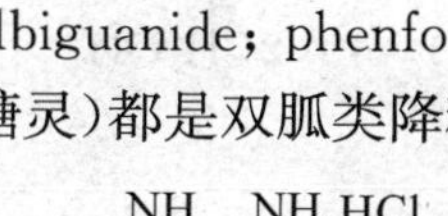

二甲双胍 Metformin
N,N-二甲基双胍盐酸盐

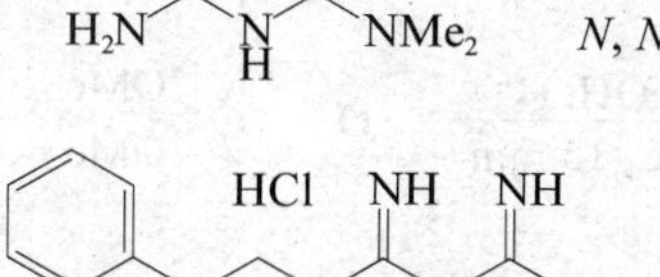

苯乙双胍 Phenformin
Phenethylbiguanide

9.3.2 原酸衍生物

在同一个饱和碳原子上连接三个烷氧基的化合物称为原酸酯（orthoester）。如 $HC(OCH_3)_3$ 称为原甲酸三甲酯（trimethyl orthoformate），简称原甲酸甲酯，bp 100.6℃，密度 0.9676 g/mL。

$$H-C(OCH_3)_3 \quad HC(OCH_3)_3$$

原甲酸三甲酯；原甲酸甲酯
Trimethyl orthoformate

$CH_3C(OCH_2CH_3)_3$ 称为原乙酸三乙酯，简称原乙酸乙酯。

原酸 $RC(OH)_3$，因三个羟基连接在同一碳原子上而极不稳定，不能分离。与此结构相应的酯，即原酸酯却能稳定存在。

9.3.2.1 原酸酯的制备

可用氯仿与醇钠反应制得，高级（高碳数）原酸酯多用醇与氯化氢和腈反应制备。原酸酯广泛应用于有机合成中。

氯仿与醇盐反应生成原酸酯，适用于低级原酸酯的制备。如乙醇钠与氯仿反应给出原甲酸乙酯：

$$CHCl_3 + 3C_2H_5ONa \longrightarrow HC(OC_2H_5)_3$$

较高级的原酸酯多用腈与醇在无水条件下反应制备，如乙腈与乙醇在干氯化氢存在下反应得到原乙酸乙酯：

$$CH_3CN + 3C_2H_5OH + HCl \longrightarrow CH_3C(OC_2H_5)_3 + NH_4Cl$$

原碳酸酯 $C(OMe)_4$（可由硝基三氯甲烷与醇钠制备）与 Grignard 试剂反应，可合成高级原酸酯。

9.3.2.2 原酸酯的性质

原酸酯对碱稳定，易酸水解，如原乙酸乙酯酸水解给出乙酸乙酯和两分子乙醇。

$$CH_3C(OEt)_3 + H_2O \xrightarrow{H^+} CH_3CO_2Et + 2EtOH$$

9.3.2.3 原酸酯的合成应用

原酸酯与 Grignard 试剂反应，然后水解生成醛酮，可用于合成醛酮，如正戊醛可用此法制备：

$$CH(OCH_3)_3 + n\text{-BuMgBr} \xrightarrow{-MeOMgBr} n\text{-BuCH}(OCH_3)_2$$

$$\xrightarrow[H_2O]{H^+} n\text{-BuCHO} + 2CH_3OH$$

酮与原酸酯反应生成缩酮，可用缩酮制备。

例：

环己酮 + $HC(OMe)_3$ $\xrightarrow{\text{MeOH, H}^+}_{20\ ℃,\ 15\ min}$ 环己烷-1,1-二(OMe) + HCO_2Me

trimethyl orthoformate   methyl formate
原甲酸甲酯   甲酸甲酯

原酸酯生成缩酮可用于合成。例：

$$CH(OMe)_3 + \text{[二环烯酮]} \xrightarrow{H^+} \text{[缩酮产物, MeO OMe]} + HCO_2Me$$

原甲酸乙酯与活性亚甲基化合物如丙二酸二乙酯在乙酸酐存在下反应，生成乙氧亚甲基丙二酸二乙酯，是药物合成中间体，如喹诺酮酸的合成。

$$CH(OEt)_3 + CH_2(CO_2Et)_2 \xrightarrow[ZnCl_2]{Ac_2O} EtOCH=C(CO_2Et)_2 + 2\,EtOH$$

习题

一、完成反应

1. 环己-3-烯基-CO_2Et $\xrightarrow[EtOH]{Na}$

2. $PhCO_2Et + CH_3CH_2CO_2Et \xrightarrow{EtONa}$

3. $CH_2(CO_2Et)_2 + 2\,ClCH_2CH_2OH \xrightarrow{EtONa} C_7H_8O_4$

4. $CH_3CO_2H +$ (异戊醇)$-OH$ $\xrightarrow[\text{reflux}]{H_2SO_4}$ $\xrightarrow{500℃}$

5. 环戊基-Br $\xrightarrow[\text{ii } CO_2,\text{ then }H^+]{\text{i Mg, Et}_2O}$ $\xrightarrow{SOCl_2}$ $\xrightarrow[\text{S, quinoline}]{H_2/Pd-BaSO_4}$

6. $CH_3COCH_2CO_2Et +$ $CH=CHCO_2Et$ $\xrightarrow{EtONa}$

7. $\text{辛二酸二乙酯}(CO_2Et, CO_2Et)$ $\xrightarrow[\text{ii }H_2O, H^+]{\text{i Na/xylene}}$

8. $CH_3CH_2CO_2H \xrightarrow[P]{Br_2} \xrightarrow{NaCN} \xrightarrow[H_2O]{H^+}$

9. 环丙基-CO_2H $\xrightarrow[CCl_4, \triangle]{Br_2, HgO}$

10. $PhCH_2CH_2CO_2H \xrightarrow{Br_2, PCl_3} \xrightarrow{NH_3}$

11. $BuMgBr \xrightarrow[\text{ii }H^+]{\text{i }CO_2/\text{ether}} \xrightarrow[\triangle]{NH_3}$

12. Cy-MgCl $\xrightarrow[\text{ii H}^+]{\text{i CO}_2/\text{ether}}$ $\xrightarrow{\text{SOCl}_2}$ $\xrightarrow{\text{LiAlH(OBu}^t)_3}$

13. cyclopropyl-MgBr + HCO$_2$Et $\xrightarrow[\text{ii H}_3\text{O}^+]{\text{i Et}_2\text{O}}$

14. 3,4-(MeO)$_2$C$_6$H$_3$CH$_2$CO$_2$H $\xrightarrow{\text{BuLi}}$ $\xrightarrow[\text{then H}^+]{\text{CH}_3\text{CH}_2\text{Br}}$

15. 1,8-naphthalene-di-CO$_2$H $\xrightarrow[40°C]{\text{EtOH}}$

16. PhCO-O-C(Ph)$_2$CH$_3$ + MeOH $\xrightarrow{\text{H}^+}$

（此处为 PhC(O)OCPh$_2$Me 结构）

17. PhCO-O-C(CH$_3$)$_2$Ph + EtOH $\xrightarrow{\text{H}^+}$

18. EtO$_2$C(CH$_2$)$_n$CO$_2$Et $\xrightarrow[\text{EtOH}]{\text{EtONa}}$ $\xrightarrow[\text{ii H}_2\text{O, HCl, }\triangle]{\text{i H}_2\text{O, NaOH}}$

19. 1,1-dimethyl-3-CONH$_2$-cyclopentane-CO$_2$H $\xrightarrow{\text{NaOCl}}$ $\xrightarrow{\triangle}$ $\xrightarrow{\text{LiAlH}_4}$

20. PhCH(CH$_3$)CO$_2$H $\xrightarrow{\text{SOCl}_2}$ $\xrightarrow{\text{NH}_3}$ $\xrightarrow{\text{NaOCl}}$

21. CH$_3$COCH$_2$CO$_2$Et + CH$_2$=C(CH$_3$)CO$_2$Me $\xrightarrow{\text{EtONa}}$ $\xrightarrow[\text{ii H}^+, \triangle]{\text{i HO}^-}$ $\xrightarrow{\text{Br}_2/\text{NaOH}}$

22. γ-methyl-γ-butyrolactone $\xrightarrow[\text{MeOH}]{\text{MeONa}}$ $\xrightarrow{\text{Me}_2\text{NH}}$

23. CH$_3$COCH$_2$CO$_2$Et + ethylene oxide $\xrightarrow{\text{EtONa}}$ $\xrightarrow{\text{HBr}}$ $\xrightarrow{\text{NaOH}}$

二、完成转化

1. 将丁酸转化成下列化合物：

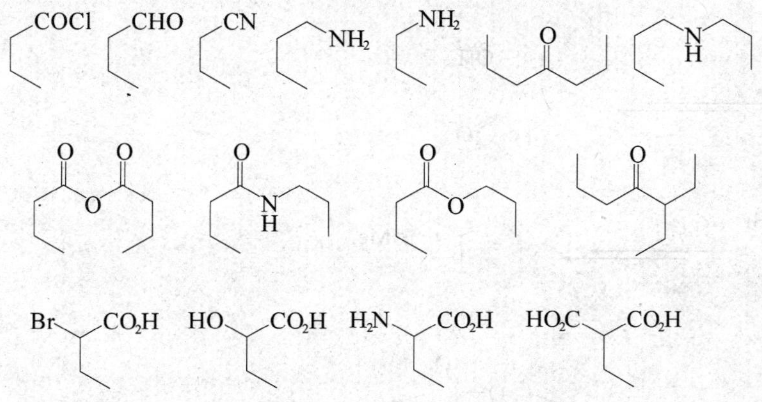

2. 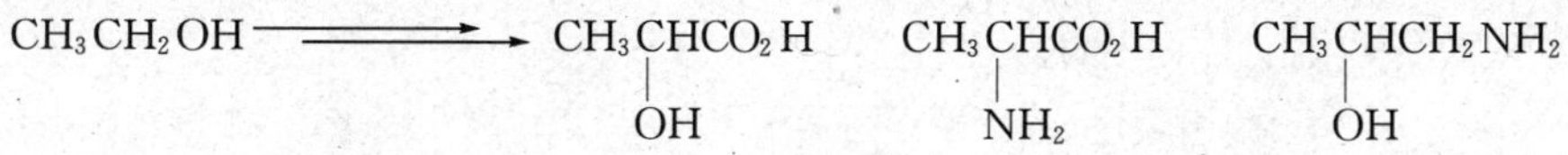 CH₃CH₂OH ⟹ CH₃CH(OH)CO₂H   CH₃CH(NH₂)CO₂H   CH₃CH(OH)CH₂NH₂

3. 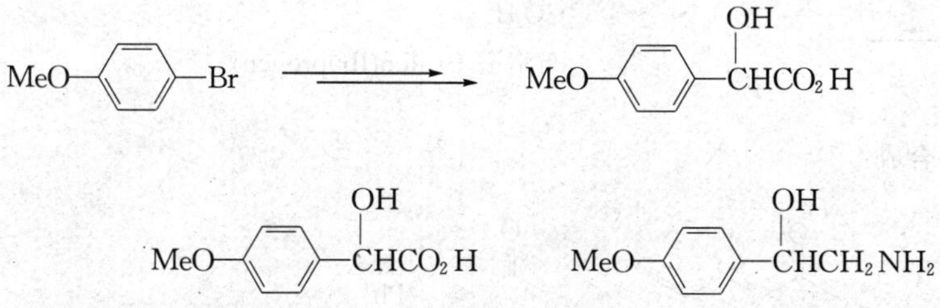 MeO–C₆H₄–Br ⟹ MeO–C₆H₄–CH(OH)CO₂H

   MeO–C₆H₄–CH(OH)CO₂H   MeO–C₆H₄–CH(OH)CH₂NH₂

4. 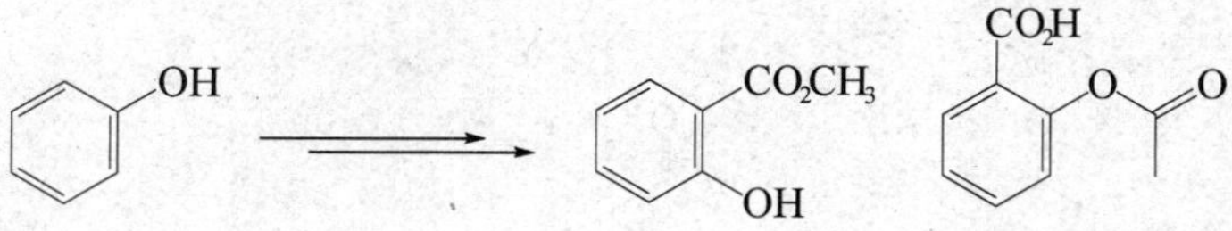 PhOH ⟹ methyl salicylate, aspirin

5. 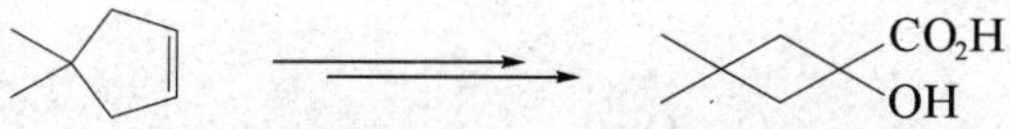 1-methylcyclopent-2-ene ⟹ 1-hydroxy-3,3-dimethylcyclobutanecarboxylic acid

6. 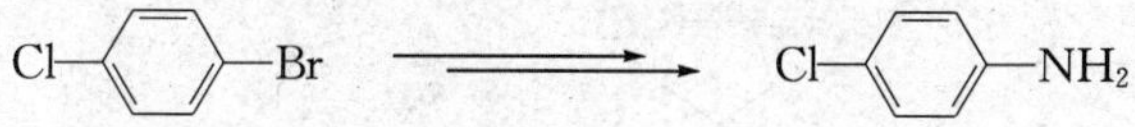 Cl–C₆H₄–Br ⟹ Cl–C₆H₄–NH₂

7. 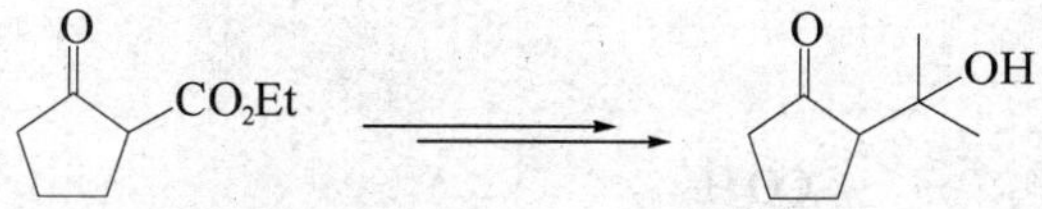 2-(ethoxycarbonyl)cyclopentanone ⟹ 2-(2-hydroxypropan-2-yl)cyclopentanone

8. 将环戊酮转化成下列化合物：

   δ-valerolactone, δ-valerolactam, 2,2-dimethyltetrahydropyran, CH₃O₂C(CH₂)₃CO₂C₂H₅, H₂N(CH₂)₃CO₂H, H₂N(CH₂)₃CO₂H (cyclic)

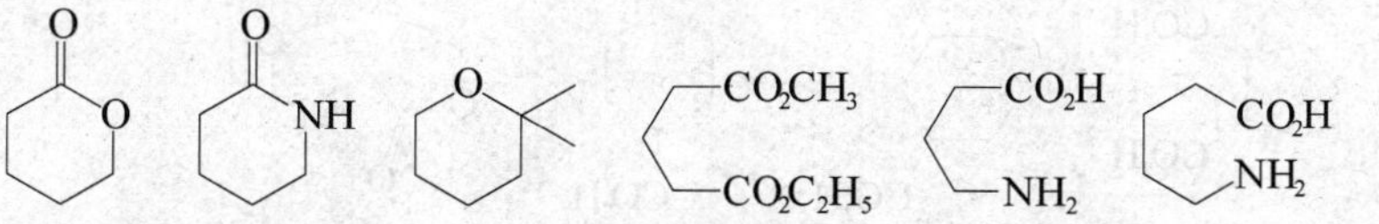

三、合成设计

1. 异丁醇 ⟹ 3-羟基-4,4-二甲基-γ-丁内酯

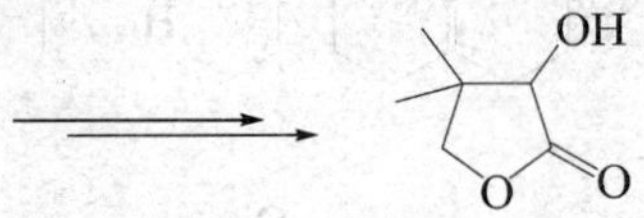

2. 环己基溴 ⟹ 环己基-CH$_2$-NMe$_2$

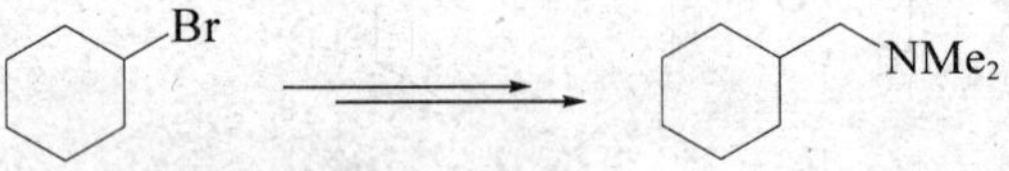

3. 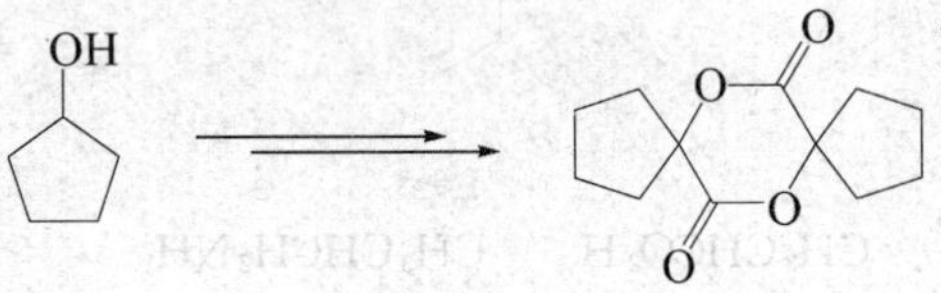 环戊醇 ⟹ 双螺[4.5.4]二氧二酮（螺缩酮结构）

4. 苯 ⟹ 布洛芬 Brufen (Ibuprogen)

5. 用乙酰乙酸酯合成法合成：

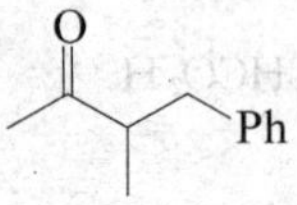

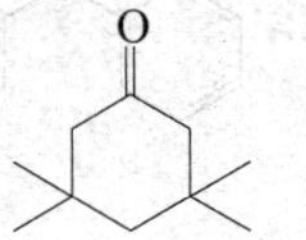

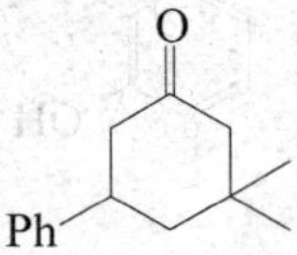

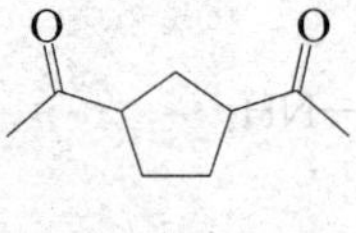

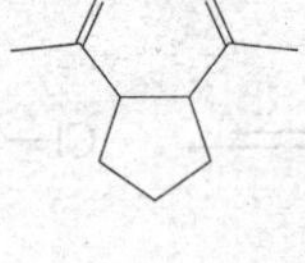

   - CH$_3$COCH$_2$CH$_2$CH=CH$_2$ （戊-4-烯-2-酮）
   - CH$_3$COCH(CH$_3$)CH$_2$Ph （3-甲基-4-苯基-2-丁酮）
   - 3,3,5,5-四甲基环己酮
   - 3-苯基-5,5-二甲基环己酮
   - 1,3-二乙酰基环戊烷
   - 1,2-二乙酰基环戊烷

6. 用丙二酸酯合成法合成：

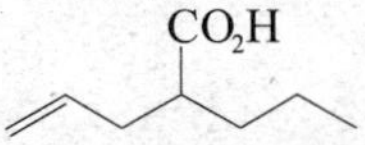

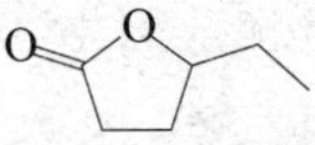

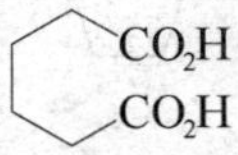

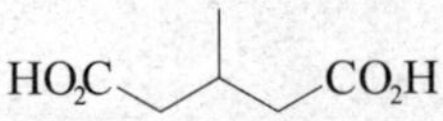

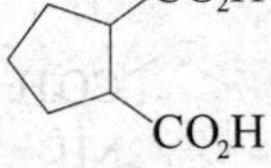

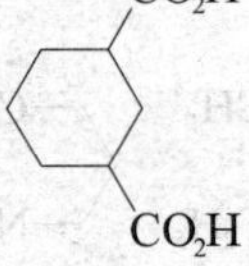

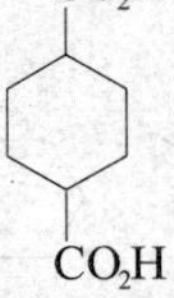

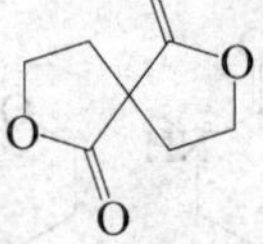

   - 2-丙基-4-戊烯酸
   - 5-乙基-γ-丁内酯
   - 庚二酸 (HO$_2$C(CH$_2$)$_5$CO$_2$H)
   - 3-甲基戊二酸 (HO$_2$CCH$_2$CH(CH$_3$)CH$_2$CO$_2$H)
   - 环戊烷-1,2-二羧酸
   - 环己烷-1,3-二羧酸
   - 环己烷-1,4-二羧酸
   - 3,9-二氧杂螺[5.5]十一烷-2,4-二酮（双内酯螺环）

· 248 ·

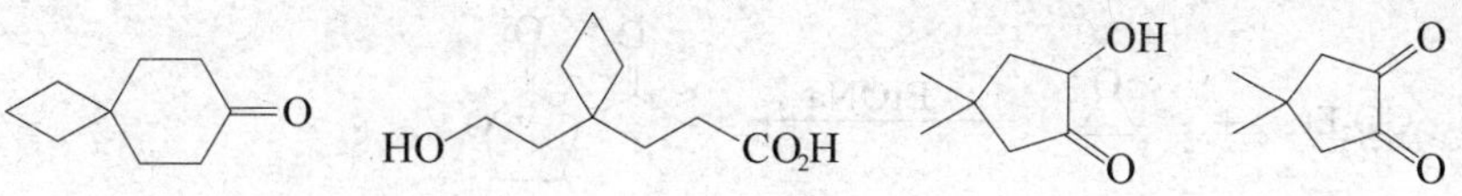

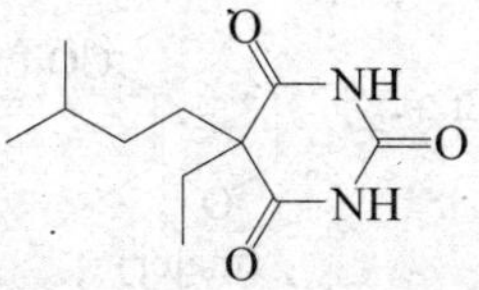

第9章 羧酸及其衍生物 Carboxylic Acids and Derivatives

(structures: spiro cyclohexanone; HO-CH₂CH₂-C(cyclobutyl)-CH₂CO₂H; 4,4-dimethyl-2-hydroxycyclopentanone; 4,4-dimethylcyclopentane-1,2-dione)

异戊巴比妥 Amobarbital; Amytal

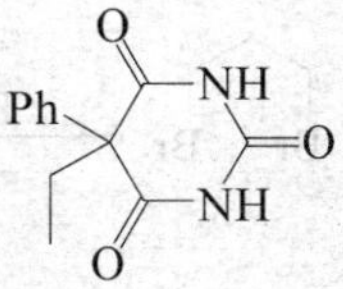

苯巴比妥 Phenobarbital

7. 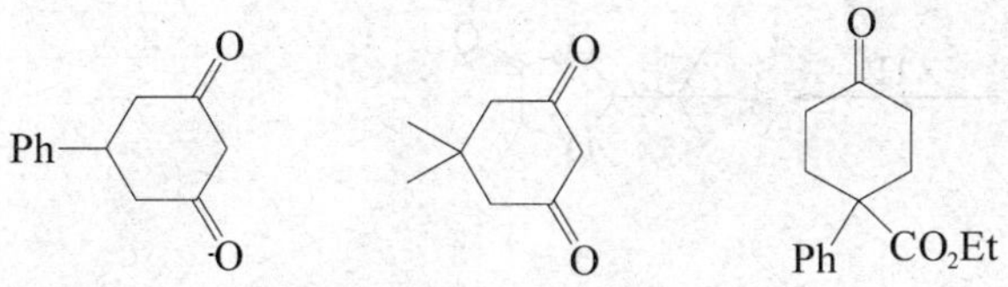 (structures: 5-phenylcyclohexane-1,3-dione; 5,5-dimethylcyclohexane-1,3-dione; 4-phenyl-4-ethoxycarbonylcyclohexanone)

8. 以丙烯酸甲酯和甲胺为基本原料合成：

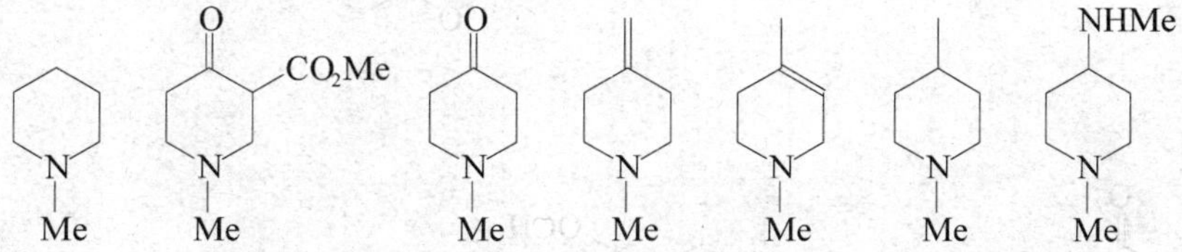

(七个哌啶衍生物结构)

四、建议机理

1. 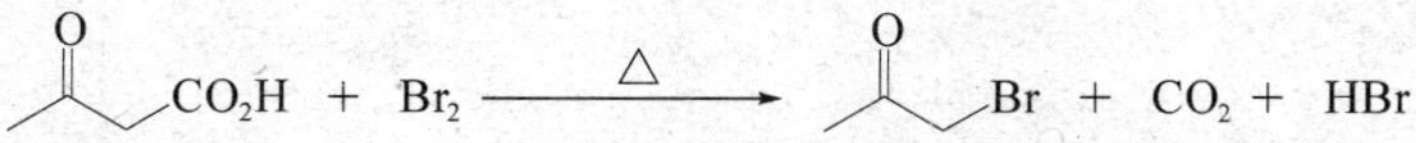 $CH_3COCH_2CO_2H + Br_2 \xrightarrow{\triangle} CH_3COCH_2Br + CO_2 + HBr$

2. 环戊烯基-$CH_2CO_2H \xrightarrow{H^+}$ 双环内酯

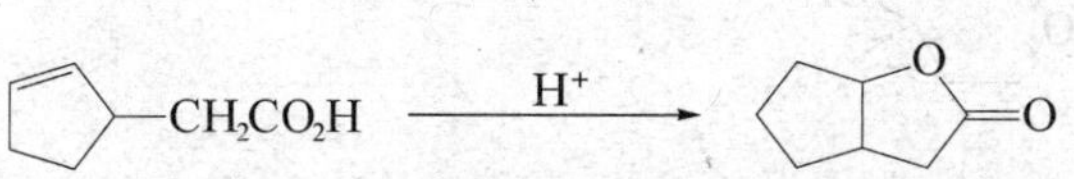

3. 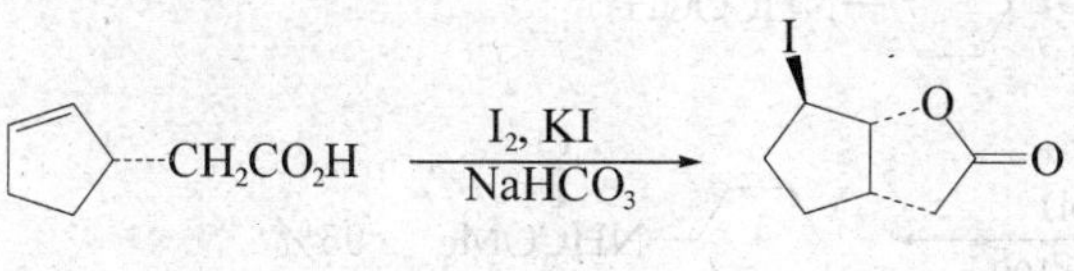 环戊烯基-$CH_2CO_2H \xrightarrow{I_2, KI}{NaHCO_3}$ 碘代双环内酯

4. 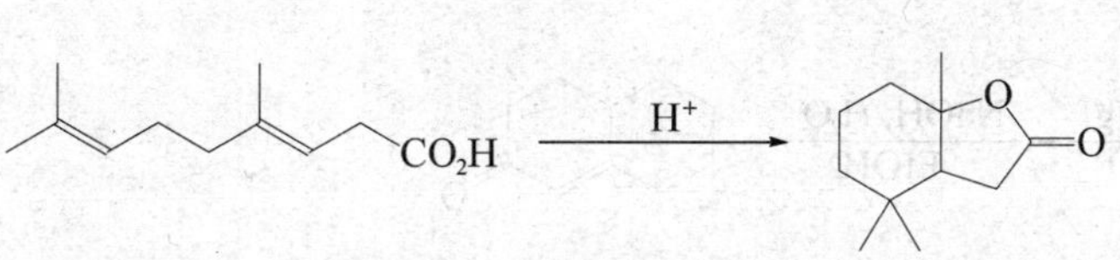 香叶基羧酸 $\xrightarrow{H^+}$ 双环内酯

5. 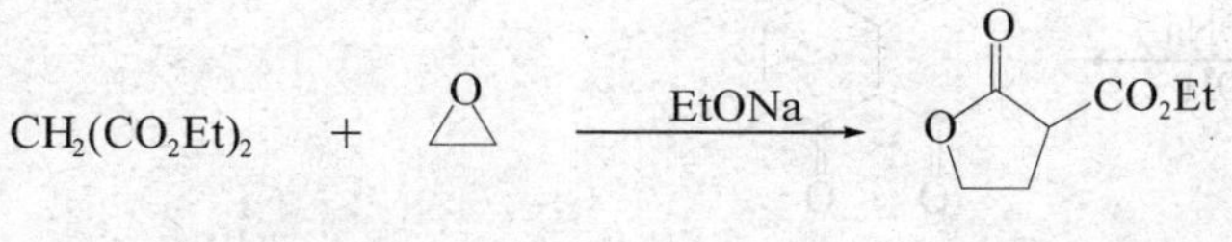 $CH_2(CO_2Et)_2 +$ 环氧乙烷 $\xrightarrow{EtONa}$ γ-丁内酯-α-甲酸乙酯

· 249 ·

6. 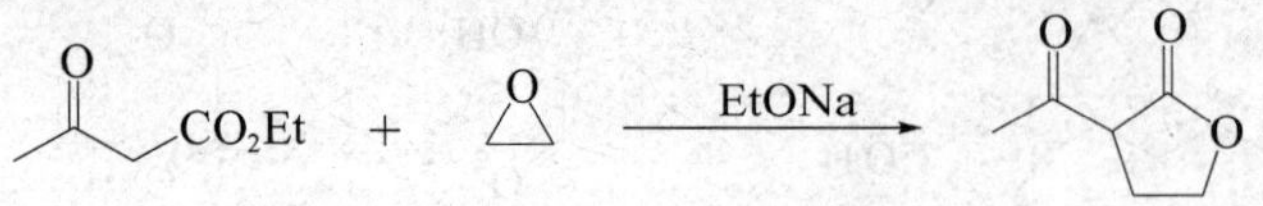 + (epoxide) —EtONa→ 3-acetyl-γ-butyrolactone

7. 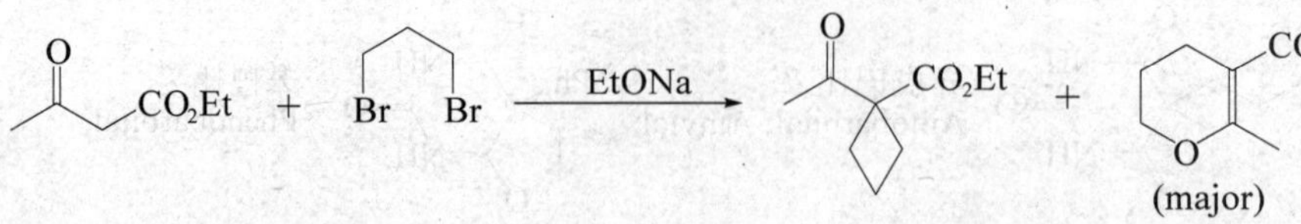 CH3COCH2CO2Et + BrCH2CH2CH2Br —EtONa→ 1-acetyl-1-(ethoxycarbonyl)cyclobutane + ethyl 2-methyl-5,6-dihydro-4H-pyran-3-carboxylate (major)

8. 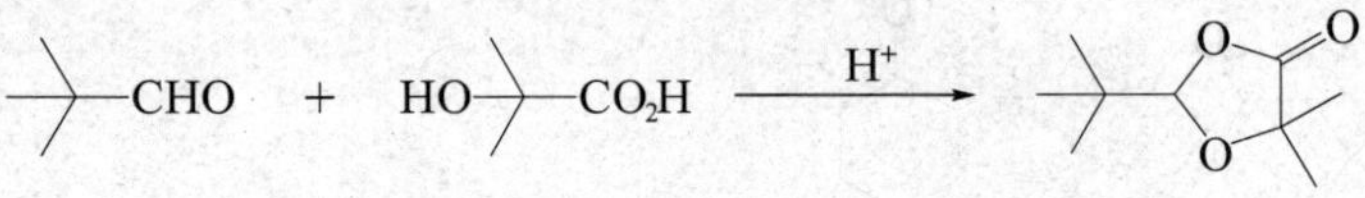 (CH3)3C-CHO + HO-C(CH3)2-CO2H —H+→ 2-tert-butyl-4,4-dimethyl-1,3-dioxolan-5-one

9. 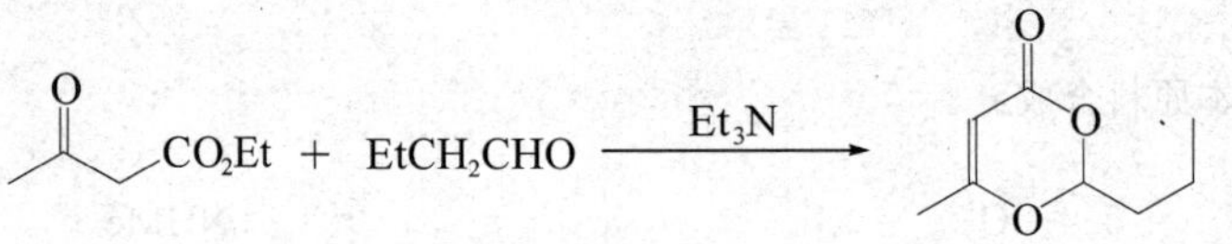 CH3COCH2CO2Et + EtCH2CHO —Et3N→ 4-methyl-6-propyl-1,3-dioxin-2-one derivative

10. 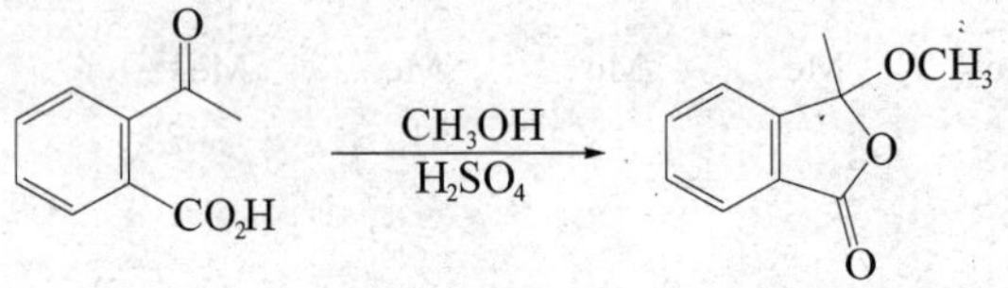 2-acetylbenzoic acid —CH3OH / H2SO4→ 3-methoxy-3-methylphthalide

11. 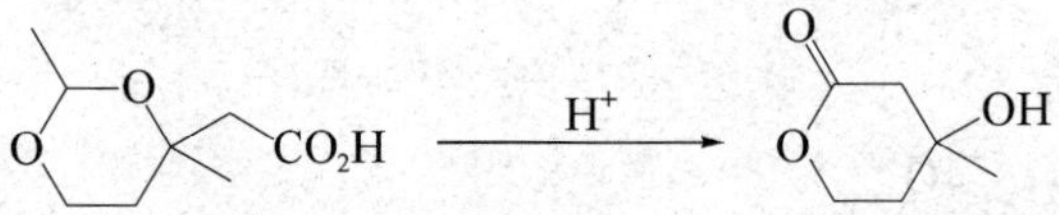 2-methyl-4-methyl-1,3-dioxan-4-yl acetic acid —H+→ 4-hydroxy-4-methyl-δ-valerolactone

12. 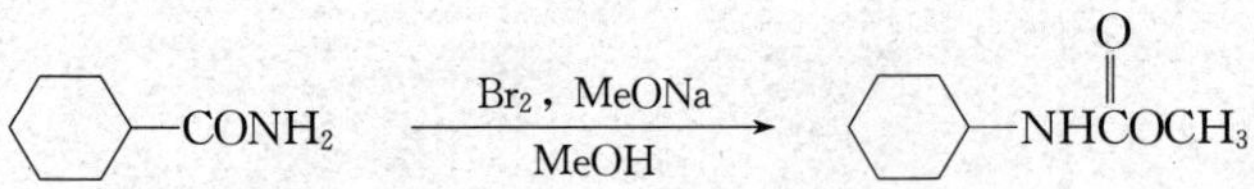 C6H11-CONH2 —Br2, MeONa / MeOH→ C6H11-NHCOCH3

13. 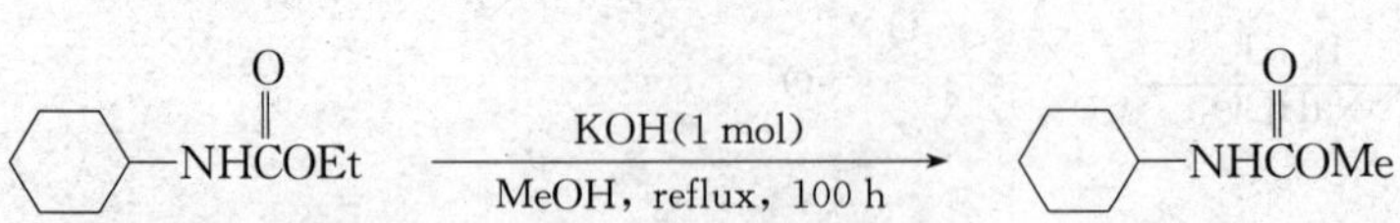 C6H11-NHCOOEt —KOH(1 mol) / MeOH, reflux, 100 h→ C6H11-NHCOMe 95%

14. 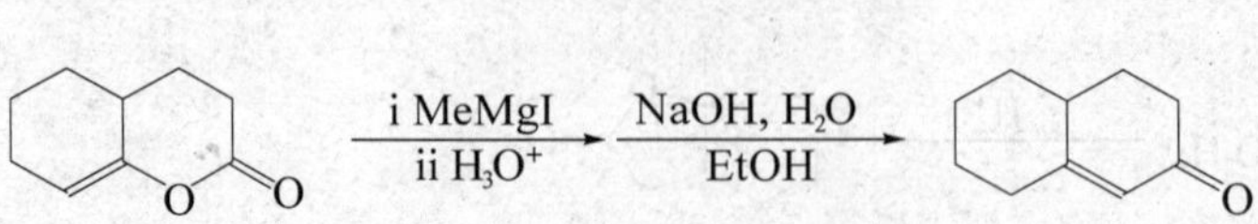 (octahydrocoumarin) —i MeMgI; ii H3O+ / NaOH, H2O, EtOH→ octahydronaphthalenone

15. 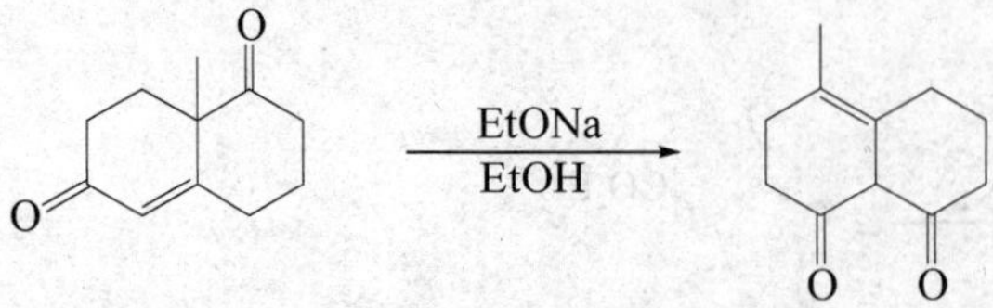 (methyl-substituted bicyclic diketone) —EtONa / EtOH→ (rearranged bicyclic diketone)

16. (2-acetoxyphenyl)ethanone → KOH/Py → H⁺ → 1-(2-hydroxyphenyl)butane-1,3-dione

17. succinamide (HOOC-CH₂-CH₂-CONH₂ with two CONH₂) → Br₂/NaOH → barbituric-like cyclic imide (hexahydropyrimidine-2,4-dione)

18. CH₃CNHCH₂CO₂H → SOCl₂ → 2-methyl-oxazol-5(4H)-one

19.

$$\underset{\text{ethyl acetoacetate}}{CH_3COCH_2CO_2Et} + \underset{\text{chloroacetone}}{CH_3COCH_2Cl} \xrightarrow[\Delta]{Py} \text{ethyl 2,4-dimethylfuran-3-carboxylate}$$

20. dimethyl 1-methylcyclopropane-1,2-dicarboxylate → MeONa/MeOH → methyl 2-methyl-5-methylenecyclopent-1-ene-1-carboxylate (ring-expanded product as drawn)

21. methyl 3-methyl-3-(methoxycarbonylmethyl)cyclobutanecarboxylate → MeONa/MeOH → C₁₀H₁₄O₃ → H⁺/H₂O → 4,4-dimethylcyclohex-2-enone

22.
- 2-aminobenzamide → NaOH/Br₂ → 2-hydroxybenzimidazole (1H-benzimidazol-2-ol)
- 2-hydroxybenzamide → NaOH/Br₂ → ?

23. 美国有机化学家 Albert I. Meyers 发展了一种醛合成法——Meyers 醛合成或 Meyers 合成(Meyers synthesis, 1969)。首先用特强碱如丁基锂处理化合物(噁嗪 oxazine, OXZ), 2, 4, 4, 6-四甲基-5, 6-二氢噁嗪(2, 4, 4, 6-tetramethyl-5, 6-dihydrooxazine), 接着烷基化, 然后硼氢化钠还原, 最后酸水解, 得到脂肪醛, 可用于不对称醛合成。化合物(OXZ)可由二元醇与乙腈反应得到, 给出反应机理。

$$\text{2-methylpentane-2,4-diol} + CH_3CN \xrightarrow[H_2O]{H_2SO_4} \text{(OXZ)}$$

2,4,4,6-Tetramethyl-5,6-dihydrooxazine

试举例讨论 Meyers 醛合成的应用。

五、推导结构

1. 高分辨质谱(HRMS)显示,样品 A、B 与 C 均有分子式 $C_5H_{10}O_2$。皂化、蒸馏,B 和 C 的馏出液有碘仿反应。用铬酸处理馏出液,A 与 C 有银镜反应。写出 A、B 与 C 的结构。

2. 化合物 A 与 B 均有分子式 $C_4H_6O_2$,均能使溴的四氯化碳溶液和稀高锰酸钾溶液褪色。温和酸性水解,A 的馏出液对溴的四氯化碳溶液、碘-氢氧化钠溶液和 Tollens 试剂(银氢溶液)均呈阴性,余液 C 可使溴的四氯化碳溶液褪色。B 的馏出液 D 对碘-氢氧化钠溶液和 Tollens 试剂均呈阳性。试推测 A~D 的结构。

3. 兹有样品 A 与 B($C_4H_6O_2$),均溶于稀氢氧化钠水溶液,和碳酸钠作用有气体放出。加热 A 得 C($C_4H_4O_3$),遇热水又得到 A。加热 B 有气体逸出并得 D($C_3H_6O_2$),D 溶于碳酸钠水溶液。试推测 A 与 B 的结构。

4. 化合物 A、B、C 和 D($C_4H_8O_2$),A 溶于碳酸钠水溶液并有气体放出。与稀氢氧化钠溶液共热,B 产生 E 和 F,E 有银镜反应,F 有碘仿反应;C 产生 G 和 H,H 有碘仿反应;D 得 I 和 J,对碘-氢氧化钠溶液均呈阴性。给出 A~D 的结构。

5. 化合物 A(C_7H_{10})与溴的四氯化碳溶液作用产生 B($C_7H_{10}Br_4$),A 经臭氧化分解得甲醛和 C($C_6H_8O_2$),后者经铬酸氧化得 D($C_6H_8O_5$),加热到 150℃ 放出二氧化碳并产生 E($C_5H_8O_3$),E 经硼氢化钠处理生成一个能溶于水的化合物 F($C_5H_{10}O_3$)。试推导 A~F 的结构。

6. 化合物 A($C_{10}H_{12}O_3$)中和当量为 179±1,用热高锰酸钾处理产生 B($C_8H_8O_3$)。A 若与亚硫酰氯作用再经三氯化铝处理仅得 C($C_{10}H_{10}O_2$),C 与苯肼作用有黄色沉淀,C 在含乙醇钠的乙醇溶液中与苯甲醛作用产生得 D($C_{17}H_{14}O_2$),C 与 D 用热高锰酸钾处理都生成 E($C_9H_8O_5$),中和当量为 98±1。试推导 A~E 的结构。

7. 化合物 A(C_5H_8O)与甲基碘化镁作用、水解得 B($C_6H_{12}O$)和 C($C_6H_{12}O$)混合物,B 与溴的氢氧化钠溶液作用、酸化得异戊酸,C 与硫酸氢钾共热生成 D(C_6H_{10}),D 与丁炔二酸共热产生 E($C_{10}H_{12}O_4$),E 经钯催化脱氢得 3,5-二甲基-1,2-苯二甲酸。试推导 A~E 的结构。

8. 化合物($C_7H_{13}BrO_2$)不成肟或腙,有波谱数据:ν_{max} 1 740(s) cm^{-1};δ_H 4.6 (m, 1H), 4.2 (t, 1H), 2.1 (m, 2H), 1.3 (d, 6H), 1.0 (t, 3H) ppm。给出该化合物的结构。

9. $C_9H_{10}O_3$:ν_{max} 3 400~2 500 (br), 1 700, 830 cm^{-1};δ_H 11.95 (s, 1H), 8.2 (d, 2H), 7.1 (d, 2H), 4.3 (q, 2H), 1.6 (t, 3H) ppm。

10. 化合物 A、B 与 C($C_9H_{10}O_2$)的波谱数据如下,推导其结构。

A:ν_{max} 3 200~2 500, 1 710, 820 cm^{-1};δ_H 10.97 (s, 1H), 7.12 (br s, 4H), 3.57 (s, 2H), 2.31 (s, 3H) ppm。

B:ν_{max} 1 719, 1 276, 1 109, 711 cm^{-1};δ_H 8.05 (d, 2H), 7.52~7.41 (m, 3H), 4.36 (q, 2H), 1.38 (t, 3H) ppm。

C:ν_{max} 1 740, 1 257, 1 160 cm^{-1};δ_H 7.35 (s, 5H), 3.65 (s, 3H), 3.60 (s, 2H) ppm。

给出 A 与 B 的结构。

11. 化合物 A($C_3H_6Br_2$),与氰化钠作用生成 B($C_5H_6N_2$),B 经稀硫酸处理得 C,C 与乙酸酐共热给出 D,D 有波谱数据:ν_{max} 1 820, 1 755 cm^{-1};δ_H 2.8 (t, 4H), 2.0 (p, 2H) ppm。给出 A~D 的结构。

12. 化合物 A($C_5H_8O_3$)有 IR 吸收:ν_{max} 3 400~2 400, 1 760, 1 710 cm^{-1};与碘/氢氧化钠作用得 B($C_4H_6O_4$),δ_H 2.3 (s, 4H), 12.0 (s, 2H) ppm。给出 A 和 B 的结构。

13. 化合物($C_9H_{10}O_3$)是防腐剂尼泊金(nipagi; paraben),试根据所给波谱信息推导其结构。ν_{max} 3 220(s), 1 674(s), 1 607, 1 288(s), 1 169, 816 cm^{-1}。δ_H 7.95(d, 2H), 7.70(s, 1H), 6.93(d, 2H), 4.36 (q, 2H), 1.39(t, 3H)。δ_C 167.6, 160.8, 132.0, 122.2, 115.4, 61.2, 14.3 ppm。m/z 166(23), 121(100)。

14. 根据所给反应以及波谱信息推导 A~D 的结构。

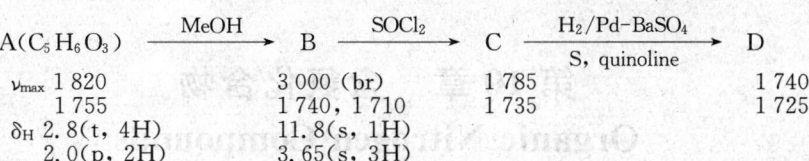

15. 化合物 A($C_7H_{12}O$)与甲基碘化镁作用生成 B($C_8H_{16}O$)，B 与磷酸共热产生 C(C_8H_{14})，C 经臭氧化给出 D($C_8H_{14}O_2$)，D 在哌啶存在下与丙二酸共热生成蜂王素 E($C_{10}H_{16}O_3$)(可从蜂蜜中提取)，E 经催化氢化生成 F($C_{10}H_{18}O_3$)，F 与碘的氢氧化钠溶液作用生成碘仿和杜鹃花酸(azelaic acid)(壬二酸)。D 与银氨溶液作用，再经 Clemmensen 还原给出辛酸。推导 A～F 的结构。

第 10 章 含氮化合物
Organic Nitrogen Compounds

10.1 硝基化合物

含有硝基(NO_2)的有机化合物称为硝基化合物,分为脂肪硝基化合物与芳香硝基化合物。

10.1.1 脂肪硝基化合物

脂肪硝基化合物命名

CH_3NO_2 $CH_3CH_2CH_2NO_2$ $CH_3CH(NO_2)CH_3$

硝基甲烷   1-硝基丙烷   2-硝基丙烷
Nitromethane   1-Nitropropane   2-Nitropropane

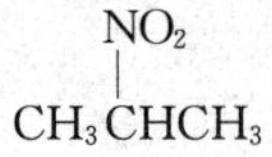

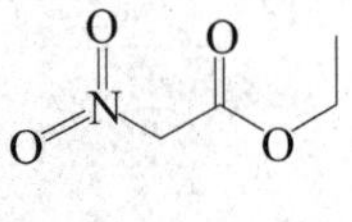

硝基乙酸乙酯 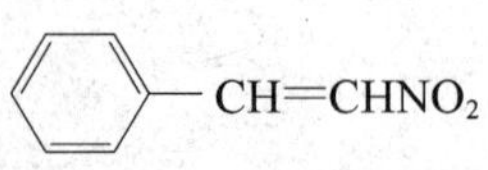   β-硝基苯乙烯;2-硝基苯乙烯

硝基的结构:硝基(NO_2)氮原子是五价的,N(V)。

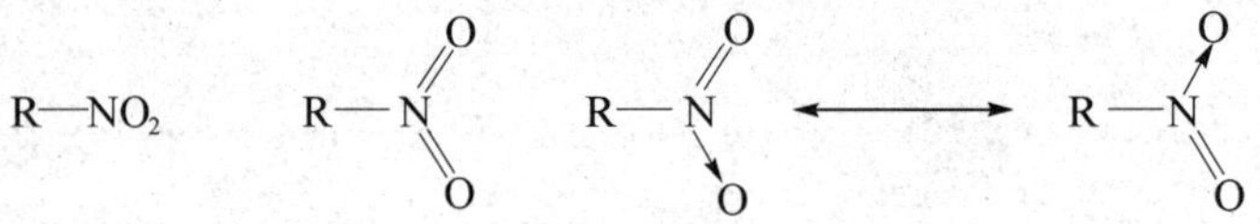

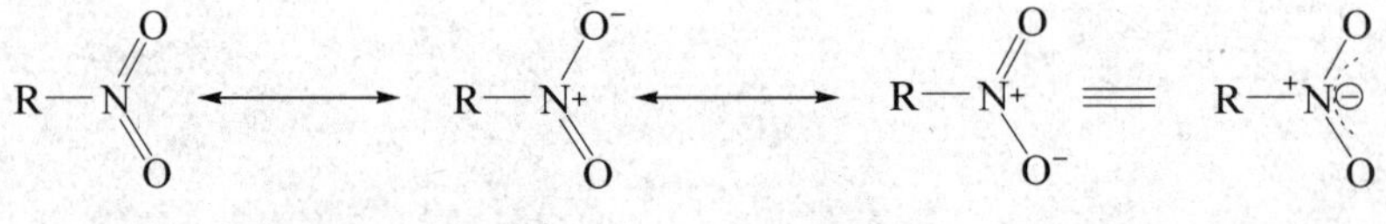

硝基(NO_2)是强吸电子基($-I$,$-C$),RNO_2是强极性化合物,如硝基甲烷的偶极矩达到了 3.5 D,比醛酮羰基的大。

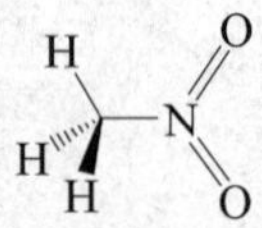

μ 3.5 D, ε 35.8, bp 102 ℃

10.1.1.1 脂肪硝基化合物的化学反应

1. α-氢的酸性与烷基化

硝基的强吸电子效应使得 α-氢呈显著的酸性。例:

pK_a 10.2 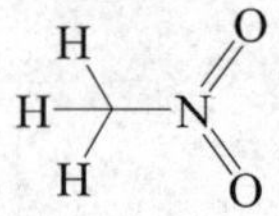 pK_a 4.0

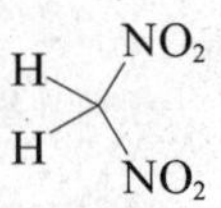

硝基甲烷可溶于氢氧化钠溶液成盐：

$$HO^- + H_3C-NO_2 \longrightarrow H_2O + \,^-CH_2-NO_2 \longleftrightarrow CH_2=NO_2^- \longleftrightarrow CH_2-N(O^-)=O$$

α-碳负离子作为亲核试剂与含有离去基的底物（RL）发生双分子亲核取代，形成碳-碳键，实现 α-碳烃基化。

$$O_2N=CH_2 \longleftrightarrow O_2N-\,^-CH_2 + R-L \xrightarrow[-L^-]{S_N2} O_2N-CH_2-R$$

例1 1-硝基戊烷的制备——通过硝基甲烷丁基化。

$$CH_3NO_2 \xrightarrow[\text{ii } n\text{-BuBr}]{\text{i BuLi, THF}} \text{C}_5\text{H}_{11}\text{NO}_2$$

例2

$$CH_3CH_2CH_2CH_2NO_2 \xrightarrow[\text{ii } n\text{-BuBr}]{\text{i BuLi, THF}} \text{(sec-product)NO}_2$$

$$CH_3NO_2 \xrightarrow[\text{ii NaH, EtBr}]{\text{i NaH, }n\text{-BuBr}} \text{(product)}$$

$$\text{4-O}_2\text{N-C}_6\text{H}_4\text{-CH}_2\text{Cl} + (CH_3)_2CHNO_2 \xrightarrow[\text{PhH, H}_2\text{O}]{\text{Bu}_4\text{NOH}} \text{4-O}_2\text{N-C}_6\text{H}_4\text{-CH}_2\text{-C(CH}_3)_2\text{NO}_2$$

$$\text{O}_2\text{N-CH}_2\text{CH}_2\text{CH}_2\text{CH}_2\text{-Br} \xrightarrow[\text{benzene}]{\text{K}_2\text{CO}_3} \text{cyclopentyl-NO}_2$$

$$\text{BrCH}_2\text{CH}_2\text{CH(NO}_2\text{)(CH}_3\text{)CH}_2\text{Br} \xrightarrow[\text{benzene}]{\text{K}_2\text{CO}_3} \text{cyclopentyl-NO}_2$$

2. 与醛酮缩合——Henry 反应

含 α-氢的脂肪硝基化合物与醛酮可以发生缩合，形成碳-碳键（β-硝基醇）或碳-碳双键（硝基烯类），称为 Henry 缩合（nitro-aldol reaction）（Louis Henry，1895）。

$$O_2N-CH(CH_3)_2 + (CH_3)_2C=O \xrightarrow{\text{base}} O_2N-C(CH_3)_2-C(CH_3)_2-OH$$

$$O_2N-\,^-C(CH_3)_2 + (CH_3)_2C=O \longrightarrow$$

例：

$$CH_3(CH_2)_5CHO + CH_3NO_2 \xrightarrow[EtOH, H_2O]{NaOH} CH_3(CH_2)_5\overset{OH}{\underset{}{C}}HCH_2NO_2$$

$$PhCHO + CH_3NO_2 \xrightarrow[EtOH, H_2O]{NaOH} \underset{75\%}{PhCH=CHNO_2}$$

环戊酮 + $CH_3CH_2NO_2$ $\xrightarrow[EtOH, H_2O]{NaOH}$ 环戊基=C(CH_3)(NO_2)

Michael 加成：含 α-氢的脂肪硝基化合物与 α，β-不饱和羰基体系在碱性条件下发生亲核共轭加成，形成碳-碳键，是 Michael 加成的推广。

$$O_2N\underset{R}{\overset{R}{-}}CH + CH_2=CH-EWG \xrightarrow{base} O_2N\underset{R}{\overset{R}{-}}C-CH_2CH_2-EWG$$

$$EWG = COMe, CO_2Me, CN, NO_2, SO_2Ph$$

例：

$$O_2N-CH(CH_3)_2 + CH_2=CHCN \xrightarrow[H_2O, 30\,°C]{NaOH} O_2N-C(CH_3)_2-CH_2CH_2CN$$

$$iPr-NO_2 + CH_2=CHCO_2Me \xrightarrow[BnNMe_3OH, 100\,°C, 10\,min]{} \underset{86\%}{(CH_3)_2C(NO_2)CH_2CH_2CO_2Me}$$

$$CH_3NO_2 + 3\ CH_2=CHCO_2Et \xrightarrow[78\,°C, 70\,min]{Bu_4NOH, H_2O} \underset{85\%}{O_2N-C(CH_2CH_2CO_2Et)_3}$$

$$PhCH_2NO_2 + \text{环己烯酮} \xrightarrow[0\sim25\,°C, neat]{Al_2O_3} \underset{92\%}{Ph-CH(NO_2)-\text{环己酮}}$$

硝基乙烯类化合物是良好的 Michael 加成受体：

$$\text{(o-MeO-C}_6H_4)CH=CHNO_2 + CH_2(CO_2Et)_2 \xrightarrow{t-BuOK} \text{(o-MeO-C}_6H_4)CH(CH(CO_2Et)_2)CH_2NO_2$$

3. Nef 反应——Nef 醛酮合成

伯、仲硝基化合物先与碱作用成盐，然后酸性水分解生成醛酮，将硝基所连接的饱和碳原子转化成了羰基碳，此为 Nef 反应，又称 Nef 醛酮合成(John Ulric Nef, 1894)。

$$Na^+ CH_3\overset{\ominus}{C}HNO_2 \xrightarrow{H_2SO_4} \underset{70\%}{CH_3CHO} + \underset{85\%\sim89\%}{\text{nitrous oxide}}$$

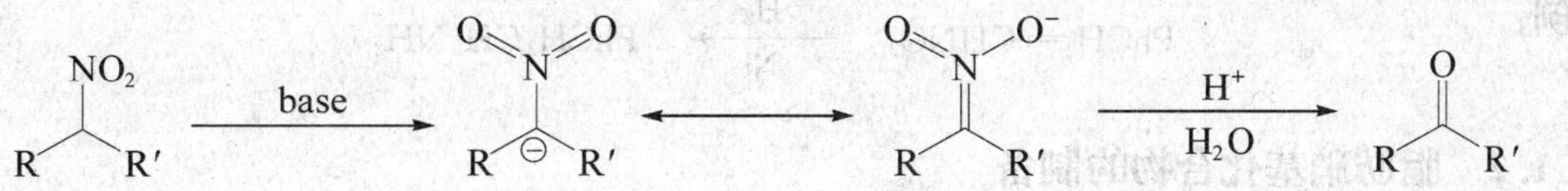

例：

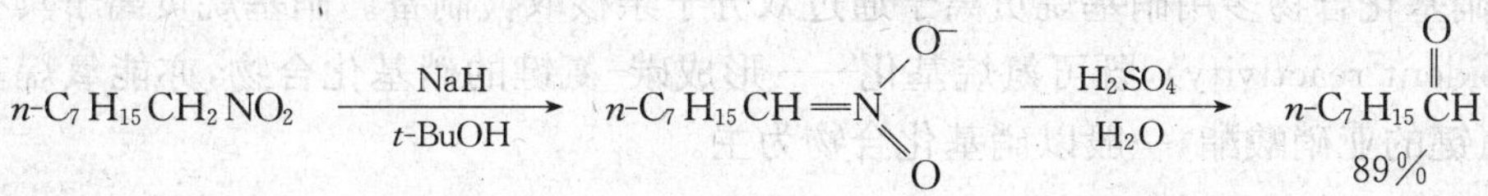

$n\text{-}C_7H_{15}CH_2NO_2 \xrightarrow[t\text{-BuOH}]{NaH} n\text{-}C_7H_{15}CH=NO_2^- \xrightarrow[H_2O]{H_2SO_4} n\text{-}C_7H_{15}CHO$ 89%

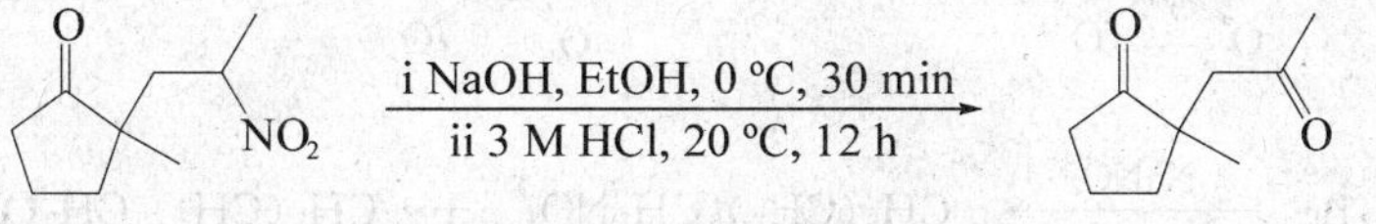

68%

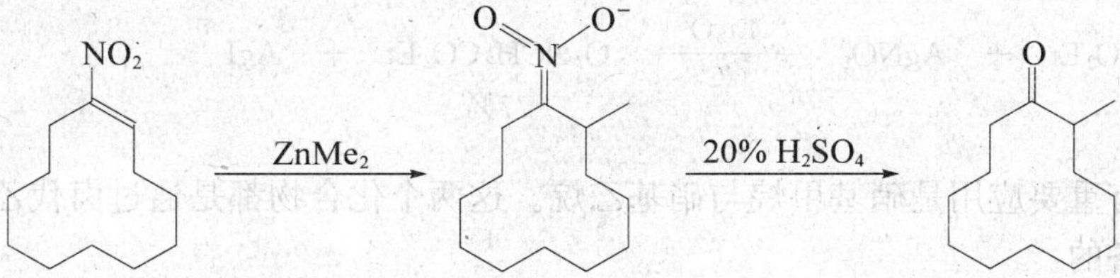

86%
2-甲基环十二烷酮

Michael 加成,水解得 1,4 二酮。

例：

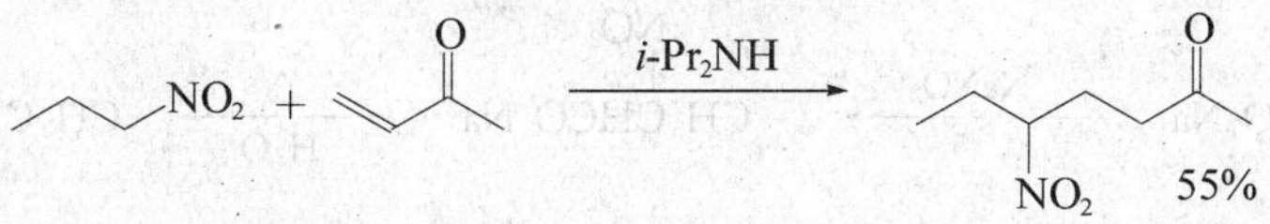

55%

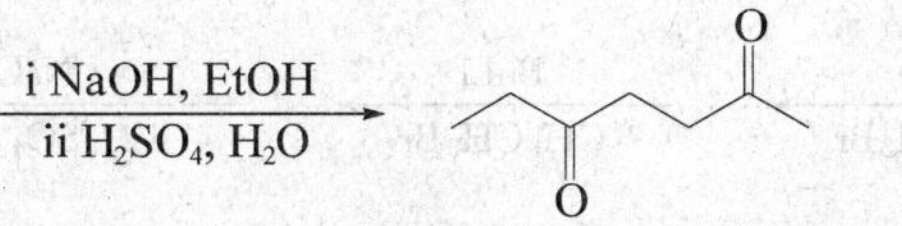

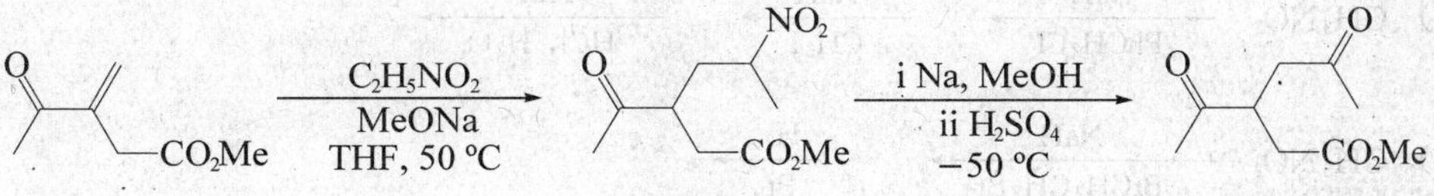

Nef 水解反应改良——三氯化钛催化酸水解,例如：

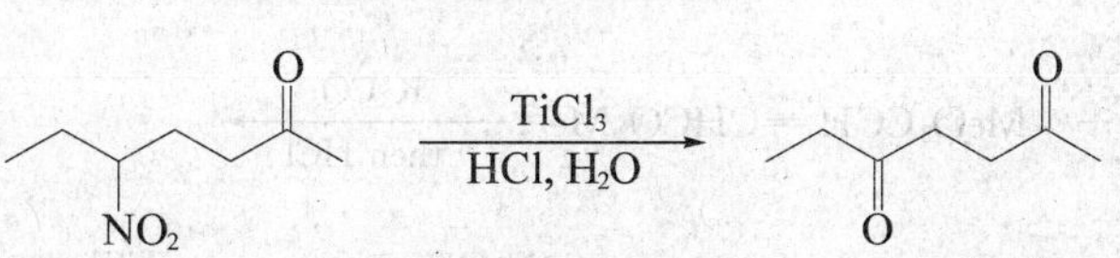

66%

4. 还原成胺

硝基易还原成胺,化学法或催化加氢,是制备脂肪胺的重要方法。

例: $PhCH=CHNO_2 \xrightarrow[Ni]{H_2} PhCH_2CH_2NH_2$

10.1.1.2 脂肪硝基化合物的制备

脂肪硝基化合物多用硝基烷负离子通过双分子亲核取代制备。硝基烷负离子具有双位反应性(ambident reactivity)，既可氮烷基化——形成碳-氮键的硝基化合物，亦能氧烷基化——产生碳-氧键的亚硝酸酯，一般以硝基化合物为主。

$$O=N-O^- \longleftrightarrow {}^-O-N=O$$

例: $CH_3(CH_2)_5CH_2Br \xrightarrow{NaNO_2} \underset{60\%}{CH_3(CH_2)_5CH_2NO_2} + \underset{30\%}{CH_3(CH_2)_5CH_2ONO}$

$ICH_2CO_2Et + AgNO_2 \xrightarrow[0℃]{Et_2O} \underset{77\%}{O_2NCH_2CO_2Et} + AgI$

在合成中有重要应用是硝基甲烷与硝基乙烷。这两个化合物都是通过卤代乙酸和丙酸盐取代与分解制备的：

$ClCH_2CO_2Na + NaNO_2 \longrightarrow O_2NCH_2CO_2Na + NaCl$

$O_2NCH_2CO_2Na + H_2O \xrightarrow{\triangle} CH_3NO_2 + NaHCO_3$

$CH_3\underset{Cl}{\overset{|}{C}H}CO_2Na \xrightarrow{NaNO_2} CH_3\underset{NO_2}{\overset{|}{C}H}CO_2Na \xrightarrow[H_2O]{\triangle} CH_3CH_2NO_2$

问题 1 完成反应

(1) $CH_3NO_2 \xrightarrow[CH_3CH_2CH_2Br]{BuLi} \xrightarrow[CH_3CH_2Br]{BuLi} \xrightarrow[ii\ H_2SO_4, H_2O]{i\ NaOH}$

(2) $CH_3NO_2 \xrightarrow[PhCH_2Cl]{NaH} \xrightarrow[CH_3I]{NaH} \xrightarrow[HCl, H_2O]{TiCl_3}$

(3) $CH_3NO_2 \xrightarrow[BrCH_2CH_2Br]{NaH} \xrightarrow{H_2}{Pt}$

(4) $PhCHO + CH_3CH_2NO_2 \xrightarrow[EtOH]{NaOH} \xrightarrow{H_2}{Pt}$

(5) $Me_2CHNO_2 + MeO_2CCH=CHCO_2Me \xrightarrow[then\ HCl]{K_2CO_3}$

(6) $CH_3CH_2NO_2 + PhCH=CHCOPh \xrightarrow[EtOH]{NaOH} \xrightarrow[HCl, H_2O]{TiCl_3} \xrightarrow[EtOH, H_2O]{NaOH}$

(7) $CH_3CH_2NO_2 + CH_2=CHCOPh \xrightarrow[EtOH]{NaOH} \xrightarrow{H_2}{Pt} \xrightarrow[EtOH, \triangle]{AcOH}$

(8) Me_2CHNO_2 + $CH_2=CHCO_2Me$ $\xrightarrow{\text{NaOH}}{\text{EtOH}}$ $\xrightarrow{H_2}{Pt}$ $\xrightarrow{\triangle}$ $\xrightarrow{\text{i } LiAlH_4}{\text{ii } H_2O}$

问题 2 完成转化

(1) 以 C_7 芳香化合物为原料用两种方法合成 2-苯基乙胺。

$$PhCH_2CH_2NH_2$$

(2)

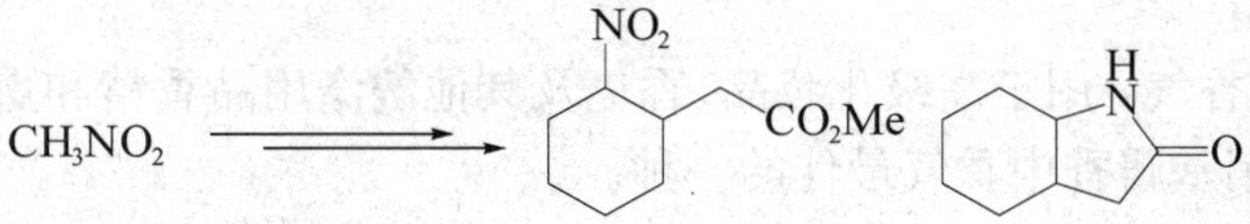

$CH_3NO_2 \Longrightarrow$

(3) 以简单的开链原料合成：

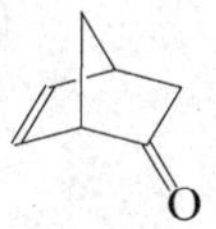

(4) 由 C_1 原料合成三羟甲基甲胺（THAM）（一种不含钠的有机缓冲碱，用于纠正代谢性、呼吸性及混合型酸中毒）。

$$(HOCH_2)_3CNH_2$$

10.1.2 芳香硝基化合物

硝基苯　　　　2,4-二硝基甲苯　　　　2,4,6-三硝基甲苯
Nitrobenzene　　2,4-Dinitrotoluene　　2,4,6-Trinitrotoluene(TNT)

硝基苯或硝基甲苯等是淡黄色高沸点液体或低熔点固体，其毒性较高。多硝基芳烃如 TNT 是高能化合物，而有的则是香料——硝基麝香(nitromusk perfumes)，如麝香 Baur、麝香二甲苯、葵子麝香、麝香酮等。

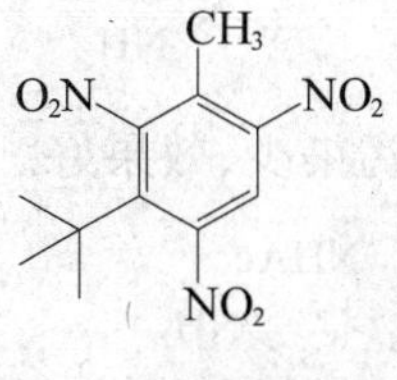

麝香 Baur(Musk Baur)　　　　麝香二甲苯 Musk xylene
2,4,6-三硝基-3-叔丁基甲苯　　　2,4,6-三硝基-5-叔丁基-1,3-甲苯

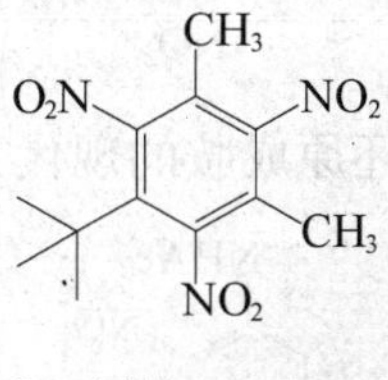

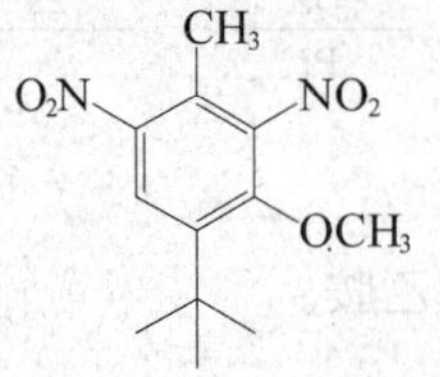

葵子麝香
4-叔丁基-3-甲氧基-2,6-二硝基甲苯

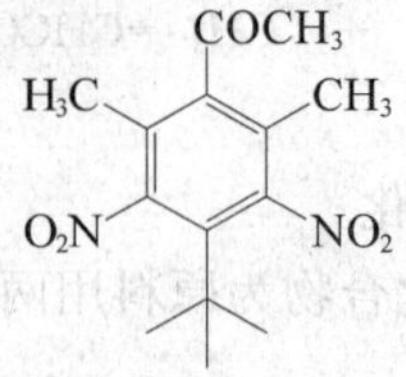

麝香酮 Musk ketone
2,6-二甲基-4-叔丁基-3,5-二硝基苯乙酮

硝基麝香有天然麝香香气,用于高级化妆品、香皂及其他洗涤用品香精和熏香香精,为良好的定香剂,葵子麝香是硝基麝香中香气最佳的一种。

硝基苯的结构:硝基与苯环共轭,两个氮-氧双键均参与。

硝基苯的极限共振式如下:

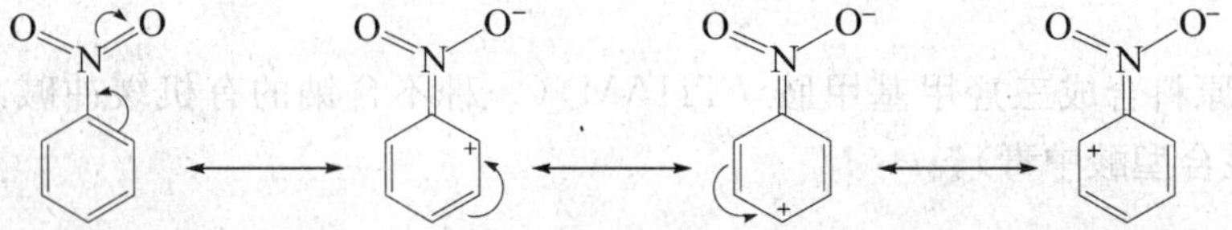

硝基的吸电子共轭效应(-C)降低苯环上的电子密度,邻对位降得更多,故邻对位氢的化学位移较大。所以,硝基(NO_2)是去活化的间位定位基。

10.1.2.1 芳香硝基化合物的反应

1. 还原成胺

芳香硝基化合物的还原是合成芳胺的重要方法。化学法还原多用金属(Fe,Sn,$SnCl_2$)在酸性介质中进行。经典方法是用金属铁、锡或氯化亚锡等在盐酸、乙酸等酸性介质中反应。但这些工艺存在污染环境的问题,已逐渐被淘汰。例:

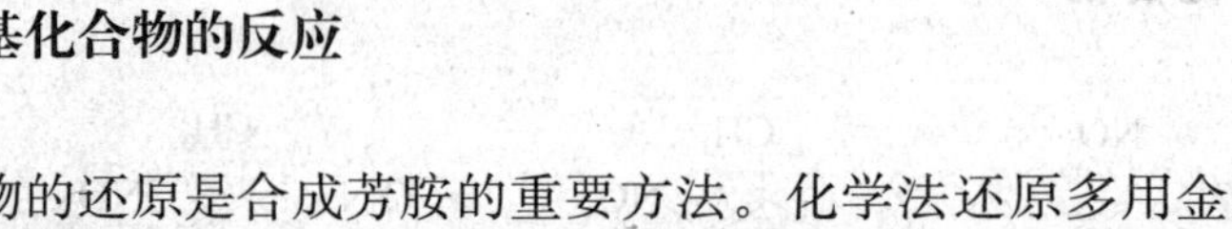

$$\text{PhNO}_2 \xrightarrow[\text{ii NaOH}]{\text{i Fe, HCl}} \text{PhNH}_2 \quad 97\%$$

部分还原:多硝基芳烃的部分还原用硫化物$(NH_4)_2S$、NH_4SH、Na_2S、NaSH 等较易实现。如将间二硝基苯转化成间硝基苯胺可用硫氢化铵还原。

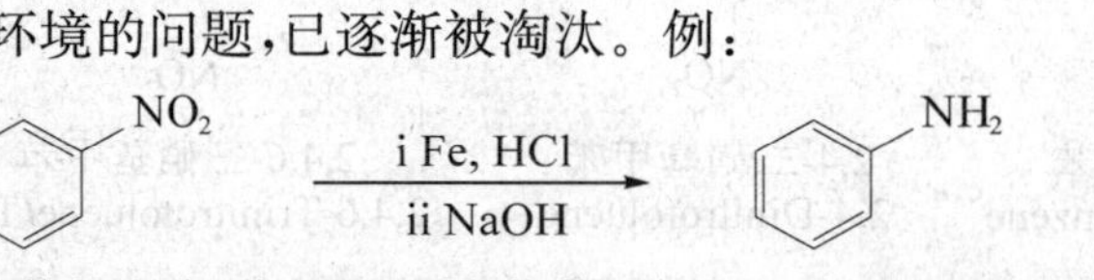

间二硝基苯 $\xrightarrow{NH_4SH}$ 间硝基苯胺

催化加氢:将硝基还原成胺的现代方法是催化加氢,污染少,效果好。例:

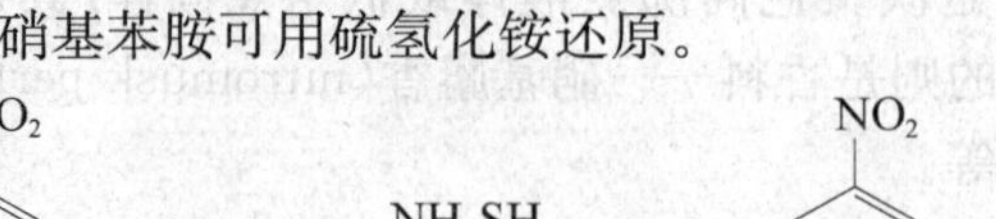

邻硝基乙酰苯胺 $\xrightarrow[\text{EtOH}]{H_2, Pt}$ 邻氨基乙酰苯胺

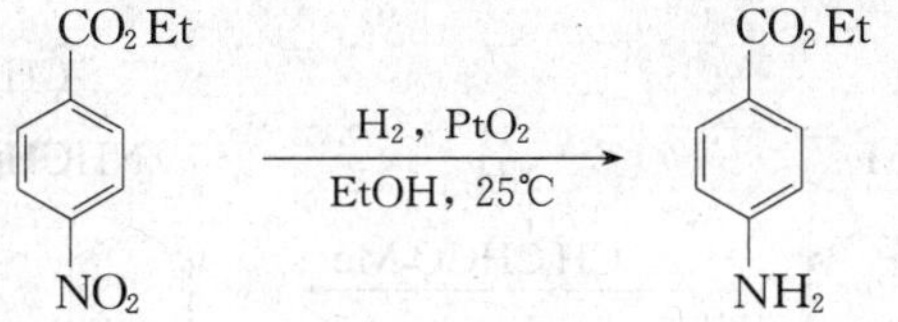

$$\text{4-O}_2\text{N-C}_6\text{H}_4\text{-CO}_2\text{Et} \xrightarrow[\text{EtOH, 25℃}]{\text{H}_2, \text{PtO}_2} \text{4-H}_2\text{N-C}_6\text{H}_4\text{-CO}_2\text{Et}$$

硝基苯也可能还原成其他产物：

$$\text{PhNO}_2 \xrightarrow[\text{NH}_4\text{Cl}]{\text{Zn, H}_2\text{O}} \text{PhNHOH} \quad 62\% \sim 68\%$$

$$\xrightarrow[\text{H}_2\text{O, As}_2\text{O}_3]{\text{Zn, NaOH}} \text{PhN}(\rightarrow\text{O})\text{=NPh (azoxy)} \quad 85\%$$

$$\xrightarrow[\text{H}_2\text{O; MeOH}]{\text{Zn, NaOH}} \text{PhN=NPh} \quad 86\%$$

$$\xrightarrow[\text{EtOH}]{\text{Zn, NaOH}} \text{PhNHNHPh} \quad 40\%$$

所有这些双分子还原产物，如用还原能力更强的金属钠在乙醇中(Na + EtOH)或在酸性溶液中还原，都得到苯胺。

2. 硝基的吸电子效应影响

硝基(NO_2)的吸电子效应强烈地影响酚与芳酸的酸性、芳胺的碱性、卤代芳烃的亲核取代以及芳侧链 α-氢的活性。

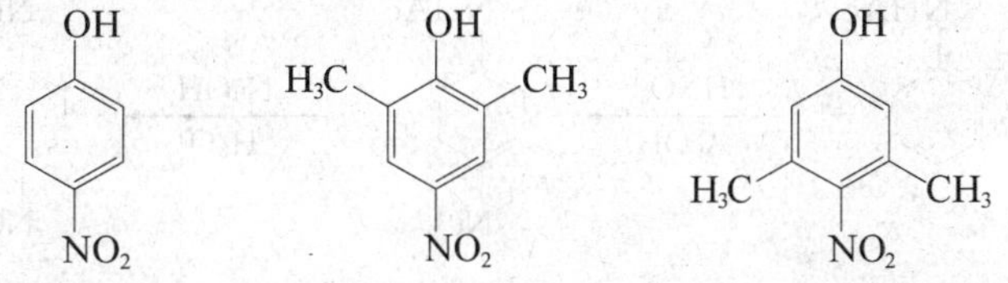

- 4-硝基苯酚 pK_a 7.15
- 2,6-二甲基-4-硝基苯酚 pK_a 7.16
- 3,5-二甲基-4-硝基苯酚 pK_a 8.24

1) 活化芳香亲核取代

邻对位硝基(o-and/or p-NO_2)强烈活化芳香亲核取代(ArS_N)。

例：

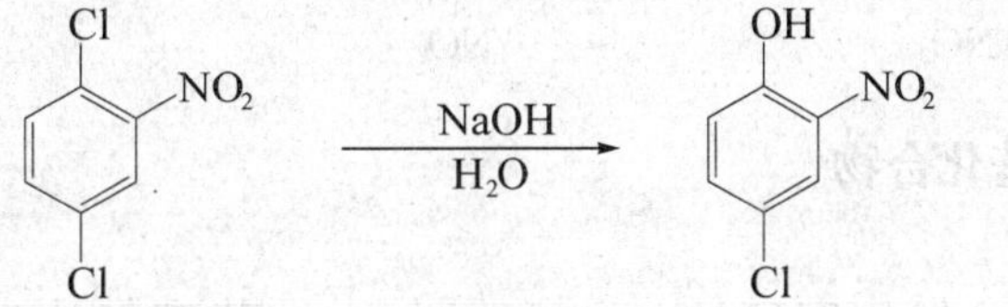

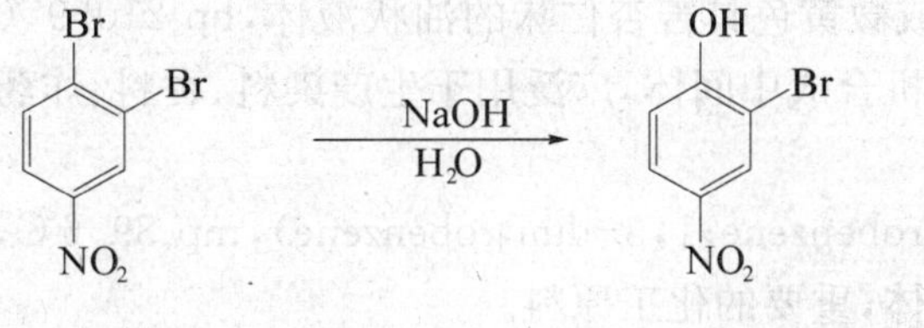

2,4-二氯硝基苯 $\xrightarrow[\text{H}_2\text{O}]{\text{NaOH}}$ 2-硝基-4-氯苯酚

2,3-二溴-1-硝基苯 $\xrightarrow[\text{H}_2\text{O}]{\text{NaOH}}$ 2-溴-4-硝基苯酚

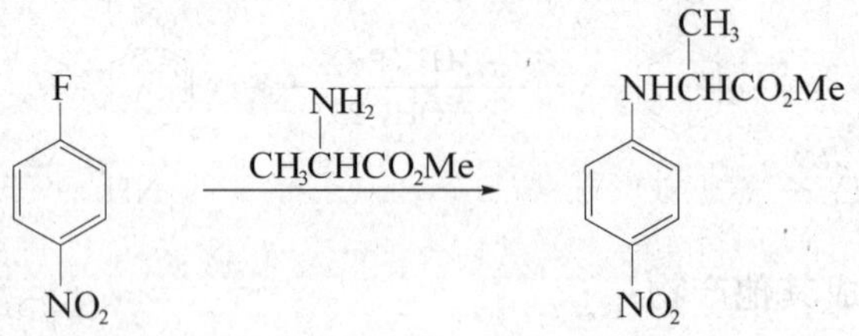

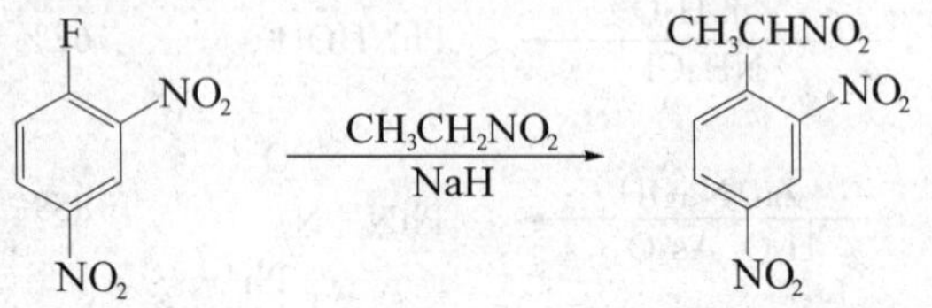

[反应式1: 对氟硝基苯 + CH₃CHCO₂Me(NH₂) → 对硝基苯胺衍生物 NHCHCO₂Me(CH₃)]

[反应式2: 2,4-二硝基氟苯 + CH₃CH₂NO₂/NaH → 2,4-二硝基-1-(CH₃CHNO₂)苯]

2) 芳环侧链 α-碳缩合

邻对位硝基(o- and/or p-NO₂)活化芳侧链 α-碳(α-氢)，可发生缩合反应。

例：

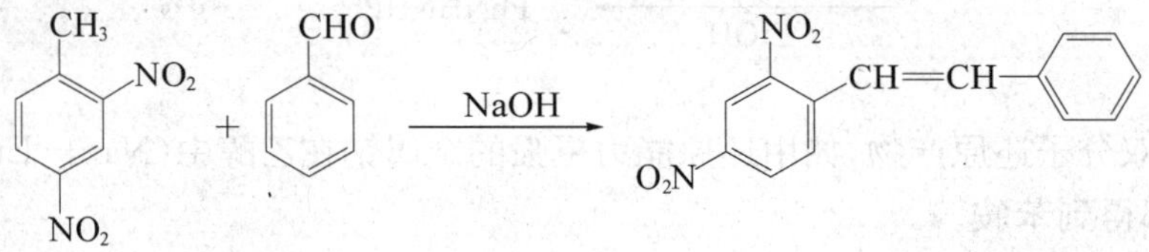

[反应式: 2,4-二硝基甲苯 + 苯甲醛 —NaOH→ 2,4-二硝基二苯乙烯 (CH=CH-Ph)]

10.1.2.2 芳香硝基化合物的制备

1. 硝化

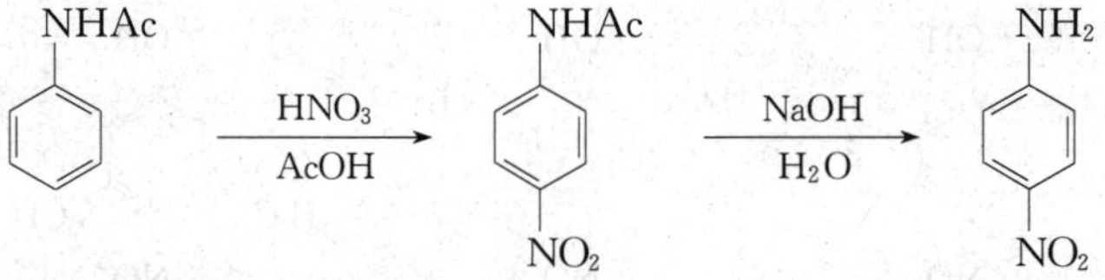

[反应式: 乙酰苯胺 —HNO₃/AcOH→ 对硝基乙酰苯胺 —NaOH/H₂O→ 对硝基苯胺]

2. 重氮盐法(见后)

[反应式: 对硝基苯胺 —NaNO₂/HCl→ 对硝基重氮盐 —NaNO₂/Cu₂O→ 对二硝基苯]

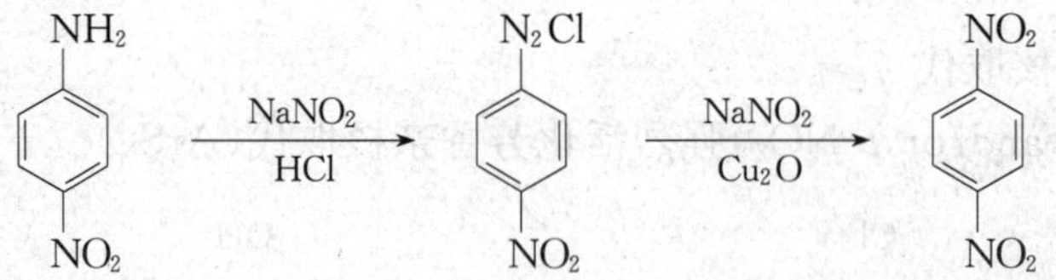

10.1.2.3 个别芳香硝基化合物

1. 硝基苯

硝基苯(nitrobenzene)俗称密斑油(oil of mirbane)、苦杏仁油(pale yellow oil with an almond-like odor)，无色或微黄色具苦杏仁味的油状液体，bp 210.9 ℃，密度 1.199 g/mL，生产苯胺的原料，重要的有机合成中间体，广泛用于生产染料、香料、炸药等有机合成工业。

2. 间二硝基苯

间二硝基苯(m-dinitrobenzene；1,3-dinitrobenzene)，mp 89.6℃，无色黄色粉末，有挥发性，有机合成与染料中间体，重要的化工原料。

3. 2,4-二硝基甲苯

2,4-二硝基甲苯(2,4-dinitrotoluene;1-methyl-2,4-dinitrobenzene;2,4-DNT;DNT),黄色针晶或单斜棱晶,mp 70℃,工业品是一种油状液体,用作有机合成、染料和炸药的原料,生产炸药 TNT,生产 2,4-甲苯二异氰酸酯,甲苯二异氰酸酯的用量大,主要是用于聚氨酯泡沫塑料、聚氨酯弹性体、聚氨酯涂料等方面的大宗产品。

4. 马兜铃酸

马兜铃酸(aristolochic acids),也被称为马兜铃总酸、增噬力酸或木通甲素,是一类硝基菲羧酸,包括马兜铃酸Ⅰ(aristolochic acid Ⅰ)和马兜铃酸Ⅱ(aristolochic acid Ⅱ)。系统命名,马兜铃酸Ⅰ:3,4-亚甲二氧-8-甲氧基-10-硝基-1-菲甲酸;马兜铃酸Ⅱ:3,4-亚甲二氧-10-硝基-1-菲甲。二者的不同就是马兜铃酸Ⅱ缺少了 8-甲氧基。

马兜铃酸天然存在于马兜铃属(Aristolochia)及细辛属(Asarum)等马兜铃科植物中。马兜铃酸Ⅰ是最常见的一种马兜铃酸类化合物,存在于几乎所有的马兜铃属植物中,并常与马兜铃内酰胺(aristolactams)共存。

研究显示,马兜铃酸Ⅰ和马兜铃酸Ⅱ分子中的硝基在还原酶作用下,一部分被还原为氨基,继而形成马兜铃内酰胺,另一部分在还原过程中进一步与 DNA 作用,形成加合物。因此,硝基是马兜铃酸类化合物分子中最主要的毒性结构单元,此外甲氧基存在可以使马兜铃酸的毒性进一步加强。所以,马兜铃酸Ⅰ是马兜铃属植物中毒性最强的成分。另有研究发现,不但马兜铃酸具有很强的肾毒性,其代谢产物马兜铃内酰胺同样具有肾毒性。

已有研究证实,马兜铃酸致突变和致癌毒性是由其代谢的中间产物马兜铃内酰胺氮原子引起的,因其能与 DNA 结合,致使 RAS 基因和 P53 基因发生突变,进而诱发肿瘤。研究表明,马兜铃酸引发的基因突变数量远高过烟草,是目前已知能导致基因突变的最强致癌物之一。来自新加坡、台湾等地的研究显示,含有马兜铃酸的中草药可以导致不可逆的肾功能衰竭与肾癌。

早在 2008 年,国际癌症研究中心(IARC)就已经将马兜铃酸列为最高级别的 1 类致癌物。2012 年,又将所有马兜铃酸类物质(马兜铃酸、含有马兜铃酸的化合物及植物)升级为 1 类致癌物。

2017 年 10 月 18 日,Science Translation Medicine 刊发封面论文(Alvin W. T. Ng *et al*. Science Translational Medicine. 2017, Vol. 9, No. 412),报道了马兜铃酸药物作用的最新研究。基于对全世界 1400 多个肝癌样本的分析,作者认为,马兜铃酸与肝癌之间存在"决定性关联"。该研究认为,含马兜铃酸的草药和制剂,是导致台湾和亚洲肝癌高发的重要原因之一。

含有马兜铃酸的中药材除了已经从中国药典中撤出的关木通(马兜铃科植物东北马兜铃 *Aristolochia manshuriensis Kom.* 的干藤茎)外,2000 年版药典和国家药品标准收载的已明确含马兜铃酸的药材有 6 种:马兜铃、青木香、天仙藤、广防己、寻骨风、朱砂莲,中国药典和国家药品标准收载的含马兜铃酸的中成药品种有百余种(不包括含关木通的品种)。

10.2 胺类化合物

10.2.1 胺的命名、结构与物性

胺类与命名：

RNH_2　　　R_2NH　　　R_3N　　　$R_4N^+X^-$　　　$R_4N^{+\,-}OH$

伯胺(1°)　　仲胺(2°)　　叔胺(3°)　　季铵盐(4°)　　季铵碱(4°)

CH_3NH_2　　　　　　$(CH_3)_2NH$　　　　　　$(CH_3)_3N$

甲胺 Methylamine　　二甲胺 Dimethylamine　　三甲胺 Trimethylamine

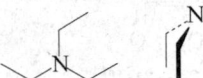 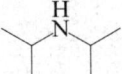 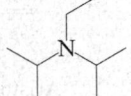

三乙胺 Triethylamine　　二异丙胺 Diisopropylamine　　N,N-二异丙基乙胺 N-乙基二异丙胺 Hünig's bsae(1958)

$CH_3NHCH_2CH_3$　　　$CH_3CH_2NHCH_2CH_3$　　　$NH_2CH_2CH_2NH_2$

甲乙胺 N-Methylethanamine　　二乙胺 Diethylamine　　乙二胺 1,2-Ethanediamine Ethylenediamine

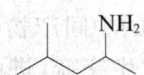 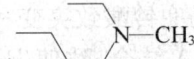

4-甲基-2-戊胺 2-甲基-4-氨基戊烷　　N-甲基-N-乙基-1-丁胺

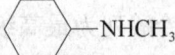 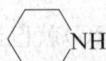

N-甲基环己胺 N-Methylcyclohexanamine　　哌啶 Piperidine　　1-甲基哌啶；N-甲基哌啶 1-Methylpiperidine

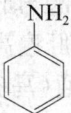 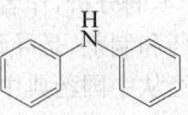 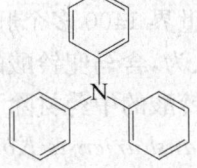

苯胺 Benzenamine (Phenylamine, Aniline)　　二苯胺 Diphenylamine　　三苯胺 Triphenylamine

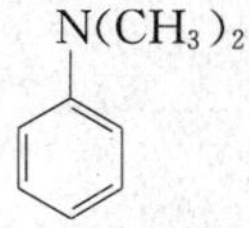

N,N-二甲基苯胺 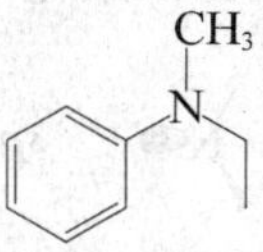　　　　N-甲基-N-乙基苯胺 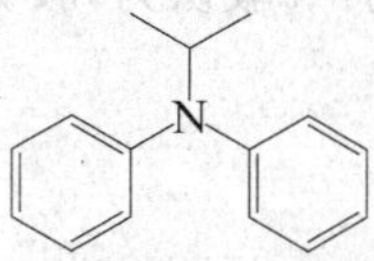　　　　N-异丙基二苯胺

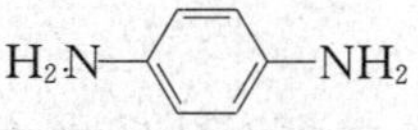

对苯二胺
1,4-Benzenediamine
p-Phenylenediamine

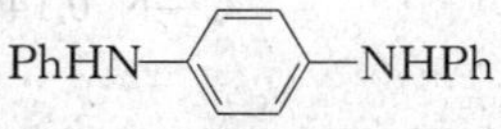

N,N'-二苯基对苯二胺
N,N'-Diphenylbenzene-1,4-diamine

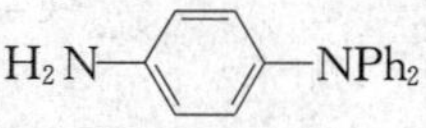

N,N-二苯基对苯二胺
N,N-Diphenylbenzene-1,4-diamine

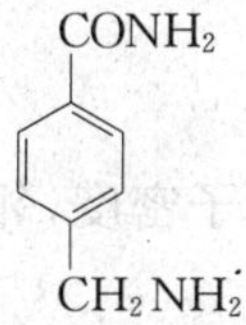

4-氨甲基苯甲酰胺
4-Aminomethylbenzamide

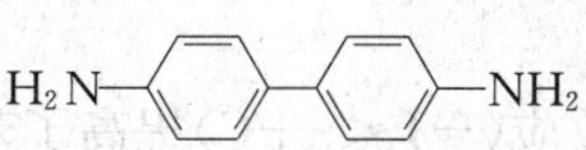

联苯胺 Benzidine
4,4'-二氨基联苯
4,4'-联苯二胺

胺类常以盐的形式出现，如：

CH₃NH₂·HCl

甲胺盐酸盐
Methylamine hydrochloride
Methylammonium chloride

CH₃CH₂NH₂·AcOH

乙胺乙酸盐
Ethylamine acetic acid
Ethylammonium acetate

季铵盐与季铵碱

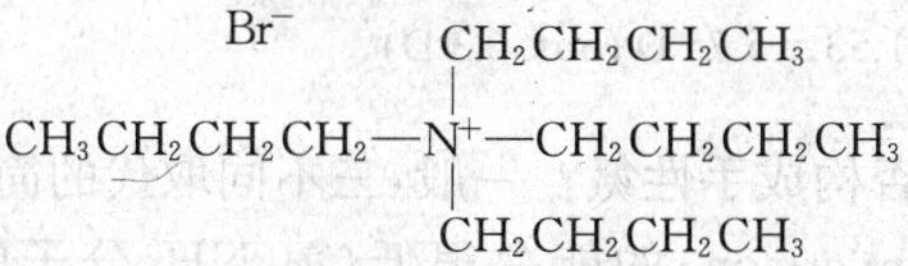

四丁基溴化铵；溴化四丁铵
Tetrabutylammonium bromide

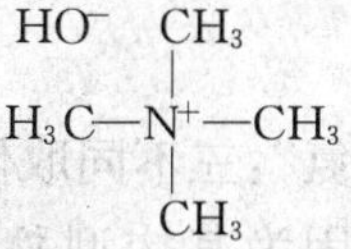

四甲基氢氧化铵；氢氧化四甲铵
Tetramethylammonium hydroxide

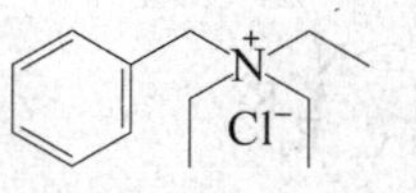

PhCH₂N⁺(CH₂CH₃)₃Cl⁻

苯甲基三乙基氯化铵；氯化三乙基苯甲铵
Triethylbenzylammonium chloride
(TEBA)
(a well-known PTC catalyst)

胺氮的结构：一般认为，胺氮原子采取 sp^3 杂化，角锥型空间分布。

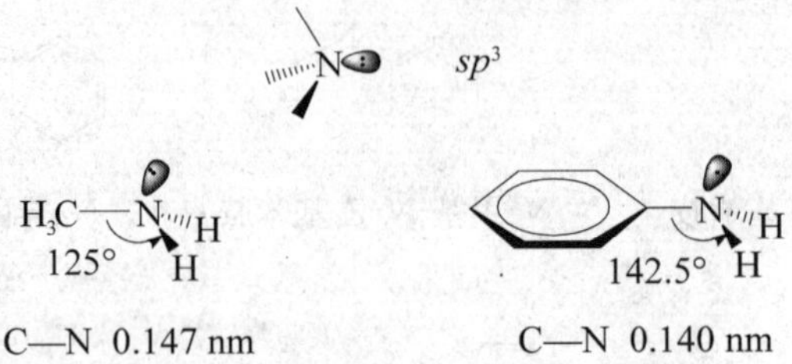

$H_3C-N\cdots H$，H，125°，C—N 0.147 nm

$C_6H_5-N\cdots H$，H，142.5°，C—N 0.140 nm

在苯胺分子内，氮原子更接近于平面构型，近似于 sp^2 杂化。孤对电子所在的轨道有更多的 p 轨道成分，可与苯环轨道平行重叠，产生 p-π 共轭，使得 C−N 键具有部分双键性质，所以，其 C−N 键比甲胺分子中的 C−N 键长更短。

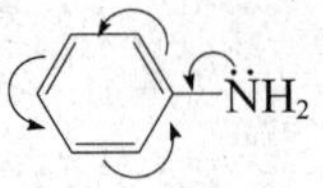

氨基的给电子效应（$-I < +C$）提高了苯环上的 π 电子密度，邻对位增加得较多。所以，氨基是邻对位定位基，而且是强活化基。

电子效应与极性：脂肪胺的偶极矩比相应醇的小，芳胺的偶极矩与脂肪胺的相近，但方向相反。

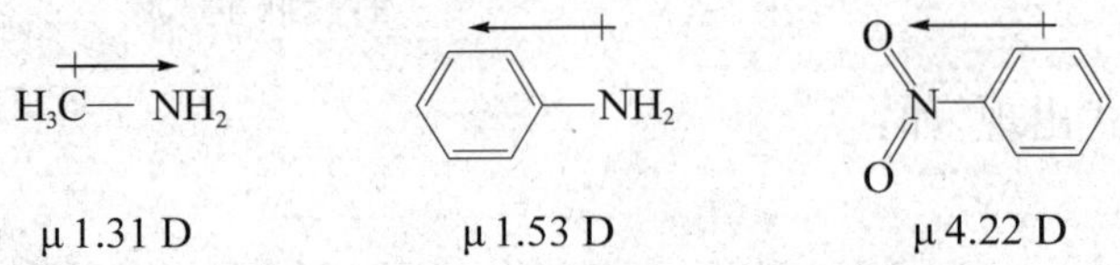

H_3C-NH_2　　　$C_6H_5-NH_2$　　　$O_2N-C_6H_4-NH_2$

μ 1.31 D　　　μ 1.53 D　　　μ 4.22 D

对硝基苯胺偶极矩的计算值（5.75 D）与实验观测值（6.30 D）相差甚大，是由于其分子内存在着吸电子共轭效应与给电子共轭效应且方向一致而互相加强，此即协同共轭（concerted-conjugation）或贯穿共轭（through-conjugation）。

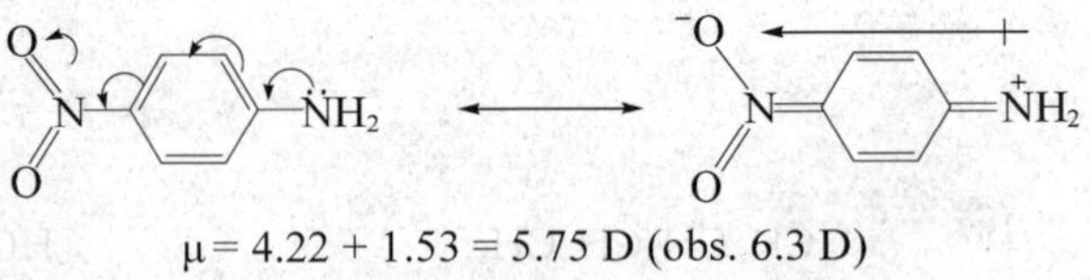

μ = 4.22 + 1.53 = 5.75 D (obs. 6.3 D)

"手性氮"：三不同取代的叔胺氮是否构成手性氮？一般，三不同取代的简单叔胺氮并不构成手性氮，因为其构型翻转（nitrogen inversion）的能垒很低（氨 NH_3 分子的翻转能垒只有 24.2 kJ/mol），常温下即可迅速翻转，也就是说不能单独稳定存在，因此不构成实际意义上的手性氮。

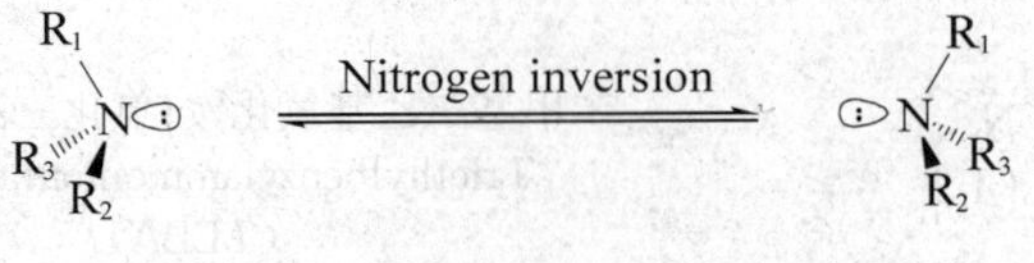

Nitrogen inversion

Energy barrier $\Delta E = \sim 25$ kJ/mol

刚性手性氮导致的手性分子有可能拆分为光活性的对映异构体,如 Tröger 碱等:

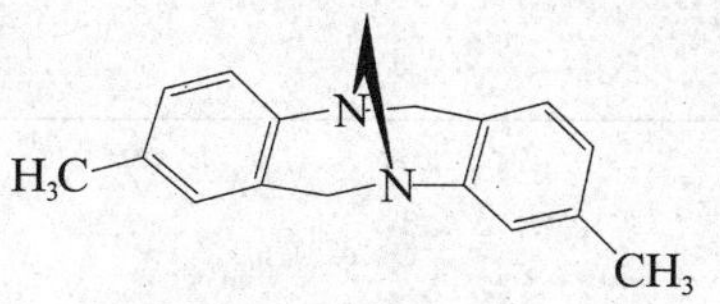

Tröger's base

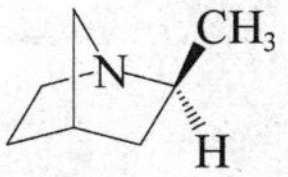

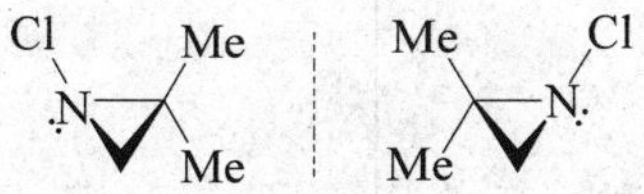

适当取代的手性季铵盐和手性氧化叔胺可能拆分:

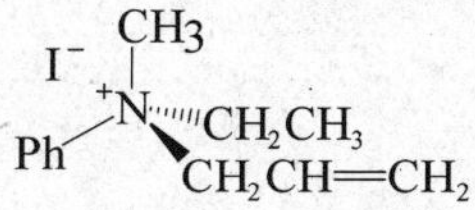

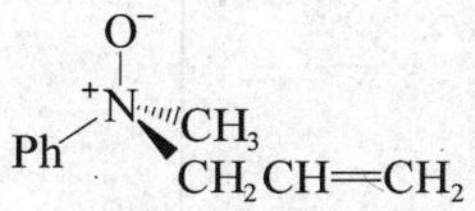

低级脂肪胺为气体或易挥发性液体,多具有特殊的鱼腥味或类似氨的气味;高级胺为固体。芳香胺多为高沸点液体或低熔点固体。胺能与水形成氢键;伯胺、仲胺分子间能形成氢键。

胺的沸点低于醇,RNH_2 < ROH。

许多生物分子是胺类化合物或含有氨基,具有重要的生物功能,如多巴胺、肾上腺素、去甲肾上腺素、色胺、氨基酸等。

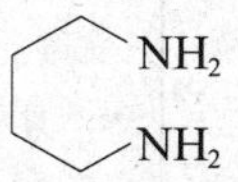

1,4-丁二胺 1,4-Butanediamine
腐胺 Putrescine

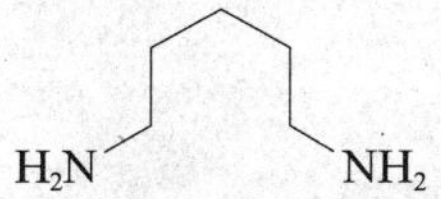

1,5-戊二胺 1,5-Pentanediamine
尸胺 Cadaverine

尸胺和腐胺是蛋白质腐败产生的,其浓郁的恶臭味让绝大多数动物敬而远之,也是剧毒的。这两种小分子是德国物理学家 Ludwig Brieger 于 1885 年发现的,分别在赖氨酸和蛋氨酸降解过程中产生。

芳胺多具有较高的毒性,如 2-萘胺与联苯胺等是公认的致癌物(carcinogen)。

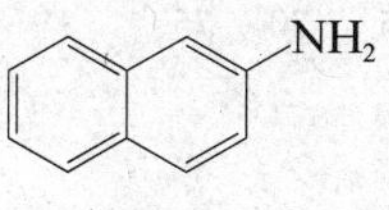

β-萘胺 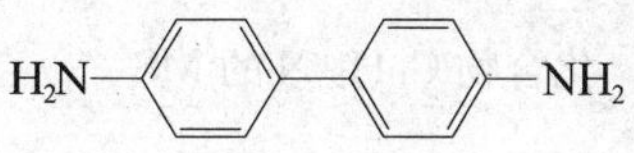　　　　　联苯胺 Benzidine 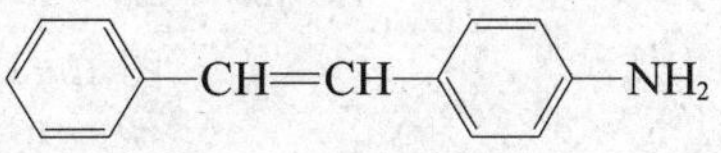　　　　　4-氨基二苯基乙烯

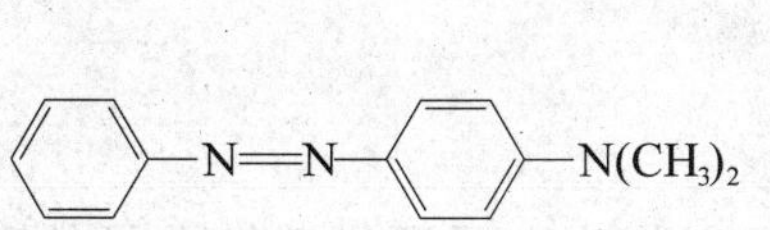

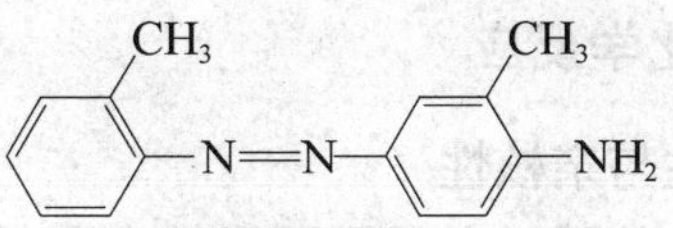

波谱

IR: ν_{N-H}　1°～3 400(as), ～3 300(s);2°～3 300
^1H NMR: δ_{N-H} 0.5～5, NC—H 2.2～2.8 ppm

MS:分子离子峰较弱或不出现,含奇数氮的分子离子峰是奇数;β-断裂。

例：$C_4H_{11}N$，有异构体 A 和 B，根据质谱(图 10-1)推测其可能的结构。
A　73(7.3)，30(100)。

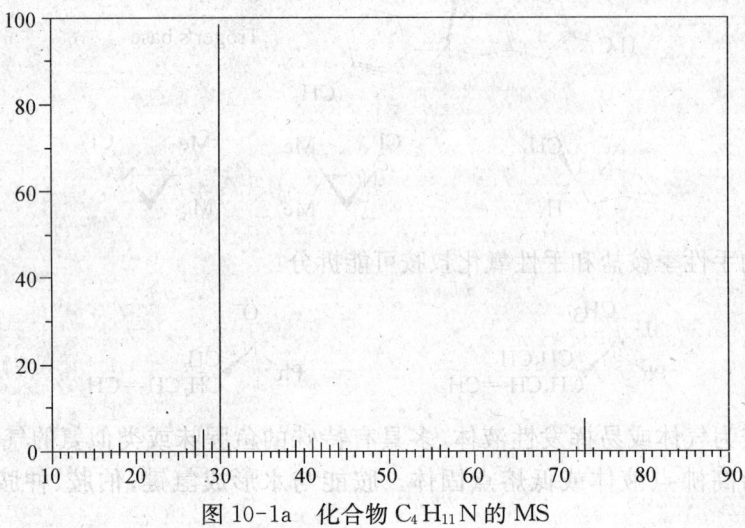

图 10-1a　化合物 $C_4H_{11}N$ 的 MS

可能为正丁胺。
B　58(100)，41(20.4)

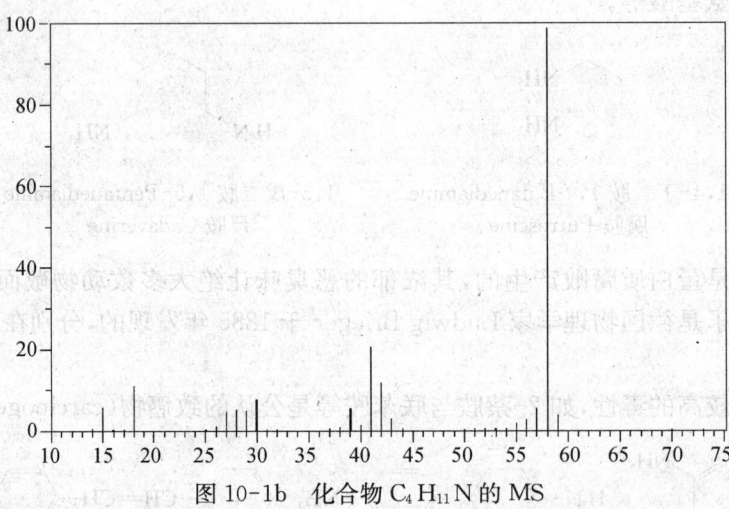

图 10-1b　化合物 $C_4H_{11}N$ 的 MS

可能为叔丁胺。

10.2.2　胺的化学反应

10.2.2.1　碱性与亲核性

胺氮原子上的孤对电子既可以结合质子也可以作为电子源进攻缺电子的碳原子，即胺氮既显示出碱性(basicity)又可作为亲核原子。

例：

$$Et_3N \xrightarrow[\text{as base}]{HCl} Et_3\overset{+}{N}H \cdot Cl^-$$

$$Et_3N \xrightarrow[\text{as nucleophile}]{MeI} Et_3\overset{+}{N}Me \cdot I^-$$

1. 碱性

胺的碱性系指胺氮结合质子的能力。常以其共轭酸的电离平衡常数的 pK_a 表示其共轭碱——胺的碱性强弱。数值愈大、碱性愈强。

$$R\ddot{N}H_2 + H_2O \xrightleftharpoons{K_b} R\overset{+}{N}H_3 + HO^-$$

$$R\overset{+}{N}H_3 + H_2O \xrightleftharpoons{K_a} R\ddot{N}H_2 + H_3O^+$$

一般，无机氨的碱性强于芳香胺而弱于脂肪胺。

碱性相对强弱：

$$R\ddot{N}H_2 > \ddot{N}H_3 > Ar\ddot{N}H_2$$
$$pK_a \quad 10\sim11 \quad\quad 9.25 \quad\quad 4\sim5$$

1) 脂肪胺

影响脂肪胺碱性强弱的因素

电子效应：烷烃基具有给电子效应（+I），增强胺氮的碱性。

$$R_3N > R_2NH > RNH_2$$

H—Ṅ(H)(H) pK_a 9.25   H₃C—Ṅ(H)(H) pK_a 10.66

溶剂化效应：胺氮氢可形成氢键，是一种稳定化效应，增强胺氮的碱性。

$$RNH_2 > R_2NH > R_3N$$

空间效应：烃基不利于溶剂化，减弱碱性。

$$RNH_2 > R_2NH > R_3N$$

气相或非质子溶剂中，烃基取代愈多，碱性愈强。例：

$$(CH_3)_3N > (CH_3)_2NH > CH_3NH_2 > NH_3 \text{(in gas)}$$
$$(C_2H_5)_3N > (C_2H_5)_2NH > C_2H_5NH_2 > NH_3 \text{(in gas)}$$
$$(n\text{-}C_4H_9)_3N > (n\text{-}C_4H_9)_2NH > n\text{-}C_4H_9NH_2 \text{(in } C_6H_5Cl\text{)}$$

三(三氟甲基)胺与三氟化氮一样，几乎不显碱性。

$$N(CF_3)_3 \quad\quad NF_3$$

水溶液中,不仅有烃基的给电子效应,还有氢键溶剂化效应,烃基取代愈少,氢键愈多,溶剂化愈强愈稳定。胺氮的碱性是多种因素综合影响的结果。例:

$(CH_3)_2NH$ > CH_3NH_2 > $(CH_3)_3N$
pK_a 10.73   10.66   9.80

$(n\text{-}C_3H_7)_2NH$ > $n\text{-}C_3H_7NH_2$ > $(n\text{-}C_3H_7)_3N$
pK_a 10.98   10.67   10.64

因此,水溶液中胺的碱性相对强弱有次序:仲胺的碱性最强,叔胺的最弱。

R_2NH > RNH_2 > R_3N

但是,乙基胺又不同:

$HN(CH_2CH_3)_2$ > $N(CH_2CH_3)_3$ > $H_2NCH_2CH_3$
pK_a 11.09   10.85   10.80

一般来说,规律是:仲胺的碱性强于伯胺和叔胺,都强于氨。

R_2NH > $\begin{matrix}RNH_2\\R_3N\end{matrix}$ > NH_3

例:

哌啶 吡咯烷 二乙胺 三乙胺 环己胺
pK_a 11.20 11.11   10.98   10.85   10.70

问题 3 哌啶与吗啉都是环状仲胺,但二者的碱性差别极大,为什么?

pK_a 11.20 pK_a 8.40

有机合成中常用的有机碱:

吡啶 Pyrine   三乙胺   Hünig's Base   DBU
pK_a 5.30   10.85   11.40   12.0

问题 4 有机碱 DBN 和 DBU 常用于现代有机合成。二者的结构是类似的,有相同的含氮结构单元。讨论其碱性为什么比一般的叔胺的强。

DBN
1,5-Diazabicyclo[4.3.0]non-5-ene

DBU
1,8-Diazabicyclo[5.4.0]undec-7-ene

问题 5 评论三乙胺、奎宁环(quinuclidine)与二氮奎宁环(DABCO)与碘甲烷的反应。

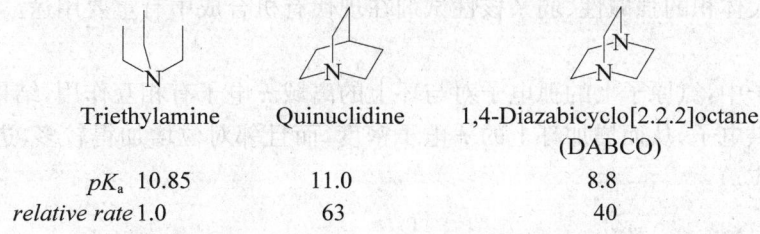

	Triethylamine	Quinuclidine	1,4-Diazabicyclo[2.2.2]octane (DABCO)
pK_a	10.85	11.0	8.8
relative rate	1.0	63	40

各类含氮化合物的碱性比较如下：

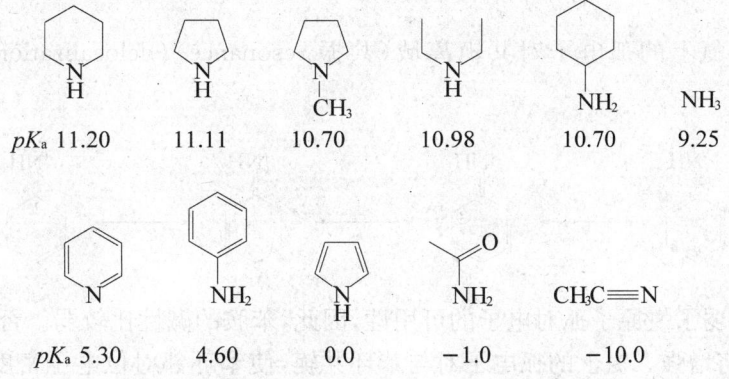

pK_a	11.20	11.11	10.70	10.98	10.70	9.25

pK_a	5.30	4.60	0.0	−1.0	−10.0

可以看出，吡咯、乙酰胺(酰胺)与乙腈(腈类)几乎不显碱性。

胺氮-氢的酸性：胺氮-氢酸性(acidity)的强弱取决于电离产生的氮负离子(共轭碱)的稳定性，越稳定、越容易电离，酸性越强。氮上连有吸电子基、负电荷离域都增强酸性。

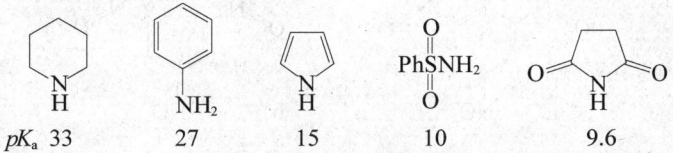

pK_a	33	27	15	10	9.6

一般，脂肪胺氮-氢的酸性特别弱，其共轭碱的碱性就特别强，比醇盐的碱性强得多。
例：

	$CH_3O^- Na^+$	$(CH_3)_3CO^- K^+$	$(Me_3Si)_2N^- Na^+$	$(Me_2CH)_2N^- Li^+$
	Sodium methoxide	Potassium t-butoxide	Sodium HMDS	Lithium diisopropylamide LDA
pK_a	16	19	26	35.7

由于脂肪胺氮-氢的酸性很弱，因此，需要特强碱如烃基锂方可将其转化成盐。
例：

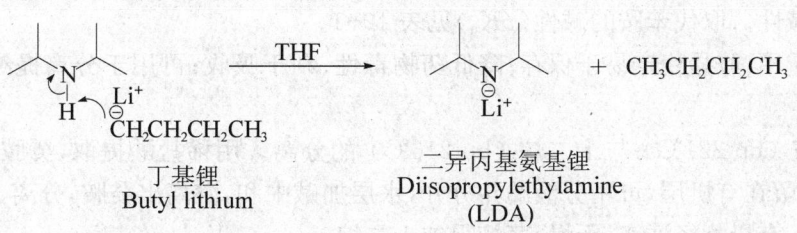

丁基锂
Butyl lithium

二异丙基氨基锂
Diisopropylethylamine (LDA)

二异丙基氨基锂(LDA)等烃基取代的氮负离子的碱性很强,但由于其体积较大,亲核性却很弱。这种大体积的强碱性、弱亲核性试剂在现代有机合成中有重要用途。

2) 芳胺

在苯胺分子中,氮原子上的孤电子对与环上的离域 π 电子有相互作用,结果是氮上的孤对电子向苯环提供电子,从而增加环上的 π 电子密度,而且邻对位增加得较多,进而活化了苯环的亲电取代反应。

苯胺分子中氮上的孤电子对共轭离域(共振 resonance)(delocalization of the electron pair):

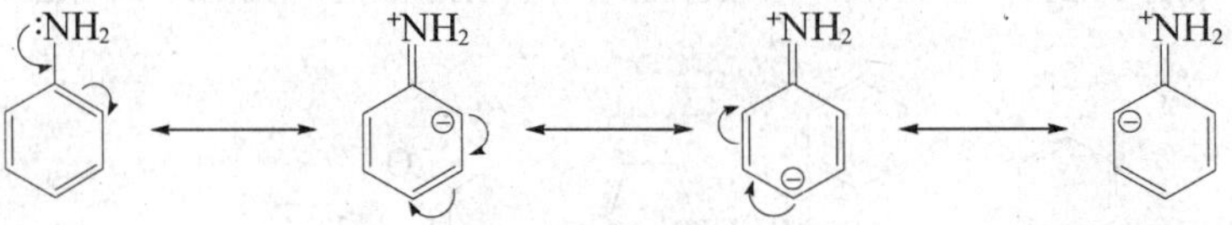

共轭作用减弱了氮原子孤对电子的可用性,因此,苯胺的碱性比较弱。否则共轭减弱或得到抑制,其碱性将增强。氮上的孤电子对与苯环共轭,使苯环邻对位电子密度增加(荷负电),因此亲电取代发生在邻对位。

问题 6 化合物 b 的碱性比 a 的强 4×10^4 倍,为什么?

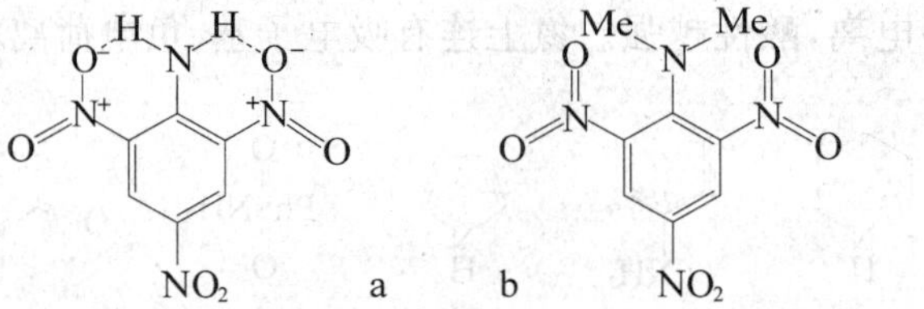

氮原子上的苯环削弱其碱性,事实上,三苯胺不显碱性,亲核性也极弱。

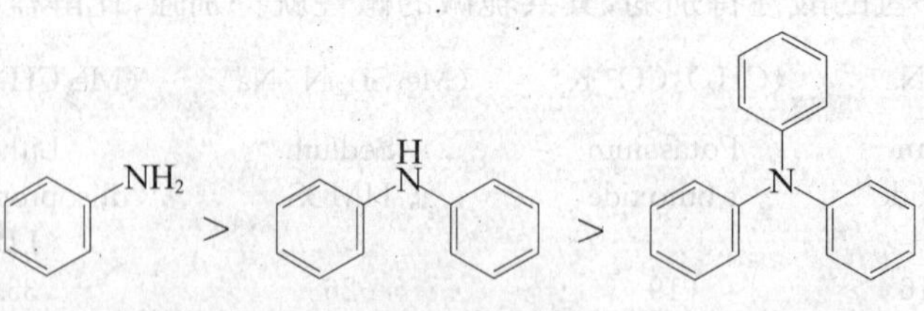

芳环上的取代基对芳胺碱性的影响:给电子效应增强碱性,吸电子效应减弱碱性,邻位效应一般减弱碱性。取代苯胺的碱性(pK_a)见表 10-1。

胺盐的应用:胺盐稳定易于保存;降低药物毒性、利于吸收;可用于分离提纯、鉴定和外消旋体拆分等。

例:癸胺(bp 221℃)与十二烷(bp 216℃)的分离。用稀盐酸提取,癸胺成盐酸盐进入水相,十二烷留在有机层,可用分液漏斗分开,水层加碱中和,游离出癸胺,分离、洗涤、干燥、蒸馏得纯癸胺。有机相经洗涤、干燥、蒸馏得纯十二烷。

表 10-1　取代苯胺的碱性强度

:NH2
G

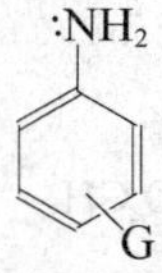

G	*ortho*	*meta*	*para*
H	4.58	4.58	4.58
Me	4.44	4.72	5.08
OMe	4.52	4.23	5.34
OH	4.72	4.17	5.50
Cl	2.65	3.52	3.98
NO_2	−0.26	2.47	1.00
CN	0.95	2.75	1.74
CF_3		3.20	2.75

2. 亲核性

烷基化：胺氮作为亲核原子发生双分子亲核取代(S_N2)，实现烷基化。

$$RCl + NH_3(excess) \longrightarrow RNH_2 + NH_4Cl$$

胺的烷基化：

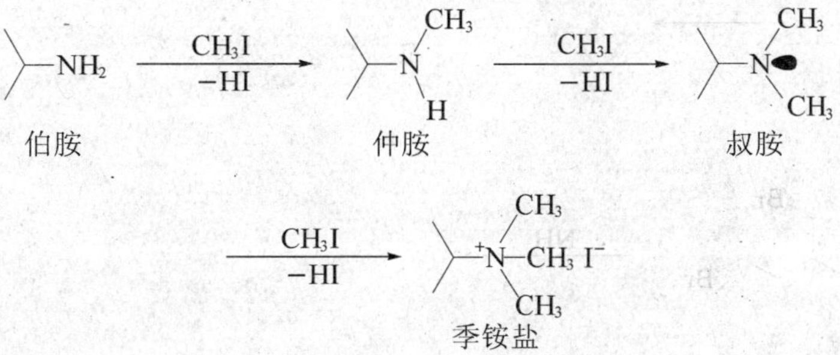

NH2
CH3I
−HI
CH3
N
H
CH3I
−HI
CH3
N
CH3
伯胺
仲胺
叔胺
CH3I
−HI
CH3
+N−CH3 I−
CH3
季铵盐

因此，伯胺转化成季铵盐需要消耗三分子碘甲烷。

例：

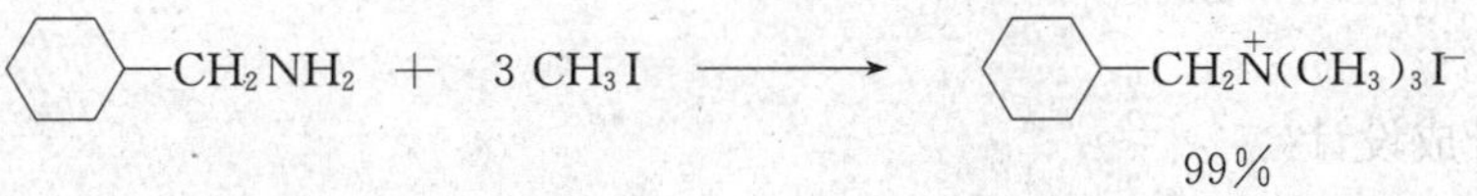

CH2NH2 + 3 CH3I
CH2N(CH3)3I−
99%

NH2
+
Cl
Cl
Cl
Cl
NH
Cl
71%

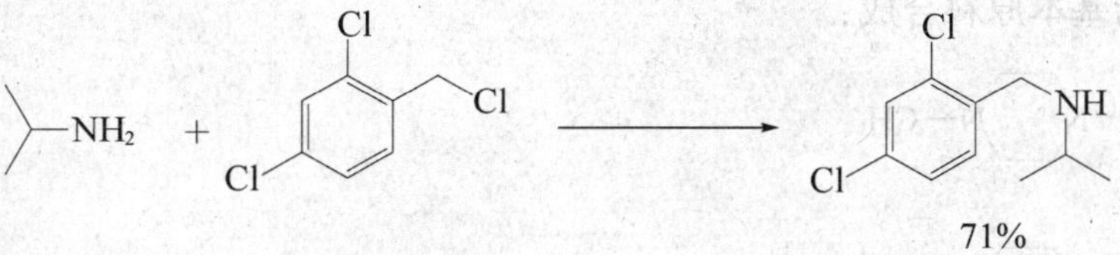

亲核开环加成：胺作为亲核试剂与环氧化合物发生亲核开环加成。

例：

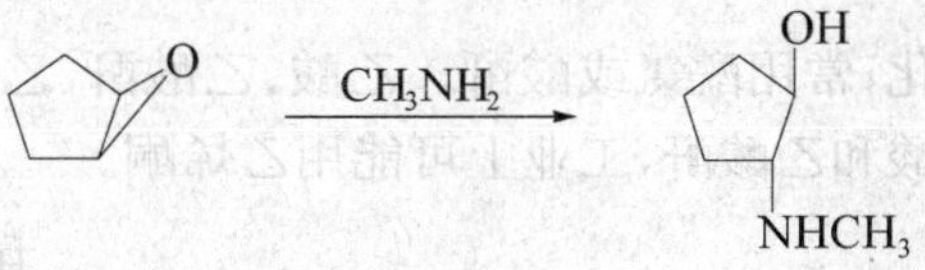

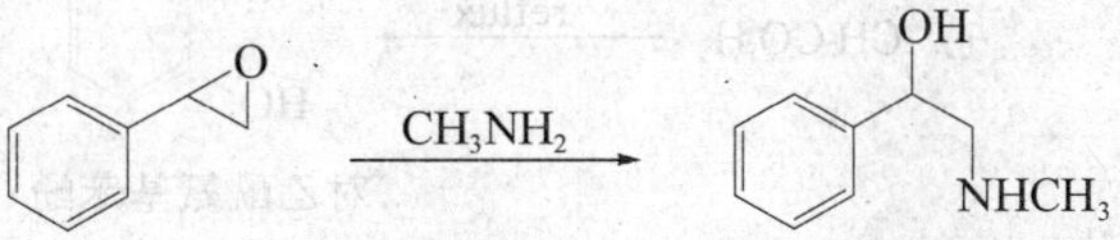

O
CH3NH2
OH
NHCH3

O
CH3NH2
OH
NHCH3

亲核共轭加成：胺作为亲核试剂与 α,β-不饱和酮等发生亲核共轭加成。

例：

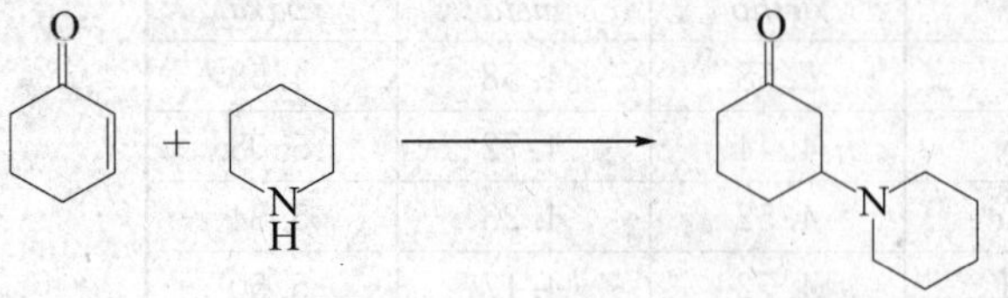

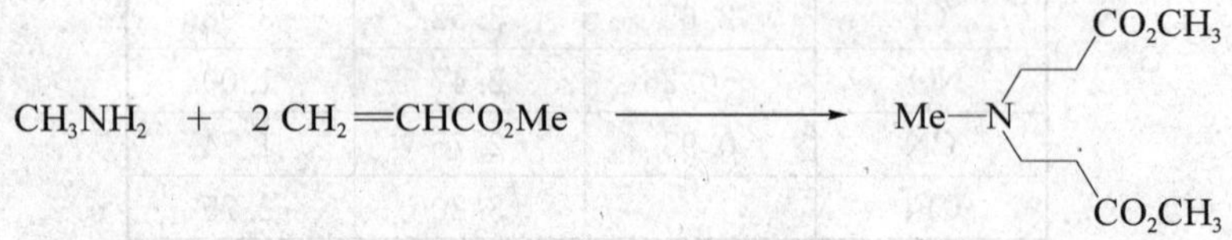

环己烯酮 + 哌啶 ⟶ 3-(哌啶-1-基)环己酮

CH_3NH_2 + 2 $CH_2=CHCO_2Me$ ⟶ $Me-N(CH_2CH_2CO_2CH_3)_2$

问题 7 完成反应

（1） $PhCH_2Cl$ + 2 $(CH_3)_2NH$ ⟶

（2） 4-(2-溴乙基)哌啶 ⟶

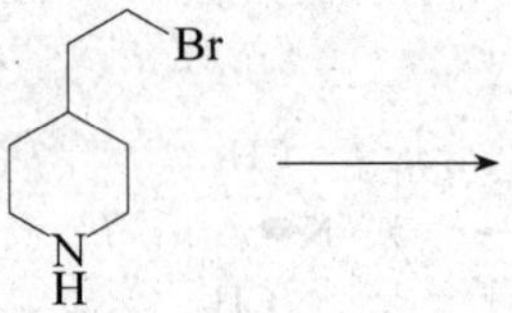

（3） 3-(溴甲基)-1,5-二溴戊烷 $\xrightarrow{NH_3}$

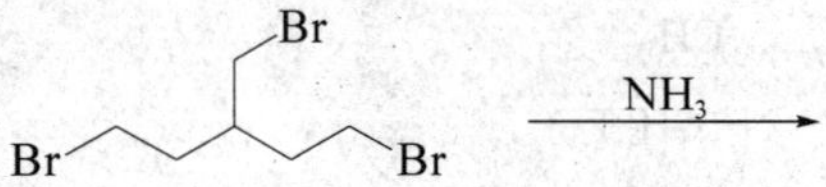

（4） 3-乙基-1,5-二溴戊烷（带支链）$\xrightarrow{NH_3}$

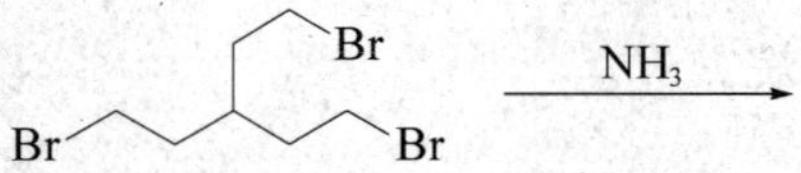

问题 8 合成设计

以环己胺为基本原料合成：

（1） 1-环己基-4-甲基哌嗪

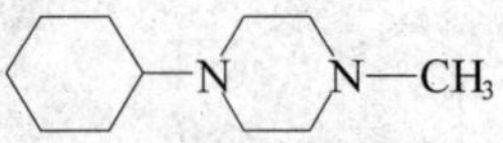

（2） 4-环己基吗啉

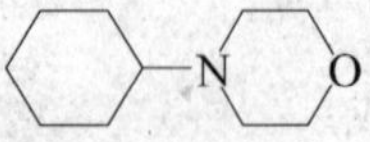

酰基化：伯、仲胺均可酰基化，常用酰氯或酸酐。乙酸、乙酸酐、乙酰氯、乙酸酯、乙烯酮等都是乙酰化剂。实验室多用乙酸和乙酸酐，工业上可能用乙烯酮。

例：

对氨基苯酚 + CH_3CO_2H $\xrightarrow{reflux}$ 对乙酰氨基苯酚（扑热息痛）

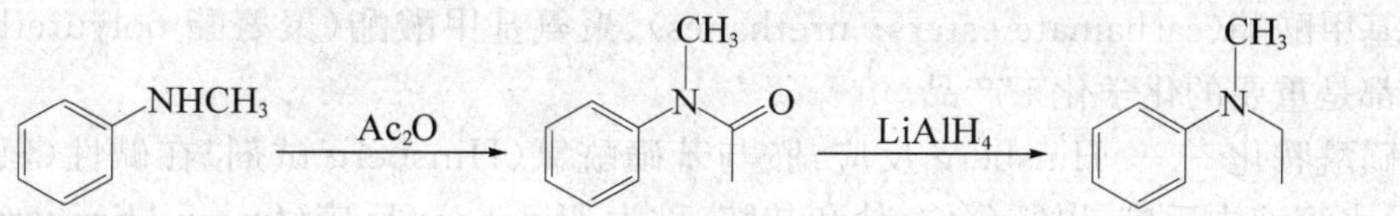

酰基化常用于氨基保护。如在苯胺硝化反应中,将氨基乙酰化,即可避免苯胺被硝酸氧化,又可降低苯环的反应活性,即去活化,以制备一硝化产物。

例：

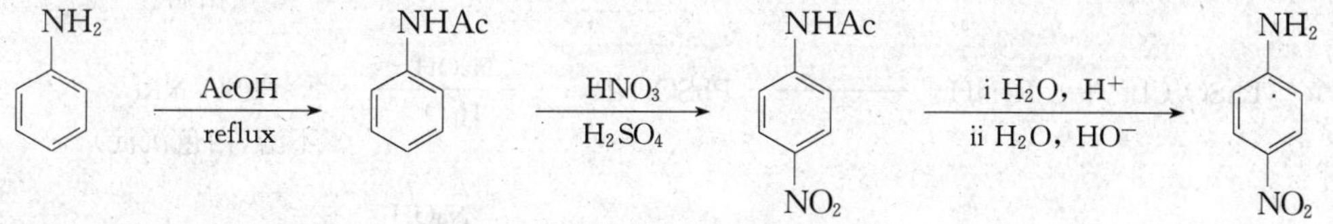

苯甲酰化：用苯甲酰氯在 Schotton‐Baumann 条件下进行。

例：

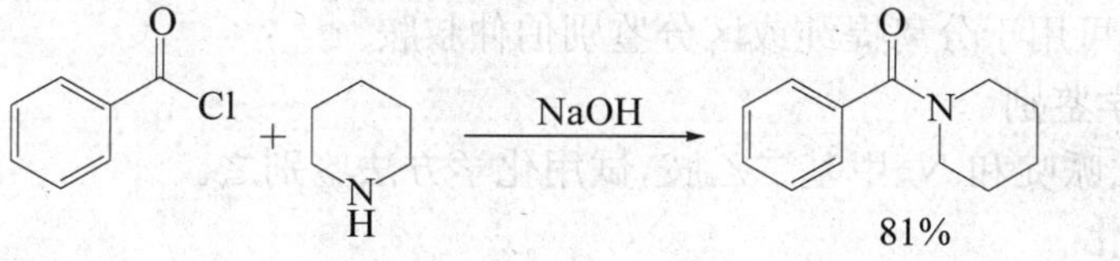

酰基化用于合成酰胺、保护氨基、去活化导向、分离提纯、结构鉴定等等。

异氰酸酯与氨基甲酸酯：芳香伯胺与碳酰氯(光气)反应,经过甲酰化、消去氯化氢生成异氰酸酯(isocyanates)。例：

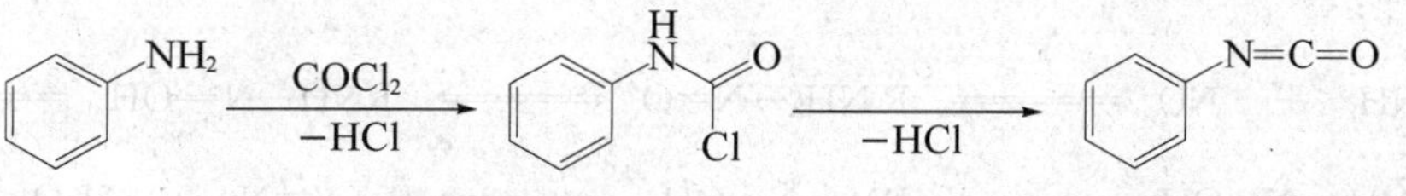

异氰酸苯酯
Phenyl isocyanate

异氰酸酯结构类似烯酮,性质活泼,易于和含活性氢的亲核试剂反应,如加成水生成氨基甲酸,不稳定,脱羧生成胺,加成醇产生氨基甲酸酯,加成胺得到二取代脲。例：

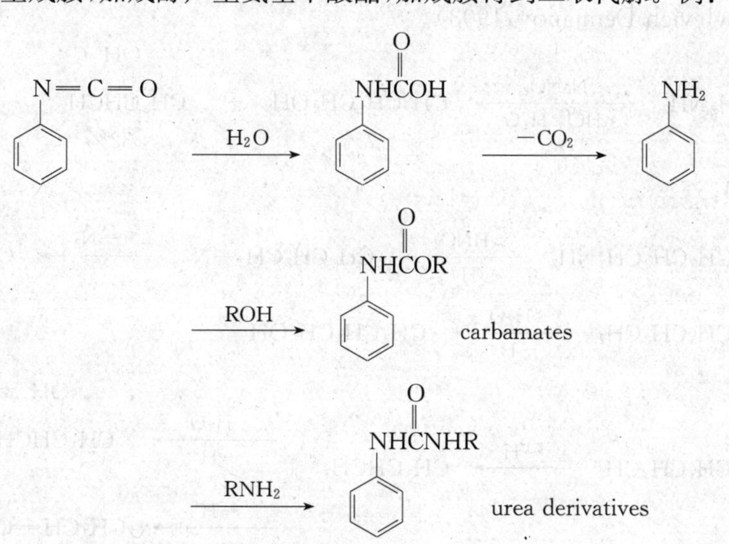

氨基甲酸酯（carbamate esters；urethanes）、聚氨基甲酸酯（聚氨酯 polyurethane）以及二取代脲都是重要的化学化工产品。

苯磺酰胺化——Hinsberg 反应：胺与苯磺酰氯（Hinsberg 试剂）在碱性（氢氧化钠或氢氧化钾）水溶液中反应，以区分伯、仲和叔胺，称为 Hinsberg 反应（Oscar Hinsberg，1890）。伯胺得到澄清溶液（伯磺酰胺溶于碱），仲胺得到沉淀（仲磺酰胺不溶于碱），叔胺不反应。

$$PhSO_2Cl + RNH_2 \longrightarrow PhSO_2NHR \xrightarrow[H_2O]{NaOH} PhSO_2N^-RNa^+$$
溶解

$$PhSO_2Cl + R_2NH \longrightarrow PhSO_2NR_2 \xrightarrow[H_2O]{NaOH} PhSO_2NR_2$$
不溶（白色沉淀）

$$PhSO_2Cl + R_3N \longrightarrow PhSO_2\overset{+}{N}R_3Cl^- \xrightarrow[H_2O]{NaOH} PhSO_3Na + NR_3$$
无变化

Hinsberg 反可用于分离提纯或区分鉴别伯仲叔胺。

问题 9 化学鉴别

兹有环戊胺、哌啶和 N-甲基二乙胺，试用化学方法鉴别之。

10.2.2.2 亚硝化

1. 脂肪胺

伯胺与亚硝酸反应，生成重氮盐（diazonium salt），称为重氮化（diazotization）反应。

$$RNH_2 + NaNO_2 + HCl \longrightarrow R-N\equiv N^+Cl^- + H_2O$$

反应机理：

$$RNH_2 + {}^+NO \rightleftharpoons R\overset{+}{N}H_2-N=O \rightleftharpoons RNH-N=\overset{+}{O}H \rightleftharpoons$$

$$R\overset{+}{N}H=N-OH \rightleftharpoons RN=N-\overset{+}{O}H_2 \rightleftharpoons R-\overset{+}{N}\equiv N + H_2O$$
重氮正离子（重氮盐）

伯胺与亚硝酸（generated *in situ*）反应，氨基经亚硝化脱水产生不稳定的重氮盐，放氮产生中间体碳正离子，最终给出醇、烯或重排产物，称为 Demjanov 反应或 Demjanov 重排（Nikolai Jakovlevich Demjanov，1903）。

例 1

$$CH_3CH_2CH_2NH_2 \xrightarrow[HCl, H_2O]{NaNO_2} CH_3CH_2CH_2OH + CH_3\underset{OH}{CHCH_3} + CH_3CH=CH_2$$
$\quad\quad\quad\quad\quad\quad\quad\quad\quad\quad\quad\quad\quad\quad\quad\quad 7\% \quad\quad\quad 32\% \quad\quad\quad 27\%$

反应机理：

$$CH_3CH_2CH_2NH_2 \xrightarrow[H^+]{HNO_2} CH_3CH_2CH_2-N_2^+ \xrightarrow{-N_2} CH_3CH_2\overset{+}{C}H_2$$

$$CH_3CH_2\overset{+}{C}H_2 \xrightarrow[-H^+]{H_2O} CH_3CH_2CH_2OH$$

$$CH_3CH_2\overset{+}{C}H_2 \xrightarrow{\sim H} CH_3\overset{+}{C}HCH_3 \xrightarrow[-H^+]{H_2O} CH_3\underset{OH}{CHCH_3}$$

$$\xrightarrow{-H^+} CH_3CH=CH_2$$

例 2

$$(CH_3)_2CHCH_2NH_2 \xrightarrow[HCl, H_2O]{NaNO_2} (CH_3)_2CHCH_2OH + (CH_3)_3COH$$
$$25\% \qquad\qquad 75\%$$

反应机理：

$$(CH_3)_2CHCH_2NH_2 \xrightarrow[H^+]{HNO_2} (CH_3)_2CHCH_2N_2^+ \xrightarrow{-N_2} (CH_3)_2CH\overset{+}{C}H_2$$

$$(CH_3)_2CH\overset{+}{C}H_2 \xrightarrow[-H^+]{H_2O} (CH_3)_2CHCH_2OH$$

$$(CH_3)_2CH\overset{+}{C}H_2 \xrightarrow{\sim H} (CH_3)_3C^+ \xrightarrow[-H^+]{H_2O} (CH_3)_3COH$$

所产生的碳正离子若足够稳定，就不需要重排，因而伯胺亚硝化反应不总是伴随重排。

例：

$$CH_3CH_2C(CH_3)_2NH_2 \xrightarrow[HCl, H_2O]{NaNO_2} CH_3CH_2C(CH_3)_2OH + \text{烯烃} + \text{烯烃}$$
$$80\% \qquad\qquad 3\% \qquad\quad 2\%$$

适当的邻位基团可能参与稳定所产生的碳正离子，此即邻基参与（neighboring group participation）。

$$PhCH_2^*CH_2NH_2 \xrightarrow[HCl, H_2O]{NaNO_2} PhCH_2^*CH_2OH + Ph^*CH_2CH_2OH$$
$$*C = {}^{14}C \qquad\qquad 50\% \qquad\qquad 50\%$$

问题 10 建议机理

（1）解释上述反应。

（2）

$$PhC(CH_3)_2CH_2NH_2 \xrightarrow[HCl, H_2O]{NaNO_2} PhCH_2C(CH_3)_2OH$$

环烷甲基伯胺的亚硝化重排：

$$\text{环丁基}-CH_2NH_2 \xrightarrow[HCl, H_2O]{NaNO_2} \text{环戊醇} + \text{环丁基}-CH_2OH$$

反应机理：

$$\text{环丁基}-CH_2NH_2 \xrightarrow[H^+]{HNO_2} \text{环丁基}-CH_2N_2^+ \xrightarrow{-N_2} \text{环丁基}-\overset{+}{C}H_2$$

$$\text{环丁基}-\overset{+}{C}H_2 \xrightarrow[-H^+]{H_2O} \text{环丁基}-CH_2OH$$

$$\text{环丁基}-\overset{+}{C}H_2 \xrightarrow{\sim H} \text{环戊基}^+ \xrightarrow[-H^+]{H_2O} \text{环戊醇}$$

环烷基伯胺的亚硝化重排：

$$\text{环丁基-NH}_2 \xrightarrow[\text{HCl, H}_2\text{O}]{\text{NaNO}_2} \text{环丁基-OH} + \text{环丙基-CH}_2\text{OH}$$

反应机理：

$$\text{环丁基-NH}_2 \xrightarrow[\text{H}^+]{\text{HNO}_2} \text{环丁基-N}_2^+ \xrightarrow{-\text{N}_2} \text{环丁基}^+$$

$$\text{环丁基}^+ \xrightarrow[-\text{H}^+]{\text{H}_2\text{O}} \text{环丁基-OH}$$

$$\text{环丁基}^+ \xrightarrow{\sim\text{H}} \text{环丙基-}\overset{+}{\text{CH}}_2 \xrightarrow[-\text{H}^+]{\text{H}_2\text{O}} \text{环丙基-CH}_2\text{OH}$$

α-氨甲基环醇的亚硝化扩环重排—— Tiffieneau-Demjanov 重排

α-氨甲基环醇——β-氨基醇与亚硝酸反应，发生扩环重排，生成高一级的环酮，称为 Tiffieneau-Demjanov 重排 (Marc Tiffeneau, 1937)。

例：

$$\text{1-氨甲基环庚醇} \xrightarrow[\text{HCl, H}_2\text{O}]{\text{NaNO}_2} \text{环辛酮} \quad 61\%$$

反应机理：

$$\text{1-氨甲基环庚醇} \xrightarrow[\text{H}^+]{\text{HNO}_2} \text{重氮中间体} \xrightarrow[-\text{H}^+]{-\text{N}_2} \text{环辛酮}$$

合成应用——扩环合成。两种方法制备 α-氨甲基环醇：氢化氰（HCN）法 —— 环酮亲核加成氢化氰-还原，适用于小环与普通环；硝基甲烷（MeNO$_2$）法——Henry 缩合-还原，适用于中大环。

问题 11 完成转化

环戊酮 $\Longrightarrow$ 环己酮

环辛酮 $\Longrightarrow$ 环癸酮

仲胺亚硝化：仲胺亚硝化得亚硝基胺。

$$\text{R}_2\text{NH} \xrightarrow[\text{HCl, H}_2\text{O}]{\text{NaNO}_2} \text{R}_2\text{N-N=O} \xrightarrow{[\text{H}]} \text{R}_2\text{N-NH}_2$$

黄色的亚硝胺多具较高的毒性，如 R＝CH$_3$、C$_2$H$_5$，是公认的致癌物。

亚硝胺还原生成不对称二取代肼(偏二取代肼),如偏二甲基肼可用作火箭燃料。

2. 芳香胺

1) 芳伯胺重氮化

芳香伯胺在强酸性条件下亚硝化生成芳重氮盐(aryl diazonium salt),称为芳香重氮化(diazotization):

$$\text{ArNH}_2 + \text{NaNO}_2 + \text{HCl} \xrightarrow{0\sim5℃} \text{Ar}\overset{+}{\text{N}}\equiv\text{N Cl}^- + \text{NaCl} + \text{H}_2\text{O}$$

芳重氮盐在有机合成上有重要应用(见后)。

2) 芳仲胺亚硝化

芳基仲胺亚硝化生成亚硝基胺。

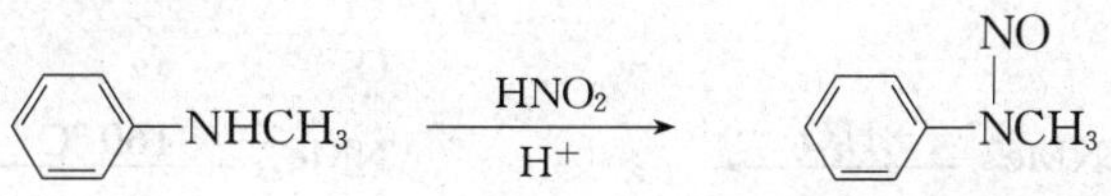

Ph-NHCH$_3$ $\xrightarrow{\text{HNO}_2, \text{H}^+}$ Ph-N(NO)CH$_3$

N-甲基-*N*-亚硝基苯胺

3) 芳叔胺亚硝化

芳叔胺如 *N*,*N*-二甲基苯胺与亚硝酸反应,生成苯环亚硝化的产物:

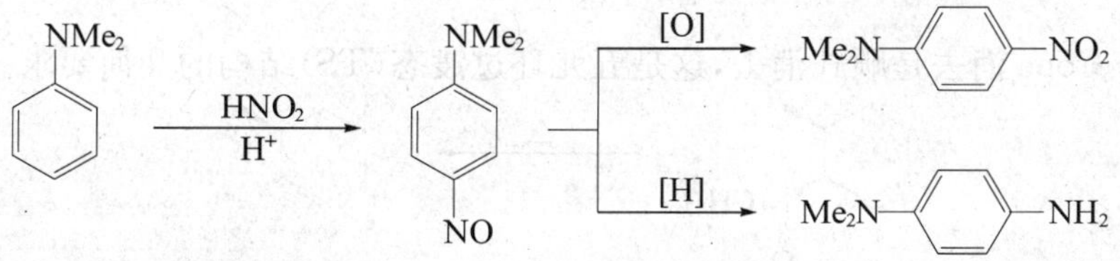

PhNMe$_2$ $\xrightarrow{\text{HNO}_2, \text{H}^+}$ 4-NO-C$_6$H$_4$-NMe$_2$
$\xrightarrow{[O]}$ Me$_2$N-C$_6$H$_4$-NO$_2$
$\xrightarrow{[H]}$ Me$_2$N-C$_6$H$_4$-NH$_2$

亚硝基(NO)类似于羰基(C═O),是强吸电子基,活化邻对位的离去基,可发生活化芳香亲核取代;活化邻对位侧链的 α-氢,可发生缩合反应。

10.2.2.3 胺的氧化

胺类化合物多易氧化。

1. 氧化叔胺与 Cope 消去

叔胺氧化生成 *N*-氧化物(*N*-oxide)即氧化叔胺。例:

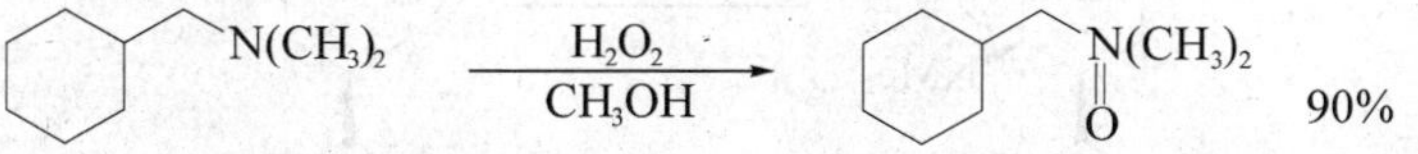

C$_6$H$_{11}$CH$_2$N(CH$_3$)$_2$ $\xrightarrow{\text{H}_2\text{O}_2, \text{CH}_3\text{OH}}$ C$_6$H$_{11}$CH$_2$N$^+$(CH$_3$)$_2$O$^-$ 90%

N,*N*-二甲基环己甲胺   *N*,*N*-二甲基环己甲胺-N-氧化物

氧化叔胺的特性:氧化叔胺分子的极性较大;三个不相同烃基取代的氧化叔胺可能构成手性分子;含 β-氢的氧化叔胺可发生热消去反应——Cope 消去。

Cope 消去反应:含 β-氢的氧化叔胺受热分解产生烯烃和羟胺,称为 Cope 消去(elimination)或 Cope 反应(Arthur C. Cope,1949)。例:

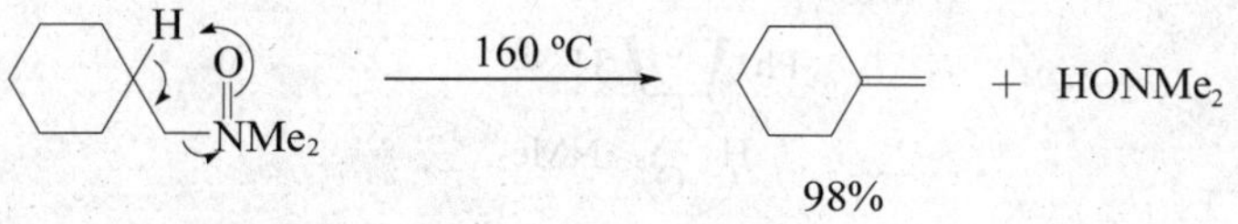

环己基-CH(H)-N$^+$Me$_2$-O$^-$ $\xrightarrow{160℃}$ 亚甲基环己烷 + HONMe$_2$

98%

Cope 消去经历了五元环过渡态(TS)。

若有两种 β-氢时,产物是以 Hofmann 烯为主的混合物;若产物烯烃有顺反异构,一般以 E 型产物为主。

$$\text{（CH}_3\text{CH(NMe}_2\text{=O)CH}_2\text{CH}_3\text{）} \xrightarrow{150\ ^\circ\text{C}} CH_3CH=CHCH_3 + CH_3CH_2CH=CH_2$$
$E\ 21\%,\ Z\ 12\%$ 67%

Cope 消去用于分子除氮、生成烯键等。

例:完成转化

$$CH_2=CHCH_2CH_2CO_2H \Longrightarrow CH_2=CHCH_2CH=CH_2$$

解:

$$\text{烯}-CO_2H \xrightarrow[\text{ii Me}_2\text{NH}]{\text{i SOCl}_2} \text{烯}-CONMe_2 \xrightarrow{LiAlH_4}$$

$$\text{烯}-NMe_2 \xrightarrow{H_2O_2} \text{烯}-N(Me_2)=O \xrightarrow{160\ ^\circ\text{C}} CH_2=CHCH_2CH=CH_2\ (61\%)$$

问题 12 完成转化

$$CH_3(CH_2)_{10}CO_2H \Longrightarrow CH_3(CH_2)_9CH=CH_2$$

立体化学: Cope 消去是顺式消去,这是五元环过渡态(TS)结构的几何要求。

例 1

（环己烷衍生物，顺式 2-甲基-N,N-二甲基氨基氧化物 → 3-甲基环己烯）

TS

例 2

（薄荷基二甲胺 → $\xrightarrow[\text{ii}\ \triangle]{\text{i H}_2\text{O}_2}$ → 烯烃产物, 100%）

开链的氧化叔胺热分解也是严格按照顺式消去的规律进行的。

例:

$$\text{Ph-CH(Me)-CH(Me)-N(Me)}_2\text{=O} \xrightarrow{\triangle} \underset{\text{Me}}{\overset{\text{Ph}}{>}}C=C\underset{\text{Me}}{\overset{\text{H}}{<}}\ (100\%)$$

TS

问题 13 完成反应

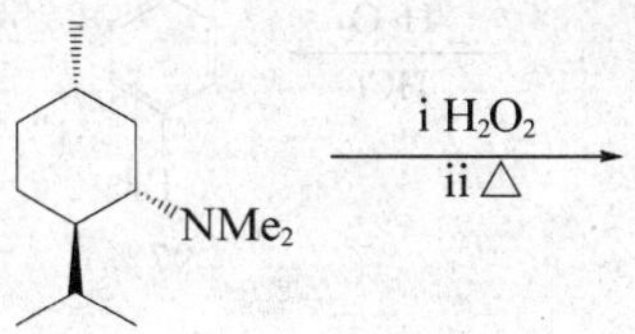

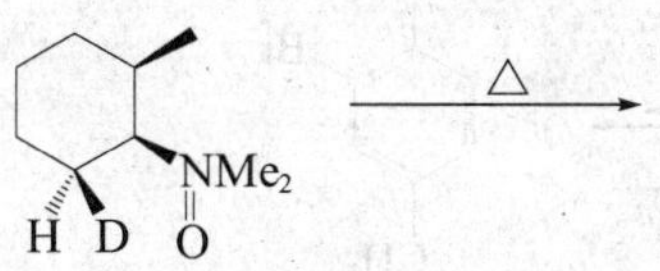

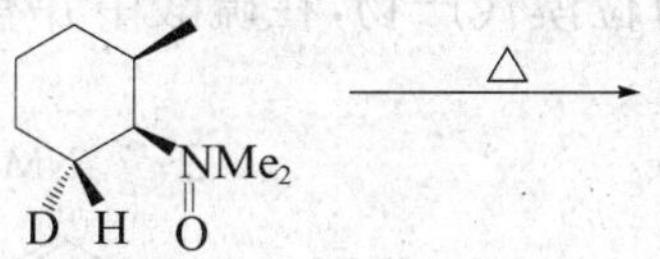

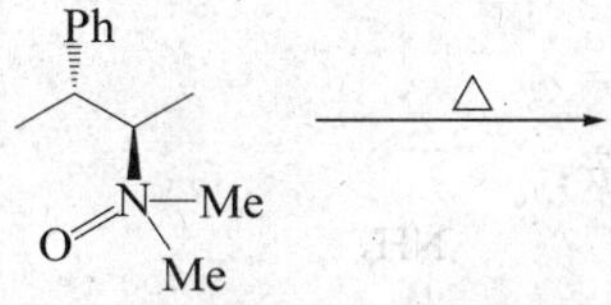

[Structure: trans-menthyl NMe₂ cyclohexane] —i H₂O₂; ii △→

[Structure: 2-methyl-1-(NMe₂ N-oxide) cyclohexane with H,D stereochem] —△→

[Structure: 2-methyl-1-(NMe₂ N-oxide) cyclohexane with D,H stereochem] —△→

[Structure: PhCH(—)—CH(Me)—N⁺(O⁻)(Me)Me] —△→

2. 芳胺氧化

芳胺易氧化，首先成醌，再缩合、聚合等，反应产物复杂，颜色较深。

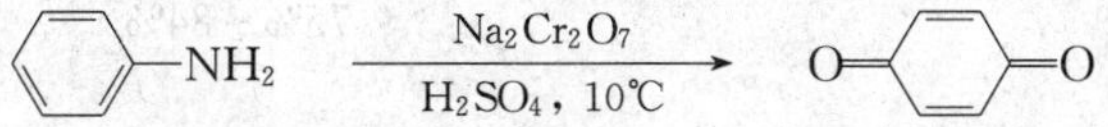

$$PhNH_2 \xrightarrow[H_2SO_4, 10℃]{Na_2Cr_2O_7} \text{对苯醌}$$

10.2.2.4 芳胺环上的亲电取代反应

氨基(NH_2)、烃基取代氨基如 $NHCH_3$、$N(CH_3)_2$ 等是强活化的邻对位定位基。

1. 卤代

苯胺与溴水反应生成 2,4,6-三溴苯酚，看到的是白色沉淀。

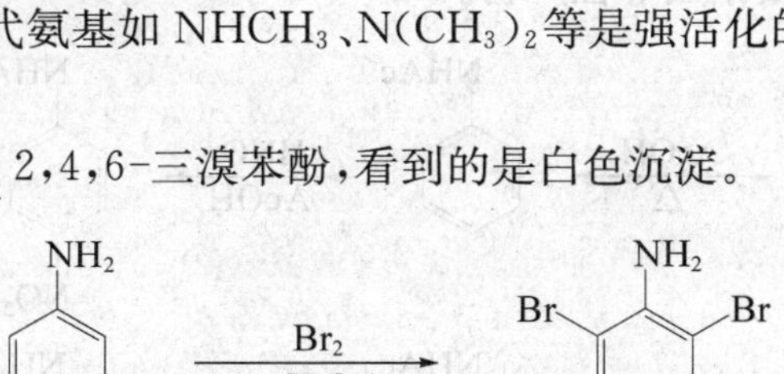

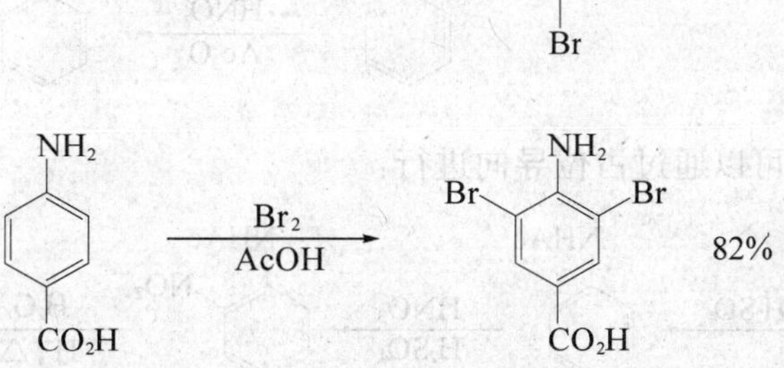

$$PhNH_2 \xrightarrow[H_2O]{Br_2} \text{2,4,6-三溴苯胺}$$

$$\text{4-氨基苯甲酸} \xrightarrow[AcOH]{Br_2} \text{3,5-二溴-4-氨基苯甲酸 (82\%)}$$

乙酰化降低了氨基的活化能力，可实现一卤代的去活化导向。

例：

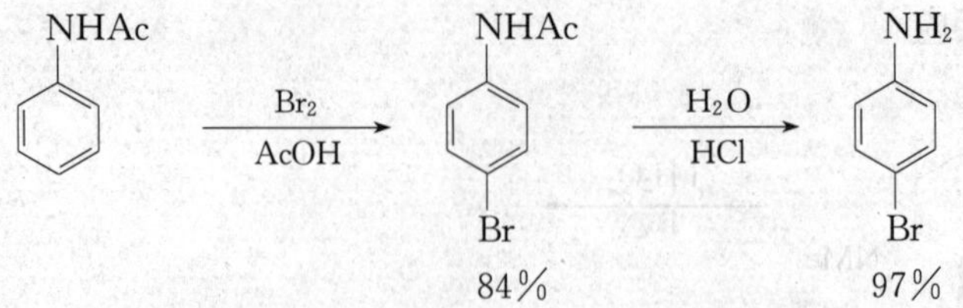

$\text{PhNHAc} \xrightarrow{\text{Br}_2 / \text{AcOH}} \text{4-Br-C}_6\text{H}_4\text{-NHAc} \; (84\%) \xrightarrow{\text{H}_2\text{O} / \text{HCl}} \text{4-Br-C}_6\text{H}_4\text{-NH}_2 \; (97\%)$

问题 14 完成转化

4-甲基苯胺 ⟹ 2-溴-4-甲基苯胺

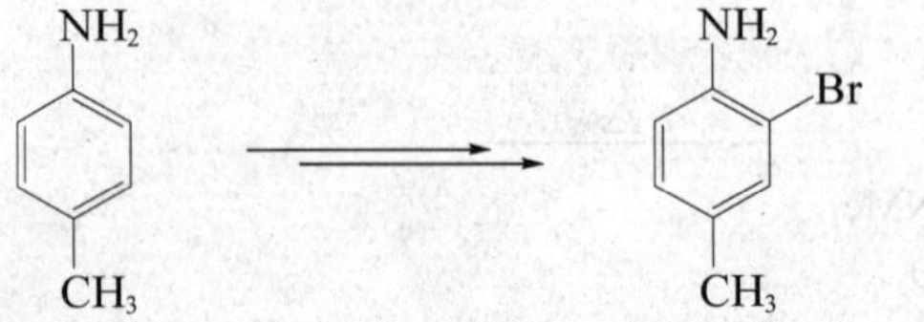

N,N-二甲基苯胺在乙酸中溴化主要产生对位溴代产物，在硫酸中并有硫酸银存在下溴代，则主要得到间位溴代产物。

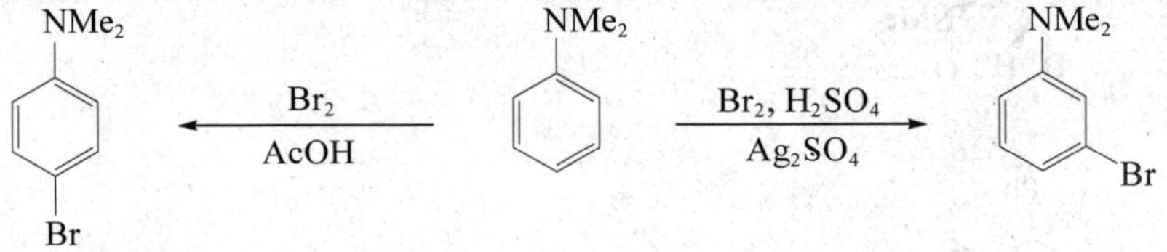

$\text{4-Br-C}_6\text{H}_4\text{-NMe}_2 \xleftarrow{\text{Br}_2 / \text{AcOH}} \text{PhNMe}_2 \xrightarrow{\text{Br}_2, \text{H}_2\text{SO}_4 / \text{Ag}_2\text{SO}_4} \text{3-Br-C}_6\text{H}_4\text{-NMe}_2$

苯胺与碘在碳酸氢钠存在下反应得到对碘苯胺：

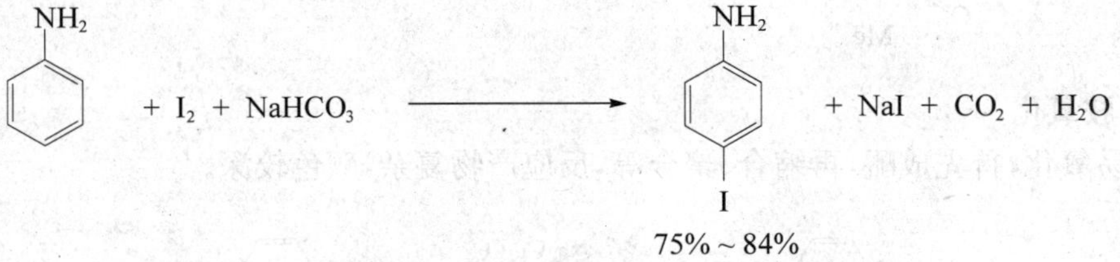

$\text{PhNH}_2 + \text{I}_2 + \text{NaHCO}_3 \longrightarrow \text{4-I-C}_6\text{H}_4\text{-NH}_2 \; (75\% \sim 84\%) + \text{NaI} + \text{CO}_2 + \text{H}_2\text{O}$

2. 硝化

芳胺易氧化，不能直接硝化。酰化后可顺利进行。用硝酸在乙酸中进行主要得到对位产物，而在乙酸酐中反应则主要给出邻位产物。

例：

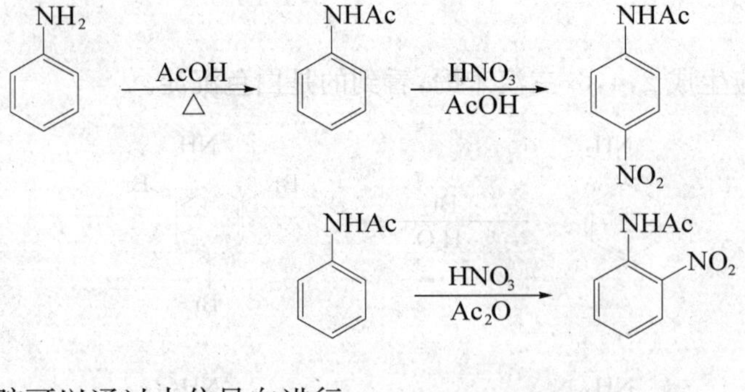

$\text{PhNH}_2 \xrightarrow{\text{AcOH}, \triangle} \text{PhNHAc} \xrightarrow{\text{HNO}_3 / \text{AcOH}} \text{4-O}_2\text{N-C}_6\text{H}_4\text{-NHAc}$

$\text{PhNHAc} \xrightarrow{\text{HNO}_3 / \text{Ac}_2\text{O}} \text{2-O}_2\text{N-C}_6\text{H}_4\text{-NHAc}$

制备邻硝基苯胺可以通过占位导向进行：

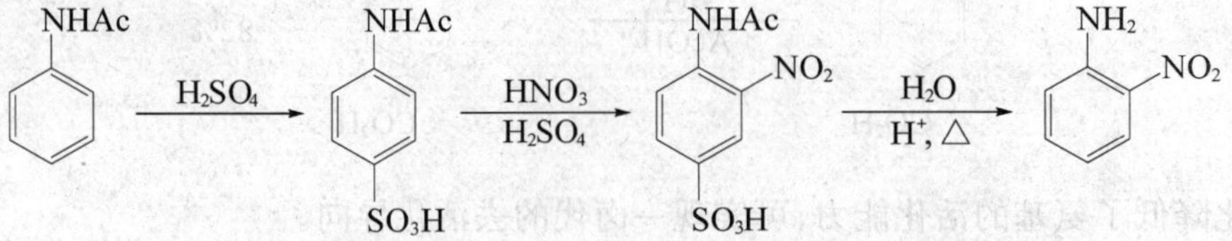

$\text{PhNHAc} \xrightarrow{\text{H}_2\text{SO}_4} \text{4-HO}_3\text{S-C}_6\text{H}_4\text{-NHAc} \xrightarrow{\text{HNO}_3 / \text{H}_2\text{SO}_4} \text{4-HO}_3\text{S-3-O}_2\text{N-C}_6\text{H}_3\text{-NHAc} \xrightarrow{\text{H}_2\text{O} / \text{H}^+, \triangle} \text{2-O}_2\text{N-C}_6\text{H}_4\text{-NH}_2$

问题 15 完成转化

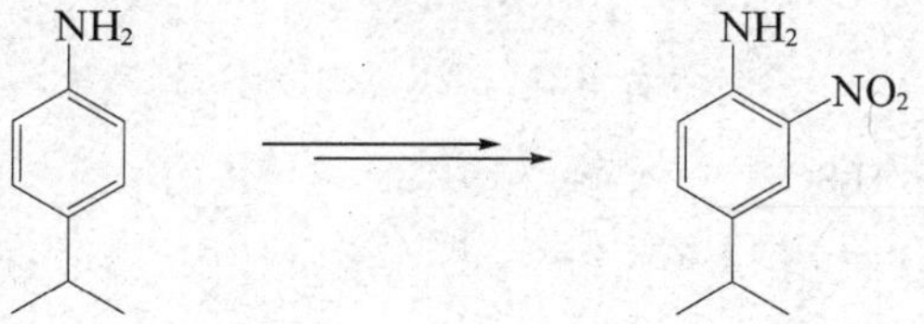

[4-异丙基苯胺 → 2-硝基-4-异丙基苯胺]

3. 磺化

苯胺在高温下磺化得对氨基苯磺酸：

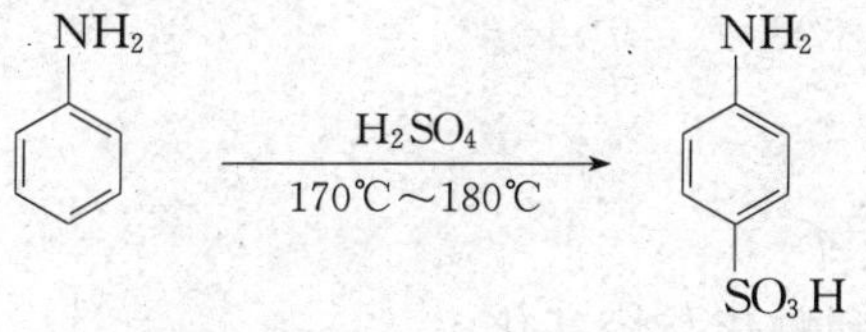

$$\text{PhNH}_2 \xrightarrow[170℃\sim180℃]{H_2SO_4} \text{对氨基苯磺酸}$$

首先生成苯胺硫酸盐，然后脱水转化成苯胺磺酸，在高温下苯胺磺酸重排产生对氨基苯磺酸。

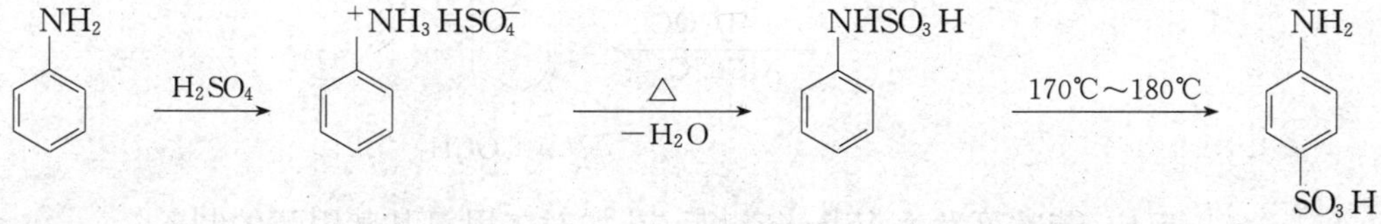

$$\text{PhNH}_2 \xrightarrow{H_2SO_4} \text{PhNH}_3^+ HSO_4^- \xrightarrow[-H_2O]{\triangle} \text{PhNHSO}_3H \xrightarrow{170℃\sim180℃} \text{对氨基苯磺酸}$$

苯胺磺酸重排

苯胺氮质子化，解离出磺酸基正离子——有效的亲电试剂，接受苯胺环提供的电子，形成碳-硫键，消去质子，完成芳香亲电取代。

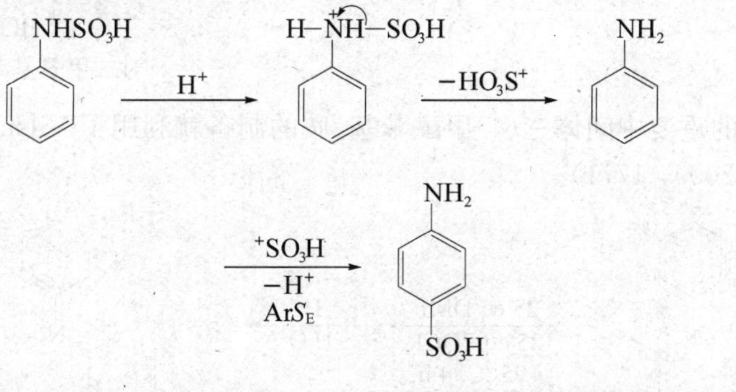

[机理图示：PhNHSO₃H $\xrightarrow{H^+}$ H-NH-SO₃H $\xrightarrow{-HO_3S^+}$ PhNH₂ $\xrightarrow[ArS_E]{+SO_3H, -H^+}$ 对氨基苯磺酸]

这是分子内的芳香亲电取代反应。事实上，N-取代苯胺重排是普遍现象（见 10.2.4 个别化合物苯胺）。

对氨基苯磺酸(4-aminobenzenesulfonic acd；sulfanilic acid)以内盐的形式存在，其熔点特别高，mp＞300℃。

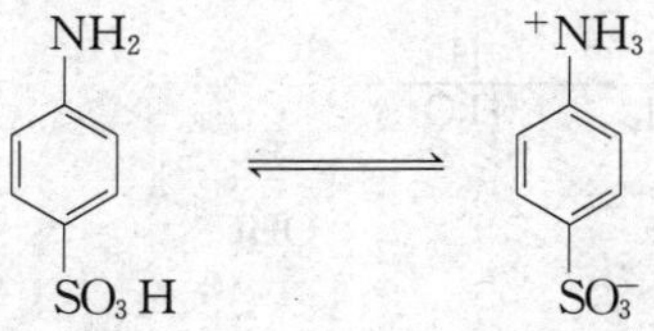

[对氨基苯磺酸 ⇌ 内盐形式]

对氨基苯磺酸用于合成染料、指示剂等，也是组氨酸(histidine)的检测试剂。

问题 16 完成反应

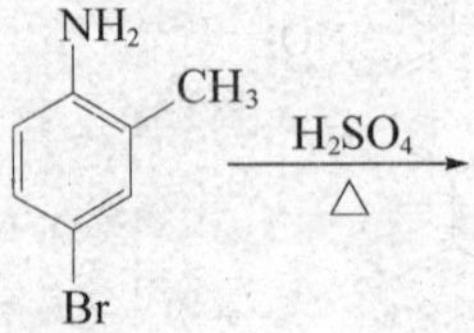

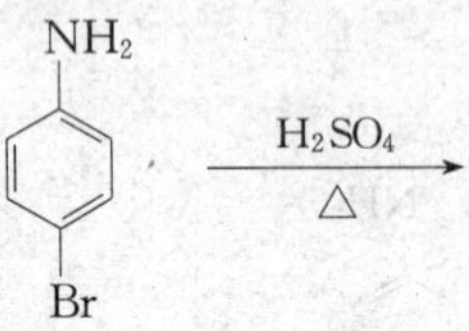

2-甲基-4-溴苯胺 $\xrightarrow[\Delta]{H_2SO_4}$

4-溴苯胺 $\xrightarrow[\Delta]{H_2SO_4}$

4. Friedel-Crafts 反应

芳伯仲胺酰化后可顺利酰化与烃基化。

例：

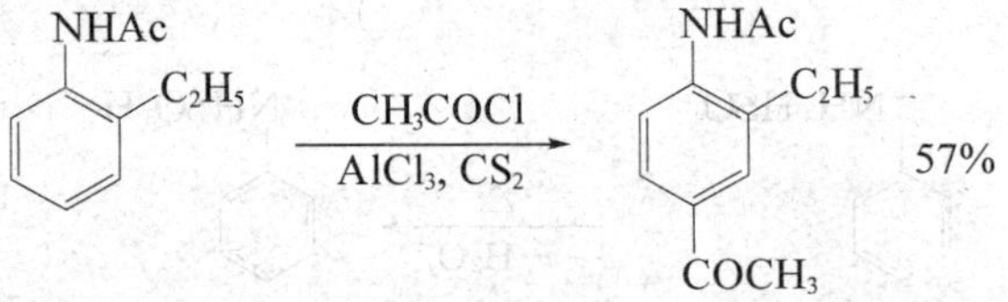

邻乙基乙酰苯胺 $\xrightarrow[AlCl_3, CS_2]{CH_3COCl}$ 产物 57%

Vilsmeier 反应： 芳胺可发生 Vilsmeier 反应，如对二甲氨基苯甲醛的制备：

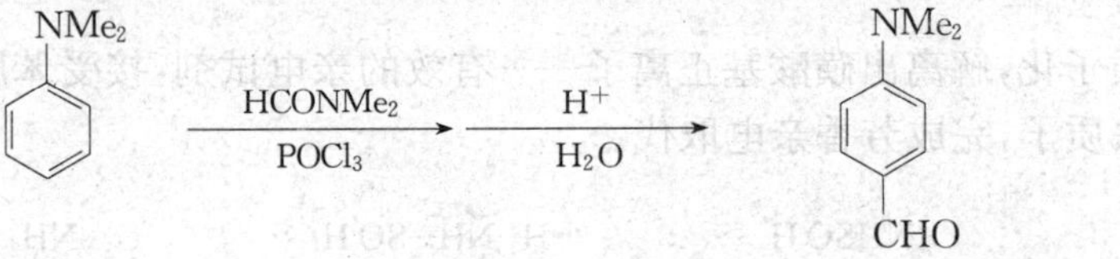

N,N-二甲基苯胺 $\xrightarrow[POCl_3]{HCONMe_2}$ $\xrightarrow[H_2O]{H^+}$ 对二甲氨基苯甲醛

材料化学中的重要中间体三(4-甲酰苯基)胺的制备就利用了 Vilsmeier 反应(T. Mallegol *et al. Synthesis* 2005, 1771)。

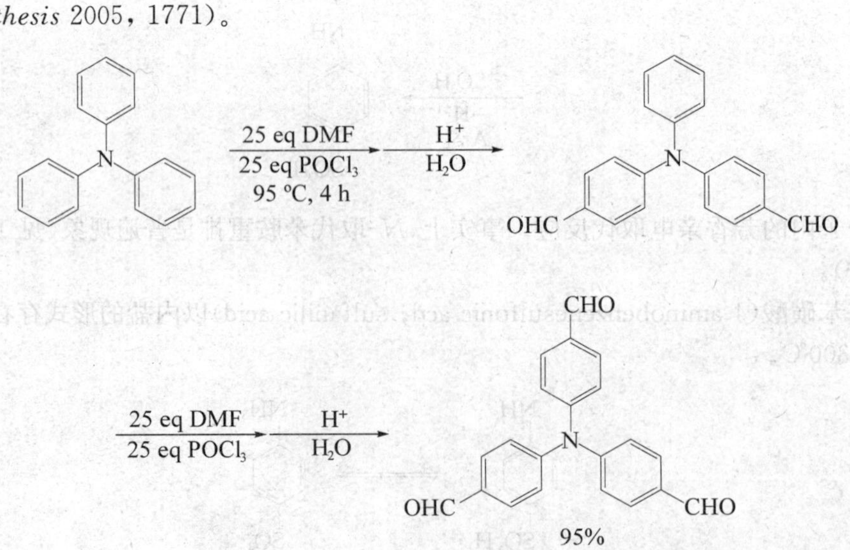

三苯胺 $\xrightarrow[\text{25 eq POCl}_3]{\text{25 eq DMF}} \xrightarrow[H_2O]{H^+}$ 产物

$\xrightarrow[\text{25 eq POCl}_3]{\text{25 eq DMF}} \xrightarrow[H_2O]{H^+}$ 三(4-甲酰苯基)胺 95%

10.2.3 胺的制备

10.2.3.1 还原

1. 硝基还原

硝基还原是制备胺的基本途径,有化学法和催化加氢两种方法。例:

$$\text{4-ClC}_6\text{H}_4\text{NO}_2 \xrightarrow{\text{Fe, HCl}} \xrightarrow{\text{NaOH}} \text{4-ClC}_6\text{H}_4\text{NH}_2 \quad 95\%$$

$$\text{2,4-(NO}_2)_2\text{-C}_6\text{H}_3\text{CH}_3 \xrightarrow{\text{Fe, HCl}} \xrightarrow{\text{NaOH}} \text{2,4-(NH}_2)_2\text{-C}_6\text{H}_3\text{CH}_3 \quad 74\%$$

$$\text{2-O}_2\text{N-C}_6\text{H}_4\text{CHO} \xrightarrow[\text{NH}_3 \cdot \text{H}_2\text{O}]{\text{FeSO}_4} \text{2-H}_2\text{N-C}_6\text{H}_4\text{CHO} \quad 69\% \sim 75\%$$

$$\text{3-O}_2\text{N-C}_6\text{H}_4\text{COCH}_3 \xrightarrow[\text{HCl}]{\text{Sn}} \text{3-H}_2\text{N-C}_6\text{H}_4\text{COCH}_3 \quad 82\%$$

$$\text{3-O}_2\text{N-C}_6\text{H}_4\text{CHO} \xrightarrow[\text{HCl}]{\text{SnCl}_2} \text{3-H}_2\text{N-C}_6\text{H}_4\text{CHO}$$

多硝基的部分还原可用计量的 Na_2S、NaSH、$(\text{NH}_4)_2\text{S}$、NH_4SH 等硫化物以及氯化亚锡-盐酸($\text{SnCl}_2\text{-HCl}$)实现。

例:

$$\text{2,4-(NO}_2)_2\text{-C}_6\text{H}_3\text{CH}_3 \xrightarrow[\text{HCl}]{\text{SnCl}_2} \text{2-NH}_2\text{-4-NO}_2\text{-C}_6\text{H}_3\text{CH}_3$$

$$\text{2,4-(NO}_2)_2\text{-C}_6\text{H}_3\text{CHO} \xrightarrow{\text{NH}_4\text{SH}} \text{2-NO}_2\text{-4-NH}_2\text{-C}_6\text{H}_3\text{CHO}$$

催化加氢还原:

$$\text{对-}O_2N\text{-}C_6H_4\text{-}CONH_2 \xrightarrow{H_2/Ni} \text{对-}H_2N\text{-}C_6H_4\text{-}CONH_2$$

$$\text{间-}O_2N\text{-}C_6H_4\text{-}CO_2Me \xrightarrow{H_2/Pt} \text{间-}H_2N\text{-}C_6H_4\text{-}CO_2Me$$

2. 酰胺、肟、腈的还原

酰胺、肟、腈等含氮化合物都可还原成胺，是制备胺的重要方法。例：

$$\text{CH}_3\text{CH}_2\text{CH}_2\text{CONHCH}_2\text{CH}_2\text{CH}_2\text{CH}_3 \xrightarrow[\text{ii H}_2\text{O}]{\text{i LiAlH}_4} \text{CH}_3(\text{CH}_2)_3\text{NH}(\text{CH}_2)_3\text{CH}_3 \quad 88\%$$

$$\text{CH}_3\text{CH}_2\text{CH}_2\text{C}(=\text{NOH})\text{CH}_3 \xrightarrow[\text{EtOH}]{H_2,\text{Ni}} \text{CH}_3\text{CH}_2\text{CH}_2\text{CH}(\text{NH}_2)\text{CH}_3 \quad 85\%$$

2,2-二苯基环己酮肟 $\xrightarrow[\text{ii H}_2\text{O}]{\text{i LiAlH}_4}$ 2,2-二苯基环己胺 88%

$$\text{CH}_3(\text{CH}_2)_5\text{CH}=\text{NOH} \xrightarrow[\text{EtOH}]{\text{Na}} \text{CH}_3(\text{CH}_2)_5\text{CH}_2\text{NH}_2 \quad 73\%$$

$$\text{C}_6\text{H}_5\text{CH}_2\text{CN} \xrightarrow[\text{Ac}_2\text{O}]{H_2,\text{Ni}} \text{C}_6\text{H}_5\text{CH}_2\text{NHCOCH}_3 \quad 97\%$$

3. 醛酮还原胺化

醛酮与氨或伯胺缩合脱水成亚胺（imine）中间体，再还原成胺（amine），此为还原胺化（reductive amination）。

例：

$$\text{环己酮} \xrightarrow[\text{NH}_3]{H_2,\text{Ni}} \text{环己胺} \quad 80\%$$

反应可能经历了氨（胺）亲核加成羰基，脱水生成中间体亚胺。亚胺易还原（催化加氢或化学法)成胺。

$$\text{cyclohexanone} \xrightarrow{NH_3} \text{1-amino-1-hydroxycyclohexane} \xrightarrow{-H_2O} \text{cyclohexanimine (亚胺 imine)}$$

$$\xrightarrow{H_2/Ni} \text{cyclohexylamine}$$

仲胺也可以与醛酮反应实现还原胺化。例如，正丁醛与哌啶一起催化氢化产生高产率的N-丁基哌啶：

$$\text{CH}_3\text{CH}_2\text{CH}_2\text{CHO} + \text{piperidine} \xrightarrow{H_2, Ni} \text{N-butylpiperidine} \quad 93\%$$

仲胺亲核加成羰基，脱水产生中间体烯胺(enamine)。

$$\text{CH}_3\text{CH}_2\text{CH}_2\text{CHO} + \text{piperidine} \longrightarrow \text{α-hydroxy intermediate} \xrightarrow{-H_2O} \text{烯胺 enamine}$$

烯胺质子化即是亚胺盐(iminium)，亚胺盐脱质子就是烯胺。

$$\text{烯胺 enamine} \underset{-H^+}{\overset{H^+}{\rightleftharpoons}} \text{亚胺盐 iminium}$$

烯胺或亚胺盐都易还原(催化氢化或化学法)，最后生成胺。

$$\text{enamine} \xrightarrow{H_2/Ni} \text{N-butylpiperidine}$$

氰基硼氢化钠($NaBH_3CN$)是还原胺化的良好还原剂。
例：

$$\text{PhCOCH}_3 \xrightarrow[\text{AcONH}_4]{NaBH_3CN} \text{PhCH(NH}_2\text{)CH}_3 \quad 77\%$$

$$\text{PhCHO} \xrightarrow[\substack{CH_3CH_2NH_2 \\ MeOH}]{NaBH_3CN} \text{PhCH}_2\text{NHCH}_2\text{CH}_3 \quad 91\%$$

$$\text{cyclohexanone} \xrightarrow[\text{Me}_2\text{NH, MeOH}]{NaBH_3CN} \text{N,N-dimethylcyclohexylamine} \quad 54\%$$

问题 17 完成转化

(1) 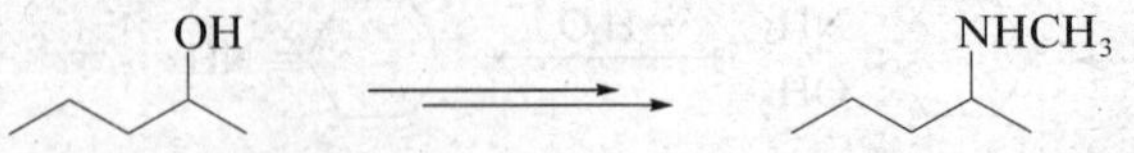 [2-戊醇] ⟹⟹ [2-(甲氨基)戊烷]

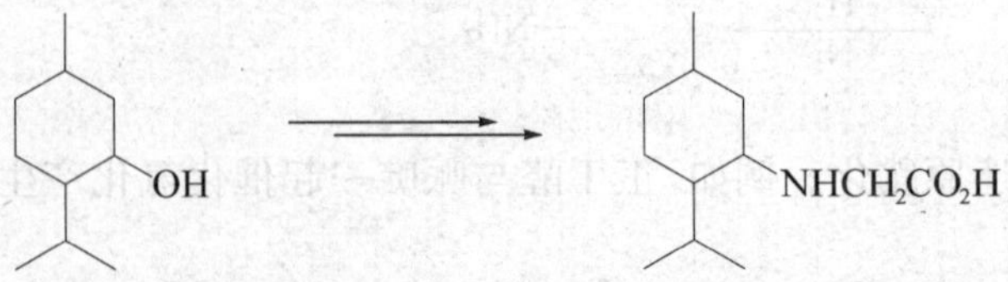

(2) [薄荷醇结构] ⟹⟹ [对应的 NHCH₂CO₂H 衍生物]

问题 18 合成设计

由 N-苯基对苯二胺(可由氯苯制备)合成以下两个橡胶防老剂：

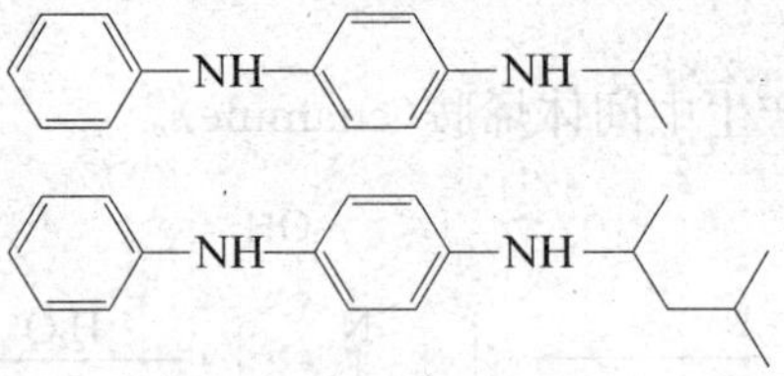

[PhNH—C₆H₄—NH—iPr]

[PhNH—C₆H₄—NH—CH(CH₃)CH₂CH(CH₃)₂]

Leuckart 反应：醛酮与甲酸铵共热反应，羰基被还原成胺——还原胺化，称为 Leuckart 反应(Rudolf Leuckart, 1885)。

例：

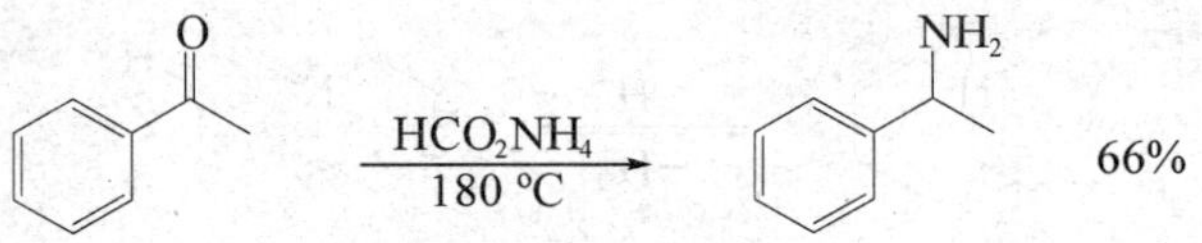

$$PhCOCH_3 \xrightarrow[180\ ^\circ C]{HCO_2NH_4} PhCH(NH_2)CH_3 \quad 66\%$$

反应机理：

$$CH_3COCH_3 \xrightarrow[-H_2O]{NH_3} (CH_3)_2C=NH \xrightarrow{HCO_2H} (CH_3)_2C=NH_2^+\ HCO_2^-$$

$$\text{[环式过渡态]} \longrightarrow (CH_3)_2CH-NH_2 + CO_2$$

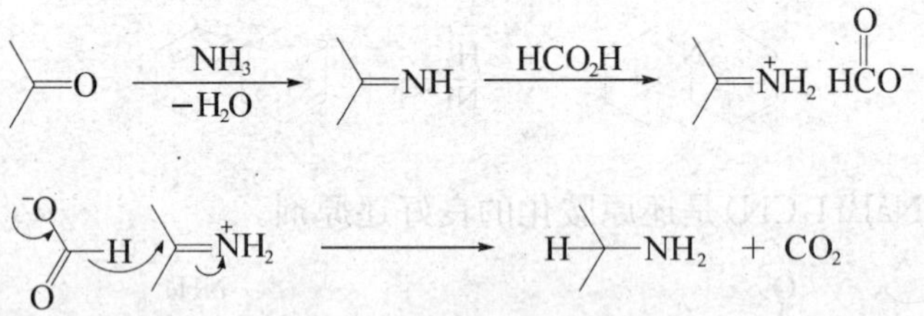

这里，甲酸铵既提供氨化剂(NH_3)又是还原剂(HCO_2H)。

Eschweiler-Clarke 反应：伯仲胺与过量的甲酸和甲醛共热反应，生成甲基化的叔胺，称为 Eschweiler-Clarke 反应，也称为 Eschweiler-Clarke 甲基化(Wilhelm Eschweiler, Hans Thacher Clarke, 1905)。

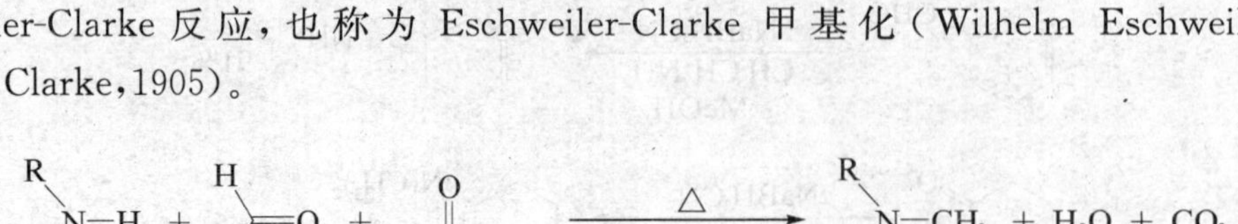

$$R_2N-H + H_2C=O + HCO_2H \xrightarrow{\Delta} R_2N-CH_3 + H_2O + CO_2$$

例：

$$\text{PhCH}_2\text{CH}_2\text{NH}_2 \xrightarrow[\text{HCO}_2\text{H}, \triangle]{\text{HCHO}} \text{PhCH}_2\text{CH}_2\text{N}(\text{CH}_3)_2 \quad 74\%\sim89\%$$
$$80\%$$

(+)-Norallosedamine $\xrightarrow[\text{HCO}_2\text{H}, \triangle]{\text{HCHO}}$ (−)-Allosedamine 80%

反应机理：

$$R_2\text{N-H} + \text{HCHO} \longrightarrow R_2\text{N-CH}_2\text{OH} \xrightarrow[-\text{HCO}_2^-]{\text{HCO}_2\text{H}} R_2\overset{+}{\text{N}}\text{H-CH}_2\text{OH}$$

$$\rightleftharpoons R_2\text{N-CH}_2-\overset{+}{\text{O}}\text{H}_2 \xrightarrow{-\text{H}_2\text{O}} R_2\overset{+}{\text{N}}=\text{CH}_2$$

$$R_2\overset{+}{\text{N}}=\text{CH}_2 + \text{HCO}_2^- \xrightarrow{\sim \text{H}} R_2\text{N-CH}_3 + \text{CO}_2$$

这里，甲醛是甲基化剂，甲酸作为还原剂(氢负离子供体)。

问题 19 完成反应

4-苯基-4-氰基哌啶 $\xrightarrow[\text{HCO}_2\text{H}, \triangle]{\text{HCHO}}$

$\text{PhCH}_2\text{NH}\text{CH}_2\text{CH}(\text{CH}_3)_2 \xrightarrow[\text{HCO}_2\text{H}, \triangle]{\text{HCHO}}$

10.2.3.2 烃基化

通过亲核取代实现氮原子的烃基化。例：

$$\text{PhCH}_2\text{Cl} + \text{PhNH}_2 \xrightarrow{\text{NaHCO}_3} \text{PhCH}_2\text{NHPh} \quad 87\%$$

$$\text{ClCH}_2\text{CH}_2\text{Cl} \xrightarrow{\text{NH}_3} \text{H}_2\text{NCH}_2\text{CH}_2\text{NH}_2 \xrightarrow[\text{Na}_2\text{CO}_3]{\text{ClCH}_2\text{CO}_2\text{H}} \text{(HOOCCH}_2)_2\text{NCH}_2\text{CH}_2\text{N(CH}_2\text{COOH})_2$$

Ethylenediaminetetraacetic acid
EDTA

工业上，多以醇或酚作为烃化剂，更经济。

例：

$$CH_3OH + NH_3 \xrightarrow[380℃\sim450℃]{Al_2O_3} CH_3NH_2 \xrightarrow[Al_2O_3, 380℃\sim450℃]{CH_3OH} (CH_3)_2NH$$

$$\xrightarrow[Al_2O_3, 380℃\sim450℃]{CH_3OH} (CH_3)_3N$$

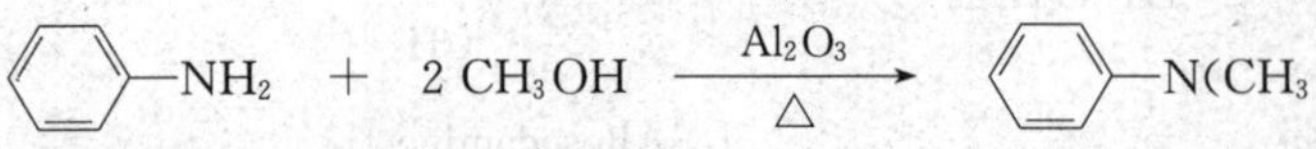

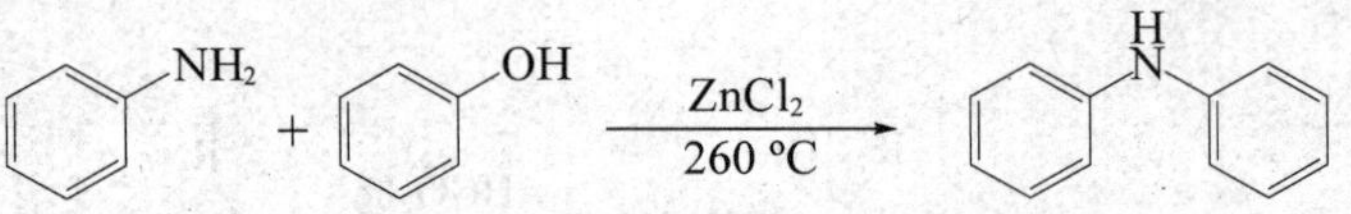

$$PhNH_2 + 2\,CH_3OH \xrightarrow[\triangle]{Al_2O_3} PhN(CH_3)_2$$

$$PhNH_2 + PhOH \xrightarrow[260\,℃]{ZnCl_2} Ph-NH-Ph$$

问题 20 以对苯二胺为原料合成橡胶、乳胶的通用防老剂：

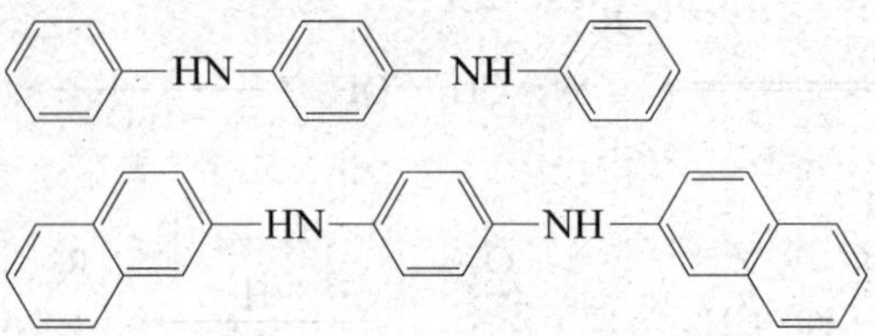

Ph—NH—C$_6$H$_4$—NH—Ph

2-Naphthyl—NH—C$_6$H$_4$—NH—2-Naphthyl

10.2.3.3 Gabriel 合成——Gabriel 脂肪伯胺合成法

邻苯二甲酰亚胺作为亲核试剂，与含有离去基的底物发生双亲核取代，形成氮-碳键，水解即得脂肪伯胺，此为 Gabriel 合成，也称 Gabriel 脂肪伯胺合成法（Siegmund Gabriel，1887）。这里，邻苯二甲酰亚胺提供了氮源。

例：

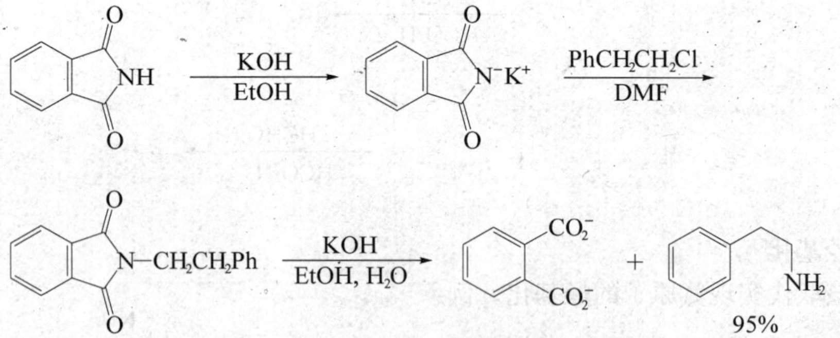

PhthNH $\xrightarrow[EtOH]{KOH}$ PhthN$^-$K$^+$ $\xrightarrow[DMF]{PhCH_2CH_2Cl}$

Phth-N-CH$_2$CH$_2$Ph $\xrightarrow[EtOH, H_2O]{KOH}$ 邻苯二甲酸根二负离子 + PhCH$_2$CH$_2$NH$_2$ (95%)

N-取代邻苯二甲酰亚胺水解若困难，可改用肼解（hydrazinolysis）——Ing-Manske 反应（1926）。

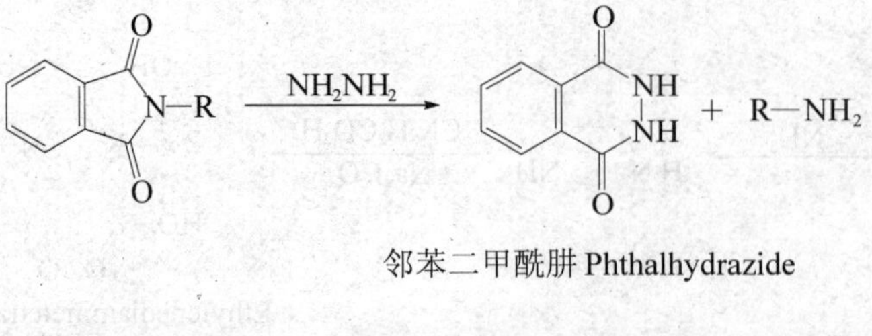

Phth-N-R + NH$_2$NH$_2$ $\longrightarrow$ 邻苯二甲酰肼 + R-NH$_2$

邻苯二甲酰肼 Phthalhydrazide

例：

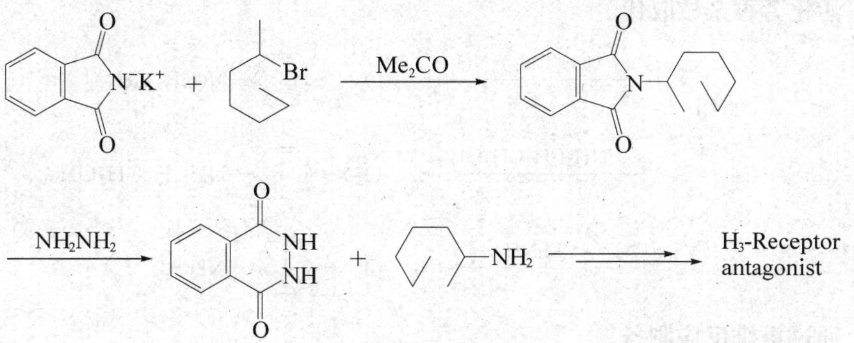

[反应式：邻苯二甲酰亚胺钾 + 2-溴戊烷 $\xrightarrow{Me_2CO}$ N-烷基邻苯二甲酰亚胺 $\xrightarrow{NH_2NH_2}$ 邻苯二甲酰肼 + 仲戊胺 $\Longrightarrow$ H$_3$-Receptor antagonist]

Gabriel 合成法第一步形成碳-氮键是双分子亲核取代，涉及手性碳的话将发生构型转化。

例：

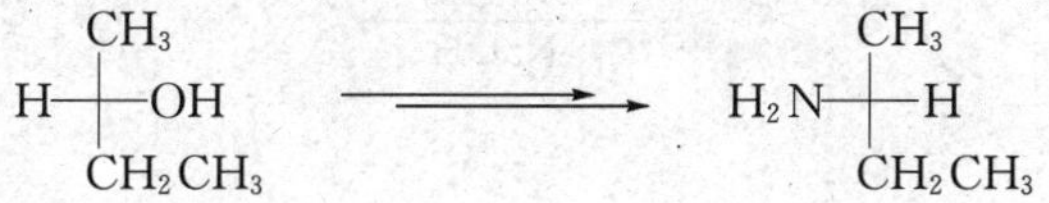

(R)-2-丁醇 $\Longrightarrow$ (S)-2-丁胺

合成：

邻苯二甲酰亚胺钾 + (R)-2-丁基对甲苯磺酸酯 $\xrightarrow{Me_2CO}$ (S)-N-(2-丁基)邻苯二甲酰亚胺 $\xrightarrow{NH_2NH_2}$ (S)-2-丁胺

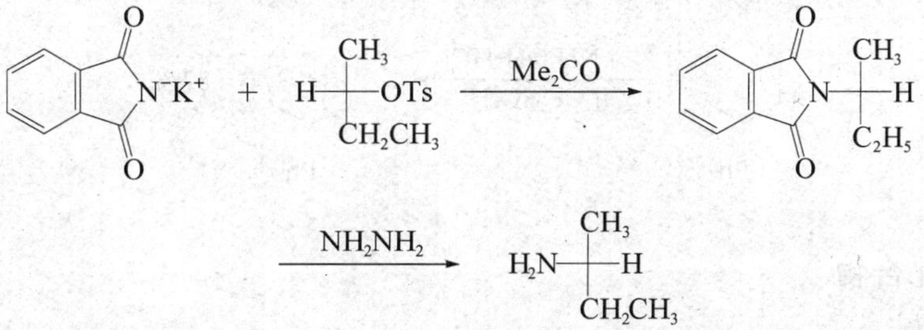

Gabriel 合成的类似方法是采用丁二酰亚胺钾或苯磺酰胺钾，烷烃基化、水解，同样给出脂肪胺。

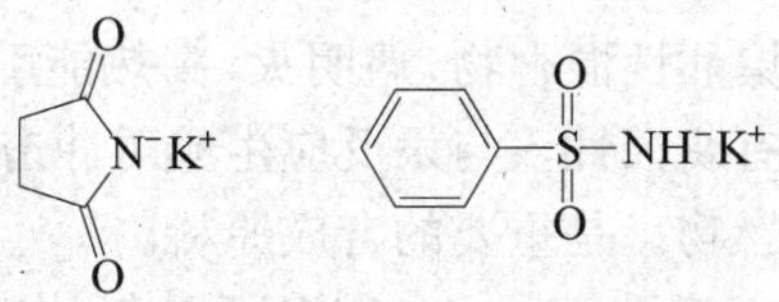

[结构式：丁二酰亚胺钾 苯磺酰胺钾 PhSO$_2$NH$^-$K$^+$]

10.2.3.4 叔烷烃基伯胺制备

叔烷烃基伯胺可通过 Ritter 反应制备（见第 9 章腈部分）。

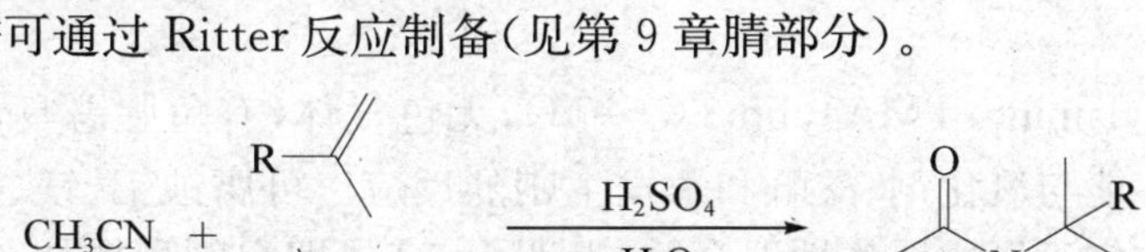

$$CH_3CN + \underset{R}{\overset{R}{\text{C}=CH_2}} / R_2C(OH) \xrightarrow[H_2O]{H_2SO_4} CH_3CONHCR_3$$

酰胺水解给出羧酸和叔烷烃基伯胺：

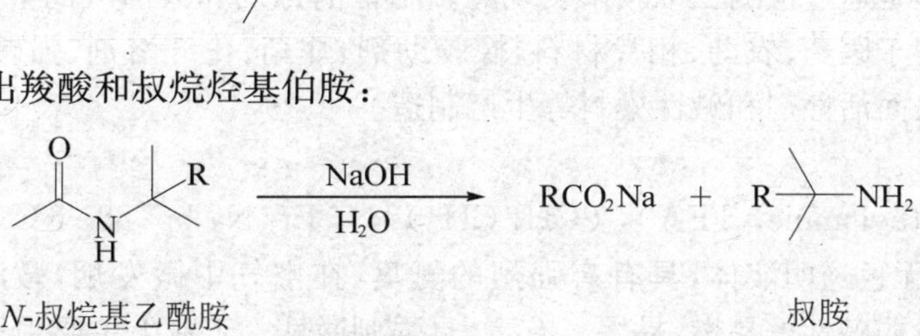

$$\underset{N\text{-叔烷基乙酰胺}}{CH_3CONHCR_3} \xrightarrow[H_2O]{NaOH} RCO_2Na + \underset{\text{叔胺}}{R_3CNH_2}$$

10.2.3.5 活化芳香亲核取代

O_2N-C$_6$H$_4$-Cl + (CH$_3$CH$_2$)$_2$NH ⟶ O_2N-C$_6$H$_4$-N(CH$_2$CH$_3$)$_2$

O_2N-C$_6$H$_4$-Cl + NH$_2$CH$_2$CH$_2$OH ⟶ O_2N-C$_6$H$_4$-NHCH$_2$CH$_2$OH

O_2N-C$_6$H$_4$-Cl + PhNH$_2$ ⟶ O_2N-C$_6$H$_4$-NH-Ph

10.2.3.6 通过重排反应制备

Hofmann 重排

(CH$_3$)$_2$CHCH$_2$C(CH$_3$)$_2$CONH$_2$ $\xrightarrow[\text{NaOH}]{\text{Br}_2, \text{H}_2\text{O}}$ (CH$_3$)$_2$CHCH$_2$C(CH$_3$)$_2$NH$_2$

Beckmann 重排

4-苯基环己酮 $\xrightarrow[\text{ii CF}_3\text{SO}_3\text{H}]{\text{i NH}_2\text{OH·HCl}}$ 4-苯基-ε-己内酰胺 87%

10.2.4 个别化合物

10.2.4.1 脂肪胺

1. 甲胺

甲胺(methanamine; methylamine), bp −6.6℃～−6.0℃, 密度 0.656 2 g/mL, 有很强烈的鱼腥味。与空气混合能形成爆炸性混合物, 遇明火、高热能引起燃烧爆炸。水溶液呈碱性, 与酸剧烈反应, 并对铅、锌和铜有腐蚀性。与汞反应生成对冲击敏感的化合物。并与强氧化剂发生反应。水溶液也是高度易燃物。是重要的合成原料。

二甲胺(dimethylamine), bp 7℃～9℃, 在室温下是气体。有类似氨的气味。用作制药物、染料、杀虫剂和橡胶硫化促进剂的原料。由氨与甲醇在高温高压并有催化剂的条件下作用而制得。

三甲胺(trimethylamine, TMA), bp 3℃～7℃, 无色气体, 有鱼腥恶臭, 溶于水、乙醇等有机溶剂, 易燃, 有毒。能与氧化剂、酸酐和汞发生剧烈反应。可腐蚀铝、镁、锌、锡、铜和铜合金等金属。其蒸气与空气可形成爆炸性混合物, 遇明火、高热即会剧烈燃烧、爆炸。检测鱼新鲜度的气体传感器即是通过检测三甲胺来实现的。制备消毒剂和天然气的警报剂、分析试剂和有机合成原料。用于医药、农药、相片材料、橡胶助剂、炸药、化纤溶剂、强碱性阴离子交换树脂、染料匀染剂、表面活性剂和碱性染料等生产制造。

2. 三乙胺

三乙胺(triethylamine, TEA), (CH$_3$CH$_2$)$_3$N, Et$_3$N, bp 88.6℃～89.8℃, 密度 0.725 5 g/mL^{-1}, 无色透明液体, 具有有强烈的氨臭, 在空气中微发烟, 微溶于水, 可溶于乙醇、乙醚, 水溶液呈弱碱性。易燃、易爆。有毒, 具强刺激性。工业上主要用作溶剂、固化剂、催化剂、阻聚剂、防腐剂以及合成染料等化工原料,也用作合成中的碱性试剂。

3. 乙二胺

乙二胺(ethane-1,2-diamine, ethylenediamine),$NH_2CH_2CH_2NH_2$,mp 8℃,bp 116℃,密度 0.90 g/mL^{-1},无色或微黄色油状或水样液体,有类似氨的气味,呈强碱性,有腐蚀性,易燃,低毒,LD_{50} 1 460 mg/kg。环氧树脂固化剂等化工原料,医药、农药等合成原料,分析螯合剂合成等。

4. 己二胺

己二胺(1,6-hexanediamine;hexamethylene diamine;1,6-diaminohexane),mp 39℃~42℃,bp 204.6℃,密度 0.84 g/mL^{-1},$NH_2CH_2(CH_2)_4CH_2NH_2$。主要用于生产聚酰胺如尼龙 66、尼龙 610 等,也用于合成二异氰酸酯,用作脲醛树脂、环氧树脂等的固化剂、有机交联剂等。

合成:

(a) $CH_2=CHCH=CH_2 \xrightarrow{Cl_2} ClCH_2CH=CHCH_2Cl \xrightarrow{NaCN}$

$NCCH_2CH=CHCH_2CN \xrightarrow[Ni]{H_2} H_2NCH_2(CH_2)_4CH_2NH_2$

(b) $HO_2C(CH_2)_4CO_2H \xrightarrow{NH_3} \xrightarrow[\triangle]{-H_2O} H_2NOC(CH_2)_4CONH_2 \xrightarrow[\triangle]{P_2O_5}$

$NC(CH_2)_4CN \xrightarrow[Ni]{H_2} H_2NCH_2(CH_2)_4CH_2NH_2$

(c) $2\ CH_2=CHCN \xrightarrow[H_2O]{电解} NC(CH_2)_4CN \xrightarrow[Ni]{H_2} H_2NCH_2(CH_2)_4CH_2NH_2$

其他胺类化合物

芬特明(Phentermine)和芬氟拉明(Fenfluramine)是减肥药物。

Phentermine 芬特明
(抑制食欲的减肥药物)

Fenfluramine 氟苯丙胺
盐酸芬氟拉明 (减肥药物)

Phentermine was first approved by the Food and Drug Administration (FDA) in 1959 as an appetite suppressant for treatment of obesity.

金刚烷胺

金刚烷胺
1-Adamantanamine
1-Adamantylamine
1-氨基金刚烷

金刚烷胺由 Setter 公司于 1959 年合成。1964 年 Davis 等首先发现金刚烷胺有抗病毒作用。金刚烷胺是美国 FDA 批准的抗病毒(1966)和抗帕金森病(anti-Parkinson)药物(1969)。

问题 21 金刚烷胺可通过金刚烷溴代或硝化、再与乙腈作用、水解制备,建立反应机理。

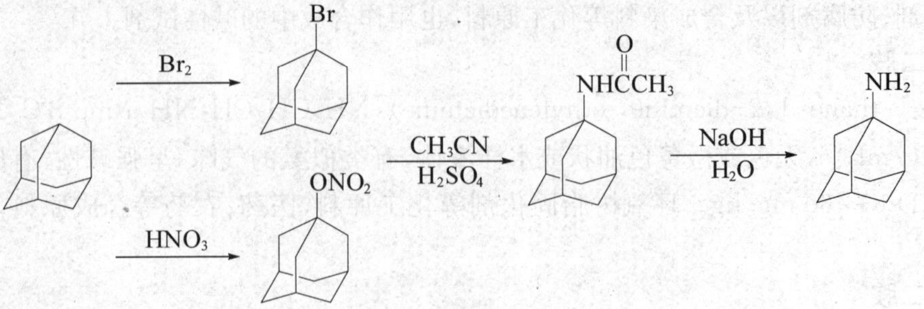

10.2.4.2 芳香胺

1. 苯胺

苯胺(aniline；benzeneamine)，bp 184℃，密度 1.021 7 g/mL^{-1}。

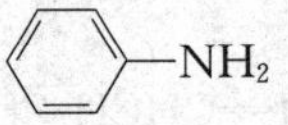

$$C_6H_5NH_2；PhNH_2$$

苯胺生产基本上就是硝基苯还原，传统上是化学法如铁屑还原，现代的是催化氢化。

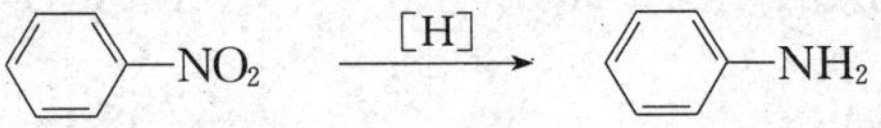

苯胺是重要的有机化工原料和精细化工中间体，广泛用于医药如磺胺药、染料与颜料如染料苯胺黑、橡胶助剂（促进剂、防老剂）、农药、香料等合成生产。苯胺也用作炸药的稳定剂、汽油的防爆剂。

苯(芳)胺氧化有实际用途，如制造黑色染料苯胺黑(aniline black；diamone black)、染发剂等。

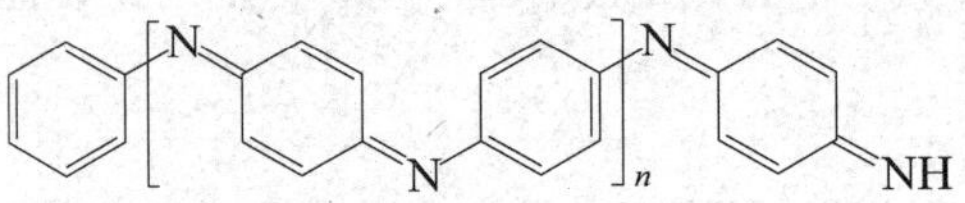

Aniline Black

苯胺黑(Aniline Black；Nigrosin)是一种早期的合成染料(1860)，由苯胺盐酸盐氧化。

苯胺紫(木槿紫，马尾紫)(Mauveine)是第一个人工合成染料，由 William Henry Perkin 完成(1856)。分子结构测定是困难的，直至 1994 年才确定。2007 年，又鉴定出另外两个，Mauveine B2 和 Mauveine C。

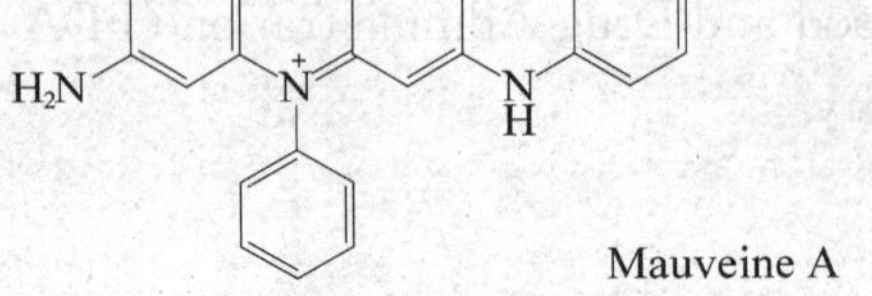

Mauveine A

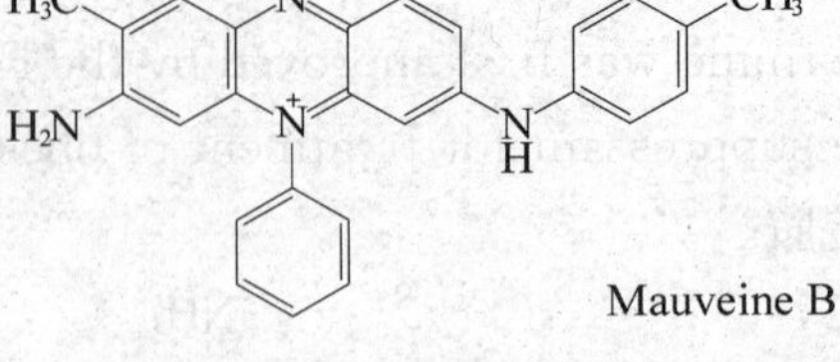

Mauveine B

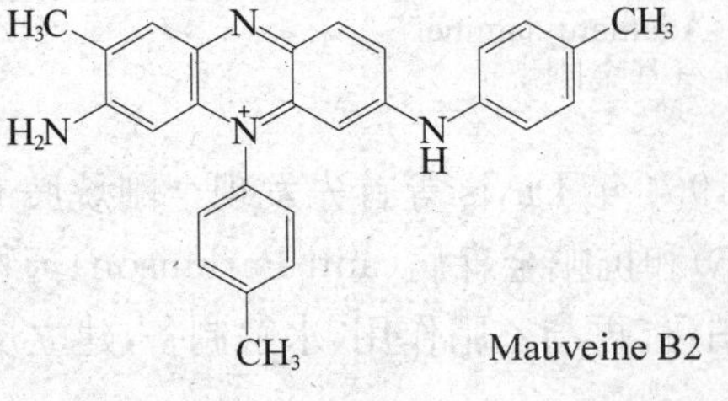

Mauveine B2

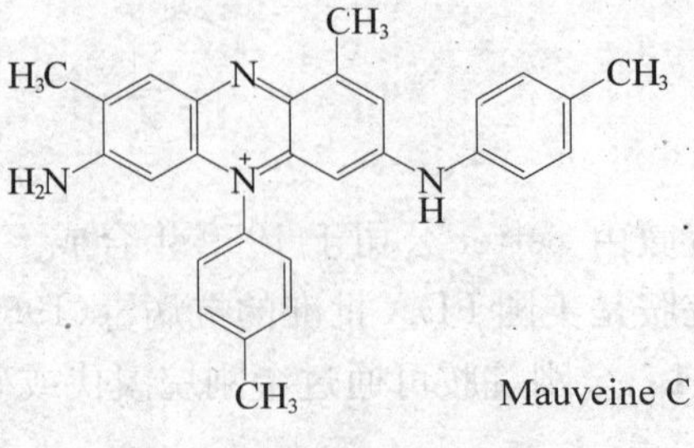

Mauveine C

苯胺紫由苯胺、对甲苯胺和邻甲苯胺的硫酸水溶液经重铬酸钾氧化制备。Perkin 实现了苯胺紫的商业化生产。合成染料的出现推动了有机化学工业的发展。

聚苯胺

聚苯胺(polyaniline)是一种新型有机高分子材料。虽然早在 150 年前就已经发现聚苯胺，但只是到了 20 世纪 80 年代才引起人们的重视。这是因为科学家发现聚苯胺具有导电性，是导电聚合物(conducting polymer)。由于聚苯胺具有原料易得、合成工艺简单、化学稳定性好等优点而广受欢迎。聚苯胺是过去 50 年来研究最多的导电聚合物之一。

1984 年，MacDiarmid 提出了苯式（还原单元）-醌式（氧化单元）结构共存的聚苯胺结构模型。聚苯胺处于不同程度的氧化-还原状态，并可以相互转化，通过掺杂获得导电聚苯胺。在导电纤维、防静电和电磁屏蔽、选择性膜、电极、防腐等材料领域已获得应用。

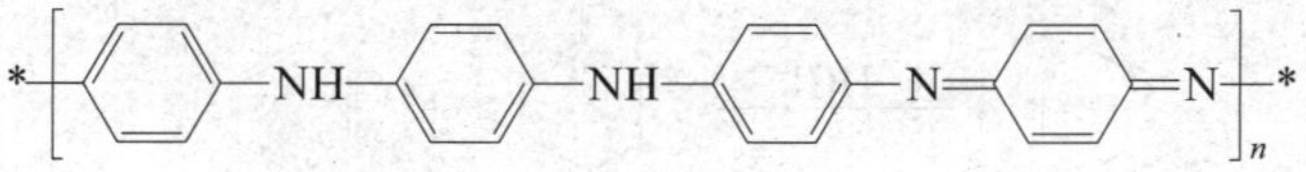

Polyaniline

N,N-二甲基苯胺 N,N-Dimethylaniline(DMA)

N,N-二甲基苯胺是有机化工原料、精细化工中间体，是合成染料如偶氮染料、三苯甲烷染料等中间体，也用作有机合成中的碱性试剂。

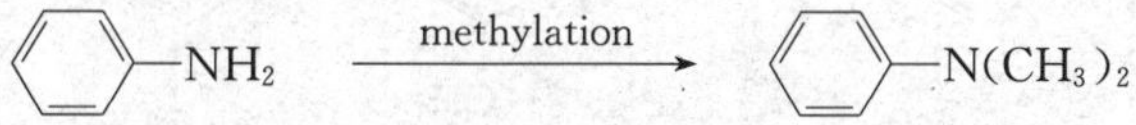

DMA 早在 1850 年由 A. W. Hofmann 由苯胺和碘甲烷共热制备。现代工业生产则是用苯胺和甲醇在有酸性试剂的高温条件下完成。

N-取代苯胺重排

N-取代苯胺在酸性条件下受热重排，生成邻和对位取代苯胺。

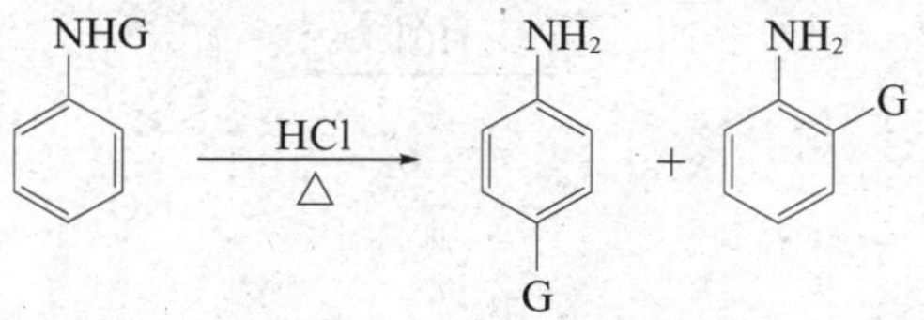

G = SO$_3$H, NO, NO$_2$, N=NPh, Cl, R, OH

N-取代苯胺重排是一种由氮到苯环碳(N→C)的迁移。重排是分子内还是分子间？亲电还是亲核性的？反应机理不尽相同。

N-氯苯胺重排——氯胺重排：N-氯苯胺在盐酸存在下受热重排，生成对氯苯胺，此即氯胺重排。

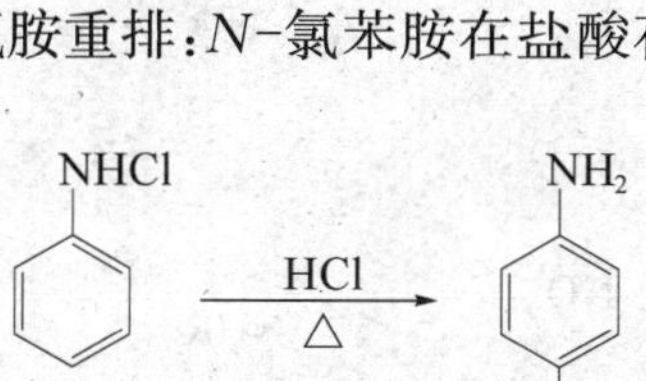

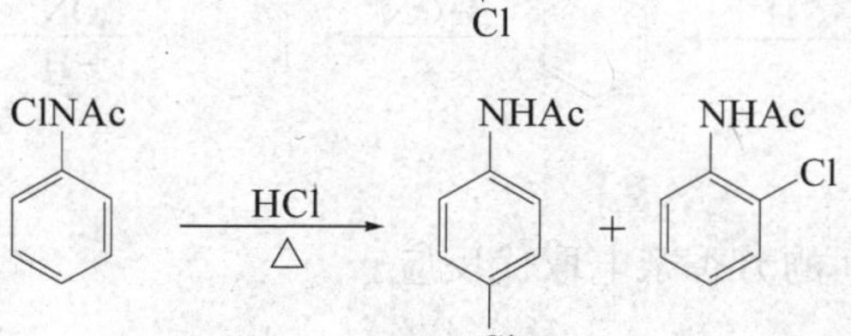

氯胺重排机理：

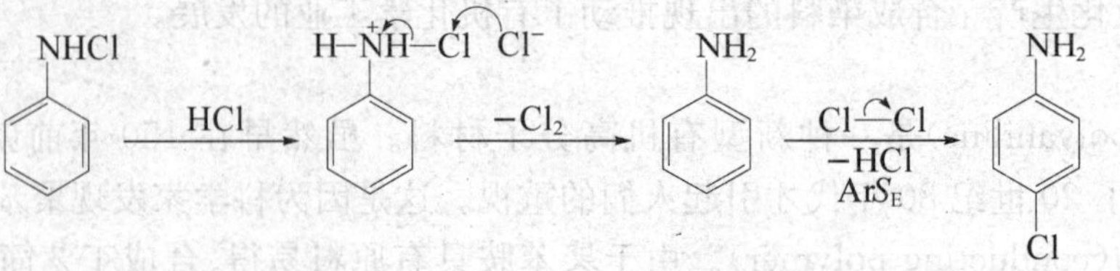

[反应式：PhNHCl →(HCl) PhNH₂⁺(H)—Cl Cl⁻ →(−Cl₂) PhNH₂ →(Cl—Cl, −HCl, ArS_E) 对-ClC₆H₄NH₂]

这是分子间的芳香亲电取代反应。

Hofmann-Martius 重排：N-烷基苯胺在酸存在下受热重排，生成邻、对烷基苯胺，称为 Hofmann-Martius 重排（A. W. Hofmann, C. A. Martius, 1871）。

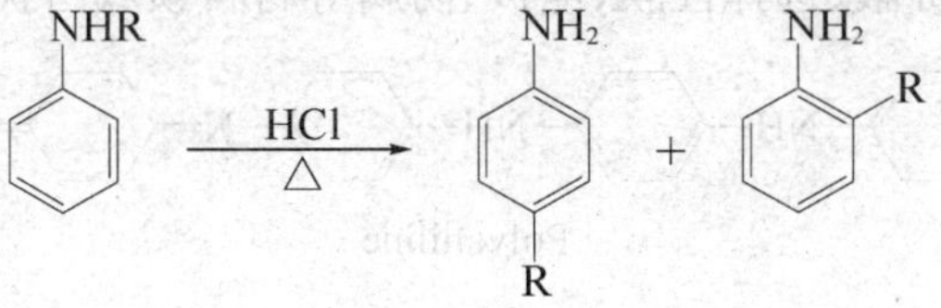

[反应式：PhNHR →(HCl, △) 对-R-C₆H₄-NH₂ + 邻-R-C₆H₄-NH₂]

例：

[反应式：PhNHCH₃ →(HCl, △) 对甲基苯胺 + 邻甲基苯胺]

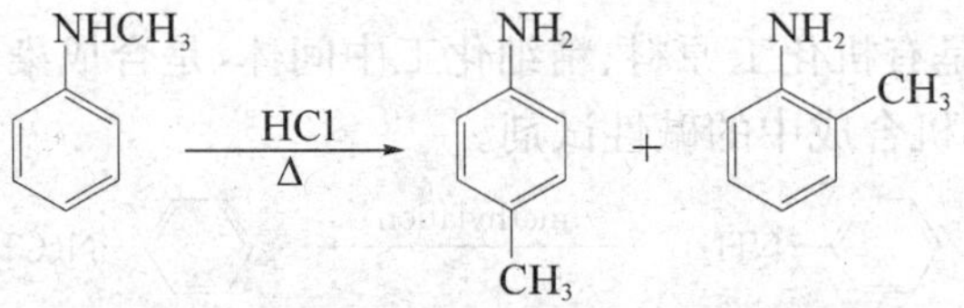

Fischer-Hepp 重排：N-亚硝基苯胺在盐酸存在下受热重排，生成对亚硝基苯胺，称为 Fischer-Hepp 重排（Otto Philipp Fischer, Eduard Hepp, 1886）。

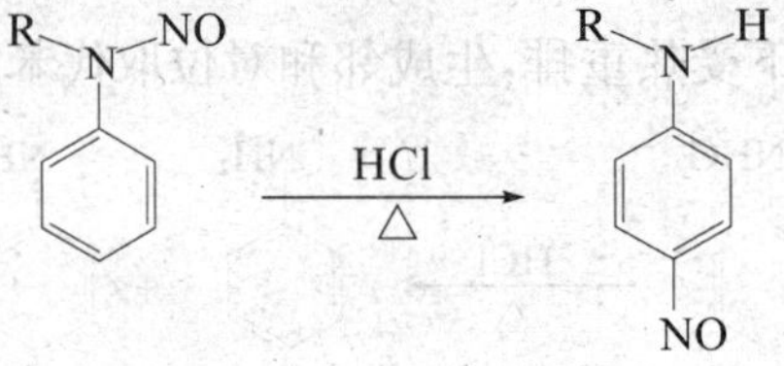

[反应式：PhN(R)(NO) →(HCl, △) 对-ON-C₆H₄-NHR]

例：

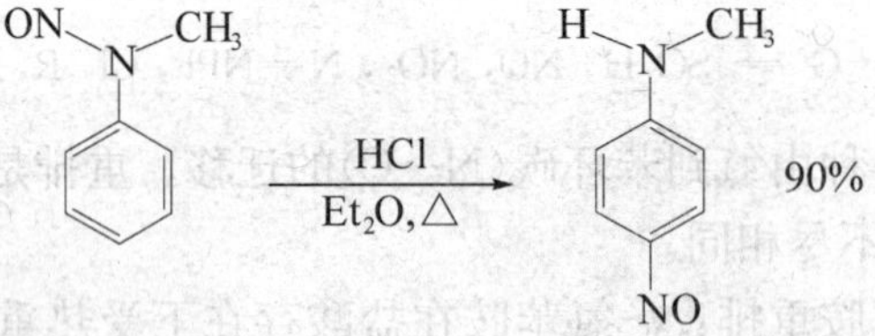

[反应式：PhN(CH₃)(ON) →(HCl, Et₂O, △) 对-ON-C₆H₄-NHCH₃ 90%]

Fischer-Hepp 重排机理：

[反应式：PhN(R)(NO) →(H⁺) PhN⁺(R)(H)(NO) →(−ON⁺) PhNHR →(ON⁺, −H⁺) 对-ON-C₆H₄-NHR]

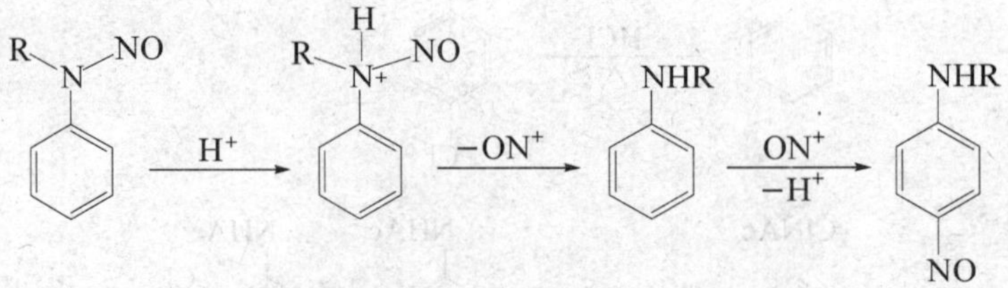

实验显示，这是分子间的芳香亲电取代反应。

问题 22 完成反应

$$\text{PhN(CH}_3\text{)(NO)} + \text{PhN(CH}_3\text{)}_2 \xrightarrow[\text{EtOH, }\triangle]{\text{HCl}}$$

Fischer-Hepp 重排曾用于染料中间体的合成。

问题 23 完成转化：由对甲氧基二苯胺制备 4-甲氧基-4′-氨基二苯胺，后者是安安蓝染料（凡拉明染料）的中间体。

$$\text{Ph-NH-C}_6\text{H}_4\text{-OCH}_3 \Longrightarrow \text{H}_2\text{N-C}_6\text{H}_4\text{-NH-C}_6\text{H}_4\text{-OCH}_3$$

N-硝基苯胺重排：N-硝基苯胺在有盐酸的条件下受热反应，重排生成对硝基和邻硝基苯胺，后者是主要产物。

$$\text{PhNHNO}_2 \xrightarrow[\triangle]{\text{HCl}} p\text{-O}_2\text{N-C}_6\text{H}_4\text{-NH}_2 + o\text{-O}_2\text{N-C}_6\text{H}_4\text{-NH}_2$$
$$\qquad\qquad\qquad\qquad\qquad 7\% \qquad\qquad\qquad 93\%$$

$$\text{PhN(Me)(NO}_2\text{)} \xrightarrow[\triangle]{\text{HCl}} p\text{-O}_2\text{N-C}_6\text{H}_4\text{-NHCH}_3 + o\text{-O}_2\text{N-C}_6\text{H}_4\text{-NHCH}_3$$

一般认为，这是分子内的芳香亲电取代。

N-羟基苯胺重排——Bamberger 重排：N-羟基苯胺在稀硫酸溶液中受热重排，生成对羟基苯胺，称为 Bamberger 重排（Eugen Bamberger，1894）。

$$\text{PhNHOH} \xrightarrow[\text{H}_2\text{O, }\triangle]{\text{H}_2\text{SO}_4} p\text{-HO-C}_6\text{H}_4\text{-NH}_2$$

$$p\text{-Cl-C}_6\text{H}_4\text{-NHOH} \xrightarrow[\text{H}_2\text{O, }\triangle]{\text{H}_2\text{SO}_4} \text{2-NH}_2\text{-3-OH-Cl-C}_6\text{H}_3$$

但是，N-羟基苯胺若在硫酸醇溶液中反应，则产生对烷氧基苯胺。例如，羟基苯胺在硫酸乙醇中受热生成对乙氧基苯胺。

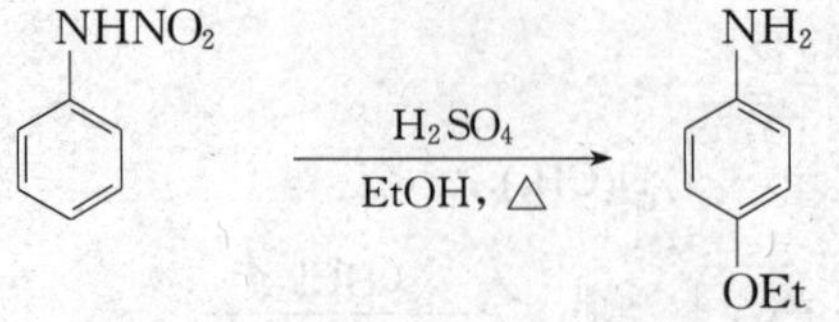

有机化学 Organic Chemistry(下册)

[Reaction: PhNHNO₂ → (H₂SO₄, EtOH, Δ) → 4-ethoxyaniline]

Bamberger 重排机理：

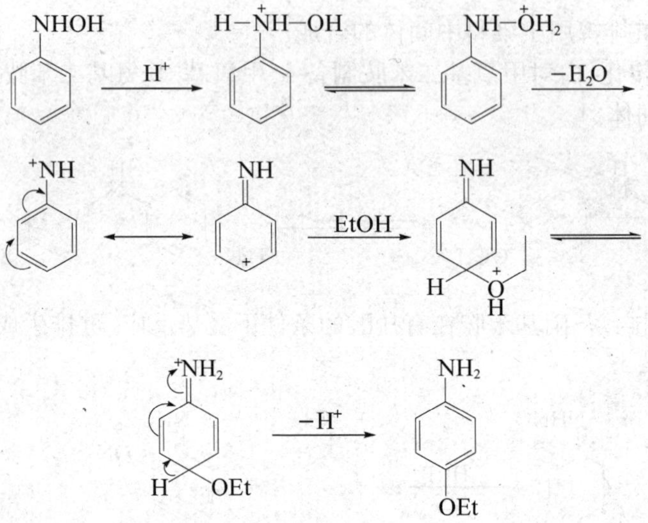

[Mechanism scheme showing protonation of PhNHOH, loss of H₂O to give nitrenium ion, resonance to para-cation, attack by EtOH, and deprotonation to give 4-ethoxyaniline]

这应该是分子间的芳香亲核取代了。

问题 24 完成反应

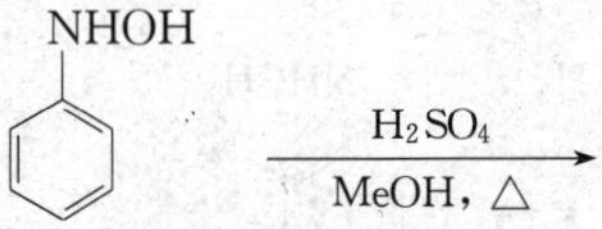

[Reaction: PhNHOH + H₂SO₄ / MeOH, Δ →]

合成应用实例：解热镇痛药物非那西丁(phenacetin)曾经用下述合成路线生产。

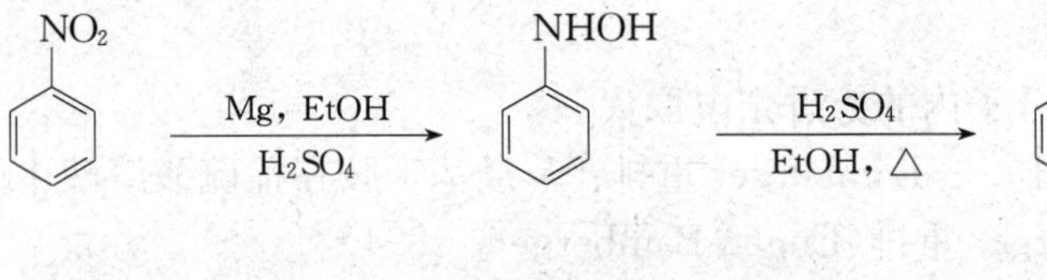

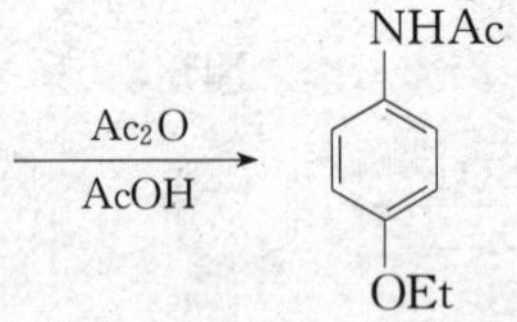

[Synthesis scheme: PhNO₂ → (Mg, EtOH, H₂SO₄) → PhNHOH → (H₂SO₄, EtOH, Δ) → 4-ethoxyaniline → (Ac₂O, AcOH) → 4-ethoxyacetanilide Phenacetin 非那西丁]

2. 邻苯二胺

1,2-苯二胺(1,2-diaminobenzene; o-phenylenediamine)，bp 252℃。

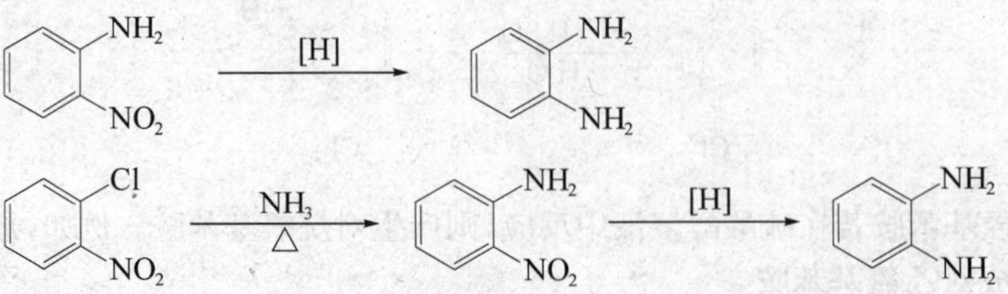

[Reaction: 2-nitroaniline → [H] → 1,2-phenylenediamine]

[Reaction: 1-chloro-2-nitrobenzene → (NH₃, Δ) → 2-nitroaniline → [H] → 1,2-phenylenediamine]

邻苯二胺多用于合成杂环化合物,是生产染料、农药、感光材料等的中间体,也用于制造聚酰胺、聚氨酯等,还用于制造表面活性剂、显影剂等。

3. 间苯二胺

1,3-苯二胺(m-phenylenediamine;1,3-benzenediamine;1,3-phenylenediamine),mp 64℃～66℃,bp 282℃～284℃。

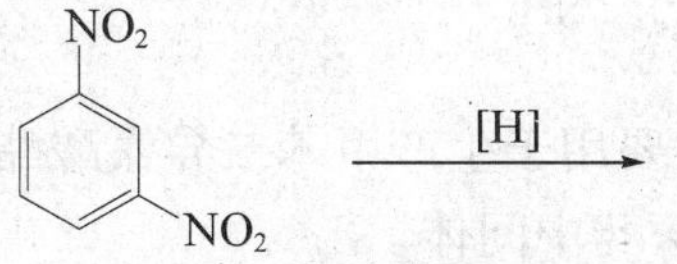

间苯二胺是重要的有机合成原料,主要用作染料与药物中间体,用作环氧树脂的固化剂、水泥的促凝剂。

4. 对苯二胺

对苯二胺(p-phenylenediamine,PPD);1,4-苯二胺(1,4-benzenediamine;1,4-phenylenediamine),mp 145℃～147℃,bp 267℃。

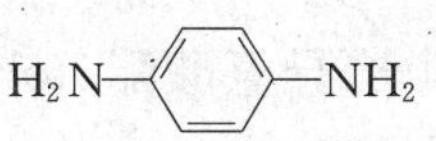

对苯二胺是重要的化学化工原料,在合成染料、树脂、橡胶防老化剂、环氧树脂固化剂、石油产品添加剂、阻燃剂、染发剂等方面有着极广泛的用途。

目前对苯二胺的主要生产工艺:

对硝基苯胺还原、对二氯苯氨解、对硝基氯苯氨解还原等。

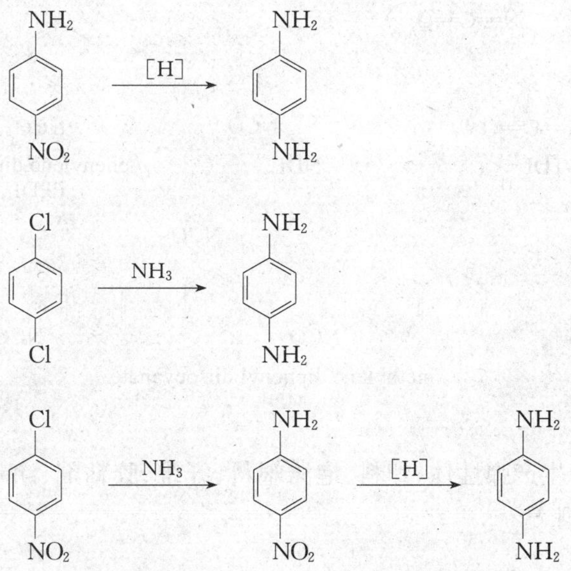

问题 25 分别以氯苯、硝基苯为原料合成对苯二胺和邻苯二胺。

5. 4-甲基-1,3-苯二胺

2,4-甲苯二胺;甲苯-2,4-二胺(toluene-2,4-diamine,2,4-TDA);2,4-二氨基甲苯(2,4-

diaminotoluene), mp 97℃~99℃, bp 283℃~285℃。

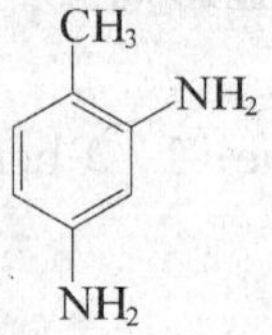

2,4-TDA 是基本有机合成原料,主要用于生产甲苯二异氰酸酯(TDI)——新型高分子材料聚氨酯的单体原料,也是合成染料与医药中间体。

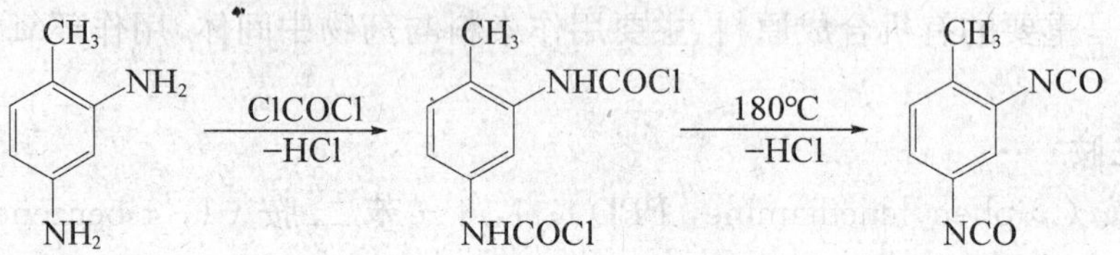

$$\text{2,4-TDA} \xrightarrow[-HCl]{ClCOCl} \text{(中间体 NHCOCl)} \xrightarrow[-HCl]{180℃} \text{2,4-TDI}$$

2,4-二异氰酸甲苯酯;甲苯-2,4-二异氰酸酯(toluene-2,4-diisocyanate);2,4-甲苯二异氰酸酯(2,4-toluenediisocyanate,TDI)。

2,4-TDI 是聚氨酯(polyurethane,PU)的单体。

二元异氰酸酯如 2,4-TDI 与二元醇加成聚合产生高分子聚氨基甲酸酯,即聚氨酯(polyurethanes)。

聚氨酯(PU)常用的芳香二元异氰酸酯单体:

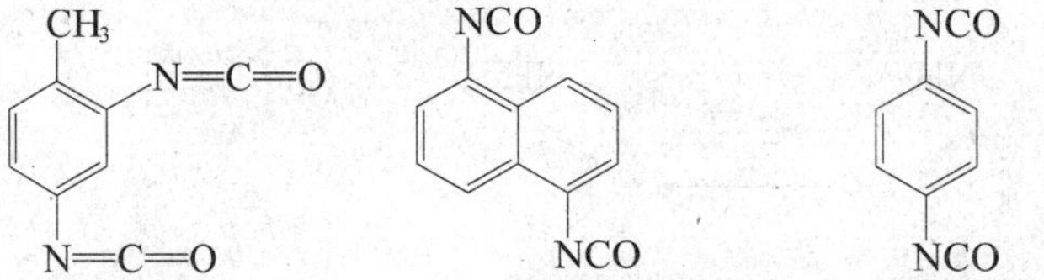

2,4-TDI   NDI   p-phenylene diisocyanate PPDI

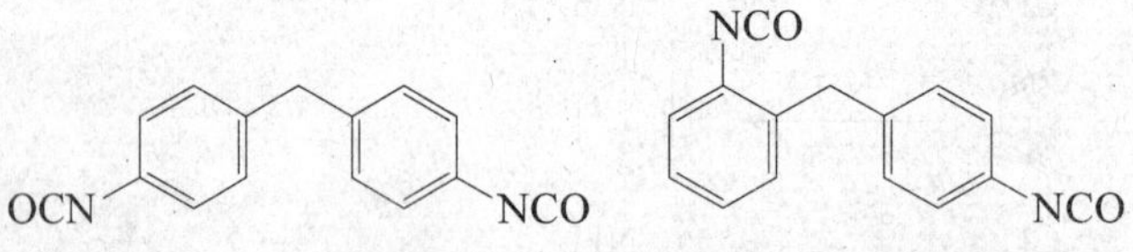

methylene diphenyl diisocyanate MDI

聚氨酯广泛用于生产弹性体、塑料、泡沫塑料、纤维、胶粘剂、涂料、防水材料、功能高分子材料、生物高分子材料等。

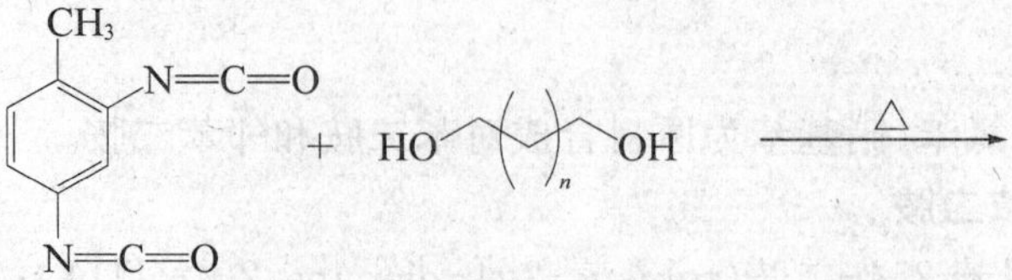

$$\text{2,4-TDI} + HO(CH_2)_n OH \xrightarrow{\Delta}$$

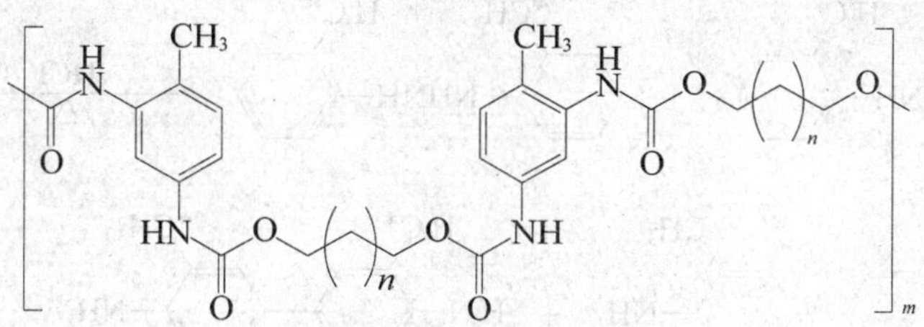

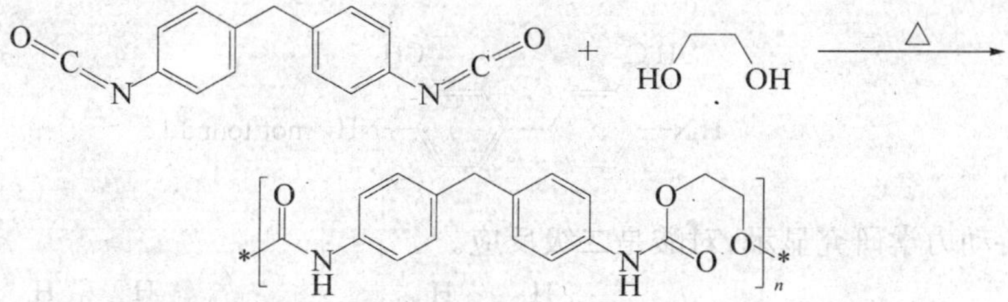

1937 年 Otto Bayer 在位于 Leverkusen 的 I. G. Farben 实验室由多异氰酸酯与多元醇合成了聚氨基甲酸酯，开启了聚氨酯材料新时代。

6. 联苯胺

联苯胺(benzidine)；4,4′-联苯二胺(4,4′-biphenyldiamine)；4,4′-二氨基联苯(4,4′-diaminobiphenyl)，mp 122℃～125℃。

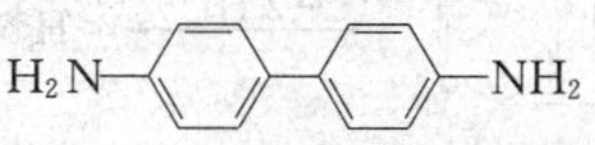

联苯胺是重要的染料合成中间体，但有致癌作用，健康和环境危害显著。Benzidine has been linked to bladder and pancreatic cancer。在染色的棉纺织品中容易超标，曾用于氰化物测定。

异构体：2,4′-二氨基联苯

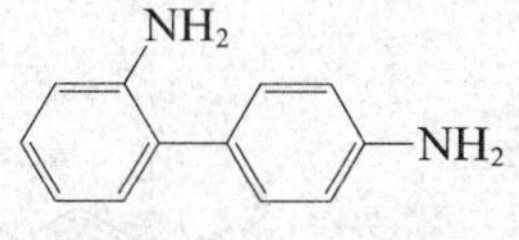

联苯胺重排

氢化偶氮苯在酸催化下受热重排生成联苯胺，称为联苯胺重排(benzidine rearrangement, A. W. Hofmann, 1863)。

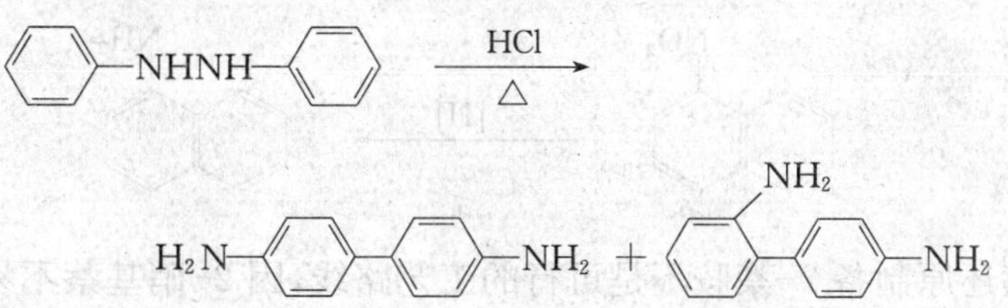

同位素标记实验研究表明，重排是分子内的：

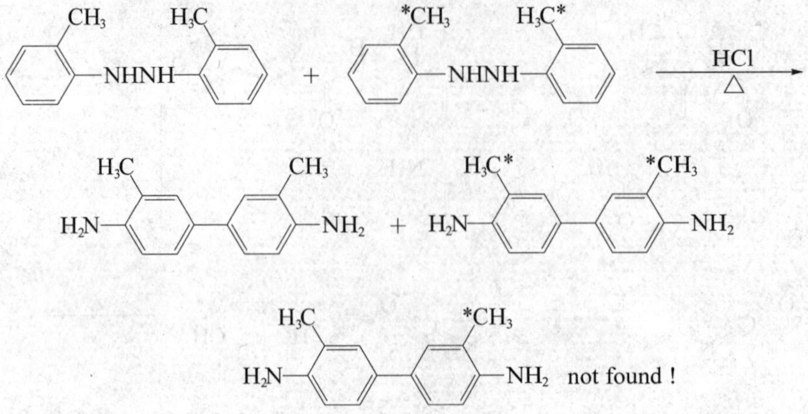

重排机理:动力学研究显示,对酸是二级反应。

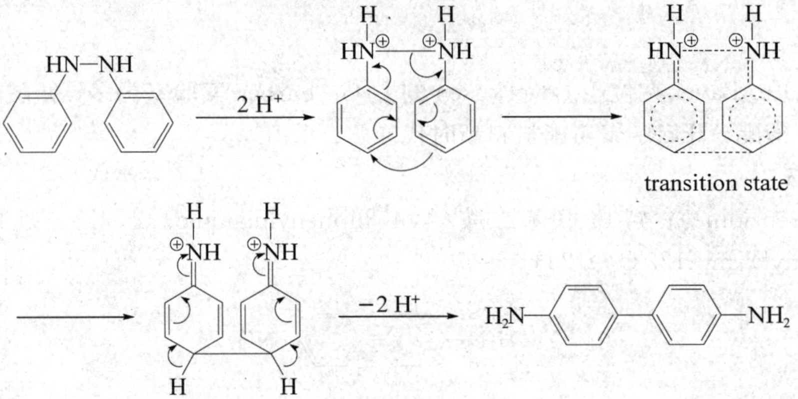

7. 萘胺

1-萘胺(1-naphthalenamine; 1-naphthylamine); α-萘胺(α-naphthylamine), mp 47℃～50℃, bp 301℃, 密度 1.114 g/mL。

2-萘胺(2-naphthalenamine; 2-naphthylamine); β-萘胺(β-naphthylamine), mp 111℃～113℃, bp 306℃, 密度 1.061 g/mL。

α-萘胺; 1-萘胺
1-Naphthylamine

β-萘胺; 2-萘胺
2-Naphthylamine

1-萘胺由 1-硝基萘还原制备。

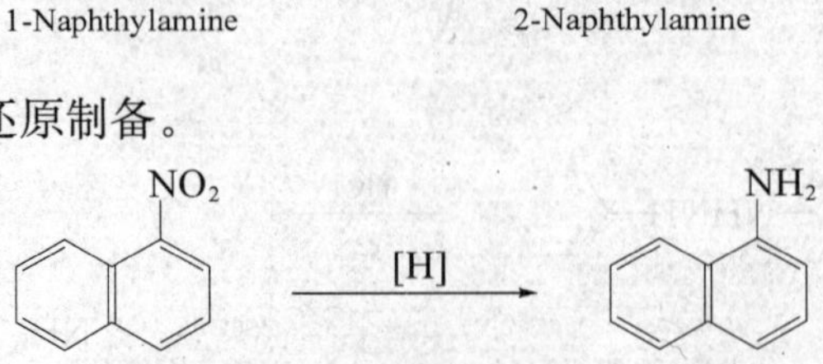

由 2-硝基萘还原制备 2-萘胺不是可行的工艺路线,因 2-硝基萘不易由萘硝化得到。

Bucherer 布赫尔反应

Hans T. Bucherer 发现,2-萘胺可由 2-萘酚氨化制备,而后者易通过磺化、碱融得到。

2-萘酚在加压加热条件下与亚硫酸氢铵溶液反应生成 2-萘胺。反应是可逆的，2-萘胺与亚硫酸氢钠水溶液在加压加热下反应生成 2-萘酚。这一反应称为 Bucherer 布赫尔反应 (Hans Theodor Bucherer, 1904)。

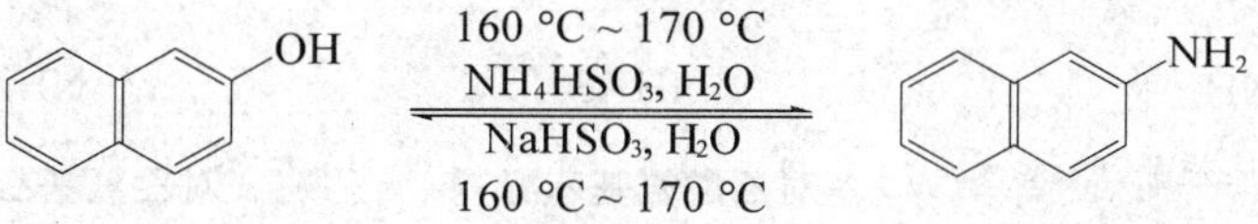

$$\text{2-naphthol} \xrightleftharpoons[\substack{NaHSO_3, H_2O \\ 160\,°C \sim 170\,°C}]{\substack{160\,°C \sim 170\,°C \\ NH_4HSO_3, H_2O}} \text{2-naphthylamine}$$

反应中，酚先异构化为酮式，再共轭加成亚硫酸氢钠，接着与氨发生加成-消去脱水生成亚氨，最后消去亚硫酸氢钠，完成胺化反应。

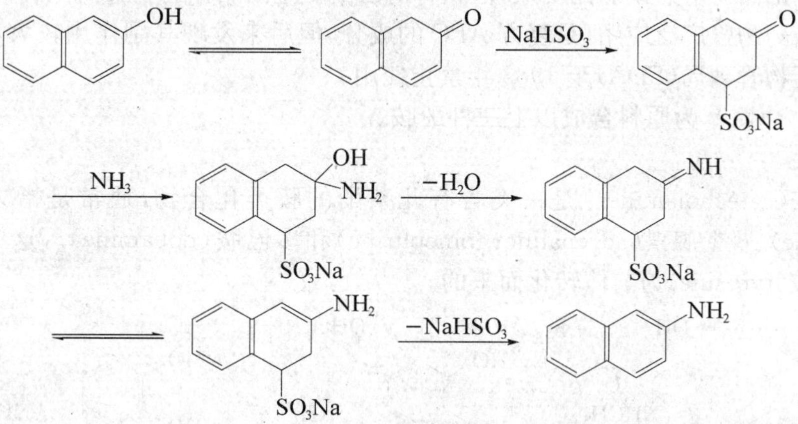

这个反应最早是由法国化学家 R. Lepetit 在 1898 年发现的，此后德国化学家 Hans T. Bucherer 在 1904 年又独立发现此反应并观察到了其可逆性。Bucherer 将这一反应成功地应用于化学工业生产中。后来称这一反应为 Bucherer 反应，或 Bucherer-Lepetit 反应。

Bucherer 反应只适用于萘酚。α-萘酚可用此反应由 α-萘胺制备。

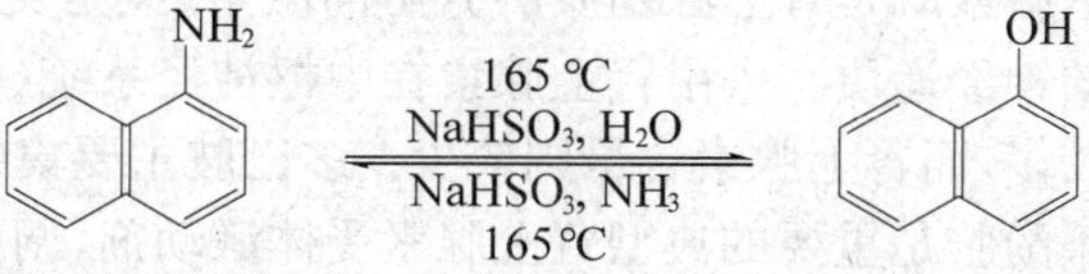

$$\text{1-naphthylamine} \xrightarrow[\substack{NaHSO_3, NH_3 \\ 165\,°C}]{\substack{165\,°C \\ NaHSO_3, H_2O}} \text{1-naphthol}$$

应用：1-萘胺与 2-萘胺用于合成染料、指示剂、农用化学品等。

10.2.5 羟胺

$NH_2CH_2CH_2OH$ $NH(CH_2CH_2OH)_2$ $N(CH_2CH_2OH)_3$

2-氨基乙醇；乙醇胺   二乙醇胺   三乙醇胺

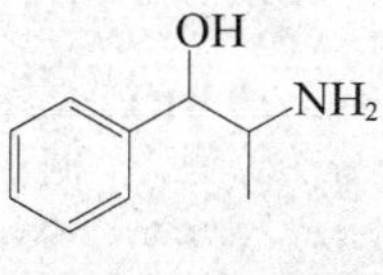

苯丙醇胺 Phenylpropanolamine (PPA)
去甲麻黄碱 Norephedrine

苯丙醇胺是一种人工合成拟交感神经兴奋剂，与肾上腺素的结构相似，可用作血管收缩和刺激中枢神经系统兴奋药物，很多治疗感冒和抑制食欲药品中含有这种成分（已淘汰）。

酚胺

对氨基苯酚	对乙酰氨基苯酚	对乙氧基乙酰苯胺
4-Aminophenol	对乙酰氨基酚	非那西丁
	Paracetamol	Phenacetin

上述酚胺都具有解热镇痛的功效，但只有对乙酰氨基酚用作药物，即扑热息痛。非那西丁作为解热镇痛药物曾广泛应用，是复方 APC 的成分，但后来发现其副作用较大，安全性不够。美国食品与药物管理局(FDA)于 1983 年禁止使用。

问题 26 以氯苯为原料合成以上三种酚胺。

儿茶酚胺

儿茶酚胺(catecholamines)是一类含有儿茶酚的胺类化合物，通常是指去甲肾上腺素(noradrenaline)、肾上腺素(adrenaline; epinephrine)和多巴胺(dopamine)。这三种儿茶酚胺都是由酪氨酸(tyrosine)为前体转化而来的。

肾上腺素	去甲肾上腺素	多巴胺
Adrenaline (Ad)	Noradrenaline (NAd)	Dopamine
Epinephrine	Norepinephrine	(DA)

去甲肾上腺素和肾上腺素既是肾上腺髓质所分泌的激素，又是交感神经和中枢神经系统中去甲肾上腺素能纤维的神经递质。去甲肾上腺素在中枢神经系统(central nervous system, CNS)内分布广泛，含量较多，而肾上腺素含量则较少。多巴胺主要集中在锥体外系部位，也是一种神经递质。三种儿茶酚胺是重要的典型肾上腺素受体激动剂，调节基本生理功能，传递生理信号，是重要的神经递质，同时表现在病理过程含量相应改变。临床上可以用于辅助诊断高血压、甲亢、嗜铬细胞瘤和神经母细胞瘤等内分泌相关疾病。过多的儿茶酚胺分泌可能导致高血压和心肌梗塞，而低水平的儿茶酚胺可能引起低血压、心肌缺血等。去甲肾上腺素用作休克升压药物，肾上腺素是强心急救药。

神经物质还有 5-羟色胺(5-hydroxytryptamine; 血清素 serotonin)和苯乙胺(phenylethylamine)。5-羟色胺是一种抑制性神经递质、血管收缩剂和平滑肌收缩刺激剂。苯乙胺可以提高你的情绪，使你自我感觉良好。

苯乙胺	5-羟色胺
Phenylethylamine	5-Hydroxytryptamine (5-HT)
(PEA)	血清素 Serotonin

人的情绪与行为在很大程度上受儿茶酚胺多少的影响。甲肾上腺素、肾上腺素和多巴胺刺激中枢神经系统,而苯乙胺和 5-羟色胺则是抑制、平缓激动情绪。

克伦特罗 Clenbuterol:

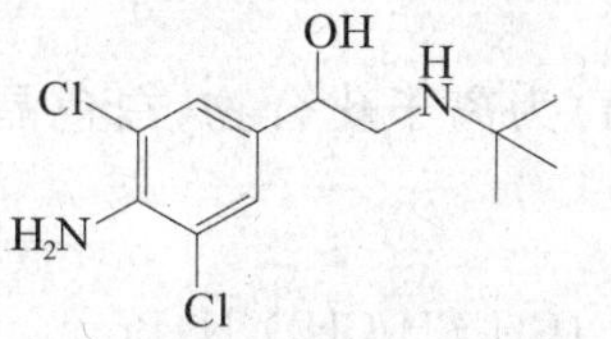

Clenbuterol
克伦特罗

克伦特罗用的是其盐酸盐,即盐酸克伦特罗 Clenbuterol hydrochloride,既不是兽药,也不是饲料添加剂,而是肾上腺素类神经兴奋剂,一种平喘药。克伦特罗是一种 β_2-肾上腺素受体激动剂(β_2-adrenergic agonist),临床上用来治疗慢性阻塞性肺部疾病(COPD),也是支气管扩张剂(Bronchodilator)。20 世纪 80 年代初,Cyanamid 公司意外发现其有明显地促进生长、提高瘦肉率及减少脂肪的效果,于是被畜牧业作为瘦肉精使用。

莱克多巴胺 Ractopamine:

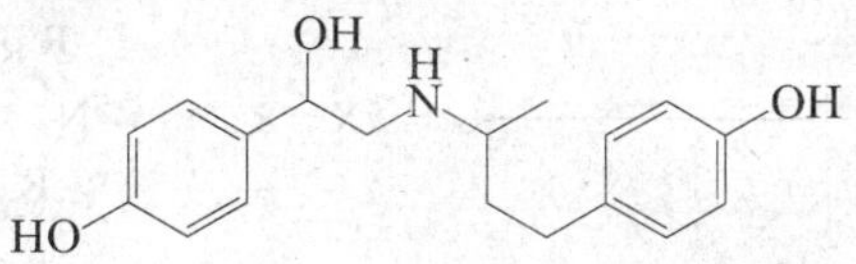

莱克多巴胺
Ractopamine

莱克多巴胺添加在饲料中,用以助长猪、牛、火鸡生长出更多的肌肉(瘦肉),其肉品残留毒性远低于具有相同功能的其他药物,合法使用不会对人类造成短期危害,但无法确定目前的容许残留量无长期危害。

β-氨基醇(β-羟胺)的合成:醛酮加成氰化氢或硝基甲烷,再还原产生 β-氨基醇(β-羟胺)。

例:

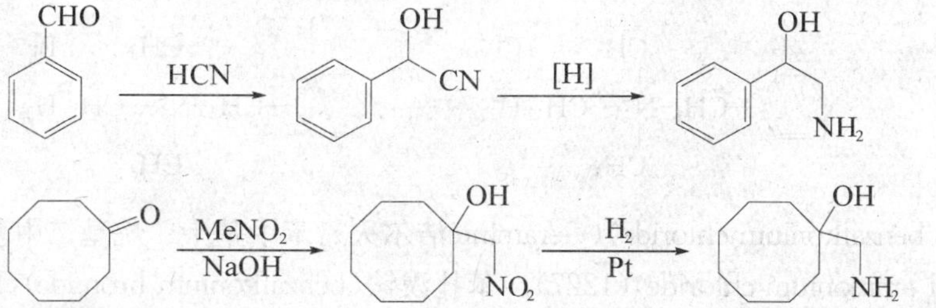

问题 27 完成转化

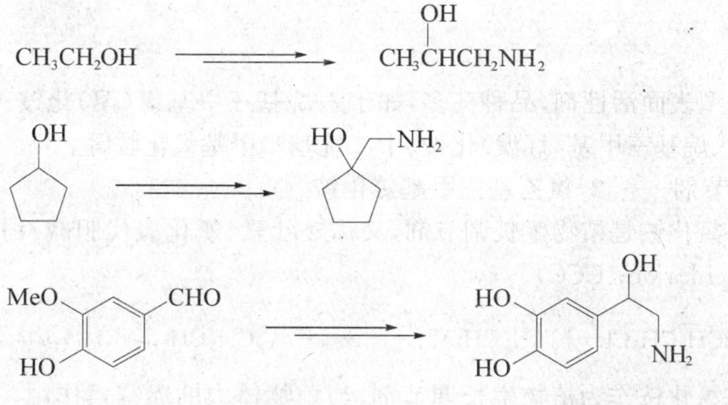

10.2.6 季铵盐与季铵碱

10.2.6.1 季铵盐

1. 季铵盐的基本特点

季铵盐(quaternary ammonium salt)为离子化合物,白色晶体,易溶于水,具有较高的熔点。

$(CH_3)_4N^+Cl^-$ $(CH_3CH_2)_4N^+I^-$ $(CH_3CH_2CH_2)_4N^+Br^-$ $(CH_3CH_2CH_2CH_2)_4N^+I^-$

mp 420   200   252   145~148℃

季铵盐在有机溶剂中的溶解度取决于溶剂的性质、季铵盐的结构即烃基的结构与负离子的性质。下面这两个季铵盐都溶于苯、癸烷、卤代烷这些极性小的溶剂中。

$(n\text{-}C_8H_{17})_3N^+CH_3Cl^-$ $PhCH_2N^+(C_2H_5)_3Cl^-$

季铵盐加热分解生成叔胺与卤代烃:

$$X^- \quad R-\overset{R}{\underset{R}{N^+}}-R \xrightarrow{\Delta} X-R + :\overset{R}{\underset{R}{N}}-R$$

季铵盐多具有生物活性,如具有杀菌、抑菌作用,因而可以用作消毒剂、杀菌剂,有的具有分散、乳化、去污等表面活性作用而作为分散剂、乳化剂、洗涤剂、浮选剂等,具有广泛的用途。

2. 季铵盐个别化合物

(1) 消毒杀菌剂

季铵盐广泛用作消毒杀菌剂,如洁尔灭与新洁尔灭就是常用的广谱消毒杀菌剂。

苯扎氯铵(benzalkonium chloride)(Geramine 洁尔灭):苯甲基十二烷基二甲基氯化铵(dodecyl dimethyl benzyl ammonium chloride)(1227)。苯扎溴铵(benzalkonium bromide)(Neo Geramine 新洁尔灭):苯甲基十二烷基二甲基溴化铵(dodecyl dimethyl benzyl ammonium bromide)。

洁尔灭与新洁尔灭作为广谱消毒杀菌剂用于手术前皮肤消毒、黏膜和伤口消毒以及手术器械消毒等。

(2) 表面活性剂

季铵盐是阳离子型表面活性剂,品种甚多,如十六烷基三甲基氯(溴)化铵、十八烷基二甲基苯甲基氯化铵、十八烷基三甲基氯(溴)化铵、十二烷基二甲基氧化胺等。

(3) 植物生长调节剂——2-氯乙基三甲基氯化铵

2-氯乙基三甲基氯化铵是植物生长调节剂,又称矮壮素(氯化氯代胆碱、稻麦立、西西西、三西) (chlormequat chloride; CCC)。

$$ClCH_2CH_2Cl + N(CH_3)_3 \longrightarrow ClCH_2CH_2\overset{+}{N}(CH_3)_3Cl^-$$

2-氯乙基三甲基氯化铵作为植物生长调节剂,与植物体内的赤霉素作用,抑制细胞伸长生长，使作物的节间和叶柄缩短、植物矮化坚实、抗倒伏，可用于小麦、水稻、玉米、棉花、烟草、及西红柿等。

(4) 生物分子

胆碱（choline）：氢氧化胆碱（choline hydroxide; 2-hydroxyethyl trimethyl ammonium hydroxide）

$$\text{Me}_3\overset{+}{\text{N}}(\text{Me})(\text{Me})\text{—OH} \quad \text{HO}^-$$

胆碱最初由 Adolph Strecker 在 1862 年从猪胆汁（pig bile）中分离出来，1865 年首先由 Oscar Liebreich 化学合成。

合成：

$$\text{Me}_3\text{N} + \underset{\triangle}{\text{O}} + \text{H}_2\text{O} \longrightarrow \text{Me}_3\overset{+}{\text{N}}\text{—OH} \quad \text{HO}^-$$

胆碱是重要的神经递质，广泛存在于生物体内，还参与脂肪、糖、蛋白质代谢。胆碱及其代谢物主要有三种生理功能：结构完整性、生物膜信号传导功能与胆碱能神经传递（乙酰胆碱合成）和甲基转移的一个主要来源（通过其代谢物三甲基甘氨酸（甜菜碱）参与的 S-腺苷甲硫氨酸（SAMe）合成途径）。

胆碱是卵磷脂（lecithin）和鞘磷脂（sphingomyelin）的重要组成部分。卵磷脂即是磷脂酰胆碱（phosphalidy chline），广泛存在于动植物体内。鞘磷脂在高等动物组织中含量丰富，由神经氨基醇、脂肪酸、磷脂及胆碱组成。

乙酰胆碱：

$$\text{Me}_3\overset{+}{\text{N}}\text{—CH}_2\text{CH}_2\text{—O—C(=O)—CH}_3 \quad \text{HO}^-$$

Acetylcholine
2 - Acetoxy - N, N, N-trimethylethanaminium

乙酰胆碱（acetylcholine，ACh）是一种神经递质，传递神经冲动。乙酰胆碱具有强烈的生理活性，能降低血压、收缩肌肉，被胆碱酯酶水解而失活。乙酰胆碱可被真性胆碱酯酶水解而失活。乙酰胆碱能特异性地作用于各类胆碱受体。在神经细胞中，乙酰胆碱是由胆碱和乙酰辅酶 A 在胆碱乙酰化酶的催化作用下合成的。研究认为，体内乙酰胆碱含量与阿尔兹海默病（老年痴呆症）的症状改善显著相关。

1914 年，Ewins 在麦角菌中发现了乙酰胆碱，这是首次在非神经细胞中发现乙酰胆碱的报道。随后，人们陆续在多种细菌、真菌、低等植物和高等植物中发现了乙酰胆碱及其相关的酶和受体。

琥珀酰胆碱：

$$\text{琥珀酰胆碱结构式（双季铵盐，两个 Cl}^- \text{抗衡离子）}$$

琥珀酰胆碱(succinyl choline; succinylcholine chloride 司可林)是一种去极化型神经肌肉松弛剂,是人类最早发现的麻醉药之一。琥珀酰胆碱既可使骨骼肌松弛,又使呼吸肌短暂麻痹,呼吸停止。在临床医学上,病人在接受手术之前,常会被注射琥珀酰胆碱,防止病人在手术过程中挪动身体。琥珀酰胆碱也是执行死刑的注射药物之一。琥珀酰胆碱可被血浆中的假性胆碱酯酶(pseudocholinesterase)水解而解毒,故作用短暂。

左旋肉碱:

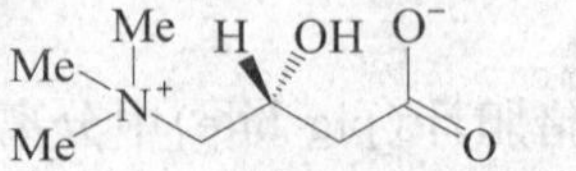

L-肉毒碱;(−)-肉毒碱
L-Carnitine;(−)-Carnitine

L-肉毒碱(L-carnitine),(−)-(R)-3-羟基-4-三甲铵基丁酸,是一种促使脂肪转化为能量的类氨基酸。左旋肉碱的主要生理功能是促进脂肪转化为能量。1985 年在芝加哥召开的国际营养学术会议上,将左旋肉碱指定为"多功能营养品"。美国科学院食品与营养委员会在 1989 年报告,左旋肉碱不是一种必需的营养成分,不需要"推荐摄入量"。

3. 季铵盐的合成应用

在有机合成中,季铵盐可用作相转移催化剂(phase-transfer catalyst)。常用的季铵盐类相转移催化剂有三乙基苯甲基氯化铵(TEBA,TEBAC)$PhCH_2NEt_3Cl$、四丁基溴化铵(TBAB)$(C_4H_9)_4NBr$、甲基三辛基氯化铵$(C_8H_{17})_3NMeCl$(Aliquat 336)、四丁基硫氢化铵(TBAB)$(C_4H_9)_4NHSO_4$ 等。

4. 季铵盐的重排反应

Stevens 重排:苯甲式季铵盐在碱作用下发生重排,生成叔胺,称为 Stevens 重排(Thomas S. Stevens, 1928)。例:

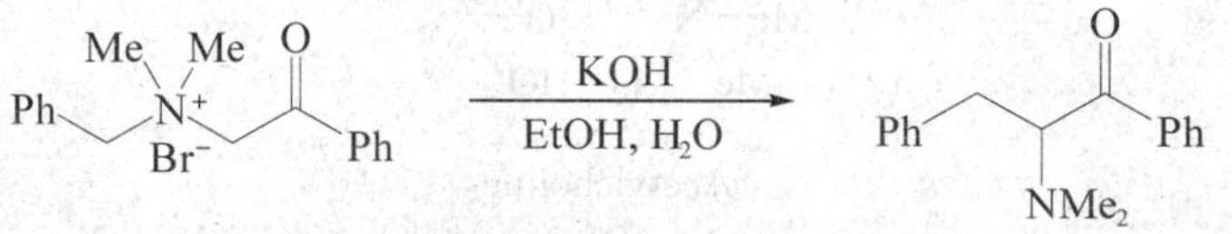

重排机理:酸性更强的 α-氢被夺取,生成的碳负离子亲核进攻缺电子的苯甲位,完成苯甲基由氮到碳(N→C)的 1,2-迁移。

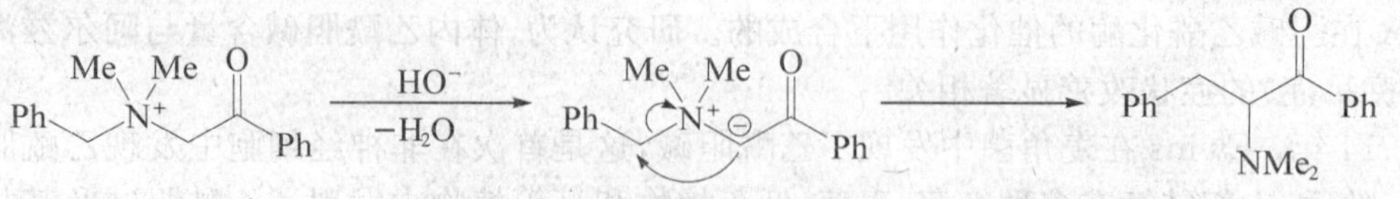

Stevens 重排经历了碳-氮键(C−N)断裂和新的碳-碳键(C−C)生成,完成了由季铵盐到叔胺的转化。

问题 28 完成反应

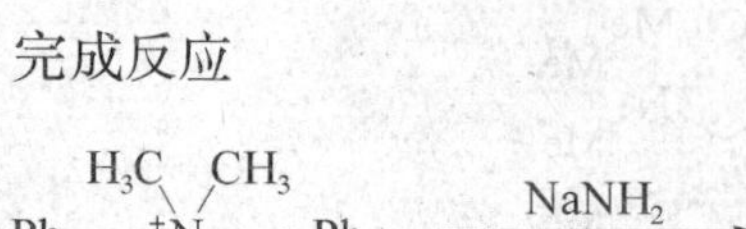

$$\text{Ph}\overset{H_3C\ CH_3}{\underset{Cl^-}{N^+}}\text{Ph} \xrightarrow[150\ ℃]{NaNH_2}$$

问题 29 完成转化

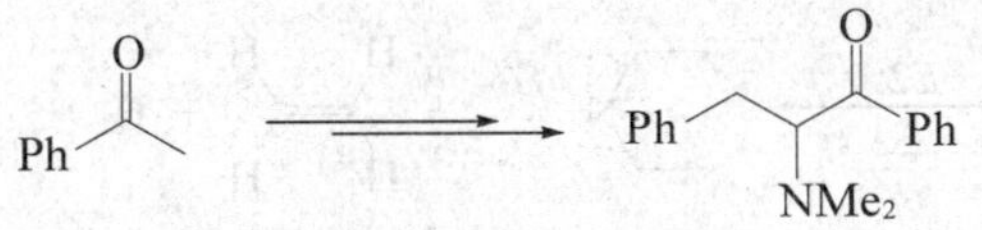

$$Ph-CO-CH_3 \Longrightarrow Ph-CH_2-CH(NMe_2)-CO-Ph$$

Sommelet 重排:苯甲基三甲基碘化铵在特强碱如氨基钠(钾)作用下重排,生成邻甲苯甲基二甲胺,称为 Sommelet 重排或 Sommelet-Hauser 重排(M. Sommelet, Charles R. Hauser, 1937)。

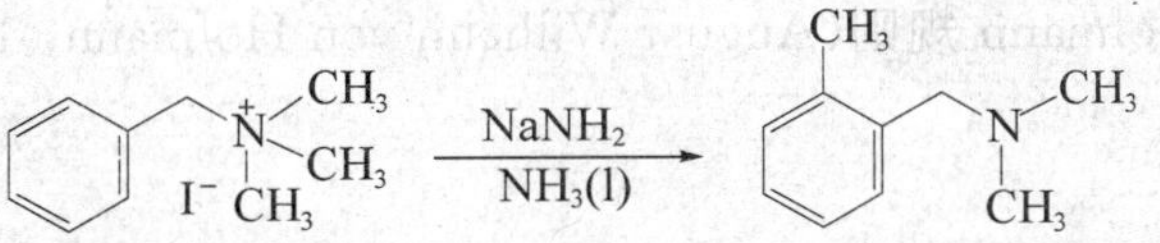

$$PhCH_2N^+(CH_3)_3 \; I^- \xrightarrow[NH_3(l)]{NaNH_2} \text{邻-CH}_3C_6H_4CH_2N(CH_3)_2$$

重排机理:Sommelet 重排经历了碳–氮键(C–N)断裂和新的碳–碳键(C–C)生成。

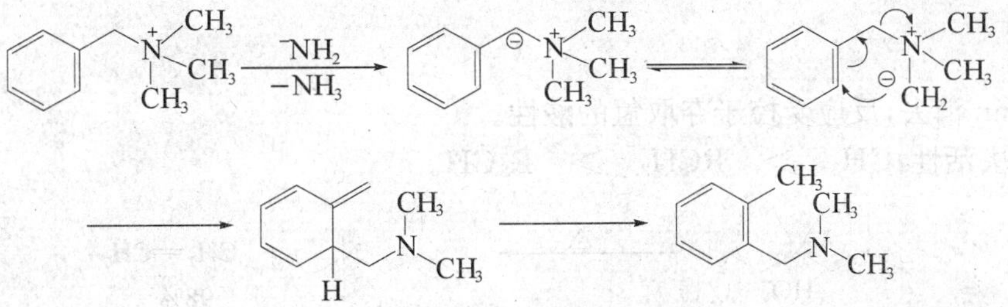

[机理图示]

显然,Sommelet 重排是 Stevens 重排的一种特殊形式,都是转化季铵盐成为叔胺。Sommelet 重排是向苯环引入甲基而且是邻位。

问题 30 完成转化

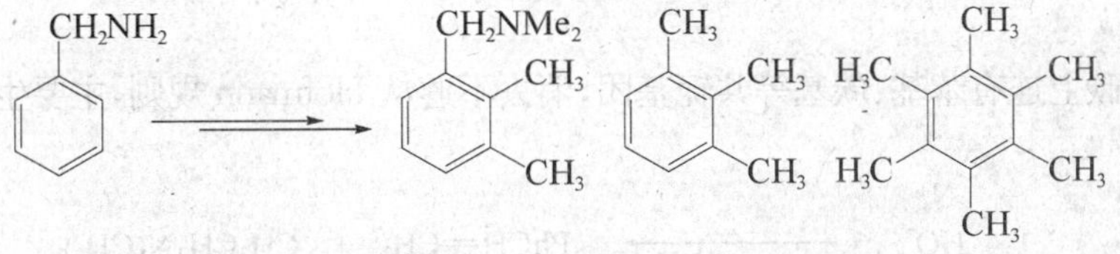

PhCH$_2$NH$_2$ ⟹ 2,3-二甲基苄基二甲胺 → 1,2,3-三甲苯 → 六甲苯

10.2.6.2 季铵碱

季铵盐与氢氧化钠(钾)发生复分解,交换是可逆的,不能用于季铵碱的制备。氢氧化银(湿的氧化银)与季铵盐反应能进行到底,可用于制备季铵碱(quaternary ammonium hydroxide)。

$$R_4N^+ \; I^- + KOH \rightleftharpoons R_4N^+ \; HO^- + KI$$

$$R_4N^+ \; I^- + AgOH \longrightarrow R_4N^+ \; HO^- + AgI$$

季铵碱特点:强碱性,在水溶液中能完全电离给出氢氧负离子 HO^-,相当于苛性碱;热分解——Hofmann 消去。

Hofmann 消去

含 β-氢的季铵碱受热(100℃~200℃)分解产生叔胺和烯烃,称为 Hofmann 消去

(Hofmann elimination, 1851)(August Wilhelm von Hofmann, 1818—1892)。

例:

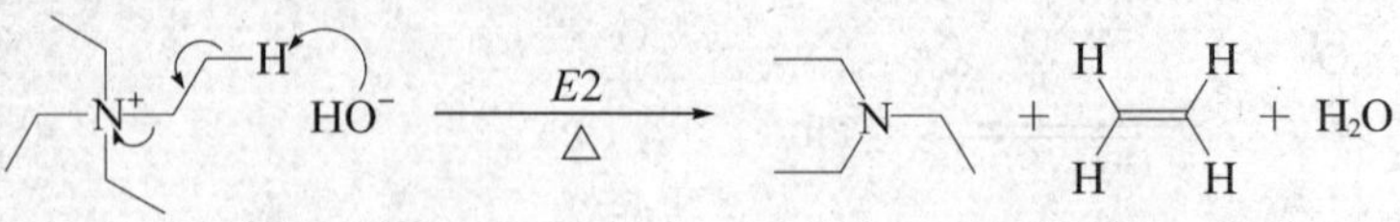

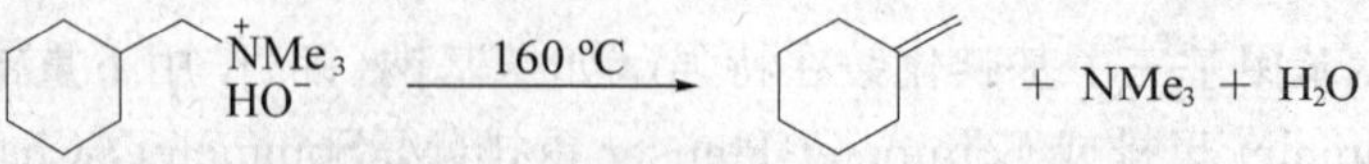

$Et_3N^+-CH_2-CH_2-H$, HO^- $\xrightarrow{E2, \Delta}$ Et_2NH + $CH_2=CH_2$ + H_2O

环己基-$CH_2-N^+Me_3$ HO^- $\xrightarrow{160\ °C}$ 亚甲基环己烷 + NMe_3 + H_2O

区域选择性——Hofmann 规则:季铵碱含不同 β-氢,热分解主要产生 Hofmann 烯烃——取代较少的烯,此即 Hofmann 规则(August Wilhelm von Hofmann, 1851)。

例:

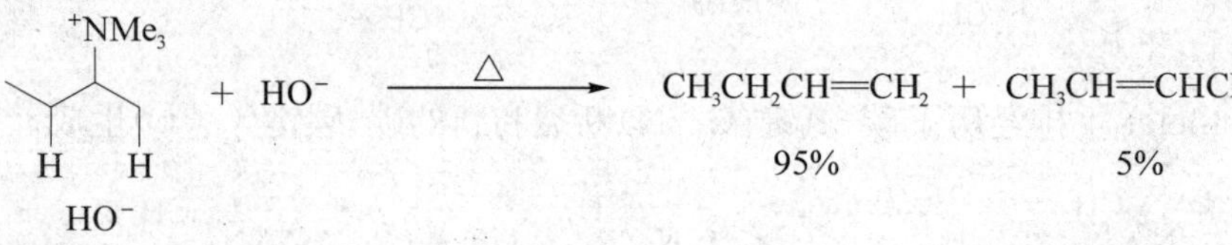

$(CH_3)_2CH-CH(N^+Me_3)-CH_2CH_3$,HO^- $\xrightarrow{\Delta}$ $CH_3CH_2CH=CH_2$ + $CH_3CH=CHCH_3$ + $N(CH_3)_3$
95%　　　　　　　5%

Hofmann 消去,反应受控于夺取氢的酸性。

β-氢消去活性:$CH_3 > RCH_2 > R_2CH$。

例:

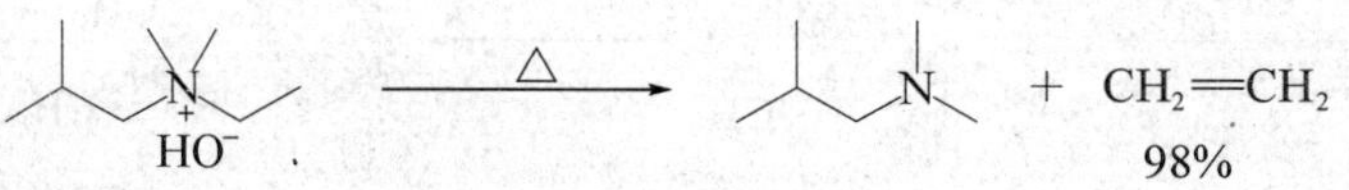

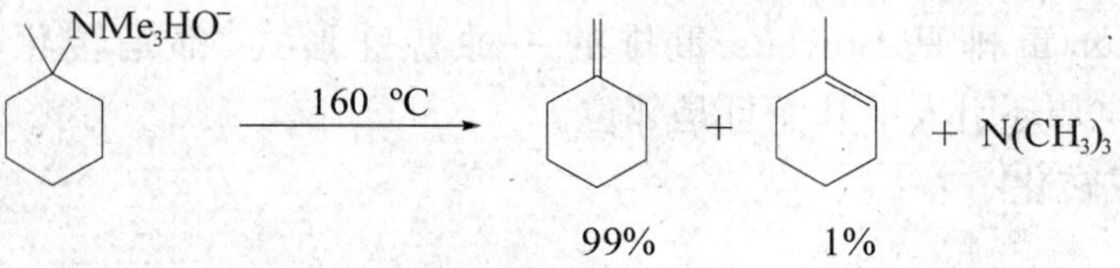

$(CH_3)_2CHCH_2-N^+Me_2-CH_2CH_3$ HO^- $\xrightarrow{\Delta}$ $(CH_3)_2CHCH_2-NMe_2$ + $CH_2=CH_2$
　　　　　　　　　　　　　　　　　　　　　　　　　98%

1-甲基环己基-NMe_3 HO^- $\xrightarrow{160\ °C}$ 亚甲基环己烷 + 1-甲基环己烯 + $N(CH_3)_3$
　　　　　　　　　　　　　99%　　　　1%

但是,若 β-碳上连有苯基、羰基等共轭基团,消去不遵从 Hofmann 规则,主要生成共轭的烯键。

例:

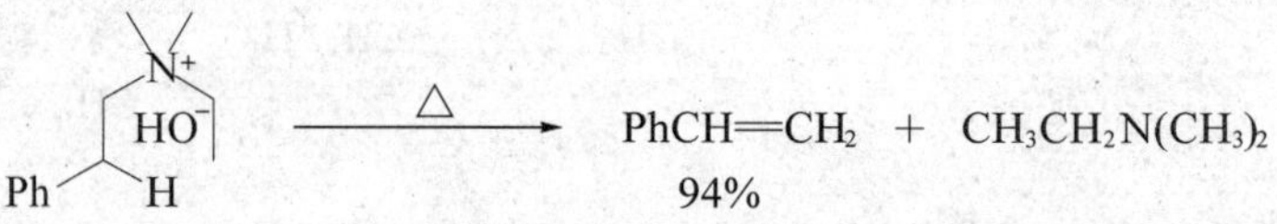

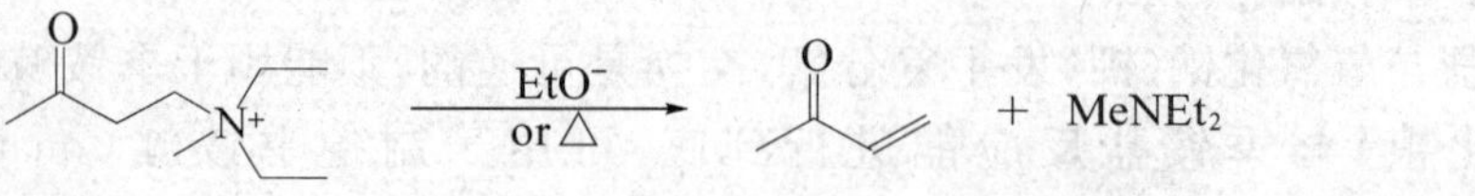

$Ph-CH(H)-CH_2-N^+Me_3$ HO^- $\xrightarrow{\Delta}$ $PhCH=CH_2$ + $CH_3CH_2N(CH_3)_2$
　　　　　　　　　　　　　　　　94%

$CH_3COCH_2CH_2-N^+Et_3$ $\xrightarrow{EtO^-\ or\ \Delta}$ $CH_3COCH=CH_2$ + $MeNEt_2$

问题 31 完成反应

$(CH_3)_2CH-CH(^+NMe_3\ HO^-)-CH_2CH_3$ $\xrightarrow{\Delta}$

$(CH_3)_2CH-CH(CH_2CH_3)-^+NMe_3\ HO^-$ $\xrightarrow{\Delta}$

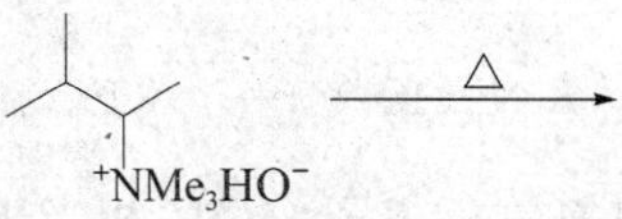

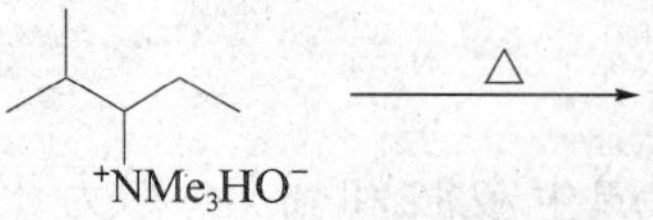

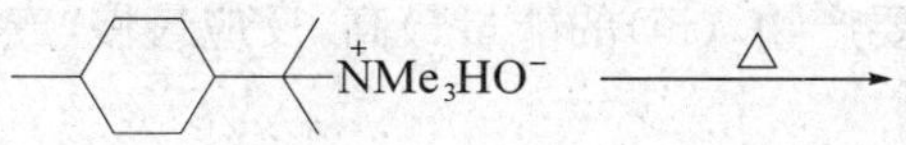

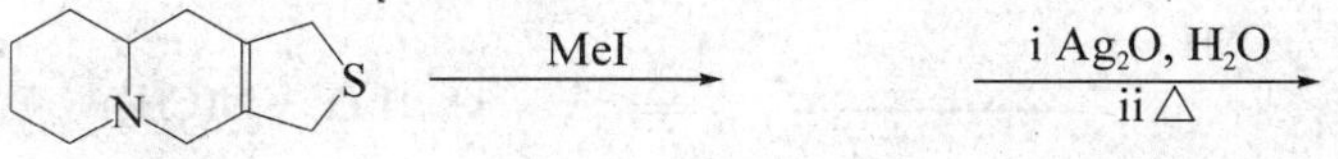

第10章 含氮化合物 Organic Nitrogen Compounds

[反应式：甲基环己基异丙基三甲铵氢氧化物 加热]

[反应式：含氮硫杂稠环化合物 ——MeI→ ——i Ag₂O, H₂O; ii Δ→]

立体化学 —— 反式消去：Hofmann 消去是双分子反式消去（E2）。双分子消去反应，被消去的 β-氢与离去基处于对位交叉（180°），这样能量最低。

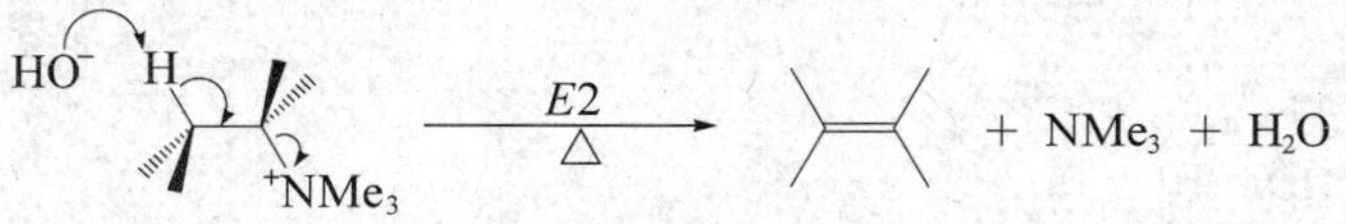

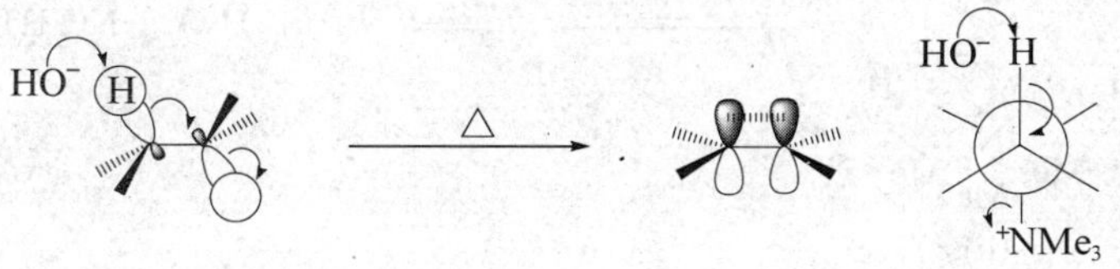

[反应机理图：HO⁻ 进攻 β-H，脱去 NMe₃，生成烯烃 + NMe₃ + H₂O]

[Newman 投影式图示]

例：

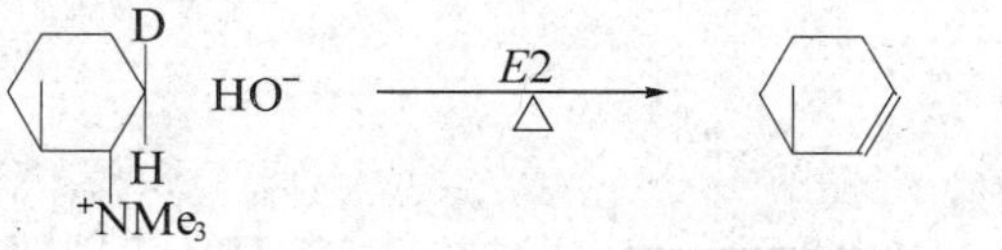

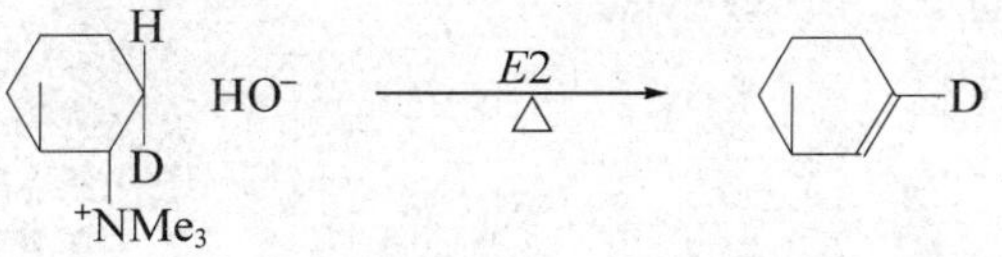

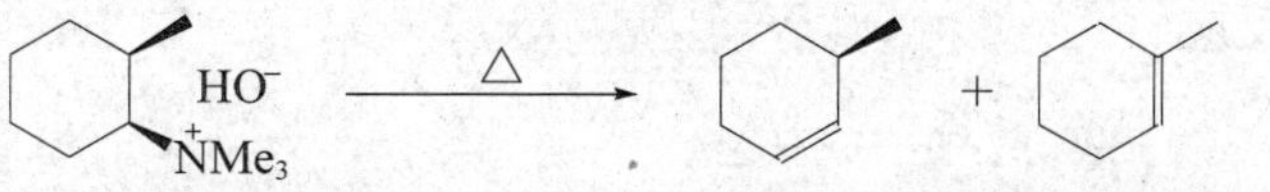

[反应式：氘代环己基三甲铵 + HO⁻ →E2→ 环己烯]

[反应式：氘代环己基三甲铵（异构体） + HO⁻ →E2→ 氘代环己烯]

[反应式：2-甲基环己基三甲铵 + HO⁻ →Δ→ 3-甲基环己烯（major）+ 1-甲基环己烯（minor）]

[反应式：反式-2-甲基环己基三甲铵 + HO⁻ →Δ→ 3-甲基环己烯（only）]

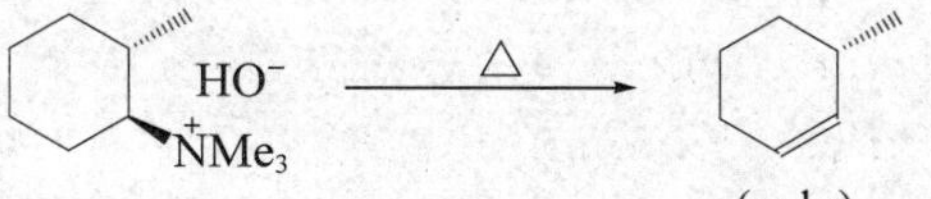

反式消去的过渡态分析可以解释产物区域选择性与构型异构体分布。如仲丁基季铵碱的消去：

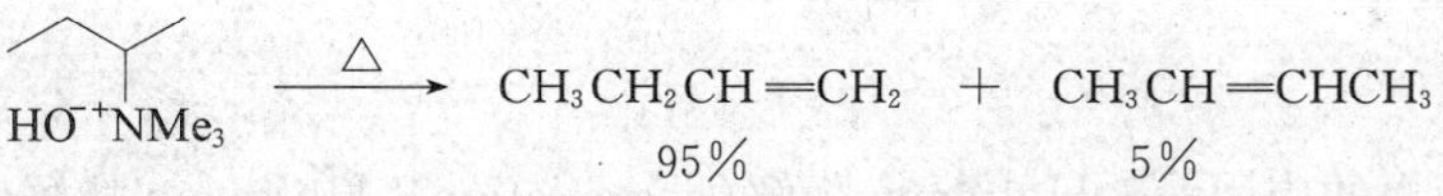

[反应式：HO⁻ ⁺NMe₃-仲丁基 →Δ→ CH₃CH₂CH=CH₂ (95%) + CH₃CH=CHCH₃ (5%)]

在过渡态构象（i）中，大体积的三甲基铵离子与两个氢处于邻位交叉，能量较低。在过渡态构象（ii）中，虽然两甲基是对位交叉，但大的三甲基铵离子与一个甲基处于邻位交叉，能量当是较（i）的高。而在（iii）中，存在两个邻位交叉，三甲基铵离子与甲基、甲基与甲基，能量最高。所以，(i)的能量最低，反应最快，是主要产物，(iii)的能量最高，反应最慢，产物含量最低。

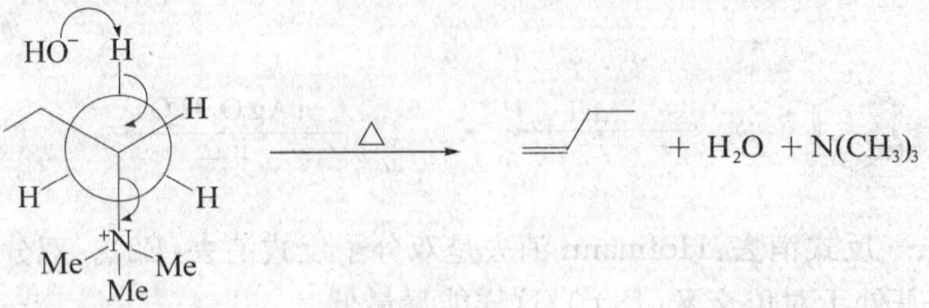

$$\text{(i)} \xrightarrow{\triangle} \diagup\!\!\!\diagdown + H_2O + N(CH_3)_3$$

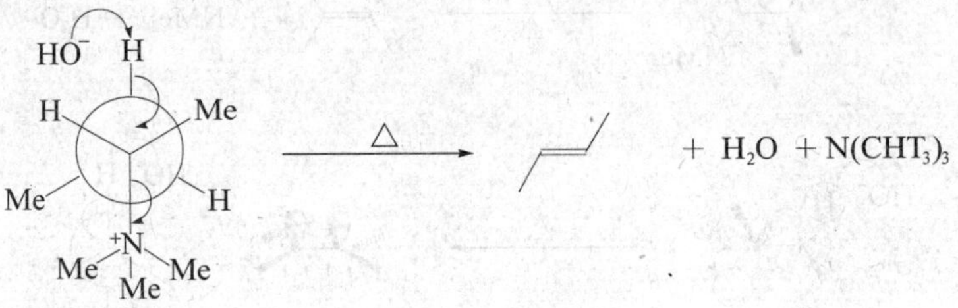

$$\text{(ii)} \xrightarrow{\triangle} \diagup\!\!\!=\!\!\!\diagdown + H_2O + N(CHT_3)_3$$

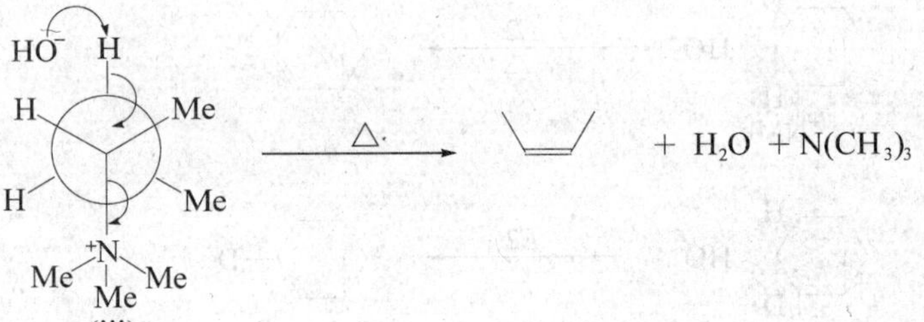

$$\text{(iii)} \xrightarrow{\triangle} \diagdown\!\!=\!\!\diagup + H_2O + N(CH_3)_3$$

问题 32 完成反应

反式-2-异丙基-5-甲基环己胺 $\xrightarrow[\text{iii} \triangle]{\text{i } CH_3I;\ \text{ii } Ag_2O, H_2O}$

顺式-2-异丙基-5-甲基环己胺 $\xrightarrow[\text{iii} \triangle]{\text{i } CH_3I;\ \text{ii } Ag_2O, H_2O}$

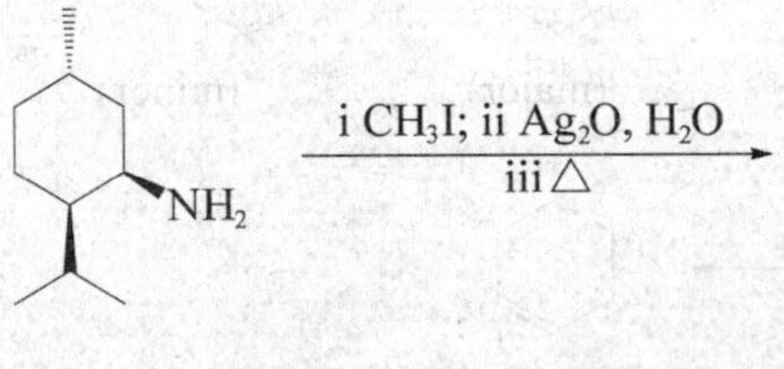

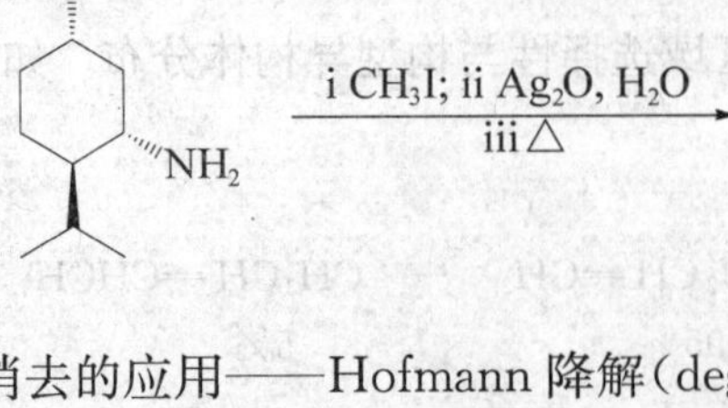

Hofmann 消去的应用——Hofmann 降解 (degradation)：Hofmann 降解也称 Hofmann 彻底甲基化 (exhaustive methylation)，即胺与过量的碘甲烷作用生成季铵盐——季铵盐化，再与氢氧化银（湿的氧化银）作用转化为季铵碱——季铵碱化，最后热分解，给出烯和叔胺。彻底甲基化、季铵碱化与热分解三个反应联合应用完成 Hofmann 降解。

$$RNH_2 + 3CH_3I \longrightarrow RN^+(CH_3)_3I^-$$

$$R_2NH + 2CH_3I \longrightarrow R_2N^+(CH_3)_2I^-$$

$$R_3N + CH_3I \longrightarrow R_3N^+CH_3I^-$$

推导结构——Hofmann 彻底甲基化应用

例1 A($C_7H_{15}N$)与碘甲烷反应得 B($C_{10}H_{22}IN$)，B 与湿的氧化银共热仅得 C(C_7H_{12})和三甲胺，C 经臭氧化还原水解产生环己酮和甲醛。试给出 A 的结构。

解：利用回推法还原降解过程。

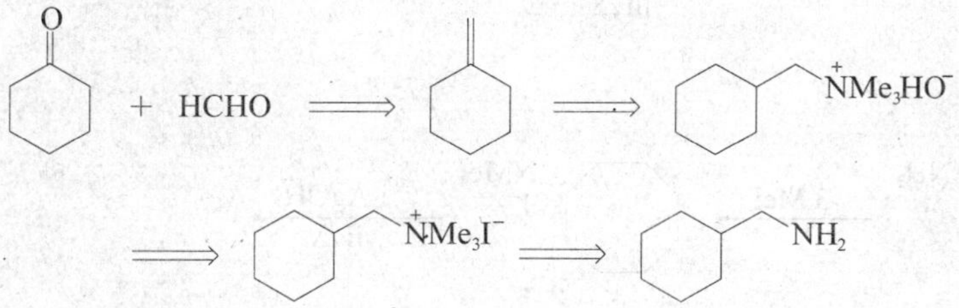

本题的答案是确定的吗？为什么？

例2 A($C_7H_{15}N$)与碘甲烷反应得 B($C_9H_{20}IN$)，B 与湿的氧化银共热得 C(C_6H_{10})和三甲胺，C 经热锰酸钾氧化得己二酸。试给出 A 的结构。

解：利用回推法还原降解过程。

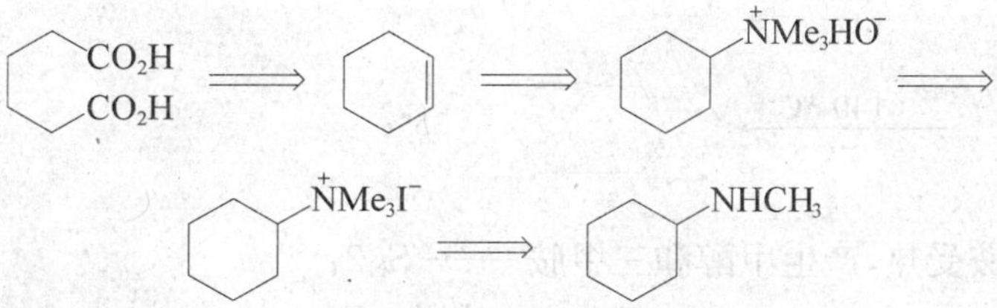

环状的仲胺需二次彻底甲基化降解除氮。

例3 A($C_5H_{11}N$)依次经碘甲烷、湿氧化银、加热处理后再经一次 Hofmann 彻底甲基化得烃(C_5H_8)，后者经臭氧化、还原水解产生一分子丙二醛和两分子甲醛。试给出 A 的结构。

解：

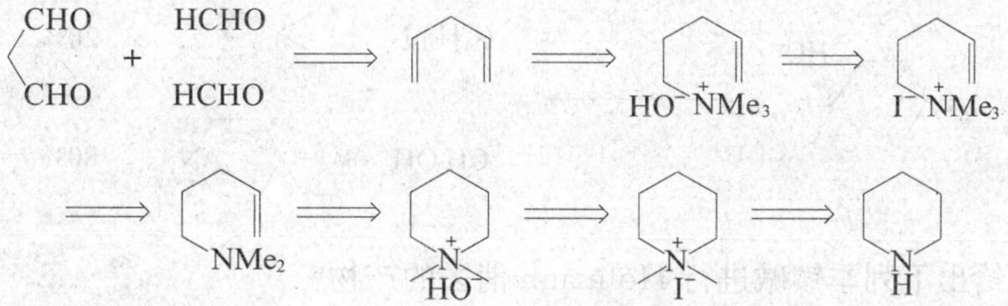

问题33 推导结构

(1) 化合物 A($C_5H_{13}N$)进行 Hofmann 彻底甲基化消耗三摩尔碘甲烷，降解得三个异构体烯烃，其中主要的一个经高锰酸钾氧化给出丁酸。试推导 A 的结构。

(2) 手性化合物 B($C_6H_{15}N$)彻底甲基化，消耗两摩尔碘甲烷，然后与氧化银在水溶液中共热，所得烯烃经臭氧化还原水解给出等量的甲醛和丁醛。试推导 B 的结构。

制备烯烃：Hofmann 消去可用于制备烯烃，尤其是用一般方法不易得到的烯烃。

例：

Barrelene桶烯
Bicyclo[2.2.2]octa-2,5,7-triene

trans-cyclooctene　*cis*-cyclooctene
60%　40%

35%

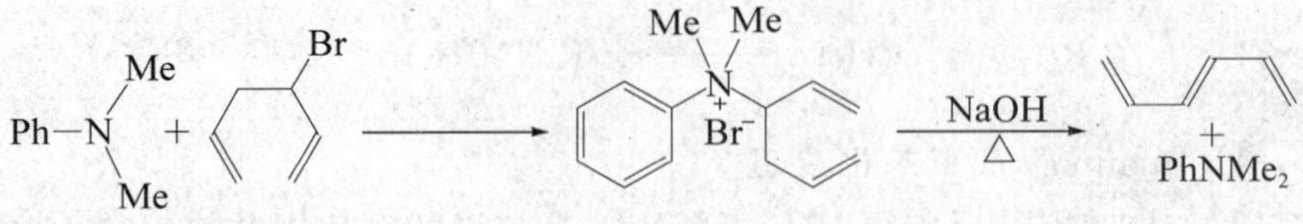

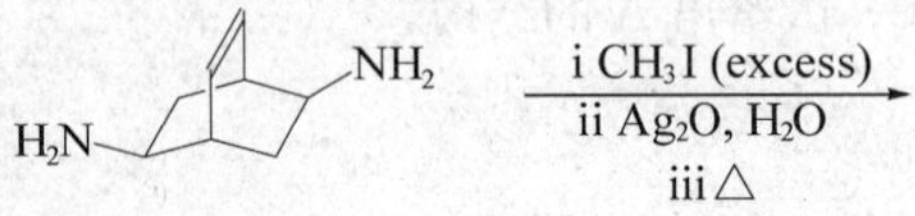

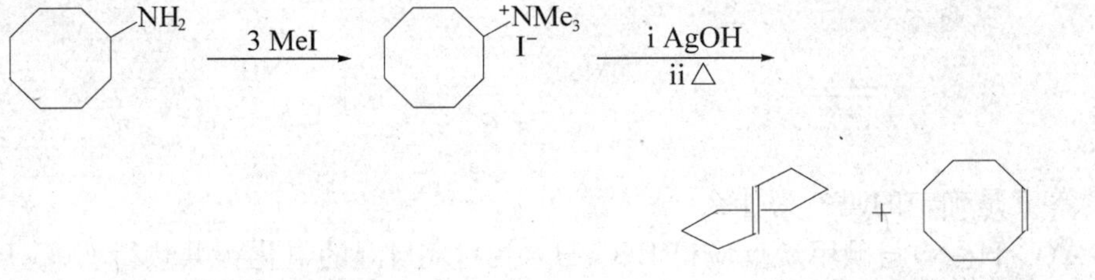

四甲基氢氧化铵受热，产生甲醇和三甲胺 —— S_N2：

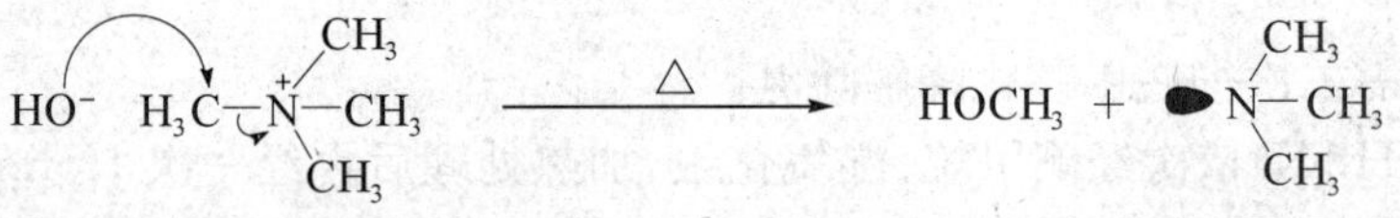

β-碳氢空阻太大时，Hofmann 消去得不到正常产物：

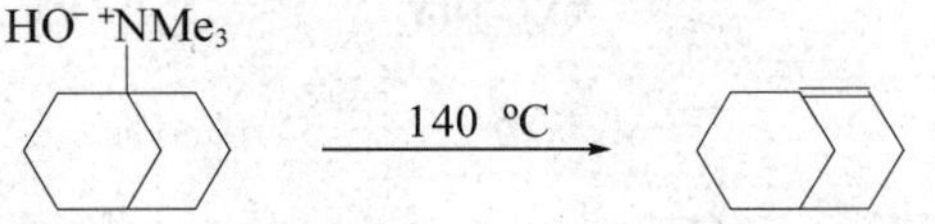

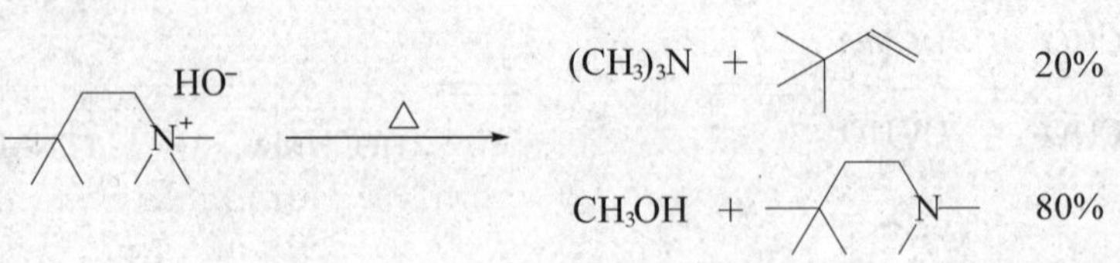

问题 34　给出下列季铵碱进行 Hofmann 消去的产物?

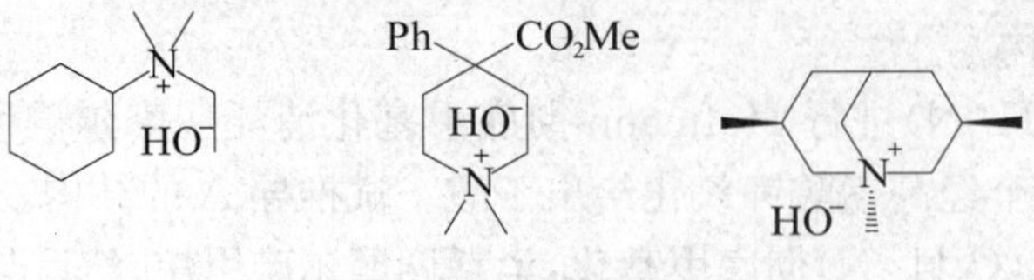

问题 35 给出以下环胺 Hofmann 彻底甲基化降解产物。

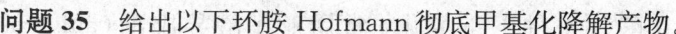

10.3 重氮化合物

10.3.1 芳香重氮盐及其合成应用

10.3.1.1 芳香重氮盐制备

芳伯胺与亚硝酸(亚硝酸钠-盐酸或硫酸)反应生成芳基重氮盐——重氮化(diazotation)。此反应首先由 Peter Griess 报道(1858)，称为 Griess 重氮化反应(Griess diazotization reaction)。重氮化反应一般在强酸性、低温度(0～5℃)条件下进行。

$$ArNH_2 + NaNO_2 + 2HCl \xrightarrow{0\sim5℃} Ar\overset{+}{N}\equiv N\ Cl^- + NaCl + 2H_2O$$

一般是将芳伯胺溶解在过量的稀盐酸(HCl 的摩尔量是芳胺的 2.5 倍)中，在 0～5℃温度下加入等量的亚硝酸钠水溶液。芳重氮盐低温下稳定，通常不必分离出来而直接用于下一步合成；重氮化反应必须在酸性溶液中进行；碱性弱的芳胺不易发生重氮化反应。

亚硝化(nitrosation)——重氮化(diazotation)：

$$O=N-OH + H^+ \rightleftharpoons {}^+N=O + H_2O$$

$$ArNH_2 + \overset{+}{N}=O \rightleftharpoons Ar\underset{H}{\overset{|}{N}}H-N=O \rightleftharpoons ArNH-N=\overset{+}{O}H$$

$$\rightleftharpoons Ar\underset{H}{\overset{+}{N}}=N-OH \rightleftharpoons ArN=N-\overset{+}{O}H_2$$

$$\rightleftharpoons Ar-\overset{+}{N}\equiv N + H_2O \quad \text{aryl diazonium salt 芳基重氮盐}$$

diazonium cation

碱性很弱的芳胺可以溶解在硫酸中，在冷却下加入亚硝酸钠水溶液。

$$\underset{\text{(tetrachloroaminobenzoic acid)}}{\text{Cl}_4C_6H(CO_2H)(NH_2)} \xrightarrow{\text{NaNO}_2 / H_2SO_4} \text{Cl}_4C_6H(CO_2H)(\overset{+}{N}_2 HSO_4^-)$$

另一种方法是用亚硝酸酯在酸性条件下重氮化，常用亚硝酸异戊酯（amyl nitrite，$ONOCH_2CH_2CHMe_2$），此为 Knoevenagel 重氮化法（1890）。

$$ArNH_2 + RONO + HX \longrightarrow ArN_2^+ X^- + ROH + H_2O$$

10.3.1.2 芳重氮盐的反应——合成应用

1. 取代反应

芳重氮盐的重氮基可以被许多基团如羟基、卤素、氰基、硝基以及氢取代，此即芳重氮盐取代反应。通过此反应实现芳环上的官能团转化。

芳重氮盐的转化（transformation of aryl diazonium salt）：

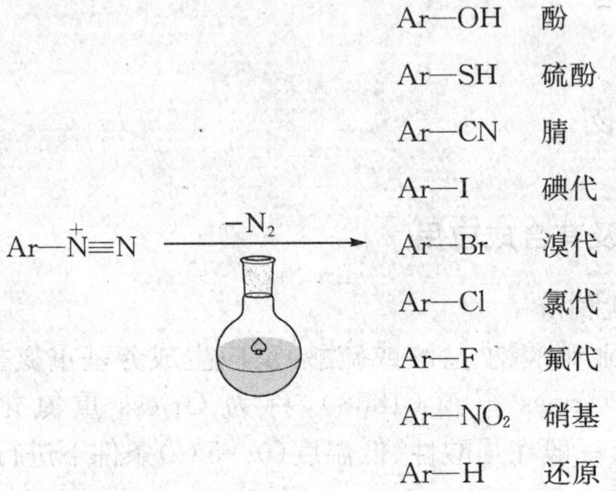

$$Ar-\overset{+}{N}\equiv N \xrightarrow{-N_2}$$

Ar—OH	酚
Ar—SH	硫酚
Ar—CN	腈
Ar—I	碘代
Ar—Br	溴代
Ar—Cl	氯代
Ar—F	氟代
Ar—NO_2	硝基
Ar—H	还原

1) 羟基与碘取代——芳香亲核取代

芳重氮盐的羟基与碘亲核取代（ArS_N）用于合成酚与碘代芳烃。

酚：芳重氮盐的水溶液加热即放氮生成酚，多用硫酸重氮盐。

例：

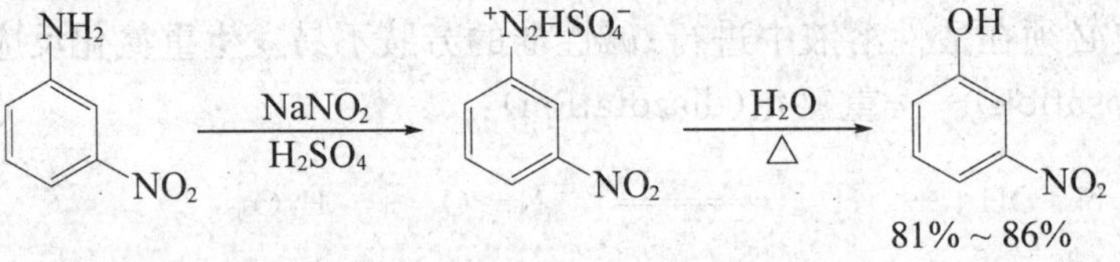

3-硝基苯胺 $\xrightarrow{NaNO_2, H_2SO_4}$ 3-硝基苯重氮硫酸氢盐 $\xrightarrow{H_2O, \Delta}$ 3-硝基苯酚（81%~86%）

反应机理：单分子芳香亲核取代（ArS_N1）。

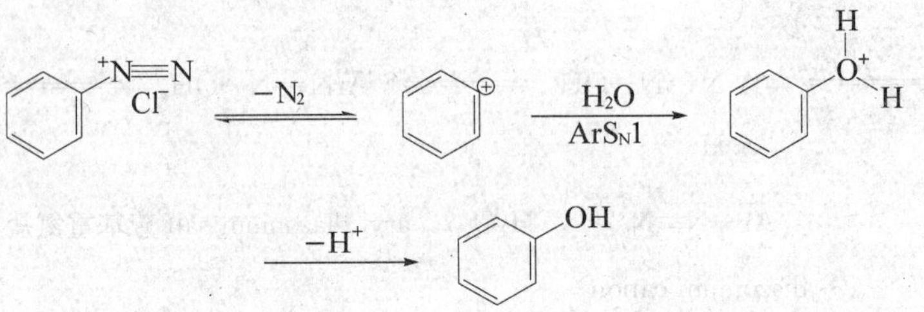

苯重氮氯盐 $\xrightarrow{-N_2}$ 苯基正离子 $\xrightarrow{H_2O, ArS_N1}$ 质子化苯酚 $\xrightarrow{-H^+}$ 苯酚

碘代：碘化钾（KI）与芳重氮盐溶液混合搅拌即得碘代产物。

例：

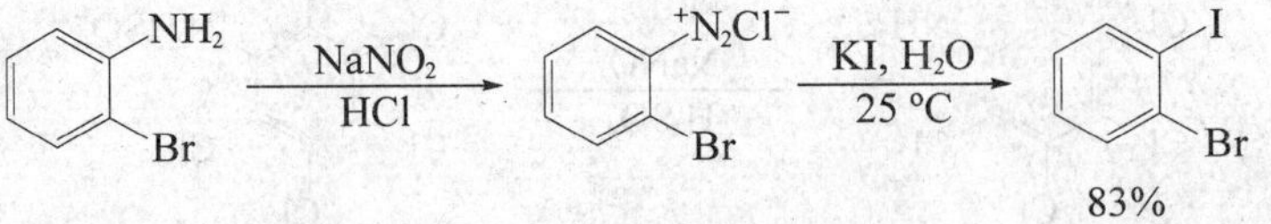

2-溴苯胺 $\xrightarrow{NaNO_2, HCl}$ 2-溴苯重氮氯盐 $\xrightarrow{KI, H_2O, 25\ ^\circ C}$ 2-溴碘苯（83%）

反应机理：单分子芳香亲核取代（ArS$_N$1）。

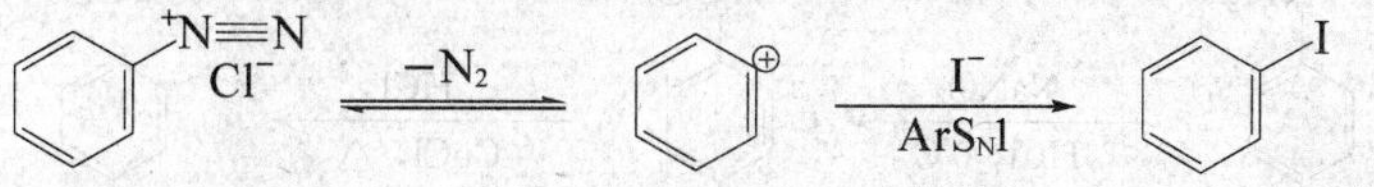

类似的反应——叠氮取代：叠氮化钠（NaN$_3$）与芳重氮盐溶液混合即得叠氮取代产物。

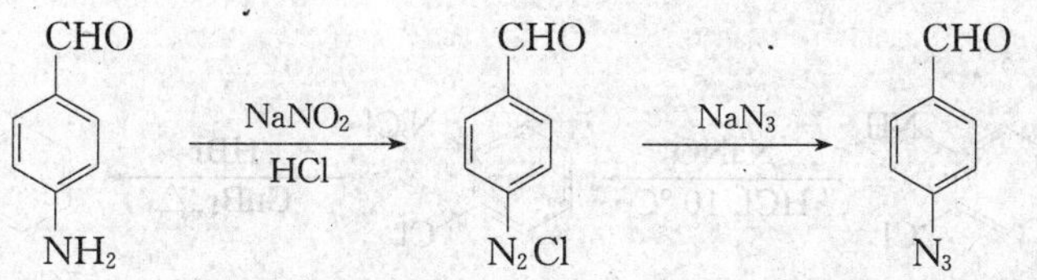

Leuckart 硫酚反应：芳重氮盐与黄原酸盐作用，生成黄原酸混合酯，碱性水解产生硫酚——Leuckart 硫酚反应（Rudolf Leuckart，1890），亚铜盐催化热分解产生芳基硫醚。

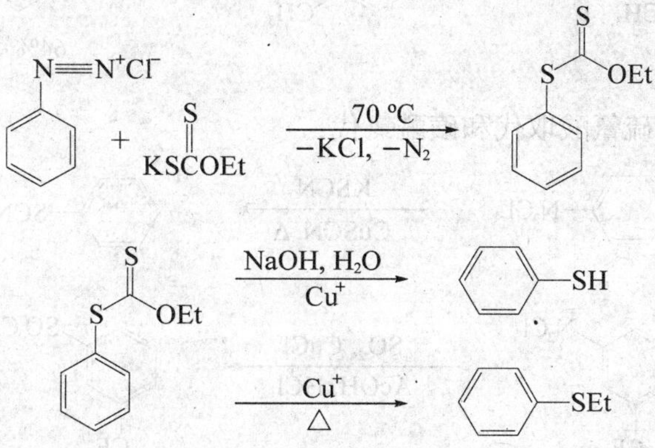

问题 36 完成转化

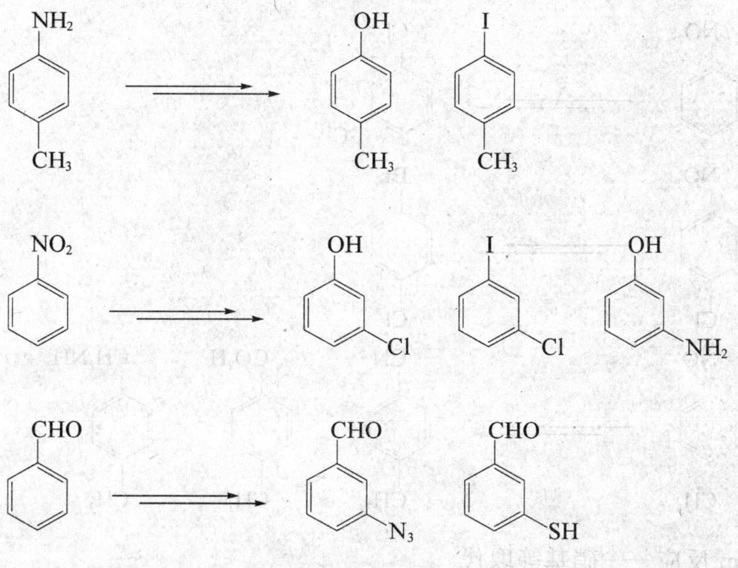

2) 氯、溴与氰基取代——Sandmeyer 反应

在相应的亚铜盐（CuCl、CuBr、CuCN）存在下，芳重氮盐发生氯、溴、氰基取代，生成氯、溴

代芳烃与芳腈,称为 Sandmeyer 反应(Traugott Sandmeyer,1884)。

例:

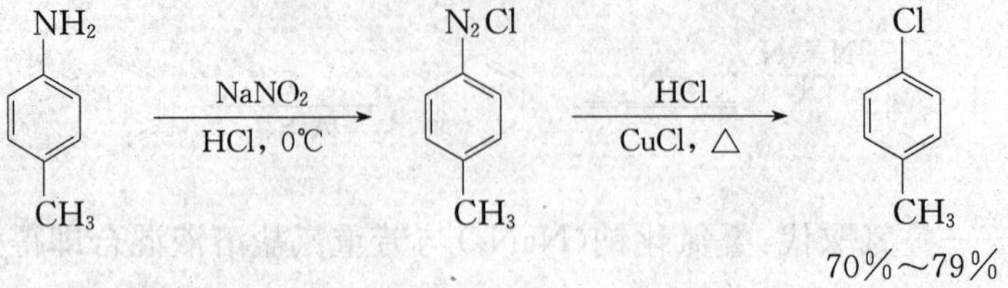

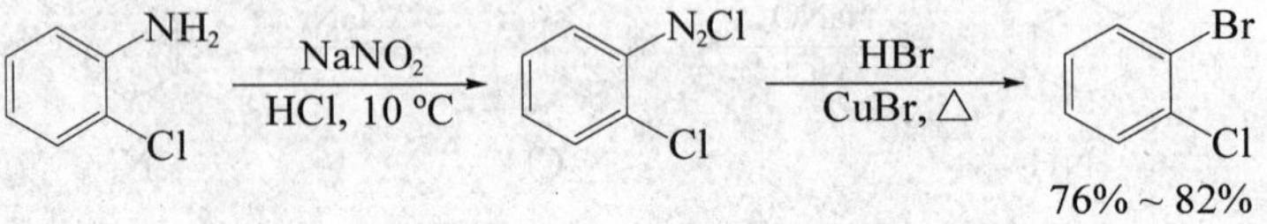

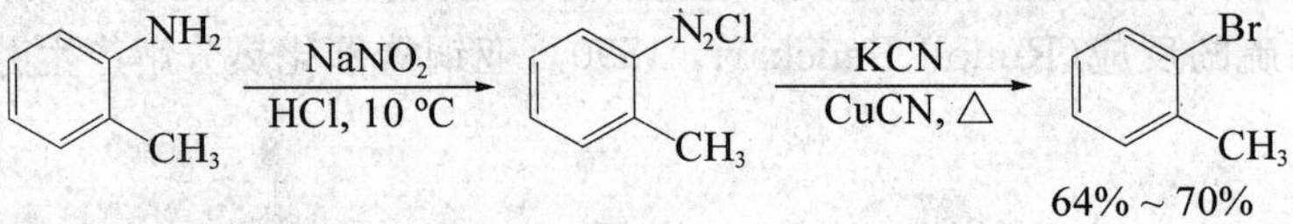

对甲苯胺 $\xrightarrow[\text{HCl, 0℃}]{\text{NaNO}_2}$ 对甲苯重氮氯 $\xrightarrow[\text{CuCl, △}]{\text{HCl}}$ 对氯甲苯 (70%~79%)

邻氯苯胺 $\xrightarrow[\text{HCl, 10 ℃}]{\text{NaNO}_2}$ 邻氯苯重氮氯 $\xrightarrow[\text{CuBr, △}]{\text{HBr}}$ 邻溴氯苯 (76%~82%)

邻甲苯胺 $\xrightarrow[\text{HCl, 10 ℃}]{\text{NaNO}_2}$ 邻甲苯重氮氯 $\xrightarrow[\text{CuCN, △}]{\text{KCN}}$ 邻溴甲苯 (64%~70%)

类似的反应——异硫氰酸取代和磺酰氯代:

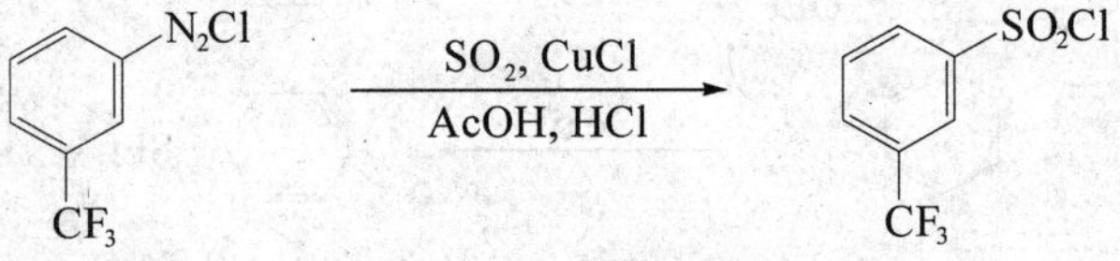

苯重氮氯 $\xrightarrow[\text{CuSCN, △}]{\text{KSCN}}$ 苯基硫氰酸酯

间三氟甲基苯重氮氯 $\xrightarrow[\text{AcOH, HCl}]{\text{SO}_2,\text{CuCl}}$ 间三氟甲基苯磺酰氯

问题 37 完成转化

硝基苯 ⟹ 间二氯苯

对氯硝基苯 ⟹ 对氯溴苯

对硝基甲苯 ⟹ 对甲基苯甲腈、对甲基苯甲酸、对甲基苄胺

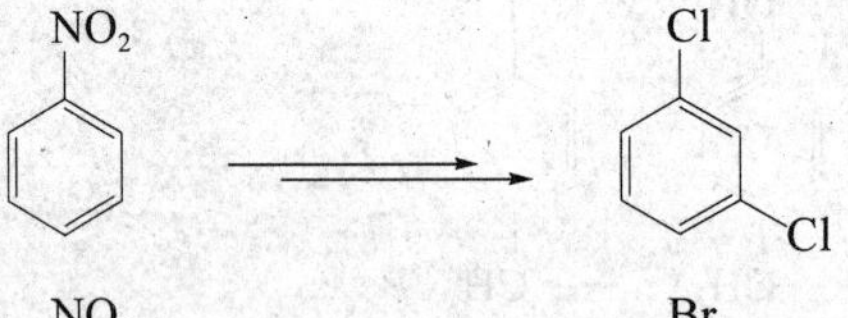

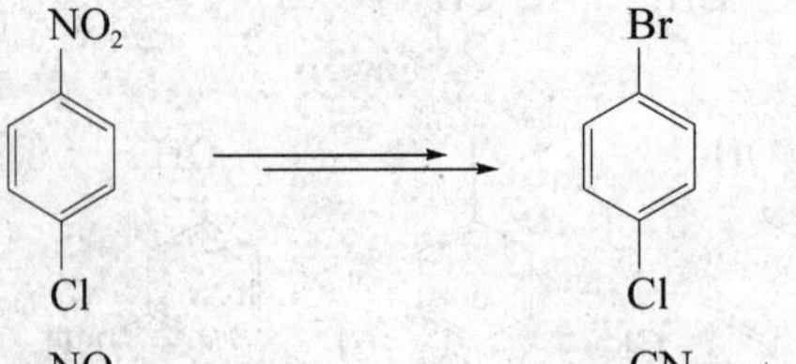

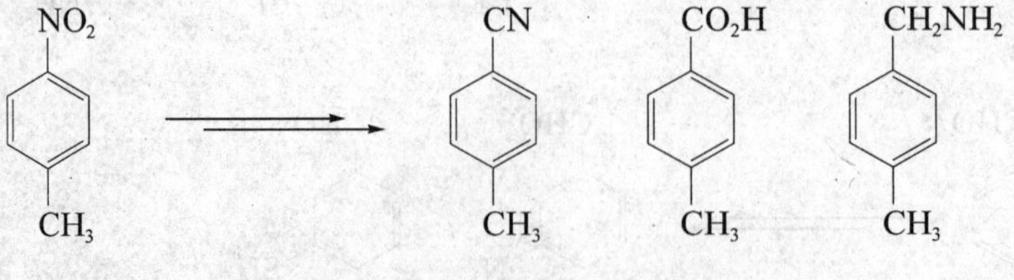

3) Gattermann 反应——硝基等取代

芳重氮盐以新鲜铜粉为催化剂的取代反应称为 Gattermann 反应(Ludwig Gattermann,1890),与亚硝酸钠、亚硫酸钠、硫氰酸钾等反应,生成硝基芳烃、芳磺酸、硫氰酸芳酯等。

例：

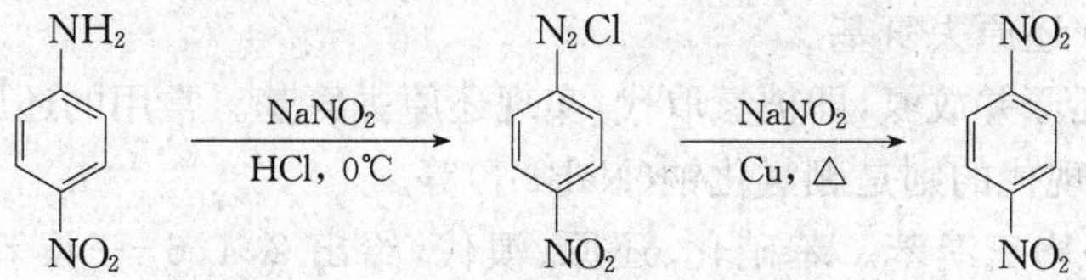

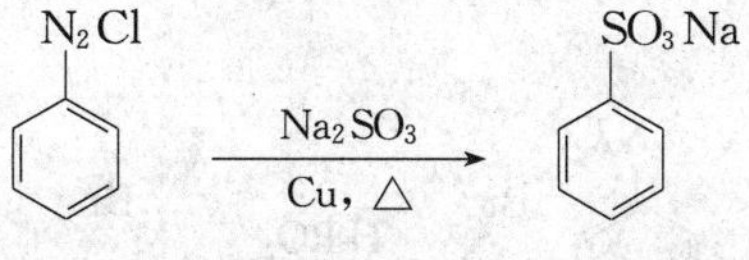

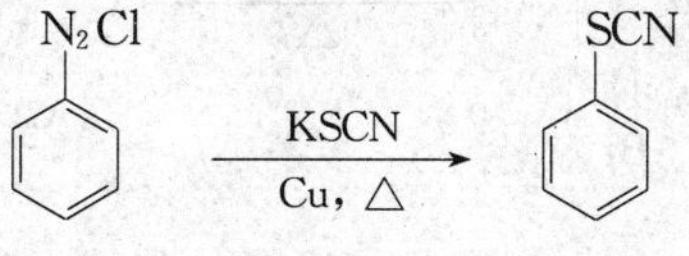

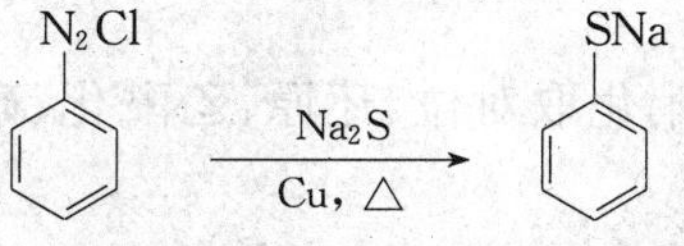

$\text{对-硝基苯胺} \xrightarrow[\text{HCl, 0°C}]{\text{NaNO}_2} \text{对-硝基苯重氮氯} \xrightarrow[\text{Cu, }\triangle]{\text{NaNO}_2} \text{对-二硝基苯}$

$\text{PhN}_2\text{Cl} \xrightarrow[\text{Cu, }\triangle]{\text{Na}_2\text{SO}_3} \text{PhSO}_3\text{Na}$

$\text{PhN}_2\text{Cl} \xrightarrow[\text{Cu, }\triangle]{\text{KSCN}} \text{PhSCN}$

$\text{PhN}_2\text{Cl} \xrightarrow[\text{Cu, }\triangle]{\text{Na}_2\text{S}} \text{PhSNa}$

4) 氟取代——Schiemann 反应

芳香氟硼酸重氮盐热分解产生氟代芳烃——Schiemann 反应或 Balz-Schiemann 反应 (Günther Schiemann, Günther Balz, 1927)。

芳香氟硼酸重氮盐的制备：直接用氟硼酸重氮化或先用盐酸或硫酸重氮化，再用氟硼酸或氟硼酸钠交换。

例：

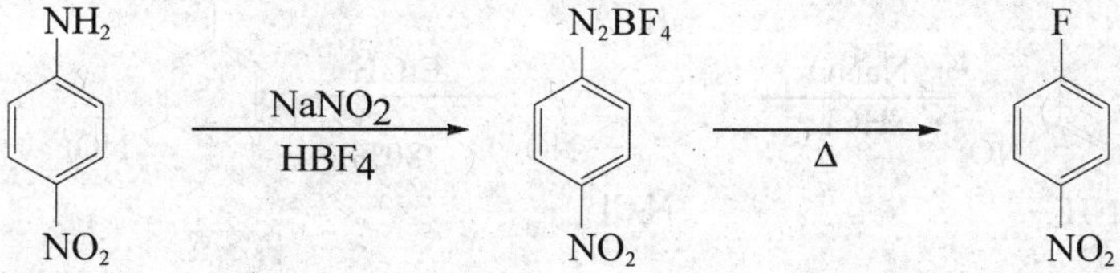

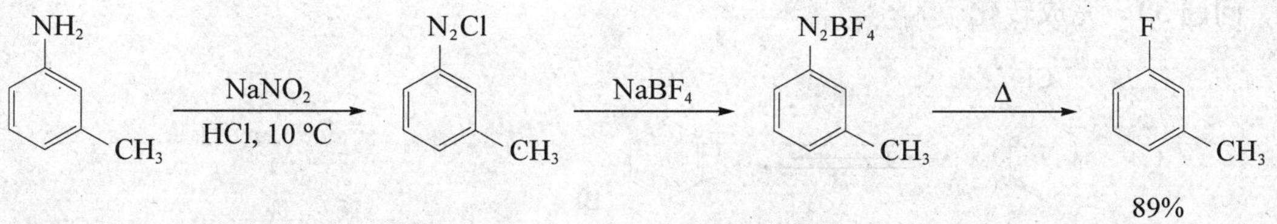

$\text{对-硝基苯胺} \xrightarrow{\text{NaNO}_2, \text{HBF}_4} \text{对-硝基苯重氮四氟硼酸盐} \xrightarrow{\triangle} \text{对-氟硝基苯}$

$\text{间-甲基苯胺} \xrightarrow[\text{HCl, 10°C}]{\text{NaNO}_2} \text{间-甲基苯重氮氯} \xrightarrow{\text{NaBF}_4} \text{间-甲基苯重氮四氟硼酸盐} \xrightarrow{\triangle} \text{间-氟甲苯 (89\%)}$

类似的反应——羧基取代：芳氟硼酸重氮盐与羧酸共热产生芳羧酸。这提供了一种由脂肪羧酸制备芳羧酸的方法。

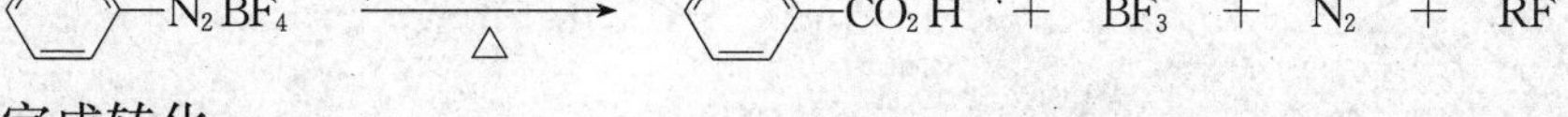

$\text{PhN}_2\text{BF}_4 \xrightarrow[\triangle]{\text{RCO}_2\text{H}} \text{PhCO}_2\text{H} + \text{BF}_3 + \text{N}_2 + \text{RF}$

问题 38 完成转化

邻-硝基苯胺 $\Longrightarrow$ 邻-氟硝基苯

苯甲醛 $\Longrightarrow$ 间-氟苯甲醛

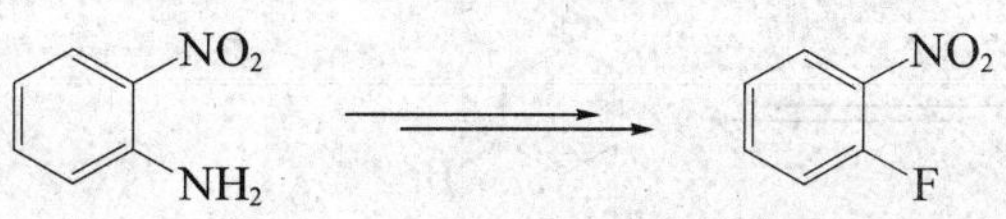

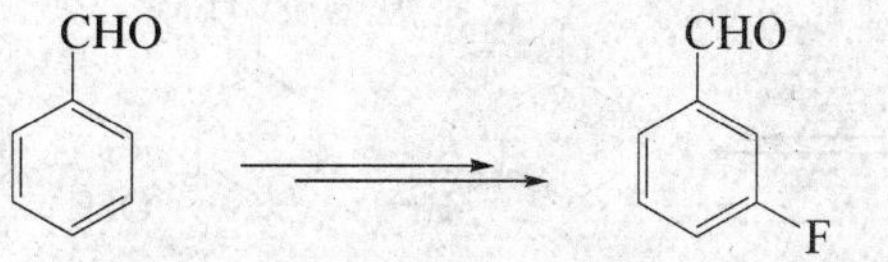

5) 氢取代 —— 还原去氨基

芳重氮盐可被还原并放氮,即被氢取代,实现还原去氨基。常用的还原剂有传统的次磷酸(H_3PO_2)与乙醇等,现代的则是硼氢化钠($NaBH_4$)等。

例1 由苯制备均三溴苯。苯硝化、还原、溴代,给出 2,4,6-三溴苯,然后重氮化、还原即是。

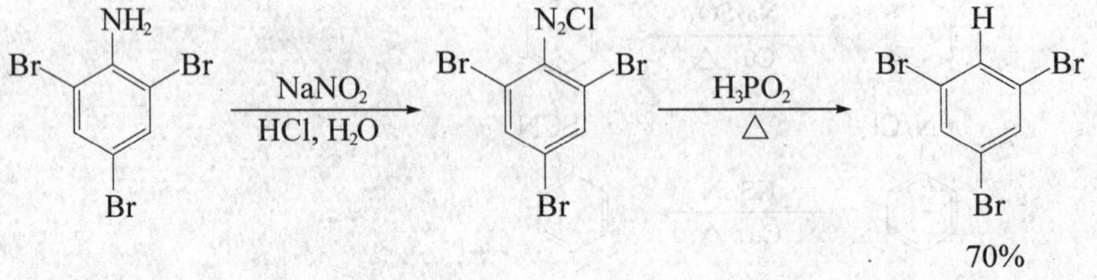

2,4,6-三溴苯胺 $\xrightarrow[\text{HCl, }H_2O]{NaNO_2}$ 2,4,6-三溴重氮氯化苯 $\xrightarrow[\triangle]{H_3PO_2}$ 1,3,5-三溴苯 (70%)

例2 由甲苯制备间-硝基甲苯。甲苯硝化取对位、还原、乙酰化、硝化、去乙酰化、重氮化、还原即成。

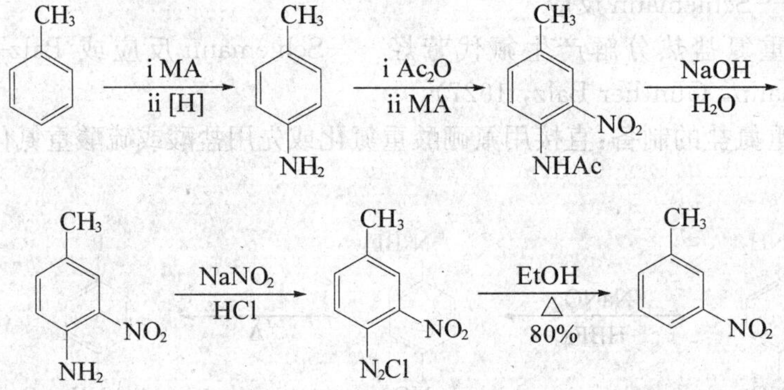

甲苯 $\xrightarrow[\text{ii [H]}]{\text{i MA}}$ 对甲苯胺 $\xrightarrow[\text{ii MA}]{\text{i Ac}_2\text{O}}$ 4-甲基-2-硝基乙酰苯胺 $\xrightarrow[H_2O]{NaOH}$

4-甲基-2-硝基苯胺 $\xrightarrow[]{\dfrac{NaNO_2}{HCl}}$ 重氮盐 $\xrightarrow[80\%]{\triangle}^{EtOH}$ 间硝基甲苯

问题 39 完成转化

氯苯 ⟹ 3-溴氯苯

硝基苯 ⟹ 3,5-二溴氯苯

溴苯 ⟹ 3-溴苯甲腈

甲苯 ⟹ 间溴甲苯, 间甲酚, 间甲基苯甲腈

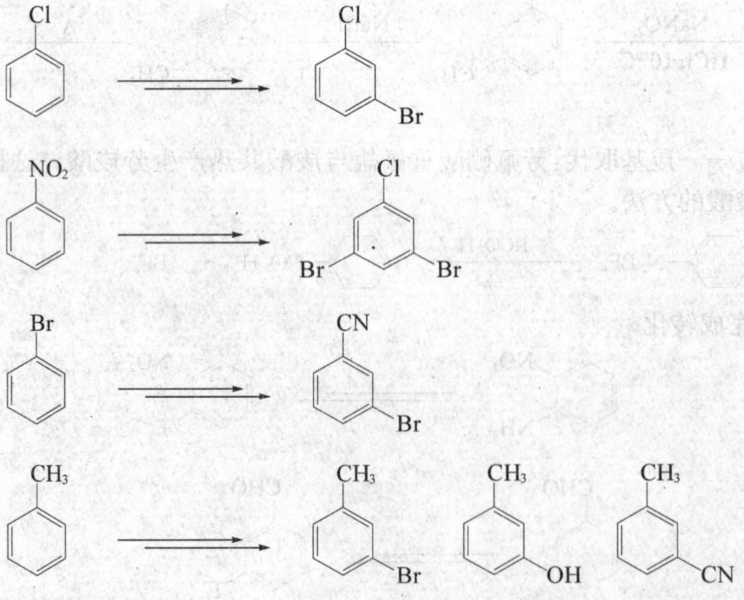

2. 偶联反应
芳重氮盐通过偶联反应合成偶氮化合物，见 10.4 偶氮化合物。

3. 还原成肼
芳重氮盐可还原成肼，是制备肼的重要方法。

常用的还原剂是亚硫酸盐（$NaHSO_3$、Na_2SO_3、$Na_2S_2O_3$）、氯化亚锡（$SnCl_2/HCl$）、金属锌（$Zn/HOAc$）等。

例：

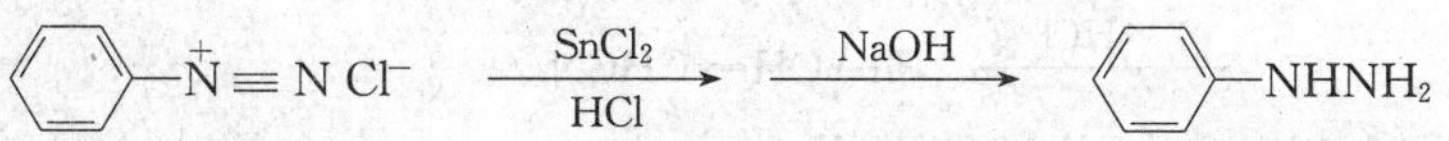

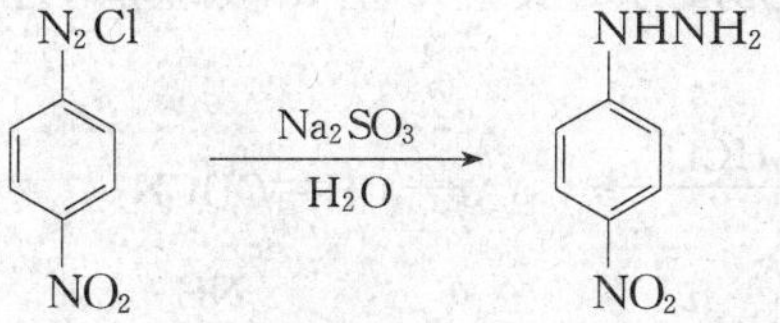

$$C_6H_5-\overset{+}{N}\equiv N\ Cl^- \xrightarrow[HCl]{SnCl_2} \xrightarrow{NaOH} C_6H_5-NHNH_2$$

$$p\text{-}O_2N\text{-}C_6H_4\text{-}N_2Cl \xrightarrow[H_2O]{Na_2SO_3} p\text{-}O_2N\text{-}C_6H_4\text{-}NHNH_2 \quad \text{对硝基苯肼}$$

苯肼用于合成杂环、药物、染料等，苯肼、对硝基苯肼或 2,4-二硝基苯肼在实验室中常用于醛酮、糖的鉴别。

4. 自由基芳基化反应
芳香重氮盐在碱性或中性溶液中与芳烃发生偶联反应，生成联苯的衍生物，称为 Gomberg-Bachmann 反应（the Ukrainian-American chemist Moses Gomberg and the American chemist Werner Emmanuel Bachmann，1924）。

例：

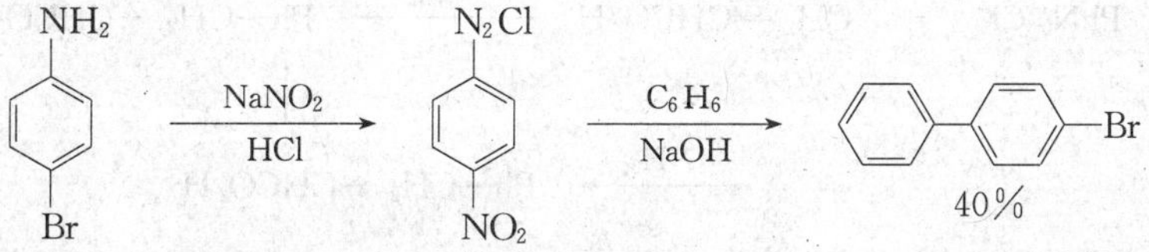

$$p\text{-}Br\text{-}C_6H_4\text{-}NH_2 \xrightarrow[HCl]{NaNO_2} p\text{-}Br\text{-}C_6H_4\text{-}N_2Cl \xrightarrow[NaOH]{C_6H_6} \text{4-bromobiphenyl} \quad 40\%$$

芳环上有取代基时，偶联反应在其邻对位发生。

Gomberg-Bachmann 自由基芳基化反应应用于联苯与构造不对称联苯衍生物的制备。

Pschorr 反应：芳重氮盐偶联反应也可以发生在分子内（R. Pschorr，1896）。

例：

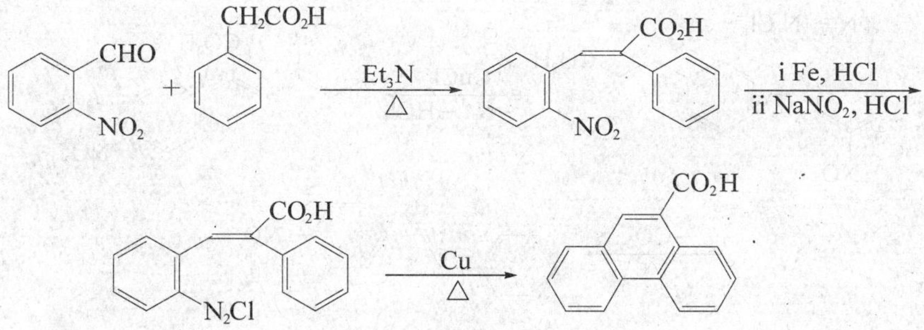

(2-硝基苯甲醛) + (苯乙酸) $\xrightarrow[\Delta]{Et_3N}$ (邻硝基二苯丙烯酸) $\xrightarrow[\text{ii }NaNO_2,\ HCl]{\text{i }Fe,\ HCl}$

(邻重氮二苯丙烯酸) $\xrightarrow[\Delta]{Cu}$ (菲-9-甲酸)

应用 Pschorr 反应可以合成菲、芴或其衍生物。

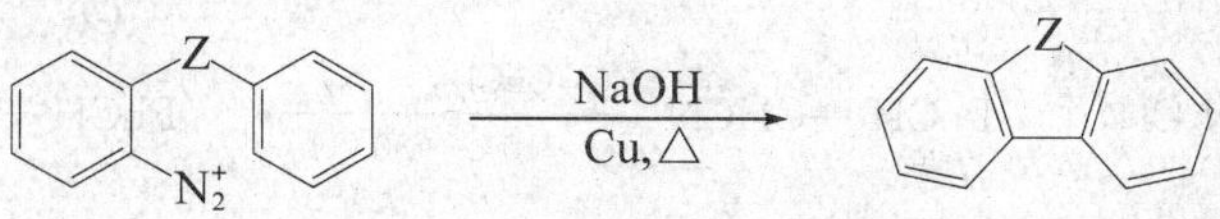

$$\text{(2-Z-苯基-重氮盐)} \xrightarrow[Cu, \Delta]{NaOH} \text{(环化产物)}$$

$$Z = CH=CH,\ CH_2CH_2,\ CH_2,\ NH,\ CO$$

Meerwein 芳基化：芳重氮盐在铜或亚铜盐催化下加成有吸电子基的 α,β-不饱和烯键，然后消去卤化氢，实现烯键碳芳基化，称为 Meerwein 芳基化（Meerwein arylation, Hans Meerwein,1939）。

例：

$$PhN_2^+ Cl^- + CH_2=CHCN \xrightarrow[-N_2]{Cu(I)} Ph-CH_2-\underset{Cl}{C}HCN$$

$$\xrightarrow{-HCl} Ph-CH=CHCN$$

加成中间体消去氯化氢生成肉桂腈衍生物，与氨反应产生 α-氨基腈，还原得到氢化肉桂腈衍生物。

$$Ar-CH_2-\underset{Cl}{C}HCN \begin{array}{c} \xrightarrow{-HCl} Ar-CH=CHCN \\ \xrightarrow{NH_3} Ar-CH_2-\underset{NH_2}{C}HCN \\ \xrightarrow{[H]} Ar-CH_2-CH_2CN \end{array}$$

氯化重氮苯加成丙烯酸、氨解得到苯丙氨酸：

$$PhN_2^+ Cl^- + CH_2=CHCO_2H \xrightarrow[-N_2]{CuCl_2} Ph-CH_2-\underset{Cl}{C}HCO_2H$$

$$\xrightarrow{NH_3} Ph-CH_2-\underset{NH_2}{C}HCO_2H$$

加成肉桂酸，一般得到 α-芳基化产物，而且同时脱羧，得到 1,2-二苯基乙烯类的化合物。

$$ArN_2^+ Cl^- + PhCH=CHCO_2H \xrightarrow[-N_2,-CO_2,-HCl]{CuCl_2} Ph-CH=CH-Ar$$

例：

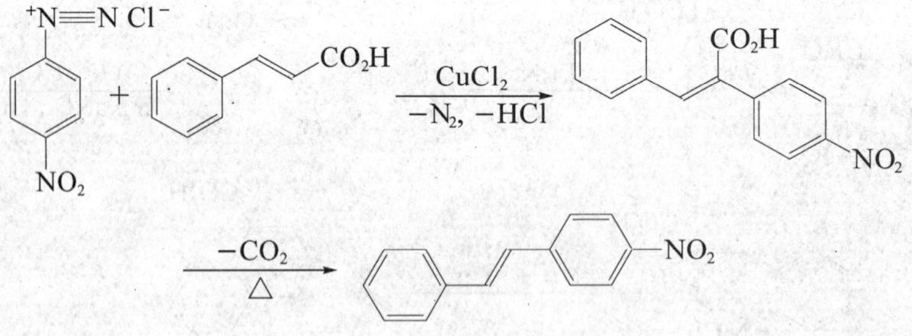

4-O_2N-C$_6$H$_4$-N$_2^+$Cl$^-$ + PhCH=CHCO$_2$H $\xrightarrow[-N_2,-HCl]{CuCl_2}$ Ph-C(CO$_2$H)=CH-C$_6$H$_4$-NO$_2$-4

$$\xrightarrow[\Delta]{-CO_2} Ph-CH=CH-C_6H_4-NO_2\text{-}4$$

加成肉桂腈，也是 α-芳基化：

$$PhN_2Cl + PhCH=CHCN \xrightarrow[10℃\sim30℃]{CuCl_2,-N_2} Ph\underset{Cl}{C}H-\underset{Ph}{C}HCN$$

$$\xrightarrow{-HCl} PhCH=\underset{Ph}{C}CN$$

10.3.2 脂肪重氮化合物

重氮甲烷(diazomethane)，首先由德国化学家 Hans von Pechmann 于 1894 发现，是线型分子，偶极矩不大($\mu=1.4D$)，bp $-23\ ℃$，深黄色气体(yellow gas)，剧毒，易爆炸，但是重要的合成试剂。

$$N\equiv N-CH_2 \longleftrightarrow N=\overset{\oplus}{N}-\overset{\ominus}{CH_2} \longleftrightarrow \overset{\oplus}{N}=N-\overset{\ominus}{CH_2}$$

1. 重氮甲烷的制备

1) N-甲基-N-亚硝基酰胺的碱性分解

$$RCONHMe \xrightarrow{HNO_2} RCON(NO)Me \xrightarrow[EtOH]{KOH} RCO_2Et + CH_2N_2 + H_2O$$

$$CH_3N(NO)CONH_2 \text{ 或 } CH_3N(NO)CO_2Et \xrightarrow{NaOH} CH_2N_2 + NH_3 + CO_2 \quad 65\% \sim 70\%$$

2) N-甲基-N-亚硝基对甲苯磺酰胺的碱性分解

$$CH_3NH_2 \xrightarrow{TsCl} CH_3NHTs \xrightarrow{HNO_2} TsNCH_3(NO) \xrightarrow[EtOH]{KOH} CH_2N_2 + TsOEt$$

2. 重氮甲烷的反应

1) 甲基化

具有活性氢的羧酸、酚和稳定烯醇等与重氮甲烷反应而甲基化。

$$ArOH + CH_2N_2 \longrightarrow ArOCH_3 + N_2$$

$$RCO_2H + CH_2N_2 \longrightarrow RCO_2CH_3 + N_2$$

反应机理：重氮甲烷甲基化可以认为是发生了两次 S_N2。

$$RCO-H + \overset{\ominus}{CH_2}-\overset{\oplus}{N}\equiv N \xrightarrow{S_N2} RCO^- + CH_3-\overset{\oplus}{N_2} \xrightarrow{S_N2} RCO-CH_3 + N_2$$

甲酯化：在精细有机合成中，重氮甲烷可用于少量羧酸甲酯的制备。例：

[结构式: 十氢萘衍生物-CO_2H $\xrightarrow[25\ ℃]{CH_2N_2}$ 十氢萘衍生物-CO_2CH_3, 100%]

优点:反应条件温和,产率高(几乎定量)。缺点:毒性高、不安全(易爆炸)、成本高。

酚甲醚化:

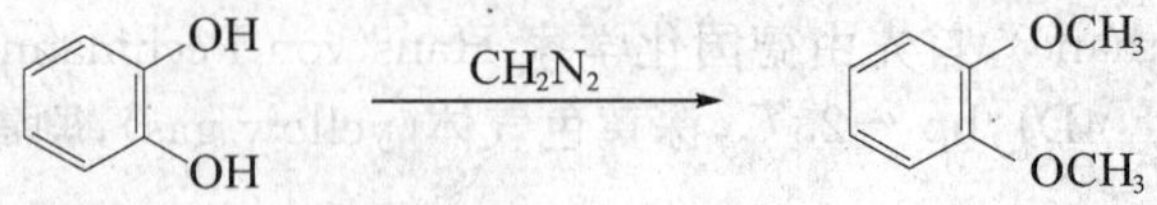

邻苯二酚 $\xrightarrow{CH_2N_2}$ 邻二甲氧基苯

稳定的烯醇甲醚化:

乙酰丙酮 $\rightleftharpoons$ 烯醇式 $\xrightarrow{CH_2N_2}$ 烯醇甲醚

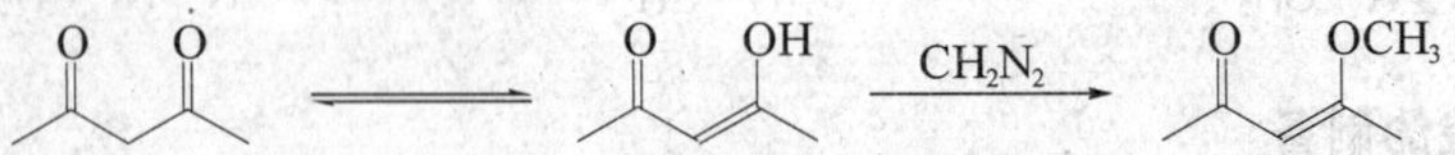

醇需在氟硼酸存在下方可进行:

$$n\text{-}C_8H_{17}OH \xrightarrow[HBF_4]{CH_2N_2} n\text{-}C_8H_{17}OCH_3$$
$$87\%$$

问题 40 完成反应

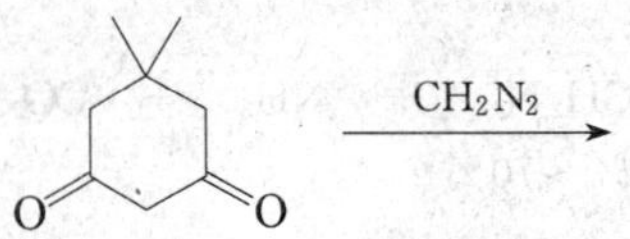

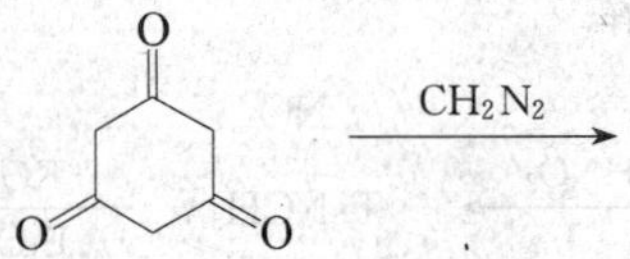

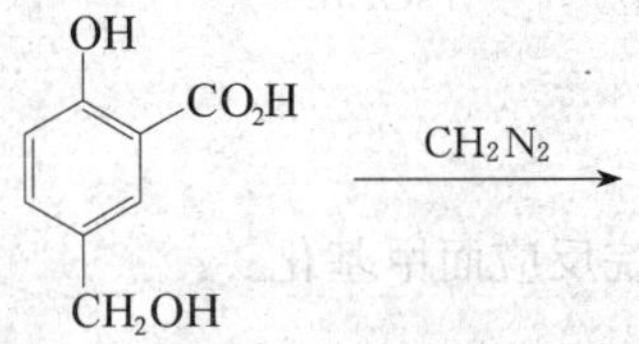

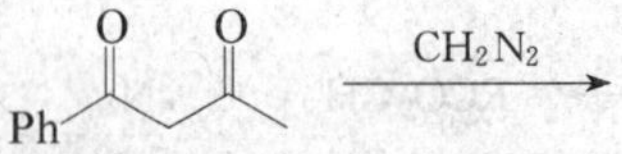

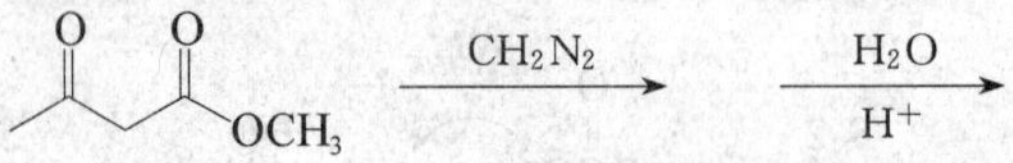

5,5-二甲基-1,3-环己二酮 $\xrightarrow{CH_2N_2}$

1,3,5-环己三酮 $\xrightarrow{CH_2N_2}$

2-羟基-5-羟甲基苯甲酸 $\xrightarrow{CH_2N_2}$

PhCOCH$_2$COCH$_3$ $\xrightarrow{CH_2N_2}$

CH$_3$COCH$_2$CO$_2$CH$_3$ $\xrightarrow{CH_2N_2}$ $\xrightarrow[H^+]{H_2O}$

2) 与醛酮反应

重氮甲烷的电负性碳具有亲核性,可以亲核加成羰基,得到重排或环氧化合物:

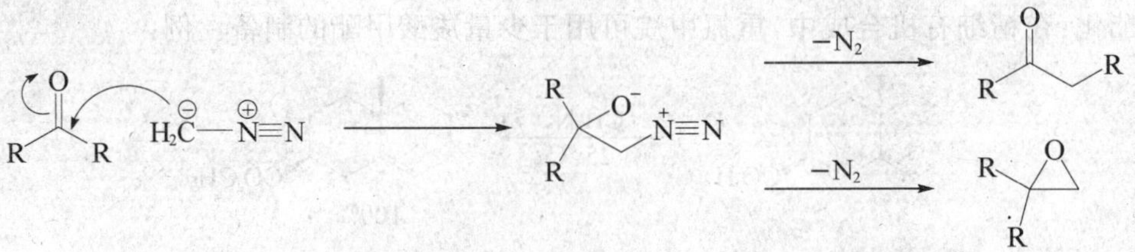

$$\underset{R}{\overset{O}{\underset{\|}{C}}}\underset{R}{} + \overset{\ominus}{H_2C}-\overset{\oplus}{N}\equiv N \longrightarrow \underset{R}{\overset{R}{\underset{|}{C}}}\underset{CH_2-\overset{+}{N}\equiv N}{\overset{O^-}{|}} \xrightarrow{-N_2} \underset{R}{\overset{O}{\underset{\|}{C}}}-CH_2R$$

$$\xrightarrow{-N_2} \underset{R}{\overset{R}{\triangle}}\text{(环氧)}$$

醛和环酮以重排产物为主；一般的酮主要生成环氧化合物。

例：

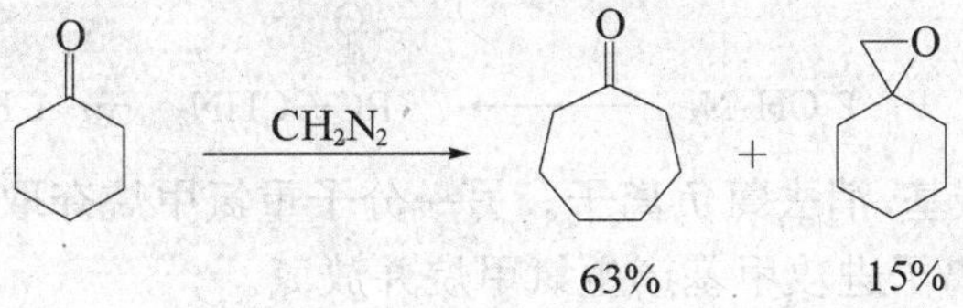

环己酮 →(CH₂N₂) 环庚酮(63%) + 1-氧杂螺[2.5]辛烷(15%)

两个烃基不同，得重排混合产物。

烃基不同，重排产物取决于烃基的迁移能力：

$$H > CH_3 > RCH_2 > R_2CH > R_3C$$

因此，醛与重氮甲烷反应主要得到甲基酮（H 迁移）。

例：

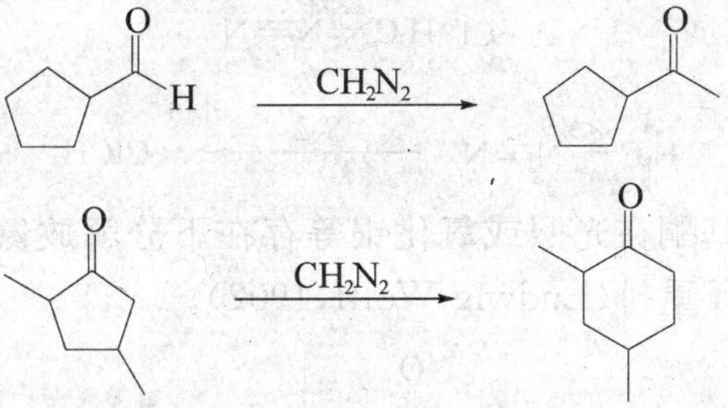

环戊基甲醛 →(CH₂N₂) 环戊基甲基酮

2,4-二甲基环戊酮 →(CH₂N₂) 2,4-二甲基环己酮

问题 41 完成反应

戊-3-酮 →(CH₂N₂)   2-甲基环戊酮 →(CH₂N₂)

环己基甲醛 →(CH₂N₂)   2-甲基环己酮 →(CH₂N₂)

2,5-二甲基环己酮 →(CH₂N₂)

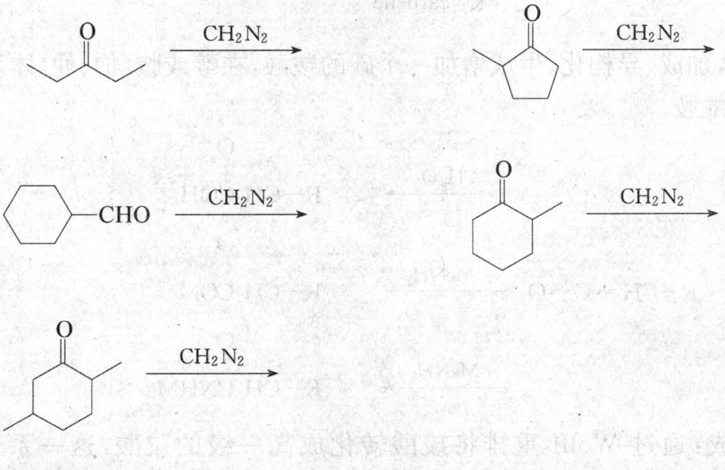

3) 与酰氯反应

重氮甲烷与酰氯反应产物取决于其是否过量。若重氮甲烷与酰氯等量反应，产物是氯甲基酮。反应经历亲核加成羰基，消去氯负离子，进攻重氮甲基碳，放氮完成反应。

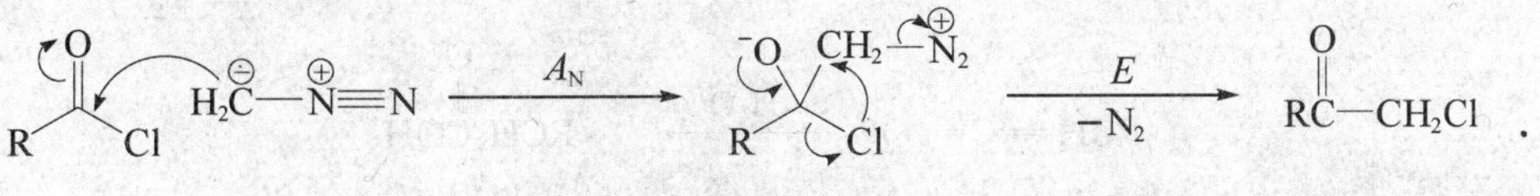

$$RCOCl + H_2\overset{\ominus}{C}-\overset{\oplus}{N}\equiv N \xrightarrow{A_N} \text{中间体} \xrightarrow{E, -N_2} RC(O)-CH_2Cl$$

例：

2-呋喃甲酰氯 →(CH₂N₂, 1 eq) 2-呋喃基氯甲基酮 (COCH₂Cl)

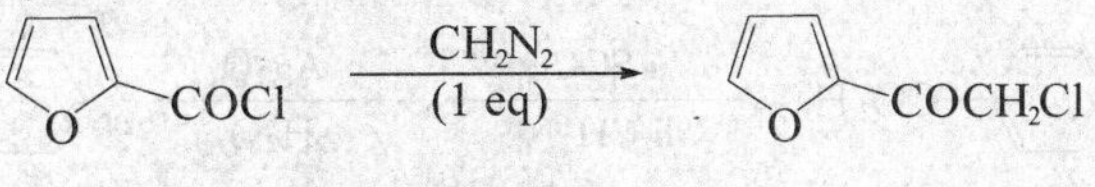

若酰氯与过量(2 eq)的重氮甲烷反应,产物是 α-重氮甲基酮。

$$RC(O)-Cl + 2\ CH_2N_2 \longrightarrow RC(O)-CHN_2 + CH_3Cl + N_2$$

反应经历亲核加成羰基,消去氯负离子。另一分子重氮甲烷夺取重氮甲基上的一个氢,生成 α-重氮甲基酮。氯负离子进攻甲基产生氯甲烷并放氮。

$$RC(O)-Cl + H_2\overset{-}{C}-\overset{+}{N}\equiv N \xrightarrow{A_N} RC(O^-)(Cl)-CH_2-\overset{+}{N}\equiv N \xrightarrow[-Cl^-]{E} RC(O)-CH_2-\overset{+}{N}\equiv N$$

$$RC(O)-CH(H)-\overset{+}{N}\equiv N \;+\; H_2\overset{-}{C}-\overset{+}{N}\equiv N \longrightarrow RC(O)-\overset{-}{C}H-\overset{+}{N}\equiv N \longleftrightarrow RC(O)-CH=N=N \;+\; Cl^-\;H_3C-\overset{+}{N}\equiv N$$

$$Cl^- \;+\; H_3C-\overset{+}{N}\equiv N \xrightarrow{S_N2} ClCH_3 + N_2$$

Wolff 重排:α-重氮甲基酮在光照或氧化银等存在下分解放氮产生酰基 carbene,重排生成烯酮(ketene),称为 Wolff 重排(Ludwig Wolff,1902)。

$$RC(O)-\overset{-}{C}H-\overset{+}{N_2} \xrightarrow[-N_2]{E} [R-C(O)-CH] \xrightarrow{\sim R} O=C=CH-R$$

             acyl carbene   Ketene 烯酮
             酰基 carbene

烯酮在水体系中,加成、异构化,生成增加一个碳的羧酸,在醇或胺(伯、仲)体系中,分别生成增加一个碳的酯或酰胺。

$$R-CH=C=O \xrightarrow{H_2O} R-CH_2COOH$$
$$R-CH=C=O \xrightarrow{MeOH} R-CH_2COOMe$$
$$R-CH=C=O \xrightarrow{MeNH_2} R-CH_2CONHMe$$

Arndt-Eister 合成:通过 Wolff 重排将羧酸转化成高一级的羧酸,这一系列反应称为 Arndt-Eister 合成(1935)(Fritz Arndt 1885 - 1969,Bernd Eistert 1902 - 1978)。

$$RCOOH \xrightarrow{SOCl_2} RCOCl \xrightarrow{CH_2N_2} RCOCHN_2 \xrightarrow[-N_2]{Ag_2O} RCH=C=O \xrightarrow{H_2O} RCH_2COOH$$

例:

$$PhCO_2H \xrightarrow[\text{ii } CH_2N_2]{\text{i } SOCl_2} \xrightarrow[H_2O]{Ag_2O} PhCH_2CO_2H$$

问题 42 完成转化

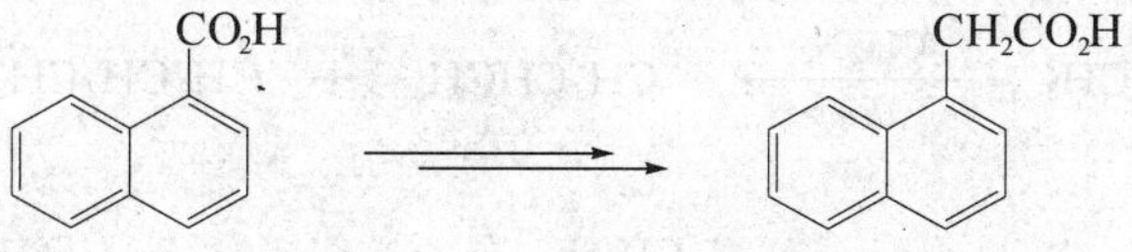

[结构式：1-萘甲酸 (CO₂H) → α-萘乙酸 (CH₂CO₂H)]

α-萘乙酸 (植物生长调节剂)

4) 分解产生 Carbene

重氮甲烷热或光分解产生 carbene：

$$N\equiv \overset{\oplus}{N}-\overset{\ominus}{C}H_2 \xrightarrow[\text{or }\triangle]{h\nu} N_2 + :CH_2$$

Carbene 可发生加成与插入反应。
环加成：carbene 加成碳-碳双键形成环丙烷。
例：

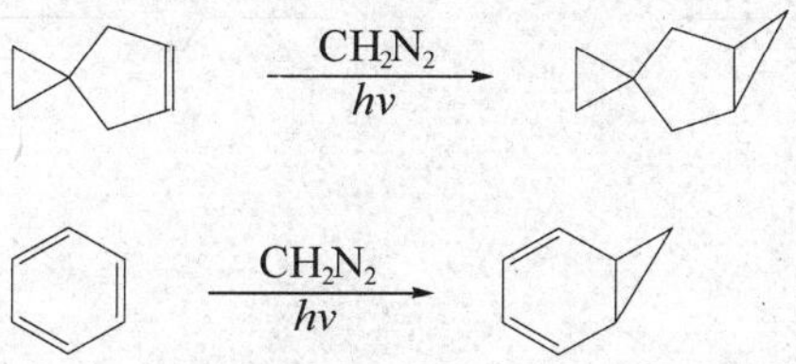

[反应式：螺环烯 + CH₂N₂/hν → 螺环产物]

[反应式：苯 + CH₂N₂/hν → 降莰烯型产物]

单线态（singlet，S）的 carbene 加成碳-碳双建（C=C）具有立体专一性。
例：

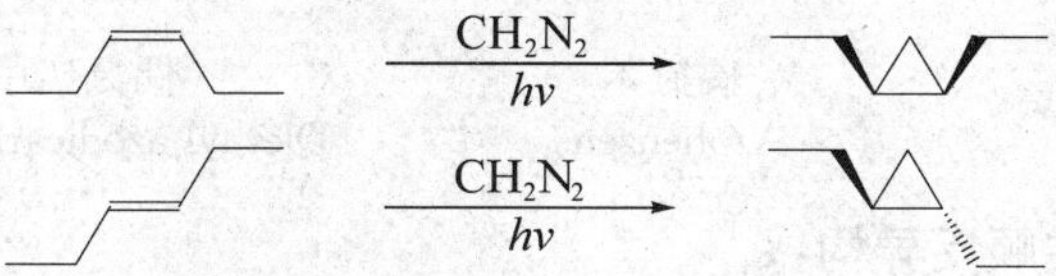

[顺式烯烃 + CH₂N₂/hν → 顺式环丙烷]
[反式烯烃 + CH₂N₂/hν → 反式环丙烷]

Carbene 亦可加成碳-碳三键，生成环丙烯。
例：

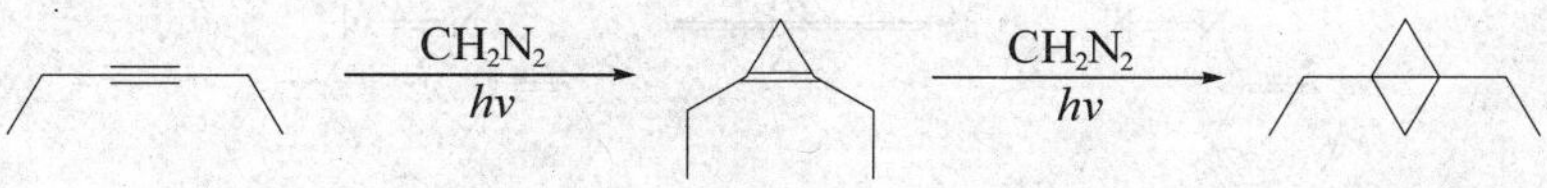

[炔烃 + CH₂N₂/hν → 环丙烯 + CH₂N₂/hν → 双环产物]

重氮乙酸乙酯可由甘氨酸酯亚硝化产生：

$$H_2NCH_2CO_2Et \xrightarrow[HCl]{NaNO_2} N\equiv N=CHCO_2Et$$

重氮乙酸乙酯分解产生乙氧羰基 carbene（ethoxycarbonylcarbene），亦可加成双键，如：

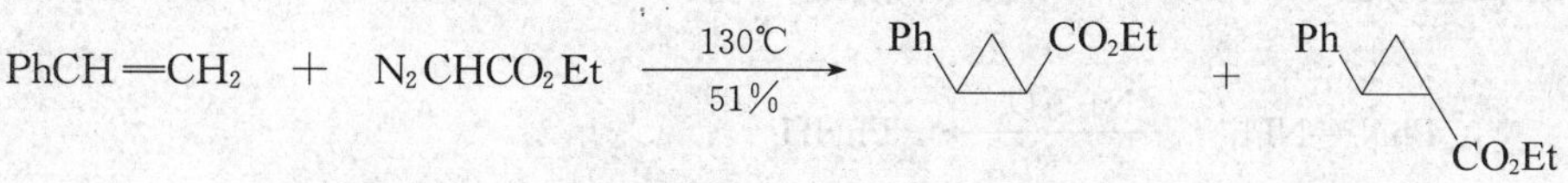

$$PhCH=CH_2 + N_2CHCO_2Et \xrightarrow[51\%]{130℃}$$ [顺式和反式环丙烷产物 Ph/CO₂Et]

插入反应：Carbene 可插入到碳-氢键之间，形成碳-碳键，此即插入反应（insertion reaction），实现甲基化。叔、仲、伯氢,反应活性依次下降。

例:

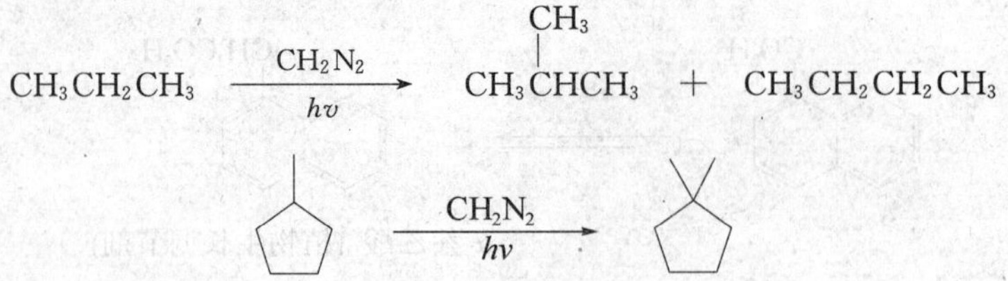

$$CH_3CH_2CH_3 \xrightarrow[h\nu]{CH_2N_2} CH_3CHCH_3(CH_3) + CH_3CH_2CH_2CH_3$$

环戊烷 $\xrightarrow[h\nu]{CH_2N_2}$ 甲基环戊烷 + 1,1-二甲基环戊烷

问题 43 完成反应

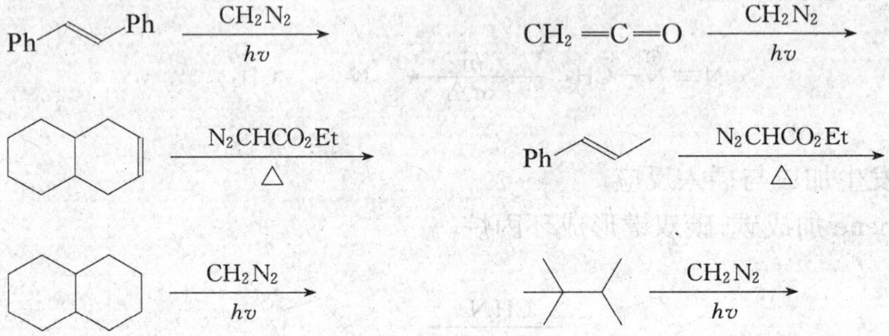

Ph—CH=CH—Ph $\xrightarrow[h\nu]{CH_2N_2}$ $CH_2=C=O \xrightarrow[h\nu]{CH_2N_2}$

十氢萘烯 $\xrightarrow[\triangle]{N_2CHCO_2Et}$ Ph—CH=CH—CH_3 $\xrightarrow[\triangle]{N_2CHCO_2Et}$

十氢萘 $\xrightarrow[h\nu]{CH_2N_2}$ 新戊烷 $\xrightarrow[h\nu]{CH_2N_2}$

10.4 偶氮化合物

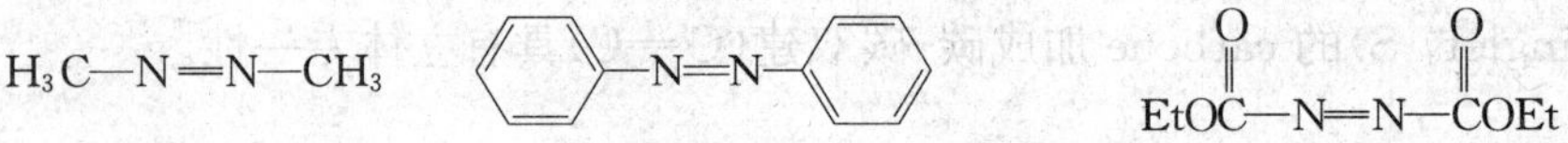

$H_3C-N=N-CH_3$　　　　Ph-N=N-Ph　　　　$EtOC(=O)-N=N-C(=O)OEt$

偶氮甲烷　　　　　偶氮苯　　　　　偶氮二甲酸二乙酯
Azomethane　　　　Azobenzene　　　　Diethyl azodicarboxylate (DEAD)

偶氮化合物可能存在顺反异构:

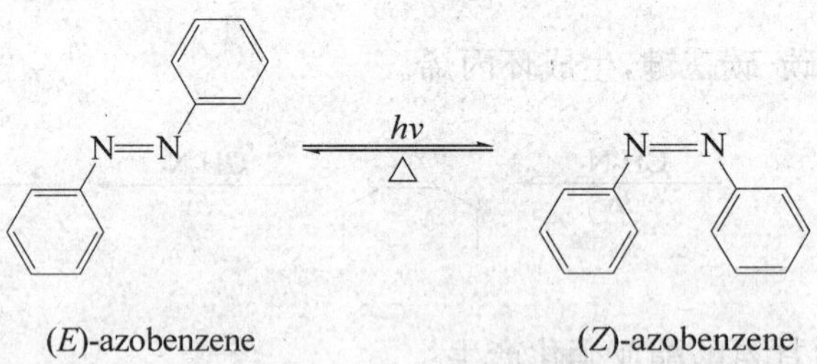

(E)-azobenzene　　　　　(Z)-azobenzene
mp 69 ℃　　　　　　　mp 71℃
orange-red leaflets

偶氮化合物一般具有高热稳定性,芳香偶氮化合物多具有鲜艳的颜色。1834 年,Eilhard Mitscherlich 首先报道了偶氮苯,1856 年 Alfred Nobel 研究了偶氮苯并用于染料生产。

偶氮苯还原在不同的条件下得到不同的产物:

$PhN=NPh \xrightarrow{Na_2S_2O_4} PhNH_2$

$PhN=NPh \xrightleftharpoons[NaOBr]{NaBH_4 \text{ or } H_2-Pd/C} PhNHNHPh \xrightarrow{Na_2S_2O_4 \text{ or } Zn/HCl} PhNH_2$

偶氮苯可由硝基苯用锌粉在碱性溶液中还原制备(*Org. Synth.* 1942, *22*, 28; 1955, *Coll. Vol. 3*, 103):

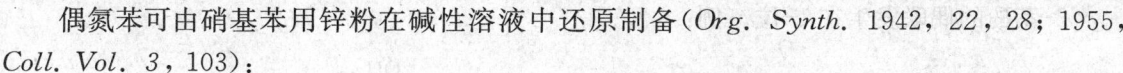

芳香偶氮化合物的制备——芳重氮盐与酚、芳胺的偶联反应:芳香重氮盐可与酚、芳胺发生亲电取代反应——偶联反应,生成芳香偶氮化合物。

10.4.1　与酚偶联

芳重氮盐与酚在弱碱性溶液中(pH 8~9)发生偶联反应,生成偶氮酚。例如,氯化重氮苯与苯酚在弱碱性溶液中反应,生成对羟基偶氮苯(对苯偶氮基苯酚,一种黄色偶氮染料)。

在这个反应中,芳重氮盐是偶氮组分(a diazo component),苯酚是偶联组分(a coupling component)。

酚在弱碱性溶液中成盐,酚氧负离子的苯环更易与弱亲电试剂芳重氮正离子发生芳香亲电取代反应——偶联。

如对位被占据,则在邻位发生:

萘酚:1-萘酚的偶联在发生4-位。例:

4-(4-硝基苯偶氮基)-1-萘酚

2-萘酚的偶联发生在1-位。例：

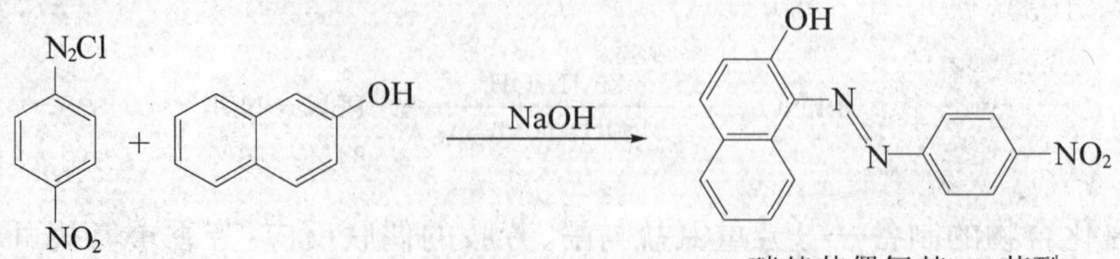

[reaction: 2,4-dinitrobenzenediazonium chloride + 2-naphthol, NaOH → 1-(4-硝基苯偶氮基)-2-萘酚]

1-(4-硝基苯偶氮基)-2-萘酚
对位红 Para red

问题 44 合成设计

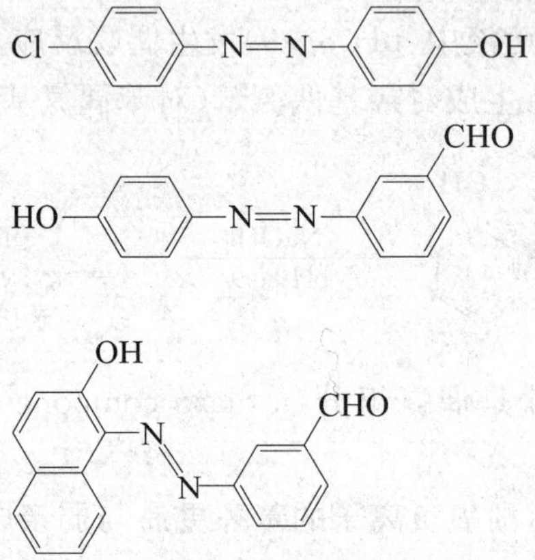

[structure: 4-chloro-C₆H₄-N=N-C₆H₄-4-OH]

[structure: 4-HO-C₆H₄-N=N-C₆H₄-3-CHO]

[structure: 1-(3-CHO-苯偶氮基)-2-萘酚]

10.4.2 与芳胺偶联

芳香重氮盐与芳胺在中性或弱酸性溶液中(pH 5~7)发生偶联反应，生成偶氮芳胺化合物。
例：

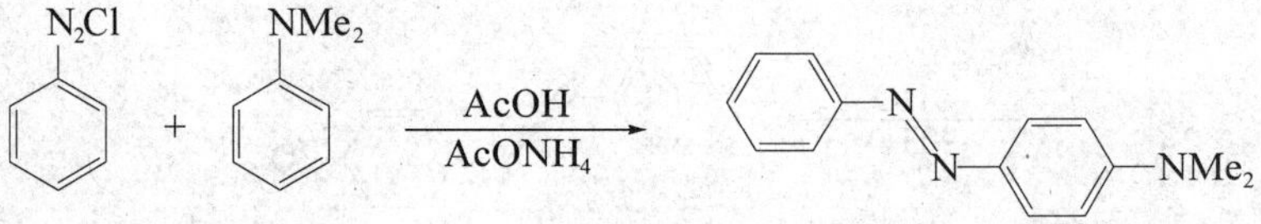

[reaction: PhN₂Cl + C₆H₅NMe₂, AcOH/AcONH₄ → Ph-N=N-C₆H₄-NMe₂]

对二甲氨基偶氮苯
Methyl Yellow
Butter Yellow

在中性或弱酸性溶液中，重氮离子和芳胺浓度都较高，利于偶联反应。酸性太强(pH<4)，胺氮质子化，不能发生偶联。

指示剂甲基红(methyl red)可由邻氨基苯甲酸与 N,N-二甲基苯胺偶联制备：

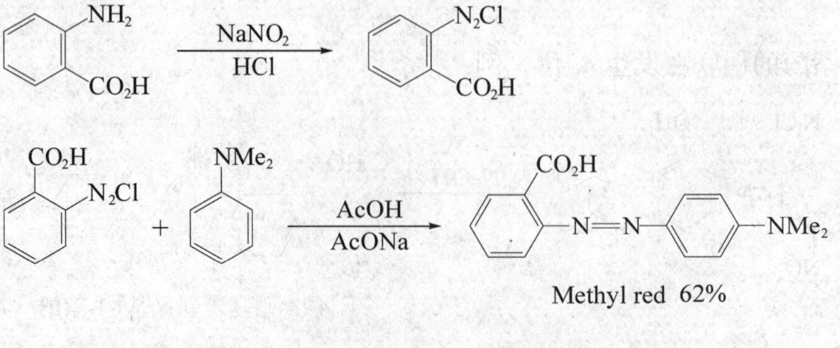

[reaction: 2-氨基苯甲酸, NaNO₂/HCl → 2-重氮基苯甲酸]

[reaction: 2-N₂Cl-苯甲酸 + C₆H₅NMe₂, AcOH/AcONa → Methyl red]

Methyl red 62%

问题 45 合成设计

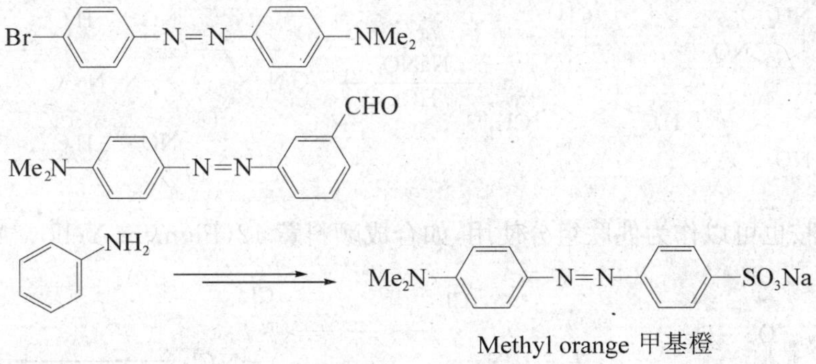

Br—C₆H₄—N=N—C₆H₄—NMe₂

Me₂N—C₆H₄—N=N—C₆H₄(CHO)

PhNH₂ ⟹ Me₂N—C₆H₄—N=N—C₆H₄—SO₃Na
Methyl orange 甲基橙

N-偶联:芳香重氮盐与苯胺、对甲苯胺、*N*-甲基苯胺等发生 *N*-偶联；而与间甲苯胺、间苯二胺、萘胺则是 *C*-偶联。

例:氯化重氮苯与苯胺反应,生成 *N*-偶联产物 *N*-苯重氮基苯胺(苯重氮氨基苯)。

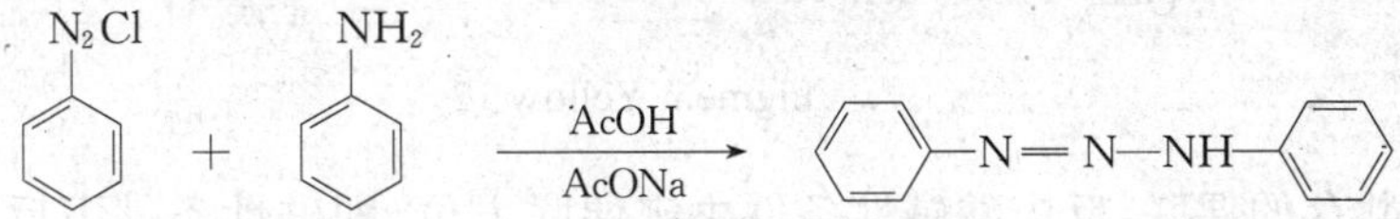

PhN₂Cl + PhNH₂ —AcOH/AcONa→ Ph—N=N—NH—Ph

苯重氮氨基苯在酸性条件下受热重排生成对氨基偶氮苯(*p*-aminoazobenzene; 4-aminoazobenzene; 4-benzeneazoaniline; *p*-phenylazophenylamine; 苯胺黄 aniline yellow)。

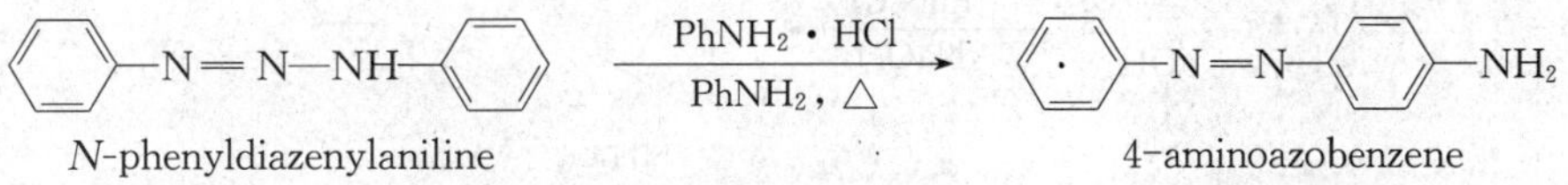

Ph—N=N—NH—Ph —PhNH₂·HCl / PhNH₂, Δ→ Ph—N=N—C₆H₄—NH₂
N-phenyldiazenylaniline   4-aminoazobenzene

重排产物对氨基偶氮苯可用于双偶氮化合物的合成。

重排机理:这也是一种 *N*-取代苯胺重排。

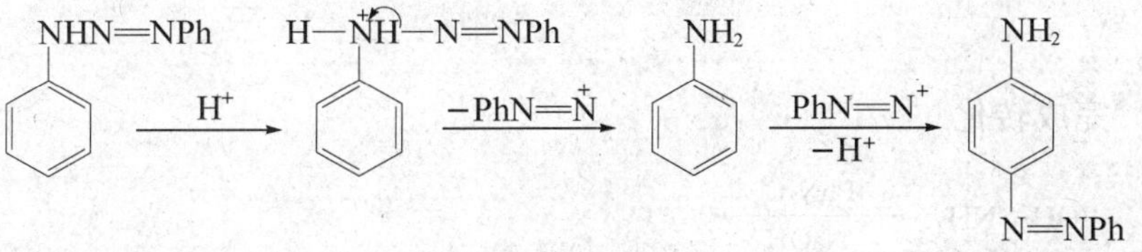

PhNH—N=NPh —H⁺→ Ph—N⁺H₂—N=NPh —−PhN=N⁺→ PhNH₂ —PhN=N⁺ / −H⁺→ *p*-H₂N—C₆H₄—N=NPh

这是分子间的芳香亲电取代反应。

问题 46 合成分散黄(Disperse yellow)(涤纶染料)

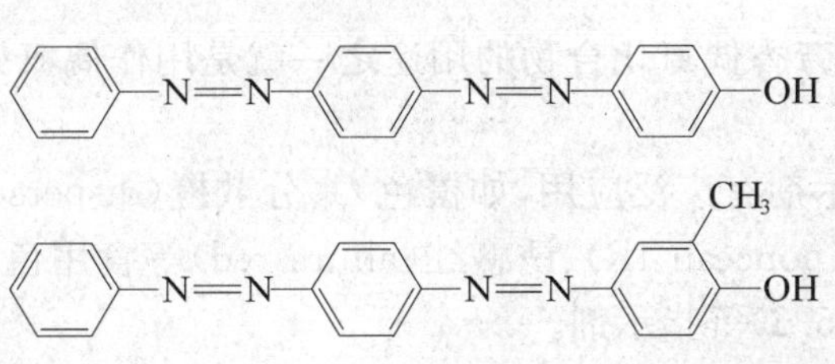

Ph—N=N—C₆H₄—N=N—C₆H₄—OH

Ph—N=N—C₆H₄—N=N—C₆H₃(CH₃)—OH

除酚、芳胺外，强活化的芳环也可与强偶氮组分偶联。例：

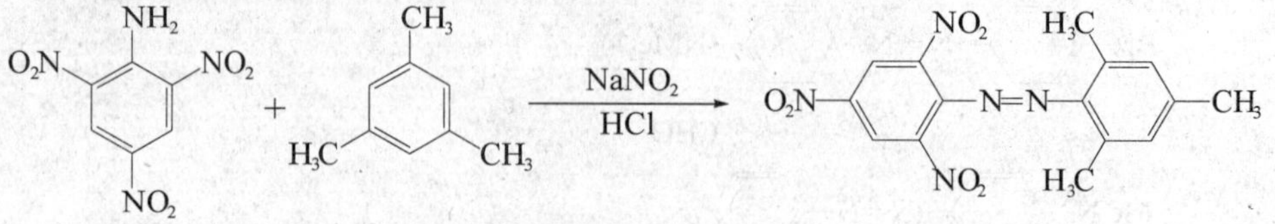

$$\text{2,4,6-三硝基苯胺} + \text{1,3,5-三甲基苯} \xrightarrow[\text{HCl}]{\text{NaNO}_2} \text{偶氮产物}$$

乙酰乙酰胺也可以作为偶联组分使用，如合成颜料黄 12（Pigment Yellow 12）：

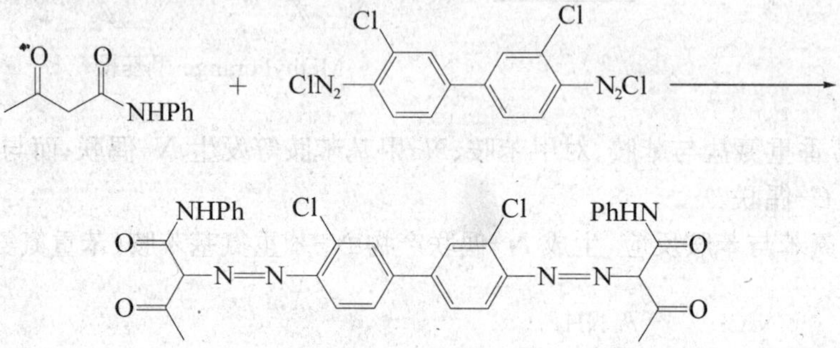

$$\text{CH}_3\text{COCH}_2\text{CONHPh} + \text{ClN}_2\text{-Ar-Ar-N}_2\text{Cl} \longrightarrow$$

Pigment Yellow 12

酚与芳胺共存的偶联：反应酸碱性条件决定偶联方位，即碱性条件下反应由羟基定位；酸性条件下偶联由氨基定位。

例：

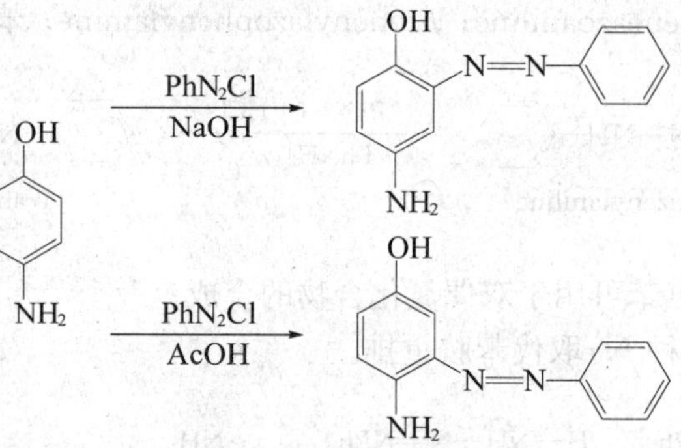

$$\text{对氨基苯酚} \xrightarrow[\text{NaOH}]{\text{PhN}_2\text{Cl}} \text{羟基邻位偶联产物}$$

$$\text{对氨基苯酚} \xrightarrow[\text{AcOH}]{\text{PhN}_2\text{Cl}} \text{氨基邻位偶联产物}$$

问题 41 完成转化

$$\text{8-氨基-1-萘酚} \xrightarrow[\text{NaOH}]{\text{PhN}_2\text{Cl}}$$

$$\text{8-氨基-1-萘酚} \xrightarrow[\text{AcOH}]{\text{PhN}_2\text{Cl}}$$

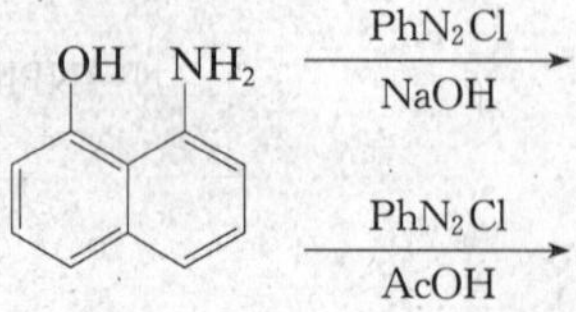

偶氮化合物的用途：芳香偶氮化合物的用途之一就是用作偶氮染料（azo dye）与指示剂（azo indicator）。

偶氮染料与偶氮指示剂有广泛应用，如橙色 G、分散橙（disperse orange）等染料，落日黄（sunset yellow）、胭脂红（ponceau 4R）、诱惑红（allura red）等食用色素，甲基橙、甲基红、刚果红（Congo red，pH 3.0～5.2）等指示剂。

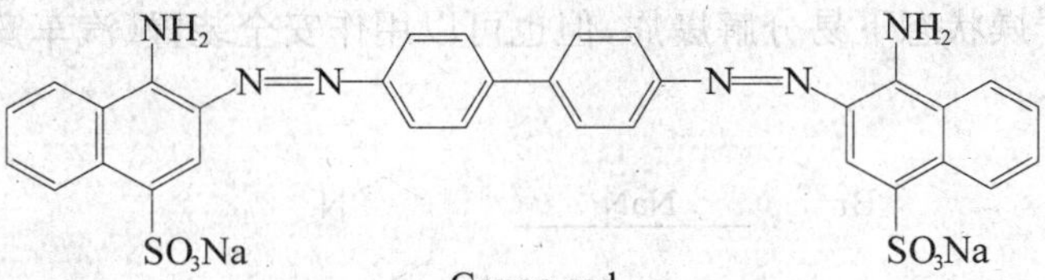

Congo red

偶氮染料与磺胺药

百多息浪(prontosil)是世界上第一种商品化的合成抗菌药(synthetic antibacterial agent)和磺胺类抗菌药(sulfonamide antibacterial),是由德国 Baeyer 公司实验室的研究人员在1932年发现的。磺胺类抗菌药的发现开启了合成药物化学的新时代(见第10章含硫化合物)。

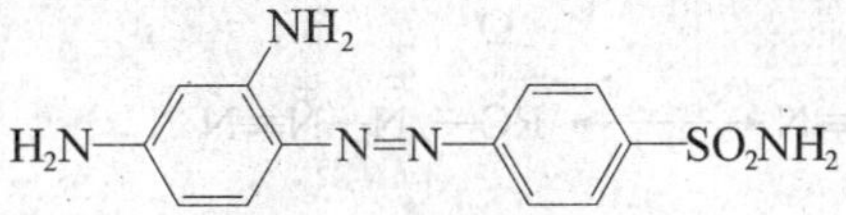

Prontosil 百多息浪

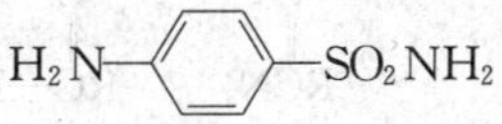

p-Aminobenzenesulfonamide
对氨基苯磺酰胺 Sulfonamide

脂肪偶氮化合物

偶氮二甲酸二乙 diethyl azodicarboxylate(DEAD),有机合成试剂。

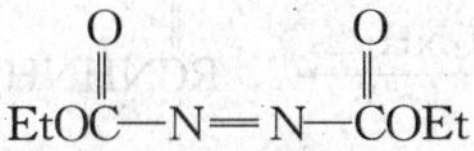

$$EtOC(O)-N=N-C(O)OEt$$

偶氮二异丁腈 azobis(isobutyronitrile)(AIBN),自由基反应引发剂。

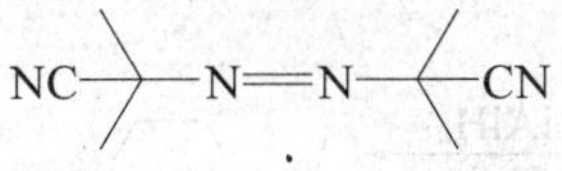

AIBN 易受热分解产生自由基,常用作自由基反应引发剂。

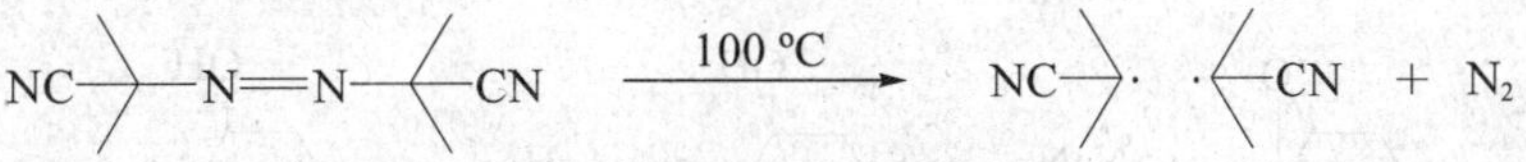

$$NC-C(CH_3)_2-N=N-C(CH_3)_2-CN \xrightarrow{100\ ^\circ C} NC-\overset{\cdot}{C}(CH_3)_2 \ \cdot\ \overset{\cdot}{C}(CH_3)_2-CN + N_2$$

制备:应用 Strecker 合成,只是用肼代替氨,在氰化钾存在下与丙酮反应,生成 α-氨基腈,然后氧化脱氢得到偶氮二异丁腈。

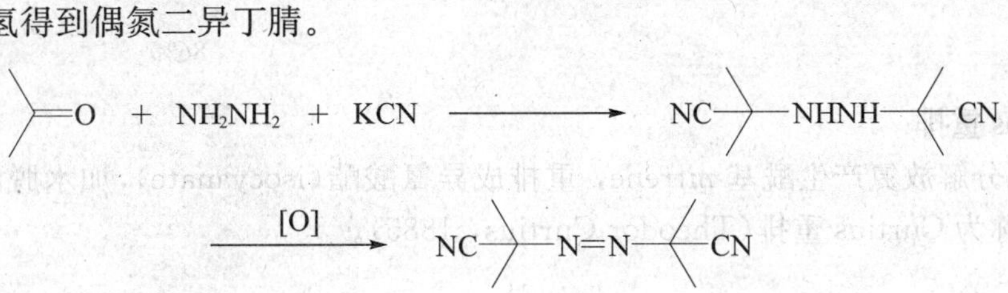

$$C=O + NH_2NH_2 + KCN \longrightarrow NC-C(CH_3)_2-NHNH-C(CH_3)_2-CN$$

$$\xrightarrow{[O]} NC-C(CH_3)_2-N=N-C(CH_3)_2-CN$$

10.5 叠氮化合物

叠氮化合物(azide)有脂肪叠氮化合物(RN_3)和芳香叠氮化合物(ArN_3)。

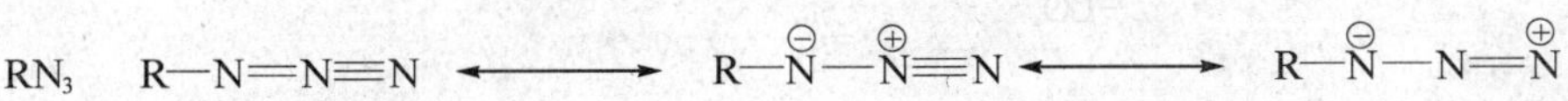

$$RN_3 \quad R-N=\overset{+}{N}=\overset{-}{N} \longleftrightarrow R-\overset{-}{N}-\overset{+}{N}\equiv N \longleftrightarrow R-\overset{-}{N}-\overset{+}{N}=N$$

叠氮化合物在干燥状态下易分解爆炸,但也可以用作安全装置(汽车安全气囊)。

叠氮化合物制备：

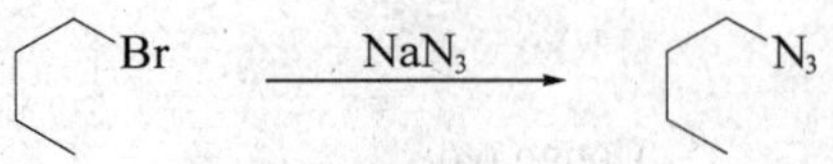

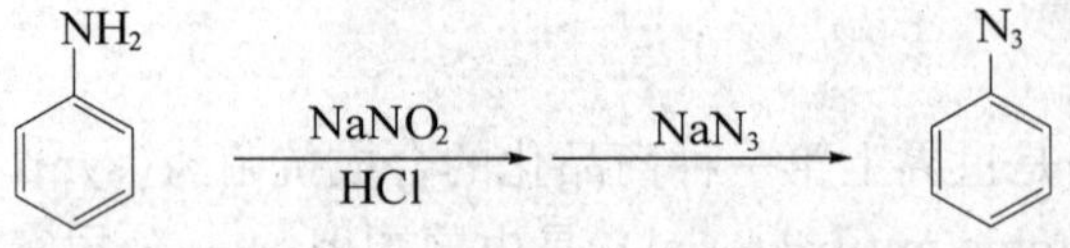

$$CH_3CH_2CH_2CH_2Br \xrightarrow{NaN_3} CH_3CH_2CH_2CH_2N_3$$

$$PhNH_2 \xrightarrow[HCl]{NaNO_2} \xrightarrow{NaN_3} PhN_3$$

酰基叠氮：

$$RCN_3 \quad RC(O)-N=N=N \leftrightarrow RC(O)-\overset{\ominus}{N}-\overset{\oplus}{N}\equiv N$$

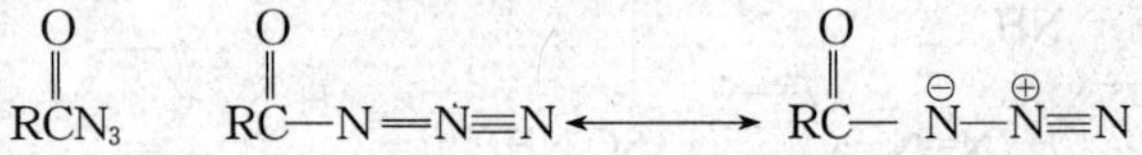

酰基叠氮的制备：酰氯和叠氮化钠作用；酰肼(酯肼解)亚硝化。

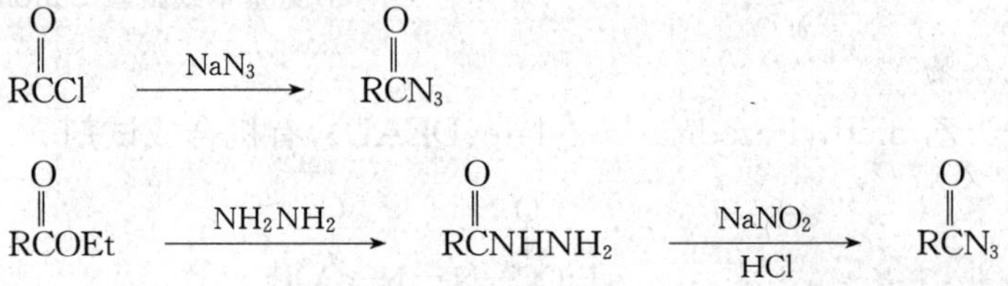

$$RCOCl \xrightarrow{NaN_3} RCON_3$$

$$RCOOEt \xrightarrow{NH_2NH_2} RCONHNH_2 \xrightarrow[HCl]{NaNO_2} RCON_3$$

酰基叠氮的反应：

1. 还原成胺

例：

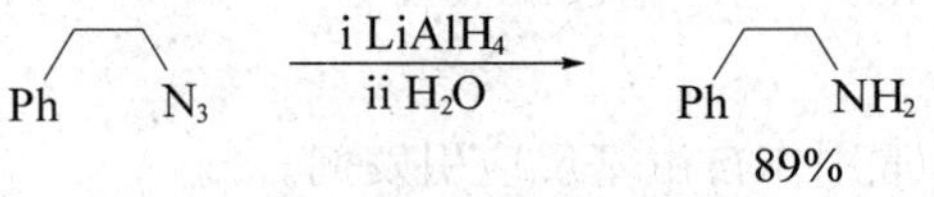

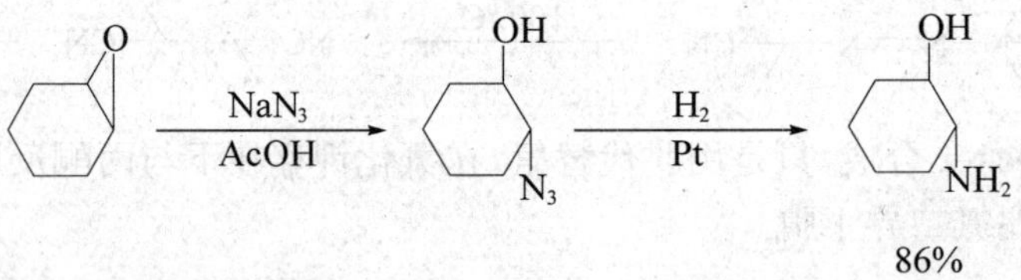

$$PhCH_2CH_2N_3 \xrightarrow[ii\ H_2O]{i\ LiAlH_4} PhCH_2CH_2NH_2 \quad 89\%$$

环氧环己烷 $\xrightarrow[AcOH]{NaN_3}$ 2-叠氮基环己醇 $\xrightarrow[Pt]{H_2}$ 2-氨基环己醇 86%

2. Curtius 重排

酰基叠氮分解放氮产生酰基 nitrene，重排成异氰酸酯(isocyanate)，加水脱酸，生成少一个碳的伯胺，称为 Curtius 重排(Theodor Curtius，1885)。

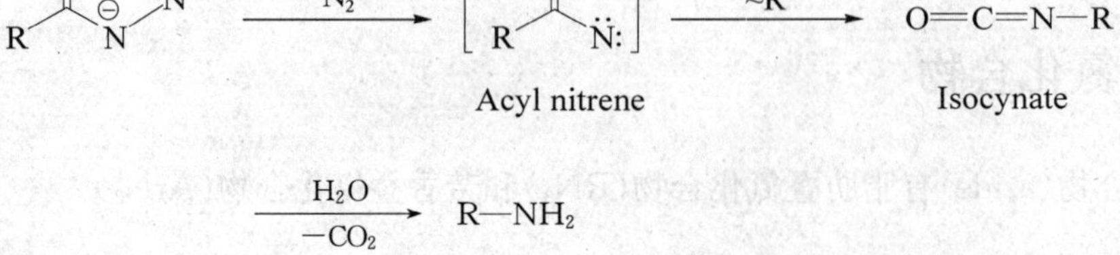

$$R-C(O)-\overset{\ominus}{N}-\overset{\oplus}{N}\equiv N \xrightarrow{-N_2} [R-C(O)-\ddot{N}:] \xrightarrow{\sim R} O=C=N-R$$
$$\text{Acyl nitrene} \qquad \text{Isocynate}$$

$$\xrightarrow[-CO_2]{H_2O} R-NH_2$$

例:

$$\text{cyclopropyl-COCl} \xrightarrow{NaN_3} \xrightarrow[\triangle]{H_2O} \text{cyclopropyl-NH}_2$$

3. Schmidt 重排

羧酸与叠氮酸在硫酸作用下生成少一个碳的胺,称为 Schmidt 重排 (Karl Friedrich Schmidt, 1924)。

例:

$$n\text{-}C_{17}H_{35}CO_2H \xrightarrow[H_2SO_4]{HN_3} \xrightarrow[\triangle]{H_2O} n\text{-}C_{17}H_{35}NH_2 \quad 96\%$$

$$\text{MeO-C}_6H_4\text{-}CO_2H \xrightarrow[H_2SO_4]{HN_3} \xrightarrow[\triangle]{H_2O} \text{MeO-C}_6H_4\text{-}NH_2 \quad 78\%$$

邻苯二甲酸 $\xrightarrow[H_2SO_4]{HN_3} \xrightarrow[\triangle]{H_2O}$ 邻氨基苯甲酸 98%

2-氨基-己二酸 $\xrightarrow[H_2SO_4]{HN_3} \xrightarrow[\triangle]{H_2O}$ 2,5-二氨基戊酸 43%

醛酮亦有 Schmidt 重排反应:

$$RCHO + HN_3 \xrightarrow{H_2SO_4} \xrightarrow[\triangle]{H_2O} RCN + H_2O + N_2$$

$$RCOR + HN_3 \xrightarrow{H_2SO_4} \xrightarrow[\triangle]{H_2O} RCONHR + N_2$$

习题

一、完成反应

1. $CH_3NO_2 \xrightarrow[PhCH_2Cl]{BuLi} \xrightarrow[CH_3CH_2Br]{BuLi} \xrightarrow[\text{ii } H_2O, H_2SO_4]{\text{i NaOH}}$

2. 邻硝基苯甲醛 $+ CH_3NO_2 \xrightarrow[EtOH]{NaOH} \xrightarrow[Pd-C]{H_2}$

3. $(CH_3)_2CHNO_2 + PhCH=CHCOPh \xrightarrow[EtOH, H_2O]{NaOH}$

4. ![cyclohexanone] + $CH_3CH_2NO_2$ $\xrightarrow{\text{NaOH}}{\text{EtOH}}$ $\xrightarrow{H_2}{Pt}$ $\xrightarrow{\text{MeI}}$ $\xrightarrow{\text{i } Ag_2O, H_2O}{\text{ii } \triangle}$

5. $PhCHO$ + $2CH_3NO_2$ $\xrightarrow{\text{NaOH}}{\text{EtOH, } H_2O}$

6. 3,4-dimethoxybenzyl chloride + piperidine $\xrightarrow{\triangle}$

7. 1-methyl-7-oxabicyclo[4.1.0]heptane $\xrightarrow{Me_2NH}$

8. cyclopropyl-NH_2 + $2\ CH_2=CHCN$ ⟶

9. (2-D, methyl, NHCH_3 cyclohexane) $\xrightarrow{\text{MeI}}$ $\xrightarrow{Ag_2O}{H_2O, \triangle}$

10. $PhCH_2CH_2\overset{NH_2}{C}HCH_3$ $\xrightarrow{\text{i MeI; ii } Ag_2O}{\text{iii } \triangle}$

11. $PhCH_2\overset{NH_2}{C}HCH_3$ $\xrightarrow{\text{i MeI; ii } Ag_2O}{\text{iii } \triangle}$

12. 1,3-dinitrobenzene $\xrightarrow{NaHSO_3}{EtOH, H_2O}$ $\xrightarrow{NaNO_2}{HCl}$ $\xrightarrow{PhNMe_2}{AcOH}$

13. nitrobenzene $\xrightarrow{H_2SO_4}{180℃}$ $\xrightarrow{NaNO_2}{HCl}$ $\xrightarrow{PhOH, NaOH}{\text{then HCl}}$

二、合成设计

1. 以氯苯为原料合成

柳胺酚 Osalmide   敌稗 (DCPA) Propanil (除草剂)

2. 二氯苯氧氯酚是一种杀菌剂,尤其对厌氧菌有效,广泛用于牙膏、香皂等清洁、卫生用品。试以苯酚和对二氯苯为原料合成之。

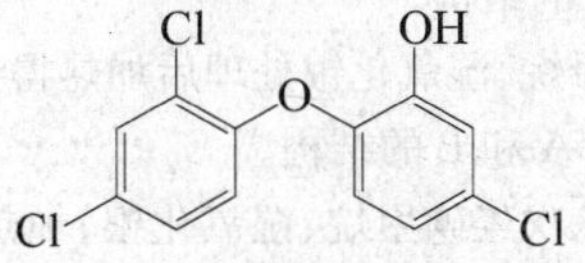

二氯苯氧氯酚；三氯生 Triclosan
（Aquasept；Gamophen；Sapoderm）

3. 以甲苯和邻硝基氯苯为原料合成 UV 吸收剂 UV-P 的中间体。

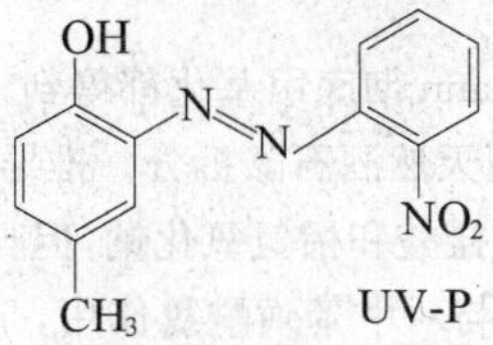

UV-P

4. 以对氯三氟甲苯为原料合成除草剂氟乐灵（氟特力；特氟力）Trifluralin。

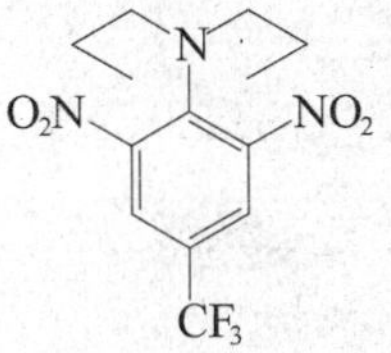

5. 以苯甲酸和苯酚为原料合成

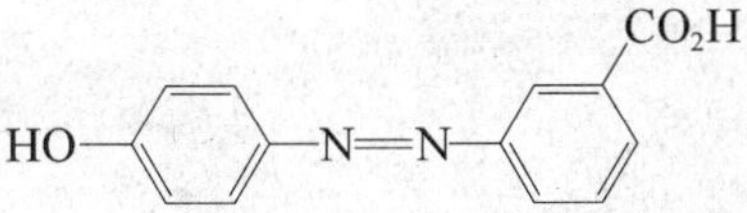

6. 以苯甲酸酯和二甲苯胺为原料合成

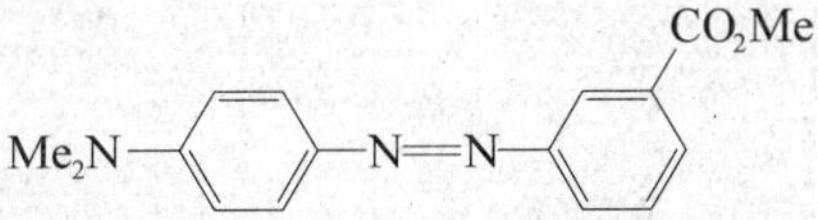

三、建议机理
下述两异构体的反应产物截然不同，解释之。

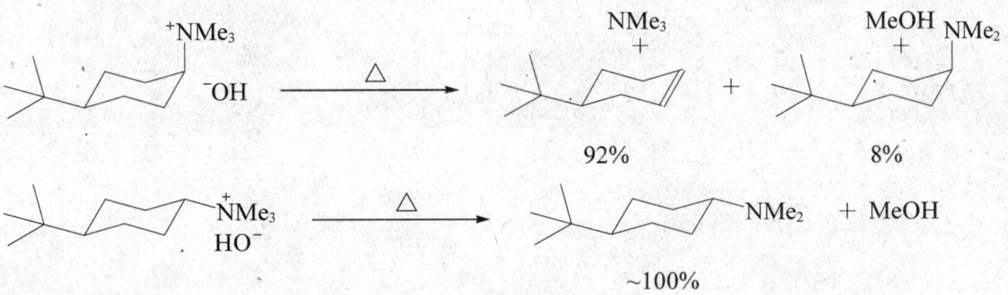

四、推导结构
1. 化合物 A ($C_7H_{15}N$) 与碘甲烷反应得 B ($C_9H_{20}IN$)，B 与湿的氧化银共热得 C(C_6H_{10}) 和三甲胺，C

经热高锰酸钾氧化得己二酸。试给出 A 的结构。

2. 化合物 A (C_4H_9NO)经过量碘甲烷、湿氧化银处理后加热得到 B ($C_6H_{13}NO$)，再经一次 Hofmann 彻底甲基化得二乙烯基醚和三甲胺。给出 A 和 B 的结构。

3. 化合物 A 和 B ($C_5H_{11}N$) 分别依次经碘甲烷、湿氧化银、加热处理后再经一次 Hofmann 彻底甲基化得烃 C_5H_8，后者经臭氧化、还原水解，都给出一分子丙二醛和两分子甲醛。A 和 B 都不旋光，但 B 可拆分。试给出 A 和 B 的结构。

4. 化合物 A 与 B ($C_6H_{13}N$) 分别依次经碘甲烷、湿氧化银、加热处理，再经一次 Hofmann 彻底甲基化得烃 C_6H_{10}，后者经臭氧化、还原水解，都得到两分子甲醛，A 产生一分子甲基丙二醛，B 得到一分子丁二醛。试给出 A 和 B 的结构。

5. 化合物 A 和 B ($C_8H_{11}N$) 经 Hofmann 彻底甲基化都得到三甲胺和 C_8H_8，后者经高锰酸钾氧化得苯甲酸。A 的氢谱显示不含甲基，B 则可以用天然酒石酸拆分。推导 A 与 B 的结构。

6. 化合物 A($C_{15}H_{15}NO$)不溶于水、稀盐酸和稀氢氧化钠，但与稀氢氧化钠溶液回流渐溶解，并有油状物浮于液面，水蒸气蒸馏得 B，溶于稀盐酸，与对甲苯磺酰氯作用，产生不溶于碱的沉淀。酸化蒸馏余液析出 C，溶于碳酸氢钠，mp182℃，δ_H 12.77 (s, 1 H)，7.86～7.31 (dd, 4 H)，2.38 (s, 3 H)。给出 A，B 和 C 的结构。

第 11 章 含硫化合物
Organic Sulphur Compounds

R—SH 硫醇 thiols　　Ar—SH 硫酚 thiophenols　　RSR 硫醚 thioethers　　RSSR 二硫化物 disulfides

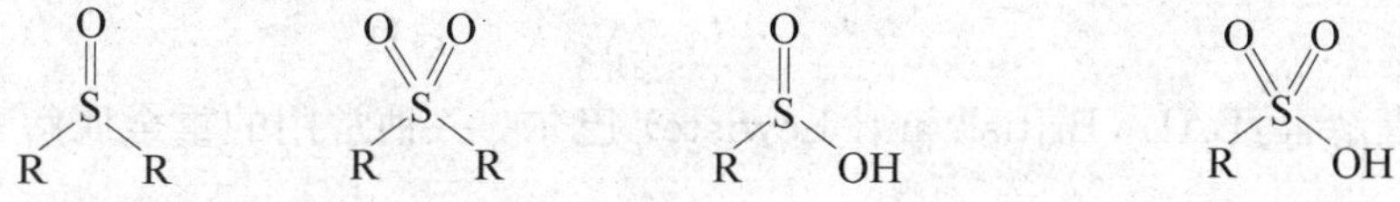

亚砜 sulfoxides　　砜 sulfones　　亚磺酸 sulfinic acids　　磺酸 sulfonic acids

11.1 硫醇与硫酚

硫醇(thiol;mercaptan)与硫酚(thiophenol)的官能团是巯基(SH)(thiol，mercapto，硫羟基，氢硫基)。

CH_3SH　甲硫醇(methanethiol,methyl mercaptan)

C_2H_5SH　乙硫醇(ethanethiol)

$CH_2\!=\!CHCH_2SH$　烯丙硫醇

$HSCH_2CH_2OH$　2-巯基乙醇;β-巯基乙醇

$(CH_3)_3CSH$　叔丁硫醇

苯硫酚 Thiophenol
Benzenethiol；Phenyl mercaptan

11.1.1 硫醇与硫酚的性质

低级硫醇具有强烈、特殊的恶臭味。许多硫醇具有类似大蒜的气味。低分子量的硫醇用作异味剂添加于天然气中，便于感知或检测。

$CH_3CH_2CH_2SH$　　　　　1-丙硫醇(有碎洋葱的气味)

$CH_2\!=\!CHCH_2SH$　　　　烯丙硫醇(有大蒜的气味)

$CH_3CHCH_2CH_2SH$ (with CH_3 branch)　　异戊硫醇(黄鼬分泌的臭气)
　　　　　　　　　　　　3-甲基-1-丁硫醇

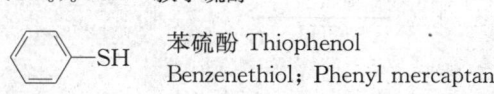　　(E)-2-丁烯-1-硫醇(黄鼬分泌的臭气)

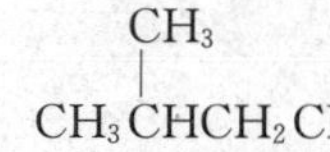

11.1.1.1 硫醇与硫酚的酸性

硫醇与硫酚的酸性均较相应的醇酚的强。

	H_2O	C_2H_5OH	$PhOH$	H_2S	C_2H_5SH	$PhSH$
pK_a	15.5	15.7	10.0	7.5	10.6	8.0

硫醇与硫酚与苛性碱作用即成盐。例：

$$CH_3CH_2SH + NaOH \longrightarrow CH_3CH_2SNa + H_2O$$

与重金属如汞、铅、铜、镉、金、银等生成难溶于水的沉淀。例：

$$2CH_3SH + Pb(OAc)_2 \longrightarrow Pb(SCH_3)_2 + 2AcOH$$
黄色

$$2CH_3CH_2SH + HgO \longrightarrow (CH_3CH_2S)_2Hg + H_2O$$
白色

重金属中毒解毒：BAL (British anti-Lewiste) 巴尔，一种常用的重金属解毒剂。

$$\underset{\underset{SH}{|}}{HOCH_2CHCH_2SH} + HgCl_2 \longrightarrow \text{（环状化合物）} + 2HCl$$

（二巯基丙醇(dimercaprol)）

硫醇(thiol)常称作 mercaptan。Mercaptan 来自于拉丁文 *mercurium captan*，意即捕获汞，就是因为巯基能够强烈结合汞。

11.1.1.2 硫醇与硫酚的亲核取代

硫醇、硫酚及其负离子具强亲核性（硫原子的可极化性强、溶剂化弱），易发生亲核取代。例：

$$C_2H_5SH + CH_2=CHCH_2Br \xrightarrow{NaOH} CH_2=CHCH_2SC_2H_5$$

$$PhSH \xrightarrow[CH_3I]{NaOH} PhSCH_3$$

11.1.1.3 硫醇与硫酚的氧化反应

1. 温和氧化

弱氧化剂如过氧化氢(H_2O_2)、碘(I_2)、空气氧(O_2)等均可氧化硫醇硫酚成二硫化物(disulfide)。

$$2RSH + H_2O_2 \xrightarrow{[O]} RS-SR + 2H_2O$$

$$2RSH \underset{[H]}{\overset{[O]}{\rightleftharpoons}} R-S-S-R$$

二硫键的键能比过氧键的键能高得多：

peroxide   disulfide
155 kJ/mol   305 kJ/mol

例:

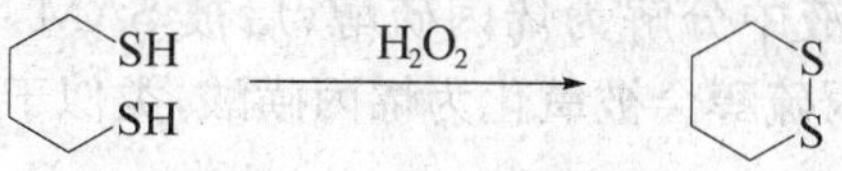

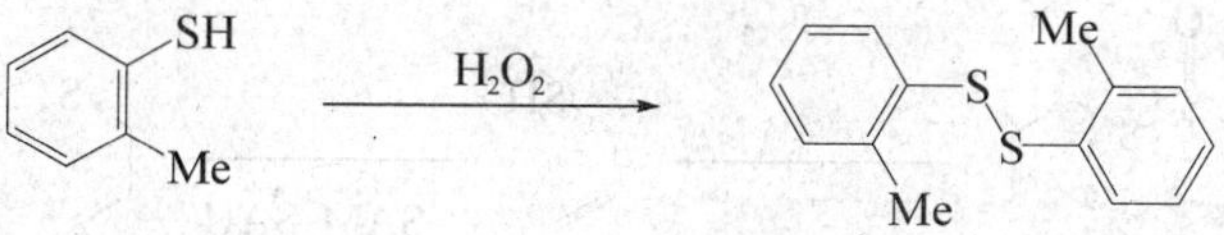

[反应式图示: 1,3-丙二硫醇经 H_2O_2 氧化生成环状二硫化物]

[反应式图示: 邻甲基苯硫酚经 H_2O_2 氧化生成双(邻甲苯基)二硫化物]

二硫键的形成是重要的生化反应。二硫键对于多肽、蛋白质保持特有的构型与构象具有重要的作用。

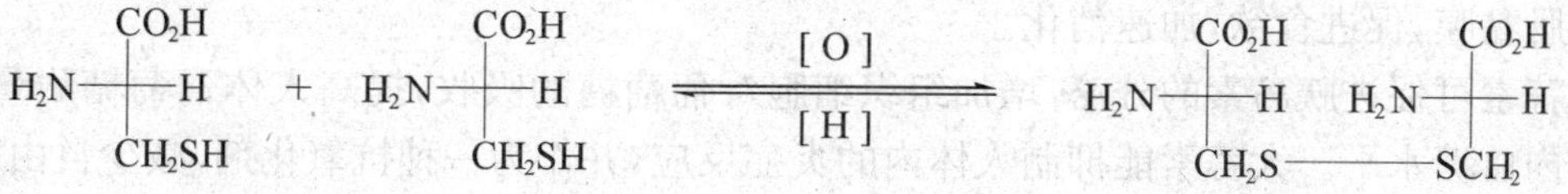

[反应式图示: 两分子半胱氨酸经 [O]/[H] 氧化还原生成胱氨酸]

半胱氨酸   胱氨酸

硫辛酸(lipoic acid)即 6,8-二硫辛酸。

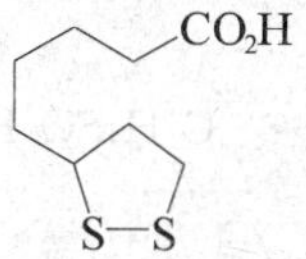

Lipoic acid
6,8-二硫辛酸

硫辛酸是一种存在于线粒体的辅酶,催化丙酮酸氧化脱羧成乙酸及 α-戊酮二酸氧化脱羧,参与三羧酸循环,生物抗氧化剂,能消除导致加速老化与致病的自由基。硫辛酸在体内经肠道吸收后进入细胞,兼具脂溶性与水溶性。

大蒜素(allicins)是二硫化物。

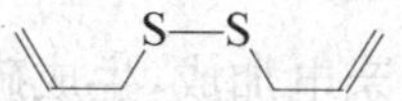

二烯丙基二硫化物
Dially disulfide

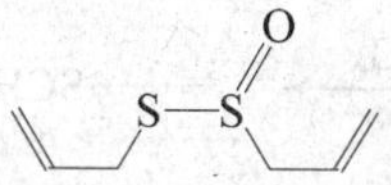

二烯丙基二硫氧化物
Diallyl disulfid-S-oxide

大蒜素具有抗菌、消炎、抗氧化、降血压、维持脂蛋白平衡、抗血栓、防止动脉硬化等功效。

一般认为,大蒜中的活性成分是活性酶与含硫化合物。后者来源于蒜氨酸,在蒜氨酸酶作用下分解产生烯丙基次磺酸,再脱水生成蒜素。

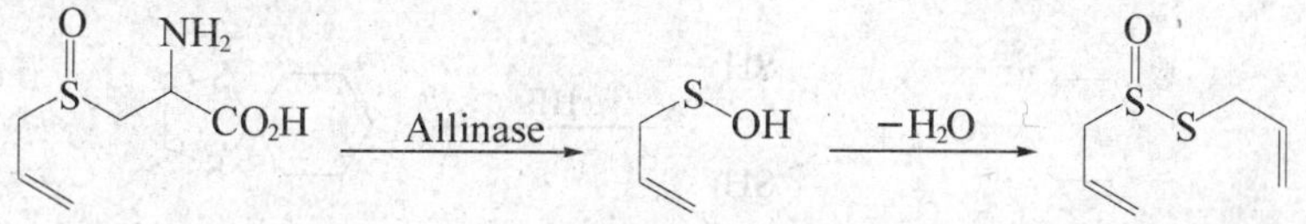

[反应式图示: Alliin 经 Allinase 酶催化生成烯丙基次磺酸,再脱水生成 Allicin]

Alliin 蒜氨酸   烯丙基次磺酸   Allicin 蒜素

研究显示,大蒜素的生物功效主要是由大蒜素分解产生的 2-丙烯次磺酸产生的,由于其不稳定,很快与体内的自由基反应使之失活。

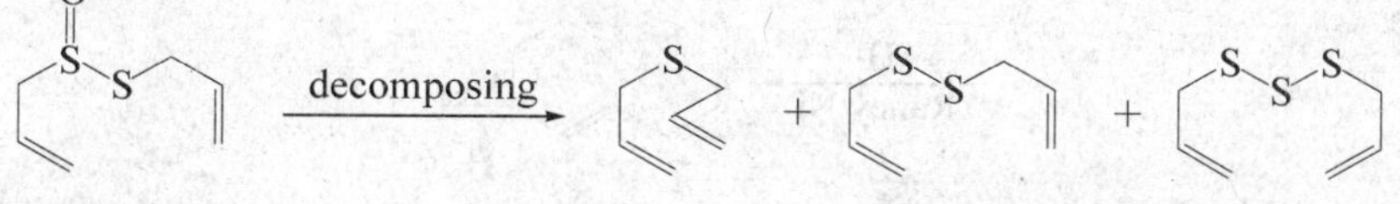

[反应式图示: 大蒜素分解生成硫醚、二硫化物、三硫化物等]

大蒜素在体内很快被吸收,在血液中分解为烯丙硫醇,后被 SAM 甲基化为烯丙基甲硫醚,从肺中排出。一般认为大部分烯丙硫醇会被氧化为烯丙磺酸,类似于从半胱氨酸到牛磺酸的转化过程。

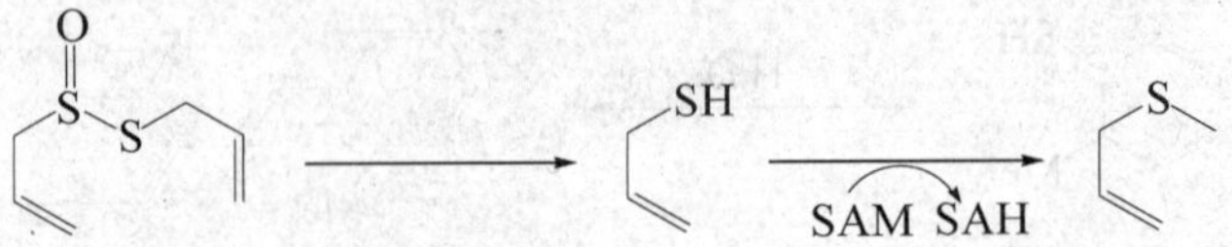

大蒜中含硫化合物具有奇强的抗菌消炎作用,对多种球菌、杆菌、幽门螺杆菌、真菌和病毒等均有抑制和杀灭作用,是目前发现的天然植物中抗菌作用最强的一种,清除肠胃有毒物质,刺激胃肠黏膜,促进食欲,加速消化。

大蒜素可促进胰岛素的分泌,增加组织细胞对葡萄糖的吸收,提高人体葡萄糖耐量,迅速降低体内血糖水平。大蒜素能抑制人体内的炎症反应,并作为一种抗氧化剂,减少自由基对人体细胞的损伤。

2. 强氧化

高锰酸钾($KMnO_4$)、硝酸(HNO_3)等强氧化剂可氧化硫醇、硫酚成磺酸。例:

$$C_2H_5SH \xrightarrow[H^+]{KMnO_4} C_2H_5SO_3H \quad 乙磺酸$$

11.1.1.4 硫醇与硫酚的脱硫

碳-硫键易氢解,在炼油工业中用于脱硫。

$$RSH + H_2 \xrightarrow{Ni} RH + H_2S$$

11.1.1.5 硫醇与硫酚的加成反应

亲电加成:硫醇与硫酚可与烯键(C=C)发生亲电加成,生成硫醚化合物。

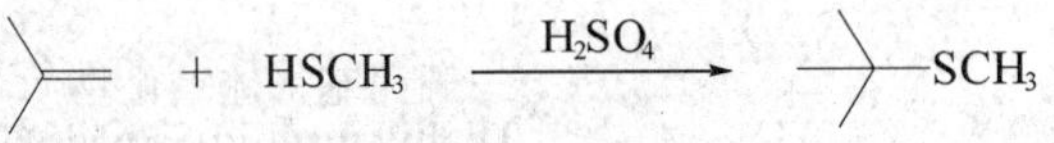

亲核加成:醛酮(C=O)加成硫醇生成硫代缩酮(醛)。

$$CH_3CHO + 2CH_3SH \xrightarrow{HCl} CH_3CH(SCH_3)_2$$

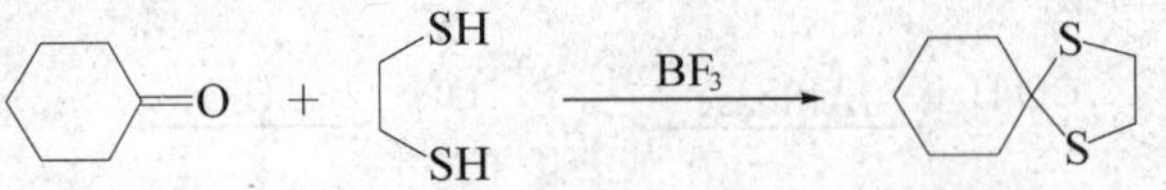

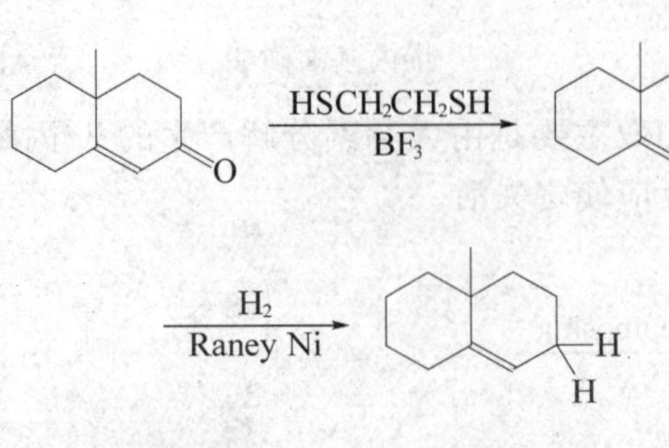

亲核共轭加成：硫醇与硫酚可与丙烯腈等 α,β-羰基体系发生亲核共轭加成。例：

$$CH_3SH + CH_2=CHCN \xrightarrow{NaOH} CH_3SCH_2CH_2CN$$

$$HOCH_2CH_2SH + CH_2=CHCN \xrightarrow{NaOH} HOCH_2CH_2SCH_2CH_2CN$$

亲核加成-消去：硫醇与羧酸及其衍生物发生亲核加成-消去，生成硫代酯。

$$RCO_2H + CH_3SH \xrightarrow{H^+} RC(O)SCH_3 + H_2O$$

$$RCOCl + CH_3SH \xrightarrow{Py} RC(O)SCH_3 + HCl$$

亲核开环加成：

$$CH_3SNa + \text{环氧乙烷} \xrightarrow{CH_3SH} CH_3SCH_2CH_2OH$$

$$CH_3SNa + \text{环氧氯丙烷} \xrightarrow{CH_3SH} \text{环氧} CH_2SCH_3$$

自由基加成：

$$C_2H_5SH + C_6H_{13}CH=CH_2 \xrightarrow{Bz_2O_2} C_2H_5SCH_2CH_2C_6H_{13} \quad 75\%$$

$$CH_3SH + CH_2=CHCO_2CH_3 \xrightarrow{t\text{-}BuOOH} CH_3SCH_2CH_2CO_2CH_3$$

合成应用：1,3-丙二硫醇与醛反应，生成硫代缩醛——1,3-二噻烷（dithiane），其 α-氢显示酸性，可被特强碱夺取，生成的碳负离子被硫原子稳定化，作为亲核试剂与含有离去基的底物发生双分子亲核取代，形成碳-碳键，即烷烃基化。水解恢复羰基，给出新的醛或酮。这是通过二噻烷（硫代缩醛）实现了极性反转（Umpolung, polarity inversion, Dieter Seebach），将醛转化成新的醛或酮——Corey-Seebach 反应。

例：由甲醛合成环丁酮。

$$HCHO + HS(CH_2)_3SH \xrightarrow{BF_3} \text{(1,3-二噻烷)} \xrightarrow[\text{ii } Cl(CH_2)_3Br]{\text{i BuLi}}$$

$$\text{二噻烷-CH}_2\text{CH}_2\text{CH}_2\text{Cl} \xrightarrow{BuLi} \text{螺环} \xrightarrow[HgCl_2]{H_2O} \text{环丁酮} \quad 50\%$$

由醛转化为酮：

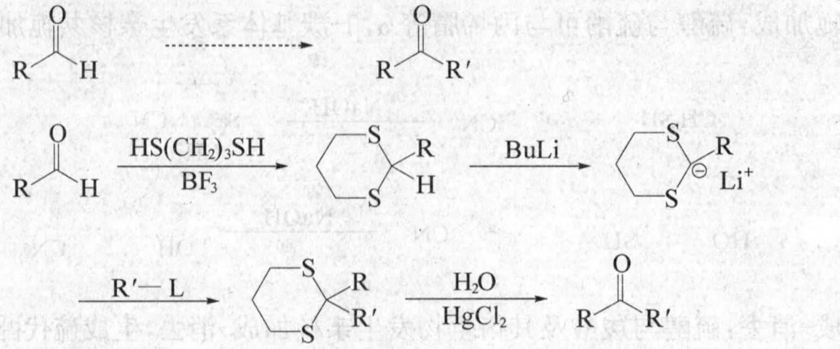

11.1.2 硫醇与硫酚的制备

11.1.2.1 硫醇

硫醇的制备多利用硫氢化钠与卤代烃或磺酸酯的亲核取代。例：

$$C_{12}H_{25}Br + NaSH \xrightarrow{EtOH} C_{12}H_{25}SH + NaBr$$

一种改良是用硫脲作为亲核试剂，碱性水解产生硫醇。

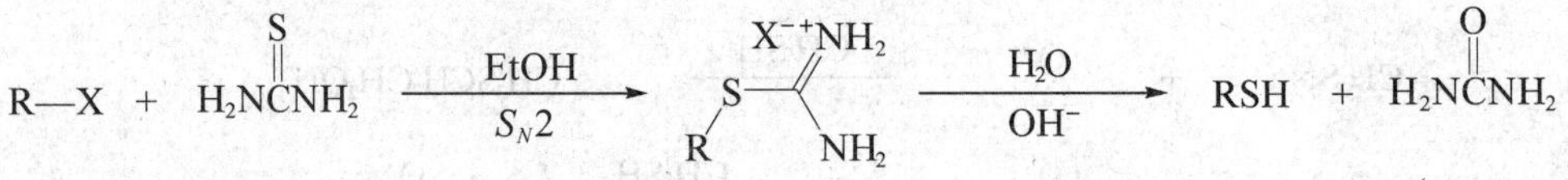

例：

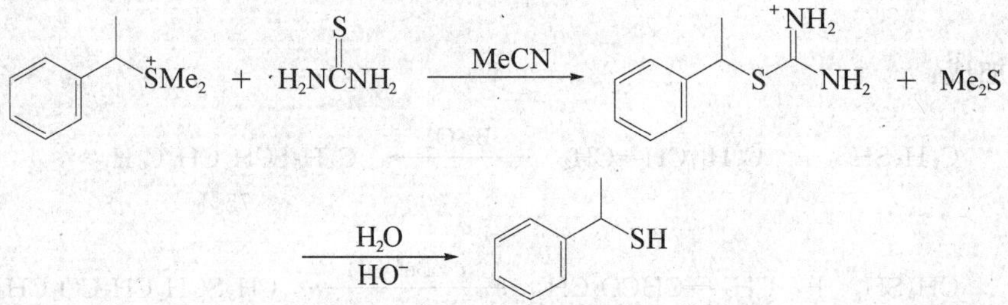

硫化氢与烯键、环氧化合物、氮杂环丙烷反应，硫杂环丙烷开环反应等都可用于硫醇制备。例：

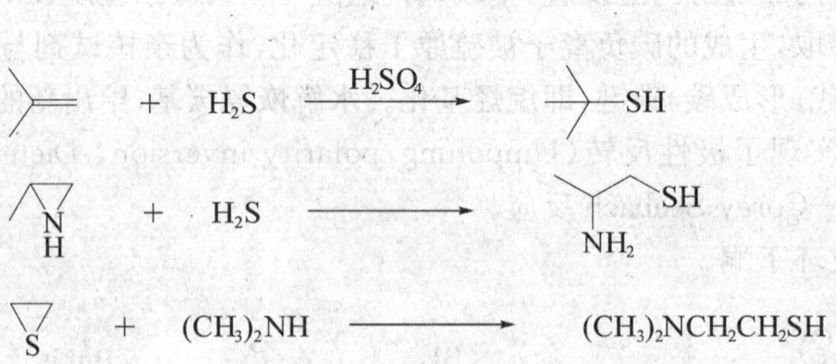

11.1.2.2 硫酚

芳磺酰氯还原可制备硫酚。常用的还原剂是：锌/硫酸（或盐酸）；氢化锂铝。例：

$$PhSO_2Cl \xrightarrow[H_2SO_4]{Zn} PhSH$$

活化芳香亲核取代：

$$O_2N\text{—}C_6H_4\text{—}Cl \xrightarrow{NaSH} O_2N\text{—}C_6H_4\text{—}SH$$

芳重氮盐取代：

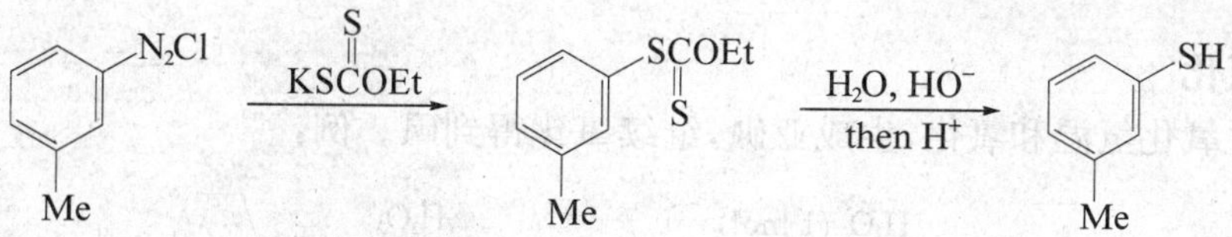

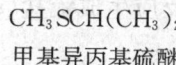

11.2 硫醚

硫醚(thioether; sulfide)：

CH_3SCH_3
甲硫醚 Dimethyl sulfide

$CH_3SCH(CH_3)_2$
甲基异丙基硫醚

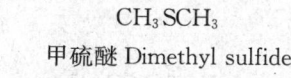

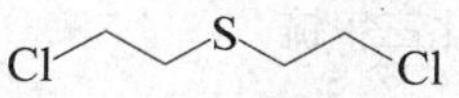

二(2-氯乙基)硫醚
（芥子气 Mustard gas）

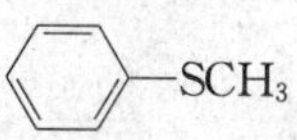

甲基苯基硫醚 Methylphenyl thioether
茴香硫醚 Thioanisole

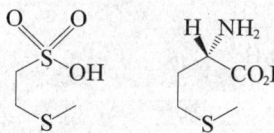

11.2.1 硫醚的制备

双分子亲核取代：

$C_2H_5SH + (CH_3)_2CHCH_2Br \xrightarrow{NaOH} C_2H_5SCH_2CH(CH_3)_2$
95%

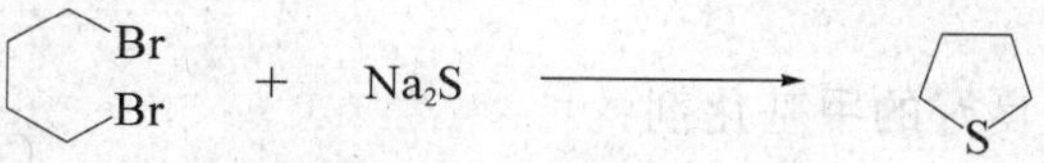

活化芳香亲核取代：

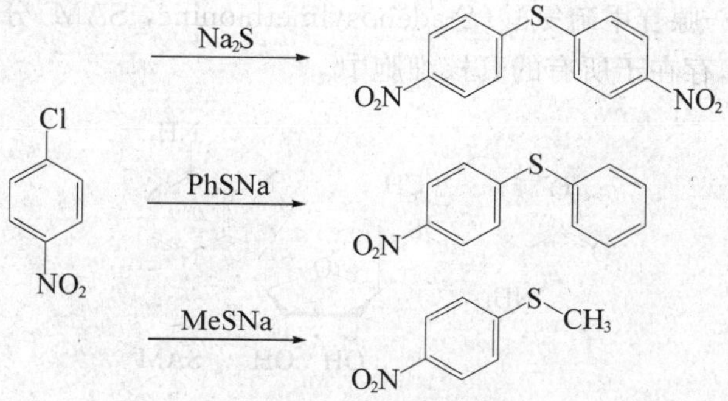

11.2.2 硫醚的反应

11.2.2.1 氧化

硫醚被过氧化氢温和氧化，生成亚砜，继续氧化得到砜。例：

$$\underset{}{\text{(环丁硫醚)}} \xrightarrow[25\ ^\circ\text{C}]{\text{H}_2\text{O}_2\ (1\ \text{mol})} \underset{\text{环丁亚砜}\ 88\%}{} \xrightarrow[\Delta]{\text{H}_2\text{O}_2} \underset{\text{环丁砜}\ 97\%}{}$$

11.2.2.2 亲核取代与锍盐

硫醚与卤代烷反应生成锍盐(slfonium salt)。例：

$$(\text{CH}_3)_2\text{S} + \text{H}_3\text{C}-\text{I} \xrightarrow{\text{NaOH}} (\text{CH}_3)_2\overset{\oplus}{\text{S}}-\text{CH}_3\ \text{I}^-$$
碘化三甲锍

$$(\text{C}_2\text{H}_5)_2\text{S} + \text{CH}_3\text{I} \longrightarrow (\text{CH}_3\text{CH}_2)_2\overset{\oplus}{\text{S}}-\text{CH}_3\ \text{I}^-$$

锍盐较醚盐稳定。三个不同烃基的锍离子(slfoniumion)构成手性分子，可能拆分，如：

$$\text{Me}-\overset{\oplus}{\underset{\text{CH}_2\text{CH}_3}{\text{S}}}\text{—CH}_2\text{CO}_2\text{H}\ \ \text{I}^-$$

锍盐的合成应用

锍盐分解：锍盐接受亲核试剂的进攻或消去 β-氢而分解，同时释放出硫醚。例如，碘化三甲基锍作为甲基化剂与2,4,6-三甲基苯甲酸银反应，生成甲酯。

$$\underset{\text{CH}_3}{\underset{|}{\text{H}_3\text{C}}}\!\!\!\!\!\!\!\!\!\!\!\!\!\underset{\text{CO}_2\text{Ag}}{\bigcirc}\!\!\!\!\!\!\!\!\!\!\!\!\underset{\text{CH}_3}{} + (\text{CH}_3)_2\overset{\oplus}{\text{S}}-\text{CH}_3\ \text{I}^- \longrightarrow \underset{\text{CH}_3}{\underset{|}{\text{H}_3\text{C}}}\!\!\!\!\!\!\!\!\!\!\!\!\!\underset{\text{CO}_2\text{CH}_3}{\bigcirc}\!\!\!\!\!\!\!\!\!\!\!\!\underset{\text{CH}_3}{} + \text{CH}_3\text{SCH}_3 + \text{AgI}$$

甲基二乙基碘化锍是良好的甲基化剂：

$$\text{Et}_2\overset{\oplus}{\text{S}}-\text{CH}_3\ \text{I}^- + \text{H}_2\text{NCH}_2\text{CH}_2\text{CH}_3 \xrightarrow{-\text{HI}} (\text{C}_2\text{H}_5)_2\text{S} + \text{CH}_3\text{NHCH}_2\text{CH}_2\text{CH}_3$$

生物体内的辅酶 S-腺苷甲硫氨酸(S-adenosylmethionine，SAM)分子内有一个活化的甲基，参与实现甲基转移，存在于所有的真核细胞中。

(SAM 结构式)

硫 ylide 及其合成应用：锍离子上的甲基氢显示一定的酸性，可被特强碱夺取，产生内盐硫 ylide 或硫 ylene。如碘化三甲基锍与丁基锂作用，生成亚甲基二甲基锍——一种硫 ylide（硫 ylene）。

$$(C_2H_5)_2\overset{\oplus}{S}-CH_2\ I^- \xrightarrow{} C_4H_{10} + LiI + (CH_3)_2\overset{\oplus}{S}-\overset{\ominus}{C}H_2 \quad S\ ylide$$
$$\updownarrow$$
$$(CH_3)_2S=CH_2 \quad S\ ylene$$

硫 ylide 与醛酮（羰基 C=O）加成生成环氧化物。例：

$$(CH_3)_2\overset{\oplus}{S}-\overset{\ominus}{C}H_2 + Ph-CHO \xrightarrow[25\ ^\circ C]{DMSO} Ph-\underset{O}{\triangle} + CH_3SCH_3$$

反应机理：荷负电荷的碳亲核加成羰基，然后分子内亲核取代，二甲基硫醚作为离去基离去。

$$(CH_3)_2\overset{\oplus}{S}-\overset{\ominus}{C}H_2 + Ph-CHO \xrightarrow{A_N} \underset{Ph\ H}{\overset{O^-\ \overset{\oplus}{S}Me_2}{C}} \xrightarrow{S_Ni} Ph-\underset{O}{\triangle} + SMe_2$$

亚甲基二甲基锍与 α,β-不饱和醛反应也是生成环氧化物。例：

$$(CH_3)_2\overset{\oplus}{S}-\overset{\ominus}{C}H_2 + Ph-CH=CH-CHO \xrightarrow[25\ ^\circ C]{DMSO} Ph-CH=CH-\underset{O}{\triangle} + SMe_2$$

亚甲基二甲基锍与 α,β-不饱和酮反应，则是共轭加成，生成环丙烷类化合物。例：

$$(CH_3)_2\overset{\oplus}{S}-\overset{\ominus}{C}H_2 + Ph-CH=CH-CO-Ph \xrightarrow{DMSO} Ph-\underset{\triangle}{\ }-CO-Ph + SMe_2$$

亚甲基二甲基锍等硫 ylide 与丙烯腈、丙烯酸酯、硝基乙烯等也发生环丙烷化反应。

Stevens 重排：锍盐在碱性条件下发生重排，生成硫醚类化合物，称为 Stevens 重排（T. S. Stevens，1928）。例：

$$Ph-CO-CH_2-\overset{+}{S}(CH_3)-CH_2Ph \xrightarrow{KOH,\ EtOH,\ H_2O} Ph-CO-CH(SCH_3)-CH_2Ph$$

Stevens 重排经历了苯甲基的 1,2-迁移，即由硫原子到 α-碳原子（S→C）。

$$Ph-CO-\overset{\ominus}{C}H-\overset{+}{S}(CH_3)-CH_2Ph$$

11.2.2.3 氢解——脱硫

硫醚也可以氢解脱硫。例：

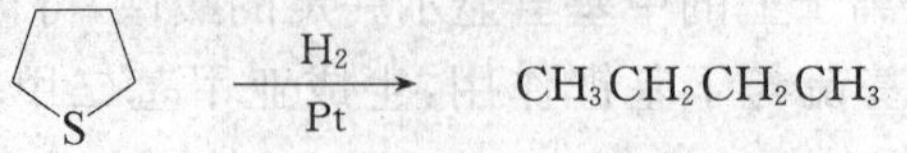

$$\text{(tetrahydrothiophene)} \xrightarrow[\text{Pt}]{H_2} CH_3CH_2CH_2CH_3 + H_2S$$

11.3 亚砜与砜

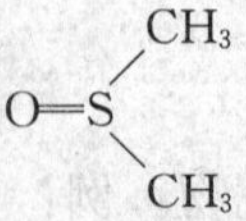

二甲基亚砜(DMSO)
Dimethyl sulfoxid

二甲基亚砜(dimethyl sulfoxide, DMSO)，无色和近于无臭的液体，mp 18.5℃，bp 189.0℃，与水混溶，偶极矩 3.9 D，介电常数 45，溶解力很强，是极性化合物的卓越溶剂，良好的非质子偶极溶剂，是双分子亲核反应的良好溶剂，也是重要的有机合成试剂。

亚砜分子中二烃基不同构成手性分子，可能拆分：

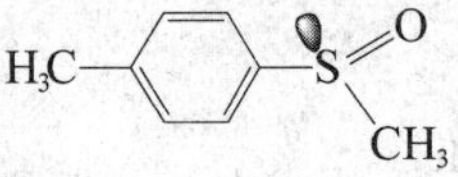

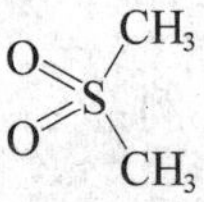

(p-tolyl methyl sulfoxide structure)

二甲基砜
Dimethyl sulfone

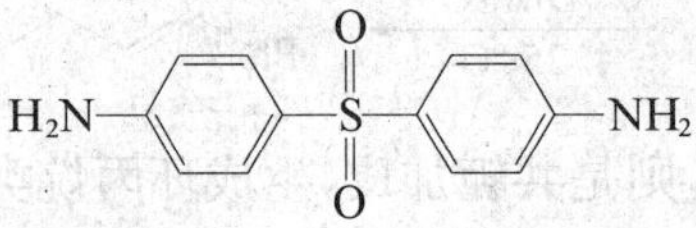

4,4'-二氨基二苯砜
氨苯砜(麻疯病药)

11.3.1 亚砜与砜的反应

亚砜是温和的氧化剂，氧化硫醇硫酚成二硫化物，氧化伯仲卤代烃和醇成醛酮。

例：

$$PhSH + CH_3\overset{O}{S}CH_3 \longrightarrow PhS-SPh + CH_3SCH_3 + H_2O$$
$$95\%$$

$$PhCH_2Br + CH_3\overset{O}{S}CH_3 \longrightarrow PhCHO + CH_3SCH_3 + HBr$$

$$PhCH_2OH + CH_3\overset{O}{S}CH_3 \longrightarrow PhCHO + CH_3SCH_3 + H_2O$$

甲亚磺酰碳负离子及其反应
甲亚磺酰碳负离子生成：

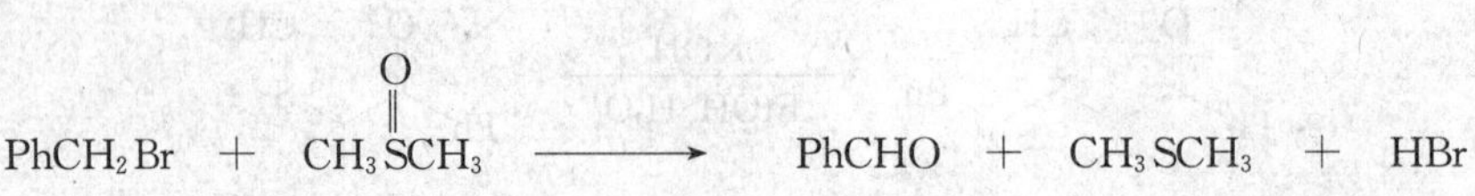

$$CH_3\overset{O}{S}-H + NaH \xrightarrow{-H_2} CH_3\overset{O^-Na^+}{S}=CH_2 \longleftrightarrow CH_3\overset{O}{\underset{}{S}}-CH_2^- Na^+$$

甲亚磺酰碳负离子与酯反应生成 α-甲亚磺酰酮,活性亚甲基烷基化、还原去硫,生成酮,可用转化酯成酮。

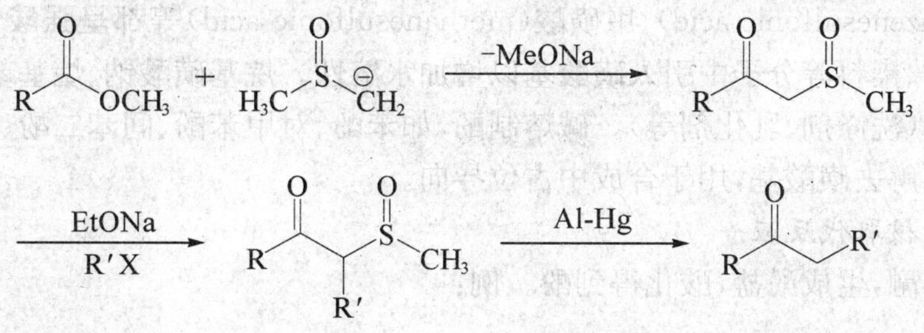

11.3.2 亚砜与砜的制备

硫醚氧化：

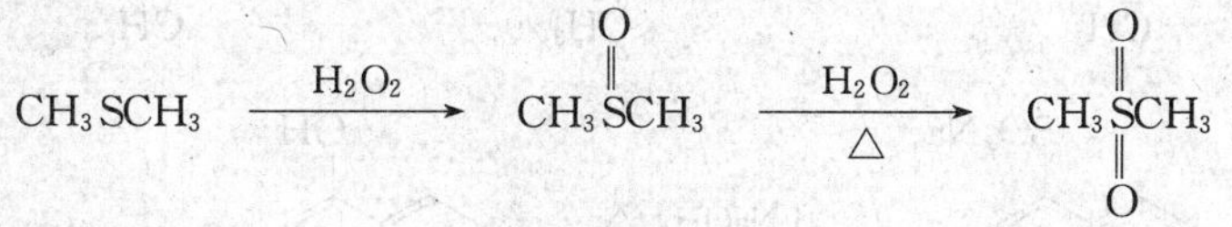

Friedel-Crafts 磺酰化：

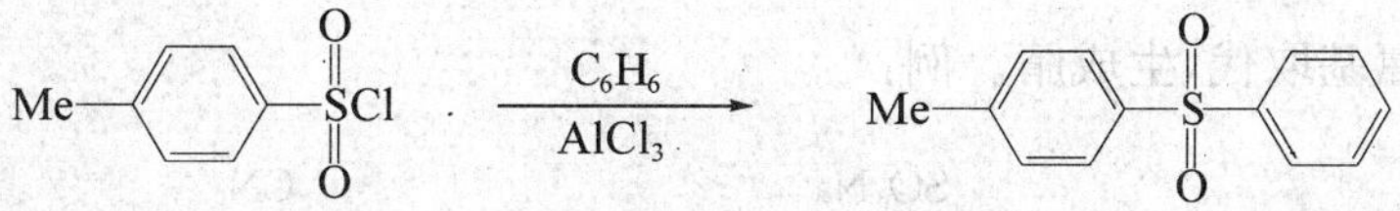

11.4 磺酸及其衍生物

11.4.1 磺酸

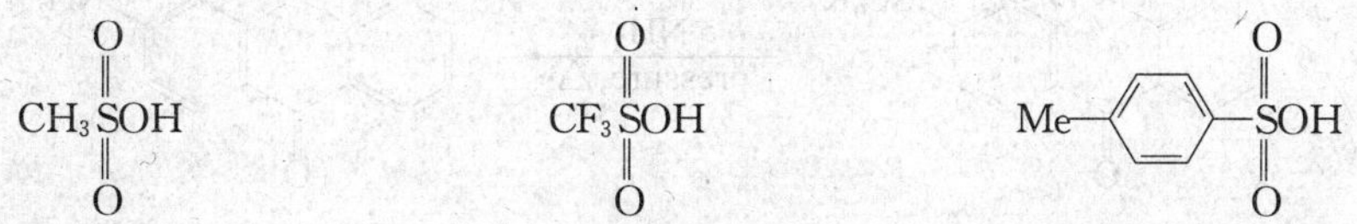

甲磺酸 MsOH
Methanesulfonic acid

三氟甲磺酸 TfOH
Trifluoromethanesulfonic acid

对甲苯磺酸 TsOH
p-Toluenesulfonic acid

11.4.1.1 磺酸的制备

硫醇强氧化：

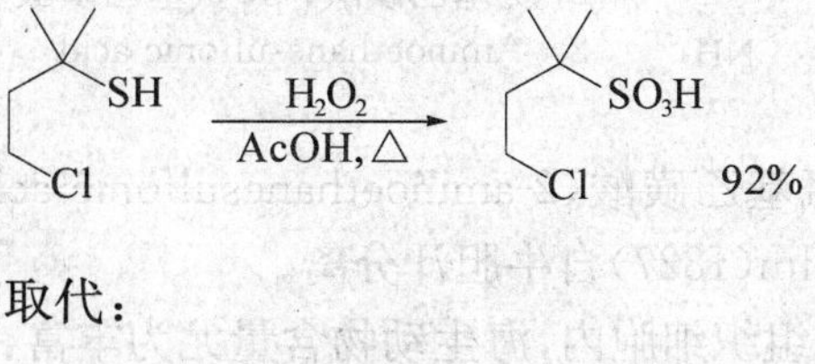

亚硫酸盐作为亲核试剂取代：

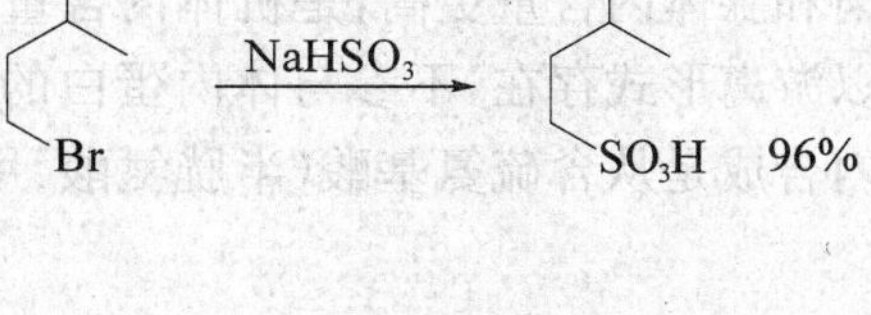

磺化:制备芳磺酸(见第 5 章芳烃)。

11.4.1.2 磺酸的性质与用途

苯磺酸(benzenesulfonic acid)、甲磺酸(methanesulfonic acid)等都呈强酸性,在合成中常代替硫酸。药物、染料等分子中引入磺酸基以增加水溶性。烷基磺酸钠、烷基苯磺酸钠用作阴离子表面活性剂(洗涤剂、乳化剂等)。碱熔制酚,如苯酚、对甲苯酚、间苯二酚、1-萘酚、2-萘酚等。苯磺酸易水解去磺酸基,用于合成中占位导向。

磺酸盐的亲核取代反应

磺酸钠盐熔融,生成酚盐,酸化得到酚。例:

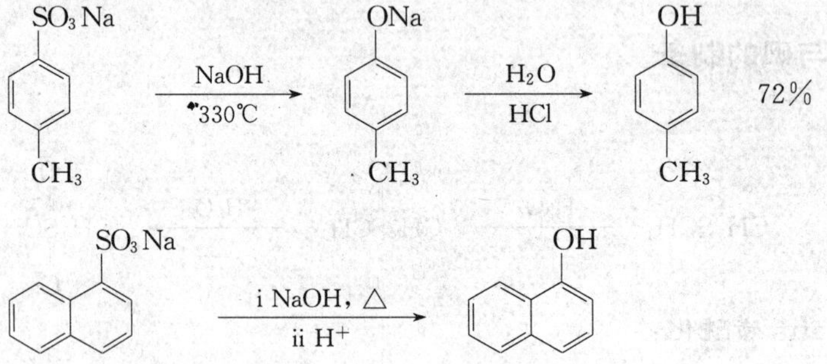

<chemical reaction: 对甲苯磺酸钠 --NaOH, 330℃--> 对甲苯酚钠 --H2O, HCl--> 对甲苯酚 72%>

<chemical reaction: 1-萘磺酸钠 --i NaOH, Δ; ii H+--> 1-萘酚>

磺酸基可被氰基取代,生成腈。例:

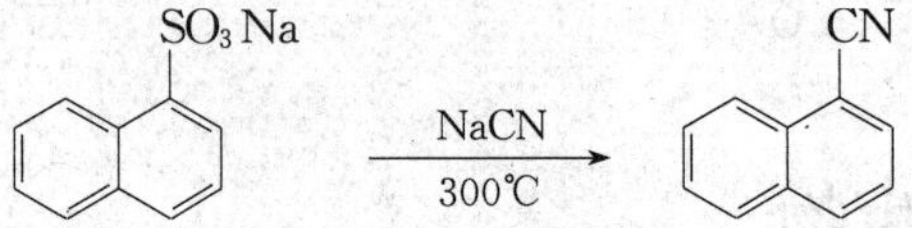

<chemical reaction: 1-萘磺酸钠 --NaCN, 300℃--> 1-萘腈>

磺酸基也可以被氨基取代,得到芳胺。例:

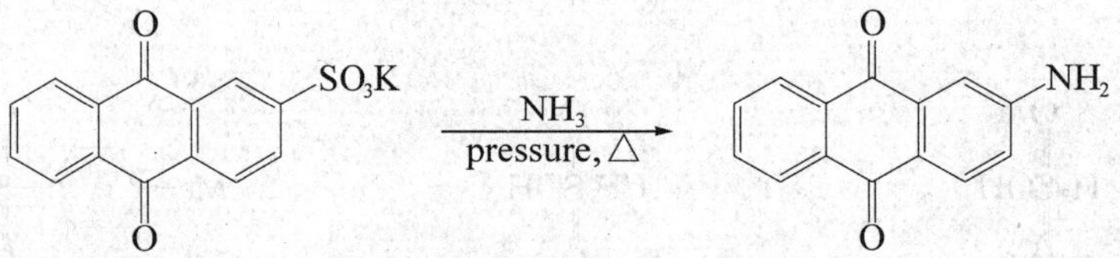

<chemical reaction: 2-蒽醌磺酸钾 --NH3, pressure, Δ--> 2-氨基蒽醌>

牛磺酸

<structure: 牛磺酸 Taurine, 2-氨基乙磺酸;β-氨基乙磺酸, 2-Aminoethanesulfonic acid>

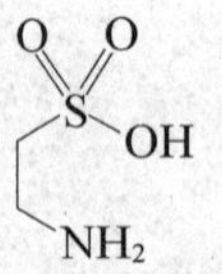

牛磺酸(taurine)即 2-氨基乙磺酸(2-aminoethanesulfonic acid),首先由德国人 Friedrich Tiedemann 和 Leopold Gmelin(1827)自牛胆汁分离。

牛磺酸广泛分布于动物组织细胞内,海生动物含量尤为丰富,哺乳类组织细胞内亦含有较高的牛磺酸,特别是神经、肌肉和腺体内含量更高,是机体内含量最丰富的自由含硫非蛋白氨基酸。体内牛磺酸几乎全部以游离形式存在,不参与体内蛋白的生物合成,但与胱氨酸、半胱氨酸的代谢密切相关。人体内合成是从含硫氨基酸(半胱氨酸、甲硫氨酸等)经一系列酶促反应转化而来,但这种能力较低下。牛磺酸主要是从肾脏排泄。

11.4.2 磺酰氯

常用的磺酰氯有:甲磺酰氯(methanesulfonyl chloride,MsCl)、苯磺酰氯(benzenesulfonyl chloride)和对甲苯磺酰氯(tosyl chloride,TsCl)。

$$CH_3SO_2Cl \qquad PhSO_2Cl \qquad Me\text{-}C_6H_4\text{-}SO_2Cl$$

甲磺酰氯(MsCl)　　　苯磺酰氯　　　对甲苯磺酰氯
Methanesulfonyl chloride　Benzenesulfonyl chloride　Tosyl chloride(TsCl)

11.4.2.1 磺酰氯的制备

磺酰氯可由磺酸或其钠盐与五氯化磷(PCl_5)和氯磺酸($ClSO_3H$)作用制备;芳烃氯磺化。例:

$$CH_3CH_2SO_3Na + PCl_5 \xrightarrow{\triangle} CH_3CH_2SO_2Cl + POCl_3$$

$$PhSO_3Na \xrightarrow[\triangle]{PCl_5} PhSO_2Cl \xleftarrow[(ex)]{ClSO_3H} PhH$$

11.4.2.2 磺酰氯的反应与应用

磺酰氯醇解生成磺酸酯、胺解产生磺酰胺,磺酰氯还原给出酚。例:

$$Me\text{-}C_6H_4\text{-}SO_2Cl \xrightarrow{ROH/Py} Me\text{-}C_6H_4\text{-}SO_2OR$$

$$Me\text{-}C_6H_4\text{-}SO_2Cl \xrightarrow{RNH_2} Me\text{-}C_6H_4\text{-}SO_2NHR$$

$$Me\text{-}C_6H_4\text{-}SO_2Cl \xrightarrow{Zn/AcOH} Me\text{-}C_6H_4\text{-}SH$$

磺酰氯与酰氯比较,较难水解:

$$m\text{-}(COCl)(SO_2Cl)C_6H_4 \xrightarrow{H_2O} m\text{-}(CO_2H)(SO_2Cl)C_6H_4$$

11.4.3 磺酸酯

磺酸酯(sulfonate)是指磺酸与醇或酚生成的酯。常用的磺酸有甲磺酸、三氟甲磺酸、苯磺酸、对甲苯磺酸、对硝基苯磺酸和对溴苯磺酸等。

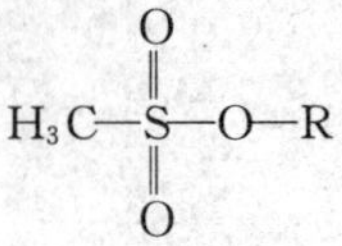

CH_3SO_3R; Mesylate esters; MsOR
甲磺酸酯 Methanesulfonate

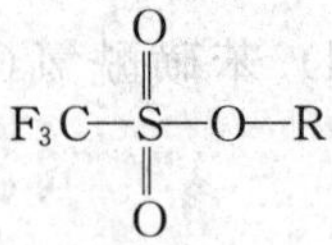

CF_3SO_3R; TfOR; Triflate
三氟甲磺酸酯 Trifluoromethanesulfonate

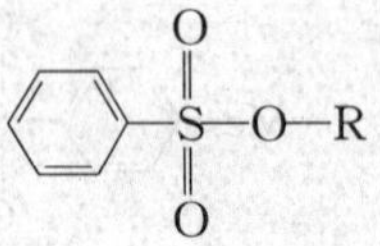

$C_6H_5SO_3R$; $PhSO_3R$
苯磺酸酯 Benzenesulfonate

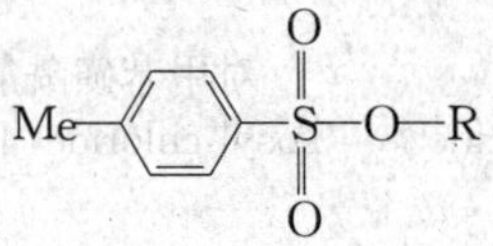

$p\text{-}MeC_6H_4SO_3R$; Tosylate; TsOR
对甲苯磺酸酯 p-methylbenzenesulfonate

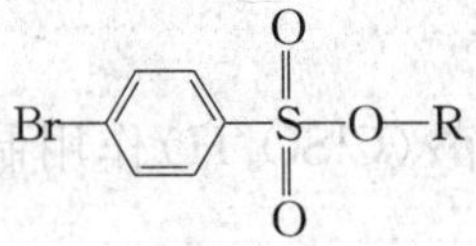

$p\text{-}BrC_6H_4SO_3R$; Brosylate; BsOR
对溴苯磺酸酯 p-Bromobenzenesulfonate

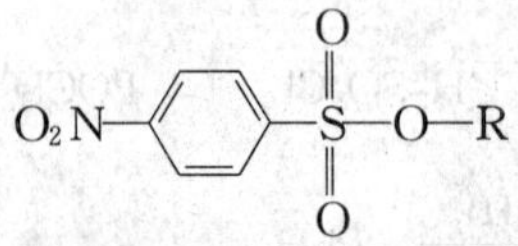

$p\text{-}O_2NC_6H_4SO_3R$; NsOR
对硝基苯磺酸酯 p-Nitrobenzenesulfonate

这些磺酸酯常用于有机合成，也用于结构-性能等物理有机化学研究。

11.4.3.1 磺酸酯的制备

多用磺酰氯和醇或酚在捕酸剂存在下反应制备磺酸酯。

例：

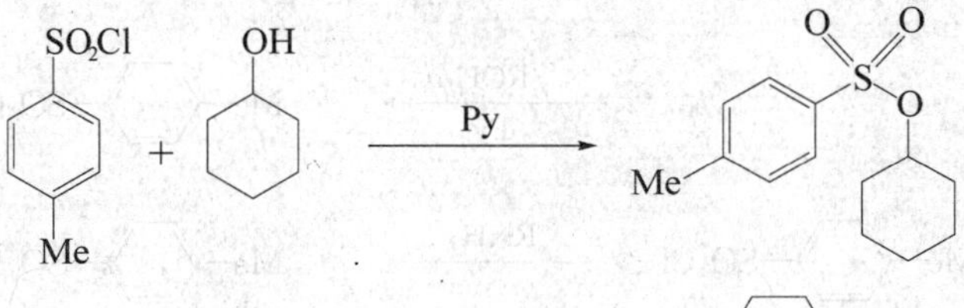

11.4.3.2 磺酸酯的应用

磺酸酯分子内含有良好的离去基团——磺酸负离子（盐）如 TsO^-，易发生双分子亲核取代（S_N2），在有机合成中广泛应用。

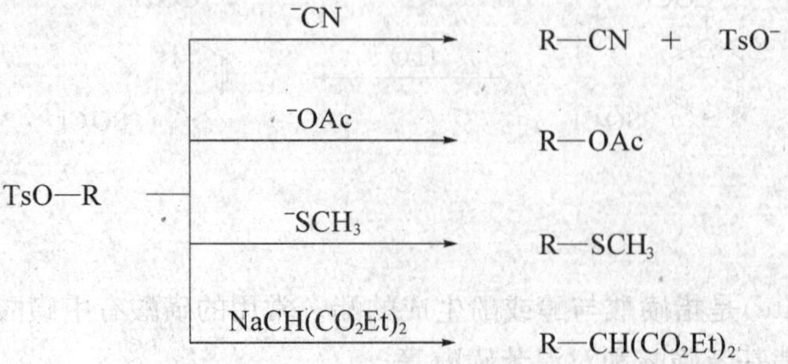

$$TsO-R \begin{cases} {}^-CN \longrightarrow R-CN + TsO^- \\ {}^-OAc \longrightarrow R-OAc \\ {}^-SCH_3 \longrightarrow R-SCH_3 \\ NaCH(CO_2Et)_2 \longrightarrow R-CH(CO_2Et)_2 \end{cases}$$

11.4.4 磺酰胺

磺胺药就是磺酰胺(sulfonamide)类化合物。

11.4.4.1 磺酰胺的制备

磺酰氯的氨或伯仲胺解可制备磺酰胺。

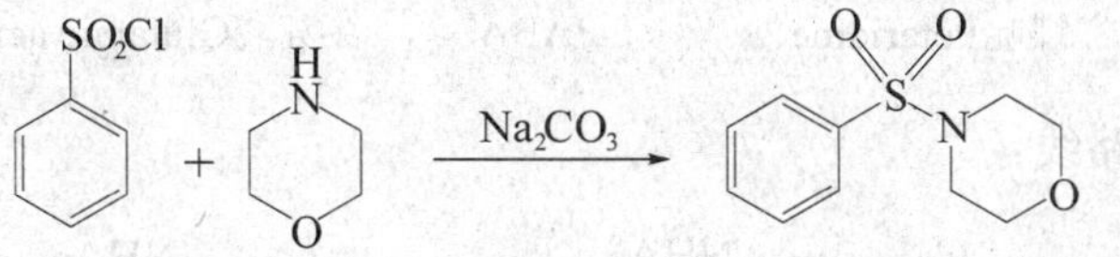

$$C_6H_5SO_2Cl + \text{吗啉} \xrightarrow{Na_2CO_3} C_6H_5SO_2\text{-}N(\text{吗啉基})$$

11.4.4.2 磺酰胺的性质

磺酰胺较酰胺难水解：

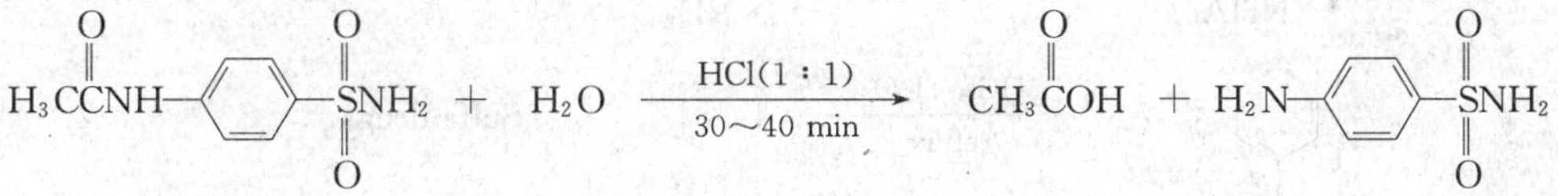

$$CH_3CONH\text{-}C_6H_4\text{-}SO_2NH_2 + H_2O \xrightarrow[30\sim40\ min]{HCl(1:1)} CH_3COOH + H_2N\text{-}C_6H_4\text{-}SO_2NH_2$$

11.4.4.3 磺酰胺的用途

1. 磺胺药

磺胺药(sulfa drug)是著名的抗菌药，其应用开创了化学疗法的新纪元。

1932年德国人Gerhard Domagk偶然发现偶氮染料百多息浪(prontosil)具有抗菌作用，为此获1939年Nobel医学奖。The Nobel Prize in Physiology or Medicine 1939 was awarded to Gerhard Domagk "for the discovery of the antibacterial effects of prontosil".

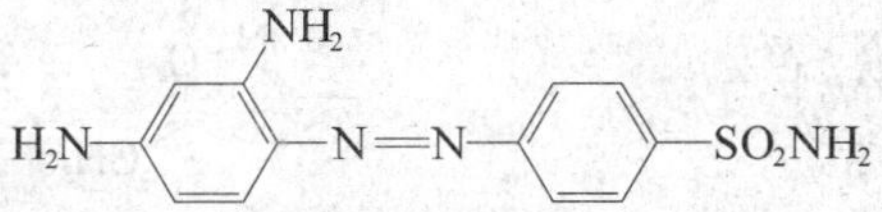

Prontosil 百多息浪

1935年Tréfouël等研究发现，百多息浪在体内代谢分解出对氨基苯磺酰胺(磺胺 sulfa)，后者才是真正有效的杀菌抑菌结构单元。

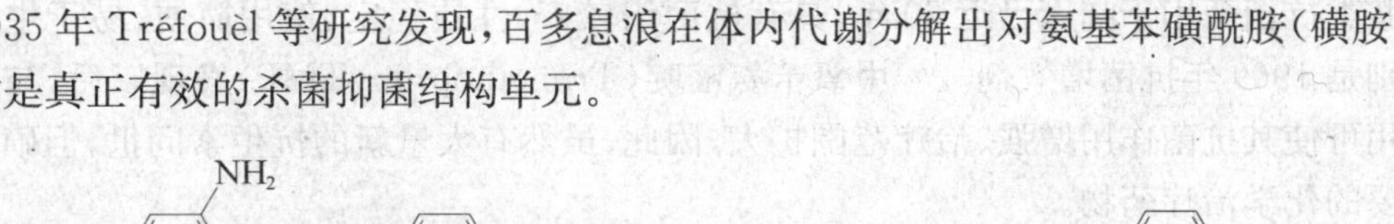

$$\text{Prontosil} \xrightarrow{in\ vivo} \text{Sulfanilamide}$$

1936年E. Fourneau合成了对氨基苯磺酰胺并证明具有抗菌作用且毒性更低。由此，磺胺药诞生了。

药理：Woods(1940)-Fildes(1942)学说——磺胺参与对氨基苯甲酸(p-aminobenzenoic acid, PABA)合成细菌生长必须化合物叶酸(folic acid)(蝶酰谷氨酸 peteroylglutamic acid)的竞争，从而抑制了细菌的繁殖。

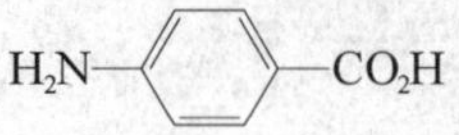

H_2N—⟨⟩—CO_2H p-Aminobenzenoic acid (PABA)

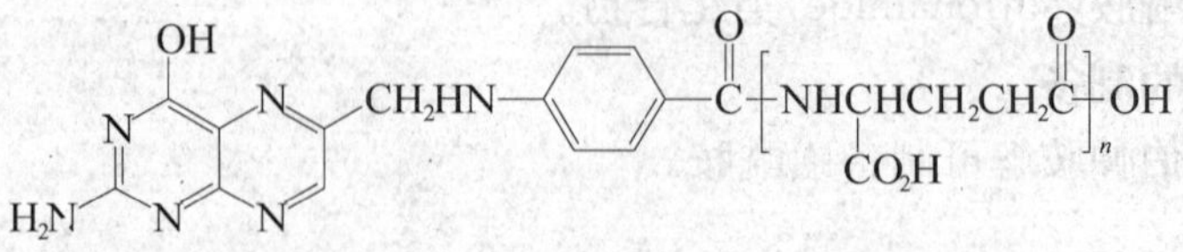

蝶啶 Peteridine   PABA   谷氨酸 Glutamic acid

磺胺的一般合成路线：

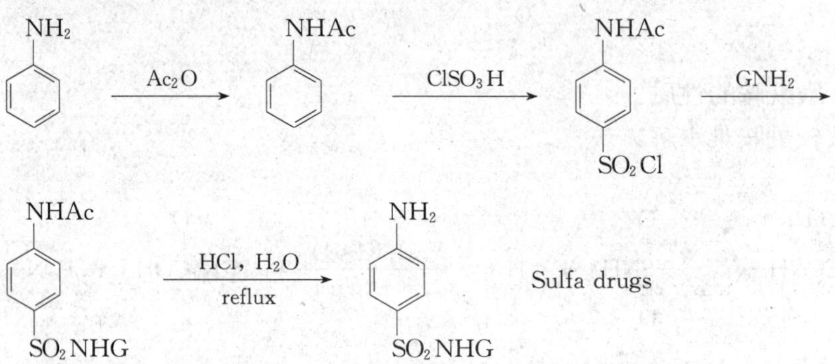

PhNH$_2$ $\xrightarrow{Ac_2O}$ PhNHAc $\xrightarrow{ClSO_3H}$ 4-AcNH-C$_6$H$_4$-SO$_2$Cl $\xrightarrow{GNH_2}$

4-AcNH-C$_6$H$_4$-SO$_2$NHG $\xrightarrow[\text{reflux}]{HCl, H_2O}$ 4-H$_2$N-C$_6$H$_4$-SO$_2$NHG   Sulfa drugs

G═H 磺胺 Sulfa(Gelmo, 1908; Heidelberger, Jacobs, 1917)

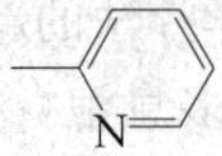

磺胺吡啶(1938) 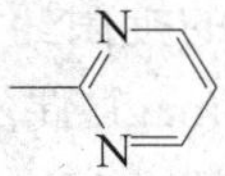   磺胺嘧啶(SD)(Roblin, 1940)

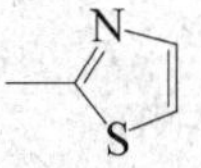

磺胺噻唑(ST) 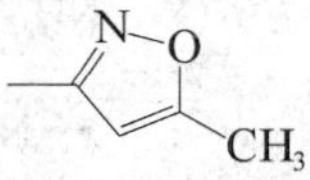   磺胺甲基异噁唑(SMZ 新诺明)

磺胺类抗菌药用于临床已近 50 年，具有抗菌谱较广、性质稳定、使用简便、易于生产等优点。特别是 1969 年抗菌增效剂——甲氧苄氨嘧啶(Trimethoprim, TMP)发现以后，与磺胺类联合应用可使其抗菌作用增强、治疗范围扩大，因此，虽然有大量新的抗生素问世，但磺胺类药仍是重要的化学治疗药物。

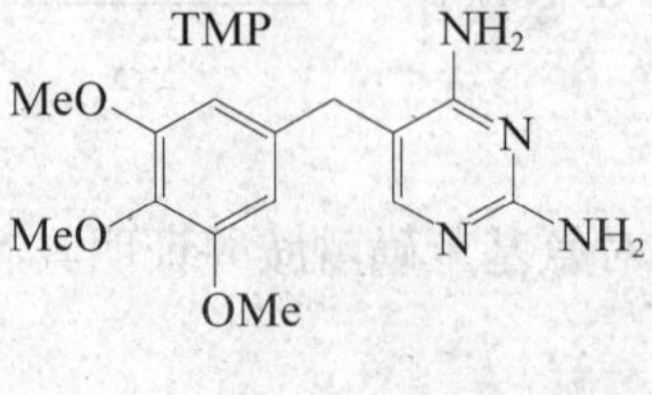

TMP

2. 合成甜味剂

糖精(saccharin)是著名的不含热量的合成甜味剂，其甜度比蔗糖甜 300 倍。糖精可由甲苯制备。

$$\text{甲苯} \xrightarrow[\text{then cool to } 10℃\sim 20℃]{\text{ClSO}_3\text{H}} \text{o-CH}_3\text{C}_6\text{H}_4\text{SO}_2\text{Cl} \xrightarrow{\text{NH}_3} \text{o-CH}_3\text{C}_6\text{H}_4\text{SO}_2\text{NH}_2 \xrightarrow[\text{ii HCl}]{\text{i KMnO}_4}$$

$$\text{o-HO}_2\text{C-C}_6\text{H}_4\text{-SO}_2\text{NH}_2 \xrightarrow{-\text{H}_2\text{O}} \text{邻苯甲酰磺酰亚胺} \xrightarrow{\text{NaOH}} \text{Saccharin}$$

糖精除了在味觉上引起甜的感觉外,对人体无任何营养价值。相反,若食用较多的糖精,会影响肠胃消化酶的正常分泌,降低小肠的吸收能力,使食欲减退。由于食用糖精对人体健康有害无益,所以有些国家对糖精严格控制使用,一般为不超过消费食糖总量的5‰,且主要用于牙膏等工业用途。

甜蜜素(cyclamate)即环己氨基磺酸钠(sodium cyclohexylsulfamate),是1937年发现的,比蔗糖甜30倍,不产生热量,广泛用于低热量食物与饮料。但若食用过量的甜蜜素,就会对人体的肝脏和神经系统造成伤害,特别是对代谢能力较弱的老人、孕妇、小孩危害更明显。

$$\text{C}_6\text{H}_{11}\text{NH}_2 \xrightarrow{\text{ClSO}_3\text{H}} \text{C}_6\text{H}_{11}\text{NHSO}_3\text{H} \xrightarrow{\text{NaOH}} \text{C}_6\text{H}_{11}\text{NHSO}_3\text{Na}$$

11.5 黄原酸酯

黄原酸盐(xanthate)与黄原酸酯(xanthate ester):

$$\underset{\text{黄原酸盐 Xanthate}}{\text{ROC(=S)SNa}} \qquad \underset{\text{黄原酸酯 Xanthate ester}}{\text{ROC(=S)SCH}_3}$$

11.5.1 黄原酸酯的制备

黄原酸酯可由醇制备,即向醇的氢氧化钠溶液通入二硫化碳,然后加入碘甲烷即可。

$$\text{ROH} + \text{CS}_2 + \text{NaOH} \xrightarrow{-\text{H}_2\text{O}} \text{ROC(=S)SNa} \xrightarrow{\text{CH}_3\text{I}} \text{ROC(=S)SCH}_3$$

11.5.2 黄原酸酯热分解——Chugaev 消去

黄原酸酯热分解反应(xanthate ester pyrolysis)——含 β-氢的黄原酸酯受热(120℃~200℃)分解,生成烯烃并放出甲硫醇和氧硫化碳(OCS),称为 Chugaev 消去(Chugaev elimination)(Lev Aleksandrovich Chugaev, 1899)。

例:

$$\text{(iPr)(Me)CH-O-C(=S)-SMe} \xrightarrow{170\,^\circ\text{C}} \text{(CH}_3\text{)}_2\text{C=CH}_2 + \text{CH}_3\text{SH} + \text{OCS}$$

Chugaev 消去属于单分子环状协同机理,经历分子内环状过渡态,因此,消去的立体化学必然是顺式消去。

例:

trans-2-methylcyclohexyl O-thioacetate $\xrightarrow{\Delta}$ 3-methylcyclohex-1-ene

习题

一、完成反应

1. $\text{CH}_3\text{CH}_2\text{CH}_2\text{CH}_2\text{Br} \xrightarrow{\text{NaSH}} \xrightarrow{\text{KMnO}_4}$

2. $\text{PhCH}_2\text{Br} \xrightarrow{\text{NaSH}} \xrightarrow[\text{CH}_3\text{CH}_2\text{Br}]{\text{NaOH}} \xrightarrow{\text{H}_2\text{O}_2} \xrightarrow[\Delta]{\text{H}_2\text{O}_2}$

3. $\text{CH}_3\text{CH}_2\text{I} \xrightarrow{\text{Na}_2\text{S}} \xrightarrow{\text{H}_2\text{O}_2} \xrightarrow[\Delta]{\text{H}_2\text{O}_2}$

4. $\text{CH}_2\text{=CHCH}_3\text{Br} + \text{NH}_2\text{C(=S)NH}_2 \xrightarrow[\Delta]{\text{EtOH}} \xrightarrow[\text{EtOH, H}_2\text{O}]{\text{NaOH}} \xrightarrow{\text{H}_2\text{O}_2}$

5. $\text{CH}_3(\text{CH}_2)_6\text{CH}_2\text{Br} \xrightarrow{\text{NaHSO}_3} \xrightarrow{\text{PCl}_5} \xrightarrow[\text{AlCl}_3]{\text{PhH}}$

7. p-MeO-C$_6$H$_4$-NH$_2$ $\xrightarrow[\text{HCl}]{\text{NaNO}_2}$ $\xrightarrow{\text{MeOC(=S)SK}}$ $\xrightarrow[\text{then HCl}]{\text{NaOH}}$

8. PhCl $\xrightarrow{2\text{ClSO}_3\text{H}}$ $\xrightarrow[\text{HCl}]{\text{Zn}}$

9. p-O$_2$N-C$_6$H$_4$-Cl + p-Cl-C$_6$H$_4$-SH $\xrightarrow[\text{EtOH, H}_2\text{O}]{\text{NaOH}}$

10. p-Cl-C$_6$H$_4$-CH$_2$Br $\xrightarrow[\text{TEA}]{\text{DMSO}}$ $\xrightarrow[\text{BF}_3]{\text{HSCH}_2\text{CH}_2\text{SH}}$

11. CH$_3$SCH$_3$ $\xrightarrow{\text{MeI}}$ $\xrightarrow[\text{PhCH=CHCHO}]{\text{BuLi}}$

12. $\text{CH}_3\text{-CH(OH)-C}_4\text{H}_9$ $\xrightarrow[\text{Py}]{\text{TsCl}}$ $\xrightarrow[\text{NaOH}]{\text{MeSH}}$ $\xrightarrow{\text{H}_2\text{O}_2}$

13.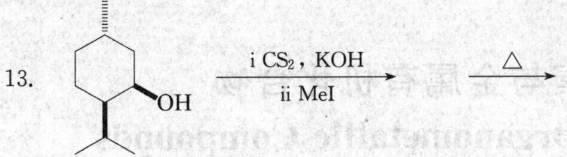

二、合成设计

1. 以乙醇为原料合成牛磺酸。

$$C_2H_5OH \longrightarrow NH_2CH_2CH_2SO_3H$$

2. 以环己醇为基本原料合成甜蜜素（cyclamate 环己氨基磺酸钠）。

3. 以适当原料合成磺胺药磺胺噻唑。

4. 以氯苯为基本原料合成氨苯砜（麻风病药）。

5. 以甲醛为基本原料合成：

第 12 章 元素与金属有机化合物
Organoelement and Organometallic Compounds

12.1 元素有机化合物

有机分子中含有除碳、氢、氧、氮、硫、卤素(Cl、Br、I)以外并键合碳原子的非金属元素,称为元素有机化合物(organoelement compounds)。

碳-非金属元素键 C—NM

通常分为四大类元素有机化合物:有机磷、有机硅、有机硼和有机氟化合物。有机硼和有机氟化合物已分别在烯烃和卤代烃部分讨论,这里不再赘述。本节只讨论有机磷和有机硅化合物。

12.1.1 有机磷化合物

非有机磷化合物:磷酸酯、磷酰胺等系非有机磷化合物,分子内不含有碳-磷键。

$$P(OMe)_3 \qquad P(OBu\text{-}n)_3 \qquad P(NMe_2)_3$$
$$\qquad\qquad\qquad \overset{O}{\|} \qquad\qquad\qquad \overset{O}{\|}$$

亚磷酸三甲酯　　　　磷酸三丁酯　　　　六甲基磷酰三胺(HMPA, HMPT, HMPTA)
Trimethyl phosphite　Tributyl phosphate　Hexamethylphosphoric triamide
　　　　　　　　　　　　　　　　　　　Hexamethylphosphoramide

有机磷化合物:有机分子内含有碳-磷键,是有机磷化合物(organophosphorus compound),此时用膦(phosphine)表示。例:

$$Ph\overset{\displaystyle Ph}{\underset{\displaystyle Ph}{P}} \qquad PPh_3 \qquad CH_3\overset{O}{\overset{\|}{P}}(OMe)_2$$

三苯基膦　　　　　　　　甲基膦酸二甲酯
Triphenylphosphine　　Dimethyl methylphosphonate

手性膦:三个不同烃基的膦构成手性分子,一般是光学活性稳定的。
例:

$$Ph\overset{\displaystyle Me}{\underset{\displaystyle Pr}{P}} \qquad (R)\text{-甲基丙基苯基膦}$$

手性季鳞盐:四个不同烃基的鳞构成手性分子,如:

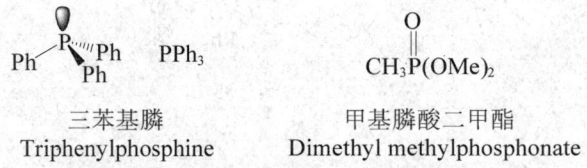

(R)-氯化甲基乙基苯甲基苯基鏻

12.1.1.1 膦的制备
1. Grignard 试剂法

Grignard 试剂与三氯化磷发生复分解反应,生成烃基膦。

例： $PCl_3 + 3PhMgBr \longrightarrow PPh_3 + 3ClMgBr$ 76%

$PCl_3 + 2PhMgBr \longrightarrow Ph_2PCl \xrightarrow{MeMgBr} Ph_2PMe$ 60%

$PCl_3 + PhMgBr \longrightarrow PhPCl_2 \xrightarrow[\text{ii MeMgBr}]{\text{i EtMgBr}} PhPCH(CH_3)CH_3$ 65%

$PhPCl_2 \xrightarrow{LAH} PhPH_2 \xrightarrow[\text{ii BuBr}]{\text{i Na}} PhPHBu$

$PhPCl_2 \xrightarrow[H_2O]{NaOH} PhP(OH)_2 \xrightarrow{HNO_3} PhP(O)(OH)_2$

2. Friedel–Crafts 反应

$PCl_3 \xrightarrow[AlCl_3]{C_6H_6} PhPCl_2 \xrightarrow{LAH} PhPH_2$

$\xrightarrow[AlCl_3]{2C_6H_6} Ph_2PCl \xrightarrow{LAH} Ph_2PH$

12.1.1.2 膦的化学性质

1. 亲核性

碱性：膦的碱性弱于胺。$R_3P < R_3N$

亲核性：膦的亲核性强于胺。$R_3P > R_3N$；$R_3P > R_2PH > RPH_2$

三苯基膦是良好的亲核试剂：

$Ph_3P \curvearrowright CH_3—Br \xrightarrow{S_N2} Ph_3\overset{+}{P}—CH_3 \, Br^-$

溴化甲基三苯基鏻

某些季鏻盐有 PTC 催化作用。

2. 亲氧性

磷是亲氧性很强的元素，极易夺氧，形成磷-氧双键。例：

$Ph_3P + H_2O_2 \xrightarrow{S_N2} Ph_3P=O + H_2O$

氧化三苯膦

$Ph_3P \text{(with epoxide)} \longrightarrow Ph_3\overset{+}{P}\text{—O}^- \longrightarrow$

$Ph_3P \text{(with epoxide)} \longrightarrow Ph_3P=O + CH_2=CH_2$

问题1 完成反应并建议机理

$Ph_3P + \triangle O \longrightarrow ?$

$Ph_3P + \text{Ph—}\triangle\text{(O)}\text{—Ph} \longrightarrow ?$

3. Arbuzov 重排

亚磷酸酯与卤代烷共热反应，生成烷基膦酸酯，称为 Michaelis-Arbuzov 反应(August Michaelis, 1898)，又称为 Arbuzov 重排或 Arbuzov 反应(Aleksandr Arbuzov, 1906)。

例：

$$(MeO)_3P + CH_3I \xrightarrow{200℃} (OMe)_2\overset{O}{\overset{\|}{P}}-CH_3$$

甲膦酸二甲酯

反应机理：

$$(MeO)_3P\curvearrowright CH_3\text{—}I \xrightarrow{S_N2} (OMe)_2\overset{+}{P}(OCH_3)(CH_3)\ I^- \longrightarrow (OMe)_2\overset{O}{\overset{\|}{P}}-CH_3 + CH_3I$$

应用 Arbuzov 重排合成膦酸酯。例：

$$(EtO)_3P + BrCH_2CO_2Et \xrightarrow{200℃} (EtO)_2\overset{O}{\overset{\|}{P}}-CH_2CO_2Et + EtBr$$

$$(MeO)_3P + PhCH_2Br \xrightarrow{\Delta} (MeO)_2\overset{O}{\overset{\|}{P}}-CH_2Ph + CH_3Br$$

$$(EtO)_3P + (CH_3)_2CHBr \xrightarrow{\Delta} (EtO)_2\overset{O}{\overset{\|}{P}}-CH(CH_3)_2 + EtBr$$

4. Wittig 反应

Wittig 反应讨论见第 8 章醛酮。

$$Ph_3P + BrCH_2CO_2Et \xrightarrow{Et_2O} Ph_3\overset{+}{P}-CH_2CO_2Et\ Br^-$$

$$\xrightarrow{EtONa} Ph_3P=CHCO_2Et \xrightarrow[25℃]{PhCHO} PhCH=CHCO_2Et\quad 77\%$$

改良：Wittig-Horner 反应

用烷基膦酸酯代替三苯基膦制备 Wittig 试剂，与醛酮反应，同样生成烯键，称为 Wittig-Horner 反应(Leopold Horner, 1958)，又称为 Horner-Wadsworth-Emmons 反应(William S. Wadsworth, William D. Emmons)。

$$(MeO)_2\overset{O}{\overset{\|}{P}}-CH_2CO_2Et \xrightarrow{NaH} (MeO)_2\overset{O}{\overset{\|}{P}}-\overset{\ominus}{C}HCO_2Et \longleftrightarrow (MeO)_2\overset{O^-}{\overset{\|}{P}}=CHCO_2Et$$

膦酸酯 　　　　　　　　　　　　　　　　modified Wittig reagent

$$(MeO)_2\overset{O^-}{\overset{\|}{P}}=CHCO_2Et + \text{cyclohexanone} \longrightarrow \text{cyclohexylidene-CH-CO}_2Et\quad 77\%$$

12.1.1.3 磷的生化作用

1. 生物分子

生物大分子核糖核酸 RNA 与脱氧核糖核酸 DNA、腺嘌呤核苷三磷酸 ATP 等都是磷酸酯类化合物(见第 14 章生物分子核酸部分)。

2. 磷系农药与毒剂

农药：磷系农用杀虫剂是一大类农药。例：

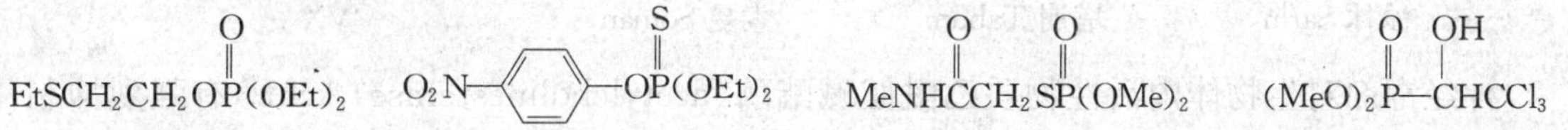

$EtSCH_2CH_2OP(OEt)_2$ （内吸磷 1059）

$O_2N-C_6H_4-OP(OEt)_2$ （对硫磷 1605）

$MeNHCOCH_2SP(OMe)_2$ （乐果）

$(MeO)_2P(O)-CHCl_3$ with OH （敌百虫 Trichlorphon）

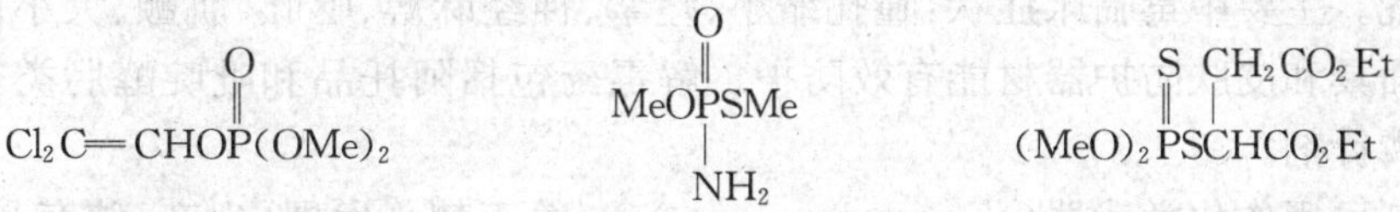

$Cl_2C=CHOP(OMe)_2$ （敌敌畏 Dichlorvos，环境卫生杀虫剂）

MeOPSMe, NH_2 （甲胺磷 Methamidophos）

$(MeO)_2PSCH(CH_2CO_2Et)CO_2Et$ （马拉硫磷 Malathior）

中毒机理：抑制乙酰胆碱酯酶的活性，使乙酰胆碱不能水解，在体内过量蓄积，从而引起中枢和外周胆碱能神经系统功能紊乱。

解毒：氯磷啶(2-Pyridinealdoxime methochloride)和阿托品(Atropine)是常用的解毒剂。

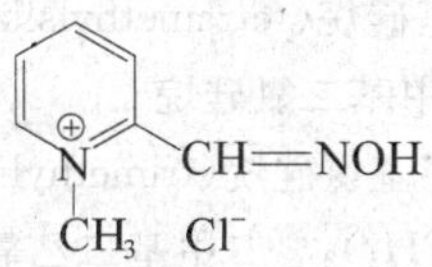

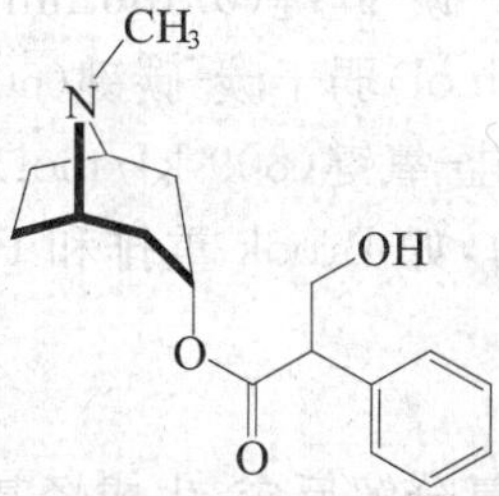

除草剂草甘膦 Glyphosate(Roundup)

膦甘酸；N-(膦羧甲基)甘氨酸；N-(膦酰基甲基)氨基乙酸 N-(phosphonomethyl)glyline

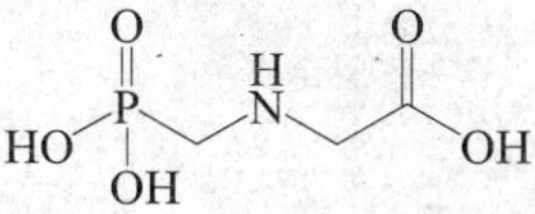

草甘膦是由美国 Monsanto 公司开发的除草剂，是一种非选择性、无残留灭生性除草剂，对多年生根杂草非常有效。

草甘膦为内吸传导型慢性广谱除草剂，抑制生物体内烯醇丙酮基莽草素磷酸合成酶，从而抑制莽草素向苯丙氨酸、酪氨酸及色氨酸的转化，使蛋白质的合成受到干扰，从而导致植物死亡。草甘膦是通过茎叶吸收后传导到植物各部位的，可防除单子叶和双子叶、一年生和多年生、草本和灌木等多种植物。

神经毒剂(nerve agents)：破坏神经系统传导功能的有毒性化学物质。最具代表性的神经性毒剂：沙林(sarin)、梭曼(soman)、塔崩(tabun)和维埃克斯(VX)。

$$\text{H}_3\text{C}-\overset{\overset{\displaystyle O}{\|}}{\underset{F}{P}}-\text{OCHMe}_2 \qquad \text{EtO}-\overset{\overset{\displaystyle O}{\|}}{\underset{CN}{P}}-\text{NMe}_2 \qquad \text{H}_3\text{C}-\overset{\overset{\displaystyle O}{\|}}{\underset{F}{P}}-\text{OCHCMe}_3\,\underset{}{|}\text{CH}_3 \qquad \text{H}_3\text{C}-\overset{\overset{\displaystyle O}{\|}}{\underset{OEt}{P}}-\text{SCH}_2\text{CH}_2\text{NMe}_2$$

沙林 Sarin　　　　　塔崩 Tabun　　　　　索曼 Soman　　　　　VX

神经毒剂对生物体内活性物质乙酰胆碱酯酶(acetylcholinesterase,AchE)有强烈抑制作用,致使乙酰胆碱(acetylcholine,Ach)在体内过量蓄积,从而引起中枢和外周胆碱能神经系统功能严重紊乱。主要中毒临床症状:瞳孔缩小、痉挛、神经麻痹、呕吐、肌颤、大小便失禁,直至死亡。防毒面具和皮肤防护器材能有效防护。解毒药包括阿托品和吡啶醛肟类药物,急求时肌肉注射解磷针剂。

神经毒剂可用作化学武器(chemical weapon)。《关于禁止发展、生产、储存和使用化学武器及销毁此种武器的公约》于1997年4月生效。

12.1.2　有机硅化合物

有机硅化合物(organosilicon compound)是指含有碳-硅键的有机化合物。

$$\text{Si(CH}_3)_4 \quad \text{四甲基硅烷(tetramethylsilane,TMS)}$$
$$\text{Cl}_2\text{Si(CH}_3)_2 \quad \text{二甲基二氯硅烷}$$
$$\text{ClSi(CH}_3)_3 \quad \text{三甲基氯硅烷(trimethylsilane chloride,TMSCl)}$$
$$(\text{CH}_3)_2\text{Si(OCH}_2\text{CH}_3)_2 \quad \text{二甲基二乙氧基硅烷}$$

硅与碳同族,四价,四面体构型。碳-硅键(0.186 nm)比碳-碳键(0.154 nm)长,键离解能(bond dissociation energy)(451 kJ/mol)弱于碳-碳键(607 kJ/mol)。碳-硅键是极性的,硅荷正电(电负性 C 2.55 vs Si 1.90)。硅-氧键(809 kJ/mol)比碳-氧键(538 kJ/mol)强得多。强大的硅-氧键是许多硅反应的驱动力,如 Brook 重排和 Peterson 烯化(Peterson olefination)。相比于硅-氧键,硅-氟键更强。

12.1.2.1　有机硅的制备

Grignard 试剂与四氯化硅发生复分解反应,生成烃基硅。

$$\text{SiCl}_4 + 2\,\text{CH}_3\text{MgCl} \longrightarrow (\text{CH}_3)_2\text{SiCl}_2 + \text{MgCl}_2$$
$$\text{SiCl}_4 + 4\,\text{CH}_3\text{MgCl} \longrightarrow (\text{CH}_3)_4\text{Si} + 4\,\text{MgCl}_2$$

12.1.2.2　有机硅的反应

1. 烷基氯硅烷水解

三甲基氯硅烷和二甲基二氯硅烷都易水解成硅醇:

$$(\text{CH}_3)_3\text{SiCl} + \text{H}_2\text{O} \longrightarrow (\text{CH}_3)_3\text{SiOH} + \text{HCl}$$
$$(\text{CH}_3)_2\text{SiCl}_2 + \text{H}_2\text{O} \longrightarrow (\text{CH}_3)_2\text{Si(OH)}_2 + \text{HCl}$$

2. 烷基硅醇缩合

硅醇易脱水缩合生成硅氧烷(硅醚):

$$2\,(\text{CH}_3)_3\text{SiOH} \longrightarrow (\text{CH}_3)_3\text{SiOSi(CH}_3)_3 + \text{H}_2\text{O}$$

二甲基硅二醇分子间脱水生成线型或环状的聚硅氧烷。

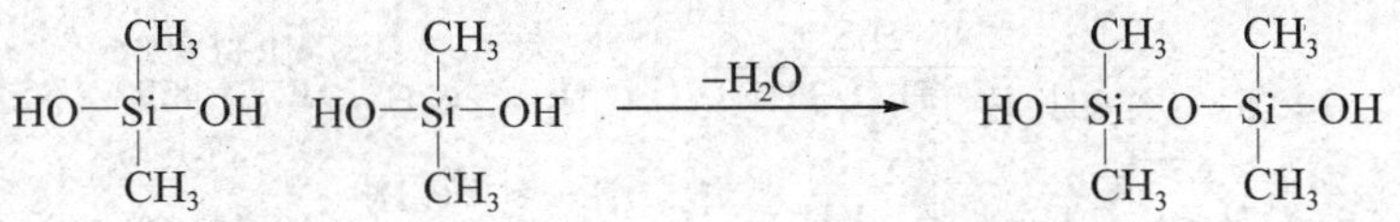

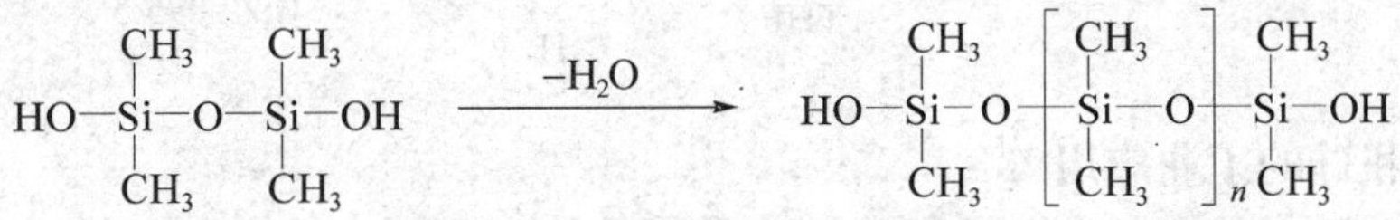

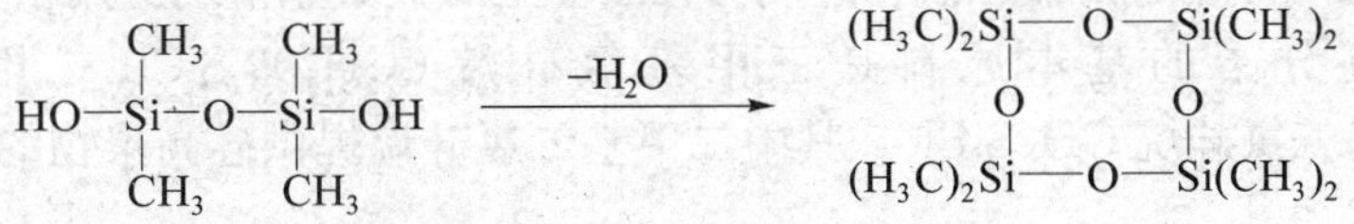

甲基三氯硅烷水解,缩聚形成体型高分子。

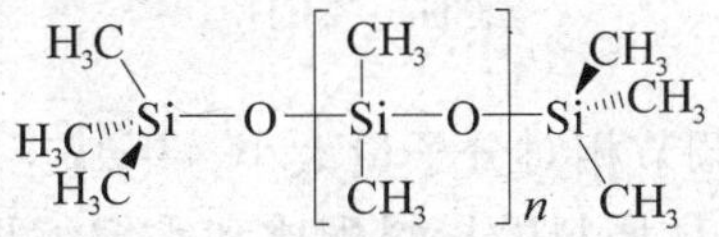

3. Sakurai 反应

烯丙基硅烷在 Lewis 酸(四氯化钛、三氟化硼)作用下与醛酮反应,生成烯丙基醇,称为 Sakurai 反应,也称 Hosomi-Sakurai 反应(Akira Hosomi and Hideki Sakurai,1976)。

例:

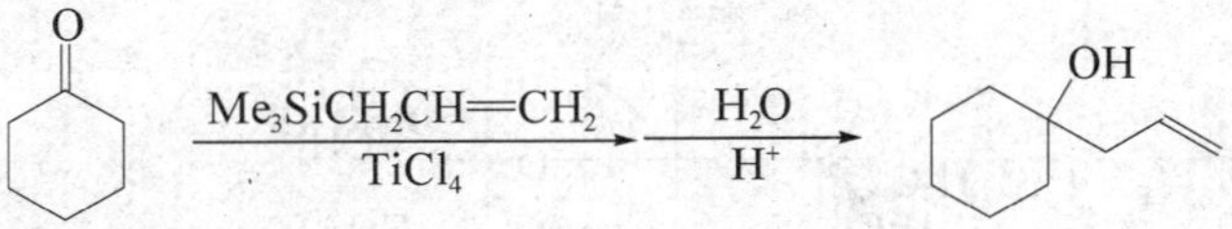

4. Fleming-Tamao 氧化

烃基硅烷经过氧化氢或过氧酸氧化,生成产物醇,称为 Fleming-Tamao 氧化(Kohei Tamao, Ian Fleming, 1980s)。Fleming-Tamao 反应将碳-硅键转化为碳-氧键。

例:

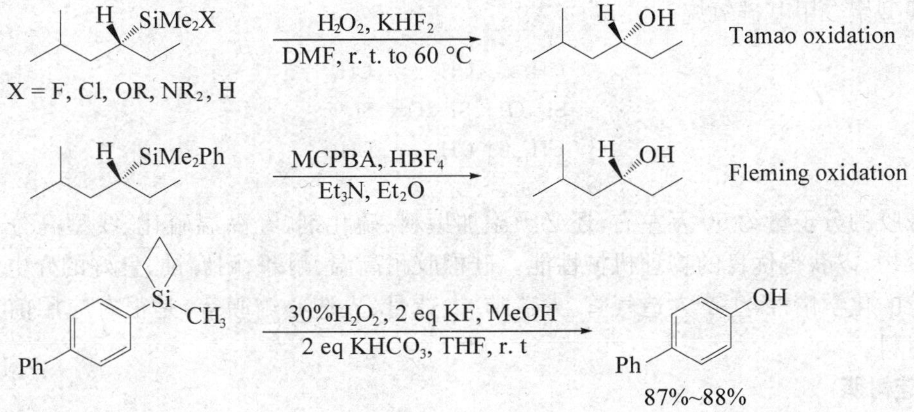

5. Peterson 反应

β-羟基硅烷(hydroxysilane)经历消去生成烯烃,酸碱均可,但是产物构型不同,此为 Peterson 反应,也称 Peterson 烯化(Peterson olefination)(D. J. Peterson,1968)。

例:

$$\underset{C_3H_7C_3H_7}{Me_3SiOH} \xrightarrow{\underset{H_2O, THF}{H_2SO_4}} \underset{C_3H_7C_3H_7}{\diagup=\diagdown} \quad \text{Yield 99\%, E:Z = 8:92}$$

$$\xrightarrow{\underset{THF}{KH}} \underset{C_3H_7}{\diagup=\diagdown{C_3H_7}} \quad \text{Yield 96\%, E:Z = 95:5}$$

12.1.2.3 有机硅的工业应用

有机硅高分子材料:硅橡胶、硅树脂、硅油等在工业上有极其重要的应用。

合成有机硅高分子的基本原料是三甲基氯硅烷$(CH_3)_3SiCl$、二甲基二氯硅烷$(CH_3)_2SiCl_2$和甲基三氯硅烷CH_3SiCl_3。其中二甲基二氯硅烷提供硅高聚物的基本构架:

$$-O-\underset{\underset{CH_3}{|}}{\overset{\overset{CH_3}{|}}{Si}}-O-\underset{\underset{CH_3}{|}}{\overset{\overset{CH_3}{|}}{Si}}-O-$$

三甲基氯硅烷为链终止剂,调节相对分子量大小。甲基三氯硅烷则提供三向交联枝体,形成网状或体型结构。通过改变单体原料的投料配比和水解缩聚条件,来控制相对分子量和交联度,可以获得具有不同物理机械性能的液体、弹性体或固体高聚物。

1. 硅油

硅油是低聚体($n=\sim 10$),无色油状黏稠液体,200 ℃高温也不挥发,且黏度-温度系数小,具绝缘性,用作润滑油、高级变压器油、高真空扩散泵油等。

$$(CH_3)_3Si-O-[Si(CH_3)_2-O]_n-Si(CH_3)_3$$
$$n=\sim 10$$

2. 硅橡胶

高纯度二甲基二氯硅烷(纯度>99.98%)水解缩聚,可得到分子量高达几十万甚至一百万以上的线型聚二甲基硅氧烷。

$$(CH_3)_3Si-O-[Si(CH_3)_2-O]_n-Si(CH_3)_3$$

硅橡胶的分子量约50万左右,还必须添加填料、硫化剂,经高温硫化,线型高分子转化为网状高聚物,以获得优良的物理机械性能。硅橡胶耐高温、耐寒、耐腐蚀,良好的介电性能。由于硅橡胶的化学惰性,生产人造气管、人造肺、人造骨、人造心瓣膜等,是很有应用前景的医用高分子材料。

3. 硅树脂

硅树脂是由二甲基二氯硅烷与一定量的甲基三氯硅烷水解缩聚而成,具有网状或体型结构。硅树脂主要用作耐高温绝缘涂料、粘合剂、泡沫塑料等。

12.1.2.4 有机硅的合成应用

三烃基硅基在有机合成中用于保护羟基。

三甲基硅基 TMS　　三乙基硅基 TES　　TBS, TBDMS　　TPS, TBDPS

例：

$$(CH_3)_3SiCl + ROH \xrightarrow[r.t.]{Et_3N} ROSi(CH_3)_3 + HCl$$
TMSCl　　　　　　　　　　　　　　ROTMS

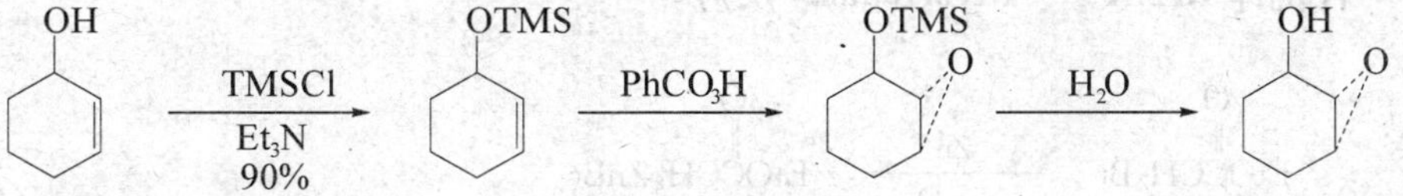

环己烯醇 $\xrightarrow[Et_3N]{TMSCl, 90\%}$ OTMS-环己烯 $\xrightarrow{PhCO_3H}$ OTMS-环氧环己烷 $\xrightarrow{H_2O}$ OH-环氧环己烷

大体积非亲核性强碱：

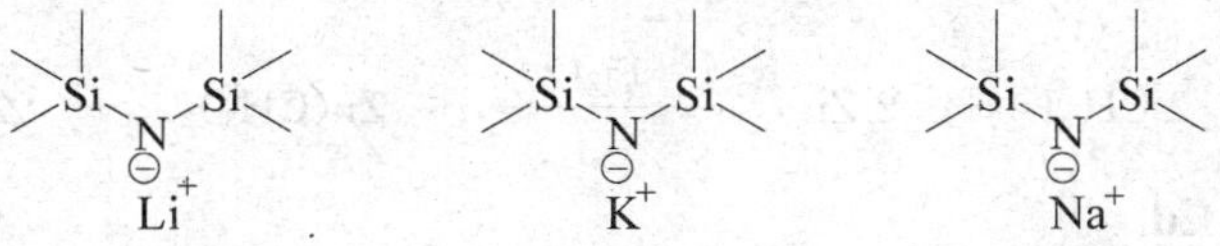

LHMDS　　　　KHMDS　　　　NaHMDS
pKa 26　　　　pKa 26　　　　pKa 26

LHMDS　Lithium bis(trimethylsiyl)amide　二(三甲基硅基)氨基锂
KHMDS　Potassium bis(trimethylsiyl)amide　六甲基二硅基氨基钾
NaHMDS　Sodium bis(trimethylsiyl)amide　六甲基二硅基氨基钠

12.2　金属有机化合物

有机分子中含有碳-金属键的化合物称为金属有机化合物（organometallic compound）。

$$C—M \quad 碳\text{-}金属元素键$$

例如，n-BuLi、PhMgBr 等是金属有机化合物，而 $(i\text{-}Pr)_2NLi^+$、EtONa 等不是金属有机化合物。

12.2.1　一般金属有机化合物

12.2.1.1　有机镁试剂 RMgX——Grignard 试剂

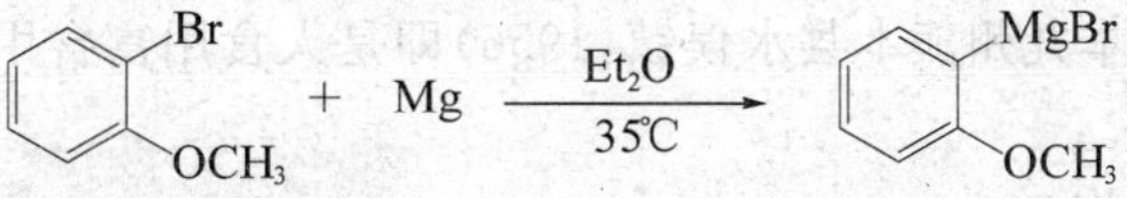

邻溴苯甲醚 + Mg $\xrightarrow[35℃]{Et_2O}$ 邻-MgBr-苯甲醚

12.2.1.2　有机钠 RNa——Würtz 反应

$$R—X + 2Na \longrightarrow R^-Na^+ + Na^+X^-$$

$$R—X + R^-Na^+ \xrightarrow{S_N2} R—R + Na^+X^-$$

12.2.1.3 有机锂试剂 RLi

$$\text{(i-Bu)}Br + 2\,Li \xrightarrow{Et_2O} \text{(i-Bu)}Li + LiBr$$

12.2.1.4 二烃基铜锂试剂 R_2CuLi——Gilman 试剂

$$i\text{-BuLi} + CuI \xrightarrow{THF} (i\text{-Bu})_2CuLi + LiI$$

12.2.1.5 有机锌 RZnX——Reformatsky 反应

$$EtOCOCH_2Br \xrightarrow{Zn}{Et_2O} EtOCOCH_2ZnBr$$

二烃基锌 R_2Zn,如 Me_2Zn:

$$2\,CH_3I + 2\,Zn \xrightarrow{Et_2O} Zn(CH_3)_2 + ZnI_2$$

12.2.1.6 有机镉 R_2Cd

二烃基镉可由 Grignard 试剂制备:

$$PhMgBr + CdCl_2 \longrightarrow Ph_2Cd + ClMgBr$$

二烃基镉与酰氯反应生成酮,可用于制备:

$$EtOOC-CH_2CH_2-COCl + Ph_2Cd \longrightarrow EtOOC-CH_2CH_2-COPh$$

12.2.1.7 有机汞化合物

$$2\,CH_3MgBr + HgCl_2 \longrightarrow (CH_3)_2Hg + 2\,ClMgBr$$

$$\text{PhH} \xrightarrow[H^+]{Hg(OAc)_2} \text{Ph-HgOAc}$$

甲基汞 CH_3HgCl、与二甲基汞 CH_3HgCH_3

有机汞化合物中毒性最大的是甲基汞。环境中的汞经生物甲基化转化为甲基汞。自然界中的某些微生物(细菌甲基钴氨素)能将无机汞转化为甲基汞,然后进入食物链。经过生物累积(或生物浓缩,bioaccumulation),进入人类体内。甲基汞能直接侵害神经系统。水俣病(Minamata disease,日本九州熊本县水俣镇,1956)即是人食用富含甲基汞的鱼、贝等水产品所致的中枢神经中毒症。

12.2.1.8 有机铅化合物

四乙基铅 $Pb(CH_2CH_3)_4$ 可由二氯化铅与乙基溴化镁反应制备:

$$4\,CH_3CH_2MgBr + PbCl_2 \longrightarrow Pb(CH_2CH_3)_4 + 4\,ClMgBr$$

四乙基铅曾用作汽油添加剂,由于环境污染,现已遭淘汰。

12.2.1.9 有机铝化合物

三乙基铝可由三氯化铝与乙基氯化镁反应制备：

$$3\ CH_3CH_2MgCl\ +\ AlCl_3\ \longrightarrow\ Al(CH_2CH_3)_3\ +\ 3\ MgCl$$
三乙基铝

三乙基铝与四氯化钛或三氯化钛组成 Ziegler-Natta 催化剂，优异的定向聚合催化剂。

Ziegler-Natta 催化剂：$Al(CH_2CH_3)_3/TiCl_3$； $Al(CH_2CH_3)_3/TiCl_4$

12.2.1.10 有机铊化合物

芳烃基铊化合物 $ArTl(O_2CCF_3)_2$ 可通过芳香亲电取代反应制备。$ArTl(O_2CCF_3)_2$ 经四乙酸铅氧化、碱性水解生成酚，也可方便地转化成碘代芳烃。

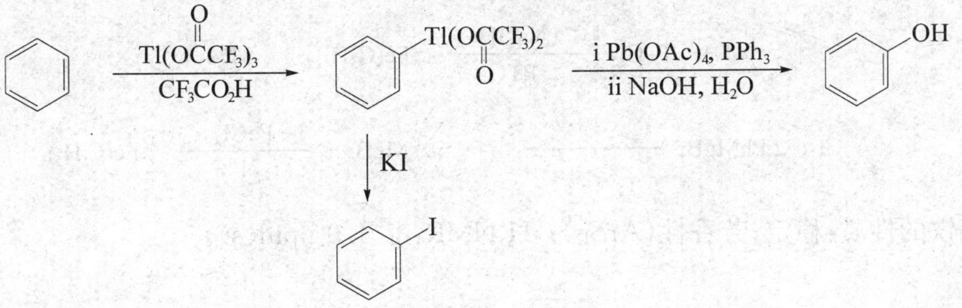

12.2.2 过渡金属有机化合物

12.2.2.1 Tolman 规则

稳定的过渡金属配位化合物具有 18(16) 电子构型——电子饱和(electronically saturated，配位饱和)，称为 Tolman 规则，又称 18(16) 电子规则。

$$Ne\ =\ N_M\ +\ N_L\ +\ N_{charge}$$

例： $Fe(CO)_5$ $3d^6 4s^2$ $8+2\times 5=18$

$Na_2Fe(CO)_4$ $8+2\times 4+2=18$

$Ni(CO)_4$ $10+2\times 4=18$

12.2.2.2 过渡金属配合物

1. 羰基(CO)与三苯基膦(Ph_3P)配体

$(Ph_3P)_3RhCl$ 三(三苯基膦)氯化铑

$(Ph_3P)_3PdCO$ 三(三苯基膦)羰基钯

2. π-配体与 π-配合物

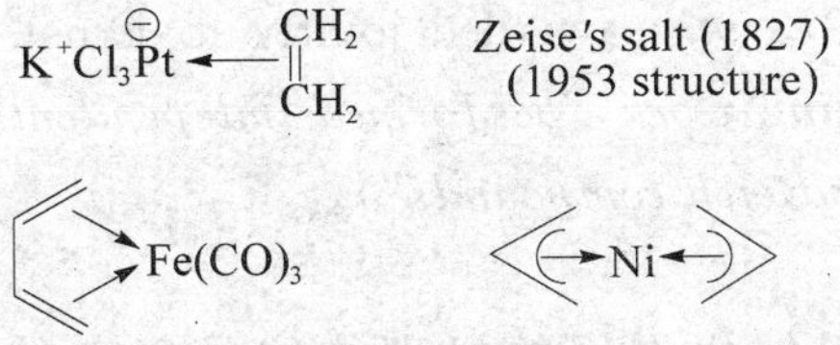

Zeise's salt (1827)
(1953 structure)

3. 夹心配位化合物

夹心配位化合物(sandwich coordmation compound)或夹心化合物(sandwich compound)

是两个具离域 π 键的环系配体与金属原子或离子通过多中心 π 键形成的分子，类似于夹心面包或三明治(sandwich)的结构。

二茂铁 dicyclopentadienyl iron(Ⅱ); frrrocene.

$Fe(C_5H_5\text{-}\eta)_2$
$FeCp_2$

orange solid
mp 174 ℃

二茂铁制备：

$$\text{环戊二烯} \xrightarrow[\text{THF}]{\text{Na}} \text{Cp}^- \text{Na}^+ \xrightarrow[\text{THF, reflux}]{\text{FeCl}_2} \text{FeCp}_2$$

$$\text{环戊二烯} + FeCl_2 \xrightarrow[\text{PTC}]{\text{NaOH}} Fe(C_5H_5)_2 \quad 87\%$$

$$\text{环戊二烯} + 2\,PhMgBr \longrightarrow Cp^- \,{}^+MgBr \xrightarrow{FeCl_2} Fe(C_5H_5)_2 \quad 71\%$$

二茂铁的性质：稳定；芳香性(ArS_E)；^1H NMR：δ_H 4.0 ppm(s)。

二茂铁 $\xrightarrow{H_2SO_4}$ Fc-SO$_3$H

二茂铁 $\xrightarrow[AlCl_3]{AcCl}$ Fc-COCH$_3$ $\xrightarrow[AlCl_3]{AcCl}$ 1,1'-二乙酰基二茂铁

二茂铁的应用：二茂铁衍生物已获得广泛应用，如光电材料、抗辐射剂、抗暴剂、火箭助燃剂等。二茂铁类的夹心化合物称为茂金属化合物(metallocene)。

其他夹心与半夹心化合物：

二苯铬　　苯基三羰基铬　　环戊二烯基三羰基锰

Geoffrey Wilkinson(Technical University, Munich)与 Ernst Otto Fischer(Imperial College, London)由于在金属有机化合物方面的开创性工作而获 1973 年 Nobel 化学奖(The Nobel Prize in Chemistry 1973 was awarded jointly to Ernst Otto Fischer and Geoffrey Wilkinson *"for their pioneering work, performed independently, on the chemistry of the organometallic, so called sandwich compounds"*)。

4. 基元反应

过渡金属或其配合物起催化作用的机理往往是复杂的，但都是由几种基元反应(elementary reaction)组成的。

(1) 配体离解-缔合——配体交换(ligand exchange reaction)

(2) 插入(insertion reaction)

(3) 氧化-还原(redox reaction)

5. 过渡金属配合物的应用

过渡金属或其有机配合物一个重要应用就是用作催化剂——配位催化。

1) 均相催化加氢

Wilkinson's 催化剂 $(Ph_3P)_3RhCl$ 三(三苯基)氯化铑,催化加氢,是立体专一的顺式加成。例:

$$\text{顺-HO}_2\text{C-CH=CH-CO}_2\text{H} \xrightarrow[(Ph_3P)_3RhCl]{D_2} \text{meso-产物}$$

2) 羰基化

(1) Wacker 法(Wacker process, 1958)

乙烯、丙烯与空气氧在氯化钯-氯化铜催化下生成乙醛、丙酮:

$$H_2C=CH_2 + 1/2\ O_2 \xrightarrow[H_2O,\ HCl]{PdCl_2,\ CuCl_2} CH_3CHO$$

$$H_3CHC=CH_2 + 1/2\ O_2 \xrightarrow[H_2O,\ HCl]{PdCl_2,\ CuCl_2} CH_3COCH_3$$

Wacker 法是原子经济反应,是重要的现代石化反应。

(2) 羰基化反应(oxo reaction)

羰基化反应又称氢甲酰化反应(hydroformylation)。

$$RHC=CH_2 + CO + H_2 \xrightarrow{(Ph_3P)_3PhHCO} RCH_2CH_2CHO$$

(3) 孟山都(Monsanto)乙酸法(The Monsanto acetic acid process)

孟山都公司开发了由甲醇和一氧化碳合成乙酸的工业生产方法。

$$CH_3OH + CO \xrightarrow[180\ ^\circ C,\ 3\sim 4\ MPa]{Ph_4As^+[Rh(CO)_2I_2]^-,\ HI} CH_3CO_2H\ >\ 90\%$$

3) 去羰基化

$(Ph_3P)_3RhCl$、$Na_2Fe(CO)_4$ 等具有脱羰基的作用。例:

萘-1-甲酰氯 $\xrightarrow[(Ph_3P)_3RhCl]{-CO}$ 1-氯萘 96%

4) 偶联——钯催化偶联反应形成碳-碳键

现代过渡金属催化研究多集中于钯,钯催化偶联反应在有机合成中形成新的碳-碳键。

(1) Heck 反应

卤代芳烃和烯键经钯-催化偶联生成新的烯烃。

$$R^1-X + CH_2=CHR^2 \xrightarrow[\text{ligand, base}]{Pd(0)\ cat.} R^1-CH=CH-R^2$$

(X = halide, OTf)

例:

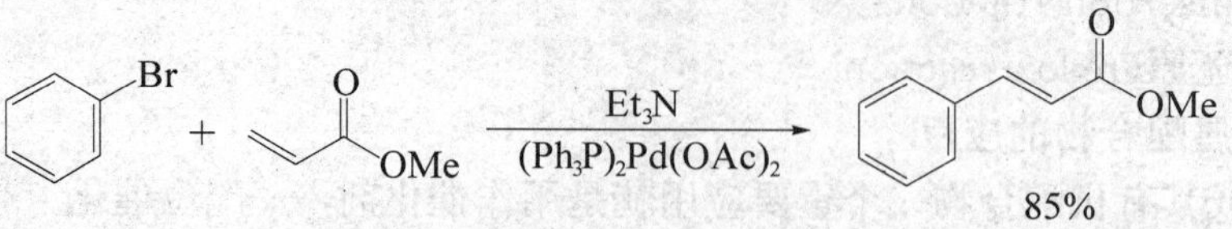

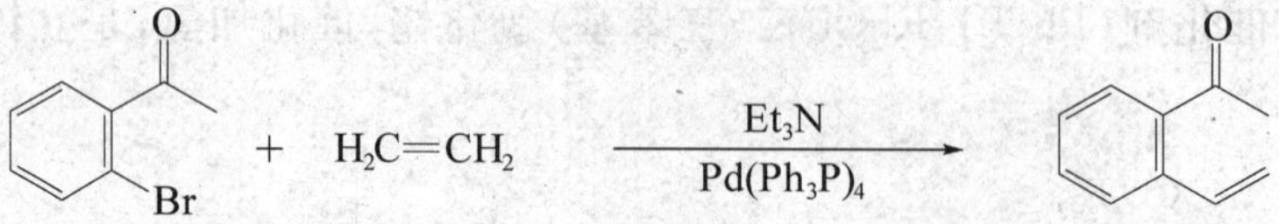

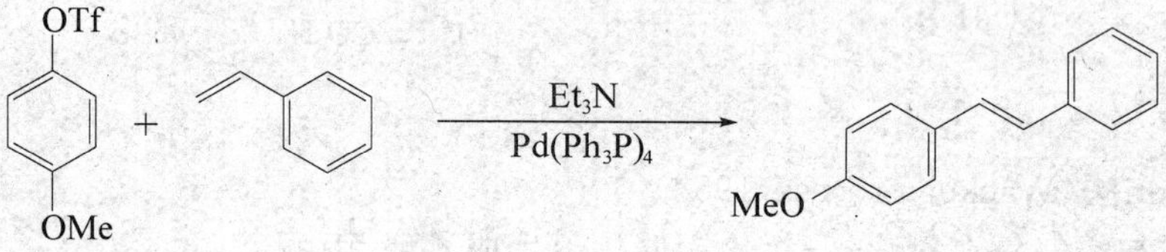

[反应式: PhBr + CH2=CHCO2Me, Et3N, (Ph3P)2Pd(OAc)2 → PhCH=CHCO2Me, 85%]

[反应式: 2-溴苯乙酮 + H2C=CH2, Et3N, Pd(Ph3P)4 → 2-乙烯基苯乙酮]

[反应式: 4-甲氧基苯基三氟甲磺酸酯 + 苯乙烯, Et3N, Pd(Ph3P)4 → 4-甲氧基二苯乙烯]

(2) Suzuki 偶联

卤代芳烃和烃基硼酸经钯-催化偶联生成新的芳烃。

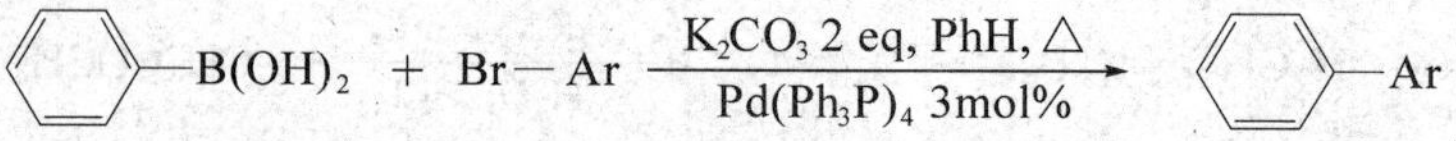

$$\text{Ph-B(OH)}_2 + \text{Br-Ar} \xrightarrow[\text{Pd(Ph}_3\text{P)}_4\ 3\text{mol\%}]{K_2CO_3\ 2\ eq,\ PhH,\ \triangle} \text{Ph-Ar}$$

例:

[反应式: 2-甲氧基-4,6-二叔丁基苯硼酸 + 2-溴-3-甲基吡啶, t-BuOK, reflux, 18 h, Pd(Ph3P)4, DME → 联芳产物]

[反应式: 2-溴-8-甲基喹啉 + 2-吡啶硼酸, Et4NBr, KOH, PhH, Pd(Ph3P)4, 56% → 8-甲基-2-(2-吡啶基)喹啉]

[反应式: 氯苯 + 正丙基儿茶酚硼酸酯, NaOH, Pd(Ph3P)4 → 正丙苯]

[反应式: 3-溴甲苯 + 丙烯基儿茶酚硼酸酯, NaOH, Pd(Ph3P)4 → 3-甲基-β-甲基苯乙烯]

[反应式: 2-甲氧基苯硼酸丙二醇酯 + 2-碘-1,3,5-三甲基苯, K3PO4, DMF, Pd(PPh3)4 → 联芳产物]

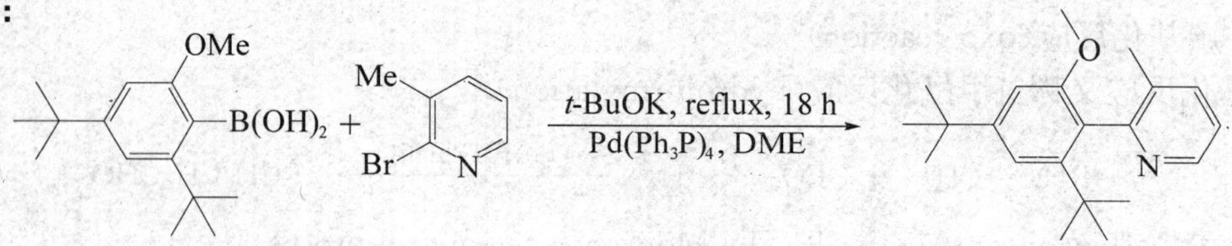

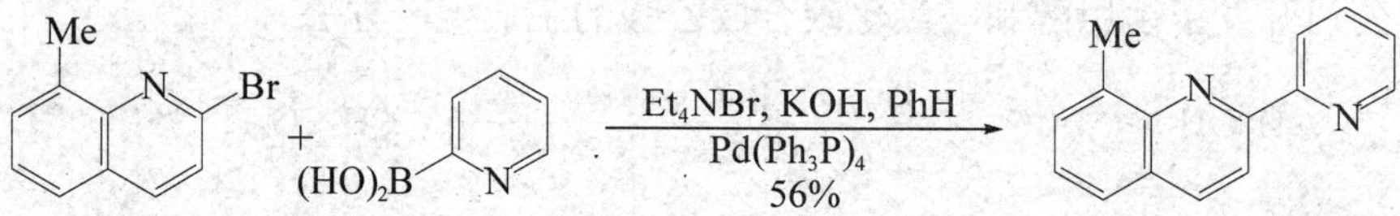

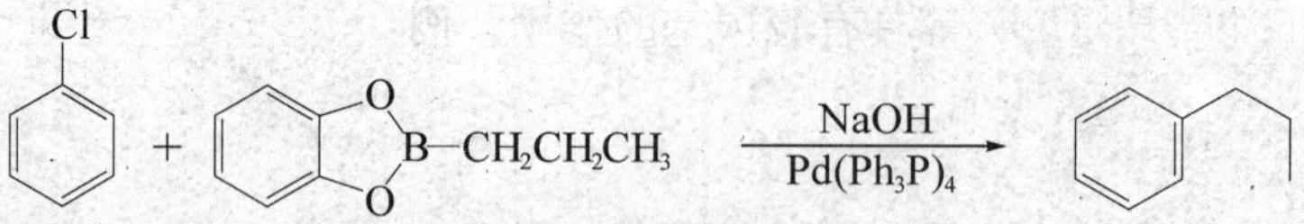

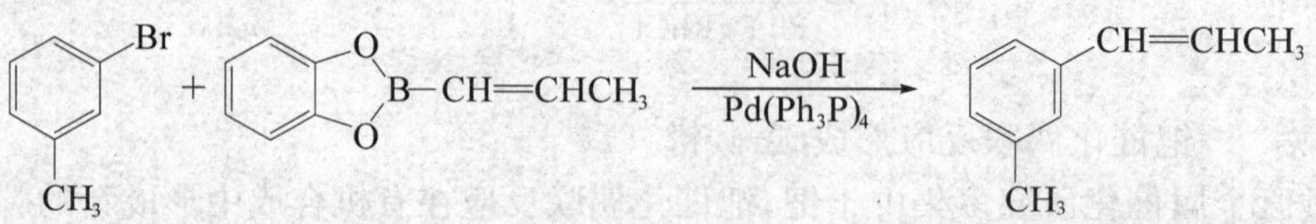

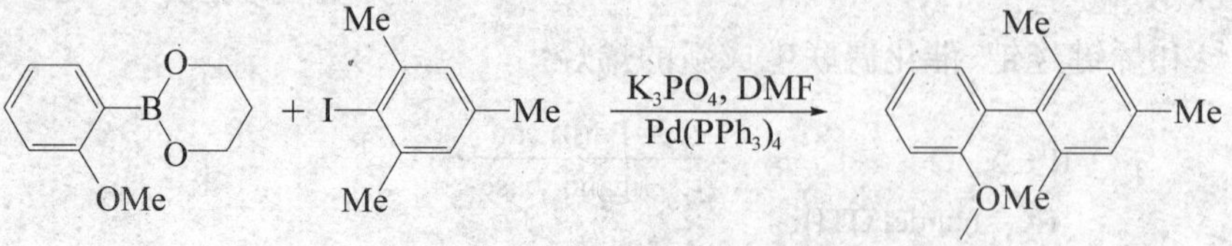

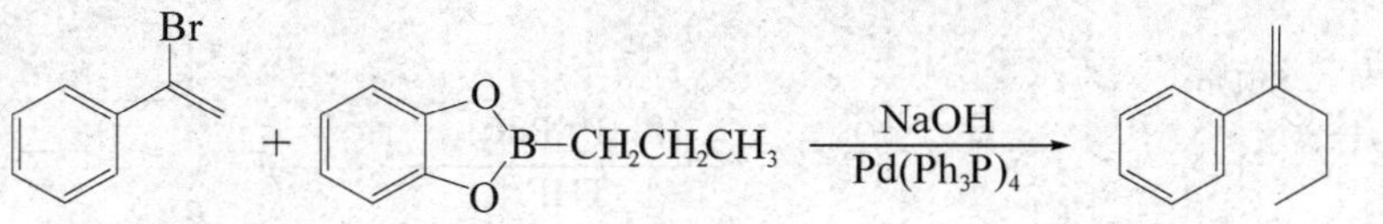

第12章 元素与金属有机化合物 Organoelement and Organometallic Compounds

[反应式：α-溴苯乙烯 + 儿茶酚硼酸丙酯 $\xrightarrow[\text{Pd(Ph}_3\text{P)}_4]{\text{NaOH}}$ 2-苯基-1-丁烯]

（3）Negishi 偶联

钯催化的有机锌试剂与卤代烃的偶联反应。例：

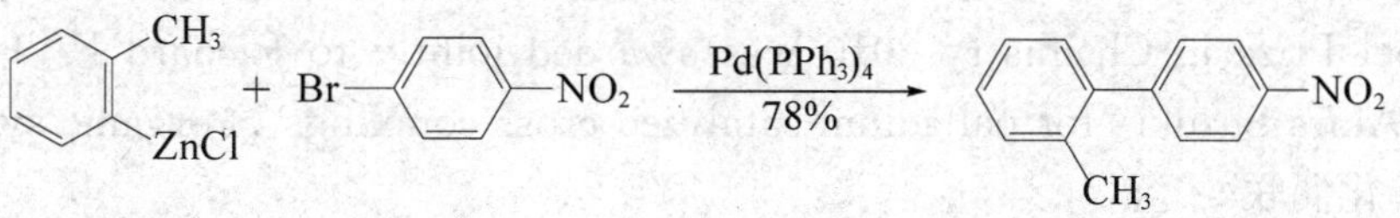

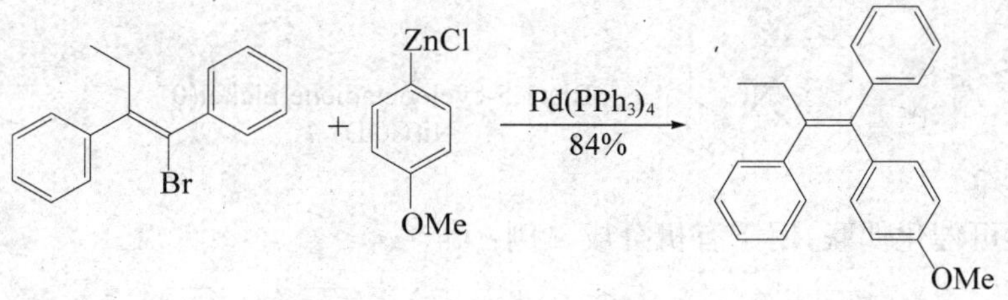

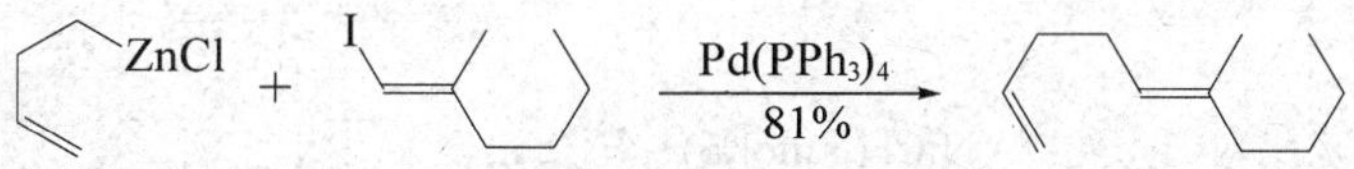

[反应式：2-甲基苯基氯化锌 + 对溴硝基苯 $\xrightarrow[78\%]{\text{Pd(PPh}_3)_4}$ 2-甲基-4'-硝基联苯]

[反应式：(E)-1,2-二苯基-1-溴-1-丁烯 + 4-甲氧基苯基氯化锌 $\xrightarrow[84\%]{\text{Pd(PPh}_3)_4}$ 偶联产物]

[反应式：3-丁烯基氯化锌 + 碘代环己亚基烯烃 $\xrightarrow[81\%]{\text{Pd(PPh}_3)_4}$ 偶联产物]

（4）Sonogashira 偶联

端炔与卤代烃的钯催化偶联反应。

[反应式：苯乙炔 + X—Ar $\xrightarrow[\text{CuI, TEA, DMF}]{(\text{Ph}_3\text{P})_2\text{PdCl}_2}$ Ph—C≡C—Ar]

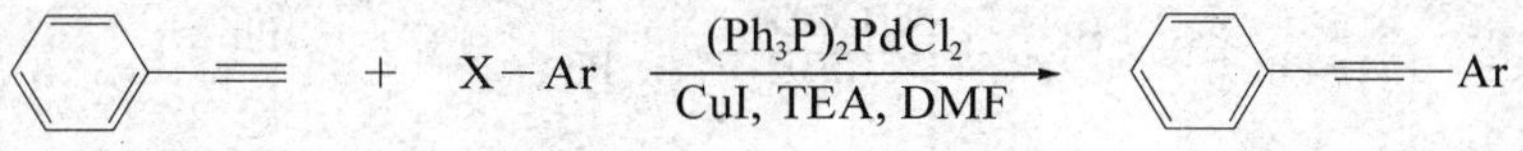

（5）Kumada 偶联

Grignard 试剂与卤代烃的钯催化偶联反应 (1972)。

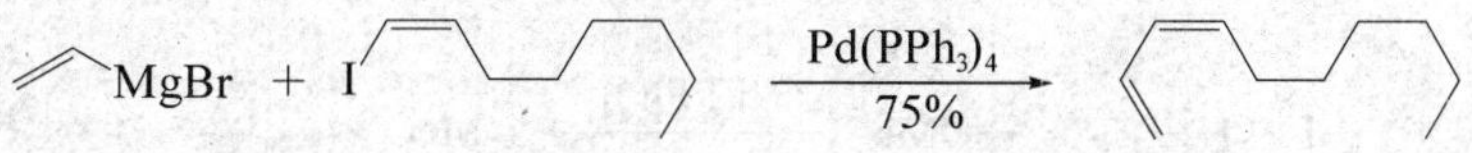

[反应式：$\text{CH}_2=\text{CHMgBr}$ + (Z)-1-碘-1-烯 $\xrightarrow[75\%]{\text{Pd(PPh}_3)_4}$ 共轭二烯]

（6）Stille 偶联

烃基锡与卤代烃的钯催化偶联反应。例：

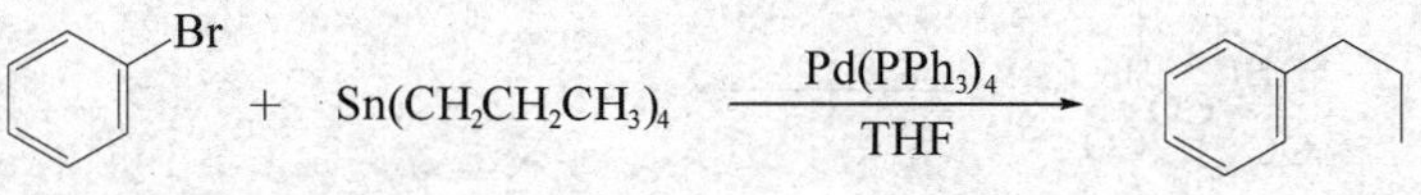

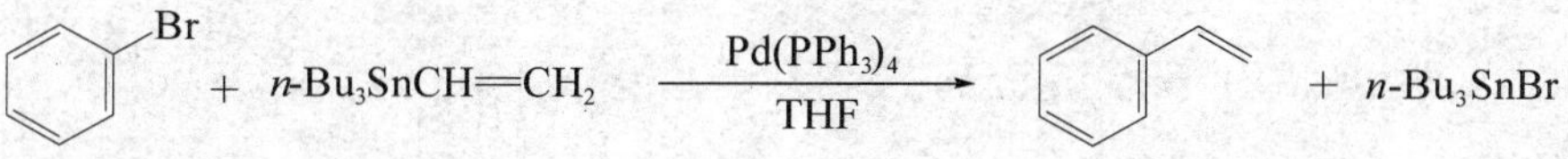

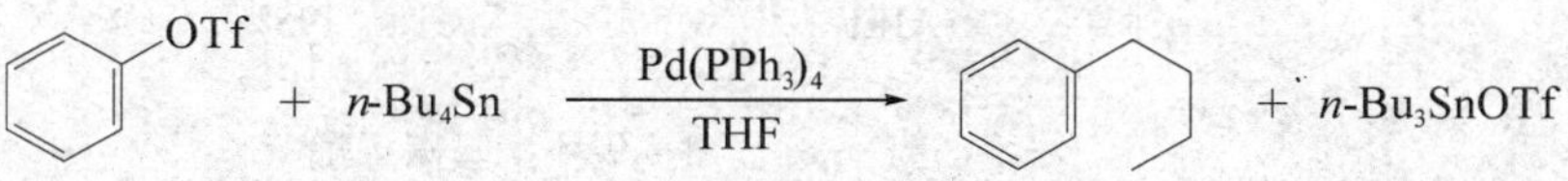

[反应式：溴苯 + $\text{Sn(CH}_2\text{CH}_2\text{CH}_3)_4$ $\xrightarrow[\text{THF}]{\text{Pd(PPh}_3)_4}$ 正丙苯]

[反应式：溴苯 + $n\text{-Bu}_3\text{SnCH}=\text{CH}_2$ $\xrightarrow[\text{THF}]{\text{Pd(PPh}_3)_4}$ 苯乙烯 + $n\text{-Bu}_3\text{SnBr}$]

[反应式：PhOTf + $n\text{-Bu}_4\text{Sn}$ $\xrightarrow[\text{THF}]{\text{Pd(PPh}_3)_4}$ 正丁苯 + $n\text{-Bu}_3\text{SnOTf}$]

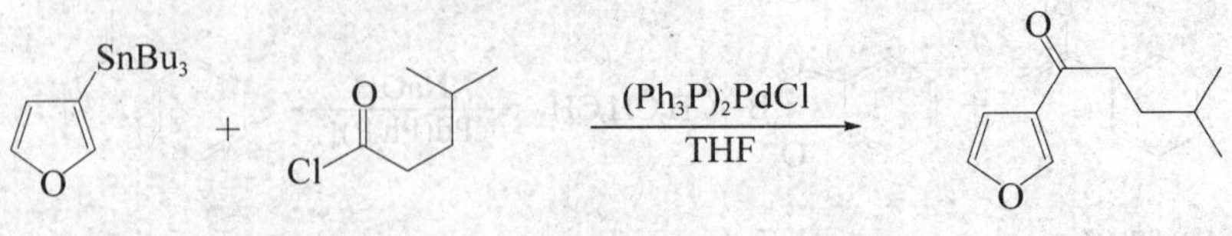

[反应式: 3-(tributylstannyl)furan + isovaleryl chloride, (Ph₃P)₂PdCl / THF → 3-acyl furan]

这些钯催化的偶联反应在有机合成中形成碳-碳键，对于构建复杂分子发挥了重要作用。Heck，Negishi 和 Suzuki 由于在有机合成中钯-催化偶联方面的研究而获 2010 年 Nobel 化学奖（The Nobel Prize in Chemistry 2010 was awarded jointly to Richard F. Heck, Ei-ichi Negishi and Akira Suzuki "for palladium-catalyzed cross couplings in organic synthesis"）。

（7）镍催化偶联

二(1,5-环辛二烯)镍(O) bis(1,5-cyclooctadiene)nickel(O)，缩写为 $Ni(COD)_2$。

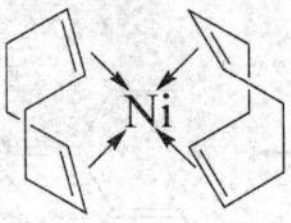

[结构图] Bis(1,5-cyclooctadiene)nickel(0) $Ni(COD)_2$

$Ni(COD)_2$ 可催化偶联，用于有机合成。例：

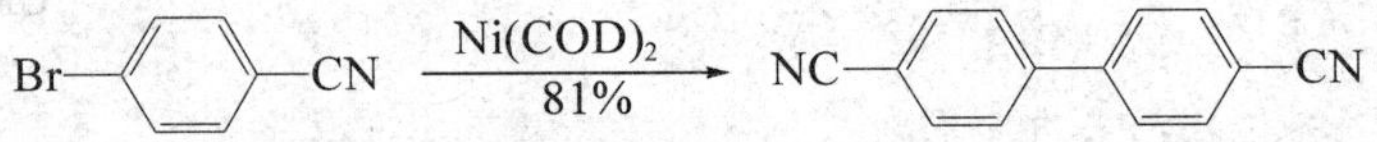

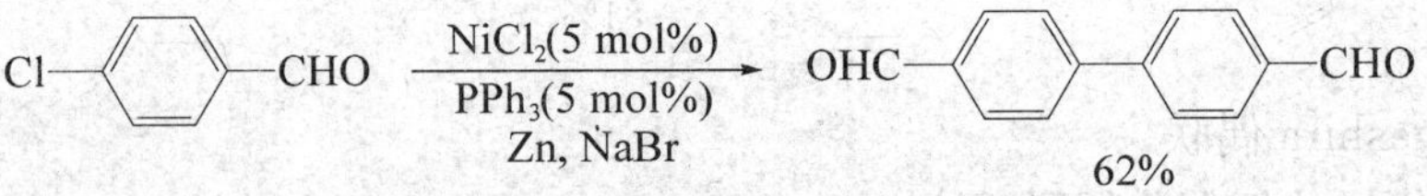

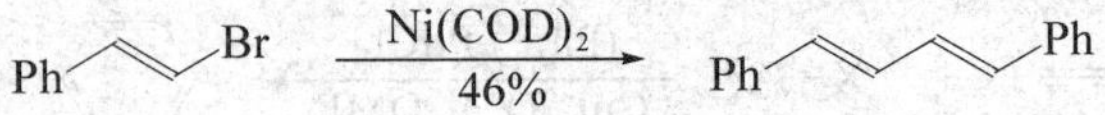

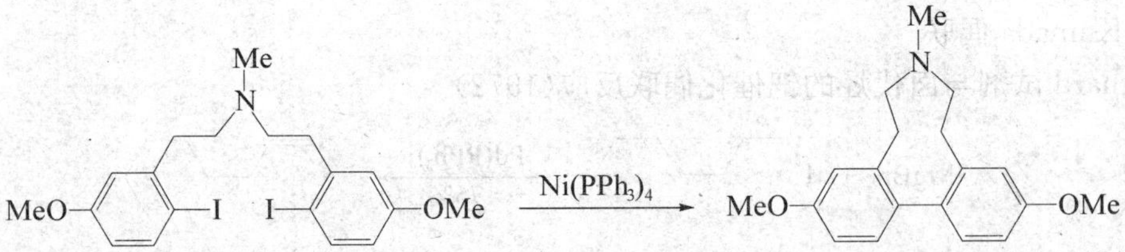

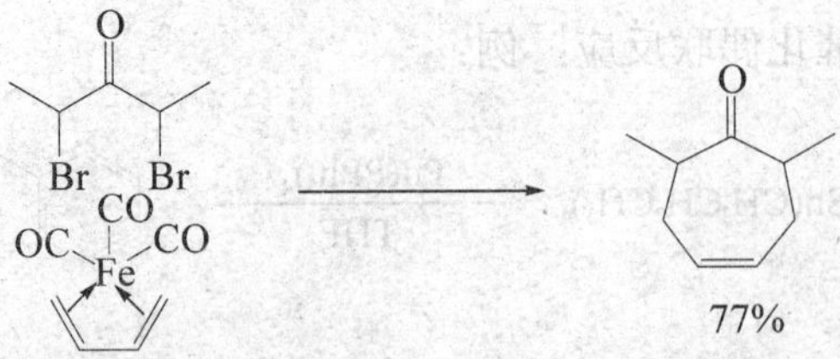

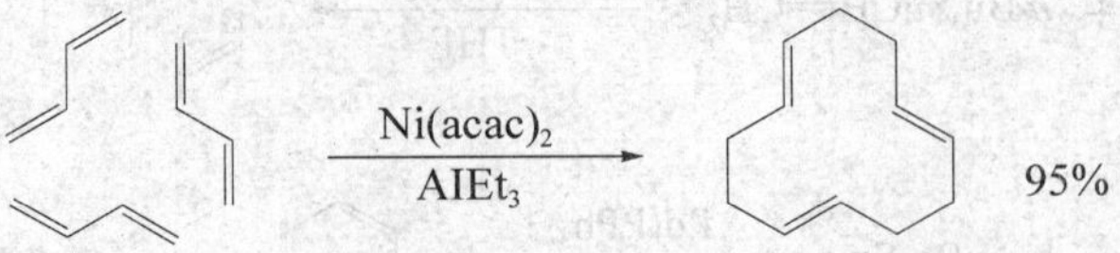

[反应: 4-溴苯甲腈 → 4,4'-联苯二甲腈, $Ni(COD)_2$, 81%]

[反应: 4-氯苯甲醛 → 4,4'-联苯二甲醛, $NiCl_2$(5 mol%)/PPh_3(5 mol%)/Zn, NaBr, 62%]

[反应: β-溴苯乙烯 → 1,4-二苯基-1,3-丁二烯, $Ni(COD)_2$, 46%]

[反应: 双碘化芳胺 → 联芳基化合物, $Ni(PPh_3)_4$]

[反应: α,α'-二溴酮 + Fe(CO)₄ → 2,7-二甲基环庚酮, 77%]

[反应: 1,3-丁二烯 → 1,5,9-环十二碳三烯, $Ni(acac)_2$/$AlEt_3$, 95%]

1,5,9-环十二碳三烯

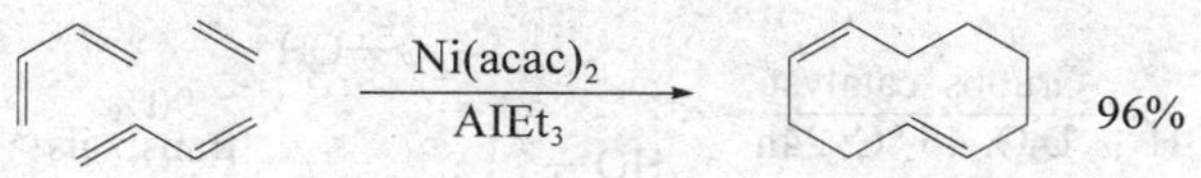

第12章 元素与金属有机化合物 Organoelement and Organometallic Compounds

[反应式：丁二烯在 Ni(acac)₂/AlEt₃ 催化下生成 1,5-环癸二烯，96%]

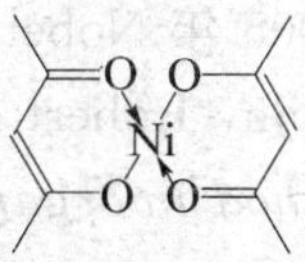

Ni(acac)₂ Bis(acetylacetone)nickel

(8) McMurry 偶联

醛酮羰基在低价钛催化下去氧偶联，生成烯键，称为 McMurry 偶联或 McMurry 反应 (John E. McMurry, 1974)。例：

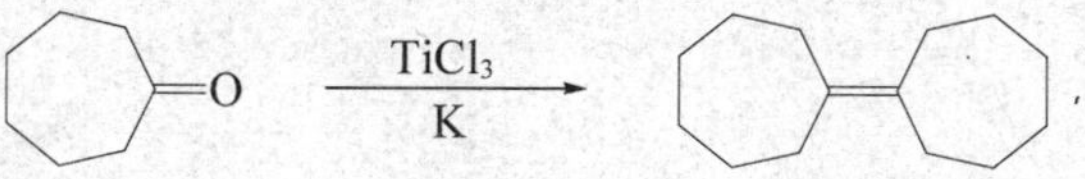

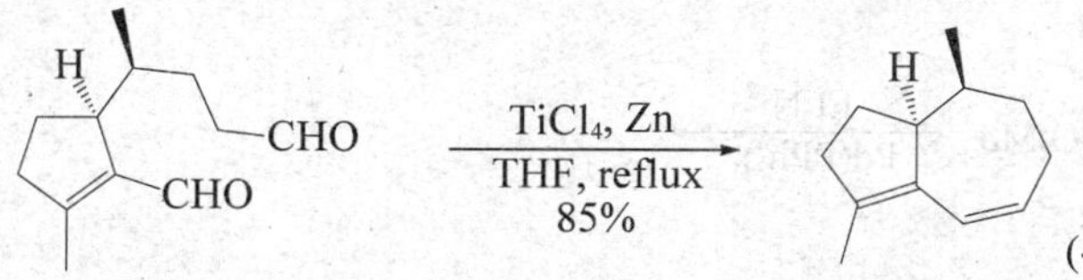

[反应式：环庚酮在 TiCl₃/K 作用下生成双环庚亚基]

[反应式：二醛在 TiCl₄, Zn, THF, reflux 条件下，85% 产率生成 (-)-Clavukerin A]

(9) 烯烃复分解

烯烃在钌 (ruthenium, Ru, Grubbs)、钼 (molybdenum, Mo, Schrock) 等金属 carbene 催化剂作用下发生交换重排，生成新的烯烃，称为烯烃复分解 (olefin metathesis)，又称为 Grubbs 反应 (Robert H. Grubbs)。

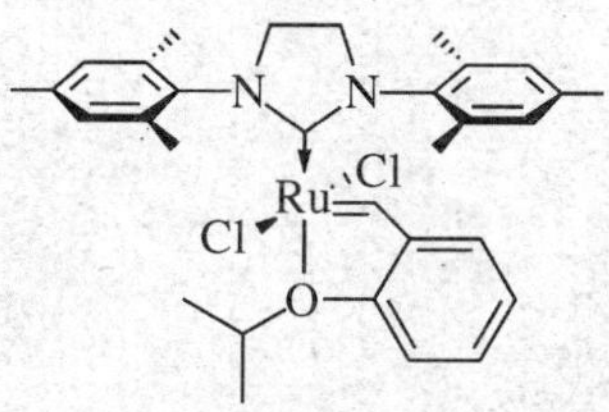

Second-generation Hoveyda-Grubbs catalyst

例：

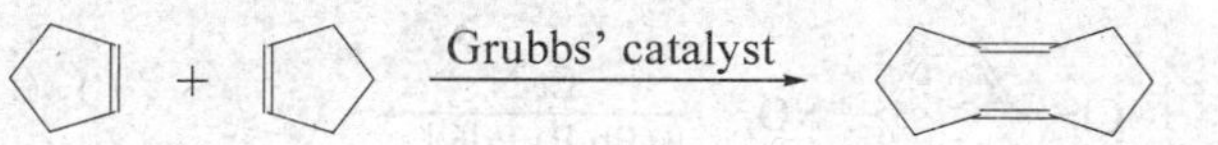

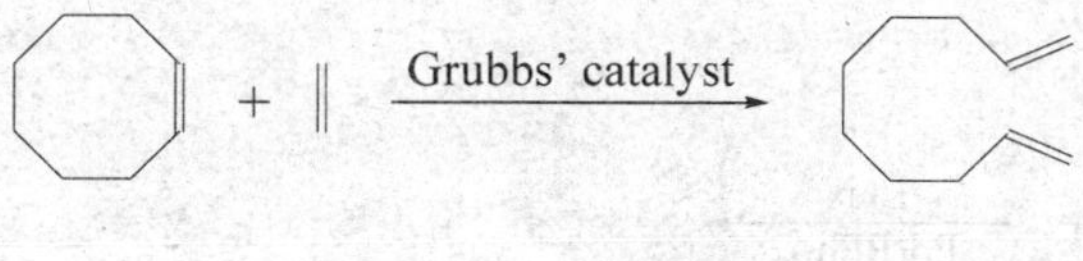

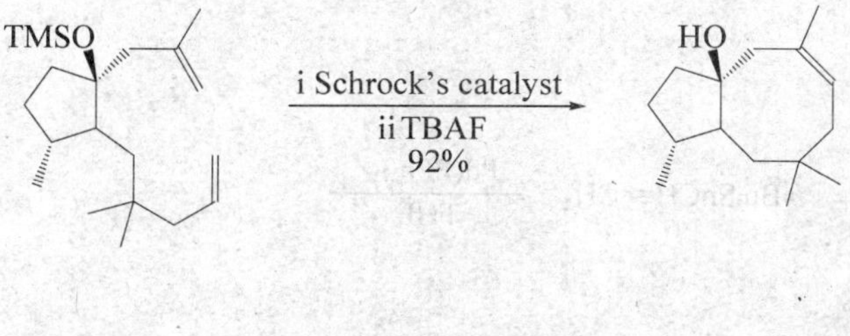

[反应式：环戊烯 + 环戊烯 在 Grubbs' catalyst 作用下生成环十碳二烯]

[反应式：环辛烯 + 乙烯 在 Grubbs' catalyst 作用下生成 1,9-癸二烯]

[反应式：TMSO 取代底物在 i Schrock's catalyst ii TBAF 条件下，92% 产率生成 HO 产物]

$$\text{\Large $\diagup\!\!\!\diagup$OH} \xrightarrow[\text{D}_2\text{O, 45 °C, 24h}]{\text{Grubbs' catalyst}} \text{HO}\diagup\!\!\!\diagdown\!\!\!\diagup\text{OH} \quad \begin{array}{l}>90\% \\ \text{trans : cis} > 15:1\end{array}$$

烯烃复分解在天然产物等精细有机合成中得到广泛应用。Chauvin、Grubbs 和 Schrock 由于发展了有机合成中的烯烃复分解方法而获得 2005 年 Nobel 化学奖（The Nobel Prize in Chemistry 2005 was awarded jointly to Yves Chauvin, Robert H. Grubbs and Richard R. Schrock "*for the development of the metathesis method in organic synthesis*"）。

习题

一、举例说明

1. 元素有机化合物
2. 金属有机化合物
3. Tolman 规则

二、完成反应

1. 4-溴苯乙酮 + $CH_2=CHCO_2Me$ $\xrightarrow[\text{Pd(PPh}_3)_4]{\text{Et}_3\text{N}}$

2. 4-溴苯甲醚 + (苯并二氧杂环戊烯基)B—CH=CHCH$_3$ $\xrightarrow[\text{Pd(PPh}_3)_4]{\text{Et}_3\text{N}}$

3. 4-甲氧基苯基ZnCl + Cl—C_6H_4—NO$_2$ $\xrightarrow{\text{Pd(PPh}_3)_4}$

4. C_6H_5—C≡CH + Cl—C_6H_4—NO$_2$ $\xrightarrow[(\text{Ph}_3\text{P})_2\text{PdCl}_2]{\text{Et}_3\text{N}}$

5. 4-溴苯甲醚 + $CH_2=C(CH_3)$MgBr $\xrightarrow[\text{Pd(PPh}_3)_4]{\text{Et}_3\text{N}}$

6. 2-溴苯甲醚 + n-Bu$_3$SnCH=CH$_2$ $\xrightarrow[\text{THF}]{\text{Pd(PPh}_3)_4}$

7.

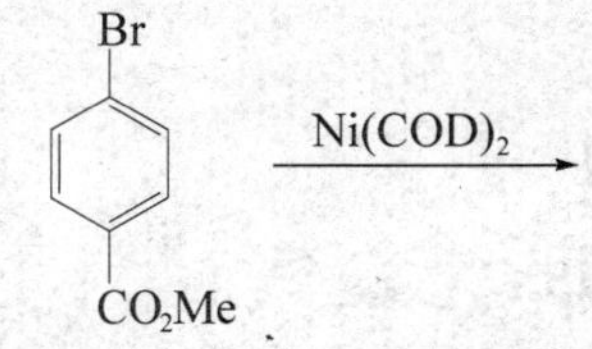

$$\text{4-BrC}_6\text{H}_4\text{CO}_2\text{Me} \xrightarrow{\text{Ni(COD)}_2}$$

三、合成设计

1. $Ph_2PCH_2CH_3$ $PhPCH(CH_3)CH_2CH_3$

2. $(CH_3)_2Si(CH_2CH_3)_2$ $Cd(CH_2CH_3)_3$ $Al(CH_3)_3$

3. 以苯甲醛为基本原料合成

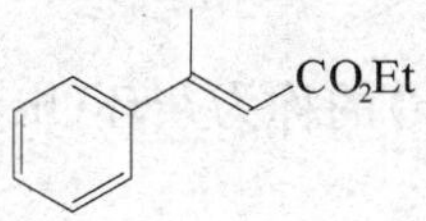

$$\text{PhCH=C(CH}_3\text{)CO}_2\text{Et}$$

四、建议机理

1. 金属化反应

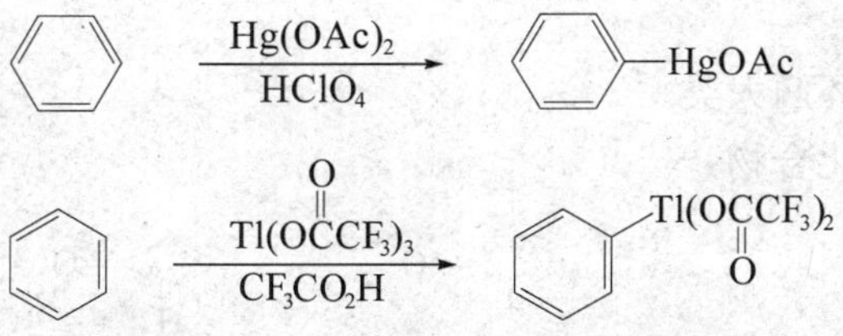

$$\text{C}_6\text{H}_6 \xrightarrow[\text{HClO}_4]{\text{Hg(OAc)}_2} \text{C}_6\text{H}_5\text{—HgOAc}$$

$$\text{C}_6\text{H}_6 \xrightarrow[\text{CF}_3\text{CO}_2\text{H}]{\text{Tl(OCOCF}_3)_3} \text{C}_6\text{H}_5\text{—Tl(OCOCF}_3)_2$$

2. 解释实验事实

在惰性溶剂中，将亚磷酸乙酯分别与等量的苯溴甲烷、2-溴丙烷共热，前者主要生成苯甲基膦酸乙酯，后者则主要产生乙基膦酸乙酯。为什么？

3. 完成反应并建议机理。

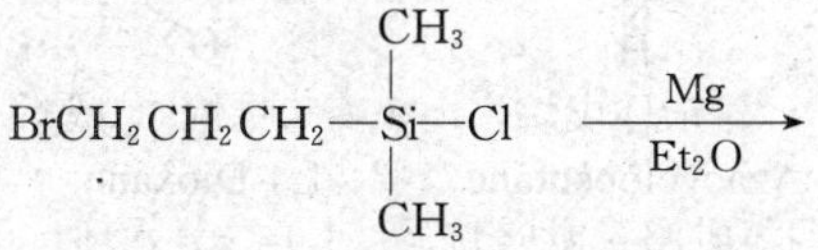

$$\text{BrCH}_2\text{CH}_2\text{CH}_2\text{—Si(CH}_3)_2\text{—Cl} \xrightarrow[\text{Et}_2\text{O}]{\text{Mg}}$$

第13章 杂环化合物
Heterocyclic Compounds

环状化合物(cyclic compounds)分为脂肪环(alicyclic)与芳香环(aromatic cyclic)两大类。
从构成环构架的元素看,仅含碳元素的是碳环(carbocycle)与碳环化合物,如:

环构架除碳原子以外还含有其他原子——杂原子(heteroatom)的称为杂环(heterocycle)
与杂环化合物(heterocyclic compounds),如:

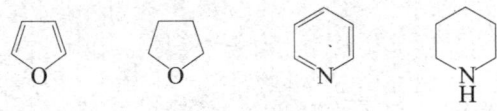

杂环化合物分为脂肪杂环与芳香杂环两大类。
脂肪杂环——无芳香性的脂肪杂环化合物:

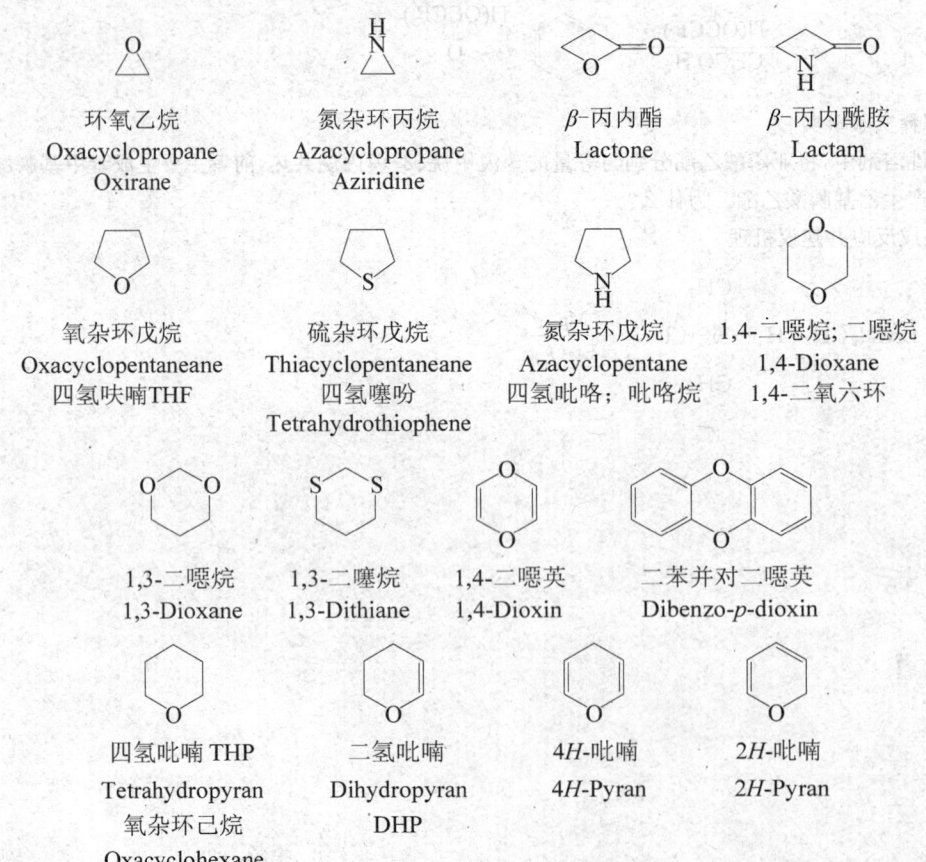

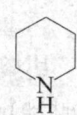 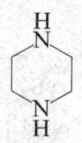 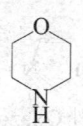

哌啶 Piperidine　　　　哌嗪　　　　吗啉
六氢吡啶Piperidine　　Piperazine　　Morpholine
氮杂环己烷 Azacyclohexane

 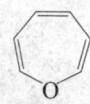 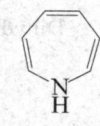 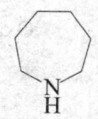

氧杂环庚烷　　氧杂䓬　　　　　　1H-氮杂䓬　　　　氮杂环庚烷
Oxepane　　　Oxacycloheptatriene　Azacycloheptatriene　Azepane
Oxacycloheptane　Oxatropylidene　Aazatropylidene　Azacycloheptane
　　　　　　　Oxepine　　　　　Azepine

芳香杂环——具有芳香性的杂环化合物：

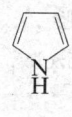   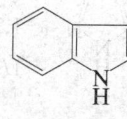

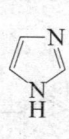 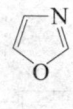 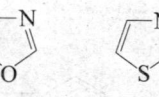 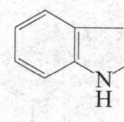

 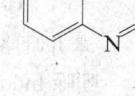 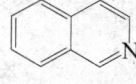

 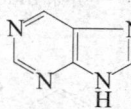 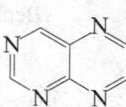

13.1　五元芳杂环系

五元芳杂环系的基本母体：

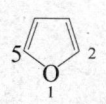 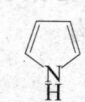

呋喃 Furan　　　噻吩 Thiophene　　　吡咯 Pyrrole

1,3-唑：

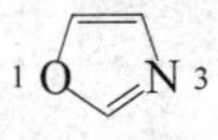

噁唑 Oxazole 　　噻唑 Thiazole 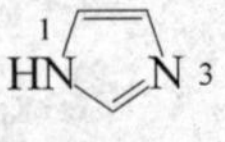　　咪唑 Imidazole

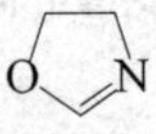

　　　　HN—N

噁唑啉　　Imidazoline 咪唑啉　　噻唑啉
Oxazoline　Dihydroimidazole　2,3-Dihydrothiazole

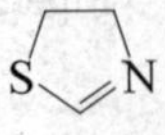

1,2-唑：

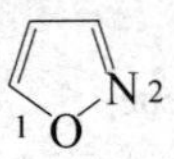

异噁唑 Isoxazole 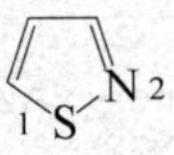　　异噻唑 Isothiazole 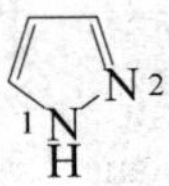　　吡唑 Pyrazole

其他唑类：

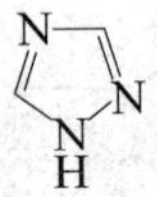

1,2,4-三唑　　　　　　五氮唑
1H-1,2,4-Triazole　　Pentazole

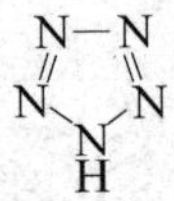

苯并五元杂环系：

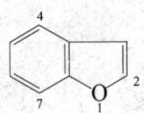　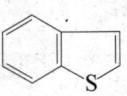　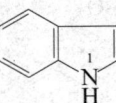　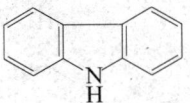

苯并呋喃　　苯并噻吩　　苯并吡咯　　咔唑
Benzofuran　Benzothiophene　吲哚 Indole　Carbazole

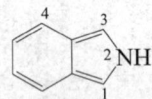　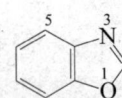　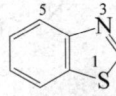　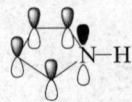

异吲哚　　苯并噁唑　　苯并噻唑　　苯并咪唑
Isoindole　Benzooxazole　Benzothiazole　Benzoimidazole

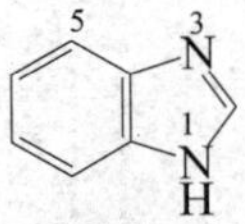

13.1.1　呋喃、噻吩与吡咯

13.1.1.1　呋喃、噻吩与吡咯的结构

吡咯(pyrrole)的结构

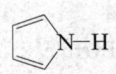　　N sp^2 hybridized
孤电子对在 p 轨道上　　Π_5^6
lone pair in p orbital

· 378 ·

吡咯氮原子是 sp^2 杂化，孤电子对参与共轭。5 个 p 轨道构成封闭的共轭体系，共有 6 个 π-电子，符合 $(4n+2)$ Hückel 规则，因此吡咯具有芳香性。但吡咯分子内存在着吸电子诱导效应和更强的给电子共轭效应。

呋喃(furan)的结构

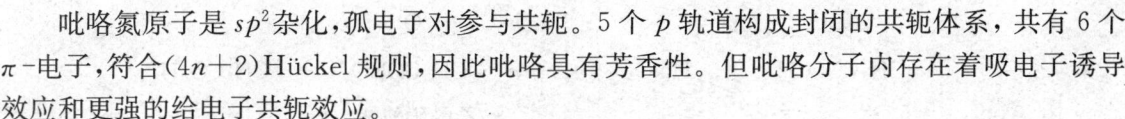

O sp^2 hybridized
孤电子对在 p 轨道上　　Π_5^6
lone pair in p orbital

呋喃分子内存在着给电子共轭效应和更强的吸电子诱导效应。

噻吩(thiophenol)的结构

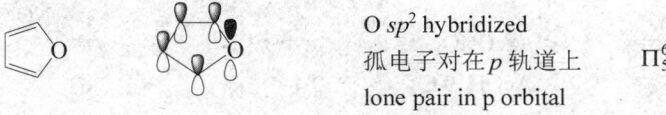

S sp^2 hybridized
孤电子对在 p 轨道上　　Π_5^6
lone pair in p orbital

噻吩分子内存在着给电子共轭效应和吸电子诱导效应。

呋喃、噻吩与吡咯一样，都符合 $(4n+2)$ 规则，具有芳香性，但属于富 π-电子芳香杂环。

芳香性比较——从离域能(ΔH_{dec})看芳香性：

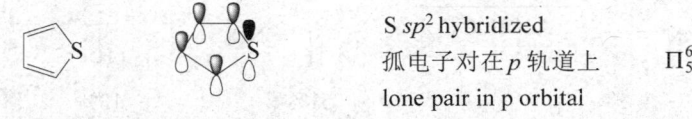

	苯	噻吩	吡咯	呋喃
ΔH_{dec}	150.7	121.3	87.8	66.9 kJ·mol^{-1}

芳香性相对强弱：苯 ＞ 噻吩 ＞ 吡咯 ＞ 呋喃

在呋喃、噻吩与吡咯中，硫原子半径大、电负性小，芳香性最高，热力学更稳定。

13.1.1.2　呋喃、噻吩与吡咯的化学反应

五元芳杂环呋喃、噻吩与吡咯的化学特征反应是芳香亲电取代(ArS$_E$)。

1. 芳香亲电取代反应

芳香亲电取代反应的活性顺序：

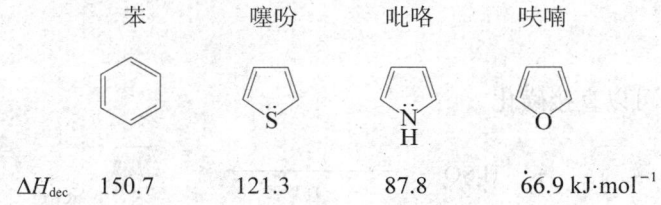

亲电取代反应速度比苯快，主要发生在 2-位(α-位)；吡咯、呋喃对酸及氧化剂比较敏感；噻吩与吡咯的芳香性较强，亲电取代较好；呋喃的芳香性弱，常表现出共轭二烯的特性——[4+2]加成反应。

1) 硝化反应

呋喃与吡咯对强酸敏感，呋喃、噻吩和吡咯易氧化，因此一般不用硝酸直接硝化，而用比较温和的非质子硝化试剂如乙酰硝酸酯，而且反应还需在低温下进行。

$$CH_3COCCH_3 + HNO_3 \longrightarrow CH_3COONO_2 + CH_3CO_2H$$
乙酰硝酸酯
温和的硝化剂

例：

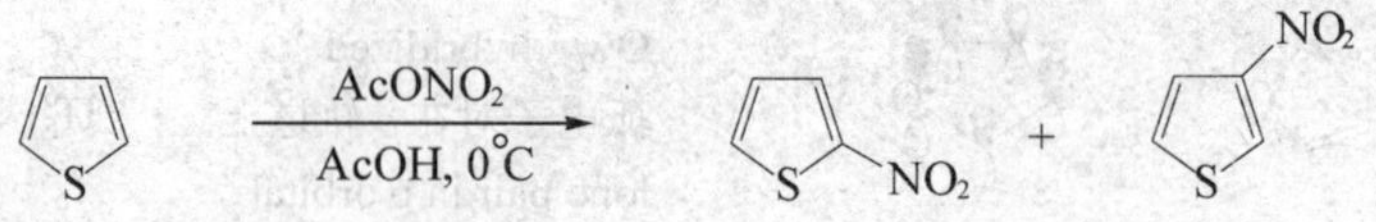

噻吩 $\xrightarrow{\text{AcONO}_2, \text{AcOH, 0°C}}$ 2-硝基噻吩 (60%) + 3-硝基噻吩 (10%)

吡咯 $\xrightarrow{\text{AcONO}_2, \text{AcOH, 0°C}}$ 2-硝基吡咯 (51%) + 3-硝基吡咯 (13%)

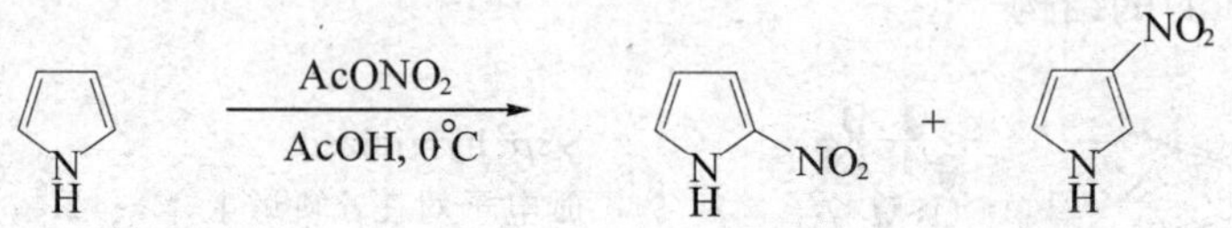

呋喃较特殊，先形成 2,5-加成产物，然后遇热或经碱除去乙酸，得到硝化产物。

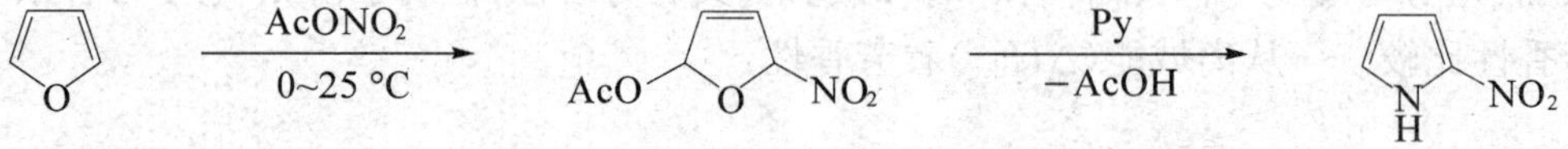

呋喃 $\xrightarrow{\text{AcONO}_2, 0\sim25\,°C}$ 2-乙酰氧基-5-硝基-2,5-二氢呋喃 $\xrightarrow{\text{Py}, -\text{AcOH}}$ 2-硝基呋喃

2）磺化反应

噻吩比较稳定，可以直接磺化。

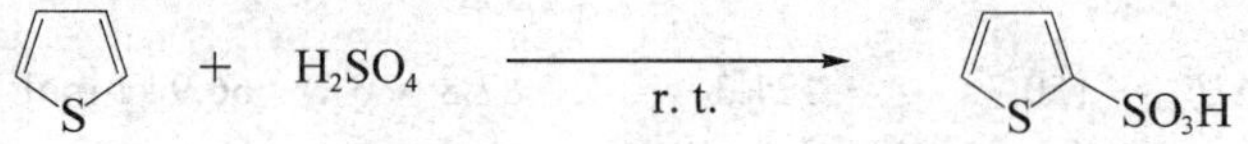

噻吩 + H_2SO_4 $\xrightarrow{\text{r.t.}}$ α-噻吩磺酸
溶于酸中

问题 1 如何获得无噻吩的苯？

吡咯与呋喃对酸不太稳定，须用温和的磺化试剂磺化。常用的温和非质子磺化试剂：吡啶-三氧化硫加合物。例：

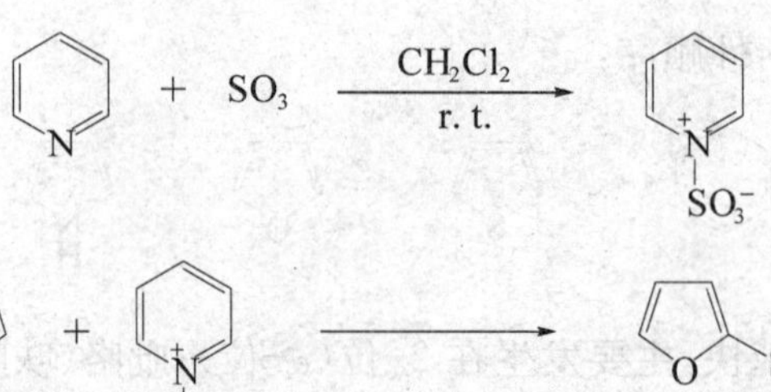

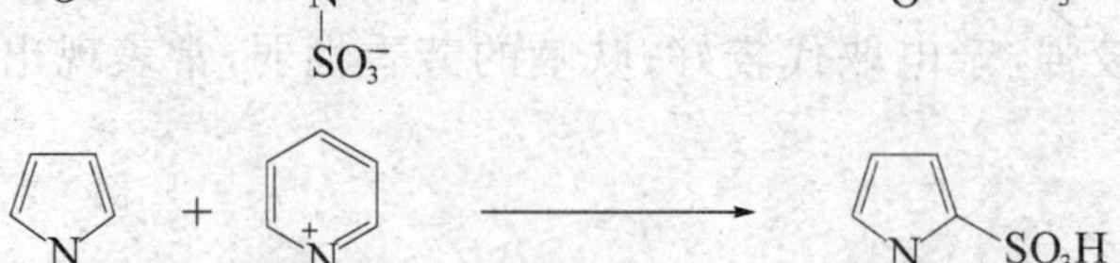

吡啶 + SO_3 $\xrightarrow{\text{CH}_2\text{Cl}_2, \text{r.t.}}$ 吡啶-三氧化硫加合物

呋喃 + 吡啶-SO_3 加合物 $\longrightarrow$ 2-呋喃磺酸

吡咯 + 吡啶-SO_3 加合物 $\longrightarrow$ 2-吡咯磺酸

3) Friedel-Crafts 酰基化反应

一般不用氯化铝，而用较温和的三氟化硼、四氯化锡等。例：

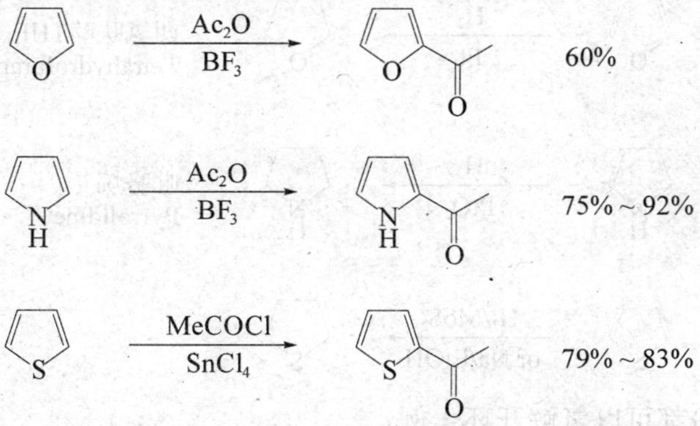

呋喃 $\xrightarrow[BF_3]{Ac_2O}$ 2-乙酰基呋喃 60%

吡咯 $\xrightarrow[BF_3]{Ac_2O}$ 2-乙酰基吡咯 75%~92%

噻吩 $\xrightarrow[SnCl_4]{MeCOCl}$ 2-乙酰基噻吩 79%~83%

氯甲基化反应：

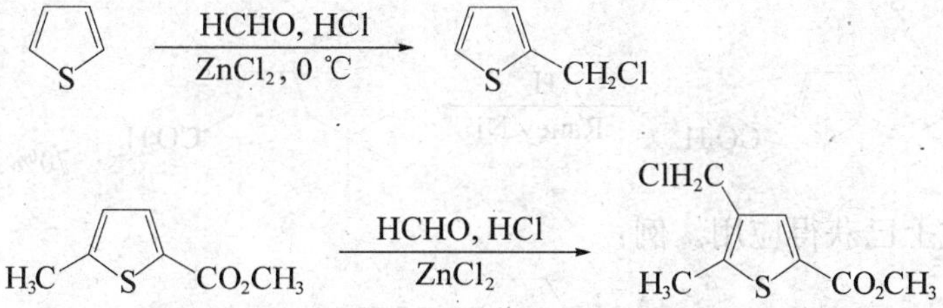

噻吩 $\xrightarrow[ZnCl_2, 0\,℃]{HCHO,\ HCl}$ 2-氯甲基噻吩

5-甲基-2-噻吩甲酸甲酯 $\xrightarrow[ZnCl_2]{HCHO,\ HCl}$ 4-氯甲基-5-甲基-2-噻吩甲酸甲酯

4) 卤化

卤代反应剧烈，应在低温、溶剂稀释等温和条件下进行。例：

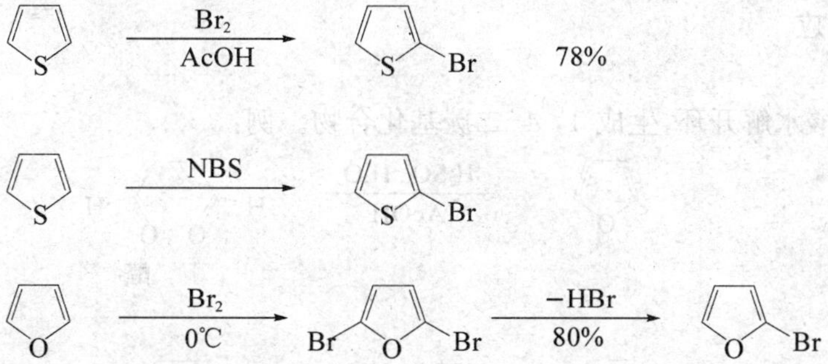

噻吩 $\xrightarrow[AcOH]{Br_2}$ 2-溴噻吩 78%

噻吩 $\xrightarrow{NBS}$ 2-溴噻吩

呋喃 $\xrightarrow[0\,℃]{Br_2}$ 2,5-二溴呋喃 $\xrightarrow{-HBr\ 80\%}$ 2-溴呋喃

5) 吡咯的特殊芳香亲电取代反应

吡咯环可以发生 Vilsmeier 反应与重氮偶联。

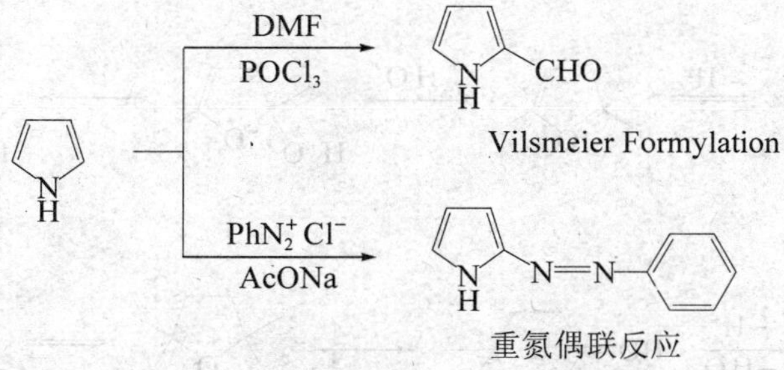

吡咯 $\xrightarrow[POCl_3]{DMF}$ 2-甲酰基吡咯   Vilsmeier Formylation

吡咯 $\xrightarrow[AcONa]{PhN_2^+ Cl^-}$ 2-(苯偶氮)吡咯   重氮偶联反应

2. 催化加氢——还原

呋喃、吡咯和噻吩都可催化氢化，生成饱和的杂环化合物。例：

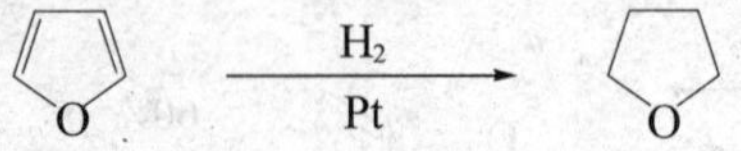

$$\text{呋喃} \xrightarrow{\text{H}_2 / \text{Pt}} \text{四氢呋喃 THF Tetrahydrofuran}$$

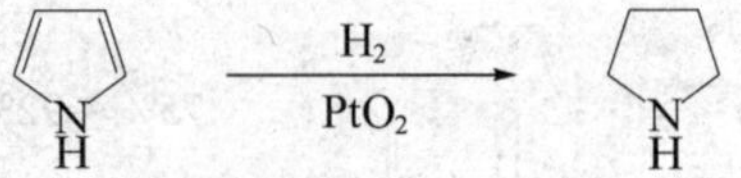

$$\text{吡咯} \xrightarrow{\text{H}_2 / \text{PtO}_2} \text{吡咯烷 Pyrrolidine}$$

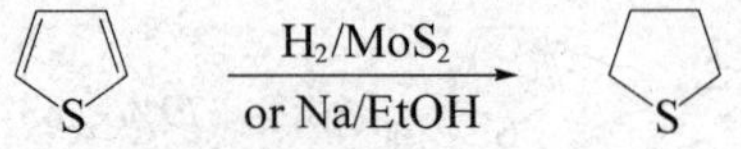

$$\text{噻吩} \xrightarrow{\text{H}_2/\text{MoS}_2 \text{ or Na/EtOH}} \text{四氢噻吩}$$

噻吩与四氢噻吩都可以氢解开环。例：

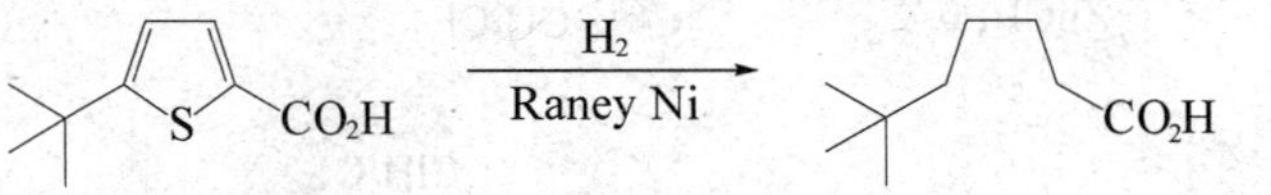

噻吩 $\xrightarrow{\text{H}_2/\text{Raney Ni}}$ 丁烷 $\xleftarrow{\text{H}_2/\text{Raney Ni}}$ 四氢噻吩

5-叔丁基-2-噻吩甲酸 $\xrightarrow{\text{H}_2/\text{Raney Ni}}$ 6,6-二甲基庚酸 70%

这在有机合成上已获得应用。例：

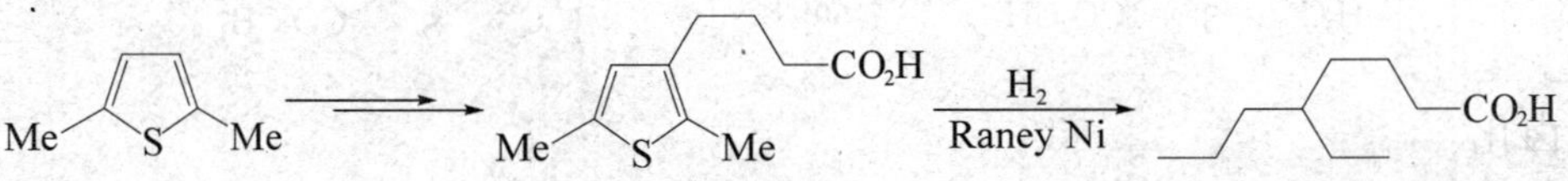

2,5-二甲基噻吩 $\Longrightarrow$ 3-(2,5-二甲基-3-噻吩基)丙酸 $\xrightarrow{\text{H}_2/\text{Raney Ni}}$ 5-乙基辛酸 93%

3. 特殊反应

1) 呋喃

呋喃环易酸水解开环，生成 1,4-二羰基化合物。例：

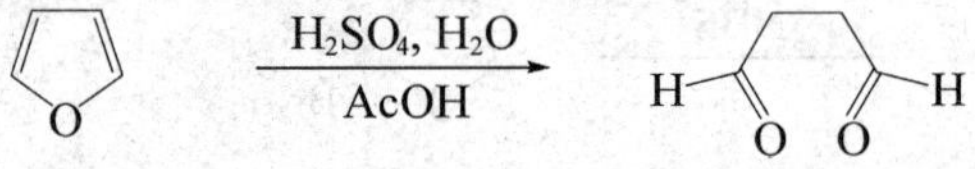

呋喃 $\xrightarrow{\text{H}_2\text{SO}_4, \text{H}_2\text{O} / \text{AcOH}}$ 丁二醛

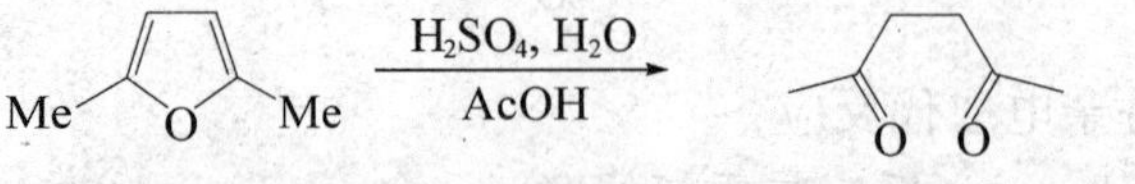

2,5-二甲基呋喃 $\xrightarrow{\text{H}_2\text{SO}_4, \text{H}_2\text{O} / \text{AcOH}}$ 2,5-己二酮 90%

反应机理：

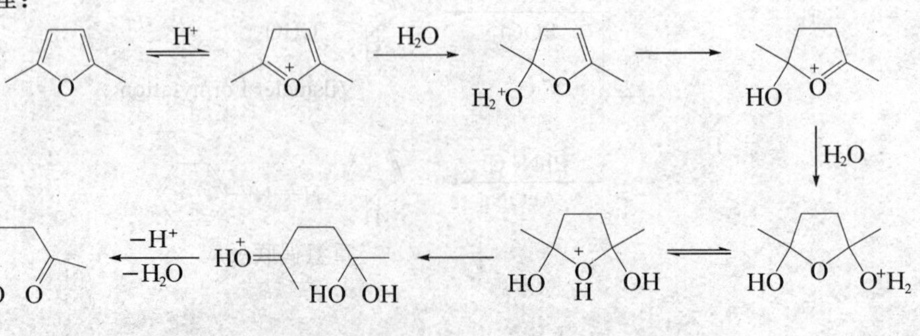

合成应用：

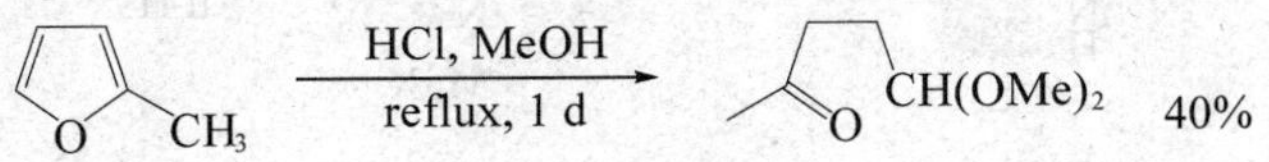

$$\text{2-甲基呋喃} \xrightarrow[\text{reflux, 1 d}]{\text{HCl, MeOH}} \text{CH}_3\text{COCH}_2\text{CH}(\text{OMe})_2 \quad 40\%$$

金属化反应：呋喃的 α-位氢可以用特强碱夺取，其负离子可以烃基化。例：

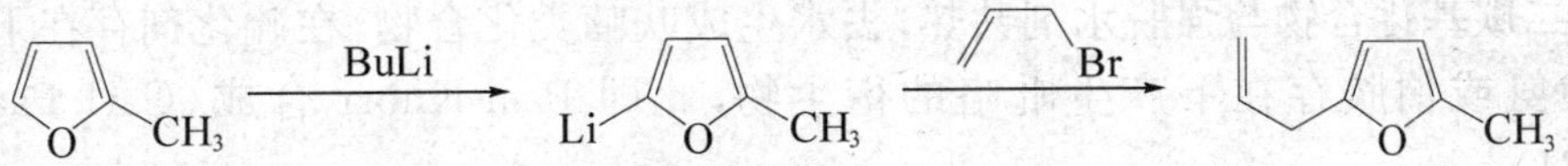

$$\text{2-甲基呋喃} \xrightarrow{\text{BuLi}} \text{5-Li-2-甲基呋喃} \xrightarrow{\text{CH}_2=\text{CHCH}_2\text{Br}} \text{5-烯丙基-2-甲基呋喃}$$

合成应用：利用呋喃 α-烃基化可以合成顺式茉莉酮。

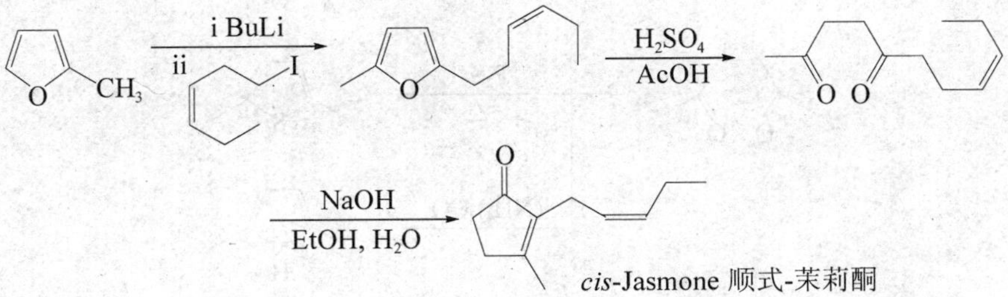

$$\text{2-甲基呋喃} \xrightarrow[\text{ii}]{\text{i BuLi}} \text{烷基呋喃} \xrightarrow[\text{AcOH}]{\text{H}_2\text{SO}_4} \text{二酮}$$

$$\xrightarrow[\text{EtOH, H}_2\text{O}]{\text{NaOH}} \text{cis-Jasmone 顺式-茉莉酮}$$

Diels-Alder 反应：呋喃作为共轭二烯体可发生 Diels-Alder 反应。例：

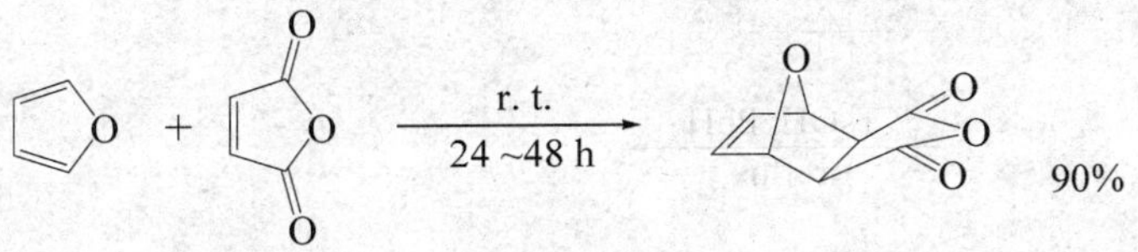

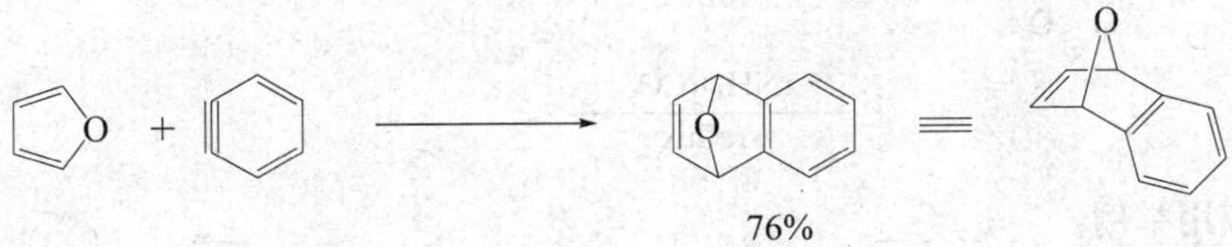

$$\text{呋喃} + \text{马来酸酐} \xrightarrow[24\sim48\text{ h}]{\text{r. t.}} \text{加合物} \quad 90\%$$

$$\text{呋喃} + \text{苯炔} \longrightarrow \text{加合物} \quad 76\%$$

利用此反应可以捕获高活性中间体苯炔。

2）吡咯

吡咯氮-氢的酸性及其合成应用：

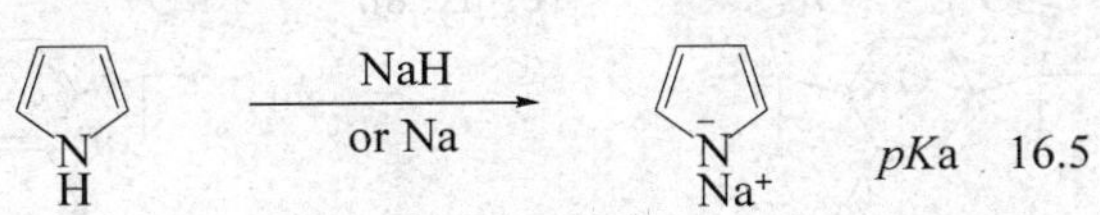

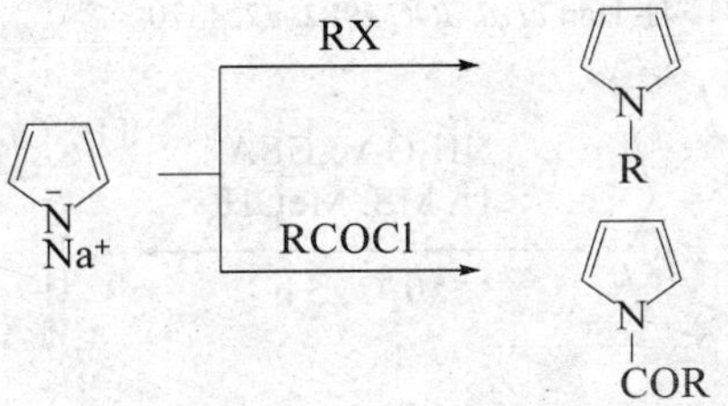

$$\text{吡咯-NH} \xrightarrow{\text{NaH or Na}} \text{吡咯-N}^-\text{Na}^+ \quad pKa \ 16.5$$

$$\text{吡咯-N}^-\text{Na}^+ \begin{cases} \xrightarrow{\text{RX}} \text{N-R 吡咯} \\ \xrightarrow{\text{RCOCl}} \text{N-COR 吡咯} \end{cases}$$

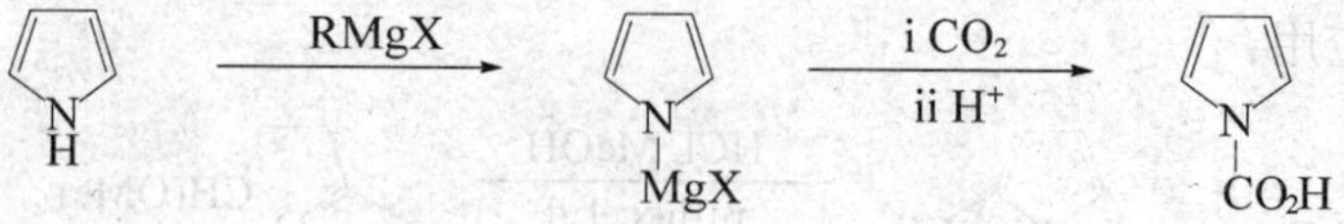

13.1.1.3 呋喃、噻吩与吡咯的制备

1. Paal-Knorr 合成

1,4-二羰基化合物与强脱水剂共热,去水生成呋喃类化合物,在硫化剂存在下生成噻吩衍生物,在氨或伯胺存在下产生吡咯的衍生物,此即 Paal-Knorr 合成 (Carl Paal, Ludwig Knorr, 1884)。

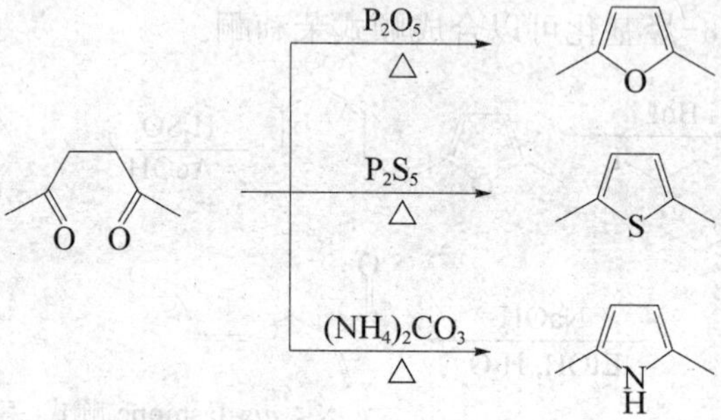

问题 2 完成反应

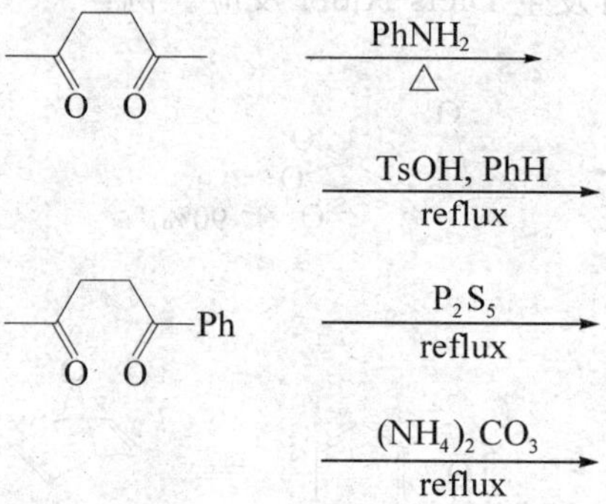

合成应用举例:

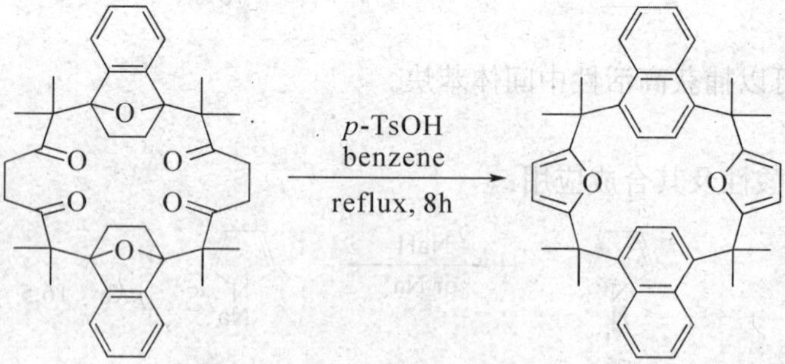

H. Hart *et al. JOC* **1982**, *47*, 4370.

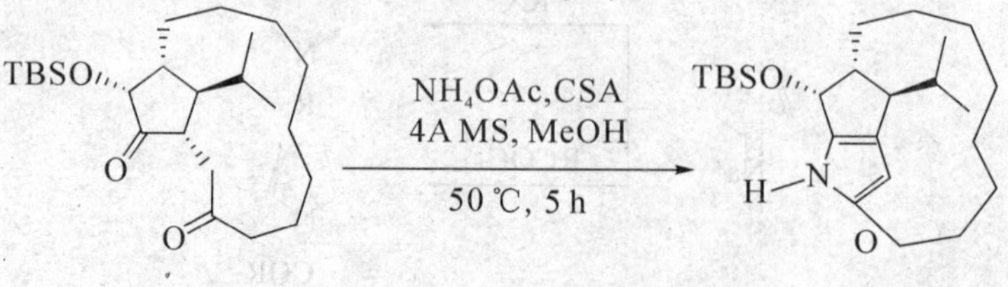

B. M. Trost *et al. JACS* **2000**, *122*, 3801.

2. Knorr 吡咯合成

α-氨基酮与 β-酮酸酯或 β-二酮共热产生吡咯衍生物,此即 Knorr 吡咯合成(Ludwig Knorr,1884)。

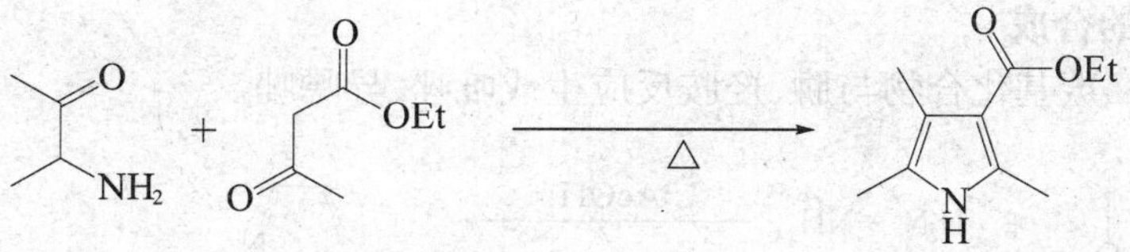

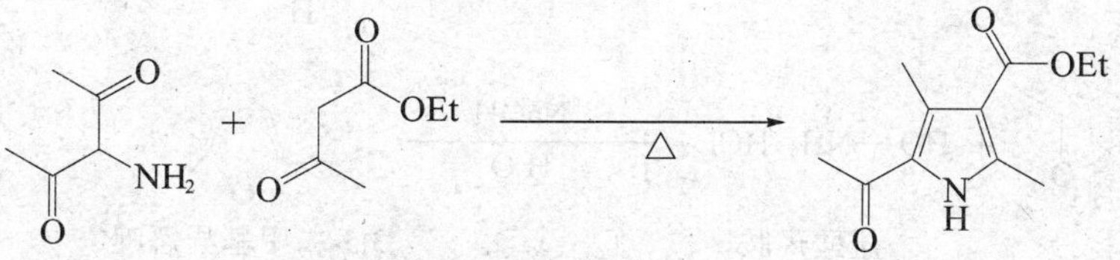

α-氨基酮可通过亚硝化、还原制备:

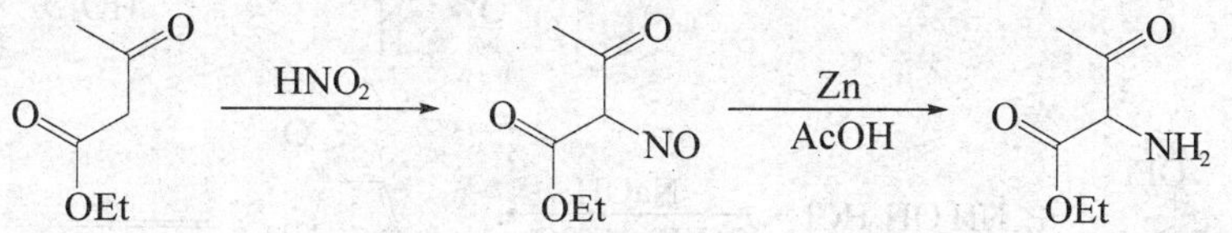

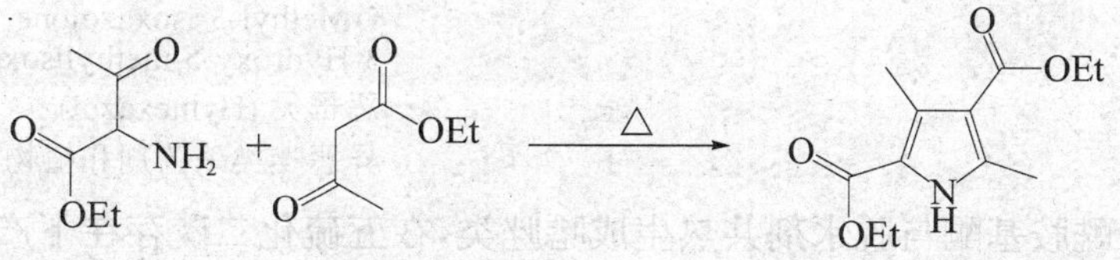

3. 环丁砜

环丁砜(tetramethylene sulphone)是良好的非质子极性溶剂,工业上由丁二烯与二氧化硫反应制备:

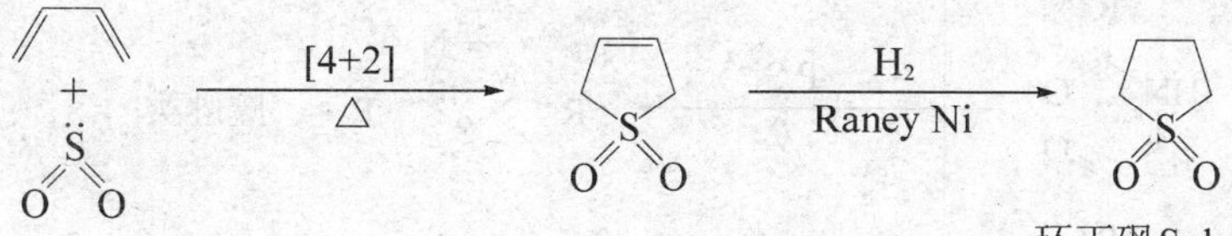

环丁砜 Sulpholane

13.1.2 唑系

咪唑与吡唑都存在互变异构现象。

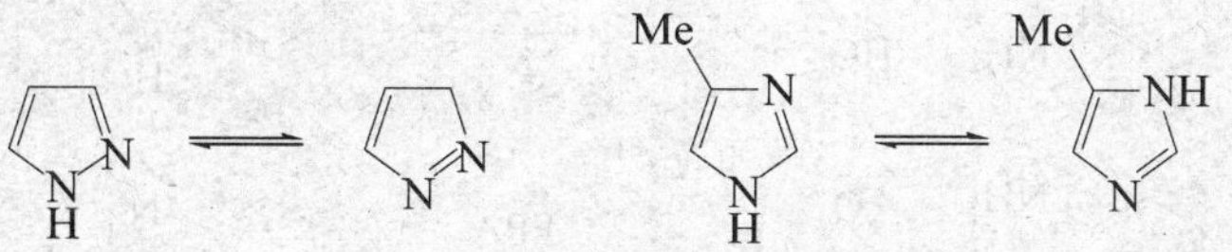

4-甲基咪唑　　5-甲基咪唑

碱性:

$$\text{恶唑} < \text{噻唑} < \text{咪唑}$$

13.1.2.1 唑系的合成

1,2-唑: β-二羰基化合物与肼、羟胺反应生成吡唑、异恶唑。

例:

乙酰丙酮 + H₂N—NH₂ $\xrightarrow[\triangle]{\text{AcOH}}$ 3,5-二甲基吡唑

乙酰丙酮 + HO—NH₂·HCl $\xrightarrow[\text{H}_2\text{O}]{\text{NaOH}}$ 3,5-二甲基异恶唑

盐酸羟胺

乙酰乙酸乙酯 + H₂N—NH₂ $\xrightarrow[\triangle]{\text{AcOH}}$ 3-甲基-5-吡唑酮 ⇌ 3-羟基-5-甲基吡唑

乙酰乙酸乙酯 + NH₂OH·HCl $\xrightarrow[\text{H}_2\text{O},\ 0\sim5\ ^\circ\text{C}]{\text{NaOH}}$ 5-Methyl-3-isoxazolone ⇌ 3-Hydroxy-5-methylisoxazole

恶霉灵 (Hymexazol)
异恶唑类杀菌剂和植物生长促进剂

1,3-唑: α-酰胺基酮与脱水剂共热生成恶唑类,在五硫化二磷存在下产生噻唑了,在氨存在下生成咪唑类化合物。

$$\text{HN-CO-CH}_2\text{-CO-R} \begin{cases} \xrightarrow[\triangle]{\text{P}_2\text{O}_5\ \text{or}\ \text{TsOH}} & \text{R-恶唑-R} \quad \text{恶唑类} \\ \xrightarrow[\triangle]{\text{P}_2\text{S}_5} & \text{R-噻唑-R} \quad \text{噻唑类} \\ \xrightarrow[\triangle]{\text{NH}_4\text{OAc, AcOH}} & \text{R-咪唑-R} \quad \text{咪唑类} \end{cases}$$

苯并咪唑:羧酸或羧酸酯与邻苯二胺共热脱水给出苯并咪唑类化合物。

邻苯二胺 + RCOOH $\xrightarrow[\triangle]{\text{PPA}}$ 2-R-苯并咪唑

邻苯二胺 + RCOOMe $\xrightarrow[\triangle]{\text{PPA}}$ 2-R-苯并咪唑

问题 3 完成反应

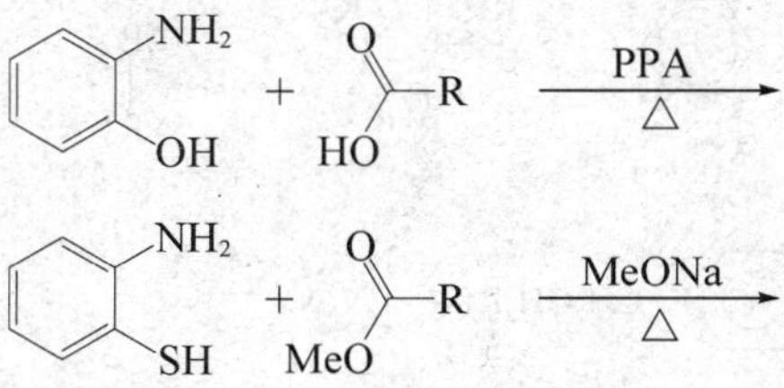

邻氨基苯酚 + RCOOH —PPA, △→

邻氨基苯硫酚 + RCO-OMe —MeONa, △→

苯并三唑：邻苯二胺亚硝化生成苯并三唑。

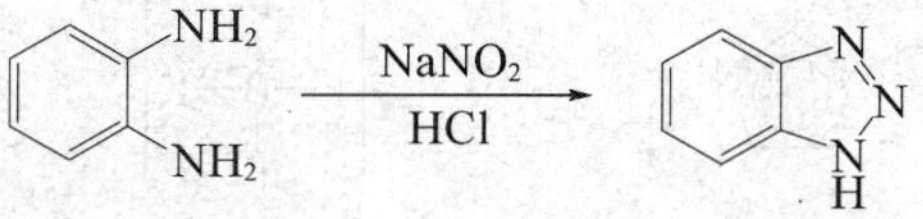

邻苯二胺 —NaNO$_2$/HCl→ 1H-苯并三唑

13.1.2.2 唑系的反应

唑的反应性比呋喃、噻吩、吡咯的都低。

1,2-唑：取代主要在4-位。例：

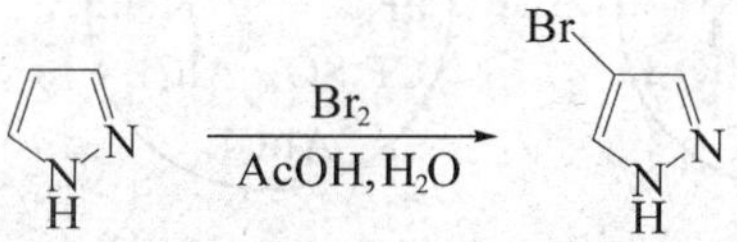

吡唑 —Br$_2$/AcOH, H$_2$O→ 4-溴吡唑

1,3-唑：取代主要在5-位。例：

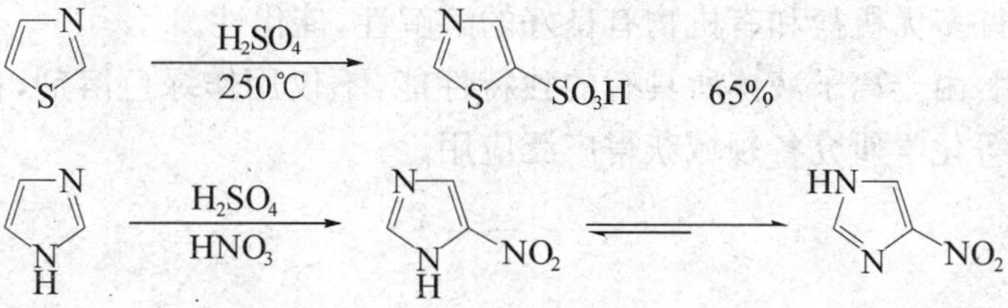

噻唑 —H$_2$SO$_4$, 250℃→ 噻唑-2-磺酸 65%

咪唑 —H$_2$SO$_4$/HNO$_3$→ 5-硝基咪唑 ⇌ 4-硝基咪唑

烷基咪唑盐：咪唑烷基化生成季铵盐类化合物。

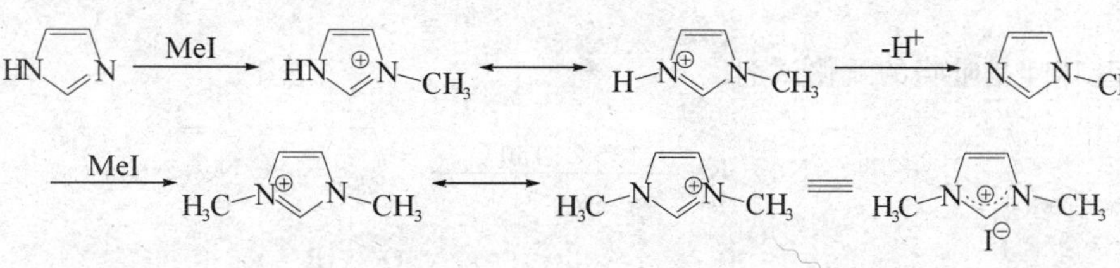

（咪唑 + MeI → 1-甲基咪唑 → 1,3-二甲基咪唑碘盐）

离子液体：离子液体（ion liquid, IL）是指全部由离子化合物组成的液体。

离子液体是指在室温或接近室温下呈现液态状、完全由离子组成的盐，也称为低温熔融盐。离子液体作为离子化合物，其熔点较低的主要原因是因其结构中某些基团的不对称性使离子不能规则地堆积成晶体所致。离子液体一般由有机阳离子和无机或有机阴离子构成，常见的阳离子以咪唑阳离子为主，其他还有吡啶盐阳离子、季铵盐离子、季鏻盐离子等，阴离子有卤素离子、四氟硼酸离子、六氟磷酸离子等。

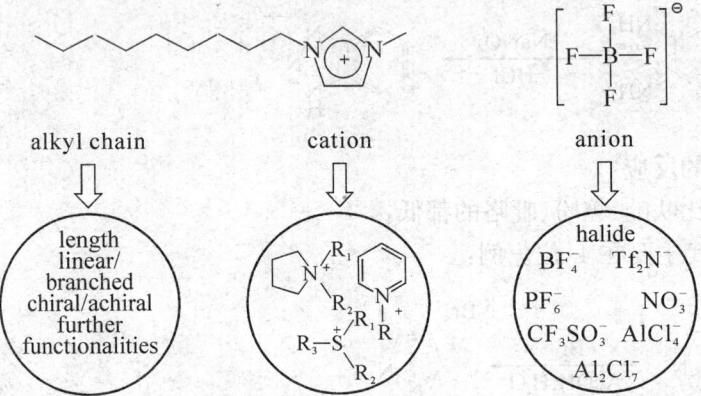

离子液体的特点：离子液体不挥发、蒸气压极低、热容大、热稳定性好、不易燃、操作安全、电化学稳定性好、导电性强，温下离子液体的粘度高（通常比传统的有机溶剂高 1~3 个数量级），溶解性好、对许多无机盐和有机物有良好的溶解性，催化性。

离子液体应用：由于离子液体所具有的独特性能，不仅用作绿色溶剂，在有机合成、催化、分离纯化、电化学等化学研究各领域获得广泛应用。

酰基咪唑：

N-酰基咪唑是吡咯的酰化试剂：

N-酰基咪唑易还原成醛：

2-位的 α-氢是活性的：

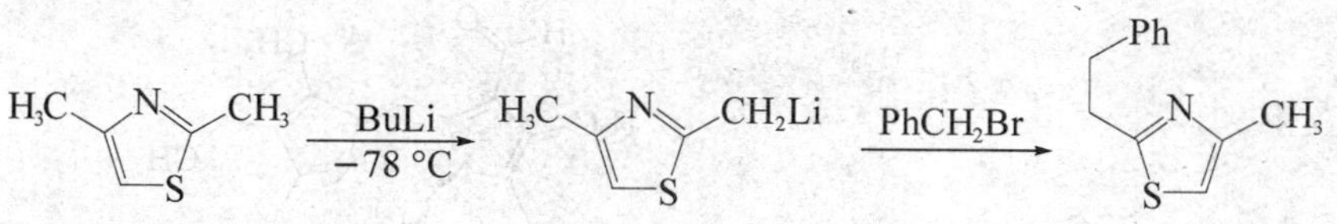

$$\text{H}_3\text{C}\underset{\text{S}}{\overset{\text{N}}{\diagdown}}\text{CH}_3 \xrightarrow[-78\ °\text{C}]{\text{BuLi}} \text{H}_3\text{C}\underset{\text{S}}{\overset{\text{N}}{\diagdown}}\text{CH}_2\text{Li} \xrightarrow{\text{PhCH}_2\text{Br}} \underset{\text{S}}{\overset{\text{N}}{\diagdown}}\text{CH}_3$$

13.1.3 五元杂环衍生物

13.1.3.1 呋喃衍生物

2-呋喃甲醛 2-furaldehyde; 2-furancarboxaldehyde; α-呋喃甲醛；糠醛 furfural

糠醛具有苯甲醛的反应：

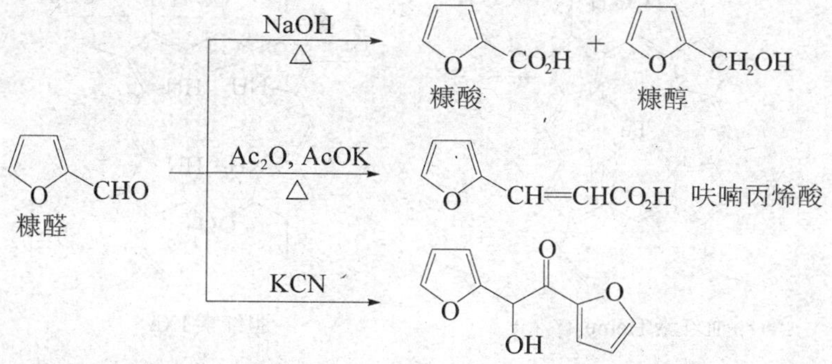

糠醛 $\xrightarrow{\text{NaOH},\ \triangle}$ 糠酸 CO_2H + 糠醇 CH_2OH

$\xrightarrow{\text{Ac}_2\text{O},\ \text{AcOK},\ \triangle}$ $\text{CH}=\text{CHCO}_2\text{H}$ 呋喃丙烯酸

$\xrightarrow{\text{KCN}}$ 呋喃偶姻 (OH, C=O, 双呋喃)

呋喃衍生物药物：

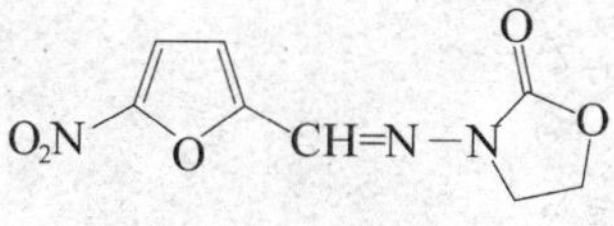

呋喃唑酮 (痢特灵) 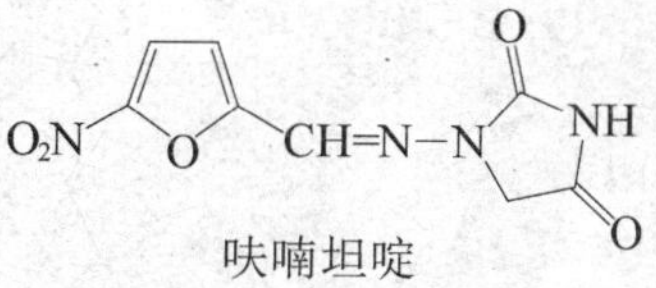　　　呋喃坦啶

13.1.3.2 吡咯衍生物

胆色素原 (porphobilinogen) 为吡咯衍生物，在生物体内，血红素、叶绿素和维生素都是以胆色素原为前体合成的。

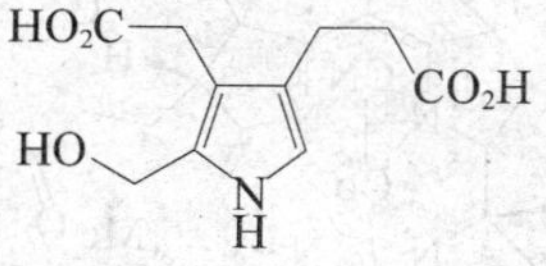

胆色素原

卟啉：卟啉类 (porphyrins) 的母体环是卟吩 (porphine)。

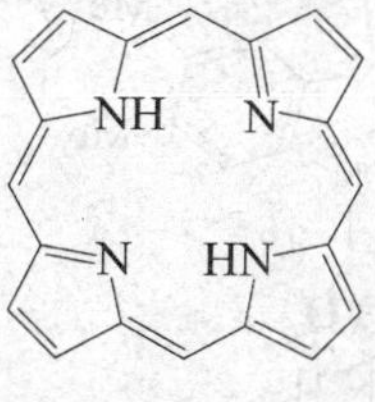

卟吩
Porphine

卟吩具有 18 个 π 电子，符合 Hückel's 规则即 $(4n+2)\pi$ 电子 $(n=4)$，因此，具有芳香性。卟啉环高度离域，结果是在可见区具有强吸收，因此，有颜色。卟啉来自希腊语 πορφύρα (*porphyra*),意即紫色(*purple*)。叶绿素、血红素和胆红素分子都含有卟啉环。

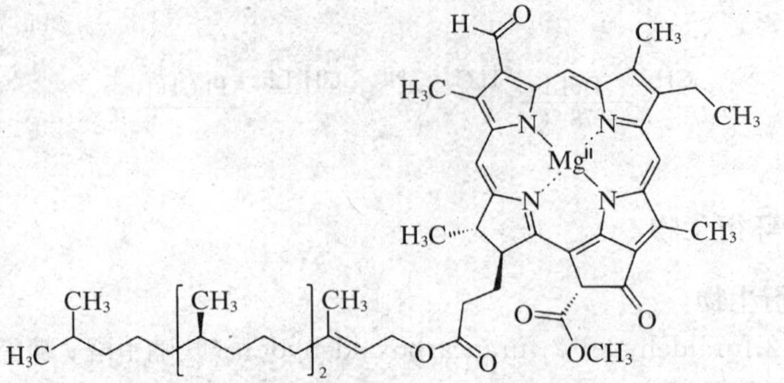

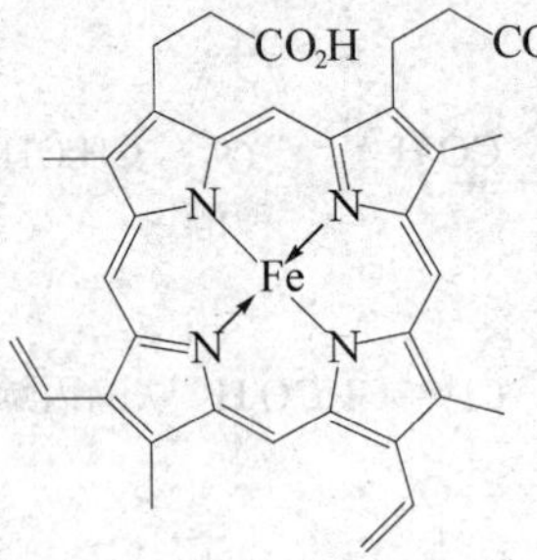

血红素 Heme

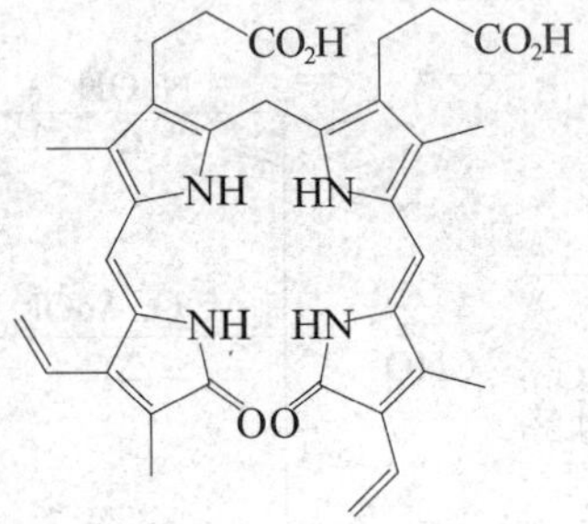

胆红素 IXa

可啉(corrin):可啉环比卟啉环少一个碳原子,维生素 B_{12} 中含有可啉环。

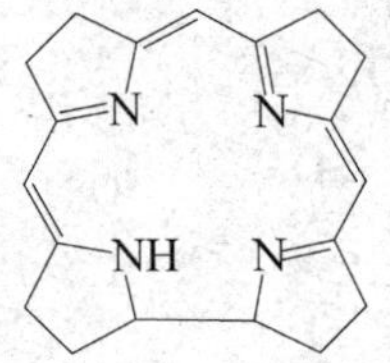

可啉 Corrin

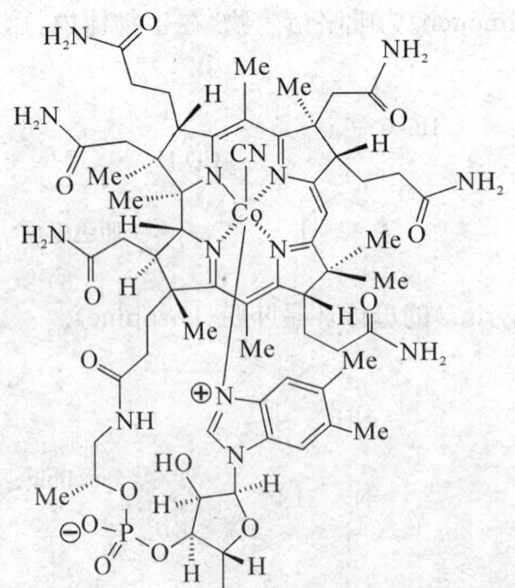

维生素 B_{12} (Woodward with Eschenmoser, 1973)

第13章 杂环化合物 Heterocyclic Compounds

酞菁（phthalocyanin）是深蓝色的大环化合物，广泛用作染料。酞菁染料多为蓝或绿色。

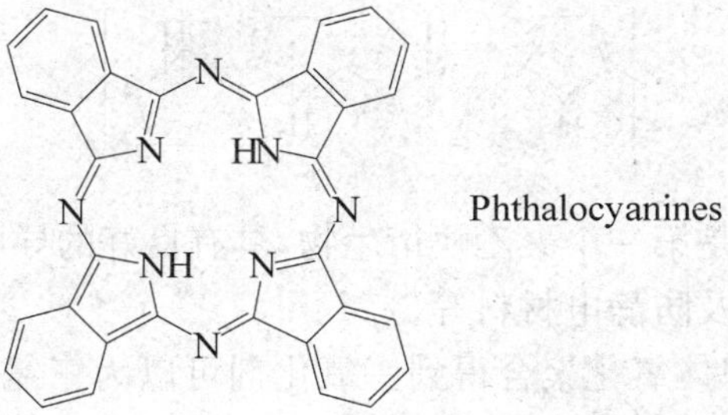

Phthalocyanines

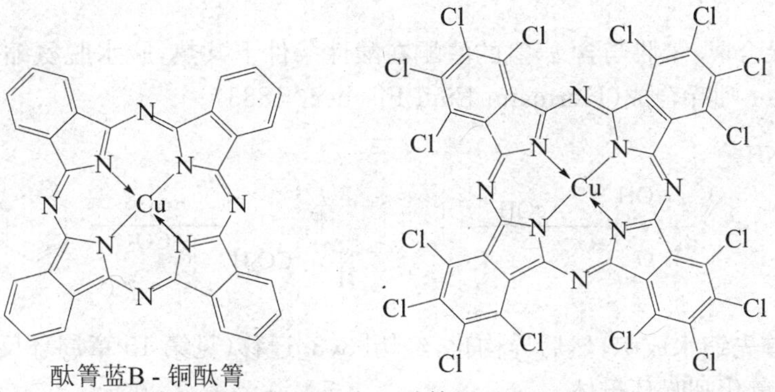

酞菁蓝B - 铜酞菁
Phthalocyanine Blue B

酞菁绿G Phthalocyanine Green G

酞菁染料颜料有色泽鲜艳、着色力强、性能稳定、耐光耐热、耐溶性好等特点，广泛应用于涂料、油墨、橡胶、塑料等行业。

酞菁除作为传统染料外，在现代科学技术领域也获得应用，如光信息存储、非线性光学材料、有机太阳能电池、有机半导体、电致发光、化学传感器、液晶显示材料等。

酞菁的合成：邻苯二甲腈在戊醇钠存在下于125℃反应生成酞菁钠。

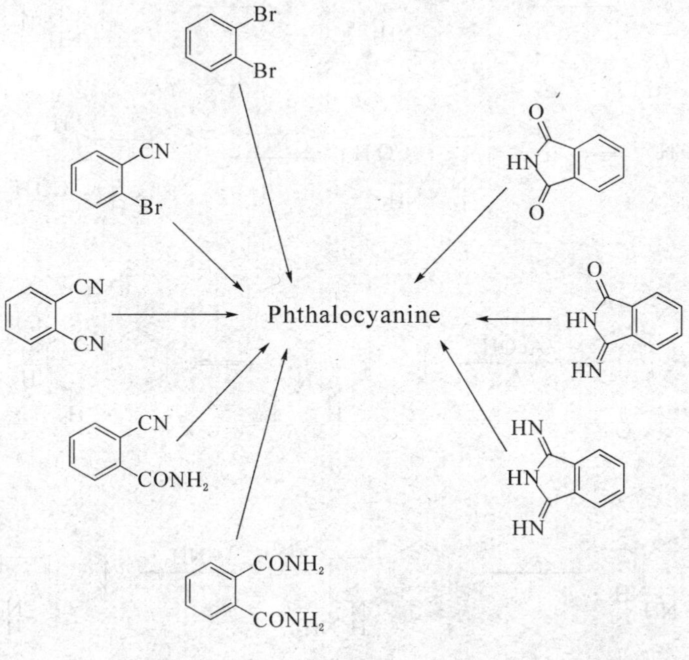

聚吡咯(polypyrrole, PPy)

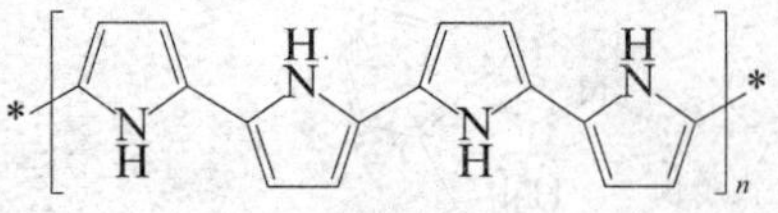

聚吡咯是导电聚合物,是第一个聚乙炔衍生物,具有良好的导电性。聚吡咯可用于气体传感、生物、离子检测、超电容及防静电材料等。

聚吡咯通常通过吡咯单体氧化聚合得到。氧化剂可以为三氯化铁、过硫酸铵等。电化学阳极氧化吡咯也用于制备聚吡咯。

13.1.3.3 吲哚

Fischer 吲哚合成:苯肼与含 α-氢的醛酮在酸性条件下共热,脱水脱氨缩合生成吲哚类化合物,称为 Fischer 吲哚合成(Hermann Emil Fischer, 1883)。

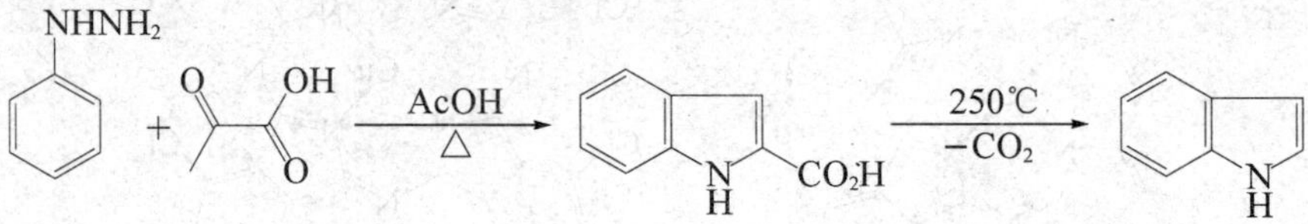

反应机理:首先缩水成腙,然后异构化,经历[3,3]迁移(见第 15 章周环反应),最后分子内加成-消去,形成氢化吲哚环母体。

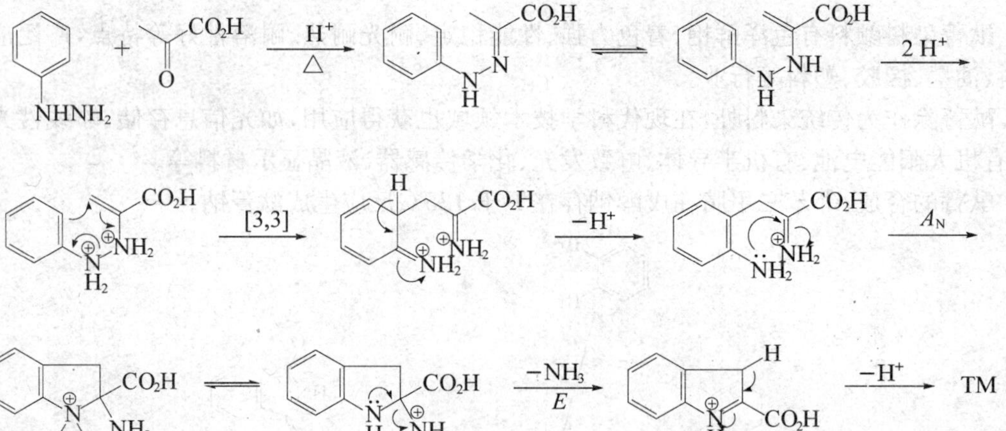

例:

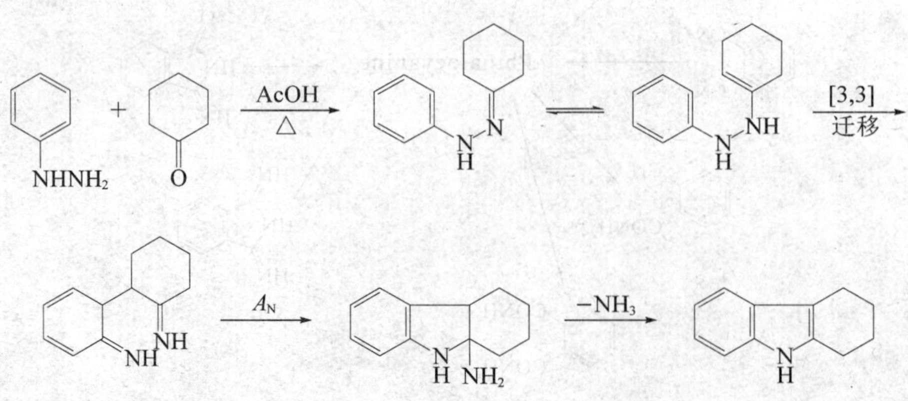

Reissert 吲哚合成(A. Reissert, 1897):

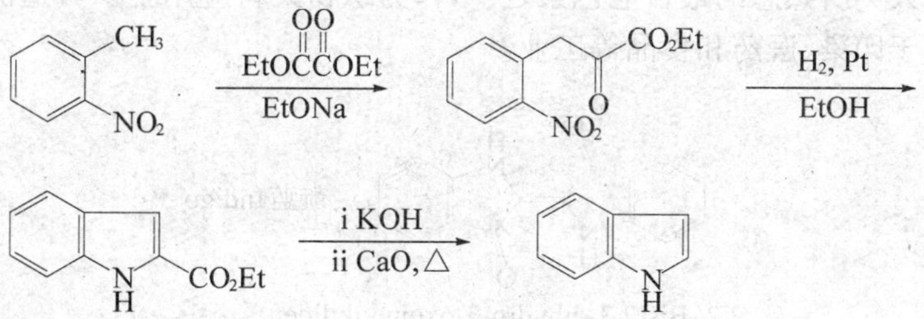

吲哚的反应:吲哚的亲电取代主要发生在 3-位。例:

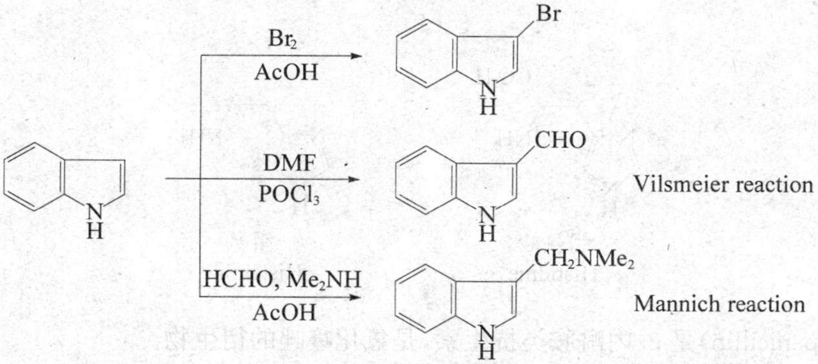

Mannich 反应产物草绿碱可以合成 β-吲哚乙酸、色氨酸(见第 14 章)。

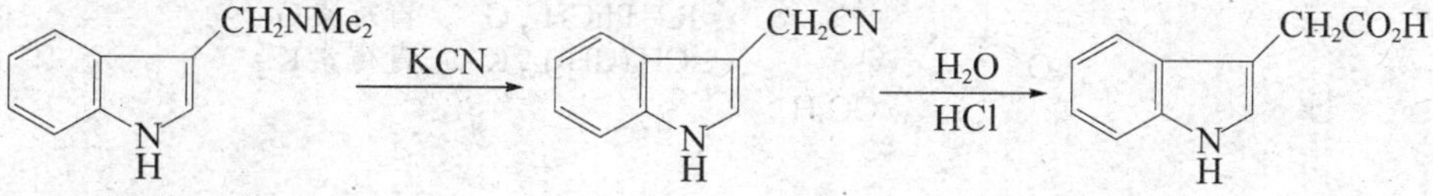

Gramine 格胺;禾草碱;
草绿碱;芦竹碱

重要的吲哚衍生物:色氨酸是必须氨基酸,也普遍存在于高等植物,是重要的生物合成前体。β-吲哚乙酸是广谱性植物生长调节剂。色氨酸脱羧生成色胺。5-羟色胺最早是从血清中发现的,又名血清素,广泛存在于哺乳动物组织中,特别在大脑皮层质及神经突触内含量很高,是一种抑制性神经递质。

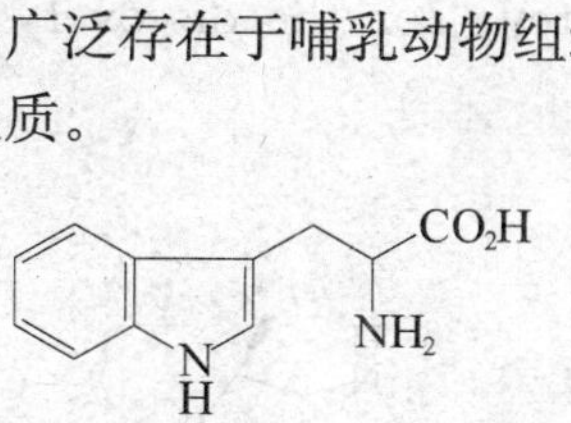

色氨酸

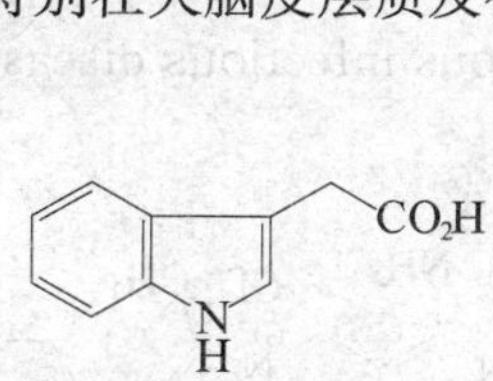

β-吲哚乙酸
(广谱性植物生长调节剂)

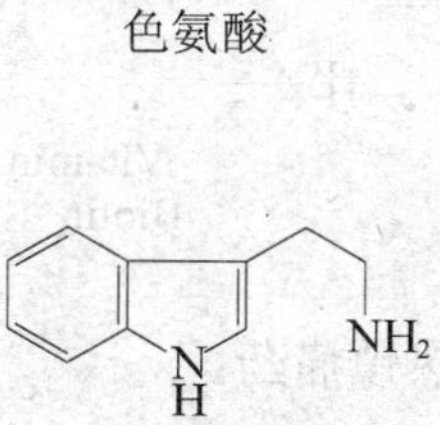

色胺

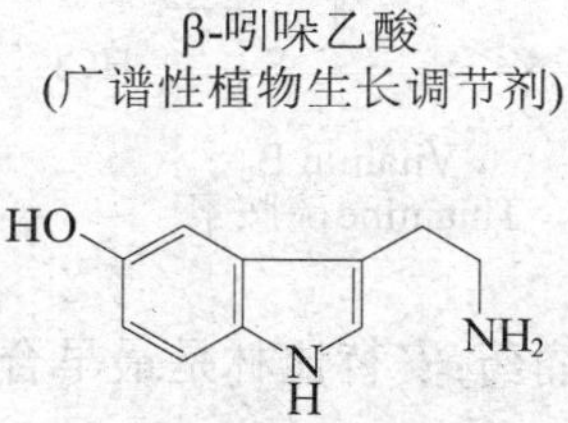

5-羟基色胺

靛蓝(indigo)，又名食用蓝、食品蓝 1 号、食用青色 2 号、酸性靛蓝、硬化靛蓝，属于非偶氮类染料。靛蓝是人类所熟悉的最古老色素之一，作为织物染料应用至少可追溯到公元前 2500 年。靛蓝广泛用于印染、医药和食品等工业。

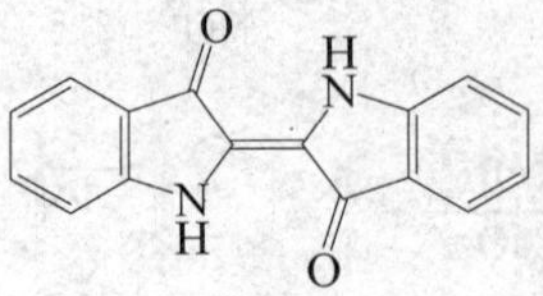

靛蓝 Indigo
2,2′-Bis(2,3-dihydro-3-oxoindolyliden)

13.1.3.4 唑系衍生物

生物分子：

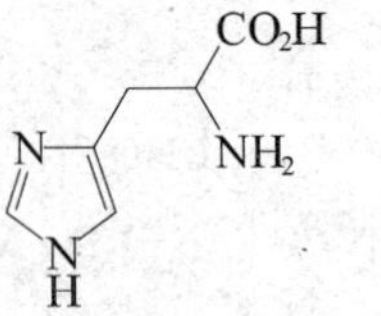

组氨酸
Histidine

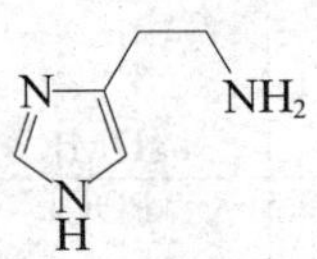

组氨
Histamine

青霉素(penicillin)是 β-内酰胺类抗生素，是氢化噻唑的衍生物。

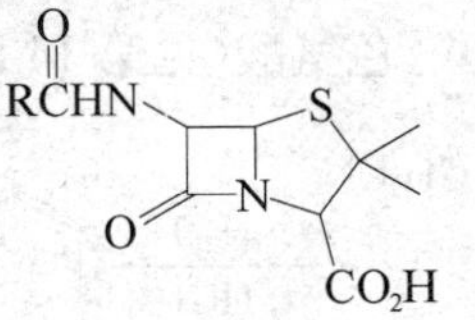

$R = PhCH_2$, G   青霉素 G
$CH_3(CH_2)_6$, K   青霉素 K

青霉素首先由 A. Fleming 发现(1928)，随后 Florey、Chain 等开展了研究。1943 年 Chain 和 Abraham 确定了其 β-内酰胺并噻唑环结构，1945 年由 X-射线衍射确证。

Fleming、Florey 和 Chain 因发现青霉素及其抗感染疗效而获 1945 年 Nobel 医学奖(The Nobel Prize in Physiology or Medicine 1945 was awarded jointly to Sir Alexander Fleming, Ernst Boris Chain and Sir Howard Walter Florey "for the discovery of penicillin and its curative effect in various infectious diseases")。

维生素：

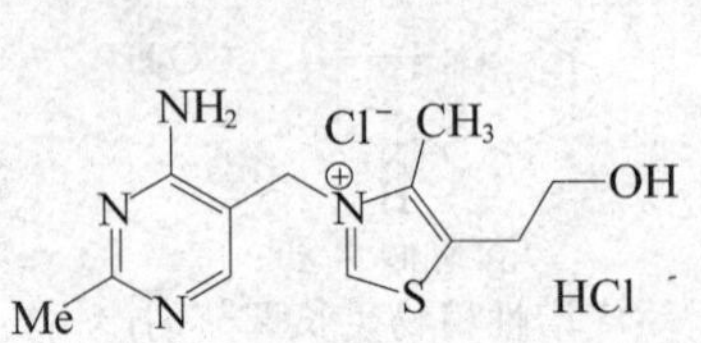

Vitamin B_1
Thiamine 硫胺素

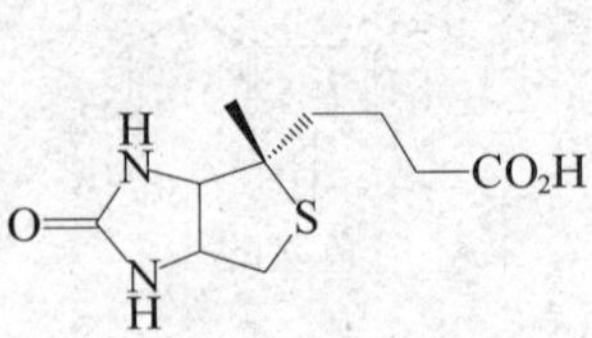

Vitamin H
Biotin 生物素

吡唑酮类解热镇痛药：安替比林是最早合成的解热镇痛药。

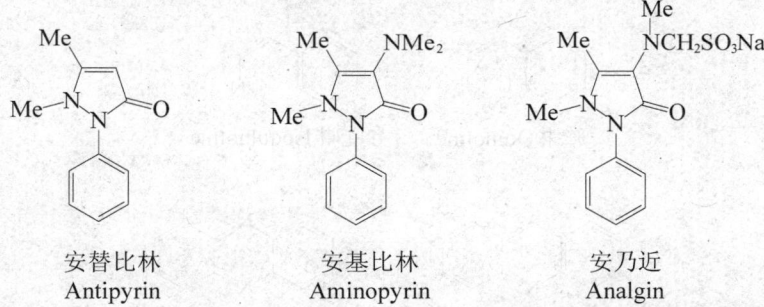

安替比林 安基比林 安乃近
Antipyrin Aminopyrin Analgin

乙酰乙酸乙酯与苯肼缩合环化、甲基化即得安替比林,1,5-二甲基-2-苯基-3-吡唑啉酮。

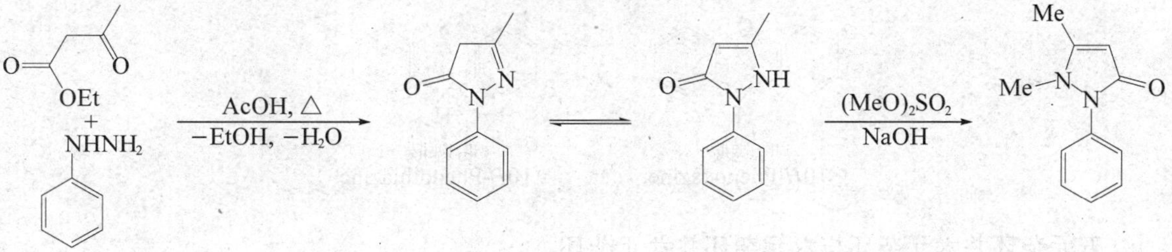

唑类杀菌剂与杀虫剂:

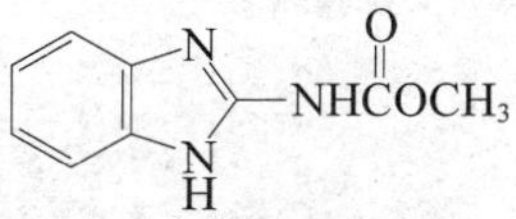

多菌灵
(广谱高效杀菌剂)

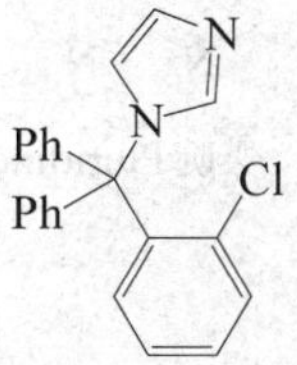

克霉唑(三苯甲咪唑)
(广谱抗真菌药)

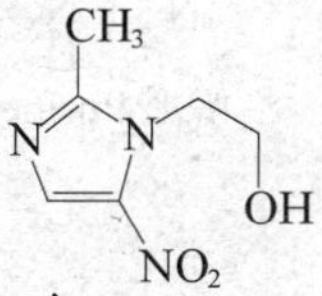

甲硝哒唑(灭滴灵)
(广谱抗厌氧菌和抗原虫药)

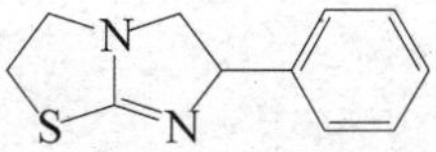

四咪唑(驱虫净)
(广谱驱虫药)

13.2 含氮六元芳杂环系

吡啶(pyridine,Py)是含氮六元杂环的母体。

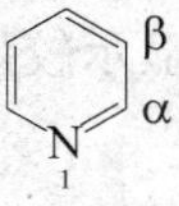

吡啶
Pyridine(Py)

含两个氮或以上的六元杂环称作嗪。
二嗪:

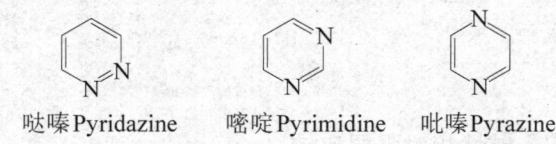

哒嗪 Pyridazine   嘧啶 Pyrimidine   吡嗪 Pyrazine

苯并吡啶：

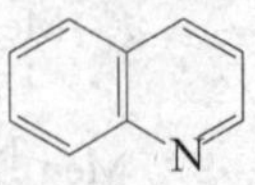

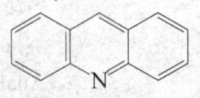

喹啉 Quinoline 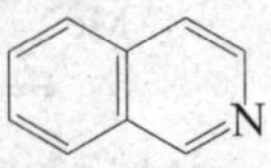   异喹啉 Isoquinoline

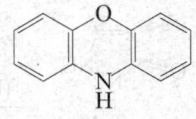 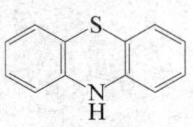

吖啶 Acridine 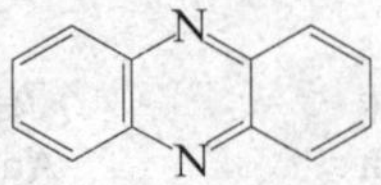   吩嗪 Phenazine

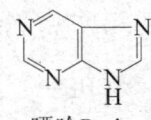 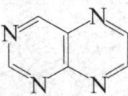

吩噁嗪 10H-Phenoxazine   吩噻嗪 10H-Phenothiazine

五元杂环并六元杂环与六元杂环并六元杂环：

 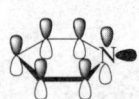

嘌呤 Purine   喋啶 Pteridine

13.2.1 吡啶

13.2.1.1 吡啶的结构

吡啶系 pyridine 之音译，常缩写作 Py。

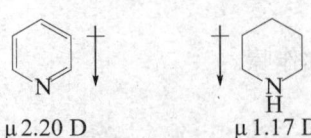

N sp^2 hybridized
孤电子对在 sp^2 杂化轨道上
lone pair in sp^2 orbital

Π_6^6

吡啶氮原子采取 sp^2 杂化，孤电子对处于 sp^2 杂化轨道上并指向环外，不参与共轭。6 个 p 轨道构成封闭的共轭体系，有 6π 电子，符合 $(4n+2)$ Hückel 规则，因此吡啶具有芳香性。

由于吡啶氮上的孤对电子不参与共轭，因此，显示较强的碱性。吡啶的极性大于其氢化物六氢吡啶，方向相同。

μ 2.20 D   μ 1.17 D

13.2.1.2 吡啶的反应

1. 碱性与亲核性

吡啶的碱性强于苯胺。碱性相对强弱比较：

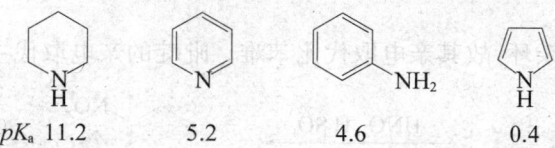

pK_a 11.2   5.2   4.6   0.4

在合成中吡啶作为碱使用，相当于叔胺。

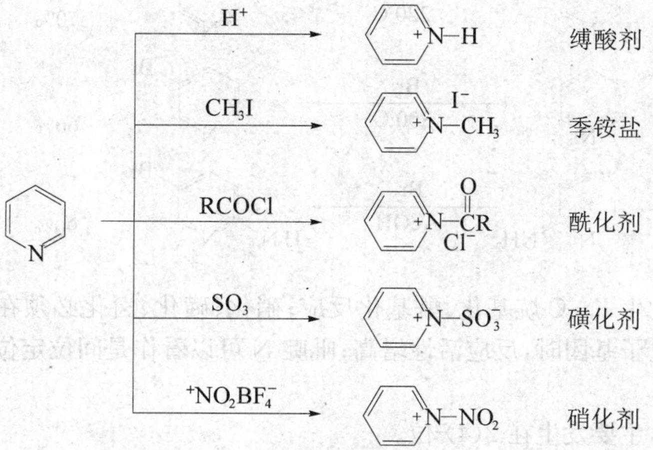

吡啶盐的用途：可作温和的磺化、硝化、卤化、烷基化、酰基化试剂。

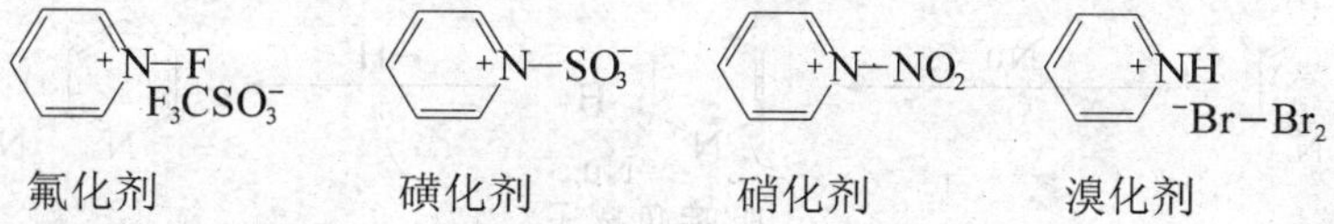

氟化剂   磺化剂   硝化剂   溴化剂

氧化剂：氧化伯仲醇成醛酮，而烯炔键不受影响。

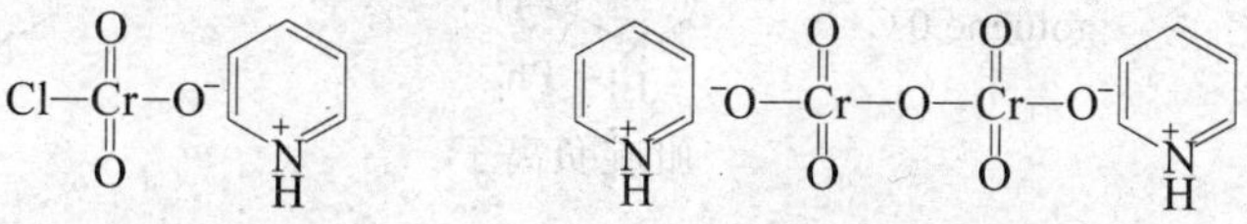

$C_5H_5NH^+ClCrO_3^-$
氯铬酸吡啶盐 PCC
Pyridinium chlorochromate
Corey-Suggs reagent

$(C_5H_5NH^+)_2Cr_2O_7^{2-}$
重铬酸吡啶盐 PDC
Pyridinium dichromate
Corey-Schmidt reagent

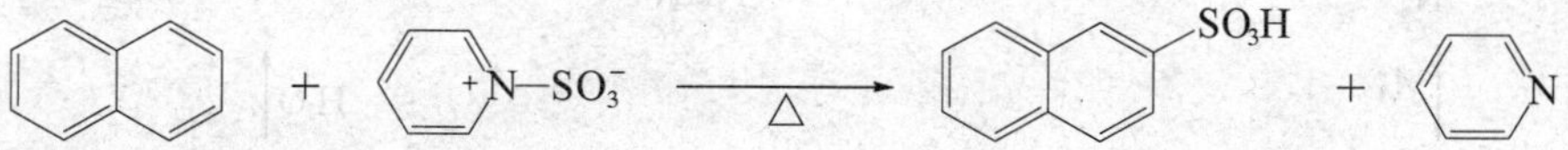

酰基吡啶盐是高活性的酰化剂：

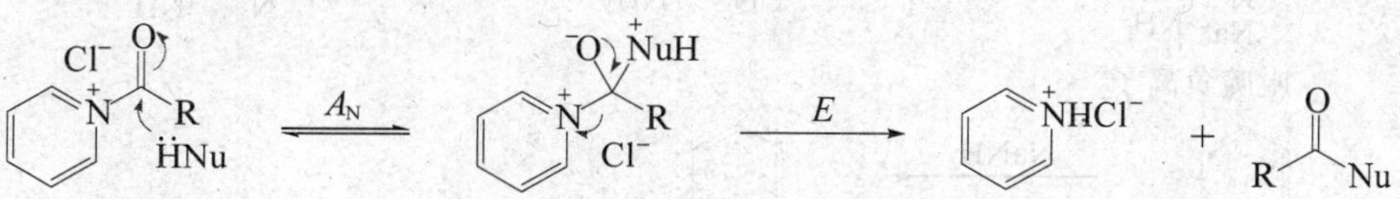

2. 亲电取代

吡啶是缺 π 电子芳杂环，故其亲电取代比苯难。吡啶的亲电取代主要发生在 3-位。例：

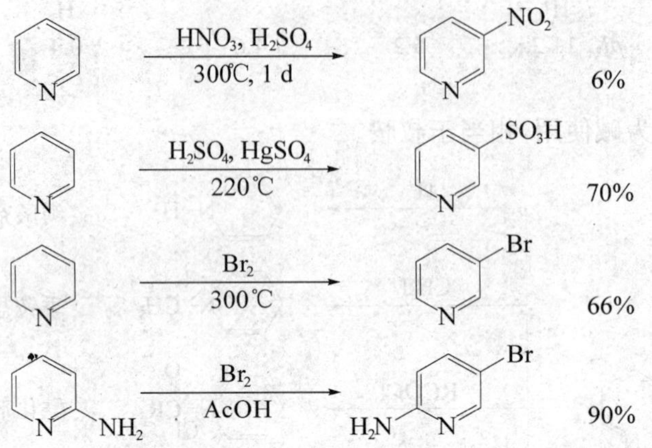

吡啶 + HNO₃, H₂SO₄ / 300℃, 1 d → 3-硝基吡啶 6%

吡啶 + H₂SO₄, HgSO₄ / 220℃ → 3-吡啶磺酸 70%

吡啶 + Br₂ / 300℃ → 3-溴吡啶 66%

2-氨基吡啶 + Br₂ / AcOH → 5-溴-2-氨基吡啶 90%

反应特点：不发生 F-C 烷基化、酰基化反应；硝化、磺化、卤化必须在强烈条件下才能发生；吡啶环上有给电子基团时，反应活性增高；吡啶 N 可以看作是间位定位基。

3. 亲核取代

亲核取代较易，主要发生在 2(4)-位。

1）强碱型亲核取代

强碱负离子亲核加成 2-位，生成吡啶负离子，然后消去氢负离子，完成取代。

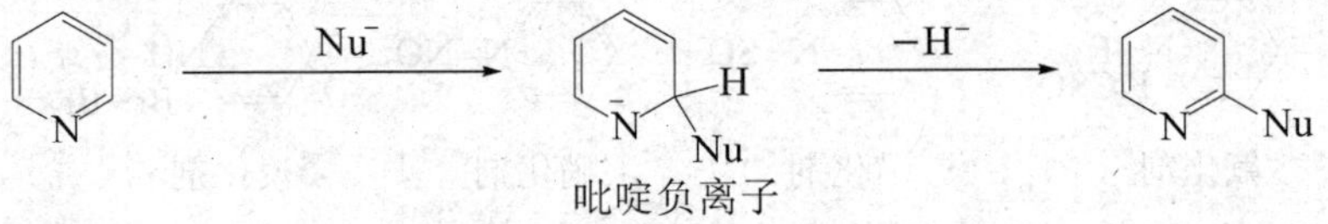

吡啶 + Nu⁻ → 吡啶负离子 → (−H⁻) → 2-Nu-吡啶

例：

吡啶 + PhLi / toluene, 0℃ → 吡啶负离子 → (−LiH) → 2-苯基吡啶

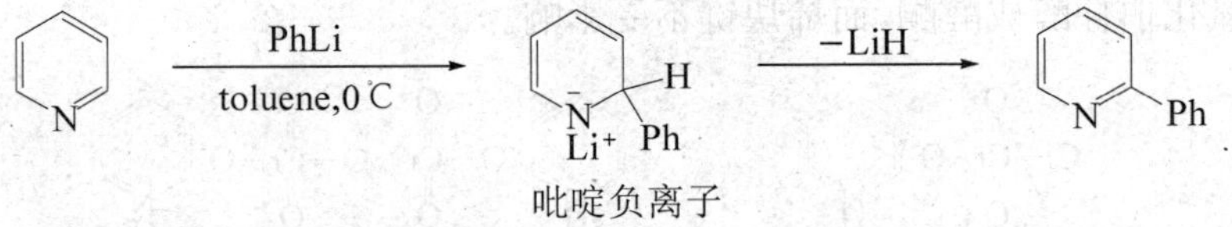

氨基化——Chichibabin 反应：吡啶与氨基钠反应，经历吡啶负离子中间体，产生氨基吡啶盐，水分解得到 2-氨基吡啶，称为 Chichibabin 反应（Aleksei Chichibabin, 1914）。

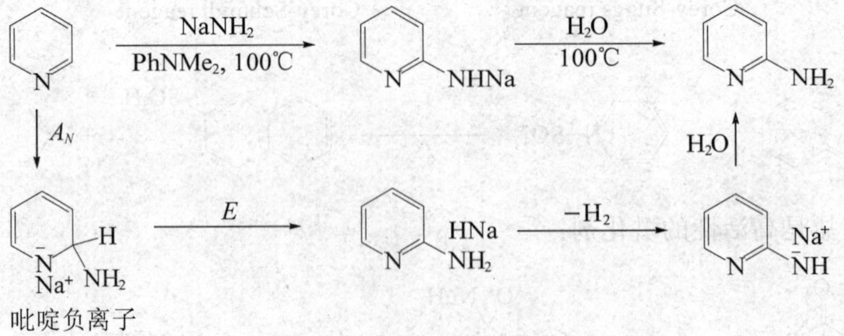

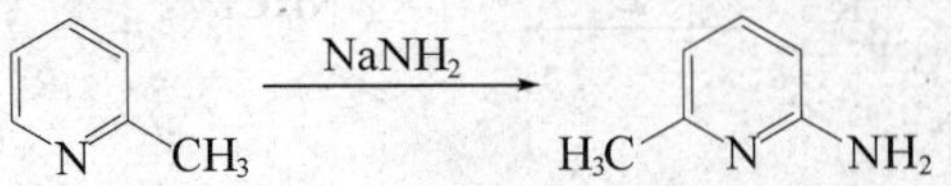

吡啶 + NaNH₂ / PhNMe₂, 100℃ → 2-NHNa-吡啶 + H₂O / 100℃ → 2-氨基吡啶

↓ A_N

吡啶负离子 →(E)→ 2-NH₂-吡啶 + HNa →(−H₂)→ 2-氨基吡啶钠盐 →(H₂O)→ 2-氨基吡啶

2-甲基吡啶 + NaNH₂ → 6-甲基-2-氨基吡啶

2) 活化芳香亲核取代

吡啶氮活化邻、对位的 X、NO₂ 等基团,使之易于离去。例:

$$\underset{}{\text{3,4-二溴吡啶}} \xrightarrow[160℃]{\text{NH}_3·\text{H}_2\text{O}} \text{4-氨基-3-溴吡啶}$$

$$\underset{74\%}{\text{2-氰基吡啶}} \xleftarrow{\text{KCN}} \text{2-氯吡啶} \xrightarrow[\text{CH}_3\text{OH}]{\text{CH}_3\text{ONa}} \underset{95\%}{\text{2-甲氧基吡啶}}$$

4. 氧化还原

还原:吡啶环较苯易还原,生成六氢吡啶(哌啶)。

$$\text{吡啶} \xrightarrow[\text{or Na/EtOH}]{\text{H}_2/\text{Pt, 25℃, 3 atm}} \text{六氢吡啶 哌啶 Piperidine}$$

哌啶显示较强的碱性,$pK_a = 11.2$,是常用的有机碱,多用于 Knoevenagel 活性亚甲基缩合、烯胺合成等,可与水混溶,bp 106℃,35% 哌啶水溶液的恒沸点为 92.8℃。哌啶也用作环氧树脂的熟化剂。

吡啶环本身不易被氧化其侧链容易被氧化成醛或羧酸。例:

$$\text{3-甲基吡啶} \xrightarrow[t\text{-BuOK, r.t.}]{\text{O}_2, \text{DMF}} \underset{\substack{\text{烟酸 nicotinic acid}\\ \text{3-吡啶甲酸; β-吡啶甲酸}}}{\text{烟酸}} \xleftarrow{\text{HNO}_3} \underset{\text{烟碱 nicotine}}{\text{烟碱}}$$

吡啶氮易氧化生成氧化吡啶:

$$\text{吡啶} \xrightarrow[\text{AcOH}]{\text{H}_2\text{O}_2} \underset{\substack{\text{氧化吡啶}\\ N\text{-氧化吡啶}}}{\text{N-氧化吡啶}}$$

吡啶 N-氧化物既可发生亲电取代也能进行亲核取代,均在 4-位。例:

$$\text{N-氧化吡啶} \xrightarrow[90℃, 4\text{ h}]{\text{HNO}_3, \text{H}_2\text{SO}_4} \underset{90\%}{\text{4-硝基-N-氧化吡啶}} \xrightarrow[\text{CHCl}_3, \triangle]{\text{PCl}_3} \underset{80\%}{\text{4-硝基吡啶}}$$

$$\text{N-氧化吡啶} \xrightarrow[\text{CH}_3\text{OH}]{\text{CH}_3\text{ONa}} \text{4-甲氧基-N-氧化吡啶} \xrightarrow[\text{DCM}]{\text{PCl}_3} \text{4-甲氧基吡啶}$$

5. α-氢的反应

2,4,6-位烷烃基的 α-氢受吡啶氮的活化,显示较强的酸性,类似于脂肪硝基的 α-氢,可以和醛酮酯发生缩合。例:

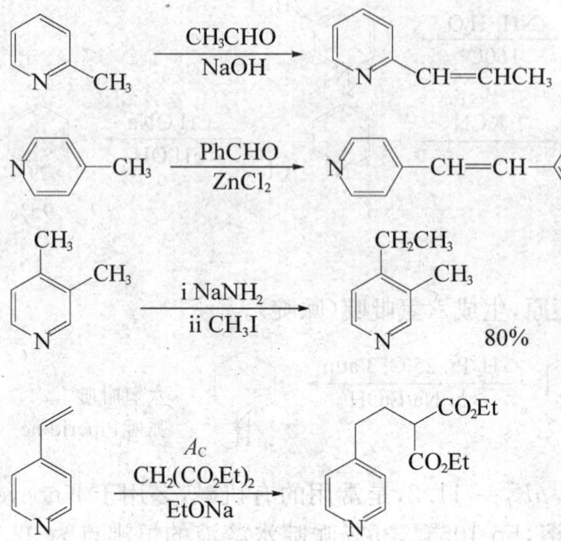

$$\text{2-甲基吡啶} \xrightarrow[\text{NaOH}]{\text{CH}_3\text{CHO}} \text{2-(丙烯基)吡啶}$$

$$\text{4-甲基吡啶} \xrightarrow[\text{ZnCl}_2]{\text{PhCHO}} \text{4-(苯乙烯基)吡啶}$$

$$\text{3,4-二甲基吡啶} \xrightarrow[\text{ii CH}_3\text{I}]{\text{i NaNH}_2} \text{3-甲基-4-乙基吡啶 80\%}$$

$$\text{4-乙烯基吡啶} \xrightarrow[\text{EtONa}]{\overset{\Delta_c}{\text{CH}_2(\text{CO}_2\text{Et})_2}} \text{加成产物}$$

N-烷基吡啶盐的侧链 α-氢更活泼。例:

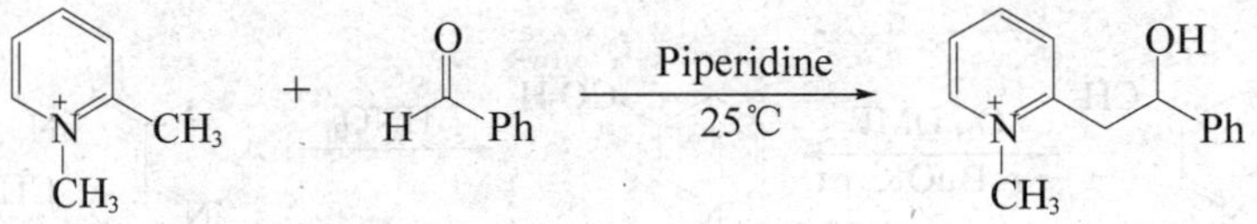

$$\text{1,2-二甲基吡啶鎓} + \text{PhCHO} \xrightarrow[25℃]{\text{Piperidine}} \text{加成产物}$$

N-烷基吡啶盐接受氢氧负离子亲核进攻,氧化得 N-甲基吡啶酮:

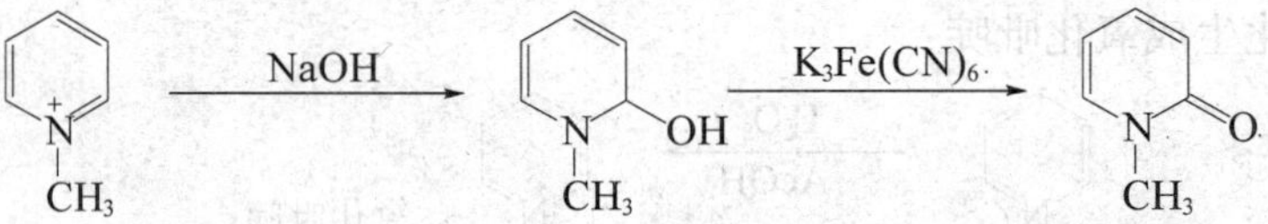

$$\text{N-甲基吡啶鎓} \xrightarrow{\text{NaOH}} \text{2-羟基中间体} \xrightarrow{\text{K}_3\text{Fe(CN)}_6} \text{N-甲基-2-吡啶酮}$$

6. 羟基吡啶与吡啶酮

2-羟基吡啶、4-羟基吡啶与相应的吡啶酮(pyridone)为互变异构:

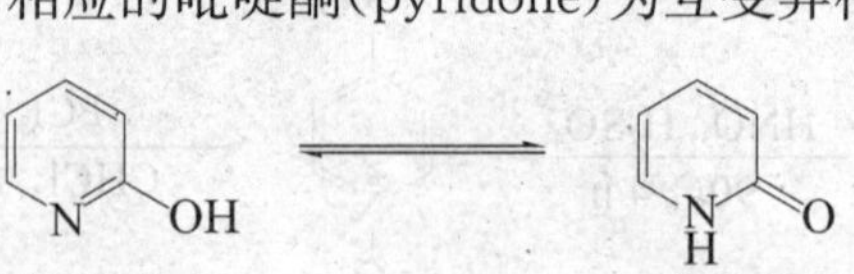

2-羟基吡啶 ⇌ 2-吡啶酮

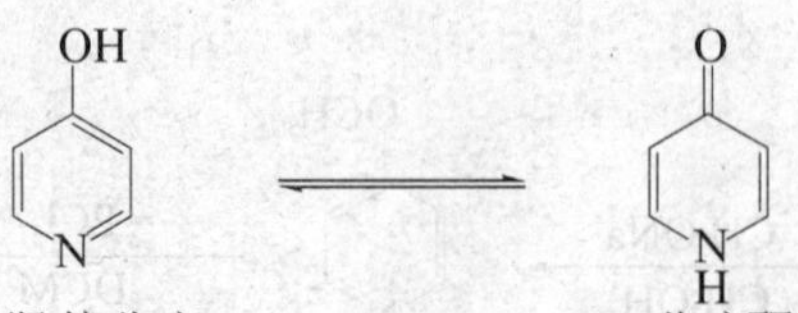

4-羟基吡啶 ⇌ 4-吡啶酮

4-硝基吡啶易水解：

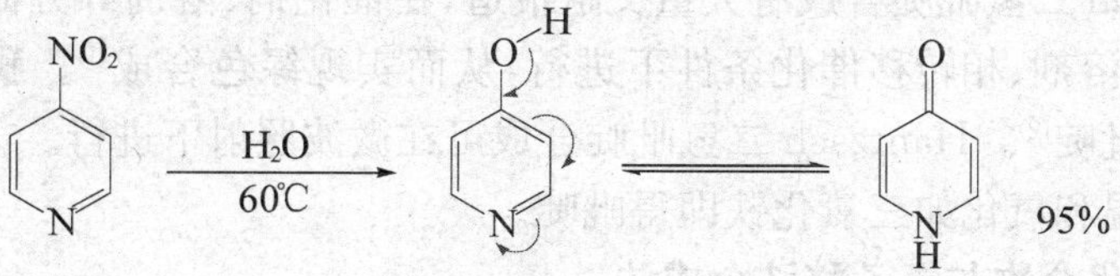

3-羟基吡啶在溶液中以两性离子存在：

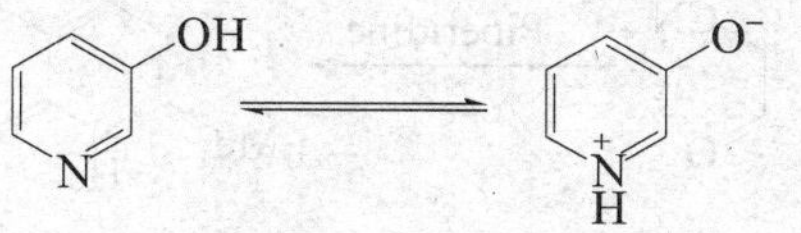

2-氨基吡啶与4-氨基吡啶亚硝化成吡啶酮：

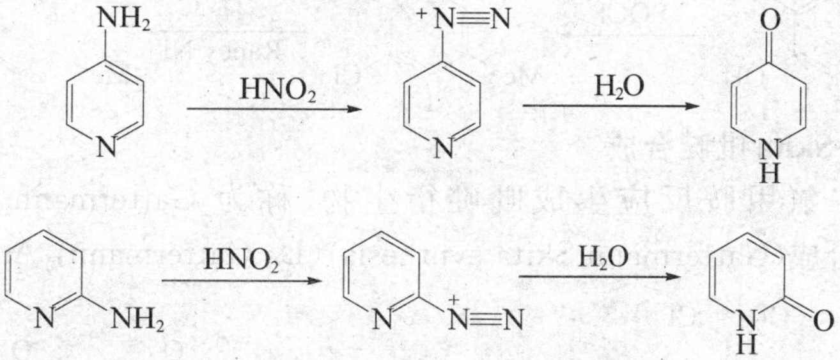

3-氨基吡啶亚硝化成重氮盐，可以偶联：

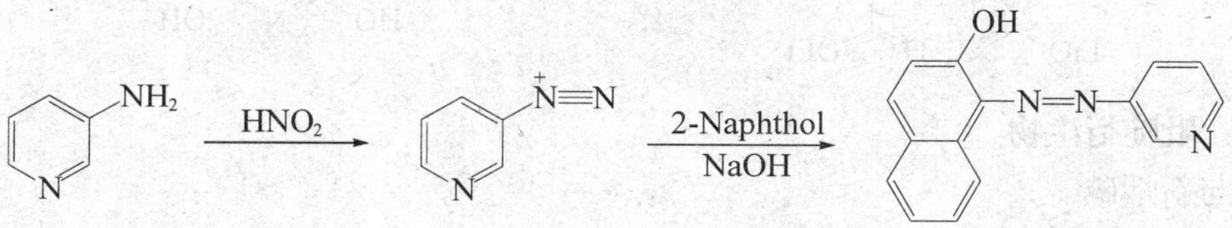

13.2.1.3 吡啶环系的合成

1. Hantzsch 二氢吡啶合成

醛、β-酮酸酯与氨经缩合、环化反应生成 1,4-二氢吡啶，称为 Hantzsch 二氢吡啶合成 (Hantzsch dihydropyridine synthesis)(Arthur Rudolf Hantzsch, 1881)。例：

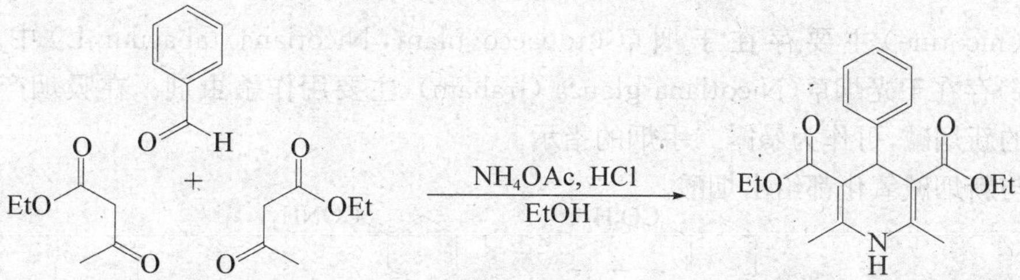

1,4-二氢吡啶是钙通道阻滞剂(calcium channel blocker, CCB)，具有抗氧化作用，用于治疗高血压、心绞痛、心律失常、缺血性心脏病等。若用邻硝基苯甲醛和乙酰乙酸甲酯，便得到硝苯地平(Nifedipine)。硝苯地平是目前的一线药物，用于预防和治疗冠心病心绞痛，特别是变异型心绞痛和冠状动脉痉挛所致心绞痛；治疗高血压，对顽固性、重度高血压也有较好疗效，可

长期服用。1,4-二氢吡啶类也是农业部首次批准在我国使用的兽药类促生长添加剂。

关于 Hantzsch 二氢吡啶合成有大量文献报道，在催化剂、溶剂等方面多有研究。我们发现，反应可在水作溶剂、相转移催化条件下进行，从而实现绿色合成[①]。我们也合成了构造不对称的1,4-二氢吡啶[②]。Hantzsch 二氢吡啶合成可在微波照射下进行。

二氢吡啶经温和氧化如三氯化铁即得吡啶。

2. β-二羰基化合物与氰乙酰胺合成法

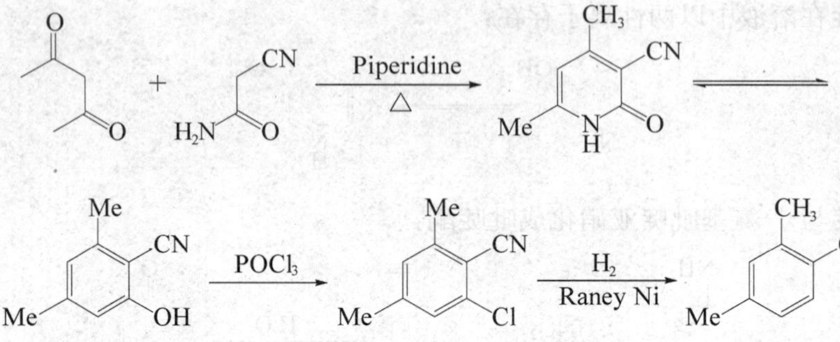

3. Gattermann-Skita 吡啶合成

丙二酸酯与二氯甲胺反应生成吡啶衍生物，称为 Gattermann-Skita 吡啶合成或 Gattermann-Skita 合成（Gattermann-Skita synthesis）(L. Gattermann，A. Skita，1916)。

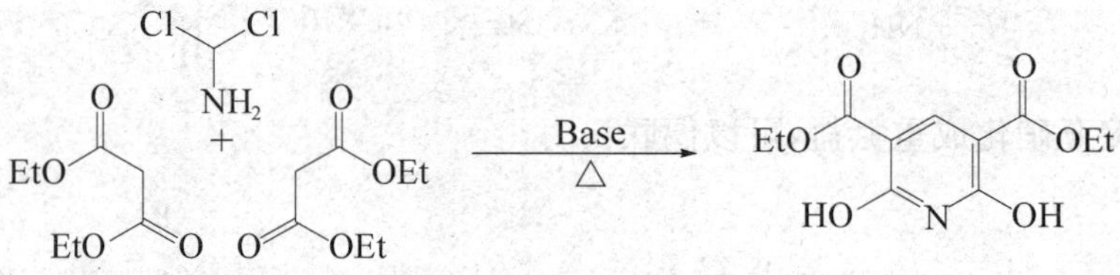

13.2.1.4 吡啶衍生物

烟碱与新烟碱

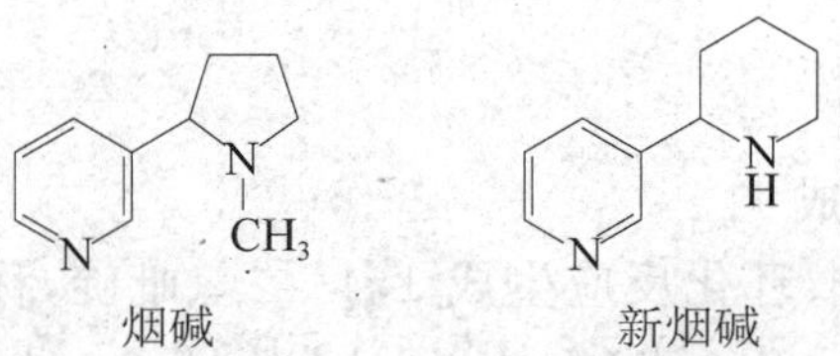

烟碱 Nicotine   新烟碱 Anabasine

烟碱（nicotine）主要存在于烟草（tobacco plant, Nicotiana tabacum L）中。新烟碱（anabasine）存在于光烟草（Nicotiana glauca Graham），主要用作杀虫剂。在吸烟产生的烟雾中有微量的新烟碱，可作为暴露二手烟的指示。

烟碱与新烟碱氧化都给出烟酸。

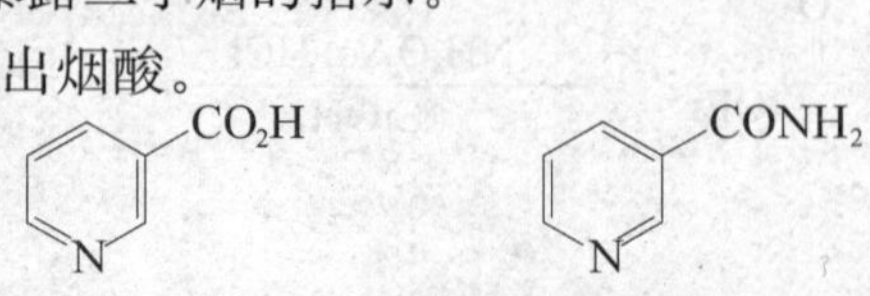

烟酸 Nicotinic acid   烟酰胺 Nicotinamide
3-Pyridinecarboxamide

---

① 滕菲. Hantzsch 反应的绿色合成研究. 硕士学位论文. 山东师范大学，济南，2008
② 王振. 不对称 Hantzsch 1,4-二氢吡啶类化合物的合成研究. 硕士学位论文. 山东师范大学，济南，2011

烟酸和烟酰胺都是维生素(vitamin B_3；vitamin PP)。

烟酰胺腺嘌呤二核苷酸(nicotinamide adenine dinucleotide，NAD)：NAD 是脱氢酶的辅酶，如乙醇脱氢酶(ADH)，用于氧化乙醇。NAD 在糖酵解、三羧酸循环和呼吸链中发挥重要作用，中间产物会将脱下的氢递给 NAD，使之成为 NADH。

NAD⁺　　　　　　　　　　　　　　　　　　NADH

Nicotinamide-adenine dinucleotide　　reduced form of nicotinamide-adenine dinucleotide

烟酰胺-腺嘌呤二核苷酸　　还原型烟酰胺-腺嘌呤二核苷酸(辅酶还原态)

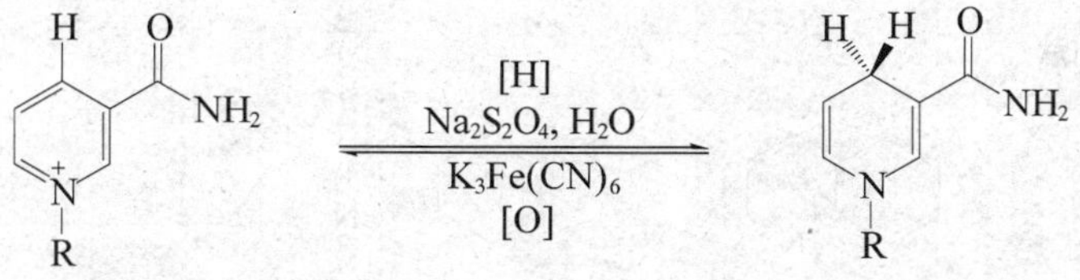

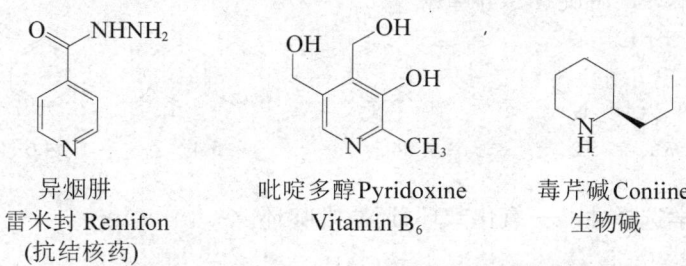

异烟肼
雷米封 Remifon
(抗结核药)

吡啶多醇 Pyridoxine
Vitamin B_6

毒芹碱 Coniine
生物碱

2,2′-联吡啶是良好的双齿配体，可以和很多金属离子形成配合物，用于分离分析、分子识别与超分子组装。2,2′-联吡啶与钌和铂的配合物具有很强的发光性能，可能有潜在应用。

4,4′-联吡啶(4,4′-bipyridine)用于有机合成、医药中间体、液晶材料等。

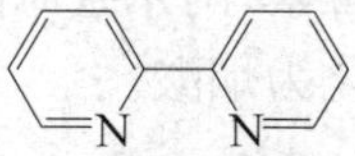

2,2'-联吡啶
2,2'-Bipyridine

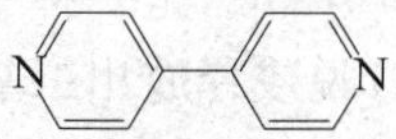

4,4'-联吡啶
4,4'-Bipyridine

紫精(viogogen)用于特殊变色材料等，甲基紫精是非选择性接触性除草剂。

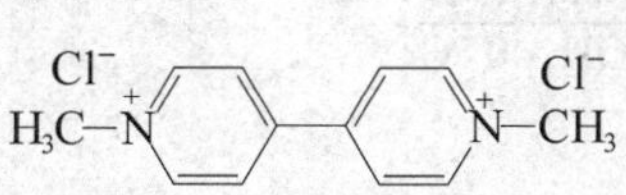

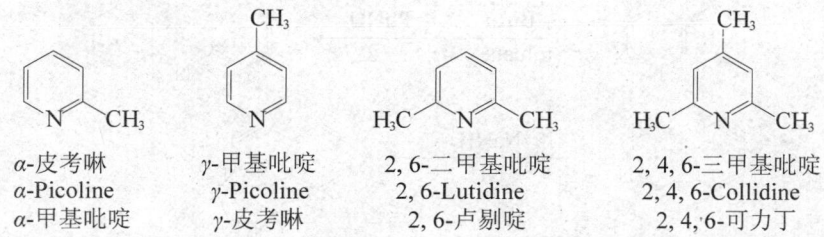

紫精
methyl viologen dichloride
1,1'-dimethyl-4,4'-bipyridinium dichloride

甲基吡啶在有机合成中用作碱试剂。

α-皮考啉
α-Picoline
α-甲基吡啶

γ-甲基吡啶
γ-Picoline
γ-皮考啉

2, 6-二甲基吡啶
2, 6-Lutidine
2, 6-卢剔啶

2, 4, 6-三甲基吡啶
2, 4, 6-Collidine
2, 4, 6-可力丁

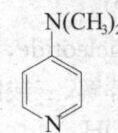

4-二甲氨基吡啶
4-Dimethylaminopyridine
DMAP

13.2.2 喹啉和异喹啉

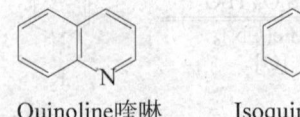

Quinoline 喹啉 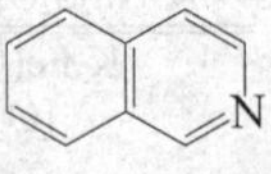   Isoquinoline 异喹啉

13.2.2.1 喹啉和异喹啉的反应

碱性强弱：喹啉 < 吡啶 < 异喹啉

	吡啶	喹啉	异喹啉	吡啶
pK_a	5.2	4.94	5.4	4.6

氧化还原：化学选择性——氧化苯环，还原吡啶环。

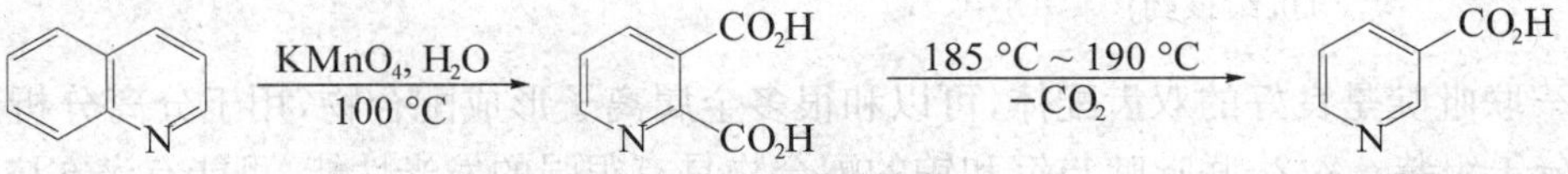

喹啉 $\xrightarrow{KMnO_4, H_2O}{100\ ^\circ C}$ 2,3-吡啶二甲酸 $\xrightarrow{185\ ^\circ C \sim 190\ ^\circ C}{-CO_2}$ 烟酸

2,3-吡啶二羧酸,俗称喹啉酸,是一种中枢神经毒素,阿尔兹海默症、帕金森症等都与其有关。遇强热(185℃～190℃)脱羧释放出二氧化碳转化为烟酸。

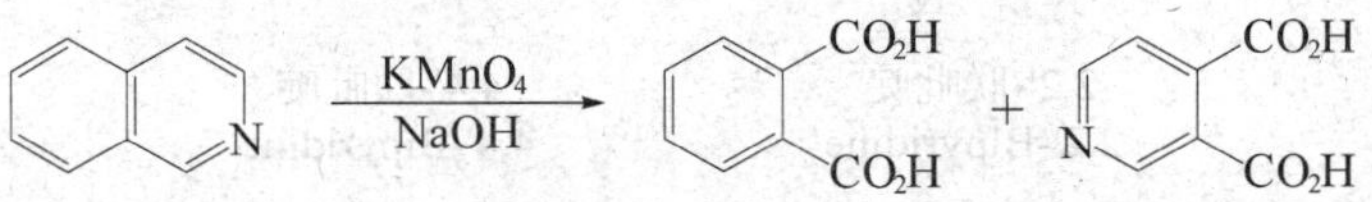

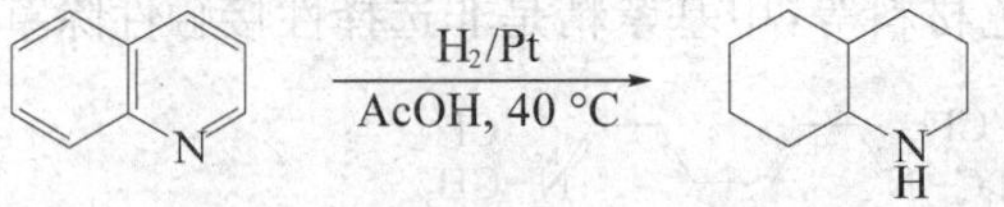

异喹啉 $\xrightarrow{KMnO_4}{NaOH}$ 邻苯二甲酸 + 3,4-吡啶二甲酸

喹啉 $\xrightarrow{H_2/Pt}{AcOH, 40\ ^\circ C}$ 十氢喹啉

亲核取代反应：

2-氯喹啉 $\xrightarrow{EtONa}{EtOH, \triangle}$ 2-乙氧基喹啉

喹啉 $\xrightarrow{BuLi}{toluene}$ $\xrightarrow{PhNO_2}{\triangle}$ 2-丁基喹啉

异喹啉 $\xrightarrow{NaNH_2}{NH_3}$ 1-氨基异喹啉

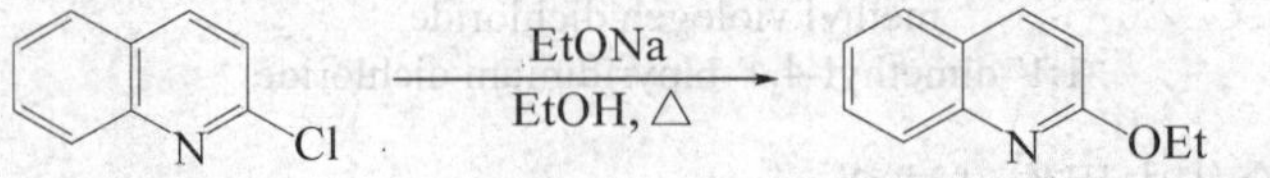

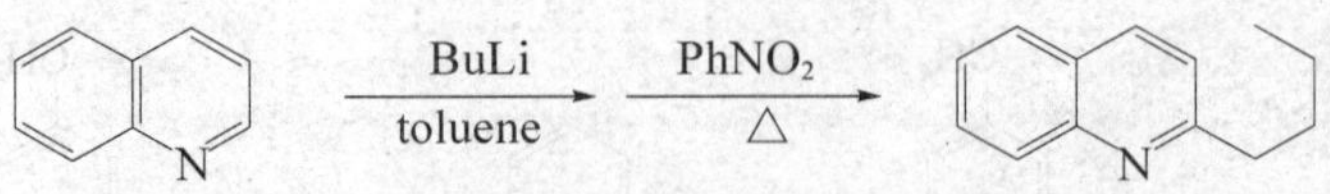

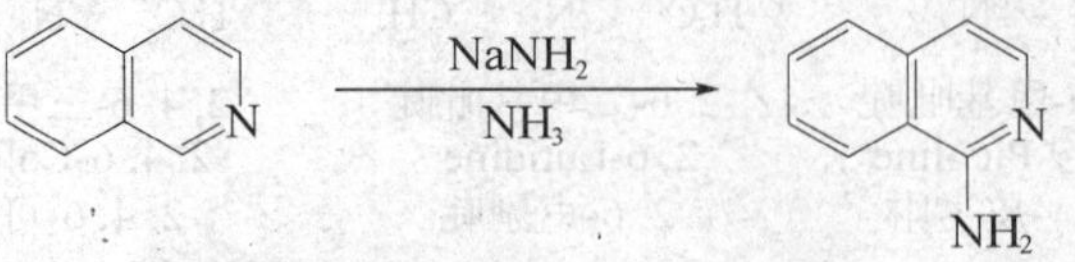

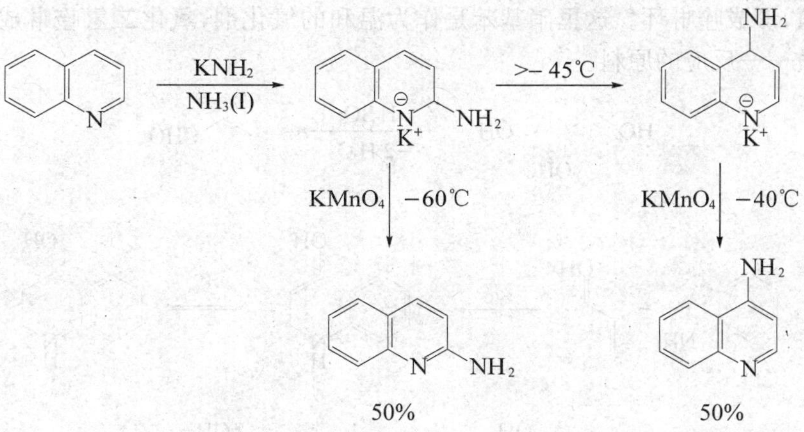

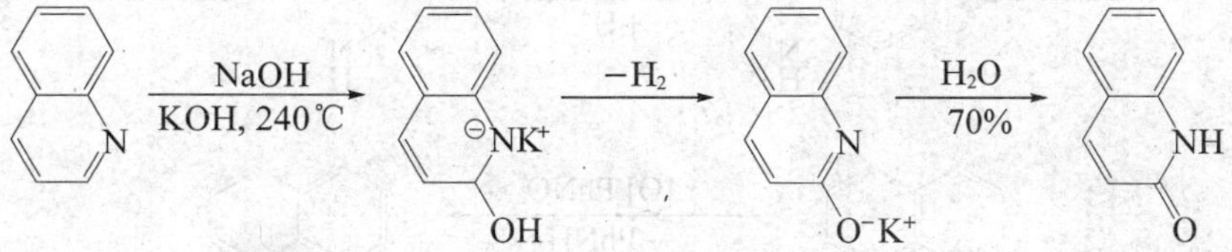

[反应式图略]

侧链 α-氢的反应——缩合:

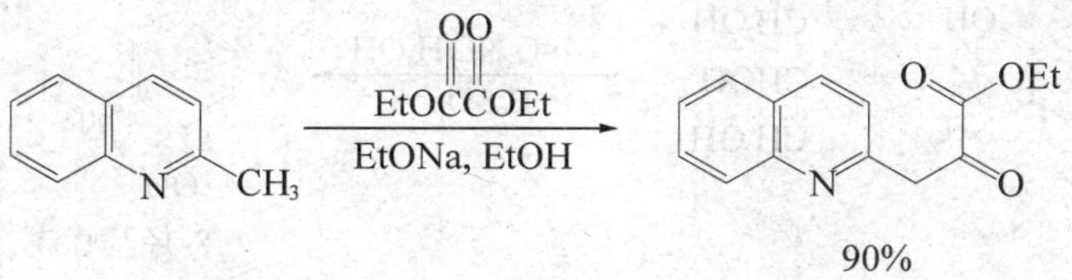

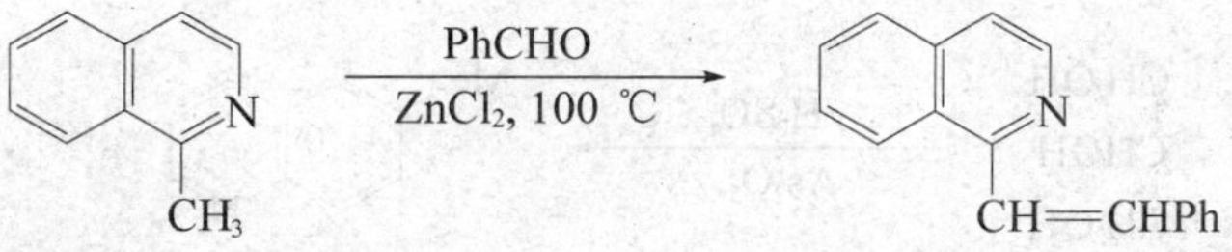

[反应式图略]

13.2.2.2 喹啉和异喹啉的合成
1. 喹啉合成
Skraup 喹啉合成:苯胺、甘油与硫酸在硝基苯存在下共热生成喹啉,此即 Skraup 喹啉合成(Z. H. Skraup,1880)。

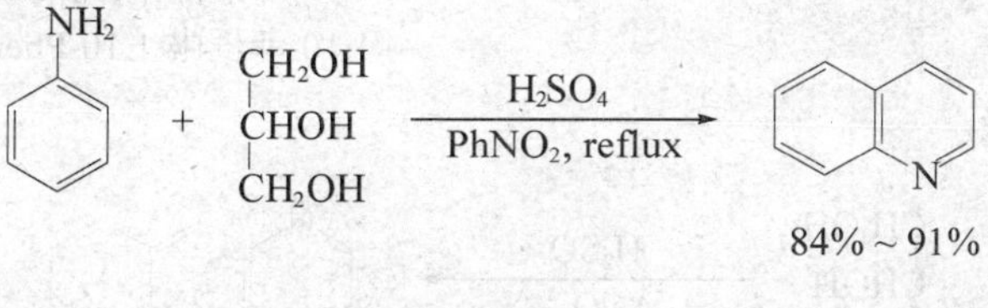

[反应式图略]

Skraup 合成反应机理:甘油在硫酸作用下遇热脱水产生丙烯醛,后者与苯胺发生共轭加成,然后醛羰基作为亲电试剂与苯环发生亲电取代——苯环提供电子向羰基碳亲核进攻环化,对苯环来说是亲电加成,然后消去质子恢复芳环。产生的醇羟基质子化脱水产生碳-碳双键。

最后氧化脱氢，形成喹啉环。这里硝基苯是作为温和的氧化剂，氧化二氢喹啉成为喹啉，本身被还原成苯胺——反应的原料。

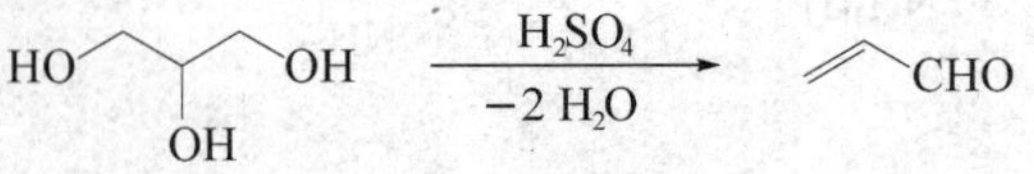

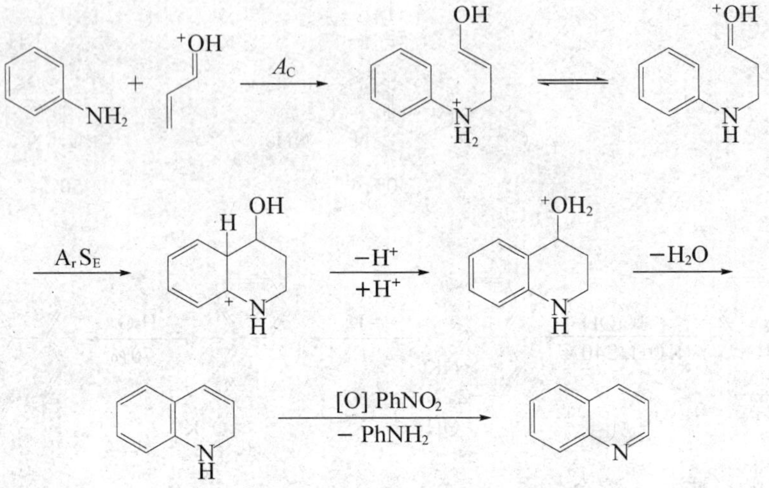

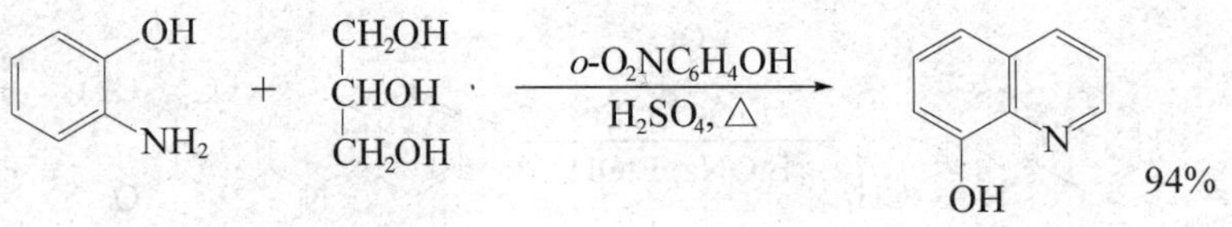

$$HOCH_2CH(OH)CH_2OH \xrightarrow[-2\,H_2O]{H_2SO_4} CH_2=CHCHO$$

$$PhNH_2 + {}^{+}OH\text{-CH=CH-CH}_2 \xrightarrow{A_C} \text{[中间体]} \rightleftharpoons \text{[烯醇式异构]}$$

$$\xrightarrow{A_rS_E} \text{[四氢喹啉-4-醇中间体]} \xrightarrow[+H^+]{-H^+} \text{[质子化]} \xrightarrow{-H_2O}$$

$$\text{[1,2-二氢喹啉]} \xrightarrow[-PhNH_2]{[O]\ PhNO_2} \text{喹啉}$$

$$\text{邻氨基苯酚} + \text{甘油} \xrightarrow[H_2SO_4, \triangle]{o\text{-}O_2NC_6H_4OH} \text{8-羟基喹啉}\quad 94\%$$

可使用通用氧化剂五氧化二砷代替相应的硝基化合物。例：

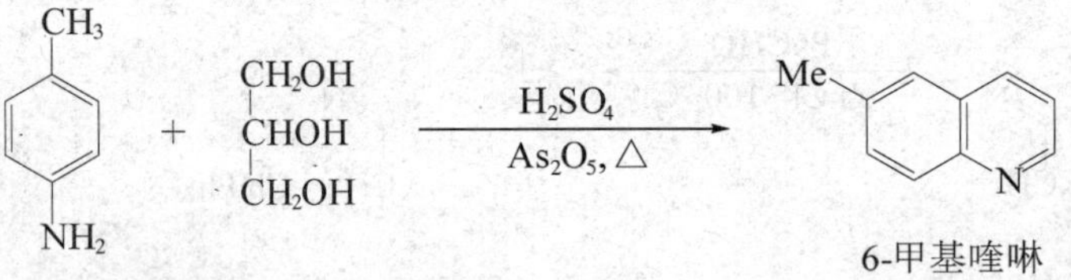

$$\text{对甲苯胺} + \text{甘油} \xrightarrow[As_2O_5, \triangle]{H_2SO_4} \text{6-甲基喹啉}$$

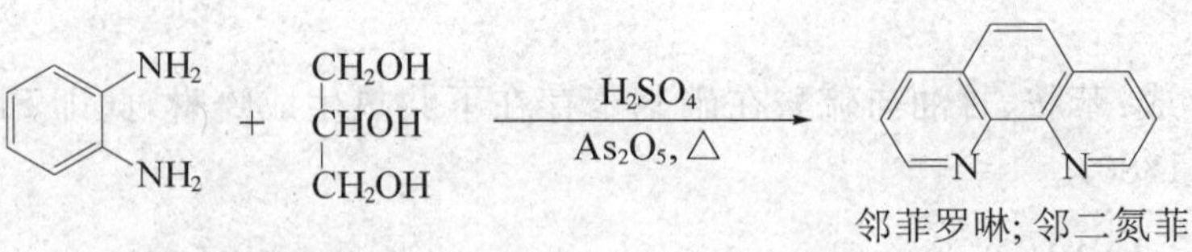

$$\text{邻苯二胺} + \text{甘油} \xrightarrow[As_2O_5, \triangle]{H_2SO_4} \text{邻菲罗啉；邻二氮菲}\\ \text{1,10-菲罗啉 1,10-Phenanthroline}$$

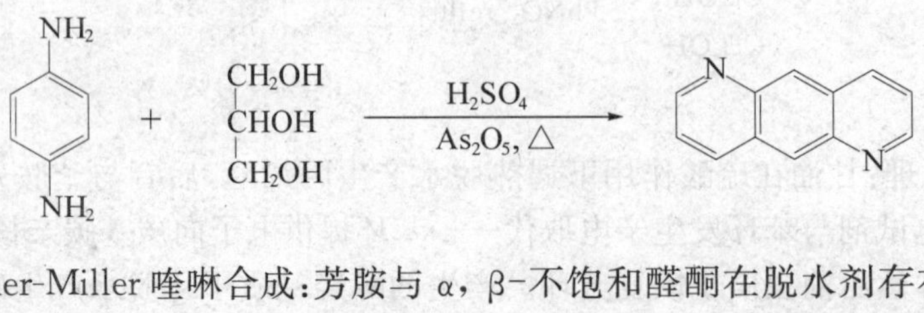

$$\text{对苯二胺} + \text{甘油} \xrightarrow[As_2O_5, \triangle]{H_2SO_4} \text{[1,6-萘啶类产物]}$$

Doebner-Miller 喹啉合成：芳胺与 α，β-不饱和醛酮在脱水剂存在下反应生成喹啉衍生物,称为 Doebner - Miller 合成(Oscar Doebner, Wilhelm von Miller, 1887)。例:

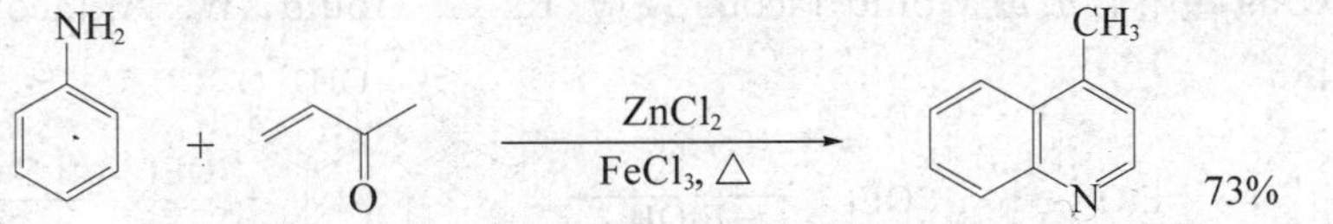

PhNH$_2$ + CH$_2$=C(CH$_3$)—CO— $\xrightarrow{\text{ZnCl}_2, \text{FeCl}_3, \triangle}$ 4-甲基喹啉 73%

Baeyer 喹啉合成:若 α,β-不饱和醛酮是在反应中生成(in situ),则称为 Baeyer 喹啉合成法。例:

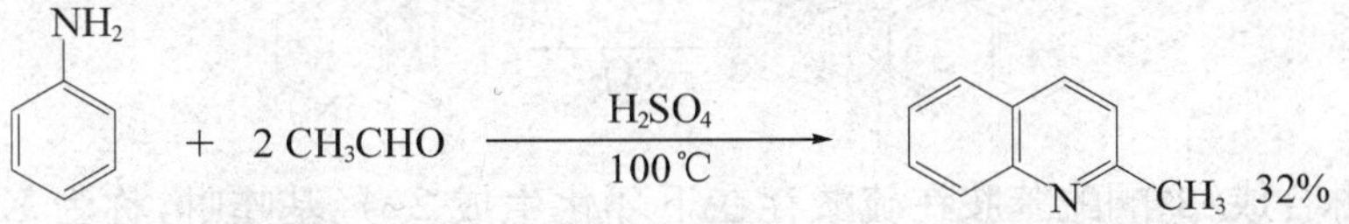

PhNH$_2$ + 2 CH$_3$CHO $\xrightarrow[100℃]{\text{H}_2\text{SO}_4}$ 2-甲基喹啉 32%

Friedländer 喹啉合成:邻氨基苯甲醛或苯乙酮与醛酮缩合,脱水生成喹啉衍生物,称为 Friedländer 喹啉合成(Paul Friedländer, 1882)。例:

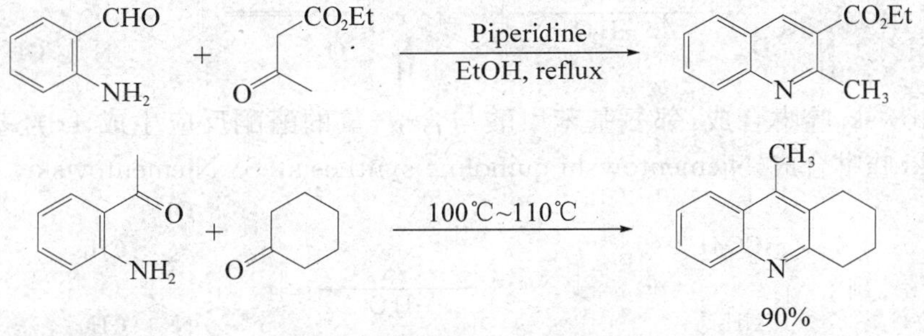

邻氨基苯甲醛 + CH$_3$COCH$_2$CO$_2$Et $\xrightarrow[\text{EtOH, reflux}]{\text{Piperidine}}$ 2-甲基-3-乙氧羰基喹啉

邻氨基苯乙酮 + 环己酮 $\xrightarrow{100℃\sim110℃}$ 9-甲基-1,2,3,4-四氢吖啶 90%

Combes 喹啉合成:苯胺、β-二酮在硫酸存在下共热生成喹啉衍生物,称为 Combes 喹啉合成(Combes quinoline synthesis)(A. Combes, 1888)。例:

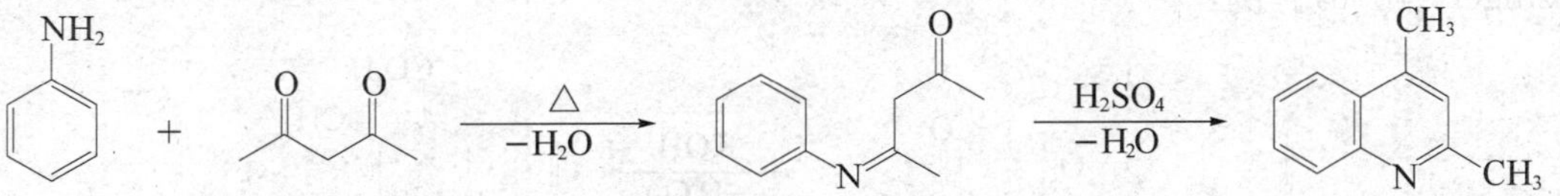

PhNH$_2$ + CH$_3$COCH$_2$COCH$_3$ $\xrightarrow[-\text{H}_2\text{O}]{\triangle}$ PhN=C(CH$_3$)CH$_2$COCH$_3$ $\xrightarrow[-\text{H}_2\text{O}]{\text{H}_2\text{SO}_4}$ 2,4-二甲基喹啉

Doebner 喹啉合成:芳胺、醛和丙酮酸反应生成喹啉-4-羧酸,称为 Doebner 喹啉合成或 Doebner 反应(Oscar Doebner, 1887)。例:

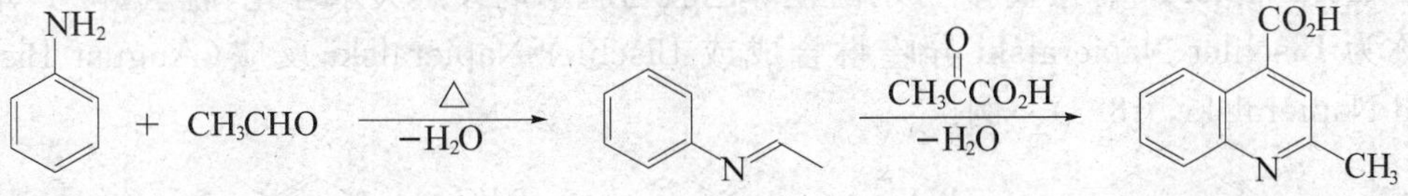

PhNH$_2$ + CH$_3$CHO $\xrightarrow[-\text{H}_2\text{O}]{\triangle}$ PhN=CHCH$_3$ $\xrightarrow[-\text{H}_2\text{O}]{\text{CH}_3\text{COCO}_2\text{H}}$ 2-甲基喹啉-4-羧酸

Conrad-Limpach 喹啉合成:苯胺与 β-酮酸酯在硫酸存在下反应生成喹啉衍生物,称为 Conrad-Limpach 喹啉合成或 Conrad-Limpach 合成(Max Conrad, Leonhard Limpach, 1887)。例:

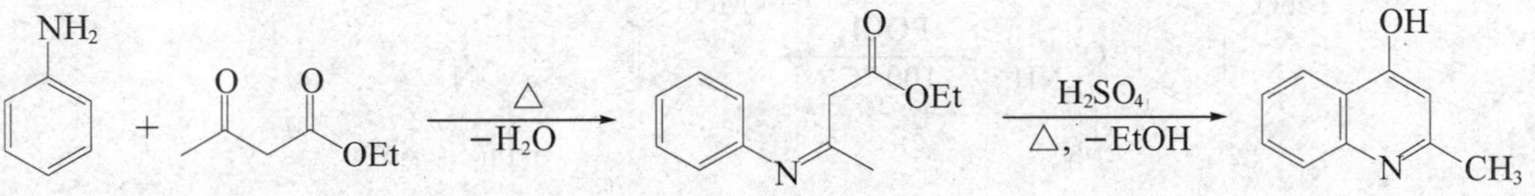

PhNH$_2$ + CH$_3$COCH$_2$CO$_2$Et $\xrightarrow[-\text{H}_2\text{O}]{\triangle}$ PhN=C(CH$_3$)CH$_2$CO$_2$Et $\xrightarrow[\triangle, -\text{EtOH}]{\text{H}_2\text{SO}_4}$ 4-羟基-2-甲基喹啉

Gould-Jacobs 喹啉合成：苯胺或其衍生物与乙氧亚甲基丙二酸酯反应生成 4-羟基喹啉，称为 Gould-Jacobs 喹啉合成或 Gould-Jacobs 反应(R. G. Gould，W. A. Jacobs，1939)。例：

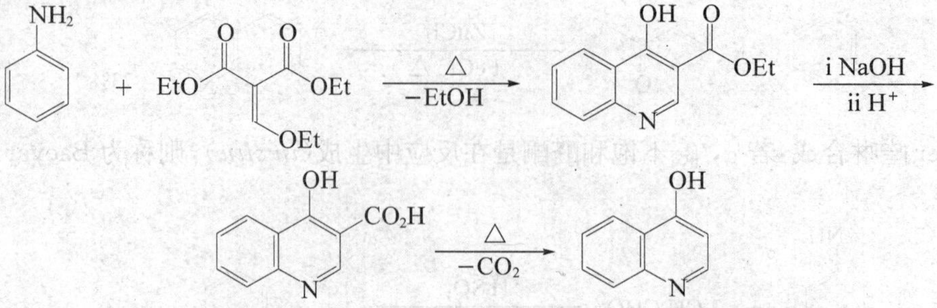

Knorr 喹啉合成：β-酮酰苯胺在硫酸存在下环化生成 2-羟基喹啉，称为 Knorr 喹啉合成(Knorr quinoline synthesis，Ludwig Knorr，1886)。例：

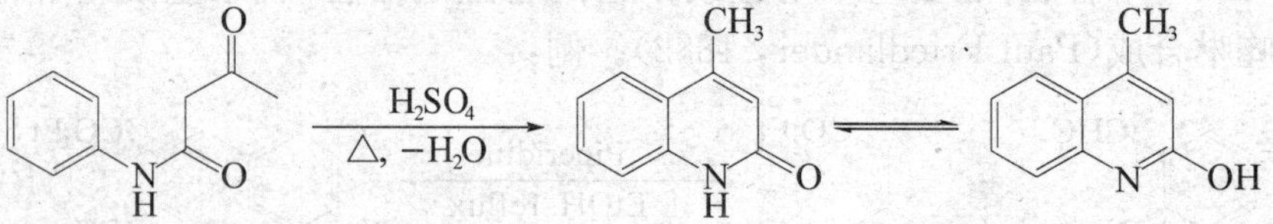

Niementowski 喹啉合成：邻氨基苯甲酸与含 α-氢的醛酮反应生成 4-羟基喹啉，称为 Niementowski 喹啉合成(Niementowski quinoline synthesis，S. Niementowski，1894)。例：

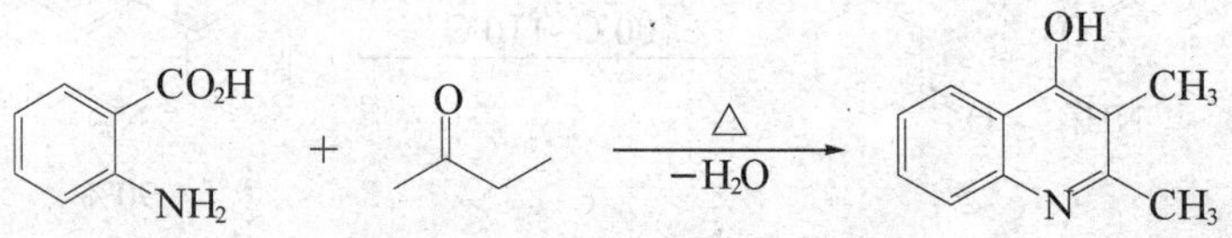

Pfitzinger 喹啉合成：吲哚衍生物 isatin 与含 α-氢的醛酮在碱存在下反应生成喹啉-4-羧酸，称为 Pfitzinger 喹啉合成或 Pfitzinger 反应，也称作 Pfitzinger-Borsche 反应（W. Pfitzinger，1886）。例：

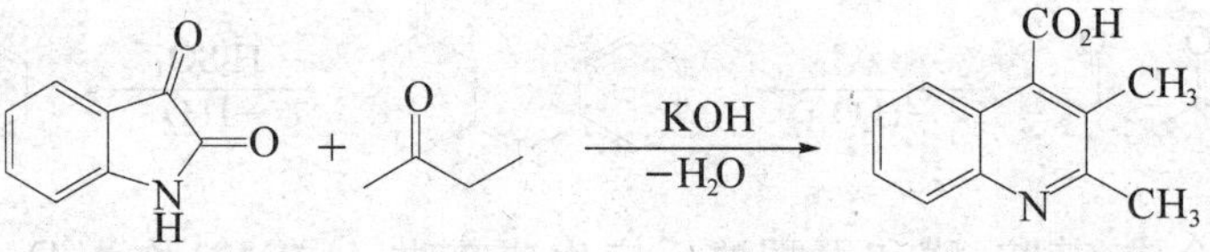

2. 异喹啉合成

Bischler-Napieralski 异喹啉合成：酰化苯乙胺与脱水剂共热失水环化、脱氢，得 1-取代异喹啉，称为 Bischler-Napieralski 异喹啉合成或 Bischler-Napieralski 反应（August Bischler，Bernard Napieralski，1893）。例：

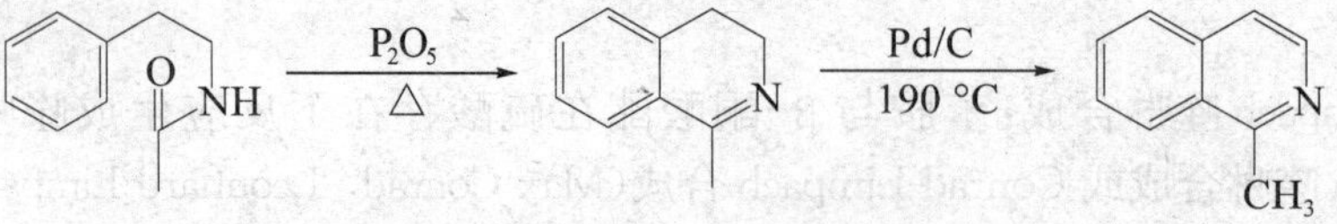

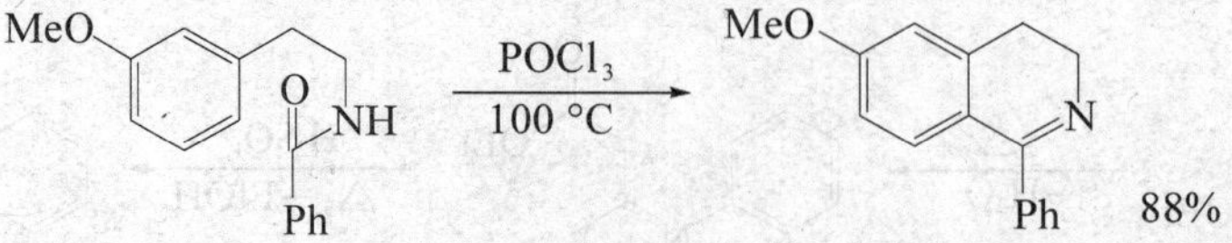

Pictet-Gams 异喹啉合成：β-羟基酰化苯乙胺在五氧化二磷或三氯氧磷存在下环化脱水生成异喹啉，称为 Pictet-Gams 异喹啉合成或 Pictet-Gams 反应(Pictet-Gams reaction)。例：

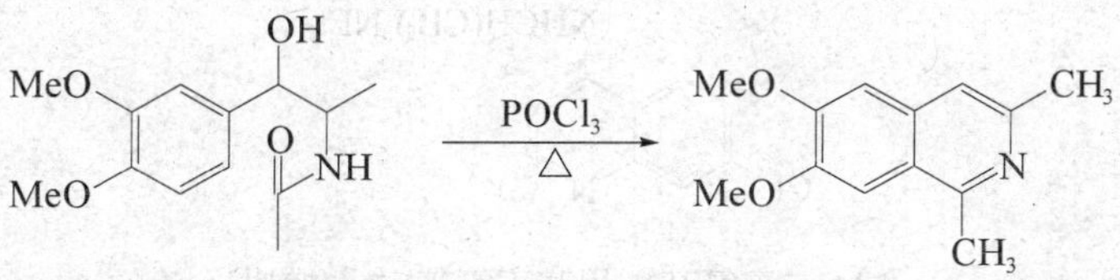

Pomeranz-Fritsch 异喹啉合成：苯甲醛与 2-氨基乙缩醛在酸作用下脱水脱醇环化，生成异喹啉，称为 Pomeranz-Fritsch 异喹啉合成，也称为 Pomeranz-Fritsch 反应或 Pomeranz-Fritsch 环化(Pomeranz-Fritsch cyclization)(Paul Fritsch, Cäsar Pomeranz, 1893)。

例：

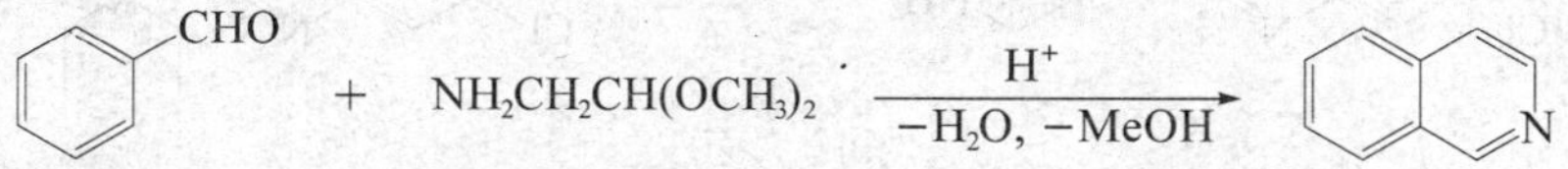

Pictet-Spengler 反应：苯乙胺类与醛或酮在酸作用下反应生成四氢化异喹啉，称为 Pictet-Spengler 反应(Pictet-Spengler reaction)(A. Pictet, T. Spengler, 1911)。例：

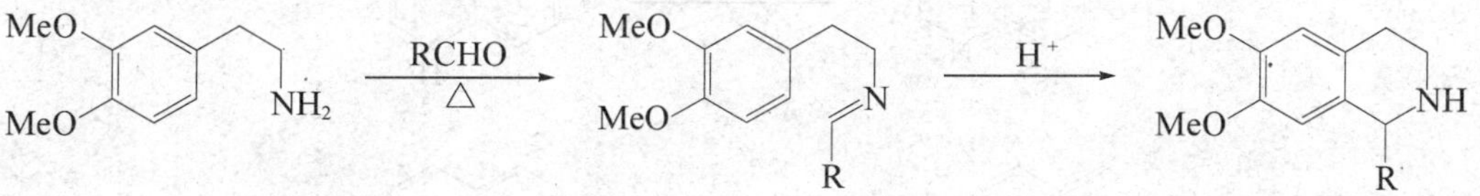

13.2.2.3 喹啉与异喹啉衍生物

喹啉是许多天然产物生物碱的母体，最著名的就是喹宁(quinine)。

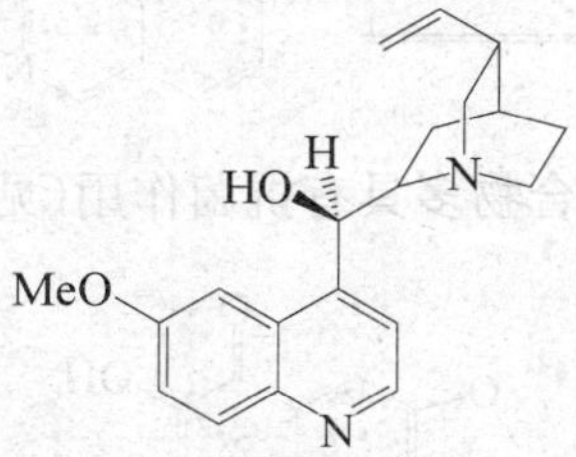

(-)-Quinine 奎宁
金鸡纳碱 Cinchona

喹宁是传统的抗疟药。1826 年法国人 Pelletier 和 Caventou 从金鸡纳树皮提取到喹宁。1908 年 P. Rabe 用降解法测定了其结构。1944 年 R. B. Woodward 完成了全合成。

异喹啉系生物碱包括罂粟碱、吗啡等。罂粟碱(papaverine)是鸦片(opium)中的生物碱之一，是优异的镇痛药，由 Georg Merck 于 1848 年发现。

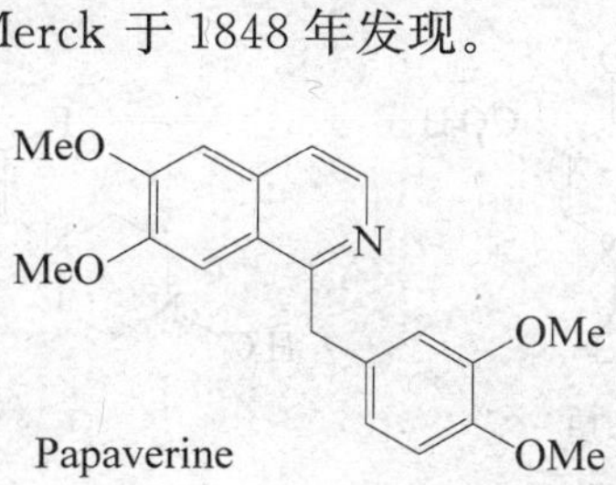

Papaverine

氯喹(Chloroquine)——合成抗疟药

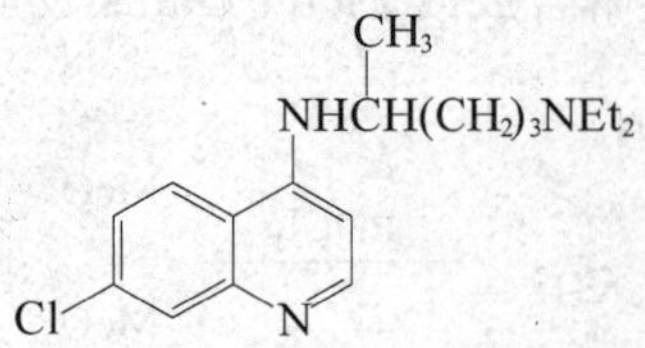

4-(4-二乙氨基-1-甲基丁氨基)-7-氯喹啉

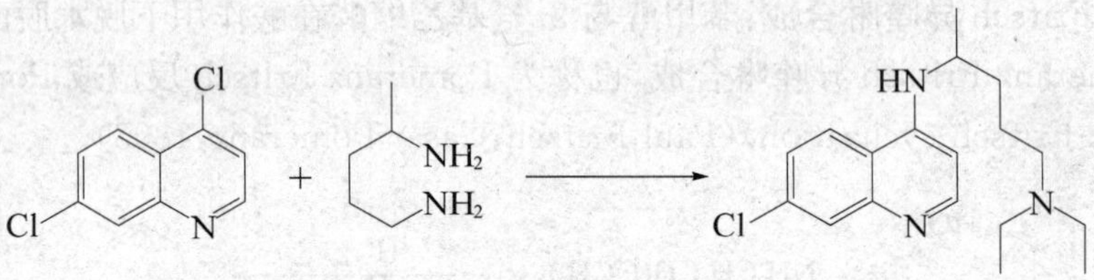

喹啉酮类化合物：

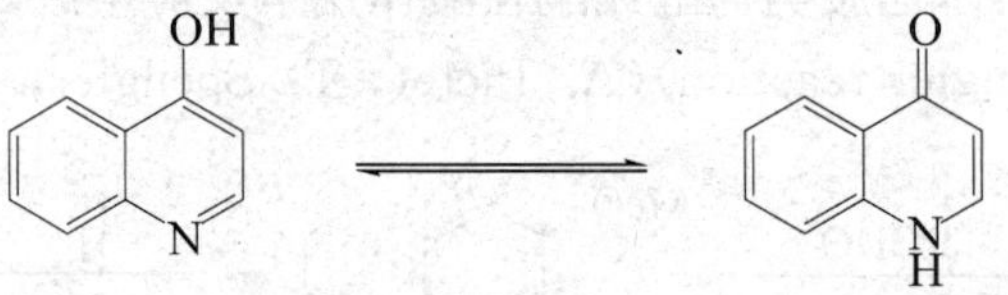

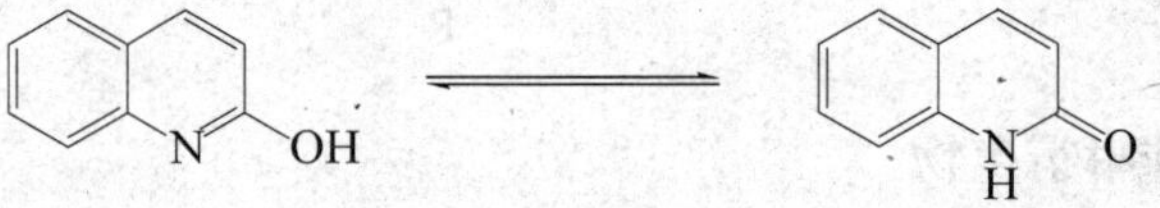

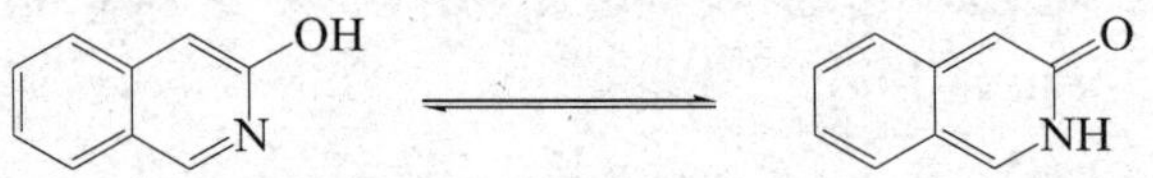

喹诺酮类药物(quinolone)：喹啉酮类化合物多具有抗菌作用(见阅读材料Ⅱ)。

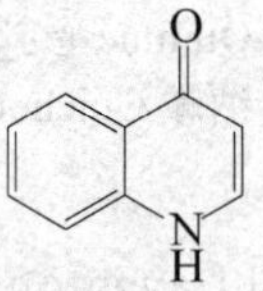

4-喹诺酮
4-quinolone

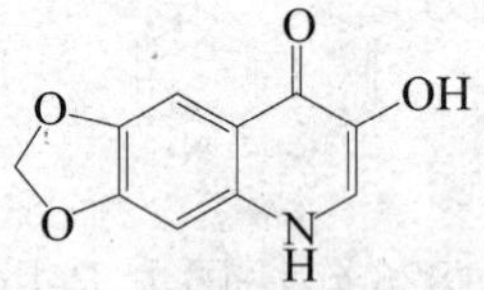

奥索利酸
Oxolinic acid

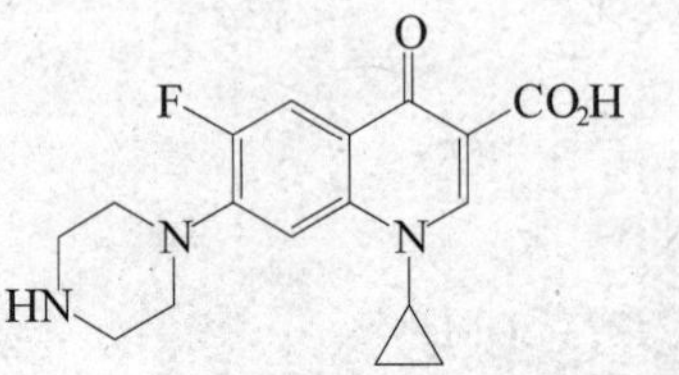

环丙沙星
Ciprofloxacin

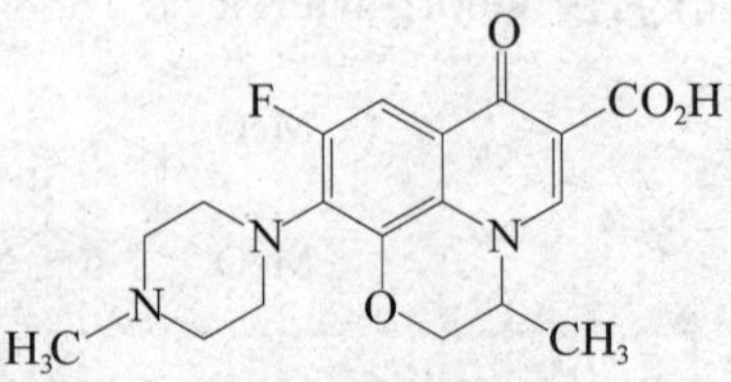

氧氟沙星
Ofloxacin

13.2.3 含两个氮原子的六元杂环——二嗪系

在二嗪中,以嘧啶最重要。

嘧啶合成:β-二羰基化合物或类似物与脲类缩合。例:

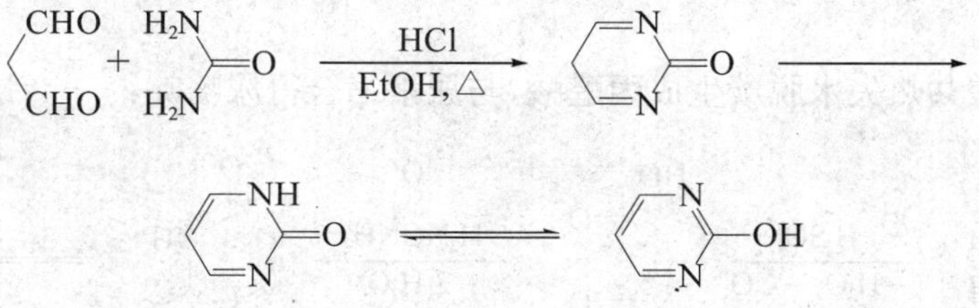

脲与丙二酸酯在缩合剂存在下发生胺解反应生成丙二酰脲,即巴比妥酸。

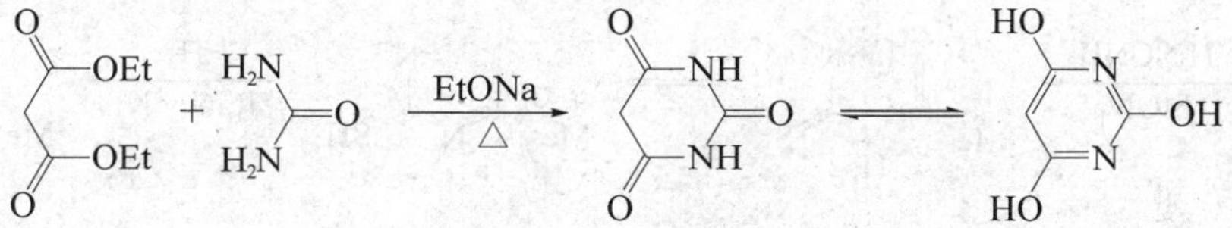

72%~78%

巴比妥酸 Barbituric acid
丙二酰脲 Malonyl urea
2,4,6-三羟基嘧啶
2,4,6-Trihydroxypyridine

巴比妥类药物(barbiturate)是一类重要的镇静催眠药物。

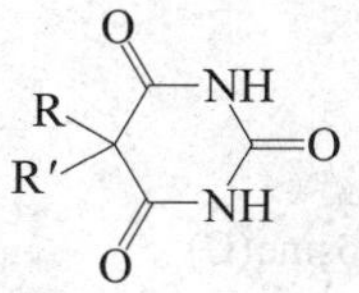

R	R′		
Et	Et	Barbital	巴比妥
Et	Ph	Benzobarbital	苯巴比妥 Luminal 鲁米那

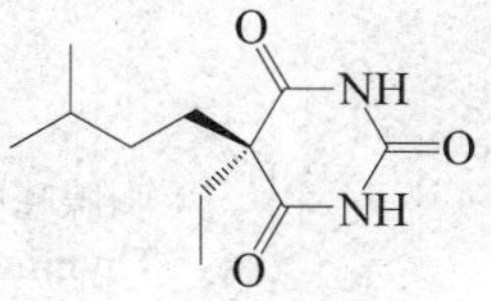

异戊巴比妥
Amobarbital

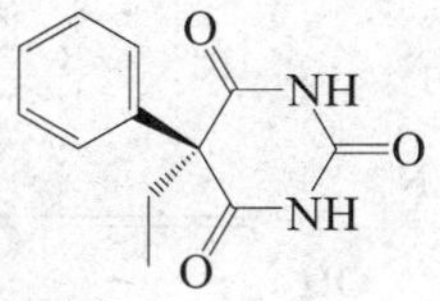

苯巴比妥 Phenobarbital
鲁米那 Luminal

巴比妥酸氯化,再经还原得嘧啶:

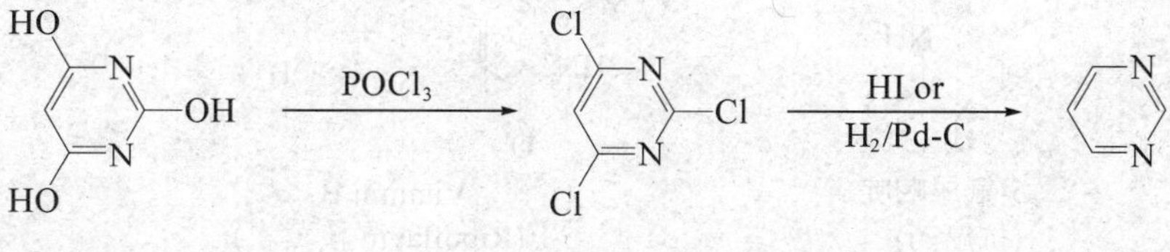

氰乙酸酯与脒缩合生成氨基取代的嘧啶：

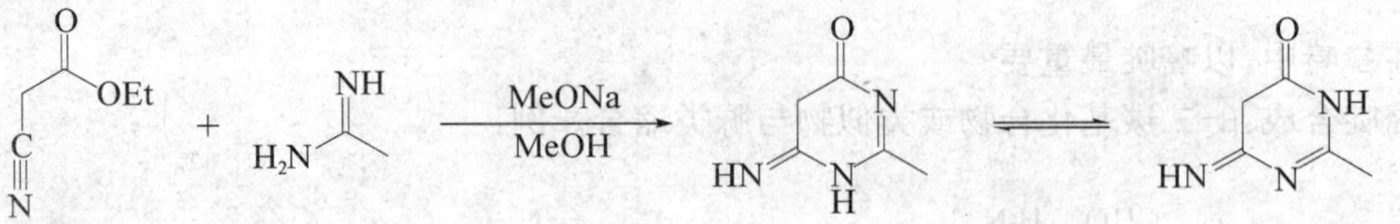

苹果酸与硫酸共热失水脱羧生成丙醛酸，与尿素缩合得尿嘧啶：

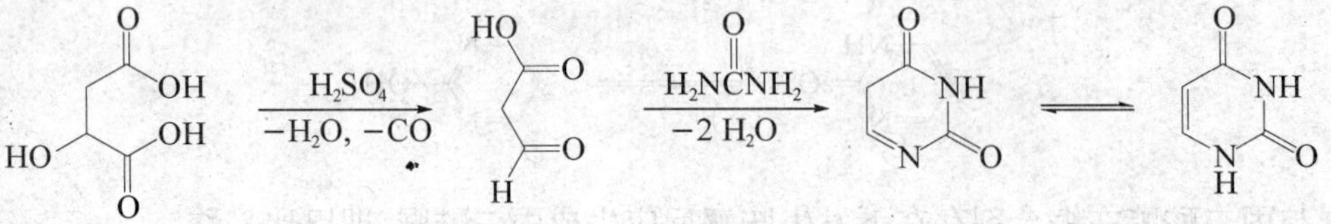

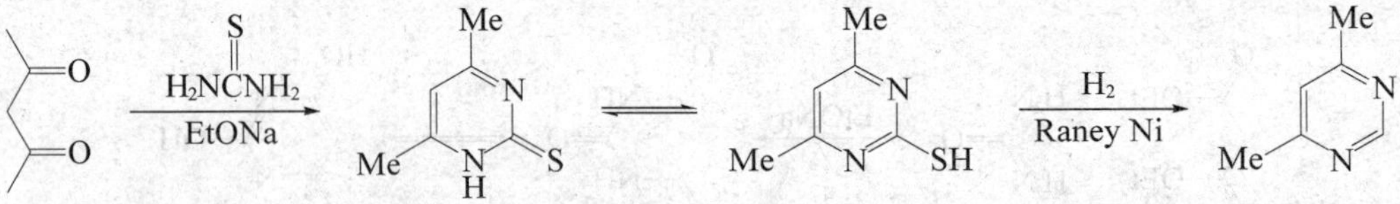

嘧啶的衍生物：尿嘧啶、胞嘧啶、胸腺嘧啶是生物遗传物质核酸的组成部分，因而广泛存在于自然界中。5-氟尿嘧啶可以干扰核酸的功能与合成，用作抗癌药物，维生素 B_1 和 B_2 分子中也含有嘧啶环，其他许多嘧啶衍生物用作药物。

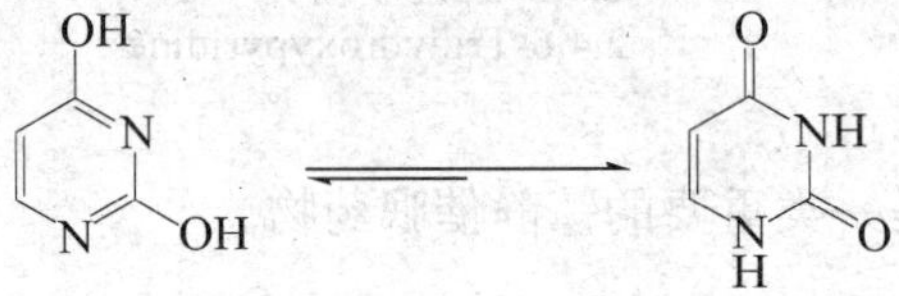

尿嘧啶 Uracil(U)

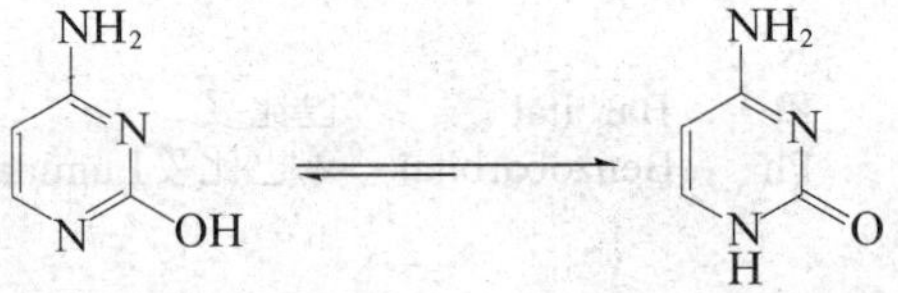

胞嘧啶 Cytosine(C)

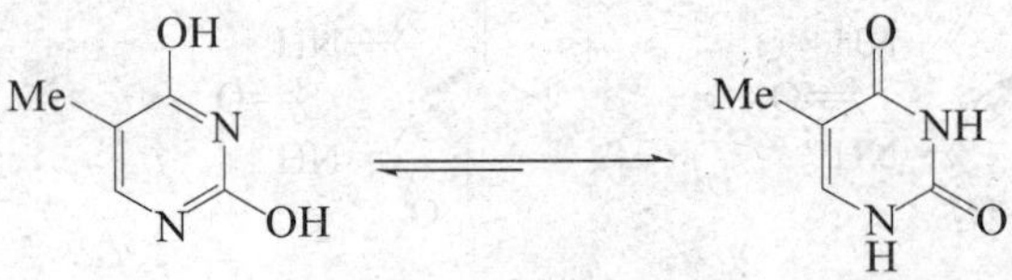

胸腺嘧啶 Thymine(T)

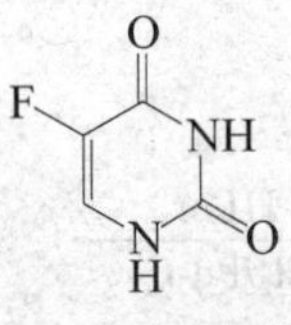

5-氟尿嘧啶
(抗癌药)

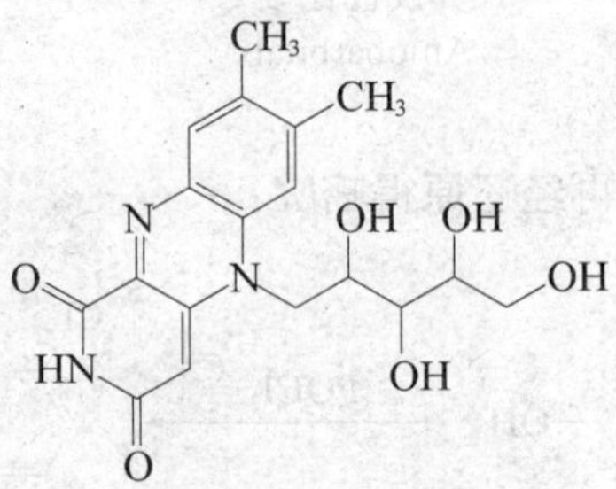

Vitamin B_2
(Riboflavin 核黄素)

13.2.4 咪唑并嘧啶环系——嘌呤系

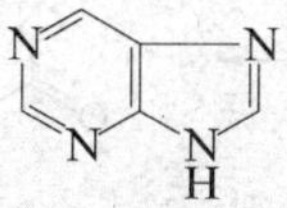

嘌呤 Purine

嘌呤也存在互变异构。

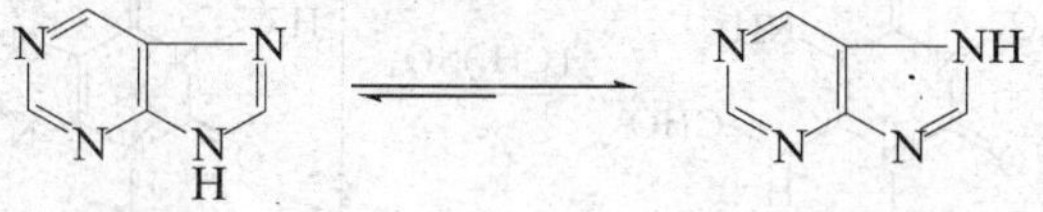

9H-嘌呤 ⇌ 7H-嘌呤

嘌呤的两个重要衍生物：

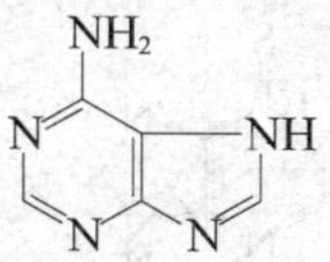

腺嘌呤 Adenine(A) 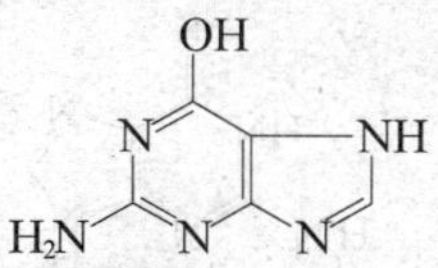　　　鸟嘌呤 Guanine(G)

腺嘌呤和鸟嘌呤是核酸分子中的碱基。尿酸和咖啡碱分子中都含有嘌呤环：

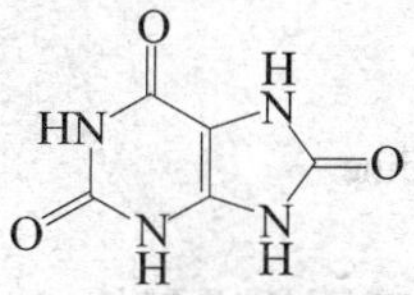

尿酸 Uric acid 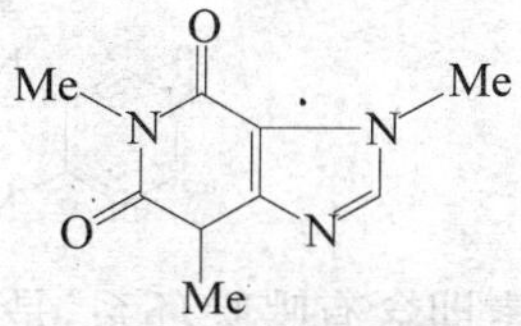　　　咖啡碱 Caffeine

Uric acid is a diprotic acid with pK_{a_1} = 5.4 and pK_{a_2} = 10.3.

代谢：咖啡因在肝脏代谢成副黄嘌呤(84%)、可可碱(12%)和茶碱(4%)。

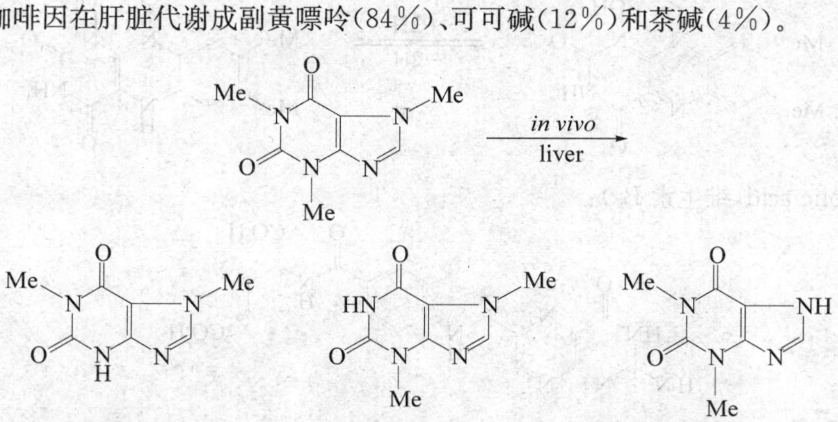

$\xrightarrow{\textit{in vivo} \text{ liver}}$

Paraxanthine (84%)　　Theobromine (12%)　　Theophylline (4%)
副黄嘌呤　　　　　　　　可可碱　　　　　　　　　茶碱

咖啡因实验室合成：

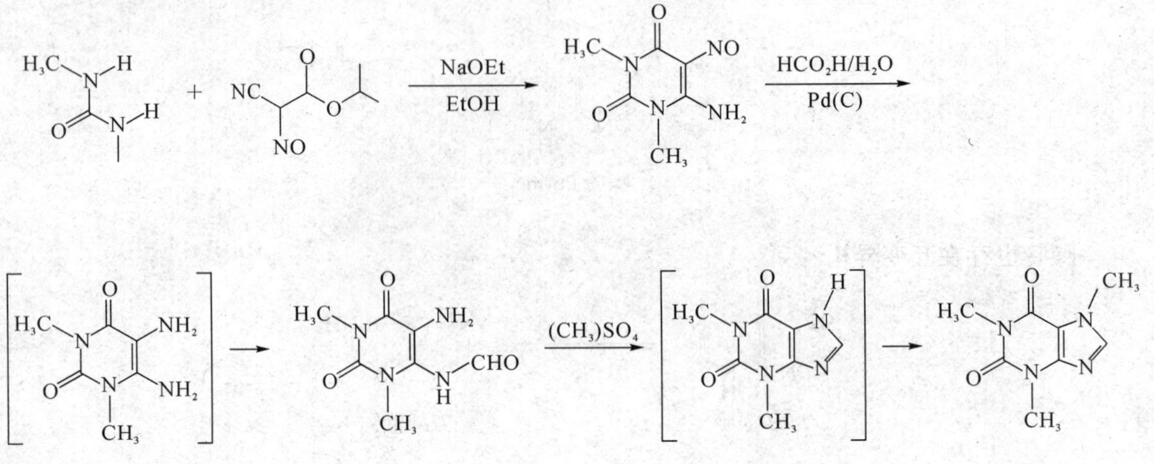

theophylline caffeine

6-硫代鸟嘌呤和 6-巯基嘌呤是治疗急性白血病的药物。

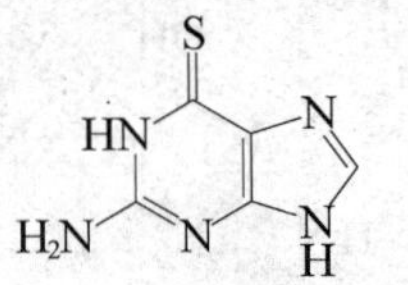

6-硫代鸟嘌呤
Thioguanine

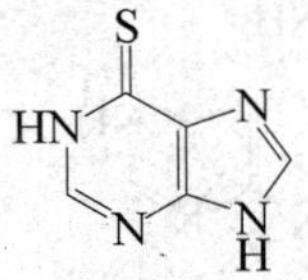

6-巯基嘌呤
6-Mercaptopurine

喋啶衍生物：喋啶(pteridine)是嘧啶并吡嗪的稠杂环。核黄素与叶酸等天然产物均含有喋啶结构单元。

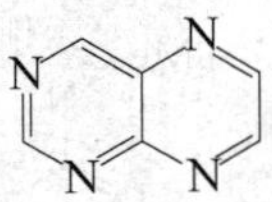

Pteridine

维生素 B_2 即核黄素即含有喋啶环系，是生物氧化还原的递氢体。

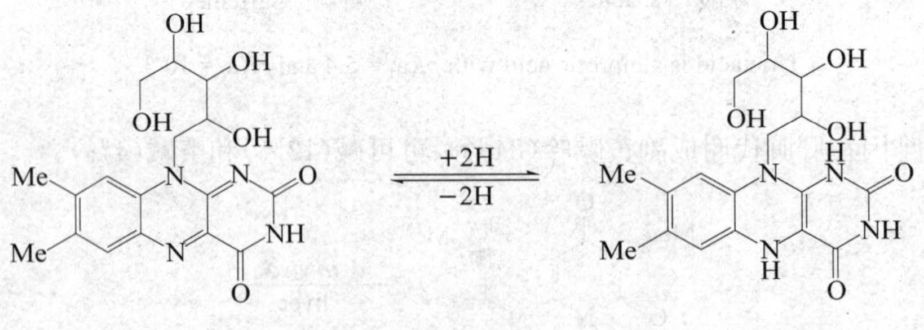

叶酸(folic acid，维生素 B_9)：

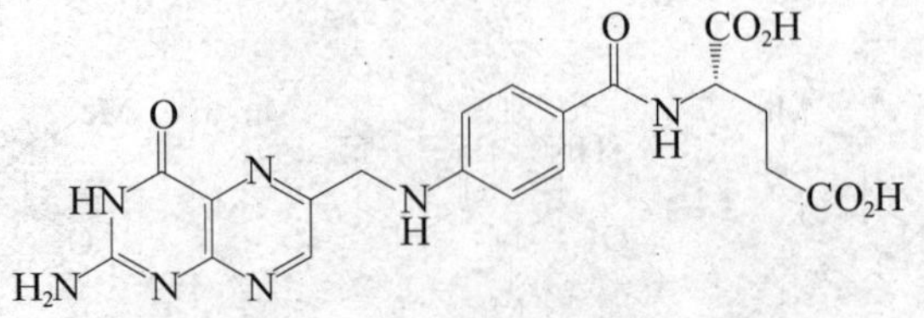

叶酸Folic acid; Pteroylglutamic acid
(*S*)-2-{4-[(2-amino-4-hydroxypteridin-6-yl)methylamino]phenylformamido}pentanedioic

叶酸参与体内的嘌呤与嘧啶环的合成。体内缺乏叶酸，血红细胞的发育受到影响，导致恶性贫血。

某些天然色素含有喋啶结构单元，例如蝴蝶翅膀的黄色素就是黄蝶呤(xanthopterin)。

Xanthopterin
a yellow pigmen, in butterfly wings

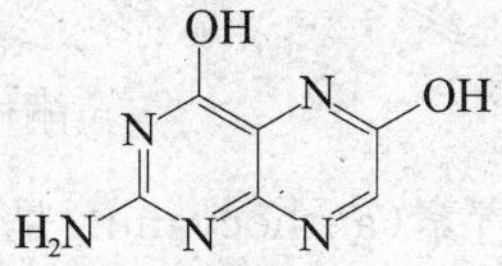

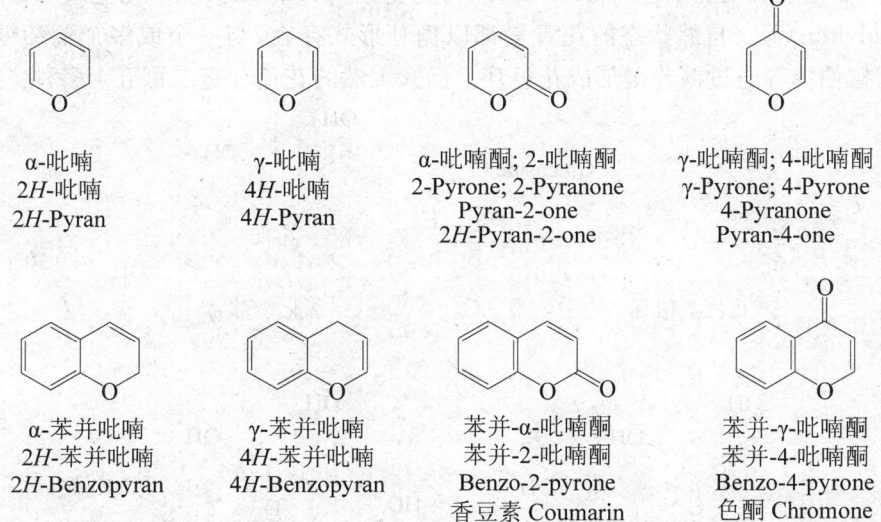

13.3 含氧六元杂环——吡喃环系

基本母体：

α-吡喃
2*H*-吡喃
2*H*-Pyran

γ-吡喃
4*H*-吡喃
4*H*-Pyran

α-吡喃酮; 2-吡喃酮
2-Pyrone; 2-Pyranone
Pyran-2-one
2*H*-Pyran-2-one

γ-吡喃酮; 4-吡喃酮
γ-Pyrone; 4-Pyrone
4-Pyranone
Pyran-4-one

α-苯并吡喃
2*H*-苯并吡喃
2*H*-Benzopyran

γ-苯并吡喃
4*H*-苯并吡喃
4*H*-Benzopyran

苯并-α-吡喃酮
苯并-2-吡喃酮
Benzo-2-pyrone
香豆素 Coumarin

苯并-γ-吡喃酮
苯并-4-吡喃酮
Benzo-4-pyrone
色酮 Chromone

4-吡喃酮是一些天然产物的核心结构单元，例如麦芽酚(maltol)和曲菌酸(kojic acid)以及重要的黄酮(flavone)化合物。麦芽酚是一种广谱的香味增效剂，具有增香、固香、增甜的作用，可配制食用、化妆品香精等，广泛用于食品、饮料、酿酒、化妆品、制药等行业，常添加于焙烤食物、冰淇淋和糖果中。曲酸用于食品和化妆品防止变色，对人体皮肤的黑色素生成有较强的抑制作用，而且安全、无毒，因此用于皮肤增白、防晒和美容化妆品，并具有一定的抗菌活性。

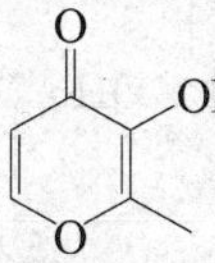

Maltol

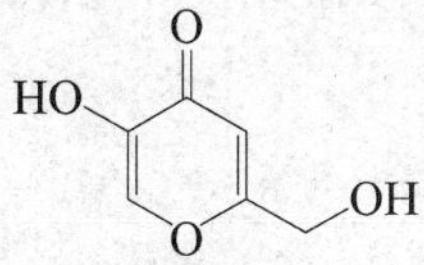

Kojic acid

黄酮类(flavonoids)广泛存在于自然界植物中，属植物次生代谢产物，在植物体内大部分与糖结合成苷类的形式存在，也有游离形式，多为黄色的化合物，曾用作天然染料。绝大多数植物体内都含有黄酮类化合物，在植物的生长、发育、开花、结果以及抗菌防虫害等方面起着重要的作用。

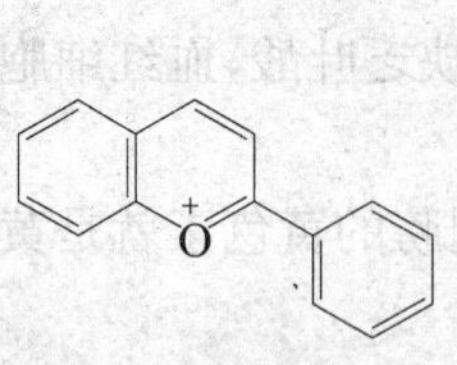

黄锌离子 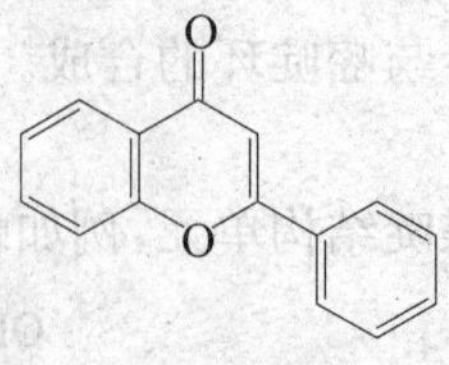　　　　　　　　黄酮 Flavone

　　花色素（anthocyanidin）也称作花青素（anthocyanin）是自然界一大类水溶性色素，广泛存在于植物中。植物的花、果的蓝色和红色就是由花色素引起的，如花青苷。水果、蔬菜、花卉等五彩缤纷的颜色与之有关。花青素能够随细胞液的酸碱度变化而改变颜色。秋天可溶糖增多，细胞呈酸性，花青素则显示红色或紫色，所以花瓣呈红、紫色，其颜色的深浅与花青素的含量有关。细胞液呈碱性则偏蓝。花青素的颜色受许多因素的影响，低温、缺氧、缺磷等不良环境也会影响花青素的形成和积累。

　　目前，已知的花青素有二十多种，如天竺葵色素（pelargonidin）、矢车菊色素或芙蓉花色素（cyanidin）、翠雀素或飞燕草色（delphindin）、芍药色素（peonidin）、牵牛花色素（petunidin）、锦葵色素（malvidin）等。自然状态的花青素都以糖苷形式存在，与一个或多个葡萄糖、鼠李糖、半乳糖、阿拉伯糖等通过糖苷键形成花色苷。已知天然的花色苷有二百五十多种。

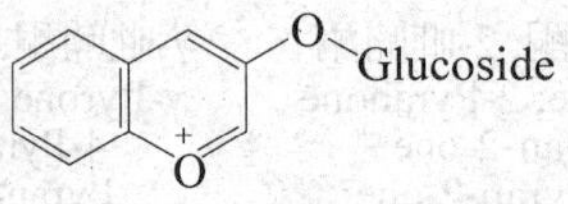

花色素糖苷 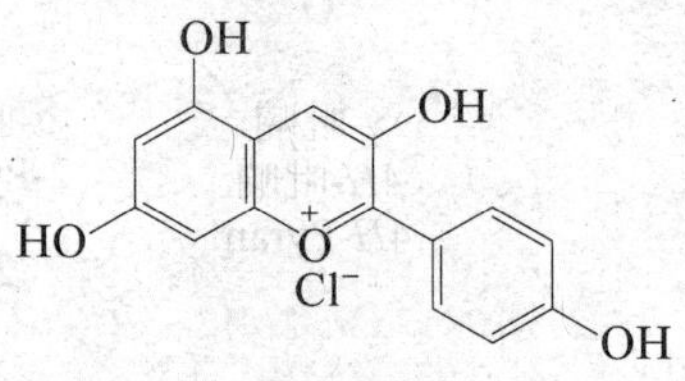　　　　　　　　氯化绣球素

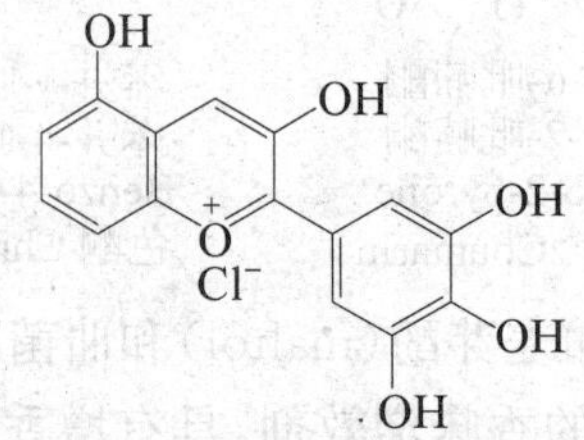

氯化翠雀素 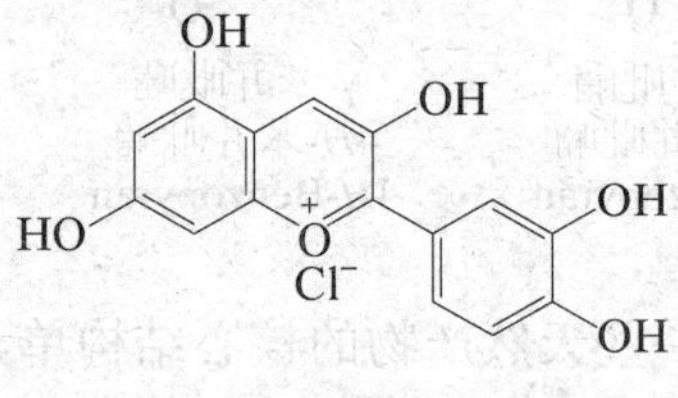　　　　　　　　氯化玉蜀素

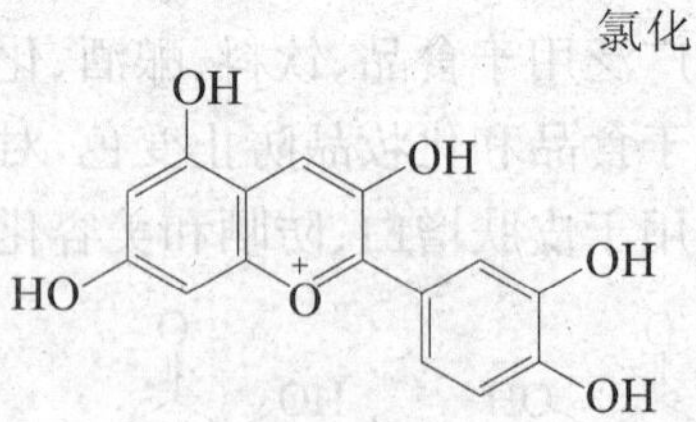

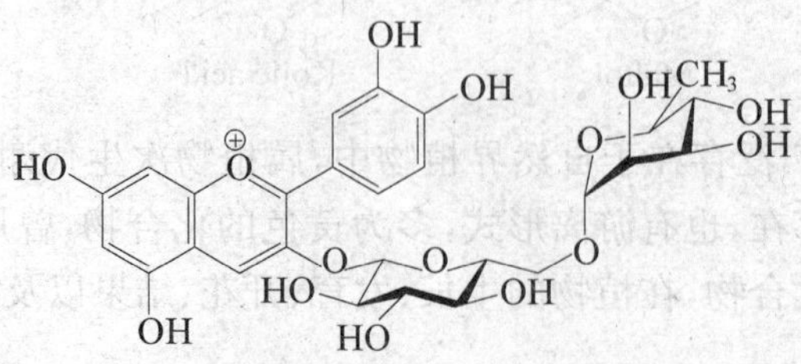

凯拉花青 Keracyanin 花青素鼠李葡糖苷

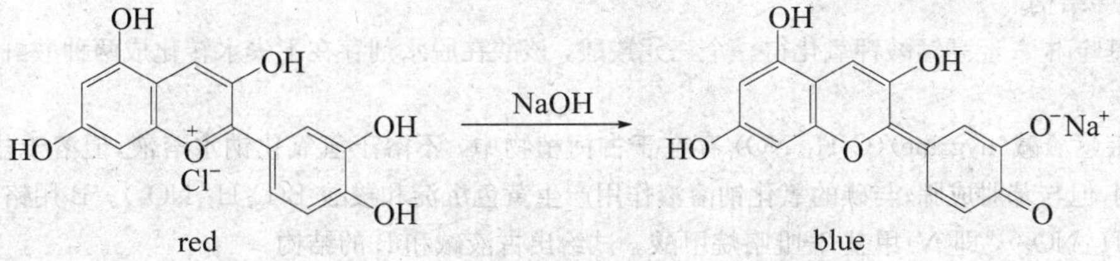

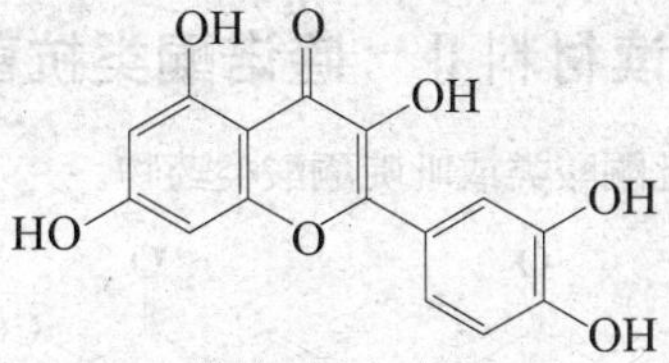

3,5,7-trihydroxy-2-(3,4-dihydroxyphenyl)-4H-chromen-4-one

吡喃及其衍生物无芳香性，吡喃酮的盐是芳香体系。

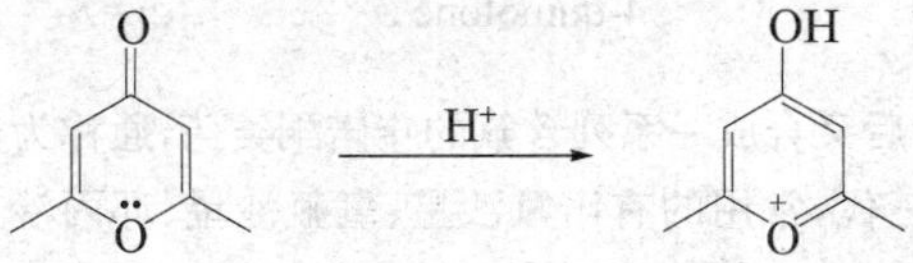

习题

一、命名

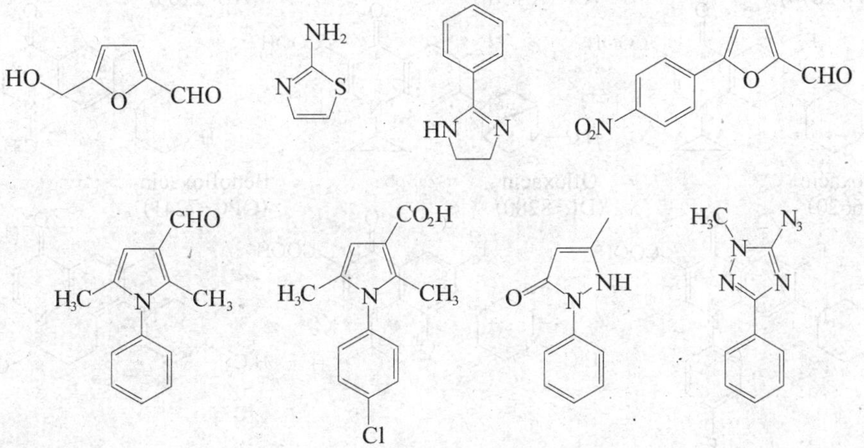

二、合成设计

以儿茶酚为基本原料合成罂粟碱 Papaverine。

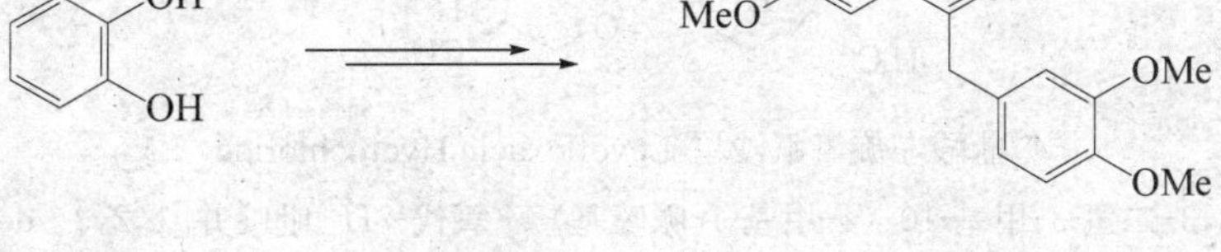

三、推导结构

1. 甲基喹啉 A 经高锰酸钾氧化得一个三元羧酸,该酸在脱水剂存在下失水转化成两种酸酐。试推测 A 的结构。

2. 古液(豆)碱(hygrine)($C_8H_{15}NO$)存在于古柯植物中,不溶于氢氧化钠水溶液,但溶于盐酸;不与苯磺酰氯作用,但与苯肼成腙;与碘的氧化钠溶液作用产生黄色沉淀和羧酸 B($C_7H_{13}NO_2$)。B 用铬酸氧化得到古液酸($C_6H_{11}NO_2$),即 N-甲基-2-吡咯烷甲酸。试给出古液碱和 B 的结构。

阅读材料Ⅱ 喹诺酮类抗菌素

喹诺酮类药物(quinolones)又称吡酮酸类或吡啶酮酸类药物。

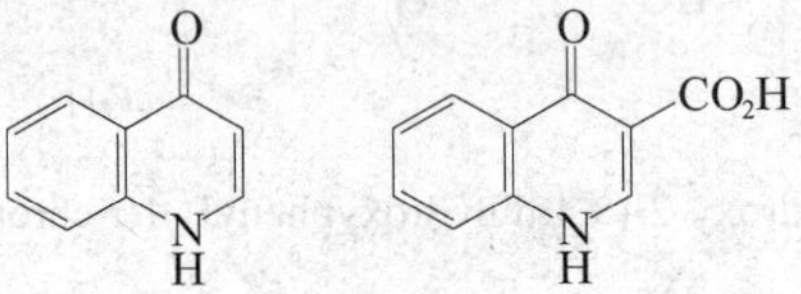

4-喹诺酮
4-quinolone

诺氟沙星合成于 1979 年,随后又合成一系列含氟的喹诺酮类药,通称为氟喹诺酮类。喹诺酮类药物分为四代,目前临床应用较多的为第三代,常用的有诺氟沙星、氧氟沙星、环丙沙星、氟罗沙星等。此类药物对多种革兰阴性菌有杀菌作用,广泛用于泌尿生殖系统疾病、胃肠疾病,以及呼吸道、皮肤组织的革兰阴性细菌感染的治疗。喹诺酮类药物是 DNA 回旋酶的抑制剂,干扰 DNA 超螺旋结构的解旋,从而阻碍 DNA 的复制,而呈现杀菌作用。

Enrofloxacin (Bay Vp 2674) 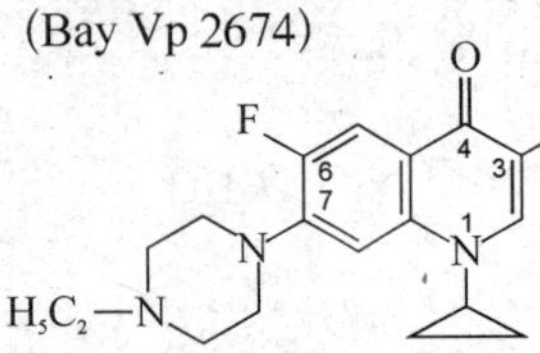
Danofloxacin (CP-76136) 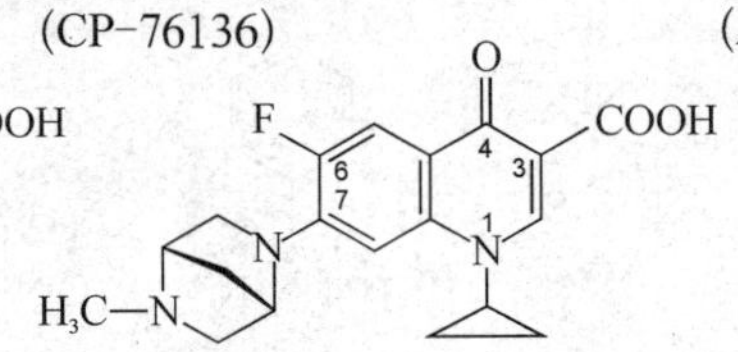
Norfloxacin (AB-2203) 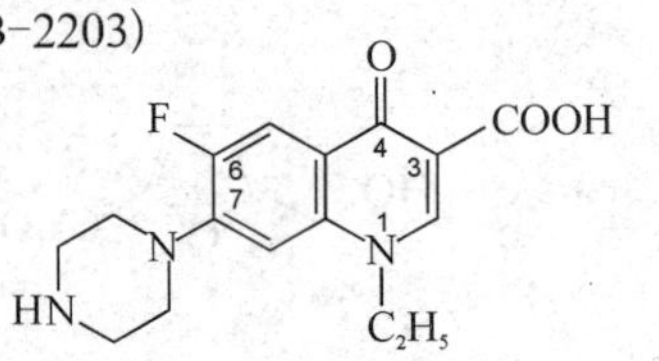
Sarafloxacin (A-56620) 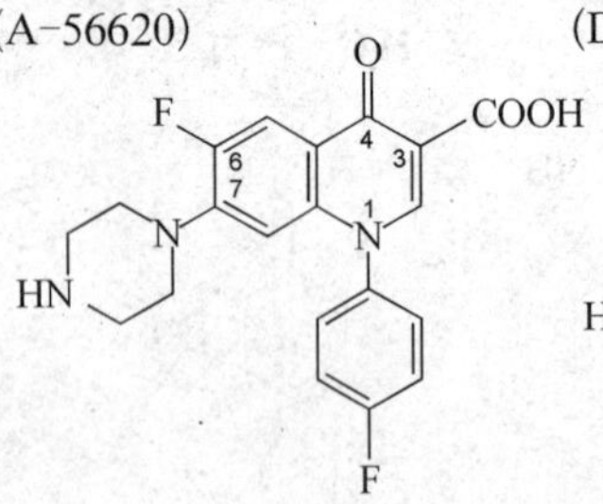
Ofloxacin (DL-8280) 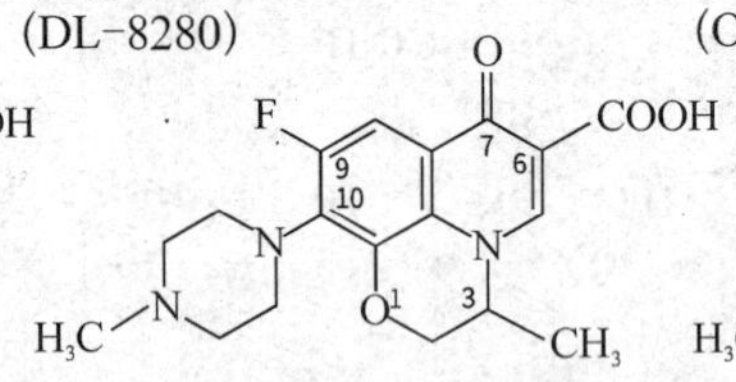
Benofloxacin (OPC-7241)

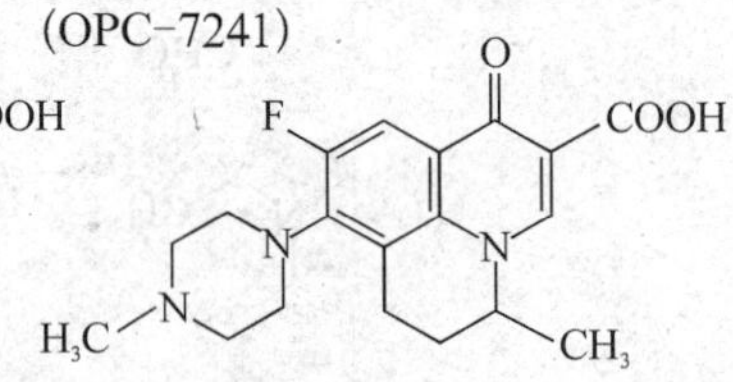

fluoroquinolone drug class

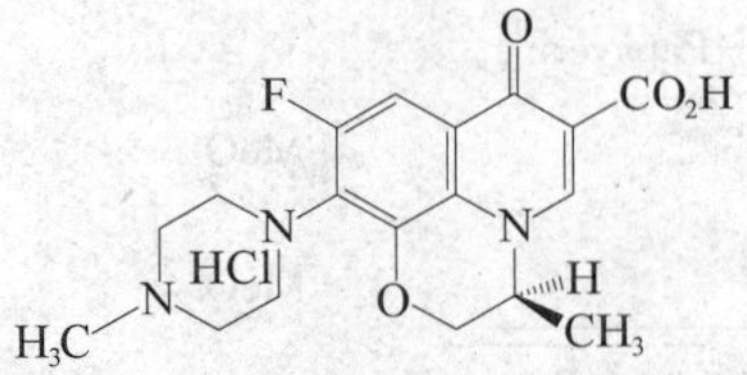

盐酸左旋氧氟沙星 Levofloxacin Hydrochloride

(S)-(-)-9-氟-2,3-二氢-3-甲基-10-(4-甲基-1-哌嗪基)-7-氧代-7H-吡啶并[1,2,3-de][1,4]苯并噁嗪-6-

羧酸盐酸盐

喹诺酮类按发展先后及其抗菌性能的不同，分为四代：

第一代：抗菌谱窄，仅对大肠杆菌、痢疾杆菌和变形杆菌等少数几种菌有效。代表药物为：萘啶酸、吡咯酸，因疗效不佳，副作用大，现已完全淘汰。

第二代：于1980年推出，抗菌谱有所扩大，因吸收代谢后在尿液和胆汁中浓度很高，故对急慢性肾盂肾炎、膀胱炎和前列腺炎等尿路感染及胆道感染、菌痢和肠炎等疗效更好。代表品种为吡哌酸（PPA）、新噁酸、甲氧噁喹酸、西诺沙星等。因副作用仍较大，故目前除PPA偶用外，其他已淘汰。

第三代：于20世纪80年代问世，抗菌谱更为扩大，抗菌作用强，较低浓度即显抗菌活性。可对抗耐药性葡萄球菌等革兰氏阳性菌，对革兰氏阴性菌疗效更佳。本类药物分子中均含氟原子，故称氟喹诺酮类。这类药物用于治疗重感染及反复发作的慢性感染，特别是泌尿系统感染。主要品种有：氟哌酸、氧氟沙星、环丙沙星、依诺沙星、甲氟沙星、恩诺沙星、洛美沙星、氟罗沙星、加替沙星和司帕沙星等等。

第四代：喹诺酮类抗生素，如莫西沙星、克林沙星、吉米沙星、加替沙星等。主要结构特点是增加了8-甲氧基或8-氯。甲氧基或氯引入有助于加强抗厌氧菌活性，而7-位上的氮环结构则加强抗革兰氏阳性菌活性，并保持了原来抗革兰氏阴性菌的活性，副作用更小。第四代喹诺酮类抗菌药不仅保持了第三代喹诺酮抗菌的优点，还进一步扩大到衣原体、支原体等病原体。临床上主要用于对葡萄球菌属、链球菌属等属所致的烫伤感染、手术感染、慢性呼吸系统疾病的二次感染等。莫西沙星增加了对厌氧菌的活性，吉米沙星更加增强了对革兰氏阳性菌的活性，对MRSA、绿脓杆菌、肺炎衣原体和支原体及军团菌肺炎等都有很好的作用。

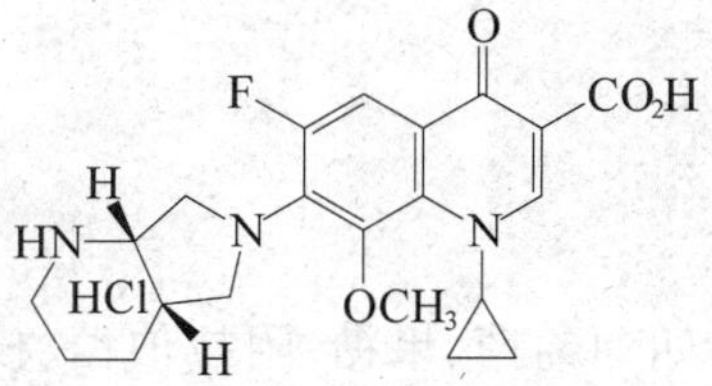

Moxifloxacin 莫西沙星

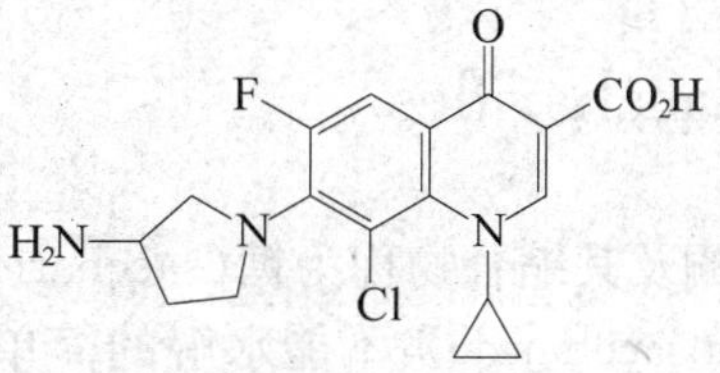

Clinafloxacin 克林沙星

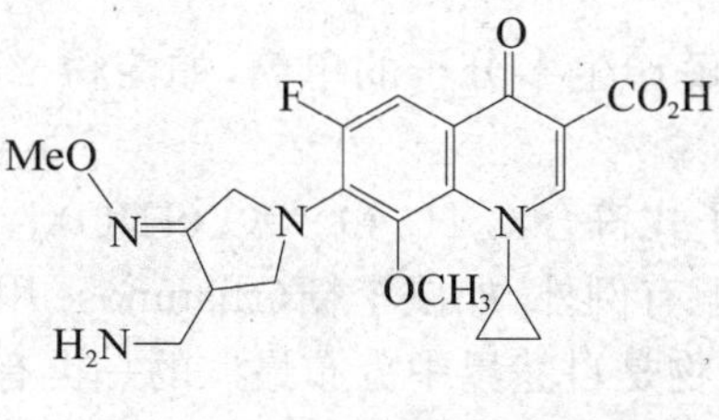

Gemifloxacin 吉米沙星

第14章 生物分子
Biomolecules

生物分子是自然存在于生物体中的分子的总称。大多数生物分子都为有机化合物,包括:糖类、多肽与蛋白质、核酸、类脂与磷脂、甾类、维生素、激素、神经递质、生物碱等。

小分子:
  类脂(lipids)、糖脂(glycolipids),甾醇(sterols),甘油脂类(glycerolipids)
  维生素(vitamins)
  激素(hormones),神经递质(neurotransmitters)
  代谢物(metabolites)

单体(monomers)、低聚物(oligomers)和高聚体(polymers):
  氨基酸(amino acids)、多肽(polypeptides)和蛋白质(proteins)
  单糖(monosaccharides)、低聚糖(oligosaccharides)和多聚糖(polysaccharides)
  核苷酸(nucleotides)与核酸(nucleic acids,DNA,RNA)

14.1 糖 Saccharides

多羟基醛酮及其缩合物称为糖(saccharide)。

单糖(monosaccharide):不能水解的简单糖,如葡萄糖、果糖、阿拉伯糖、核糖等。单糖都是白色结晶,易溶于水,都有甜味,以果糖最甜。

低聚糖(oligosaccharide):水解生成 2~10 分子单糖。如双糖:蔗糖、麦芽糖、乳糖、纤维二糖等;三糖:棉子糖等。

多糖(polysaccharide):水解产生多分子的单糖,如淀粉、纤维素等。多糖没有甜味,不易溶于水,成胶体。

碳水化合物:许多糖的分子式符合 $C_nH_{2m}O_m = C_n(H_2O)_m$,似碳的水化物。所以糖又称为碳水化合物(carbohydrate)。但有例外,如鼠李糖(rhamnose 甲基戊糖)$C_6H_{12}O_5$。习惯上,仍称糖为碳水化合物。碳水化合物是自然界中分布最广的一类有机化合物。

碳水化合物是光合作用(photosynthesis)的产物:

$$n\,CO_2 + m\,H_2O \xrightarrow[h\nu]{\text{chlorophylls}} C_n(H_2O)_m$$

碳水化合物在动物、植物体内代谢转化成二氧化碳和水,同时释放出能量:

$$C_n(H_2O)_m + n\,O_2 \xrightarrow[in\,vivo]{\text{enzymes}} n\,CO_2 + m\,H_2O + E$$

因此,碳水化合物是储存太阳能的物质,是人类和动植物维持生命的必须物质。

14.1.1 单糖

14.1.1.1 糖的命名

单糖(monosascharide)是多羟基醛酮。醛糖居多,酮糖较少见。甘油醛是一种丙醛糖,阿拉伯糖、核糖与脱氧核糖都是戊醛糖，葡萄糖、甘露糖、半乳糖等都是己醛糖，而果糖是己酮糖。

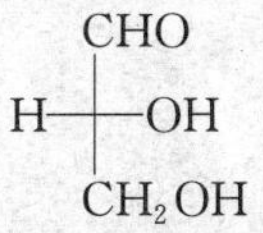

D-(+)-甘油醛 Glyceraldehyde (Glyceral)
(R)-2,3-二羟基丙醛 2,3-Dihydroxypropanal

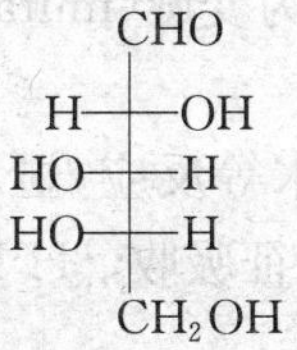

L-(+)-阿拉伯糖 L-(+)-Arabinose
(2R,3S,4S)-2,3,4,5-四羟基戊醛

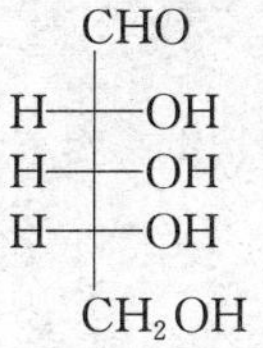

D-(−)-核糖 D-(−)-Ribose
(2R,3R,4R)-2,3,4,5-四羟基戊醛

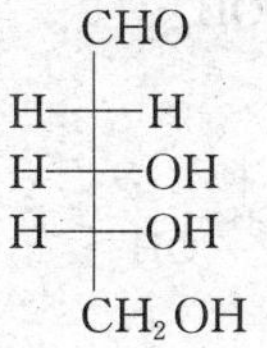

2-脱氧-D-(−)-核糖 2-Deoxy-D-(−)-Ribose
(3R,4R)-3,4,5-三羟基戊醛

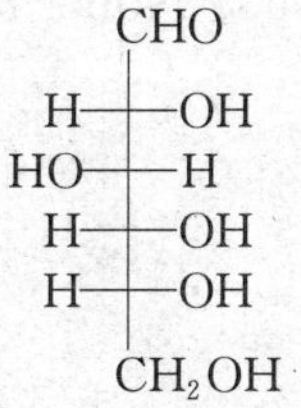

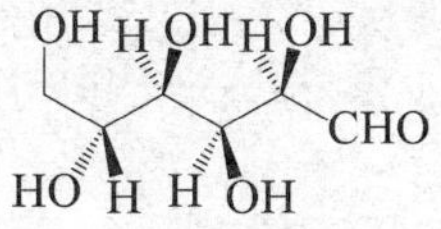

D-(+)-葡萄糖 D-(+)-Glucose
(2R,3S,4R,5R)-(+)-葡萄糖
(2R,3S,4R,5R)-2,3,4,5,6-五羟基己醛

葡萄糖的简化表示：

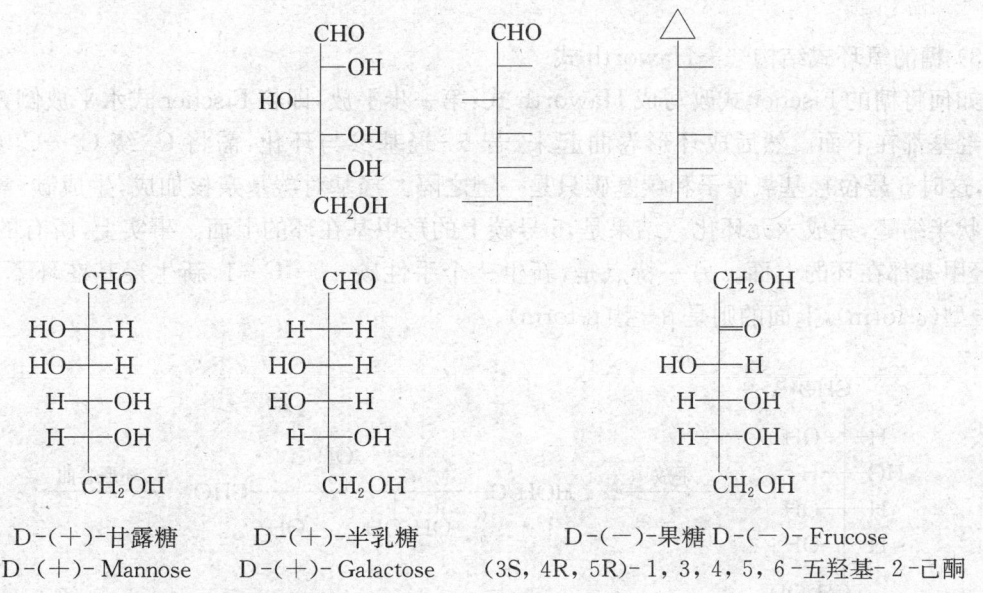

D-(+)-甘露糖　　　D-(+)-半乳糖　　　D-(−)-果糖 D-(−)-Frucose
D-(+)-Mannose　　D-(+)-Galactose　　(3S,4R,5R)-1,3,4,5,6-五羟基-2-己酮

14.1.1.1 单糖的结构

1. 环状结构——Haworth 式

1) 单糖的特殊性质

（1）变旋现象

单糖具有变旋现象，即其溶液的旋光度逐渐变化而趋于平衡值，称为变旋(mutarotation)。

（2）其他特性

单糖如葡萄糖能与 Fehling 试剂、Tollens 试剂、羟胺、氰化氢、溴水等反应，显示是醛；但只能与一分子醇形成缩醛、与亚硫酸氢钠不反应、IR 谱中没有羰基的特征吸收、^{1}H NMR 谱中没有醛氢的特征共振信号，这些表明又不是醛。

所以，葡萄糖的开链式结构无法解释上述实验事实。

2) 糖的环状结构提出

4-与 5-羟基醛酮易形成环状半缩醛酮：

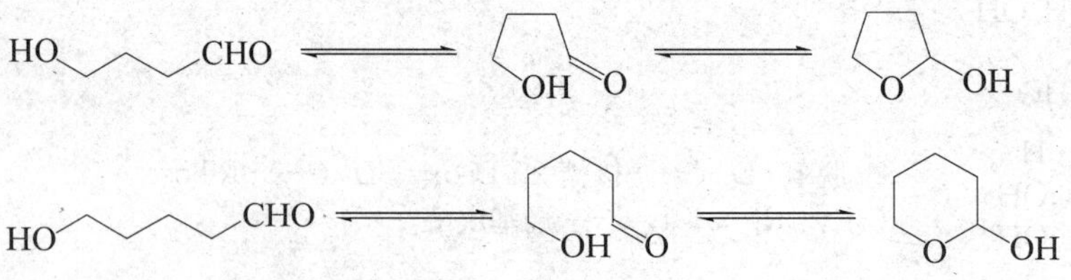

基于 4-与 5-羟基醛酮的环状半缩醛酮结构，Norman Haworth(1937 Nobel laureate)提出了糖的氧环式结构——Haworth 式(1925)：

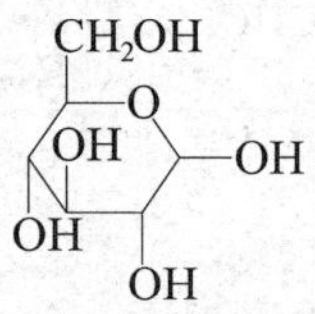

3) 糖的氧环式结构——Haworth 式

如何将糖的 Fischer 式改写成 Haworth 式：第一步平放，即将 Fischer 式水平放倒，这样右侧的羟基都在下面。然后成环形卷曲起来，若 5-羟基参与环化，需将 C_5 绕 C_4—C_5 键旋转 120°，这时 5 号位羟基氧原子和羰基碳只是一键之隔。羟基对羰基亲核加成，生成碳-氧键，得到环状半缩醛，完成六元环化。结果是，5 号碳上的羟甲基在环的上面。事实上，所有的 D-型糖，羟甲基都在环的上面。另一特点是，新生一个手性碳——*C—1，新生羟基在环下面的称为 α-型(α-form)，上面的则是 β-型(β-form)。

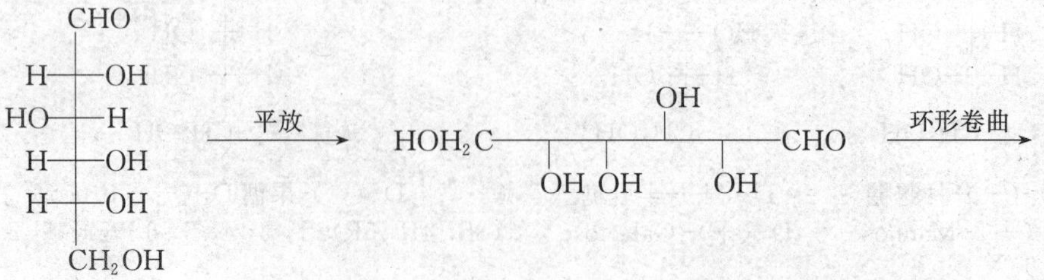

α-form　　　　β-form

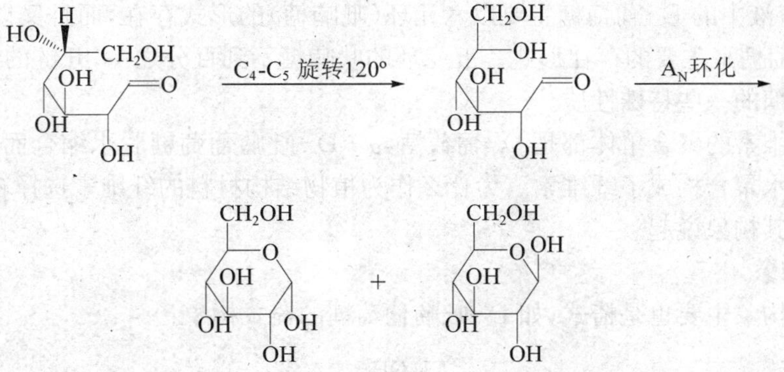

α-和β-型构成一对非对映异构体，又称为差向异构体（epimer）——多个手性中心，仅有其中一个对应的手性碳构型不同，其他的构型都相同，称为差向异构体，也称正位异构体。

通过 5 号位羟基形成的六元环又称吡喃（pyran）环，这种糖称为吡喃糖（pyranose）。因此有 α-D-吡喃葡萄糖和 β-D-吡喃葡萄糖。

吡喃 Pyran　　α-D-吡喃葡萄糖　　β-D-吡喃葡萄糖

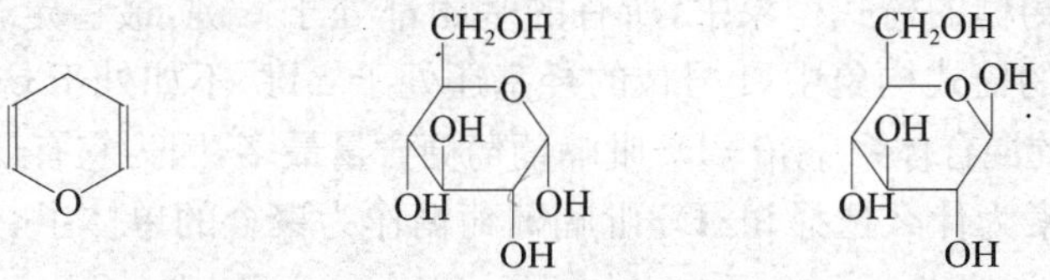

通过 4 号位羟基形成的五元环又称呋喃（furan）环，这种糖称为呋喃糖（furanose）。因此又有 α-D-呋喃葡萄糖和 β-D-呋喃葡萄糖。

呋喃 Furan　　α-D-呋喃葡萄糖　　β-D-呋喃葡萄糖

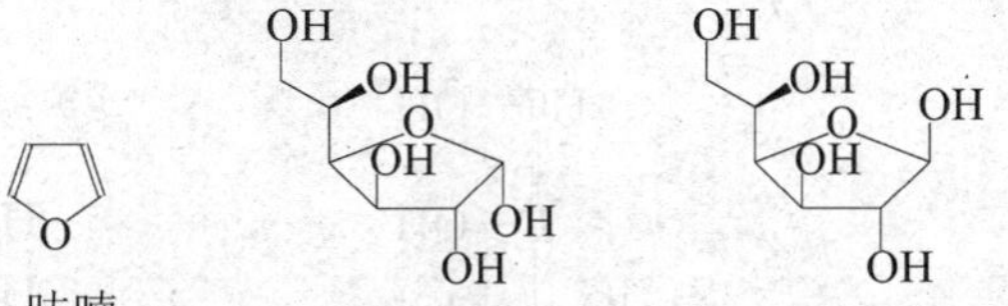

因此，D-葡萄糖在溶液中存在的形式至少有五种：

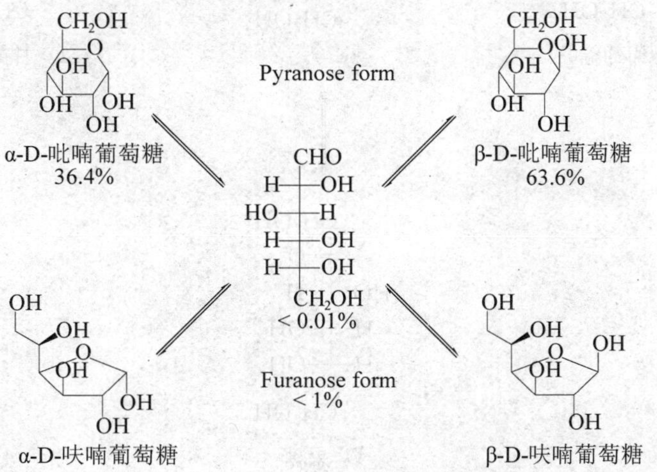

结果是,溶液中的 D-葡萄糖主要以六元环(吡喃糖)的形式存在,而且又以 β-型为主,即 β-D-吡喃葡萄糖是主要的存在形式。五元环的呋喃糖不到百分之一,开链的形式就更少了。这就解释了单糖的一些特殊性质。

淀粉与纤维素的聚合单体都是 D-葡萄糖,α-D-吡喃葡萄糖脱水缩合而成淀粉,β-D-吡喃葡萄糖失水聚合构成了纤维素。为什么作为植物结构材料的纤维素选择 β-D-吡喃葡萄糖呢？这要从其构象说起。

2. 糖的构象

吡喃糖的构象主要也是椅式,如 D-吡喃葡萄糖的椅式构象:

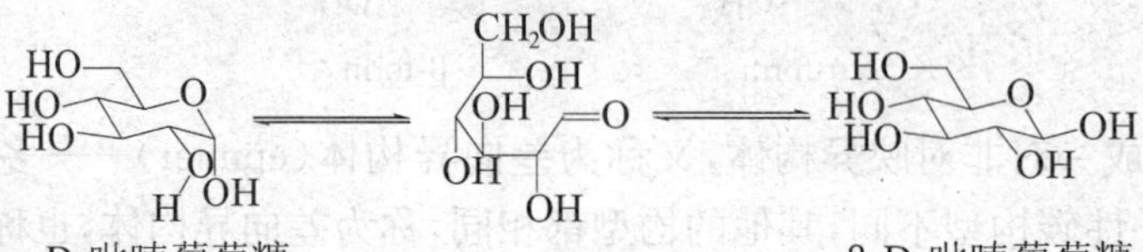

α-D-吡喃葡萄糖 ⇌ ⇌ β-D-吡喃葡萄糖

稳定性: β > α

在 β-D-吡喃葡萄糖的椅式构象中,所有的基团都处于 e 键,最稳定,是独一无二的。而在 α-D-吡喃葡萄糖的椅式构象中,1 号位的羟基还处于 a 键,不如处于 e 键的 β-体稳定。所以,在 D-吡喃葡萄糖的混合体系中,β-D-吡喃葡萄糖含量最多,因为它有最稳定的椅式构象。

这就解释了纤维素为什么选择 β-D-吡喃葡萄糖作为聚合的单体了,是因为它的稳定性。

3. 糖的异构化

在弱碱性(如加吡啶)条件下,D-葡萄糖异构化为 D-甘露糖和 D-果糖。异构化是通过羰基互变异构——烯醇式(烯二醇)实现的。D-甘露糖是 D-葡萄糖的差向异构体,这种异构化称为差向异构化(epimerization),构型差别仅在于 2 号手性碳原子($^*C-2$)。D-果糖是 D-葡萄糖的构造异构体。

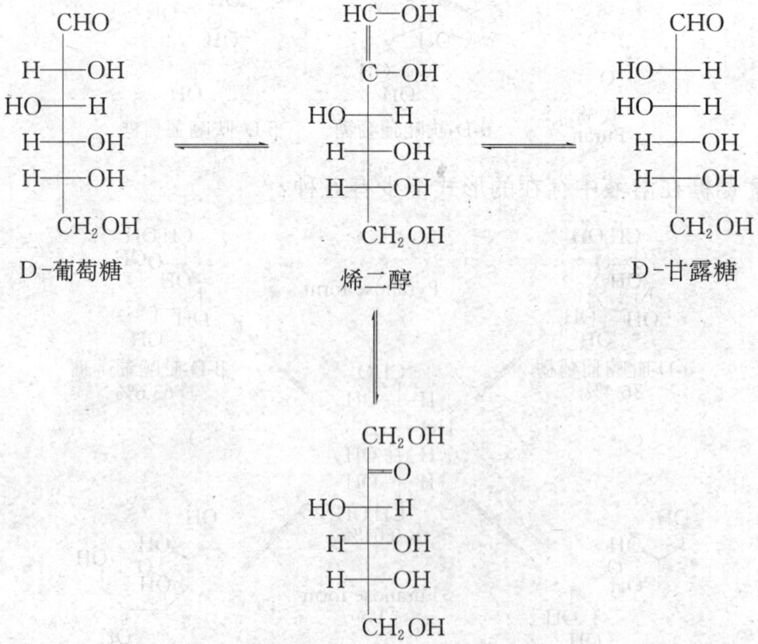

D-葡萄糖 ⇌ 烯二醇 ⇌ D-甘露糖

⇕

D-果糖

例如，D-葡萄糖在 8×10^{-3} mol/L 氢氧化钠溶液中于 35℃下 96 小时后，得到 D-果糖(28%)、D-甘露糖(3%)和 D-葡萄糖的混合物。所以 D-葡萄糖的水溶液加点小苏打，变得更甜。

14.1.1.2 单糖的反应

1. 氧化还原

还原糖和非还原糖：对 Tollens 试剂（硝酸银氨水溶液，银离子）(Bernhard Tollens, 1901)、Fehling 试剂（硫酸铜-碱性酒石酸钾钠溶液，铜离子，蓝色）(Hermann von Fehling, 1849)、Benedict 试剂（柠檬酸-硫酸铜-碳酸钠溶液，铜离子，蓝色）(Stanley Rossiter Benedict, 1909)呈正反应的糖，称为还原糖（reducing sugar）；呈负反应的糖称为非还原糖（nonreducing sugar）。

1) 氧化

(1) 银铜离子氧化

单糖对 Tollen 试剂（银离子）、Fehling 试剂（铜离子）、Benedict 试剂（铜离子）都呈阳性，因此，都是还原糖。例：

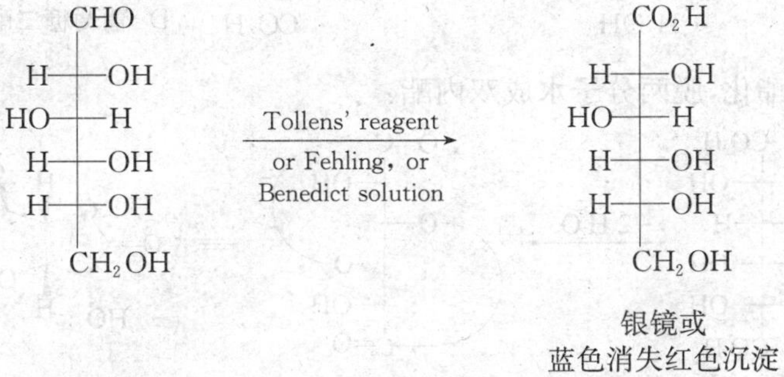

（银镜或蓝色消失红色沉淀）

(2) 溴水氧化

溴水氧化醛糖成糖酸，可用于区别醛糖和酮糖。例：

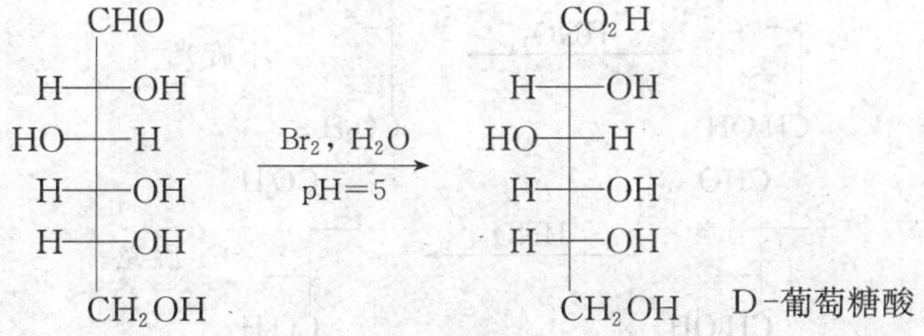

D-葡萄糖酸

氧化产物 D-葡萄糖酸内酯化，产生 D-葡萄糖酸-γ-内酯和 D-葡萄糖酸-δ-内酯：

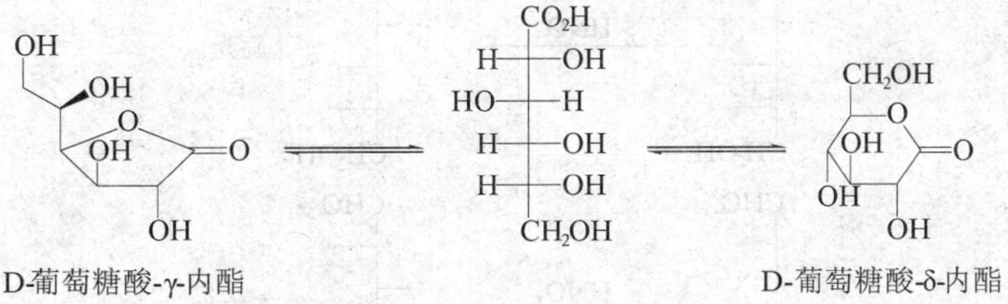

D-葡萄糖酸-γ-内酯   D-葡萄糖酸-δ-内酯

(3) 电解氧化

糖可以通过电解氧化成糖酸，在碳酸钙存在下得到糖酸钙。例：

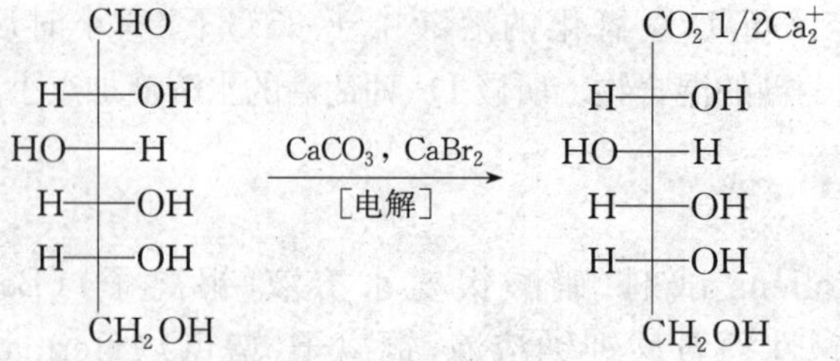

$$\begin{array}{c}\text{CHO}\\ \text{H}\!-\!\text{OH}\\ \text{HO}\!-\!\text{H}\\ \text{H}\!-\!\text{OH}\\ \text{H}\!-\!\text{OH}\\ \text{CH}_2\text{OH}\end{array} \xrightarrow[\text{[电解]}]{\text{CaCO}_3,\ \text{CaBr}_2} \begin{array}{c}\text{CO}_2^-\ 1/2\text{Ca}_2^+\\ \text{H}\!-\!\text{OH}\\ \text{HO}\!-\!\text{H}\\ \text{H}\!-\!\text{OH}\\ \text{H}\!-\!\text{OH}\\ \text{CH}_2\text{OH}\end{array}\quad \text{D-葡萄糖酸钙}$$

（4）硝酸氧化

单糖经稀硝酸氧化生成糖二酸。例：

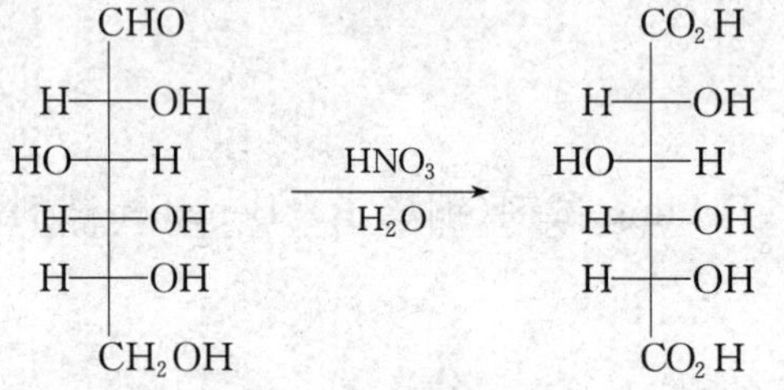

$$\begin{array}{c}\text{CHO}\\ \text{H}\!-\!\text{OH}\\ \text{HO}\!-\!\text{H}\\ \text{H}\!-\!\text{OH}\\ \text{H}\!-\!\text{OH}\\ \text{CH}_2\text{OH}\end{array} \xrightarrow[\text{H}_2\text{O}]{\text{HNO}_3} \begin{array}{c}\text{CO}_2\text{H}\\ \text{H}\!-\!\text{OH}\\ \text{HO}\!-\!\text{H}\\ \text{H}\!-\!\text{OH}\\ \text{H}\!-\!\text{OH}\\ \text{CO}_2\text{H}\end{array}\quad \text{D-葡萄糖二酸}$$

糖二酸可以内酯化，脱两分子水成双内酯：

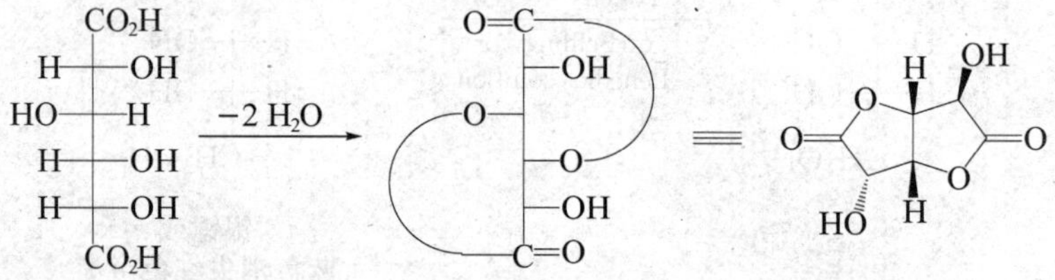

硝酸氧化的应用：制备糖二酸；测定糖的结构——酮糖氧化致 C1 - C2 键断裂，确定氧环式环的大小，根据糖二酸的旋光性推断糖的构型。例：

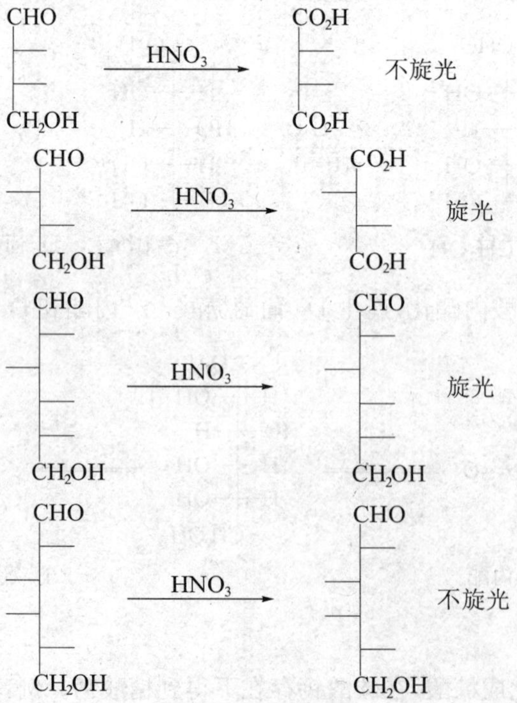

不旋光

旋光

旋光

不旋光

（5）高碘酸氧化

糖经高碘酸氧化，邻二羟基、α-羟基羰基间发生碳-碳键断裂，给出甲酸与甲醛。根据消耗高碘酸分子数可推断糖的结构。例：

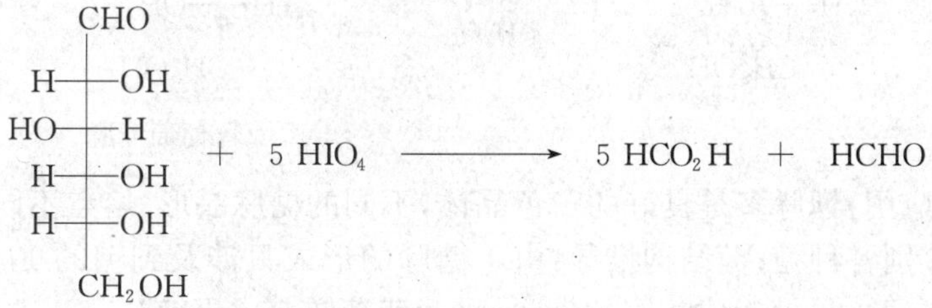

$$\text{己醛糖} + 5\ \text{HIO}_4 \longrightarrow 5\ \text{HCO}_2\text{H} + \text{HCHO}$$

2) 还原

（1）糖醇

糖用硼氢化钠等化学法或催化加氢等都可还原成糖醇。例如，D-葡萄糖经还原成D-葡萄糖醇。

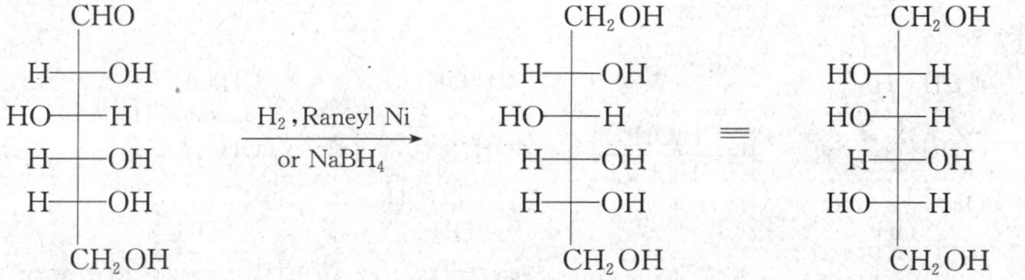

$$\text{D-葡萄糖} \xrightarrow[\text{or NaBH}_4]{\text{H}_2,\text{Raneyl Ni}} \text{D-葡萄糖醇} \equiv \text{L-山梨醇 Sorbitol}$$

D-葡萄糖醇习惯上称作 L-山梨醇(sorbitol)。L-山梨(糖)醇(L-sorbitol)是重要的化工原料，在医药、食品、日用化工等行业有广泛的应用，其中维生素C生产用量最大。我国山梨醇产业的发展源于维生素C的工业化大规模生产。

糖醇的主要产品有山梨糖醇（甜度是蔗糖的60%～70%）、木糖醇（甜度10%）、麦芽糖醇（甜度75%～95%）、甘露糖醇（甜度50%）、赤藓糖醇（甜度70%～80%）、乳糖醇等。糖醇的共同特点是甜度低、热量低、黏度低，优点是其代谢途径与胰岛素无关，人体摄入不会引起血糖及胰岛素水平波动，是糖尿病人理想的糖代用品和甜味剂；长期摄入不会引起龋齿；部分糖醇具有膳食纤维功能，可预防便秘、结肠癌等。糖醇的缺点是摄取过量会引起腹泻或肠胃不适。

（2）糖二醇

糖酸内酯用钠-汞齐(Na-Hg)在乙醇溶液中还原生成糖二醇。

（3）醛糖

糖酸内酯用钠-汞齐(Na-Hg)在水溶液(pH＝3～5)中还原生成醛糖。

2. 成脎

单糖和苯肼反应生成糖脎(osazone)。脎是一种双苯腙类化合物，在糖的1，2-位形成，反应计量是一分子单糖和三分子苯肼。

$$\begin{array}{c}\text{CHO}\\\text{H}\!-\!\text{OH}\\\text{HO}\!-\!\text{H}\\\text{H}\!-\!\text{OH}\\\text{H}\!-\!\text{OH}\\\text{CH}_2\text{OH}\end{array}\xrightarrow[\substack{-\text{PhNH}_2\\-\text{NH}_3\\-\text{H}_2\text{O}}]{3\,\text{PhNHNH}_2}\begin{array}{c}\text{CH}=\text{NNHPh}\\\text{H}=\text{NNHPh}\\\text{HO}\!-\!\text{H}\\\text{H}\!-\!\text{OH}\\\text{H}\!-\!\text{OH}\\\text{CH}_2\text{OH}\end{array}$$

D-葡萄糖脎

成脎反应的应用：糖脎多是良好的黄色晶体，不同的糖脎晶形、熔点不同，形成的时间也不同，可用于用来鉴别各种糖；糖结构推导：由于糖脎的形成只涉及到糖的 1，2-位，因此 D-葡萄糖、D-甘露糖和 D-果糖生成相同的糖脎；将葡萄糖转变成果糖。

3. 醚化与糖苷

1) 糖苷

糖的环状结构实际上是半缩醛，其活泼的半缩醛羟基能与含活性氢的化合物（醇酚、伯仲胺或硫醇酚等）脱水生成糖苷，也称为配糖体（glycoside）（早期称作糖忒）。新形成的键称为苷键（glycosidic likage）。

例：D-葡萄糖和甲醇在酸性条件下反应，生成 α-D-甲基吡喃葡萄糖苷和 β-D-甲基吡喃葡萄糖苷。

α-D-甲基吡喃葡萄糖苷　　β-D-甲基吡喃葡萄糖苷
mp 168 ℃　　　　　　　　mp 115 ℃
[α]$_D$ +159°　　　　　　　[α]$_D$ −34°

糖苷是糖在自然界存在的主要形式。

酸催化下，只有半缩醛羟基能与一分子醇反应形成缩醛——糖苷。因此，糖苷在碱性条件下稳定，但在温和酸性条件下易水解，生成糖和配糖体（配基），其他醚键在此条件下是稳定的。

酶催化糖苷水解是立体专一性的，例如来自酵母菌或黑曲霉发酵的 α-D-葡萄糖苷酶（α-D-glucosidase）只能水解 α-D-葡萄糖苷，而从杏仁中得到的 β-D-葡萄糖苷酶（β-D-glucosidase）只能水解 β-D-葡萄糖苷。这是确定糖苷键构型的可靠方法。

2) 醚化

糖分子中的羟基可烷烃基化成醚，常用的是甲基醚化，有 Haworth 甲基化和 Purdie 甲基化两种方法。

(1) Haworth 甲基化

糖与硫酸二甲酯在浓碱（30% NaOH）中反应，生成所有羟基全部甲基化的产物，称为 Haworth 甲基化（Haworth methylation，Norman Haworth，1915）。

例:D-葡萄糖 Haworth 甲基化得到 2,3,4,6-四-O-甲基-D-甲基葡萄糖苷。

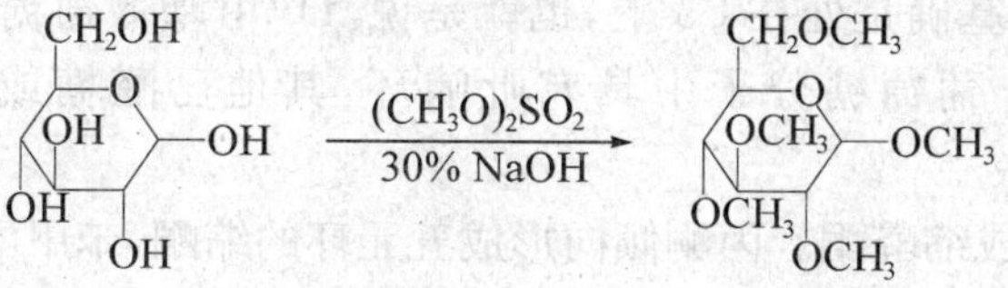

$$\text{D-葡萄糖} \xrightarrow[30\% \text{NaOH}]{(CH_3O)_2SO_2} \text{2,3,4,6-四-}O\text{-甲基-}D\text{-甲基葡萄糖苷}$$

β-D-葡萄糖 Haworth 甲基化生成 2,3,4,6-四-O-甲基-β-D-甲基葡萄糖苷,酸水解给出 2,3,4,6-四-O-甲基-β-D-葡萄糖。

$$\xrightarrow[30\% \text{NaOH}]{(CH_3O)_2SO_2} \xrightarrow[HCl]{H_2O} + CH_3OH$$

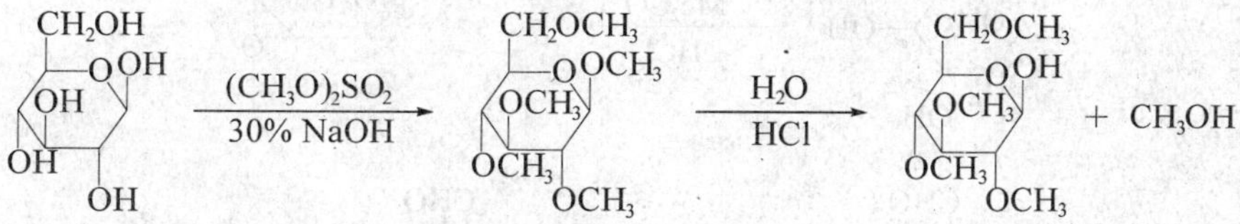

(2) Purdie 甲基化

糖与碘甲烷在氧化银(Ag_2O)存在下反应,所有羟基全部甲基醚化,称为 Purdie 甲基化 (Purdie methylation),也称 Irvine-Purdie 甲基化(T. Purdie, J. C. Irvine, 1903)。

例:α-D-甲基葡萄糖苷 Purdie 甲基化生成 2,3,4,6-四-O-甲基-α-D-甲基葡萄糖苷,酸水解给出 2,3,4,6-四-O-甲基-β-D-葡萄糖。

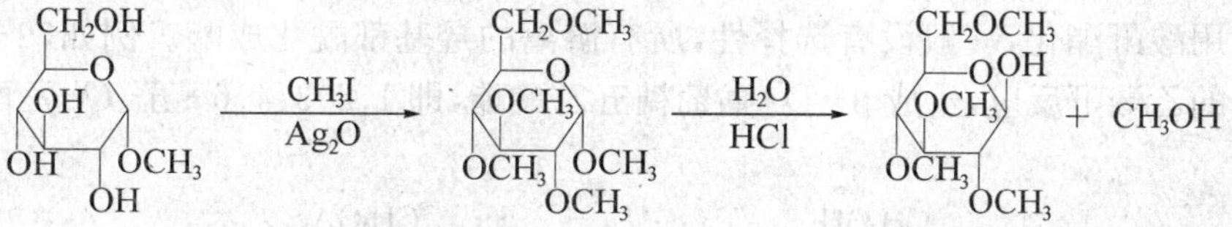

$$\xrightarrow[Ag_2O]{CH_3I} \xrightarrow[HCl]{H_2O} + CH_3OH$$

2,3,4,6-四-O-甲基-β-D-葡萄糖与开链的 2,3,4,6-四-O-甲基-D-葡萄糖成平衡,由此可推断环的大小(游离羟基位于 C4 还是 C5)。

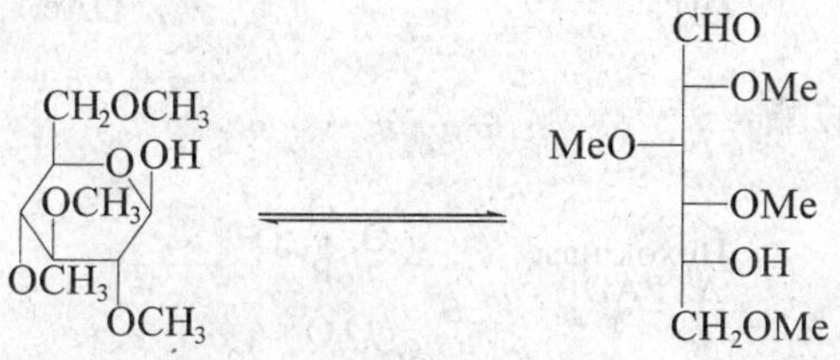

2,3,4,6-四-O-甲基-D-葡萄糖用硝酸氧化,若游离的羟基处于 C5,碳-碳键氧化破裂可能发生在 C4-C5 和 C5-C6 之间。C4-C5 键氧化破裂给出产物二甲氧基丁二酸和甲氧基乙酸。C5-C6 键氧化破裂则产生三甲氧基戊二酸并放出二氧化碳。

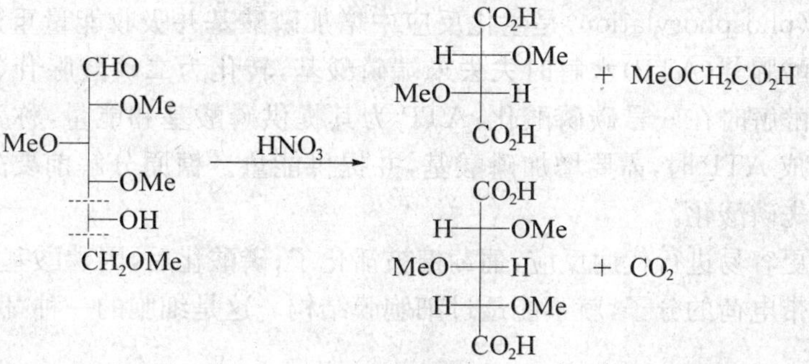

$$\xrightarrow{HNO_3} + MeOCH_2CO_2H$$

$$+ CO_2$$

氧化实验结果检测到了二甲氧基丁二酸和三甲氧基戊二酸。这表明四甲氧基葡萄糖的开链式结构中的游离羟基确是处在 C5 上,也就是说,D-甲基葡萄糖苷含有吡喃环结构。其他实验事实也证明,D-葡萄糖分子中具有吡喃环,其他己醛糖或糖苷一般也含有吡喃环。

糖分子中多羟基可形成缩醛酮。丙酮倾向形成五元环的缩酮,苯甲醛则易与 1,3-二羟基生成六元环的缩醛。

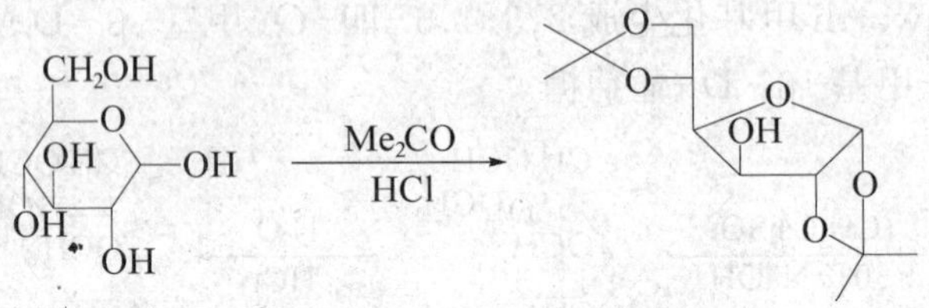

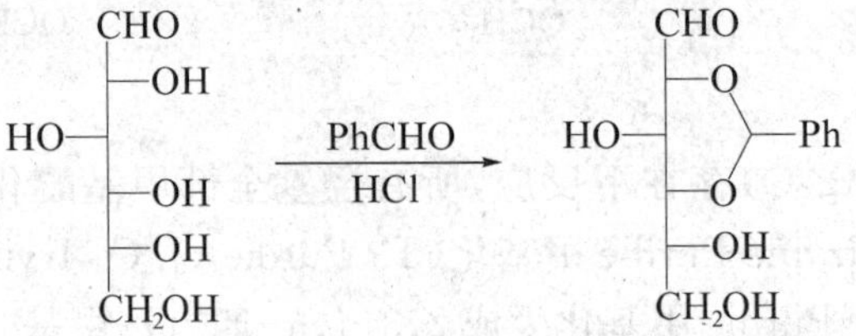

4. 酯化反应

糖可以用酸酐酯化,一般没有选择性,所有游离的羟基都酰化成酯。例如,β-D-吡喃葡萄糖与足量的乙酸酐反应,生成 β-D-葡萄糖五乙酸酯,即 1,2,3,4,6-五-O-乙酰基-β-D-葡萄糖。

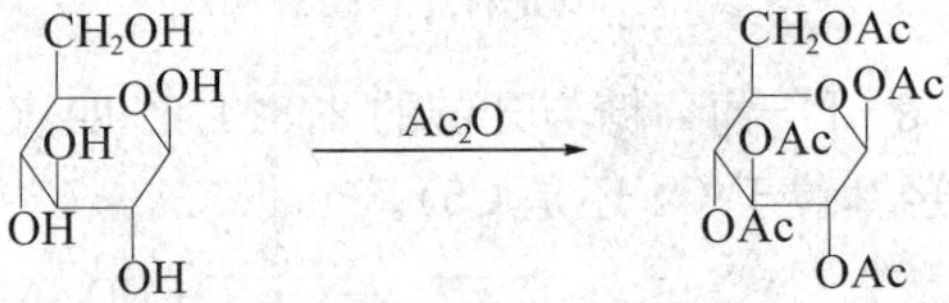

葡萄糖磷酸化——磷酸酯:

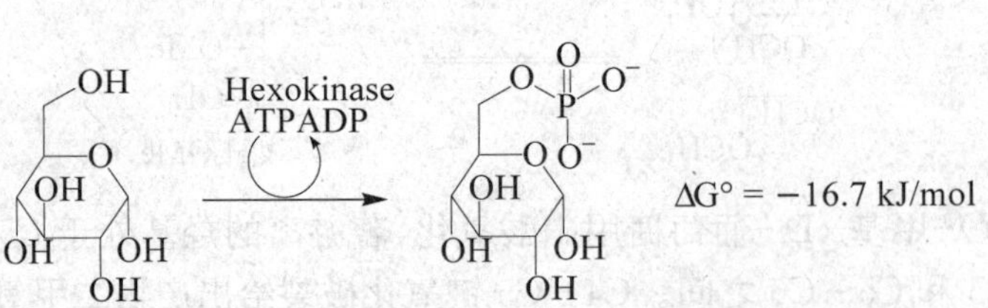

α-D-Glucose → α-D-Glucose-6-phosphate

$\Delta G° = -16.7 \text{ kJ/mol}$

磷酸化作用(phosphorylation)是生化反应中增加磷酸基并吸收能量重建高能键的过程。高能化合物三磷酸腺苷(ATP)水解时失去末端磷酸基,转化为二磷酸腺苷(ADP),同时释放能量。如葡萄糖酵解时在 6 号碳磷酸化,ATP 为其提供磷酸基和能量,称为葡萄糖磷酸化。反之,从 ADP 合成 ATP 时,需要增加磷酸基,并提供能量。糖原分解前要先磷酸化,葡萄糖进入糖酵解也要先磷酸化。

磷酸葡萄糖更容易进行代谢反应,葡萄糖被活化了;磷酸化后,因磷酸基团带负电荷,所以葡萄糖分子成了带电荷的分子,就不能透过细胞膜结构。这是细胞的一种"保糖机制"。

5. 糖的代谢

糖的代谢(carbohydrate metabolism)系指单糖葡萄糖(glucose)、糖原(glycogen)等在体内的一系列复杂的生物化学反应。在人体内糖的主要形式是葡萄糖(glucose)及糖原(glycogen)。食物中的糖主要是淀粉,另外包括一些双糖及单糖。多糖及双糖都必须经过酶的催化水解成单糖才能被吸收。

葡萄糖是糖在血液中的运输形式,在机体糖代谢中占据主要地位;糖原是葡萄糖的多聚体,包括肝糖原、肌糖原和肾糖原等,是糖在体内的储存形式。葡萄糖与糖原都能在体内氧化提供能量。食物中的糖是机体中糖的主要来源,被人体摄入经消化成单糖吸收后,经血液运输到各组织细胞进行合成代谢和分解代谢。

血液中的葡萄糖,称为血糖(blood glucose)。体内血糖浓度是反映机体内糖代谢状况的一项重要指标。正常情况下,血糖浓度是相对恒定的。正常人空腹血浆葡萄糖糖浓度为3.9~6.1 mmol/L(葡萄糖氧化酶法)。空腹血浆葡萄糖浓度高于7.0 mmol/L称为高血糖,低于3.9 mmol/L称为低血糖。要维持血糖浓度的相对恒定,必须保持血糖的摄入与消耗的动态平衡。

食物中的淀粉经唾液中的α-淀粉酶作用,催化淀粉中α-1,4-糖苷键的水解,产物是葡萄糖、麦芽糖、麦芽寡糖及糊精。由于食物在口腔中停留时间短,淀粉的主要消化部位在小肠。小肠中含有胰腺分泌的α-淀粉酶,催化淀粉水解成麦芽糖、麦芽三糖、α-临界糊精和含分支的异麦芽糖。在小肠黏膜刷状缘上,含有α-糊精酶,此酶催化α-极限糊精的α-1,4-糖苷键及α-1,6-糖苷键水解,使α-糊精水解成葡萄糖;刷状缘上还有麦芽糖酶可将麦芽三糖及麦芽糖水解为葡萄糖。小肠黏膜还有蔗糖酶和乳糖酶,前者将蔗糖分解成葡萄糖和果糖,后者将乳糖分解成葡萄糖和半乳糖,有些成人由于乳糖酶缺乏,在食用牛奶后发生乳糖消化吸收障碍,而引起腹胀、腹泻等症状。

机体内糖的代谢途径主要有葡萄糖的无氧酵解、有氧氧化、磷酸戊糖途径、糖醛酸途径、多元醇途径、糖原合成与糖原分解、糖异生以及其他已糖代谢等。无氧代谢:葡萄糖经糖酵解生成丙酮酸,然后生成乳酸;有氧代谢:葡萄糖经糖酵解生成丙酮酸,后者在线粒体内生成乙酰辅酶A,再经过三羧酸循环(tricarboxylic acid cycle,TCA)最终生成二氧化碳和水。三羧酸循环又称Krebs循环(Hans Adolf Krebs, 1937)。因为循环中第一个中间产物是柠檬酸,故又称柠檬酸循环(citric acid cycle)。乙酰辅酶A与草酰乙酸缩合生成含有3个羧基的柠檬酸,再经过一系列反应重新生成草酰乙酸,完成一轮循环,其中氧化脱氢经线粒体内膜上经呼吸链传递生成水,氧化磷酸化生成ATP;而脱羧反应生成的二氧化碳则通过血液运输到呼吸系统而被排出,是体内二氧化碳的主要来源。三羧酸循环是三大营养素(糖类、脂类、氨基酸)的最终代谢通路,又是糖类、脂类、氨基酸代谢联系的枢纽。

6. 糖的转化与合成——糖的递升与递降

糖之间可以相互转化,糖分子链可以增长或缩短——糖的递升与递降,此即糖的合成。

1)递升

Kiliani-Fischer合成:例如D-甘油醛递升,加成氰化氢,得到一对非对映异构体α-羟基腈,水解成α-羟基酸,分子内脱水酯化,γ-丁内酯用钠-汞齐在弱酸性水溶液中还原生成α-羟基醛,即丁醛糖,D-赤藓糖(D-erythrose)和D-苏阿糖(D-threose)。此即Kiliani-Fischer合成(Heinrich Kiliani, Hermann Emil Fischer, 1885)。

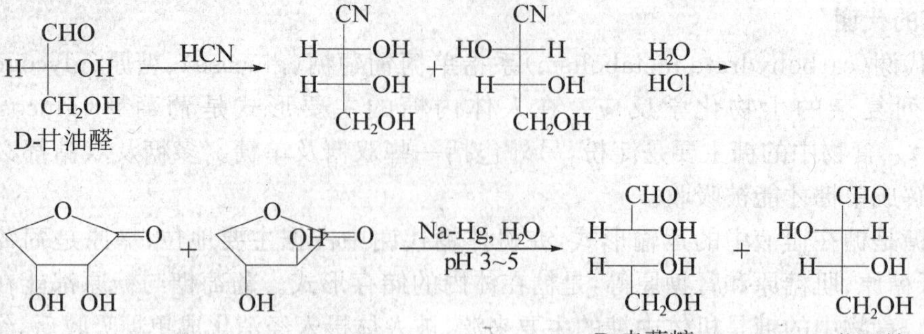

[反应式: D-甘油醛 + HCN → 两种氰醇 → H₂O/HCl → 内酯 → Na-Hg, H₂O, pH 3~5 → D-赤藓糖 (D-Erythrose) + D-苏阿糖 (D-Threose)]

新的改良是,氰醇直接用钯(毒化 Pd/BaSO₄)催化加氢,即得到醛糖。

2) 递降

Wohl 递降——肟-腈降解法:例如 D-葡萄糖递降,与羟胺成肟,用乙酸酐酰化,所有羟基包括肟羟基全部乙酰化,热分解转化为腈,用甲醇钠在甲醇中处理,首先发生酯交换游离出羟基,然后消去氰化氢,给出低一级的醛糖,即 D-阿拉伯糖(D-arabinose)。此即 Wohl 降解(Wohl degradation)(Alfred Wohl, 1893)。

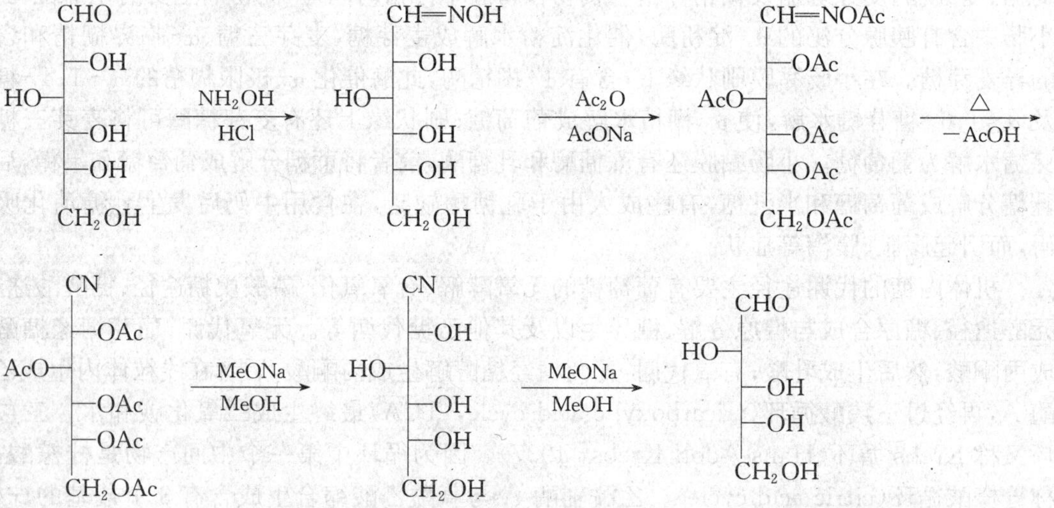

[反应式: D-葡萄糖 →NH₂OH/HCl→ 肟 →Ac₂O/AcONa→ 乙酰化肟 →△, -AcOH→ 腈 →MeONa/MeOH→ →MeONa/MeOH→ D-Arabinose D-阿拉伯糖]

Ruff 递降法——氧化脱羧法:在碳酸钙存在下用溴水氧化,得到的钙盐在硫酸铁存在下用双氧水(Fenton's reagent)氧化,生成糖酸,热脱羧即完成降解,此即 Ruff 降解,又称 Ruff-Fenton 降解(Ruff-Fenton degradation)(Otto Ruff 1898, H. J. H. Fenton 1893)。例如,D-半乳糖经 Ruff 递降给出 D-来苏糖(D-lyxose)。

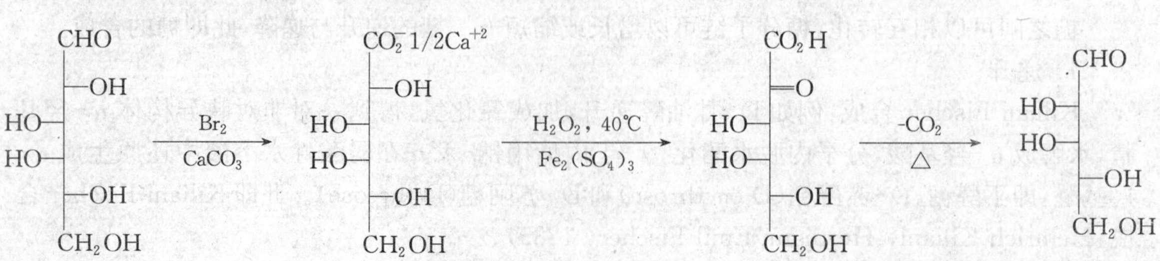

[反应式: D-半乳糖 →Br₂/CaCO₃→ 钙盐 →H₂O₂, 40℃/Fe₂(SO₄)₃→ →-CO₂, △→ D-Lyxose D-来苏糖]

14.1.1.4 重要的单糖

D-(+)-葡萄糖、D-(+)-甘露糖、D-(+)-半乳糖和D-(−)-果糖都是重要的六碳单糖。

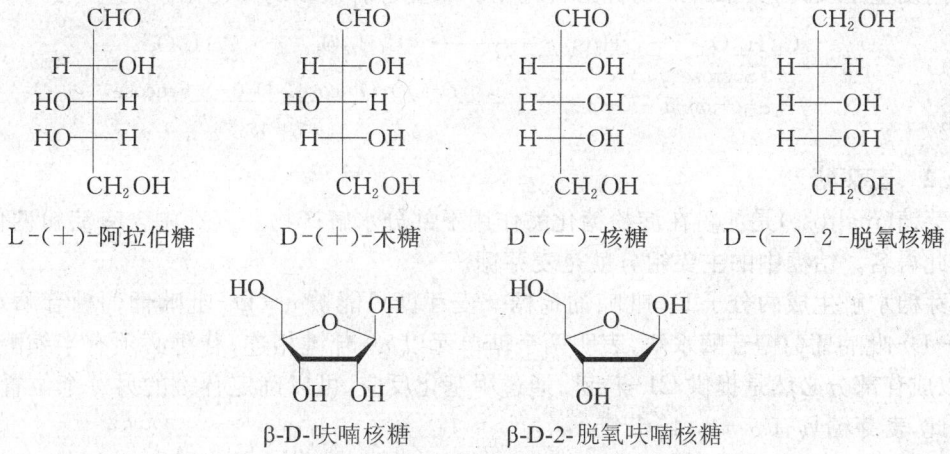

五碳单糖中，L-(+)-阿拉伯糖、D-(+)-木糖、D-(−)-核糖、D-(−)-2-脱氧核糖等比较重要，尤其是核糖与脱氧核糖。

D-呋喃核糖与D-2-脱氧呋喃核糖是遗传物质DNA与RNA的主体结构单元。

葡萄糖的构型是由Hermann Emil Fischer测定的，他同时推导出8种D-己醛和4种戊醛糖之间的立体化学关系。16个己醛糖都已经合成，其中12个是E. Fischer一人完成的(1890)。所以E. Fischer被誉为"糖化学之父"，为此获得了1902年Nobel化学奖(The Nobel Prize in Chemistry 1902 was awarded to Emil Fischer "in recognition of the extraordinary services he has rendered by his work on sugar and purine syntheses")。

14.1.2 双糖

14.1.2.1 蔗糖

蔗糖(sucrose)即通常的食用糖(an ordinary table sugar)，各种食用糖如白糖、红糖、冰糖等都是蔗糖，只是生产工艺不同、纯度有别、结晶形式各异而已。

所有进行光合作用的植物中都含有蔗糖，甘蔗含蔗糖16%～26%，甜菜含蔗糖12%～15%，是工业生产蔗糖的原料。世界上每年生产蔗糖达千万吨，是产量最大的一种有机化合物。

元素分析及相对分子量测定结果显示，蔗糖的分子式为$C_{12}H_{22}O_{11}$。

蔗糖旋光，$[\alpha]_D = +66.5°$，但无变旋现象，对Tollens试剂、Fehling试剂、Benidict试剂显负性，也不生成糖脎(表明蔗糖无半缩醛羟基游离)，所以蔗糖是非还原糖。

蔗糖酸性水解，生成一分子D-(+)-葡萄糖和一分子D-(−)-果糖。蔗糖既可用α-D-

葡萄糖苷酶（麦芽酶）水解，表明是葡萄糖 α-苷键，也可用 β-D-果糖苷酶（转化酶）水解，表明也是果糖 β-苷键。因此，蔗糖是由一分子 α-D-吡喃葡萄糖和一分子 β-D-呋喃果糖通过两个半缩醛羟基缩合去水而构建的。由于蔗糖分子中已无半缩醛羟基，所以是非还原糖。

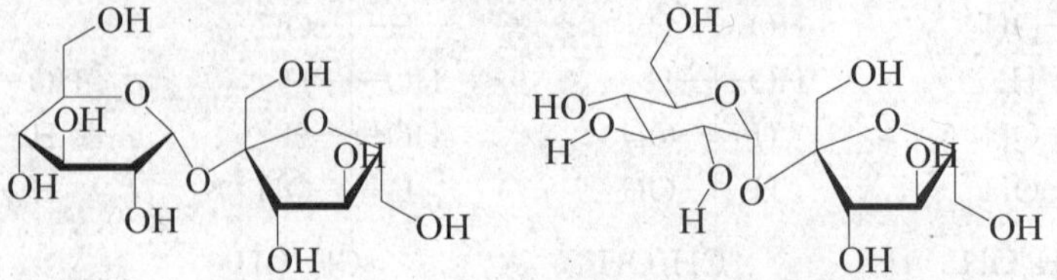

2-O-(α-D-吡喃葡萄糖基)-β-D-呋喃果糖苷
1-O-(β-D-呋喃果糖基)-α-D-吡喃葡萄糖苷

转化糖：蔗糖是右旋的，水解生成等量的 D-葡萄糖和 D-果糖混合物，其溶液是左旋的，旋光方向发生了反转，其水解产物称为转化糖。蜂蜜含有较多的转化糖。

$$C_{12}H_{22}O_{11} + H_2O \longrightarrow C_6H_{12}O_6 + C_6H_{12}O_6$$
Sucrose　　　　　　　　　　　D-(+)-Glucose　D-(−)-Frucose
$[\alpha]_D +66.5°$　　　　　　　　　　　　　$[\alpha]_D -43.5°$

14.1.2.2　麦芽糖

麦芽糖（maltose）是淀粉在淀粉糖化酶作用下部分水解产物。麦芽中含有淀粉糖化酶，麦芽糖由此得名。饴糖中的主要组分就是麦芽糖。

麦芽糖水解生成两分子 D-吡喃葡萄糖。麦芽糖只能被 α-D-吡喃葡萄糖苷酶水解，不能被 β-D-吡喃葡萄糖苷酶水解，表明两个糖单元以 α-苷键相连；苷键必须有半缩醛羟基参与，所以成苷部分必然是提供 C1-位键；通过甲基化反应，可以确定苷键的另一个位置是 C4-位。因此，麦芽糖具有 α-1,4-苷键。

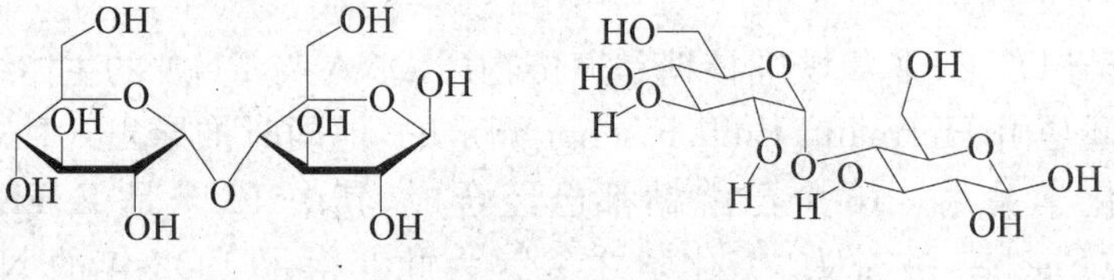

4-O-(α-D-吡喃葡萄糖基)-β-D-吡喃葡萄糖

麦芽糖分子中含有一个游离的半缩醛羟基，有变旋现象，是还原糖，可以被 Tollens 试剂、Fehling 试剂、Benedict 试剂氧化；能与苯肼反应生成糖脎；能被溴水氧化成麦芽糖酸。

14.1.2.3　纤维二糖

纤维二糖（cellobiose）是纤维素水解产物。纤维二糖水解产生两分子 D-吡喃葡萄糖，其中一分子是 β-型，含有游离的半缩醛羟基，因此是还原糖。

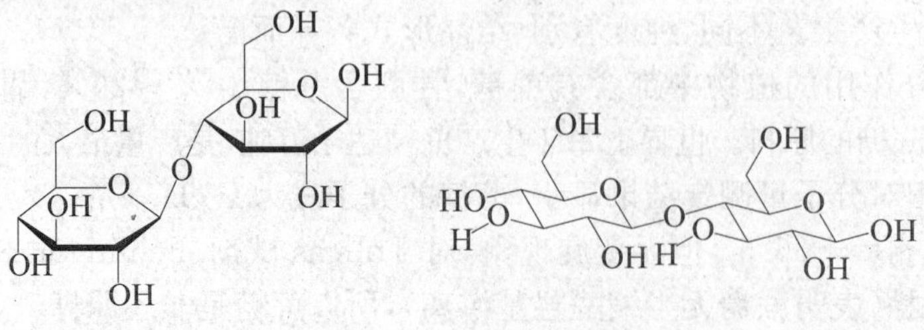

4-O-(β-D-吡喃葡萄糖基)-β-D-吡喃葡萄糖

14.1.2.4 乳糖

(+)-乳糖(lactose)水解产生一分子 D-吡喃葡萄糖和一分子 D-吡喃半乳糖。半乳糖和葡萄糖的 C4 位羟基形成 1,4-β-苷键,是还原糖。乳糖味微甜,甜度是蔗糖的约六分之一。

4-O-(β-D-吡喃半乳糖基)-β-D-吡喃葡萄糖

(+)-乳糖仅存在于人及哺乳动物的乳中,人乳含乳糖 6%～7%,牛乳含乳糖 4%～5%。工业上乳糖是由牛乳制造干酪的副产品。乳糖在乳酸杆菌作用下氧化成乳酸,牛乳变酸就是由于其中所含的乳糖变成了乳酸。半乳糖能促进脑苷脂类和黏多糖类的生成,因而对幼儿智力发育非常重要。幼小的哺乳动物肠道能分泌乳糖酶分解乳糖为单糖 D-葡萄糖和 D-半乳糖。成年动物,包括除高加索人种外的多数人类体内乳糖酶的活性大大降低。故饮用牛奶等乳制品可产生腹泻、腹胀等症状,称为乳糖不耐症。成年动物若长期持续饮用乳品(初期以少量多次慢饮为宜),也可刺激肠道内乳糖酶数量增加并提高活性,虽数量与活性不如幼儿期,但仍能有效帮助分解乳糖。

乳糖主要作为粉状食品色素的吸附分散剂,降低色素浓度,便于使用并降低贮藏期间的变色。利用乳糖易压缩成形和吸水性低的特点,作压片等赋形剂。利用乳糖焦糖化温度较低(蔗糖 163℃,葡萄糖 154.5℃,乳糖仅 129.5℃)的特点,对某些特殊的焙烤食品,可在较低的烘烤温度下获得较深的黄色至焦糖色泽。

14.1.3 多糖 生物大分子(Ⅰ)

碳水化合物的绝大部分以多糖(polysaccharide)的形式存在。在植物体内多糖作为结构材料和营养储备,在动物体中则作为能量储备。此外,多糖在生物体中还有多种重要功能。

淀粉和纤维素都是多糖,由许多 D-葡萄糖分子脱水缩合生成,是生物大分子。多糖没有甜味,是非还原糖。

14.1.3.1 淀粉

淀粉(starch)是植物的主要能量储备,也是人类膳食碳水化合物的主要来源。谷物中淀粉含量在 75% 以上。工业上多从谷物分离淀粉。

淀粉是粒状,在冷水中膨胀,干燥后又收缩为粒状,工业上利用这一性质来分离淀粉。

淀粉酸水解得 D-葡萄糖,酶水解得 D-麦芽糖。因此淀粉是由多个 D-葡萄糖分子通过 α-苷键聚合而成的。

淀粉含有直链淀粉(amylose)和支链淀粉(amylopectin),相对含量与淀粉来源有关。在大多数淀粉品种中,直链淀粉含量在 15%～35%。直链淀粉遇碘显紫色,支链淀粉则呈红色。

直链淀粉是由 α-D-吡喃葡萄糖通过 α-1,4-苷键聚合而成的链状大分子,是不分支类型的淀粉,葡萄糖单元数为 200～2 200。

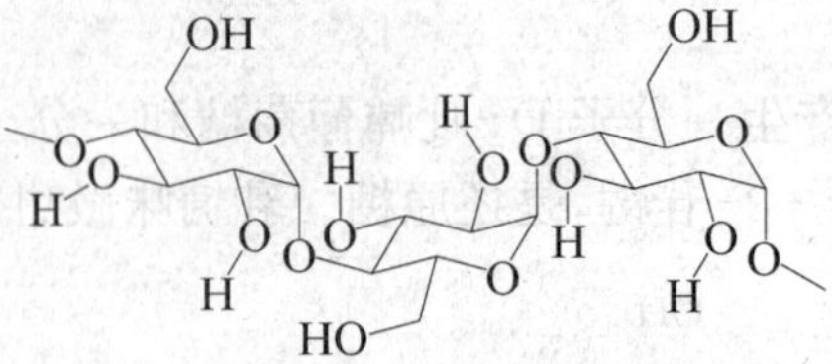

将淀粉悬浮在水中,加入百里酚(2-异丙基-5-甲基苯酚),直链淀粉与其生成络合物而沉淀出来,可以与支链淀粉分开。

在支链淀粉分子内,除 α-1,4-苷键外,还有 α-1,6-苷键,大约每间隔 30 个 α-1,4-苷键就有一个 α-1,6-苷键。支链淀粉含有大约 1 300 个 D-葡萄糖单元,有 50 个以上支链,每一个支链由 24~30 个葡萄糖单元通过 α-1,4-苷键连接起来。

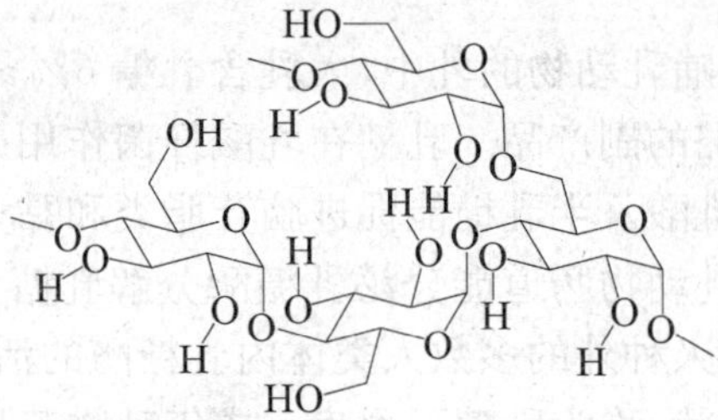

动物吃了淀粉以后,在体内的 α-葡萄糖苷酶催化作用下,水解成葡萄糖分子,为生命活动提供能量。

多余的葡萄糖,则在体内的酶催化下,转化为糖原(glycogen)。糖原的结构与支链淀粉相似,但支链更多、更短。糖原是动物体内的储备糖,存在于肝和肌肉中。营养良好的成人体内约有糖原 350 g。在运动时肌肉里的糖原转化成乳酸,同时释放出能量。

环糊精(cyclodextrin, CD):环糊精是 6~12 个 D-吡喃葡萄糖通过 α-1,4 苷键形成的环状低聚合体。研究得较多并具有实际意义的是含有 6,7,8 个葡萄糖单元分别称为 α-、β-和 γ-环糊精(α-、β-和 γ-cyclodextrin,缩写为 α-、β-和 γ-CD),如图所示。

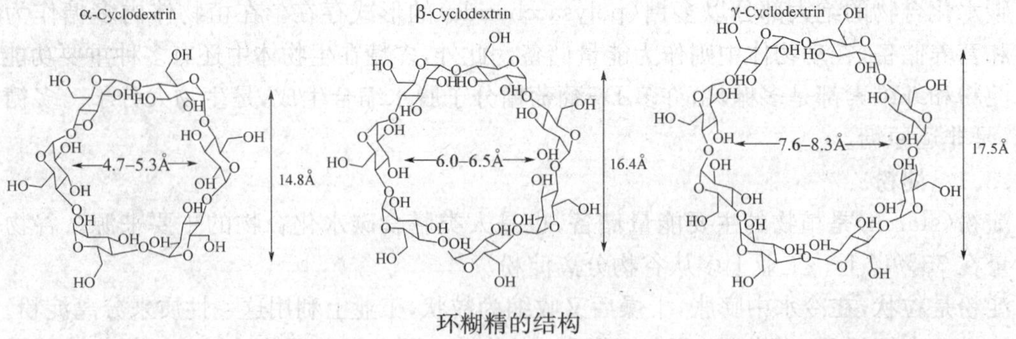

环糊精的结构

IR 和 NMR 波谱和 X-射线晶体衍射结果显示,构成环糊精分子的每个 D-(+)-吡喃葡萄糖都是椅式构象,各葡萄糖单元均以 1,4-糖苷键结合成环。由于连接葡萄糖单元的糖苷键不能自由旋转,环糊精不是圆筒状而是略呈锥形的圆环。

环糊精的结构特点:(a)内部空穴(cavity)大小不同:α-CD 外径 146 nm,内径 47~53 nm;β-CD 外径 154 nm,内径 60~65 nm;γ-CD 外径 175 nm,内径 75~83 nm。(b)空穴内外亲水性不同,腔内是疏水性的(hydrophobic),而外部(rim)是亲水性的(hydrophilic)。

作为主体(host)的环糊精有一定的空穴尺度，只能容纳大小适中的客体(guest)分子或离子，可用于选择性的分离或分子识别，此即主客体化学(host-guest chemistry)。环糊精也用于手性拆分、分子自组装研究——超分子化学(supramolecular chemistry)。环糊精在有机合成中用作催化剂。环糊精在医学上用于药物输送(drug delivery)。

14.1.3.2 纤维素

纤维素(cellulose)是自然界中分布最广的有机化合物，也是多糖中最丰富的一类化合物。纤维素是高等植物细胞壁的主要成分，约占多年生植物质量的一半，一年生植物质量的三分之一左右。

纤维素酸性水解得 D-葡萄糖，酶水解得纤维二糖。因此，纤维素是纤维二糖的聚合物，也就是 D-吡喃葡萄糖分子通过 β-1,4-苷键聚合而成，平均含 3 000 个葡萄糖单元，分子量～500 000。

由于其结构单元的立体规整性和链状结构，纤维素分子在延伸很长的区域内呈晶型结构，形成纤维束。

高等动物包括人类体内没有水解纤维素的酶，因此人类不能消化纤维素。食草动物的消化道中孳生着一些能产生纤维酶的微生物，这种纤维酶能够水解纤维素成葡萄糖，因此能以纤维素为食。

工业上纤维素的主要来源是木材、棉花和亚麻。在木材中纤维素与木质素紧密结合在一起，通过制浆操作可以获得高质量的纤维素，用于造纸、生产人造丝和无纺布等。

纤维素分子中每个葡萄糖单元的 C2、C3 和 C6 上的羟基可以酯化或醚化。纤维素在 8.5%～12%的氢氧化钠溶液中溶胀后，用二硫化碳处理，得到纤维素黄原酸钠。将这种钠盐溶于碱液并挤压入酸性介质中时，生成的纤维素黄原酸分解而重新转变为纤维素，此即粘胶纤维，可以生产人造丝或赛璐玢(玻璃纸)。纤维素可用乙酸酐在硫酸催化下酯化得到纤维素乙酸酯，将其丙酮溶液压入热空气中，丙酮挥发后即得醋酸纤维，可以纺成丝或成型为各种塑料制品。纤维素也可以用混酸(硝酸和硫酸)硝化，生成纤维素硝酸酯，此即硝化纤维，用作炸药。纤维素碱化后与氯乙酸反应，发生羟基羧甲基化，生成羧甲基纤维素(carboxymethyl cellulose，CMC)，属于阴离子型纤维素醚类，其水溶液具有增稠、成膜、黏接、水分保持、胶体保护、乳化及悬浮等作用，广泛应用于石油、纺织、造纸、日化、食品、医药等行业。

14.1.3.3 半纤维素

半纤维素(hemicellulose)是不同类型单糖构成的异质多聚体，水解主要得到戊糖如木糖。因此，半纤维素是主要是聚戊糖，也是 β-1,4-糖苷。半纤维素也含有六碳糖如甘露糖和半乳糖等。半纤维素木聚糖在木质组织中占总量的近一半。半纤维素在玉米秸杆、麦糠、稻草等农作物植物中大量存在。

半纤维素用于生产糠醛：

半纤维素的高效开发利用是研究课题。以玉米棒芯为原料，经稀酸水解将半纤维转化为戊糖，进一步发酵为酒精，为我国首创。这是由可再生的植物纤维为原料制取工业酒精，对于解决人类将面临的能源危机、粮食紧缺以及环境污染等问题均具有重大意义。

14.1.3.4 木质纤维素

木质纤维素通常包括木质素（lignin）、纤维素和半纤维素。木质纤维素作为一种不可食用的含碳可再生资源被认为是化石燃料的最佳替代品。纤维素和半纤维素结构较为简单，可以通过化学或生物方法转化为乙醇、乙二醇和糠醛等小分子化合物或转化成汽油、柴油以及航空燃油等高价值燃料。木质素由于其复杂的结构和缺少有效的降解方法长久以来一直没能得到充分利用，通常只被当做固体燃料，其价值远被低估。近年来，随着世界范围内对可持续发展的日益关注和生物质化工的兴起，木质纤维素的完全转化利用特别是木质素的高效催化转化引起了科学家们的广泛关注。

木质素是难以酸水解的相对分子质量较高的生物大分子，主要存在于木质化植物的细胞中，强化植物组织。木质素是由对香豆醇、松柏醇、芥子醇三种醇单体形成的一种复杂酚类聚合物，有三种非缩合型基本结构，即愈创木基、紫丁香基和对羟苯基结构，也就是由紫丁香基丙烷结构单体聚合而成的紫丁香基木质素（syringyl lignin，S-木质素），由愈创木基丙烷结构单体聚合而成的愈创木基木质素（guaiacyl lignin，G-木质素）和由对羟基苯基丙烷结构单体聚合而成的对羟苯基木质素（*para*-hydroxyphenyl lignin，H-木质素）。裸子植物主要为愈创木基木质素（G），双子叶植物主要含愈创木基-紫丁香基木质素（G-S），单子叶植物则为愈创木基-紫丁香基-对羟基苯基木质素（G-S-H）。木质素与纤维素、半纤维素一起，形成植物构架的主要成分，在数量上仅次于纤维素。

Katalin Barta 等人提出了"LignoFlex"方法，通过廉价易得的铜镁铝催化剂实现了木质纤维素的完全转化，得到了苯酚类芳香化合物、脂肪醇等精细化学品，还获得了燃料（图 14-2）。整个过程充分利用了纤维素、半纤维素和木质素的结构特点，极大地提高了木质纤维素的价值和利用率（Katalin Barta *et al.*，*Nature Catalysis*，2018，1，82-92）。

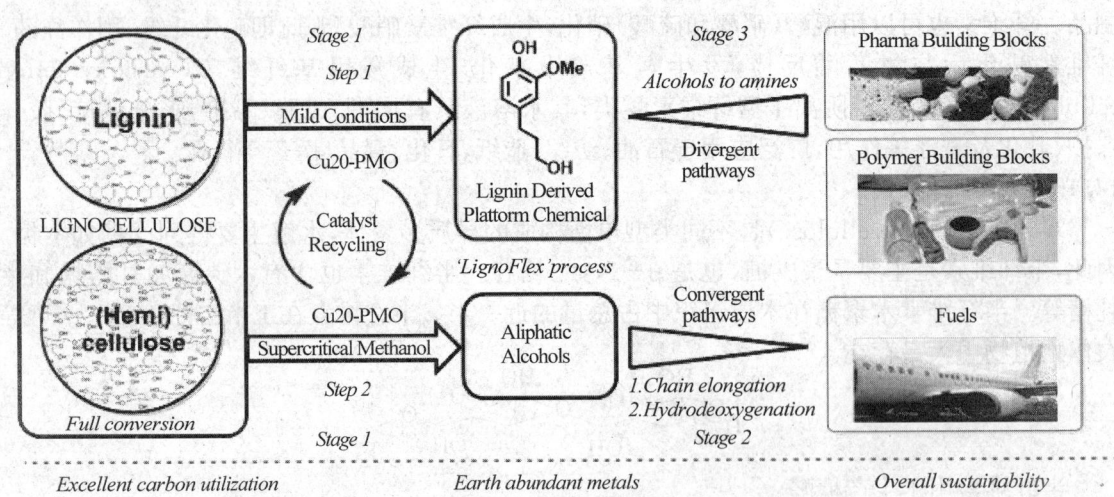

图 14-2　*Nature Catalysis* 木质纤维素完全催化转化成精细化学品和燃料

14.1.4 糖衍生物

14.1.4.1 糖苷

单糖的半缩醛羟基与另一分子醇(酚)、糖或杂环嘌呤、嘧啶的羟基、氨基或巯基脱水缩合生成的糖衍生物称为糖苷(glycoside),也叫配糖体,早期叫糖甙。糖苷广泛存在于自然界。

熊果苷(arbutin)又称熊果素,是 D-葡萄糖与对苯二酚(氢醌)形成的糖苷。熊果苷主要萃取自熊果(bearberry)的叶子,也存在于其他一些植物和水果中,呈白色针状结晶或粉末。能够通过抑制体内酪氨酸酶的活性,阻止黑色素的生成,从而减少皮肤色素沉积,祛除色斑和雀斑,同时还有杀菌、消炎的作用。主要用于高级化妆品中作为亮肤剂和美白剂。

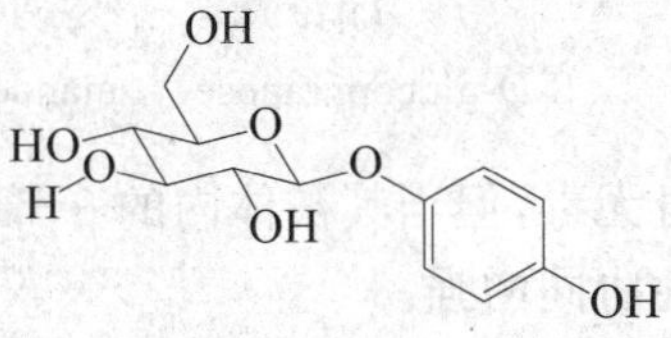

Myricitrin

葡萄糖香草醛苷(vanilloside; glucovanillin)是 D-葡萄糖与香草醛(vanillin)形成的糖苷,主要存在于天然植物香草荚(vanilla planifolia)中,名贵的香料。

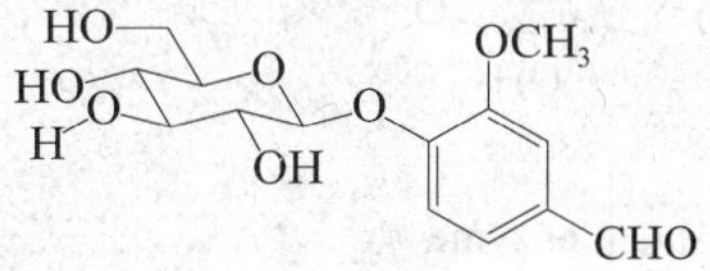

Glucovanillin
Vanillin β-D-glucoside

水杨苷 D-(−)- salicin 是 D-葡萄糖与水杨醇(salicyl alcohol; saligenin; saligenol)形成的糖苷,广泛存在于多种柳属和杨属植物的树皮和叶子中,例如紫柳树皮中水杨苷可达 25%。

水杨苷水解生成 D-葡萄糖和水杨醇:

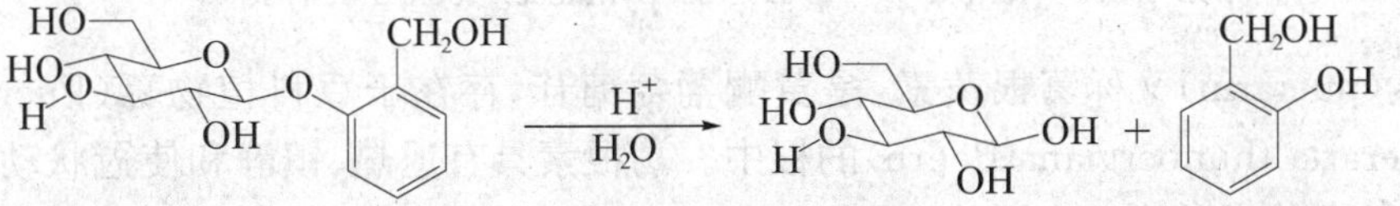

D-(−)-Salicin $\xrightarrow{H^+, H_2O}$ β-D-glucopyranose + Saligenol

水杨苷具有解热、镇痛的作用,过去曾用于风湿病的治疗,现已被其他药物所代替。由于水解产生水杨醇,容易氧化成水杨酸,曾是合成水杨酸类药物的主要来源,已淘汰。

扁桃苷(amygdalin),又称苦杏仁苷,是龙胆二糖(gentiobiose)和扁桃腈(mandelonitrile)形成的 β-型糖苷。扁桃苷主要存在于苦杏仁、苦扁桃、油桃(nectarines)、枇杷、李子、苹果、黑樱桃等果仁和叶子中。

Amygdalin

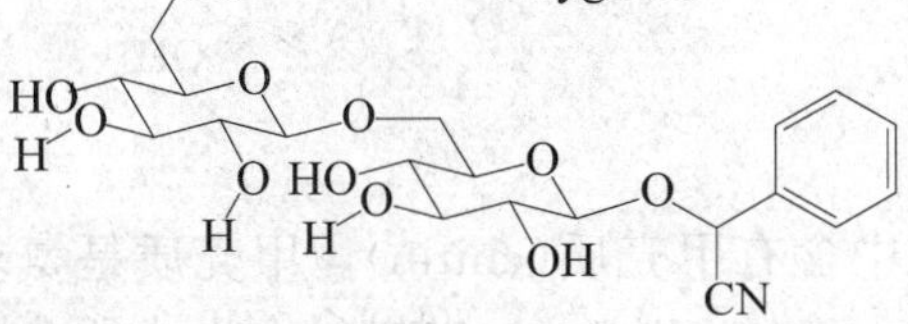

扁桃苷酸性水解生成两分子 D-葡萄糖和一分子扁桃酸(mandelic acid):

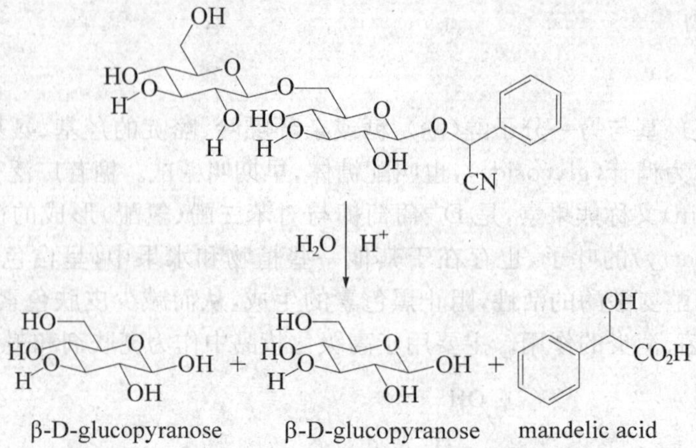

[结构图: 扁桃苷的酸水解]

$$\xrightarrow{H_2O \mid H^+}$$

β-D-glucopyranose + β-D-glucopyranose + mandelic acid

扁桃苷是一种天然的氰化物，本身无毒，但当其被体内的 β-葡萄糖苷酶代谢水解后，就会产生苯甲醛和剧毒的氢氰酸，二者毒性协同增强。

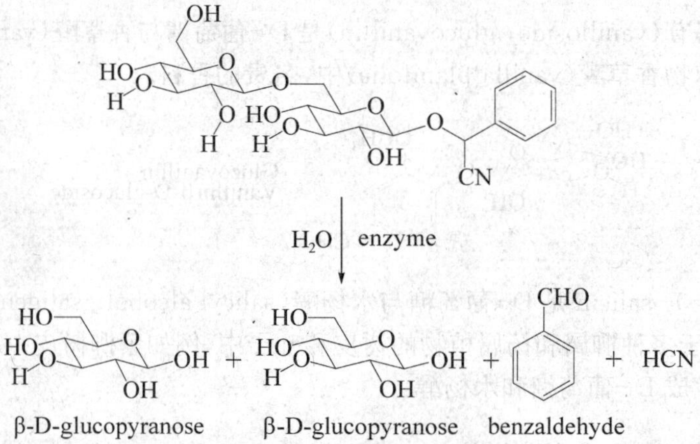

$$\xrightarrow{H_2O \mid enzyme}$$

β-D-glucopyranose + β-D-glucopyranose + benzaldehyde + HCN

葛根素（puerarin）又称葛根黄素，是黄酮葡萄糖苷，存在于豆科植物葛（Pueraria lobata）及野葛（Pueraria thunbergiana Benth）的根中。葛根素具有退热、镇静和使冠状动脉血流量增加的作用，对垂体后叶素引起的急性心肌出血有保护作用，临床上用于冠心病、心绞痛、高血压等。

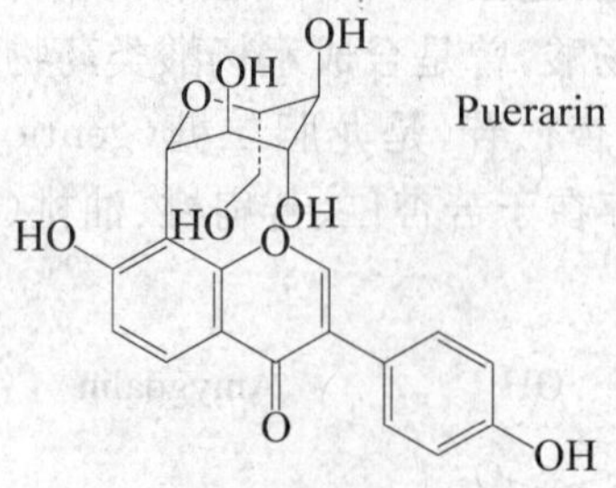

Puerarin

14.1.4.2 氨基糖

甲壳动物和甲虫的外壳中含有甲壳质（chitin）。甲壳质是氨基糖，由 N-乙酰基-β-D-吡喃葡萄糖胺（N-acetylglucosamine）以 1,4-苷键结合生成的多糖——壳聚糖。

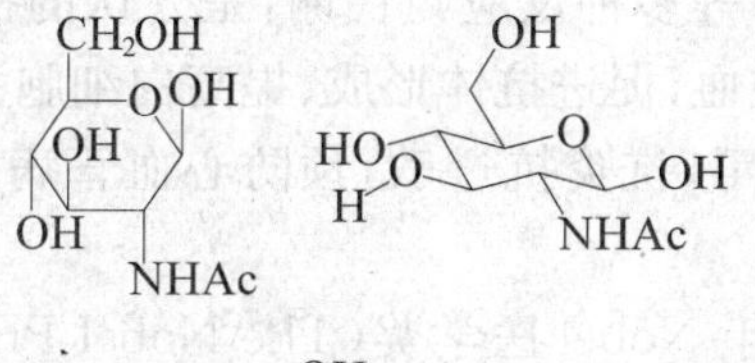

N-乙酰基-β-D-葡萄糖胺
N-acetyl-β-D-glucosamine(NAG)

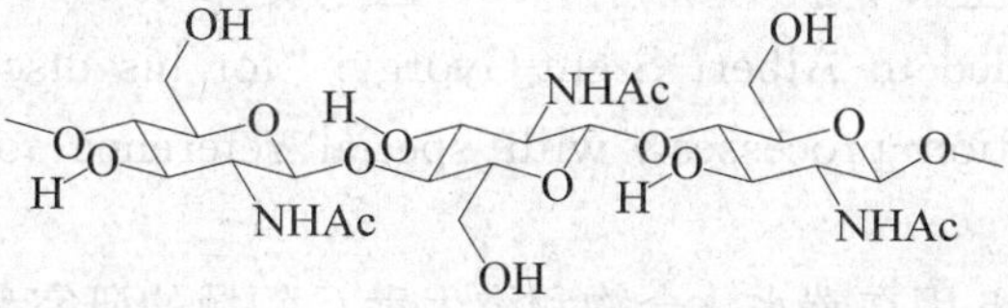

壳聚糖无毒性,可以被生物体分解,具有生物活性,是具有潜力的生物高分子。

14.1.4.3 维生素 C

维生素 C(vitamin C)即抗坏血酸(ascorbic acid；L-ascorbic acid, meaning without "scurvy"),系统命名：(4R, 5S)-2,3,5,6-四羟基-2-己烯酸-4-内酯；L-古罗糖-2-酮酸-4-内酯。抗坏血酸是己酮糖衍生物,己酮糖酸烯二醇内酯。只有 L-型的抗坏血酸才具有生理功能,还原型和氧化型都有生理活性。

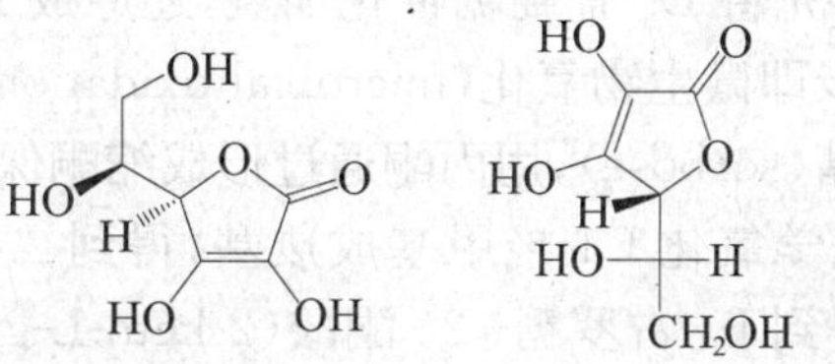

L-Ascorbic acid
Vatamin C

维生素 C 分子结构中的烯二醇羟基,尤其是 C3 位羟基由于受羰基的吸电子共轭效应的影响,酸性较强($pK_a=4.17$),C2 位羟基由于形成分子内氢键,酸性较弱($pK_a=11.75$)。故维生素 C 一般表现为一元酸,可与碳酸氢钠作用生成钠盐,λ_{max} 245 nm。

Vitamin C 发现于 1912,Albert Szent-Györgyi(1928)首先从蔬菜中分离出维生素 C。Charles Glen King(1896-1988)确定其结构(1932)。W. N. Haworth(1933)完成了维生素 C 的化学合成。Tadeusz Reichstein(瑞士化学家 1897-1996,Nobel laureate 1950)完成维生素 C 的规模合成(1933),实现了维生素 C 的工业化生产——Reichstein 法(Reichstein process, 1934)。1934 年维生素 C 作为膳食补充品上市。

抗坏血酸(ascorbic acid)易脱氢(氧化)成脱氢抗坏血酸(dehydroascorbic acid),这个反应是可逆的：

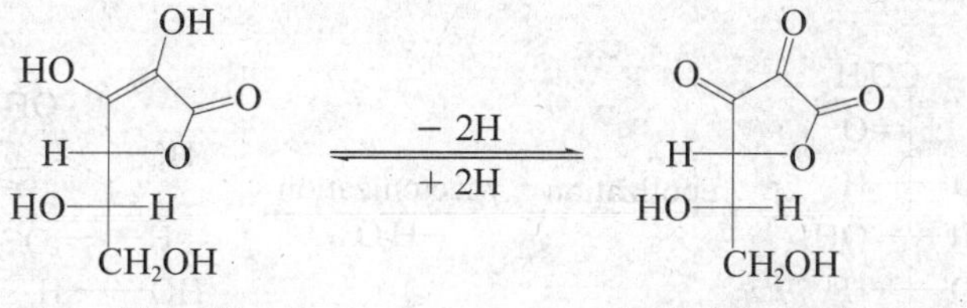

Ascorbic acid $\xrightleftharpoons[+2H]{-2H}$ Dehydroascorbic acid

抗坏血酸是高等灵长类动物与其他少数生物的必需营养素,是维生素。抗坏血酸在大多数的生物体内可借由新陈代谢制造出来,但是人类是例外。最普通的一个问题就是缺乏维生素 C 会导致坏血病(scurvy)。在生物体内,维生素 C 是一种抗氧化剂,也是一种辅酶,保护机体免于自由基的威胁,参与生物体内氧化还原等多种反应与代谢,是公认的抗氧化剂、自由基清除剂,用于治疗坏血病、急性低血氧症、脑溢血,促进抗体形成、提高白细胞吞噬作用,增强机体抵抗力,防治感冒和上呼吸道感染,参与解毒,抗炎抗过敏,预防心血管病等。维生素 C 主要来源是新鲜水果和蔬菜。

Szent-Györgyi 因发现维生素 C 获 1937 年 Nobel 医学奖(The Nobel Prize in Physiology or Medicine 1937 was awarded to Albert Szent-Györgyi "for his discoveries in connection with the biological combustion processes, with special reference to vitamin C and the catalysis of fumaric acid")。

Walter Norman Haworth 因在碳水化合物和维生素 C 领域的研究获得 1937 年 Nobel 化学奖(The Nobel Prize in Chemistry 1937 was awarded to Walter Norman Haworth "for his investigations on carbohydrates and vitamin C")。

维生素 C 工业生产:目前工业生产有两种工艺路线,一种是 Reichstein 一段发酵法,如罗氏公司(Hoffmann-La Roche)、BASF 及日本的武田制药等采用。另一种方法是中国科学院北京微生物研究所的研究员微生物学家尹光琳发明的维生素 C 二步发酵新工艺(1980)。这两种方法都是生物化学法与人工合成相结合的范例。

下面介绍的是 Reichstein 法:首先将 D-葡萄糖催化加氢,还原成 D-葡萄醇,也就是 L-山梨糖醇(sorbitol),接着是关键一步即微生物氧化(microbial oxidation)——醋酸菌催化脱氢(发酵 fermentation),生成 L-山梨糖(sorbose),用丙酮通过形成缩酮保护 2,3-和 4,6-位羟基(diacetone orbose, DAS),然后化学氧化 C1 羟甲基成羧基,得到二丙酮古龙酸(diacetone ketogluonic acid, DAKS),去保护得到 L-古罗糖-2-酮酸(2-keto-L-gulonic acid),最后经烯醇化、内酯化给出最终产物 L-抗坏血酸,即维生素 C。

Reichstein 工艺多年来经过许多化学与技术改进,使得每一步产率都提高到 90%,总产率达到 60%。二步发酵法是用另一发酵法代替 Reichstein 法制备 DAKS 一步,直接得到中间产物 2-酮-L-古龙酸(2-keto-L-gulonic acid，KGA)。最后将 KGA 转化为维生素 C 的方法与 Reichstein 法类似。显然，二步发酵法比 Reichstein 法使用的化学试剂与溶剂大为减少，有效降低了生产成本，而且废弃物排放也减少了，更符合绿色化学与环保的要求。

2000 年世界各国维生素 C 产量接近 110 000 吨，其中绝大部分(超过 80%)是中国生产的。

14.1.4.4　糖蛋白

糖蛋白(glycoprotein)是含糖的蛋白质，由低聚糖链与蛋白质通过糖苷键结合而成。

在糖蛋白中，糖的种类与结构比较复杂，有甘露糖、半乳糖、岩藻糖、葡萄糖胺、半乳糖胺、唾液酸等，通常由 2~10 个单糖通过糖苷键结合成低聚合体。糖链结构有丰富的结构信息，往往是受体、酶的识别位点。糖和蛋白质键合方式：O-糖苷键(丝氨酸、苏氨酸、羟基赖氨酸等)、N-糖苷键(天冬酰胺)、S-糖苷键——以半胱氨酸为连接点的糖肽键，酯糖苷键——以天冬氨酸、谷氨酸的游离羧基为连接点。

糖蛋白有多种生理功能与属性，包括血型、凝血、免疫、分泌、信息传递、神经传导、生长及分化调节、细胞迁移、损伤与修复等。糖蛋白的糖链还参与维持肽链处于保持生物活性的天然构象并稳定肽链结构，赋予整个糖蛋白分子以特定的理化性质(如润滑性、粘弹性、抗热失活、抗蛋白酶水解及抗冻性等)。

血型是由红细胞膜上的特异抗原决定的，而抗原的主要成分就是糖蛋白，其中的糖链便是抗原特异性决定簇。A 型的 A 抗原决定簇在糖链的末端是一个 N-乙酰半乳糖胺，而 B 型的 B 抗原决定簇在糖链的终端却是一个 D-半乳糖，无抗原的 O 型则无此糖。

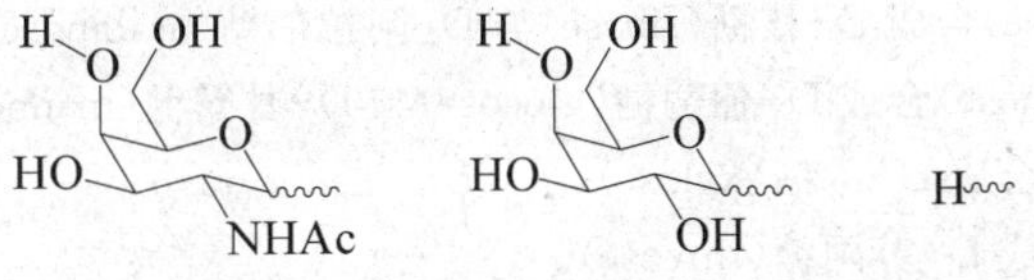

Type A　　　　　Type B　　　　　Type O

糖蛋白具有种属专一性，一种蛋白质在某种动物中是以糖蛋白形式存在，在另一种动物中则不同。

14.1.4.5　核苷与核苷酸

核糖通过半缩醛羟基与杂环碱生成核苷(nucleoside)。如：

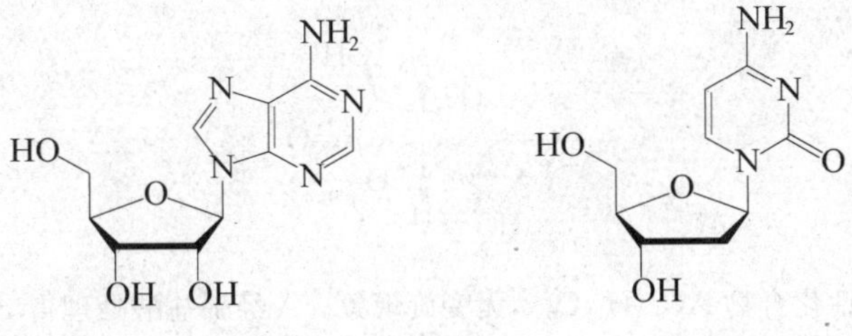

核苷的磷酸氢酯即为核苷酸(nucleotide)。如：

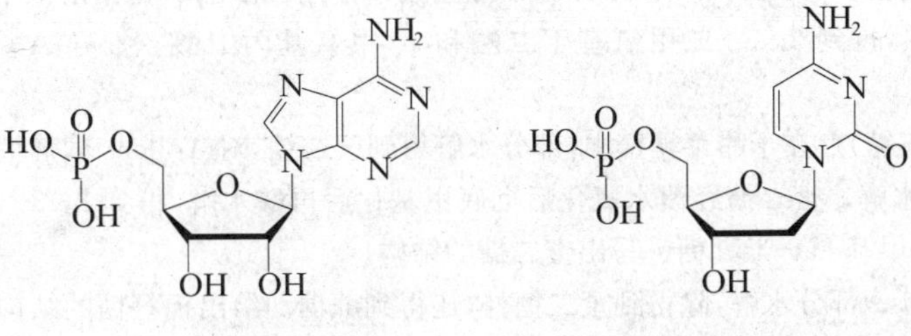

关于核苷与核苷酸，参见本章14-3核酸部分。

糖化学在生命中的作用与机制等问题仍需要深入研究。目前糖化学研究在杂合物（carbohybride）、糖组合体（glycoassembly）、糖生物学（glycobiology）、糖组学（glycomics）、化学糖生物学（chemical glycobiology）等方向展开。

习题

一、完成反应

1. 写出 D-甘露糖（mannose）与下列试剂的反应：
（1）羟胺；（2）苯肼；（3）溴水；（4）硝酸；（5）高碘酸；（6）乙酸酐；（7）苯甲酰氯/Py；（8）甲醇/HCl；（9）Me_2SO_4/NaOH；（10）（9）后稀盐酸；（11）（10）后硝酸；（12）$NaBH_4$；（13）i HCN ii H_2O/HCl；（14）（13）后 Na/Hg, then CO_2。

2. 完成 D-半乳糖（galactose）下列转化：
（1）甲基 β-D-半乳糖苷；
（2）甲基 β-2,3,4-6-四甲基-D-半乳糖苷；
（3）2,3,4-6-四甲基-D-半乳糖；
（4）D-塔罗糖（talose）；
（5）D-异木糖（lyxose）；
（6）D-酒石酸。

二、糖合成

1. 由 D-赤藓糖（erythrose）合成 D-核糖（ribose）与 D-阿拉伯糖（arabinose）。
2. 由 D-阿拉伯糖（arabinose）合成 D-葡萄糖（glucose）与 D-甘露糖（mannose）。
3. 由 D-古洛糖（gulose）合成 D-木糖（xylose）。
4. 由 D-木糖（xylose）合成 D-苏阿糖（threose）。

三、结构推导

1. 旋光性化合物 A($C_4H_8O_4$)对 Fehling 溶液显阳性，用硝酸氧化得旋光的二元酸 B（$C_4H_6O_6$），与乙酸酐反应得到化合物 C（$C_{10}H_{14}O_7$）。A 经乙醇-盐酸处理得到两个光学异构体 D 和 E（$C_6H_{12}O_4$）的混合物，再分别用高碘酸氧化，得 F 和 G（$C_6H_{10}O_4$），实验表明，这是一对对映异构体。试推导 A～G 的结构。

2. 化合物 A（$C_5H_{10}O_5$）与氰化氢反应得两种异构体 B 和 C（$C_6H_{11}NO_5$）。B 用氢氧化钡处理，然后酸化得 D（$C_6H_{12}O_7$），再用稀硝酸处理得 E（$C_6H_{10}O_8$），E 加热得 F，其结构式如下。试写出 A～E 的结构。

3. 兹有 D 型非还原性化合物 A（$C_7H_{14}O_6$），无变旋现象。A 经稀盐酸处理得 B（$C_6H_{12}O_6$），对 Tollens 试剂呈阳性；B 经硝酸氧化得不旋光的二元酸（$C_6H_{10}O_8$）；B 经 Ruff 降解得到 D（$C_5H_{10}O_5$），对 Fehling 溶液显正性；D 经硝酸氧化得旋光的二元酸 E（$C_5H_8O_7$）。A 与硫酸二甲酯在浓氢氧化钠溶液中反应后再用稀盐酸处理，然后和稀硝酸共热，得到 2,3-二甲氧基丁二酸和 2-甲氧基丙二酸。推导 A～E 的结构并写出相关反应。

4. 棉籽糖（一种三糖）存在于甜菜糖蜜中，部分水解得到蜜二糖，对 Tollens 试剂呈阳性，能被麦芽糖酶水解但不能为苦杏仁酶水解。蜜二糖经溴水氧化后彻底甲基化后再酸水解，得到 2,3,4,5-四甲基-D-葡萄糖酸和 2,3,4,6-四甲基-D-半乳糖。写出蜜二糖的结构。

5. 棉籽糖（raffinose）部分水解，除得到蜜二糖外，还得到蔗糖。给出棉籽糖的结构。

6. 天然红色染料茜素(alizarin)是从茜草根中提取的,茜根酸,一种糖苷,对 Fehling 溶液显阴性。茜根酸温和水解得茜素和樱草糖。茜根酸彻底甲基化后再酸水解,得等量的 2,3,4-三甲基-D-木糖、2,3,4-三甲基-D-葡萄糖和 2-羟基-1-甲氧基-9,10-蒽醌。试推导茜根酸的结构。

阅读材料Ⅲ——代糖

"代糖"即糖的替代品(sugar substitute)或甜味剂(sweetener)。代糖食品就是不加糖(如白糖、红糖、砂糖、葡萄糖等),而以"代糖"替代之,使食品同样有甜味。这样的食品包装上通常标示着"无糖"(sugarless、sugar free、no sugar added 或 artificial sweetener 等)。

代糖的种类很多,根据产生热量与否,一般可分为营养性的甜味剂(可产生热量)及非营养性的甜味剂(无热量)两大类。

营养性代糖:也就是食用后会产生热量的代糖,但产生的热量较蔗糖的低。

山梨醇(sorbitol):最初(1872)由蓝莓中提取,目前工业上从葡萄糖氢化生产,为白色结晶状,甜味大约是蔗糖的一半。由于含在口中会有清凉感,且不会引起蛀牙,所以常被用于制作口香糖或无糖糖果。

D-葡萄糖醇   L-山梨醇 Sorbitol

甘露醇(mannitol):1806 年分离出来,亚洲有一些棕色海草中便富含此种成分,呈现白色结晶状,甜度约为蔗糖的 70%,常用于制造无糖糖果或果酱等。

D-Mannitol

木糖醇(xylitol):1891 年由木糖(xylose)氢化而得,自然界存在于蔬菜中,目前食品工业上亦可从半纤维素(hemicellulose)生产,甜度是蔗糖的 90% 左右。由于和山梨醇一样具有清凉的效果,因此也常用于糖果、口香糖或清凉含片的生产。

Xylitol

非营养性代糖:又分为人工合成与天然两种,而其中天然非营养型甜味剂日益受到重视,成为甜味剂的发展趋势。

天然非营养性代糖

甜菊糖(stevioside; stevia sugar):又称甜菊糖苷,提取自甜叶菊(菊科植物 Stevia Rebaudia),是一种天然低热量甜味剂。甜菊糖具有高甜度、低热能的特点,其甜度是蔗糖的 200～300 倍,热值仅为蔗糖的 1/300。甜菊糖苷无毒,食用安全,是一种可替代蔗糖的理想天然非营养性甜味剂。不会影响血糖水平或干扰胰岛素,对血糖指数(glycemic index, GI)没有影响,可以给糖尿病人提供更多灵活选择,并有助于控制体重。

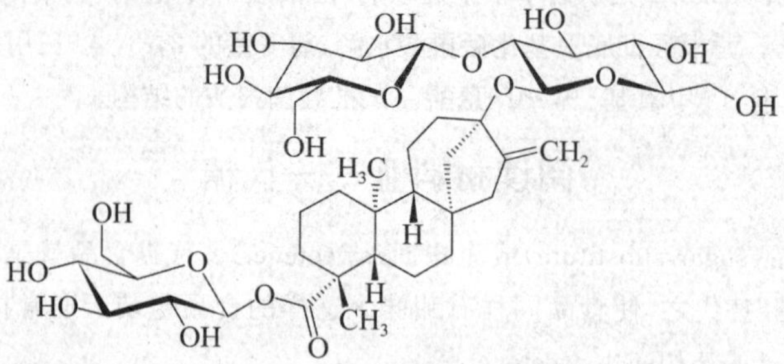

甘草甜素（glycyrrhizin）：甘草甜素又称甘草酸（glycyrrhizic acid；glycyrrhizinic acid），提取自甘草（Glycyrrhize glabra L.）（甜甘草、粉甘草）、光果甘草（Glycyrrhiza glabra L.）或胀果甘草（Glycyrrhiza inflata Batalin）的根和茎，是甘草的主要甜味成分，甜度为蔗糖的200倍，其甜味不同于蔗糖，入口后稍经片刻才有甜味感，保持时间长，有特殊风味。甘草甜素广泛用作甜味剂、调味剂、香味增强剂，也用作药物，具有抑菌、消炎、解毒、除臭等功效。

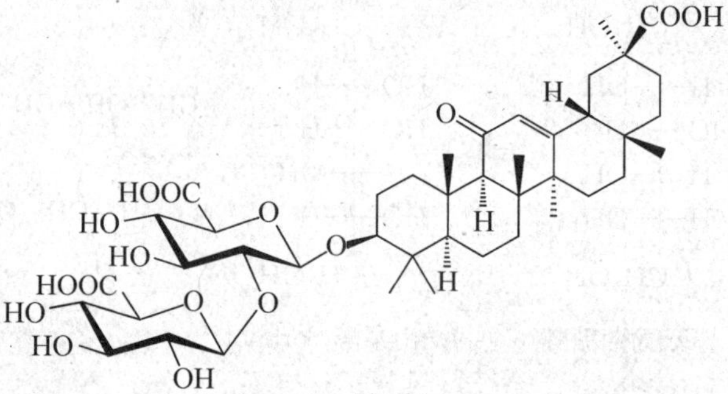

人工合成非营养性代糖

食用后不产生热量的代糖，又称为人工甜味剂（artificial sweetener）。由于供应稳定、甜度高、价格低，因此广受食品加工业的喜爱。我国允许使用的合成非营养性甜味剂主要有蔗糖素、糖精、甜蜜素、安赛蜜、阿斯巴甜和纽甜等。

蔗糖素（sucralose）：蔗糖素又称三氯蔗糖，是一种氯化蔗糖，1976年发现的一种新型甜味剂，由英国Tate & Lyle公司与伦敦大学共同研制并取得了专利，是唯一以蔗糖为原料的功能性甜味剂（functional sweetener），其甜度可达蔗糖600倍，在水中的增甜系数比食糖高出500倍。蔗糖素具有不产生热量、甜度高、甜味纯正、安全等特点，是目前最优秀的功能性甜味剂之一，甜味特性十分类似蔗糖，没有任何苦后味，不龋齿，稳定性好，尤其在水溶液中特别稳定。尽管蔗糖素是从砂糖制得的，但由于它不能被人体吸收，因此不会增加热量。1988年获得FDA批准，蔗糖素用作甜味剂，用于15类食品，包括作为餐桌上的甜味剂以及饮料、口香糖、冷冻甜点、果汁和果冻等食品的添加剂。

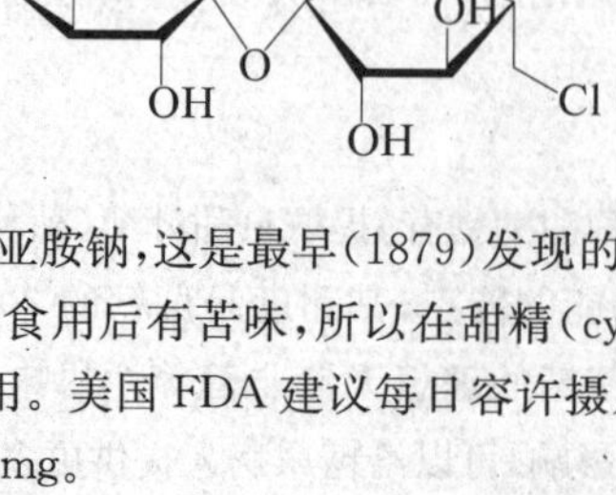

糖精（saccharin）：邻苯甲酰磺酰亚胺钠，这是最早（1879）发现的人工合成甜味剂，甜度是蔗糖的300倍，白色粉末，易溶于水，对热稳定，但因食用后有苦味，所以在甜精（cyclamate）问世后，便以混合（糖精1，甜精10）形式出售，此后糖精才被广泛使用。美国FDA建议每日容许摄入量（acceptable daily intake）为小孩每天不超过500 mg，成年人不超过1 000 mg。

第14章 生物分子 Biomolecules

Saccharin

甜蜜素(cyclamate; sodium cyclamate; syclamate)：又称甜精,即环己氨基磺酸钠(sweetener code 952), 1937 年发现,广泛使用于20 世纪50 年代至70 年代,甜度为蔗糖的30 倍左右。(甜蜜素在业界各国获得的使用许可不尽相同。)美国于1970 年8 月全面禁用,但是世界卫生组织(WHO)及欧洲共同市场都认为它是安全的食品添加剂。世界上有40 多个国家准许使用。每日的允许摄取量 11 mg/kg 体重。

Sodium cyclamate

安赛蜜(acesulfame potassium)：又称安赛蜜 K、A-K 糖、乙酰舒泛钾、乙酸磺胺酸钾、乙酰乙酰磺胺酸钾,首先由德国化学家 Karl Clauss(Hoechst AG 公司)于1967 年发现,1983 年首次在英国得到批准,甜度为蔗糖的 200～250 倍。安赛蜜对光、热稳定,能耐 225℃高温,酸度范围广(pH＝3～7),是稳定性最好的甜味剂之一,在空气中不吸湿,适用于焙烤食品和酸性饮料。安赛蜜的安全性高,在人体内不代谢、不吸收,是中老年人、肥胖病人、糖尿病患者理想的合成甜味剂。安赛蜜的甜味纯正而强烈,持续时间长,口感好,但高浓度时有苦味。安赛蜜与其他甜味剂如阿斯巴甜(1∶1)合用有明显增效作用。

Acesulfame potassium

联合国 FAO/WHO 联合食品添加剂专家委员会同意安赛蜜用作 A 级食品添加剂,并推荐日均摄入量(ADI)为～15 mg/kg。1988 年 FDA 批准在食品中使用安赛蜜,1998 年批准在软饮料中使用。我国卫生部于 1992 年 5 月正式批准安赛蜜可用于食品、饮料领域,但不得超标使用(GB 2760-2011)。

经常食用人工合成甜味剂安赛蜜超标的食品可能会对人体的肝脏和神经系统造成危害。如果短时间内大量食用,可能会引起血小板减少并导致急性大出血。

阿斯巴甜(aspartame)：阿斯巴甜又称甜味素,即天门冬氨酰苯丙氨酸,是由天门冬氨酸(aspartic acid)和苯丙氨酸(phenylalanine)生成的二肽,1965 年发现,甜味是蔗糖的 150～200 倍。阿斯巴甜无苦味,甜度高,但对热不稳定,高温下甜味会消失,因此无法用于烘焙食品,目前广泛使用于糖果或低热量饮料中。由于阿斯巴甜甜度高,故用量极少,虽然会产生热量,但可忽略。实验显示,阿斯巴甜是安全的低热量甜味剂,在全球多个国家中获准使用。但是,阿斯巴甜中含有苯丙氨酸,因此不适合苯丙酮尿症(phenylketonuria, PKU)(一种遗传性氨基酸代谢疾病,是由于苯丙氨酸代谢途径中的酶缺陷,使得苯丙氨酸不能转变成为酪氨酸,导致苯丙氨酸及其酮酸蓄积,并从尿中大量排出)的患者使用。FDA 的每日允许摄取量为 50 mg/kg 体重,欧洲则为 20 mg/kg 体重。

Aspartame (artificial sweetener)

纽甜(neotame),别称尼尔甜,即 N-(3,3-二甲基丁基)天冬氨酰苯丙氨酸甲酯,白色结晶粉末,是一种功能性甜味剂,甜味纯正,清新自然,与阿斯巴甜相似,但安全性较高,没有其他强力甜味剂常带有的苦味和金属味,甜度是蔗糖的 7 000~13 000 倍,阿斯巴甜的 30~60 倍,几乎不产生热量。纽甜可在瞬时高温条件下保持稳定,如在蛋糕生产中,经过 450℃的高温焙烤后,仍有 85%的纽甜存在。纽甜对人体健康无不良影响,不会引起蛀牙、血糖波动,是保健型食品的首选甜味剂。

Neotame
(artificial sweetener)

2002 年 7 月 9 日美国 FDA 通过纽甜作为食品甜味剂的审核,允许应用于所有食品及饮料中。欧盟于 2010 年 1 月 12 日正式批准其应用(E961)。我国卫生部 2003 年第 4 号公告批准纽甜作为新的食品添加剂品种,适用各类食品生产。根据食品添加剂卫生标准 GB 2760-2011,纽甜可应用于各类食品和饮料,使用量一般饮料类 8~17 mg/L,食品类 10~35 mg/kg。

NHDC:新橙皮苷二氢查尔酮(neohesperidin dihydrochalcone, NHDC),从天然柑橘等植物提取、氢化而成的糖苷甜味剂。新橙皮苷(neohesperidin)属于黄酮类糖苷。

NHDC
Neohesperidin dihydrochalcone

NHDC 的甜度高(蔗糖甜度的 1 500~1 800 倍),热量小,口感清爽,余味持久,有极佳的屏蔽苦味功效,甜味慢、后味持续时间长,甜味清爽、愉快、稳定性好,无毒,是目前已知最稳定的安全、低能量型甜味剂。NHDC 广泛用于果汁饮料、奶类、果酒、甜点、烘焙食品、糖果、口香糖、调味酱、低能量饮料、酱菜、食醋、槟榔、凉果等。NHDC 是一种功能食品与保健品甜味剂,在体内不会有热量转化,并具有降糖、降胆固醇、抗氧化等功能,特别适用于功能食品、保健品、膳食补充剂等健康食品中作为代糖。NHDC 用作矫味剂(苦味掩盖剂)与风味修饰剂:NHDC 在低于甜味阈值时即可作用于苦味受体,从而提高人对苦味的阈值,去苦效果明显优于一般甜味剂,如能掩盖番茄酱中的醋味以及辛辣气味;与甜菊糖复配能克服甜菊糖的后苦味,与 AK 糖复配能够抑制其金属味;药物中使用 NHDC 掩盖药物的苦味。NHDC 作为增味剂与阿斯巴甜复配可用于口香糖,不仅甜味可口,而且可以起到延长和保持风味的作用。在水果产品中添加 NHDC,可增强水果风味。NHDC 能与麦芽酚和乙基麦芽酚产生协同效应,可以改善食品风味、质地和口感。

14.2 氨基酸、肽与蛋白质 Amino Acids, Peptides and Proteins

蛋白质是生命的物质基础。蛋白质是生物体的基本组分,是人类三大营养要素之一,是维持生命所不可缺少的物质。

氨基酸是肽与蛋白质的基本结构单元。因此,氨基酸、肽与蛋白质都是生物分子。

14.2.1 氨基酸

14.2.1.1 氨基酸的结构

天然的氨基酸基本上都是 α-氨基酸。除甘氨酸外,其余的都是手性的旋光分子,而且都是 L-型的,这是自然界的选择(为什么?)。

α-氨基酸

$$\underset{\alpha\text{-amino acids}}{\text{RCHCO}_2\text{H}}\overset{\text{NH}_2}{|} \qquad \underset{L\text{-form}}{\text{H}_2\text{N}-\overset{\text{CO}_2\text{H}}{\underset{R}{|}}-\text{H}}$$

例:

$$\underset{\text{甘氨酸 Glycine (Gly)}}{\text{NH}_2\text{CH}_2\text{CO}_2\text{H}} \qquad \underset{\text{丙氨酸 Alanine (Ala)}}{\text{CH}_3\text{CHCO}_2\text{H}\overset{\text{NH}_2}{|}}$$

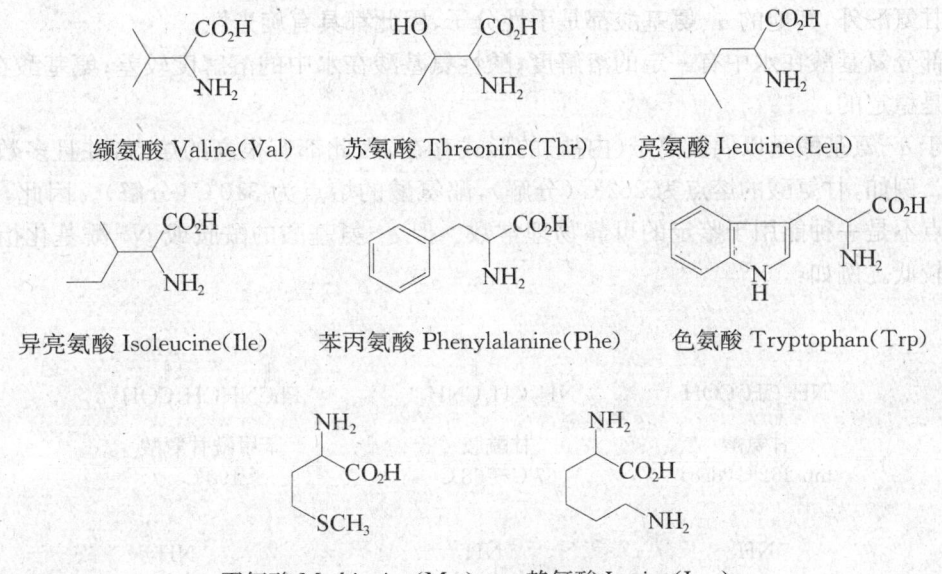

组成蛋白质的氨基酸有二十种,其中八种是必须氨基酸。

必须氨基酸(essential amino acids):必需氨基酸指的是人体自身(或其他脊椎动物)不能合成,但又是人体(或其他脊椎动物)必不可少的,必须通过饮食摄取的氨基酸。必需氨基酸共有八种:赖氨酸、色氨酸、苯丙氨酸、蛋氨酸、苏氨酸、亮氨酸、异亮氨酸、缬氨酸。如果饮食中经常缺少这些氨基酸,将影响健康。

非α-氨基酸:还有非α-氨基酸,如β-氨基酸、γ-氨基酸、ω-氨基酸等,也具有特定的生物功能。

γ-氨基丁酸(γ-aminobutyric acid, GABA),也称为氨酪酸,系统命名:4-氨基丁酸(4-aminobutanoic acid)。γ-氨基丁酸广泛分布于动植物体内。在动物体内,GABA 几乎只存在于神经组织中,是一种抑制性神经递质(inhibitory neurotransmitter),参与多种代谢活动,如镇静神经、抗焦虑、降低血压与血氨等。

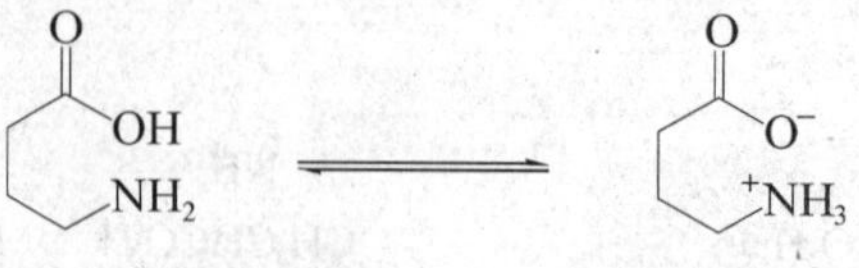

14.2.1.2 氨基酸的性质

通常,α-氨基酸都是以偶极离子(dipolar ion)(两性离子 zwitterion, from the German Zwitter meaning hermaphrodite or hybrid,即内盐)的形式存在的。

dipolar ion
(zwitterion)

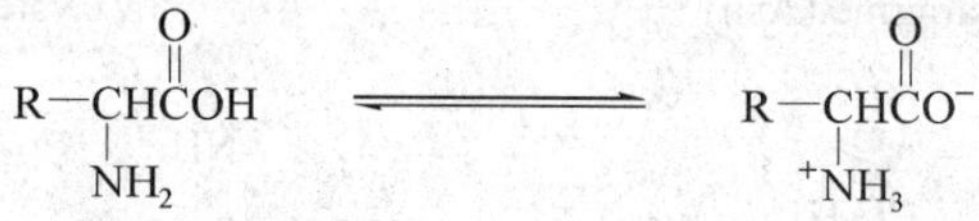

例:

Alanine Histidine Glutamic acid Lysine

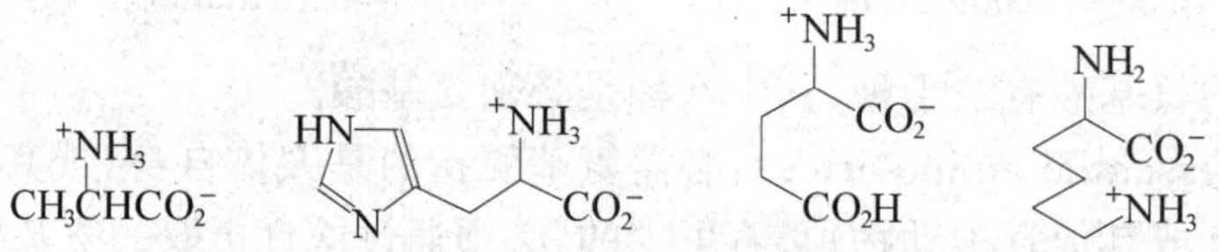

1. 物理性质

除甘氨酸外,其他的 α-氨基酸都是手性分子,因此都具有旋光性。

大部分氨基酸在水中有一定的溶解度;酸性氨基酸在水中的溶解度较差;氨基酸在 200℃ 以下都是稳定的。

由于 α-氨基酸是以偶极离子(内盐)的形式存在,因此都有很高的熔点,并且多数在熔化时分解。例如,甘氨酸的熔点为 262℃(分解),酪氨酸的熔点为 310℃(分解)。因此,α-氨基酸的熔点不是一种能用于鉴定的可靠物理常数。但 α-氨基酸的酰胺或 *N*-酰基化衍生物的熔点却较低。例如:

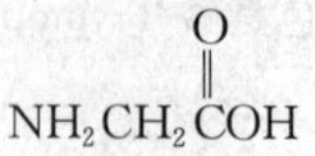

甘氨酸
mp 262℃(dec)

甘酰胺
67℃~68℃

苯甲酰甘氨酸
190℃

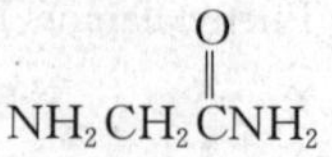

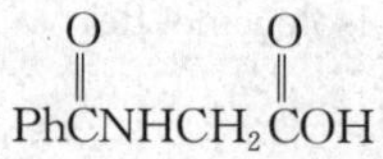

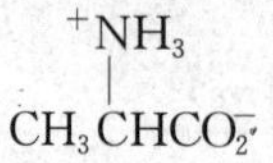

丙氨酸
mp 258℃(dec)

苯丙氨酸
270℃~275℃(dec)

缬氨酸
298℃(dec)

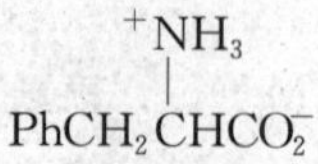

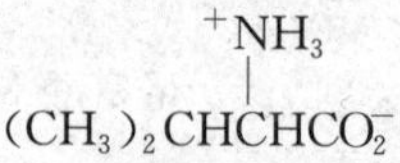

亮氨酸

mp 293℃～295℃(dec)

异亮氨酸

284℃(dec)

苏氨酸

253℃(dec)

谷氨酸

mp 199 ºC (dec)

酪氨酸

310 ºC (dec)

色氨酸

281 ºC ~ 282 ºC(dec)

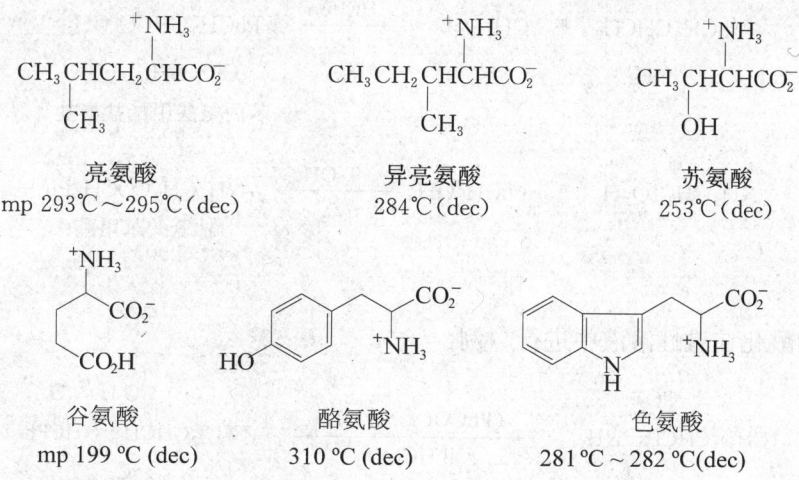

氨基酸的特殊性质

等电点(isoelectric point，pI)：氨基酸以两性离子状态(等电状态)存在的溶液酸度(pH值)为其等电点(isoelectric point，pI)。

两性离子 zwitterion

pH > pI　　pH = pI　　pH < pI

中性氨基酸(一个羧基和一个氨基)的等电点是羧基(pK_{a1})与氨基(pK_{a2})电离常数的平均值，即 pI＝(pK_{a1}＋pK_{a2})/2，一般 pI 5.6～6.8。酸性氨基酸(两个羧基)的等电点：两个羧基的 pK_a的平均值，一般 pI 2.8～3.2。碱性氨基酸(两个氨基)的等电点：两个氨基的 pK_a的平均值，一般 pI 7.6～10.7。

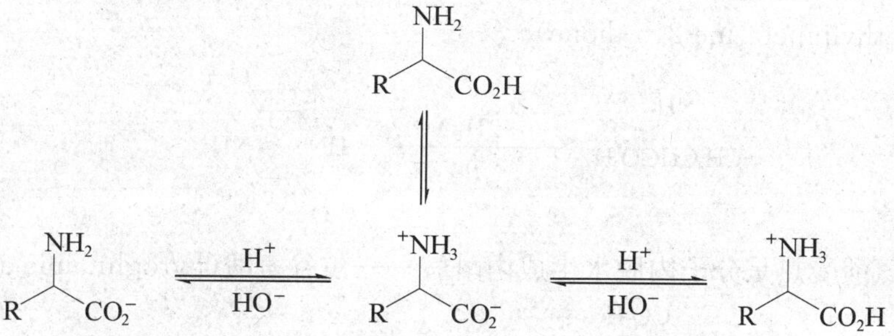

例：丙氨酸(alanine)，pK_a 2.34，9.69，pI＝(2.34＋9.69)/2＝6.02。

赖氨酸(lysine)，pK_a 2.18，8.96，10.53，pI＝(8.96＋10.53)/2＝9.74。

天冬氨酸，pKa 1.88，3.65，6.60，pI＝(1.88＋3.65)/2＝2.77。

精氨酸，pK_a 2.18，9.09，13.2，pI＝(9.09＋13.2)/2＝11.15。

处于等电点(pI)的氨基酸，没有电泳现象(不移动)；以两性离子形式存在的氨基酸浓度最高(在水溶液中)，溶解度最小，易析出。

应用：利用等电点可以分离、提纯、鉴别氨基酸。

2. 化学性质

氨基酸具有氨和羧酸的一般反应。

1) 酯化

α-氨基酸可用一般的方法酯化。例：

$$\underset{\underset{+NH_3}{|}}{PhCH_2CHCO_2^-} + CH_3OH \xrightarrow{HCl} \underset{\underset{Cl^-\ +NH_3}{|}}{PhCH_2CHCO_2CH_3}$$

苯丙氨酸甲酯盐酸盐
90%

$$NH_2CH_2CO_2H + PhCH_2OH \xrightarrow[\triangle]{TsOH} NH_2CH_2COCH_2Ph$$

甘氨酸苯甲酯
90%

2) 酰化

氨基酸的酰化在碱性溶液中进行。例:

$$\underset{\underset{+NH_3}{|}}{(CH_3)_2CHCH-CO_2^-} \xrightarrow[ii\ HCl]{i\ PhCOCl,\ NaOH} \underset{\underset{NHCOPh}{|}}{(CH_3)_2CHCH-CO_2H}$$

82%

3) 热脱水

α-氨基酸受热生成交酰胺。

例1 两分子丙氨酸受热脱两分子水生成双内酰胺——交酰胺,3,6-二甲基-2,5-二哌嗪酮(3,6-dimethylpiperazine-2,5-dione)。

$$CH_3\underset{\underset{NH_2}{|}}{CHCO_2H} \xrightarrow[\triangle]{-2H_2O} \text{(3,6-dimethylpiperazine-2,5-dione)}$$

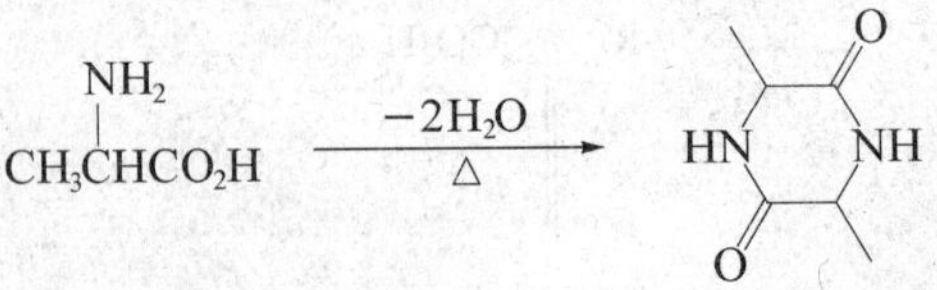

例2 谷氨酸受热是分子内脱水生成内酰胺——焦谷氨酸(pyroglutamic acid)。

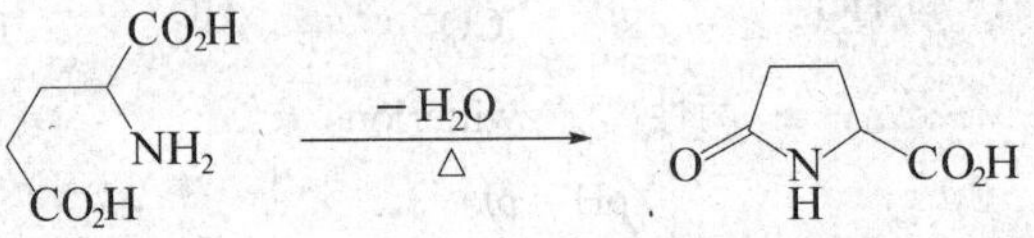

$$\text{glutamic acid} \xrightarrow[\triangle]{-H_2O} \text{pyroglutamic acid}$$

4) 茚三酮反应

含有游离氨基的氨基酸可以和茚三酮发生显色反应。

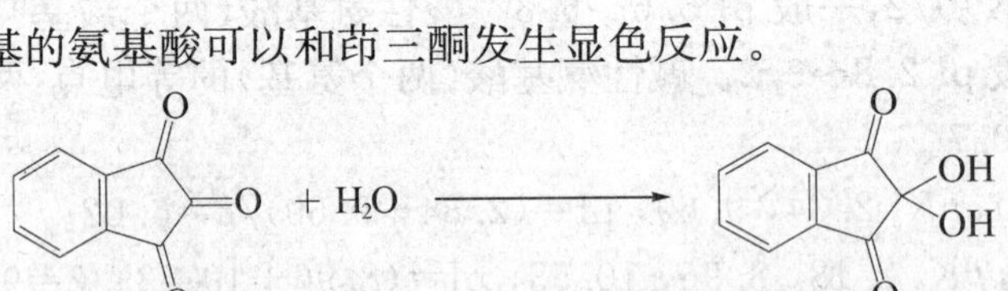

茚三酮 Indanetrione + H_2O ⟶ 水合茚三酮 Ninhydrin

$$\underset{\underset{NH_2}{|}}{RCHCO_2H} + \text{ninhydrin} \xrightarrow[-RCHO]{-CO_2,\ -3H_2O} \text{→}$$

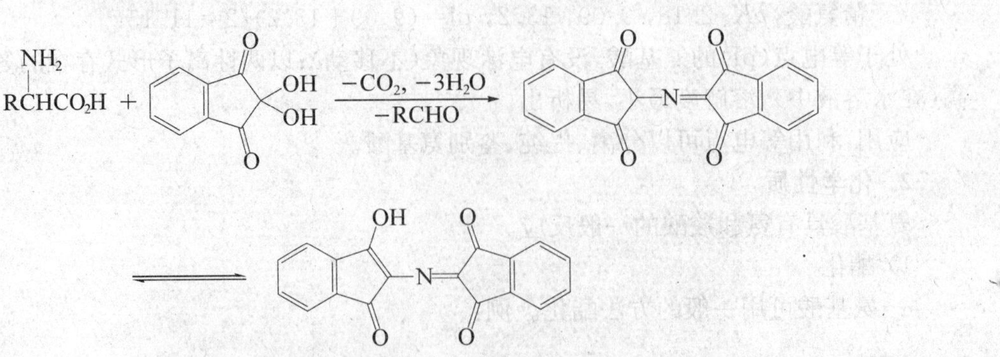

⇌ intense blue-violet

茚三酮显色反应用于氨基酸、肽和蛋白质的定性、定量分析。

5) 配位反应

氨基酸可作为配体与多种金属离子配位,生成的氨基酸金属盐络合物一般具有良好的晶形,可用来沉淀和鉴别某些氨基酸。

例:

$$2NH_2CH_2CO_2H + Cu^{+2} \longrightarrow \text{[Cu complex]} + 2H^+$$

14.2.1.3 氨基酸的合成

氨基酸的来源:天然产物水解,微生物发酵,化学合成。

1. Strecker 合成——醛的氨氰化法

醛在氨存在下与氰化氢反应,生成 α-氨基腈,水解得到 α-氨基酸,称为 Strecker 氨基酸合成,常简称为 Strecker 合成(Adolph Strecker,1850),也就是氨氰化法。

$$RCHO + HCN + NH_3 \longrightarrow RCH(NH_2)CN \xrightarrow[H_2O]{HCl} RCH(NH_2)CO_2H$$

改良:用 NH_4CN 或 $NH_4Cl+KCN$ 代替 $HCN+NH_3$,操作比较安全。

应用:合成比原料醛多一个碳的 α-氨基酸。例:

$$\underset{SCH_3}{\overset{CHO}{|}}\!\!\!-\!\!\! \xrightarrow[ii\ H_2O, HCl]{i\ NH_4Cl, NaCN} \underset{SCH_3}{\overset{NH_2}{|}}\!\!\!-\!\!\!CO_2H \quad \text{蛋氨酸(Met)}$$

合成的氨基酸是外消旋的,若需光活性的,还需拆分。

2. α-卤代酸氨解

Hell-Volhard-Zelinsky 卤代、氨解。例:

$$CH_3CH_2CO_2H \xrightarrow[P]{Br_2} CH_3CHBrCO_2H \xrightarrow{NH_3} CH_3CH(NH_2)CO_2H$$

3. Gabriel 合成法

邻苯二甲酰亚胺用 α-卤代羧酸酯烷烃基化,然后水(肼)解,给出 α-氨基酸。

$$\text{Phth-N}^-K^+ + RCHBrCO_2Et \longrightarrow \text{Phth-N-CH(R)CO_2Et}$$

$$\xrightarrow{NH_2NH_2} \text{邻苯二甲酰肼} + RCH(NH_2)CO_2H$$

应用 Gabriel 合成法可以制备很纯的 α-氨基酸。例:

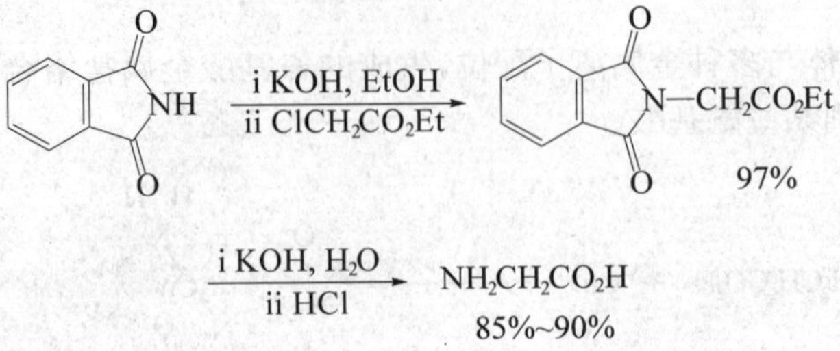

邻苯二甲酰亚胺 $\xrightarrow[\text{ii ClCH}_2\text{CO}_2\text{Et}]{\text{i KOH, EtOH}}$ N-CH$_2$CO$_2$Et (邻苯二甲酰亚胺基乙酸乙酯) 97%

$\xrightarrow[\text{ii HCl}]{\text{i KOH, H}_2\text{O}}$ NH$_2$CH$_2$CO$_2$H 85%~90%

4. 丙二酸酯法

1) 乙酰氨基丙二酸酯法

丙二酸酯亚硝化、在乙酸酐存在下还原得到乙酰氨基丙二酸酯。

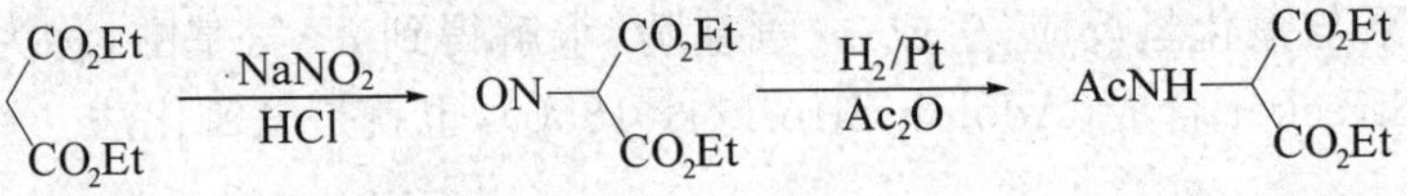

CH(CO$_2$Et)$_2$ $\xrightarrow{\text{NaNO}_2 \atop \text{HCl}}$ ON-C(CO$_2$Et)$_2$ $\xrightarrow{\text{H}_2/\text{Pt} \atop \text{Ac}_2\text{O}}$ AcNH-CH(CO$_2$Et)$_2$

用乙酰氨基丙二酸酯烷基化、水解、脱酸,产生 α-氨基酸。

例 1 由苯氯甲烷通过乙酰氨基丙二酸酯合成法苯丙氨酸。

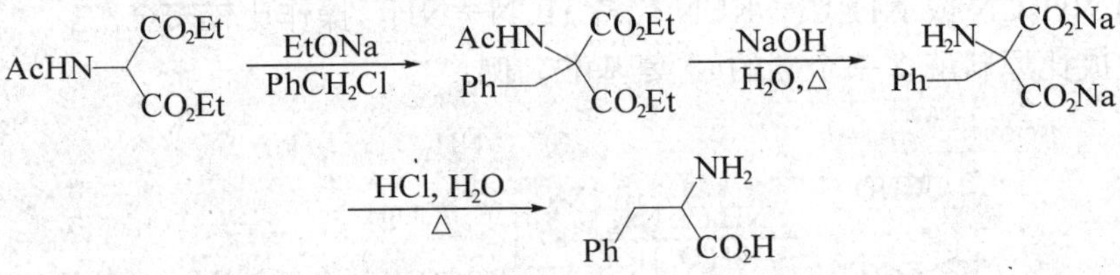

AcNH-CH(CO$_2$Et)$_2$ $\xrightarrow[\text{PhCH}_2\text{Cl}]{\text{EtONa}}$ AcNH-C(Ph)(CO$_2$Et)$_2$ $\xrightarrow[\text{H}_2\text{O, }\Delta]{\text{NaOH}}$ H$_2$N-C(Ph)(CO$_2$Na)$_2$

$\xrightarrow[\Delta]{\text{HCl, H}_2\text{O}}$ PhCH$_2$CH(NH$_2$)CO$_2$H

例 2 通过乙酰氨基丙二酸酯法合成丝氨酸。

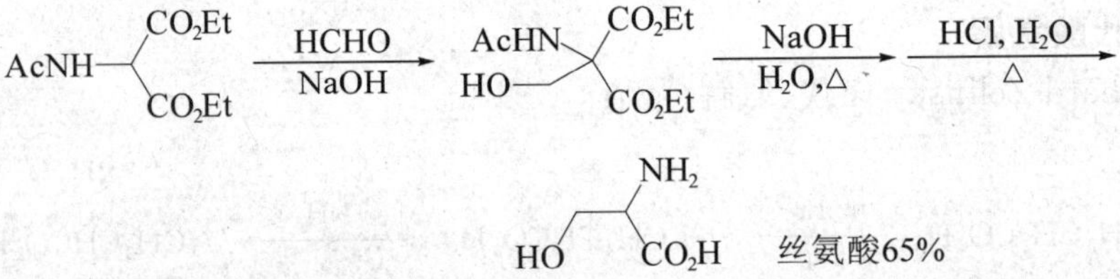

AcNH-CH(CO$_2$Et)$_2$ $\xrightarrow[\text{NaOH}]{\text{HCHO}}$ AcNH-C(CH$_2$OH)(CO$_2$Et)$_2$ $\xrightarrow[\text{H}_2\text{O, }\Delta]{\text{NaOH}}$ $\xrightarrow[\Delta]{\text{HCl, H}_2\text{O}}$

HOCH$_2$CH(NH$_2$)CO$_2$H 丝氨酸 65%

2) Gabriel-丙二酸酯合成法

用溴代丙二酸酯与邻苯二甲酰亚胺反应,形成碳-氮键,连接上了氨源,再烷基化、水解、脱酸,生成 α-氨基酸。

溴代丙二酸酯可由丙二酸酯与溴共热得到:

$$\text{CH}_2(\text{CO}_2\text{Et})_2 \xrightarrow[\text{CCl}_4]{\text{Br}_2} \text{BrCH}(\text{CO}_2\text{Et})_2$$

例 1 利用 Gabriel-丙二酸酯法合成蛋氨酸。

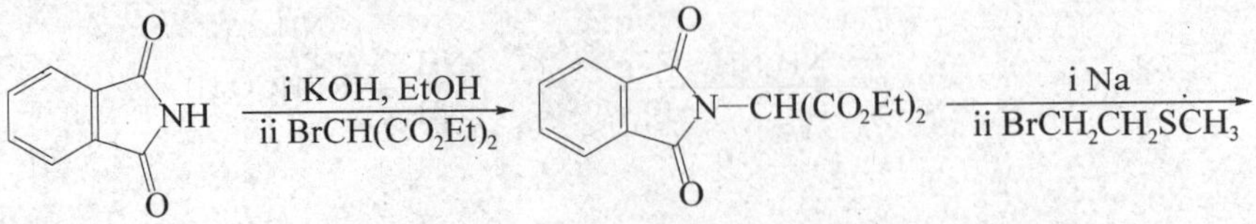

邻苯二甲酰亚胺 $\xrightarrow[\text{ii BrCH(CO}_2\text{Et)}_2]{\text{i KOH, EtOH}}$ N-CH(CO$_2$Et)$_2$ $\xrightarrow[\text{ii BrCH}_2\text{CH}_2\text{SCH}_3]{\text{i Na}}$

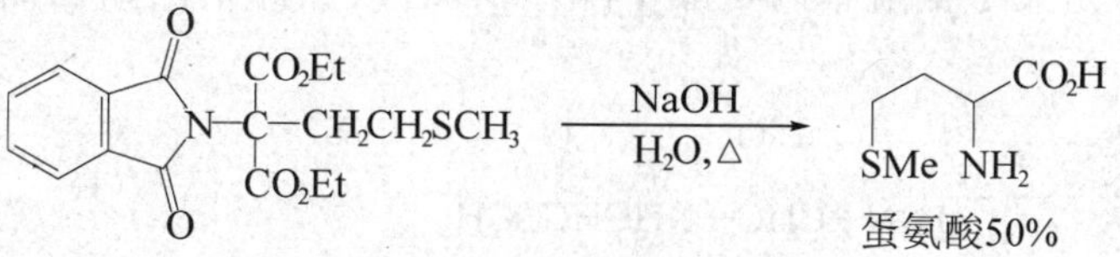

蛋氨酸 50%

例2 利用 Gabriel-丙二酸酯合成法合成脯氨酸。

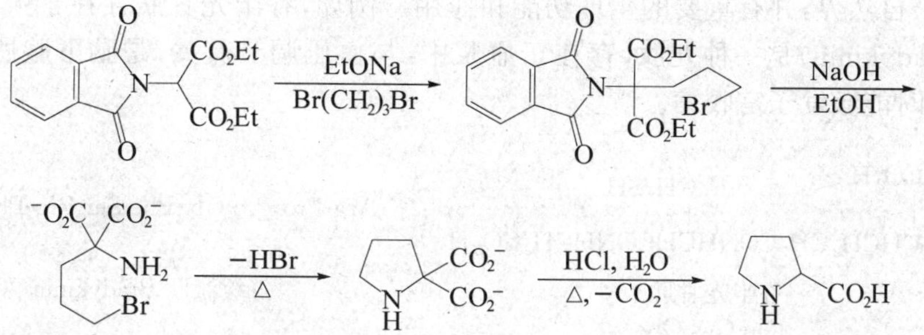

脯氨酸 70%

例3 利用 Gabriel-丙二酸酯合成法合成谷氨酸。
也可以通过 Michael 加成实现烷基化。

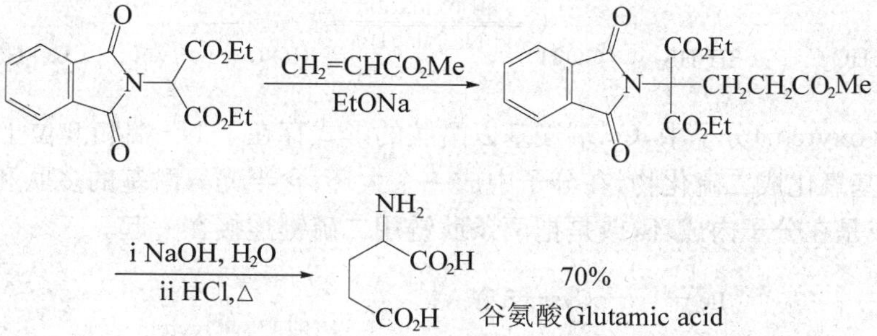

70% 谷氨酸 Glutamic acid

14.2.2 肽

氨基酸分子间通过酰氨键（羧基与氨基脱水）连接而成的缩合物称为肽(peptide)。酰氨键又称肽键(peptide bond)。

两分子氨基酸生成的肽称为二肽(dipeptide)，含多个氨基酸分子的是多肽(polypeptide)。

14.2.2.1 肽的结构与性质

肽的书写，习惯上把氨基一端（N-端）写在左边，羧基一端（C-端）写在右边。

例：由苯丙氨酸、甘氨酸和丙氨酸组成的三肽，称作苯丙氨酰甘氨酰丙氨酸，缩写为苯丙-甘-丙，Phe-Gly-Ala。

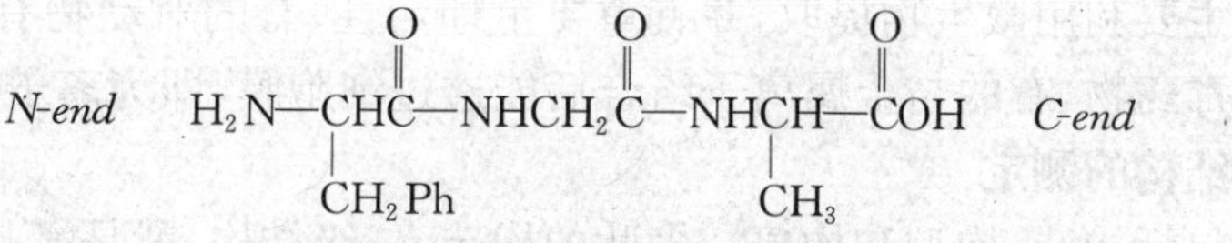

苯丙氨酸　甘氨酸　丙氨酸
苯丙氨酰甘氨酰丙氨酸
苯丙-甘-丙 Phe-Gly-Ala

二肽的一个例子是天冬氨酰苯丙氨酸甲酯,一种合成甜味剂阿斯巴甜(aspartame),mp 246℃～247℃。

$$H_2N-CHC-NHCHCOCH_3$$
$$\quad\;\; | \quad\;\;\;\; \| \quad\;\; |$$
$$\quad CH_2CO_2H\; CH_2Ph \quad\quad Aspartame$$

肽存在于自然界,并有重要的生理功能和作用。例如,谷半光甘肽存在于大多数细胞中,舒缓激肽(bradykinin)是一种九肽,存在于血浆中,与血压调节有关,是脑下腺所分泌的一种激素,在分娩时能激发子宫收缩。

$$\quad CO_2H \quad\quad\quad CH_2SH$$
$$\quad\;\; | \quad\quad\quad\;\; |$$
$$NH_2CHCH_2CH_2CONHCHCONHCH_2CO_2H \quad\quad Arg\text{-}Pro\text{-}Pro\text{-}Gly\text{-}Phe\text{-}Ser\text{-}Pro\text{-}Phe\text{-}Arg$$

谷半光甘肽　　　　　　　　　　　　舒缓激肽 Bradykinin
Glu-Cys-Gly

肽分子内的巯基易氧化(air oxidation)为二硫键,这对维持肽的构型与构象都有重要作用。

$$\begin{array}{c} H_2N \quad\quad\quad NH_2 \\ | \quad\quad\quad\;\; | \\ HO_2C \;\; SH\;\; HS \;\; CO_2H \end{array} \xrightarrow[Na/NH_3(l)]{air\ oxidation} \begin{array}{c} H_2N \quad\quad\quad NH_2 \\ | \quad\quad\quad\;\; | \\ HO_2C \;\; S-S \;\; CO_2H \end{array}$$

在催产素(oxytcin)分子中,C-端羧基以酰胺的形式存在于N-端和6位上。两个半光氨酰基的两个巯基氧化成二硫化物,在分子中成一个大环;含半光氨酰基的多肽和蛋白质常有这种结构变化,或是在分子内成环,或是把两条肽链用二硫键连接在一起。

$$\begin{array}{c} Ile-Tyr-Cys-S \\ | \quad\quad\quad\quad | \\ Gln-Asn-Cys-S \\ | \\ Pro-Leu-Gly-NH_2 \end{array} \quad\quad 催产素\ Oxytcin$$

胰岛素(insulin)是动物胰脏中分泌出来的一种激素,能降低血糖浓度,是一种51肽,含有两个肽链。A链由21个氨基酸组成,B链由30个氨基酸组成,A链和B链由二硫键连接起来。

多肽也是两性离子,与氨基酸类似,也有等电点,氨基酸和多肽都可以用离子交换层析法进行分离。

自然界中还存在许多非典型多肽,其中有的含有不同于蛋白质中的氨基酸或D-氨基酸,有的具有环状结构,如短杆菌肽S(gramicidin S,一种抗菌素)就是一种环十肽。

非典型多肽主要利用微生物提取,并有重要生理活性,有的对动物有毒性,有的可用作抗菌素药物和抗病毒药物,有的与金属离子络合后能透过细胞膜,即为离子载体。

14.2.2.2　多肽结构的测定

多肽的结构包括构造、构型和构象。多肽的构造,一级结构,就是氨基酸的结合顺序。

确定多肽的一级结构,需要测定氨基酸的组成及其相对比例、氨基酸的排列顺序以及分子中是否存在二硫键。

1. 多肽水解与选择性水解

测定氨基酸的组成及其相对比例:采用酸性完全水解(因为碱性水解将导致肽或蛋白质消旋化),一般是用 6M 盐酸回流 24 小时,分子中的所有肽键都有可能断裂,给出全部氨基酸。也有可能产生游离氨基酸和肽片段的混合物。然后进行氨基酸的定性与定量测定。

在酶催化下水解,多肽链能在特定的位置断裂。例如,胰蛋白酶能使羧基属于赖氨酸或精氨酸的肽键水解;糜蛋白酶能使羧基属于苯丙氨酸、酪氨酸和色氨酸(含芳环侧链的氨基酸)的肽键水解;胃蛋白酶的选择性较差,能使羧基属于苯丙氨酸、酪氨酸、色氨酸、赖氨酸、精氨酸和谷氨酸的肽键水解。溴化氰只能使肽链在羧基属于蛋氨酸的肽键断裂。

测定肽或蛋白质中各氨基酸的排列顺序需从一端开始,逐个分析测定。

2. N-端氨基酸顺序测定

在 N-端引入特定的标记化合物——有颜色、荧光或紫外吸收等特性,然后分离、分析、鉴定,确定是哪一种氨基酸。已发展了 Sanger 试剂、丹酰氯、Edman 降解等方法与技术。

1) Sanger 试剂法

2,4-二硝基氟苯法(2,4-dinitrofluorobenzene,DNF)称为 Sanger 试剂法(Frederick Sanger,1945)。

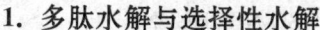

Sanger's reagent
2,4-Dinitrofluorobenzene
DNF

2,4-二硝基氟苯与 N-端的氨基发生活化芳香亲核取代,即在氨基氮上引入 2,4-二硝基苯基,水解肽键,给出一个 N-端氨基酸连接在 2,4-二硝基苯环上。通过 UV、荧光或色谱等分析确定是哪一种氨基酸。

由于 Sanger 法一个循环下来只能测定 N-端一个氨基酸,而其余的部分均被水解,无法再测其他氨基酸,样品浪费严重。后来又发展了其他测定方法技术。

2) 丹酰氯试剂法

丹酰氯(dansyl chloride)法类似 Sanger 试剂法,在碱性条件下与肽的 N-端氨基反应,生成丹磺酰胺(dansyl amide),酸水解,得到丹磺酰氨基酸。丹磺酰氨基酸有很强的紫外吸收,利用 UV-Vis 或荧光分析可确定氨基酸。这一方法的灵敏度很高,可达微克级(μg,10^{-8} mol)。

$$\text{Dansyl chloride} + H_2NCHCONH-P \xrightarrow{HO^-} \text{Dansyl amide}$$

$$\xrightarrow{HCl, H_2O, \Delta} \text{(naphthalene-SO}_2\text{NHCHCO}_2\text{H with NMe}_2\text{)} + H_2N-P$$

3) Edman 降解法

Edman 降解法（Edman degradation），又称异硫氰酸苯酯法（Pehr Edman，1950），是用异硫氰酸苯酯（phenylisothiocyanate，PhN＝C＝S）与肽 N-端的氨基发生加成反应，生成苯胺甲硫酰基衍生物（phenylthiocarbamoyl，PTC 衍生物）。

$$PhN=C=S + H_2NCHCONH-Peptide \xrightarrow{pH=9} PhNHC(S)NHCHCONH-Peptide$$

PTC 衍生物

PTC 衍生物在无水条件下用酸处理，生成噻唑啉酮（thiazolinone）衍生物并从肽链上断裂下来。噻唑啉酮在酸性条件下重排，生成更稳定的苯基乙内酰硫脲（phenylthiohydantoin）衍生物（PTH 衍生物）。

$$PhNHC(S)NHCHCONH-Peptide \xrightarrow{CF_3CO_2H} \text{thiazolinone} + H_2N-Peptide$$

噻唑啉酮 thiazolinone

$$\text{thiazolinone} \xrightarrow{CF_3CO_2H} \text{Phenylthiohydantoin PTH 衍生物}$$

PTH 衍生物经分离后用层析法或质谱法与标准样品比较，可以确定是哪一种氨基酸。

肽链中间的酰胺键需要在水存在下才能裂开，只有被苯胺甲硫酰基取代的 N-端的氨基酸才能在无水条件下通过生成噻唑啉酮从肽链上断裂下来，同时生成 N-端减少一个氨基酸的剩余肽片段，后者经分离后，可以继续与异硫氰酸苯酯反应。重复这一循环，就可以测定多肽 N-端氨基酸的排列顺序。因此，Edman 降解法可以连续测定。

3. C-端氨基酸测定

肼解法：当多肽与无水肼在 100℃ 反应 5～10 h 后，除 C-端氨基酸外，所有氨基酸都转变成相应的酰肼，C-端氨基酸则以游离氨基酸释放出。

$$-NHCHR_3CONHCHR_2CONHCHR_1CO_2H \xrightarrow{NH_2NH_2}$$

$$-NHCHR_3CONHNH_2 + NH_2CHR_2CONHNH_2 + NH_2CHR_1CO_2H$$

酶解法：多肽可以在各种肽酶催化下水解。在羧肽酶催化下，多肽链中只有 C-端的氨基酸能断裂下来。

$$\text{H}_2\text{N—Peptide—} \overset{\text{O}}{\underset{}{\text{C}}} \text{—NHCHCO}_2\text{H} \xrightarrow[\text{H}_2\text{O}]{\text{羧肽酶}} \text{H}_2\text{N—Peptide—CO}_2\text{H} + \text{H}_2\text{NCHCO}_2\text{H}$$
（R 基团标于右侧氨基酸）

多肽在羧肽酶存在下水解，溶液中首先出现的游离氨基酸就是 C-端氨基酸。减去一个氨基酸后剩余的肽可以继续水解。

将以上方法适当结合使用，一般能测定出多肽分子中各氨基酸的排列顺序。

F. Sanger(1918-2013)历经十年于 1951 年完成了牛胰岛素(bovine insulin)分子的一级结构测定，因此获得了 1958 年 Nobel 化学奖(The Nobel Prize in Chemistry 1958 was awarded to Frederick Sanger "for his work on the structure of proteins, especially that of insulin")。此后，有数百种多肽和蛋白质的氨基酸顺序被测定出来，其中包括含有 333 个氨基酸单位的甘油醛-3-磷酸酯脱氢酶。

现在多肽或蛋白质的氨基酸测序大都可以由自动化的氨基酸测序分析仪完成。近年来又发展了高分辨质谱法测定多肽的氨基酸顺序。

14.2.2.3 多肽的合成

由于氨基酸都是双官能团分子，因此，多肽合成必须解决四个问题：氨基保护、羧基保护、侧链保护和成肽方法。

1. 氨基的保护

1) 苯甲氧羰基保护基

苯甲氧羰基保护基(benzoxycarbonyl, Z)可由氯甲酸苯甲酯(苯甲氧基甲酰氯)提供，苯甲氧基甲酰氯是由苯甲醇与碳酰氯反应制备的：

$$\text{PhCH}_2\text{OH} + \text{ClCCl}\overset{\text{O}}{\underset{}{}} \xrightarrow{\text{Py}} \text{PhCH}_2\text{OCCl}\overset{\text{O}}{\underset{}{}} \qquad \text{PhCH}_2\text{OC—}\overset{\text{O}}{\underset{}{}}$$
Benzoxycarbonyl(Z)

去保护：利用苯甲位易氢解的特点，通过催化氢化(H_2/Pd)实现去保护，脱去甲苯并放出二氧化碳。例：

（结构式：苄氧羰基保护的含甲硫基氨基酸 $\xrightarrow{H_2/Pd}$ 游离氨基酸 + 甲苯 + CO_2）

2) 叔丁氧羰基保护基

叔丁氧羰基保护基(t-butyloxycarbonyl, BOC)可由氯甲酸叔丁酯或叔丁氧酰基叠氮，提供。

$$t\text{-BuOC—}\overset{\text{O}}{\underset{}{}} \qquad t\text{-BuOCCl}\overset{\text{O}}{\underset{}{}} \qquad t\text{-BuOCN}_3\overset{\text{O}}{\underset{}{}}$$
t-Butyloxycarbonyl (BOC)

去保护：酸水解可实现去保护，催化氢解和碱性水解都不能。例：

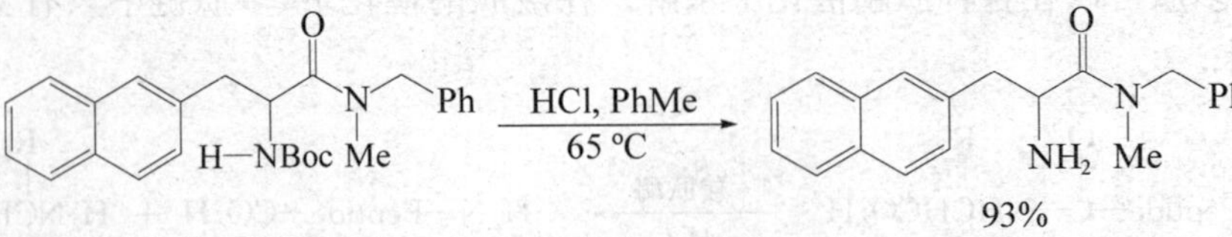

2. 羧基的保护

以酯的形式保护羧基。不同的酯去保护也各异。甲酯去保护：碱性水解；苄甲酯去保护：催化氢解（H_2/Pd）；叔丁酯去保护：酸水解，常用氢溴酸（HBr）、乙酸（AcOH）或三氟乙酸（CF_3CO_2H）等。

3. 侧链的保护

巯基：苯甲基硫醚保护，钠-液氨去保护。

4. 成肽的方法

羧基和氨基脱水成酰胺键并不容易。若使反应在较温和的条件下进行，还需活化。

常用 DCC 成肽法，即用二环己基碳二亚氨（dicyclohexylcarbodimide，DCC）作为脱水活化剂（缩合剂、偶联剂）。

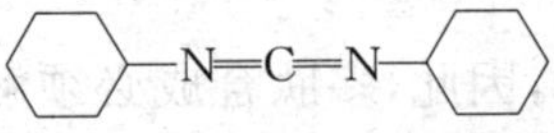

Dicyclohexylcarbodimide（DCC）

等量的羧酸、胺与 DCC 在氯仿溶液中反应，立即产生酰胺和溶解度很低的 N，N'-二环己基脲：

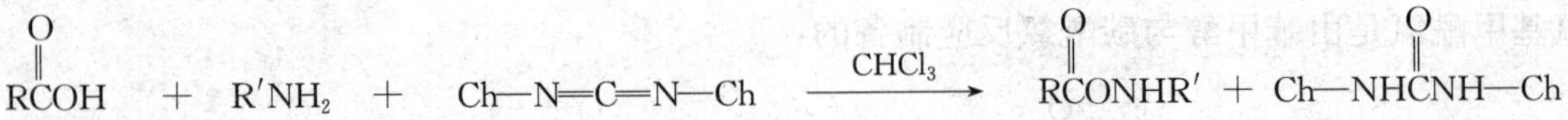

羧酸首先加成 DCC，生成酰基异脲，是一种活化的羧酸衍生物（相当于混合酸酐），易于与胺发生亲核分解反应，生成酰胺和取代脲。

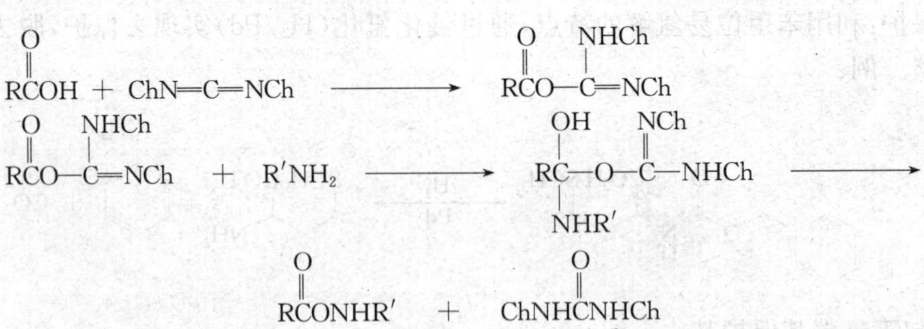

氨基保护与羧基保护的氨基酸不再是两性离子，能溶于有机溶剂，在 DCC 存在下，迅速反应，偶联生成酰胺键（肽键）。

例：合成二肽丙氨酰甘氨酸。

先保护氨基和羧基：

$$\text{PhCH}_2\text{OCNHCH}_2\text{CO}_2\text{H} \equiv \text{ZNHCH}_2\text{CO}_2\text{H}$$

$$\underset{\text{CH}_3\text{CHCO}_2\text{H}}{\overset{\text{NH}_2}{|}} + \text{PhCH}_2\text{OH} \xrightarrow{\text{TsOH}} \underset{\text{CH}_3\text{CHCO}_2\text{CH}_2\text{Ph}}{\overset{\text{NH}_2}{|}}$$

DCC 偶联：

$$\text{ZNHCH}_2\text{CO}_2\text{H} + \underset{\text{CH}_3\text{CHCO}_2\text{CH}_2\text{Ph}}{\overset{\text{NH}_2}{|}} \xrightarrow[\text{CHCl}_3]{\text{DCC}} \text{ZNHCH}_2\overset{\text{O}}{\underset{}{\text{C}}}-\text{NHCHCO}_2\text{CH}_2\text{Ph}$$

最后去保护：

$$\text{ZNHCH}_2\overset{\text{O}}{\text{C}}-\text{NHCHCO}_2\text{CH}_2\text{Ph} \xrightarrow[\text{Pd}]{\text{H}_2} \text{NH}_2\text{CH}_2\overset{\text{O}}{\text{C}}-\text{NHCHCO}_2\text{H}$$

甘氨酰丙氨酸 Gly-Ala

Vincent du Vigneaud 因合成多肽催产素 oxytocin 而获 1955 年 Nobel 化学奖（The Nobel Prize in Chemistry 1955 was awarded to Vincent du Vigneaud "for his work on biochemically important sulphur compounds, especially for the first synthesis of a polypeptide hormone"）。

肽固相合成法（solid phase peptide synthesis，SPPS）：Robert Bruce Merrifield 发展了肽固相合成法（1962），即在高分子树脂的表面上合成肽。

将苯乙烯和 2% 的二乙烯基苯（交联剂）共聚，生成的珠状聚合物经氯甲基化，得到氯甲基化的树脂，其中每十个苯基中约有一个含有氯甲基。

$$= \text{P}-\text{CH}_2\text{Cl}$$

肽固相合成的第一步，是使氯甲基化的树脂与氨基保护（Boc）的氨基酸在碱性溶液中反应，通过成酯将氨基酸固定在了树脂上，后续的合成反应都在树脂上进行，因此是一种固相合成法。第二步是用酸去保护游离出氨基，反应后用溶剂洗涤，出去多余的试剂盒副产物，树脂上只留下羧基保护的氨基酸，可以进行下一步的偶联反应。第三步是在偶联剂 DCC 存在下和氨基保护的氨基酸偶联，形成第一个肽键。用溶剂洗涤后留在树脂上的是氨基保护的二肽。第四步是用酸去保护游离出氨基，洗涤后留在树脂上的是具有游离氨基的二肽，可以继续偶联，生成三肽。

循环进行以上操作，直至肽链达到预期的长度后，用溴化氢的三氟乙酸溶液处理，使多肽与树脂脱离。Merrifield 用 8 天时间合成了舒缓激肽（九肽），产率达 68%。固相合成的缺点在于纯化困难。1969 年 Merrifield 用自动化肽合成仪合成了核糖核酸酶（124 肽），369 个反应，11 391 步操作，只用了 6 个星期，而提纯则用了 4 个月。

Merrifield 因发展肽固相合成获 1984 年 Nobel 化学奖（R. B. Merrifield was awarded the Nobel Prize in chemistry in 1984 for his development of methodology for chemical synthesis on a solid matrix）。

14.2.3 蛋白质 生物大分子(Ⅱ)

蛋白质(protein)是大量氨基酸分子通过肽键形成的聚酰胺大分子,相对分子质量一般超过一万。但蛋白质与多肽之间没有明显的界限,一种区分方法是能透过一种天然的渗析膜的定为多肽的上限,相当于相对分子量 10 000 左右,约含 100 个氨基酸的多肽。有时把含 50 个以上氨基酸的多肽称为蛋白质。蛋白质是相对分子量很大的多肽,部分水解能生成多肽。

14.2.3.1 蛋白质的种类

根据不同的分类方式,蛋白质的种类有以下几种。

形状:纤维蛋白——丝蛋白、角蛋白;球蛋白——蛋清蛋白、酪蛋白。

组成:纯蛋白——白蛋白、球蛋白;结合蛋白——脂蛋白、糖蛋白、核蛋白、金属蛋白、磷蛋白、色蛋白。

功能:酶——催化;激素(hormone)——调节;抗体——免疫;输送、收缩等。

14.2.3.2 蛋白质与多肽的高级结构

1. 二级结构

多肽主链中的若干肽片段通过氢键形成有规则的构象,即二级结构(secondary structure),也有的把肽链中互相靠近的氨基酸的构象定义为二级结构。

由于肽键存在较强的 p-π 共轭,羰基碳-氮具双键性质,这使肽链具有一定程度的刚性,而 α-碳上的单键则使肽链又具有一定的柔顺性。

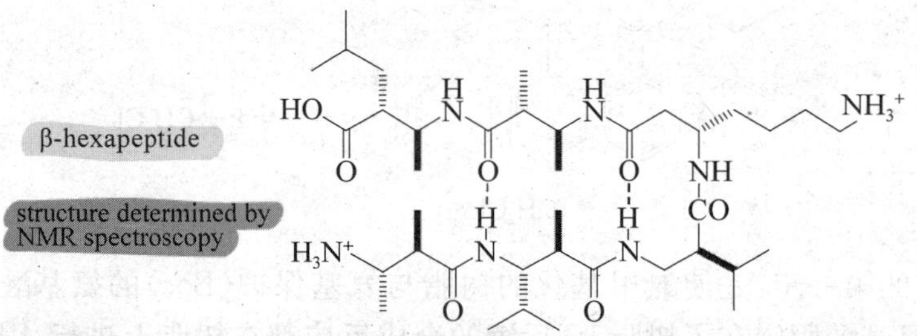

由于多肽链上取代基 R 的大小很弱极性不同,其稳定构象应使各原子间排斥力最小而吸引力最大,最重要的作用力是羰基(C=O)和氮氢(NH)之间形成的氢键。常见的构象有三种。

1) β-折叠

肽链 β-折叠(β-turn)特点是肽链伸展成锯齿状。相邻的肽链平行排列,之间通过氢键相连。许多肽链排列成与扇面相似的折叠片,氨基酸中的侧链 R 交替伸向面的上下。

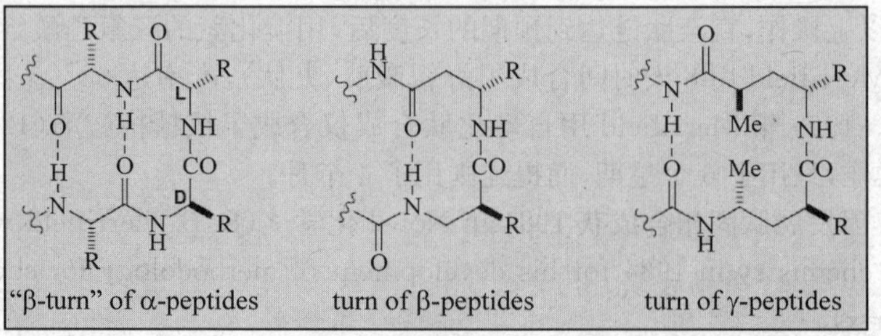

丝心蛋白(fibroin)是蚕丝的主要成分,其中 80%是甘-丝-甘-丙-甘-丙-链段的重复,差不多完全是 β-折叠结构。β-折叠结构只有在 R 体积较小时是稳定的,R 体积较大,相邻肽链上的 R 之间的排斥力增大,使肽链采取别的方式排列。

2) α-螺旋

在 α-螺旋(α-helix)中肽链排列成右螺旋(顺时针方向盘旋前进),在同一肽链的羰基(C=O)和 NH 之间形成氢键,氨基酸侧链上的 R 则指向螺旋外边。脯氨酸的环状结构,其亚氨基与其他氨基酸生成肽键时,两端的两个 α-碳处于顺位。又由于氮原子上没有氢原子,不能形成氢键,因此,肽链上有脯氨酸基时,α-螺旋在此发生转折。

3) 多肽无规线团

α-螺旋的稳定性决定于多肽链上氨基酸侧链的性质和顺序。聚-L-赖氨酸在 pH=12 时,侧链上的氨基不带电荷,能生成 α-螺旋,而在 pH=7 时,侧链上的氨基接受质子转变成带正电荷,电荷间的排斥使 α-螺旋解体而以无规线团的形式存在,也就是说不再具有肽链 α-螺旋或 β-折叠的规整性。聚-L-谷氨酸在 pH=2 时以 α-螺旋存在,而在 pH=7 时,侧链上的羧基失去质子称为负离子,负电荷之间的排斥使其称为无规线团。

大多数蛋白质不是单一地以某种二级结构存在。例如,有的区域为 α-螺旋,有的区域是 β-折叠,还有部分区域是无规线团。

2. 多肽与蛋白质的三级结构

在二级结构的基础上,多肽链的折叠排列称为三级结构(tertiary structure),即多肽链间通过氨基酸残基侧链的相互作用而形成的盘旋和折叠,产生特定的三维空间结构,也称为蛋白质的亚基。

各亚基的空间分布及相互作用,称为蛋白质的四级结构(quaternary structure)。

多肽和蛋白质的高级结构是由晶体 X-射线衍射确定的。M. F. Perutz 和 J. C. Kendrew 由于肌红蛋白和血红蛋白结构的测定获得 1962 年 Nobel 化学奖(The Nobel Prize in Chemistry 1962 was awarded jointly to Max Ferdinand Perutz and John Cowdery Kendrew "for their studies of the structures of globular proteins")。

肌红蛋白由 153 个氨基酸基组成,其中有 7 个区域为 α-螺旋,还含有一个辅基——血红素,肽链的折叠正好形成一个由疏水侧链围成的套子,可以容纳一个血红素分子,并且有一个组氨酸基在附近,其咪唑环上的氮原子能与血红素中的亚铁配位,血红素分子中卟啉环上的两个 $CH_2CH_2CO_2H$ 侧链也能与套子中侧链上的官能团形成氢键。

蛋白质高级结构的测定对于了解其生理功能有重要意义。例如,在肌红蛋白中,血红素的亚铁原子有 6 个配位位置,其中 5 个与卟啉环和咪唑环上的氮原子配位,另外一个配位位置可以与氧分子配位,使肌红蛋白具有储存氧的功能,而血红素和多肽单独存在时都不能与氧结合。

胰酶蛋白(含 245 个氨基酸基)的高级结构也已测定出来,其中差不多没有 α-螺旋区,而有 β-折叠片区和无规线团区。

血红蛋白由 4 条肽链(α-链和 β-链各两条)和两分子血红素组成,不是由共价键而是由肽链上侧键基团间的作用力保持在一起,此即四级结构。

蛋白质的生理活性是由二级、三级、四级结构决定的。

14.2.3.3 蛋白质的性质

蛋白质也具有两性与等电性。

肽链中基团之间的作用力可以分为三类：一是氢键；二是疏水基团之间的作用力，例如苯丙氨酸中的苯基倾向于与其他非极性侧链靠近，正如苯能溶于烃类溶剂而不溶于水一样。但由于位阻也不能相距太近；三是极性基团之间的作用力，例如，带负电荷的羧基负离子与带正电荷的氨基正离子之间有吸引力，而带同一电荷的基团之间有排斥力。在这些作用力共同作用下肽链折叠成一定的构象，这种构象取决于肽链中氨基酸的组成和排列次序。

环境对肽链的构象也有影响。球蛋白主要存在于中性水溶液中，极性基团倾向于排列在最外面，以水合状态存在，使蛋白质能溶于水。

蛋白质在加热、酸度改变或用有机溶剂处理时，由于基团之间的相互作用受到影响，蛋白质的高级结构遭遇破坏，其性能也发生变化，如失去生理活性，水溶性降低，称为蛋白质变性(denaturation)。如恢复原来的环境，蛋白质会逐渐恢复原来的结构，说明蛋白质的高级结构是在生理条件下最稳定的结构。蛋白质通过正常的结构包括高级结构才能发挥其生物功能。

变性特征：生物活性消失、溶解度降低、较易为蛋白酶水解。

变性因素：物理—加热、UV/X-射线照射、超声波、强电磁场、高压等；化学—强酸强碱、重金属、乙醇、丙酮等有机溶剂、三氯乙酸、尿素等。

蛋白质可通过盐析、有机溶剂、重金属、等电点、生物碱、某些酸（如三氯乙酸）等沉淀(precipitation)。

蛋白质溶液属于胶体体系，在水中形成一种比较稳定的亲水胶体。蛋白质胶体具有重要的生理意义。蛋白质溶液胶体体系的稳定性依赖于两个基本因素：一是蛋白质表面形成水化层；二是蛋白质表面具有同性电荷。蛋白质胶体可通过盐析、重金属、三氯乙酸、丙酮、乙醇等破坏。

蛋白质的显色反应与分析：显色反应有茚三酮反应、缩二脲反应、蛋白黄反应等。蛋白质与硝酸接触会变黄，此为蛋白质的蛋白黄反应，常用来鉴别部分蛋白质，是蛋白质的特征反应之一。双缩脲反应：该反应是分析肽键常用的反应，即在碱性铜溶液中，肽键与铜离子形成络合物，呈紫色（λ_{max} 540 nm）。酚试剂法：该反应是比色法测定蛋白质的常用方法，即蛋白质以碱性铜溶液处理后，加酚呈蓝色（λ_{max} 650 nm）。Coomassie 亮蓝染色法（Coomassie blue staining）：又称 Bradford 法，是 Bradford 于 1976 年建立起来的一种蛋白质浓度的测定方法。Coomassie G250 呈红色（λ_{max} 488 nm），当与蛋白质结合后变为青色（λ_{max} 595 nm），其吸收与蛋白质含量成正比，因此可用于蛋白质的定量测定。

14.2.4 酶

酶(enzymes)是生物体内有催化作用的蛋白质（RNA 也有催化作用）。酶的催化效率和特异性都非常高。

根据酶的催化反应，酶可分类为：有水解酶（淀粉酶、胃蛋白酶、胰蛋白酶）、氧化还原酶、合成酶、转移酶、异构酶等。

在酶催化下起反应的化合物称为底物(substrate，S)。酶的催化作用分三步进行。首先，底物在酶的活性部位上结合，生成酶-底物复合物（E·S），使底物与活性部位相结合的力与稳定多肽构象的力相同，即静电引力、氢键、非极性基团之间的作用力等，在活性部位内，还有起催化作用的基团，这些基团就是肽链上的氨基酸侧链。第二步是在酶-底物复合物内进行催化反应，生成酶-产物复合物（E·P）。第三部是产物(P)脱离活性部位，使酶能催化另一底物的反应。

$$E + S \rightleftharpoons E \cdot S \rightleftharpoons E \cdot P \rightleftharpoons E + P$$

活性部位是由于肽键的折叠,使有关的氨基酸基相互靠近而形成的,即与肽链的高级结构有关。

酶按照化学组成可分为单纯酶和结合蛋酶两大类。这些酶除了蛋白质主体外,还有小分子化合物。前者称为酶蛋白(apoenzyme),后者称为辅因子(cofactor)。酶蛋白和辅因子单独存在时,均无催化活力。只有二者结合成完整的分子时,才显示催化活性。此完整的酶分子称为全酶(holoenzyme)。具有催化活性的全酶,包括所有酶蛋白、必需的亚基、辅基和其他的辅助因子。

蛋白质侧链上的官能团所能催化的反应数目有限,主要是给予质子、接受质子,与羰基起亲核反应等。在许多生物反应中,酶常与其他非蛋白质有机分子协同,完成催化反应,这种有机分子叫做辅酶(coenzyme),与酶蛋白松弛结合的辅助因子。例如,烟酰胺嘌呤二核苷酸磷酸(NADH)就是一种辅酶,是一种还原剂,而 NAD^+ 则是一种氧化剂,它们同酶一起,对还原-氧化反应起催化作用。其他著名的辅酶还有硫胺素焦磷酸(TPP)、黄素单核苷酸(FMN)和黄素腺嘌呤二核苷酸(FAD)、辅酶 A(CoA)、辅酶 F(THFA)等。不同的辅酶携带不同的化学信息: NAD^+ 或 $NADP^+$ 携带氢离子,辅酶 A 携带乙酰基,叶酸携带甲酰基,S-腺苷基蛋氨酸携带甲基。

辅基(prosthetic group):与酶蛋白紧密地结合的辅助因子,由于结合较为紧密,不能通过透析或超滤的方法分离。在酶促反应中,辅基不能离开酶蛋白。辅基多是金属离子或有机小分子如糖类、脂肪、核酸等。金属离子作为辅基是常见的,如钾离子(K^+)、钠离子(Na^+)、镁离子(Mg^{2+})、铜离子(Cu^{2+}/Cu^+)、锌离子(Zn^{2+})、铁离子(Fe^{2+}/Fe^{3+})等或金属配位化合物,如 Cu^{2+} 是铜蓝蛋白的辅基,血红素是血红蛋白的辅基等。

蛋白质的结构与功能,特别是蛋白质的高级结构,将是揭示基因组功能的基本途径。蛋白质结构生物学、蛋白质组学(proteomics)、蛋白质工程(protein engineering)等研究领域在进一步展开。

习题

一、写出下列化合物的结构
1. 苯丙氨酰亮氨酸
2. 丙氨酰苏氨酰异亮氨酸
3. Val-Asp-Tyr
4. 运动徐缓素 Arg-Pro-Pro-Gly-Phe-Ser-Pro-Phe-Arg
5. 亮氨酸(pH=8)、谷氨酸(pH=3)、赖氨酸(pH=10)、色氨酸(pH=12)

二、完成反应

1. $PhCH_2\underset{NH_2}{\underset{|}{C}H}CO_2H \; + \; PhCH_2OH \xrightarrow[\triangle]{TsOH}$

2. $CH_3\underset{CH_3}{\underset{|}{C}H}CH_2\underset{NH_2}{\underset{|}{C}H}CO_2H \; + \; CH_3CH_2OH \xrightarrow[\triangle]{HCl}$

3. $PhCH_2\underset{NH_2}{\underset{|}{C}H}CO_2H \; + \; PhCOCl \xrightarrow[\text{ii HCl}]{\text{i NaOH}}$

4. $\underset{\text{NH}_2}{\text{PhCH}_2\text{CHCO}_2\text{H}}$ + PhCOCl $\xrightarrow[\text{ii HCl}]{\text{i NaOH}}$

5. $\underset{\text{NH}_2}{\text{CH}_3\text{CHCO}_2\text{H}}$ $\xrightarrow[\text{NaOH}]{\text{BnOCOCl}}$ $\xrightarrow[\text{DCC}]{\text{NH}_2\text{CH}_2\text{CO}_2\text{Bn}}$ $\xrightarrow[\text{Pd-C}]{\text{H}_2}$

三、合成设计

1. 通过卤代与 Strecker 合成两种方法由乙醇合成丙氨酸。
2. 用 Gabriel 合成法合成苯丙氨酸。
3. 利用乙酰氨基丙二酸酯法合成：蛋氨酸、色氨酸、谷氨酸和丝氨酸。
4. 利用 Gabriel-丙二酸酯法合成缬氨酸和酪氨酸。
5. 利用 Gabriel-丙二酸酯法由四氢呋喃合成：

四氢呋喃 → 哌啶-2-甲酸

6. 苯丙氨酰亮氨酸
7. Ala-Ile
8. Gly-Phe-Ala
9. Met-Gly-Val

四、推导结构

1. 向冷的茴香醛乙醚溶液加入氰化钾，接着通氯化氢气体，然后用氨处理，所得混合物与浓盐酸共沸，最后再与氢碘酸共热。给出最终产物的结构，并写出各步反应。
2. 四肽丙氨酰谷氨酰甘氨酰亮氨酸(Ala-Glu-Gly-Leu)完全水解与部分水解，写出产物的结构。
3. 一级结构分析显示，七肽由甘氨酸、丝氨酸、门冬氨酸、两分子丙氨酸和两分子组氨酸组成，部分水解给出：

Gly-Ser-Asp，His-Ala-Gly，Asp-His-Ala

推导此七肽的一级结构。

14.3 核酸 Nucleic Acids

核酸(nucleic acids, NA)是存在于细胞核中的生物大分子，载有遗传信息，指导蛋白质合成。因此，核酸是生命的遗传物质，决定生物、生命的个体特征。

14.3.1 核酸的基本组成

核酸的基本组成成分：糖——D-核糖与 D-2-脱氧核糖、杂环碱——嘧啶环与嘌呤环和磷酸。

核酸的发现与研究历史：瑞士科学家 Johann Friedrich Miescher(1844-1895)在 1869 年从伤口脓液中发现并分离出一种称之为核素(nuclein)的物质。然而，核酸(nucleic acid)这个名词是后来(1889)由另一位科学家 Miescher 的学生 Richard Altmann 提出的。

1893 年，Albrecht Kossel 发现四种核酸碱基(nucleic acid bases)，腺嘌呤(adenine, A)、鸟嘌呤(guanine, G)、胸腺嘧啶(thymine, T)和胞嘧啶(cytosine, C)(with A. Neumann)。

腺嘌呤 Adenine (A)　　　鸟嘌呤 Guanine (G)　　　胞嘧啶 Cytosine (C)
(DNA, RNA)　　　　　　(DNA, RNA)　　　　　　(DNA, RNA)

胸腺嘧啶 Thymine (T)　　　尿嘧啶 Uracil (U)
(DNA)　　　　　　　　　(RNA)

后来的研究显示,腺嘌呤(adenine,A)、鸟嘌呤(guanine,G)和胞嘧啶(cytosine,C)存在于 RNA 和 DNA 中,而胸腺嘧啶(thymine,T)只存在于 DNA 中,尿嘧啶(uracil,U)只存在于 RNA 中。

Albrecht Kossel(1853-1927)由于在核酸等生物化学领域的研究获 1910 年 Nobel 生理或医学奖(The Nobel Prize in Physiology or Medicine 1910 was awarded to Albrecht Kossel "in recognition of the contributions to our knowledge of cell chemistry made through his work on proteins, including the nucleic substances")。

核酸碱基的定量研究归功于 Erwin Chargaff(1905-2002)(Professor of biochemistry at Columbia University medical school)。1950 年 Chargaff 报道了核酸碱基的两个规律(E. Chargaff et al. Nucleotide composition of pentose nucleic acids from yeast and mammalian tissues. *J. Biol. Chem.* 1950, **186**, 51-67)。DNA 中的鸟嘌呤(G)数等于胞嘧啶(C)数,腺嘌呤(A)数等于胸腺嘧啶(T)数;腺嘌呤(A)与鸟嘌呤(G)之和等于胞嘧啶(C)与胸腺嘧啶(T)之和。

$$A = T; G = C; A + G = T + C$$

这提示 DNA 中碱基成对。Chargaff 规律帮助发现了 DNA 的双螺旋结构。

核酸中的糖是戊醛糖:D-核糖与 D-2-脱氧核糖。

D-核糖 D-Ribose

D-2-脱氧核糖 D-2-Deoxybilbose

14.3.2 核苷

核糖、2-脱氧核糖通过半缩醛羟基与嘧啶环(1-号位)或嘌呤环(9-号位)氮氢缩水结合，生成 β-核糖苷、β-2-脱氧核糖苷，简称为核苷(nucleoside)。

组成 DNA 的核苷：

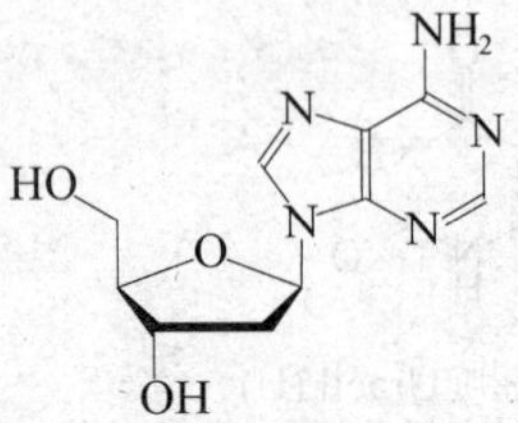

2-脱氧腺苷 dA
2-deoxyadenosine

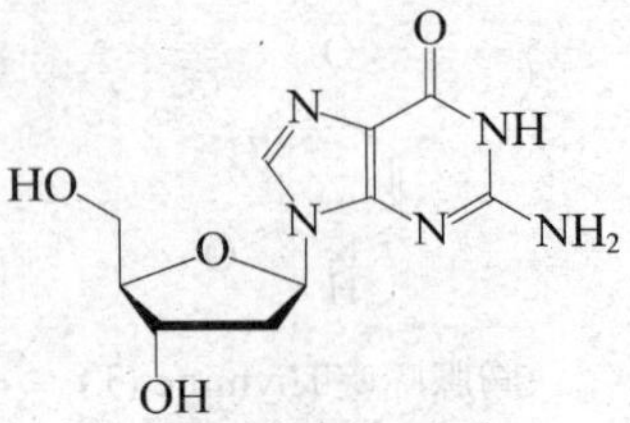

2-脱氧鸟苷 dG
2-deoxyguanosine

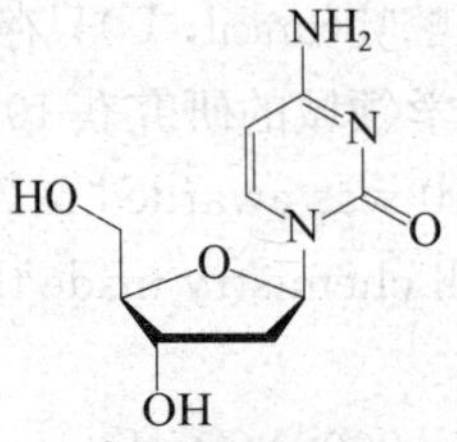

2-脱氧胞苷 dC
2-deoxycytidine

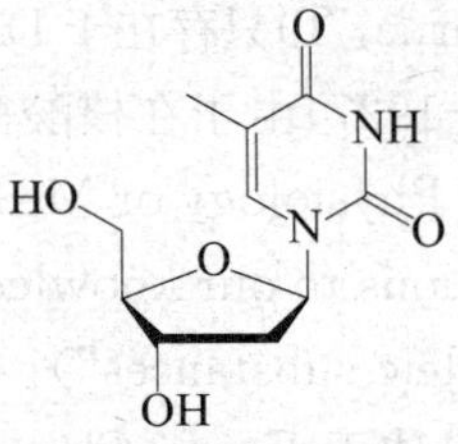

2-脱氧胸苷 dT
2-deoxythymidine

组成 RNA 的核苷：

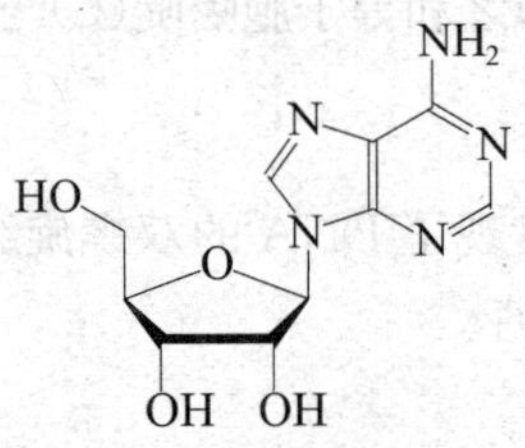

腺苷 A
Adenosine

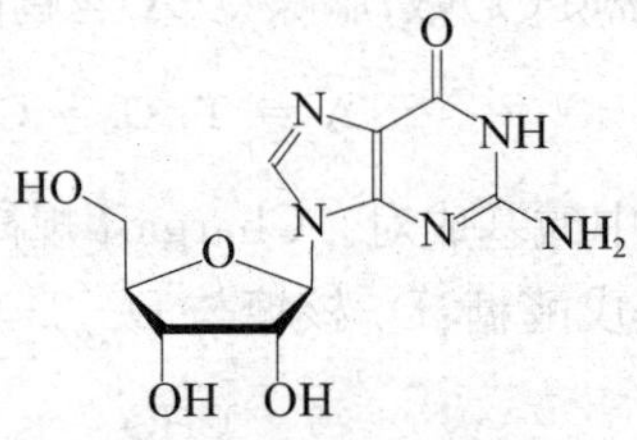

鸟苷 G
Guanosine

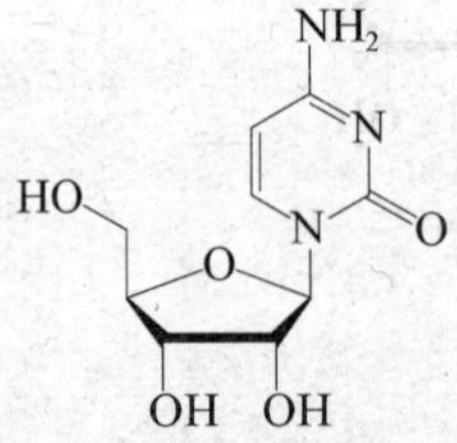

胞苷 C
Cytidine

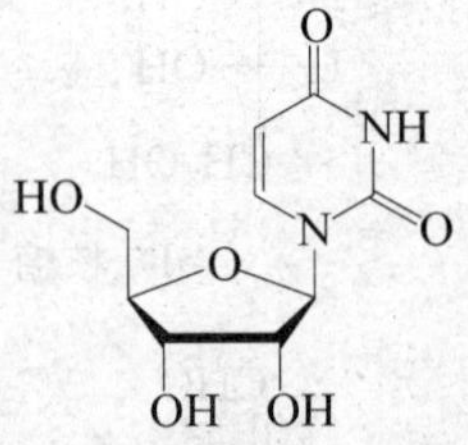

尿苷 U
Uridine

抗病毒药物叠氮胸苷(azidothymidine，AZT；zidovudine，ZDV，)就是 2-脱氧胸苷($3'$-azido-$3'$-deoxythymidine)，是一种逆转录酶抑制剂，用于治疗 HIV/AIDS 感染。

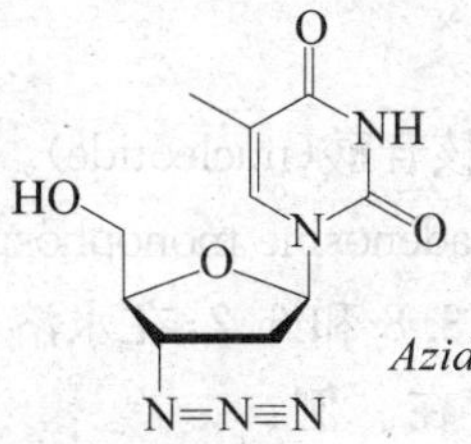

Azidothymidine (AZT)

Jerome Horwitz (the Barbara Ann Karmanos Cancer Institute and Wayne State University School of Medicine)首先于1964年合成了AZT,1985年申请专利,1987年FDA批准作为抗病毒药物上市,用于治疗HIV、AIDS以及AIDS相关复合症。

索非布韦(索氟布韦sofosbuvir,商品名sovaldi)是尿苷磷酸酯酰胺,一种核苷酸类聚合酶抑制剂,适用于作为联合抗病毒(HCV)治疗方案中的组合成分(索非布韦和利巴韦林),是首个无需联合干扰素就能安全有效治疗丙型肝炎(hepatitis C)的新药。

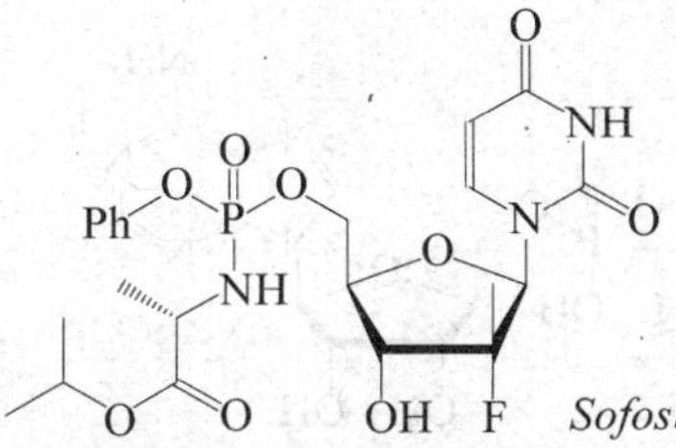

Sofosbuvir

2007年,Michael Sofia(Pharmasset,现在是Gilead Sciences的一部分)首先发现,2013年12月FDA批准在美国上市,2014年1月经欧洲药品管理局(EMEA)批准在欧盟各国上市,已位列世界卫生组织(World Health Organization,WHO)基本药物目录(It is on the World Health Organization's List of Essential Medicines)。索非布韦也是一种在法庭上被争夺的丙肝药物,成为Gilead公司和制药巨头Merck公司的专利诉讼主体。

抗病毒药利巴韦林(ribavirin)(三氮唑核苷;病毒唑)也是一种核糖苷,不过是核糖与三氮唑形成的苷。

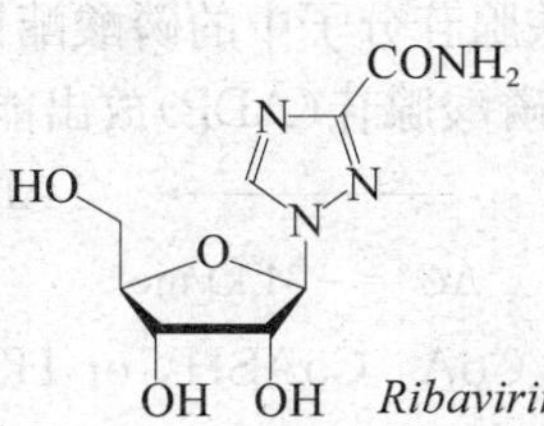

Ribavirin

利巴韦林是广谱强效的抗病毒药物,对许多DNA和RNA病毒有抑制作用。FDA只许可用于配合长效干扰素治疗丙肝(hepatitis C)、呼吸道多核体病毒(respiratory syncytial virus,RSV)感染和病毒性出血热(viral hemorrhagic fevers,VHFs)的治疗,明确指出利巴韦林不适合用来治疗流感,并且严格明确适应症。目前,利巴韦林广泛应用于病毒性疾病的防治,在我国似有滥用现象。利巴韦林首先由International Chemical and Nuclear Corporation(ICN制药公司)的研究人员Joseph T. Witkovski和Roland K. Robins在1972年合成,70年代在国外上市,我国是在80年代上市的。

14.3.3 核苷酸

核苷糖基 5 号位羟基的磷酸氢酯称为核苷酸(nucleotide)。腺苷的 5′-磷酸酯称为 5′-腺苷磷酸或腺苷酸(adenosine 5′-monophospate 或 adenosine monophosphate 或 5′-adenylic acid，AMP)。

核苷酸为二元酸，如腺苷酸的 pK_a 为 3.8 和 6.2，在水溶液中以二价负离子的形式存在。核苷酸在细胞核里主要以磷酸盐的形式存在。例：

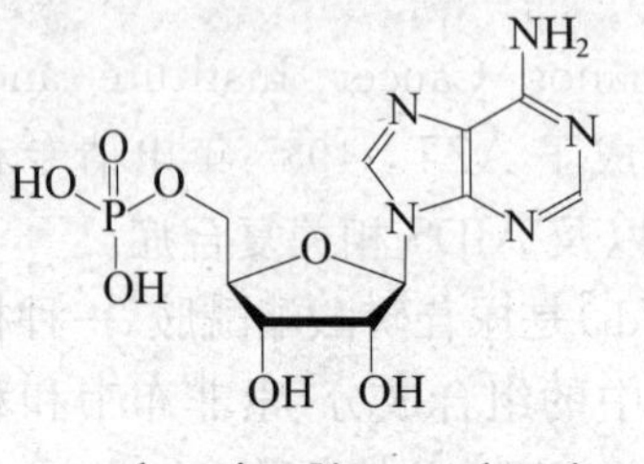

adenosine 5′-monophosphate (AMP)

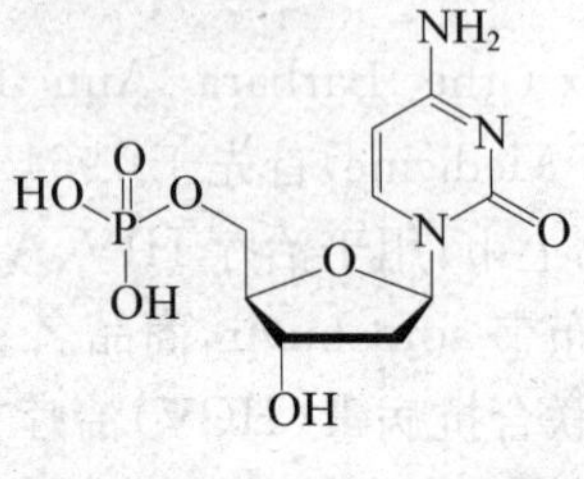

2-deoxycytidine 5′-monophosphate

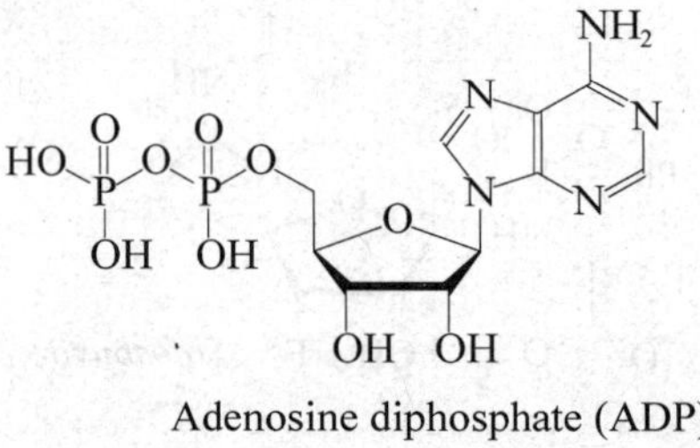

Adenosine diphosphate (ADP)

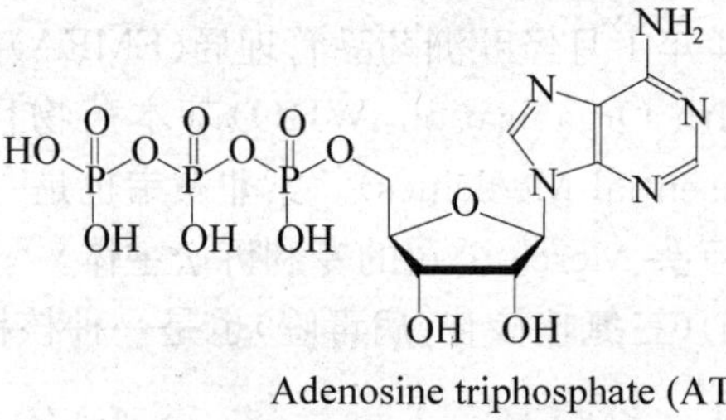

Adenosine triphosphate (ATP)

三磷酸腺苷(ATP)的作用：磷酸腺苷分子中的磷酸酯键可以认为是生物体系的能量来源之一。三磷酸腺苷(ATP)转化成二磷酸腺苷(ADP)放出能量 31 kJ/mol：

$$ATP + H_2O \longrightarrow ADP + H_2PO_4^-$$

$$\Delta G° = -31 \text{ kJ/mol}$$

核苷酸与核苷酸-辅酶：辅酶 A(CoA，CoASH，or HSCoA)在脂肪酸合成与氧化以及柠檬酸循环中的丙酮酸的氧化都起重要作用。

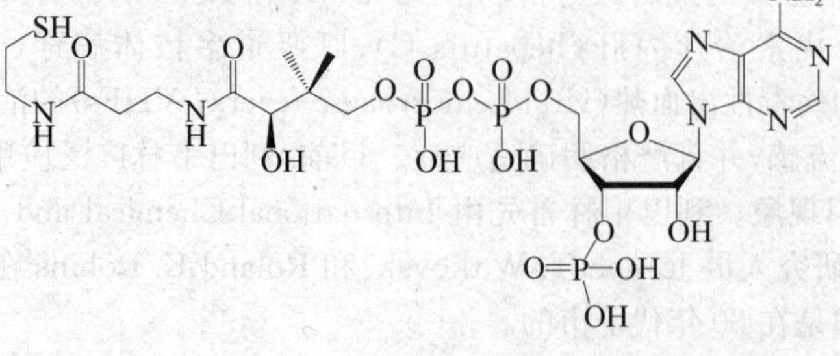

A. Todd 由于核苷酸与核苷酸-辅酶的研究获得 1957 年 Nobel 化学奖(The Nobel Prize in Chemistry 1957 was awarded to Lord Todd "for his work on nucleotides and nucleotide co-enzymes")。

14.3.4 核酸 生物大分子(Ⅲ)

大量核苷酸分子经糖基 C-3 和 C-5 通过磷酸酯结合,形成聚核苷酸,此即核酸(nucleic acid)。

核酸,包括核糖核酸(ribonucleic acid, RNA)与脱氧核糖核酸(deoxyribonucleic acid, DNA),都是生物大分子,对所有生物都是必要的。

在核苷(RNA)或 2-脱氧核苷(DNA)的 5′和 3′位通过磷酸酯相连。

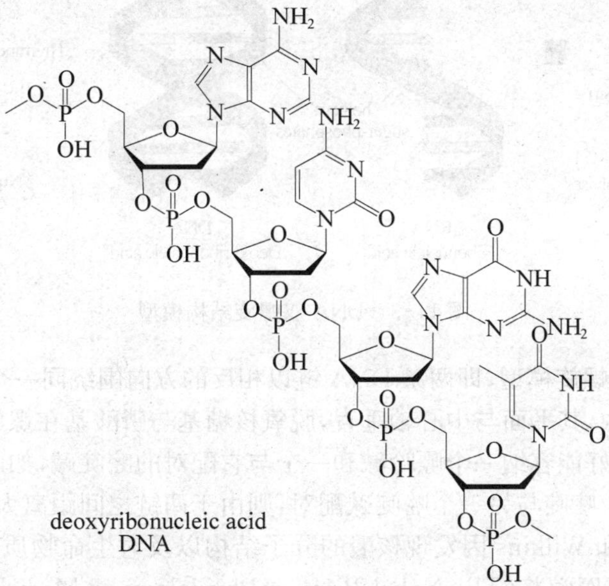

deoxyribonucleic acid
DNA

核酸有酸性,在中性水溶液中以多价负离子的形式存在,在细胞中则与碱性蛋白质、多元胺或碱土金属离子(如 Mg^{2+})结合。

DNA 的结构:DNA 的分子结构是由 J. D. Waston 和 F. H. C. Crick 于 1953 年提出来的,又称 Waston-Crick 双螺旋模型。

Watson-Crick Base-Pairing

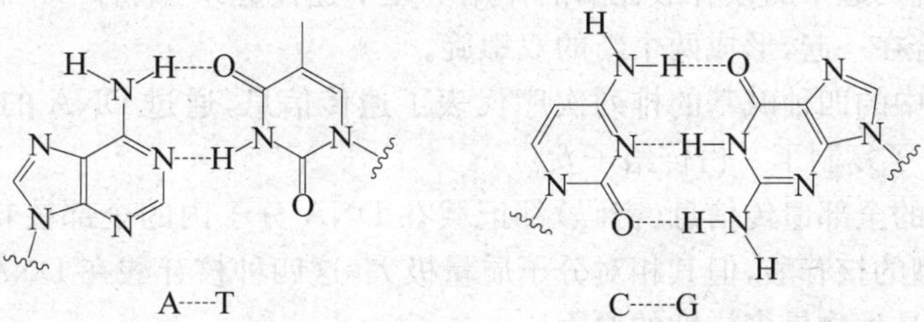

A—T C—G

Watson-Crick 碱基配对(base-pairing):A 与 T 之间由两个氢键连接成对,G 与 C 之间由三个氢键连接成对。所以 A-T 和 G-C 总是成对出现。这四种碱基排列成碱基序列。

DNA 双螺旋结构发现的实验结果应归功于 Chargaff 核酸碱基规律和 Rosalind Franklin

博士罗莎琳德·富兰克林，1920-1958)的 51 号 X-射线衍射图。

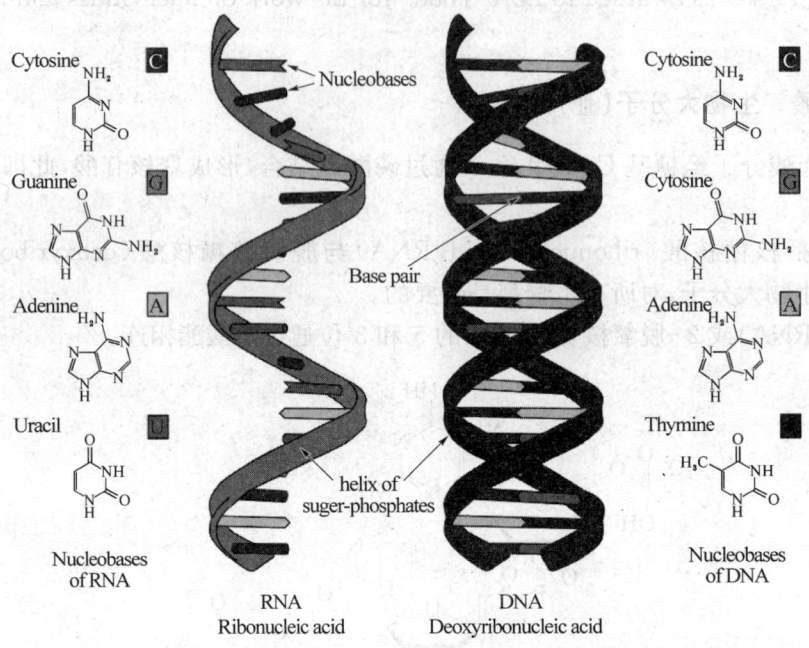

图 14-3　DNA 双螺旋结构模型

　　Waston-Crick 双螺旋模型，即两条 DNA 链以相反的方向围绕同一个轴盘旋，形成右旋的双螺旋，碱基在螺旋内，其平面与中心轴垂直，脱氧核糖基与磷酸基在螺旋外(图 14-3)。DNA 两条链之间的空间恰好能容纳一个嘌呤碱和一个与它配对的嘧啶碱，如两个嘌呤碱配对，则体积太大无法容纳，一个嘧啶与另一个嘧啶碱配对，则由于两链之间距离太远，不能形成氢键。

　　Crick、Watson 和 Wilkins 因发现核酸的分子结构以及对生命物质信息传递的意义获得 1962 年 Nobel 生理或医学奖(The Nobel Prize in Physiology or Medicine 1962 was awarded jointly to Francis Harry Compton Crick, James Dewey Watson and Maurice Hugh Frederick Wilkins "for their discoveries concerning the molecular structure of nucleic acids and its significance for information transfer in living material")。

　　DNA 具有按照自己的结构精确复制的功能。在复制过程中，双螺旋从一端解开，细胞中已经制造好了的核苷酸分子根据碱基配对规律与每一条链上互补的核苷酸单元形成氢键，这些按照规定次序排列起来的核苷酸在酶的作用下逐个连接起来，最后一个新合成的单链与一个原有的单链结合在一起，形成两个新的双螺旋。

　　DNA 分子链中的四种碱基的排列次序代表了遗传信息，通过 DNA 的复制，父母就把自己所有的 DNA 分子复制了一份传给子女。

　　DNA 所携带的全部遗传信息(密码)都记载在 DNA 分子内的全部核苷酸序列中。DNA 虽然只有四种类型的核苷酸，但其相对分子质量极大，这四种核苷酸在 DNA 分子中的排列方式近乎无穷，这就是生物界多样性的原因。

　　1961-1964，Robert W. Holley, Har Gobind Khorana 和 Marshall W. Nirenberg 破译了 DNA 遗传密码。Holley、Khorana 和 Nirenberg 由于在遗传密码破解以及在蛋白质合成中的功能研究获 1968 年 Nobel 生理医学奖(The Nobel Prize in Physiology or Medicine 1968 was awarded jointly to Robert W. Holley, Har Gobind Khorana and Marshall W. Nirenberg "for their interpretation of the genetic code and its function in protein synthesis").

Severo Ochoa 和 Arthur Kornberg 由于发现核酸与脱氧核糖核酸在生物合成中的机制而获 1959 年 Nobel 生理或医学奖（The Nobel Prize in Physiology or Medicine 1959 was awarded jointly to Severo Ochoa and Arthur Kornberg "for their discovery of the mechanisms in the biological synthesis of ribonucleic acid and deoxyribonucleic acid"）。

Paul Berg 在核酸特别是重组 DNA 生物化学的基础研究，Walter Gilbert 和 Frederick Sanger 在核酸中碱基序列测定研究，共同获得 1980 年 Nobel 化学奖（The Nobel Prize in Chemistry 1980 was divided, one half awarded to Paul Berg "for his fundamental studies of the biochemistry of nucleic acids, with particular regard to recombinant-DNA", the other half jointly to Walter Gilbert and Frederick Sanger "for their contributions concerning the determination of base sequences in nucleic acids"）。

生物体内的蛋白质是按照 DNA 发出的指令来合成的。DNA 存在于细胞核中，而蛋白质合成却是在细胞质中完成的。因此，首先要按照 DNA 的结构转录一份副本，DNA 上的遗传信息转录在这个副本上，然后按照副本转移成蛋白质"文字"，这些工作都是由核糖核酸（RNA）完成的。

蛋白质合成的第一步是在细胞核中合成信息核糖核酸（mRNA），信息核糖核酸就是 DNA 的副本。DNA 的双螺旋结构先解开一部分，至少相当于一个基因（一个基因指导一种蛋白质的合成）。细胞中已经准备好了核糖核苷酸以其碱基与 DNA 暴露出来的链节上互补的碱基形成氢键，碱基配对的规律与 DNA 不同的地方在于用尿嘧啶（U）代替胸腺嘧啶（T）。特殊的酶使这些按次序排列的核糖核苷酸逐个结合起来，形成 mRNA 长链。解开 DNA 链中只有一个能复制成副本 mRNA。

mRNA 链上按一定次序排列的碱基每三个组成一个遗传密码，每个密码代表一种氨基酸。例如，AAA 代表赖氨酸，GUA 代表缬氨酸，UUU 代表苯丙氨酸等。20 个氨基酸的密码都已确定。

核糖体是细胞质中的小颗粒，其中含有约 60% 核糖体核糖核苷酸（rRNA）和 40% 蛋白质。蛋白质的合成在核糖体上进行。在细胞核里合成的 mRNA 与 DNA 链分开后，移到细胞质中，与核糖体中的 rRNA 结合。

转移核糖核酸（tRNA）约含有 70~90 个核苷酸单位，相对分子量比 mRNA 和 rRNA 小得多，其作用就是把特定的氨基酸带到 mRNA 上特定位置上去，每一种氨基酸至少有一个特定的 tRNA。

Sidney Altman 和 Thomas R. Cech 由于发现 RNA 的催化性质而获 1989 年 Nobel 化学奖（The Nobel Prize in Chemistry 1989 was awarded jointly to Sidney Altman and Thomas R. Cech "for their discovery of catalytic properties of RNA"）。

蛋白质生物合成：蛋白质的生物合成过程很复杂。每一个氨基酸先要经过合成酶（synthetic thetase）与特定的 rRNA 连接。然后通过 tRNA 上的反密码与 mRNA 上的密码在预定的位置上配合，生成一个肽键。mRNA 上有指示蛋白质合成开始的密码与合成结束的密码。肽链合成的速度可以达到每秒 40 个氨基酸。

聚合酶链反应（polymerase chain reaction，PCRs）是一种放大扩增特定的 DNA 片段的分子生物学技术，是分子生物学领域中的重大进展。PCRs 的最大特点是能将微量的 DNA 进行体外扩增。PCRs 利用 DNA 在体外 95℃高温时变性会变成单链,低温(60℃左右)时引物与单链按碱基互补配对的原则结合,再调温度至适度反应温度(72 ℃左右),DNA 聚合酶沿着磷酸到五碳糖(5′~3′)的方向合成互补链。1983,K. B. Mullis 发明 PCR 仪,1987 年发表"Specific synthesis of DNA in vitro via a polymerase-catalyzed chain reaction",获 1993 年 Nobel 化学奖(The Nobel Prize in Chemistry 1993 was awarded "for contributions to the developments of methods within DNA-based chemistry" jointly with one half to Kary B. Mullis "for his invention of the polymerase chain reaction (PCR) method" and with one half to Michael Smith "for his fundamental contributions to the establishment of oligonucleotide-based, site-directed mutagenesis and its development for protein studies")。

人类基因组含有约 31.6 亿个 DNA 碱基对,其中一部分的碱基对组成了大约有 2~3 万个基因。1985 年提出了人类基因组计划(human genome project),旨在为人类基因组 30 亿个碱基对序列精确测序,破译人类全部遗传信息。1990 年正式启动,经过参与人类基因组工程项目的美国、英国、法国、德国、日本和中国的科学家共同努力,于 2003 年宣告完成。

美国和英国科学家 2006 年 5 月 18 日在 Nature 发表了人类最后一个染色体——1 号染色体的基因测序。在人体全部 22 对常染色体中,1 号染色体包含基因数量最多,达 3 141 个,共有超过 2.23 亿个碱基对。一个由 150 名英国和美国科学家组成的团队历时 10 年,终于完成了 1 号染色体的测序工作。解读人体基因密码的"生命之书"宣告完成,覆盖了人类基因组的 99.99%。历时 16 年的人类基因组工程书写完了最后一章。

人类基因组绘制完成后,生命科学将进入后基因组时代,结构生物学将处于决定性地位。基因组学(genomics)、比较基因组学(comparative genomics)、基因工程(genetic engineering)、基因诊断与治疗(gene diagnosis and gene therapy)、基因药物(gene-based medicine)等将继续受到关注。

目前,超过六万个遗传突变和人类疾病有关,其中约三万五千个是由小的错误造成的,也就是基因组中一个特定位点上 DNA 碱基的异常变化。

基因编辑(genome editing)即是对目标基因进行"编辑",实现对特定 DNA 片段的敲除、加入等操作,以此来纠正 DNA 甚至 RNA 位点突变。

2012 年 Jennifer Doudna 教授(University of California, Los Angeles)和 Emmanuelle Charpentier 教授(Max Planck Institute for Infection Biology; Umeå universitet)共同研究开发了基因组编辑技术 CISPR/Cas9(clustered regularly interspaced short palindromic repeats-associated)。张峰教授(Prof. Feng Zhang, MIT, The Eli and Edythe L. Broad Institute of MIT and Harvard)在 CRISPR-Cas9 的发展与应用方面做了开创性的工作并率先获得美国专利。CRISPR-Cas9 是继 ZFN(zinc-finger nuclease 锌指核酸内切酶)和 TALEN(transcription activator-like effector nuclease 类转录激活因子效应物核酸酶)为代表的序列特异性核酸酶技术之后出现的第三代基因重组修饰技术(可任意改变 DNA 碱基序列),这使得人们能够高效率地进行定点基因组编辑,在基础研究、基因治疗和遗传改良等方面展示出了巨大的应用价值与潜力,与前两代技术相比,其成本更低、操作简便、快捷高效,成为科研、医疗等领域的有效工具。

最近 David Liu 教授(Harvard University, Broad Institute of Harvard and MIT)报道了碱基编辑(base editing)新技术。他修改了 CRISPR 编辑工具,创建了一个碱基编辑器,可解开 DNA,但不会在目标位置切割 DNA,而是用化学方法替换一个碱基,此即化学基因编辑。

这项技术最终有可能会应用于医疗，造福于人类。

习题

一、给出下列缩写的结构或英中文全称

1. A、G、dC、dU。
2. AMP、ADP、ATP、AZT。
3. CoA、PCR。
4. CRISPR、ZFN。

二、完成反应

1. 通过 Hilbert-Johnson 反应可以合成核苷：

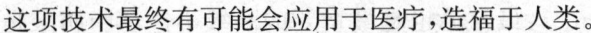

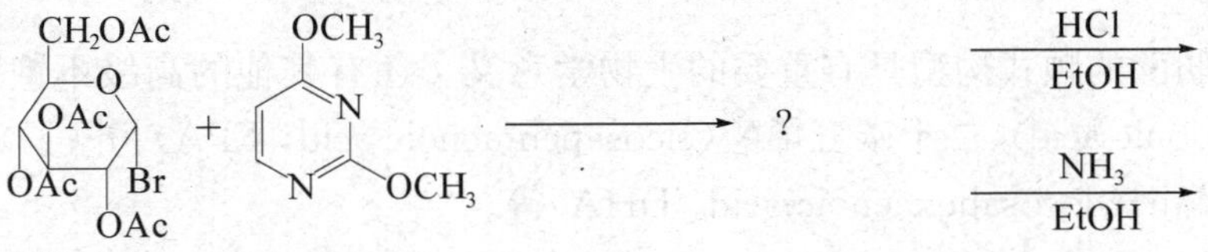

2. DNA 甲基化(DNA methylation)：

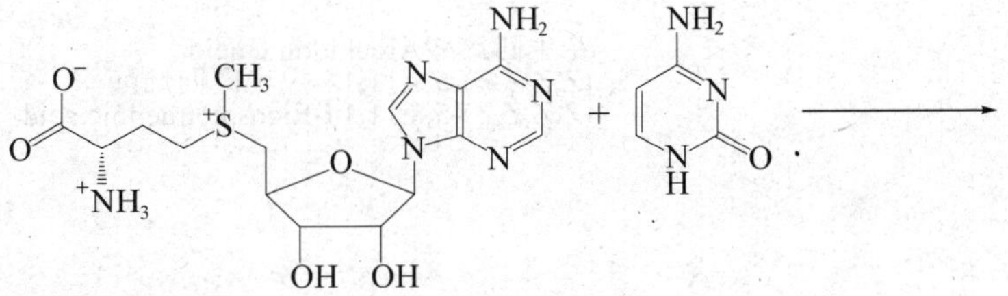

三、DNA 双螺旋结构的实验基础是什么？

14.4 天然产物 Natural Products
——类脂、萜类、甾体与生物碱

14.4.1 类脂

类脂(lipids)是指水解产生脂肪酸的类似油脂的化合物，包括油脂、蜡和磷脂等。

14.4.1.1 脂肪酸

组成油脂的羧酸是偶数碳的直链高级饱和与不饱和脂肪酸(fatty acids)。

高级饱和脂肪酸(saturated fatty acids)：

$CH_3(CH_2)_{10}CO_2H$ 十二烷酸 dodecanoic acid（月桂酸 lauric acid）

$CH_3(CH_2)_{12}CO_2H$ 十四烷酸 tetradecanoic acid（肉豆蔻酸 myristic acid）

$CH_3(CH_2)_{14}CO_2H$ 十六烷酸 hexadecanoic acid（软脂酸，棕榈酸 palmitic acid）

$CH_3(CH_2)_{16}CO_2H$ 十八烷酸 octadecanoic acid（硬脂酸 stearic acid）

$CH_3(CH_2)_{18}CO_2H$ 二十烷酸 icosanoic acid（花生酸 arachidic acid）

$CH_3(CH_2)_{20}CO_2H$ 二十二烷酸 docosanoic acid（山萮酸 behenic acid）

高级不饱和脂肪酸(unsaturated fatty acids)：最常见也是最重要的高级不饱和脂肪酸是油酸(oleic acid)、亚油酸(linoleic acid)和亚麻酸(linolenic acid)。

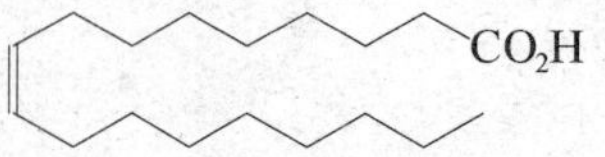

油酸 Oleic acid （Ω-9）
(Z)-9-十八碳烯酸 (Z)-Octadec-9-enoic acid

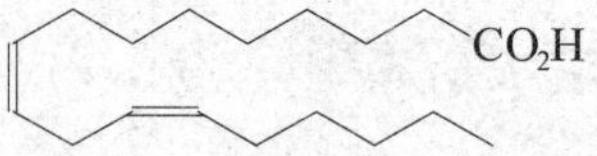

亚油酸 Linoleic acid （Ω-6）
(Z，Z)-9，12-十八碳二烯酸
(9Z，12Z)-9，12-Octadecadienoic acid

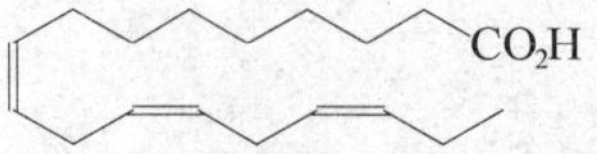

亚麻酸 Linolenic acid （Ω-3）
(Z，Z，Z)-9，12，15-十八碳三烯酸
(9Z，12Z，15Z)-9，12，15-Octadecatrienoic acid

不饱和脂肪酸的顺式构型具有重要的生物学意义。还有其他的高级不饱和脂肪酸：花生四烯酸(arachidonic acid)、二十碳五烯酸(eicosapentaenoic acid，EPA)、芥(子)酸(erucic acid)和二十二碳六烯酸(docosahexaenoic acid，DHA)等。

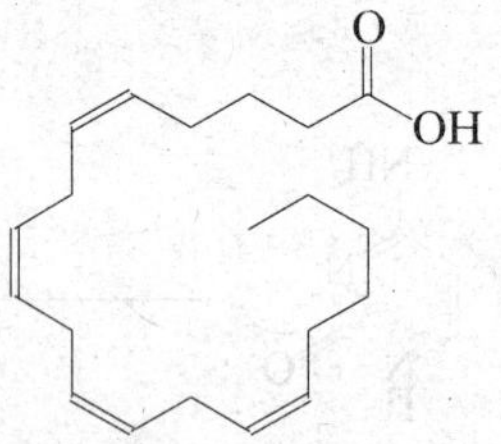

花生四烯酸 Arachidonic acid
(Z,Z,Z,Z)-5,8,11,14-二十碳四烯酸
(Z,Z,Z,Z)-5,8,11,14-Eicosatetraenoic acid

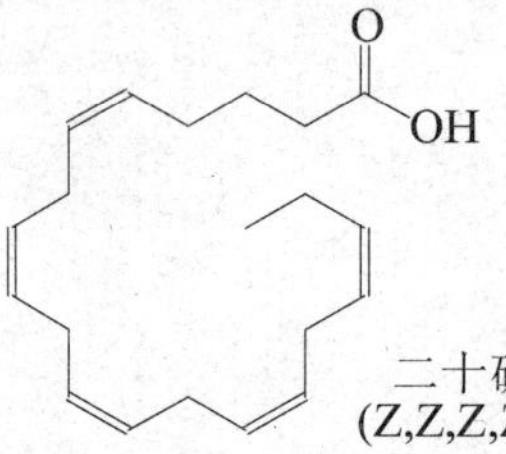

二十碳五烯酸 Eicosapentaenoic acid (EPA)
(Z,Z,Z,Z,Z)-5,8,11,14,17-Eicosapentaenoic acid)

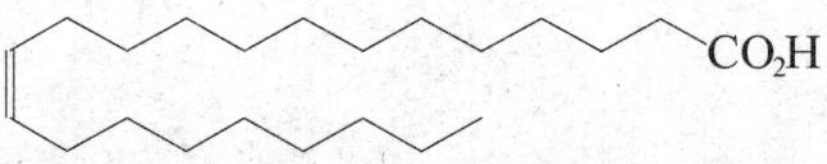

芥(子)酸 Erucic acid
(Z-)-13-二十二碳烯 (Z)-Docos-13-enoic acid

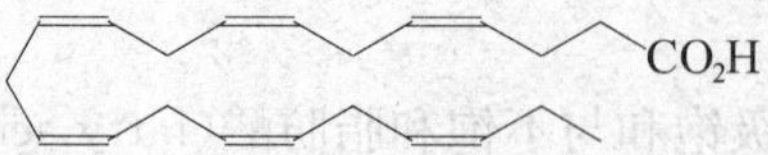

二十二碳六烯酸 Docosahexaenoic acid (DHA) (Ω-3)
(Z,Z,Z,Z,Z,Z)-4,7,10,13,16,19-Docosahexaenoic acid)

人体必需脂肪酸(essential fatty acids，EFAs)是人类自身不能合成，必须通过饮食从外界摄入，都是高级不饱和脂肪酸，包括 ω-3 和 ω-6 脂肪酸：亚油酸(ω-6)、亚麻酸(ω-3)、花生四烯酸(ω-6)、二十碳五烯酸(EPA，ω-3)和二十二碳六烯酸(DHA，ω-3)等。

14.4.1.2 油脂

油脂(oil 和 fat)是三大营养物质之一。油脂是脂肪酸和甘油形成的脂肪酸甘油酯，又称甘油酯(glyceride)。甘油酯有甘油三脂肪酸酯(triglyceride)、双脂肪酸酯(diglyceride)和单脂肪酸酯(monoglyceride),一般是混合脂肪酸酯。

$$\underset{\text{triglycerides}}{\text{R—CO—O—CH}_2\text{—CH(O—CO—R')—CH}_2\text{—O—CO—R''}}$$

$$\underset{\text{1-monoglyceride}}{\text{HO—CH}_2\text{—CH(OH)—CH}_2\text{—OC(CH}_2\text{)CH}_3} \qquad \underset{\text{1,3-diglyceride}}{\text{CH}_3(\text{CH}_2)_{16}\text{CO—O—CH}_2\text{—CH(OH)—CH}_2\text{—O—CO(CH}_2)_7\text{CH=CH(CH}_2)_7\text{CH}_3}$$

1. 油脂水解

脂肪酸甘油酯酶水解(enzyme hydrolysis):脂肪酸甘油酯在酶催化下水解生成脂肪酸(fatty acids)和甘油(glycerol)。

$$\underset{\text{triglycerides}}{\text{triglyceride}} + 3\,\text{H}_2\text{O} \xrightarrow{\text{enzyme}} \underset{\text{glycerol}}{\text{glycerol}} + 3\,\text{CH}_3(\text{CH}_2)_{16}\text{COOH}\;(\text{fatty acids})$$

油脂碱性水解——皂化(saponification of glyceride):油脂在碱性条件下水解,生成甘油和脂肪酸盐即肥皂(soap)碱,所以又称皂化(saponification)。

$$\underset{\text{triglycerides}}{\text{triglyceride}} + 3\,\text{NaOH} \xrightarrow{\text{H}_2\text{O}} \underset{\text{glycerol}}{\text{glycerol}} + 3\,\text{CH}_3(\text{CH}_2)_{16}\text{CONa}\;(\text{soap})$$

在水解反应中,油脂层逐渐减少,最后液体不出现分层,即说明皂化反应完成。向溶液中加入氯化钠,析出脂肪酸钠——盐析,过滤,加入松香等添加剂(填充剂),成型即得到块状的肥皂。如果使用氢氧化钾水解,得到的是软肥皂。加入香料、染料等,即得香皂。加入硫磺、苯酚和甲酚混合物或硼酸即得药皂(防腐、杀菌),如硫磺皂、硼酸皂等。

皂化与皂化值:在工业上,将一克油脂皂化所需的氢氧化钾的毫克数称为皂化值。皂化值的大小表示油脂平均分子量的高低(即脂肪酸碳原子的多少)。皂化值越大,表明油脂平均分子量越小,亦即所含脂肪酸的分子量越小,亲水性较强,易失去油脂的特性;皂化值愈小,则脂肪酸分子量愈大或含有较多的不皂化物,油脂接近固体,难以注射和吸收。药典规定注射用油的皂化值为 188~195,油中的脂肪酸处于 $C_{16} \sim C_{18}$ 的范围。一般油脂的皂化值为 200。

高级直链饱和脂肪酸(十二个碳原子以上)的钠或钾盐,如硬脂酸钠(肥皂),其极性端 $CO_2^- Na^+$ 亲水,非极性端长链烷基亲油,是双亲分子。

2. 两亲分子与表面活性剂

1) 双亲分子与界面行为

双亲分子(amphiphilic molecule)指在分子内具有非极性的亲油(疏水)基(nonpolar hydrophobic tail)和极性的亲水基(polar hydrophilic head)的结构。亲油基都是长链的饱和与不饱和烃基,亲水基是羧基负离子等亲水性的极性基团。

$$\underbrace{CH_3(CH_2)_{14}}_{\text{亲油基 hydrophobic tail}}\underbrace{COO^-Na^+}_{\text{亲水基 hydrophilic head}}$$

双亲分子在水溶液表面定向排列,极性端伸入水中,非极性端集中在水表层,可显著降低水的表面张力,是一种表面(界面)活性剂(surfactant)。浓度增加,形成单分子层。浓度进一步增加,聚集成胶束(micelle)(图14-4)。不溶于水的油污可被胶束溶解而分散在水中,在机械力作用下,随水冲洗而去,此即洗涤。

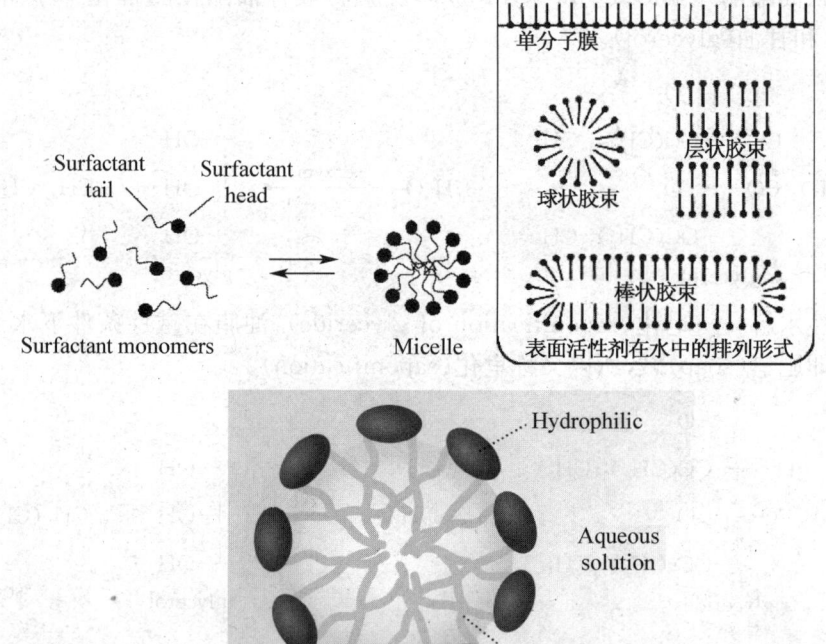

图 14-4 双亲分子界面行为示意图

2) 表面活性剂的化学结构与性能的关系

面活性剂的化学结构与性能的关系应用亲水-亲油平衡(hydrophile-lipophile balance, HLB)衡量。表面活性剂的亲水-疏水性能与界面活性取决于其疏水基和亲水基之间的平衡。石蜡的 HLB 值为 0(无亲水基),聚乙二醇的 HLB 值为 20(完全亲水)。HLB 值可作为选用表面活性剂的参考依据。

3) 表面活性剂种类(surfactants)

(1) 阴离子型表面活性剂——肥皂与洗涤剂(soap and detergent)

羧酸盐(肥皂)：

$$\text{CH}_3(\text{CH}_2)_{14}\text{CO}_2\text{Na}$$

硫酸酯盐：十二烷基硫酸钠(SDS)、月桂醇硫酸钠等。

$$\text{CH}_3(\text{CH}_2)_{11}\text{OSO}_3^-\text{Na}^+$$

磺酸盐：十二烷基苯磺酸钠等。

$$\text{C}_{12}\text{H}_{25}\text{—C}_6\text{H}_4\text{—SO}_3\text{Na}$$

十二烷基(月桂基)硫酸钠与十二烷基苯磺酸钠都是合成洗涤剂(synthetic detergent)。

(2) 阳离子型表面活性剂

苯扎氯铵与苯扎溴铵是典型的阳离子表面活性剂，也是广谱杀菌剂。

$$\text{C}_6\text{H}_5\text{—CH}_2\overset{+}{\text{N}}(\text{C}_2\text{H}_5)_3\text{Br}^-$$

(3) 非离子型表面活性剂

非离子型表面活性剂是聚氧乙烯(聚乙二醇)类的化合物，如对壬基苯基聚氧乙烯、十二烷基聚乙二醇、月桂酸聚乙二醇等，此类活性剂除油能力很强。

$$\text{C}_9\text{H}_{19}\text{—C}_6\text{H}_4\text{—O(CH}_2\text{CH}_2\text{O)}_n\text{H}$$

$$\text{C}_{12}\text{H}_{25}\text{O(CH}_2\text{CH}_2\text{O)}_n\text{H}$$

$$\text{C}_{11}\text{H}_{23}\text{CO(CH}_2\text{CH}_2\text{O)}_n\text{H}$$

非离子型表面活性剂还包括脂肪酸甘油酯(W/O型辅助乳化剂)、脂肪酸山梨酯(span 司盘，W/O 乳化剂)、聚山梨酯(tween 吐温，O/W 乳化剂)等。

(4) 两性离子型表面活性剂

两性离子(zwitterion)型表面活性剂包括氨基酸类、氨基酸甘氨酸类、氨基酸丙氨酸类和牛磺酸类；甜菜碱类(betaine)；椰油酰基甘氨酸钠、椰油酰基氨基丙酸钠；椰油酰胺甜菜碱、椰油酰胺丙基甜菜碱(coco amidopropyl betaine)等。

$$\text{CH}_3(\text{CH}_2)_{10}\text{CONH(CH}_2)_2\overset{+}{\text{N}}(\text{CH}_3)_2\text{CH}_2\text{COO}^-$$

两性离子型表面活性剂还包括咪唑啉类两性表面活性剂、月桂基咪唑啉甜菜碱两性表面活性剂、十二烷基二甲基甜菜碱、两性离子型聚丙烯酰胺(amphoteric polyacrylamide)。

磷脂：磷脂是天然的两性离子型表面活性剂(见后)，无毒或低毒，天然、温和、环境友好，具有很强的杀菌能力。

4) 表面活性剂的应用

表面活性剂具有湿润、分散、浸透、洗涤、去污、乳化、破乳、发泡与消泡等功能，用作洗涤剂、润湿剂、分散剂、乳化剂、柔软剂、整理剂、发泡剂、消泡剂、杀菌剂、消毒剂等，是一类用途广

3. 氢化油

1) 不饱和脂肪酸的催化加氢——氢化油生产

油脂中不饱和脂肪酸分子里的烯键可以通过催化加氢而饱和，生成的加氢油脂称为氢化油（hydrogenated oils）。

$$\begin{array}{l} CH_3(CH_2)_7CH=CH(CH_2)_7COO- \\ CH_3(CH_2)_7CH=CH(CH_2)_7COO- \\ CH_3(CH_2)_7CH=CH(CH_2)_7COO- \end{array} \xrightarrow[\triangle]{H_2/Ni} \begin{array}{l} CH_3(CH_2)_7CH_2CH_2(CH_2)_7COO- \\ CH_3(CH_2)_7CH_2CH_2(CH_2)_7COO- \\ CH_3(CH_2)_7CH_2CH_2(CH_2)_7COO- \end{array}$$

氢化油的硬度增加、熔点提高，又称硬化油（hardened oil），也有部分氢化油（partially hydrogenated oil）。例如，亚麻酸逐步加氢，依次得到亚油酸、油酸，完全饱和得到硬脂酸，其熔点是逐步提高，mp $-11℃$、$-5℃$、$16℃$、$71℃$。

linolenic acid, mp $-11\ ℃$

$H_2/Ni\ \triangle\ \downarrow$

linoleic acid, mp $-5\ ℃$

$H_2/Ni\ \triangle\ \downarrow$

oleic acid, mp $16\ ℃$

$H_2/Ni\ \triangle\ \downarrow$

stearic acid, mp $71\ ℃$

1869 年发明"氢化植物油"，1910 年氢化植物油产品——植物奶油上市，一种人工油脂，包括人们熟知的奶精、植脂末、人造奶油、代可可脂等。

氢化植物油的可塑性、融合性、乳化性增强，也使食物更加酥脆，还能够延长食物的保质期，因此被广泛地应用于食品生产。作为一种保鲜和提味剂，氢化植物油常代替黄油和脂肪用于沙拉酱、人造黄油和焙烤食物的加工。

人造反式脂肪的主要来源是部分氢化的植物油。油脂在加氢过程中可能导致微量的部分烯键构型异构化，即转化成反式的不饱和脂肪酸，又称人造反式脂肪。这种反式脂肪具有成本低、味道好、不易变质等优点，快餐业中使用比较普遍。

反式脂肪酸对人体的危害程度比饱和脂肪酸更大。反式脂肪酸可能会促进动脉硬化，诱导血栓形成，增加人患心血管疾病的风险。长期大量使用，可能使人产生身体过早衰老的症状。

2015 年 6 月 16 日，美国食品与药品管理局（FDA）发表声明称，基于科学实验的结论，可以认定，在食品中加入人造反式脂肪并不安全。三年后，食品生产厂家将被禁止添加该原料。FDA 代理局长（acting commissioner）Stephen Ostroff 在声明中表示，人造反式脂肪是影响美国人心脏健康的一大元凶。FDA 做出禁用人造反式脂肪的决定是对美国人的健康负责。他表示,这一禁令将会降低冠心病的发病率,并可每年减少数千例的突发心脏病。

2) 油脂的不饱和度——碘值

高级不饱和脂肪酸含量与油脂品种有关,一般植物油含量较高,而动物油脂含较多的高级饱和脂肪酸。

不饱和度与碘值:油脂含不饱和双键,可以吸收卤素碘,即发生加成反应,吸收碘的多少反映双键的含量高低。工业上,把一百克油脂所吸收的碘的克数称为碘值(iodine value;iodine number)。碘值越大,油脂的不饱和程度越高。碘值用于油脂、脂肪酸、蜡及聚酯类等物质的测定。

干性油的碘值大于非干性油的碘值。干性油的碘值大于 130,半干性油的碘值在 100~130 之间,非干性油的碘值小于 100。陆地动物脂肪的碘值在 80 以下;海洋动物油脂的碘值在 100 以上;乳油的碘值通常在 24~26 之间。

常见油脂的碘值:大豆油 120~141,花生油 87~106,棉籽油 99~113,玉米油 103~128,芝麻油 102~117,葵花籽油 133,菜籽油 102,橄榄油 75~88,棕榈油 44~58,椰子油 7~10,鱼油 154,猪油 53~77,牛油 35~48,羊油 40~42,山羊油 32~34,家禽油脂 65,黄油脂肪 32。

14.4.1.3 蜡

蜡(wax)是高级脂肪酸和高级脂肪醇生成的酯。

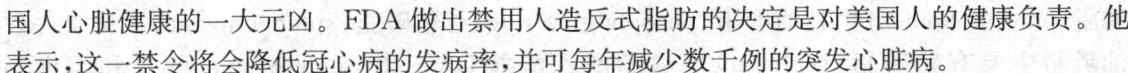

蜡存在于植物的叶、果实以及某些植物身体外部的油层,主要是保护免受外部环境侵害,也防止大量水分蒸发。

巴西棕榈蜡(carnauba wax,Brazil wax and palm wax):主要由高级脂肪酸和羟基酸的酯组成的复杂混合物,大部分是脂肪酸酯、羟基脂肪酸酯、对甲氧基肉桂酸酯、对羟基肉桂酸二酯,其脂肪链长度不一,以 C26 和 C32 醇最为常见。巴西棕榈蜡质地坚硬,具有极高的光泽,是其他蜡所没有的,而且易乳化,有着良好的保油性,是糖果生产、制药、皮革等行业上不可或缺的天然原料。

蜂蜡(bee wax)又称黄蜡、蜜蜡。蜂蜡是工蜂蜡腺分泌出来的一种脂肪性物质。主要含有:游离脂肪酸与游离脂肪醇、碳水化合物,还有类胡萝卜素、维生素 A、芳香物质等。

虫蜡(Chinese insect wax)又称白蜡、川蜡、雪蜡或中国蜡。中国虫蜡,即虫白蜡,主要产于四川,是寄生在女贞或白蜡树上的白蜡虫所分泌的蜡状物质,主要成分是二十六碳酸与二十六碳醇生成的酯,$CH_3(CH_2)_{24}CO_2CH_2(CH_2)_{24}CH_3$。

鲸蜡(spermaceti wax):从抹香鲸头部提取的油腻物质,经冷却和压榨而得的固体蜡。主要用于化妆品和蜡烛生产,也用作化妆品的稠化剂,也是生产唇膏的原料。主要成分是二十六碳酸与二十六碳醇生成的酯:$CH_3(CH_2)_{14}CO_2CH_2(CH_2)_{14}CH_3$。

蜡有广泛的应用,如用作上光油剂:乳化性、光泽度好,广泛用于各类上光,如车用上光蜡等;食品:防潮、防氧化变质等,用于食品业的食品加工;化妆品:因其熔点高、光泽性、防湿性、乳化性俱佳,广泛用于发蜡、口红、粉饼、眉笔等生产;医药:主要以 10%(v/v)水性乳液的形式用于糖衣片打光,也可单独或者与羟丙纤维素、海藻酸盐/果胶-明胶、丙烯酸树脂、硬脂醇合用于制备缓释固体制剂;皮革、鞋业等也广泛使用蜡。

14.4.1.4 磷脂

磷脂(phospholipid, phosphatide),也称磷脂类、磷脂质,是含有磷酸的脂类,属于复合脂。

磷脂(phospholipid)分为甘油磷脂(phosphoglyceride)与鞘磷脂(sphingomyelin)两大类。甘油磷脂主要有脑磷脂(cephalin)即磷脂酰乙醇胺(phosphatidylethanolamine)和卵磷脂(lecithin)即磷脂酰胆碱(phosphatidylcholine)。

$$CH_3(CH_2)_nCO \begin{matrix} \\ \\ \end{matrix} \begin{matrix} OC(CH_2)_mCH_3 \\ \\ OPOCH_2CH_2\overset{+}{N}H_3 \\ O^- \end{matrix}$$

脑磷脂Cephalin
磷脂酰乙醇胺Phosphatidylethanolamine

$$CH_3(CH_2)_nCO \begin{matrix} \\ \\ \end{matrix} \begin{matrix} OC(CH_2)_mCH_3 \\ \\ OPOCH_2CH_2\overset{+}{N}(CH_3)_3 \\ O^- \end{matrix}$$

卵磷脂Lecithin
磷脂酰胆碱Phosphatidylcholine

磷脂最早由 Uauquelin 于 1812 年发现，Gobley 首先从蛋黄中分离出来(1844)，并于 1850 年按希腊文 lekithos(蛋黄)命名为 lecithin(卵磷脂)。

鞘磷脂(sphingomyelins)是由鞘氨醇(sphingosine)、胆碱(choline)和磷酸组成的。以软脂酸及丝氨酸为原料先合成鞘氨醇后，再与脂酰 CoA 和磷酸胆碱合成。

Sphingosine

Sphingomyelin

磷脂具有双亲结构：含氮或磷的亲水基(hydrophilic head)和疏水基(hydrophobic tail)长脂肪烃基链。磷脂是组成细胞生物膜(cell membrane)(图 14-5)的主要成分。磷脂的亲水基位于生物膜表面，而疏水基位于膜内里，常与蛋白质、糖脂、胆固醇等共同构成脂双分子层，即细胞膜。

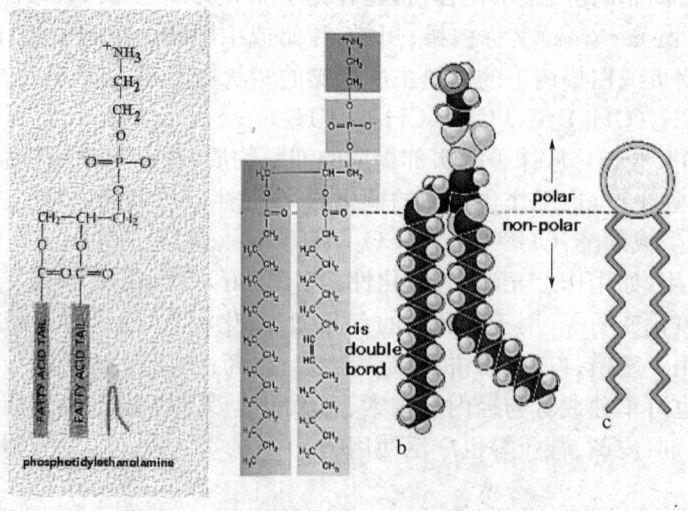

图 14-5 磷脂生物膜

磷脂对活化细胞，维持新陈代谢、基础代谢及荷尔蒙的均衡分泌，增强人体的免疫力和再生力，都发挥重要作用。磷脂还具有促进脂肪代谢、防止脂肪肝、乳化、增殖作用，降低血清胆固醇、改善血液循环、预防心血管疾病的作用。

磷脂存在于所有动、植物的细胞内。动物磷脂主要来源于蛋黄、牛奶、动物体脑组织、肝脏、肾脏及肌肉组织。植物磷脂主要分布在种子特别是油料种子、坚果及谷物中。大豆毛油中磷脂含量最高，大豆磷脂是最重要的植物磷脂来源。鸡蛋黄中含有丰富的磷脂。

磷脂已获广泛应用。在食品工业中，磷脂用作乳化剂，让油类能溶于水。常见的卵磷脂用作面包、巧克力等食品的添加剂。磷脂还用抗氧化剂：可用于糕点、糖果和氢化植物油等。磷脂也用作食品起酥剂。20世纪70年代，磷脂作为保健品开始流行于欧美等国。在美国，卵磷脂类保健品销量仅次于复合维生素和维生素E。

14.4.2 萜类

14.4.2.1 精油

精油(essential oil)是指从植物中提取出来的挥发性油状液体，多具有令人愉快的香气，所以又称香精油。

精油普遍存在于植物的各个部位，包括叶、皮、茎、根、花和果实等。精油对植物的生长起重要作用，调节温度、预防疾病，保护植物免受病菌的侵害，花瓣中的精油，可吸引对自身有益的昆虫靠近，同时也能避免对自己有害的昆虫接近。人类应用精油在生活中驱逐害虫、保健身体，此为芳香疗法(aromatherapy)。

精油用作香料，配制香水、化妆品、饮料、食品、调味料、牙膏、香皂等用香精，也用于医药、保健，用作木器家具、地板、真皮制品等的清洁剂，也是重要的精细化工原料。

精油含各类有机化合物，包括烷、烯、醇、酚、醛酮、羧酸、酯等，主要为脂肪烃及其含氧衍生物，其次是芳香类化合物。从结构上看，主要为萜类化合物。

柠檬、橙子、柚子等水果果皮可提取橙油(orange oil)，主要成分是柠檬烯(limonene)，具有令人愉快的柠檬香气，用于日化香精和食用香精的调配。

精油的提取：工业上提取精油多用溶剂萃取和压榨法，实验室则常用水蒸气蒸馏和溶剂萃取法。

14.4.2.2 萜类化合物的分类

萜类化合物是含有若干个异戊二烯结构单元的烃类及其含氧衍生物。

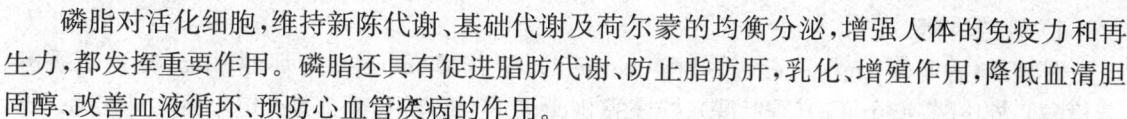

异戊二烯 Isoprene

萜类化合物多来自植物香精油(essential oil)。

异戊二烯规则：萜类化合物分子中含有若干个异戊二烯结构单元，此即异戊二烯规则，又称生源异戊二烯规则(biogenetic isoprene rule)或碳5规则(C_5 rule)(Leopold Ruzicka，1953)。单萜——两个异戊二烯单元(C_{10})；倍半萜——三个异戊二烯单元(C_{15})；双萜——四个异戊二烯单元(C_{20})；三萜——六个异戊二烯单元(C_{30})；四萜——八个异戊二烯单元(C_{40})。

在萜类化合物分子中，异戊二烯结构单元之间大都首尾相接。

1. 单萜(Monoterpenes)

分子中含两个异戊二烯结构单元，10个碳原子，称为单萜(monoterpene)。

1) 开链单萜

月桂烯(香叶烯,myrcene)、香叶醇(gerneol)、橙花醇(nerol)、里那醇(linalool)(沉香醇、芳樟醇)、柠檬醛 α(citral α)(香叶醛)、柠檬醛 β(citral β)(橙花醛)等都是开链单萜。月桂烯、香叶醇、橙花醇、里那醇等主要产自玫瑰油和香茅油,而柠檬醛 α 和柠檬醛 β 主要存在于柠檬油。

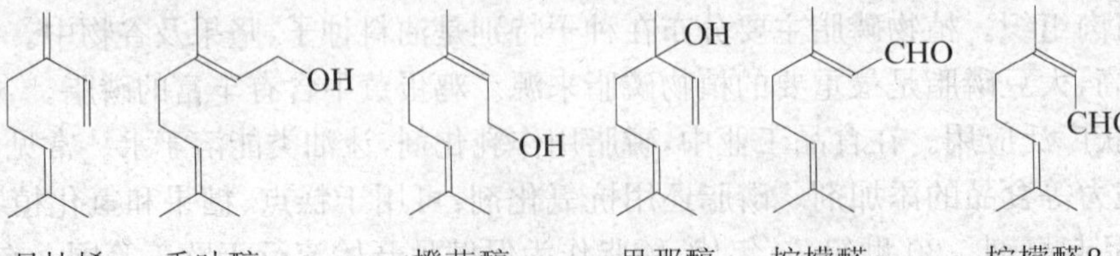

月桂烯	香叶醇	橙花醇	里那醇	柠檬醛α	柠檬醛β
myrcene	geranol	nerol	linalool	citral α	citral β

柠檬醛 α(citral α)系统命名:(E)-3,7-二甲基-2,6-辛二烯醛;柠檬醛 β(citral β)系统命名:(Z)-3,7-二甲基-2,6-辛二烯醛。

2) 单环单萜(薄荷系列)

单环单萜以薄荷醇为代表,所以又称为薄荷系列。薄荷醇有四对非对映异构体,8 个立体异构体,其物理性质和香气都不相同。

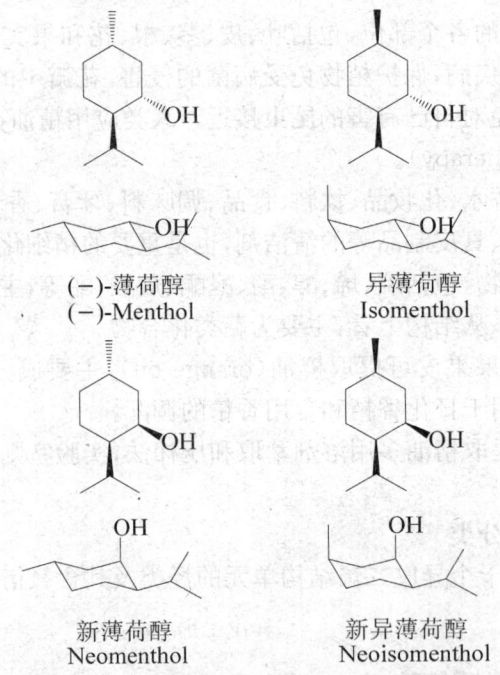

(-)-薄荷醇　　　异薄荷醇
(-)-Menthol　　Isomenthol

新薄荷醇　　　新异薄荷醇
Neomenthol　　Neoisomenthol

(一)-薄荷醇存在于薄荷油中,用作香料或药物。薄荷醇是薄荷烷(menthane)的含氧衍生物。薄荷烷又称蓋烷(menthane),由此又衍生出蓋烯(menthene)、柠檬烯(柠烯 limonene)和萜品醇(terpinol)。

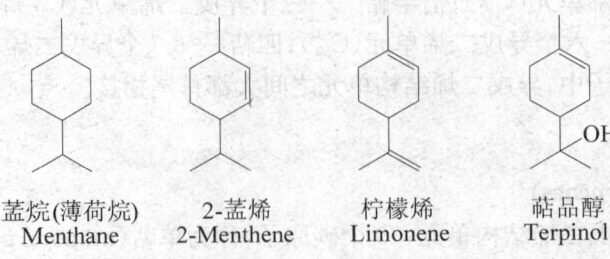

蓋烷(薄荷烷)　　2-蓋烯　　柠檬烯　　萜品醇
Menthane　　　 2-Menthene　Limonene　Terpinol

3) 双环单萜（樟脑系列）

双环单萜以樟脑(camphor)著名，又称樟脑系列。虽然樟脑分子中含两个手性碳原子，但由于桥环刚性结构，只有一对对映异构体。天然樟脑是右旋的。

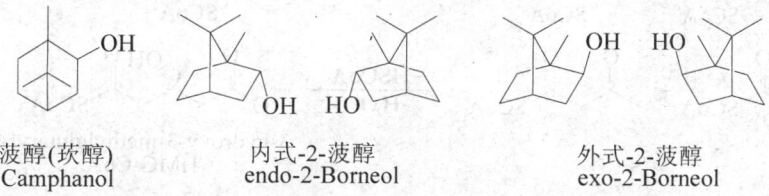

樟脑Camphor　　　(−)-Camphor　　　(+)-Camphor

1,7,7-三甲基二环[2.2.1]庚-2-酮（1,7,7-trimethylbicyclo[2.2.1]-heptan-2-one）

樟脑在常温下即可升华，燃烧有烟、火焰呈红色。樟脑味初辛辣而后清凉，具穿透性的特异芳香，具有消肿、镇痛、止痒、杀虫的作用，兴奋中枢神经系统。樟脑用于生产防虫、防蛀、防霉的樟脑丸(球)，也是制药、香料原料，医学上用作强心药。

樟脑羰基还原成羟基即是菠醇(莰醇 camphanol)，同样只有两对对映异构体，即内式一对外式一对。

菠醇(莰醇)　　　　内式-2-菠醇　　　　外式-2-菠醇
Camphanol　　　　endo-2-Borneol　　　exo-2-Borneol

内式-2-菠醇(endo-2-borneol)俗称冰片，也叫龙脑，气清香、味辛凉，具挥发性，易升华，燃烧时无黑烟。用于食用香料香精、化妆品原料、医药等。外式-2-菠醇(exo-2-borneol)俗称异冰片，用作香料，用于日化产品生产，也用作防腐剂。

菠醇的母体是菠烷(bornane)或莰烷(camphane)。莰烷又衍生出莰烯(camphene)和蒎烯(pinene)。蒎烯又有α-蒎烯(α-pinene)和β-蒎烯(β-pinene)。

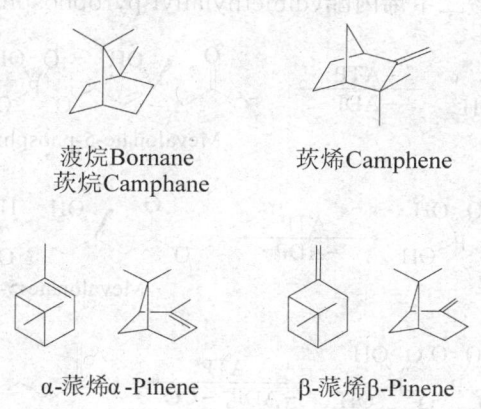

菠烷Bornane　　　　　莰烯Camphene
莰烷Camphane

α-蒎烯α-Pinene　　　β-蒎烯β-Pinene

莰烯与蒎烯都是化工原料。

生物合成(biosynthesis)：虽然天然产物种类繁多，结构复杂，但都是由乙酸、氨基酸、莽草酸等少数前体物质通过几条主要上游次生代谢途径合成的。目前研究得比较清楚的途径包括：甲羟戊酸途径(mevalonate pathway，MVA)、磷酸甲基赤藓糖醇途径(MEP)、莽草酸途径(shinimate pathway)和丙二酸途径(malonic acid pathway)等。MVA 和 MEP 途径都可以生成萜类的结构单元异戊二烯,前者发生在胞质中,后者发生在质体中。莽草酸途径以莽草酸为起始经过多步酶促反应主要生成芳香族化合物。

绿色植物以二氧化碳、水为原料通过光合作用、固氮反应等合成糖、蛋白质、核酸、脂质等生命所必须的物质的过程称为一次代谢,其产物称为一次代谢产物。一次代谢产物还包括乙酰辅酶A、丙二酸单酰辅酶A、莽草酸和一些氨基酸等。

二次代谢以一次代谢产物如乙酰辅酶A、丙二酸单酰辅酶A、莽草酸和一些氨基酸等为前体和原料经过不同的代谢途径,产生萜类、生物碱等产物。

甲戊二羟酸途径(mevalonate pathway,MVP):以乙酰辅酶A为起始原料合成焦磷酸二甲烯丙酯(DAPP),焦磷酸异戊烯酯(IPP)的一条代谢途径,存在于所有高等真核生物中。该途径的产物可以看作是活化的异戊二烯单元,是萜类、甾体等生物分子的合成前体。

两分子乙酰辅酶A(acetyl-CoA)缩合生成乙酰乙酰辅酶A,再与一分子乙酰辅酶A缩合生成3-羟基-3-甲基戊二酸单酰辅酶A(3-hydroxy-3-methylglutaryl-CoA,HMG-CoA),后者在还原辅酶催化下还原生成甲羟戊酸(mevalonate 甲瓦龙酸 MVA)(3,5-羟基-3-甲基戊酸)。

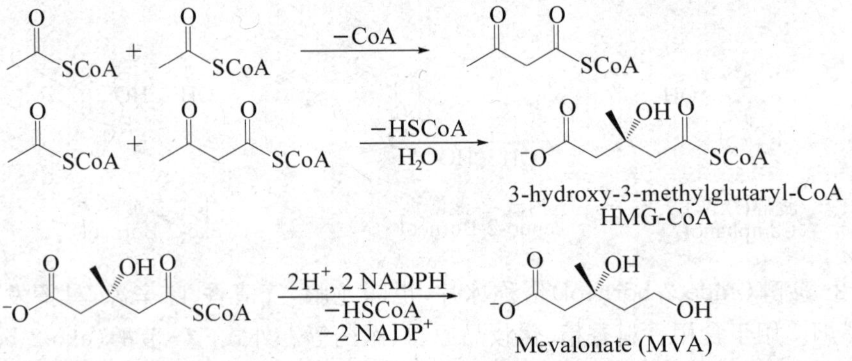

甲羟戊酸(MVA)经ATP磷酸化生成甲羟戊酸-5-磷酸酯,进一步生成焦磷酸酯。甲羟戊酸-5-焦磷酸酯脱水脱羧生成焦磷酸异戊烯酯(isopentenyl pyrophosphate,IPP),焦磷酸异戊烯酯异构化产生焦磷酸二甲烯丙酯(dimethylallyl pyrophosphate,DAPP)。

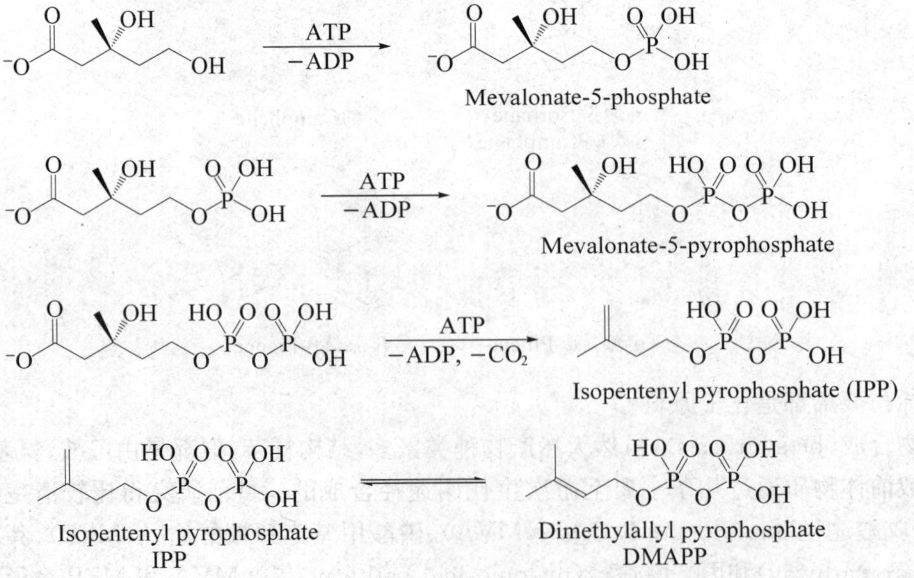

焦磷酸异戊烯酯(IPP)和焦磷酸二甲烯丙酯(DAPP)在香叶基焦磷酸酯合成酶催化下缩合生成香叶基焦磷酸酯(geranyl pyrophosphate，GPP)。至此，十个碳的单萜单元形成了。

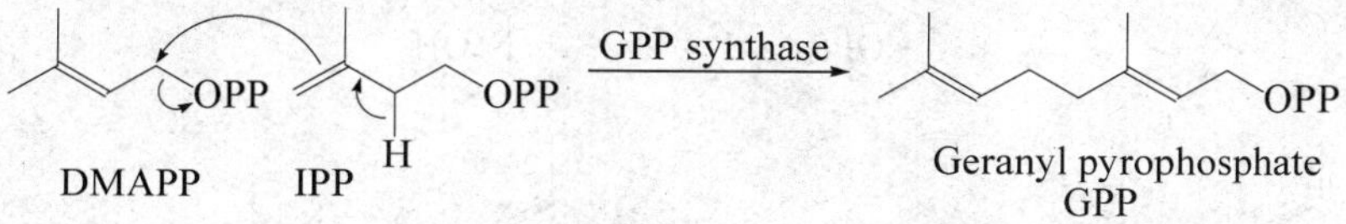

香叶基焦磷酸酯(GPP)经消去、氧化等反应产生开链单萜月桂烯、香叶醇、橙花醇、里那醇、柠檬醛等(图14-6)。

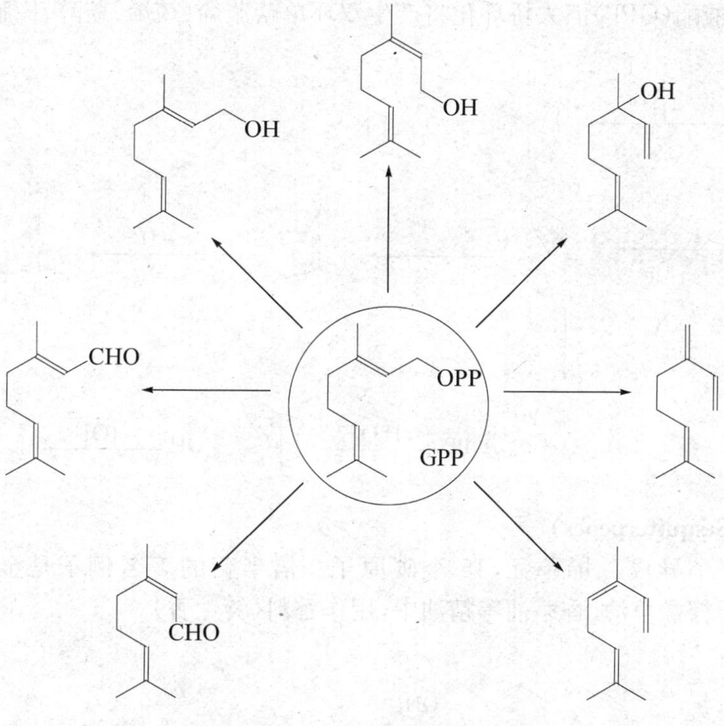

图14-6 开链单萜的生物合成

香叶基焦磷酸酯(GPP)消去环化产生单环单萜柠檬烯、萜品烯(α-，β-，γ-，δ-terpinene)、萜品醇、薄荷醇等。

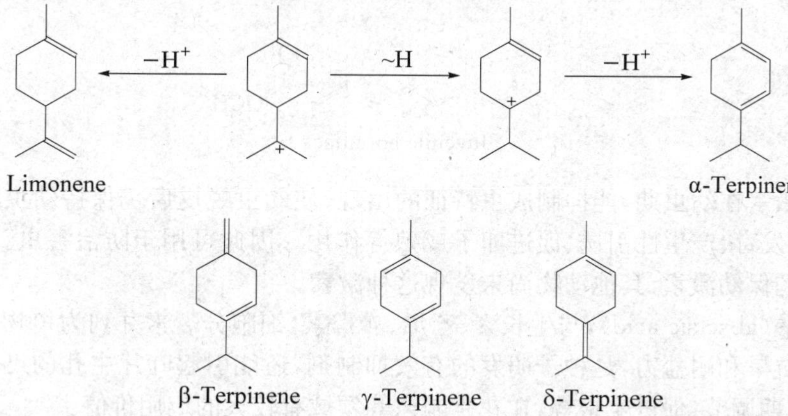

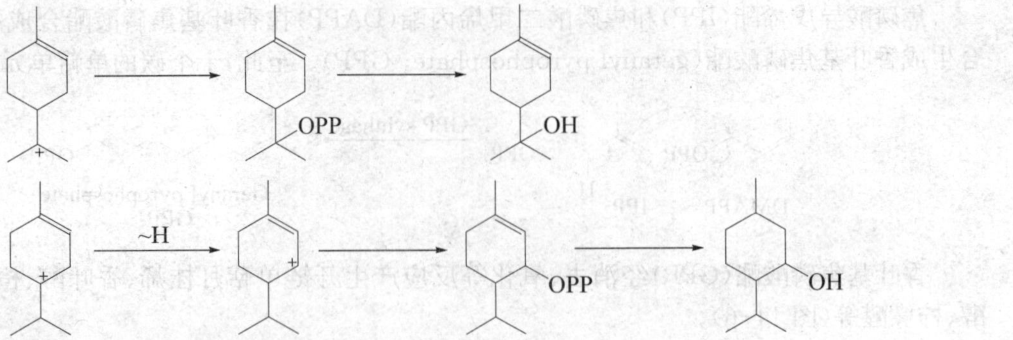

香叶基焦磷酸酯(GPP)消去桥环化将产生双环单萜蒎烯、莰烯、莰醇、樟脑等。

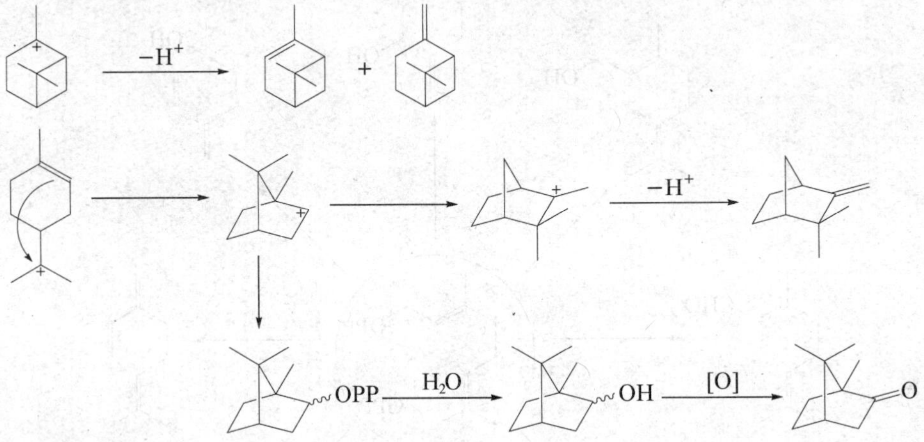

2. 倍半萜(Sesquiterpenes)

倍半萜有 3 个异戊二烯单元，15 个碳原子。倍半萜的著名例子是金合欢醇(法尼醇 farnesol)，存在于柠檬草油、香茅油等精油中，用作香料(铃兰香)。

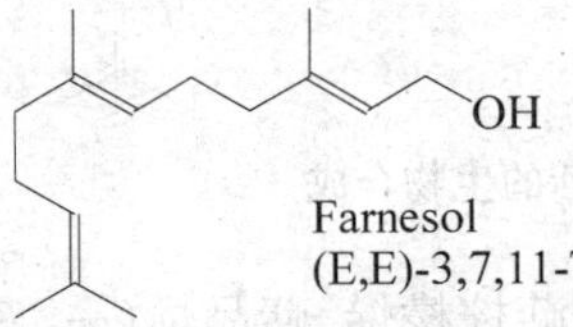

Farnesol
(E,E)-3,7,11-Trimethyl-2,6-10-dodecatrien-1-ol

金合欢醇的衍生物保幼激素(juvenile hormones，JH)是昆虫从咽侧体分泌的一种激素，又称咽侧体激素。

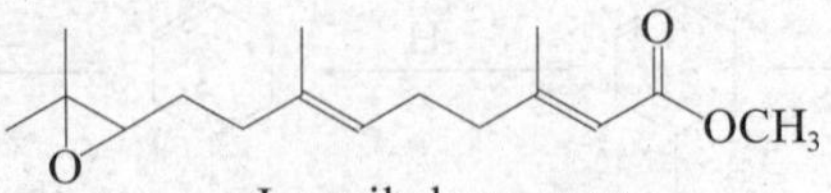

Juvenile hormones

这种保幼激素在幼虫期，能抑制成虫特征的出现，使幼虫蜕皮后仍保持幼虫状态；在成虫期，有控制性的发育、产生性引诱、促进卵子成熟等作用。因此可用于防治害虫。只有昆虫中出现了萜烯类的保幼激素，其他动物尚未发现这种激素。

天然脱落酸(abscisic acid)，与生长素、乙烯、赤霉素、细胞分裂素并列为植物五大激素，可以提高植物的抗旱和耐盐力，是种子萌发的有效抑制剂，还能引起叶片主孔的迅速关闭，可用于花的保鲜、花期调节、促进生根等，在花卉园艺等领域有较大的应用价值。

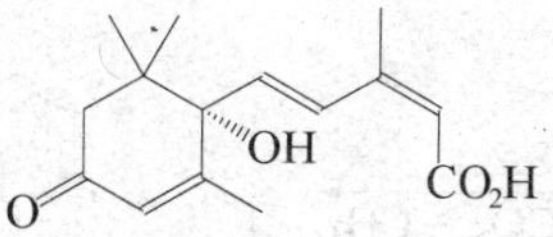

脱落酸 Abscisic acid

山道年(sntonin)富含于菊科植物山道年草的花蕾中。山道年酸的衍生物是最早的驱蛔虫药之一,用于人及其他动物,因毒性大已被淘汰。

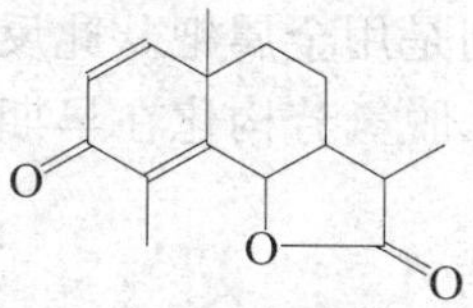

山道年 Santonin

3. 二萜(Diterpenes)

双萜有4个异戊二烯单元,20个碳原子。维生素 A(vitamin A),又称视黄醇(retinol; axerophthol),是双萜多烯醇。

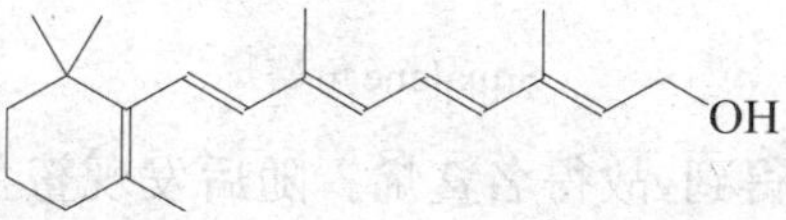

维生素A Vitamin A (视黄醇Retinol)

维生素 A 是构成视觉细胞中感受弱光的视紫红质的组成元素,视紫红质是由视蛋白和视黄醛组成,与暗视觉有关。人体过量摄入维生素 A 将出现皮肤干燥、脱屑和脱发等症状。

叶绿醇(phytol),亦称植物醇,属于链状双萜脂肪醇,有一个亲油的脂肪链,决定了叶绿素的脂溶性。

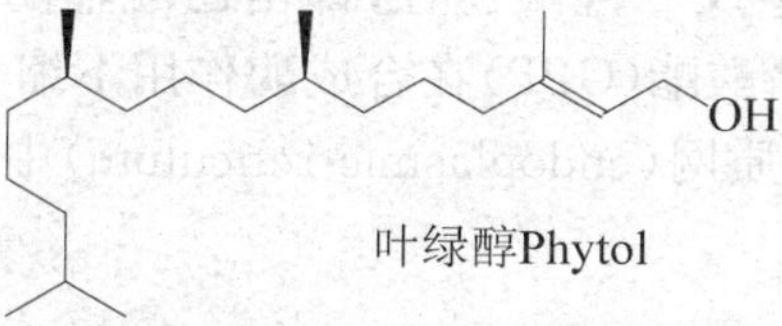

叶绿醇 Phytol

叶绿醇的中间代谢产物主要为植烷酸(phytanic acid)和降植烷酸(pristanic acid)。动物摄入的叶绿醇在体内的氧化代谢不仅能为动物提供能量,而且叶绿醇及其代谢产物还可以作为信号分子参与糖脂代谢和脂肪细胞分化过程。

松香酸(abietic acid)又称枞酸,属于菲环系二萜类不饱和酸,广泛存在于松科植物中,天然树脂松香的主要成分,含量为 45%～54%。松干液汁水蒸气蒸馏除去松节油,残余部分即为松香酸。

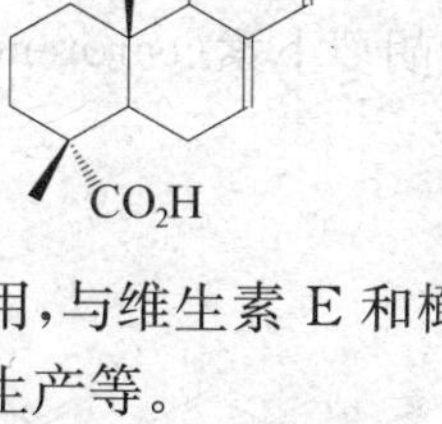

松香酸 Abietic acid

松香酸有极强的抗菌作用,与维生素 E 和橄榄油混合可治疗严重灼伤和皮肤感染,广泛用于造纸、制皂、涂料等化工生产等。

松香酸的结构测定是以脱氢芳构化反应为基础的,松香酸脱氢产生 1-甲基-7-异丙基菲(retene 惹烯):

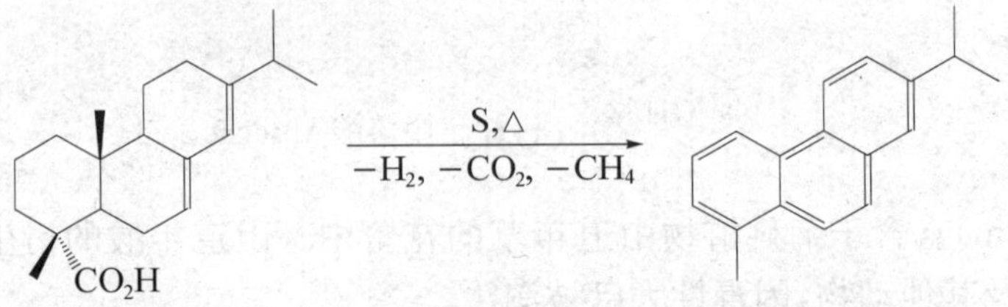

早期脱氢催化剂用硫磺粉或硒粉,现代则是用金属钯。此反应不仅脱氢、脱羧,而且角甲基也脱去了,这体现了芳构化的强大驱动力。脱氢芳构化在早期甾类化合物的结构测定方面发挥重要作用。

4. 三萜(Triterpenes)

三萜有6个异戊二烯单元,30个碳原子。鲨烯又称角鲨烯(squalene),是开链三萜非共轭六烯。

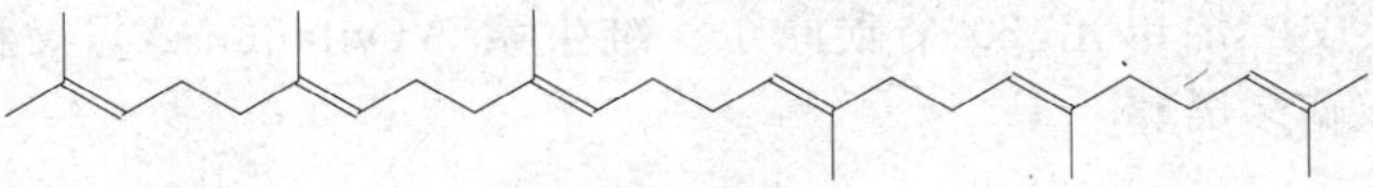

Squalene 角鲨烯

因最初从鲨鱼肝油中分离得到,故得名鲨烯。随后发现鲨鱼卵油及其他鱼体内也含有鲨烯。现在发现鲨烯的分布比预想的要广泛得多,真菌及人耳垢中就含有少量此化合物。鲨烯是胆固醇生物合成中间体之一,是所有类固醇类物质的生物合成前体。

鲨烯应用广泛,不仅用作营养药,也用于治疗高、低血压、贫血、糖尿病、肝硬化、癌症、扁桃腺炎、喘息、支气管炎、感冒、结核、胃溃疡、十二指肠溃疡、胆结石、风湿病、神经痛等,还用作杀菌剂、药物中间体、芳香剂等。

角鲨烯的生物合成也是甲戊二羟酸途径,即由乙酰辅酶A逐步合成香叶基焦磷酸酯(GPP),然后三分子香叶基焦磷酸酯(GPP)在合成酶作用下缩合生成。两分子焦磷酸法尼酯(farnesyl pyrophosphate)在内质网(endoplasmic reticulum)中的鲨烯合成酶(synthase)作用下缩合形成角鲨烯。

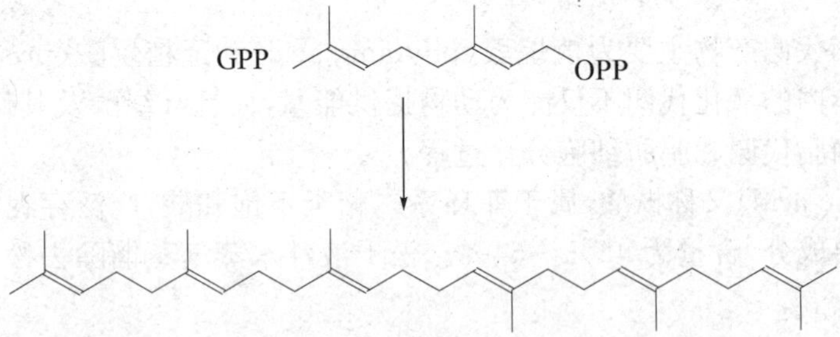

Squalene

5. 四萜(Tetraterpenes)

四萜有8个异戊二烯单元,40个碳原子。胡萝卜素(carotene)属于四萜多烯烃类,有α,β,γ,δ-异构体。

α-胡萝卜素(α-carotene):

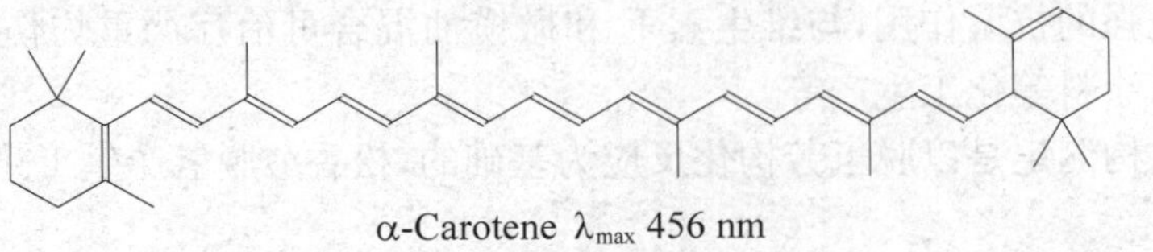

α-Carotene λ_{max} 456 nm

β-胡萝卜素(β-carotene)：

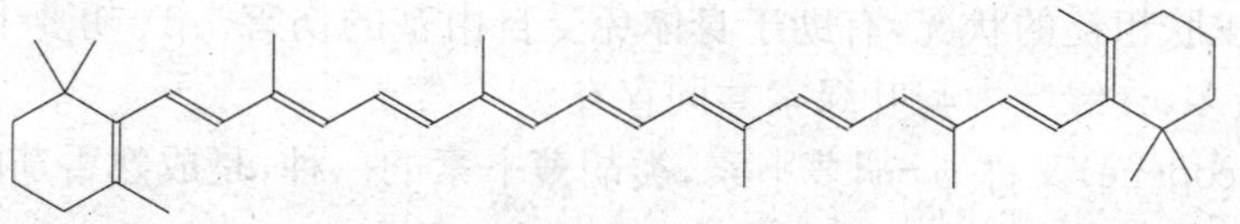

β-Carotene λ$_{max}$ 463 nm

γ-胡萝卜素(γ-carotene)：

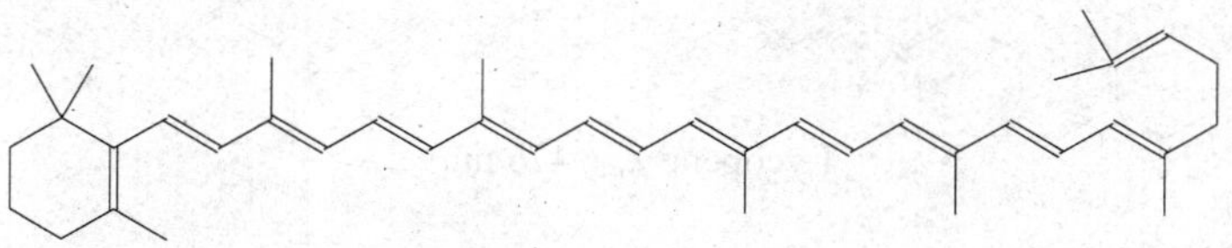

γ-Carotene λ$_{max}$ 460 nm

δ-胡萝卜素(δ-carotene)：

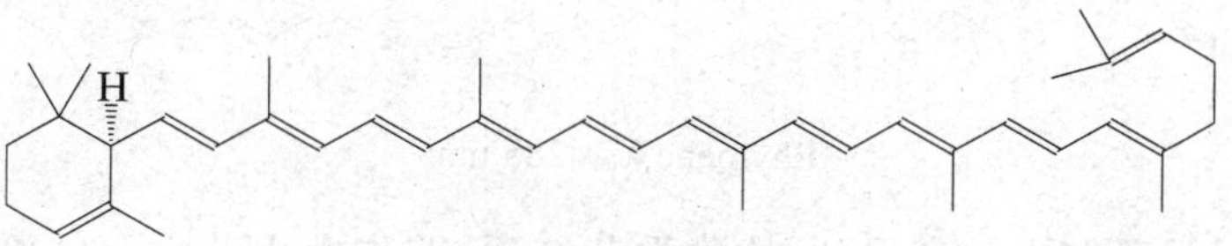

δ-Carotene

胡萝卜素是一类天然色素，最大吸收都进入可见区，以β-胡萝卜素的最大，λ$_{max}$ 463 nm，因其有最长的共轭链。

1929年，Moore发现，缺乏维生素A的大鼠补饲β-胡萝卜素后能显著提高体内维生素A水平，从而证实了胡萝卜素能在体内转化为维生素A。β-胡萝卜素代谢氧化断裂生成维生素A（视黄醇retinol），后者再代谢氧化成反式视黄醛(*trans*-retinal)，光照异构化为顺式视黄醛(*cis*-retinal)。视黄醛是视紫红质的辅基，视觉细胞内顺式视黄醛与视蛋白组成视色素，顺式视黄醛吸收光后异构为反式视黄醛，使视紫红质构象发生变化，启动了对大脑的神经脉冲，从而形成视觉。视紫红质在分解和再合成过程中，有一部分视黄醛被消耗，主要靠血液中的维生素A补充。

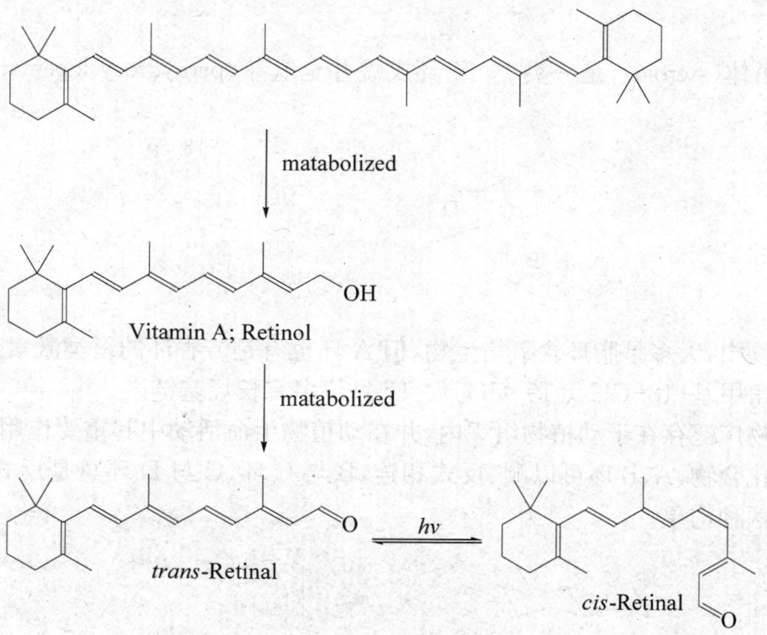

↓ matabolized

Vitamin A; Retinol

↓ matabolized

trans-Retinal $\underset{}{\overset{h\nu}{\rightleftharpoons}}$ *cis*-Retinal β-胡萝卜素是目前最安全补充维生素 A 的产品。β-胡萝卜素可以维持眼睛和皮肤的健康,改善夜盲症、皮肤粗糙的状况,有助于身体免受自由基的伤害。β-胡萝卜素在胡萝卜素中分布最广、含量最多,在绿叶中与叶绿素共同存在。

番茄红素(lycopene)又称 ψ-胡萝卜素,类胡萝卜素的一种,是成熟番茄的主要色素。

β-番茄红素(β-carotenoid):

Lycopene λ_{max} 476 nm

八氢番茄红素(phytoene):

Phytoene λ_{max} 285 nm

番茄红素最早从番茄中分离得到,故称番茄红素,首先由 Hartsen 分离(1873),针状深红色晶体,1910 年 Willstaller 和 Escher 首次确定了其分子式为 $C_{40}H_{56}$,1913 年 Schunk 将其命名为 lycopene。1930 年 Karrer 等人提出,番茄红素分子中含有 11 个共轭双键及 2 个非共轭双键的非环脂肪烃,环化形成 β-胡萝卜素。

番茄红素对于预防心血管疾病、动脉硬化、增强人体免疫力以及延缓衰老等都具有重要意义,是一种很有发展前途的新型功能性天然色素。

八氢番茄红素(phytoene)显橙色,存在于西红柿等蔬菜和水果中,是类胡萝卜素在形成过程中的一个中间体,具有很强的生理活性与抗氧化作用,吸收紫外线、抗氧化、抗炎等,是第二个类胡萝卜素生物合成产物。

14.4.3 甾类

甾类又称甾体(steroid),是一类 1,2-环戊烷并全氢菲(perhydrocyclopentanophenanthrene)的四环化合物。

甾类化合物中,大多是脂环含氧衍生物,但 A 环也有是芳香环的甾类激素。10 和 13 号碳上的甲基称为角甲基(18-CH_3、19-CH_3)。17 号位多有长烃基链。

甾类化合物广泛存在于动植物组织内,并在动植物生命活动中起重要作用。

天然甾体化合物,A、B 环可以顺、反式相连,B 与 C 环、C 与 D 环总是反式。所以甾类的基本构架只有两种构象。

按照 A 和 B 环的关系，甾体化合物分为：A/B 顺系（正系 normal）和 A/B 反系（别系 allo）。取代基在环的上面为 β 构型，在环下面是 α 构型。两角甲基总是 β 型的。

甾体化合物分子是刚性的，没有构象转环的现象。

例如，胆甾烷（cholestane）的构型与构象如下：

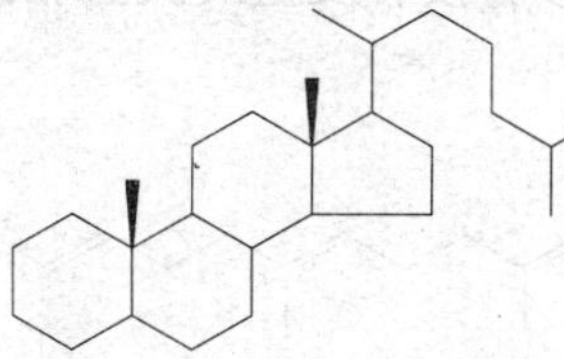

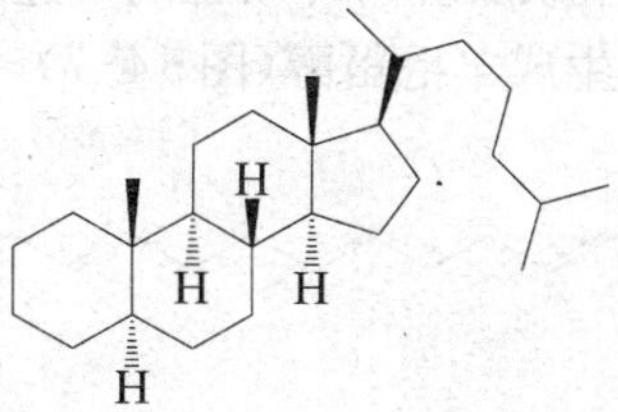

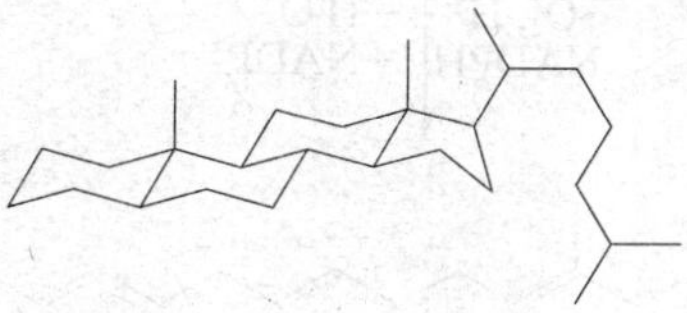

14.4.3.1 胆甾醇

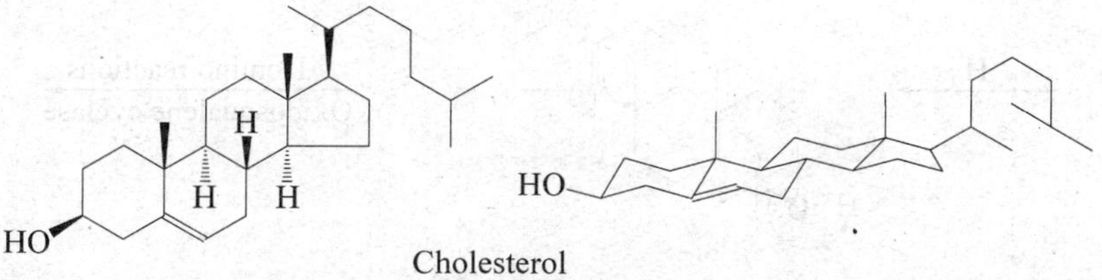

Cholesterol

胆固醇又称胆甾醇，cholesterol，是动物组织细胞所不可缺少的重要生物分子，不仅参与形成细胞膜，而且是合成胆汁酸、维生素 D 以及甾体激素的前体化合物。所以胆固醇并非是对人体有害的物质。

胆固醇广泛存在于动物体内，尤以脑及神经组织中最为丰富，在肾、脾、肝、胆汁以及皮肤中含量也较高。胆固醇分为高密度胆固醇和低密度胆固醇两种，前者对心血管有保护作用，通常称之为"好胆固醇"，后者偏高，冠心病、动脉粥样硬化、静脉血栓与胆结石的危险性就会增加，通常称之为"坏胆固醇"。血液中胆固醇含量每单位在 140～199 mg 之间，是比较正常的胆固醇水平。胆固醇主要来自人体自身的生物合成，通过饮食摄入胆固醇补充是次要的。

少数植物中含有胆固醇，多数植物存在结构上与胆固醇十分相似的植物固醇。植物固醇无致动脉粥样硬化的作用。

生物合成：胆固醇的生物合成前体是羊毛甾醇（lanosterol）。

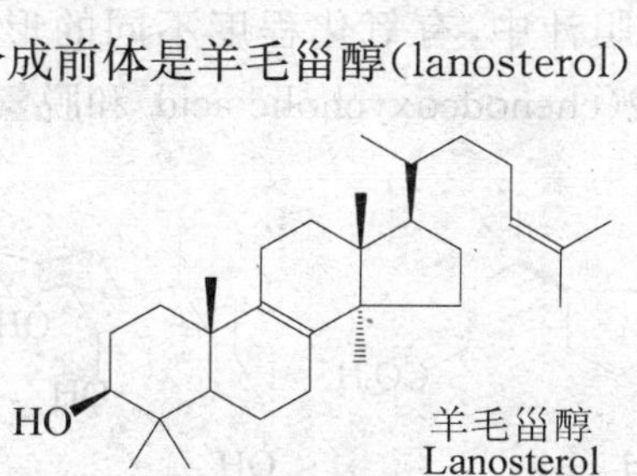

羊毛甾醇
Lanosterol

羊毛甾醇是三萜类四环化合物，存在于羊毛脂内的非皂化物中，是胆甾醇的合成前体。生源研究显示,羊毛甾醇是从开链的角鲨烯转化过来的。首先鲨烯环氧酶(squalene epoxidase)应用分子氧和 NADPH 氧化鲨烯生成 2,3-环氧鲨烯(2,3-oxidosqualene; squalene epoxide)。然后在氧化鲨烯环化酶(oxidosqualene cyclase)的作用下 2,3-环氧鲨烯环化形成羊毛甾醇。简单地理解,就是酸催化开环产生碳正离子,烯键 π 电子依次亲核进攻,成键环化,此为 Domino 反应(串联反应),即碳正离子连续转移。接着发生两次氢和两次甲基的迁移(重排),最后消去质子,生成羊毛甾醇(图 14-7)。

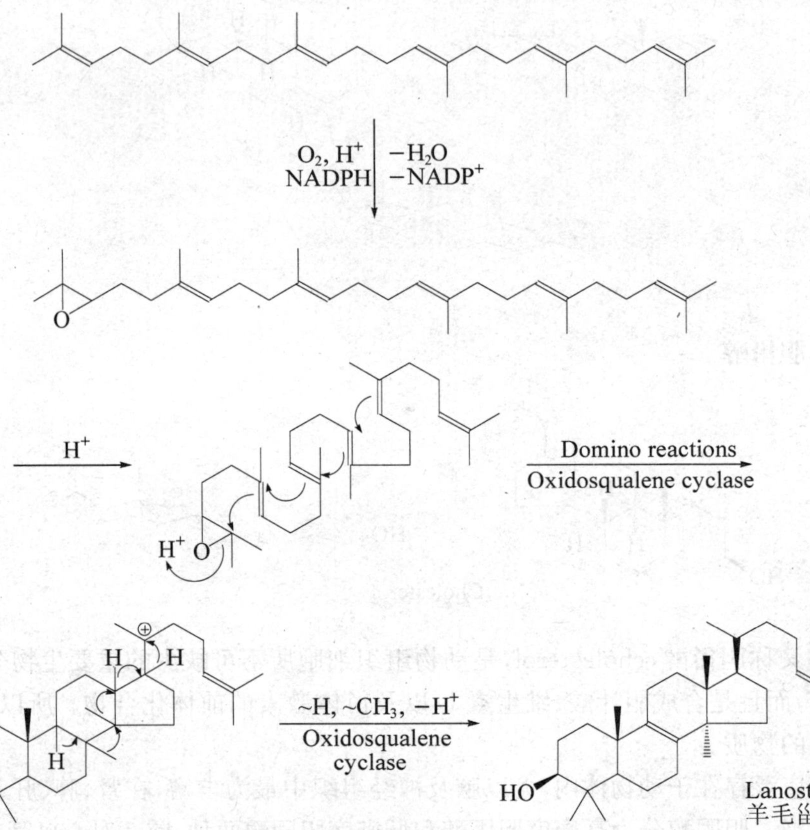

图 14-7 羊毛甾醇的生物合成

羊毛甾醇在酶 CYP51 催化作用下经过 19 步,包括 NADPH 和分子氧氧化甲基脱羧——去甲基化、变位酶(mutase)移位烯键等,最终生成甾体化合物的母核结构,胆甾醇。

14.4.3.2 胆酸

胆酸(cholic acids)存在于胆汁中,有氧化程度不同的形式:胆酸(cholic acid)、脱氧酸(deoxycholic acid)、鹅去氧胆酸(chenodeoxycholic acid)和脱氢胆酸(decholin)。

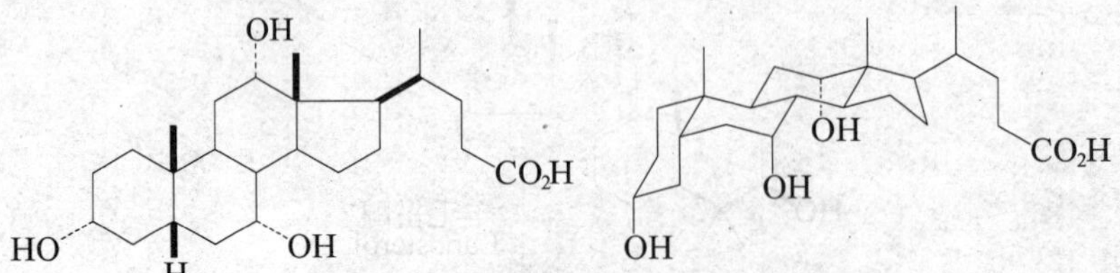

Cholic acid

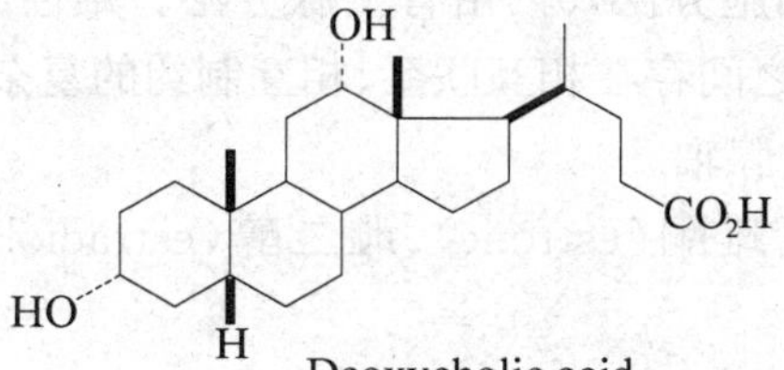

Deoxycholic acid

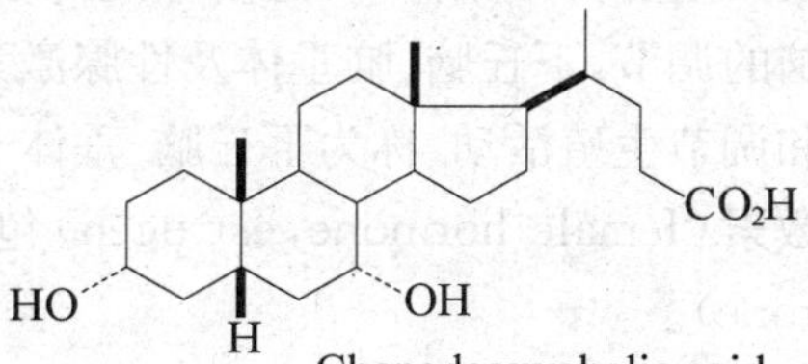

Chenodeoxycholic acid

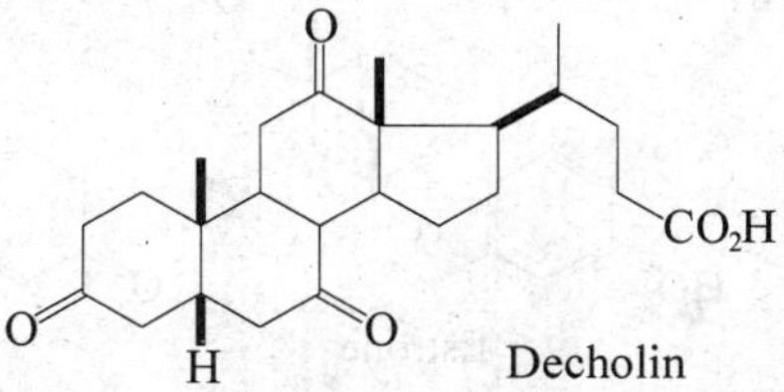

Decholin

胆酸存在的形式：与甘氨酸、牛磺酸成盐或成酰胺，即胆酰甘氨酸和胆酰牛磺酸。

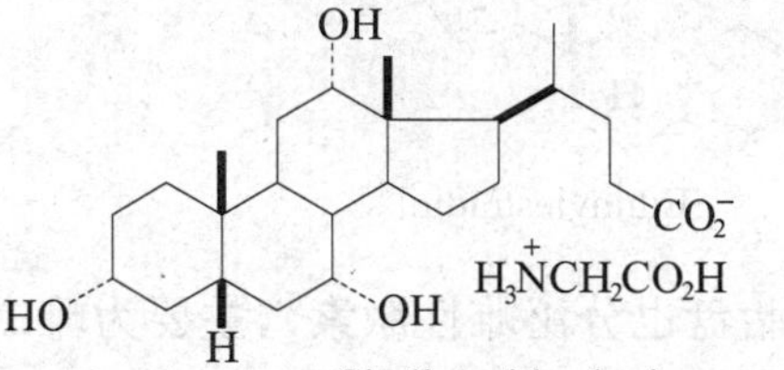

Cholic acid - glycine

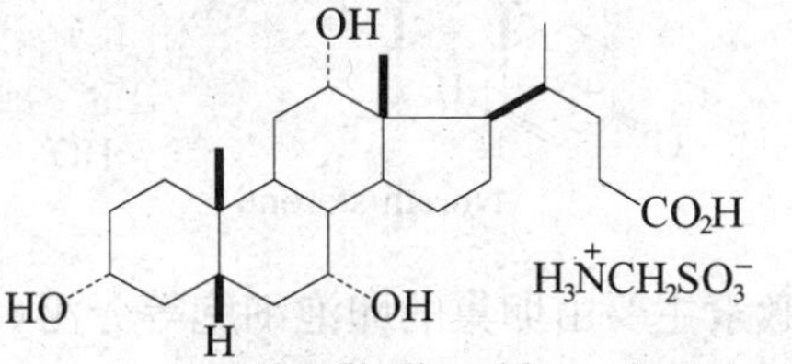

Cholic acid - taurine

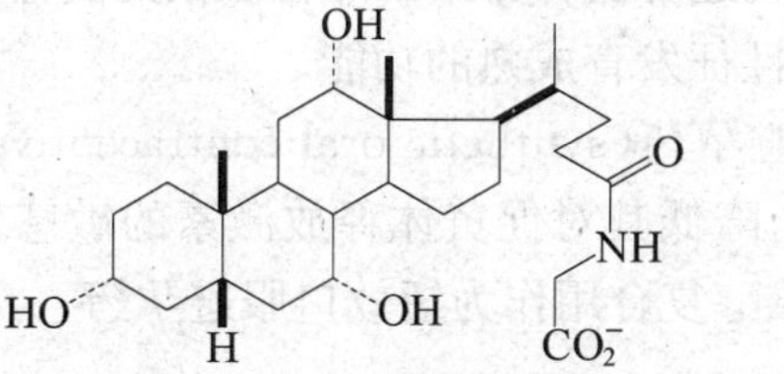

Glycocholic acid

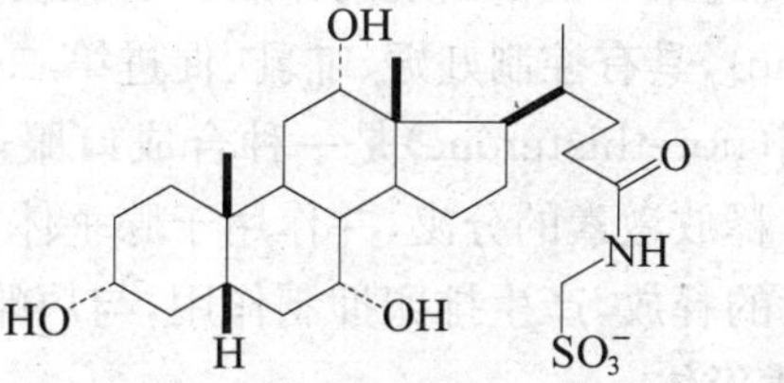

Taurocholic acid

胆酸是由肝合成，随胆汁进入十二指肠内，是消化液的成分之一。胆酸盐是优异的乳化剂，乳化脂肪，利于消化吸收。胆汁盐在肝和小肠间循环。若胆汁盐生成或分泌缺陷，脂肪不被消化吸收，便会直接排出，此即消化不良。同时，脂溶性维生素 A、D、E、K 等也不能完全吸收，将导致维生素 A 等营养性缺乏。

14.4.3.3 甾类激素

激素（hormones）包括氨基酸、肽与蛋白质、高级脂肪酸（前列腺素）和甾类。

甾类激素（steroid hormones）包括性激素和皮质激素。

1. 性激素（sex hormones）

雄性激素（male hormones, androgen）有睾酮（testosterone）和雄酮（androsterone）。

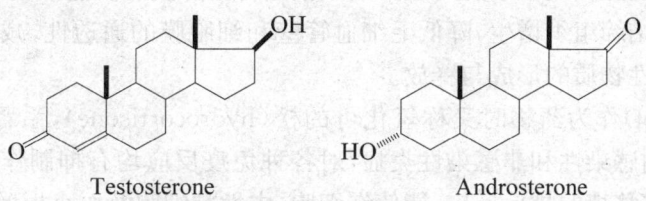

Testosterone

Androsterone

雄性激素主要为睾酮,95%是由睾丸间质细胞分泌,5%由肾上腺分泌。雄性激素受脑垂体和下丘脑的调节,下丘脑、脑垂体及性腺激素之间存在相互联系、相互制约的复杂关系,一起参与控制和调节生殖活动,称为下丘脑-垂体-性腺轴。

雌性激素(female hormone, estrogen)包括雌酮(estrone)、雌二醇(estradiol)和黄体酮(progesterone)。

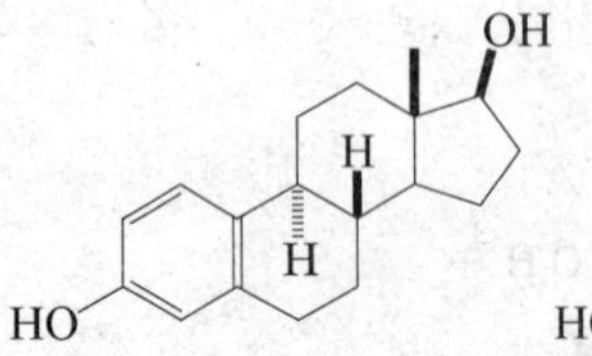

Estradiol 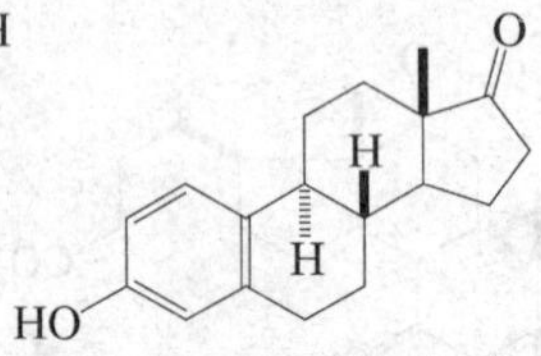　　　　Estrone 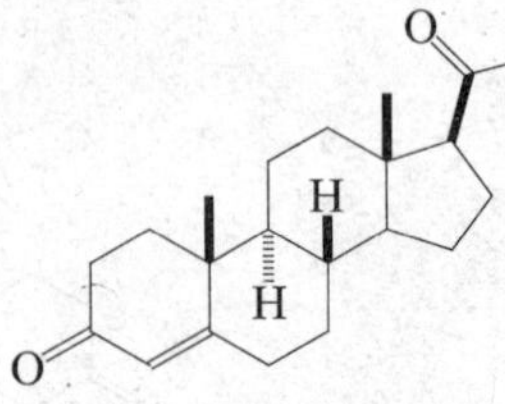　　　　Progesterone

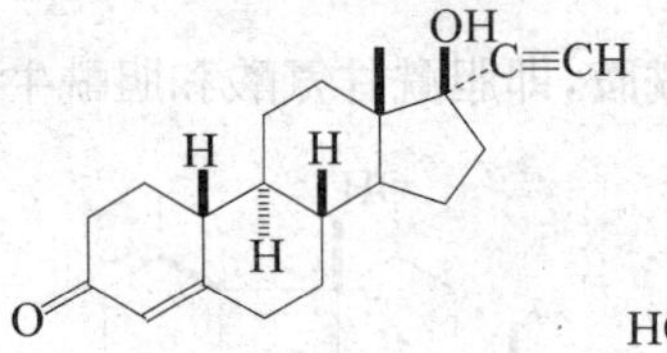

Norethisterone 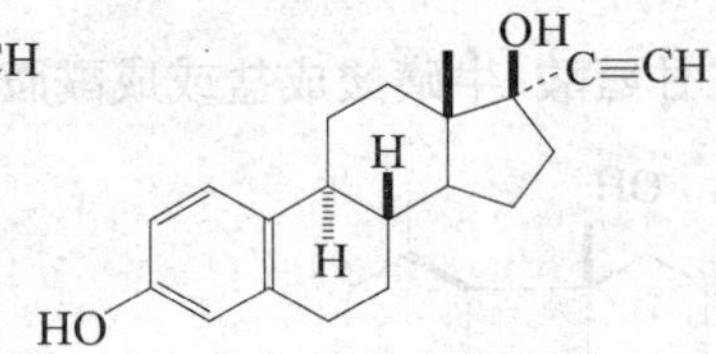　　　　Ethinylestradiol

雌性激素主要由卵巢的卵泡细胞等分泌(胎盘也分泌雌性激素),主要为雌二醇。在肝脏中灭活,转化为雌三醇和雌酮,并与葡萄糖酸结合后由尿排出。雌性激素是雌性脊椎动物的性激素,具有促进第二性征出现的作用。哺乳动物还分泌称为第二雌性激素的黄体酮(又称孕酮progesterone),具有控制妊娠、哺乳、促进第二性征发育成熟的功能。

炔诺酮(norethisterone)是一种合成口服避孕药(synthetic oral contraceptive),能抑制下丘脑促黄体释放激素的分泌,并作用于腺垂体,降低其对促黄体释放激素的敏感性,从而阻断促性腺激素的释放,产生排卵抑制作用,与炔雌醇复合用作为短效口服避孕药。

2. 皮质甾体

皮质甾体(corticosteroids),包括皮质醇(cortisol)与可的松(cortisone),哺乳动物肾上腺皮质分泌,重要功能是维持体液的电解质平衡和碳水化合物的代谢。

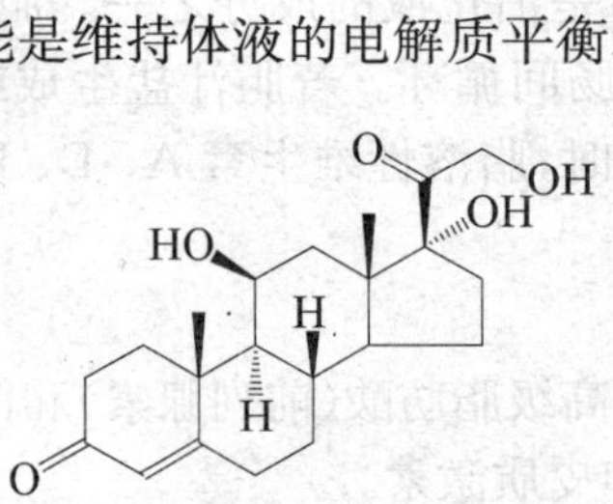

皮质醇Cortisol 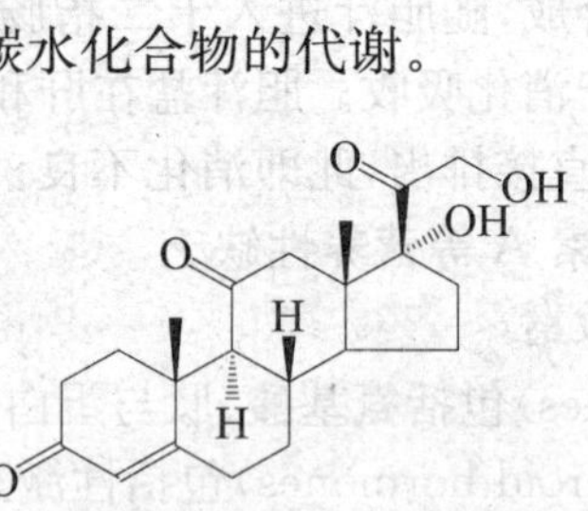　　　　可的松Cortisone

可的松作为肾上腺皮质激素类药主要用于治疗肾上腺皮质功能减退性疾病,具有抗炎、抗过敏、抗风湿、抑制结缔组织增生,降低毛细血管壁和细胞膜的通透性,减少炎性渗出,并能抑制组胺及其他过敏性物质的形成与释放。

皮质醇(cortisol)作为药物时又称氢化可的松(hydrocortisone),系肾上腺皮质激素中的糖皮质激素,能抑制感染性和非感染性炎症,对各种免疫反应均有抑制作用,缓解各种过敏性症状,抑制组织器官移植的排斥反应,能使红细胞、中性粒细胞及血小板增多,抑制淋巴细胞增生,使血液中淋巴细胞减少,提高中枢神经系统的兴奋性,对糖、蛋白质、脂肪及电解质代谢也有广泛影响。

乙酸可的松
Cortisone acetate

乙酸可的松(cortisone acetate)主要用于治疗原发性或继发性肾上腺皮质功能减退症,自身免疫性疾病,过敏性疾病,器官移植排异反应,炎症性疾病,血液病如急性白血病、淋巴瘤,其他如甲状腺危象、亚急性非化脓性甲状腺炎、败血性休克症、脑水肿、肾病综合症、高钙血症等。

14.4.4 生物碱

生物碱是一类天然的碱性含氮有机化合物,大多存在于植物体内,也有的存在于动物体内,具有显著的生物活性。

14.4.4.1 生物碱

1803 年德国药剂师 F. W. A. Sertürner 从鸦片中提取出纯的吗啡(morphine)。1819 年 W. Weissner 把植物中的碱性化合物统称为类碱(alkali-like)或生物碱(alkaoids)。许多生物碱是极有应用价值的药物。

生物碱结构确定以后,以此为先导化合物(lead compound),合成许多结构类似的系列化合物,从中筛选出更有效、更安全的化合物作为药物。

研究生物碱的结构往往发现新的杂环体系,因而促进了杂环化合物化学的发展。

1. 苯乙胺类

苯乙胺类生物碱包括人体内的肾上腺素(epinephrine; adrenaline)和去甲肾上腺素(norepinephrine)。

肾上腺素 Epinephrine　　去甲肾上腺素 Norepinephrine　　麻黄碱 Ephedrine

肾上腺素是肾上腺髓质分泌的一种激素,儿茶酚胺类化合物,使心跳与呼吸加速、血流量加大、血糖升高。肾上腺素也可以用于拯救心脏骤停和过敏性休克的病人。用于过敏性休克,亦可用于延长浸润麻醉用药的作用时间,是各种原因引起的心脏骤停进行心肺复苏的主要抢救用药。

去甲肾上腺素是肾上腺素去掉 N-甲基后形成的化合物,在结构上也属于儿茶酚胺。去甲肾上腺素既是一种神经递质,主要由交感节后神经元和脑内肾上腺素能神经末梢合成和分泌,是后者释放的主要递质,也是一种激素,由肾上腺髓质合成和分泌,但含量较少。循环血液中的去甲肾上腺素主要来自肾上腺髓质。药用的是人工合成品。去甲肾上腺素适用于升高血压、抢救感染中毒性休克及过敏性休克,也用于控制阵发性室上性心动过速的发作。

麻黄碱(ephedrine)又称麻黄素,$C_{10}H_{15}NO$,系统命名:2-甲胺基-1-苯基-1-丙醇,是主要存在于麻黄（ephedra）（麻黄科麻黄属植物）中的苯乙胺类生物碱,含两个手性碳原子,有四个立体异构体,天然存在的主要是 D-(—)-麻黄碱,L-(＋)-麻黄碱和 D-(—)-假麻黄碱是合成品。

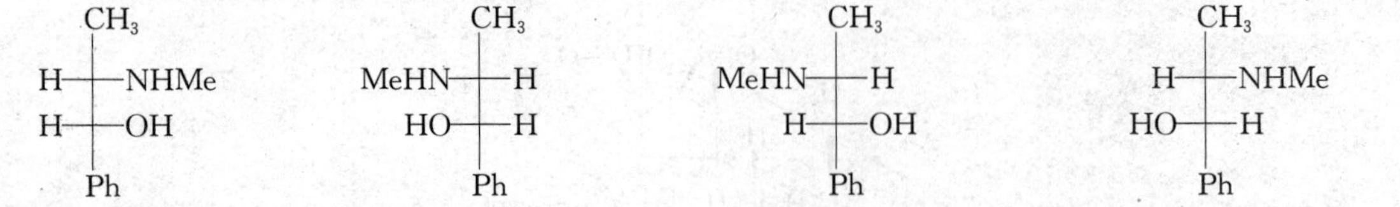

D-(—)-Ephedrine   L-(＋)-Ephedrine   D-(—)-Pseudoephedrine   L-(＋)-Pseudoephedrine

麻黄碱具有收缩血管、舒张支气管和兴奋中枢神经等作用。麻黄碱是易制毒化学品！

合成神经中枢兴奋剂：苯丙胺（安非他命 amphetamine）与甲基苯丙胺（冰毒）（methylamphetamine）。

苯丙胺 Amphetamine   甲基苯丙胺 Methylamphetamine

植物乌羽玉属仙人掌（Lophophora williamsii）中含有仙人球毒碱墨斯卡灵（Mescaline），原生长在北美洲墨西哥北部与美国西南部的干旱地,是强致幻剂（hallucinogen）。

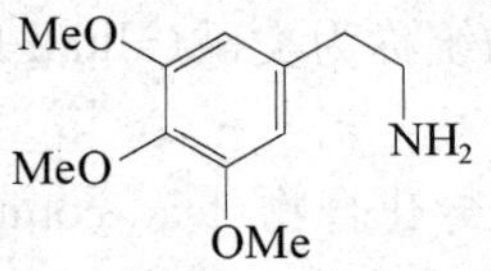

墨斯卡灵 Mescaline

2. 喹啉系

南美洲印第安人发现了金鸡纳树的树皮能治疗疟疾。生长在南美安地斯山脉的茜草科（Rubiaceae）金鸡纳树（Cinchona）中含有数十种金鸡纳生物碱,其中主要为奎宁（quinine）（俗称金鸡纳霜 Chinin）,其次为奎尼丁（quinidine）、辛可尼丁（cinchonidine）、辛可宁（cinchonine）等,大部分是喹啉衍生物,也有极少数是吲哚衍生物,还含有金鸡纳鞣酸、奎宁酸和金鸡纳红等。

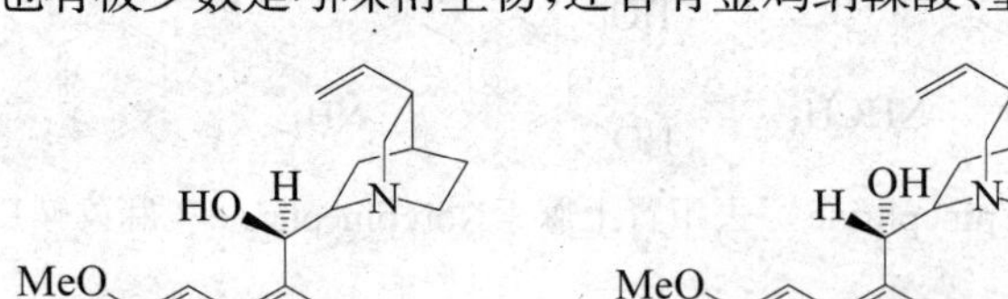

(—)-Quinine 奎宁   (＋)-Quinidine 奎尼丁

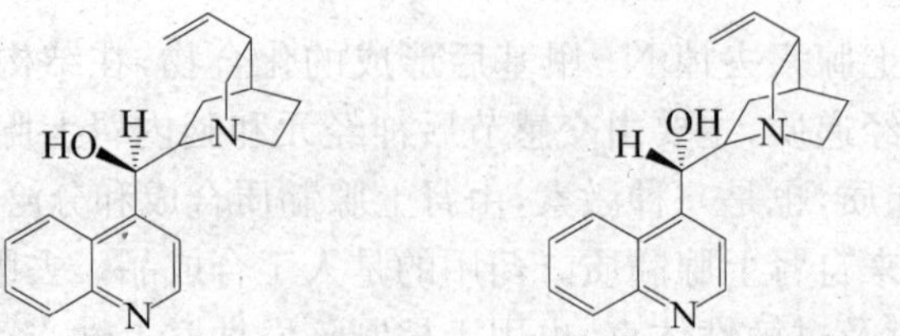

(＋)-Cinchonine 辛可宁   (—)-Cinchonidine 辛可尼丁

在医药上最重要的是奎宁,对恶性疟原虫繁殖有抑制及杀灭的作用,是一种重要的抗疟特效药,对间日疟疗效尤好。奎宁对心肌收缩有抑制作用,延长不应期,减慢传导并减弱其收缩力,对妊娠子宫有微弱的兴奋作用。

1820 年法国人 P. J. 佩尔蒂埃(Pierre Joseph Pelletier)和 J. B. 卡芳杜(Joseph Bienaimé Caventou)首先从金鸡纳树皮分离到了奎宁纯品,直到 1944 年,有机合成化学家 Robert B. Woodward 完成了奎宁的实验室合成(R. Woodward, W. Doering. The Total Synthesis of Quinine. *J. Am. Chem. Soc.* 1944, 66, 849)。

目前,印度尼西亚的金鸡纳霜产量占世界总产量的 90% 以上。

3. 异喹啉系

罂粟(Papaver somniferum L., opium poppy)是罂粟科罂粟属一年生草本植物,花开时节,叶片青葱碧绿,花朵绚烂华美,植株婷婷玉立,具有观赏价值。花谢之后,一个个蒴果挺立在枝头,看起来圆润可爱。蒴果里的汁液经提取加工即成鸦片(opium),其中含有 20 多种生物碱,如吗啡、可待因和异喹啉类的罂粟碱(papaverine)等。生鸦片经烧煮和发酵,成精制鸦片,呈棕色或金黄色,吸食时散发香甜气味,但易致依赖性。

罂粟碱 Papaverine   小檗碱 Berberine

罂粟碱作为药物主要用于镇咳、止泻等,也用于治疗脑血栓、肺栓塞、肢端动脉痉挛及动脉栓塞性疼痛等,亦可用于治疗肠道、输尿管及胆道痉挛疼痛和痛经。

小檗碱又称黄连素(berberine),主要存在于小檗属与黄连属植物中,黄连根茎中含量较丰。小檗碱抗菌谱广,对多种革兰阳性菌均具抑菌作用,其中对溶血性链球菌、金黄色葡萄球菌、霍乱弧菌、志贺痢疾杆菌、大肠杆菌等有较强的抑制作用,低浓度时抑菌,高浓度时杀菌;对流感病毒、阿米巴原虫、钩端螺旋体、某些皮肤真菌也有一定抑制作用;但痢疾杆菌、溶血性链球菌、金黄色葡萄球菌等极易对本品产生耐药性。黄连素主要用于治疗敏感病原菌所致的胃肠炎、细菌性痢疾等胃肠道感染,是必备药物之一。

箭毒(curare)又名筒箭毒碱、管箭毒碱、氯化管箭毒碱、氯化筒箭毒碱、氯化右旋筒箭毒碱(tubocurarine chloride),(+)-tubocurarine chloride hydrate,也是异喹啉系生物碱。

筒箭毒碱来自生长在中南美洲的一种高毒性的植物箭毒木,古代印第安人用来浸制毒箭

（arrow poison）猎杀动物。箭毒碱右旋体具药理活性，是一种竞争型肌松剂（competitive muscular relaxant），即骨骼肌松弛药，用作麻醉辅助药，作用于骨骼肌的神经肌肉接头，阻断神经冲动的正常传递到肌纤维，能阻碍运动神经元对肌肉纤维的支配，因而肌张力下降而表现为骨骼肌松弛。

4. 吲哚系

麦角酰二乙胺（lysergic acid diethylamine，LSD）从麦角真菌中提取的麦角酸与二乙胺缩水而成，是强烈的致幻剂，按质量而言，LSD是迄今为止发现的最强烈的精神药品之一。

马钱子碱（strychnine）和番木鳖（brucine）都是吲哚系生物碱。

马钱子碱Strychnine   番木鳖Brucine

马钱子科植物（Strychnos nux-vomica Linn）的种子极毒，主要含有马钱子碱和番木鳖碱等多种生物碱。马钱子碱又称士的宁，（－）- strychnine。番木鳖又名二甲氧基马钱子碱，（－）- brucin。可用于毒杀啮齿类动物和其他害虫，破坏中枢神经，导致强直性惊厥反复发作，最终衰竭、窒息致死。

利血平（reserpine）也是吲哚系生物碱，或作利舍平、蛇根碱，是一种用于治疗高血压及精神病的药物。

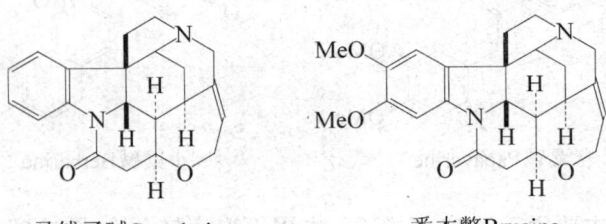

Reserpine利血平

利血平存在于萝芙木属多种植物中，最初是在萝芙木属植物蛇根木中提取的。利血平能降低血压和减慢心率，作用缓慢、温和而持久，对中枢神经系统有持久的安定作用，是一种很好的镇静药。利血平的降压作用是通过消耗外周交感神经末梢的儿茶酚胺而发挥药效。

5. 吗啡系

吗啡(morphine，MOP)是一种阿片类麻醉药品，在鸦片中的含量为 4%～21%。

吗啡(−)-Morphine

1806 年德国化学家 Friedrich Sertürner 首次从鸦片中分离出吗啡，并使用希腊梦神 Morpheus 的名字将其命名为 morphine(吗啡)。吗啡有极强的镇痛作用，直接作用于中枢神经(central nervous system，CNS)而且有较好的选择性，多用于创伤、手术、烧伤等引起的剧痛，也用于心肌梗死引起的心绞痛，还可作为镇痛、镇咳和止泻剂。吗啡是临床解除剧烈疼痛的主要药物，全世界使用量最大的强效镇痛药。

吗啡作为强效镇痛剂的最大缺点是易产生依赖性(dependence)并导致滥用(abused)。因此，吗啡的使用应在医师的指导下严格、规范地进行。

在吗啡的衍生物中，甲基吗啡(可待因 codeine)与二乙酰吗啡(海洛因 heroin)是著名的。

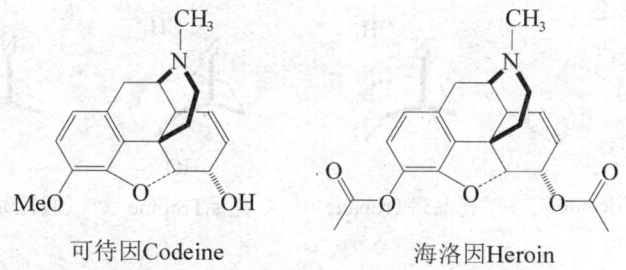

可待因 Codeine　　　海洛因 Heroin

可待因存在于罂粟鸦片中，鸦片类药物(opioid)是典型的中枢性镇咳药，适用各种原因引起的剧烈干咳和刺激性咳嗽，尤适用于伴有胸痛的剧烈干咳；可用于中等度疼痛的镇痛，虽不及吗啡但强于一般的解热镇痛药；局部麻醉或全身麻醉时的辅助用药，具有镇静作用。

1874 年，英国伦敦圣玛莉医院的 R. Wright 在吗啡中加入乙酸酐首次制备出了二乙酰吗啡。1897 年，德国 Baeyer 公司的 Felix Hoffmann 发现二乙酰吗啡的止痛效果远高于吗啡。1898 年 Baeyer 开始规模化生产二乙酰吗啡，并正式注册商品名为"海洛因"(Heroin)，源自德文 Heroisch，意即女英雄。后来，人们就发现海洛因比吗啡更易吸收，脂溶性也更高，更容易通过血脑屏障进入神经中枢发挥作用，但更为严重的是，海洛因比吗啡更易产生药物依赖性，而且其成瘾性是阿片类药物中危害最大的一种。对个人和社会所导致的危害后果，已远远地超过了其医用价值。1910 年起各国取消了海洛因在临床上的应用。1912 年在荷兰海牙召开的鸦片问题国际会议上，与会代表一致赞成管制鸦片、吗啡和海洛因的交易。1924 年，美国会立法禁止进口、制造和销售海洛因。

6. 托品系

莨菪碱(hyoscyamine)、阿托品(atropine)、山莨菪碱(anisodamine)、东莨菪碱(hyoscine)

和可卡因(cocaine)都是托品系列的生物碱,因为都含有托品烷环系。

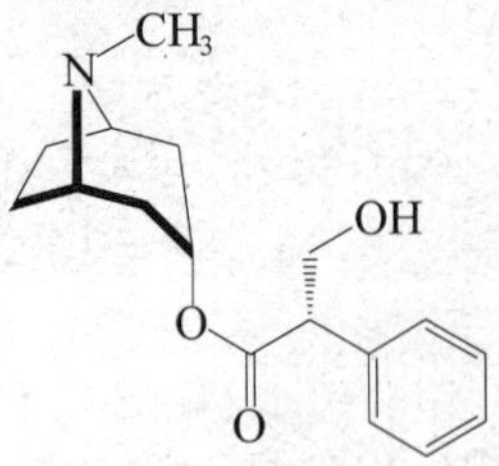

莨菪碱Hyoscyamine 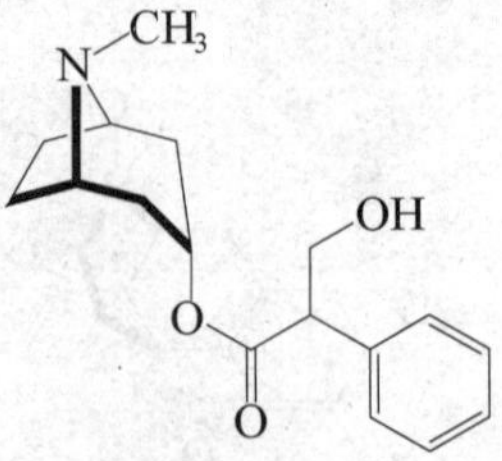　　　　阿托品Atropine

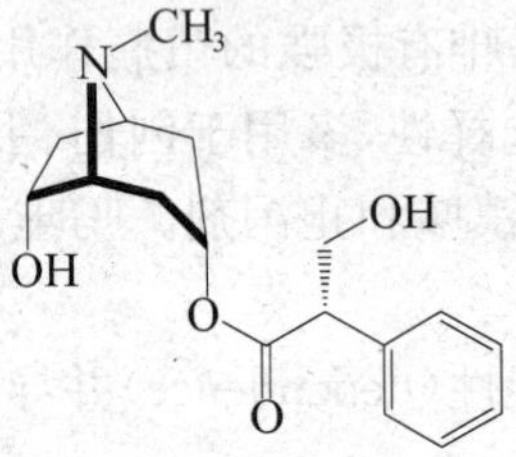

山莨菪碱Anisodamine 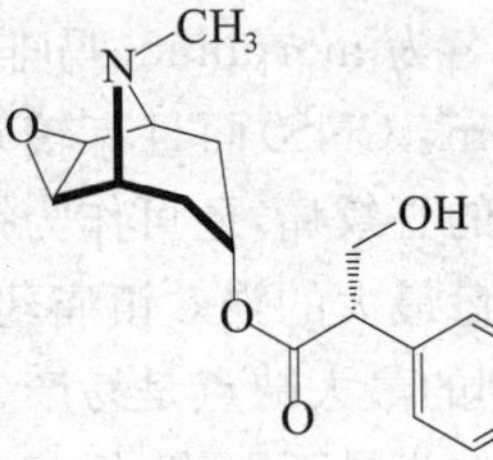　　　　东莨菪碱Hyoscine

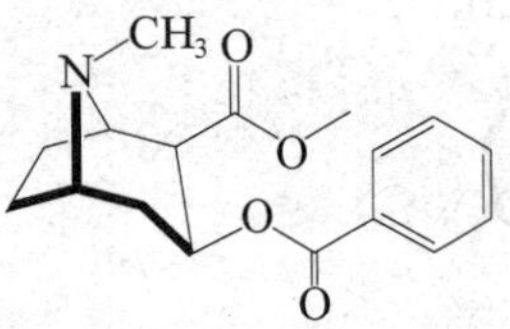

可卡因Cocaine 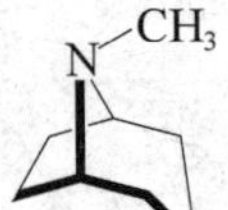　　托品烷Tropane 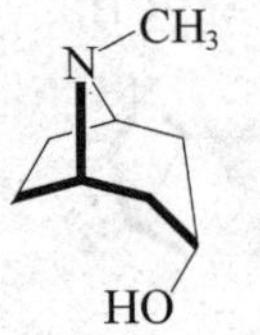　　托品Tropine 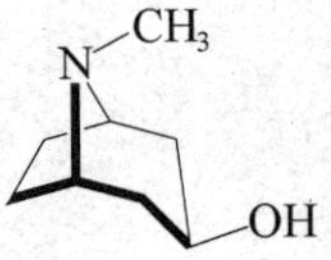　　假托品Pseudotropine

托品烷(tropane)又称莨菪烷,一种氮杂桥环系,系统命名:8-甲基-8-氮杂二环[3.2.1]辛烷 8-methyl-8-azabicyclo[3.2.1]octane。

托品(tropine)是颠茄醇或莨菪醇,假托品(pseudotropine)又称假颠茄醇或假莨菪醇,是托品的外式构型异构体。

托品系生物碱如莨菪碱(hyoscyamine)、阿托品(atropine)、山莨菪碱(anisodamine)、东莨菪碱(hyoscine)等都存在于茄科(Solanaceae)植物天仙子(莨菪)、(Hyoscyamus niger L.)、颠茄(Atropa belladonna L. 别名:野山茄、美女草、别拉多娜草,致命的茄属植物)、曼陀罗(Datura stramonium L.)、唐古特马尿泡(矮莨菪)(Przewalskia tangutica Maxim)等,都是抗胆碱药,M-受体阻断剂。

莨菪碱又称天仙子碱(hyoscyamine;scopolamine),存在于茄科(Solanaceae)植物天仙子(莨菪)(Hyoscyamus niger L.)、颠茄(Atropa belladonna L.)、曼陀罗(Datura stramonium L.)、唐古特马尿泡(矮莨菪)(Przewalskia tangutica Maxim)中。天然莨菪碱为左旋,提取到的多为消旋体。

莨菪碱为抗胆碱药,是副交感神经抑制剂,药理作用似阿托品,可用作镇痛、止咳与麻醉剂,但毒性较大,临床较少应用。

阿托品(atropine)即是从茄科植物莨菪、颠茄、曼陀罗、洋金花等提取的消旋体莨菪碱。阿托品为抗胆碱药,M-受体阻断剂,解除平滑肌痉挛,抑制腺体分泌,解除迷走神经对心脏的抑制,使心搏加快、瞳孔散大、眼压升高,兴奋呼吸中枢,解除呼吸抑制。药用阿托品是其硫酸盐。

山莨菪碱(anisodamine)为我国特产茄科植物山莨菪中提取的一种生物碱。山莨菪碱的作用与阿托品相似或稍弱,但毒性小,对肝、肾等实质性脏器无损害,常用其氢溴酸盐。

东莨菪碱(scopolamine;hyoscine),又称左旋天仙子胺,剧毒,也是抗胆碱、抗毒蕈碱药物。1892年E. 施密特首先从茄科植物东莨菪(Scopolia japonica Maxin)中分离出来,作用与阿托品相似,其散瞳及抑制腺体分泌作用比阿托品强,对呼吸中枢具兴奋作用,但对大脑皮质有明显的抑制作用,此外还有扩张毛细血管、改善微循环以及抗晕车晕船的作用。

可卡因(cocaine)又称古柯碱、可可精,存在于生长在南美洲安第斯山脉热带山地的常绿灌木古柯。1855年,德国化学家G. Friedrich首次从古柯叶中提取。1859年,奥地利Albert Neiman又精制出更纯的提取物并命名为可卡因(cocaine)。

古柯叶提取物中除古柯碱(苯甲酰甲基芽子碱)外还有其代谢物芽子碱(ecgonine)、苯甲酰芽子碱(benzoylecgonine)、芽子碱甲酯、肉桂酰可卡因、3,4,5-三甲氧基肉桂酰可卡因等。可卡因酯基易水解。

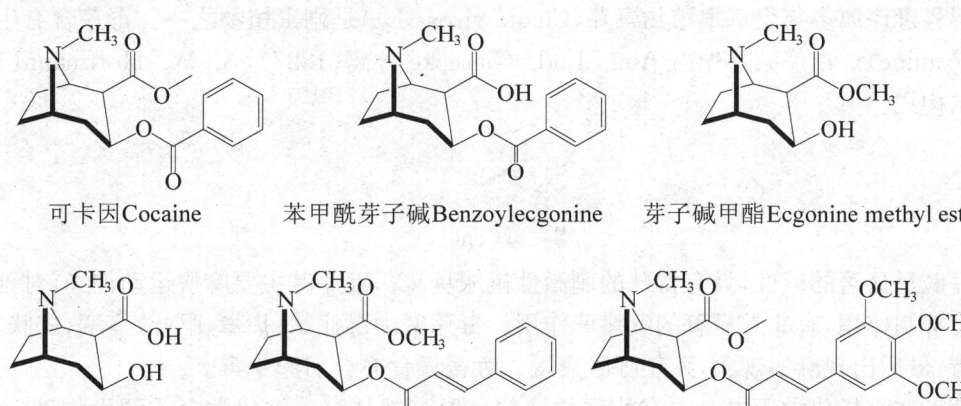

可卡因用作局部麻醉药或血管收缩剂,麻醉效果好,穿透力强,主要用于表面麻醉,因毒性强,不宜注射。可卡因是天然中枢兴奋剂,但因其强烈的中枢神经系统兴奋作用(欣快感)而极易导致滥用,1985年起成为世界性主要毒品之一,多在美洲和欧洲。

可卡因味苦而麻,能消饿、止渴和解乏,就是因为可卡因能阻断人体神经传导,产生局部麻醉,并可通过加强人体内化学物质(如多巴胺)的活性来刺激大脑皮层,兴奋中枢神经,表现出情绪高涨、精神振奋、行为好动。

7. 吡啶——烟碱系

烟碱即尼古丁(nicotine),是一种存在于烟草等茄科植物(茄属)中的生物碱。尼古丁(nicotine)来自烟草,这种植物的学名Nicotiana tabacum。

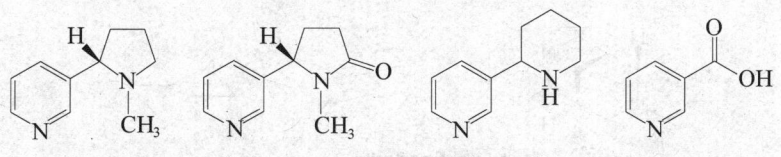

1828年，德国Posselt和Reimann首次自烟草分离出烟碱。1893年，Adolf Pinner提出烟碱的化学结构式，1904年A. Pictet与Crepieux化学合成了烟碱。

烟碱作用于烟碱乙酰胆碱受体，低浓度时，提高受体的活性，增加血液中肾上腺素含量，导致心跳频率增加，血压升高，呼吸加快；高浓度时则是抑制。烟碱的代谢主要在肝脏中进行，分解酶为cytochrome P450，代谢产物可替宁（cotinine），能在血液中存留48小时，可作为查验一个人是否吸烟的化合物。

烟碱属于高毒类物质，烟草不但对高等动物有害，对低等动物也有害，可用作农业杀虫剂。

新烟碱（anabasine；neonicotine）是烟草中存在的另一种生物碱，主要用作杀虫剂（insecticide）。

烟碱、可替宁和新烟碱经氧化都生成烟酸（nicotinic acid）。烟酸又称作尼克酸、抗癞皮病因子，是一种水溶性维生素，维生素B3或维生素PP，属于维生素B族。烟酸在人体内转化为烟酰胺，烟酰胺是辅酶Ⅰ和辅酶Ⅱ的组成，参与体内脂质代谢，组织呼吸的氧化和糖类无氧分解等生化过程。

8. 哌啶系

伞形科毒芹属多年生草本植物毒芹（Cicuta virosa L.）是剧毒植物之一。毒芹含有生物碱毒芹碱（coniine）。毒芹碱首先由Aug. Lud. Giesecke分离（1827），A. W. Hoffmann（1881）确定了结构式。

毒芹碱Coniine

毒芹碱呈显著的碱性，具有特殊的刺激性鼠尿臭味。毒芹碱主要麻痹运动神经，对延脑中枢亦具有抑制作用，有非常显著的致痉挛作用。毒芹碱中毒症状：头晕、呕吐、痉挛、皮肤发红、面色发青，最后出现麻痹现象，死于呼吸衰竭。牲畜误食亦会引起中毒。

毒芹碱在有机化学历史上占有特殊的地位。毒芹碱是第一个化学合成的生物碱（Albert Ladenburg, 1886）。特别的是，公元前399年，哲学家苏格拉底（Socrates）就是用含有毒芹碱的毒药（poison hemlock）被处死的。

与毒芹碱相关的生物碱：

Conhydrine　　　Psuedoconhydrine　　　N-Methylconiine　　　γ-Coniceine

鹰爪豆碱（sparteine），又名司巴丁、金雀花碱、无叶豆碱、或羽扇豆定，存在于豆科植物金雀花、黄羽扇豆、黑羽扇豆、野决明属披针叶黄华（Thermopsis lanceolata R. Br）中，具有桥环系四哌啶环结构。

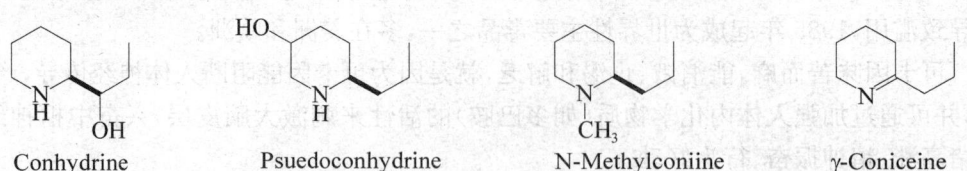

鹰爪豆碱Sparteine

鹰爪豆碱能降低心肌应激性和传导性,减慢心率,抑制心脏收缩力。临床上作为抗心律不齐药用于室性心动过速和功能性心悸;对子宫有收缩作用,用于催产和治疗子宫出血;对骨骼肌有明显的兴奋作用。

9. 吡咯烷系

吡咯烷系生物碱包括古豆碱(hygrine)和红古豆碱(cuscohygrine)。

(R)-1-(1-Methylpyrrolidin-2-yl)-propan-2-one
Hygrine 古豆碱

Cuscohygrine 红古豆碱

古豆碱(hygrine),1-甲基-2-吡咯烷基丙酮和红古豆碱,1,3-二(1-甲基-2-吡咯烷基)丙酮,都是在古柯中发现的吡咯烷生物碱,与可卡因伴生,Carl Liebermann 于 1889 年首先分离。

古豆碱和红古豆碱都具有中枢镇静作用和外周抗胆碱作用,其活性较阿托品弱,但抑制胃肠道蠕动和胃液分泌的作用相对较强;尚有扩张外周血管、增加冠脉流量的作用及一定的平喘作用。用于胃溃疡及各种胃肠道疾病所致痉挛性疼痛。

10. 黄嘌呤系

Xanthine 黄嘌呤
3,7-Dihydropurine-2,6-dione

黄嘌呤(xanthine)即 3,7-二氢嘌呤-2,6-二酮(3,7-dihydropurine-2,6-dione)是一种广泛分布于生物体内的一种嘌呤碱。

茶碱(theophylline)即 1,3-二甲基黄嘌呤(1,3-dimethylxanthine)、可可碱(theobromine)即 3,7-二甲基黄嘌呤(3,7-dimethylxanthine)和咖啡因(caffeine)即 1,3,7-三甲基黄嘌呤(1,3,7-trimethylxanthine),都是黄嘌呤的甲基衍生物(methylated xanthine)。

Theophylline 茶碱   Theobromine 可可碱   Caffeine 咖啡因

咖啡因是一种中枢神经兴奋剂,临床上用于治疗神经衰弱和昏迷复苏。含有咖啡因的咖啡、茶、软饮料如可乐以及一些能量饮料十分畅销。因此,咖啡因是世界上最普遍被使用的精神药品。含咖啡因的植物包括咖啡、茶及一些可可,最主要的来源是咖啡豆(咖啡树的种子)。由可可粉制作的巧克力也含有少量咖啡因,是一种很弱的兴奋剂。

可可碱存在于可可和茶叶中,是巧克力的主要苦味成分,具有心肌兴奋、血管舒张、平滑肌松弛、利尿等作用。

茶碱使平滑肌张力降低,促进内源性肾上腺素、去甲肾上腺素的释放,抑制钙离子由平滑肌内质网释放,降低细胞内钙离子浓度而产生呼吸道扩张作用。茶碱对平滑肌的松弛作用较强,但不及β受体激动剂。茶碱类药可致心律失常,使原有的心律失常恶化。

黄嘌呤是由腺嘌呤(adenine)在腺嘌呤脱氨酶作用下转化的,在实验室可通过亚硝化实现。

黄嘌呤是嘌呤代谢产物,在黄嘌呤氧化酶作用下转化为尿酸。

某些生物碱存在于动物、昆虫、海洋生物、微生物和低等植物中。例如麝香吡啶(muscopyridine)就是存在于麝鹿中。

麝香吡啶Muscopyridine（麝鹿）　　一种昆虫激素　　绿脓菌素(绿脓菌)

14.4.4.2　药物滥用

药物滥用(drug abuse)是世界性的问题。

1. 毒品种类

根据毒品的药理分类,有麻醉药品和精神药品。

麻醉药品(narcotic drug)包括:阿片类(opioids)——天然来源的阿片(opium)及半合成或人工合成的化合物如吗啡、海洛因、杜冷丁、美沙酮、芬太尼、盐酸二氧埃托啡等;可卡因(古柯碱);大麻(cannabis)、大麻酚。

精神药品(psychotropic substance)包括镇静催眠药和抗焦虑药——巴比妥类、苯二氮卓类、白板(methaqualone,属禁用的安眠镇静药);中枢兴奋剂——安非他明(苯丙胺)、甲基安非他明(甲基苯丙胺)、亚甲二氧甲基苯丙胺(MDMA);致幻剂——墨斯卡灵、麦角酰二乙胺(LSD)、北美仙人球碱、苯环利啶(PCP)。

根据毒品的来源分类,有天然毒品——鸦片、大麻、古柯碱等;半合成毒品—海洛因、甲基安非他明(冰毒)与合成毒品——安非他明、美沙酮、K粉等。

根据毒品在人体内产生的作用分类,有麻醉性镇静剂——海洛因、巴比妥等;中枢兴奋剂——可卡因、安非他明、甲基安非他明、MDMA等;致幻剂——墨斯卡灵(mescalin)、麦角酰二乙胺(LSD)等。

2. 管制化学品目录

1988年和1992年联合国通过的管制化学品——易制毒化学品分为两类进行管理。

列入表一管制的品种:麻黄碱(麻黄素)(ephedrine)、伪麻黄碱(pseudoephedrine)、麦角新碱(ergometrine)、麦角胺(ergotamine)、麦角酸(lysergic acid)、1-苯基-2-丙酮(1-phenyl-2-propanone)、N-乙酰邻氨基苯酸(N-acetylanthranilic acid)、异黄樟脑(isosafrole)、黄樟脑(safrole)、胡椒醛(洋茉莉醛)(piperonal)、3,4-亚甲基二氧苯基-2-丙酮。

列入表二管制的品种:高锰酸钾、盐酸(不含盐酸盐)、硫酸(不含硫酸盐)、甲苯(toluene)、乙醚(ethyl ether)、丙酮(acetone)、乙酸酐(acetic anhydride)、丁酮(甲基乙基酮)(methylethyl ketone)、苯乙酸(phenylacetic acid)、邻氨基苯甲酸(anthranilic acid)、哌啶(piperidine)。

14.4.5 天然产物化学与药物开发

14.4.5.1 天然产物化学

天然产物化学(natural products chemistry)是研究动物、植物、昆虫、海洋生物及微生物代谢产物化学成分的学科,甚至包括人与动物体内许多内源性成分的化学研究,在分子水平上揭示自然奥秘的重要学科。天然产物的提取分离、结构鉴定、全合成、生物活性及其与结构的关系,是天然产物化学的主要研究方向。有机化学起初就是从天然产物研究开始的,天然产物化学的发展是有机化学发展史的重要组成部分。

14.4.5.2 药物研究与开发

1. 天然药物研究

天然药物(natural medicine)的研究程序大致是,选定一种植物、提取分离、结构鉴定、合成确证、药效对比、合成筛选、药理研究、临床观察、申请投放市场。这种研究开发周期一般较长,少则几年,多达一二十年甚至更多。如紫杉醇从发现到投放市场就经历了二十多年。

2. 化学合成

化学合成(chemical synthesis)包括半合成与全合成。

半合成(partial synthesis):以相对结构较简单或来源更丰富的天然产物分子进行部分结构修饰、改造或转化,这是比较实用的合成路线。

全合成(total synthesis):从简单或基本化工原料开始完全合成。这种合成路线往往冗长,多半仅具学术或理论意义,难以商业化生产。

紫杉醇(paclitaxel),又称红豆杉醇,首先分离提取自美国西部的太平洋紫杉(短叶红豆杉)(pacific yew, *Taxus brevifolia*)。实验发现,这种天然次生代谢产物具有独特的抗肿瘤活性,通过稳定微管、抑制有丝分裂,从而有效地控制细胞的收缩、增殖和移行,促进癌细胞凋亡。紫杉醇是目前已发现的最优秀的天然抗癌药物,在临床上已经广泛用于卵巢癌、子宫癌、乳腺癌、部分头颈癌与肺癌的治疗。紫杉醇作为一个具有抗癌活性的双萜生物碱类化合物,其新颖复杂的化学结构、显著的生物活性、奇缺的自然资源使其受到了化学家、药物学家、医学家、分子生物学家的极大关注,使其成为20世纪下半叶举世瞩目的抗癌明星和研究热点。

紫杉醇的全合成研究迅速成为20世纪后期有机合成化学领域的焦点。1994年首先由 Robert A Holton (Florida State University) 和 Nicolaou 研究组 (The Scripps Research Institute) 几乎同时完成了紫杉醇的全合成。Holton 路线以价廉易得的樟脑(camphor)为起始原料,因紫杉醇侧链的合成方法由 Ojima 等发展而来,故又称为 Holton-Ojima 路线,其特点是步骤少、收率高,总收率可达到2.7%。随后 Danishefsky (Columbia University, 1996)、

Wender(Stanford University,1997)以及日本的 Kuwajima(1998)和 Mukaiyama(1999)相继报道了紫杉醇的全合成。在这些全合成中,发现了许多新反应、新试剂和新催化剂,反应中基团的保护与立体化学以及独到的合成战略与战术等,都是有机合成化学的发展与创新。紫杉醇的全合成是有机合成化学历史上的一座丰碑,将有机合成化学提高到一个崭新的水平。但从总体上看,全合成路线太长,不仅需要使用昂贵的化学试剂,而且反应条件也较难控制,总产率太低,不适合规模化工业生产。

寻找易得的紫杉醇前体化合物通过半合成实现紫杉醇的规模化商业生产成为亟须解决的问题。后来从英国红豆杉(欧洲紫衫 European yew, *Taxus baccata*)树叶中分离到 10-deacetylbaccatin Ⅲ,与紫杉醇具有相同的母体结构,而且在红豆杉针叶中含量较丰富,经几步化学转化即可得到紫杉醇。这个发现是重大进展,使得大量生产紫杉醇成为可能。

1988 年法国 Pierre Potier 首先报道了紫杉醇的半合成。Holton(1989)也完成了紫杉醇的半合成,以提取自英国红豆杉树叶中的 10-deacetylbaccatin Ⅲ 为起始原料,产率是 Potier 路线的两倍。1992 年 Holton 改进并以 80% 的产率申请了专利。Bristol-Myers Squibb (BMS)在获得美国 FDA 批准后,利用 Holton 的专利开始在爱尔兰(Ireland)半合成生产紫杉醇(图14-8),并在 1994 年底停止从太平洋紫杉树皮中提取生产紫杉醇。目前紫杉醇的半合成原料主要来源于人工培育种植的红豆杉,包括欧洲红豆杉与东北红豆杉的杂交品种曼地亚红豆杉。

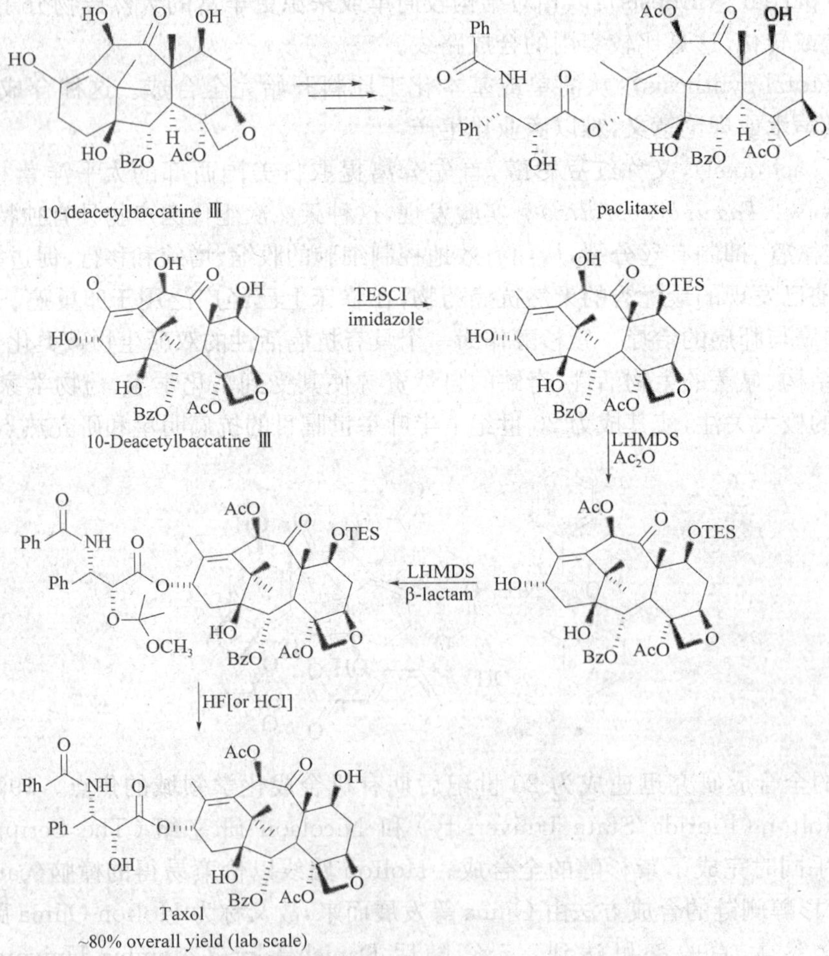

图 14-8 紫杉醇的半合成

我国药物化学家屠呦呦因发现青蒿素及其治疗疟疾获得 2015 年 Nobel 生理学或医学奖。青蒿素的发现起始于 1960 年代。基于黄花蒿（青蒿）是传统的治疗疟疾草药，屠呦呦抛弃传统的煮沸提取而改用乙醚提取，抗疟实验发现效果优异。结构鉴定发现，青蒿素（artemisinin）是一种含有过氧基团的倍半萜内酯。

青蒿素的化学合成曾引起国内外有机合成化学家与药物学家的研究兴趣。青蒿素的首次全合成就是由我国著名有机合成化学家、中国科学院院士、上海有机化学研究所周维善教授于 1983 年完成的。

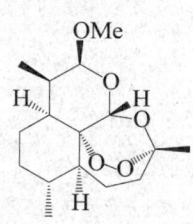
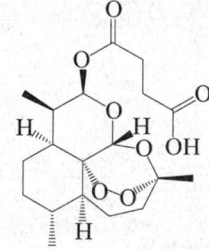

青蒿素 Artemisinin　　　二氢青蒿素 Dihydroartemisinin

蒿甲醚 Artemether　　　青蒿琥酯 Artesunate

后来又开发合成了二氢青蒿素（dihydroartemisinin）、蒿甲醚（artemether）和青蒿琥酯（artesunate）等青蒿素的衍生物。

目前，以青蒿素为基础的复方药物，已经成为疟疾的标准治疗药物，世界卫生组织将青蒿素和相关药物列入基本药品目录。

青蒿素是我国自主研发的新药，获得 1985 年卫生部实施新药审批后的第一个新药证书，也是目前我国在国际上注册的唯一创新药物，是目前最有效的抗疟疾药物之一。这就是著名的新型抗疟药青蒿素的发现与研发成药。

"青蒿素的发现不仅增加一个抗疟新药，更重要的意义还在于发现这一新化合物的独特化学结构，它将为合成设计新药指出方向"。

习题

一、化学鉴别

1. 柠檬醛、樟脑、金合欢醇和角鲨烯。
2. 胆甾醇、胆酸、雌二醇、睾酮和黄体酮。

二、解释实验事实

胆甾醇与溴反应，给出一对非对映异构体，写出其结构。其一异构体是主要的（85%），为什么？

三、推导结构

1. 萜类化合物 β-环柠檬醛（$C_{10}H_{16}O$）有紫外吸收，λ_{max} 235 nm（ε12 500），与 Tollens 试剂作用得到 $C_{10}H_{16}O_2$，经脱氢处理，产生间二甲苯、甲烷和二氧化碳。经还原脱氢处理给出连三甲苯。试推导其结构。

2. β-蛇床烯($C_{15}H_{24}$)脱氢产生 1-甲基-7-异丙基萘,臭氧化得到两分子甲醛和 $C_{13}H_{20}O_2$,后者与碘的氢氧化钠溶液反应生成碘仿和 $C_{12}H_{18}O_3$。给出其结构。

3. 在薄荷油中除薄荷脑外,还有其氧化产物薄荷酮($C_{10}H_{18}O$)。薄荷酮的结构最初是用下列合成方法确定的:

β-甲基庚二酸二乙酯用乙醇钠处理,然后加水得到 $C_{10}H_{16}O_3$,再加乙醇钠,然后引入异丙基碘,得到 $C_{13}H_{22}O_3$,后者与稀碱共热,然后酸化,加热即得到薄荷酮。

(1) 写出合成反应;
(2) 根据异戊二烯规则确定合理的结构。

第15章 周环反应
Pericyclic Reactions

经由环状过渡态(cyclic transition state)的协同反应(concerted reaction),称为周环反应(pericyclic reaction),包括电环化反应、σ-迁移反应和环加成反应。

目前,周环反应的解释主要有三种理论:前线轨道理论(frontier orbital theory)、能级相关理论(correlation diagram theory)和芳香过渡态理论(aromatic transition state theory)。三种理论都以分子轨道理论为基础,从不同的角度解释周环反应。

周环反应的发展历史背景

1912年,Rainer Ludwig Claisen发现,烯丙基苯基醚受热重排成邻烯丙基苯酚:

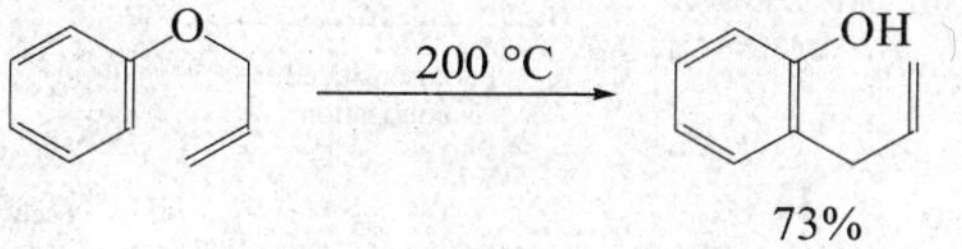

1928年,Otto Diels与Kurt Alder报道了共轭二烯的双烯合成:

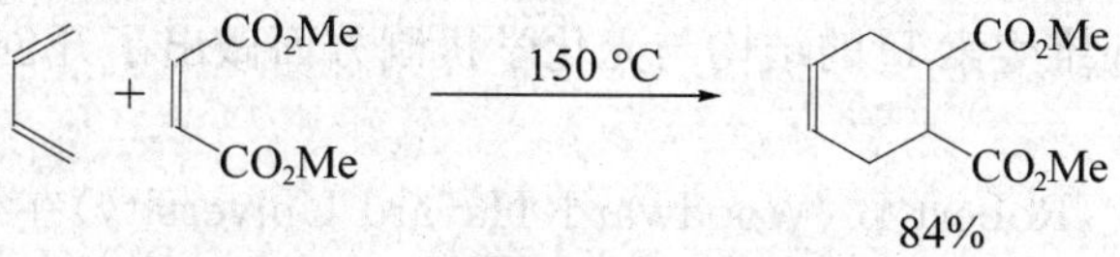

1940年,Arthur C. Cope报道了碳-碳单键[3,3]迁移反应:

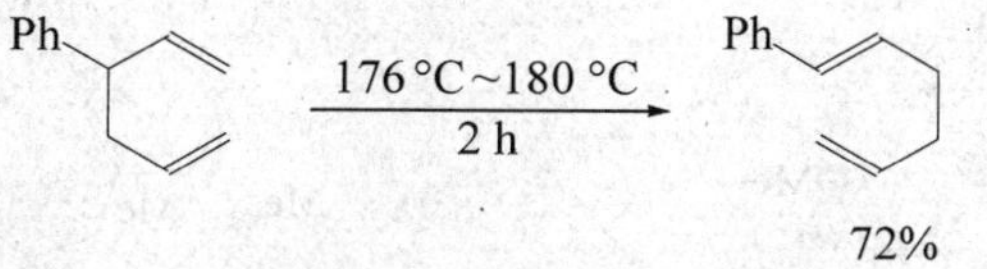

1958年,E. Vögel报道了环丁烯衍生物的开环反应:

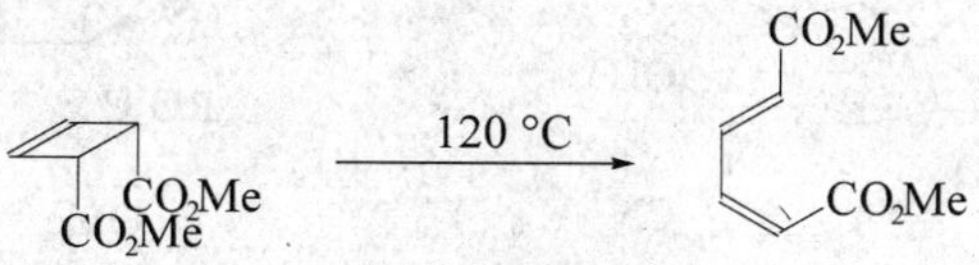

1959年,R. Criegee也发现了类似的环丁烯开环反应:

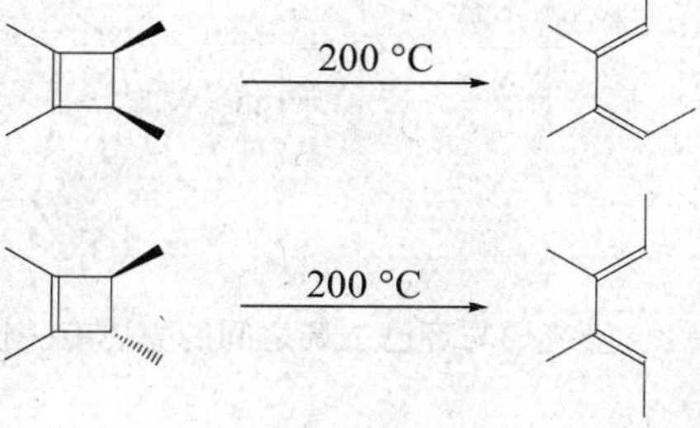

1961 年，Egbert Havinga(Leiden University，Netherlands)在研究维生素 D 的过程中，发现脱氢胆固醇在转化成为维生素 D 的光反应是特别的；见图 15-1。

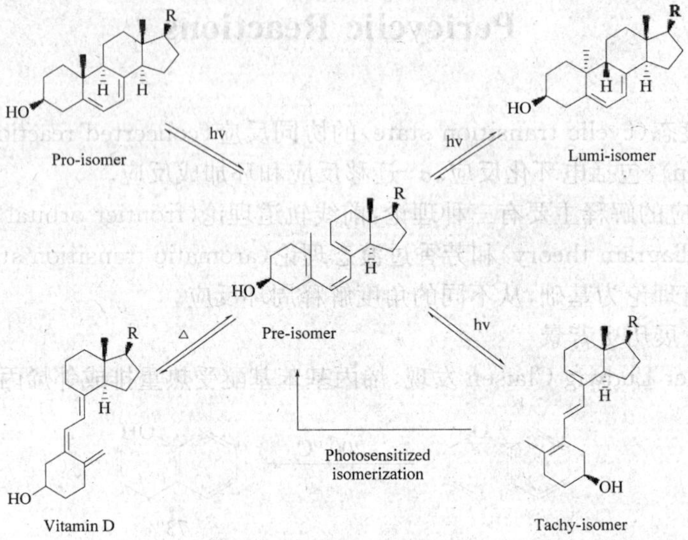

图 15-1 前维生素 D 的光异构化

Egbert Havinga 在维生素 D 的结构与光化学机制方面做出了开创性的工作，是有机光化学的先驱。

在 20 世纪 60 年代，Robert B. Woodward(Havard University)在维生素 B_{12} 全合成中，发现己三烯与环己二烯之间转化是立体专一性的，如图 15-2 所示。

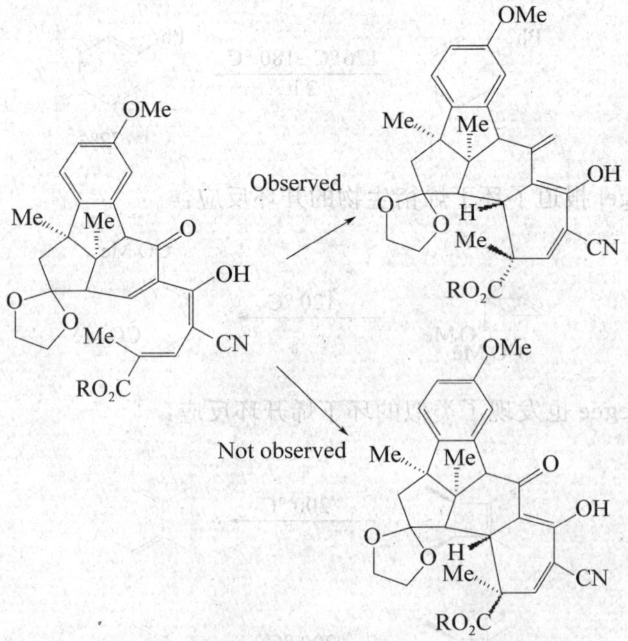

图 15-2 己三烯与环己二烯之间的立体专一性转化

1965年，R. B. Woodward 与 R. Hoffmann 共同提出了分子轨道对称守恒原理（principle of orbital symmetry conservation）。他们认为，分子轨道的对称性控制化学反应进程；协同反应中，分子轨道对称保持不变——分子轨道对称性守恒，即由反应物到产物，轨道的对称性保持不变（R. B. Woodward, R. Hoffmann. Stereochemistry of Electrocyclic Reactions. *J. Am. Chem. Soc.*, 1965, 87 (2), 395-397; R. B. Woodward, R. Hoffmann. Selection Rules for Sigmatropic Reactions. *J. Am. Chem. Soc.*, 1965, 87 (11), 2511-2513)。

福井谦一（Kenichi Fukui，1918—1998）在1950年代提出了直观的前线轨道理论。电子占据的最高能级轨道（highest occupied molecular orbital，HOMO）是最高占据轨道，未占有电子的最低能级轨道（lowest unoccupied molecular orbital，LUMO）是最低未占轨道。HOMO 与 LUMO 是前线轨道（frontier MOs，FMOs）。Fukui 认为，化学反应由分子的 FMOs 决定与控制。

Kenichi Fukui 是日本著名理论化学家，因在化学反应过程方面的研究与 R. Hoffmann 共获 1981 年 Nobel 化学奖（The Nobel Prize in Chemistry 1981 was awarded jointly to Kenichi Fukui and Roald Hoffmann "*for their theories, developed independently, concerning the course of chemical reactions*"）。Fukui 是第一位获得 Nobel 化学奖的日籍科学家，同时也是亚洲第一位 Nobel 化学奖获得者。

分子轨道（molecular orbital）及其对称性（symmetry）

1,3-丁二烯的分子轨道与面对称性如图 15-3 所示。

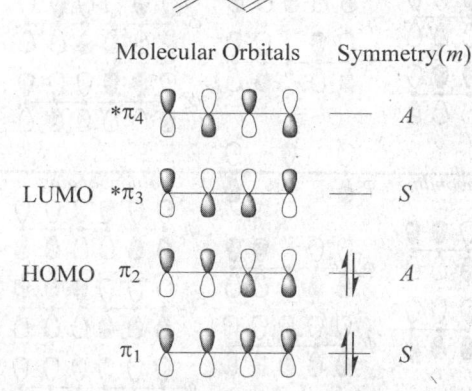

图 15-3　1,3-丁二烯的分子轨道与面对称性

1,3,5-己三烯的分子轨道与面对称性见图 15-4。

共轭多烯的分子轨道与对称性见图 15-5。

共轭多烯的分子轨道对称性规律：若以对称面（m）考察，最低能级轨道是对称的，往上是对称（symmetric，S）-反对称（antisymmetric，A）交替变化。若是对称轴（C2），则是反对称（A）-对称（S）交替变化。

轨道对称性与成键：同号（位相）重叠成键。

对称性允许（symmetry-allowed）：对称性相同成键，反应可发生，对称性允许。

对称性禁阻（symmetry-forbidden）：对称性不同，不能成键，对称性禁阻，反应难以进行，但不排除按其他途径进行。

热反应（thermal reaction）：热致反应，也就是在基态下发生的反应。

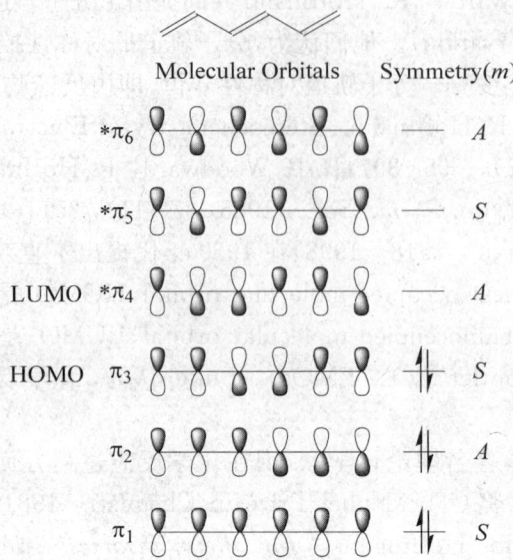

图 15-4　1,3,5-己三烯的分子轨道与面对称性

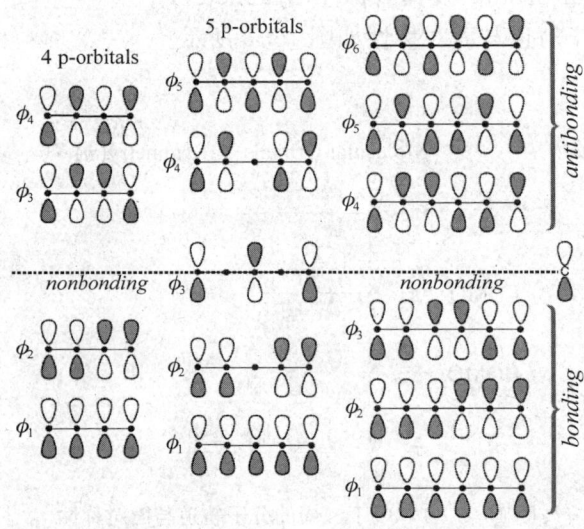

图 15-5　共轭多烯的分子轨道与对称性

光反应(photochemical reaction)：光致反应，也就是处于激发态发生的反应(图 15-6)。

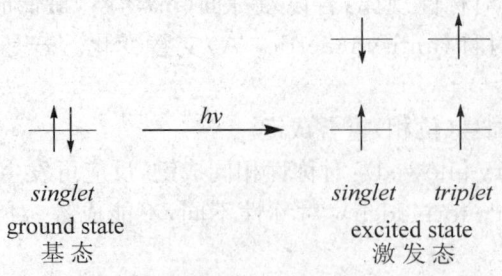

图 15-6　基态与激发态

15.1 电环化反应

开链共轭多烯(open chain conjugated polyene)环化及其逆反应称为电环化反应(electrocyclic reaction, electrocyclization)。

电环化可以是热致或光化学反应。电环化的立体化学取决于共轭体系的 π 电子数多少。

例：

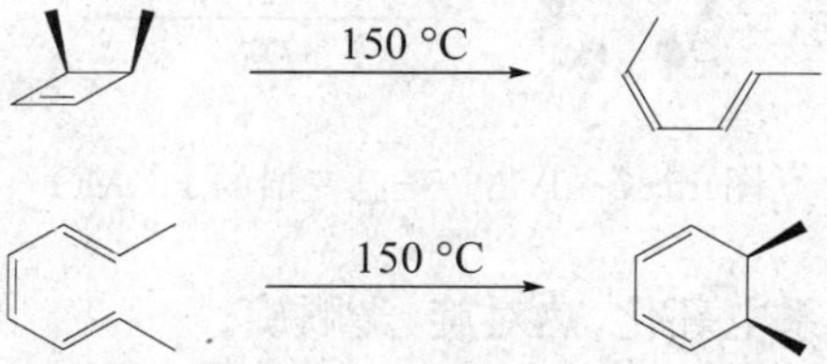

成键与轨道旋转方式：轨道旋转至同号重叠成键。

轨道旋转方式：顺旋(conrotatory, CR)即以相同的方向旋转(turn in the same direction)。对旋(disrotatory, DR)即以相反的方向旋转(turn in opposite directions)。

面对称(S)，轨道对旋(DR)重叠成键。

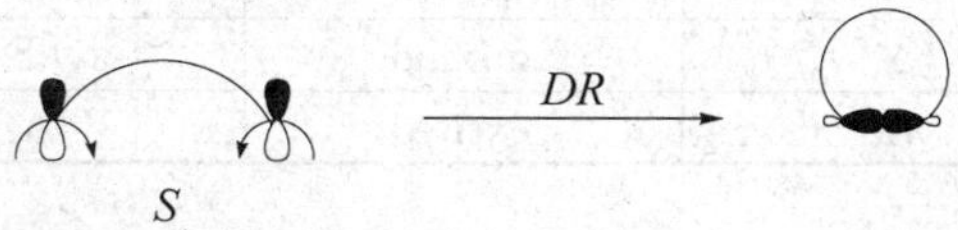

面反对称(AS)，轨道顺旋(CR)重叠成键。

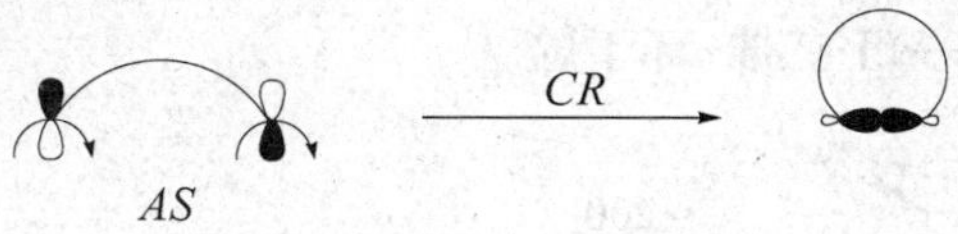

15.1.1 电环化反应规律

15.1.1.1 $4n$ π电子体系

丁二烯是最简单的 $4n$ π 电子体系。基态下 π_2 是 HOMO，反对称，顺旋成键。激发态下 $^*\pi_3$ 是 HOMO，对称，对旋成键(图 15-7)。

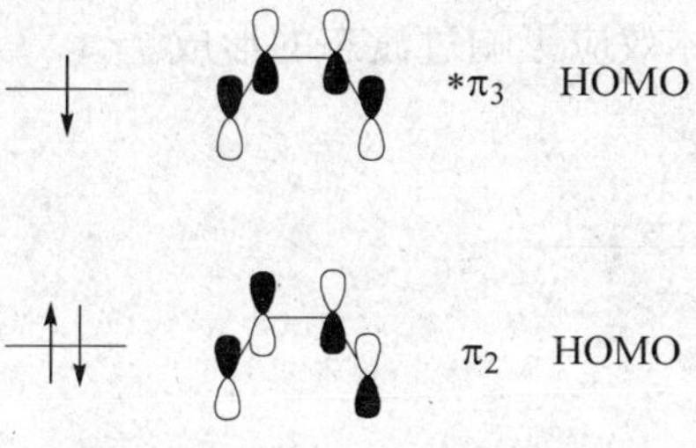

图 15-7 丁二烯的 HOMO

因此，$4n$ π 电子体系电环化，热反应顺旋，光反应对旋。

15.1.1.2 $(4n+2)$ π电子体系

1,3,5-己三烯是最简单的 $(4n+2)$ π 电子体系。基态下 π_3 是 HOMO，对称，对旋成键。

激发态下 $*\pi_4$ 是 HOMO，反对称，顺旋成键（图 15-7）。

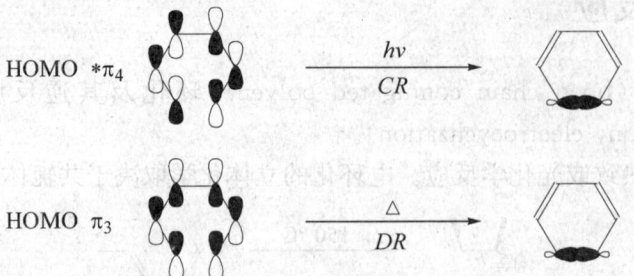

图 15-7　1,3,5-己三烯的 HOMO

因此，$(4n+2)\pi$ 电子体系电环化，热对旋，光顺旋。

电环化反应的 Woodward-Hoffmann 规则，见表 15-1。

表 15-1　Woodward-Hoffmann 规则

π-Electrons	Condition	State	HOMO	Mode
$4n$	Δ	ground	AS	conrotatory
	$h\nu$	excited	S	disrotatory
$4n+2$	Δ	ground	S	disrotatory
	$h\nu$	excited	AS	conrotatory

15.1.2　电环化反应举例

15.1.2.1　4π 电子体系——丁二烯-环丁烯

例：

电环化反应是可逆的，立体效应影响过渡态的形成。

问题 1　完成反应

2,4,6,8-癸四烯的(n=2)的电环化：

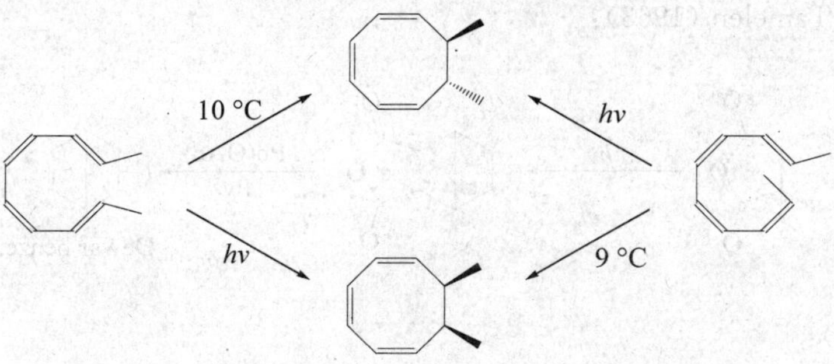

15.1.2.2 6π电子体系——己三烯-1,3-环己二烯
例：

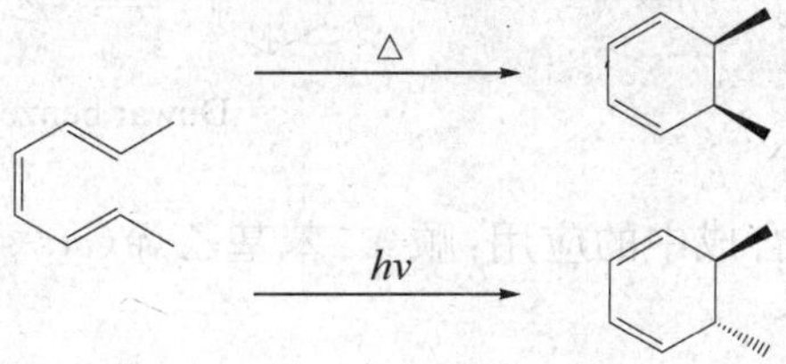

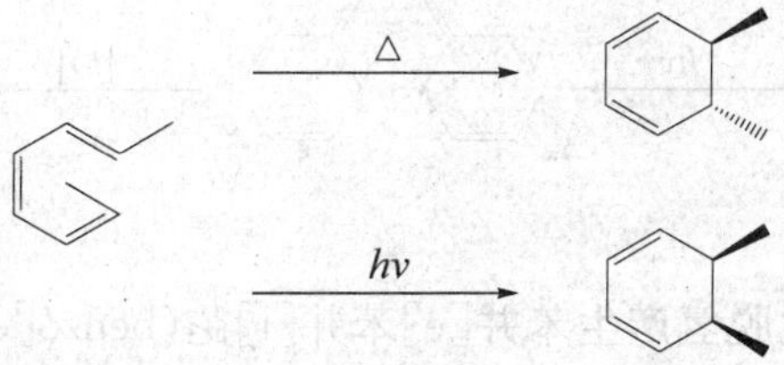

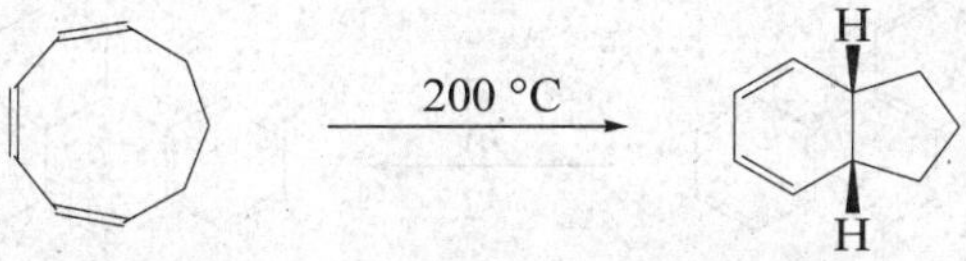

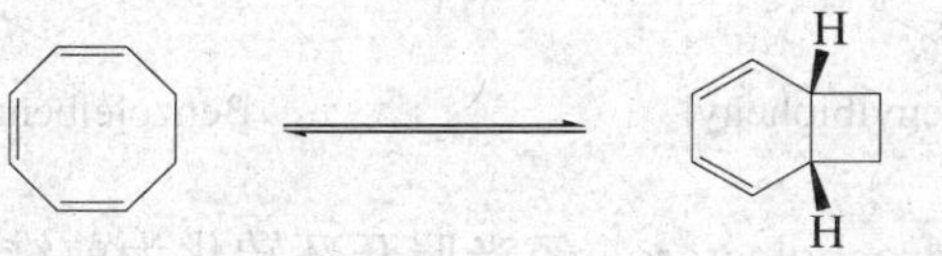

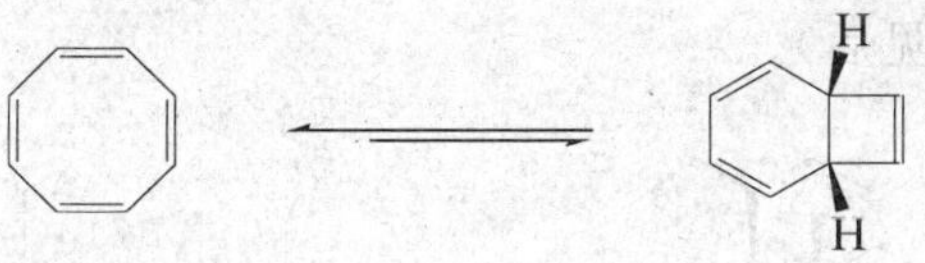

问题 2 完成反应

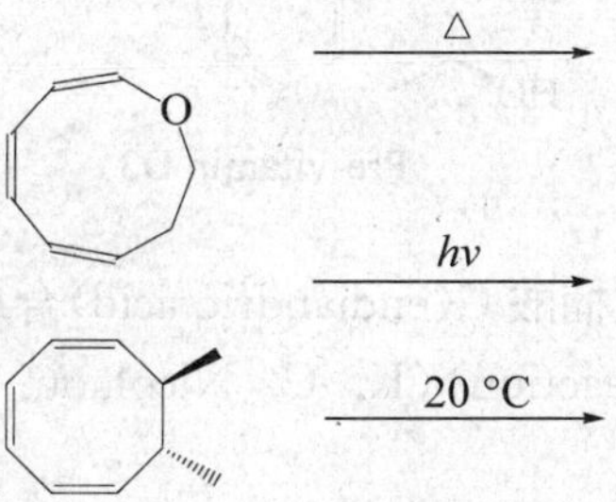

Tamelen、Ward 等应用光化学反应获得 Dewar 苯。

Eugene van Tamelen (1963)：

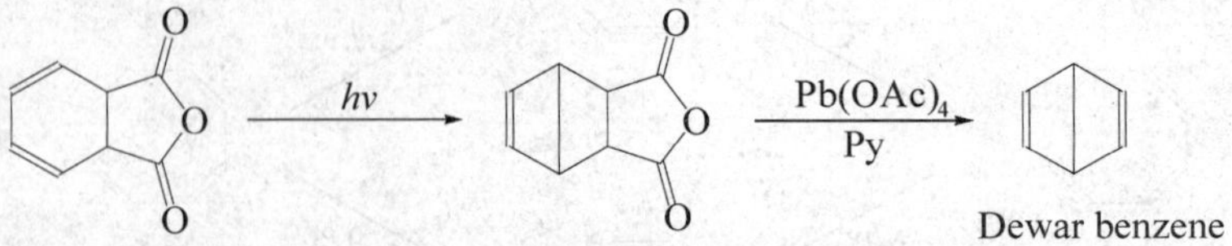

Dewar benzene

Ward (1968)：

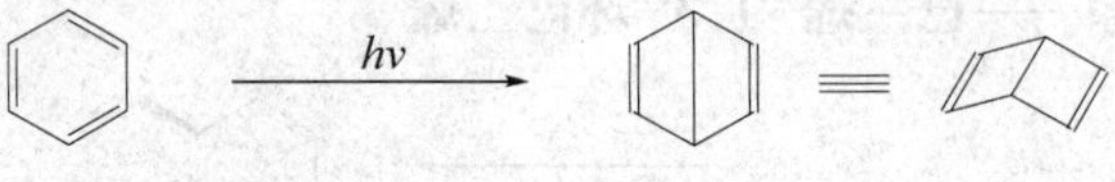

Dewar benzene

光化学反应在多环芳烃合成中的应用：顺-二苯基乙烯(*cis*-stilbene)光顺旋环化、氧化脱氢生成菲。

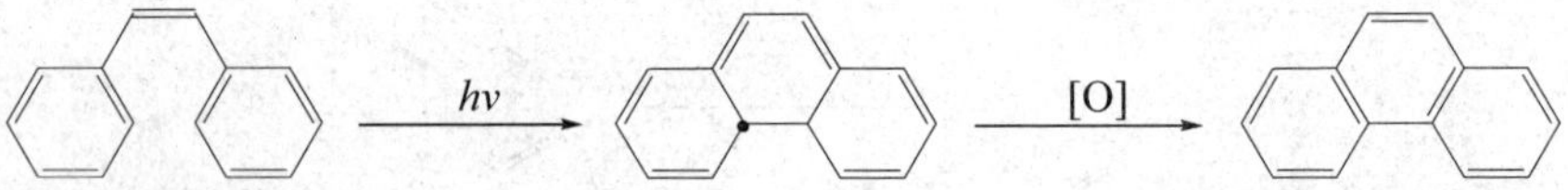

cis-Stilbene　　Phenanthrene

2,2′-二苯基联苯光环化脱氢产生苯并[e]苯并[l]芘(benzo[e]benzo[l]pyrene)。

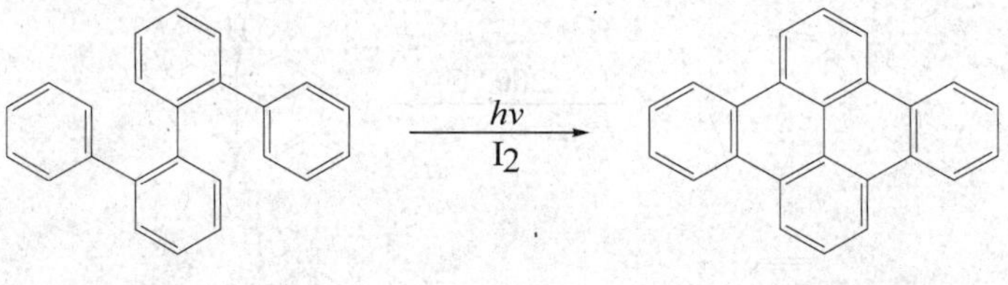

2,2′-Diphenylbiphenyl　　Benzo[e]benzo[l]pyrene

7-脱氢胆固醇(7-dehydrocholesterol)经光照开环转化为前维生素 D3(pre-vitamin D3)，再进一步转化成维生素 D3(见后)。

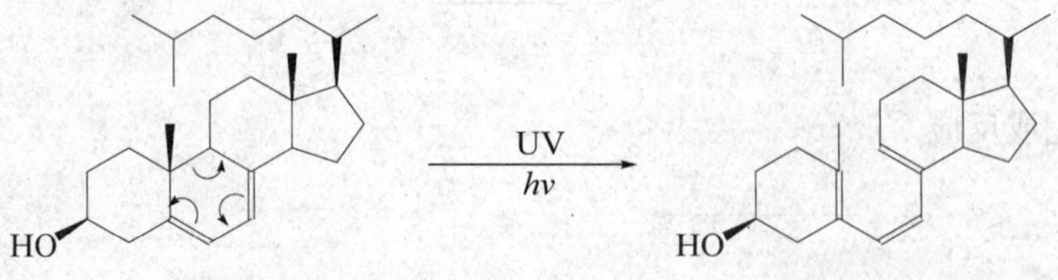

7-Dehydrocholesterol　　Pre-vitamin D3

电环化也用于天然产物全合成，如 Nicolaou 在土楠酸 C(endiandric acid)合成中发现仿生电环化串联反应(biomimetic electrocyclic cascade reaction)(K. C. Nicolaou. *JACS* 1982, *104*(20), 5560; *JOC* 2009, *74*(3), 951)。

15.2 σ-迁移反应

σ迁移反应(sigmatropic reaction)是分子中 σ 键沿共轭体系迁移的周环反应。反应在 σ 键迁移的同时伴有 π 键移位，但 π 键和 σ 键总数不变，而且 σ 键断裂与生成以及 π 键的移位都是经历环状过渡态、协同一步完成的。

σ迁移反应有氢迁移和碳迁移。

15.2.1 氢迁移

氢[1, 3]异面迁移，对称性允许，但位阻太大，难以发生(图 15-8)。

氢[1, 5]同面迁移，对称性允许，是常见的(图 15-8)。

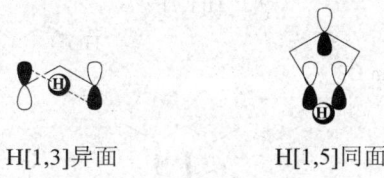

图 15-8　氢[1, 3]与氢[1, 5]迁移

氢[1,7]异面迁移,对称性与空间都是允许的。

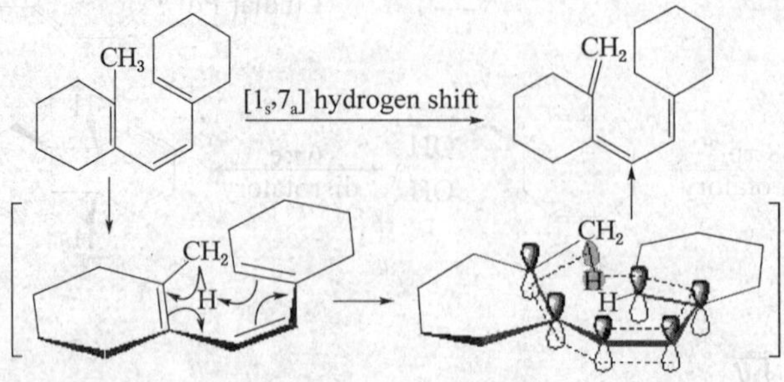

例：

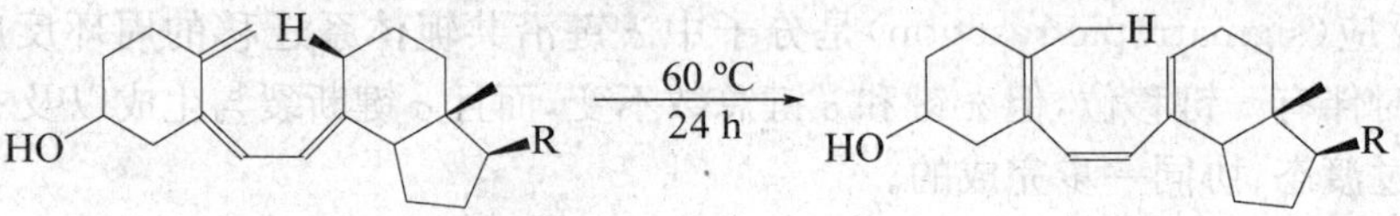

前维生素 D3 的氢[1,7]迁移生成维生素 D3。

Pre-vitamin D3 → Vitamin D3

≡ Vitamin D3

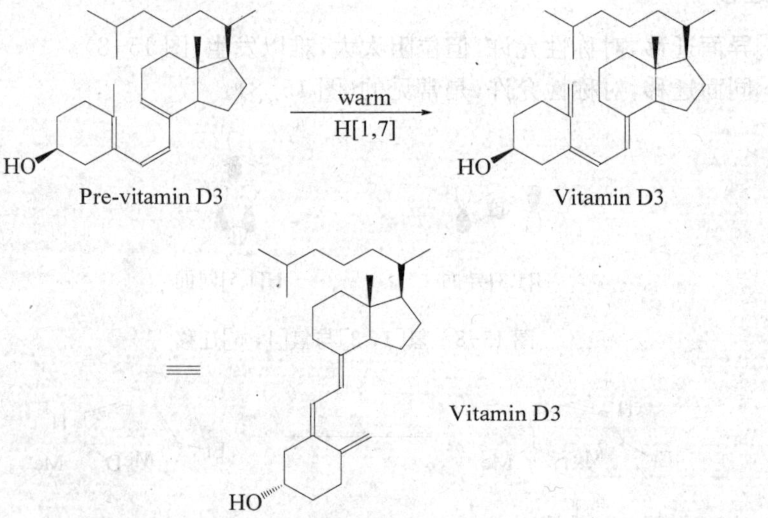

维生素 D3 又称胆钙化醇或胆钙化固醇(cholecalciferol),是维生素 D 的一种。胆固醇脱氢生成 7-脱氢胆固醇,存于表皮和真皮内,在日光或紫外线照射下可转化为前维生素 D3(pre-vitamin D3),再经氢[1,7]迁移生成维生素 D3(vitamin D3)。维生素 D3 在肝脏经羟化酶系作用形成 25-羟胆钙化醇,再在肾脏中被羟化为 1,25-二羟胆钙化醇,其活性较胆钙化醇更高,被证明是维生素 D 在体内的真正活性形式。维生素 D 是一种脂溶性维生素,具有调节钙、磷代谢的功能。因此,人应多晒太阳,小儿可预防小儿佝偻病,成人可减缓骨质疏松。所以维生素 D 又被称为"阳光维生素"。

15.2.2 碳迁移

15.2.2.1 碳[1,j]迁移

碳[1,3]迁移轨道分析:同面迁移,构型转化(图 15-9)。
碳[1,5]迁移轨道分析:同面迁移,构型保持(图 15-10)。

图 15-9　碳[1,3]迁移

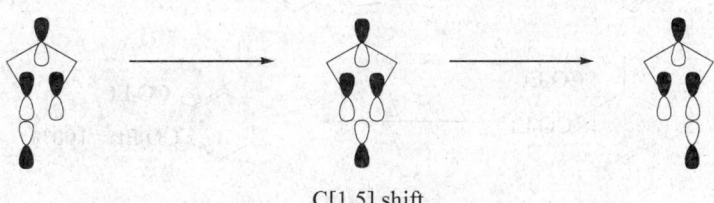

图 15-10　碳[1,5]迁移

C[1,3]迁移举例：

C[1,3]同面迁移，构型转化。例：

迁移轨道分析：

C[1,5]迁移举例：

15.2.2.2 碳[3,3]迁移

1. Cope 重排

碳-碳[3,3]σ迁移反应称为 Cope 重排(Arthur C. Cope, 1940)。

例：

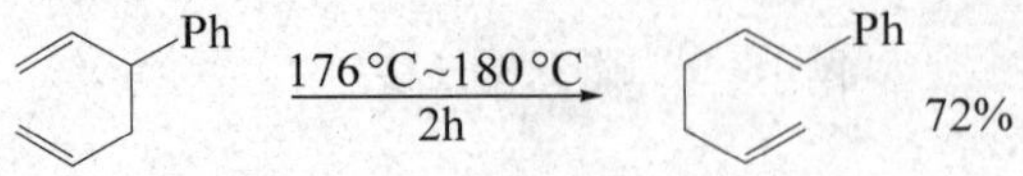

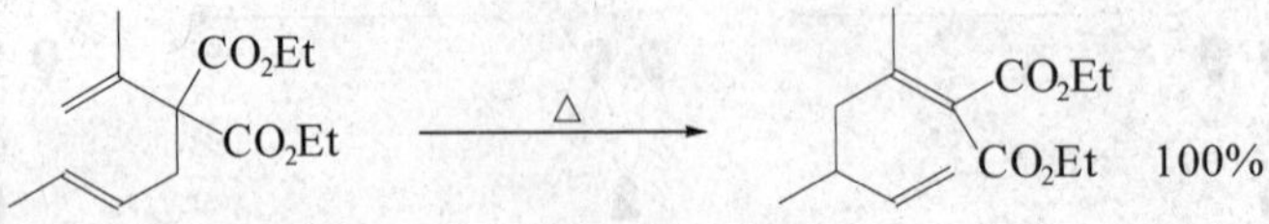

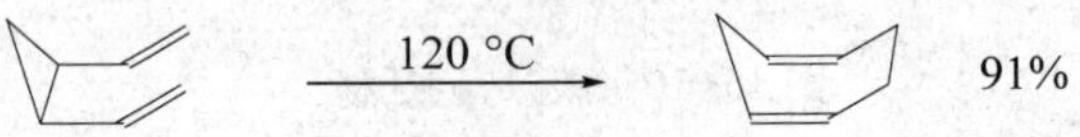

$$\text{(3-苯基-1,5-己二烯)} \xrightarrow[2h]{176\,°C \sim 180\,°C} \text{(1-苯基-2,5-己二烯)} \quad 72\%$$

$$\xrightarrow{\Delta} \quad 100\%$$

$$\xrightarrow{120\,°C} \quad 91\%$$

问题 3 完成反应

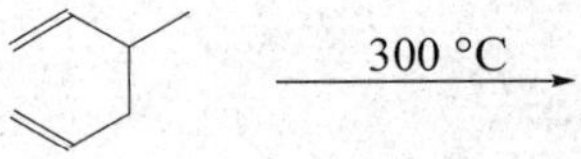

$$\xrightarrow{300\,°C}$$

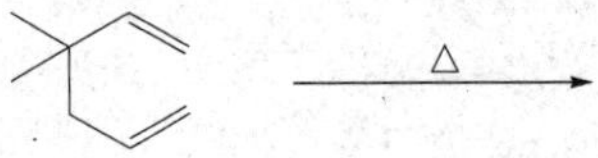

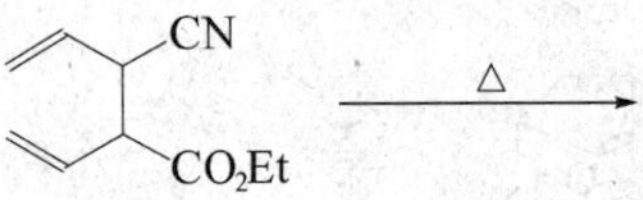

$$\xrightarrow{\Delta}$$

$$\xrightarrow{\Delta}$$

3,4-二甲基-1,5-己二烯受热发生 Cope 重排，产物 2,6-辛二烯有构型的问题，实际上，顺反构型取决于反应物的构型。

$$\xrightarrow{\Delta} \begin{array}{c} CH_2CH=CHCH_3 \\ CH_2CH=CHCH_3 \end{array}$$

Cope 重排经历六元环过渡态，采取椅式构象：

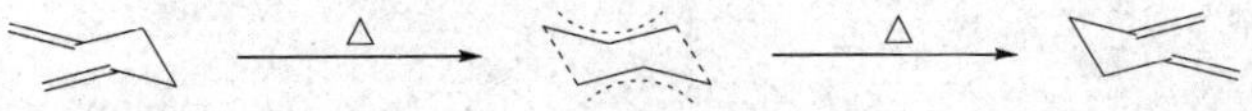

$$\xrightarrow{\Delta} \xrightarrow{\Delta}$$

椅式构象过渡态可视为由二烯丙基自由基构成，是轨道(π_2)对称性允许的，空间上也是可能的：

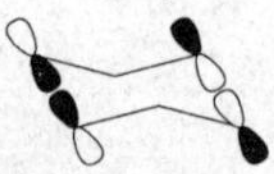

例：

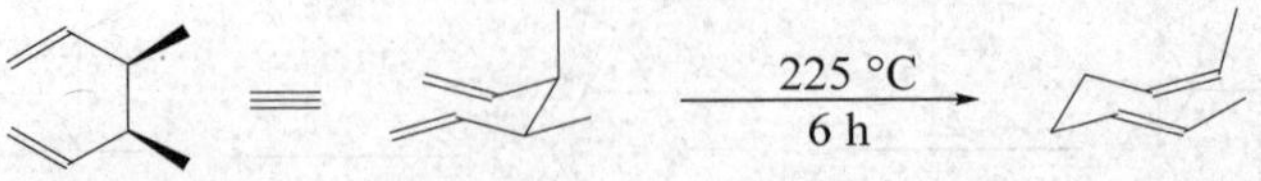

(meso) $\xrightarrow[6\,h]{225\,°C}$ (Z, E) 99.7%

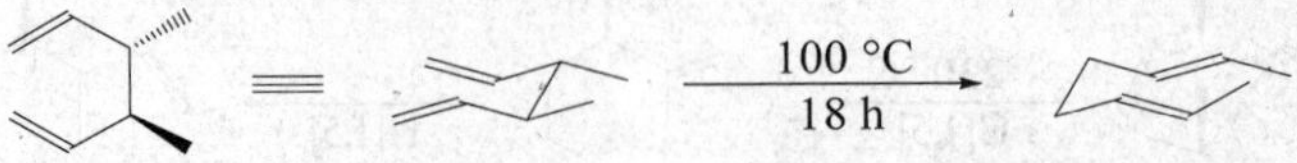

(±) $\xrightarrow[18\,h]{100\,°C}$ (E, E) 90%

也就是说,甲基处于过渡态椅式构象的 a 键导致 Z 式,处于 e 键则产生 E 式。

氧-Cope 重排:1,5-己二烯的碳-3 连有羟基,反应不受影响,重排首先生成烯醇式,再异构化为醛,称为氧-Cope 重排(oxy-Cope rearrangement)。

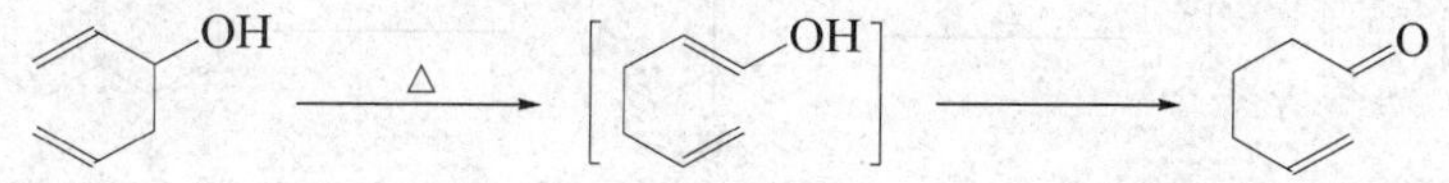

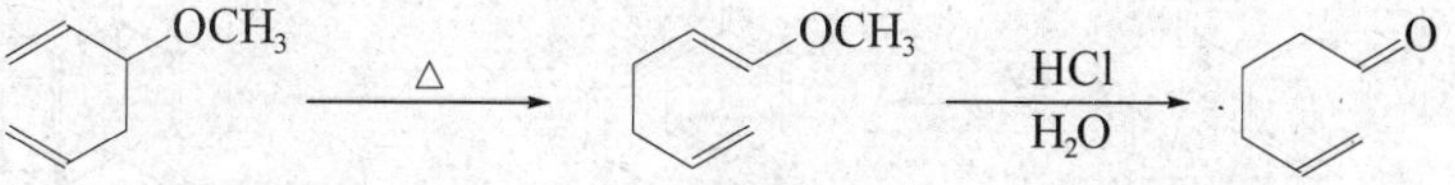

负离子加速氧-Cope 重排反应并可在温和条件下进行。1975 年,Evans 和 Golob 发现,烷氧负离子(醇盐)可加速重排反应,可达 $10^{10} \sim 10^{17}$ 倍,典型的是用 KH 和 18-冠-6。

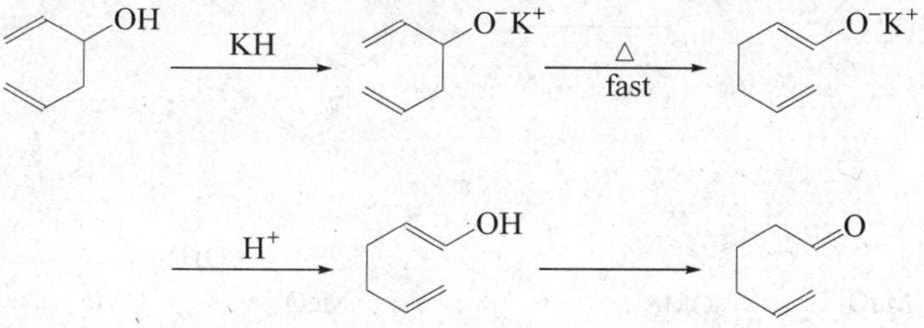

例:

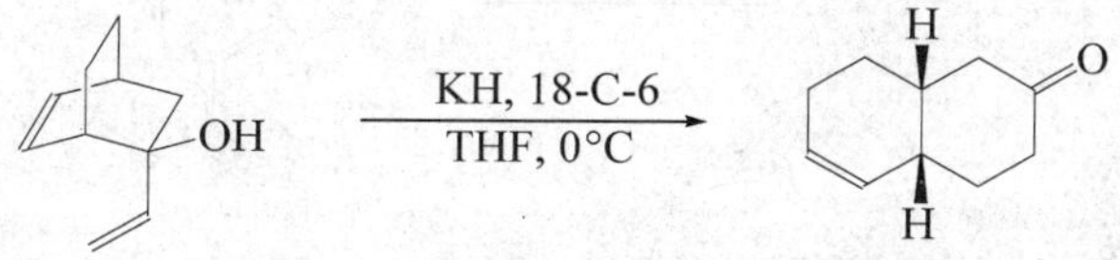

问题 4 完成反应

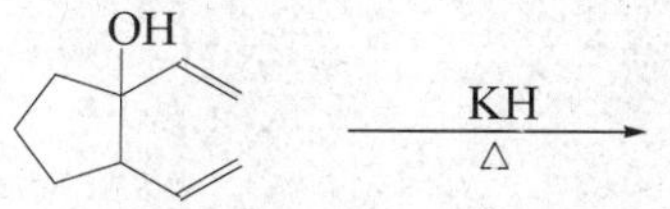

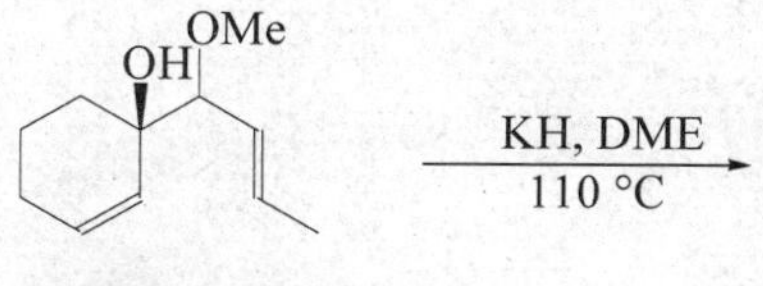

2. Claisen 重排

烯丙基苯基醚受热发生[3,3]迁移,重排成邻烯丙基苯酚,称为 Claisen 重排(Rainer Ludwig Claisen, 1912)。

例:

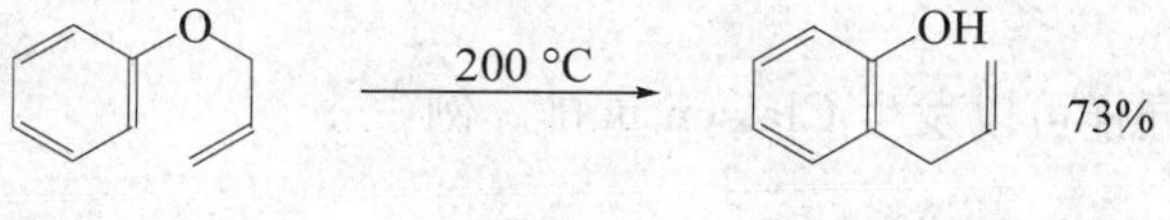

邻位被占,重排至对位。例:

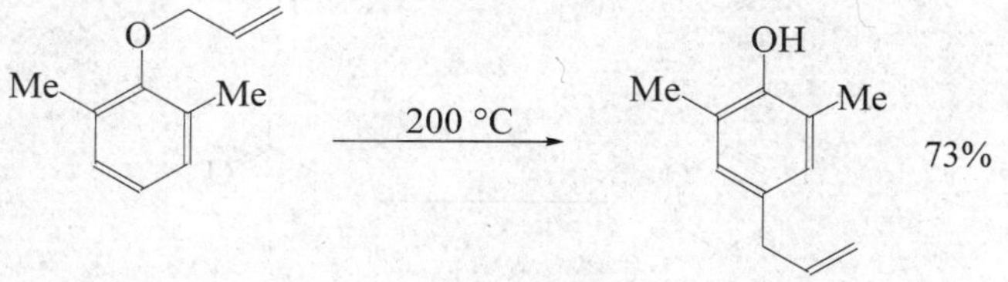

同位素标记实验显示，重排至邻位，烯丙基的 γ-C 连接苯环；重排至对位，烯丙基的 α-C 连接苯环。

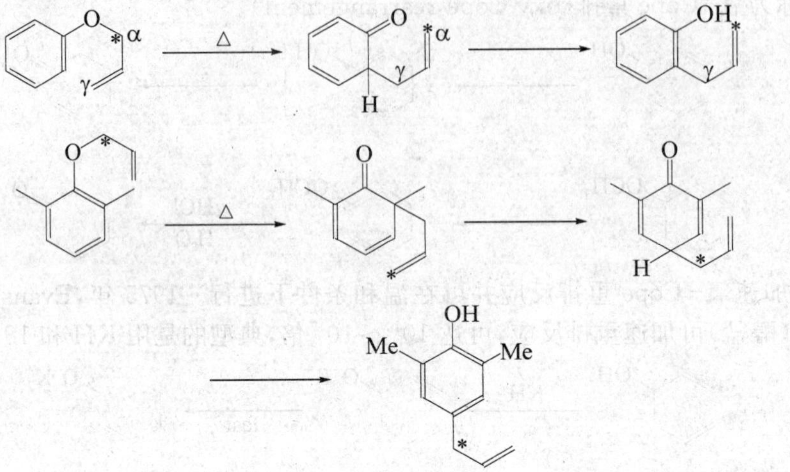

例：

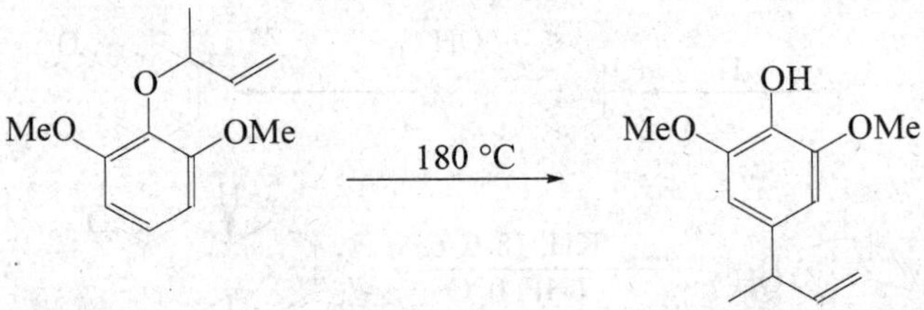

问题 5 完成反应

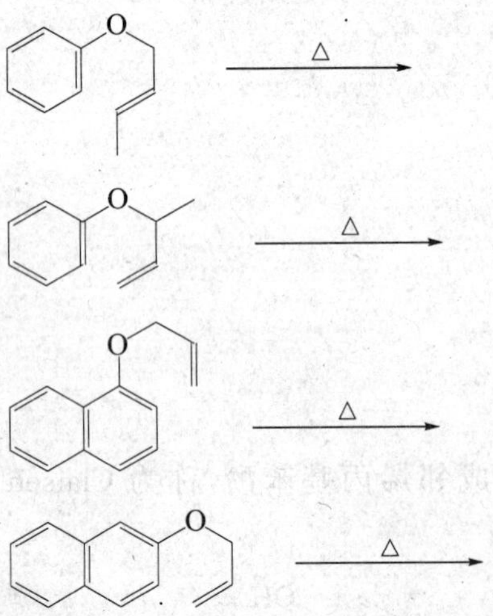

烯丙基乙烯基醚同样可以发生 Claisen 重排。例：

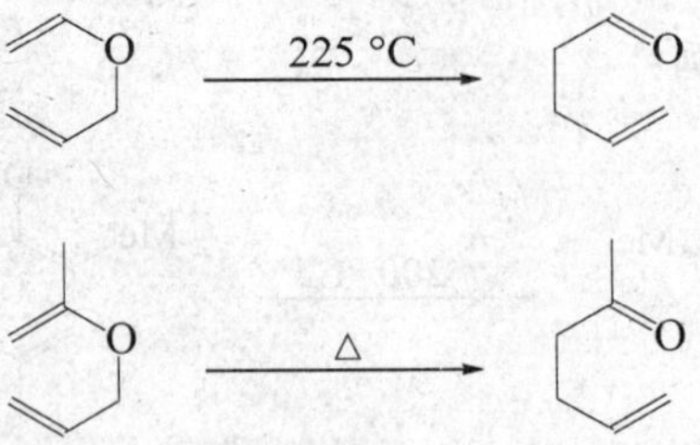

乙酰乙酸烯丙酯受热重排成 α-烯丙基-β-酮酸,脱羧成 γ,δ-不饱和酮,此即 Carroll 重排(M. F. Carroll, 1940)。

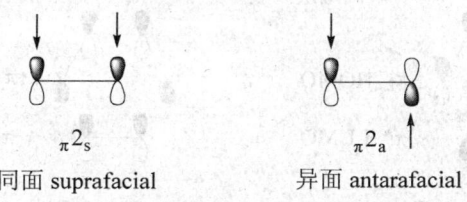

15.3 环加成反应

经由环状过渡态(cyclic transition state)的加成环化反应称为环加成反应(cycloaddition),如[4+2]、[2+2]等。

广义的环加成有 $4n$ π 电子和 $(4n+2)$ π 电子体系两种。环加成反应可否发生不仅取决于反应条件——加热或光照,也取决于反应方式即双方轨道是同面-同面还是同面-异面接近,对称性允许方可发生。

同面(suprafacial)与异面(antarafacial),见图 15-11。

图 15-11 同面与异面

环加成方式:有同面-同面(suprafacial-suprafacial,s-s)与同面-异面(suprafacial-antarafacial,s-a)两种(图 15-12)。

图 15-12 同面-同面与同面-异面

环加成反应的 Woodward-Hoffmann 规则,见表 15-2。

表 15-2 Woodward-Hoffmann 规则

π-电子	反应条件	同面/同面	同面/异面
4n	△	禁阻	允许
4n	hv	允许	禁阻
4n+2	△	允许	禁阻
4n+2	hv	禁阻	允许

$4n$ π 电子体系在基态下同面-同面环加成是禁阻的,但同面-异面是允许的;在激发态下同面-同面是允许的(光允许),同面-异面是禁阻的。

$(4n+2)$ π 电子体系在基态下同面-同面环加成是允许的(热允许),同面-异面是禁阻的;在激发态下同面-同面是禁阻的,同面-异面是允许的。

这就是说,$4n$ π 电子体系是光反应,$(4n+2)$ π 电子体系是热反应。

15.3.1 [4+2]环加成——$(4n+2)$π电子体系

最典型的$(4n+2)$π电子体系就是[4+2],这就是 Diels-Alder 双烯合成反应。

[4+2]环加成反应的轨道对称性分析:成键要求两个轨道同号重叠,一个轨道只能容纳两个电子,因此,只能由一个分子的 HOMO 与另一分子的 LUMO 重叠成键。假定丁二烯与乙烯分子面对面(同面-同面)接近,基态下丁二烯的 HOMO($π_2$)与乙烯的 LUMO($π^*$)或丁二烯的 LUMO($*π_3$)与乙烯的 HOMO($π$)都可以满足同号重叠成键,因此,[4+2]环加成是对称允许的热反应。[4+2]基态对称性允许轨道分析,如图 15-13 所示。

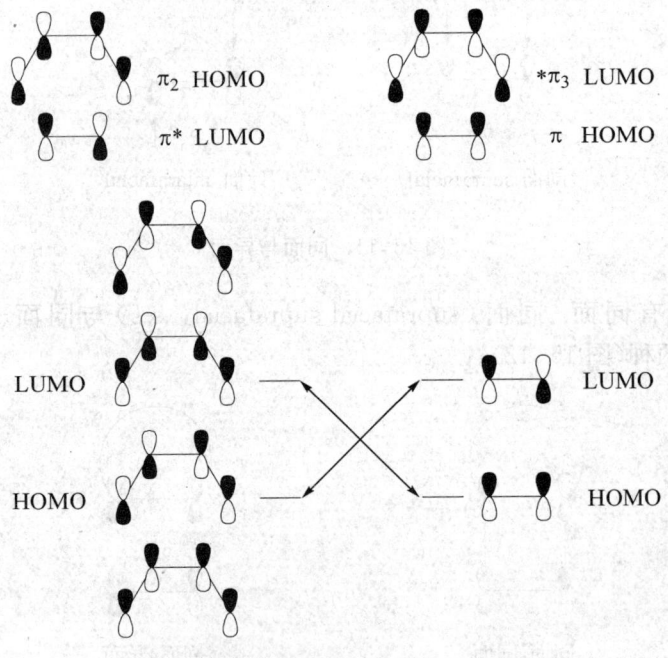

图 15-13 [4+2]轨道对称性允许

15.3.1.1 取代基电子效应

亲二烯体有吸电子基利于反应,二烯体有给电子基利于反应。例:

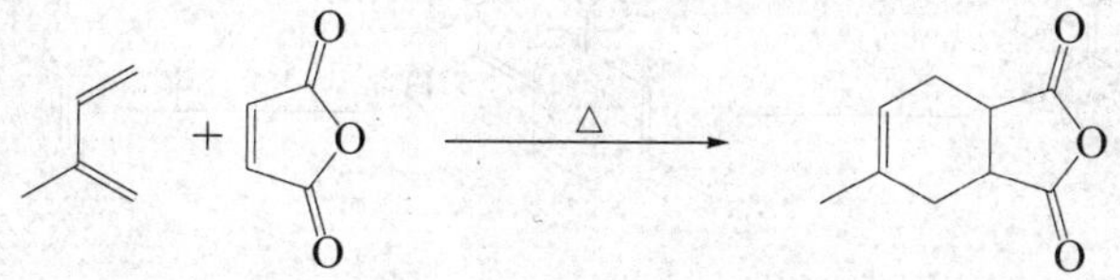

15.3.1.2 立体化学

立体专一性-顺式加成,构型相对保持。例:

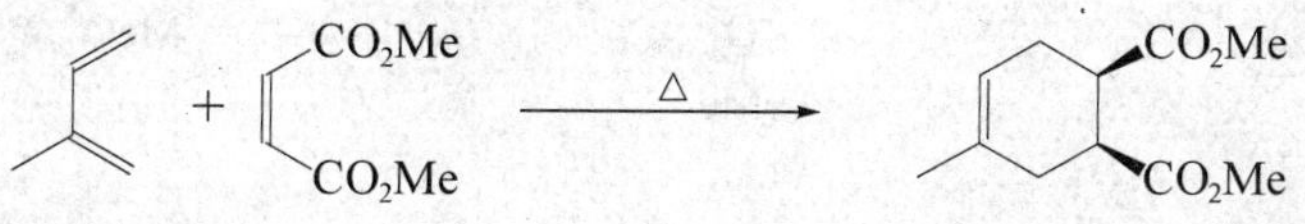

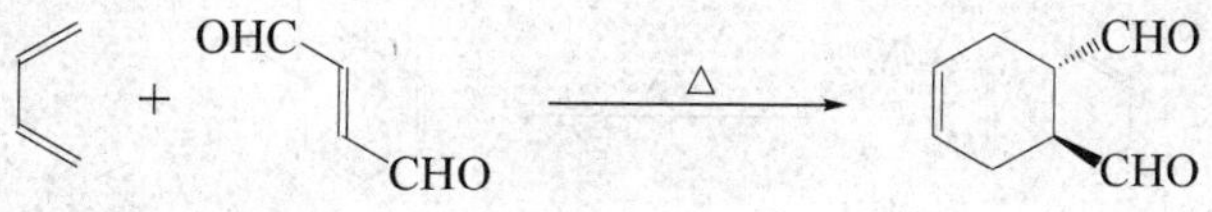

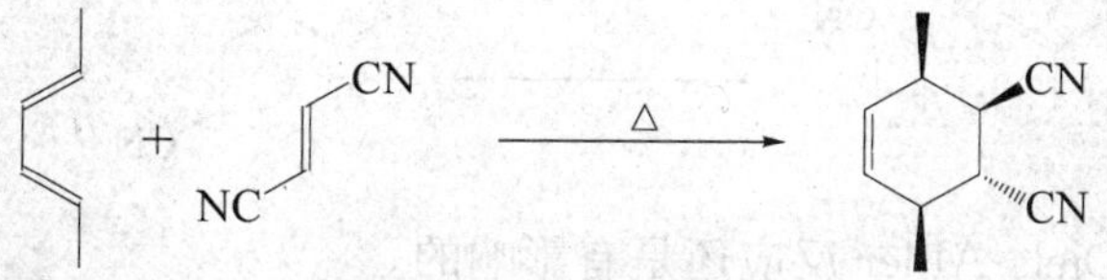

立体选择性——内式为主,次级轨道相互作用。例:

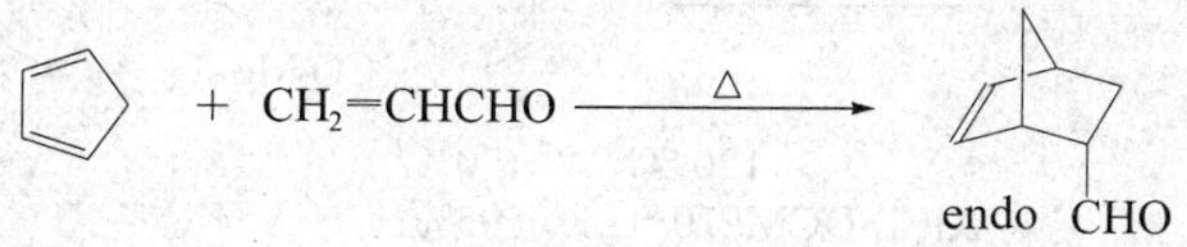

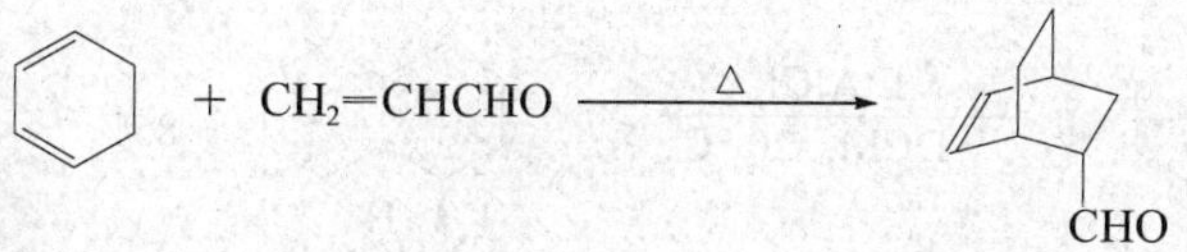

15.3.1.3 区域选择性

区域选择性(regioselectivity)导致构造异构体,此即邻对位规律(ortho-para rule)。

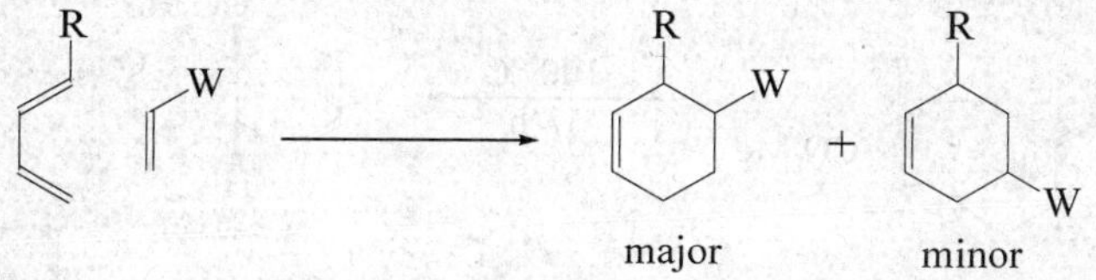

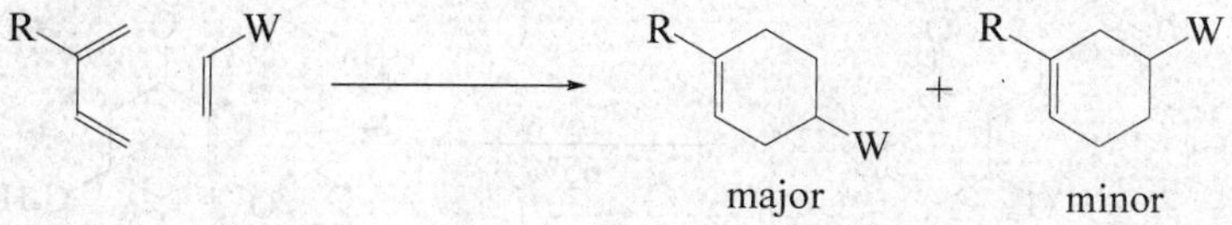

例1

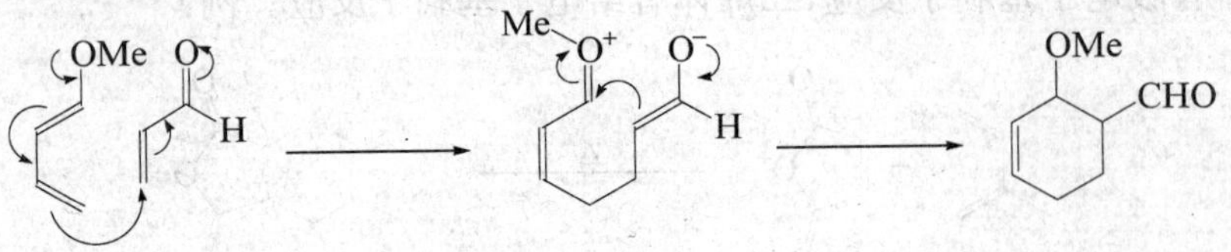

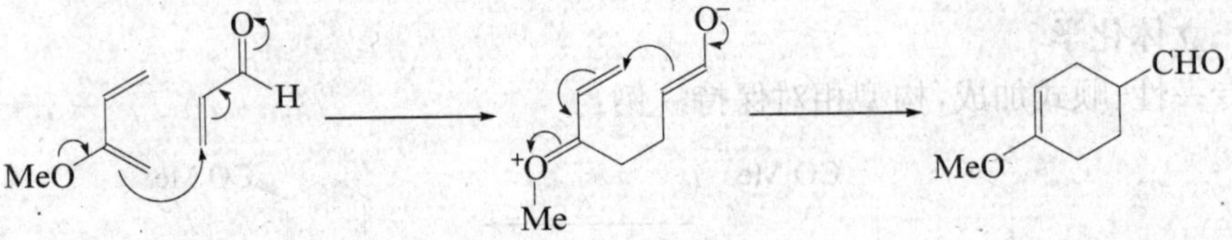

例2

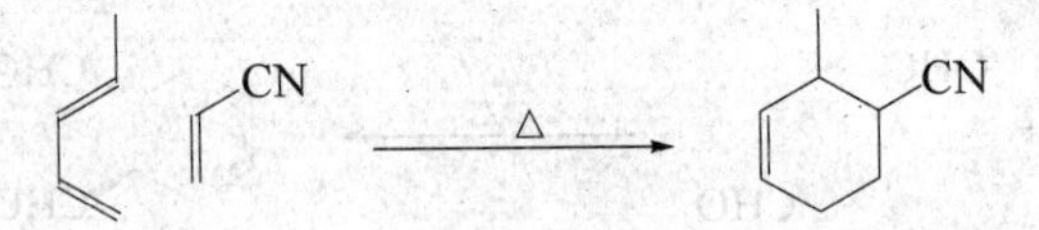

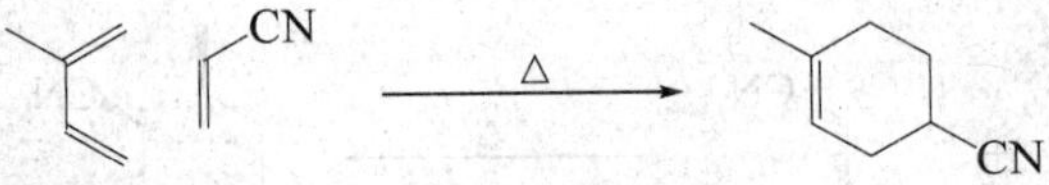

Lewis 酸、温度等对 Diels-Alder 反应还是有影响的。

例:

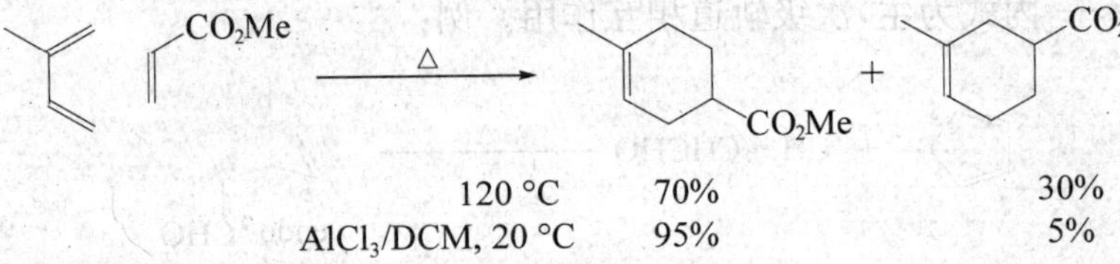

120 °C	70%	30%
AlCl$_3$/DCM, 20 °C	95%	5%

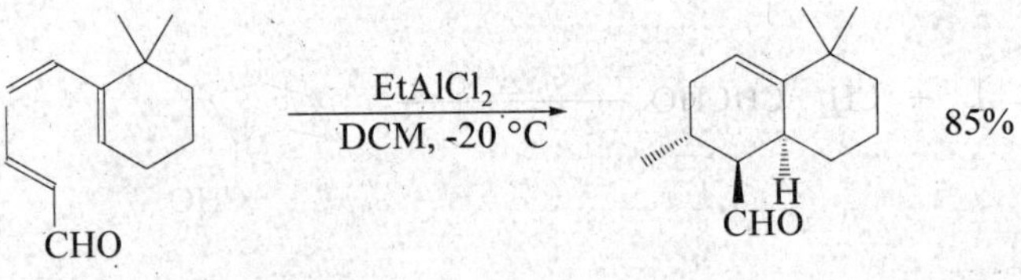

Diels-Alder 反应可发生在分子内。例:

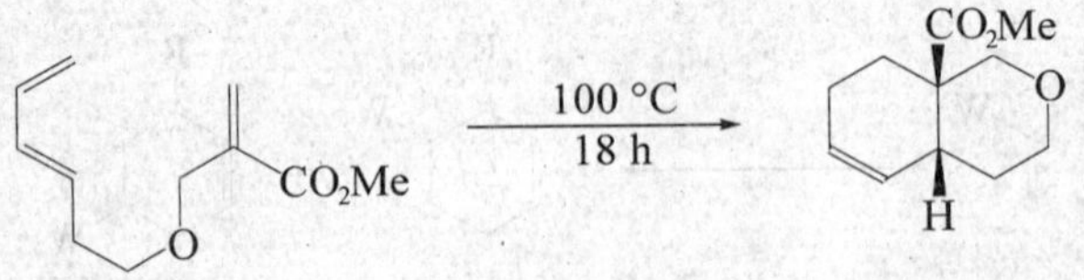

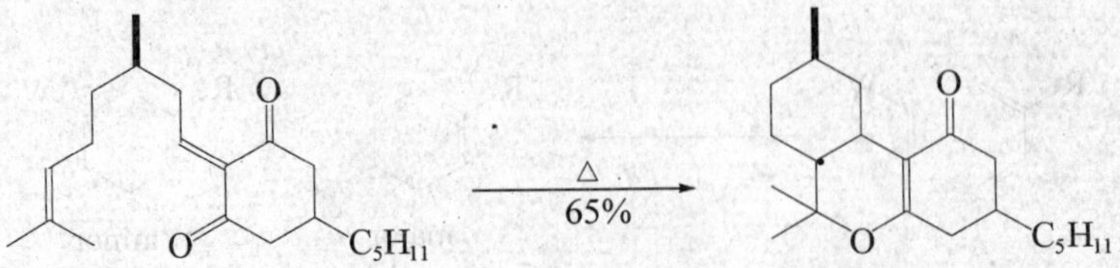

15.3.1.4 杂原子参与的 Diels-Alder 反应——合成杂环化合物

参与 Diels-Alder 反应的二烯体与亲二烯体都可以有杂原子参与，用于杂环化合物的合成。例：

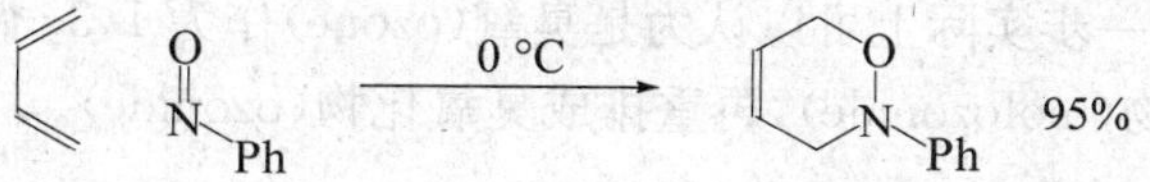

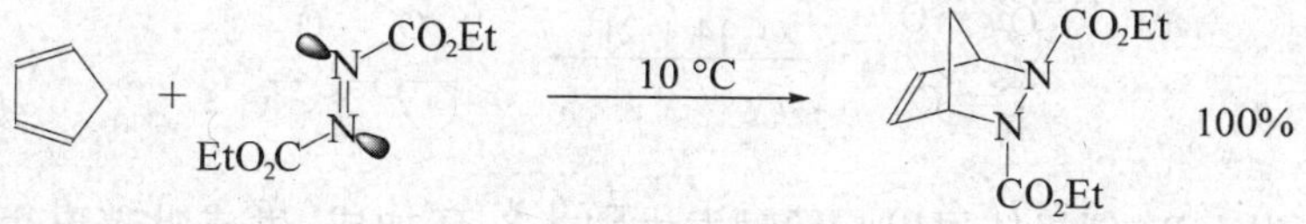

问题 6 完成反应

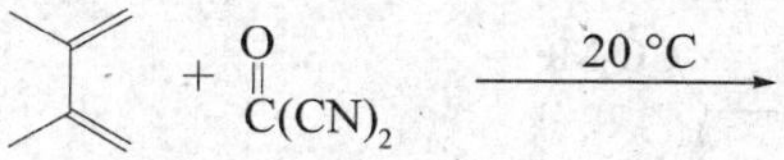

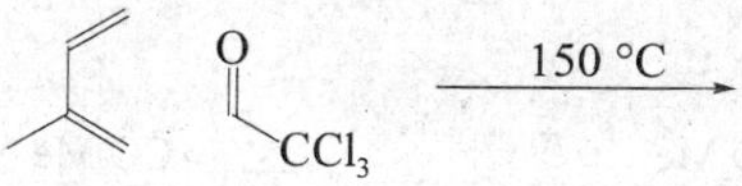

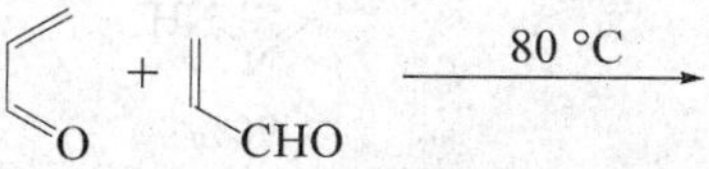

15.3.1.5 离子体系参与的[4+2]环加成

离子体系也可以作为亲二烯体参与[4+2]环加成。例：

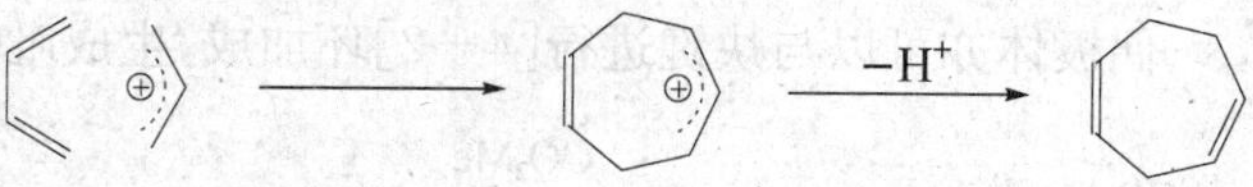

问题 7 解释反应

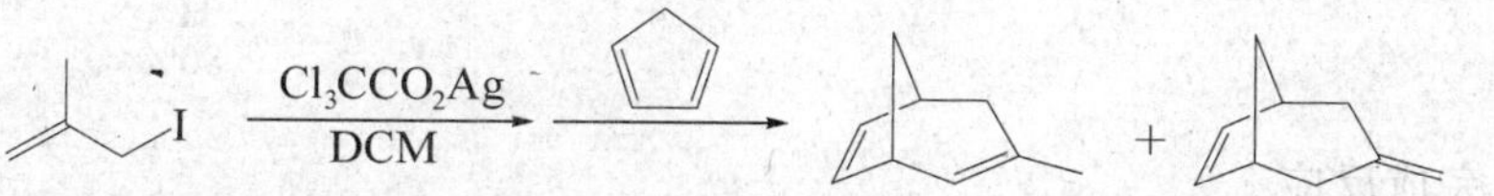

15.3.1.6 1,3-偶极体系参与的[4+2]环加成

1,3-偶极试剂(1,3-dipole reagent)：

臭氧(ozone)

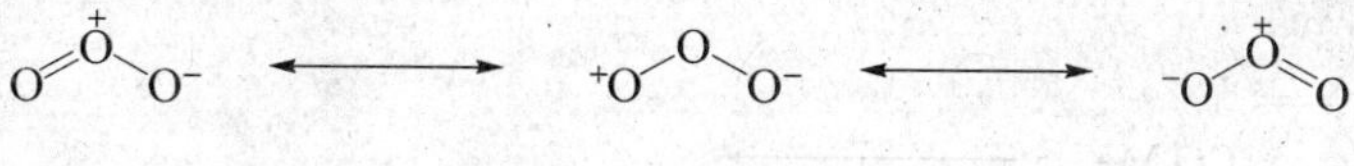

重氮化合物(diazo compound)

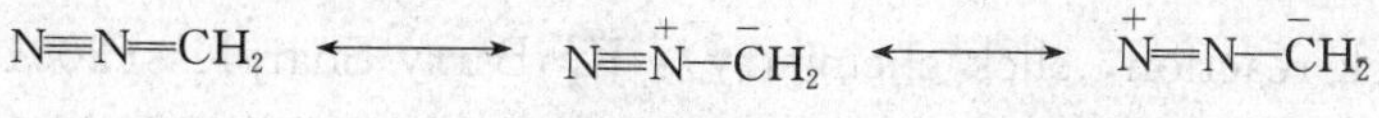

叠氮化合物(azide)

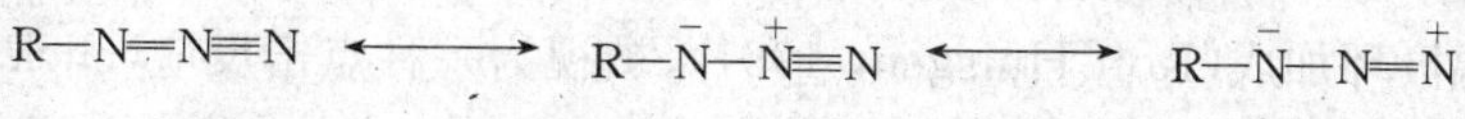

腈氧化物 (nitrile oxide)

$$R-\overset{-}{C}=\overset{+}{N}=O \longleftrightarrow R-C\equiv \overset{+}{N}-O^- \longleftrightarrow R-\overset{+}{C}=\overset{+}{N}-O^- \longleftrightarrow R-\overset{-}{C}=\overset{+}{N}=O$$

烯键的臭氧化反应第一步实际上可以认为是臭氧(ozone)作为1,3-偶极体参与的[4+2]环加成,生成分子臭氧化物(molozonide),再重排成臭氧化物(ozonide)。

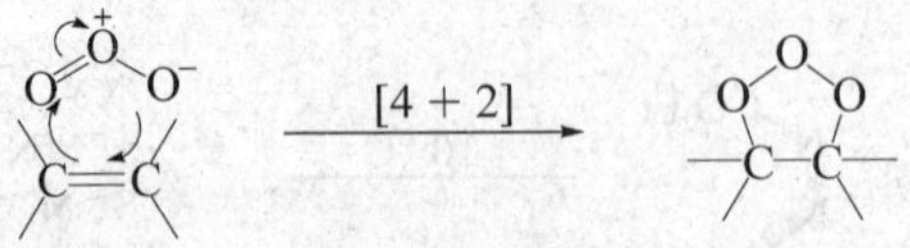

重氮甲烷作为1,3-偶极体可以与烯键发生[4+2]环加成,生成吡唑啉衍生物,热分解放氮生成环丙烷衍生物。例:

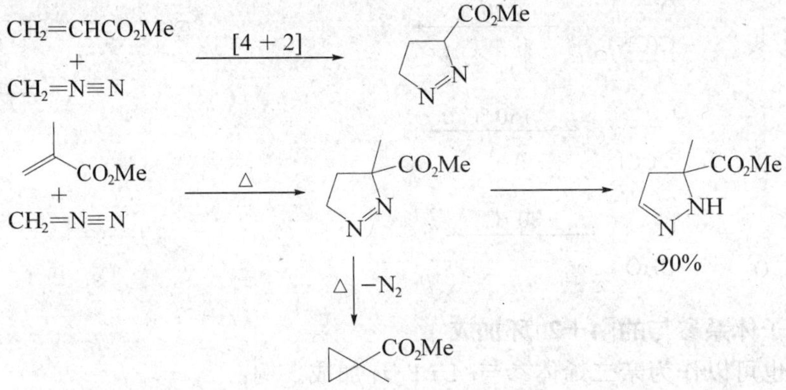

重氮甲烷作为1,3-偶极体亦可以与炔键进行[4+2]环加成,生成吡唑衍生物。例:

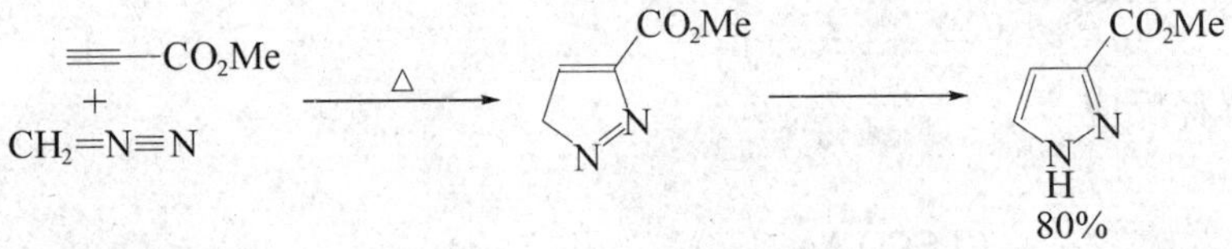

问题8 完成反应

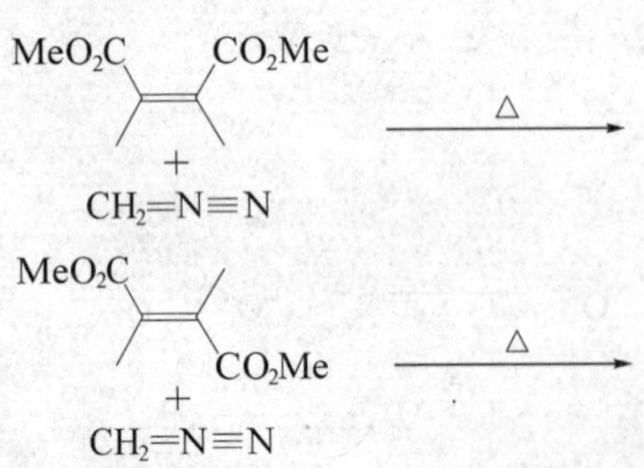

点击反应(click reaction, click chemistry):K. Barry Sharpless(2001)提出了点击化学(click chemistry)的概念。利用点击反应(click reaction)简洁地形成复杂的分子结构。

叠氮化合物作为1,3-偶极体与炔键进行[4+2]环加成,生成三氮唑类杂环系,此即Huisgen 1,3-偶极环加成(Rolf Huisgen, 1961),被视为一种点击反应(click reaction)。

例:

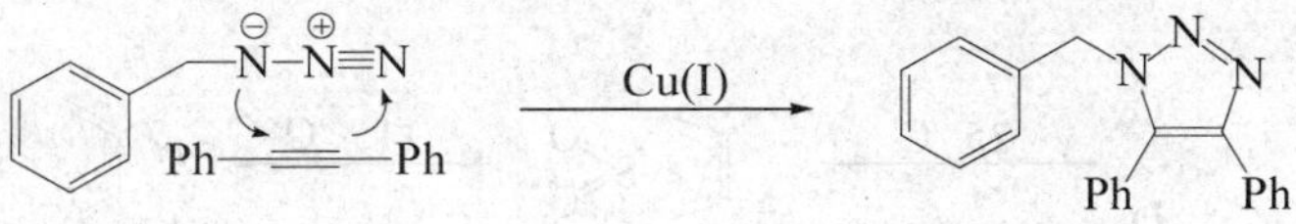

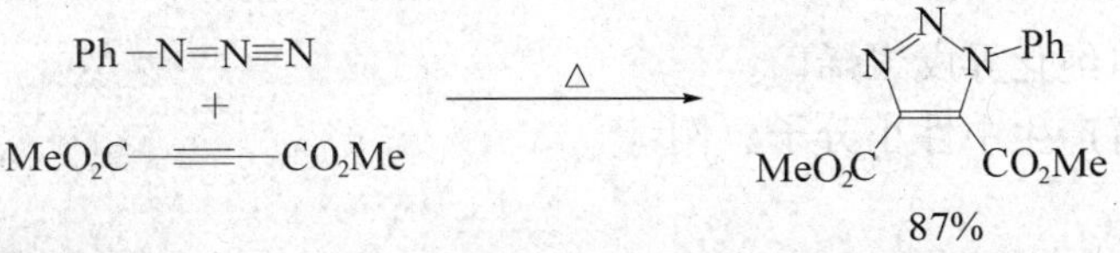

$Ph-N=\overset{+}{N}=\overset{-}{N}$ + $MeO_2C-\!\!\!\equiv\!\!\!-CO_2Me$ $\xrightarrow{\Delta}$ 产物 87%

15.3.1.7 更高级的环加成

除[4+2]外,还有[6+4]、[8+2]、[12+2]等更高级的(4n+2)π电子环加成(higher cycloaddition),同面/同面反应仍是热允许的。

例:

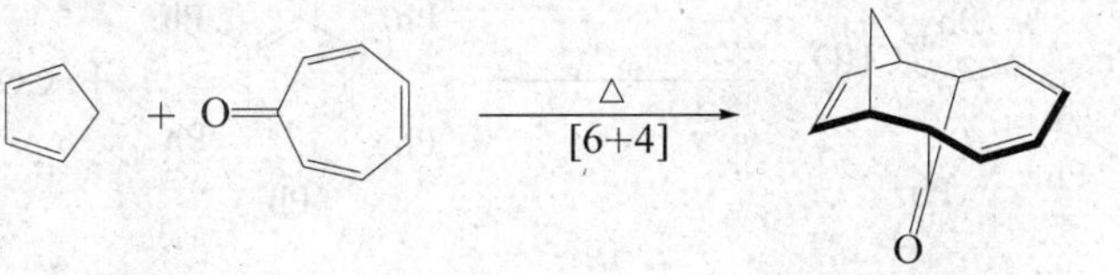

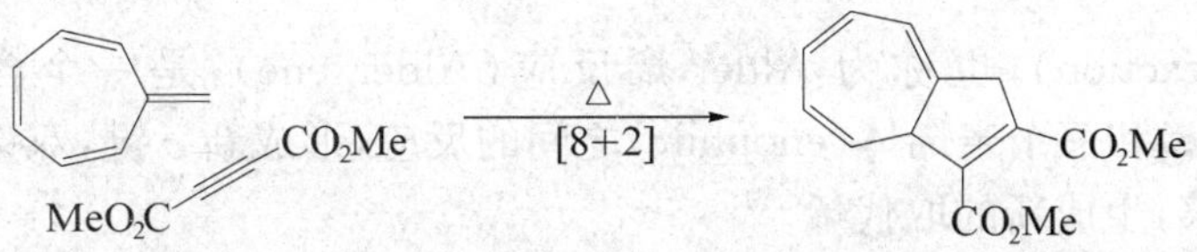

[14+2]同面/同面反应是禁阻的,但同面/异面,即($\pi_2 s + \pi_{14} a$)环加成是允许的。例:

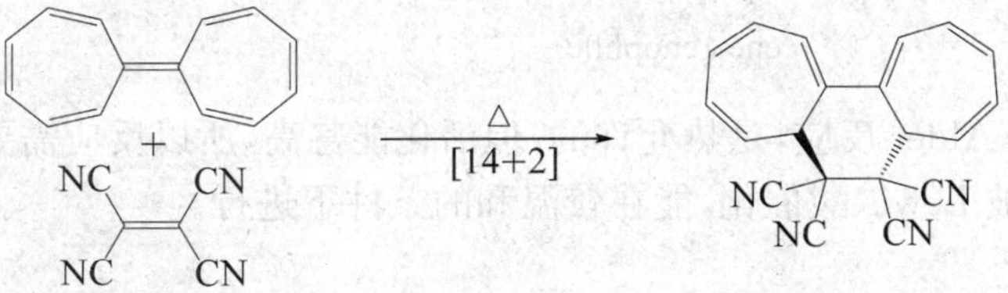

问题9 完成反应

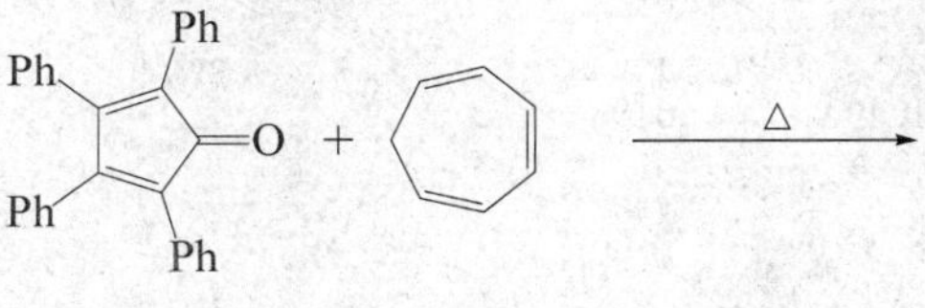

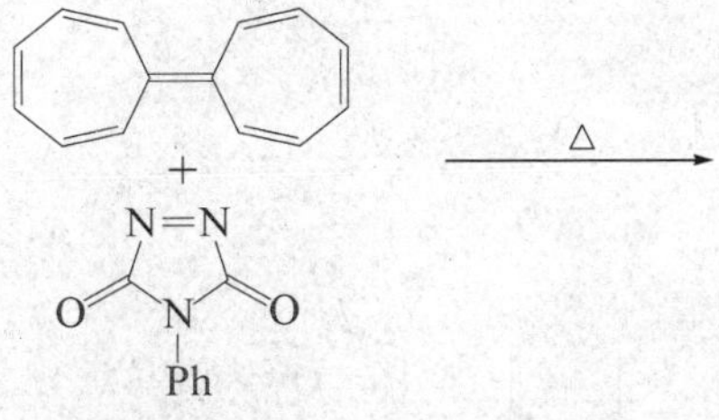

15.3.1.8 螯变反应

两个σ键在同一个原子上同时形成或断裂的协同反应,称为螯变反应(cheletropic

reaction)。例：

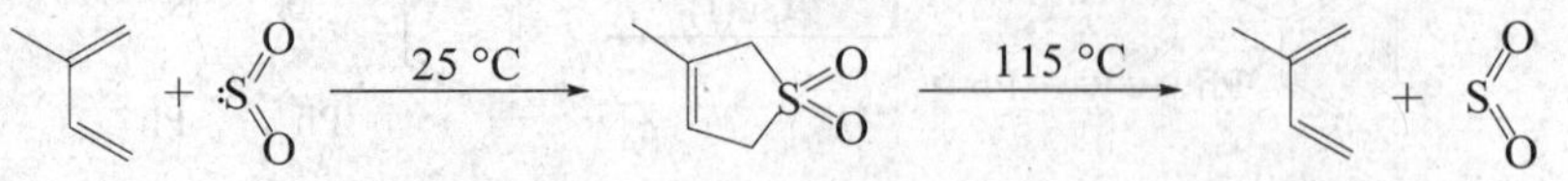

利用此反应可以纯化异戊二烯。

逆螯变反应分解产生中性小分子。例：

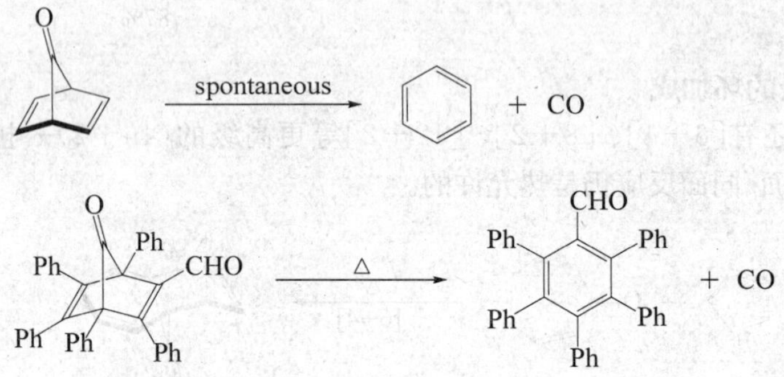

15.3.1.9 烯反应

烯反应(ene reaction)，也称为 Alder 烯反应(Alder ene)，是一个含有烯丙氢(allylic hydrogen)的烯(ene)和一个亲烯体(enophile)之间的反应，形成新 σ 键，双键移至原烯丙位，烯丙氢发生 1,5-迁移，生成新的取代烯。

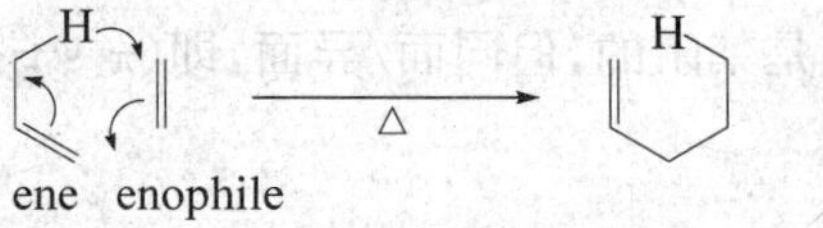

这类似于 Diels-Alder 反应，是热允许的，但活化能甚高，所以反应需要很高的温度。所幸发现许多烯反应可被 Lewis 酸催化，能在较温和的条件下进行。

例：

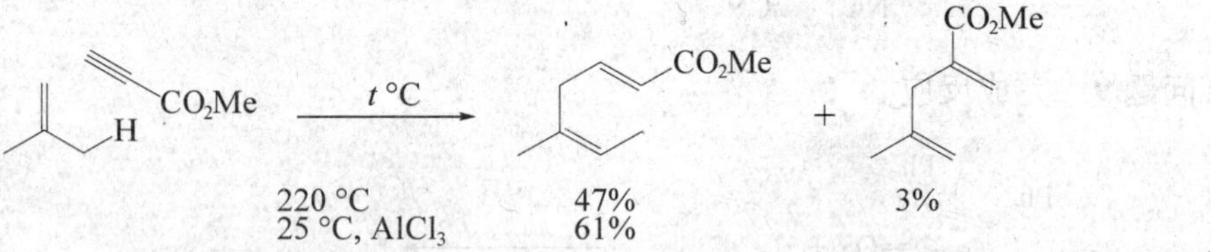

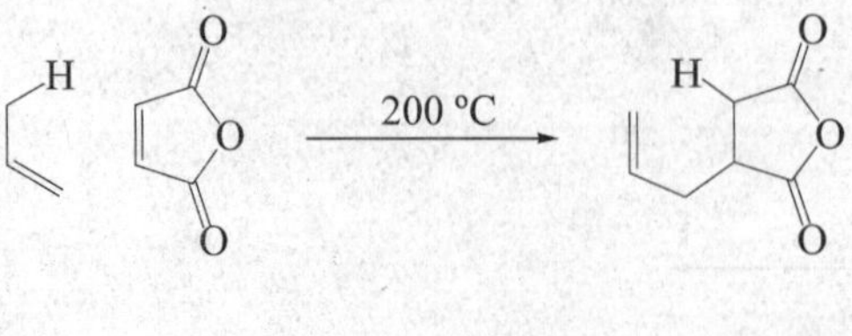

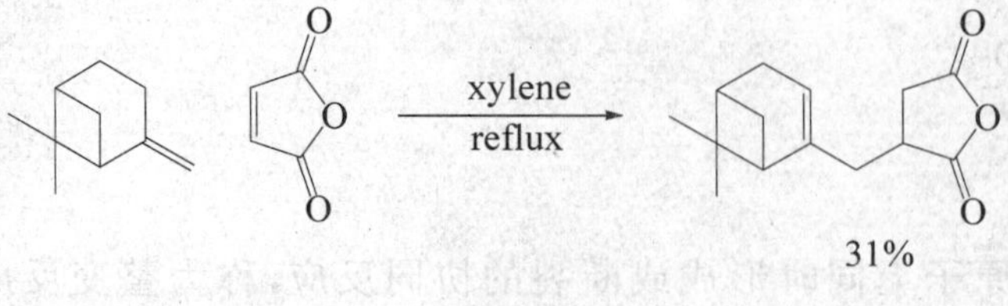

亲烯体也可以是三键、杂原子重键等。例：

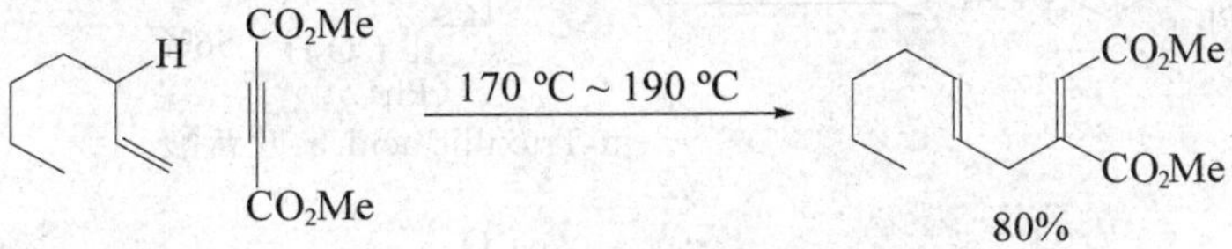

[反应式：末端烯烃 + 炔二酸二甲酯 →(170 ℃~190 ℃) 产物，80%]

[反应式：环己烯衍生物 + 乙醛 →(Al(CH₃)₂Cl, DMC, 25 ℃) 产物，65%]

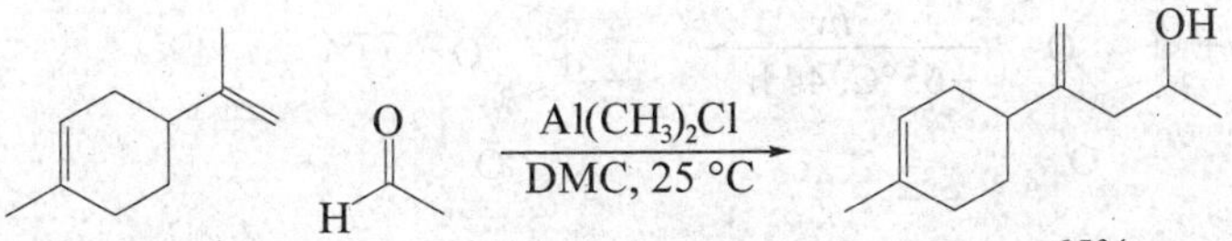

烯反应也可以发生在分子内。例如：

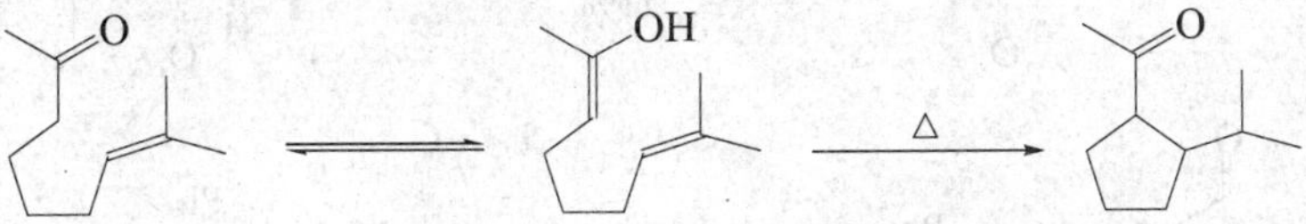

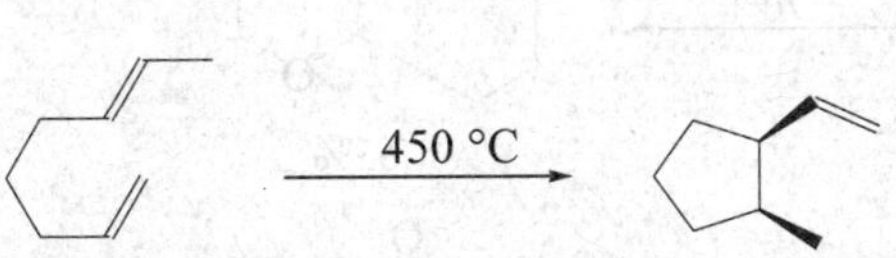

[反应式：酮 ⇌ 烯醇 →(Δ) 环戊烷产物]

[反应式：三烯 →(450 ℃) 环戊烷产物]

烯反应范围不限于烯丙氢，发现烯丙基 Grignard 试剂也有此反应，这里镁代替了氢迁移，此为镁-烯反应，已被巧妙的用于天然产物合成，譬如：

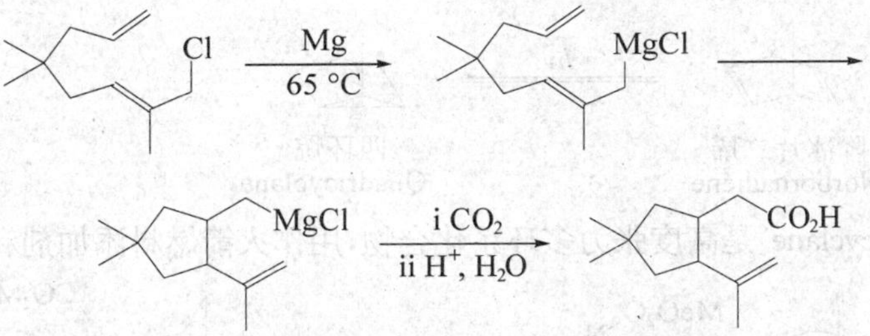

[反应式：氯代物 →(Mg, 65 ℃) MgCl 化合物 →]

[反应式：MgCl 化合物 →(i CO₂; ii H⁺, H₂O) 羧酸产物]

15.3.2 [2+2]环加成——$4n\,\pi$电子体系

$4n\,\pi$电子体系环加成，最简单也是最常见的就是[2+2]环加成。

$4n\,\pi$电子体系环加成的规律是，同面-同面方式，热反应对称禁阻，光反应对称允许。轨道对称性分析如下：两个乙烯分子面对面接近，基态（热）反应条件下，一个分子的 HOMO 为 π 轨道，另一个分子的 LUMO 为 π^* 轨道，其位相不同，是对称禁阻的；在光照下，一个处于激发态的 HOMO 为 π^* 轨道，另一个处于基态的 LUMO 亦为 π^* 轨道，其位相相同，可以重叠成键，是对称允许的（图 15-14）。

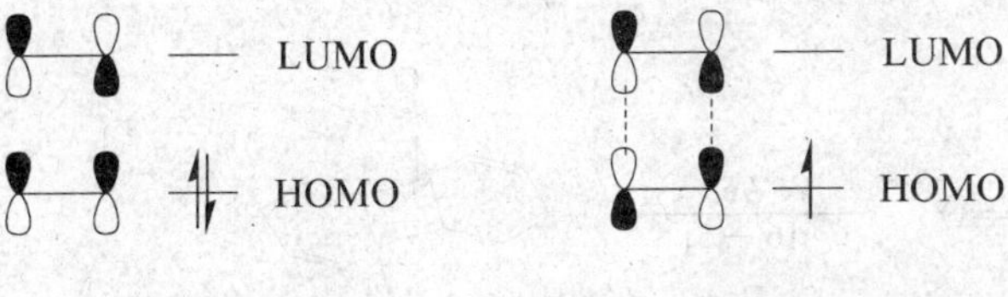

图 15-14 (2+2)环加成轨道对称允许分析

例：

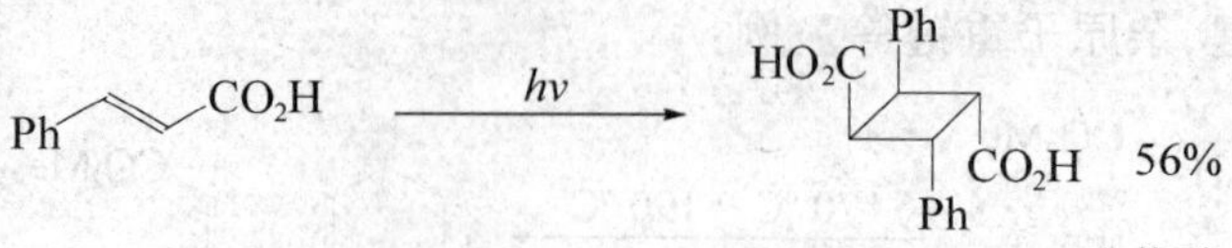

α-Truxillic acid α-吐昔酸

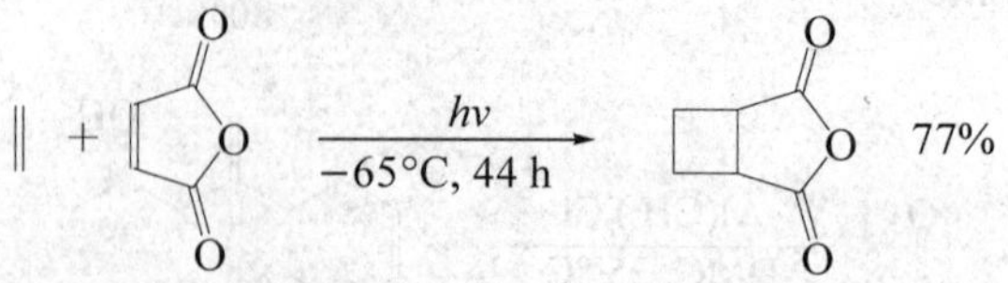

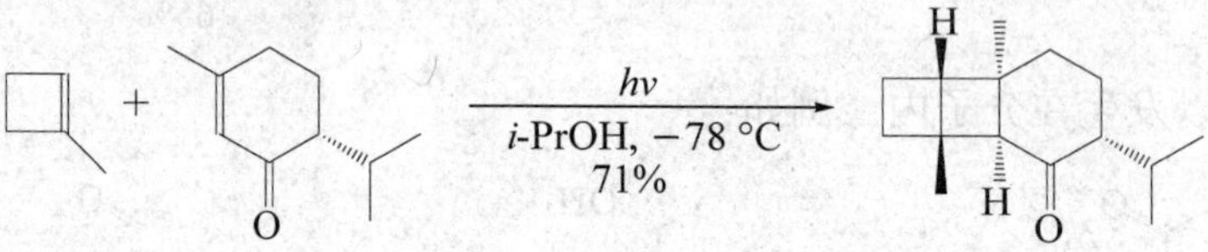

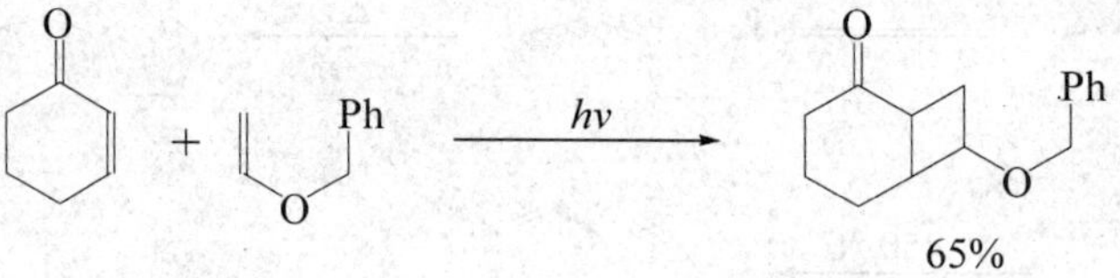

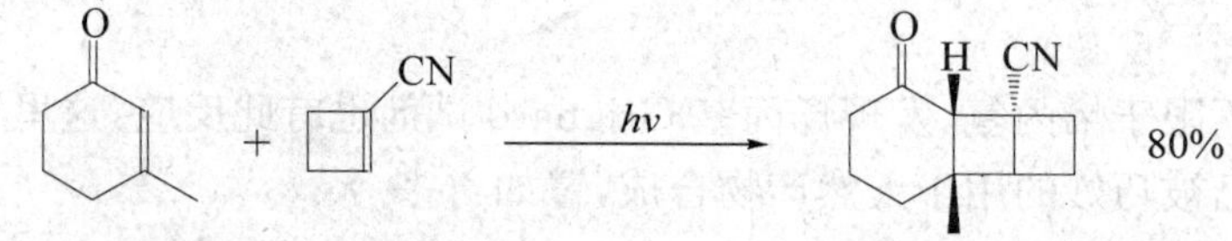

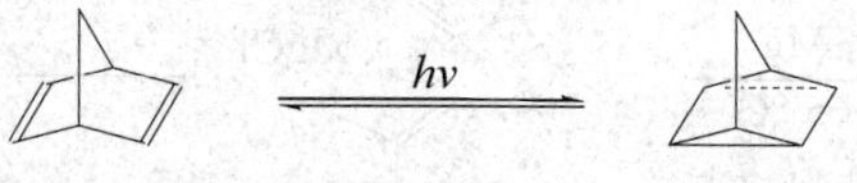

降冰片二烯
Norbornadiene

四环烷
Quadricyclane

四环烷(quadricyclane)是高度张力多环系化合物，用作火箭燃料添加剂和太阳能转换材料。

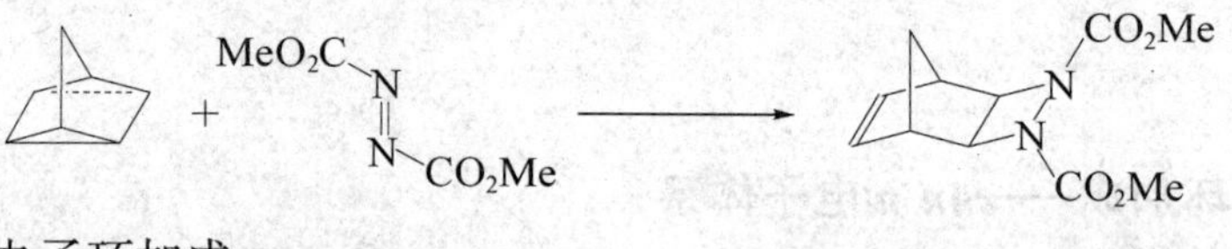

高级的 $4n$ π 电子环加成：

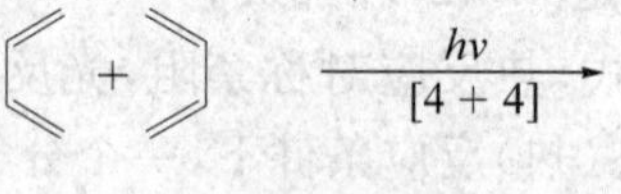

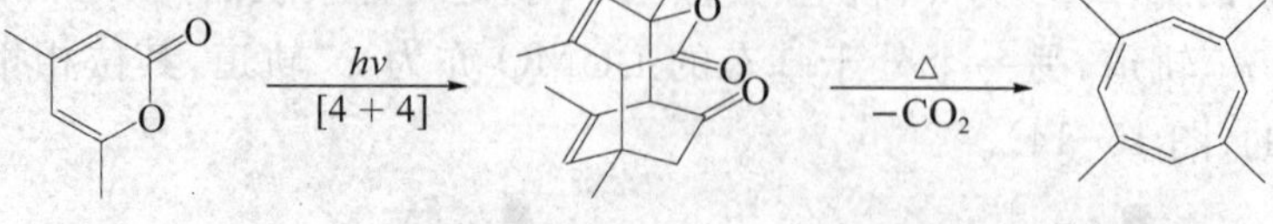

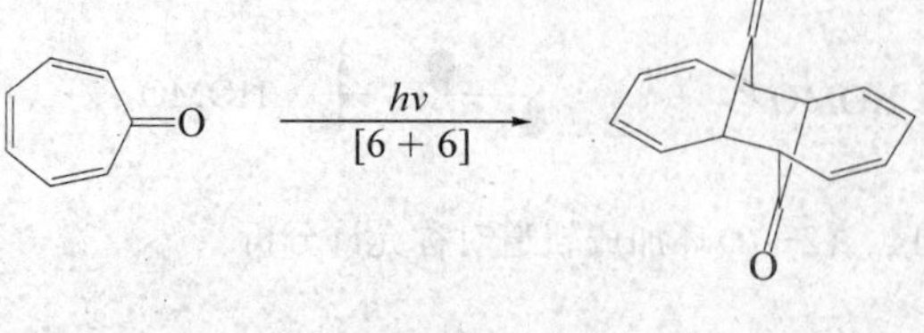

L. R. MacGillivray 等在固态中利用线性分子模板超分子控制反应性(L. R. MacGillivray *et al*. Supramolecular Control of Reactivity in the Solid State Using Linear Molecular Templates. *JACS* 2000, *122*（32），7817)。

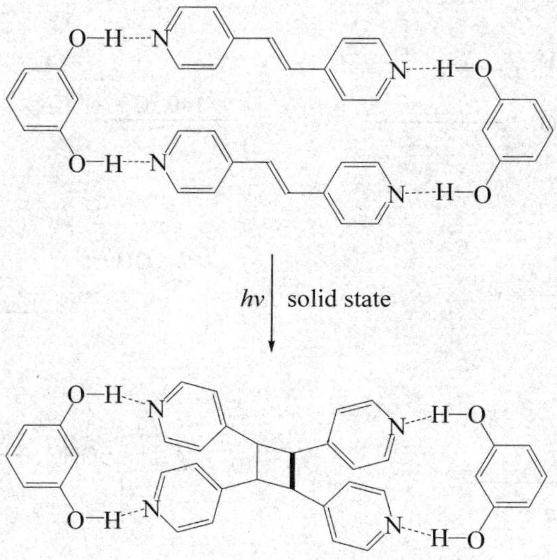

合成笼状化合物：

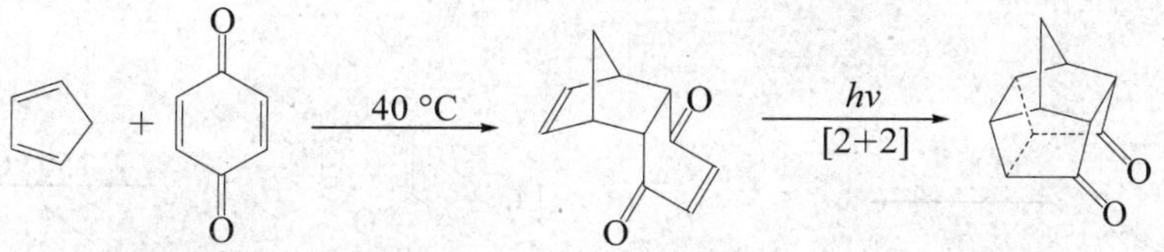

光化学反应可以得到热力学不利的产物。

醛酮羰基的光反应：醛酮羰基与烯键发生[2＋2]光环加成反应，生成氧杂环丁烷（oxetane）的衍生物，称为 Paterno-Büchi 反应(Emanuele Paterno，George Büchi，1909)。

例：

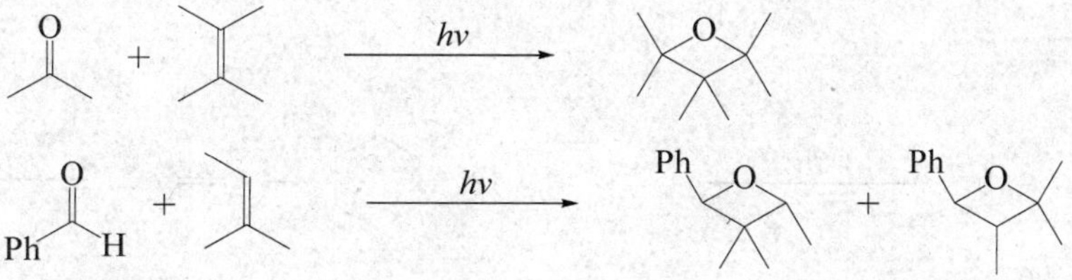

习题

一、完成反应

1. 
2. 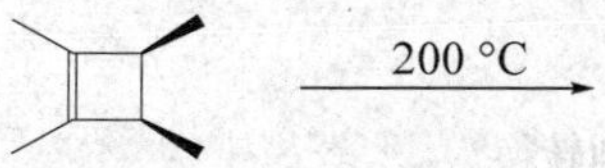
3. 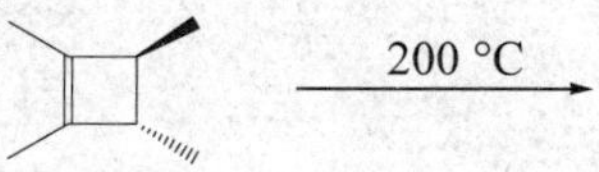
4.

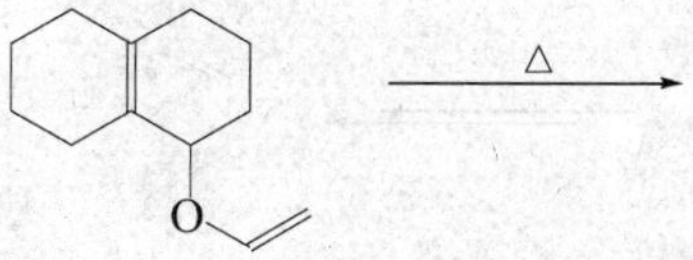

5. [cis-1,2-diphenylbenzocyclobutene] $\xrightarrow{?}$? $\xrightarrow{\text{maleic anhydride}}_{\Delta}$

6. [2H-pyran-2-one] + [maleic anhydride] $\xrightarrow{\Delta}$ $\xrightarrow{140\,°C}$

7. [cis-1,2-divinylcyclobutane] $\xrightarrow{\Delta}$

8. [1-vinyl-2-vinylcyclohexanol] $\xrightarrow{300\,°C}$

9. [1-vinyl-2-norbornen-ol] $\xrightarrow{\Delta}$

10. [2-vinyl-bicyclic-OH] $\xrightarrow{\Delta}$

11. [isoprene] + SO_2 $\longrightarrow$

12. [dicyclopentadiene-like] $\xrightarrow{\Delta}$

13. [1,1-dimethyl-2-vinylcyclopropane] $\xrightarrow{\Delta}$

14. [2-methyl-6-isopropenyl-dihydropyran] $\xrightarrow{150\,°C}$

15. [cyclohexenyl-C(CN)₂-CH₂CH=CH₂] $\xrightarrow{\Delta}$

16. [cyclopentene] + [cyclopentenone] $\xrightarrow{h\nu}$

17. [cyclohexanone] + [ethylene] $\xrightarrow{h\nu}$

18. [cyclohex-2-enone] + [isobutylene] $\xrightarrow{h\nu}$

19. [furan] + [ethylene] $\xrightarrow{h\nu}$

20. [cyclohexene] + [maleic anhydride] $\xrightarrow{\Delta}$

二、如何实现下列转换?

1. [(2E,4Z)-hexadiene] $\Longrightarrow$ [(2E,4E)-hexadiene]

2. [reaction image]

三、解释实验事实

光活性化合物 I 受热转化成化合物 II，实验显示不旋光。为什么？

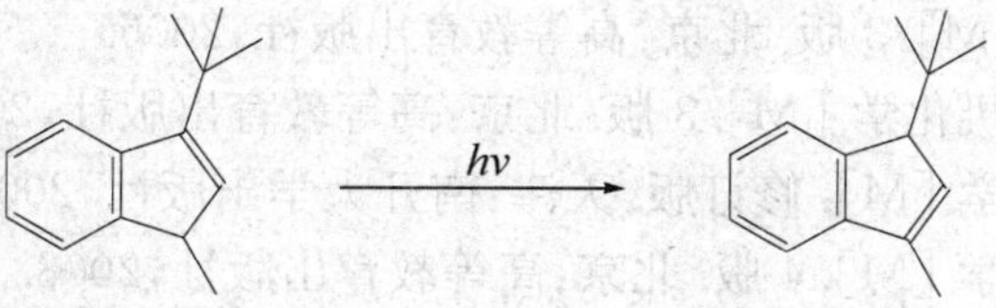

四、解释反应

1. 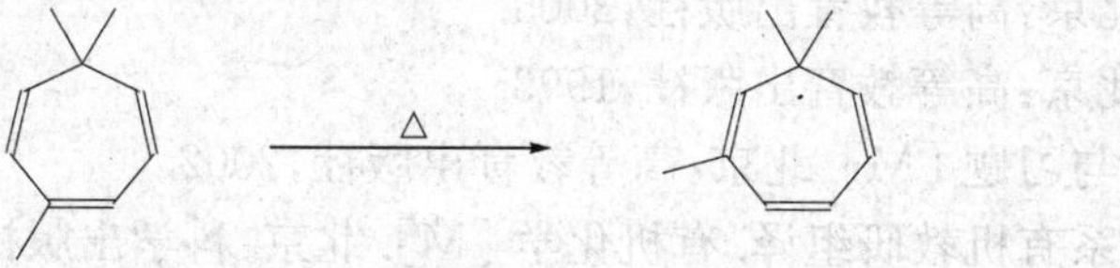 [reaction image]

2. 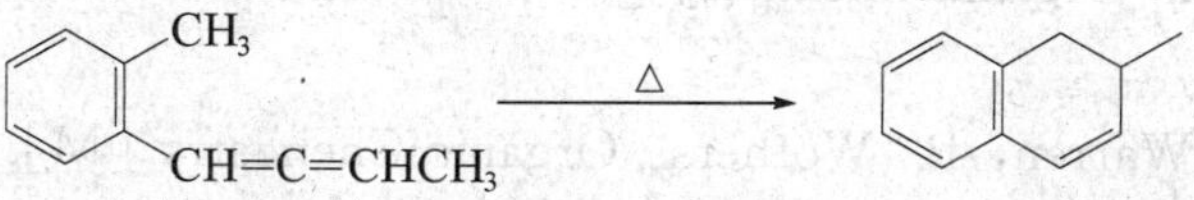 [reaction image]

3. 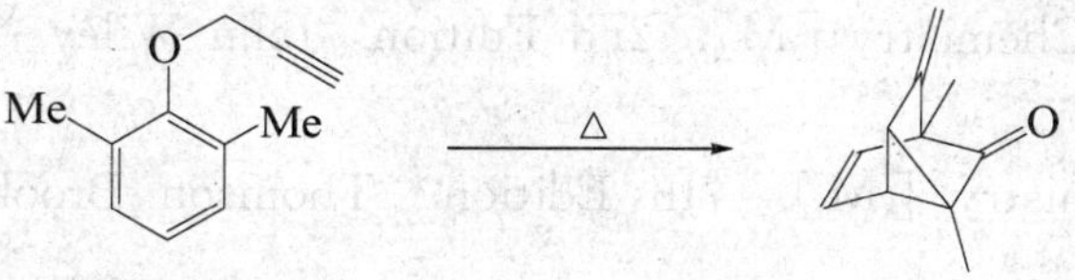 [reaction image]

4. 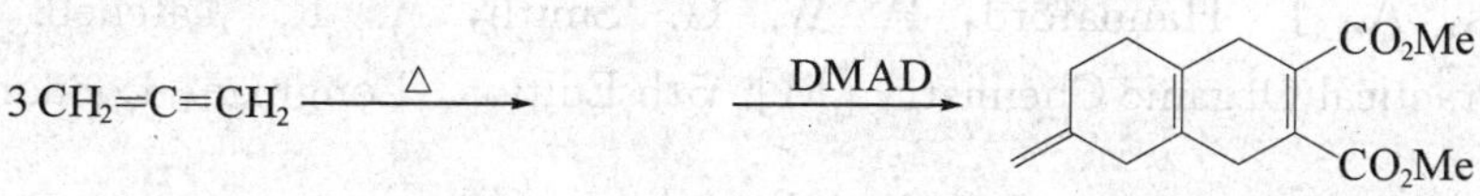 $3\,CH_2=C=CH_2 \xrightarrow{\Delta} \xrightarrow{DMAD}$ [product image]

参 考 文 献

[1] 胡宏纹. 有机化学 [M]. 3版. 北京:高等教育出版社,2006.
[2] 邢其毅,等. 基础有机化学 [M]. 3版. 北京:高等教育出版社,2005.
[3] 王积涛,等. 有机化学 [M]. 修订版. 天津:南开大学出版社,2009.
[4] 古练权,等. 有机化学 [M]. 4版. 北京:高等教育出版社,2008.
[5] 伍越寰,等. 有机化学 [M]. 4版. 合肥:中科大出版社,2005.
[6] 曾昭琼,李景宁. 有机化学 [M]. 4版. 北京:高等教育出版社,2004.
[7] 高鸿宾. 有机化学 [M]. 4版. 北京:高等教育出版社,2005.
[8] 徐寿昌. 有机化学 [M]. 2版. 北京:高等教育出版社,1993.
[9] 裴伟伟,冯俊才. 有机化学例题与习题 [M]. 北京:高等教育出版社,2002.
[10] 莫里森,博伊德. 复旦大学化学系有机教研组译. 有机化学 [M]. 北京:科学出版社,1982.
[11] R. T. Morrison, R. N. Boyd. Organic Chemistry [M]. 6th Edition. Prentice Hall, 1992.
[12] J. Clayden, N. Greeves, S. Warren, P. Wothers. Organic Chemistry [M]. Oxford University Press, Oxford, NJ, 2000.
[13] Robert V. Hoffman. Organic Chemistry [M]. 2nd Edition. John Wiley & Sons, Hoboken, NJ, 2004.
[14] John McMurry. Organic Chemistry [M]. 7th Edition. Thomson Brooks/Cole, Stamford, CT, 2008.
[15] B. S. Furniss, A. J. Hannaford, P. W. G. Smith, A. R. Tatchell. Vogel's Textbook of Practical Organic Chemistry [M]. 5th Edition. Longman, London, 1989.